Karl-Ernst Quentin

Trinkwasser
Untersuchung und Beurteilung
von Trink- und Schwimmbadwasser

Unter Mitarbeit von
I. Alexander und D. Eichelsdörfer

Mit 47 Abbildungen

Springer-Verlag Berlin Heidelberg New York
London Paris Tokyo 1988

Dr. rer. nat. Karl-Ernst Quentin

o. Professor, Vorstand des Instituts für Wasserchemie
und Chemische Balneologie der Technischen Universität München

Dr. rer. nat. Irmgard Alexander

Oberchemiedirektorin i. R. bei den Stadtwerken München/Wasserwerke

Dr. rer. nat. Dieter Eichelsdörfer

Leitender Akademischer Direktor am Institut für Wasserchemie
und Chemische Balneologie der Technischen Universität München

ISBN 978-3-642-52290-1   ISBN 978-3-642-52289-5 (eBook)
DOI 10.1007/978-3-642-52289-5

CIP-Kurztitelaufnahme der Deutschen Bibliothek

Quentin, Karl-Ernst: Trinkwasser : Unters. u. Beurteilung von Trink- u. Schwimmbadwasser
K.-E. Quentin. Unter Mitarb. von I. Alexander u. D. Eichelsdörfer.
Berlin ; Heidelberg ; New York ; London ; Paris ; Tokyo : Springer, 1988.

Dieses Werk ist urheberrechtlich geschützt. Die dadurch begründeten Rechte, insbesondere die der Übersetzung, des Nachdrucks, des Vortrags, der Entnahme von Abbildungen und Tabellen, der Funksendung, der Mikroverfilmung oder der Vervielfältigung auf anderen Wegen und der Speicherung in Datenverarbeitungsanlagen, bleiben, auch bei nur auszugsweiser Verwertung, vorbehalten. Eine Vervielfältigung dieses Werkes oder von Teilen dieses Werkes ist auch im Einzelfall nur in den Grenzen der gesetzlichen Bestimmungen des Urheberrechtsgesetzes der Bundesrepublik Deutschland vom 9. September 1965 in der Fassung vom 24. Juni 1985 zulässig. Sie ist grundsätzlich vergütungspflichtig. Zuwiderhandlungen unterliegen den Strafbestimmungen des Urheberrechtsgesetzes.

© Springer-Verlag Berlin Heidelberg 1988
Softcover reprint of the hardcover 1st edition 1988

Die Wiedergabe von Gebrauchsnamen, Handelsnamen, Warenbezeichnungen usw. in diesem Buch berechtigt auch ohne besondere Kennzeichnung nicht zu der Annahme, daß solche Namen im Sinne der Warenzeichen- und Markenschutz-Gesetzgebung als frei zu betrachten wären und daher von jedermann benutzt werden dürften.

Sollte in diesem Werk direkt oder indirekt auf Gesetze, Vorschriften oder Richtlinien (z.B. DIN, VDI, VDE) Bezug genommen oder aus ihnen zitiert worden sein, so kann der Verlag keine Gewähr für Richtigkeit, Vollständigkeit oder Aktualität übernehmen. Es empfiehlt sich, gegebenenfalls für die eigenen Arbeiten die vollständigen Vorschriften oder Richtlinien in der jeweils gültigen Fassung hinzuzuziehen.

Vorwort

Trinkwasser ist das wichtigste Lebensmittel;
es kann durch nichts ersetzt werden.
DIN 2000

Im Jahre 1908 hat Prof. Dr. Hartwig Klut, wissenschaftliches Mitglied der Preußischen Landesanstalt für Wasser-, Boden- und Lufthygiene in Berlin-Dahlem, erstmals Erfahrungen der physikalischen und chemischen Wasseruntersuchung in Buchform zusammengestellt und unter dem Titel „Untersuchung des Wassers an Ort und Stelle" im Springer-Verlag Berlin veröffentlicht. Dieses Buch wurde in der Folgezeit von ihm überarbeitet und erschien bis 1938 in sieben Auflagen. Nach dem Tode von Klut übernahm Dr. Wolf Olszewsky, Leiter der chemisch-hygienischen Abteilung der Dresdner Wasserwerke und seit 1933 auch Vorsitzender der Fachgruppe Wasserchemie im damaligen Verein Deutscher Chemiker, die Neubearbeitung einer 8. Auflage. Das Buch trug nunmehr den Titel „Untersuchung des Wassers an Ort und Stelle, seine Beurteilung und Aufbereitung"; über dem Titel standen die Autoren-Namen „Klut-Olszewsky", mit denen schlagwortartig das Buch in Fachkreisen allgemein benannt wurde. 1945 nach Ende des Krieges erschien die 9. Auflage in der Überarbeitung von Olszewsky, der im Frühjahr 1945 verstarb. Hinter seinem Namen steht im Buch bereits ein Sterbekreuz, so daß diese Auflage vorerst die letzte blieb.

Beginnend in den 50er Jahren, dann aber vor allem in den 60er Jahren kam es zu einer stürmischen Entwicklung der Wasserchemie mit neuen Untersuchungsmethoden, mit der Aufstellung aktueller Güteparameter und Bewertungskriterien sowie mit einer Fülle von gesetzlichen Vorschriften im Zeichen des Umweltschutzes. Der „Klut-Olszewky" verlor seine praktische Bedeutung und hat heute nur noch historischen Wert.

Als etwa 25 Jahre nach der letzten Auflage der Verlag an mich herantrat, um eine Neuauflage in die Wege zu leiten, war von vorneherein klar, daß es sich nicht mehr um eine Weiterführung der Konzeption von damals handeln konnte. Die Untersuchung an Ort und Stelle hat zwar weiterhin größte Bedeutung; sie muß aber mit Laboratoriumsuntersuchungen unbedingt kombiniert werden oder bildet deren Voraussetzung, um eine umfassende Untersuchung und zutreffende Bewertung des Wassers zu gewährleisten. Die mögliche Belastung des Wassers mit anorganischen und insbesondere organischen Spurenstoffen erfordert empfindliche Verfahren und entsprechende Gerätschaften. Auch die noch von Olszewsky für alle Wasserarten, sei es Grundwasser oder Oberflächenwasser für Trink- und Brauchzwecke (heute Betriebswasser), Abwasser, Mineralwasser, Kesselwasser, Badewasser angegebene Methodik ist durch differenzierte und modifizierte Untersuchungen im Hinblick auf Wasserart und Verwendungszweck ersetzt worden, da auch die Anforderungen und Kriterien unterschiedlich sind; je nach Herkunft und Nutzung des Wassers müssen die Untersuchungsverfahren aber auch unterschiedliche Störungen berücksichtigen. Die umfassende Beschreibung aller Störmöglichkeiten bei den

einzelnen Methoden führt zur Unübersichtlichkeit; der Analytiker muß sich erst mühsam einlesen, um zu klären, wie er vorgehen muß, welche Störungen er bei seiner speziellen Untersuchung zu beachten hat und welche er unberücksichtigt lassen kann.
Unter diesen Gegebenheiten erschien es zweckmäßig, das Buch auf die Untersuchung und Beurteilung des Trinkwassers zu konzentrieren. Da in der Planungszeit auch das Wasser in Schwimmbädern und Badebecken immer mehr an Bedeutung gewann und zwar unter den Gesichtspunkten der in seuchenhygienischer Beziehung geforderten Trinkwasserqualität sowie der technologischen Entwicklung moderner Aufbereitungsverfahren, bot es sich an, einen speziellen Untersuchungsteil mit den notwendigen Parametern in das Buch aufzunehmen und die Untersuchungsverfahren soweit als möglich mit den analytischen Verfahren der Trinkwasseruntersuchung zu verknüpfen bzw. auf sie zu verweisen. Diesen Teil übernahm Ltd. Akadem. Direktor Dr. Dieter Eichelsdörfer, der als international bekannter Experte einen Namen hat; seine Forschungs-, Entwicklungs- und Untersuchungsvorhaben im Versuchsschwimmbad des Münchener Instituts haben maßgebend dazu beigetragen, Verfahren und Parameter praxisorientiert darzustellen. Ihm habe ich für die Bereitschaft und die Mühewaltung besonders zu danken.
In der Untersuchung und Beurteilung des Trinkwassers und ebenso des Schwimmbadwassers nimmt die Mikrobiologie eine wichtige Rolle ein. Beim Vorkommen von Krankheitserregern kann bereits die einmalige Aufnahme des Wassers eine Infektion bewirken. Demgegenüber werden bestimmte chemische Inhaltsstoffe erst nach Aufnahme des Wassers über längere Zeit zu einer Gesundheitsbeeinträchtigung führen können. Es war deshalb erforderlich, die mikrobiologischen Parameter und Verfahren in einem gesonderten Abschnitt eingehend und sachkundig abzuhandeln. Ihn hat die Chemiedirektorin i. R. Dr. Irmgard Alexander übernommen, die auf diesem Gebiet weithin bekannt ist; für die Ausarbeitung habe ich ihr aufrichtig zu danken.
Mit der Übernahme der beiden Abhandlungen durch die vorgenannten Koautoren konnte die Planung einer geschlossenen Darstellung der Trink- und Schwimmbadwasseruntersuchung verwirklicht werden. Als Lehrstuhlinhaber, Vorsitzender der Fachgruppe Wasserchemie in der Gesellschaft Deutscher Chemiker und belastet mit zahlreichen anderen Ämtern und Aufgaben im Wasserfach wäre mir die Abfassung des Buches allein nicht ohne weiteres gelungen; mit der Lebensmittelchemikerin Edith Kordik stand mir aber eine Fachkraft zur Seite, die zuverlässig, vorbereitend und drängend für den Fortgang der Arbeiten sorgte und das entstehende Manuskript betreute; ihr gilt für die jahrelange Zusammenarbeit und die mühevolle Bewältigung zahlreicher Einzelprobleme mein anerkennender Dank.
Besonderer Wert wurde auf die gesetzlichen Vorschriften, Richtlinien und Normen für Trink- und Badewasser gelegt, vor allem auf die Novelle der Trinkwasser-VO von 1986, das Bundes-Seuchengesetz sowie auf die DIN 19643 „Aufbereitung und Desinfektion von Schwimm- und Badebeckenwasser" und die Vor-Norm DIN V 19644 „Aufbereitung und Desinfektion von Wasser in Warmsprudelbecken"; die Vorschriften sind jeweils im Einleitungsteil gelistet. Darüber hinaus wurde die Neufassung der Trinkwasser-VO als Anhang abgedruckt, da-

Vorwort VII

mit der Buchbenutzer sie unmittelbar zur Hand hat. Verweise auf die Mineral- und Tafelwasser-VO bzw. auf Heilwasser-Richtlinien oder Anforderungen an das Wasser zur Viehhaltung und zur landwirtschaftlichen Bewässerung finden sich ebenfalls im Buchtext.
Die Probenahme ist Ausgangs- und Angelpunkt jeglicher Wasseranalyse; sie wurde deshalb ausführlich behandelt einschließlich der aktuellen Schnellteste zur orientierenden Ermittlung der Wasserbeschaffenheit, die aber nur in bestimmten Fällen als Ersatz exakter Analysenmethoden dienen können. Die Konservierung des Untersuchungswassers und die erforderlichen Vorbereitungsmaßnahmen für unterschiedliche Untersuchungsmethoden sind tabellarisch zusammengefaßt. Für Stoffe, die nicht oder nur kurzzeitig konserviert werden können, wurden an Ort und Stelle anwendbare Bestimmungsmethoden vorgeschlagen. Zusammen mit den allgemeinen Untersuchungen bilden die Kapitel 5 bis 7 letzten Endes den Teil des Buches, der früheren Auflagen den Titel „Untersuchung des Wassers an Ort und Stelle" gegeben hat. Für die Bearbeitung der Trübungsbestimmung habe ich Dipl.-Ing. Kurt Witt/Nürnberg besonders zu danken.
Bei den nachfolgenden Einzelbestimmungen wurde in den meisten Fällen einleitend die Herkunft des Stoffes skizziert, eine Begründung für die Untersuchung gegeben und auf bislang gefundene Konzentrationen im Wasser hingewiesen. Es folgt dann eine Beschreibung der notwendigen Geräte, die nicht zur Normalausrüstung eines Laboratoriums gehören, und der Reagenzienzubereitung. Mitunter war es notwendig, besondere Angaben zur Probenahme für die Bestimmung einer Einzelsubstanz zu machen. Der Arbeitsvorschrift schließen sich jeweils Hinweise zur Eichung, zur Berechnung, zur Konzentrationsangabe, auf Störungen und ihre Beseitigung und andere Verfahren an. Die beschriebenen Verfahren wurden zum Teil im Münchener Institut entwickelt oder zumindest nachgearbeitet. Für die experimentelle Unterstützung, die Verfahrensdiskussionen und die Ratschläge danke ich allen Institutsangehörigen, vor allem Dr. Fritz Hartmann Frimmel, Dr. Reinhard Grenz, Dr. Joachim Putzien, Dr. Dagmar Weil und Dr. Ludwig Weil. Die experimentellen Laboratoriumsarbeiten wurden fachkundig und mit Sorgfalt unter der Leitung von Dr. Willy Regnet durchgeführt, dem ich besonders zu danken habe.
Großer Wert wurde auf die Aussagekraft und die Bewertung einzelner Parameter gelegt; hierzu wurden toxikologische und technologische Daten herangezogen, vor allem die Grenz- und Richtwerte der einschlägigen Vorschriften, Richtlinien, Normen usw. Jeder Abschnitt enthält Literaturangaben ohne einen Anspruch auf Vollständigkeit. Dieser Buchteil schließt mit Verfahren der Analysenkontrolle ab. Das Kapitel Mikrobiologie wurde soweit als möglich der durchgehenden Gliederung angepaßt; es beginnt mit einer Beschreibung der für die Untersuchungen wesentlichen Mikroorganismen und endet mit einer Literaturzusammenstellung.
Auf Arbeitsvorschriften zur Bestimmung der Radioaktivität wurde im Hinblick auf die Spezialllaboratorien und amtlichen Meßstellen bewußt verzichtet; in diesen Abschnitt wurden daher nur aktuelle Allgemeinangaben und eine tabellarische Zusammenstellung der Meßgrößen mit Umrechnungsfaktoren aufgenommen. Dr. Klaus Haberer/ Wiesbaden danke ich für die Durchsicht.

Im Teil B „Untersuchung des Schwimmbadwassers" werden nach Hinweisen auf die einschlägigen Gesetze, Richtlinien und Normen in der Bundesrepublik Deutschland und in anderen deutschsprachigen Ländern die Begriffe dieses Fachgebiets erläutert und Hinweise für die Probenahme gegeben. Wie im Teil A werden bei den Einzelbestimmungen einleitend jeweils Herkunft und Bedeutung des Stoffes erläutert. In den meisten Fällen konnte bei der Bestimmung der in DIN 19643 und DIN V 19644 vorgegebenen Parameter auf die Arbeitsvorschriften der Trinkwasseruntersuchung im Teil A des Buches verwiesen werden, wobei die Besonderheiten der Badewasseruntersuchung zu berücksichtigen waren.

Das Buch soll nicht nur einen umfassenden Einblick in die vielfältigen Erfordernisse und Möglichkeiten der Trink- und Schwimmbadwasseruntersuchung vermitteln, sondern vornehmlich ein praktischer Leitfaden für die wasseranalytische Tätigkeit sein, der aber auch das Vorkommen der Einzelsubstanzen begründet, die Notwendigkeit der Parameter herausstellt, ihre Bedeutung für die Nutzung des Wassers erläutert und ihre Auswirkungen beurteilt. Für Anregungen, Korrekturen oder Ergänzungen sind die Koautoren und ich jederzeit dankbar, damit das Buch seinen erwünschten Stellenwert für Ausbildung, Fortbildung und Praxis in der Wasseranalytik einnehmen kann. Dem Springer-Verlag habe ich für die Geduld und die sorgfältige Gestaltung zu danken.

München, im Herbst 1987   K.-E. Quentin

Inhaltsverzeichnis

A	**Trinkwasser**	
1	**Wasserverbrauch und Trinkwasserversorgung**	3
1.1	Literatur	6
2	**Gesetze, Richtlinien, Normen**	7
2.1	Gesetzliche Anforderungen an Trinkwasser	7
2.2	Gesetzliche Anforderungen an Mineralwasser	7
2.3	Gesetzliche Anforderungen an Heilwasser	7
2.4	Zusammenstellung der gesetzlichen Anforderungen	8
2.5	Anforderungen an Wasser für die Viehhaltung und die landwirtschaftliche Bewässerung	9
2.6	Literatur	10
3	**Umfang von Trinkwasseranalysen**	11
3.1	Analyse nach der Trinkwasser-VO	12
3.2	Analyse des abgefüllten Trinkwassers nach der Mineral- und Tafelwasser-VO	13
3.3	Orientierende Trinkwasseranalyse	14
3.4	Hygienisch-chemische Trinkwasseranalyse	15
3.5	Große Trinkwasseranalyse	15
3.6	Technologische Trinkwasseranalyse	16
3.7	Literatur	17
4	**Konzentrationsangaben und Analysendarstellung**	18
4.1	Literatur	22
5	**Probenahme**	23
5.1	Möglichkeiten der Probenahme	23
5.1.1	Probearten	23
5.1.2	Entnahmearten	24
5.1.3	Stoffkonzentration und Stofffracht	24
5.2	Entnahmestelle und Entnahmegeräte	24
5.3	Behältnisse	25
5.4	Konservierung und Kühlung	26
5.5	Probenahmeprotokoll	26
5.6	Schnellteste zur orientierenden Untersuchung und Charakterisierung des Wassers an Ort und Stelle	30
5.6.1	Testpapiere und Teststäbchen	30
5.6.2	Reflektometrische Verfahren	30
5.6.3	Maßanalytische Verfahren	31
5.6.4	Tablettenzählverfahren	31
5.6.5	Colorimetrische Verfahren	31
5.6.5.1	Küvettenteste mit Farbskala	31
5.6.5.2	Teste mit Farbkartenschiebekomparator	31

5.6.5.3	Teste mit Drehscheibenkomparator	32
5.6.6	Photometrische Verfahren	32
5.6.7	Beurteilung	32
5.7	Literatur	32
6	**Geruch und Geschmack**	**34**
6.1	Allgemeine Geruchsprüfung	34
6.1.2	Geruchsschwellenwert (GSW)	34
6.1.3	Geruchsschwellenkonzentration	35
6.1.4	Beurteilung und Grenzwerte	36
6.2	Allgemeine Geschmacksprüfung	36
6.2.1	Geschmacksschwellenkonzentration	36
6.2.2	Beurteilung und Grenzwerte	37
6.3	Literatur	37
7	**Allgemeine Untersuchungen**	**38**
7.1	Bestimmung der Temperatur	38
7.1.1	Beurteilung und Grenzwerte	39
7.1.2	Literatur	40
7.2	Bestimmung des pH-Werts	40
7.2.1	Verfahren	41
7.2.2	Formelzeichen und Einheiten	43
7.2.3	Beurteilung und Grenzwerte	43
7.2.4	Literatur	45
7.3	Bestimmung der Redox-Spannung	45
7.3.1	Verfahren	45
7.3.2	Bezugselektroden	48
7.3.3	Beurteilung und Grenzwerte	48
7.3.4	Formelzeichen und Einheiten	49
7.3.5	Literatur	49
7.4	Bestimmung der elektrischen Leitfähigkeit	49
7.4.1	Grundlagen	50
7.4.2	Temperaturabhängigkeit	50
7.4.3	Beziehung zwischen Leitfähigkeit und Mineralstoffgehalt	51
7.4.4	Verfahren	51
7.4.5	Beurteilung und Grenzwerte	53
7.4.6	Literatur	54
7.5	Bestimmung der Trübung	55
7.5.1	Probenahme	55
7.5.2	Bestimmung mit dem Durchsichtigkeitszylinder	55
7.5.3	Bestimmung mit der Sichtscheibe	55
7.5.4	Messung der Schwächung der durchgehenden Strahlung	56
7.5.5	Messung der Intensität der gestreuten Strahlung	57
7.5.6	Beurteilung und Grenzwerte	57
7.5.7	Literatur	58
7.6	Bestimmung der Färbung	58
7.6.1	Verfahren	58
7.6.2	Beurteilung und Grenzwerte	59
7.6.3	Literatur	59
7.7	Bestimmung des Gehalts an festen gelösten Stoffen (Abdampfrückstand)	59
7.7.1	Verfahren	60
7.7.2	Beurteilung und Grenzwerte	61
7.7.3	Literatur	61
7.8	Bestimmung der Säurekapazität	61
7.8.1	Verfahren	61
7.8.2	Literatur	62

7.9	Bestimmung der Basekapazität	63
7.9.1	Verfahren	63
7.9.2	Literatur	64

8	**Gelöste Mineralstoffe**	**65**
8.1	Bestimmung von Natrium und Kalium	
8.1.1	Verfahren der Flammenspektralphotometrie (Natrium und Kalium)	65
8.1.2	Bestimmung mit dem Kalignost-Verfahren (Kalium)	66
8.1.3	Beurteilung und Grenzwerte	67
8.1.4	Literatur	69
8.2	Bestimmung von Calcium	69
8.2.1	Komplexometrische Bestimmung	69
8.2.2	Bestimmung mit AAS	70
8.2.3	Beurteilung und Grenzwerte	70
8.3	Bestimmung von Magnesium	70
8.3.1	Komplexometrische Bestimmung	71
8.3.2	Bestimmung mit AAS	71
8.3.3	Beurteilung und Grenzwerte	71
8.4	Bestimmung der Härte	71
8.4.1	Komplexometrische Bestimmung	72
8.4.2	Bestimmung mit Kaliumpalmitat	72
8.4.3	Sonstige Verfahren	73
8.4.4	Beurteilung und Grenzwerte	73
8.4.5	Literatur	77
8.5	Bestimmung von Ammonium	77
8.5.1.	Photometrische Bestimmung mit Natriumdichlorisocyanurat und Natriumsalicylat (Indophenolbestimmung)	78
8.5.2	Bestimmung nach Destillation	80
8.5.3	Beurteilung und Grenzwerte	81
8.5.4	Literatur	81
8.6	Bestimmung der Metalle durch Atomabsorptionsspektrometrie (AAS)	82
8.6.1	Prinzip des Verfahrens	82
8.6.2	Atomisierungsmethoden	83
8.6.2.1	Flammenatomisierung	83
8.6.2.2	Elektrothermische Atomisierung (Graphitrohrküvette)	83
8.6.2.3	Hydridverfahren	84
8.6.2.4	Kaltdampfverfahren für Quecksilber	85
8.6.3	Arbeitsvorschriften	85
8.6.3.1	Probenahme und Stabilsierung	85
8.6.3.2	Bestimmung mit der Flammenatomisierung	86
8.6.3.3	Bestimmung mit der elektrothermischen Atomisierung	88
8.6.3.4	Bestimmung mit dem Hydridverfahren	89
8.6.3.5	Quecksilberbestimmung mit dem Kaltdampfverfahren	91
8.6.3.6	Differenzierung zwischen anorganischem und organisch gebundenem Quecksilber	92
8.6.4	Auswertung, Fehlergrenzen und Angabe der Werte	93
8.6.5	Spezielle Angaben für die einzelnen Elemente und Beurteilungshinweise	94
8.6.6	Literatur	96
8.7	Einzelangaben zur Bestimmung von Elementen mit AAS	97
8.7.1	Bestimmung von Aluminium	97
8.7.1.1	Bestimmung mit AAS	97
8.7.1.2	Photometrische Bestimmung mit Eriochromcyanin R	97
8.7.1.3	Beurteilung und Grenzwerte	99
8.7.1.4	Literatur	99

8.7.2	Bestimmung von Antimon	100
8.7.2.1	Bestimmung mit AAS	100
8.7.2.2	Beurteilung und Grenzwerte	100
8.7.2.3	Literatur	100
8.7.3	Bestimmung von Arsen	100
8.7.3.1	Bestimmung mit AAS	100
8.7.3.2	Photometrische Bestimmung mit Silberdiethyldithiocarbamat	100
8.7.3.3	Beurteilung und Grenzwerte	102
8.7.3.4	Literatur	103
8.7.4	Bestimmung von Barium	103
8.7.4.1	Bestimmung mit AAS	103
8.7.4.2	Beurteilung und Grenzwerte	104
8.7.4.3	Literatur	104
8.7.5	Bestimmung von Beryllium	104
8.7.5.1	Bestimmung mit AAS	104
8.7.5.2	Beurteilung und Grenzwerte	105
8.7.5.3	Literatur	105
8.7.6	Bestimmung von Blei	105
8.7.6.1	Bestimmung mit AAS	105
8.7.6.2	Beurteilung und Grenzwerte	105
8.7.6.3	Literatur	107
8.7.7	Bestimmung von Borsäure	107
8.7.7.1	Bestimmung mit AAS	107
8.7.7.2	Photometrische Bestimmung mit Azomethin-H	108
8.7.7.3	Sonstige Verfahren	109
8.7.7.4	Beurteilung und Grenzwerte	109
8.7.7.5	Literatur	110
8.7.8	Bestimmung von Cadmium	110
8.7.8.1	Bestimmung mit AAS	110
8.7.8.2	Beurteilung und Grenzwerte	111
8.7.8.3	Literatur	112
8.7.9	Bestimmung von Calcium	112
8.7.9.1	Bestimmung mit AAS	112
8.7.9.2	Komplexometrische Bestimmung	112
8.7.10	Bestimmung von Chrom	113
8.7.10.1	Bestimmung mit AAS	113
8.7.10.2	Sonstige Verfahren	113
8.7.10.3	Beurteilung und Grenzwerte	113
8.7.10.4	Literatur	114
8.7.11	Bestimmung von Cobalt	114
8.7.11.1	Bestimmung mit AAS	114
8.7.11.2	Beurteilung und Grenzwerte	114
8.7.11.3	Literatur	115
8.7.12	Bestimmung von Eisen	115
8.7.12.1	Bestimmung mit AAS	116
8.7.12.2	Probenahme	116
8.7.12.3	Photometrische Bestimmung mit 5-Sulfosalicylsäure	116
8.7.12.4	Photometrische Bestimmung mit 1,10-Phenanthrolin	117
8.7.12.5	Photometrische Bestimmung mit Bathophenanthrolin	118
8.7.12.6	Beurteilung und Grenzwerte	119
8.7.12.7	Literatur	120
8.7.13	Bestimmung von Germanium	121
8.7.13.1	Bestimmung mit AAS	121
8.7.13.2	Beurteilung und Grenzwerte	121
8.7.13.3	Literatur	121
8.7.14	Bestimmung von Kupfer	121
8.7.14.1	Bestimmung mit AAS	121
8.7.14.2	Beurteilung und Grenzwerte	122

8.7.14.3	Literatur	123
8.7.15	Bestimmung von Lithium	123
8.7.15.1	Bestimmung mit AAS	123
8.7.15.2	Beurteilung und Grenzwerte	123
8.7.15.3	Literatur	123
8.7.16	Bestimmung von Magnesium	123
8.7.16.1	Bestimmung mit AAS	123
8.7.17	Bestimmung von Mangan	124
8.17.1	Bestimmung mit AAS	124
8.7.17.2	Photometrische Bestimmung mit Formaldoxim	124
8.7.17.3	Beurteilung und Grenzwerte	125
8.7.17.4	Literatur	126
8.7.18	Bestimmung von Molybdän	128
8.7.18.1	Bestimmung mit AAS	127
8.7.18.2	Beurteilung und Grenzwerte	127
8.7.18.3	Literatur	127
8.7.19	Bestimmung von Nickel	127
8.7.19.1	Bestimmung mit AAS	127
8.7.19.2	Beurteilung und Grenzwerte	128
8.7.19.3	Literatur	129
8.7.20	Bestimmung von Quecksilber	129
8.7.20.1	Bestimmung mit AAS	129
8.7.20.2	Beurteilung und Grenzwerte	129
8.7.20.3	Literatur	130
8.7.21	Bestimmung von Rubidium	130
8.7.21.1	Bestimmung mit AAS	130
8.7.21.2	Beurteilung und Grenzwerte	131
8.7.21.3	Literatur	131
8.7.22	Bestimmung von Selen	131
8.7.22.1	Bestimmung mit AAS	131
8.7.22.2	Beurteilung und Grenzwerte	131
8.7.22.3	Literatur	132
8.7.23	Bestimmung von Silber	132
8.7.23.1	Bestimmung mit AAS	132
8.7.23.2	Beurteilung und Grenzwerte	133
8.7.23.3	Literatur	133
8.7.24	Bestimmung von Strontium	133
8.7.24.1	Bestimmung mit AAS	133
8.7.24.2	Beurteilung und Grenzwerte	134
8.7.24.3	Literatur	134
8.7.25	Bestimmung von Thallium	134
8.7.25.1	Bestimmung mit AAS	134
8.7.25.2	Beurteilung und Grenzwerte	134
8.7.25.3	Literatur	135
8.7.26	Bestimmung von Uran	135
8.7.26.1	Photometrische Bestimmung mit Arsenazo III	135
8.7.26.2	Sonstige Verfahren	136
8.7.26.3	Beurteilung und Grenzwerte	137
8.7.26.4	Literatur	137
8.7.27	Bestimmung von Vanadium	137
8.7.27.1	Bestimmung mit AAS	137
8.7.27.2	Beurteilung und Grenzwerte	137
8.7.27.3	Literatur	138
8.7.28	Bestimmung von Wolfram	138
8.7.28.1	Bestimmung mit AAS	138
8.7.28.2	Beurteilung und Grenzwerte	138
8.7.28.3	Literatur	139
8.7.29	Bestimmung von Zink	139

8.7.29.1	Bestimmung mit AAS	139
8.7.29.2	Beurteilung und Grenzwerte	139
8.7.29.3	Literatur	140
8.7.30	Bestimmung von Zinn	140
8.7.30.1	Bestimmung mit AAS	140
8.7.30.2	Beurteilung und Grenzwerte	141
8.7.30.3	Literatur	141
8.8	Bestimmung der Metalle durch Atomemissionsspektroskopie mit induktiv gekoppeltem Plasma (ICP-AES)	141
8.8.1	Literatur	144
8.9	Bestimmung mit der Ionenchromatographie (IC)	144
8.9.1	Literatur	145
8.10	Bestimmung von Bromid	145
8.10.1	Gaschromatographische Bestimmung	146
8.10.2	Bromidbestimmung im Untersuchungswasser	148
8.10.3	Störungen	149
8.10.4	Beurteilung und Grenzwerte	149
8.11	Bestimmung von Iodid und gemeinsame Bromid-Iodid-Bestimmung	149
8.11.1	Gaschromatographische Bestimmung	150
8.11.2	Iodidbestimmung im Untersuchungswasser	150
8.11.3	Gemeinsame Bestimmung von Bromid und Iodid	151
8.11.4	Beurteilung und Grenzwerte	152
8.11.5	Literatur zu Bromid und Iodid	152
8.12	Bestimmung von Chlorid	152
8.12.1	Maßanalytische Bestimmung mit Quecksilber(II)-nitrat	153
8.12.2	Maßanalytische Bestimmung mit Silbernitrat	154
8.12.3	Nephelometrische Bestimmung als Silberchlorid	154
8.12.4	Sonstige Verfahren	155
8.12.5	Beurteilung und Grenzwerte	155
8.12.6	Literatur	157
8.13	Bestimmung von Cyanid	157
8.13.1	Verfahren	157
8.13.2	Beurteilung und Grenzwerte	160
8.13.3	Literatur	160
8.14	Bestimmung von Fluorid	161
8.14.1	Photometrische Bestimmung mit Lanthan-Alizarinkomplexen nach Wasserdampf-Säuredestillation	161
8.14.2	Potentiometrische Bestimmung mit ionensensitiver Elektrode	164
8.14.3	Beurteilung und Grenzwerte	165
8.14.4	Literatur	167
8.15	Bestimmung von Nitrat	167
8.15.1	Photometrische Bestimmung durch UV-Absorption	167
8.15.2	Photometrische Bestimmung nach Reduktion zu Ammoniak	169
8.15.3	Photometrische Bestimmung mit 4-Fluorphenol	169
8.15.4	Sonstige Verfahren	170
8.15.5	Beurteilung und Grenzwerte	170
8.15.6	Literatur	172
8.16	Bestimmung von Nitrit	173
8.16.1	Photometrische Bestimmung mit Sulfanilsäure und 1-Naphtylamin	174
8.16.2	Photometrische Bestimmung mit Sulfanilamid und N-(1-Naphtyl-)-ethylendiamindihydrochlorid	175
8.16.3	Sonstige Verfahren	176
8.16.4	Beurteilung und Grenzwerte	176
8.16.5	Literatur	177
8.17	Bestimmung von Phosphat	177
8.17.1	Probenahme und Probenvorbehandlung	178

8.17.2	Direkte Bestimmung des gelösten Orthophosphats	179
8.17.3	Bestimmung von Orthophosphat nach Extraktion	180
8.17.4	Bestimmung der gelösten Orthophosphate und der gelösten kondensierten anorganischen Phosphate	181
8.17.5	Beurteilung und Grenzwerte	182
8.17.6	Literatur	183
8.18	Bestimmung von Silicium	183
8.18.1	Photometrische Bestimmung mit Ammoniummolybdat	183
8.18.2	Sonstige Verfahren	185
8.18.3	Beurteilung und Grenzwerte	185
8.18.4	Literatur	186
8.19	Bestimmung von Sulfat	186
8.19.1	Voruntersuchung	186
8.19.2	Nephelometrische Bestimmung	187
8.19.3	Gravimetrische Bestimmung	188
8.19.4	Sonstige Verfahren	189
8.19.5	Beurteilung und Grenzwerte	189
8.19.6	Literatur	190
8.20	Bestimmung von Sulfidschwefel	190
8.20.1	Photometrische Bestimmung mit N,N-Diethyl-1,4-phenylendiamin	191
8.20.2	Berechnung der Verteilung des Sulfidschwefels auf H_2S und HS^-	193
8.20.3	Beurteilung und Grenzwerte	194
8.20.4	Literatur	194
9	**Gelöste Gase**	195
9.1	Bestimmung der Kohlensäure und ihrer Anionen	195
9.1.1	Parameter und Definitionen	195
9.1.1.1	m-Wert, p-Wert und anorganischer Kohlenstoff C_{KS}	195
9.1.1.2	Aktivitätskoeffizienten, Ionenstärke, Temperatur, pH-Wert, Säure- und Basekapazität	196
9.1.2	Bestimmung der undissoziierten Kohlensäure	198
9.1.2.1	Bestimmung mit pH-Wert und $K_{S4,3}$	199
9.1.2.2	Bestimmung mit pH-Wert und K_B	200
9.1.3	Bestimmung mit Hydrogencarbonationen	202
9.1.4	Bestimmung der Carbonationen	202
9.1.4.1	Bestimmung mit pH-Wert und $K_{S4,3}$	203
9.1.4.2	Bestimmung mit pH-Wert und K_B	203
9.1.5	Definitionsgleichungen und Basisformeln für die Konzentrationsberechnung der Kohlensäure-Spezies	203
9.1.5.1	Dissoziationskonstante des Wassers, Aktivitätskoeffizienten der H^+- bzw. OH^--Ionen und ihr Produkt	203
9.1.5.2	Dissoziationskonstanten der Kohlensäure, Aktivitätskoeffizienten und ihr Produkt	204
9.1.5.3	Formelzeichen	207
9.1.6	Beurteilung und Grenzwerte	207
9.1.7	Literatur	207
9.2	Bestimmung des gelösten Sauerstoffs	208
9.2.1	Bestimmung mit der Sauerstoffelektrode	209
9.2.1.1	Kalibrierung der Meßanordnung	210
9.2.1.2	Einstellung des Nullpunkts	210
9.2.1.3	Einstellung der Steilheit	210
9.2.1.4	Messung	214
9.2.1.5	Störungen	214
9.2.2	Maßanalytische Bestimmung (Winklermethode)	215
9.2.3	Formelzeichen und Druckeinheiten	216

9.2.4	Beurteilung und Grenzwerte	216
9.2.5	Literatur	218
9.3	Bestimmung des Ozons	218
9.3.1	Maßanalytische Bestimmung mit N,N-Diethyl-1,4-phenylendiamin (DPD)	218
9.3.2	Photometrische Bestimmung mit N,N-Diethyl-1,4-phenylendiamin (DPD)	220
9.3.3	Colorimetrische Bestimmung mit N,N-Diethyl-1,4-phenylendiamin (DPD)	221
9.3.4	Sonstige Verfahren	221
9.3.5	Beurteilung und Grenzwerte	222
9.3.6	Literatur	222
9.4	Bestimmung des Chlors	222
9.4.1	Bestimmung des freien Chlors	223
9.4.1.1	Maßanalytische Bestimmung mit N,N-Diethyl-1,4-phenylendiamin (DPD)	223
9.4.1.2	Photometrische Bestimmung mit N,N-Diethyl-1,4-phenylendiamin (DPD)	225
9.4.1.3	Colorimetrische Bestimmung mit N,N-Diethyl-1,4-phenylendiamin (DPD)	226
9.4.2	Bestimmung des Gesamtchlors	226
9.4.2.1	Maßanalytische Bestimmung mit N,N-Diethyl-1,4-phenylendiamin (DPD)	226
9.4.2.2	Photometrische Bestimmung mit N,N-Diethyl-1,4-phenylendiamin (DPD)	227
9.4.2.3	Colorimetrische Bestimmung mit N,N-Diethyl-1,4-phenylendiamin (DPD)	227
9.4.2.4	Sonstige Verfahren	228
9.4.3	Berechnung des gebundenen Chlors	228
9.4.4	Bestimmung des Chlordioxids, Chlorits und Chlors	228
9.4.4.1	Volumetrische Bestimmung mit N,N-Diethyl-1,4-phenylendiamin (DPD)	228
9.4.4.2	Photometrische Bestimmung mit N,N-Diethyl-1,4-phenylendiamin (DPD)	230
9.4.5	Beurteilung und Grenzwerte	231
9.4.6	Literatur	233
10	**Bestimmung der Aggressivität**	**234**
10.1	Aggressivitätsbegriff und Untergliederung	234
10.2	Verhalten des Wassers gegenüber Kalk, kalkhaltigen Werkstoffen und Rostschichten	234
10.2.1	Berechnung des Calciumcarbonatsättigungsgrads mit Hilfe des Löslichkeitsprodukts	235
10.2.2	Berechnung der Calciumcarbonatsättigung mit Hilfe des Sättigungsindex	236
10.2.3	Experimentelle Bestimmung mit dem Marmorlöseversuch (Heyer-Versuch)	237
10.2.4	Untersuchung mit Hilfe der Leitfähigkeit	238
10.2.5	Experimentelle Bestimmung mit Hilfe des pH-Wert-Schnelltests	239
10.3	Beurteilung	240
10.3.1	Übersättigtes Wasser	240
10.3.2	Gleichgewichtswasser	240
10.3.3	Ungesättigtes Wasser	241
10.3.4	Mischwasser	241
10.4	Literatur	241

11	**Organische Belastungsstoffe** 242
11.1.	Bestimmung des organisch gebundenen Kohlenstoffs 242
11.1.1	Definition 242
11.1.2	Bestimmung 242
11.1.3	Sonstige Verfahren 245
11.1.4	Beurteilung und Grenzwerte 245
11.1.5	Literatur 246
11.2	Bestimmung der Oxidierbarkeit (Kaliumpermanganatverbrauch) 246
11.2.1	Maßanalytische Bestimmung in saurer Lösung 246
11.2.2	Sonstige Verfahren 248
11.2.3	Beurteilung und Grenzwerte 248
11.2.4	Literatur 249
11.3	Bestimmung des spektralen Absorptionskoeffizienten im ultravioletten Bereich 249
11.3.1	Bestimmung 249
11.3.2	Beurteilung 249
11.3.3	Literatur 250
11.4	Bestimmung von Kohlenwasserstoffen (Mineralölen) 250
11.4.1	Probenahme, Extraktion und Reinigung des Extrakts 251
11.4.2	Dünnschichtchromatographisches Verfahren 251
11.4.3	Infrarotspektrometrisches Verfahren 252
11.4.4	Sonstige Verfahren 254
11.4.5	Beurteilung und Grenzwerte 254
11.4.6	Literatur 255
11.5	Bestimmung leichtflüchtiger Halogenkohlenwasserstoffe 255
11.5.1	Bestimmung mit der Gaschromatographie 256
11.5.2	Sonstige Verfahren 258
11.5.3	Beurteilung und Grenzwerte 259
11.5.4	Literatur 259
11.6	Bestimmung von polycyclischen aromatischen Kohlenwasserstoffen 260
11.6.1	Bestimmung mit der zweidimensionalen Dünnschichtchromatograhie 260
11.6.2	Bestimmung mit der eindimensionalen Dünnschichtchromatographie 263
11.6.3	Sonstige Verfahren 265
11.6.4	Beurteilung und Grenzwerte 265
11.6.5	Literatur 265
11.7	Bestimmung der Phenole 266
11.7.1	Bestimmung mit 4-Aminoantipyrin 266
11.7.1.1	Destillationsverfahren mit anschließender Direktbestimmung für flüchtige Phenole 267
11.7.1.2	Destillationsverfahren mit anschließender Farbstoffextraktion für flüchtige Phenole 268
11.7.1.3	Direkte Bestimmung der Gesamtphenole ohne Destillation . . 269
11.7.2	Gaschromatographische Bestimmung 269
11.7.3	Sonstige Verfahren 272
11.7.4	Beurteilung und Grenzwerte 272
11.7.5	Literatur 273
11.8	Bestimmung von Tensiden (Detergentien) 274
11.8.1	Bestimmung der anionischen Tenside 275
11.8.2	Bestimmung der nichtionischen Tenside 277
11.8.3	Sonstige Verfahren 280
11.8.4	Beurteilung und Grenzwerte 280
11.8.5	Literatur 280

12	**Analysenkontrolle**	282
12.1	Kontrolle mit Hilfe des Abdampfrückstands	282
12.2	Kontrolle mit Hilfe der elektrischen Leitfähigkeit	282
12.3	Kontrolle mit Hilfe der Ionenbilanzierung	282
12.4	Kontrolle mit Hilfe des Kationenaustausches	283
12.5	Bilanzierung mit Hilfe der Sulfatkontrolle	284
12.6	Literatur	284
13	**Mikrobiologie**	285
	Von Dr. I. Alexander	
13.1	Mikrobiologische Untersuchung von Trinkwasser	287
13.2	Probenahme	289
13.2.1	Häufigkeit der Probenahme	289
13.2.2	Vorarbeiten zur Probenahme und zur Untersuchung	290
13.2.3.	Probenahme am Zapfhahn	291
13.2.4	Probenahme aus Quellen, Behältern ohne Zapfhahn und Oberflächenwasser	292
13.2.5	Probenahme aus tiefen Behältern, Brunnen und Oberflächenwasser	292
13.3	Untersuchung des Wassers an Ort und Stelle	292
13.4	Arbeiten mit Bakterienkulturen	293
13.5	Indikatorkeime für fäkale Verunreinigungen und ihre Bestimmung	294
13.5.1	Bestimmung von Escherichia coli und Coliformen	294
13.5.2	Gramfärbung (Originalmethode)	301
13.5.3	Bestimmung von Fäkalstreptokokken	302
13.5.4	Bestimmung von sulfitreduzierenden, sporenbildenden Anaerobiern (Clostriden)	303
13.5.5	Bestimmung von Enteroviren	305
13.5.6	Bestimmung von Fäkalbakteriophagen	305
13.6	Indikatoren für sonstige Verunreinigungen	305
13.6.1	Bestimmung der Koloniezahl	305
13.6.2	Bestimmung von Pseudomonas aeruginosa	307
13.6.3	Bestimmung von pathogenen Staphylokokken	309
13.7	Angabe der Ergebnisse	310
13.8	Beurteilung und Grenzwerte	310
13.9	Literatur	311
14	**Bestimmung der Radioaktivität**	314
14.1	Literatur	315

B Schwimm- und Badebeckenwasser
Von Dr. D. Eichelsdörfer

15	**Gesetze, Richtlinien, Normen**	319
15.1	Bundesseuchengesetz	319
15.2	KOK-Richtlinie „Wasseraufbereitung für Schwimmbeckenwasser"	319
15.3	DIN 19643 „Aufbereitung und Desinfektion von Schwimm- und Badebeckenwasser"	320
15.4	Vornorm DIN V 19644 „Aufbereitung und Desinfektion von Wasser für Warmsprudelbecken"	320
15.5	Begriffsbestimmungen für Kurorte, Erholungsorte und Heilbrunnen	321

15.6	Untersuchungs- und Beurteilungsgrundlagen für Badewasser in der Deutschen Demokratischen Republik, in Österreich und in der Schweiz	321
15.7	Literatur	322

16	**Begriffe**	**324**
16.1	Bezeichnung der Wasserarten	324
16.2	Parameter-Gruppen der Badewasseruntersuchung	325
16.2.1	Mikrobiologische Hygiene-Parameter	325
16.2.2	Hygiene-Hilfsparameter	325
16.2.3	Betriebstechnische Parameter	326

17	**Zweck, Umfang und Zeitfolge von Badewasseruntersuchungen**	**327**
17.1	Kontrollanalyse durch die Aufsichtsbehörde	327
17.2	Betriebseigene Überwachung	327

18	**Probenahme**	**330**
18.1	Behälter und Geräte	330
18.2	Technik der Probenahme	330
18.2.1	Zapfhahnprobe	330
18.2.2	Schöpfprobe	331
18.3	Probenahmestellen	331
18.4	Transport der Proben	332
18.5	Probenahmeprotokoll	333
18.6	Literatur	333

19	**Bestimmung der mikrobiologischen Hygiene-Parameter**	**334**
19.1	Bestimmung der Koloniezahl	334
19.2	Bestimmung von Escherichia coli und Coliformen	335
19.3	Bestimmung von Pseudomonas aeruginosa	336
19.4	Literatur	332

20	**Bestimmung der Hygiene-Hilfsparameter**	**338**
20.1	Bestimmung des Chlors	338
20.1.1	Bestimmung des freien Chlors	339
20.1.2	Bestimmung des Gesamtchlors	339
20.1.3	Berechnung des gebundenen Chlors	340
20.1.4	Bestimmung der Summe freies Chlor und Chlordioxid	340
20.1.5	Beurteilung und Grenzwerte	340
20.1.5.1	Konzentration und Konzentrationsbereiche für freies Chlor	341
20.1.5.2	Zulässige Maximalkonzentrationen für gebundenes Chlor	342
20.1.6	Literatur	342
20.2	Bestimmung des pH-Werts	343
20.2.1	Elektrometrische Bestimmung des pH-Werts	343
20.2.2	Colorimetrische Bestimmung des pH-Werts	344
20.2.3	Beurteilung und Grenzwerte	344
20.3	Bestimmung der Redox-Spannung	345
20.3.1	Verfahren zur Messung der Redox-Spannung	346
20.3.2	Beurteilung und Richtwerte	347
20.3.3	Literatur	347

21	**Bestimmung der betriebstechnischen Parameter**	**348**
21.1	Bestimmung der Trübung (Klarheit)	348
21.2	Bestimmung der Färbung	348

21.3	Bestimmung der Oxidierbarkeit mit Kaliumpermanganat	349
21.4	Bestimmung des Ammoniums	350
21.5	Bestimmung des Nitrats	351
21.6	Bestimmung des Aluminiums	351
21.7	Bestimmung des Eisens	352
21.8	Bestimmung des Chlorids	352
21.9	Bestimmung des Sulfats	353
21.10	Bestimmung von Phosphat	353
21.11	Bestimmung von Ozon	354
21.12	Bestimmung von Chlorit	355
21.13	Bestimmung der Säurekapazität bis zum pH-Wert 4,3 ($K_{S4,3}$)	355
21.14	Bestimmung der Wassertemperatur	355
21.15	Literatur	357

22	**Darstellung der Untersuchungsergebnisse**	358
22.1	Kontrollanalyse	358
22.2	Betriebseigene Überwachung	359
22.3	Literatur	360

Anhang

Trinkwasserverordnung 361

Sachverzeichnis 375

Teil A

Trinkwasser

1 Wasserverbrauch und Trinkwasserversorgung

Der Wasserverbrauch [1] kann sich nur nach dem Wasserdargebot richten; Grundlage des Wasserdargebots ist die Niederschlagsmenge, die in der Bundesrepublik Deutschland mit ihrem humiden Klima im Mittel jährlich 837 mm (Europa im Mittel 734 mm) beträgt, d. h. 837 l pro m² oder eine Wasserschichthöhe ohne Verdunstung, Abfluß und Versickerung von 83,7 cm pro Jahr. Die Fläche der Bundesrepublik beträgt ca. 248 000 km² (0,049% der Erdoberfläche); daraus ergibt sich eine Wassermenge von 837 l · 248 000 km² = 207,5 km³, d. h. ca. 208 Mia. m³ pro Jahr, etwa das vierfache des Bodensee-Inhalts (ca. 50 Mia. m³). Die Bilanzierung in Tabelle 1.1. zeigt den weiteren Verbleib dieser Niederschlagsmenge. Rechnet man dem Abfluß von 79 Mia. m³ noch den Zufluß aus den Oberliegerstaaten mit ca. 80 Mia. m³ zu, so ergibt sich theoretisch eine Wassermenge von ca. 160 Mia. m³. Sie kann aber verständlicherweise nur zu einem Bruchteil praktisch genutzt werden und weist zudem eine regional und zeitlich völlig ungleichmäßige Verteilung auf. Insgesamt läßt sich jedoch feststellen, daß die Bundesrepublik Deutschland kein wasserarmes Land ist. Der Wasserversorgungsbericht [2] führt hierzu aus: „Das Wasserdargebot in der Bundesrepublik bietet für die Wasserversorgung mit Trink- und Betriebswasser auf lange Sicht günstige Voraussetzungen. Bei der Lösung dieser Aufgabe treten allerdings – in den einzelnen Bundesländern unterschiedlich – Fragen der Bewirtschaftung und der Wasserverteilung zwischen hydrologisch bedingten Überschuß- und Mangelgebieten sowie vor allem Fragen der Wasserqualität immer stärker in den Vordergrund". Die gesamte Wasserförderung und damit der Wasserbedarf in der Bundesrepublik Deutschland beträgt ca. 41 Mia. m³ und setzt sich wie folgt zusammen (1985):

Wasserkraftwerke für die öffentl. Versorgung	25,556 Mia. m³
Industrie	10,194 Mia. m³
Öffentl. Wasserversorgung	5,202 Mia. m³
Gesamtmenge	40,952 Mia. m³

Die Industrie deckt ihren Bedarf zu ca. ⅔ aus Oberflächenwasser und zu ca. ⅓ aus Grundwasser. Gegenüber der Wasser*bedarfs*menge ist die Wasser*nutzungs*menge

---

[1] Einschließlich Wasserbezug und Weiterleitung von 1,077 Mia. m³, sodaß sich die Wasserförderung der öffentlichen Wasserversorgung auf 4,125 Mia. m³ und der Industriebedarf auf ca. 11,3 Mia. m³ beläuft

Tabelle 1.1. Wasserbilanz der Bundesrepublik Deutschland

Niederschlag	837 mm =	207,6 Mia. m³ =	100%
Verdunstung	519 mm =	128,7 Mia. m³ =	62%
Abfluß	318 mm =	78,9 Mia. m³ =	38%
Abflußwege		78,9 Mia. m³ =	100%
indirekter Abfluß in die Oberflächengewässer über das Grundwasser	254 mm	63,0 Mia. m³ =	80%
direkter Abfluß in die Oberflächengewässer	59 mm	14,6 Mia. m³ =	18,5%
direkter Abfluß in das Meer oder ausländische Aquifere	5 mm	1,3 Mia. m³ =	1,5%

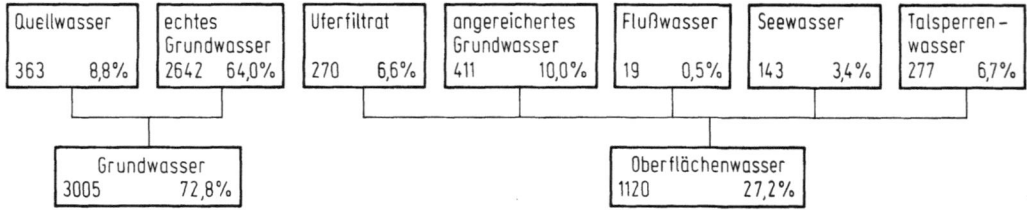

Abb. 1.1. Öffentliche Trinkwasserversorgung 1985 (insgesamt 4 125 Mio. m³)

weitaus höher, da Kraftwerke und Industrie soweit als möglich eine Mehrfachverwendung in Kreislaufanlagen vornehmen.
Der Wasserbedarf der Landwirtschaft mit 250 Mio. m³ (1976) ist gegenüber dem Trinkwasserbedarf verhältnismäßig gering.
Der Verbrauch an Mineralwässern und Süßgetränken beläuft sich auf ca. 4,7 Mia. Liter pro Jahr, also etwas mehr als $1/1000$ der Fördermenge der öffentlichen Wasserversorgung.
Die Förderung der öffentlichen Wasserversorgung im Jahre 1985 gibt sich aus Abb. 1.1. Die Zahlen zeigen, daß die Trinkwasserversorgung zu über 70% aus Grundwasser gedeckt wird und zu weniger als 30% aus Oberflächenwasser; regional betrachtet ergibt sich für Nordrhein-Westfalen (41% Grundwasser und 59% Oberflächenwasser) der größte Unterschied zu den Mittelwerten der Bundesrepublik. Grundwasser wird bevorzugt zur Trinkwasserversorgung genutzt, da die überdeckenden Boden- und Gesteinsschichten einen natürlichen Schutz bieten und die Untergrundpassage auf das Grundwasser güteverbessernd wirkt.
Das gleiche Prinzip wird aber auch bei der Aufbereitung von Flußwasser zu Trinkwasser verwendet. Hier ist ebenfalls die Untergrundpassage (Uferfiltration oder Grundwasseranreicherung) als natürliche und tiefgreifende Aufbereitungsstufe zur Wassergüteverbesserung anzusehen. Mit dieser erfolgreich genutzten Passage wird praktisch die Grundwasserbildung auf dem Wege des versickernden Niederschlags nachgeahmt.
Trinkwasser ist das zum menschlichen Verzehr in jeder Form bestimmte Wasser und demzufolge ein unentbehrliches Lebensmittel. Der Begriff Trinkwasser umfaßt aber nicht nur unmittelbar zum Trinken dienendes Wasser, sondern jegliches Wasser, das vom Verbraucher zu seiner Hygiene benutzt wird, in der Speisenzubereitung Verwendung findet bzw. mit Lebensmitteln oder auch Bedarfsgegenständen in Kontakt kommt. Aus dieser Betrachtung ergibt sich, daß der Begriff „Trinkwasser" ein übergeordnetes Gütemerkmal für verschiedene Bedarfszwecke darstellt; infolgedessen ist der Ausdruck „Wasser für den menschlichen Gebrauch", den die Europäischen Gemeinschaften geprägt haben, zweifellos zutreffender.
Der Haushaltsbedarf an Trinkwasser liegt derzeit pro Kopf und Tag bei 140 l und ist im Vergleich zu anderen europäischen Staaten ein Mittelwert (Tabelle 1.2). Wassersparen hat dann einen Sinn, wenn es um Vergeudung und Mißbrauch geht; es kann aber nicht sinnvoll sein, den erreichten Lebensstandard sowie die erwünschte und sogar notwendige Hygiene durch Wassersparen in Frage zu stellen, solange die Wassernutzung mit den vorgegebenen Ressourcen, ihrer Reinhaltung und ihrer Erneuerung in Einklang steht.
Ein Haushalt mit zwei Kindern verbraucht etwa 18 000 l Trinkwasser im Monat.
Von der Wassergüte her steht die Notwendigkeit hygienisch einwandfreier Wasserbeschaffenheit für die meisten Verwendungs-

Tabelle 1.2. Täglicher Wasserverbrauch in Liter pro Kopf aus der öffentlichen Wasserversorgung

Baden, Duschen	30...40
Wäschewaschen	30...40
Toilettenspülung	30...40
Körperpflege (ohne Baden)	12...16
Wohnungsreinigung	8...10
Geschirrspülen	5... 8
Trinken und Kochen	5... 6
Durchschnittswert	140

1 Wasserverbrauch und Trinkwasserversorgung

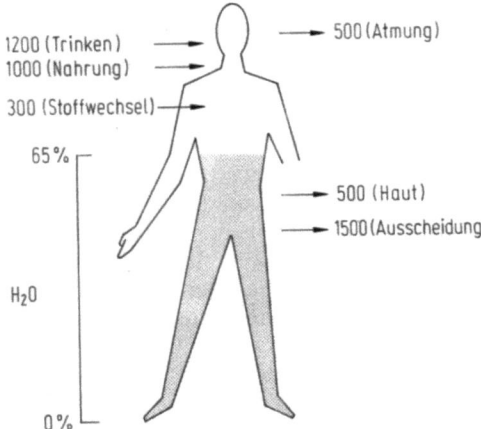

Abb. 1.2. Tägliche Wasseraufnahme und Wasserabgabe in ml

zwecke im Haushalt einschließlich der gesundheitlichen Sicherheit im gesamten Verbraucherbereich den Vorstellungen über getrennte Zuleitungen von minderwertigem und hochwertigem Wasser in einem doppelten Leitungssystem entgegen.

Durchschnittlich besitzt der Mensch von 70 kg Körpergewicht etwa 45 bis 46 l Wasser im Organismus und muß täglich ca. 2,5 l ersetzen. Die Bilanz ist aus Abb. 1.2 ersichtlich. Wenn auch die Werte variieren, so ist doch festzustellen, daß die Gesamtausscheidung selten unter 2 l absinkt, aber bei körperlichen Anstrengungen und Hitzeperioden ansteigen kann. Entsprechende Untersuchungen über einen längeren Zeitraum ergaben eine erstaunliche Konstanz der Wasserbilanz des Menschen.

Demgegenüber hat der Säugling einen größeren Wasserbedarf und Wasserumsatz als der Erwachsene, wie sich aus Tabelle 1.3 ergibt. Unter diesen Gegebenheiten sind auch die besonderen Anforderungen an Wasser zur Säuglingsernährung bzw. zur Zubereitung von Säuglingsnahrung erklärbar.

Das oberirdische und unterirdische Wasser kann als Rohstoff betrachtet werden, der im Gegensatz zu anderen Ressourcen im natürlichen Kreislauf eine ständige Nachlieferung erfährt. In diesen Kreislauf greift der Mensch durch die intensive Verwendung des Wassers ein. Die zahlreichen Nutzungsmöglichkeiten verleihen dem Wasser eine Sonderstellung unter den naturgegebenen Substanzen. Vorrangig ist die Versorgung mit lebensnotwendigem Trinkwasser, die in einem Industriestaat mit hohem Gesamtwasserbedarf und vielfältigen Wasserverwendungen neben der ausreichenden Wassermenge vor allem eine einwandfreie Wassergüte gewährleisten muß. Trinkwasser enthält auf Grund des oberirdischen und unterirdischen Wasserkreislaufs mit seinen Lösungs- und Reaktionsmechanismen verschiedene Mineralstoffe und Gase, die in Art und Menge von den Gegebenheiten der Natur abhängig sind. Üblicherweise liegt der Mineralstoffgehalt in den Trinkwässern unter 1 g/l. Organische Stoffe gehören in der Regel nicht zur Normalausstattung eines Trinkwassers, vor allem, wenn sie anthropogen bedingt sind. Es handelt sich dann um Verunreinigungen oder Schadstoffe, die nach Art und Menge der Wassergüte abträglich oder sogar als gesundheitsbeeinträchtigend zu werten sind. Gleiches gilt auch für die Mikroorganismen.

Trinkwasser als naturgegebenes Produkt kann daher nur eine „Negativdefinition" erhalten, d. h. es ist vorrangig klarzustellen, wie Trinkwasser nicht beschaffen sein soll. Dabei geht es in erster Linie um den Genußwert des Wassers und die Gesundheit des Verbrauchers. Mit diesen allgemeinen Prinzipien für die Trinkwassergüte läßt sich auch in gewisser Weise der Begriff „Trinkwasser" definieren. Als nach wie vor gültiger Orientierungsmaßstab kann die Formulierung der DIN 2000 angesehen werden [3].

Sie besagt: „Die Güteanforderungen des abzugebenden Trinkwassers haben sich im allgemeinen an den Eigenschaften eines aus genügender Tiefe und ausreichend filtrieren-

Tabelle 1.3. Wasserbedarf bzw. -umsatz des Erwachsenen und des Säuglings

	Körpergewicht kg	Wasseraufnahme und -ausscheidung pro Tag ml	Anteil am Körpergewicht
Säugling	6	600	1/10
Erwachsener	70	2 500	1/28

den Schichten gewonnenen Grundwassers zu orientieren, das dem natürlichen Wasserkreislauf entnommen und in keiner Weise beeinträchtigt wurde". Im einzelnen werden diese Güteanforderungen in drei Hauptpunkten präzisiert:
1. Trinkwasser soll frei von Krankheitserregern (keimarm) sein und darf keine gesundheitsschädigenden Eigenschaften haben;
2. Trinkwasser soll appetitlich sein und zum Genuß anregen; es soll farblos, klar, kühl, geruchlos und geschmacklich einwandfrei sein; die gelösten Stoffe sollen sich mengenmäßig in Grenzen halten;
3. Trinkwasser soll keine Werkstoffkorrosionen verursachen.

Daß an erster Stelle der Gütekriterien die Krankheitserreger genannt werden, ist deshalb veranlaßt, weil bei ihrem Vorkommen bereits der *einmalige* Wasserkonsum eine Infektion hervorrufen kann. Hingegen werden bestimmte chemische Stoffe in erhöhter Konzentration in der Regel erst nach einem Wasserkonsum über längere Zeit zu einer Gesundheitsbeeinträchtigung führen.

Ästhetische Gesichtspunkte sind bei allen Lebensmitteln, so auch beim Trinkwasser, für den Verbraucher wichtige Qualitätsmerkmale. Korrosive Eigenschaften des Wassers sind für den Trinkwasserkonsumenten insofern bedeutsam, weil das Wasser gegebenenfalls Werkstoffbestandteile in Lösung bringt, die im Trinkwasser gesundheitsgefährdend wirken können (Sekundärbelastung des Wassers).

Darüber hinaus ist eine Materialzerstörung sowohl für die öffentliche Trinkwasserversorgung wie auch für die Hausinstallation mit erheblichen Schäden verbunden.

Da diese Grundsätze aber recht unscharf gehalten sind und unterschiedlich ausgelegt werden können, muß durch definierte Einzelkriterien und verbindliche Zahlenwerte die erforderliche Trinkwassergüte belegbar und laufend nachprüfbar sein. Deshalb gibt es auch in den meisten Staaten gesetzliche Bestimmungen für das Trinkwasser, insbesondere Grenz- und Richtwerte für Mikroorganismen und chemische Inhaltsstoffe.

Die Problematik der Grenzwerte und die Frage, ob gewisse Stoffe im Wasser in geringsten Konzentrationen eine Gesundheitsgefährdung hervorrufen können, wird immer wieder kontrovers diskutiert, weil man sich bei der Abschätzung der Risiken im Grenzbereich des wissenschaftlichen Erkenntnisstands bewegt. Grenzwerte für Trinkwasser gewährleisten auch keinen absoluten Verbraucherschutz. Bestimmte Stoffe können nämlich in verschiedenen Lebensmitteln vorliegen oder aus anderen Belastungsquellen dem Organismus zugeführt werden; ferner sind die Lebens- und Ernährungsgewohnheiten ebenso unterschiedlich wie die Empfindlichkeiten einzelner Bevölkerungsgruppen. Die Grenzwerte stellen aber aufgrund der toxikologischen Untersuchungen zur Dosis-Wirkung-Beziehung und der Toleranzberechnung unter Einbeziehung von Sicherheitsfaktoren sowie unter Zugrundelegung einer Trinkwasseraufnahme von 2,5 l täglich im Dauergenuß über 70 Jahre bestmögliche Schätzwerte für einen umfassenden Kollektivschutz dar; sie sind auch deshalb gering angesetzt, weil nicht allein die Aufnahme von Trinkwasser als Lebensmittel zu berücksichtigen ist, sondern auch die Aufnahme teilweise unvermeidbarer Mengen des begrenzten Stoffs aus anderen Lebensmitteln mit einer Aufstockung durch den Trinkwasserkonsum.

1.1 Literatur

1 BGW Zahlenspiegel: Öffentliche Wasserversorgung 1985. Bonn: Bundesverband der Deutschen Gas- und Wasserwirtschaft.
2 Wasserversorgungsbericht, Teil B Materialien. Bd.1: Organisation der Wasserversorgung. Bd.2: Wissenschaftlich-technische Probleme der Wasserversorgung. Bd. 3: Wasserbedarfsprognose. Bd. 4: Wassersparmaßnahmen. Bd. 5: Industrielle Wasserverschmutzung. Berlin: Erich Schmidt 1983
3 DIN 2000: Leitsätze für die zentrale Trinkwasserversorgung (November 1973). Berlin: Beuth

2 Gesetze, Richtlinien, Normen

2.1 Gesetzliche Anforderungen an Trinkwasser

Trinkwasser unterliegt den hygienischen Vorschriften des Bundesseuchengesetzes (§ 11, Abs. 2); hier heißt es wörtlich: „Trinkwasser sowie Wasser für Betriebe, in denen Lebensmittel hergestellt oder behandelt werden oder die Lebensmittel gewerbsmäßig in den Verkehr bringen, muß so beschaffen sein, daß durch seinen Genuß oder Gebrauch eine Schädigung der menschlichen Gesundheit, insbesondere durch Krankheitserreger nicht zu besorgen ist". Der § 11 des Bundesseuchengesetzes verlangt auch von Schwimm- und Badebeckenwasser in öffentlichen Bädern und Gewerbebetrieben eine Beschaffenheit, die beim Gebrauch eine Schädigung der menschlichen Gesundheit durch Krankheitserreger ausschließt.

Als Lebensmittel unterliegt das Trinkwasser aber auch den Bestimmungen des Lebensmittel- und Bedarfsgegenständegesetzes (LMBG); Einzelheiten der Qualitätsanforderungen an Trinkwasser sind durch die neue Verordnung über Trinkwasser und Wasser für Lebensmittelbetriebe (Trinkwasserverordnung) gesetzlich geregelt; mit dieser Verordnung wurde die EG-Richtlinie über die Qualität von Wasser für den menschlichen Gebrauch (EG-Trinkwasserrichtlinie) in nationales Recht transformiert.

Nach § 12 LMBG bedürfen Zusatzstoffe zu Lebensmitteln oder die Verwendung bestimmter Ionenaustauscher beim Herstellen von Lebensmitteln einer besonderen Zulassung, die durch Rechtsverordnung der zuständigen Bundesminister geregelt wird. Da bei der Trinkwasseraufbereitung verschiedene Zusatzstoffe benötigt und Ionenaustauscher verwendet werden, sind in einer Verordnung über die Verwendung von Zusatzstoffen bei der Aufbereitung von Trinkwasser (Trinkwasser-Aufbereitungs-Verordnung) die Einzelheiten (insbesondere höchstzulässige Zugaben und Höchstmengen im aufbereiteten Trinkwasser einschließlich der natürlichen Gehalte) und Verwendungsbedingungen festgelegt. Die EG-Trinkwasserrichtlinie und ihre Umsetzung durch die neue Trinkwasser-VO erfordern eine Neufassung der Aufbereitungs-VO von 1959 bzw. 1979; ein Entwurf liegt zwar vor, auf den verschiedentlich bei der Beurteilung der Wasserinhaltsstoffe im Buchtext Bezug genommen wird, jedoch ist nach letztem Informationsstand vorgesehen, die Stoffe für die Trinkwasseraufbereitung in die Verordnung über die Zulassung von Zusatzstoffen zu Lebensmitteln (Zusatzstoff-Zulassungs-Verordnung) einzubringen und damit auf eine besondere Trinkwasser-Aufbereitungs-VO zu verzichten.

2.2 Gesetzliche Anforderungen an Mineralwasser

Mineralwasser unterliegt in erster Linie den Vorschriften des LMBG, in hygienischer Sicht aber auch dem Bundesseuchengesetz. Einzelheiten sind durch die Verordnung über natürliches Mineralwasser, Quellwasser und Tafelwasser (Mineral- und Tafelwasser-Verordnung) geregelt, mit der die frühere Tafelwasser-VO abgelöst und die EG-Richtlinie über die Gewinnung und den Handel mit natürlichen Mineralwässern (EG-Mineralwasserrichtlinie) in nationales Recht transformiert wurde.

2.3 Gesetzliche Anforderungen an Heilwasser

Heilwasser unterliegt weder der Trinkwasserverordnung noch der Mineral- und Tafelwas-

2 Gesetze, Richtlinien, Normen

ser-Verordnung. Heilwässer sind Arzneimittel und unterliegen dem Arzneimittelgesetz; soweit sie in Flaschen abgefüllt werden, sind sie Fertigarzneimittel mit der entsprechenden Zulassungspflicht. Heilwässer kann man daher nicht nach den Anforderungen (z. B. Grenzwerte) der Trinkwasser-VO oder der Mineral- und Tafelwasser-VO beurteilen. Eine Ausnahme machen die mikrobiologischen Anforderungen, die verständlicherweise den Kriterien für natürliche Mineralwässer entsprechen müssen.

2.4. Zusammenstellung der gesetzlichen Anforderungen

Nachfolgend sind die wesentlichen Gesetze, Verordnungen, DIN-Normen und Richtlinien für den Trinkwasserbereich gelistet (die im Buchtext gewählten Bezeichnungen stehen jeweils am Zitatende):
- Gesetz zur Verhütung und Bekämpfung übertragbarer Krankheiten beim Menschen (Bundes-Seuchengesetz) vom 18. 12. 1979, BGBl. I S. 2262 ber. am 5. 2. 1980, BGBl. I S. 151;
- Gesetz über den Verkehr mit Lebensmitteln, Tabakerzeugnissen, kosmetischen Mitteln und sonstigen Bedarfsgegenständen (Lebensmittel- und Bedarfsgegenständegesetz) vom 15. 8. 1974, BGBl. I S. 1946 i. d. F. des Pflanzenschutz-ÄnderungsG vom 15. 8. 1975, BGBl. I S. 2172, ber. BGBl. I S. 2652 und des G zur Neuordnung des Arzneimittelrechtes vom 24. 8. 1976, BGBl. I S. 2445, 2481 (LMBG);
- Verordnung über Trinkwasser und über Wasser für Lebensmittelbetriebe (Trinkwasserverordnung) vom 22. Mai 1986, BGBl. I S. 760 (Trinkwasser-VO);
- Verordnung über den Zusatz von fremden Stoffen bei der Aufbereitung von Trinkwasser (Trinkwasser-Aufbereitungs-Verordnung) vom 19. 12. 1959, BGBl. I S. 762; Änderung der Trinkwasser-Aufbereitungs-Verordnung vom 16. 5. 1975, BGBl. I S. 1281 und am 24. 12. 1977, BGBl. I S. 2813;
- Entwurf für eine Neufassung der Verordnung über die Verwendung von Zusatzstoffen bei der Aufbereitung von Trinkwasser vom Januar 1985 (Trinkwasser-Aufbereitungs-VO);
- Rat der Europäischen Gemeinschaften: Richtlinie des Rates vom 15. 7. 1980 über die Qualität von Wasser für den menschlichen Gebrauch, Amtsbl. d. EG L 229/11 vom 30. 8. 1980 (EG-Trinkwasserrichtlinie);
- Rat der Europäischen Gemeinschaften: Richtlinie des Rates über die Qualitätsanforderungen an Oberflächenwasser zur Trinkwassergewinnung in den Mitgliedstaaten vom 16. 6. 1975, Amtsbl. d. EG L 294/34 vom 25. 7. 1975 (EG-Oberflächenwasserrichtlinie);
- Rat der Europäischen Gemeinschaften: Richtlinie des Rates über den Schutz des Grundwassers gegen Verschmutzung durch bestimmte gefährliche Stoffe vom 17. 12. 1979, Amtsbl. d. EG L 20/43 vom 26. 1. 1980 (EG-Grundwasserrichtlinie);
- Rat der Europäischen Gemeinschaften: Richtlinie des Rates betreffend die Verschmutzung infolge der Ableitung bestimmter gefährlicher Stoffe in die Gewässer der Gemeinschaft vom 4. 5. 1976, Amtsbl. d. EG L 129/123 vom 18. 5. 1976 (EG-Ableitungsrichtlinie);
- DIN 2000: Leitsätze für die zentrale Trinkwasserversorgung. Ausgabe November 1973. Berlin: Beuth;
- DIN 2001: Leitsätze für die Einzel-Trinkwasserversorgung. Ausgabe Mai 1959. Berlin: Beuth;
- WHO: Guidelines for Drinking Water Quality. Vol. 1: Recommendations. Vol. 2: Health Criteria and Other Supporting Information. Geneva: World Health Organization, 1984;
- Klärschlammverordnung — AbfKlärV vom 25. 6. 1982, BGBl. I S. 734;
- Maximale Arbeitsplatzkonzentrationen und Biologische Arbeitsstofftoleranzwerte 1986. Mitt. XXII der Senatskommission zur Prüfung gesundheitsschädlicher Arbeitsstoffe der Deutschen Forschungsgemeinschaft. Weinheim: VCH 1986;
- DVGW, Deutscher Verein des Gas- und

Wasserfaches: Eignung von Oberflächenwasser als Rohstoff für die Trinkwasserversorgung. Arbeitsblatt W 151, ZfGW-Verlag GmbH, Frankfurt/M. Juli 1975;
— ATV, Abwassertechnische Vereinigung: Hinweise für das Einleiten von Abwasser aus gewerblichen und industriellen Betrieben in eine öffentliche Abwasseranlage. ATV-Regelwerk A 115, Dezember 1970;
— Verordnung über natürliches Mineralwasser, Quellwasser und Tafelwasser (Mineral- und Tafelwasser-Verordnung) vom 1. 8. 1984, BGBl. I S. 1036 (Mineral- und Tafelwasser-VO);
— Rat der Europäischen Gemeinschaften: Richtlinie des Rates zur Angleichung der Rechtsvorschriften der Mitgliedsstaaten über die Gewinnung und den Handel mit natürlichen Mineralwässern vom 15. 7. 1980, Amtsbl. d. EG L 229/1 vom 30. 8. 1980 (EG-Mineralwasserrichtlinie).

2.5 Anforderungen an Wasser für die Viehhaltung und die landwirtschaftliche Bewässerung

Im wesentlichen stimmen die Anforderungen an das Wasser für Viehtränken mit den Trinkwasser-Anforderungen überein; mehrfach wird jedoch darauf hingewiesen, daß Tiere höherkonzentriertes Wasser (noch bis 10 g/l) vertragen können, wenn hauptsächlich Na^+ und Cl^- vorliegen; in der Regel soll aber die Konzentration 5 g/l nicht überschreiten. So werden für die Viehtränke folgende Mineralstoff-Grenzwerte angegeben [1]:

Geflügel	2860 mg/l
Schweine	4290 mg/l
Pferde	6435 mg/l
Milchkühe	7150 mg/l
Fleischrinder	10100 mg/l
Schafe	12900 mg/l

Neuere Angaben über die Anforderungen an Wasser für Bewässerungszwecke wurden von Lübbe [2] zusammengestellt.
Wesentliche Anforderungen sind auf die Gesamtmineralisation des Wassers abgestellt; dabei geht es vor allem um die Vermeidung einer Versalzung des Bodens und letztlich auch des Grundwassers. Daher bildet der NaCl-Gehalt ein Hauptkriterium für das Bewässerungswasser mit folgenden Orientierungswerten:

< 0,5 g/l	brauchbar,
0,5 bis 1 g/l	meist brauchbar,
1 bis 1,5 g/l	bei NaCl-empfindlichen Pflanzen beschränkt brauchbar,
1,5 bis 2,0 g/l	bei NaCl-empfindlichen Pflanzen unbrauchbar,
2,0 bis 2,5 g/l	beschränkt brauchbar,
2,5 bis 3,0 g/l	nur in bestimmten Fällen brauchbar,
3,0 bis 4 g/l	bereits unbrauchbar,
> 4 g/l	unbrauchbar.

Hohe Na-Gehalte führen zur Na-Ablagerung im Boden (Alkaliböden). Erhöhe Ca- und Mg-Gehalte verhindern diesen Effekt. Infolgedessen ist das Verhältnis von Natrium zu den Erdalkalien von Bedeutung. Unter diesem Gesichtspunkt wurde eine Formel für das Natrium-Adsorptionsverhältnis (sodium adsorption ratio, SAR) entwickelt; eingesetzt werden die eq-Werte (früher mmol-Werte) der betreffenden Ionen:

$$SAR = \frac{Na}{\sqrt{\frac{Ca + Mg}{2}}}.$$

SAR-Werte unter 10 zeigen eine geringe, 10 bis 18 eine mittlere, 18 bis 26 eine hohe und über 26 eine sehr hohe Gefährdung durch das Bewässerungswasser an. Solche Gefährdungsmöglichkeiten können auch durch das Verhältnis des SAR-Werts zum Gesamtmineralstoffgehalt, ausgedrückt durch die elektrische Leitfähigkeit in µS (Mikrosiemens) bei 25 °C, mit einem Beurteilungsdiagramm in logarithmischem Maßstab dargestellt werden [3]. Der Gesamtmineralstoffgehalt wird allgemein bei einer elektrischen Leitfähigkeit bis 250 µS als gering gefährdend und zwischen 750 und 2250 µS als hoch bzw. über 2250 µS als sehr hoch gefährdend für die Bewässerung angesehen.
Besonders wichtig ist der Borgehalt für die Brauchbarkeit des Wassers zur Bewässerung, da die Nutzpflanzen in Bor-empfindliche, Bor-semitolerante und Bor-tolerante gliedert werden können (Tabelle 2.1).

Tabelle 2.1. Beurteilung des Bewässerungswassers auf Grund der Borgehalte in mg/l

Wasser-qualität	Bor-emp-findliche Nutz-pflanzen	Bor-semi-tolerante Nutz-pflanzen	Bor-tole-rante Nutz-pflanzen
hervor-ragend	bis 0,33	bis 0,67	bis 1,00
gut	0,33...0,67	0,67...1,33	1,00...2,00
brauchbar	0,67...1,00	1,33...2,00	2,00...3,00
zweifelhaft	1,00...1,25	2,00...2,50	3,00...3,75
unbrauch-bar	>1,25	>2,50	>3,75

Weitere Hinweise, Zitierungen der Originalliteratur und Tabellen über die Salz- und Borempfindlichkeit verschiedener Pflanzen sind in der angegebenen Literatur enthalten.

2.6 Literatur

1 Mattheß, G.: Die Beschaffenheit des Grundwassers. Berlin: Bornträger 1973, S. 281-285
2 Lübbe, E.: Nutzungsbezogene Gewässerzustandsbeschreibung für die landwirtschaftliche Nutzung (Pflanzenbewässerung und Viehtränke). Schriftenr. Gewässerschutz Wasser Abwasser 73 (1985) 163-176
3 Bender, F. (Hrsg.): Angewandte Geowissenschaften. Bd. III: Geologie der Kohlenwasserstoffe, Hydrogeologie, Ingenieurgeologie, Angewandte Geowissenschaften in Raumplanung und Umwelttechnik. Stuttgart: Enke 1984, S. 328-331

3 Umfang von Trinkwasseranalysen

Der Umfang einer Trinkwasseruntersuchung richtet sich nach ihrem Zweck. Zur Ermittlung von Verunreinigungen sind unter Umständen andere Inhaltsstoffe und Parameter zu bestimmen als beispielsweise zur Notwendigkeit einer Wasseraufbereitung, zu ihrer Effektivitätskontrolle, zur orientierenden Untersuchung auf Trinkwasserqualität bei Wassererschließungsmaßnahmen oder zur Kenntnis korrosiver Eigenschaften des Wassers. Während die Trinkwasserverordnung die gesetzlichen Anforderungen festlegt, sollen die Vorschläge in Abschn. 3.2 bis 3.6 einen Orientierungsrahmen für verschiedene Untersuchungserfordernisse abstecken. Aus der Aufgabe für die öffentliche Wasserversorgung, jederzeit ein gütemäßig einwandfreies Wasser in ausreichender Menge der Bevölkerung zur Verfügung zu stellen, ergibt sich auch die Verpflichtung einer eingehenden Untersuchung der Wasserbeschaffenheit und einer laufenden Kontrolle. Wasseruntersuchungen haben folgende Hauptziele:
— Ermittlung der Zusammensetzung und Beschaffenheit eines Wassers in physikalischer, physikalisch-chemischer, chemischer und mikrobiologischer Hinsicht;
— Ermittlung der Verwendungsmöglichkeiten des Wassers für bestimmte Zwecke, z. B. Trinkwasser;
— Feststellung, ob und durch welche Aufbereitungsverfahren das Wasser bestimmten Nutzungszwecken, z. B. Trinkwasser, zugeführt werden kann;
— Ermittlung der Effektivität einzelner Aufbereitungsstufen im Hinblick auf eine optimale Behandlung zu bestimmten Nutzungszwecken, z. B. Trinkwasser;
— Ermittlung von Werkstoffeinwirkungen

Tabelle 3.1. Mikrobiologische Anforderungen an Trinkwasser (§ 1, Abs. 1 bis 3)

Mikroorganismen	Grenzwert	Richtwert
Escherichia coli	nicht enthalten in 100 ml	
Coliforme Keime	nicht enthalten in 100 ml[a]	
Koloniezahl in nichtdesinfiziertem Trinkwasser, auch in Trinkwassertransport- und -abgabefahrzeugen bei Bebrütungstemperatur 20 ± 2 °C und 36 ± 1 °C		nicht über 100 in 1 ml
Koloniezahl in desinfiziertem Trinkwasser, auch in Trinkwassertransport- und -abgabefahrzeugen bei Bebrütungstemperatur 20 ± 2 °C		nicht über 20 in 1 ml
Koloniezahl in Trinkwasser aus Eigen- und Einzelversorgungsanlagen, Entnahme bis zu 1000 m³/Jahr sowie Trinkwasser in bestimmten Behältern nach § 1, Abs. 3 bei Bebrütungstemperatur 20 ± 2 °C und		nicht über 1000 in 1 ml
Bebrütungstemperatur 36 ± 1 °C		nicht über 100 in 1 ml

[a] Dieser Grenzwert ist eingehalten, wenn coliforme Keime in mindestens 95 % der mindestens 40 Untersuchungen nicht nachweisbar sind

(Korrosion) durch das Wasser einschließlich sekundärer Trinkwasserbelastung.

3.1 Analyse nach der Trinkwasser-VO

Umfang und Häufigkeit der Untersuchungen sind in Anl. 5 zu § 10, Abs. 1 festgelegt. Sie richten sich einmal nach der Trinkwasserabgabe in drei Staffeln, nämlich bis zu 1000 m³, bis zu 1 000 000 m³ und über 1 000 000 m³ pro Jahr. Zum anderen gibt es für diese Staffelung vier Untersuchungskategorien, nämlich „Untersuchungen zur Überwachung der Desinfektion", „laufende Untersuchungen", „periodische Untersuchungen" und „besondere Untersuchungen". In den einzelnen Kategorien ist auch festgesetzt, wieviele Untersuchungen z. B. pro Tag oder Jahr vorzunehmen sind.

Untersuchungen zur Überwachung der Desinfektion beziehen sich auf Chlor, chlorabgebende Verbindungen oder auf Chlordioxid; es wird ein Restgehalt nach Abschluß der Aufbereitung von 0,1 mg/l freiem Chlor bzw. 0,05 mg/l Chlordioxid gefordert (§ 1, Abs. 4) und zwar mit einem zulässigen Bestimmungsfehler von ± 0,05 mg/l Cl_2 bzw. ± 0,02 mg/l ClO_2 (Anl. 3).

Laufende Untersuchungen sind erst bei Trinkwasserabgaben über 1000 m³ pro Jahr und dann abgabengestaffelt erforderlich. Sie umfassen organoleptische Prüfungen, elektrische Leitfähigkeit, gegebenenfalls Chlor und Chlordioxid sowie die Mikrobiologie gemäß Tabelle 3.1. Die mikrobiologischen Untersuchungen müssen nach den Verfahren der Anl. 1 durchgeführt werden (Abänderungen bzw. andere Verfahren § 12).

Periodische Untersuchungen beinhalten neben der organoleptischen Prüfung und der Leitfähigkeit den pH-Wert, die Mikrobiologie und die Grenzwerte 1 bis 12 für chemische Stoffe, Tabelle 3.2, die gemäß § 2, Abs. 1 nicht überschritten werden dürfen (Ausnahmen in § 4).

Besondere Untersuchungen einschließlich der zeitlichen Abstände ordnet die zuständige Behörde an (§ 10, Abs. 2 oder § 11). Hierbei geht es in erster Linie um Kenngrößen und chemische Stoffe mit Grenzwerten zur ein-

Tabelle 3.2. Grenzwerte für chemische Stoffe (Anl. 2)

Lfd. Nr.	Bezeichnung	Grenzwert in mg/l
1	Arsen (As)	0,04
2	Blei (Pb)	0,04
3	Cadmium (Cd)	0,005
4	Chrom (Cr)	0,05
5	Cyanid (CN)	0,05
6	Fluorid (F)	1,5
7	Nickel (Ni)	0,05
8	Nitrat (NO_3)	50
9	Nitrit (NO_2)	0,1
10	Quecksilber (Hg)	0,001
11	polycyclische aromatische Kohlenwasserstoffe 6 Verbindungen (s. Anl. 2) berechnet als Kohlenstoff (C)	0,0002
12	organische Chlorverbindungen	
	— 1,1,1-Trichlorethan Trichlorethylen Tetrachlorethylen Dichlormethan	0,025
	— Tetrachlorkohlenstoff (CCl_4)	0,003
13	Pestizide, polychlorierte und polybromierte Biphenyle, Terphenyle (Grenzwerte ausgesetzt bis 1. Okt. 1989)	0,0001 (Einzelsubstanz) 0,0005 (Summe)

Tabelle 3.3. Sensorische Kenngrößen, physikalisch-chemische Kenngrößen und chemische Stoffe mit Grenzwerten zur Beurteilung der Beschaffenheit des Trinkwassers (Anl. 4)

Lfd. Nr.	Bezeichnung	Grenzwert
1	Färbung (spektraler Absorptionskoeffizient Hg 436 nm)	0,5 m^{-1}
2	Trübung	1,5 Trübungseinheiten/Formazin
3	Geruchsschwellenwert	2 bei 12 °C
		3 bei 25 °C
4	Temperatur	25 °C
5	pH-Wert	nicht unter 6,5 und
	(Erläuterungen zu den verschiedenen Werkstoffen s. Anl. 4)	nicht über 9,5
6	elektrische Leitfähigkeit	2000 µS · cm^{-1} bei 25 °C
7	Oxidierbarkeit (O_2)	5 mg/l
8	Aluminium (Al)	0,2 mg/l
9	Ammonium (NH_4)	0,5 mg/l
10	Eisen (Fe)	0,2 mg/l
11	Kalium (K)	12 mg/l
12	Magnesium (Mg)	50 mg/l
13	Mangan (Mn)	0,05 mg/l
14	Natrium (Na)	150 mg/l
15	Silber (Ag)	0,01 mg/l
16	Sulfat (SO_4)	240 mg/l
17	oberflächenaktive Stoffe Methylenblauaktive Substanzen (anionische Tenside) und Bismutaktive Substanzen (nichtionische Tenside)	0,2 mg/l

wandfreien Beschaffenheit des Trinkwassers (§ 3).
In Anl. 4 (Tabelle 3.3) sind auch die Analysenverfahren (Abänderungen bzw. andere Verfahren s. § 12) und Bemerkungen hinsichtlich Ausnahmen oder Grenzwertüberschreitungen enthalten. Die zuständige Behörde kann über die gelisteten Parameter der Anl. 2 und 4 hinaus das Wasser auf weitere Stoffe untersuchen lassen (z. B. Nr. 13 der Anl. 2), wenn ihr dies erforderlich erscheint (§ 10 und § 11). Dies gilt vor allem auch für die Ausdehnung der Mikrobiologie (§ 11), Tabelle 3.4.

Tabelle 3.4. Erweiterte mikrobiologische Untersuchungen auf Anordnung (§ 11)

Mikroorganismen	Feststellung
Fäkalstreptokokken	ob in 100 ml nicht vorhanden
sulfitreduzierende sporenbildende Anaerobier	ob in 20 ml nicht vorhanden
andere Mikroorganismen, insbesondere Pseudomonas aeruginosa, pathogene Staphylokokken Fäkalbakteriophagen enterogene Viren	ob im Wasser vorhanden

3.2 Analyse des abgefüllten Trinkwassers nach der Mineral- und Tafelwasser-VO

Während die frühere Trinkwasser-VO auch für das Trinkwasser gültig war, das in verschlossenen Behältnissen in den Verkehr kam, sind nunmehr die Rechtsvorschriften für alle abgefüllten Wässer zur gewerbsmäßigen Abgabe an den Verbraucher in der Mineral- und Tafelwasser-VO zusammengefaßt. Zu diesen Wässern gehören natürliches Mineralwasser (früher Mineralwasser), Quellwasser (früher mineralarmes Wasser), Tafelwasser (früher künstliches Mineralwasser) und abgefülltes Trinkwasser. Die Anforderungen an dieses Trinkwasser sind in § 18 der Mineral- und Tafelwasser-VO beschrieben. Die Untersuchungsverfahren sind in der Anl. 3 der Mineral- und Tafelwasser-VO angegeben.

Unterschiede zwischen Grenzwerten (Tabelle 3.6) bzw. mikrobiologischen Untersuchungsverfahren (Tabelle 3.5) der Trinkwasser-VO und den entsprechenden Vorschriften der Mineral- und Tafelwasser-VO sind dadurch bedingt, daß diese zeitlich vor der neuen Trinkwasser-VO erlassen wurde und sich daher noch auf die ältere, während der Ausarbeitung der Mineral- und Tafelwasser-VO gültige Trinkwasser-VO stützen mußte.

3.3 Orientierende Trinkwasseranalyse

Bei neuen Grundwassererschließungen, Pumpversuchen im Rahmen von Neubohrungen, Quellenentdeckungen und bei überhaupt noch nicht analysierten Wasservorkommen wird es zunächst darauf ankommen, eine erste Übersicht über den Wassertypus zu erhalten, um an Hand dieser Information eine Aussage über Nutzungsmöglichkeiten zu treffen und eingehendere Untersuchungen gezielt in die Wege zu leiten. Für diese Übersicht sind mindestens folgende Untersuchungen empfehlenswert:

— Ortsbesichtigung und organoleptische Prüfung des Wassers (z. B. Aussehen, Färbung, Geruch und Geschmack);
— Wassertemperatur am Ort;
— pH-Wert am Ort bei gemessener Wassertemperatur;
— elektrische Leitfähigkeit am Ort bei gemessener Wassertemperatur;
— anorganische Hauptbestandteile:

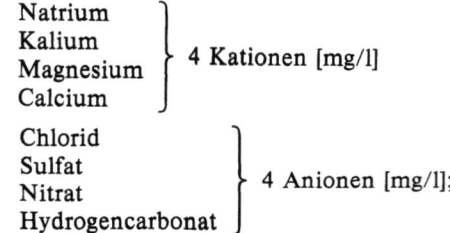

— Härteberechnung aus den Werten für Magnesium und Calcium;
— Gesamtmineralstoffgehalt (berechnet aus elektrischer Leitfähigkeit, s. Abschn. 7.4 bzw. aus der Massensummierung der acht Ionen).

Selbstverständlich sind auch schon im Rahmen einer Orientierungsanalyse weitere Untersuchungen veranlaßt, wenn sich bei der Ortsbesichtigung und Probenahme entsprechende Hinweise ergeben (z. B. Färbung oder Trübung durch Eisen, geruchliche oder geschmackliche Besonderheiten, Verdacht auf organische Belastungsstoffe). Bei allen Wasseruntersuchungen ist die Ortsbesichtigung mit der Probenahme durch den Gutachter die Regel, dagegen die Untersuchung überbrachter Proben eine Ausnahme; im letzteren Falle können exakt nur die sich nicht verändernden Inhaltsstoffe und Eigenschaften ermittelt werden. Falls eine solche Untersuchung unumgänglich ist, müssen Einzelheiten der Entnahme, der Abfüllung in vorbereitete Flaschen und des raschen Transports zum Laboratorium mit dem Auftraggeber vereinbart werden.

Tabelle 3.5. Mikrobiologische Anforderungen an abgefülltes Trinkwasser (§ 4)

Mikroorganismen	Grenzwert
Escherichia coli	nicht enthalten in 250 ml
Coliforme Keime	nicht enthalten in 250 ml
Fäkalstreptokokken	nicht enthalten in 250 ml
Pseudomonas aeruginosa	nicht enthalten in 250 ml
sulfitreduzierende, sporenbildende Anaerobier	nicht enthalten in 50 ml
Koloniezahl (Untersuchung innerhalb von 12 h nach der Abfüllung) bei Bebrütungstemperatur 20 ± 2 °C	nicht über 100 in 1 ml
Bebrütungstemperatur 37 ± 1 °C	nicht über 20 in 1 ml

Tabelle 3.6. Grenzwerte für chemische Stoffe im abgefüllten Trinkwasser

Lfd. Nr.	Bezeichnung	Grenzwert in mg/l
1	Arsen (As)	0,04
2	Blei (Pb)	0,04
3	Cadmium (Cd)	0,005
4	Chrom (Cr)	0,05
5	Cyanid (CN)	0,05
6	Fluorid (F)	1,5
7	Nitrat (NO_3)	50
8	Nitrit (NO_2)	0,1
9	Quecksilber (Hg)	0,001
10	Selen (Se)	0,008
11	Sulfat (SO_4)	240
12	Polycyclische aromatische Kohlenwasserstoffe (berechnet als Kohlenstoff C)	0,0002
13	Organische Halogenverbindungen a) Trihalogenmethane	0,025
	b) Summe an 1,1,1-Trichlorethan Trichlorethylen Tetrachlorethylen Dichlormethan	0,025
	c) Tetrachlorkohlenstoff CCl_4	0,003

3.4 Hygienisch-chemische Trinkwasseranalyse

Wenn nicht nur die allgemeine Beschaffenheit und die hauptsächlichen Mineralstoffe des Wassers, sondern auch seine hygienische Qualität ermittelt werden soll, empfiehlt sich eine Erweiterung der Untersuchungen nach Abschn. 3.3 um folgende Bestimmungen:
— Ortsbesichtigung mit besonderer Beachtung der hygienischen Verhältnisse des Wasservorkommens und seiner Umgebung;
— Schüttung oder Ergiebigkeit;
— organoleptische Prüfungen (Aussehen, Färbung, Trübung, Bodensatz, Geruch und Geschmack); falls erforderlich, Geruchs- und Geschmacksschwellenwert;
— Eisen;
— Mangan;
— Ammonium;
— Nitrat;
— Nitrit;
— Phosphat;
— organisch gebundener Kohlenstoff (TOC);
— Oxidierbarkeit;
— mikrobiologische Untersuchungen: E. coli, coliforme Keime, Koloniezahl.

Auch dieser Analysenumfang ist nach den speziellen Gegebenheiten auszurichten (Erweiterung der Einzelbestimmungen, z. B. Chlor, oder Wegfall eines Parameters).

3.5 Große Trinkwasseranalyse

Die große Trinkwasseranalyse soll ein umfassendes Bild des Wassers mit allen wissenswerten Einzelheiten vermitteln; der nachstehend empfohlene Umfang geht über die Anforderungen der Trinkwasser-VO hinaus, beinhaltet möglicherweise vorhandene Spurenstoffe, differenziert die unter Umständen auftretenden organischen Belastungsstoffe und berücksichtigt auch korrosive Eigenschaften des Wassers.
Allgemeine Angaben:
— Anlaß der Untersuchung,
— Auftraggeber,
— Gutachter bzw. Institut,

3 Umfang von Trinkwasseranalysen

— Beschreibung der Wasservorkommen (Lage);

Angaben zur Probenahme:
— Datum, Uhrzeit,
— Schüttung oder Ergiebigkeit,
— Entnahmeeinrichtung und Entnahmetiefe;

Umgebungsparameter und Feststellungen am Ort:
— Witterung während der Probenahme,
— Lufttemperatur und Luftdruck,
— Beschreibung der Anlage und ihres Zustands einschließlich der näheren Umgebung;

Sinnenprüfung:
— Aussehen,
— Geruch,
— Geschmack,
— Färbung, Trübung, Bodensatz, Klarheit, Sichttiefe (qualitativ bzw. quantitativ z. B. mit Geruchsschwellenwert, spektralem Absorptionsmaß bei 254 nm, Trübungseinheiten);

Allgemeine Parameter:
— Wassertemperatur,
— pH-Wert bei Wassertemperatur,
— pH-Wert nach $CaCO_3$-Sättigung (Heyer-Versuch),
— Redoxspannung,
— elektrische Leitfähigkeit bei Wassertemperatur und umgerechnet auf 25 °C,
— abfiltrierbare Stoffe,
— Abdampfrückstand,
— Glührückstand,
— Glühverlust,
— Säurekapazität bis pH 8,2
— Basekapazität bis pH 8,2,
— Säurekapazität bis pH 4,3;

Mineralstoffe:
— Natrium,
— Kalium,
— Calcium,
— Magnesium (u. U. weitere Alkali- und Erdalkaliionen);
— Härte (Summe Erdalkaliionen);
— Eisen,
— Mangan,
— weitere Metalle und Halbmetalle (mindestens nach Trinkwasser-VO, s. Abschnitt 3.1 und zusätzlich z. B. Aluminium, Bor, Selen, Zink),
— Ammonium,
— Chlorid,
— Cyanid,
— Fluorid,
— Nitrat,
— Nitrit,
— Phosphat,
— Silicium,
— Sulfat,
— Hydrogencarbonat;

Gelöste Gase:
— Kohlenstoffdioxid,
— Sauerstoff,
— Schwefelwasserstoff (bzw. Sulfid),
— Chlor bzw. Chlordioxid;

Organische Parameter:
— organisch gebundener Kohlenstoff (TOC),
— Oxidierbarkeit,
— Mineralöle,
— leichtflüchtige Halogenkohlenwasserstoffe,
— Haloforme,
— polycyclische aromatische Kohlenwasserstoffe,
— Phenole,
— Tenside,
— Analysenkontrolle (s. Kap. 12);

Mikrobiologische Untersuchungen:
— gemäß Trinkwasser-VO mit evtl. Erweiterung (s. Abschn. 3.1).

Die Ermittlung organischer Belastungsstoffe muß u. U. erheblich erweitert werden, wenn sich Verdachtsmomente ergeben (z. B. Pestizide, polychlorierte, polybromierte Biphenyle und Terphenyle) oder bestimmte Stoffe vermutet werden.

3.6 Technologische Trinkwasseranalyse

Das Angriffsvermögen des Wassers gegenüber *metallischen* Werkstoffen wird durch folgende Parameter charakterisiert [1]:
— Wassertemperatur,
— pH-Wert bei Wassertemperatur,
— Säurekapazität bis pH 4,3,
— Natrium,
— Calcium,
— Mangan,
— Chlorid,

— Nitrat,
— Phosphat,
— Sulfat,
— Silicium,
— Sauerstoff,
— organisch gebundener Kohlenstoff (TOC).

Zur Feststellung des Angriffsvermögens gegenüber Beton sind folgende Parameter zu bestimmen [2]:
— Geruch,
— pH-Wert bei Wassertemperatur,
— pH-Wert nach $CaCO_3$-Sättigung (Heyer-Versuch),
— Magnesium,
— Härte (Summe Erdalkalien),

— Ammonium,
— Chlorid,
— Sulfat,
— Schwefelwasserstoff bzw. Sulfid,
— Oxidierbarkeit.

3.7 Literatur

1 DIN 50930 Teil 1: Korrosionsverhalten von metallischen Werkstoffen gegenüber Wasser; Allgemeines (Dezember 1980). Berlin: Beuth
2 DIN 4030: Beurteilung betonangreifender Wässer, Böden und Gase (November 1969). Berlin: Beuth

4 Konzentrationsangaben und Analysendarstellung

Die Atomgewichte der Elemente werden seit 1961 einheitlich auf das Atomgewicht 12 des Kohlenstoffs bezogen. Addiert man die relativen Gewichte der z. B. in einem Molekül eines Elements oder in seiner Verbindung enthaltenen Atome, so ergeben sich die entsprechenden relativen Molekulargewichte. Früher wurde die diesem Molekulargewicht numerisch entsprechende Masse in g als Gramm-Molekül oder auch als Mol bezeichnet, d. h. z. B. 1 Mol Wasser = 18,015 g Wasser.

Nach dem Gesetz über die Einheiten im Meßwesen ist aber nunmehr 1 Mol nicht mehr als eine *Masse in g* zu definieren, sondern als eine *Teilchenzahl*; 1 Mol ist demzufolge die *Stoffmenge* eines Systems oder einer Stoffportion, die aus ebensovielen Teilchen besteht wie Atome in 12 g des Kohlenstoffnuklids ^{12}C vorhanden sind. Bei Verwendung des Mol-Begriffs müssen die Einzelteilchen des Systems spezifiziert sein und können z. B. Atome, Moleküle, Ionen oder Elektronen sein, aber auch andere Teilchen oder Gruppen solcher Teilchen mit genau angegebener Zusammensetzung. In 12 g des Kohlenstoffnuklids sind $6,02 \cdot 10^{23}$ Kohlenstoffatome (Avogadrosche Zahl) enthalten. 1 Mol einer Substanz kann also als diejenige Stoffmenge definiert werden, in der sich $6,02 \cdot 10^{23}$ Moleküle bzw. Atome des Stoffs befinden. Jedes Mol einer Substanz enthält die gleiche Anzahl von Molekülen bzw. Atomen.

Man unterscheidet also zwischen einer *abgewogenen Masse* und einer *gezählten Menge*. An der numerischen Größe des Mols ändert sich allerdings gegenüber dem früheren Gramm-Molekül nichts, da $6,02 \cdot 10^{23}$ Moleküle bzw. Atome eines Stoffs massenmäßig allgemein sein in g ausgedrücktes Molekulargewicht ergeben.

Für die vorstehenden Begriffe gelten folgende Symbole:

Stoffmenge n
Masse m
Teilchensorte X (z. B. Ca^{2+} für X); dementsprechend auch $n(X)$ oder $m(X)$, hier $n(Ca^{2+})$ oder $m(Ca^{2+})$.

Konzentration ist der Quotient aus einer Masse m bzw. Stoffmenge n der Teilchensorte X und dem Volumen V der Lösung. Das Lösemittel soll genannt werden, falls es sich nicht um Wasser handelt; wenn keine Verwechslung zwischen Stoffmengen-, Massen- und Volumenkonzentration möglich ist, kann auch die Kurzangabe „Konzentration" verwendet werden (insbesondere bei Angabe von Einheiten oder Größenzeichen). Man unterscheidet dementsprechend zwischen der *Stoffmengenkonzentration* $c(X)$ und der *Massenkonzentration* $\varrho(X)$. Die *Stoffmengenkonzentration* wird in mol/l angegeben:

$$c(X) = \frac{n(X)}{V} \quad \text{in mol/l.}$$

In der Trinkwasseranalyse ist infolge der verhältnismäßig geringen Stoffmengenkonzentration die Angabe in mmol/l üblich. Die Stoffmengenkonzentration in mol/l wird auch als *molare Konzentration* (Molarität) bezeichnet; wenn man die Stoffmengenkonzentration nicht auf das *Volumen* der Lösung, sondern auf die *Masse* des Lösemittels (Lm) bezieht, handelt es sich um die *Molalität b*:

$$b(X) = \frac{n(X)}{m_{Lm}} \quad \text{in mol/kg.}$$

Die *Massenkonzentration* wird in g/l angegeben:

$$\varrho(X) = \frac{m(X)}{V} \quad \text{in g/l.}$$

In der Trinkwasseranalyse ist entsprechend der geringen Gehalte an Inhaltsstoffen die

Angabe in mg/l üblich. Nur bei Mineral- und Heilwässern mit verhältnismäßig hohen Feststoffgehalten im Vergleich zu den Trinkwässern erfolgt wegen der Dichteunterschiede gegenüber dem reinen oder schwachmineralisierten Wasser die Angabe der *Massenkonzentration* in g bzw. mg pro kg Lösung; gleiches gilt für die *Stoffmengenkonzentration* solcher Wässer. Die geförderten, aufbereiteten und genutzten Wassermengen der Trinkwasserversorgung werden in m³ gemessen; infolgedessen sind auch in der Wasseranalytik neben mmol/l bzw. mg/l Angaben in mol/m³ bzw. g/m³ gebräuchlich. Zu erwähnen ist noch der Begriff *molare Masse* $M(X)$ in g/mol:

$$M(X) = \frac{m(X)}{n(X)} \text{ in g/mol}.$$

Mit diesem Begriff können aus *Stoffmengen* in mol entsprechende *Massen* in g oder umgekehrt errechnet werden:

$$m(X) = M(X)\, n(X)$$
$$n(X) = \frac{m(X)}{M(X)}.$$

Der Zahlenwert der molaren Masse in g/mol ist gleich dem Zahlenwert der Masse von 1 mol Substanz; beispielsweise 1 mol $H_2O = 18$ g H_2O und demzufolge $M(H_2O) = 18$ g/mol; entsprechend ist z. B. die molare Masse von Schwefelsäure $H_2SO_4 = 98$ g/mol oder von Natrium $= 22{,}99$ g/mol bzw. von Calcium $= 40{,}08$ g/mol.

Aus der *Massenkonzentration* $\varrho(X)$ in mg/l errechnet sich die *Stoffmengenkonzentration* in mmol/l mit Division durch die molare Masse:

$$c(X) = \frac{\varrho(X)}{M(X)} \text{ in mmol/l}.$$

So ergeben z. B. 48,03 mg/l SO_4^{2-} eine Stoffmengenkonzentration von
$$\frac{48{,}03}{96{,}06} = 0{,}500 \text{ mmol/l}.$$

In der Wasseranalyse benötigt man aber neben der Massenkonzentration (z. B. in mg/l) für die Aufstellung von Ionenbilanzen auch *Äquivalentbeziehungen* zur Kennzeichnung äquivalenter Mengen unter Berücksichtigung der Ionenladungen; z. B. ist Natrium einwertig, Calcium zweiwertig und Aluminium dreiwertig. Es war daher erforderlich, die *äquivalenten Stoffmengen* zu definieren. Früher benutzte man für sie das val oder mval; diese Begriffe gibt es in den SI-Einheiten nicht mehr. Mit dem heute allein gültigen Stoffmengenbegriff läßt sich das damalige Val wie folgt charakterisieren: 1 val ist diejenige Stoffmenge, die der Stoffmenge 1 mol eines als einwertig erkannten Reaktionspartners äquivalent ist.

Um den Molbegriff auf diese Äquivalentbeziehungen generell anwenden zu können, wurden unter Berücksichtigung der gesetzlich gegebenen Möglichkeit einer Spezifizierung verschiedener Einzelteilchen für das Mol (z. B. Atome, Moleküle u. a.) zusätzlich Äquivalentteilchen definiert, die einen Bruchteil ($1/z$) eines Teilchens darstellen. Die *Äquivalenzzahl* z ist in der Wasseranalyse die Wertigkeit bzw. *Zahl der Ionenladungen* (z. B. $Na^+ = 1$; $Ca^{2+} = 2$; $SO_4^{2-} = 2$ oder für $PO_4^{3-} = 3$). Ein Mol Na^+-Ionen enthält auch 1 mol, d. h. $6{,}023 \cdot 10^{23}$ positive *Ladungen* und ein Mol Ca^{2+}-Ionen 2 mol, d. h. $2 \cdot 6{,}023 \cdot 10^{23}$ positive Ladungen. Ein einwertiges Ion hat also eine *Ladungszahl* in Mol entsprechend der *Ionenanzahl*, ein zweiwertiges Ion besitzt diese Ladungszahl bereits in einem halben Mol und ein dreiwertiges Ion in einem drittel Mol seiner Ionen. Für den Begriff der *Stoffmengenkonzentration bezogen auf die Äquivalente* gilt folgendes Symbol:

Äquivalentkonzentration $c(\text{eq})$, wobei $c(\text{eq}) = c(\frac{1}{z} X)$ entspricht.

Infolgedessen gibt es neben der beschriebenen *molaren Masse* $M(x)$ auch die *molare Masse von Ionenäquivalenten* $M(\text{eq})$. So ist z. B. die molare Masse M von Sulfat $= 96$ g/mol und die molare Masse von Sulfatäquivalenten $M(\text{eq}) = 48$ g/mol oder die molare Masse von Calcium $= 40{,}08$ g/mol und von Calciumäquivalenten $= 20{,}04$ g/mol; während bei Natrium wegen seiner Einwertigkeit die molare Masse identisch mit der molaren Masse von Natriumäquivalenten ist.

4 Konzentrationsangaben und Analysendarstellung

Tabelle 4.1. Konzentrationen für verschiedene Ionensorten

Ionensorte	Ladungszahl	Stoffmengenkonzentration $c(X)$ mmol/l	Äquivalentkonzentration $c(\text{eq}\,X)$ mmol/l
Na^+	1	0,500	0,500
Ca^{2+}	2	0,500	1,000
Al^{3+}	3	0,500	1,500
Cl^-	1	0,500	0,500
SO_4^{2-}	2	0,500	1,000
PO_4^{3-}	3	0,500	1,500

Zwischen der *Stoffmengenkonzentration* $c(X)$ in mmol/l und der entsprechenden *Äquivalentkonzentration* $c(\text{eq}\,X)$ besteht folgende Beziehung:

$$c(\text{eq}\,X) = z \cdot c(X).$$

Tabelle 4.1 gibt für verschiedene Ionensorten die entsprechenden Konzentrationen an. Bei der tabellarischen Darstellung einer Wasseranalyse wird die Stoffmengenkonzentration in mmol/l *nicht* benötigt. Vielmehr wird in der *zweiten Spalte* nach der *Massenkonzentration* in mg/l zur Ionenbilanzierung die *Äquivalentkonzentration* $c(\text{eq}\,X)$ in mmol/l gelistet. Sie errechnet sich aus der Division der Massenkonzentration $\varrho(X)$ in mg/l durch die molare Masse der Ionenäquivalente $M(\text{eq})$ in mg/mol:

$$c(\text{eq}\,X) = \frac{\varrho(X)}{M(\text{eq}\,X)} \quad \text{in mmol/l.}$$

Beispiele: $\varrho(Na^+) = 30$ mg/l

$$c(\text{eq}\,Na^+) = \frac{30}{22{,}99} = 1{,}305 \text{ mmol/l}$$

$\varrho(Ca^{2+}) = 150$ mg/l

$$c(\text{eq}\,Ca^{2+}) = \frac{150}{20{,}04} = 7{,}485 \text{ mmol/l}$$

$\varrho(SO_4^{2-}) = 330$ mg/l

$$c(\text{eq}\,SO_4^{2-}) = \frac{330}{48{,}03} = 6{,}870 \text{ mmol/l}$$

In Berechnung und Zahlenwert hat sich also gegenüber dem früheren mval nichts geändert.

Die *Äquivalentkonzentrationen* können selbstverständlich auch aus den Stoffmengenkonzentrationen in mmol/l errechnet werden; beispielsweise ergeben sich die Stoffmengenkonzentrationen für $\varrho(Na^+) = 30$ mg/l; $\varrho(Ca^{2+}) = 150$ mg/l und $\varrho(SO_4^{2-}) = 330$ mg/l aus der Beziehung $c(X) = \frac{\varrho(X)}{M(X)}$ wie folgt:

$$c(Na^+) = \frac{30}{22{,}99} = 1{,}305 \text{ mmol/l,}$$

$$c(Ca^{2+}) = \frac{150}{40{,}08} = 3{,}743 \text{ mmol/l,}$$

$$c(SO_4^{2-}) = \frac{330}{96{,}06} = 3{,}435 \text{ mmol/l.}$$

Diese Stoffmengenkonzentrationen sind dann gemäß der bereits dargelegten Beziehung $c(\text{eq}\,X) = z \cdot c(X)$ durch Multiplikation mit der Ionenladung in die Äquivalentkonzentrationen $c(\text{eq}\,X)$ in mmol/l umzurechnen. Umgekehrt werden die Äquivalentkonzentrationen $c(\text{eq}\,X)$ mit Division durch die Ladungszahl in Stoffmengenkonzentrationen in mmol/l errechnet.

Da im Wasser die Summe der Ladungen von Kationen der Anionenladungssumme entsprechen muß, gibt diese zweite Analysenspalte mit den getrennt nach Kationen und Anionen addierten *Äquivalentkonzentrationen als Ionenbilanz* wichtige Hinweise. So läßt sich durch Vergleich der Summen feststellen, ob die analytisch bestimmten Massenkonzentrationen zutreffend sein können bzw. ob alle wesentlichen Mineralstoffe erfaßt wurden. Bei weitgehender Übereinstimmung einzelner Kationenäquivalentkonzentrationen mit den entsprechenden Konzentrationen von Anionenäquivalenten ergeben sich in hydrogeologischer Sicht auch wesentliche Anhaltspunkte für den Ursprung des Wassers aus bestimmten Gesteinsschichten; beispielsweise deutet eine Übereinstimmung in der Summe der Äquivalentkonzentrationen von Erdalkaliionen mit der Äquivalentkonzentration der Hydrogencarbonationen $c(\text{eq}\,Ca^{2+} + Mg^{2+}) = c(\text{eq}\,HCO_3^-)$ auf die Lösung carbonatischer Gesteine bzw. die Herkunft des Wassers aus solchen Gesteinsformationen hin; bei $c(\text{eq}\,Na^+) = c(\text{eq}\,Cl^-)$ kann Steinsalz und bei

$c(\text{eq Ca}^{2+}) = c(\text{eq Mg}^{2+})$ dolomitisches Gestein gelöst worden sein.

Für umfassende Analysendarstellungen kommt noch eine dritte Tabellenspalte in Frage, in der die Äquivalentanteile $x(\text{eq X})$ in Prozent der summierten Äquivalentkonzentrationen getrennt nach Kationen und Anionen aufgeführt werden (früher mval-%). Mit dieser Darstellung lassen sich Wässer klassifizieren, d. h. in verschiedene Typen untergliedern. Solche Gliederungen sind insbesondere für die Hydrogeologie von Bedeutung, um gebietsweise oder weiträumig gleichartige Wassertypen in Gruppen zusammenzufassen. Das aus der Mineral- und Heilwassercharakteristik bekannte Prinzip hat sich auch für die allgemeine Grundwasserkunde bewährt. Zur Charakterisierung werden diejenigen Ionen benannt, die mit mindestens 20 Äq.-% an der Wasserzusammensetzung beteiligt sind und zwar in absteigender Größenordnung, zuerst die Kationen und dann die Anionen. Eine solche Klassifizierung kann in Karten auf verschiedene Art und Weise auch farbig dargestellt werden (z. B. Kreise nach Udluft).

Als Beispiel für eine derartige Analysentabelle ist in Tabelle 4.2 die durchschnittliche Zusammensetzung des Münchener Trinkwassers (Grundwasser aus der Münchener Schotterebene und aus dem Mangfallgebiet) mit den wesentlichen Mineralstoffen aufgeführt. Im Sinne der vorgenannten Charakterisierung handelt es sich um ein „Calcium-Magnesium-Hydrogencarbonat-Wasser". Dieses Wasser stammt aus carbonatischen Gesteinen mit einem Dolomitanteil.

Alle Größenwerte von Untersuchungsergebnissen in formelmäßiger Darstellung sollen aus den genormten Formelzeichen bestehen. Die Größe kann auch in Worten angegeben werden, z. B. „die Stoffmengenkonzentration der Sulfationen beträgt 0,5 mol/l" oder z. B. als Kurzangabe $c(\text{SO}_4^{2-}) = 0,5$ mol/l.

Nach den DIN-Normen wird das Symbol ϱ für die Dichte und für die Massenkonzentration benutzt. Wenn auch eine Verwechslung durch die Indizierung der Größe verhindert

Tabelle 4.2. Analyse des Münchener Trinkwassers (Durchschnittswerte 1982)

	Masse $\varrho(X)$ mg/l	Äquivalente $c(\text{eq X})$ mmol	Äquivalentanteil $x(\text{eq X})$ %
Kationen			
Natrium (Na$^+$)	2,7	0,118	1,91
Kalium (K$^+$)	1,1	0,028	0,45
Magnesium (Mg^{2+})	23,1	1,902	30,77
Calcium (Ca^{2+})	82,8	4,134	66,87
Summe		6,182	100,00
Anionen			
Chlorid (Cl$^-$)	8,2	0,230	3,73
Sulfat (SO$_4^{2-}$)	14,8	0,308	5,00
Nitrat (NO$_3^-$)	7,7	0,124	2,01
Hydrogencarbonat (HCO$_3^-$)	335,5	5,498	89,26
Summe	475,9	6,160	100,00
Undissoziierte Stoffe			
Kieselsäure (H$_2$SiO$_3$)	5,9		
Summe der Mineralstoffe	481,8		
Gasförmige Stoffe			
Kohlenstoffdioxid (CO$_2$)	23,8		
Sauerstoff (O$_2$)	10,9		
Summe der gelösten Stoffe	516,5		

werden kann, z.B. $\varrho(Ca^{2+})$ = Massenkonzentration und ϱ (Lösung) = Dichte, wird doch im Buchtext zur Vermeidung von Mißverständnissen für die Dichte das Ausweichzeichen D verwendet.

Reagenzienangaben, wie „Schwefelsäure, 0,1 N" oder „0,1 normale Schwefelsäure" werden heute ersetzt durch die Angabe „Schwefelsäure, $c(\frac{1}{2}H_2SO_4) = 0,1$ mol/l" oder entsprechend „Schwefelsäure, $c(H_2SO_4) = 0,05$ mol/l".

Bei photometrischen Messungen und Meßergebnissen ist gemäß SI-Einheiten zu berücksichtigen, daß der Begriff *Extinktion* $E(\lambda)$ durch den Ausdruck *spektrales Absorptionsmaß* $A(\lambda)$ ersetzt wurde. Der Quotient aus dem spektralen Absorptionsmaß $A(\lambda)$ und der Schichtdicke d der untersuchten Probelösung liefert den *spektralen Absorptionskoeffizienten* $a(\lambda)$, der im allgemeinen der Konzentration des gelösten Stoffs proportional ist:

$$a(\lambda) = \frac{A(\lambda)}{d}.$$

Die Einheit des spektralen Absorptionskoeffizienten ist m^{-1}.

Der mit Spektralphotometern ebenfalls bestimmbare Transmissionsgrad $\tau(\lambda)$ ist mit dem spektralen Absorptionsmaß wie folgt verknüpft:

$$A(\lambda) = \log \frac{1}{\tau(\lambda)}.$$

Nähere Einzelheiten sind in den einschlägigen Handbüchern, Gerätebeschreibungen, den spektroskopischen Einführungswerken sowie in den DIN-Normen enthalten [1].

Die unteren Bestimmungsgrenzen [2, 3], die hier für die jeweiligen photometrischen Verfahren angegeben sind, beziehen sich auf ein spektrales Absorptionsmaß von 0,05. Verwendet man für die Eichgerade und das Untersuchungswasser die gleiche Schichtdicke der Küvetten, so läßt sich die Berechnung mit dem spektralen Absorptionsmaß durchführen, andernfalls muß die Schichtdicke d im spektralen Absorptionskoeffizienten berücksichtigt werden.

4.1 Literatur

1 DIN 1349 Teil 1: Durchgang optischer Strahlung durch Medien; Optisch klare Stoffe, Größen, Formelzeichen und Einheiten (Juni 1972). Berlin: Beuth

2 Dammann, V.; Funk, W.; Marcard, G.; Papke, G.; Rinne, D.: Zur Problematik der Bestimmungsgrenze in der Wasseranalytik. Vom Wasser 66 (1986) 97-109

3 Funk, W.; Dammann, V.; Vonderheid, C.; Marcard, G.: Statistische Methoden in der Wasseranalytik. Weinheim: VCH 1985

5 Probenahme

Eine fachkundige Probenahme ist maßgebende Voraussetzung für die einwandfreie Untersuchung des Wassers und eine zutreffende Beurteilung der Untersuchungsergebnisse mit den entsprechenden Folgerungen. Nur Sachverständige können die Untersuchungen an Ort und Stelle sowie die verschiedenen Entnahmen mit den zugehörigen Vorbereitungen für die analytischen Einzelbestimmungen im Laboratorium vornehmen.

Jegliche Probenahme wird sich dem Untersuchungsziel und damit auch dem Untersuchungsumfang anzupassen haben. Beide Komponenten müssen vorher bekannt sein, um einerseits die Mitnahme von Behältern, Chemikalien und Meßgeräten von seiten des Untersuchungslaboratoriums planen zu können; andererseits sind aber auch nach Möglichkeit vorab die technischen und zeitlichen Voraussetzungen einer reibungslosen Wasserentnahme beim Auftraggeber zu schaffen.

Grundsätzlich soll die Probenahme durch den Wasserchemiker bzw. durch Fachkräfte erfolgen. Eingesandte oder überbrachte Proben, die ohne vorherige Vereinbarungen und Anweisungen entnommen und in irgendwelchen, nicht spezialgereinigten Gefäßen abgefüllt wurden, sind in der Regel nicht untersuchungs- und beurteilungsfähig, gerade auch im Hinblick auf aktuelle Umweltbelastungen in geringen Konzentrationen; außerdem fehlt dem Analytiker bei derartigen Wasserproben jegliche Kenntnis der örtlichen Verhältnisse und Entnahmebedingungen, so daß Fehlinterpretationen der Untersuchungsergebnisse möglich sind. Solche Untersuchungen bilden Ausnahmen in besonders gelagerten Fällen, die einer vorbereitenden Verabredung mit dem Auftraggeber bedürfen.

5.1 Möglichkeiten der Probenahme

In der Trinkwasserversorgung differenziert man zwischen Rohwasser, aus dem das Trinkwasser durch Aufbereitung gewonnen wird, und dem an den Verbraucher abgegebenen Lebensmittel Trinkwasser. Mit der Untersuchung von Rohwasser wird vor allem festzustellen sein, ob und gegebenenfalls mit welchen Aufbereitungsverfahren Trinkwasser gewonnen werden kann; mit der Trinkwasseruntersuchung wird vorrangig zu ermitteln sein, ob die gesetzlich vorgeschriebenen Güteanforderungen erfüllt sind. Die Probenahmestellen können in Wassergewinnungs-, Wasseraufbereitungs-, Wasserverteilungs- oder Wasserspeicheranlagen eingerichtet werden oder vorhanden sein.

Bei den Probenahmen unterscheidet man sowohl Probe- wie Entnahmearten.

5.1.1 Probearten

Einzelproben. Es erfolgt eine einmalige Entnahme des Wassers, um seine Beschaffenheit zu analysieren oder um bestimmte Einzelparameter zu erfassen. Bei besonderen Vorkommnissen, bestimmten Kontrollen oder zur laufenden Überprüfung wichtiger Parameter werden solche Einzelproben auch als „Stichproben" bezeichnet. In diesen Fällen wird es notwendig sein, in zeitlichen Abständen und an verschiedenen Stellen mehrfach Stichproben zu entnehmen, um eine zutreffende Beurteilung abgeben zu können.

Durchschnittsproben. Hierbei handelt es sich um die Herstellung einer Mischung von Einzelproben, die über eine bestimmte Zeit entnommen wurden. Die Entnahme und Mischung kann von Hand oder mit Hilfe automatischer Probenahmegeräte erfolgen. In letzterem Falle kann eine kontinuierliche oder diskontinuierliche Sammlung der Einzelproben vorgenommen werden.

5.1.2 Entnahmearten

Kontinuierliche Probenahme. Es wird aus dem Auslauf unterbrechungslos das Wasser entnommen.

Diskontinuierliche Probenahme. In bestimmten und gleichbleibenden Zeitabständen werden Einzelproben mit jeweils gleichem Volumen entnommen (zeitproportionale Probenahme). Die diskontinuierliche Probenahme wird auch als Intervallprobenahme bezeichnet.

Bei größeren Fließgewässern genügt bei Probenahmeabschnitten, die kleiner sind als die Zeiträume, in denen eine merkliche Änderung des Abflusses möglich ist, die Probenahme entweder kontinuierlich als konstanten Teilstrom (in bestimmten Zeitabständen gleiche Volumina, zeitkontinuierliche Probenahme) oder diskontinuierlich mit gleichen Volumina in gleichen Zeitabständen (zeitproportionale Probenahme) vorzusehen.

Wenn rasche und merkliche Änderungen im Abfluß absehbar sind, wird die kontinuierliche Probenahme so durchgeführt, daß ein konstanter Teilstrom entnommen wird, dessen Stärke proportional dem Abfluß eingestellt ist (abflußkontinuierliche Probenahme). Diskontinuierlich kann eine Entnahme erfolgen, wenn dem Abfluß entsprechend in unterschiedlichen Zeiten gleiche Volumina entnommen werden (volumenproportionale Probenahme); umgekehrt können in gleichen Zeitabständen dem Abfluß entsprechend unterschiedliche Volumina entnommen werden (abflußproportionale Probenahme).

5.1.3 Stoffkonzentration und Stofffracht

Üblicherweise wird bei den Wasseranalysen die ermittelte Masse eines Stoffs auf die Volumenmenge des Wassers bezogen und als Massenkonzentration $\varrho(X)$ in mg/l angegeben (vgl. Kap. 4). Angaben in ppm (parts per million) oder ppb (parts per billion) anstelle von mg/l oder µg/l sind in der Wasseranalyse nicht zulässig.

Im Hinblick auf eine eindeutigere Charakterisierung der Fließgewässerbelastung mit Schadstoffen und die Minimierungsbemühungen im Umweltschutz ist es des öfteren notwendig oder auch gesetzlich gefordert, die Stofffracht F zu ermitteln, d. h. die Masse eines Stoffs im Wasserstrom, die mit diesem in einer bestimmten Zeit abfließt. Die Fracht hat daher die Dimension Masse pro Zeit, wobei die Masse in g, kg, t usw. und die Zeit in s, min usw. angegeben werden kann. Der Volumenstrom des Wassers Q in der gewählten Zeit und die Massenkonzentration $\varrho(X)$ müssen bekannt sein. Damit ist $F = \varrho(X) \cdot Q \, \frac{\text{Masse}}{\text{Zeit}}$.

Beispiele:
a) Massenkonzentration $\varrho = 6 \, \mu g/l$
   Volumenstrom $Q = 30 \, m^3/s$
   Stofffracht $F = 180 \, mg/s$
   $F = 180 \cdot 86\,400$
   $= 15,55 \, kg/d$.

b) Massenkonzentration $\varrho = 3 \, \mu g/l$
   Volumenstrom $Q = 60 \, m^3/s$
   Stofffracht $F = 180 \, mg/s$.

c) Volumenstrom $Q = 15 \, m^3/s$
   Stofffracht $F = 10,37 \, kg/d$
   $F = 10,37 \cdot 86\,400$
   $= 120 \, mg/s$
   Massenkonzentration $\varrho = 120 \, mg : 15\,000$
   $l = 8 \, \mu g/l$.

Ein Vergleich zwischen a) und b) veranschaulicht, daß die Verdünnung auf die doppelte Wassermenge und damit eine Konzentrationsverringerung auf die Hälfte an der Stofffracht nichts ändert.

5.2 Entnahmestelle und Entnahmegeräte

In der Praxis kommt es immer wieder vor, daß geeignete Probenahmestellen und -einrichtungen nicht vorhanden sind. Es lohnt sich daher, bereits vor der Probenahme im

Einvernehmen mit dem Auftraggeber die Grundvoraussetzungen abzuklären:
— die Probenahmestelle muß so festgelegt sein, daß die Wasserprobe repräsentativ für den Untersuchungszweck ist;
— die Probenahmestelle muß wiederholbare Entnahmen gewährleisten;
— die Probenahmestelle muß sich eindeutig kennzeichnen lassen;
— die Probenahmestelle muß so eingerichtet sein, daß sie für den Probenehmer und seine Untersuchungen an Ort und Stelle leicht zugänglich ist.

Verschiedentlich kann das Untersuchungswasser an Zapfhähnen direkt entnommen werden, wenn sich ein langsames Einfließen in die Probenahmegefäße einregulieren läßt. Zu einer von äußeren Einflüssen weitgehend ungestörten Wasserentnahme an Zapfhähnen wird zweckmäßigerweise über den Hahn ein glasklarer Plastikschlauch gezogen, der bis zum Boden des Entnahmegefäßes reicht. Falls dies nicht möglich ist, kann auch ein Trichter mit Plastikschlauch unter den Hahn gehalten werden; der Einlauf in das Entnahmegefäß läßt sich mittels Schlauchklemme regulieren; der Trichter muß ständig überstaut bleiben, um eine Probenahme ohne intensiven Luftkontakt durchzuführen; solche Entnahmen sind vor allem dann erforderlich, wenn die im Wasser gelösten Gase (z. B. CO_2, O_2) bestimmt werden sollen.

Wenn bei Oberflächenwässern, Wasserversorgungsanlagen oder Wassererschließungen keine Entnahmevorrichtung installiert ist, muß die Probenahme mit entsprechenden Gerätschaften erfolgen (z. B. Schöpfbecher, Ruttner-Schöpfer).

Zur kontinuierlichen Wasserentnahme aus Quellen und Bohrbrunnen, deren Ruhewasserspiegel unter Gelände liegt, werden Pumpen verwendet. Vorwiegend handelt es sich um elektrisch betriebene Unterwasser-Kreiselpumpen (Tauchmotorpumpen), die unterhalb des jeweiligen Ruhewasserspiegels am Steigrohr oder Steigschlauch angebracht sind. Bei Wasserentnahmen bis zu max. 9 m unter Gelände können auch Saugpumpen mit Kugelventil benutzt werden. Allerdings ist zu berücksichtigen, daß sich durch diese Entnahmeart die chemische Zusammensetzung gasführender Wässer in der Probe verändern kann. Speziell für die Wasserentnahme aus engeren Brunnenrohren (z. B. Pegelrohre) wurden Pneumatik-Unterwasserpumpen entwickelt. Ihr Betrieb erfolgt mit Druckluft aus Kompressoren; die Luft kommt nicht mit der Wasserprobe in Kontakt. Es können Steighöhen bis zu 120 m überwunden werden (z. B. Seba-Hydrometrie).

Weitere Einzelheiten der Probenahme sind in DVGW- und DVWK-Merkblättern sowie in den Deutschen Einheitsverfahren bzw. DIN- und ISO-Normen beschrieben [1–12].

5.3 Behältnisse

Als Behälter zur Probenahme finden Flaschen aus farblosem Glas (z. B. Borosilicatglas), Kunststoff (z. B. Polyolefin) und aus Metall (z. B. Edelstahl) Verwendung.

Glasflaschen sollen mit Schliffstopfen und Klemme verschließbar sein; neue Glasflaschen werden vor erstmaligem Gebrauch mit warmer verdünnter Salzsäure und destilliertem Wasser (s. Abschn. 6.1.2) gespült. Glasflaschen sind vorrangig zur Entnahme von Wasserproben zu verwenden, wenn Substanzen bestimmt werden sollen, die mit Kunststoff reagieren oder von Kunststoff sorbiert werden (z. B. Halogenkohlenwasserstoffe oder Mineralöl). Adsorptionen an Wandungen von Glasflaschen werden durch vorherige Säurezugabe vermieden (z. B. Salpetersäurebeschickung der Flaschen vor der Probenahme zur Bestimmung von Schwermetallen durch AAS).

In vielen Fällen können Kunststoffflaschen verwendet werden, wenn Inhaltsstoffe zu bestimmen sind, die mit dem Material nicht reagieren. Ihre Unzerbrechlichkeit, ihr geringes Gewicht und die problemfreie Stapelung der Flaschen im Auto erleichtert die Mitnahme zahlreicher Gefäße und auch spätere Einzeluntersuchungen jeweils aus einer Probenahmeflasche; dann ist auch eine vorsorgliche Reserve an Untersuchungswasser gewährleistet. Besonders bewährt haben sich Polyolefinflaschen mit rechteckigem Grundriß, weil sie nicht wegrollen und bei ihrer Stapelung der Raum besser ausgenutzt wird;

sie besitzen einen Schraubverschluß. Sie sind ebenso wie die Glasflaschen zu reinigen.
Für große Probenahmemengen, die zur Bestimmung von organischen Spurenstoffen manchmal erforderlich sind (5 bis 10 l), haben sich Metallgefäße (Steilbrustflaschen) aus Edelstahl (z. B. V2A) bewährt; es sind keine Reaktionen mit organischen Wasserinhaltsstoffen zu befürchten, und ihre Unzerbrechlichkeit erleichtert den Transport oder die Verschickung. Die einmalige Beschaffung oder Anfertigung derartiger Behältnisse lohnt sich auf Jahre. Sie sind z. B. verschließbar mit einem metallenen Schraubverschluß, der an der Flasche mit einer kurzen Kette befestigt ist und eine Tefloneinlage besitzt. Außerdem hat der Verschluß Einkerbungen. Zur Abdichtung kann er mit einer Spezialzange an diesen Einkerbungen zugeschraubt werden. Die Flaschen haben Transporthenkel und sind mit Eingravierungen gekennzeichnet.

Alle Probenahmegefäße sind an Hand einer Auflistung für die verschiedenen Entnahmen und Bestimmungen eindeutig und dauerhaft zu etikettieren bzw. zu numerieren.

Werden Proben zur Konservierung eingefroren, so sollen nur Polyolefinflaschen oder Metallgefäße verwendet werden. Für die bakteriologischen Untersuchungen sind die entsprechenden Sonderbestimmungen zu beachten.

5.4 Konservierung und Kühlung

Im allgemeinen werden die Proben auf dem Transport von der Probenahme in das Untersuchungslaboratorium nur vor direkter Licht- und Wärmeeinwirkung geschützt (z. B. durch Abdecken mit Styropor). Für einen längeren Transportweg bzw. für eine relativ kurze Aufbewahrungszeit im Laboratorium soll eine Temperatur eingehalten werden, die niedriger als die Entnahmetemperatur liegt. Einfaches „kühl lagern" (keine aktive Kühlung im Kühlschrank, Lagerung unterhalb Zimmertemperatur) und „gekühlt lagern" (aktive Kühlung im Kühlschrank) im Dunkeln bei Temperaturen zwischen 2 und 5 °C dürfte in den meisten Fällen eine ausreichende Kurzzeitkonservierung garantieren. Sowohl durch „gefroren lagern" (Lagerung bei mindestens -12 °C) als auch durch „tiefgekühlt oder tiefgefroren lagern" (Lagerung bei mindestens -18 °C) erlangt man im allgemeinen eine Verlängerung der Aufbewahrungszeit; jedoch ist es notwendig, bestimmte Techniken[1] beim Einfrieren und Auftauen des Untersuchungswassers anzuwenden.

In Tabelle 5.1 werden die nötigen Vorbehandlungsmaßnahmen und Konservierungsmethoden in Stichworten dargestellt; Einzelheiten sind bei dem jeweiligen Bestimmungsverfahren aufgeführt. Bei Zugabe von Chemikalien dürfen diese die spätere Untersuchung nicht stören [13–16].

5.5 Probenahmeprotokoll

Für die Auswertung der Analysendaten und für den Analysenbericht mit der Beurteilung des Wassers ist eine sorgfältige Aufzeichnung aller Umstände bei der Probenahme in Form eines Probenahmeprotokolls erforderlich. Die Aufzeichnung zu vieler Einzelheiten ist besser als der meist erfolglose Versuch, fehlende Angaben im nachhinein zu beschaffen.

Die folgende Aufstellung enthält daher nur einige notwendige Angaben, deren Erweiterung, Abänderung oder Einschränkung dem sachkundigen Probenehmer überlassen bleibt:
— Auftraggeber und Probenehmer,
— Datum, Uhrzeit und Witterung,
— Zweck der Probenahme und der Wasseruntersuchung,

---
[1] Vor dem Tiefgefrieren empfiehlt sich eine Vorkühlung mit Eiswasser. Am besten eignen sich Polyolefinflaschen von 1 l Inhalt, um eine schnellere Temperaturabsenkung zu gewährleisten. Bei Verwendung von Glasflaschen dürfen diese nicht ganz gefüllt werden. Das Auftauen der Proben wird in einem Wasserbad mit der Anfangstemperatur von 40 bis 50 °C vorgenommen. Eine lokale Überwärmung des Untersuchungswassers ist durch zeitweiliges Umschwenken zu vermeiden

Tabelle 5.1. Probenbehandlung für die vorgeschlagenen Analysenmethoden

Bestimmung	G[a]	P[b]	Volumen ml	Vorbehandlung der Gefäße	Konservierung	höchstzulässige Lagerdauer[c]	Empfehlung[d]
Geruch und Geschmack	+	–					B
pH-Wert	+	+					B
Elektrische Leitfähigkeit	+	+					B
Trübung	+	+					B
Färbung	+	+					B
Abdampfrückstand	+	+					
Säurekapazität und Basekapazität	+	+			Kühlung	1 Tag	B
Alkaliionen	–	+				einige Monate	
Arsen/Selen (AAS)	+	–	500	mit warmer halbkonz. HCl vorher spülen	+5 ml konz. HCl	1 Tag (unkonserviert) 2–3 Wochen (konserviert)	
Borsäure	–	+				einige Monate	
Eisen (photometrisch)	+	+	250	mit warmer, halbkonz. HCl vorher spülen		einige Monate	
Quecksilber (AAS)	+	–	250	mit warmer, halbkonz. HNO$_3$ vorher spülen	+5 ml konz. HNO$_3$ (selectipur) + K$_2$Cr$_2$O$_7$ (Spatelspitze)	2–3 Tage (unkonserviert) 2–3 Wochen (konserviert)	
Spurenmetalle (AAS)	+	+	1000	mit warmer, halbkonz. HNO$_3$ vorher spülen	+5–10 ml konz. HNO$_3$ (selectipur), pH <2	4 Wochen	
Uran (photometrisch)	+	–	1000				
Erdalkaliionen	+	+		mit halbkonz. HCl vorher spülen	+2 ml konz. HCl/l	einige Monate	

Tabelle 5.1. Forts.

Bestimmung	G[a]	P[b]	Volumen ml	Vorbehandlung der Gefäße	Konservierung	höchstzulässige Lagerdauer[c]	Empfehlung[d]
Ammonium	+	−		mit ethanol. KOH vorher spülen	a) + ca. 2 ml $HCCl_3$/l	1 Tag (unkonserviert)	B
	+	+			b) + konz. HCl bzw. konz. HNO_3 bis pH < 2	2–3 Wochen (konserviert, bei Kühlung)	
Bromid und Iodid	+	−	1000			1 Monat, wenn vor der Bestimmung Reduktion erfolgt (mit einer Spatelspitze Thiosulfat)	
Chlorid	+	+				einige Monate	
Cyanid	+	+	1000		mit NaOH (1 mol/l) auf pH 9 + 1 ml NaOH (1 mol/l)	2–3 Tage	
Fluorid	−	+				einige Monate	
Nitrat	+	+				1 Tag (unkonserviert)	B
	+	−				2–3 Wochen (konserviert)	
Nitrit	−	+				6 Stunden	
Phosphat	+	+		mit heißer, methanolischer HCl vorher spülen	+ ca. 2 ml $HCCl_3$/l und Kühlung	3–4 Stunden bei Bestimmung der verschiedenen Spezies Gesamtphosphat 2–3 Wochen (unter Lichtausschluß)	B
Silicium	−	+				4 Wochen	
Sulfat	+	+				4 Wochen	
Sulfid	+	−	100 (Meßkolben)		+ 10 ml $Zn(ac)_2$-Lösung	1 Woche (bei Kühlung)	B
Kohlenstoffdioxid	−	−					B
Hydrogencarbonat	+	−					B

5.5 Probenahmeprotokoll

Parameter	Glas[a]	Polyolefin[b]	Volumen (ml)	Vorbehandlung	Konservierung	Haltbarkeit[c]	[d]
Sauerstoff	+	–	ca. 250 (Winklerflasche)	–	+ 1 ml MnCl$_2$-Lösung + 1 ml Fällungsmittel	1 Tag (unter Lichtausschluß)	B
Ozon	+	–	–	–	–	–	B
Chlor	+	–	–	–	–	–	B
gesamter org. gebundener Kohlenstoff (TOC)	+	–	50 (Meßkolben)	mit Chromschwefelsäure vorher spülen	–	2–3 Tage (bei Kühlung)	
Kohlenwasserstoffe (Mineralöle)	+	–	2000 (Steilbrustschliffflasche)	–	–	1–2 Tage (bei Kühlung)	
leichtflüchtige Halogenkohlenwasserstoffe	+	–	250 (Steilbrustschliffflasche (braun))	–	Extraktion	2 Tage (unkonserviert) 1 Woche (als Extrakt bei Kühlung)	
polycyclische aromatische Kohlenwasserstoffe (PAK)	+	–	2000 (Steilbrustschliffflaschen)	–	Extraktion	2–3 Tage (bei Kühlung) haltbar (als Extrakt eingefroren)	
Phenole (GC)	+	–	5000	–	a) Extraktion b) Derivatisierung	4 Wochen (als vereinigte getrocknete Extrakte bei Kühlung) 4 Wochen (als Derivate bei Kühlung)	
Phenole (photometrisch)	+	–	a) 100 (braune Schliffflaschen) b) 500 (braune Schliffflaschen)	–	Kühlung und Zugabe von H$_3$PO$_4$ (pH < 4); evtl. Zugabe 1 ml CuSO$_4$-Lösung Kühlung und Zugabe von H$_3$PO$_4$ (pH < 4); evtl. Zugabe von 5 ml CuSO$_4$-Lösung	4 Stunden (unkonserviert) 1 Tag (konserviert)	
Tenside, anionenaktive	+	–	250	mit ethanolischer HCl vorher spülen	+ konz. H$_2$SO$_4$ (pH < 2) und Kühlung	2 Tage	
Tenside, nichtionische	+	–	–	mit ethanolischer HCl vorher spülen	+ Formaldehydlösung (40%ig) bis zum Gehalt von 1 Vol-% und Kühlung	4 Wochen	

[a] Glas; [b] Polyolefin; [c] Wenn die Bestimmung nicht am gleichen Tage erfolgt, ist eine Kühlung bei 2–5 °C angezeigt; [d] B = Bestimmung an Ort und Stelle

- Lagebeschreibung der Entnahmestelle (z. B. Grundwassermeßstelle mit Koordinaten),
- Beschreibung der Wassererschließungs- oder Gewinnungsanlage mit ihren technischen Einzelheiten (z. B. Ausbau eines Bohrbrunnens, Schachtgröße),
- Art der Probenahme (bei Abpumpen auch Pumpdauer vor der Probenahme sowie Wasserstand vor und nach der Probenahme),
- Entnahmetiefe,
- Fördermenge oder Schüttung,
- sonstige Beobachtungen.

Die an Ort und Stelle bestimmten Parameter (z. B. Luft- und Wassertemperatur, Sinnenprüfung, pH-Wert, elektrische Leitfähigkeit usw.) sind in der vorstehenden Aufzählung nicht enthalten, da sie zu den Analysendaten gehören; sie sind ebenfalls im Protokoll festzuhalten.

5.6 Schnellteste zur orientierenden Untersuchung und Charakterisierung des Wassers an Ort und Stelle

In der heutigen Wasseruntersuchung gewinnen Schnellteste an Bedeutung. Mit vorgefertigten Reagenziensätzen und mit wenigen Handgriffen kann man rasch Informationen über die Größenordnung einer Stoffkonzentration im Wasser erlangen. Auch zur Prozeßsteuerung (z. B. Trinkwasseraufbereitung) sind schnelle, kontinuierliche Messungen oft nutzbringend, um nötigenfalls den Prozeßablauf unverzüglich korrigieren zu können. Bei Durchführung exakter Laboruntersuchungen würde man die erforderlichen Informationen zu spät erhalten.
Für die Schnellteste werden Reagenzien von verschiedenen Firmen (z. B. Fa. Grubbs, Hach, Hoelzle & Chelius, Kowa, Dr. Lange, Macherey & Nagel, Merck und Tintometer) angeboten; zumeist handelt es sich um colorimetrische und titrimetrische Methoden. Es sollte aber beachtet werden, daß diese Methoden eine genaue Analytik und Beurteilung des Wassers nicht ersetzen können.

Schnellteste bieten zwei Vorteile:
1. Hinweise über das Vorkommen bestimmter Substanzen im Wasser; hierdurch wird eine gezielte Untersuchung auf bestimmte Einzelstoffe erleichtert;
2. Anhaltspunkte über die Konzentrationsbereiche verschiedener Substanzen im Wasser; hiermit läßt sich eine erste Charakterisierung über die Verwendungsmöglichkeit und Aufbereitungsnotwendigkeit vornehmen.

In jedem Fall muß derartigen Untersuchungen an Ort und Stelle die Analytik im Laboratorium unter Verwendung der Schnelltestergebnisse folgen, um gesicherte Ergebnisse für den Analysenbericht und die darzulegenden Folgerungen zu erhalten.
Nachstehend wird ein nach Verfahrensweisen gegliederter Überblick über die verfügbaren Methoden gegeben [17 – 23].

5.6.1 Testpapiere und Teststäbchen

Es handelt sich um Papiere und Kunststoffstreifen, die mit Reagenzien imprägniert sind. Sie können zur qualitativen und halbquantitativen Analyse bei Vergleich mit den beigelegten und abgestuften Farbskalen dienen. Die Methode eignet sich zur Groborientierung über Konzentrationsbereiche.
Beispiele: Merckoquant (Fa. Merck)
Ammonium 0; 10; 30; 60; 100; 200; 400 mg/l
Nitrat 0; 10; 30; 100; 250; 500 mg/l
Nitrit 0; 1; 5; 10; 25; 50 mg/l
(angegebene Meßbereiche der abgestuften Farbskalen).

5.6.2 Reflektometrische Verfahren

Zur objektiveren Beurteilung von Farbabstufungen bei Teststäbchen läßt sich nach neueren Veröffentlichungen auch ein Reflektometer einsetzen. Nach der vorgeschriebenen Reaktionszeit zeigt das Gerät, das auf Merckoquant-Teststäbchen geeicht ist, digital die Konzentration in mg/l an.
Beispiel: Nitrachek (Fa. H. Wolf, Wuppertal)
Nitrat: Meßbereich 10 bis 500 mg/l.
Das Reflektometer ermittelt das diffuse Reflexionsvermögen der Reaktionszone auf

dem Teststäbchen; als Strahlungsquelle dient eine Leuchtdiode. Bei dieser Methodik ist mit Abweichungen bis zu ± 20 % von der wahren Konzentration des betreffenden Stoffs zu rechnen.

5.6.3 Maßanalytische Verfahren

Angeboten werden graduierte Titrierpipetten, an denen die Konzentrationsbereiche direkt abgelesen werden können; ferner gibt es Präzisionstropfer und Tropfflaschen, bei denen jeder Tropfen einer bestimmten Konzentration in mg/l entspricht; schließlich sind Digitaltitratoren zu nennen, die eine bestimmte Konzentration am Titrationsendpunkt direkt anzeigen. Bei allen diesen Verfahren wird die Meßlösung zu einem abgemessenen Volumen Untersuchungswasser gegeben, bis der zugefügte Indikator umschlägt.
Beispiele:
Visocolor-Testkit (Fa. Macherey & Nagel)
a) Carbonathärte C 20
    0,5 bis 20 °d; 1 Teilstrich = 0,5 °d oder 0,1 mmol/l;
b) Chlorid CL 500
    5 bis 500 mg/l; 1 Teilstrich = 5 mg/l.
Aquamerck (Fa. Merck)
a) Gesamthärte
    1 Tropfen = 1 °d;
b) Chlorid
    1 Tropfen = 25 mg/l.

5.6.4 Tablettenzählverfahren

Es werden anstelle einer Maßlösung im vorgegebenen Volumen des Untersuchungswassers Reagenzientabletten bis zum Indikatorumschlag gelöst.
Beispiel: Lovibond-Tablettenzähl-Verfahren (Fa. Tintometer)
Chlorid: 1 Tablette entspricht 5 mg/l bei 200 ml Probe.

5.6.5 Colorimetrische Verfahren

Diese Verfahren nützen verschiedene Möglichkeiten, um die Farbe des mit Reagenzien versetzten Untersuchungswassers mit Farbskalen bzw. -scheiben aus Kunststoff oder Glas in Durchlicht- oder Auflichtverfahren zu vergleichen. Je größer die Schichtdicke der Probe, desto empfindlicher ist das Verfahren. Die colorimetrische Geräteausstattung ist verhältnismäßig kostengünstig und zeichnet sich durch einfache Handhabung aus; sie weist aber verschiedene Unsicherheiten auf, die auf der mangelnden Meßobjektivität durch wechselnde Lichtverhältnisse bzw. Sehfehler und in der Beschränkung auf diskrete Farbwerte beruhen. Mit dem Verfahren ist eine grobe Einordnung in die jeweiligen Konzentrationsbereiche möglich.

5.6.5.1 Küvettenteste mit Farbskala

Bei dieser Methode werden Untersuchungswasser und Reagenzien in eine Kunststoffküvette gefüllt, an deren Seite eine Skala mit Farbvergleichsstandards, ebenfalls aus Kunststoff, angebracht ist. Hat die Wasserprobe eine Eigenfärbung, so hält man die Kompensationsküvette (Untersuchungswasser ohne Reagenzienzusatz) hinter die Farbvergleichsskala.
Beispiel: Visocolor-Testkits (Fa. Macherey & Nagel)
Phosphat in Abstufungen 1; 2; 5; 7; 10; 15 mg/l.

5.6.5.2 Teste mit Farbkartenschiebekomparator

Zum System gehören entweder zwei Kurzrohrküvetten (Inhalt z. B. 10 ml) oder zwei Langrohrküvetten (Inhalt z. B. 20 ml). Eine Rohrküvette ist mit Untersuchungswasser und Reagenzien gefüllt, die andere nur mit Untersuchungswasser (zur Kompensation einer etwaigen Eigenfarbe). Unter dieser Rohrküvette wird eine Farbskala so lange verschoben, bis die Farbe in der Aufsicht mit der Farbe der ersten Rohrküvette übereinstimmt.
Beispiel: Aquaquant (Fa. Merck)
Ammonium in Abstufungen 0; 0,025; 0,05; 0,075; 0,1; ... 0,4 und 0; 0,20; 0,5; 0,8; 1,3; ... 8,0 mg/l.

5.6.5.3 Teste mit Drehscheibenkomparator

Die Methode gleicht im Prinzip dem Verfahren in Abschn. 5.6.5.2 und verwendet zwei Küvetten, um analog der Rohrküvetten die Eigenfarbe des Untersuchungswassers zu kompensieren. Die drehbaren Farbscheiben sind in diskretem und kontinuierlichem Farbverlauf (Farbkeil) erhältlich.
Diese Methode ist genauer als die Ausführung mit Farbskala (Abschn. 5.6.5.1) oder mit Farbkartenschiebekomparator (Abschn. 5.6.5.2).
Beispiele:
Lovibond (Fa. Tintometer)
Freies Chlor in Abstufungen (Küvettenlänge 30 mm) 0,02; 0,04; 0,06; 0,08; 0,10; 0,15; 0,20; 0,25; 0,30 mg/l Cl_2.
Multicol-Komparator (Fa. Kowa)
Freies Chlor, stufenlos (Farbkeil Nr. 25)
(Küvettenlänge 30 mm)
0,2 bis 1 mg/l Cl_2.

5.6.6 Photometrische Verfahren

Diese Verfahren sind anspruchsvoller und erreichen auch einen höheren Genauigkeitsgrad, weil es sich um die Verwendung transportabler Filter- und Spektralphotometer am Ort der Probenahme handelt, die mit Netz-, Autobatterie- oder Akkustrom betrieben werden. Mitunter enthalten sie Einsteckskalen für bestimmte Parameter; nach Zugabe der vom Hersteller vorgeschriebenen Reagenzien kann auf Grund der sich einstellenden Farbtiefe an diesen Skalen der Konzentrationsbereich direkt abgelesen werden.
Beispiele:
(Fa. Dr. Lange)
Ammonium: Meßbereich 1 bis 40 mg/l.
Nanocolor 50 D (Fa. Macherey & Nagel)
Eisen: Meßbereich 0,01 bis 15 mg/l.
Spektroquant (Fa. Merck)
Nitrit: Meßbereich 0,03 bis 3,0 mg/l.
LED Photometer Modell 2000 (Fa. Hoelzle & Chelius)
Ammonium: Methode Neßler-Reagenz: 0,1 bis 1,5 mg/l;
Methode Endophenol-Blau: 0,025 bis 1,0 mg/l.

5.6.7 Beurteilung

Zusammenfassend ist festzustellen, daß es trotz aller Problematik der „Wasseranalytik im Felde" vielfältige Verfahrensweisen gibt, um rasch und unkompliziert zu orientierenden Informationen über die Beschaffenheit des Wassers zu gelangen. Vergleichende Untersuchungen einiger Methoden wurden bereits veröffentlicht; sie berücksichtigen allerdings bislang nicht feldmäßige Wasseruntersuchungen unter erschwerten Bedingungen, die gerade im Hinblick auf mitunter hohe Fehlerquoten erforderlich wären. Zu den Untersuchungen, die sich nicht auf einfache Art durchführen lassen, gehört die Erfassung aktueller organischer Wasserbelastungsstoffe.
Die im Handel erhältlichen Schnellanalysen-Ausrüstungen umfassen ein breites Angebot zur Bestimmung verschiedener, vorwiegend anorganischer Wasserinhaltsstoffe, so daß eine gezielte Auswahl unter den Aspekten der Problemstellung getroffen werden muß. Eine Orientierung über Konzentrationsbereiche als Anhaltspunkt für die analytische Weiterbehandlung des Untersuchungswassers im Laboratorium ermöglichen Teststäbchen, Teste mit Farbkartenschiebe-Komparator oder Küvetteneste (Abschn. 5.6.1 bis 5.6.6). Die colorimetrischen Verfahren mit Drehscheibenkomparatoren oder mit Filter- bzw. Spektralphotometern in Verbindung mit Reagenziensätzen und auswechselbaren Skalen (Abschn. 5.6.5.3 und 5.6.6) erlauben bereits eine semiquantitative Bestimmung verschiedener Parameter. Schnelltests können zu einer Rationalisierung der Wasseranalytik beitragen, sofern sie als Hinweise auf Konzentrationsbereiche verstanden, und unter Verwertung der Meßergebnisse genaue Untersuchungen im Laboratorium angeschlossen werden.

5.7 Literatur

1 DVWK-Merkblatt 203: Entnahme von Proben für hydrogeologische Grundwasseruntersuchungen. Hamburg: Parey 1982

2 DVWK-Merkblatt W 112: Entnahme von Wasserproben bei der Wassererschließung. Hamburg: Parey 1983
3 DIN 38 402 Teil 12: Deutsche Einheitsverfahren zur Wasser-, Abwasser- und Schlamm-Untersuchung, Probenahme aus stehenden Gewässern (Juni 1985). Berlin: Beuth
4 DIN 38 402 Teil 13: Deutsche Einheitsverfahren zur Wasser-, Abwasser- und Schlamm-Untersuchung, Probenahme aus Grundwasser (Dezember 1985). Berlin: Beuth
5 DIN 38 402 Teil 14: Deutsche Einheitsverfahren zur Wasser-, Abwasser- und Schlamm-Untersuchung, Probenahme von Rohwasser und Trinkwasser (Entwurf April 1984). Berlin: Beuth
6 DIN 38 402 Teil 15: Deutsche Einheitsverfahren zur Wasser-, Abwasser- und Schlamm-Untersuchung, Probenahme aus Fließgewässern (April 1985). Berlin: Beuth
7 DIN 55 350 Teil 14: Begriffe der Qualitätssicherung und Statistik — Begriffe der Probenahme (Oktober 1985). Berlin: Beuth
8 ISO 5667 Teil 1: Wasserbeschaffenheit — Probenahme — Allgemeine Richtlinien zur Aufstellung von Probenahmeprogrammen (Entwurf Juli 1980). Genf
9 ISO 5667 Teil 2: Water Quality — Sampling — Guidance on sampling techniques (Juli 1982). Genf
10 ISO 5667 Teil 3: Wasserbeschaffenheit — Probenahme — Hinweise zur Probenhandhabung und -konservierung (Entwurf März 1985). Genf
11 ISO 5667 Teil 5: Water quality — Sampling — Drinking water and water used for food and baverage processing (Entwurf März 1986). Genf
12 Gudernatsch, H.: Die Probenahme als wesentlicher Bestandteil der Wasser- und Abwasseranalytik. Vom Wasser 60 (1983) 95-105
13 Sprenger, F.J.: Bericht der Arbeitsgruppe „Probenstabilisierung" der Fachgruppe Wasserchemie in der GDCh. Z. Wasser Abwasser Forsch. 11 (1978) 128-132
14 Sprenger, F.J.: Probenkonservierung. Hydrochem. hydrogeol. Mitt. 1 (1974) 11-25
15 Funk, W.: Konservierung von Proben zur Analytik im Laboratorium. Vom Wasser 48 (1977) 75-87
16 Döll, B.; Grether, D.; Döll, M.: Anwendung einfacher Konservierungsverfahren für Wasseruntersuchungen. Acta Hydrochim. hydrobiol. 13 (1985) 35-46
17 DVWK — Regeln zur Wasserwirtschaft, Empfehlungen zu Umfang, Inhalt und Genauigkeitsanforderungen bei chemischen Grundwasseruntersuchungen. Heft 111. Hamburg: Parey 1979 und
DVGW-Merkblatt W 121: Bau und Betrieb von Meßstellen für Grundwasserstand und Grundwasserbeschaffenheit. Tech. Mitt. (Entwurf August 1986). Frankfurt: ZfGW
18 Schwedt, G.; Reichert, E.: Teststäbchen — Reflektrometrie zur Nitratanalyse in Wässern. Chem. Labor Betr. 37 (1986) 338-339
19 Schwedt, G.: Teststäbchen — Reflektrometrie. Umwelt Magazin 14 (1985)
20 Nitsch, A.: Humin-Bestimmung mit dem Reflektometer, DLG-Mitt. 100 (1985) 267-269
21 Schwedt, G.; Rienäcker, J.: Methodenvergleiche zur Bestimmung anorganischer Anionen — Ergebnisse mit kommerziellen Schnell- und Laborverfahren. Vom Wasser 61 (1983) 249-261
22 Schwedt, G.: Feldanalytische- und Schnellverfahren in der Wasseruntersuchung. Labor Praxis 7 (1983) 26-32
23 Dammann, V.; Funk, W.; Hahn, J.; Laubereau, P.G.; Olivier, M.; Papke, G.: Zur Problematik der Anwendung von Vortests in der Wasseranalytik. Korrespondenz Abwasser 33 (1986) 225-231.

6 Geruch und Geschmack

Trinkwässer sollen geruchsfrei und frei von einem fremdartigen Geschmack sein. Diese Forderung findet sich in den internationalen Richtlinien und in vielen nationalen Trinkwasser-Vorschriften. Bereits die DIN 2000 weist darauf hin, daß Geruch und fremdartiger Geschmack die Güte und Appetitlichkeit eines Trinkwassers beeinträchtigen und u. U. auch gesundheitsschädigend sein können. Die Ästhetik spielt gerade beim Trinkwasser eine besonders zu beachtende Rolle. Geruchs- und geschmacksbildende Stoffe sind sowohl anorganische als auch organische Substanzen; sie sind natürlichen Ursprungs (z. B. Schwefelwasserstoff, Huminstoffe, Eisen) oder treten im Wasser anthropogen verursacht auf (z. B. Phenole, Mineralölprodukte, erhöhter Kochsalzgehalt aus Kaliablaugen, Chlor). Im Rahmen der Sinnenprüfung ist daher neben dem allgemeinen Aussehen des Wassers vor allem der Geruch zu überprüfen, da der empfindliche Geruchssinn des Menschen manchmal Stoffe wahrnimmt, die analytisch in den vorliegenden Konzentrationen ohne Anreicherung nicht ohne weiteres erfaßt werden können. Die Prüfung des Geruchs gliedert sich in allgemeine qualitative Aussagen und die Ermittlung des Geruchsschwellenwerts (GSW) als quantitatives Maß für die Geruchsintensität.

6.1 Allgemeine Geruchsprüfung

Sie wird sofort nach der Probenahme durchgeführt; eine geruchsfreie 1-l-Glasflasche mit Schliffstopfen wird etwa zur Hälfte mit dem Untersuchungswasser gefüllt, verschlossen und mehrfach geschüttelt. Dann wird nach Öffnung ein eventueller Geruch charakterisiert und zwar nach der Intensität (z. B. geruchlos, kaum wahrnehmbar, schwacher, starker Geruch), nach der Geruchsart (z. B. modrig, fischig, erdig) und nach den wahrnehmbaren Stoffen (z. B. Mineralöl, Chlor, Mercaptan). Die entsprechenden Angaben sollen auch die Wassertemperatur enthalten (z. B. Geruchsprüfung des Wassers bei 12 °C), da unter Umständen ein spezifischer Geruch des Wassers erst bei seinem Erwärmen wahrnehmbar wird.

6.1.1 Geruchsschwellenwert (GSW)

Der Geruchsschwellenwert gibt volumenmäßig diejenige Verdünnung des geruchsbelasteten Untersuchungswassers mit geruchsfreiem Wasser an, bei welcher der Geruch gerade noch wahrnehmbar ist, d. h. das Verhältnis des Gesamtvolumens Untersuchungswasser + geruchsfreies Wasser zum Volumen des in dieser Mischung enthaltenen Untersuchungswassers. Da die Geruchswahrnehmung individuell unterschiedlich sein kann, sollten mindestens drei Testpersonen diese Prüfung gemeinsam vornehmen. Bei gechlorten Trinkwässern kann das Chlor einen ursprünglichen Eigengeruch des Wassers überdecken. Um diesen wahrzunehmen, muß eine Entchlorung durch Zugabe von Natriumthiosulfat vorgeschaltet werden.

Geräte und Reagenzien:
1-l-Glasflaschen mit Schliffstopfen (Probenahmeflaschen);
300-ml-Erlenmeyerkolben mit Schliffstopfen;
geruchsfreies Verdünnungswasser (z. B. Leitungswasser oder destilliertes Wasser[1]);
Natriumthiosulfat, $Na_2S_2O_3$ p. a. zur Entchlorung.

---

[1] Hierbei handelt es sich um Wasser hoher Reinheit, das durch eine doppelte Destillation hergestellt wird. Dieses Wasser oder Wasser von mindestens diesem Reinheitsgrad ist bei allen Verfahren anzuwenden, bei denen destilliertes Wasser verlangt wird, sofern keine andere Reinigung beschrieben ist.

Arbeitsvorschrift

Die Probenahmeflaschen und Erlenmeyerkolben müssen geruchsfrei gereinigt sein; deshalb ist eine Reinigung mit Spülmitteln zu vermeiden. Am besten eignet sich die Durchspülung mit Methanol.
Etwa drei Probenahmeflaschen werden am Ort der Entnahme mit dem Untersuchungswasser überlaufend vollständig gefüllt und mit den Schliffstopfen verschlossen. Der Geruchsschwellenwert kann an Ort und Stelle durchgeführt werden; die Wassertemperatur (Auslauftemperatur) ist mit anzugeben. Vielfach wird aber der GSW erst nach Eintreffen im Laboratorium ermittelt; gegebenenfalls ist eine Entchlorung mit Natriumthiosulfat vorzunehmen. Dort werden die Wasserproben auf ca. 20°C thermostatisiert; gleiches geschieht mit etwa 1 l Verdünnungswasser.
Zunächst wird der Bereich des Geruchsschwellenwerts orientierend ermittelt. In vier Erlenmeyerkolben füllt man 200 (Kolben 1), 20 (2), 2 (3) und 0,2 ml (4) Untersuchungswasser ein und füllt die Kolben 2 bis 4 mit Verdünnungswasser aus Meßzylindern auf 200 ml auf. Ein fünfter Erlenmeyerkolben wird zur Geruchsvergleichsprüfung mit 200 ml Verdünnungswasser beschickt und geschüttelt; nach Stopfenöffnung wird zum Vergleichserhalt gerochen. Anschließend werden in der Reihenfolge 4, 3, 2, 1 die anderen Erlenmeyerkolben geschüttelt und die Geruchsprüfungen vorgenommen.
Sollte bereits bei der am stärksten verdünnten Probe (Kolben 4) ein deutlicher Geruch wahrzunehmen sein, so füllt man 2 ml des Untersuchungswassers mit Verdünnungswasser auf 200 ml auf und setzt mit dieser Vorverdünnung 1:100 eine neue Versuchsreihe in gleicher Weise wie vorstehend beschrieben an.
Aus der orientierenden Geruchsbereichsermittlung ergibt sich nunmehr der Hauptversuch, bei dem stärker differenziert wird. Man beginnt mit der Verdünnung aus dem Orientierungsversuch, die noch einen Geruch gezeigt hatte, und stellt stärkere Verdünnungen her. Beispielsweise wurde in der Verdünnung mit 2 ml Untersuchungswasser (Kolben 3) noch kein Geruch festgestellt, wohl aber in 20 ml (Kolben 2). Dann wird der Bereich zwischen 2 und 20 ml differenzierend geprüft, indem man 3, 4, 5, 7, 10 und 13 ml Untersuchungswasser zur Prüfung vorsieht. Zunächst wird in die sechs erforderlichen Erlenmeyerkolben das Ergänzungsvolumen zu 200 ml mit Verdünnungswasser eingefüllt (also 197, 196, 195 etc. ml), dann folgt die Einfüllung der Volumina an Untersuchungswasser. Von der höchsten Verdünnung ausgehend (3 auf 200 ml) werden die Proben geruchlich geprüft bis zu der Verdünnung, die gerade noch, aber deutlich riechbar ist. Stets wird das Riechen der geruchsfreien Verdünnung zwischengeschaltet.
Da bei Erwärmung des Wassers ein Geruch besser wahrnehmbar wird, kann in Zweifelsfällen bei der 20°C-Untersuchung eine entsprechende Prüfung mit dem auf 60°C gebrachten Wasser angeschlossen werden.

Berechnung und Angabe der Werte

Der Geruchsschwellenwert (GSW) errechnet sich wie folgt:

$$GSW = \frac{A + B}{A}.$$

A ml Untersuchungswasser in der auf 200 ml verdünnten Mischung, bei denen der Geruch gerade noch, aber deutlich wahrnehmbar ist

B ml Verdünnungswasser in der auf 200 ml verdünnten Mischung

Der GSW wird gerundet in ganzen Zahlen angegeben; z. B. $A = 3$ ml, $B = 197$ ml; Geruchsschwellenwert (GSW) bei 20°C = 70.
Die Aufstellung der Verdünnungsreihe mit den Volumina der Tabelle 6.1 folgt dem logarithmischen Maßstab nach dem Weber-Fechnerschen Gesetz. In doppelt logarithmischer Darstellung erhält man daher eine lineare Abhängigkeit der Proben der Verdünnungsreihe von den entsprechenden Geruchsschwellenwerten.

6.1.2 Geruchsschwellenkonzentration

Hierunter versteht man bei einem bekannten Stoff diejenige Konzentration in 1 l Wasser,

Tabelle 6.1. Verdünnungsreihen zur Bestimmung des Geruchsschwellenwerts

Untersuchungswasser A ml	Geruchsschwellenwert (GSW)
200	1
130	1,5
100	2
70	3
50	4
40	5
30	7
20	10
13	15
10	20
7	30
5	40
4	50
3	70
2	100
1,3	150
1,0	200
0,7	300
0,5	400
0,4	500
0,3	700
0,2	1000

bei der er sich gerade noch geruchlich bemerkbar macht. Je geringer diese Konzentration ist, desto unangenehmer und durchdringender muß auch der Geruch des Stoffs sein. Für verschiedene Stoffe sind die Geruchsschwellenkonzentrationen im Wasser bekannt.

6.1.3 Beurteilung und Grenzwerte

Der Geruchsschwellenwert für geruchsfreies Wasser ist 1. Allgemein ist dieser GSW für das Trinkwasser anzustreben. Die EG-Trinkwasserrichtlinie gibt eine Richtzahl von 0 an, versteht darunter aber wohl auch einen GSW von 1, da gemäß Anh. III der Geruchsschwellenwert durch schrittweise Verdünnung und Messung bei 12 oder 25 °C bestimmt wird, d. h. das unverdünnte Wasser soll keinen Geruch aufweisen. Als höchstzulässige Geruchsschwellenwerte werden sowohl in der EG-Trinkwasserrichtlinie als auch in der Trinkwasser-VO 2 bei 12 °C bzw. 3 bei 25 °C angegeben. Die WHO-Guidelines weisen ebenfalls auf die ästhetischen und organoleptischen Gesichtspunkte beim Trinkwasser hin. Die meisten Verbraucherbeschwerden über die Wasserqualität beziehen sich auf Farbe, Geschmack oder Geruch. Die Trinkwasserqualität wird also vorwiegend durch die Sinne wahrgenommen. Deshalb soll als Richtlinie gelten, daß Geruch und Geschmack des Wassers bei den meisten Verbrauchern keinen Anstoß erregen.

6.2 Allgemeine Geschmacksprüfung

Grundsätzlich ist eine Wasserprobe nur dann zu verkosten, wenn keine Infektion oder Vergiftung zu befürchten ist. Die Geschmacksprüfung erfolgt immer nach der Geruchsprüfung an Ort und Stelle mit Angabe der Auslauftemperatur des Wassers. Wie bei der Geruchsprüfung werden nach Möglichkeit die Intensität (z. B. ohne Geschmack, schwach, stark), die Geschmacksrichtung (z. B. salzig, süßlich, bitter, fade) und die wahrnehmbaren Inhaltsstoffe (z. B. Eisen, Natriumchlorid) charakterisiert.

6.2.1 Geschmacksschwellenkonzentration

Hierfür gilt die gleiche Definition wie für die Geruchsschwellenkonzentration. Für zahlreiche Stoffe ist die Schwellenkonzentration bekannt. Neben geschmacklich unangenehm wirkenden organischen Belastungsstoffen des Wassers kann der Geschmack des Trinkwassers von den anorganischen Mineralstoffen geprägt werden, wenn bestimmte Ionen oder Kombinationen von Kationen und Anionen in höherer Konzentration vorliegen.
Bei eingehenden Geschmacksuntersuchungen wurde festgestellt, daß die Geschmacksgrenze für Ca^{2+} bei ca. 100 mg/l und für Na^+ bei ca. 175 mg/l liegt, je nachdem, ob man chlorid-, hydrogencarbonat- oder sulfathal-

Tabelle 6.2. Konzentrationen von Mineralstoffen im Wasser für eine deutliche Geschmackswahrnehmung

Salze	Salzkonzentration mg/l	Konzentration des Kations mg/l
NaCl	465	185
$MgCl_2$	47	12
$CaCl_2$	350	105
$NaHCO_3$	630	175
$Mg(HCO_3)_2$	740	120
$Ca(HCO_3)_2$	610	150
$MgSO_4$	840	170
$CaSO_4$	1020	300

tige Salze dieser Kationen in destilliertem Wasser verdünnt. Tabelle 6.2 vermittelt eine Übersicht über derartige Salze und ihre Geschmackswahrnehmung. Ein Chlorgeschmack im Wasser hängt vom pH-Wert ab; so sollen 0,075 mg/l Cl_2 bei pH 5 und 0,45 mg/l bei pH 9 wahrnehmbar sein. Eisen macht sich bei 0,05 mg/l, Kupfer bei 2,5 mg/l, Mangan bei 3,5 mg/l und Zink bei etwa 5 mg/l bemerkbar [1, 2].

6.2.2 Beurteilung und Grenzwerte

Durch entsprechende Verdünnungen können wie beim Geruch auch Geschmacksschwellenwerte ermittelt werden. Allgemein wird man sich aber auf die geschmackliche Prüfung des unverdünnten Wassers beschränken. Die EG-Trinkwasserrichtlinie enthält allerdings für einen Geschmacksschwellenwert dieselben Angaben wie beim Geruchsschwellenwert, d. h. beide Bestimmungen werden vergleichend durch schrittweise Verdünnung bei zwei Temperaturen vorgenommen; Richtwert ist 0 auch für den Geschmack, höchstzulässige Werte sind ebenfalls 2 und 3 je nach Wassertemperatur. Die WHO-Guidelines fassen Geruch und Geschmack in der Beurteilung und in den Empfehlungen zusammen.

6.3 Literatur

1 Zoeteman, B.C.J.: Sensory assessment of water quality. Oxford; Pergamon Press 1980
2 Zoeteman, B.C.J.: Taste as an indicator for drinking water quality. J. Am. Water Works Assoc. 72 (1980) 537–540

7 Allgemeine Untersuchungen

7.1 Bestimmung der Temperatur

Bei allen Untersuchungen ist auch die Temperatur des Wassers während der Probenahme an Ort und Stelle zu messen. Die Wassertemperatur ist ein wesentlicher Parameter, der Hinweise auf die Herkunft des Wassers gibt und bei Schwankungen zur Aufklärung hydrologischer und hydrochemischer Ursachen beiträgt. Im Zuge dieser Messung wird zweckmäßigerweise auch die Lufttemperatur bestimmt.

Geräte:
Quecksilberthermometer mit einem Meßbereich von 0 bis 20 °C (amtlich geeicht);
elektrische Temperaturmeßgeräte (Thermofühler), umschaltbar auf verschiedene Temperaturbereiche;
Maximumthermometer für verschiedene Temperaturbereiche;
Schöpfthermometer mit einem Meßbereich von 0 bis 20 °C

Arbeitsvorschrift

Die Messung erfolgt, wenn irgend möglich, mit eingetauchtem Thermometer derart, daß die abzulesende Temperatur gerade noch über dem Wasserspiegel auf der Skala erkennbar ist; dabei soll ständig Wasser ablaufen. In verschiedenen Fällen kann erst mittels einer Hilfseinrichtung diese Messung erfolgen; so wird man u. a. bei Wasserhahnabläufen ein größeres Gefäß (z. B. Eimer) unterstellen und erst bei anhaltendem Überlauf im Gefäß die Messung durchführen. Immer muß (evtl. durch improvisierte Maßnahmen) dafür gesorgt werden, daß in entsprechender Wassermenge und nach längerem Wasserablauf gemessen wird. Eine um 15 °C höhere Luft- als Wassertemperatur kann bei herausgezogenem Thermometer die Ablesetemperatur in 30 s um 1 °C erhöhen. Das Thermometer ist vor Fremdeinflüssen (z. B. Sonnenbestrahlung) bei der Messung zu schützen. Die Messung ist beendet, wenn der Ablesewert konstant bleibt.

Temperaturmessungen in größerer Tiefe, in Bohrlöchern, Pegelrohren und in Gewässern werden zweckmäßigerweise mit elektrischen Temperaturmeßgeräten vorgenommen. Bei Brunnenschächten mit tieferliegendem Wasserspiegel ist auch die Messung mit einem Schöpfthermometer möglich.

Bei Thermalwässern und generell bei Wässern, deren Temperatur bedeutend höher als die Lufttemperatur ist, empfiehlt sich an Stelle der normalen Quecksilberthermometer die Verwendung von Maximumthermometern; sie werden nach entsprechender Eintauchzeit herausgezogen und lassen sich bequem ablesen. Durch Mehrfachmessung ist der zutreffende Temperaturwert festzustellen. Nach dem heutigen Stand der Technik ist das elektrische Temperaturmeßgerät am allseitigsten verwendbar.

Die Lufttemperatur ist etwa 1 m über dem Wasserspiegel im Brunnenhaus oder über dem Gelände nahe beim Wasservorkommen zu messen. Das Thermometer soll trocken und vor Sonneneinstrahlung geschützt sein (Messung im Schatten). Die Genauigkeit der Wassertemperaturmessung muß nicht erreicht werden. Wenn möglich, hängt man das Thermometer vor der Wassertemperaturmessung auf und liest den Meßwert später ab.

Angabe der Meßwerte

Die Wassertemperatur wird mit einer Stelle nach dem Komma angegeben. Neben Datum und Zeit sind auch die Meßgegebenheiten zu vermerken, z. B. Wassertemperatur am... um... Uhr (nach einstündigem Abpumpen, nach 30 min Ablauf, im freien Überlauf und dgl.): 9,3 °C. Zusätzlich wird die Lufttemperatur, auf 0,5 °C gerundet, angegeben, z. B. Lufttemperatur (im Schatten am Ablauf, im Brunnenhaus und dgl.): 20,5 °C.

7.1.1 Beurteilung und Grenzwerte

Die Temperatur des Wassers bestimmt in gewisser Hinsicht seine Qualität, vor allem den Geschmack. Der Temperaturbereich von 8 bis 12 °C wird beim Trinkwasser als angenehm und erfrischend empfunden; Wässer mit erhöhten Temperaturen (über 15 °C) schmecken schal und fade; sehr kalte Wässer unter 5 bis 6 °C werden beim Trinken nicht als angenehm empfunden und können gesundheitsbeeinträchtigend wirken (Magen-Darm-Störungen).

Temperaturangaben vermitteln Hinweise auf die Herkunft des Wassers. Bei tiefen Grundwässern ist in der Regel die Wassertemperatur erhöht. In der Bundesrepublik Deutschland wird allgemein eine Quelle als „Therme" bezeichnet, wenn die Wassertemperatur auf Dauer 20 °C oder mehr beträgt.

In den obersten Schichten der Erdoberfläche ist die Temperatur gemäß der zugeführten Strahlungswärme in Abhängigkeit vom Jahres- und auch Tagesablauf stark schwankend. Diese Schwankungen hören in gewisser Tiefe auf (isotherme Zone = Gürtel konstanter Temperatur). Ihr Abklingen hängt vom Wärmeleitvermögen der Gesteine ab. Wenn man die Meßangabe der Wassertemperatur mit 0,1 °C Genauigkeit berücksichtigt, kann überschlägig in den gemäßigten Breiten mit der isothermen Zone in ca. 10 bis 20 m Tiefe gerechnet werden. Sie läßt sich mit Hilfe von geologischen, meteorologischen und thermischen Parametern für bestimmte Lagen genauer errechnen. Unterhalb der isothermen Zone nimmt die Temperatur entsprechend den geologischen Verhältnissen und dem Wärmefluß zu. Diese Zunahme wird durch die „geothermische Tiefenstufe" ausgedrückt, d. h. den Tiefenabstand mit einer Temperaturerhöhung um 1 °C; allgemein ist als mittlerer Wert die Tiefenstufe von 33 m für 1 °C bekannt. Im Untergrund liegt die Temperatur des Grundwassers für die Trinkwasserversorgung meistens auch im optimalen Geschmacksbereich von 8 bis 12 °C.

Die Temperatur des Wassers beeinflußt auch die Aufbereitungsprozesse in ihrer Reaktionsgeschwindigkeit; ferner ist die Löslichkeit der Gase im Wasser temperaturabhängig. Da die Ionenbeweglichkeit mit steigender Temperatur zunimmt, ist auch die Leitfähigkeit stark temperaturabhängig; man rechnet etwa 2 % Leitfähigkeitsänderung für 1 °C Temperaturänderung.

Starke Temperaturschwankungen des Grundwassers können in oberflächennahen Wässern (über dem Gürtel der Temperaturkonstanz) auftreten oder durch verschiedene Zuflüsse in unterschiedlichen Tiefen bedingt sein.

Bei Oberflächenwässern hat die Temperatur wesentlichen Einfluß auf chemische und biologische Prozesse, die bei Temperaturerhöhung rascher ablaufen. Damit wird auch der Sauerstoffbedarf pro Zeiteinheit höher; andererseits vermindert die Temperaturerhöhung die Sauerstofflöslichkeit im Wasser. Die stark wechselnden (z. B. Sommer—Winter) und die jahreszeitlich gegenüber dem Grundwasser meist höheren Wassertemperaturen der Oberflächenwässer geben bei Uferfiltrationen und Grundwasseranreicherungen die Möglichkeit, Mischungsverhältnisse (Grundwasser—Oberflächenwasser) und Fließgeschwindigkeiten zu ermitteln.

Die Trinkwasser-VO setzt einen Grenzwert von 25 ± 1 °C fest.

Zusammen mit der Lufttemperatur wird verschiedentlich auch der Luftdruck zu messen sein; im Meeresniveau herrscht ein mittlerer Luftdruck von 1013 mbar.

Die Weltorganisation für Meteorologie (WMO) hat mit folgendem Kommentar empfohlen, den Luftdruck künftig in hPa zu Ehren des französischen Mathematikers, Physikers und Philosophen Blaise Pascal (1623–1662) anzugeben: „Das Hektopascal (hPa), gleich 100 Pascal (Pa), ist die Einheit, in der Druckangaben in der Meteorologie zu übermitteln sind. Zu beachten ist, daß ein Hektopascal (hPa) physikalisch dasselbe ist wie ein Millibar (mbar), so daß keine Änderungen an Skalen oder Ablesevorrichtungen der auf mbar geeichten Druckmeßgeräte vorzunehmen sind". Es ändert sich also nur das Meßsystem und nicht der Zahlenwert.

7.1.2 Literatur

Panzram, H.: Hektopascal: Neue Maßeinheit für den Luftdruck. Naturwiss. Rdsch. 37 (1984) 227-229

7.2 Bestimmung des pH-Werts

Der pH-Wert gehört zu den unerläßlichen Meßgrößen jeglicher Wasseruntersuchung; soweit als irgend möglich, erfolgt seine Bestimmung an Ort und Stelle.
Reines Wasser dissoziiert in geringem Maße in H^+- und OH^--Ionen. Die Wasserstoffionen sind in wäßriger Lösung instabil und lagern sich unter Bildung eines Hydroniumions (H_3O^+) an ein Wassermolekül an. Die H_3O^+- und OH^--Ionen sind ihrerseits von weiteren Wassermolekülen eng umgeben (Hydrathülle).
Durch Hinzufügen von Säuren oder Basen kann die Konzentration der H_3O^+- oder OH^--Ionen verändert werden. Beide Stoffmengenkonzentrationen sind jedoch nicht voneinander unabhängig, sondern durch die Dissoziationskonstante des Wassers eng miteinander verknüpft. Zur algebraischen Formulierung dieser Zusammenhänge wird die vereinfachte Schreibweise $c(H^+)$ anstelle von $c(H_3O^+)$ gewählt. Die Dissoziationskonstante K_W des Wassers lautet dann:

$$K_W(p,T) = c(H^+) \cdot c(OH^-) \cdot f(H^+) \cdot f(OH^-)$$
$$= a(H^+) \cdot a(OH^-),$$

wobei $a(H^+)$ und $a(OH^-)$ die molaren Aktivitäten der H^+- bzw. OH^--Ionen darstellen. Ferner gilt für die Aktivitätskoeffizienten:

$$f(H^+) = f(OH^-).$$

Der Zahlenwert der Dissoziationskonstanten hängt von Druck p und Temperatur T ab. Die Druckabhängigkeit kann für die Belange der Wasserchemie vernachlässigt werden.
Das Produkt der Stoffmengenkonzentration von H^+- und OH^--Ionen multipliziert mit den entsprechenden Einzelionenaktivitätskoeffizienten stellt für eine bestimmte Temperatur eine Konstante dar. Je größer die Konzentration der OH^--Ionen, desto kleiner ist die Konzentration der H^+-Ionen und umgekehrt.
Der „Neutralpunkt" der wäßrigen Lösung ist gegeben, wenn $c(H^+) = c(OH^-)$. Ist $c(H^+) > c(OH^-)$, so bezeichnet man die Lösung als „sauer"; ist $c(H^+) < c(OH^-)$, so nennt man die Lösung „alkalisch".
Die Wasserstoffionenkonzentration kann für verdünnte Säuren oder Basen größenordnungsmäßig zwischen 10^0 und 10^{-14} mol/l variieren; deshalb ist es üblich, die Konzentrationsangaben logarithmisch darzustellen. An die logarithmische Schreibweise lehnt sich auch die Definition des pH-Werts an:

$$pH = -\log \frac{a(H^+)}{mol/l} = -\log \frac{c(H^+) \cdot f(H^+)}{mol/l}.$$

Die exakte Definition geht von der Molalität der Wasserstoffionen aus. Solange die Dichte der Lösung von $D = 1,00$ g/ml nicht abweicht, sind Stoffmengenkonzentration und Molalität gleich. Auch die Zahlenwerte der Aktivitätskoeffizienten hängen davon ab, ob Masse oder Volumen eingesetzt wird. Im Trinkwasserbereich ist es üblich, zur Angabe der Zusammensetzung Stoffmengenkonzentrationen $c(X)$ in mol/l zu wählen.
Zwar ist die angegebene pH-Definition exakt, jedoch läßt sich prinzipiell kein geeignetes Meßverfahren angeben; der Aktivitätskoeffizient des Wasserstoffions ist nicht meßbar. Praktikable potentiometrische Meßverfahren beinhalten den unbekannten Aktivitätskoeffizienten des potentialbestimmenden Ions an der Bezugselektrode; ist die Konzentrationsverteilung in der gesamten Meßzelle nicht konstant, treten zusätzlich unbekannte Flüssigkeitsdiffusionspotentiale auf. Um diese Schwierigkeiten zu überbrücken, hat man die pH-Werte einer Reihe von Pufferlösungen aufgrund von Präzisionsmessungen und mit Hilfe theoretischer Vorstellungen definiert und damit die *konventionelle pH-Skala* festgelegt. Durch Vergleichsmessungen mit diesen Pufferlösungen kann der pH-Wert verdünnter wäßriger Lösungen experimentell ermittelt werden [1-6].
Der durch eine Vergleichsmessung bestimmte pH-Wert besitzt lediglich für verdünnte wäßrige Lösungen mit einer Ionenstärke von weniger als 100 mmol/l seine

ursprüngliche Bedeutung. Er kann nur in diesem Falle für Gleichgewichtsberechnungen in der Form $pH = -\log c(H^+) \cdot f(H^+)$ verwendet werden.
Für die Abhängigkeit des Aktivitätskoeffizienten von der Ionenstärke I gilt näherungsweise [5]:

$$-\log f(H^+) = \frac{0,5\sqrt{I}}{1 + 1,4\sqrt{I}}.$$

In natürlichen Wässern wird der pH-Wert in den meisten Fällen von der Kohlensäure und ihren Anionen bestimmt. In geringem Maße haben organische Säuren oder Basen sowie Temperatur und Ionenstärke einen Einfluß. Eine Ausnahme bildet Regenwasser, in dem der pH-Wert von anwesenden Mineralsäuren (Salzsäure, Schwefelsäure) stark beeinflußt sein kann.
Für alle im Wasser gelösten schwachen Säuren oder Basen bestimmt der pH-Wert die prozentuale Verteilung der einzelnen Gleichgewichtskonzentrationen. Für die Betrachtung von Säure-Base-Gleichgewichten in wäßriger Lösung — namentlich bei der Behandlung der Kohlensäure-Gleichgewichte — besitzt der pH-Wert eine fundamentale Bedeutung. Bei Korrosionsfragen im Bereich der Trinkwasserversorgung spielt der pH-Wert insbesondere bei verzinkten Stählen eine Rolle; bei unlegierten Stählen hat er Einfluß auf die Bildung der Rostablagerungen.

7.2.1 Verfahren

Der pH-Wert kann mit Hilfe der handelsüblichen Geräte genau ermittelt werden. Das Meßprinzip besteht in der Erfassung der Summe von Potentialsprüngen, die an den Enden einer stromlosen elektrochemischen Meßkette mit Hilfe eines Präzisions-Potentialmeßgeräts gemessen werden. Der pH-bestimmende Potentialsprung findet an der äußeren Oberfläche der Glasmembran der pH-Elektrode statt. Alle anderen Potentialsprünge sind entweder sehr klein (z. B. Diffusionspotential am Diaphragma der eingebauten Bezugselektrode) oder von Messung zu Messung unverändert (z. B. Potential der Bezugselektrode bzw. der Innenseite der Glasmembran). Die pH-Meßzelle wird vor der Messung mit Hilfe von Pufferlösungen kalibriert [1, 4].

Geräte:
pH-Meßgerät mit Einstabmeßkette und Schliff NS 14/23;
Meßgefäß mit Schliffstopfen (Abb. 7.1).
Reagenzien:
Zur Eichung der pH-Meßzelle für verschiedene Meßbereiche, heute auch Kalibrierung genannt, benötigt man Pufferlösungen, die der DIN 19266 entsprechen sollen [2, 3]. Die nachfolgend aufgeführten drei Pufferlösungen überdecken den pH-Bereich 4 bis 9, in dem auch fast alle zu untersuchenden Wässer liegen.

Kaliumhydrogenphthalat-Pufferlösung (pH-Wert bei 4). 10,21 g $C_8H_5O_4K$ p. a. werden in destilliertem Wasser gelöst; die Lösung wir bei 25 °C auf 1 l aufgefüllt. Die Temperaturabhängigkeit des pH-Werts dieser Lösung ist in Tabelle 7.1 aufgeführt.

Kaliumdihydrogenphosphat- und Dinatriumhydrogenphosphat-Pufferlösung (pH-Wert bei 7). 3,38 g KH_2PO_4 p. a. und 3,53 g Na_2HPO_4 p. a. werden zusammen in destilliertem Wasser gelöst; die Lösung wird bei 25 °C auf 1 l aufgefüllt. Die Tempe-

Tabelle 7.1. Temperaturabhängigkeit des pH-Werts (Kaliumhydrogenphthalat-Pufferlösung)

ϑ in °C	pH	ϑ in °C	pH	ϑ in °C	pH
0	4,003	30	4,015	60	4,091
5	3,999	35	4,024	70	4,126
10	3,998	40	4,035	80	4,164
15	3,999	45	4,047	90	4,205
20	4,002	50	4,060	95	4,227
25	4,008	55	4,075		

Tabelle 7.2. Temperaturabhängigkeit des pH-Werts (Kaliumdihydrogenphosphat- und Dinatriumhydrogenphosphat-Pufferlösung)

ϑ in °C	pH	ϑ in °C	pH	ϑ in °C	pH
0	6,984	30	6,853	60	6,836
5	6,951	35	6,844	70	6,845
10	6,923	40	6,838	80	6,859
15	6,900	45	6,834	90	6,877
20	6,881	50	6,833	95	6,886
25	6,865	55	6,834		

raturabhängigkeit des pH-Werts dieser Lösung ist in Tabelle 7.2 angegeben.

Natriumtetraborat-Pufferlösung (pH-Wert bei 9). 3,814 g $Na_2B_4O_7 \cdot 10\,H_2O$ p. a. werden in destilliertem Wasser gelöst; die Lösung wird bei 25 °C auf 1 l aufgefüllt. Die Temperaturabhängigkeit des pH-Werts dieser Lösung ist in Tabelle 7.3 aufgeführt.

Salzsäure, HCl 0,1 mol/l zur Elektrodenreinigung.

Kaliumchloridlösung, KCl gesättigt zur Elektrodenaufbewahrung.

Kalibrierung der Meßkette

Es sollen nur Meßketten mit gequollener Glaselektrodenmembran mit einem Kettennullpunkt bei einem pH-Wert von 7 verwendet werden. Der pH-Wert des Untersuchungswassers soll zwischen den pH-Werten der zur Elektrodenkalibrierung benutzten Pufferlösungen liegen. Die Messungen mit den Pufferlösungen können in verschließbaren 100-ml-Kunststoffflaschen erfolgen. Nach jeglicher Messung ist die Elektrode mit destilliertem Wasser abzuspülen. Zwei geeignete Pufferlösungen werden in den Kunststoffflaschchen auf die Temperatur des Untersuchungswassers gebracht, bei der die Kalibrierung der pH-Meßkette vorzunehmen ist. Besitzt das Gerät eine Temperaturkompensation, so ist die Temperatur des Untersuchungswassers einzustellen. Dann wird die Einstabmeßkette in diejenige Pufferlösung getaucht, deren pH-Wert möglichst nahe bei 7 liegt. Dies geschieht an Ort und Stelle derart, daß die Kunststoffflaschen einschließlich der Elektrode einige Minuten im durchlaufenden Untersuchungswasser verbleiben. Der temperaturabhängige pH-Wert der Pufferlösung wird der Tabelle entnommen und mit Hilfe des „Asymmetriereglers" am Gerät exakt eingestellt. Man wiederholt die Messung mit der zweiten Pufferlösung und stellt deren „Tabellenwert" mit Hilfe des „Steilheitsreglers" am pH-Meter ein. Bei jeder Messung werden einige Minuten abgewartet, bis sich ein konstanter pH-Wert am Gerät ablesen läßt. Der Kalibrierungsvorgang sollte einmal wiederholt werden.

Neuere pH-Meßvorrichtungen verfügen über zusätzliche Temperatursensoren und erlauben mittels einer Vierpunktkalibrierung bei zwei verschiedenen Temperaturen eine rasche Bestimmung der Meßketten-Kenndaten (Steilheit, Isothermenschnittpunkt, Temperaturkoeffizient). Mit Hilfe dieser Daten nimmt das Gerät eine elektrodenspezifische automatische Temperaturkompensation vor, d. h. bei der Bestimmung des pH-Werts braucht die Temperatur der Kalibrier-Pufferlösungen nicht berücksichtigt zu werden. Das Kalibrierverfahren kann weitergehend vereinfacht werden, wenn die pH-Werte der zur Anwendung gelangenden Standard-Pufferlösungen in Abhängigkeit von der Temperatur im Gerät gespeichert und bei der Kalibrierprozedur abrufbar sind.

Arbeitsvorschrift

Nach der Kalibrierung wird die abgespülte pH-Meßkette in die vorgesehene Schlifföff-

Tabelle 7.3. Temperaturabhängigkeit des pH-Werts (Natriumtetraborat-Pufferlösung)

ϑ in °C	pH	ϑ in °C	pH	ϑ in °C	pH
0	9,464	30	9,139	60	8,962
5	9,395	35	9,102	70	8,921
10	9,332	40	9,068	80	8,885
15	9,276	45	9,038	90	8,850
20	9,225	50	9,011	95	8,833
25	9,180	55	8,985		

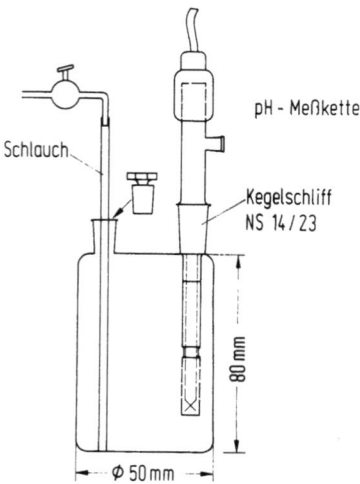

Abb. 7.1. Meßgefäß und Versuchsanordnung

nung des vom Untersuchungswasser durchströmten Meßgefäßes (Abb. 7.1) eingesetzt. Der bis zum Gefäßboden reichende Probenahmeschlauch wird aus der anderen Schlifföffnung so herausgezogen, daß das gefüllte Gefäß mit dem Schliffstopfen blasenfrei verschlossen werden kann. Nach einigen Minuten läßt sich der konstante pH-Wert ablesen. Bei gut gepufferten Wässern (Säurekapazität bis pH 4,3 größer als 4 mmol/l) ist die pH-Wert-Messung an Ort und Stelle auch in einem Becherglas möglich.

Angabe der Werte und Genauigkeit

Die Angabe des pH-Werts erfolgt auf eine Stelle, bei Präzisionsmessungen auf zwei Stellen nach dem Komma. Dabei wird die Wassertemperatur vermerkt, bei der gemessen wurde; verschiedentlich erfolgen ja auch pH-Wert-Messungen zusätzlich im Laboratorium und dann nicht bei der Wassertemperatur an Ort und Stelle.
Beispiel: pH-Wert 7,11 bei 8,5 °C. Der früher übliche Zusatz „elektrometrisch gemessen" kann entfallen, da heute nur noch diese Messung üblich ist; bei Messungen mit Indikatoren ist ein entsprechender Vermerk anzubringen.
Der pH-Wert der Pufferlösungen ist nach DIN 19266 [3] auf pH = ±0,005 genau definiert. Durch Diffusionsspannungen am Diaphragma der Bezugselektrode können zusätzliche Unsicherheiten von pH = ±0,012 auftreten. Demzufolge sind auch exakt ausgeführte pH-Messungen u.U. mit einer Unsicherheit von größenordnungsmäßig ±0,02 pH-Einheiten behaftet.

Störungen

Die häufigste Fehlerursache liegt in verunreinigten Pufferlösungen. Erfahrungsgemäß treten nach sorgfältiger Kalibrierung der Meßkette bei den pH-Wert-Bestimmungen in Trinkwässern (verdünnte wäßrige Lösungen) im Bereich zwischen 3 und 11 keine bemerkenswerten Fehler auf. Im Laufe der Zeit nimmt infolge einer Glaselektroden-Alterung der Membranwiderstand zu; die Steilheit der Elektrode sinkt ab. Falls diese Alterungserscheinungen am Meßgerät nicht mehr kompensiert werden können, muß die Elektrode gereinigt oder ausgewechselt werden.

Lagerung und Reinigung der Elektrode

Von Zeit zu Zeit kann eine Reinigung der pH-Meßkette erforderlich sein. Dabei sind die Empfehlungen des Herstellers zu beachten. In der Regel läßt sich ein Haushaltsreinigungsmittel oder verdünnte Salzsäure hierzu verwenden. Die pH-Meßkette wird zweckmäßigerweise so gelagert, daß Membran und Diaphragma stets im Kontakt mit einer gesättigten KCl-Lösung stehen.

7.2.2 Formelzeichen und Einheiten

Zeichen	SI-Einheit	Bedeutung
K_w	$(mol/l)^2$	Dissoziationskonstante des Wassers
$c(X)$	mol/l	Stoffmengenkonzentration der Teilchensorte X,
$f(X)$	1	Aktivitätskoeffizient,
I	mol/l	Ionenstärke.

7.2.3 Beurteilung und Grenzwerte

Die meisten Grund- und Oberflächenwässer weisen pH-Werte auf, die zwischen 6 und 9 liegen. Extrem niedrige pH-Werte treten z. B. in kleinen Bächen im kristallinen Urgestein auf. So wurde im Zinnbach im Fichtelgebirge der pH-Wert 3,7 gemessen. Für Fische liegt die untere Verträglichkeitsgrenze etwa bei pH 5.
Unbelastetes Regenwasser weist infolge des gelösten Kohlenstoffdioxids aus der Atmosphäre einen pH-Wert von 5,6 auf. Durch die Aufnahme saurer Belastungsstoffe der Luft (SO_X, NO_X, HCl etc.) kann es zu einer deutlichen Absenkung des pH-Werts kommen. Bei der Grundwasserbildung erfährt das Niederschlagswasser durch die Bodenpassage eine erhebliche Veränderung. Diese wird weniger durch den pH-Wert des ursprünglichen Regenwassers als vielmehr durch das CO_2 der Bodenluft und die mit

dem Wasser im Kontakt befindlichen Bodenmineralien bestimmt (der CO_2-Partialdruck in der Bodenluft ist etwa 100mal höher als in der Atmosphäre). Je geringer aber der Kontakt mit dem belebten Boden ist, desto geringer sind auch die pH-Wert-Änderung und die Gesamtmineralisation des Wassers.

Der pH-Wert eines Wasser beeinflußt auch seine organoleptischen Eigenschaften; ein Wasser mit pH ca. 8 schmeckt fad, bei höherem pH-Wert macht sich ein seifiger Geschmack bemerkbar. Man empfindet den Geschmack als frisch, wenn der pH-Wert unterhalb 7,5 liegt, das Wasser gleichzeitig kühl ist und eine hinreichende Menge CO_2 besitzt (0,2 mmol/l und mehr). Niedrige pH-Werte verursachen aber nicht unbedingt einen säuerlichen Geschmack.

Für die meisten chemischen Gleichgewichte der Wasserinhaltsstoffe hat der pH-Wert eine eminente Bedeutung. Die Vielzahl der Säure-Base-Gleichgewichte, der heterogenen Reaktionen und Redoxreaktionen mit Protonenübergang wird maßgeblich vom pH-Wert beeinflußt. Diese Abhängigkeiten werden häufig in Form von logarithmischen Gleichgewichtsdiagrammen dargestellt (z. B. Pourbaix-Diagramme). Der Einfluß des pH-Werts auf die Löslichkeit von Hydroxiden, Carbonaten, Silicaten usw. ist ausgesprochen verschiedenartig und komplex.

In Rohrnetzen und Behältern bestimmt der pH-Wert das korrosive Verhalten der Wässer gegenüber den eingesetzten Werk- und Baustoffen. Wässer mit pH-Werten unter 4,5 greifen zementgebundene Baustoffe — also auch Beton — sehr stark an [7].

Bis zu einem pH-Wert von 5,5 erfolgt ein starker und bis 6,5 ein schwacher Angriff auf den Zementstein. Das Ausmaß des Schadens hängt aber auch von der Porosität des Betons ab. Besondere Beachtung hat unter den zementgebundenen Baustoffen der Asbestzement gefunden, weil Asbestfasern u. U. eine cancerogene Wirkung haben können. Eine Faserabgabe aus Asbestzementrohren an das Trinkwasser findet jedoch nach Untersuchungen des Bundesgesundheitsamts nur statt, wenn das Wasser stark betonaggressive Eigenschaften bzw. einen Sättigungsindex unterhalb von − 0,4 aufweist. Im Falle eines nur schwach negativen bis positiven Sättigungsindex ist der Einsatz von Asbestzementrohren für die Trinkwasserversorgung unbedenklich, da keine Beeinträchtigung des Wassers erfolgt.

Sauerstoffhaltiges Wasser mit einem pH-Wert unterhalb 7,0 zerstört innerhalb kurzer Zeit die Verzinkungsschicht verzinkter Rohrleitungen. Aus diesem Grunde wird für derartige Wässer vom Einsatz verzinkter Stähle abgeraten. Die Wahrscheinlichkeit für Muldenkorrosion erhöht sich bei diesem Werkstoff, wenn der pH-Wert unter 7,5 liegt [8].

Zur Vermeidung von Korrosionsschäden an Eisenwerkstoffen wird ein hoher pH-Wert gefordert, jedoch nicht über 8,5 [9].

Eine Übersättigung des Wassers an Calciumcarbonat soll nach Möglichkeit vermieden werden (Einfluß des pH-Werts auf das Kalk-Kohlensäure-Gleichgewicht s. Abschnitt 9.1).

Bei der Verwendung von Kupferrohren soll der pH-Wert über 7 liegen; mit höherem pH-Wert steigt die Wahrscheinlichkeit eines Auftretens von Lochkorrosion Typ I [10].

Bleirohre bilden infolge der elektrochemischen Korrosion des Grundmaterials an ihrer Wand Deckschichten aus $PbCO_3$ und $Pb(OH)_2(CO_3)_2$ aus. Die Löslichkeit dieser Schichten hängt besonders vom pH-Wert und der Hydrogencarbonatkonzentration des Trinkwassers ab. Alle Trinkwässer lösen bei langanhaltender Stagnation aus den gebildeten Deckschichten 50 µg/l und mehr Blei heraus. Für Wässer mit pH-Werten unter 8 liegt die Sättigungskonzentration für Blei sogar über 100 µg/l. Nach der Trinkwasser-VO sollen nicht mehr als 40 µg/l Pb im Trinkwasser gelöst sein.

Zwei Wässer mit einer pH-Differenz von mehr als 0,4 gelten als unterschiedliche Wässer im Sinne des DVGW-Arbeitsblattes 216 „Versorgung mit unterschiedlichen Wässern".

Gemäß Trinkwasser-VO darf der pH-Wert nicht unter 6,5 und nicht über 9,5 liegen. Der pH-Wert des abgegebenen Trinkwassers darf nicht mehr als 0,2 pH-Einheiten unter dem pH-Wert der Calciumcarbonatsättigung liegen. Diese Anforderung ist zu erfüllen:
a) im pH-Bereich 6,5 bis 8,0 zur Verminde-

rung der Abgabe von Korrosionsprodukten aus metallischen Werkstoffen;
b) im pH-Bereich 6,5 bis 9,0 zur Verminderung der Abgabe von Korrosionsprodukten aus zementhaltigen Werkstoffen.

Bei der Aufbereitung von Wasser zu Trinkwasser müssen dieselben Grenzwerte eingehalten werden.

7.2.4 Literatur

1 Bates, R.C.: Determination of pH, theory and practice. 2nd ed. New York: Wiley 1973
2 Baucke F.G.K.: pH scale of Germany. Pure Appl. Chem. 50 (1948) 1493-1495
3 DIN 19266: pH-Messung, Standardpufferlösungen. Berlin: Beuth 1979
4 Bühler H.: Grundlagen und Probleme der pH-Messung. Labor 19 (1975) 641-662
5 Larson T.E.; Buswell, A.M.: Calcium carbonate saturation index and alkalinity interpretations. J. Am. Water Works Assoc. 34 (1942) 1667-1684
6 DIN 19268: pH-Messung von klaren, wäßrigen Lösungen (Februar 1985). Berlin: Beuth
Din 38404 Teil 5: Deutsche Einheitsverfahren zur Wasser-, Abwasser- und Schlamm-Untersuchung, Gruppe C, Bestimmung des pH-Werts (Januar 1983). Berlin: Beuth
7 DIN 4030: Beurteilung betonangreifender Wässer, Böden und Gase (November 1969). Berlin: Beuth
8 DIN 50930 Teil 3: Korrosionsverhalten von metallischen Werkstoffen gegenüber Wasser. Beurteilungsmaßstäbe für feuerverzinkte Eisenwerkstoffe (Dezember 1980). Berlin: Beuth
9 DIN 50930 Teil 2: Beurteilungsmaßstäbe für unlegierte und niedriglegierte Eisenwerkstoffe (Dezember 1980). Berlin: Beuth
10 DIN 50930 Teil 5: Beurteilungsmaßstäbe für Kupfer und Kupferlegierungen (Dezember 1980). Berlin: Beuth

7.3 Bestimmung der Redox-Spannung

Bestimmte Wasserinhaltsstoffe wie O_2, NO_3^-, Fe^{2+} etc. sind in der Lage, mit ihren Lösungspartnern oxidativ oder reduktiv zu reagieren. Die Anwesenheit dieser Stoffe vermittelt dem Wasser ein Oxidations- oder Reduktionsvermögen. Diese Eigenschaft kann mit Hilfe einer Redoxmessung erfaßt werden, wenn die entsprechenden Stoffe elektrochemisch ausreichend aktiv sind. Die Reaktionshemmung der Redoxreaktion an der Meßelektrode muß möglichst gering und die Austauschstromdichte möglichst groß sein. Mit sinkender Konzentration der Reaktionspartner nimmt auch die Austauschstromdichte ab.

Ergänzend zu anderen Parametern liefert die Kenntnis der Redox-Spannung (auch als Redoxpotential bezeichnet) weitere Hinweise zur Beurteilung des Wassers, so z.B. im Hinblick auf seine Aufbereitung und Verwendung. Beim Badewasser ist die Redox-Spannung eine wichtige und unverzichtbare Kenngröße [1].

7.3.1 Verfahren

Grundlage des Meßverfahrens [2, 3] ist die Ausbildung einer elektrischen Potentialdifferenz zwischen dem Inneren einer inerten Festelektrode (Platin, Gold) und der angrenzenden wäßrigen Lösung. Mit Hilfe eines Präzisionsmillivoltmeters wird die Summe aller auftretenden Potentialsprünge zwischen einer Bezugselektrode (z. B. Silber/Silberchlorid) und einer Edelmetallmeßelektrode gemessen. Das Meßergebnis wird im allgemeinen auf die Standardwasserstoffelektrode bezogen und mit U_H bezeichnet. Bezieht man das Meßergebnis auf eine andere Elektrode, so ist eine besondere Angabe hinter dem Formelzeichen notwendig. Beispielsweise lautet bei Bezug auf eine Ag/AgCl/KCl-Elektrode die Angabe: U'(Ag/AgCl/KCl, c(KCl) = 3 mol/l). Bei hohen Austauschstromdichten und „stromloser" Messung gehorcht die Redox-Spannung eines im Wasser gelösten Redoxpaars der Nernstschen Gleichung. Für ein beliebiges Redoxpaar gilt der folgende stöchiometrische Zusammenhang:

$$\nu_R \text{ Red} + \nu_W H_2O = \nu_O \text{ Ox} + \nu_H H_3O^+ + \nu_e e^-. \quad (7.1)$$

Red symbolisiert den Stoff in der reduzierten Form, Ox steht für dessen oxidierte Form, e^- für die beim Redoxvorgang ausgetauschten Elektronen; ν_X sind die entsprechenden stöchiometrischen Koeffizienten.

Bezieht man die Redox-Spannung auf die Standardwasserstoffelektrode, so gilt für diesen Vorgang (7.2); U_H^0 stellt die Standardspannung des betrachteten Redoxpaares dar. Ihr Wert hängt von den Standardbedingungen ab; diese sind so gewählt, daß das Wasser als Lösemittel und reine feste Stoffe als Bodenkörper in der Nernstschen Gleichung nicht auftauchen. Unter Umständen ist eine Diffusionsspannung U_{diff} an der Bezugselektrode zu berücksichtigen.

$$U_H = U_H^0 + \frac{RT}{\nu_e F} \ln \frac{a(\text{Ox})^{\nu_O} \cdot a(\text{H}_3\text{O}^+)^{\nu_H}}{a(\text{Red})^{\nu_R}}$$
$$+ U_{diff}. \quad (7.2)$$

Für die ungehemmte Reduktion von Sauerstoff gilt beispielsweise:

$$6\,\text{H}_2\text{O} = \text{O}_2 + 4\,\text{H}_3\text{O}^+ + 4\,e^- \quad (7.3)$$

$$U_H = 1{,}23 + \frac{RT}{4F} \ln \frac{p(\text{O}_2) \cdot a(\text{H}_3\text{O}^+)^4}{1}$$
$$+ U_{diff} \quad \text{in V.} \quad (7.4)$$

Das Diffusionspotential U_{diff} am Diaphragma der Bezugselektrode wird in der Regel durch Verwendung von Kaliumchlorid als Brückenelektrolyt stark unterdrückt und braucht nicht berücksichtigt zu werden. Überwiegt die Menge der oxidierten Teilchen die Menge der reduzierten Teilchen in der Wasserprobe, so mißt man in Abhängigkeit vom Standardpotential der Reaktion (7.1) und der verwendeten Bezugselektrode relativ positive Redox-Spannungen; überwiegt die Menge der reduzierten Teilchen, erhält man unter Umständen negative Redox-Spannungen. Die gemessene Redox-Spannung hängt häufig vom pH-Wert ab.

In den meisten Fällen ist die gemessene Redox-Spannung ein Ergebnis komplexer Vorgänge an der Edelmetallelektrode, z. B. bei Vorliegen mehrerer Redoxpaare. Die Meßwerte — sog. Mischpotentiale — können daher nicht mit Hilfe der Nernstschen Gleichung erklärt werden.

Geräte:
Redoxelektrode aus Platin;
Ag/AgCl-Bezugselektrode mit bekanntem Gehalt an Kaliumchlorid, Elektrode mit Schliffdiaphragma. Der Innenelektrolyt soll in einfacher Weise auswechselbar sein. Zur Aufbewahrung

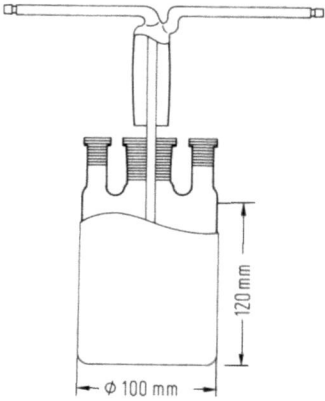

Abb. 7.2. Durchlaufgefäß

taucht die Elektrode zweckmäßigerweise in eine dem Innenelektrolyten entsprechende Lösung; Millivoltmeter, Eingangswiderstand $>10^{12}\,\Omega$; Durchlaufgefäß (Abb. 7.2);
Reagenzien:
Redoxstandardlösung; hergestellt aus den nachfolgend angegebenen Reagenzien [2]; diese werden gemeinsam in destilliertem Wasser gelöst. Die Lösung wird im 1-l-Meßkolben mit destilliertem Wasser aufgefüllt.

Kaliumhexacyanoferrat (II),
$\text{K}_4\text{Fe(CN)}_6 \cdot 3\,\text{H}_2\text{O}$ p. a. 5,28 g
Kaliumhexacyanoferrat (III),
$\text{K}_3\text{Fe(CN)}_6$ p. a. 4,11 g
Kaliumdihydrogenphosphat,
KH_2PO_4 p. a. 1,8 g
Dinatriumhydrogenphosphat,
$\text{Na}_2\text{HPO}_4 \cdot 2\,\text{H}_2\text{O}$ p. a. 3,9 g
Die Redox-Spannungen dieser Lösung, gemessen zwischen einer Silber/Silberchlorid-Bezugselektrode und einer Meßelektrode aus Platin sind in Tabelle 7.4 enthalten.

Natriumhypochloritlösung. Technische NaOCl-Lösung (z. B. Fa. Merck) wird mit Salzsäure, HCl (1 mol/l) auf pH 7 neutralisiert.

Natriumsulfitlösung. 100 g Na_2SO_3 p. a. werden in 1 l destilliertem Wasser gelöst.

Eisen(II)sulfatlösung. 27,8 g $\text{FeSO}_4 \cdot 7\,\text{H}_2\text{O}$ p. a. werden in 1 l destilliertem Wasser gelöst.
Salzsäure, HCl p. a. ($D = 1{,}19$ g/ml).
Salzsäure, HCl 1 mol/l.

Vorbereitung der Messung

Die Elektrode muß sorgfältig gereinigt sein. Es können Haushaltsreinigungsmittel und

7.3 Bestimmung der Redox-Spannung

Tabelle 7.4. Spannung U' der Kette Ag/AgCl/ KCl, c(KCl) = 1 mol/l Redoxstandardlösung/Pt in Abhängigkeit von der Temperatur und Bezugswerte U_H für die Standardwasserstoffelektrode

Temperatur in °C	U' in mV	U_H in mV
10	218	462
15	208	450
20	199	439
25	191	427
30	182	415
35	173	404
40	164	391

Salzsäure (D = 1,19 g/ml) verwendet werden. Nach der Reinigung ist die Elektrode mit destilliertem Wasser abzuspülen.

Da bei der Redoxspannungsmessung die Einstellung eines konstanten Werts u.U. längere Zeit beansprucht, besteht zur Verkürzung der Einstellzeit die Möglichkeit einer Elektrodenvorbehandlung. Allerdings muß vorher bekannt sein, ob das zu messende Wasser ein Oxidations- oder ein Reduktionsvermögen aufweist. Abbildung 7.3 zeigt die Art der Vorbehandlung je nach zu erwartender Redox-Spannung und in Abhängigkeit vom pH-Wert.

Taucht man eine metallisch blanke Platinelektrode in eine oxidierende Lösung, so findet an ihrer Oberfläche eine Chemisorption von Sauerstoff statt. Dieser Prozeß verlangsamt die Einstellung einer stationären Redox-Spannung. Es ist in diesem Fall zweckmäßig, mit einer voroxidierten Platinelektrode zu arbeiten. Die Oxidation wird mit neutralisierter NaOCl-Lösung vorgenommen; die Elektrode wird wenige Minuten eingetaucht und anschließend mit destilliertem Wasser gespült.

Bei reduzierenden Wässern ist die Messung mit oxidfreien Platinelektroden empfehlenswert. Die Reduktion der Elektrode kann mit Natriumsulfitlösung oder Eisen(II)sulfatlösung durch Eintauchen über einige Minuten vorgenommen werden. Anschließend wird die Elektrode mit destilliertem Wasser abgespült.

Eine Prüfung der Meßanordnung kann mit Hilfe der Redoxpufferlösung erfolgen. Wird der Sollspannungswert nach Tabelle 7.4 nicht erreicht, so müssen Elektroden und Meßverstärker einzeln auf ihre Funktion überprüft werden. Ist das Redoxmilieu vor der Messung unbekannt, so muß man eine längere Wartezeit bis zur Einstellung eines konstanten Meßwerts in Kauf nehmen.

Durchführung der Messung

Die Messung wird in dem geschlossenen Durchlaufgefäß (Abb. 7.2) durchgeführt. Temperatur und pH-Wert des Wassers sind ebenfalls zu bestimmen. Das Untersuchungswasser soll über eine möglichst kurze Schlauchverbindung mit etwa 0,5 l/min das Gefäß durchströmen. Der endgültige Meßwert wird unter Umständen erst nach 30 min erreicht; jedenfalls kann die Ablesung erfolgen, wenn der Wert ca. 1 min konstant bleibt. Bei Schwimmbeckenwässern erfolgt die Messung der Redox-Spannung nur in ortsfesten Meß- und Registriereinrichtungen (vgl. Abschn. 20.3).

Berechnung und Angabe der Werte

Die gemessene Spannung (U'_{gem}) wird auf die Standardwasserstoffelektrode (U_H) umgerechnet, indem man zum Meßwert die Standardspannung (U_{Bez}) der verwendeten Bezugselektrode addiert:

$$U_H = U'_{gem} + U_{Bez}.$$

Beispiel: Temperatur = 15 °C, pH = 7,3:

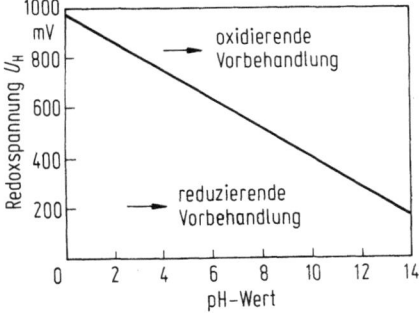

Abb. 7.3. Vorbehandlung der Pt-Elektrode in Abhängigkeit vom zu erwartenden Redoxmilieu

Verwendet wird eine Ag/AgCl-Elektrode mit einer Ruhespannung von +215 mV (Herstellerangabe!). Gemessen wird eine Spannung von +183 mV. Daraus ergibt sich folgende Spannung gegen die Standardwasserstoffelektrode:

$U_H = 183 + 215 = 398$ mV.

Der Wert der Redox-Spannung wird allgemein auf 5 mV gerundet und gemeinsam mit Temperatur sowie pH-Wert angegeben:
Redox-Spannung $U_H = +400$ mV,
Temperatur $\vartheta = 15{,}0\,°C$,
pH-Wert   pH = 7,3.
In gewissen Fällen ist es zweckmäßig, das Meßergebnis auf die verwendete Bezugselektrode zu beziehen, jedoch nur dann, wenn diese zu den üblichen Bezugselektroden gehört:
Redox-Span- U'(Ag/AgCl/KCl,
nung c(KCl) = 3 mol/l) = 185 mV,
Temperatur $\vartheta = 15\,°C$,
pH-Wert   pH = 7,3.

Störungen

Eine häufige Fehlerursache liegt in der Verwendung eines verunreinigten Bezugselektrolyten oder Diaphragmas. Deshalb ist die regelmäßige Kontrolle der Bezugselektrode unerläßlich. Das zu frühe Abbrechen der Messung vor Erreichen eines konstanten Meßwerts bildet eine weitere Fehlerquelle.

7.3.2 Bezugselektroden

Die im Handel erhältlichen Bezugselektroden basieren in der Regel auf einer bekannten Elektrodenreaktion. Die Konzentrationsverhältnisse des Bezugselektrolyten sind genau definiert und dürfen bei Elektrolytwechsel nicht unkontrolliert verändert werden. Die Temperatur-Spannungscharakteristik der Elektrode kann den Herstellerunterlagen oder der Literatur entnommen werden.
Tabelle 7.5 enthält die Standardspannungen einiger handelsüblicher Ag/AgCl-Bezugselektroden in Abhängigkeit von der Temperatur.

Tabelle 7.5. Spannungen U_{Bez} der Halbkette Ag/AgCl/KCl, c(KCl) gegen die Standardwasserstoffelektrode für unterschiedliche KCl-Konzentrationen bei verschiedenen Temperaturen

Temperatur in °C	Kaliumchloridkonzentrationen			
	1 mol/l	3 mol/l	3,5 mol/l	gesättigte Lösung
	U_{Bez} in mV			
0	249	224	–	–
5	247	220	–	–
10	244	217	215	211
15	242	214	211	207
20	239	211	208	203
25	236	207	203	197
30	233	203	199	191
35	230	200	195	187
40	227	196	191	181

7.3.3 Beurteilung und Grenzwerte

Die Bedeutung der Redox-Spannung für die Beurteilung von Schwimmbeckenwasser ist in Abschnitt 20.3 abgehandelt.
Die Redox-Spannung von Grund- und Oberflächenwässern, die für die Trinkwasserversorgung verwendet werden, gibt Auskunft über deren Lösungsbestandteile mit vorwiegend oxidierender Wirkung (praktisch ausschließlich vom gelösten Sauerstoff herrührend) oder mit vorwiegend reduzierenden Eigenschaften (z. B. Anwesenheit von zweiwertigem Eisen und Mangan oder von Schwefelwasserstoff bei gleichzeitiger Abwesenheit von Sauerstoff).
Natürliche Grundwässer können Redox-Spannungen zwischen +700 und −50 mV aufweisen. Die Redox-Spannung sauerstoffreicher Grundwässer liegt im Bereich bei +550 mV, während für sauerstoffarme bzw. sauerstofffreie, sog. reduzierte Wässer Werte bei +200 mV gemessen werden. Diese Wässer enthalten fast immer höhere Konzentrationen an Fe^{2+} und Mn^{2+}. Wenn durch Anwesenheit organischer Substanzen eine weitere mikrobiologische Reduktion der Wasserinhaltsstoffe erfolgt ist, sinkt auch die Redox-Spannung noch ab. Bei solchen Wässern, die verschiedentlich Sulfidschwefel aufweisen, liegt die Redox-Spannung bei 0.

Alle vorstehenden Werte sind auf die Standardwasserstoffelektrode (0-Punkt der Spannungsreihe) bezogen. Bei Messungen gegen die Ag/AgCl-Elektrode ohne Umrechnung auf die Standardwasserstoffelektrode sind die Werte ca. 200 mV niedriger.

Bei niedrigen Redox-Spannungen sollen Sauerstoffkonzentrationen und pH-Wert zur Beurteilung herangezogen werden; es ist auch auf Anwesenheit von Fe^{2+}, Mn^{2+} und H_2S zu prüfen. Im Einzelfall ist zu entscheiden, ob ein solches Grundwasser zur Verwendung als Trinkwasser in Frage kommt bzw. welche Aufbereitungsschritte gewählt werden müssen.

Die Messung der Redox-Spannung ersetzt keineswegs die quantitative Bestimmung der Wasserinhaltsstoffe. Allenfalls gibt das ermittelte Oxidations- oder Reduktionsvermögen einige Hinweise zur Beschaffenheit des Wassers und zu seiner weiteren Untersuchung.

7.3.4 Formelzeichen und Einheiten

Zeichen	SI-Einheit	Bedeutung
$a(X)$	mol/l	molare Aktivität der Teilchensorte X
$c(X)$	mol/l	Stoffmengenkonzentration der Teilchensorte X
D	g/ml	Dichte
F	As/mol (=C/mol)	Faraday-Konstante
$p(X)$	bar	Partialdruck der gasförmigen Teilchensorte X
R	J/K mol (=VAs/K·mol)	Gaskonstante
T	K	absolute Temperatur
U_{Bez}		Spannung der Bezugselektrode auf die Standardwasserstoffelektrode (SWE) bezogen
U_{diff}	V	Diffusionsspannung
U_H	V	Redox-Spannung gegen SWE
U_H^0	V	Standard-Redox-Spannung gegen SWE
U'_{gem}	V	gemessene Redox-Spannung gegen eine beliebige Bezugselektrode
ϑ	°C	Celsius-Temperatur
ν_X		Stöchiometrischer Koeffizient

7.3.5 Literatur

1 DIN 19 643: Aufbereitung und Desinfektion von Schwimm- und Badebeckenwasser (April 1984). Berlin: Beuth
2 Bühler, H.; Galster, H.: Redoxmessung — Grundlagen und Probleme. Firmenschrift der Fa. W. Ingold 1980
3 DIN 38 404 Teil 6: Deutsche Einheitsverfahren zur Wasser-, Abwasser- und Schlamm-Untersuchung, Gruppe C, Bestimmung der Redox-Spannung (Mai 1984). Berlin: Beuth

7.4 Bestimmung der elektrischen Leitfähigkeit

Die meisten anorganischen Wasserinhaltsstoffe liegen als Ionen vor; sie sind daher fähig, den elektrischen Strom zu leiten. Zur Leitfähigkeit einer wäßrigen Lösung tragen Kationen und Anionen bei. Allerdings unterscheiden sich die einzelnen Ionen in ihrem Leitvermögen. Dieses Leitvermögen hängt von der Ladungszahl, der Ionenbeweglichkeit, der Konzentration aller vorhandenen Ionen und der Temperatur des Wassers ab.

Die Leitfähigkeit stellt somit in der Wasseruntersuchung einen *Summenparameter* dar. Mit ihrer Bestimmung lassen sich einmal annähernde Aussagen über die Gesamtmineralisation (Gehalt an gelösten Ionen) eines Wassers treffen, zum anderen kann die Konstanz oder Veränderung dieser Mineralisation rasch und problemlos überprüft werden. Die Leitfähigkeitsbestimmung hat sich bei der Wassererschließung und -aufbereitung, bei Erkundungen verschiedener Grundwasserstockwerke, Pumpversuchen, Einstellung des Beharrungszustands und bei jeglichen

Kontrollanalysen bewährt. Sie ist praktisch bei allen **Wasseranalysen** eine wichtige Kenngröße und bei hydrogeologischen Untersuchungen unverzichtbar.

Die Messung der Leitfähigkeit läßt sich an Ort und Stelle mit den im Handel befindlichen und hochentwickelten Geräten verhältnismäßig einfach durchführen. Grundsätzlich soll bei Auslauftemperatur des Wassers gemessen werden; um Vergleichswerte mit anderen Wässern oder bei sich später ändernder Temperatur des Untersuchungswassers zu erhalten, wird der bei Probenahme gemessene Wert auf 25 °C umgerechnet und im Untersuchungsbericht ebenfalls angegeben. Leitfähigkeitsmessungen im Laboratorium bei anderen Wassertemperaturen oder bei einer 25 °C-Thermostatierung des Untersuchungswassers sind wenig sinnvoll, da Veränderungen der Wasserbeschaffenheit während der Transport- bzw. Standzeiten eintreten und damit sowohl den Originalmeßwert als auch die Möglichkeit späterer Kontrollen beeinflussen können. Derartige Messungen (z.B. an eingesandten Proben) sind daher bei Trinkwässern als Ausnahme zu betrachten, aber nützlich zum Erhalt von Orientierungswerten.

7.4.1 Grundlagen

Die elektrische Leitfähigkeit $\varkappa$ ist das Produkt aus dem Leitwert G und aus dem Quotienten der Länge l durch die wirksame Querschnittsfläche A eines elektrischen Leiters:

$$\varkappa = G \frac{l}{A}.$$

Der Leitwert G ist der reziproke Wert des elektrischen Widerstands R. $G = 1/R$; er wird in Siemens (S) angegeben, entsprechend Ohm^{-1} (Ω^{-1}). In Verbindung mit der Länge l in m und der Querschnittsfläche A in m^2 hat dann $\varkappa$ in der obigen Formel die Einheit S·m^{-1}. In der Trinkwasseranalyse ist die Einheit µS·cm^{-1} gebräuchlich, nur bei stärker mineralisierten Wässern werden auch mS·cm^{-1} angegeben. 1 µS·cm^{-1} = 0,1 mS·m^{-1}.

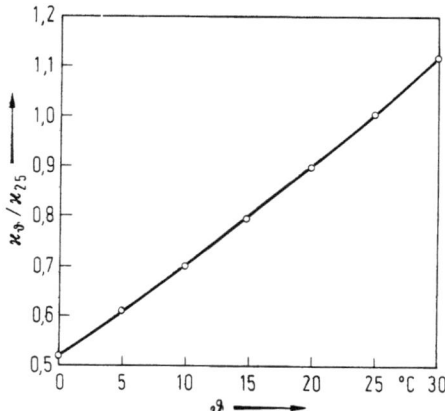

Abb. 7.4. Relativer Verlauf der elektrischen Leitfähigkeit von natürlichen Wässern in Abhängigkeit von der Temperatur [1]

Der Quotient l/A ergibt sich aus der Gestaltung der Meßzelle; er ist die sog. Zellkonstante C und kann bestimmt werden.

7.4.2 Temperaturabhängigkeit

Die elektrische Leitfähigkeit natürlicher Wässer ändert sich in der Regel ungefähr linear mit der Temperatur [1]. In einem Temperaturbereich zwischen 0 und 30 °C gilt für die elektrische Leitfähigkeit dieser Wässer näherungsweise folgende Beziehung:

$$\varkappa_\vartheta = \varkappa_{25} [1 + 0{,}0196(\vartheta - 25)]. \qquad (7.5)$$

Die maximale systematische Abweichung der nach Näherungsformel (7.5) berechneten Werte vom zugrunde gelegten Datenmaterial beträgt ±2 %. Die Daten sind in Abb. 7.4 dargestellt.

Zur Angabe der Temperaturabhängigkeit der Leitfähigkeit wird gewöhnlich ein Temperaturkoeffizient a_{25} angegeben; dieser ist gleich dem Anstieg der Temperatur-Ausgleichsgeraden dividiert durch die Leitfähigkeit bei 25 °C:

$$a_{25} = \frac{1}{\varkappa_{25}} \frac{d\varkappa}{d\vartheta}. \qquad (7.6)$$

Der Temperaturkoeffizient a_{25} beträgt 0,0196 K^{-1}, d.h. die Leitfähigkeit nimmt um ca. 2 % pro Grad zu, wenn man sie auf den

Wert bei 25 °C bezieht. Bezogen auf 0 °C erhält man 4 % pro Grad:

$$a_0 = \frac{\varkappa_{25}}{\varkappa_0} a_{25} = 0{,}038.$$

Zu Vergleichszwecken besteht nunmehr die Vereinbarung, die Leitfähigkeitswerte der Originaltemperatur auf 25 °C umzurechnen [2].
Beispiel: Bei 10 °C wird die elektrische Leitfähigkeit eines Trinkwassers zu 699 µS/cm bestimmt. Der Wert ist mit Hilfe von (7.5) auf 25 °C umzurechnen:

$$\varkappa_{25} = \frac{699}{1 + 0{,}0196\,(10 - 25)} = 990\ \mu S/cm.$$

Für sehr eingehende Betrachtungen muß die Temperaturabhängigkeit gesondert experimentell bestimmt werden. Für eine Reihe von natürlichen Wässern gilt nach [1] die quadratische Gleichung:

$$\varkappa_\vartheta = \varkappa_{25}\,[1 + 0{,}021\,22\,(\vartheta - 25) + 7{,}905 \cdot 10^{-5}(\vartheta - 25)^2]. \quad (7.7a)$$

Beispiel: Bei 10 °C wird eine Leitfähigkeit von 0,699 mS/cm gemessen. Der Wert ist mit Hilfe von (7.7a) auf 25 °C umzurechnen:

$$\varkappa_{25} = \frac{0{,}699}{1 + 0{,}021\,22\,(10 - 25) + 7{,}905 \cdot 10^{-5}(10 - 25)^2}$$
$$= 0{,}999\ mS/cm.$$

Gelegentlich bezieht man die gemessene Leitfähigkeit nicht auf 25 °C, sondern auf eine beliebige andere Standardtemperatur, z. B. auf 20 oder 18 °C. Der gewünschte Wert, z. B. $\varkappa_{20}$ berechnet sich aus $\varkappa_{25}$ nach (7.5) oder bei höheren Genauigkeitsansprüchen nach (7.7a). Es ergibt sich:

$$\varkappa_{20} = 0{,}896\ \varkappa_{25}. \quad (7.7b)$$

7.4.3 Beziehungen zwischen Leitfähigkeit und Mineralstoffgehalt

Zwischen der Leitfähigkeit in stark verdünnten Lösungen und der Konzentration eines

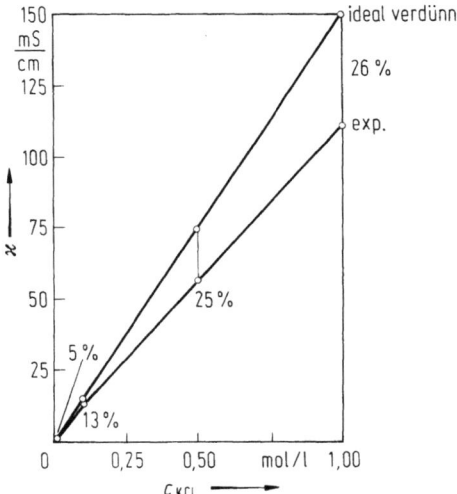

Abb. 7.5. Leitfähigkeit von KCl-Lösungen (errechnet und experimentell)

gelösten und vollständig dissoziierten Salzes besteht ein linearer Zusammenhang; da sich aber die zur Berechnung erforderlichen Ionenbeweglichkeiten bei steigender Konzentration verändern, können gerade in konzentrierten Lösungen (z. B. Solen, Meerwässer, Abwässer), aber auch in natürlichen Wässern zwischen berechneten und experimentell bestimmten Werten erhebliche Abweichungen auftreten. Abbildung 7.5 zeigt am Beispiel einer KCl-Lösung diese Abweichungen.

7.4.4 Verfahren

Die Bestimmung der Leitfähigkeit erfolgt heute fast ausschließlich mit entsprechenden Geräten des Handels, die in hoher Qualität angeboten werden. Die Meßanordnung besteht aus einer kalibrierten Elektrode und z. B. einer Wechselstrom-Meßbrücke. Spezielle Geräte besitzen einen automatischen Temperaturausgleich; in diesem Fall ist die Leitfähigkeitsmessung apparatemäßig mit einer Temperaturmessung verbunden. Elektronisch wird der bei beliebiger Wassertemperatur gemessene Wert z. B. für 25 °C umgewandelt.

Die Messung selbst wird üblicherweise in einem offenen Glasgefäß mit der *Tauchelektrode* vorgenommen; bei entsalzten oder äußerst mineralstoffarmen Wässern ist eine *Durchflußelektrode* zweckmäßig, um den Einfluß des Luft-Kohlendioxids zu vermeiden (z. B. erhöht Luft-CO_2 die Leitfähigkeit eines vollentsalzten Wassers auf Werte über 1 µS/cm); für verschmutzte Wässer (z. B. Abwässer) werden spezielle *Ringelektroden* an Stelle der meist üblichen *Plattenelektroden* verwendet.

Arbeitsvorschrift

Die Messung kann in einem 500-ml-Erlenmeyerkolben erfolgen. Der mit dem Untersuchungswasser mehrfach gespülte Kolben wird zur Hälfte gefüllt; dann werden Thermometer und Elektrode eingetaucht. Nach Einstellen der Temperatur wird diese zusammen mit der Leitfähigkeit abgelesen.

Störungen

In der Regel läßt sich die Leitfähigkeit präzise ermitteln. Je nach Geräte- und Elektrodentyp sind u. a. folgende Störungen möglich: Veränderung der Zellkonstante durch Benutzung eines zu kleinen Meßgefäßes; Fehlmessungen in stark verschmutzten Wässern bei Verwendung von Plattenelektroden; Fehlmessungen bei geerdeten Wasserbehältern oder bei Anwesenheit von Gasblasen zwischen den Elektrodenplatten.

Anzeige- und Meßwerte

Der Meßwert einer Leitfähigkeitsbestimmung berechnet sich grundsätzlich aus dem Anzeigewert am Instrument und einer Zellkonstanten C der Elektrode; hat die letztere den Wert $1,00 \cdot cm^{-1}$, so ist der Anzeigewert gleich dem Meßwert. Bei vielen Geräten kann der Meßwert wahlweise ein Widerstand R oder ein Leitwert G sein. Zwischen beiden besteht der Zusammenhang: $G = 1/R$.
Für den *Widerstand* gilt:

$$R = \frac{C}{\varkappa}.$$

Für die Leitfähigkeit gilt:

$$\varkappa = \frac{C}{R} = CG.$$

Ist das Gerät auf *Leitfähigkeitsmessung* geschaltet (z. B. Wählschalter auf „Leitfähigkeit", „S", „$1/\Omega$" o. ä.) so berechnet sich die Leitfähigkeit aus Ablesewert (Leitwert) multipliziert mit der Zellkonstanten: $\varkappa = GC$; ist es auf Widerstandsmessung geschaltet (z. B. Wählschalter auf „Widerstand", „Ω" o. ä.) so berechnet sich die Leitfähigkeit aus der Zellkonstanten dividiert durch Ablesewert: $\varkappa = C/R$.

Überprüfung der Meßeinrichtung

Die Güte der Elektrode und die Funktionsfähigkeit des Meßgeräts lassen sich wie folgt überprüfen: Man stellt für mittlere Leitfähigkeit eine KCl-Lösung (0,01 mol/l; 0,746 g/l) her; mit Hilfe dieser Lösung werden Leitfähigkeit $\varkappa$ und Temperatur ϑ bestimmt. Die elektrische Leitfähigkeit der KCl-Lösungen errechnet sich zwischen 10 und 25 °C wie folgt:

$$\varkappa = 746 + 26,6\,\vartheta \quad \text{in µS/cm.}$$

Die Übereinstimmung zwischen Meßwert und berechnetem Wert ist ein Gütekriterium für die Meßanordnung in diesem Konzentrationsbereich. Bei einwandfrei arbeitenden Geräten kann die Messung auch zur Bestimmung der Zellkonstante C benutzt werden.

Angabe der Werte

Zur Angabe der Leitfähigkeit können S/m oder auch $\Omega^{-1} \cdot m^{-1}$ verwendet werden; für dezimale Bruchteile werden vor die Einheiten cm (10^{-2}), m (10^{-3}) oder µ (10^{-6}) etc. gesetzt. Für die Leitfähigkeit der Trinkwässer werden in der deutschsprachigen Literatur vorwiegend mS/cm oder µS/cm benutzt. Die Wassertemperaturangabe ist ebenfalls notwendig. Die elektrische Leitfähigkeit wird mit drei gültigen Ziffern, die Temperatur auf $1/10°$ genau angegeben. Ein Meßergebnis lautet dann z. B.:
elektrische Leitfähigkeit: $\varkappa_{9,8\,°C} = 398$ µS/cm.

7.4.5 Beurteilung und Grenzwerte

Reines destilliertes Wasser besitzt auf Grund seiner Eigendissoziation bei 18 °C eine Leitfähigkeit von 0,04 µS/cm ($\varkappa_{25°C}$ = 0,05 µS/cm), ein an Luft stehendes destilliertes Wasser im chemischen Labor zeigt eine Leitfähigkeit bei 20 °C von ca. 1 µS/cm; die Leitfähigkeit von Meerwasser (z. B. offene Nordsee, Mineralisation ca. 35 g/l) beträgt 23 µS/cm.

Schon früher wurde versucht, durch Multiplikation der Leitfähigkeit $\varkappa$ in µS/cm bei 20 °C mit einem Faktor F generell die Summe der gelösten Mineralstoffe S in mg/l berechnen zu wollen (F = 0,55 bis 0,75). Olszewsky [3] hat bereits auf die Fehler solcher Berechnungen hingewiesen, da insbesondere die verschiedenen Ionen unterschiedliche Leitfähigkeiten aufweisen und auch die Ionengesamtkonzentration eine wesentliche Rolle spielt.

Immerhin ist im Konzentrationsbereich der üblichen Trinkwässer nach Auswertung zahlreicher Analysen ein Faktor von 0,8 bis 0,95 zur Umrechnung der Leitfähigkeit in µS/cm bei 25 °C auf den Mineralstoffgehalt S (Gehalt an ionogenen Bestandteilen) in mg/l durchaus realistisch und ergibt brauchbare Hinweise.

Noch zutreffender werden solche Umrechnungen, wenn der Wassertypus bekannt ist bzw. wenn Leitfähigkeitswerte ähnlicher Wassertypen miteinander verglichen werden. So hat Udluft [4] bei entsprechenden Untersuchungen in Bayern drei Haupttypen differenziert, die überwiegend zur Trinkwasserversorgung herangezogen werden. Beim ersten Typus handelt es sich um verhältnismäßig gering mineralisierte Wässer ($\varkappa_{25}$ = 50 bis 250 µS/cm). Sie entstammen silicatreichen bzw. carbonat- und sulfatarmen Gesteinen; im wesentlichen sind es Basalt-, Granit- und Sandsteinwässer. Die zweite Gruppe umfaßt Erdalkali-Hydrogencarbonat-Wässer, die ihre Mineralisation aus der Lösung carbonatreicher Gesteine erhalten ($\varkappa_{25}$ = 350 bis 600 µS/cm). Die dritte Gruppe stellt sog. Gipswässer mit einem erheblichen Variationsbereich der Leitfähigkeit dar ($\varkappa_{25}$ = 900 bis 2500 µS/cm). Auf diese Weise ist es möglich, aus Leitfähigkeitsmessungen in Gebieten mit heterogener geologischer Zusammensetzung erste Aussagen zur Herkunft und Typisierung des Wassers zu treffen.

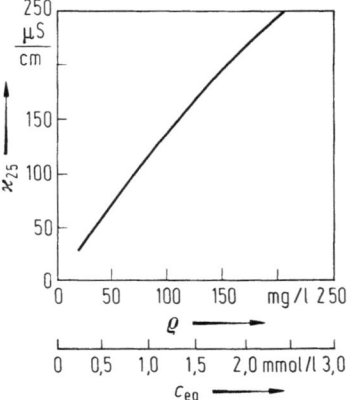

Abb. 7.6. Beziehungen zwischen Leitfähigkeit und Mineralstoffgehalt bei gering mineralisierten Wässern

Für gering mineralisierte Wässer (Abb. 7.6) gilt:

$$S_1 = 0,58 \cdot \varkappa_{25} + 0,001 \cdot \varkappa_{25}^2 \text{ in mg/l.}$$

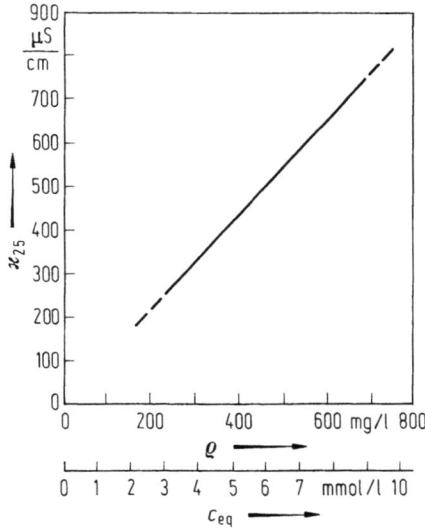

Abb. 7.7. Beziehungen zwischen Leitfähigkeit und Mineralstoffgehalt bei Erdalkali-Hydrogencarbonat-Wässern

Hier reicht *ein* Faktor zur Beschreibung des Zusammenhangs nicht aus, vielmehr ist die Auswertung einer quadratischen Gleichung erforderlich. Für Carbonat-Wässer (Abb. 7.7) gibt Udluft an:

$S_2 = 0{,}925 \cdot \varkappa_{25}$ in mg/l.

Gips-Wässer (Abb. 7.8) werden mit einem Faktor $F = 0{,}95$ umgerechnet:

$S_3 = 0{,}95 \cdot \varkappa_{25}$ in mg/l.

Allerdings ist zu beachten, daß mit zunehmendem Anteil an einwertigen Ionen der Faktor zur Umrechnung von Leitfähigkeit in Mineralstoffgehalt kleiner wird (z. B. Natriumchlorid-Wässer bis 2,5 g/l: $F = 0{,}6$). Einen zahlenmäßigen Zusammenhang zwischen der Leitfähigkeit und der Ionenstärke I haben Maier und Grohmann [5] gefunden. Die von ihnen aufgestellte Beziehung, umgerechnet auf die Leitfähigkeit bei 25 °C, lautet

$$I = \frac{\varkappa_{25}}{60\,500} \text{ in mol/l.}$$

Stumm und Morgan [6] geben als Beziehung zwischen der Ionenstärke I und dem Gesamtmineralstoffgehalt S folgende Näherung an:

$I \sim S \cdot 2{,}5 \cdot 10^{-5}$ in mol/l.

Bei einer Überprüfung der Formel von Grohmann und Maier mit Leitfähigkeitswerten der Grundwässer aus der Münchener Schotterebene und dem Voralpenraum zeigte sich, daß die Ionenstärke in Näherung aus der Formel errechnet werden konnte. Setzt man allerdings diese Ionenstärke in die von Stumm und Morgan mitgeteilte Beziehung ein, so liegen die Werte für den Mineralstoffgehalt deutlich zu niedrig; der Faktor $2{,}5 \cdot 10^{-5}$ müßte für diese Wässer auf $2{,}0 \cdot 10^{-5}$ herabgesetzt werden.

Wegen der Leitfähigkeitsunterschiede bzw. der Unterschiede im Mineralstoffgehalt bei den für die Trinkwasserversorgung genutzten Wässern ist es auch kaum möglich, generell für Trinkwässer Leitfähigkeitswerte festzulegen. Allerdings gibt die EG-Trinkwasserrichtlinie in der Liste physikalisch-chemischer Parameter eine Richtzahl für $\varkappa_{20}$ von 400 µS/cm an; dies entspricht $\varkappa_{25} = 443{,}5$ bzw. bei grober Abschätzung durch Multiplikation mit $F = 0{,}8$ bis $0{,}9$ einem Mineralstoffgehalt von ca. 350 bis 400 mg/l. Die Trinkwasser-VO setzt einen Grenzwert von 2000 µS/cm bei 25 °C fest.

7.4.6 Literatur

1 Rommel, R.; Seelos, E.: Leitfähigkeitsmessungen. Wasser Luft Betr. 24 (1980) 14-17
2 DIN 38 404 Teil 8: Deutsche Einheitsverfahren zur Wasser-, Abwasser- und Schlamm-Untersuchung (Gruppe C), Bestimmung der elektrischen Leitfähigkeit (September 1985). Berlin: Beuth
3 Olszewsky, W.: Untersuchung des Wassers an Ort und Stelle. Berlin: Springer 1945, S. 44
4 Udluft, P.: Das Grundwasser Frankens und angrenzender Gebiete. Steirische Beiträge zur Hydrogeologie Graz 1979, S. 3-132
5 Maier, D.; Grohmann, A.: Bestimmung der Ionenstärke natürlicher Wässer aus deren elektrischer Leitfähigkeit. Z. Wasser Abwasser Forsch. 10 (1977) 9-12
6 Stumm, W.; Morgan, J.J.: Aquatic Chemistry. 2nd ed. New York: Wiley 1981, p. 209

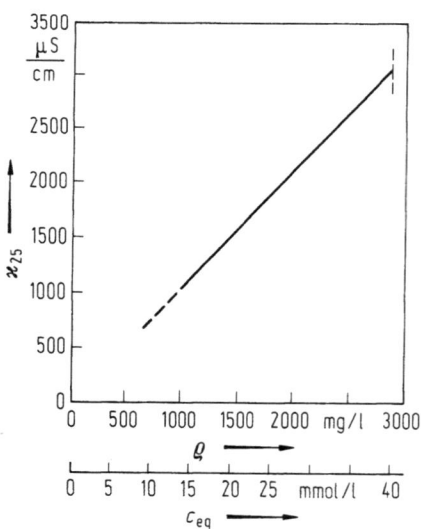

Abb. 7.8. Beziehungen zwischen Leitfähigkeit und Mineralstoffgehalt bei Calcium-Sulfat-(Gips-)-Wässern

7.5 Bestimmung der Trübung[1]

Trinkwasser soll nach den hygienischen Anforderungen klar und farblos sein. In bestimmten Fällen, z. B. bei Rohwässern aus huminstoffhaltigen Aquiferen, bei Oberflächenwässern bzw. Uferfiltraten zur Trinkwasseraufbereitung, bei Ausfällungen von Wasserinhaltsstoffen oder bei plötzlichen Verunreinigungen können Färbungen und vor allem Trübungen auftreten, deren quantitative Erfassung zur Beurteilung des Wassers bedeutsam ist. Oftmals genügt allerdings hinsichtlich der Trübung bereits eine allgemeine Beurteilung während der Probenahme mit den Angaben: klar — schwach getrübt — stark getrübt — undurchsichtig.

Die Trübung eines Wassers entsteht durch Lichtstreuung an suspendierten ungelösten Teilchen. Die Trübstoffe können auch Farbträger sein oder das Wasser enthält gelöste Farbstoffe und Trübstoffe. Deshalb muß neben der Trübung auch die Färbung des Wassers bestimmt werden (Abschn. 7.6).

Die Trübung läßt sich auf unterschiedliche Weise ermitteln. Grundlage der Verfahren ist entweder der auf das menschliche Auge wirkende visuelle Effekt oder ein photometrischer Meßwert. Es kann jedoch aus einem Meßwert nicht auf die Masse der streuenden Teilchen umgerechnet werden, obwohl ein Zusammenhang besteht. Ursache hierfür sind physikalische Einflüsse, die auf das Auge genauso unterschiedliche Wirkungen ausüben wie auf den Detektor eines Photometers (Größe und Anzahl der streuenden Partikel, Wellenlänge und Bandbreite des eingestrahlten Lichts bzw. bei weißem Licht dessen spektrale Verteilung, Meßwinkel und Meßgeometrie bei Photometern).

Bei Bestimmung der Trübung und der Färbung ist eine gesicherte Zuordnung der Meßwerte zur Trübung oder zur Färbung nicht immer möglich. Während vor der Färbungsmessung das Wasser über Membranfilter 0,45 µm abfiltriert werden kann, besteht für die Trübung die Möglichkeit der Messung außerhalb des sichtbaren Bereichs des Spektrums. Hierdurch können Wechselwirkungen minimiert werden.

---
[1] Bearbeitet von Dipl.-Ing. Kurt Witt/Nürnberg

Bei leicht getrübten Wässern und besonders zur raschen Orientierung am Probenahmeort eignet sich die Bestimmung mit dem Durchsichtigkeitszylinder; die Bestimmung mit der Sichtscheibe ist eine praxisorientierte Methode in Oberflächenwässern oder in Großbehältern; eine Messung der Schwächung der durchgehenden Strahlung beschränkt sich auf stärker getrübte Wässer; die Messung der Intensität der gestreuten Strahlung ist heute das am meisten verwendete Verfahren. Es hat seine Vorzüge wegen der gut reproduzierbaren Messung geringer Trübungen, die weit unter der Erkennbarkeit mit dem Auge liegen. Gerade für die Qualitätskontrolle in Trinkwassergewinnungs- und Trinkwasseraufbereitungsanlagen bildet diese Methode eine zuverlässige und kostengünstige Überwachungsmöglichkeit [1-3].

7.5.1 Probenahme

Die Wasserproben zur Trübungsbestimmung sind in sorgfältig gereinigte 1-l-Glasflaschen abzufüllen (mit Ausnahme des Sichtscheibenverfahrens). Ohne Veränderung der Temperatur und ohne Zwischenlagerung soll baldmöglich die Bestimmung erfolgen, damit Beeinflussungen des Meßergebnisses, z. B. durch Veränderungen der Partikelgrößen infolge chemischer oder biologischer Vorgänge bei längeren Standzeiten vermieden werden. Die Bestimmung kann auch an Ort und Stelle erfolgen.

7.5.2 Bestimmung mit dem Durchsichtigkeitszylinder

Dieses Verfahren eignet sich zur Anwendung bei leicht getrübten Wässern (Beschreibung des Verfahrens in [1]).

7.5.3 Bestimmung mit der Sichtscheibe

Dieses Verfahren eignet sich zur Anwendung an Oberflächenwässern oder großräumigen Wasserbehältern.

7 Allgemeine Untersuchungen

Geräte:

Weiße runde Porzellanscheibe (Secchi-Scheibe). ∅ 200 mm, sechs Löcher mit 55 mm ∅ auf einem Kreis mit 120 mm ∅ angeordnet, an einer Meßkette oder Schnur aufgehängt (z. B. beziehbar bei Fa. Bergmann, Berlin).

Arbeitsvorschrift

Die Scheibe läßt man so tief in das Wasser eintauchen, bis sie nicht mehr klar erkennbar ist. Durch mehrmaliges Aufziehen und Ablassen der Scheibe mit Ablesen bzw. Abmessen der Eintauchtiefe kann die Sichttiefe recht genau ermittelt werden.

Angabe der Werte

Die Sichttiefen werden <1 m auf 1 cm und >1 m auf 0,1 m genau angegeben; z. B. Trübung (Sichtscheibe) Sichttiefe 58 cm.

7.5.4 Messung der Schwächung der durchgehenden Strahlung

Dieses Verfahren eignet sich zur Trübungsbestimmung in stärker getrübten Wässern. Um bei der photometrischen Bestimmung den Einfluß einer Färbung des Wassers auszuschalten, wird außerhalb des Bereichs des sichtbaren Lichts (380 bis 780 nm) bei 860 nm gemessen. Die Bandbreite muß kleiner als 60 nm sein.

Geräte:
Spektral- oder Filterphotometer (s. Abschn. 7.6; z. B. beziehbar bei Fa. Lange, Fa. Hach);

Reagenzien:

Gereinigtes Wasser zur Herstellung aller Lösungen. Ein Membranfilter (0,1 µm) wird 1 h in ca. 100 ml destilliertes Wasser gelegt; dann werden durch dieses Membranfilter 250 ml destilliertes Wasser filtriert und verworfen; nachfolgend werden 500 ml destilliertes Wasser zweimal durch das Membranfilter filtriert; dieses Wasser dient zur sofortigen Herstellung der nachstehenden Lösungen.

Formazin-Eichlösung und Verdünnungen. Da Formazin nicht handelsüblich ist, müssen die Formazinlösungen aus Hexamethylentetramin und Hydrazinsulfat hergestellt werden.

Lösung A. 10,0 g Hexamethylentetramin, $C_6H_{12}N_4$ p. a. werden im gereinigten Wasser gelöst. Die Lösung wird im 100-ml-Meßkolben mit dem gereinigten Wasser aufgefüllt.

Lösung B. Mit 1,0 g Hydrazinsulfat, $N_2H_6SO_4$ p. a. wird in gleicher Weise wie bei Lösung A beschrieben eine Lösung B hergestellt.

Lösung C (Eichlösung). 5 ml der Lösung A und 5 ml der Lösung B werden zusammengegeben und 24 h im Thermostaten bei 25 ± 3 °C belassen. Dann wird die Mischung im 100-ml-Meßkolben mit gereinigtem Wasser aufgefüllt. Diese Eichlösung ist vier Wochen haltbar, wenn sie im Dunkeln bei 25 ± 3 °C aufbewahrt wird. Die Trübung dieser Eichlösung entspricht 400 Formazine Attenuation Units (FAU) bzw. Formazine Nephelometric Units (FNU). Aus der Lösung C werden mit gereinigtem Wasser Verdünnungen zur Eichung hergestellt; sie sind allerdings nur 1 Woche bei Aufbewahrung im Dunkeln und Temperierung bei 25 ± 3 °C haltbar.

Arbeitsvorschrift

Das Photometer wird zunächst mit geeigneten Verdünnungen der Lösung C geeicht; dazu ermittelt man fünf Eichpunkte im erforderlichen Meßbereich und zeichnet die entsprechende Eichgerade. Beispielsweise werden für Trinkwasser 5 ml der Lösung C im 500-ml-Meßkolben mit gereinigtem Wasser aufgefüllt. Die Trübung dieser Lösung entspricht 4 FAU. 2,5; 10; 25; 50 und 75 ml dieser Lösung werden jeweils im 100-ml-Meßkolben mit gereinigtem Wasser aufgefüllt. Die somit erhaltenen Eichlösungen entsprechen Trübungen von 0,1 bis 3 FAU.

Das Untersuchungswasser wird in die Küvette eingefüllt; anschließend erfolgt sofort die Messung gegen gereinigtes Wasser, um Verfälschungen der Meßwerte durch Absetzen suspendierter Teilchen zu vermeiden. Bei allen Messungen ist darauf zu achten, daß an den Küvettenwänden und in der eingefüllten Wasserprobe keine störenden Luftbläschen auftreten; die Küvetten müssen aus optisch reinem Glas bestehen und sorgfältig gereinigt sein.

Berechnung und Angabe der Werte

Die Trübung ist direkt aus der Eichgeraden abzulesen.

Die Werte werden in FAU angegeben:
 <1 FAU auf 0,01 FAU genau;
 ≧1 <10 FAU auf 0,1 FAU genau;
 ≧10 <100 FAU auf 1 FAU genau;
 ≧100 FAU auf 10 FAU genau.
Beispiel: Trübung FAU (860 nm, $\Delta\lambda = 1$ nm) = 1,3.
Zusätzlich sind alle Umstände anzugeben, die das Meßergebnis in irdendeiner Weise beeinflußt haben können.

7.5.5 Messung der Intensität der gestreuten Strahlung

Die Intensität einer gestreuten Strahlung wird mit Streulichtphotometern gemessen. Diese Messung kann an Einzelproben des Untersuchungswassers im Laboratorium vorgenommen werden, sie läßt sich aber auch zur kontinuierlichen Überwachung des Wassers und damit zur Betriebskontrolle verwenden.
Das Verfahren eignet sich in erster Linie für sehr schwache Trübungen; durch entsprechende Meßbereichsumschaltungen können aber auch starke Trübungen der Oberflächenwässer oder Abwässer mit den gleichen Geräten gemessen werden. Wenn jedoch der oberste Meßwert eines Geräts nicht mehr ausreicht, ist auch die Trübungsmessung nicht mehr möglich, da sich aus Verdünnungen des Untersuchungswassers kein Meßwert berechnen läßt.
Bei der Streulichtmessung müssen die physikalischen Einflüsse (s. S. 55) besonders beachtet werden. Größe und Anzahl der streuenden Partikel lassen sich bei der Messung nicht beeinflussen. Entsprechen die anderen Parameter den Normen, so sind die Meßergebnisse verschiedener Meßstellen untereinander vergleichbar und können auch in Bezug zu vorgegebenen Grenzwerten der wasserrechtlichen Vorschriften gesetzt werden [4,5].
Geräte:
Streulichtphotometer; das Gerät muß folgende technische Voraussetzungen erfüllen:
a) Wellenlänge 860 nm, Bandbreite ≦60 nm; es können auch Messungen bei 550 nm, Bandbreite ≦30 nm oder mit weißem Licht erfolgen; allerdings werden dann ganz andere Meßwerte erhalten als bei 860 nm;
b) Meßwinkel 90 ± 2,5°;
c) Öffnungswinkel <30°.
Die Parallelität der einfallenden Strahlung darf keine Divergenz und maximal 1,5° Konvergenz aufweisen. — Die vorstehenden Angaben müssen aus den Bedienungsanleitungen für die Geräte erkennbar sein oder vom Gerätehersteller mitgeteilt werden.

Arbeitsvorschrift

Die Messung ist, wie unter Abschn. 7.5.4 beschrieben, nach Erstellen einer Eichgeraden und unter Beachtung der Störmöglichkeiten vorzunehmen. Die Bedienungsanleitung des Geräteherstellers ist zu beachten.

Angabe der Werte

Bezogen auf die Kalibrierung mit Formazin wird das Meßergebnis in FNU (Formazine Nephelometric Units) angegeben und zwar mit folgender Genauigkeit:
 <1 FNU auf 0,01 FNU genau;
 ≧1 <10 FNU auf 0,1 FNU genau;
 ≧10 <100 FNU auf 1 FNU genau;
 ≧100 FNU auf 10 FNU genau.
Zum Beispiel FNU (860 nm, $\Delta\lambda = 5$ nm) = 0,86.
Es sind ferner alle Umstände anzugeben, die das Meßergebnis in irgendeiner Weise beeinflußt haben können.

7.5.6 Beurteilung und Grenzwerte

Das menschliche Auge kann Trübungen des Wassers in Abhängigkeit von der Wasserbehältergröße und vom Lichteinfluß erkennen. Im allgemeinen gelten folgende Werte:
Trübung FNU >2 als leichte Trübung im kleinen Behälter (1 bis 2 l) erkennbar;
Trübung FNU 1 bis 2 auch als leichte Trübung im großen Behälter (mehrere m^3) erkennbar;
Trübung FNU 0,1 bis 0,01 untere Meßgrenze;
Trübung FNU 1,5 Grenzwert für Trinkwasser nach der Trinkwasser-VO;
Trübung FNU <0,5 Werte für gutes Trinkwasser;
Trübung FNU >10 bis >500 Werte für Oberflächenwässer oder Abwässer.

Die WHO-Guidelines geben für die ästhetische Qualität des Trinkwassers einen Wert von 5 NTU[2] an und bemerken, daß ein Wert von <1 für die Effektivität der Desinfektion zu bevorzugen ist, weil höhere Trübungen bzw. Trübstoffmengen die Mikroorganismen vor einer durchgreifenden Desinfektion schützen oder auch das Bakterienwachstum positiv beeinflussen können.
Die Trinkwasser-VO beinhaltet als Qualitätswert 1,5 TEF (Trübungs-Einheiten bezogen auf Formazin entsprechend FNU und NTU). In der EG-Trinkwasserrichtlinie sind 0,4 JTU als Richtzahl und 4 JTU als Höchstwert aufgeführt. In diesem Bereich bewegen sich auch die meisten Vorschriften für die Trübung in verschiedenen westeuropäischen Staaten, in den USA, in Kanada, aber auch in der UdSSR, in Bulgarien etc. Für die Sichttiefenmessung mit der Secchi-Scheibe gibt die EG-Trinkwasserrichtlinie als Richtzahl 6 m und als Höchstwert 2 m an.

7.5.7 Literatur

1 DIN 38404 Teil 2: Deutsche Einheitsverfahren zur Wasser-, Abwasser- und Schlamm-Untersuchung; Physikalische und physikalisch-chemische Kenngrößen (Gruppe C); Bestimmung der Trübung (Dezember 1976). Berlin: Beuth
2 ISO 7027: Water quality — determination of turbidity. 1st ed. (Juli 1984)
3 DVGW-Schriftenreihe Wasser Nr. 12: Trübungsmessung in der Wasserpraxis. Frankfurt: ZfGW 1976
4 Ueberbach, O.: Trübungsmessung in der Praxis. Chemie Labor Betr. 37 (1986) 401–404
5 Standard methods for the examination of water and wastewater, 16th ed. Parkridge: APHA, AWWA, WPCF, 1985

7.6 Bestimmung der Färbung

Die Färbung eines Wassers wird bei der Probenahme visuell geprüft, und zwar sowohl nach dem Farbton als auch nach der Farbstärke (vgl. Probenahme Kap. 5). In der Regel reicht diese qualitative Prüfung mit entsprechender Angabe im Analysenbericht bei Trinkwasseruntersuchungen aus. Gegebenenfalls ist aber neben allgemeinen Farbangaben auch eine spektralphotometrische Messung angebracht [1-3]. Sie hat praktisch die früher üblichen visuellen Vergleichsverfahren, wie z.B. die Ermittlung des Platinfarbgrads in mg/l Pt mit Hilfe einer $K_2[PtCl_6]/CoCl_2$-Vergleichslösung oder einen Vergleich mit Farbtönen im Ostwaldschen Farbnormenatlas abgelöst.

7.6.1 Verfahren

Prinzip dieser Messung ist die Feststellung der am stärksten geschwächten Lichtwellenlänge innerhalb des sichtbaren Bereichs des Spektrums (350 bis 780 nm), das mit einem handelsüblichen Spektralphotometer aufgenommen wird; derartige Geräte haben in der Regel eine Registriereinrichtung. Bei Verwendung von Filterphotometern muß das Filter der stärksten Lichtschwächung festgestellt werden.

Geräte:
Spektralphotometer (sichtbarer Bereich); notfalls Filterphotometer.

Arbeitsvorschrift

Da eine Färbung der Wässer vorwiegend im gelblich-braunen Bereich liegt (Huminstoffe, Eisenverbindungen), auf den sich auch die früheren visuellen Vergleichsverfahren bezogen, wird hauptsächlich die Wellenlänge der Quecksilberlinie bei 436 nm zur Messung benutzt. Alle Messungen werden gegen destilliertes Wasser durchgeführt.
Exakte Messungen setzen monochromatische Strahlung voraus. Moderne Photometer mit Monochromator haben eine Bandbreite in der Größenordnung 1 nm. Bei Filterphotometern ist die Bandbreite der Strahlung ≦20 nm für Interferenzfilter und ≦50 nm für Glasfilter.

Angabe der Werte

Angegeben wird der spektrale Absorptionskoeffizient $a(\lambda)$ in m^{-1} unter Hinzufügung

---
[2] (Nephelometric Turbidity Units; der Zahlenwert entspricht FNU bzw. TEF. Mit den früher verwendeten JTU Jackson Turbidity Units besteht kein Zusammenhang, jedoch sind die Zahlenwerte ungefähr vergleichbar [5])

der Einstrahlungswellenlänge (z. B. 500 nm) bzw. der Emissionslinie (z. B. Hg 436 nm) bis auf eine Stelle hinter dem Komma.
Beispiel: Färbung (spektr. Abs. Koeff. λ 436 nm): 1,5 m^{-1}.

Anmerkungen

Die Färbung eines Wassers bzw. ihre Messung bezieht sich auf bestimmte Stoffe, die echt gelöst vorliegen und entweder von Natur aus vorhanden (z. B. Huminstoffe) oder durch Verunreinigungen in das Wasser gelangt sind. Verschiedentlich handelt es sich aber auch um kolloidal verteilte Stoffe als Übergang gelöst — ungelöst. In solchen kaum abgrenzbaren Fällen wird das Wasser nicht nur eine *Färbung* sondern auch eine *Trübung* aufweisen. Bei Vorhandensein ungelöster Stoffe ist eine Filtration (0,45 μm) der Färbungsmessung vorzuschalten.
Gemäß ISO-Festlegung werden alle Teilchen <0,45 μm der Färbung und alle Teilchen >0,45 μm der Trübung zugeordnet. Diese Grenze 0,45 μm = 450 nm liegt in der Nähe des unteren Endes des mittleren Spektrums.

7.6.2 Beurteilung und Grenzwerte

Erfahrungsgemäß lassen sich Gelbfärbungen eines Wassers bei einer Schichtdicke von mehreren cm mit dem menschlichen Auge wahrnehmen, wenn die $a(436\ nm)$-Werte größer als 2 m^{-1} sind. Huminstoffhaltige Wässer mit spektralen Absorptionskoeffizienten von 2 bis zu 5 m^{-1} erscheinen schon deutlich gelbbraun gefärbt.

Abwässer mit Meßwerten über 5 m^{-1} zeigen einen kräftig gelbbraunen Farbton.
Die nachfolgenden Beispiele aus der Praxis vermitteln einen Überblick über derartige Meßwerte, auch im Zusammenhang mit dem spektralen Absorptionskoeffizienten im UV-Bereich (254 nm) und dem gelösten organisch gebundenen Kohlenstoff (DOC), Tabelle 7.6.
In der Trinkwasser-VO werden 0,5 m^{-1} als Grenzwert des spektralen Absorptionskoeffizienten Hg 436 nm festgelegt.

7.6.3 Literatur

1 DIN 38 404 Teil 1: Deutsche Einheitsverfahren zur Wasser-, Abwasser- und Schlamm-Untersuchung; Physikalische und physikalisch-chemische Kenngrößen (Gruppe C) Bestimmung der Färbung (Dezember 1976). Berlin: Beuth
2 Standard methods for the examination of water and wastewater. Part 204: Color; 16th ed. Parkridge: APHA, AWWA, WPCF, 1985
3 ISO 7887: Water quality-determination of colour. 1st ed. (Februar 1985)

7.7 Bestimmung des Gehalts an festen gelösten Stoffen (Abdampfrückstand)

Eine genaue Bestimmung des Gesamtgehalts an festen gelösten Stoffen vermag nur die Analyse der Einzelbestandteile zu vermitteln. Immerhin ist es von wesentlicher Bedeutung, den mengenmäßigen Stoffbestand eines Wassers übersichtsweise festzustellen und ihn unter standardisierten Bedingungen

Tabelle 7.6. Zusammenhang zwischen spektralem Absorptionsmaß und dem DOC

Wasservorkommen	a (436 nm) m^{-1}	a (254 nm) m^{-1}	DOC mg/l
Münchner Leitungswasser	<0,1	1,1	<0,1
Kochelsee	<0,1	3,3	1,4
Isar (oberhalb Münchens)	0,1	4,5	1,7
Main (Randersacker)	0,5	7,8	3,7
Braunwassersee (Bansee/Chiemgau)	2,8	42,5	10,3

mit anderen Wässern vergleichen oder in gewissen Zeitabständen überprüfen zu können (Summen- und Kontrollparameter). Zu diesem Zweck wird der Trockenrückstand des Wassers bestimmt, der sich in folgende Rückstandsarten gliedert:
1) *Gesamtrückstand*: Summe der im Wasser vorhandenen *gelösten* und *ungelösten* Stoffe nach Trocknung, soweit sie nichtflüchtig sind.
2) *Abdampfrückstand*: Summe der *gelösten* und nichtflüchtigen Stoffe allein.
3) *Ungelöste Stoffe*: Differenz zwischen 1. und 2.
4) *Glührückstand*: Rückstand nach Glühen von 2.
5) *Glühverlust*: Differenz zwischen 2. und 4.

Neuerdings werden die Begriffe Gesamttrockenrückstand, Filtrattrockenrückstand und Glührückstand vorgeschlagen (DIN 38 409 Teil 1) [1], die dem Wasserchemiker im Vergleich zu den seit langem üblichen Begriffen recht fremdartig erscheinen.

Bei Trinkwasseruntersuchungen ist in der Regel nur der *Abdampfrückstand* von Interesse, möglicherweise noch der *Gesamtrückstand*, falls ungelöste Stoffe vorliegen. Glührückstand und Glühverlust wurden in früheren Zeiten als Anhalt für das Vorhandensein organischer Verunreinigungen benutzt (Verkohlen, Glühen, Differenzwägung). Man kann heute auf diese Bestimmungen verzichten, weil sie wenig Aussagekraft besitzen, und das Vorkommen organischer Stoffe mit anderen Parametern ermittelt wird.

7.7.1 Verfahren

Geräte:
Platin-, Teflon- oder Porzellanschalen, 200 ml Fassungsvermögen

Arbeitsvorschrift

Falls ungelöste Stoffe in der Wasserprobe vorliegen, wird zur Bestimmung des Abdampfrückstands vorher durch ein Membranfilter (Porenweite 0,45 µm) filtriert. Zweckmäßigerweise soll die Auswaage des Abdampfrückstands nach Trocknung mindestens etwa 100 mg betragen; ein entsprechendes Volumen des Wassers wird in der gewogenen Schale unter schonender Erwärmung (z. B. Luft-, Sand-, Wasserbad) eingedampft und der Rückstand im Trockenschrank bei 180 °C bis zur Gewichtskonstanz ($\pm 0,5$ mg) getrocknet. Bei Reihenbestimmungen ist auch das Eindampfen im Trockenschrank selbst empfehlenswert, der zunächst auf ca. 90 °C und nach Abdampfen auf 180 °C eingestellt wird.

Berechnung

$$\frac{T \cdot 1000}{V} = \text{mg/l Abdampfrückstand}$$

T Gewicht des Trockenrückstandes in mg
V Volumen des Wassers in ml

Anmerkungen

Die Trocknungstemperatur von 180 °C hat sich besser bewährt als die früher oder in anderen Fällen übliche Temperatur von 105 bis 110 °C. Da Calciumsulfat das Kristallwasser erst bei höheren Temperaturen abgibt, wird auch eine Abdampftemperatur von 260 °C [2] vorgeschrieben, die aber von üblichen Trockenschränken nicht erreicht wird. Der Calciumsulfatgehalt normaler Wässer ist in der Regel so gering, daß zwischen dem Abdampfrückstand bei 180 und 260 °C kein signifikanter Unterschied besteht (innerhalb der Fehlergrenzen der Bestimmung).

Bei der Entwässerung der Salze setzen sich etwa 50 bis 51 % des HCO_3^- in Carbonat um, während die andere Hälfte als CO_2 und H_2O entweicht. Bei zahlreichen Wässern kann daher aus dem Abdampfrückstand näherungsweise der *Gesamtmineralstoffgehalt* wie folgt errechnet werden: mg/l Abdampfrückstand $+ \frac{\text{mg/l}}{2}$ Hydrogencarbonat; zusammen mit der Leitfähigkeit und einer Hydrogencarbonatbestimmung ergibt sich auf diese Weise während der Einzelanalysierung des Wassers schon ein Näherungswert für den Mineralstoffgehalt.

Enthält das Wasser ungelöste Stoffe, so ergibt sich die Differenzierung zwischen 1), 2) und 3) durch Wägung des Membranfilters. Sind Ausfällungen nach der Probenahme zu befürchten (z. B. Eisen), so entspricht eine volumetrische Entnahme aus den Probenahmeflaschen nicht mehr der ursprünglichen Wasserzusammensetzung. In diesen Fällen empfiehlt sich bald nach der Probenahme die analytische Verarbeitung des gesamten Inhalts einer größeren oder kleineren Probenahmeflasche, der gewogen wird (Probenahmeflasche mit Wasser — Probenahmeflasche leer nach sorgfältiger Ausspülung mit destilliertem Wasser und Trocknung); in Wässern unter 1000 mg/l Mineralstoffen ist der Fehler zwischen Gewicht und Volumen zu vernachlässigen, da die Dichte nahe bei 1 liegt.

7.7.2 Beurteilung und Grenzwerte

Der Abdampfrückstand dient in erster Linie einer Orientierung über die Menge an gelösten Mineralstoffen sowie der Analysenkontrolle (s. Abschn. 12.1). Früher diente der Abdampfrückstand zur laufenden Kontrolle der Konstanz oder Veränderung der Zusammensetzung eines Wassers, ähnlich der heutigen Leitfähigkeitsmessung.

Ein wichtiger Aspekt dieser gelösten Stoffe in bezug auf die Trinkwasserqualität ist auch der Geschmack. Die WHO-Guidelines erachten den Geschmack eines Wassers mit einem Abdampfrückstand unter 600 mg/l im allgemeinen als gut, während Werte über 1200 mg/l für Trinkwasser in wachsendem Maße als unangenehm empfunden werden. Daher empfehlen sie einen Wert von höchstens 1000 mg/l für Trinkwasser.

Die EG-Trinkwasserrichtlinie setzt hingegen eine Höchstkonzentration von 1500 mg/l fest. Aus der ebenfalls in der EG-Richtlinie angeführten Richtzahl für die Leitfähigkeit mit 400 µS/cm bei 20 °C ergibt sich ein Wert von ungefähr 400 mg/l Mineralstoffgehalt, während sich aus der Trinkwasser-VO mit dem Grenzwert für Leitfähigkeit von 2000 µS/cm bei 25 °C eine Größenordnung von etwa 2 g/l Mineralstoffgehalt ergibt.

7.7.3 Literatur

1 DIN 38 409 Teil 1: Deutsche Einheitsverfahren zur Wasser-, Abwasser- und Schlamm-Untersuchung (Gruppe H). Bestimmung des Gesamttrockenrückstandes, des Filtrattrockenrückstandes und des Glührückstandes (Januar 1987). Berlin: Beuth
2 Allgemeine Verwaltungsvorschrift zur Verordnung über natürliches Mineralwasser, Quellwasser und Tafelwasser vom 26. 11. 1984. Bonn: Bundesanzeiger Nr. 225 vom 30. 11. 1984

7.8 Bestimmung der Säurekapazität

Die Säurekapazität K_S entspricht der erforderlichen Stoffmenge an Hydroniumionen (H_3O^+) für 1 l Wasser zur Erreichung eines definierten pH-Werts durch Titration. Vereinbarungsgemäß werden die pH-Werte 4,3 und/oder 8,2 als Titrationsendpunkte gewählt. Daraus ergeben sich $K_{S\,4,3}$ = Säurekapazität bis pH 4,3 und $K_{S\,8,2}$ = Säurekapazität bis pH 8,2.

Früher wurden die sinngemäß gleichwertigen Begriffe „Säureverbrauch", „Säurebindungsvermögen" und „Alkalität" verwendet. Der experimentelle „m-Wert" entspricht etwa der Säurekapazität bis pH 4,3, der experimentelle „positive p-Wert" einer Säurekapazität bis pH 8,35 (m- und p-Wert s. Abschn. 9.1).

Die Größe der Säurekapazität wird im wesentlichen durch den Gehalt des Wassers an schwachen Säuren und Basen bestimmt, z. B. an Huminstoffen und Phosphaten (sog. Fremdpuffer), insbesondere aber durch die Kohlensäure und ihre Anionen. In fremdpufferfreien kohlensäurehaltigen Wässern ist die ermittelte Säurekapazität bis pH 4,3 ein wesentlicher Parameter zur Bestimmung der Gleichgewichtskonzentrationen der Kohlensäurespezies und des Kalk-Kohlensäure-Gleichgewichts.

7.8.1 Verfahren

Die Säurekapazität wird maßanalytisch mit Salzsäure ermittelt. Der gewählte pH-Wert des Endpunkts wird mit Hilfe einer kalibrierten pH-Einstabmeßkette bestimmt. Wahlweise kann auch ein geeigneter Farbindikator (z. B. Methylorange oder Mischindikator)

zur Endpunkterkennung herangezogen werden. Der Umschlagspunkt des Indikators muß für jeden Wassertyp, die Wassertemperatur und die Indikatormenge ermittelt werden.
Bei Verwendung eines Farbindikators ist gegebenenfalls mit Abweichungen von den konventionell festgelegten Endpunkt-pH-Werten zu rechnen. Liegt der pH-Wert des Wassers über 8,2, so können $K_{S\,8,2}$ und $K_{S\,4,3}$ bestimmt werden. In den meisten Fällen wird es sich aber nur um die $K_{S\,4,3}$-Bestimmung handeln. Die Ermittlung der $K_{S\,8,2}$ hat keine besondere praktische Bedeutung.

Geräte:
Probenahme- und Titriergefäß (vgl. Basekapazität Abschn. 7.9) oder 500-ml-Erlenmeyerkolben;
500-ml- oder 1-l-Enghalsstandflasche;
pH-Meßgerät mit Glaselektrodenkette;
Reagenzien:
Salzsäure, HCl 0,1 und 0,02 mol/l;
Mischindikator (wahlweise):
20 mg Methylrot, $C_{15}H_{15}N_3O_2$ und 100 mg Bromkresolgrün, $C_{21}H_{14}Br_4O_5S$ werden in 100 ml Ethanol, C_2H_5OH p. a. ($D = 0,81$ g/ml) gelöst.

Probenahme und Aufbewahrung

Falls die Bestimmung nicht an Ort und Stelle erfolgt, wird die Wasserprobe in üblicher Weise in eine 500-ml- oder 1-l-Enghalsstandflasche eingefüllt. Für den Transport der Probe zur Untersuchung im Labor brauchen gewöhnlich keine weiteren Vorsichtsmaßnahmen ergriffen zu werden. Eine starke CO_2-Entgasung ist jedoch zu vermeiden, weil sonst die Gefahr der Kalkabscheidung in der Probenahmeflasche besteht.

Arbeitsvorschrift

100 ml des Untersuchungswassers werden in das Titriergefäß (Abb. 7.9) oder einen 500-ml-Erlenmeyerkolben einpipettiert. Anschließend wird mit Salzsäure (0,1 mol/l) auf pH 4,3 oder den Farbumschlag des Mischindikators titriert. Werden weniger als 2 ml Säure verbraucht, ist die Titration mit Salzsäure (0,02 mol/l) zu wiederholen. Das Gefäß ist dabei zum Austreiben der sich gebildeten undissoziierten Kohlensäure stark zu bewegen.

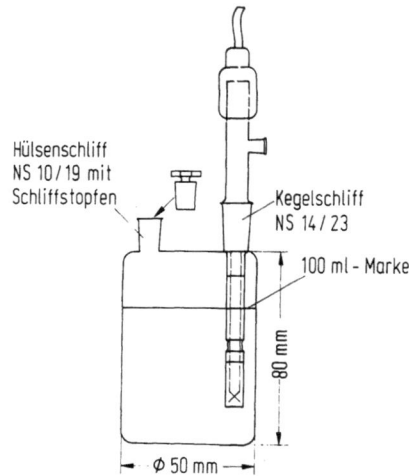

Abb. 7.9. Probenahme- und Titriergefäß

Berechnung und Angabe der Werte

$K_{S\,8,2}$ bzw. $K_{S\,4,3}$ werden in mmol/l angegeben. V Volumen der verbrauchten Salzsäure in ml und c Konzentration der Salzsäure in mol/l.
Für 100 ml Untersuchungswasser ergibt sich z. B. für die $K_{S\,4,3}$ mit einem Verbrauch von 5,0 ml Salzsäure (0,1 mol/l):

$$\text{Säurekapazität}\,(K_{S\,4,3}) = \frac{V \cdot c \cdot 1000}{100}$$

$$= \frac{5,0 \cdot 0,1 \cdot 1000}{100} = 5,0\ \text{mmol/l}.$$

Die Werte werden auf höchstens zwei Stellen hinter dem Komma angegeben.

Störungen

Ausfällungen von Calciumcarbonat während der Probenaufbewahrung verfälschen das Meßergebnis.

7.8.2 Literatur

DIN 38 409 Teil 7: Deutsche Einheitsverfahren zur Wasser-, Abwasser- und Schlamm-Untersuchung; Summarische Wirkungs- und Stoffkenngrößen (Gruppe H) Bestimmung der Säure- und Basekapazität (Mai 1979). Berlin: Beuth

7.9 Bestimmung der Basekapazität

Die Basekapazität (K_B) entspricht der erforderlichen Stoffmenge an OH-Ionen für 1 l Wasser zur Erreichung eines definierten pH-Werts durch Titration. Vereinbarungsgemäß wird der pH-Wert 8,2 als Titrationsendpunkt gewählt. Daraus ergibt sich $K_{B\,8,2}$ = Basekapazität bis pH 8,2.
Früher wurden die sinngemäß gleichwertigen Begriffe „Basenverbrauch" und „Acidität" verwendet. Der experimentelle „negative p-Wert" entspricht der Basekapazität 8,35 (*m*- und *p*-Wert vgl. Abschn. 9.1).
Die Größe der Basekapazität wird im wesentlichen durch den Gehalt des Wassers an schwachen Säuren und Basen wie Huminstoffe und Phosphate (sog. Fremdpuffer), insbesondere aber durch die undissoziierte Kohlensäure bestimmt.
Bei fremdpufferfreien und kohlensäurehaltigen Wässern kann es angebracht sein, die Titration bei einem besonders berechneten pH-Wert zu beenden. In häufig auftretenden Fällen entspricht dann die Basekapazität der Konzentration an undissoziierter Kohlensäure (vgl. Abschn. 9.1).

7.9.1 Verfahren

Die Ermittlung der Basekapazität erfolgt maßanalytisch mit Natronlauge; der gewählte pH-Wert (Titrationsendpunkt) wird mit Hilfe einer kalibrierten pH-Einstabmeßkette bestimmt. Wahlweise kann auch ein geeigneter Farbindikator (z. B. Phenolphthalein) zur Endpunkterkennung verwendet werden. Es ist dann für jeden Wassertyp unter den gegebenen Bedingungen (Wassertemperatur, Menge des Indikators) der Umschlagspunkt festzustellen. Mit einem Farbindikator ergeben sich u. U. Abweichungen von dem konventionell festgelegten Endpunkt-pH-Wert. Um Ausfällungen von Calciumcarbonat während der Titration zu vermeiden, werden Calciumionen durch Zugabe von Tartrat sowie Citrat komplexiert und in Lösung gehalten.
Geräte:
Probenahme- und Titriergefäß mit Schliffhülse;
Schliffstutzen und Schliffstopfen (ca. 150 ml) mit Markierung bei 100 ml (vgl. Abb. 7.9);
pH-Meßgerät mit Glaselektrodenkette;
Thermometer, Einteilung 0,1 °C.
Reagenzien:
Natronlauge, NaOH 0,1 und 0,02 mol/l;

Tartrat-Citrat-Lösung. 14,1 g Kaliumnatriumtartrat, $KNaC_4H_4O_6 \cdot 4\,H_2O$ p. a. und 19,7 g tri-Natriumcitrat-2-hydrat, $Na_3C_6H_5O_7 \cdot 2\,H_2O$ werden in 100 ml destilliertem Wasser gelöst (pH ≈ 7,3).
Mit (ungefähr 75 ml) Natronlauge (0,1 mol/l) wird die Lösung so eingestellt, daß 1 ml + 100 ml destilliertes Wasser den pH-Wert 8,2 aufweisen. Bei Wahl eines anderen Titrationsendpunkts ist entsprechend dieser pH-Wert einzustellen.

Probenahme und Aufbewahrung

Um CO_2-Verluste der Probe zu vermeiden, soll die Titration an Ort und Stelle bei Auslauftemperatur vorgenommen werden (s. Abschn. 7.8). Anderenfalls ist vor dem Transport in das Laboratorium das Probenahmegefäß blasenfrei zu füllen und fest zu verschließen. Die Aufbewahrung soll bei Kühlung unter der Entnahmetemperatur des Wassers erfolgen. Das Gewicht des leeren und getrockneten Probenahmegefäßes muß bekannt sein.

Arbeitsvorschrift

a) *Bestimmung an Ort und Stelle.* Das Titriergefäß wird im Überlaufverfahren gefüllt und rasch, aber vorsichtig bis zur 100-ml-Marke entleert. Die Probemenge kann auch genauer mit einer transportablen Waage ermittelt werden. Die Titration erfolgt in der nachstehend beschriebenen Weise und ist nach Entnahme rasch durchzuführen, um Veränderungen zu vermeiden.

b) *Bestimmung im Laboratorium.* Die Titration wird zweckmäßigerweise bei Aufbewahrungstemperatur durchgeführt; eine Erwärmung der Probe ist wegen der Gefahr einer Entgasung zu vermeiden. Steht im Labor kein Kryostat zur Verfügung, sind Titration und Temperaturmessung zügig vorzunehmen.
Zunächst werden ca. 50 ml der Probe auf der Waage abpipettiert und verworfen. Das Ge-

fäß soll nun etwa 100 ml Probewasser enthalten. Die Masse der Probe wird durch Wägung mit einer Genauigkeit von ±100 mg ermittelt.
Anschließend wird 1 ml der Tartrat-Citrat-Lösung hinzugefügt, die pH-Einstabmeßkette eingetaucht und mit Natronlauge (0,1 mol/l) titriert. Nach jeder Laugenzugabe ist die Flasche zu verschließen, kurz zu schütteln und die Konstanz der pH-Anzeige abzuwarten (konstante Anzeige mindestens 2 min). Es empfiehlt sich, die Titrationsergebnisse in der Nähe des Titrationsendpunkts graphisch aufzutragen. Man beginnt damit etwa 0,1 pH-Einheiten vor dem gewünschten Endpunkt und titriert 0,05 bis 0,1 pH-Einheiten über den Endpunkt hinaus. Den Verbrauch für den angestrebten Endpunkt erhält man dann graphisch durch lineare Interpolation. Am Ende der Titration wird die Temperatur der Wasserprobe bestimmt.

Berechnung und Angabe der Werte

Die Basekapazität wird in mmol/l auf höchstens zwei Stellen hinter dem Komma angegeben.
$K_{B\,8,2}$ Basekapazität in mmol/l
m (Probe)   Masse der Probe in g
V (Probe)   Probevolumen in ml

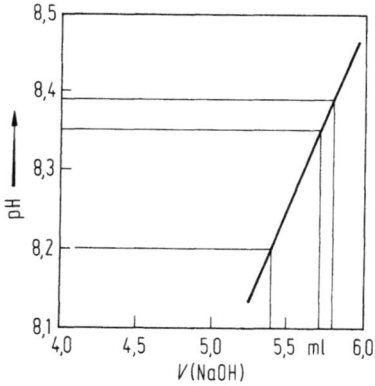

Abb. 7.10. Ermittlung der verbrauchten Natronlauge

V (NaOH)   Volumen der verbrauchten Natronlauge in ml
c (NaOH)   Stoffmengenkonzentration der Natronlauge in mol/l

Üblicherweise ist das Probevolumen in ml der durch Differenzwägung ermittelten Masse an Probewasser in g gleichzusetzen. Weicht die Dichte des Untersuchungswassers durch höheren Gehalt an Mineralstoffen erheblich von 1 ab, so muß zur Berechnung des Probevolumens die Masse durch die Dichte dividiert werden.
Die graphische Ermittlung der verbrauchten Natronlauge in ml ist aus Abb. 7.10 ersichtlich.
Die Basekapazität errechnet sich wie folgt:

$$K_{B\,8,2} = \frac{c(\text{NaOH}) \cdot V(\text{NaOH}) \cdot 1000}{V(\text{Probe})} \text{ mmol/l}.$$

Beispiel:
Bei 113 g Untersuchungswasser mit der Dichte 1,00 g/cm³ ergibt sich für V(NaOH) = 2,75 ml und c(NaOH) = 0,1 mol/l auf 1 l Wasser gerechnet:

$$K_{B\,8,2} = \frac{0,1 \cdot 2,75 \cdot 1000}{113} = 2,43 \text{ mol/l}$$

bei 11 °C.

Werden weniger als 2 ml NaOH bei der Titration verbraucht, so ist sie mit NaOH (0,02 mol/l) zu wiederholen.

Störungen

CO_2-Verluste während der Probenahme, Aufbewahrung und Titration können zu einer Verminderung der Basekapazität bei pH 8,2 führen.

7.9.2 Literatur

DIN 38409 Teil 7; Deutsche Einheitsverfahren zur Wasser-, Abwasser- und Schlamm-Untersuchung; Summarische Wirkungs- und Stoffkenngrößen (Gruppe H); Bestimmung der Säure- und Basekapazität (Mai 1979). Berlin: Beuth

8 Gelöste Mineralstoffe

8.1 Bestimmung von Natrium und Kalium

Natrium und Kalium kommen praktisch in allen Wässern vor; im Trinkwasser ist in der Regel nur mit geringen Mengen im unteren mg-Bereich zu rechnen. Normalerweise liegt in diesen Wässern die Kaliumkonzentration erheblich unter den Natriummengen. Klassische Analysenverfahren für Natrium wie z. B. die gravimetrische Bestimmung nach der Uranylacetatmethode, werden in der Wasseranalytik nicht mehr verwendet. Dagegen wird Kalium verschiedentlich auch gravimetrisch bzw. maßanalytisch nach der Tetraphenylboratmethode bestimmt. Allerdings ist heute die Flammenspektralphotometrie das übliche Routineverfahren zur Natrium- und Kaliumbestimmung. Aufgrund dieser Gegebenheiten wird nachstehend das flammenphotometrische Verfahren für Natrium und Kalium beschrieben, anschließend als zweite Methode für Kalium die Fällung bzw. Titration mit Natriumtetraphenylborat (Kalignost).

8.1.1 Verfahren der Flammenspektralphotometrie (Natrium und Kalium)

(Untere Bestimmungsgrenze: 0,1 mg/l K^+ bzw. Na^+)

Die Alkalimetalle haben einen atomaren Aufbau, der durch Vorhandensein eines Valenzelektrons gekennzeichnet ist; dieses Elektron kann durch Energieabsorption in einen höheren „angeregten" Zustand überführt werden und dann durch Energieabgabe den Grundzustand wieder einnehmen.
Zu diesem Zweck wird die alkalihaltige Lösung zerstäubt und der Nebel in eine Brennerflamme gebracht; es kommt dann zur Emission charakteristischer Spektrallinien.

Für Natrium wird aus dem emittierten Licht die charakteristische Spektrallinie bei 589 nm und für Kalium bei 770 nm mit entsprechenden Filtern selektiert. Diese Strahlung wird nach Umwandlung in elektrischen Strom an der Meßskala eines Flammenphotometers angezeigt. Die Intensität der Strahlung ist dem Gehalt an Natrium bzw. Kalium proportional. Frühere Schwierigkeiten mit der Methodik infolge einer „Anregungsbeeinflussung" der Alkaliatome durch die meist in größerer Menge im Wasser vorliegenden Erdalkaliionen („Querempfindlichkeit") haben Schuhknecht und Schinkel durch die Zugabe einer sog. Pufferlösung beseitigen können [1-4].

Geräte:
Flammenphotometer mit Acetylen/Preßluft
Reagenzien:
Alkali-Standardlösung mit 100 mg Natrium und 100 mg Kalium in 1 l destilliertem Wasser; 0,1907 g Kaliumchlorid, KCl p.a. und 0,2542 g Natriumchlorid, NaCl p.a. werden gemeinsam im 1-l-Meßkolben gelöst; die Lösung wird mit destilliertem Wasser aufgefüllt. Diese Alkali-Standardlösung wird in einer Polyolefinflasche aufbewahrt.
Cäsiumchlorid-Aluminiumnitrat-Pufferlösung nach Schuhknecht und Schinkel (z. B. Fa. Merck).

Arbeitsvorschrift

Das Flammenphotometer wird nach der entsprechenden Firmenbeschreibung in Betrieb genommen. In 100-ml-Meßkolben werden 2, 4, 6, 8 und 10 ml der Alkalistandardlösung gegeben (entsprechend 0,2 bis 1 mg Alkalien in 100 ml bzw. 2 bis 10 mg/l Alkalien), jeweils 10 ml Pufferlösung zugesetzt und mit destilliertem Wasser aufgefüllt.
In einen weiteren 100-ml-Meßkolben kommen 10 ml Pufferlösung und destilliertes Wasser (Blindlösung).
Zunächst wird unter Verwendung von destilliertem Wasser und Puffer als Blindlösung

die Eichgerade für Natrium (Filter 589 nm) und für Kalium (Filter 770 nm) aufgestellt. Dabei entspricht der Meßwert der Blindlösung dem Nullwert der Eichlösung. Anschließend folgt die Alkalibestimmung im Untersuchungswasser; durch Voruntersuchungen ist festzustellen, ob das Wasser direkt verwendet werden kann bzw. welche Verdünnung notwendig ist, um im vorgenannten Meßbereich die Bestimmung durchführen zu können. Erfahrungsgemäß wird wegen der unterschiedlichen Konzentration an Natrium und Kalium die Verdünnung des Untersuchungswassers für die Flammenphotometrie der beiden Alkalien unterschiedlich sein müssen. Die Meßwerte werden den Eichgeraden entnommen.

Störungen

Es ist stets auf ein gleichmäßiges Abtropfen der Lösung beim Austritt aus der Zerstäuberkammer zu achten (Indiz für gleichmäßigen Flüssigkeitsdurchtritt). Jede Probe sollte zeitversetzt mindestens zweifach bestimmt werden, um kurzzeitige Störeffekte (Staub, unregelmäßiger Gasdruck) auszuschließen. Die Gerätegenauigkeit ist wiederholt mit bekannten Standardlösungen zu überprüfen. Eventuell kann eine Nachkalibrierung erforderlich sein.

Anmerkungen

Da aus Glasflaschen eine Alkaliabgabe an das Wasser erfolgen kann, sind Kunststoffflaschen (auch für die Probenahme) zu verwenden.

8.1.2 Bestimmung mit dem Kalignost-Verfahren (Kalium)

(Untere Bestimmungsgrenze 2 mg/l K^+)

Mit Natriumtetraphenylborat (Kalignost) erfolgt eine Ausfällung der Kaliumionen; während in den Anfängen des Verfahrens der Niederschlag gewogen und auf diese Weise Kalium bestimmt wurde, konnte später eine vereinfachte maßanalytische Ermittlung entwickelt werden. Der Kaliumtetraphenylborat-Niederschlag läßt sich in Aceton lösen; da Silbertetraphenylborat in Aceton unlöslich ist, kann argentometrisch unter Verwendung eines Indikators Tetraphenylborat und damit Kalium ermittelt werden. Der Kaliumgehalt soll bei dieser Methode zwischen 0,1 und 20 mg in der Probelösung betragen.

Geräte:
Glasfiltertiegel 1G4.
Reagenzien:
Aceton, CH_3COCH_3 p. a. ($D = 0,79$ g/ml).
Eisessig, CH_3COOH p. a. ($D = 1,06$ g/ml).

Verd. Salzsäure. 50 ml Salzsäure, HCl p. a. ($D = 1,16$ g/ml) werden mit 50 ml destilliertem Wasser vermischt.

Kalignostlösung (0,1 mol/l). 34,2 g Natriumtetraphenylborat $NaB(C_6H_5)_4$ p. a. werden in destilliertem Wasser gelöst; nach Zugabe von 20 ml einer Aluminiumsulfatlösung [10%ige Lösung von $Al_2(SO_4)_3 \cdot 18\,H_2O$] wird die Lösung im 1-l-Meßkolben mit destilliertem Wasser aufgefüllt. Nach dreistündigem Stehen wird die Lösung über Aluminiumoxid (ca. 10 g Al_2O_3 zur Chromatographie, neutral) filtriert; sie ist ca. drei Wochen haltbar.

Waschlösung. 30 ml Kalignostlösung und 10 ml Eisessig, CH_3COOH p. a. ($D = 1,06$ g/ml) werden zu 1 l destilliertem Wasser hinzugegeben und ebenfalls über Al_2O_3 filtriert.
Kaliumbromidlösung, 0,01 mol/l.
Silbernitratlösung, 0,01 mol/l (der Faktor der Lösung wird mit Chlorid nach dem Verfahren in Abschn. 8.12.1 eingestellt).

Mischindikator. 300 mg Eosin, $C_{20}H_6Br_4Na_2O_5$ und 5 mg Dimethylaminoazobenzol, $C_{14}H_{15}N_3$ werden in 150 ml Aceton, CH_3COCH_3 p. a. ($D = 0,79$ g/ml) gelöst; unter Rühren kommt zu der Lösung 120 mg Lichtgrün (Dinatriumsalz der Diethylbenzyldiaminotriphenylcarbinoltrisulfonsäure), $C_{37}H_{34}N_2Na_2O_9S_3$, in 50 ml destilliertem Wasser hinzu.

Arbeitsvorschrift

50 ml Untersuchungswasser (0,1 bis 20 mg K^+) werden in 200-ml-Becherglas durch tropfenweise Zugabe von verdünnter Salzsäure auf pH 1 bis 2 eingestellt; bei Zimmertemperatur erfolgt dann die Kalignostzugabe bis zum erkennbaren Fällungsüberschuß; anschließend wird das Becherglas 20 min mit kaltem Wasser gekühlt. Durch den Glasfiltertiegel wird abgesaugt; dann werden aus dem Becherglas mit Waschlösung die Niederschlagsreste nachgespült. Die Fritte und vor allem ihre Wandung werden mit einigen

ml Waschlösung und anschließend in gleicher Weise mit wenigen ml destilliertem Wasser gespült; auch der Frittenboden wird von unten mit wenig destilliertem Wasser abgespritzt. Durch langsames Absaugen in einen 200-ml-Titrierkolben wird nunmehr mit 50 ml Aceton der Niederschlag gelöst; mit der Zugabe des Acetons in kleinen Portionen soll gleichzeitig eine sorgfältige Gefäßausspülung und Niederschlagslösung erreicht werden. Schließlich werden 3 ml Eisessig, 10 ml Kaliumbromidlösung und einige Tropfen Mischindikator zugefügt; mit der Silbernitratlösung titriert man die grüngefärbte Lösung bis zum Umschlag nach rot-violett. Jeweils ist ein Titrationsblindwert für die 10 ml Kaliumbromidlösung allein zu ermitteln.

Berechnung

1 ml Silbernitratlösung (0,01 mol/l) entspricht 0,390 96 mg Kalium.

$$\frac{\text{ml AgNO}_3\text{-Lösung} \cdot 391}{\text{ml angewandte Probewassermenge}}$$
= mg/l Kalium.

Von der verbrauchten Silbernitratlösung ist der Titrationsblindwert für Kaliumbromid in Abzug zu bringen und dann wie üblich der Faktor der Lösung zu berücksichtigen.

Störungen

Von den üblichen Inhaltsstoffen des Trinkwassers stört vor allem Ammonium, das vorher durch Kochen der mit Natronlauge alkalisierten Probe ausgetrieben wird. Natrium, Erdalkalien, Chlorid und Sulfat stören erst bei 2000fachem Überschuß; Eisen, Nitrat und Phosphat bei 500 bis 1000fachem Überschuß, wenn die Kaliumkonzentration in der Fällungslösung gering gehalten wird. Es empfiehlt sich daher, die zu fällende Kaliummenge etwa zwischen 0,1 und 20 mg zu begrenzen.

8.1.3 Beurteilung und Grenzwerte

Natrium ist ubiquitär in den Wässern vertreten, da Natriumsalze eine hohe Wasserlöslichkeit besitzen. Je nach den hydrologischen und geologischen Gegebenheiten schwankt der Natriumgehalt der Wässer in weiten Grenzen. Im Trinkwasser sind in der Regel die Natriumgehalte niedrig, meist im unteren Milligrammbereich. Verschiedentlich kommen auch stark erhöhte Natriumwerte vor, insbesondere bei tiefen Grundwässern in Verbindung mit Salzlagerstätten. Natrium tritt fast immer mit äquivalenten Mengen an Chlorid im Wasser auf. Hohe Natriumgehalte finden sich im Meerwasser (ca. 10,8 g/kg) oder in Solen (Mindestgehalte zur Bezeichnung „Sole" 5,5 g/kg Na^+ und 8,5 g/kg Cl^-). Entsprechend der Wasserlöslichkeit können in gesättigten Solen bis zu 250 g/kg NaCl vorliegen (über 98 g/kg Na^+ und über 151 g/kg Cl^-). Bei hochkonzentrierten Wässern (Meerwasser, Sole) mit Dichten erheblich über 1 g/ml wird vielfach die Massenkonzentration in mg bzw. g/kg angegeben. Zur Umrechnung auf mg/l muß mit der Dichte multipliziert bzw. umgekehrt durch die Dichte dividiert werden (mg/l → mg/kg). In anthropogen bzw. industriell beeinflußten Oberflächenwässern ist ebenfalls mit erhöhten Natriumgehalten zu rechnen; beispielsweise sind der Rhein, die Werra und die Weser, deren Versalzung vorwiegend durch Abwässer der Kalisalzgewinnung erfolgt und deren Salzkonzentration von der jeweiligen Wasserführung abhängig ist. In diesem Zusammenhang ist auch die mögliche Streusalzbelastung von Grund- und Oberflächenwässern zu erwähnen.
Der natürliche Chloridgehalt des Rheins liegt bei 30 mg/l (entsprechend ca. 50 mg/l NaCl) bei einer Wasserführung zwischen 500 und 2500 m³/s (Stofffracht: 15 bis 75 kg/s Cl^- bzw. 25 bis 125 kg/s NaCl). Durch Einleitungen besonders auf Höhe der elsässischen Kaligruben kann sich die Chloridfracht auf 300 kg/s erhöhen (entsprechend 100 bis 250 mg/l Cl^-). Die Chloridkonzentrationen der Weser und Werra können auf ca. 1 bis 7,6 g/l Cl^- (1,6 bis 12,5 g/l NaCl) ansteigen [5].
Dem menschlichen Organismus wird Natrium über die Nahrung hauptsächlich als Kochsalz zugeführt. Laut Ernährungsbericht [8] beträgt augenblicklich die tägliche Zufuhr 10 bis 15 g NaCl (ca. 4 bis 6 g Na^+); sie

übersteigt erheblich die empfohlene Menge von 5 g NaCl (fast 2 g Na^+) für Erwachsene pro Tag. Nach dem Votum des Bundesgesundheitsrats liegt der Mindestbedarf für Erwachsene vermutlich noch unterhalb von 0,5 g/d Na^+, so daß 2 bis 3 g Natrium pro Tag unter normalen Lebensbedingungen als ausreichend bezeichnet werden; bei starkem Schwitzen erhöht sich der Bedarf deutlich. Da Natrium im Organismus ionisiert auftritt, muß es bei ständiger Ausscheidung laufend ergänzt werden [6-9].
Die WHO gibt für die durchschnittliche tägliche Aufnahme eines Erwachsenen verschiedene Kategorien an: speziell reduzierte Diät 0,5 g, relativ natriumarme Nahrung 2,0 g und übliche Nahrung 5,0 g Natrium; unter der Annahme einer Konzentration von 20 mg/l Na^+ würde das Trinkwasser weniger als 10 % zur Gesamtaufnahme beitragen. Die Hauptquelle stellt also die Nahrung dar. Die Absorption beträgt mehr als 90 %.
Bei verschiedenen Krankheitssymptomen (Bluthochdruck, Ödeme, Nierenerkrankungen) wird die Verabreichung einer kochsalzarmen Kost empfohlen; dabei kommt es allein auf die Reduzierung von Natrium an. Abgesehen davon soll der Kochsalzverzehr in der Bundesrepublik Deutschland generell gesenkt werden [9].
Die Geschmacksschwellenkonzentration ist abhängig von den im Wasser vorhandenen Anionen und der Temperatur: bei Raumtemperatur durchschnittlich 200 mg/l Natrium (20 mg/l für $NaCO_3$, 150 mg/l für NaCl, 190 mg/l für $NaNO_3$, 220 mg/l für Na_2SO_4, 420 mg/l für $NaHCO_3$).
Daher setzen die WHO-Guidelines keinen Höchstwert für Natrium fest, sondern empfehlen aus ästhetischen Gründen, d. h. in bezug auf geschmackliche Beeinträchtigungen einen Gehalt von unter 200 mg/l, weil derzeit mangels genügender Befunde noch kein Grenzwert für Natrium im Trinkwasser gerechtfertigt erscheint.
Die EG-Trinkwasserrichtlinie nennt einen Richtwert von 20 mg/l Natrium sowie einen Grenzwert von 175 mg/l; zur schrittweisen Verringerung der täglichen Gesamtaufnahme von Natriumchlorid auf 6 g soll dieser Wert ab 1987 auf 150 mg/l und später auf 120 mg/l gesenkt werden. Allerdings sollen über diese Absenkungsnotwendigkeit noch genaue Untersuchungen erfolgen. In der Mineral- und Tafelwasser-VO wird bei einem Hinweis auf die Eignung des natürlichen Mineralwassers für die Zubereitung von Säuglingsnahrung ein Höchstgehalt von 20 mg/l Na^+, 10 mg/l NO_3^-, 0,02 mg/l NO_2^- und 1,5 mg/l F^- gefordert. Bei einer Deklaration „Geeignet für natriumarme Ernährung" muß der Na^+-Gehalt unter 20 mg/l liegen; Mineralwässer mit mehr als 200 mg/l Na^+ dürfen als „Natriumhaltig" bezeichnet werden.
Die Trinkwasser-VO gibt bei den Grenzwerten zur Beurteilung der Beschaffenheit des Trinkwassers für Natrium einen Grenzwert von 150 mg/l an. Der Entwurf der Novelle der Trinkwasser-Aufbereitungs-VO enthält den gleichen Höchstwert für Natrium im aufbereiteten Wasser. Auch für das Bewässerungswasser in der Landwirtschaft wird ein Richtwert von 150 mg/l (Höchstwert 250 mg/l) genannt; für Unterglaskulturen verringern sich diese Werte auf 50 bzw. 150 mg/l.
Im Votum des Bundesgesundheitsrats zur Wasserenthärtung bzw. zu möglichen Zusammenhängen zwischen Wasserhärte und Erkrankungen des Herz-Kreislauf-Systems wird von einer weitgehenden Enthärtung abgeraten, um nicht die Calcium- und Magnesiumionen durch größere Mengen unerwünschten Natriums zu ersetzen (Ionenaustausch), die besonders Säuglinge gefährden könnten. Gegen eine zentrale und kontrollierte Teilenthärtung im Wasserwerk unter Vermeidung einer Natriumerhöhung bestehen keine Bedenken [10].
Der geschätzte Mindestbedarf an Kalium beträgt für einen Erwachsenen 0,8 g; die tägliche Aufnahme liegt im Bereich von 2 bis 6 g K [7]. Ein Überangebot sowie Mangel können zu schweren Störungen führen (z. B. Kaliumüberschuß: Muskelkrämpfe; Kaliummangel: Appetitverlust, Muskelschwäche, Herzrhythmusstörungen). Die Grundlage der Funktion von Kalium und Natrium im Körper besteht für manche Organe (Nerven, Muskeln) in der ungleichen Verteilung und der damit verbundenen Einstellung eines osmotischen Drucks; Kalium befindet sich vor allem in den Zellen; während Natrium

hauptsächlich in extrazellulären Flüssigkeiten vorhanden ist.
In der Trinkwasser-VO, im Entwurf zur Novelle der Trinkwasser-Aufbereitungs-VO sowie in der EG-Trinkwasserrichtlinie wird ein Grenzwert von 12 mg/l K^+ gefordert und in letzterer ein Richtwert von 10 mg/l.

8.1.4 Literatur

1. Schuhknecht, W.; Schinkel, H.: Beitrag zur Beseitigung der Anregungsbeeinflussung bei flammenspektralanalytischen Untersuchungen. Eine Universalvorschrift zur Bestimmung von Kalium, Natrium und Lithium in Proben jeder Zusammensetzung. Z. Anal. Chem. 194 (1963) 161-183
2. Herrmann, R.; Alkemade, C.Th.J.: Flammenphotometrie. Berlin: Springer 1960
3. Vogler, P.: Die Kaliumbestimmung in Gegenwart großer Mengen Fremddionen. Fortschr. Wasserchem. Ihrer Grenzgeb. 1 (1964) 7-11
4. Deutsche Einheitsverfahren zur Wasser-, Abwasser- und Schlamm-Untersuchung; Kationen (Gruppe E); Bestimmung des Natriumions (1968). Weinheim: Verlag Chemie
5. Malle, K.-G.: Der Rhein — Modell für den Gewässerschutz. Spektrum der Wissenschaft 8 (1983) 22-32
6. Baltes, W.: Lebensmittelchemie. Berlin: Springer 1983
7. Belitz, H.-D.; Grosch, W.: Lehrbuch der Lebensmittelchemie. Berlin: Springer 1982
8. Deutsche Gesellschaft für Ernährung e. V.: Ernährungsbericht 1984, Frankfurt a. M.
9. Votum des Bundesgesundheitsrats zum Thema Kochsalz und Bluthochdruck. Bundesgesundheitsblatt 28 (1985) 244-246
10. Votum des Bundesgesundheitsrats zum Thema Enthärtung des Trinkwassers und bestimmte Erkrankungen des Herz-Kreislauf-Systems. Bundesgesundheitsblatt 27 (1984) 15-16

8.2 Bestimmung von Calcium

Calcium gehört im Trinkwasser oftmals zu den dominierenden Kationen und tritt vermehrt in Grundwässern auf, deren Mineralstoffbestand vorwiegend auf der Lösung von Carbonatgesteinen und Dolomit beruht. Praktisch wird in allen Trinkwasseranalysen Calcium bestimmt, das auch für die Härte des Wassers hauptverantwortlich ist.
Während früher die Fällung als Calciumoxalat üblich war, wurde später die komplexometrische Bestimmung mit Murexid als Indikator eingeführt; dieser Indikator machte aber Schwierigkeiten bei der Erkennung des Umschlagspunkts, so daß es zu zahlreichen Modifikationen des Verfahrens kam. Erst seitdem in der Calconcarbonsäure ein Indikator mit einwandfrei erkennbarem Umschlag gefunden wurde, ist die Calciumbestimmung auf komplexometrischem Wege das am meisten angewandte Verfahren.
Die verschiedentlich noch gebräuchliche Flammenphotometrie zur Calciumbestimmung wurde inzwischen weitgehend von der Atomabsorptionsspektroskopie abgelöst, die insbesondere bei Reihenuntersuchungen oder bei wenig verfügbarem Untersuchungswasser zur Anwendung kommt.

8.2.1 Komplexometrische Bestimmung

(Untere Bestimmungsgrenze: 2 mg/l bei einem Probevolumen von 100 ml)

Erdalkaliionen bilden in alkalischem Milieu mit dem Dinatriumsalz der Ethylendiaminotetraessigsäure (EDTA) stabile Komplexe:

$$\text{NaOOC-H}_2\text{C} \diagdown \text{N-CH}_2\text{-CH}_2\text{-N} \diagup \text{CH}_2\text{-COOH}$$
$$\text{HOOC-H}_2\text{C} \diagup \qquad\qquad \diagdown \text{CH}_2\text{-COONa}$$
$$\downarrow Ca^{2+}$$

$$\left[\begin{array}{c} \text{NaOOC-H}_2\text{C} \qquad\qquad\qquad \text{CH}_2\text{-COONa} \\ \diagdown \text{N-CH}_2\text{-CH}_2\text{-N} \diagup \\ \text{H}_2\text{C} \diagup \qquad\qquad\qquad \diagdown \text{CH}_2 \\ \diagdown \text{C-O-Ca-O-C} \diagup \\ \| \qquad\qquad\qquad \| \\ \text{O} \qquad\qquad\qquad \text{O} \end{array} \right] + 2H^+$$

Die abgeschlossene Komplexbildung wird durch einen geeigneten Indikator angezeigt. Bei einem pH-Wert zwischen 12 und 13 und unter Anwesenheit von Calconcarbonsäure läßt sich spezifisch Calcium erfassen. Calconcarbonsäure bildet bei diesem pH-Wert mit Calcium-, nicht aber mit Magnesiumionen, einen violetten Komplex. Magnesiumionen werden als Hydroxid gefällt und beeinflussen die Bestimmung nicht.

8 Gelöste Mineralstoffe

Bei der Maßanalyse mit EDTA erfolgt zunächst eine Chelatbildung mit den freien Calciumionen und dann mit den Calciumionen, die von der Calconcarbonsäure komplex gebunden sind. Der Indikator schlägt dabei von violett auf stahlblau um.

Reagenzien:

EDTA-Lösung. 3,725 g Dinatriumsalz der Ethylendiaminotetraessigsäure, $C_{10}H_{14}N_2Na_2O_8 \cdot 2 H_2O$ p. a. werden in einem 1-l-Meßkolben mit destilliertem Wasser gelöst und die Lösung aufgefüllt. Diese Lösung hat 0,01 mol/l; 1 ml entspricht 0,4008 mg Ca^{2+}. Ein eventueller Korrekturfaktor der Lösung wird mit der Calciumstandardlösung bestimmt.

Kaliumhydroxidlösung (8 mol/l). 450 g Kaliumhydroxid, KOH p. a. werden in 1 l destilliertem Wasser gelöst.

Calconcarbonsäurelösung. 500 mg Calconcarbonsäure, $C_{21}H_{14}N_2O_7S \cdot 3 H_2O$ p. a. werden in 100 ml Methanol gelöst.

Calcium-Stammlösung. 1,0009 g Calciumcarbonat, $CaCO_3$ p. a. werden mit ca. 5 ml Salzsäure (ca. 0,1 mol/l) im 1-l-Meßkolben gelöst. Nach Auffüllen mit destilliertem Wasser wird die Lösung in einer Kunststoffflasche aufbewahrt. 1 ml entspricht 0,4008 mg Ca^{2+}.

Triethanolamin, $C_6H_{15}NO_3$ p. a. ($D = 1,12$ g/ml)
L(+)-Ascorbinsäure, $C_6H_8O_6$ p. a.
Kaliumcyanid, KCN p. a.

Arbeitsvorschrift

Bis zu 100 ml des zu untersuchenden Wassers werden mit 5 ml Kaliumhydroxidlösung versetzt; der pH-Wert beträgt dann etwa 13. Nach Zugabe von 2 bis 3 Tropfen Calconcarbonsäurelösung titriert man mit EDTA-Lösung bis zum Farbumschlag von violett nach stahlblau.

Berechnung und Angabe der Werte

Unter Berücksichtigung eines eventuellen Korrekturfaktors (Titerbestimmung) wurde beispielsweise 10 ml EDTA-Lösung verbraucht für 100 ml Untersuchungswasser:

$10 \cdot 10 \cdot 0,4008 = 40,08$ mg/l Ca^{2+}.

Die Angabe der Werte erfolgt auf zwei Stellen hinter dem Komma. 1 mg Ca^{2+} entspricht 0,025 mmol Ca^{2+} bzw. 1 mmol Ca^{2+} entspricht 40,08 mg Ca^{2+}.

Störungen

Die Titration soll möglichst rasch nach der Probenahme erfolgen, um z. B. fehlerhafte Werte durch Ausfällung von Erdalkalicarbonat zu vermeiden. Die Titration wird durch Metallionen gestört (Verzögerung im Farbumschlag, Mehrverbrauch an EDTA-Lösung). Diese Störung wird durch Zugabe von 5 bis 10 ml Triethanolamin vor der Tritration beseitigt (10 ml Triethanolamin maskieren bis zu 30 mg/l Eisen und 5 mg/l Mangan). Mit anderen störenden Metallionen ist im Trinkwasser kaum zu rechnen. Für die Ausschaltung der Störung durch Schwermetallionen eignet sich auch eine Zugabe von einer Spatelspitze Ascorbinsäure und Kaliumcyanid.

8.2.2 Bestimmung mit AAS

Siehe Abschn. 8.7.9

8.2.3 Beurteilung und Grenzwerte

Da die Calciumkonzentration in engem Zusammenhang mit der Härtebeurteilung steht, sind Einzelheiten der Calciumbewertung im Abschn. 8.4 dargelegt.

8.3 Bestimmung von Magnesium

Ebenso wie für Calcium gilt auch für Magnesium die Feststellung, daß dieses Kation zu den wesentlichen und oftmals die Trinkwasserbeschaffenheit prägenden Bestandteilen gehört. In Vergesellschaftung mit dem Calcium gelangt Magnesium fast ausschließlich bei der Lösung dolomitischer Gesteine in das Grundwasser. Magnesium ist neben Calcium maßgebend für die Härte des Wassers. Jede Trinkwasseranalyse muß daher auch den Magnesiumgehalt berücksichtigen.
Zur Bestimmung wird heute vorwiegend die komplexometrische Titration benutzt; ferner wird die Atomabsorptionsspektroskopie verwendet, vor allem bei Reihenuntersuchungen und wenig verfügbarem Untersuchungs-

wasser oder zur Mitbestimmung des Magnesiums im Rahmen der anderen Metallermittlungen.

8.3.1 Komplexometrische Bestimmung

(Untere Bestimmungsgrenze: 1 mg/l bei einem Probevolumen von 100 ml)

Es wird die Summe der Erdalkaliionen bestimmt. Anschließend wird der Wert für das komplexometrisch ermittelte Calcium (s. Abschn. 8.2) abgezogen. Die Differenz ergibt den Magnesiumwert.
Erdalkaliionen bilden in alkalischem Milieu mit dem Dinatriumsalz der Ethylendiaminotetraessigsäure (EDTA) Chelatkomplexe. Die Summenbestimmung von Ca und Mg wird bei pH 10 unter Verwendung von Eriochromschwarz T (ET) als Indikator vorgenommen. Zunächst tritt die Chelatbildung mit den Erdalkaliionen ein, die nicht am Indikator komplexgebunden sind; anschließend erfolgt sie auch mit den indikatorgebundenen Ionen; Eriochromschwarz T als Indikator schlägt dann von rot nach grün um. Während der Titration wird der pH-Wert durch Pufferung im alkalischen Bereich gehalten. Durch die Verwendung von Indikator-Puffertabletten benötigen Indikatorzugabe und Pufferung nur einen Arbeitsgang.

Reagenzien:
EDTA-Lösung (verwendet wird die gleiche Lösung wie bei der Calciumbestimmung), 1 ml entspricht 0,243 mg Mg^{2+}.
Ammoniaklösung NH_3 konz. ($D = 0,91$ g/ml).
Eriochromschwarz T-Indikator, z. B. Indikator-Puffertabletten zur Bestimmung der Wasserhärte mit Titriplexlösungen der Fa. Merck.
Triethanolamin, $C_6H_{15}NO_3$ p. a. ($D = 1,12$ g/ml).

Arbeitsvorschrift

Bis zu 100 ml des zu untersuchenden Wassers werden mit 1 ml Ammoniaklösung versetzt; der pH-Wert soll etwa 10 betragen. Nach Zugabe und Auflösung einer Indikator-Puffertablette wird mit EDTA-Lösung bis zum Farbumschlag von rot nach grün titriert.

Berechnung und Angabe der Werte

Unter Berücksichtigung eines eventuellen Korrekturfaktors (Titerbestimmung) erhält man den EDTA-Verbrauch für die Summe an Calcium und Magnesiumionen (z. B. 12 ml EDTA-Lösung für 100 ml Probevolumen); der Verbrauch für die Calciumbestimmung betrug z. B. 10 ml EDTA-Lösung beim gleichen Probevolumen. 12 ml − 10 ml = 2 ml EDTA für Magnesium in 100 ml Probevolumen

$2 \cdot 10 \cdot 0{,}24305 = 4{,}86$ mg/l Mg^{2+}.

Die Angabe der Werte erfolgt auf zwei Stellen hinter dem Komma. 1 mg Mg^{2+} entspricht 0,0411 mmol Mg^{2+}; 1 mmol Mg^{2+} entspricht 24,305 mg Mg^{2+}.

Störungen

Die Bestimmung soll möglichst rasch nach der Probenahme erfolgen, um z. B. fehlerhafte Werte durch Ausfällungen von Erdalkalicarbonat zu vermeiden. Störungen durch Metallionen werden in gleicher Weise ausgeschaltet wie bei der Calciumbestimmung.

8.3.2 Bestimmung mit AAS

Siehe Abschn. 8.7.16

8.3.3 Beurteilung und Grenzwerte

Da die Magnesiumkonzentration in engem Zusammenhang mit der Härtebeurteilung steht, sind Einzelheiten der Magnesiumbewertung im Abschn. 8.4 enthalten.

8.4 Bestimmung der Härte

Unter der Härte eines Wassers versteht man die vorhandene Gesamtkonzentration an Erdalkalien (Calcium, Magnesium, Strontium, Barium), die dem Wasser eine bestimmte Charakteristik verleiht. Summarisch weist man mit den Werten für die Härte auf Eigenschaften des Wassers hin, die für seine Nutzung sowohl gütemäßig als auch technisch von Bedeutung sind. Von der Erschlie-

8 Gelöste Mineralstoffe

ßung des Wassers her betrachtet, lassen sich mit Hilfe der Härte übersichtliche Klassifizierungen durchführen (z. B. Grundwassertypen).
Die Härte des Wassers spielte besonders bei seiner Nutzung zum Wäschewaschen und zur Körperpflege mit Alkalifettseifen früher eine bedeutsame Rolle; wegen der entstehenden schwerlöslichen Verbindungen (z. B. Calciumstearat) bevorzugte man weiches Wasser. Im Zeitalter der synthetischen Waschmittel ist zwar diese Begründung entfallen, an ihre Stelle ist jedoch das Phosphatproblem getreten (s. Abschn. 8.17). Ferner stellt die Härte bei der Zubereitung bestimmter Speisen und Getränke einen Gütefaktor dar; als Ursache für die Verkrustung von Leitungen bzw. die Kesselsteinbildung ist sie altbekannt. Infolgedessen ist auch heute noch die Bestimmung der Härte des Wassers und ihre Bewertung wichtig.
Die Summe der Erdalkaliionen läßt sich verhältnismäßig einfach auf maßanalytischem Wege ermitteln [1]. Hauptverfahren ist die komplexometrische Titration; vereinzelt wird auch noch die Kaliumpalmitatmethode nach Blacher angewandt. Deshalb werden beide Verfahren nachstehend beschrieben; die Berechnung aus den Massenkonzentrationen der einzelnen Erdalkalien nach einer Gesamtanalyse des Wassers ist eine besonders genaue Möglichkeit zur Ermittlung der Härte.

8.4.1 Komplexometrische Bestimmung

(Untere Bestimmungsgrenze: 0,05 mmol/l = 0,3 °d bei einem Probevolumen von 100 ml)

Erdalkaliionen bilden bei etwa pH 10 mit dem Dinatriumsalz der Ethylendiaminotetraessigsäure (EDTA) Chelatkomplexe. Bei der Maßanalyse mit EDTA wird die abgeschlossene Komplexbildung durch einen geeigneten Indikator (z. B. Eriochromschwarz T) angezeigt.

Reagenzien:
S. Abschn. 8.3, Bestimmung von Magnesium bzw. Summenbestimmung der Erdalkaliionen.

Arbeitsvorschrift

Bis zu 100 ml des zu untersuchenden Wassers werden mit 1 ml Ammoniaklösung versetzt; der pH-Wert soll etwa 10 betragen. Nach Zugabe einer Indikator-Puffertablette wird mit der EDTA-Lösung bis zum Farbumschlag von rot nach grün titriert.

Berechnung und Angabe der Werte

Die Härte des Wassers (Summe der Erdalkaliionen) wird in mmol/l angegeben. Die Werte werden auf zwei Stellen hinter dem Komma angeführt. Zum Vergleich mit früheren Bestimmungen in Grad deutscher Härte werden zweckmäßigerweise auch diese Werte zusätzlich erwähnt.
Beispiel:
EDTA-Verbrauch: 3 ml EDTA (0,01 mol/l)
Angewandte Menge: 30 ml Probewasser

$$\frac{3 \cdot 0,01 \cdot 1000}{30} = 1,00 \text{ mmol/l}.$$

Eventuell ist der Faktor der EDTA-Lösung zu berücksichtigen.

$1,00 \text{ mmol/l} \cdot 5,608 = 5,61 \text{ °d}$

Härte (Summe der Erdalkalien): 1,00 mmol/l entsprechend 5,61 °d.

Störungen

Siehe Abschn. 8.2 und Abschn. 8.3.

Anmerkungen

Im Handel befindlich sind auch Komplexonlösungen (z. B. Fa. Merck), die pro ml einen bestimmten Härtegrad bei der Titration anzeigen (z. B. Titriplexlösung A, 1 ml = 5,6 °d/100 ml und Lösung B, 1 ml = 1 °d/100 ml).

8.4.2 Bestimmung mit Kaliumpalmitat

(Untere Bestimmungsgrenze: 0,18 mmol/l = 1 °d bei einem Probevolumen von 100 ml.

Das Verfahren beruht darauf, daß Calcium- und Magnesiumionen mit Palmitationen unlösliche Verbindungen eingehen. Während der Ausfällung ist die H^+-Ionkonzentration in der Lösung sozusagen gleichbleibend. Erst nach Abschluß der Reaktion wird durch die starke Hydrolisierung der überschüssigen Palmitatlösung die Untersuchungslösung alkalisch; mit Phenolphthalein ist der Titrationsendpunkt erkennbar.

Reagenzien:
Kaliumpalmitatlösung: $C_{15}H_{31}COOK$, 0,1 mol/l;
Salzsäure, HCl, 0,1 mol/l;
Natronlauge, NaOH, 0,1 mol/l;

Methylorangelösung. 0,1 mg Methylorange, $C_{14}H_{14}N_3NaO_3S$ werden in 100 ml destilliertem Wasser gelöst.

Phenolphthaleinlösung. 0,1 mg Phenolphthalein, $C_{20}H_{14}O_4$, werden in 60 ml Ethanol, C_2H_5OH ($D = 0{,}79$ g/ml) und 40 ml destilliertem Wasser gelöst.

Arbeitsvorschrift

100 ml des zu untersuchenden Wassers werden nach Zugabe von 0,1 ml Methylorange mit der Salzsäure tropfenweise versetzt, bis ein Farbumschlag von gelb nach bräunlichgelb eintritt; anschließend wird ca. 10 min lang Luft durch die Lösung geleitet, um Kohlenstoffdioxid weitgehend zu entfernen. Nach Zugabe von 0,1 ml Phenolphthalein wird tropfenweise mit der Natronlauge bis zur schwachen Rosafärbung versetzt und die Färbung mit einem Tropfen der Salzsäure zum Verschwinden gebracht. Nunmehr wird mit der Kaliumpalmitatlösung bis zur deutlichen Rotfärbung titriert; die Färbung muß nach Zusatz von 0,3 ml der Salzsäure verschwinden; bei einem Verbrauch unter 0,3 ml Salzsäure ist die Kaliumpalmitattitration bis zu einer kräftigeren Rotfärbung zu wiederholen; ein Mehrverbrauch an Salzsäure über 0,3 ml wird beim Kaliumpalmitatverbrauch in Abzug gebracht.

Berechnung und Angabe der Werte

Bei Verwendung von 100 ml Untersuchungswasser entspricht 1 ml Kaliumpalmitatlösung (0,1 mol/l) 0,50 mmol/l Härte bzw. 2,8 °d. Die Berechnung sowie Angabe der Werte erfolgt im übrigen wie beim 1. Verfahren. Die Kaliumpalmitatmethode erreicht nicht die Genauigkeit der Komplexometrie; man muß mit Abweichungen von 0,05 mmol/l bzw. ca. 0,3 °d (entsprechend 0,1 ml der Palmitatlösung) vom Sollwert rechnen.

Störungen

Das Verfahren ist ungenau bei sehr weichen Wässern (Härte unter 0,178 mmol/l entsprechend 1 °d) aber auch bei sehr harten Wässern (Härte über 4 mmol/l entsprechend 22,44 °d). Eisen und Mangan über 1 mg/l stören; falls sich diese Metalle in Lösung befinden, ist für jeweils 1 mg/l vom errechneten Härtewert 0,018 mmol/l entsprechend 0,1 °d in Abzug zu bringen.

8.4.3 Sonstige Verfahren

Die Härte läßt sich auch aus den Massenkonzentrationen an Erdalkaliionen errechnen, wenn Calcium und Magnesium im Wasser gesondert bestimmt worden sind.

1 mg/l Ca^{2+} = 0,025 mmol/l
entsprechend 0,14 °d,
1 mg/l Mg^{2+} = 0,041 mmol/l
entsprechend 0,23 °d.

Auf diese Weise ist sowohl eine Angabe der Einzelhärten (z. B. Calciumhärte) wie auch eine summarische Angabe der gesamten Härte in Stoffmengenkonzentrationen und vergleichend in Graden deutscher Härte möglich.

8.4.4 Beurteilung und Grenzwerte

Die Härte wurde früher in verschiedenen nationalen Härtegraden angegeben, die in den einzelnen Staaten eine unterschiedliche Bezugsbasis hatten:

1 Grad deutscher Härte (1 °d) = 10 mg/l CaO bzw. 7,19 mg/l MgO entsprechend 7,15 mg/l Ca^{2+} bzw. 4,33 mg/l Mg^{2+}

1 Englischer = 10 mg CaCO₃ in 0,7 l
Härtegrad (1 Grain CaCO₃ p. Gallon)
1 Französischer = 10 mg/l CaCO₃
Härtegrad
1 Amerikani- = 1 ppm CaCO₃ (entspre-
scher chend 1 mg/l CaCO₃)
Härtegrad

Die Umrechnung der Konzentrationen in mg/l an einzelnen Erdalkalien in deutsche Härtegrade ergab sich folgendermaßen:

1 mg/l Mg^{2+} = 0,2307 °d
1 mg/l Ca^{2+} = 0,1399 °d
1 mg/l Sr^{2+} = 0,0640 °d
1 mg/l Ba^{2+} = 0,0408 °d.

Da die Strontium- bzw. Bariumgehalte in Trinkwässern meist sehr gering sind, bezieht sich die Härte fast ausschließlich auf die Magnesium- und Calciumkonzentrationen unter Vernachlässigung der anderen Erdalkalien. Verschiedentlich werden „Calciumhärte" und „Magnesiumhärte" gesondert im Analysenbericht angegeben. Die gesamte Härte ist dann die Summe der Einzelhärten.

Zur Vereinheitlichung der Härtedefinitionen waren über eine gewisse Zeit hinweg, auch auf Empfehlung der WHO, Angaben in mval/l üblich. Diese sind mit dem Inkrafttreten des „Gesetzes über Einheiten im Meßwesen" durch die SI-Einheiten hinfällig geworden.

Heute wird die Härte als Stoffmengenkonzentration der Erdalkalien (Gesamthärte) in mmol/l angegeben; aus den Massenkonzentrationen an Calcium und Magnesium läßt sich die Härte wie folgt berechnen:

1 mg/l Ca^{2+} = 0,025 mmol/l
1 mg/l Mg^{2+} = 0,041 mmol/l.

Für eine Umrechnung von mmol in °d und umgekehrt gilt:

1 mmol/l Härte = 5,61 °d
1 °d = 0,178 mmol/l Härte.

Man kann aber die Gesamthärte auch als Äquivalentkonzentration der Erdalkaliionen angeben. Die Äquivalentkonzentration ist doppelt so groß wie die Stoffmengenkonzentration; infolgedessen entspricht eine Äquivalentmenge Erdalkaliionen pro l (in mmol/l; früher mval/l) 2,80 °d.

Für die nationalen Härtegrade untereinander und zur mmol-Angabe bzw. umgekehrt sind Umrechnungen in Tabelle 8.1 gegeben.

Klut und Olszewski haben seinerzeit die Härtegrade zur Wasserbeurteilung in Bereiche aufgegliedert, die auch heute noch als brauchbare Bewertungsmerkmale anzusehen sind. Sie sind in Tabelle 8.2 mit Einarbeitung der mmol/l angegeben.

In der Wasserbeurteilung sollte eine Härtebewertung stets vorkommen. Darüber hinaus sind im Waschmittelgesetz (Gesetz über die Umweltverträglichkeit von Wasch- und Reinigungsmitteln) vom 20. 8. 1975 in § 7,

Tabelle 8.2. Einteilung der Härtegrade

Härtegrade °d	Härtebereich mmol/l	Charakterisierung des Wassers weich bis hart
0...4	0...0,71	sehr weich
4...8	0,71...1,42	weich
8...12	1,42...2,14	mittelhart
12...18	2,14...3,21	ziemlich hart
18...30	3,21...5,35	hart
über 30	> 5,35	sehr hart

Tabelle 8.1. Umrechnungsfaktoren verschiedener Härtegrade

mmol/l bzw. Härtegrade	Erdalkali mmol/l	Deutscher Härtegrad	Englischer Härtegrad	Französischer Härtegrad	USA-Härtegrad
mmol/l Erdalkaliionen	1,00	5,61	6,98	10,00	99,73
Deutscher Härtegrad	0,178	1,00	1,25	1,79	17,85
Englischer Härtegrad	0,143	0,80	1,00	1,43	14,30
Französischer Härtegrad	0,100	0,56	0,70	1,00	10,00
USA-Härtegrad	0,010	0,056	0,07	0,10	1,00

8.4 Bestimmung der Härte

Tabelle 8.3. Einteilung in Härtestufen

Stufe	Härtebereich mmol/l	Härtegrade °d
1	<1,3	<7,3
2	1,3...2,5	7,3...14,0
3	2,5...3,8	14,0...21,3
4	>3,8	>21,3

Abs. 1.4. bzw. im ersten Gesetz zur Änderung des Waschmittelgesetzes vom 19.12.1986 (Wasch- und Reinigungsmittelgesetz) vier Härtestufen enthalten [2,3] (Tabelle 8.3).
Bei einer Trinkwasserbeurteilung ist u. U. auch diese 4stufige Härteskala zu berücksichtigen. Im Waschmittelgesetz § 8 wird nämlich gefordert, daß die Wasserversorgungsunternehmen dem Verbraucher den Härtebereich des von ihnen abgegebenen Trinkwassers mindestens einmal jährlich bekanntzugeben haben. Bei jeder nicht nur vorübergehenden Änderung des Härtebereichs ist ebenfalls eine Bekanntmachung erforderlich.
Im Atlas zur Trinkwasserqualität der Bundesrepublik Deutschland (BIBIDAT) werden in farbiger Darstellung sechs Härteklassen angeführt (Tabelle 8.4).
In der EG-Trinkwasserrichtlinie wird die Gesamthärte eines Trinkwassers in mg pro 1 Ca^{2+}-Ionen angegeben.
Als „Richtzahl" verzeichnet die EG-Richtlinie einen Calciumgehalt von 100 mg/l und einen Magnesiumgehalt von 30 mg/l; für Calcium ist keine „zulässige Höchstkonzentration" angeführt, wohl aber für Magnesium mit 50 mg/l. Die Gesamthärte für Trinkwasser, das enthärtet wurde, soll mindestens 60 mg/l Calcium oder gleichwertige Kationen enthalten. Infolge des Bezugs der Gesamthärte auf die Calciumionen ist in der EG-Richtlinie eine Umrechnungstabelle abgedruckt (Tabelle 8.5).
Die EG-Mineralwasserrichtlinie billigt einem natürlichen Mineralwasser mit mehr als 150 mg/l Ca^{2+} die Angabe „Calciumhaltig" zu. Die gleiche Hinweismöglichkeit wurde auch in die neue Mineral- und Tafelwasser-VO der Bundesrepublik Deutschland übernommen. Beim Magnesium kann laut EG-Mineralwasserrichtlinie beim Gehalt über 50 mg/l der Begriff „Magnesiumhaltig" verwendet werden; auch die Deutsche Mineral- und Tafelwasser-VO hat diese Angabe übernommen.
In der Trinkwasser-VO finden sich ein Höchstwert für Magnesium von 50 mg/l (ausgenommen bei Wasser aus magnesiumhaltigem Untergrund) und für den Sulfatgehalt ein Höchstwert von 240 mg/l SO_4^{2-} und zwar mit der Anmerkung: „ausgenommen

Tabelle 8.4. Einteilung in Härteklassen

Klasse	Härtebereich mmol/l	Härtegrade °d	Charakteristik[a]
1	bis 1	bis 5,6	sehr weich
2	1...2	5,6...11,2	weich
3	2...3	11,2...16,8	mittelhart
4	3...4	16,8...22,4	hart
5	4...5	22,4...28,1	sehr hart
6	über 5	über 28,1	äußerst hart

[a] In gewisser Anlehnung an Klut-Olszewski läßt sich eine Weich-Hart-Charakteristik einfügen, so daß die Tabelle in dieser Form zur allgemeinen Beurteilung des Wassers benutzt werden kann.

Tabelle 8.5. Umrechnungsfaktoren aus der EG-Trinkwasserrichtlinie

	Französischer Grad	Englischer Grad	Deutscher Grad	Ca^{2+} mg/l	Ca^{2+} mmol/l
Französischer Grad	1	0,70	0,56	4,008	0,1
Englischer Grad	1,43	1	0,80	5,73	0,143
Deutscher Grad	1,79	1,25	1	7,17	0,179
Ca^{2+} mg/l	0,25	0,175	0,140	1	0,025
Ca^{2+} mmol/l	10	7	5,6	40,08	1

bei Wasser aus calciumsulfathaltigem Untergrund". Für 240 mg/l SO_4^{2-} ergibt sich unter Zugrundelegung von Calciumsulfat ein Calciumgehalt von ca. 100 mg/l Ca^{2+} entsprechend der Richtzahl der EG-Richtlinie für die Härte. Nach der Trinkwasser-VO wären also höhere Härten gestattet, wenn das Wasser aus calciumsulfathaltigem Untergrund stammt.

Der Entwurf zur Novelle der Trinkwasseraufbereitung-VO fordert für Magnesium einen Höchstwert von 50 mg/l, während für Calcium nach Calciumentzug ein Mindestwert von 60 mg/l im aufbereiteten Trinkwasser verlangt wird.

In der Fachliteratur über die Wasseraufbereitungstechnik werden neben dem Begriff „Härte" bzw. „Gesamthärte" auch die Bezeichnungen „Carbonathärte" und „Nichtcarbonathärte" verwendet.

Naturgemäß liegt in einem Wasser neben den Kationen Calcium und Magnesium, die ja die Härte ausmachen, eine äquivalente Menge Anionen vor, z.B. an Hydrogencarbonat oder Sulfat; beim Eindampfen des Wassers ist die Art des Anions von entscheidender Bedeutung für mögliche Ausfällungen (Kesselsteinbildung); gleiches gilt für verschiedene Enthärtungsverfahren.

In der Regel bilden die Hydrogencarbonationen den Hauptbestandteil der Anionen; ihre Äquivalentkonzentration kann etwas geringer als die Äquivalentkonzentration der Härtebildner sein; diese Äquivalentkonzentration bezeichnet man dann als Carbonathärte CH (früher KH). Die Äquivalentkonzentration an Carbonationen (CO_3^{2-}) kann wegen des geringen Werts außer Betracht bleiben. Die restliche Ladung der Erdalkaliionen wird durch andere Anionen kompensiert; entsprechend wird die verbleibende Äquivalentkonzentration von Calcium- und Magnesiumionen als Nichtkarbonathärte NC (früher NKH) bezeichnet. Die Gesamthärte (GH) als Äquivalentkonzentration aller Erdalkaliionen setzt sich also aus der Carbonathärte und der Nichtcarbonathärte additiv zusammen:

GH = CH + NCH   in mmol/l
oder   NCH = $c_{eq}(Ca^{2+} + Mg^{2+}) - c_{eq}(HCO_3^-)$
in mmol/l,

nur gültig, wenn

$c_{eq}(Ca^{2+} + Mg^{2+}) > c_{eq}(HCO_3^-)$.

Als Beispiel sei das Münchener Leitungswasser angeführt (vgl. Tabelle 4.2); aus der Tabelle ergibt sich für die Härten, ausgedrückt in *Äquivalentkonzentrationen* $c(eq)$:
Carbonathärte CH = 5,498 mmol/l,
Nichtcarbonathärte
NCH = 6,036 − 5,498 = 0,538 mmol/l,
Gesamthärte
GH = 5,498 + 0,538 = 6,036 mmol/l.
Entsprechend gilt dann bei einer Umrechnung in die *Stoffmengenkonzentrationen* $c(X)$:
Carbonathärte CH = $c(Ca^{2+} + Mg^{2+})$
$= \dfrac{c(eq)}{2} = \dfrac{5,498}{2} = 2,749$ mmol/l,
entsprechend 15,47 °d.
Nichtcarbonathärte
NCH = $\dfrac{0,538}{2} = 0,269$ mmol/l,
entsprechend 1,51 °d.
Gesamthärte
GH = 2,75 + 0,27 = 3,02 mmol/l,
entsprechend 16,92 °d.
Die im Münchener Leitungswasser vorhandene Gesamthärte von 3,02 mmol/l bzw. 16,92 °d verteilt sich auf 2,75 mmol/l bzw. 15,42 °d Carbonathärte und 0,27 mmol/l bzw. 1,51 °d Nichtcarbonathärte. Da in diesem Falle die Härtebildner vorwiegend als Hydrogencarbonate vorhanden sind, wird die Carbonathärte beim Kochen des Wassers z. B. in Form von Calciumcarbonat ausfallen:

$Ca^{2+} + 2\,HCO_3^- \longrightarrow CaCO_3 + CO_2\uparrow + H_2O$.

Bei hoher Carbonathärte und entsprechendem Anteil an der Gesamthärte ist demzufolge auch mit beträchtlicher Kesselsteinbildung zu rechnen. Wegen der Ausfällung wurde früher die *Carbonathärte* auch als „vorübergehende" oder „temporäre Härte" bezeichnet. Die *Nichtcarbonathärte*, bei der die Erdalkalien z. B. als Sulfate oder Chloride vorliegen und in Lösung verbleiben, wurde dementsprechend als „bleibende" oder „permanente Härte" definiert.

Ist die Äquivalentkonzentration der Hydrogencarbonationen größer als die der Erdalkaliionen, so wird der Begriff der Nichtcarbo-

nathärte gegenstandslos. Von der in diesem Zusammenhang noch zu nennenden „scheinbaren Härte" sollte man heute keinen Gebrauch mehr machen. Die Carbonathärte kann nicht größer als die Gesamthärte sein.
Gelegentlich findet man auch den Begriff Sulfathärte. Hierunter versteht man denjenigen Teil der Nichtcarbonathärte, der von den Sulfationen gebildet wird.
Infolge verschiedener Veröffentlichungen wird seit längerer Zeit ein Zusammenhang zwischen Erkrankungen des Herz-Kreislauf-Systems und der Wasserhärte diskutiert [4]. Der Bundesgesundheitsrat hat in seinem Votum 1983 [5] einen solchen Zusammenhang als nicht nachweisbar und weitere Untersuchungen in dieser Richtung als nicht gerechtfertigt erklärt. Von einer Enthärtung des Wassers wird abgeraten, weil die Versorgung des menschlichen Organismus mit Mineralstoffen aus dem Trinkwasser wünschenswert ist und bei einer Enthärtung über Ionenaustauscher größere Mengen an Natrium in das Trinkwasser gelangen, die insbesondere Säuglinge gefährden können. Während im Haushalt eine sachgemäße Bedienung und Wartung von Enthärtungseinrichtungen nicht gewährleistet ist, kann in zentralen Anlagen der Wasserwerke eine Teilenthärtung sehr harter Wässer ohne Bedenken erfolgen, wenn eine Erhöhung des Natriumgehalts unterbleibt [6,7].

8.4.5 Literatur

1 DIN 38 409 Teil 6: Deutsche Einheitsverfahren zur Wasser-, Abwasser- und Schlamm-Untersuchung (Gruppe H, summarische Wirkungs- und Stoffkenngrößen). Härte des Wassers (Januar 1986). Berlin: Beuth
2 Gesetz über die Umweltverträglichkeit von Wasch- und Reinigungsmitteln (Waschmittelgesetz) vom 20. 8. 1975, BGBl. I S. 2255
3 Erstes Gesetz zur Änderung des Waschmittelgesetzes (Wasch- und Reinigungsmittelgesetz — WRMG) vom 19. 12. 1986, BGBl. I S. 2615
4 Lederer, J.: Calcium in Wasser, das zur Herstellung von Getränken dient. Erfrischungsgetränk 32 (1979) 214-216
5 Votum der Vollversammlung des Bundesgesundheitsrats zur Enthärtung. Bundesgesundheitsblatt 27 (1984) 15-16
6 DVGW-LAWA Erklärung zur Frage der zentralen Enthärtung. Gas Wasserfach, Wasser Abwasser 125 (1984) 104-106
7 Umweltbundesamt, Presseinformation: Wasserenthärtungsanlagen sind umweltbelastend und gesundheitlich unerwünscht; Umweltbundesamt warnt vor Nebenwirkungen. Berlin, 26. 8. 1986

8.5 Bestimmung von Ammonium

Ammonium-Stickstoff ist in zahlreichen Wässern vorhanden; allerdings handelt es sich in der Regel um geringe Mengen. In Abhängigkeit vom pH-Wert liegt der Ammoniumstickstoff im Wasser als Ammoniumion oder als gasförmiges Ammoniak vor. Bei den üblichen pH-Werten der Trinkwässer ist praktisch nur mit dem Vorkommen von Ammoniumionen zu rechnen.
Die Zersetzung organischer Substanzen durch Mikroorganismen mit der Herauslösung des Stickstoffs aus der organischen Bindung führt unter aeroben Bedingungen zunächst zur Bildung von Ammoniumionen; sie kann sich dann über Nitrit bis zum Nitrat fortsetzen. Wenn Ammonium als Abbauprodukt organischer Stickstoffverbindungen im Wasser auftritt, kann in bestimmten Fällen ein erhöhter Ammoniumgehalt auch ein Indikator für die Verunreinigung des Wassers sein.
Andererseits kommt Ammonium naturgegeben in Grundwässern vor, die wenig oder gar keinen Sauerstoff enthalten. In diesen „reduzierten" Wässern, die oftmals auch erhöhte Mengen an Eisen bzw. Mangan aufweisen und auf ihren Fließwegen mit natürlichen organischen Substanzen (z. B. Huminstoffen) in Kontakt stehen, ist eine Reduktion anorganischer Inhaltsstoffe (z. B. Nitrat) unter Oxidation der organischen Substanz erfolgt [1].
Bei allen Wasseruntersuchungen ist daher die Bestimmung des Ammoniums von Bedeutung. Zusammen mit anderen Parametern ist dann zu klären, ob es sich um anthropogene Verunreinigungen handelt oder ob das Ammonium durch geogen bedingte Reaktionsmechanismen als Bestandteil des

8 Gelöste Mineralstoffe

Wassers betrachtet werden kann. Auch im Hinblick auf die Trinkwassergewinnung ist die Kenntnis des Ammoniumgehalts wichtig, weil prinzipiell das Ammonium bei der Trinkwasseraufbereitung weitgehend entfernt werden muß.
Es gibt eine Reihe von Verfahren zur Ammoniumbestimmung [2]; vorwiegend werden Farbreaktionen herangezogen. Am bekanntesten wurde die von J. Neßler 1856 entwickelte Methode, die insbesondere zum raschen qualitativen Nachweis auch heute noch vielfach angewandt wird. Das Verfahren unterliegt aber verschiedenen Störungen, insbesondere durch Trübungen. Weitaus besser bewährt hat sich die photometrische Indophenolbestimmung mittels Natriumdichlorisocyanurat und Natriumsalicylat, die nachstehend beschrieben wird. Das Verfahren ist weitgehend störungsfrei und erfaßt auch noch geringe Ammoniummengen bis zu 15 µg/l.
Treten Störungen dieser Bestimmung auf, so kann Ammonium aus dem Untersuchungswasser bei entsprechendem pH-Wert als Ammoniak abdestilliert und in der Vorlage wiederum photometrisch oder auch maßanalytisch erfaßt werden.
In den letzten Jahren hat sich auch die Ammoniumbestimmung mit einer gasspezifischen Ammoniakelektrode eingeführt. Sie wird wegen der verhältnismäßig hohen Anschaffungskosten für die Elektrode und ihrer bedingten Haltbarkeit in erster Linie bei Reihen- und Überwachungsuntersuchungen eingesetzt (z. B. bei Schwimmbeckenwasser). Mit Hilfe der Elektrode können Ammonium und Harnstoff nach Hydrolyse bestimmt werden [3].

8.5.1 Photometrische Bestimmung mit Natriumdichlorisocyanurat und Natriumsalicylat (Indophenolbestimmung)

(Untere Bestimmungsgrenze: 15 µg/l NH_4^+; 5-cm-Küvette; Probevolumen 40 ml)

In alkalischem Medium (pH-Wert ca. 12,6) bilden sich durch Einwirkung von Hypochloritionen auf Ammoniak in Anwesenheit von Phenolen tiefblau gefärbte Indophenole (Berthelotsche Reaktion):

$$2 \;\underset{COO^\ominus}{\bigcirc}\!\!-\!O^\ominus + NH_3 + 3\,ClO^\ominus \longrightarrow$$

$$^\ominus O\!-\!\underset{COO^\ominus}{\bigcirc}\!\!-\!N\!=\!\underset{COO^\ominus}{\bigcirc}\!\!=\!O + 2\,H_2O + HO^\ominus + 3\,Cl^\ominus$$

Diese Phenolat-Hypochlorit-Reaktion wird durch Natriumpentacyanonitrosylferrat (Nitroprussidnatrium) katalytisch beschleunigt. Die Hypochloritionen entstehen durch Hydrolyse von Dichlorisocyanurat; als Phenolkomponente wird Natriumsalicylat verwendet. Die Farbentwicklung erreicht nach gewisser Wartezeit ein Maximum, das der Ammoniumkonzentration proportional ist. Das spektrale Absorptionsmaß wird bei 655 nm ermittelt.

Geräte:
Photometer, Wasserbad thermostatisierbar.

Reagenzien:

Salicylatcitratlösung. 130 g Natriumsalicylat, $C_7H_5O_3Na$ p. a. und 130 g Trinatriumcitratdihydrat, $C_6H_5O_7Na_3 \cdot 2H_2O$ p. a. werden in einem 1-l-Meßkolben mit destilliertem Wasser gelöst. Nach Zugabe von 970 mg Dinatriumpentacyanonitrosylferrat, $Na_2Fe(CN)_5NO \cdot 2H_2O$ p. a. wird nach mehrfachem Umschütteln mit destilliertem Wasser aufgefüllt. Unter Aufbewahrung im Dunkeln ist die Lösung etwa 14 Tage verwendbar.

Dichlorisocyanuratlösung. 3,2 g Natriumhydroxid, NaOH p. a. werden in ca. 50 ml destilliertem Wasser gelöst. Nach Abkühlen und Zugabe von 200 mg Natriumdichlorisocyanurat, $C_3N_3Cl_2O_3Na$ p. a. wird die Lösung im 100-ml-Meßkolben mit destilliertem Wasser aufgefüllt; sie ist täglich neu anzusetzen.

Ethanolische Kaliumhydroxidlösung. 100 g Kaliumhydroxid, KOH p. a. werden in 100 ml destilliertem Wasser gelöst und nach Abkühlen mit 900 ml Ethanol, C_2H_5OH p. a. ($D = 0{,}79$ g/ml) versetzt. Diese Lösung wird in einer Polyolefinflasche aufbewahrt.

Ammoniumstammlösung. 296,7 mg Ammoniumchlorid, NH_4Cl p. a. (bei 105 °C getrocknet) werden in destilliertem Wasser gelöst. Die Lösung wird mit destilliertem Wasser im 1-l-Meßkolben aufgefüllt. Sie enthält 100 mg/l NH_4^+.

Probenahme

Die Abfüllung der Wasserproben zur Ammoniumbestimmung kann in Glas- oder Polyolefinflaschen erfolgen, die vorher sorgfältig zu reinigen sind (s. Arbeitsvorschrift). Bestimmungen von Ammonium, Nitrit und Nitrat sollen grundsätzlich so rasch als möglich nach der Wasserentnahme vorgenommen werden, da mikrobielle Stoffwechselvorgänge zu kurzfristigen Veränderungen im qualitativen und quantitativen Bestand der vorstehenden Ionen führen können. Beispielsweise ist in Anwesenheit von gelöstem Sauerstoff eine Ammoniumoxidation möglich, umgekehrt aber auch bei reduzierenden organischen Substanzen eine Nitratreduktion. In Anbetracht dieser Veränderungen ist eine Konservierung der Wasserproben bis zur Bestimmung der Stickstoffverbindungen notwendig, wenn die Analyse nicht im Anschluß an die Probenahme erfolgt. Nach Sprenger [4] hat sich für Ammonium eine Säurezugabe (Salzsäure $D = 1,16$ g/ml oder Schwefelsäure $D = 1,52$ g/ml) bis zum annähernden pH-Wert 2 zur Konservierung auf ca. 2 Wochen bewährt; die Zugabe von Chloroform (2 ml pro l Untersuchungswasser und kräftiges Durchschütteln) oder von Quecksilber-II-chloridlösung (1 ml einer Lösung von 50 g $HgCl_2$ p. a. in 1 l destilliertem Wasser pro l Untersuchungswasser und kräftiges Umschütteln) erbrachten sogar eine Konservierungszeit von ca. 4 Wochen. Bei der Ammoniumphotometrie wird im Falle einer notwendigen Konservierung die Ansäuerung mit Salzsäure auf pH 2 zu empfehlen sein. Zur Entkonservierung ist dann vor Beginn des Analysenverfahrens das Untersuchungswasser mit Lauge wieder auf pH 6 bis 8 einzustellen, um gemäß der Arbeitsvorschrift den pH-Wert 12,6 zu erreichen. Wesentliche Volumenvergrößerungen durch den Säure- bzw. Laugenzusatz sind bei der Berechnung des Analysenergebnisses zu berücksichtigen.

Arbeitsvorschrift

Um die Einschleppung von Ammoniumspuren in das hochempfindliche Bestimmungsverfahren zu vermeiden, müssen die benutzten Glasgeräte vor Verwendung mit der ethanolischen Kaliumhydroxidlösung und anschließend mit destilliertem Wasser sorgfältig gespült werden. Bis zu 40 ml Untersuchungswasser (*b*) werden in einen 50-ml-Meßkolben pipettiert. Das Volumen des Untersuchungswassers richtet sich nach der Ammoniummenge bzw. nach der Eichgeraden und ist in einem Vorversuch abzuklären. Werden weniger als 40 ml Untersuchungswasser verwendet, so ist mit destilliertem Wasser auf dieses Volumen zu ergänzen. Unter Schütteln werden dann nacheinander jeweils 4 ml Salicylatcitratlösung und Dichlorisocyanuratlösung zugesetzt. Der pH-Wert soll nunmehr etwa 12,6 betragen; bei den üblichen Trinkwässern mit dem pH-Bereich 6 bis 8 wird sich dieser Wert auch einstellen; in Sonderfällen (z. B. Konservierung s. Probenahme) muß das Untersuchungswasser vor der Reagenzienzugabe auf diesen pH-Bereich gebracht werden. Nach Auffüllen mit destilliertem Wasser und Durchmischung wird die Probe im Wasserbad eine Stunde bei 25 °C gehalten. Dann wird das spektrale Absorptionsmaß bei 655 nm gegen destilliertes Wasser gemessen. Analog wird ein Blindwert erstellt und vom Meßwert abgezogen.

Erstellen der Eichgeraden

Für die gewünschten Meßbereiche werden entsprechende Eichgeraden aufgestellt. Empfehlenswert ist eine Standardeichgerade für den Bereich 10 bis 100 µg/l NH_4^+ für 40 ml Untersuchungswasser, die in den meisten Fällen der Trinkwasseruntersuchungen verwendet werden kann. 10 ml der Ammoniumstammlösung werden auf 1 l verdünnt; von dieser Lösung werden 20 ml auf 200 ml verdünnt; 1 ml enthält dann 0,1 µg NH_4^+. Durch Pipettieren von 4, 10, 20, 30 und 40 ml in 50-ml-Meßkolben und Auffüllen mit destilliertem Wasser auf 40 ml erhält man Eichlösungen mit 0,4 bis 4 µg NH_4^+, die gemäß der Arbeitsvorschrift weiterbehandelt werden. Die Eichgerade wird in üblicher Weise durch Auftragen des spektralen Absorptionsmaßes bei 655 nm gegen die Masse NH_4^+ (*a*) unter Verwendung von 5-cm-Küvetten erstellt.

Berechnung und Angabe der Werte

Der Ammoniumgehalt des Wassers errechnet sich wie folgt:

$$\text{Ammonium (NH}_4^+) = \frac{a \cdot 1000}{b} \text{ mg/l}.$$

a aus der Eichgeraden ermittelte Masse Ammonium in mg
b angewandtes Probenvolumen in ml

Bei einer Massenkonzentration des Wassers an Ammonium bis zu 0,50 mg/l werden die Ergebnisse auf zwei Stellen hinter dem Komma und bei mehr als 0,50 mg/l auf eine Stelle hinter dem Komma gerundet. Üblicherweise wird in der Trinkwasseranalyse Ammoniumion und nicht Ammoniumstickstoff angegeben. So beziehen sich auch Grenz- und Richtwerte (z.B. EG-Richtlinie) auf das Ammoniumion.
In besonderen Fällen kann aber auch die Angabe des Ammoniumstickstoffs erfolgen, wenn z.B. Stickstoffbilanzierungen oder Differenzierungen in anorganisch und organisch gebundenen Stickstoff erforderlich sind. Wechselseitig läßt sich wie folgt umrechnen:

mg/l N = mg/l $NH_4^+ \cdot 0{,}78$,
mg/l NH_4^+ = mg/l N $\cdot 1{,}29$.

Störungen

Die in Trinkwässern üblicherweise vorkommenden Inhaltsstoffe stören nach Art und Menge die photometrische Ammoniumbestimmung nicht.

8.5.2 Bestimmung nach Destillation

Wenn in besonders gelagerten Ausnahmefällen bei der direkten photometrischen Bestimmung des Ammoniums Störungen auftreten, empfiehlt sich seine Abtrennung durch Destillation als Ammoniak aus schwach alkalischem Milieu bei pH 7,4 in eine Vorlage mit Salzsäure; anschließend erfolgt die Photometrie nach Abschn. 8.5.1.

Geräte:
Destillationsapparatur mit Rundkolben (250 ml) und Vorlage mit Kugelansatz (Abb. 8.1).

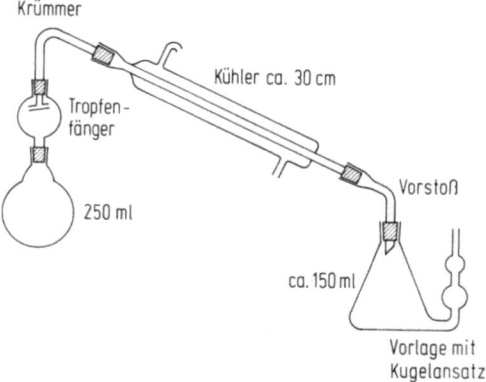

Abb. 8.1. NH_3-Destillationsapparatur

Reagenzien:
Phosphatpufferlösung. 14,3 g Kaliumdihydrogenphosphat, KH_2PO_4 p.a. und 90,0 g Dikaliumhydrogenphosphat, $K_2HPO_4 \cdot 3 H_2O$ p.a. werden in 1 l destilliertem Wasser gelöst.

Bromthymolblau-Indikatorlösung. 500 mg Bromthymolblau, $C_{27}H_{28}Br_2O_5S$ werden in 1 l destilliertem Wasser gelöst.
verd. Natronlauge, NaOH, ca. 1 mol/l;
Salzsäure, HCl, 0,1 mol/l;

Arbeitsvorschrift

100 ml Untersuchungswasser werden im Rundkolben mit 3 bis 5 Tropfen Bromthymolblau-Indikatorlösung versetzt; die Untersuchungslösung soll blau gefärbt sein (Bromthymolblau bei pH 6 gelb, bei pH 7,4 blau). Falls erforderlich, muß mit verd. Natronlauge bis zur Blaufärbung zugetropft werden. Nach anschließender Zugabe von 5 ml Phosphatpufferlösung wird in die mit 10 ml Salzsäure (0,1 mol/l) beschickte Vorlage 50 bis 70 ml überdestilliert. Durch drehende Schrägstellung der Vorlage sammeln sich die 10 ml Salzsäure in Richtung der beiden Kugeln bzw. stehen teilweise in der ersten Kugel. Hierdurch ist eine vollständige Absorption des übergehenden Ammoniaks in der Salzsäure gewährleistet. Mit zunehmender Destillatmenge kann dann die Vorlage in umgekehrter Richtung gedreht werden, damit der Flüssigkeitsspiegel in der ersten Kugel während der Destillation etwa in gleicher Höhe bleibt. Nach Beendigung der Destillation wird das Destillat in einen

100-ml-Meßkolben überführt und mit destilliertem Wasser aufgefüllt. Anschließend erfolgt die Photometrie nach Abschn. 8.5.1. Die spätere Berechnung des Ammoniumgehalts ändert sich nicht.

8.5.3 Beurteilung und Grenzwerte

Humantoxikologisch sind die meist geringen Ammoniumgehalte (unter 0,5 mg/l) im Trinkwasser ohne Bedeutung. Ammonium liegt im Trinkwasser üblicherweise als Ammoniumion (NH_4^+) und nicht als Ammoniak (NH_3) vor; jedoch ist fischtoxischer freier Ammoniak in Gewässern ab einem pH-Wert von 7,4 nachweisbar [6]. Ammoniumstickstoff zählt auch zu den Nährstoffen, die mit der Eutrophierung in Zusammenhang stehen.

Größere Ammoniummengen (z. B. über 1 mg/l) können vor allem in „reduzierten" Grundwässern auftreten, oftmals vergesellschaftet mit merklichen Konzentrationen an zweiwertigem Eisen und Mangan. Hauptkennzeichen dieser Wässer sind die geringen oder sogar fehlenden Sauerstoffgehalte; auch die Abwesenheit von Nitrat bzw. Nitrit und verschiedentlich sogar die Anwesenheit von Schwefelwasserstoff bzw. Hydrogensulfid charakterisiert die reduzierten Wässer. In solchen Fällen ist das Ammonium naturgegebener Bestandteil des Wassers.

Ammonium kann aber auch ein Indikator für Wasserverschmutzungen sein, wenn es bei Zersetzungsprozessen stickstoffhaltiger organischer Substanzen auftritt, da die biogene Mineralisation derartiger Stoffe aerob über Ammonium und Nitrit zum Nitrat als Endprodukt der Oxidation verläuft. Dieser Nitrifizierungsvorgang ist stark sauerstoffzehrend; die Bildung von Nitrat aus 1 mg Ammoniumstickstoff ist einem CSB-Wert von 4,6 mg gleichzusetzen [5].

Bei Anwesenheit höherer Ammoniummengen muß also im Verein mit anderen Parametern (z. B. organisch gebundener Kohlenstoff, Sauerstoff, Nitrit, Nitrat, Eisen, Mangan, Mikrobiologie) geklärt werden, ob das Ammonium eine geogene Komponente des Wassers aus dem reduzierenden Untergrund ist, oder ob anthropogene Verunreinigungen vorliegen. In jedem Fall sind erhöhte Ammoniummengen zunächst als bedenklich einzustufen.

Wenn auch höhere Ammoniumgehalte nicht gesundheitsbeeinträchtigend wirken, gehört Ammonium doch aus technischen Gründen der Trinkwasseraufbereitung (Chlorverbrauch) und der Korrosionsmöglichkeit zumindest zu den unerwünschten Stoffen. Ammonium ist im Gegensatz zu Ammoniak betonaggressiv. Es bildet mit dem Calcium der Zementsteinphasen leichtlösliche Produkte. Ab 15 mg/l [6] muß mit einem Angriff auf Beton gerechnet werden, wenn dieser keine erhöhte Dichtigkeit aufweist. Ab 60 mg/l erfolgt ein sehr starker Angriff; in diesem Fall muß der Beton durch geeignete Maßnahmen gegen Zerstörung geschützt werden.

Die EG-Trinkwasserrichtlinie gibt als Richtwert 0,05 mg/l und als zulässige Höchstkonzentration 0,5 mg/l NH_4^+ an. Der Wert von 0,5 mg/l wurde auch in die Trinkwasser-VO als Höchstwert übernommen (ausgenommen bei Wässern aus stark reduzierendem Untergrund). Im Entwurf zur Novelle der Trinkwasser-Aufbereitungs-VO wird als Höchstmenge im aufbereiteten Trinkwasser ebenfalls 0,5 mg/l Ammonium festgelegt. Schließlich sind noch die EG-Oberflächenwasserrichtlinie und das Arbeitsblatt W 151 des DVGW über die Eignung von Oberflächenwasser für die Trinkwasserversorgung zu nennen, die ebenfalls Grenzwerte je nach einfacher oder aufwendiger Aufbereitung für Ammonium angeben (EG-Richtlinie: Leitwerte: 0,05; 1 und 2 mg/l; Grenzwerte: 1,5 und 4 mg/l; W 151: noch tolerierbarer Grenzwert 1,5 mg/l, zufriedenstellende Merkmale eines Rohwassers 0,2 mg/l). Die EG-Richtlinie über die Qualität von Süßwasser, das schutz- und verbesserungsbedürftig ist, um das Leben von Fischen zu erhalten [7], fordert einen Grenzwert von 1 mg/l und gibt Leitwerte für Salmonidengewässer mit 0,04 mg/l und für Cyprinidengewässer mit 0,2 mg/l Ammonium an.

8.5.4 Literatur

1 Gerb, L.: Reduzierte Wässer, Beitrag zu einer Typologie bayerischer Grundwässer. Gas Was-

serfach, Wasser Abwasser 94 (1953) 87–92, 157–161
2 Souci, S.W.; Quentin, K.-E.: Handbuch der Lebensmittelchemie. Bd. VIII: Wasser und Luft. Berlin: 1969, S. 644
3 Pacik, D.; Roerig, F.: Untersuchungen und Versuche zur Bestimmung von Ammonium und Harnstoff im Schwimmbeckenwasser und Füllwasser mit einer Ammoniak-Elektrode. Z. Wasser Abwasser Forsch. 15 (1982) 31–35
4 Sprenger, F.J.: Konservierung von Wasserproben. Z. Wasser Abwasser Forsch. 11 (1978) 128–132
5 Hahn, J.: Abgabeverdächtiger Ammoniumstickstoff? Korrespondenz Abwasser, 33 (1986) 183
6 DIN 4030: Beurteilung betonangreifender Wässer, Böden und Gase (November 1969). Berlin: Beuth
7 Richtlinie des Rates über die Qualität von Süßwasser, das schutz- und verbesserungsbedürftig ist, um das Leben von Fischen zu erhalten vom 18. 7. 1978. Amtsbl. d. Europäischen Gemeinschaften Nr. L 222/1 v. 14. 8. 1978

8.6 Bestimmung der Metalle durch Atomabsorptionsspektrometrie (AAS)

(Al, Sb, As, Ba, Be, Pb, B, Cd, Ca, Cr, Co, Fe, Ge, Cu, Li, Mg, Mn, Mo, Ni, Hg, Rb, Se, Ag, Sr, Tl, V, W, Zn, Sn)

Die Atomabsorptionsspektrometrie (AAS) hat sich in den letzten Jahren zu einem allgemein angewandten Normalverfahren in der Wasseranalytik entwickelt; für einige Elemente sind allerdings auch andere Methoden durchaus brauchbar und empfehlenswert. Nachstehend werden zusammengefaßt die wesentlichen Verfahrensschritte der AAS für diejenigen Metalle dargelegt, die bei der Wasseruntersuchung bestimmt werden müssen bzw. deren Bestimmung verschiedentlich veranlaßt ist und für die eine AAS in Frage kommt; gegebenenfalls sind Hinweise auf andere Verfahren enthalten. Die Auswahl wurde auf 29 Metalle begrenzt; in Sonderfällen ·muß die Spezialliteratur herangezogen werden. Abschnitt 8.7 enthält besondere Angaben für jedes Metall.
Atome sind im Grundzustand in der Lage, Licht bestimmter Wellenlängen und damit genau definierte Energiebeträge zu absorbieren; diese Energiebeträge werden bei der Emission wieder abgegeben (Emissionsspektrometrie). Entscheidend ist aber, daß Absorption und Emission auf genau definierten Wellenlängen erfolgen, deren spektrale Breite mit 0,002 nm sehr gering ist. Infolgedessen kann jedes Element nur mit ihm eigenen Wellenlängen zur Anregung gebracht werden, während andere nicht in Resonanz treten.
Die AAS gehorcht für die zu bestimmenden Elemente im üblichen Konzentrationsbereich der Trinkwasseruntersuchungen dem Lambert-Beerschen Gesetz, so·daß eine lineare Beziehung zwischen dem spektralen Absorptionsmaß und den Konzentrationen besteht; somit ist eine einfache Auswertung der Meßergebnisse möglich.

8.6.1 Prinzip des Verfahrens

Im Atomabsorptionsspektrometer sendet eine Strahlungsquelle, die das charakteristische Spektrum des zu bestimmenden Elements ausstrahlt, Licht durch die Atomisierungseinrichtung auf einen Monochromator, der die gewählte Resonanzlinie aus dem Elementspektrum aussortiert und sie zu einem Detektor leitet, der ihre Intensität mißt. Im Detektor bildet sich ein der Intensität äquivalenter Strom- und Spannungsfluß, der durch einen Verstärker zu einem Aufzeichnungsgerät übertragen wird.
Als Lichtquellen dienen hauptsächlich Hohlkathodenlampen (HKL), deren Elektroden das zu bestimmende Element enthalten. Durch Anlegen einer Spannung von ca. 300 bis 400 V findet eine Glimmentladung statt, die zur Aussendung des Elektrodenmaterialspektrums führt. Zur Erzielung erhöhter Lichtleistungen werden vermehrt elektrodenlose Entladungslampen (EDL) verwendet, deren Anregung mit Hilfe eines Mikrowellengenerators (27 MHz) erfolgen. Mit Einführung des Wechsellichtsystems wurde die AAS zu hoher Selektivität gebracht. Durch Modulation der Strahlung und ein spezielles Schaltprinzip des Detektors wird nur elementspezifische Strahlung ohne Untergrundstrahlung und dgl. verstärkt. Infolgedessen unterbleiben spektrale Interferenzen

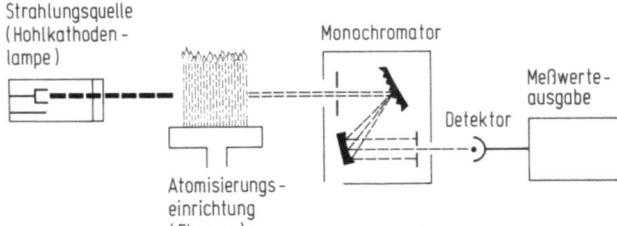

Abb. 8.2. Aufbau eines AAS-Geräts

fast völlig, da die Emissionsstörung der Flamme, die nicht moduliert ist, unberücksichtigt bleibt. Abbildung 8.2 zeigt vereinfacht den Aufbau eines Atomabsorptionsspektrometers.

Prinzipiell erfolgt die Anregung der zu bestimmenden Atome auf der Hauptresonanzlinie. In bestimmten Fällen stehen für die meisten Elemente aber auch noch sog. Alternativresonanzlinien zur Verfügung. Sie werden benutzt, um ein besseres Signal-Rausch-Verhältnis zu erzielen oder wenn wegen der Zusammensetzung der Probe (Matrixeinflüsse) die Messung auf der Hauptresonanzlinie stark gestört wird. Da die Alternativresonanzlinien eine deutlich geringere Empfindlichkeit aufweisen, wird man sie auch bei der Bestimmung relativ hoher Elementkonzentrationen der Hauptresonanzlinie vorziehen; gleiches gilt für den Fall, daß die Hauptresonanzlinie nicht erreichbar ist (z.B. UV-Vakuum-Bereich).

8.6.2 Atomisierungsmethoden

Zur Überführung der metallischen Verbindungen in den zur Messung nötigen Atomdampf stehen verschiedene Methoden zur Verfügung.

8.6.2.1 Flammenatomisierung

Die traditionelle und auch heute noch vielfach angewandte Atomisierung erfolgt mit der Flamme. Die Wasserprobe wird in eine Mischkammer gesaugt und zu einem feinen Aerosol zerstäubt; dieses gelangt dann nach Vermischen mit dem Brenngas (Luft/Acetylen: 2300 °C; Lachgas/Acetylen: 2800 °C) durch den Brenner in die Flamme. Hier erfolgen Atomisierung und Absorption des aus der Strahlungsquelle emittierten Lichts.

8.6.2.2 Elektrothermische Atomisierung (Graphitrohrküvette)

Diese Atomisierung findet in einer im Strahlengang befindlichen Graphitrohrküvette statt, die elektrisch aufgeheizt wird.

Die Probe (meist 10 µl) wird bei Raumtemperatur mittels einer Mikroliter-Pipette in die Graphitrohrküvette gebracht; durch stufenweise Temperaturerhöhung wird die Probe getrocknet, verascht und somit von störenden Bestandteilen (Matrix) weitgehend befreit. Zuletzt erfolgt durch sprunghafte Temperaturerhöhung die Atomisierung.

Die wesentlichen Vorteile dieser Atomisierung bestehen in einer gegenüber der Flammenatomisierung um etwa den Faktor 1000 gesteigerten Empfindlichkeit bzw. Nachweisgrenze für fast alle metallischen Elemente (vgl. Tabelle 8.10). Die Ursache hierfür ist eine längere Aufenthaltsdauer der Atome in der Küvette.

Neben den Nachweisgrenzen werden von den Firmen die Empfindlichkeiten für das jeweilige Element und die Atomisierungsmethode (elektrothermische bzw. Flammenatomisierung) angegeben, die stark geräteabhängig sind.

Die Empfindlichkeit stellt diejenige Konzentration (in µg/ml) eines Elements dar, die ein Signal ergibt, das einer Extinktion von 0,0044 (1 % Absorption) entspricht. Die Extinktion wird in Absorption umgerechnet und ihre spezifische Dimension lautet µg/ml 1 %. Diese Benennung hat jedoch nur für die Flammenatomisierung Gültigkeit, da man bei ihr praktisch ausschließlich von Lösungen mit einer konstanten Ansaugrate ausgeht. Die resultierenden Signale sind daher direkt der Elementkonzentration in der Eich- und Probenlösung proportional. Daraus ergibt sich auch die Definition der Empfindlichkeit und der Nachweisgrenzen in Konzentrationseinheiten. Die Nachweisgrenze selbst ist allgemein definiert als diejenige kleinste Konzentration in µg/ml eines Elements, die noch mit 95% Wahrscheinlichkeit nachgewiesen werden kann. Sie ist gleichbedeutend der Konzentration, die ein Signal von der doppelten Größe der Standardabweichung ergibt. Zur Ermittlung der Standardabweichung müssen mindestens zehn Messungen einer Konzentration nahe der Nachweisgrenze und nahe beim Blindwert durchgeführt werden. Die elektrothermische Atomisierung in der Graphitrohrküvette ist im Prinzip nicht an Lösungen gebunden und damit vom Probevolumen weitgehend unabhängig. Die resultierenden Meßwerte sind infolgedessen der Menge des zu bestimmenden Elements proportional; man erhält absolute Empfindlichkeiten und absolute Nachweisgrenzen in Gewichtseinheiten (in pg/1% bzw. pg).

Der optimale AAS-Meßbereich für die meisten Elemente liegt bei der 20 bis 200fachen Empfindlichkeit des jeweiligen Elements mit Extinktionen zwischen 0,05 und 0,8. Bei niedrigen Absorptionswerten ist die Meßwertausgabegenauigkeit begrenzt, während bei höheren Werten verschiedene Faktoren wie Strahlungsstreuung und Abweichungen vom Lambert-Beerschen Gesetz eine geringe Genauigkeit bewirken können. Da Nachweisgrenzen im allgemeinen mit reinen salpetersauren Lösungen des entsprechenden Elements ermittelt werden, andererseits aber jede zu untersuchende natürliche Probe eine mehr oder weniger starke Matrix besitzt, sollte bei Metallbestimmungen die Nachweisgrenze nicht als absolutes Minimum betrachtet, sondern eine um den Faktor 2 bis 5 höhere Bestimmungsgrenze angesetzt werden. Voraussetzung ist allerdings, daß keine Anreicherungsschritte, Gerätespreizungen u. ä. vorgenommen wurden.

Wesentliche Beachtung bei der elektrothermischen Atomisierung verdient die Gefahr, daß einige Metalle (z. B. Be, B, Ca, Mo, W) bei den meist über 2000°C liegenden Atomisierungstemperaturen auch Reaktionen mit dem Küvettenmaterial (Graphit) unter Carbidbildung eingehen können. Dies hat nicht nur zur Folge, daß sich ein beträchtlicher Teil der zu bestimmenden Atome einer Messung entzieht, sondern daß auch die Meßzellenwandung porös wird und damit andere Elemente stark absorbiert werden. Zur Vermeidung dieses Effekts bieten die Gerätehersteller heute sog. pyrolytisch beschichtete Graphitrohrküvetten an, die deutlich geringer oberflächenaktiv sind.

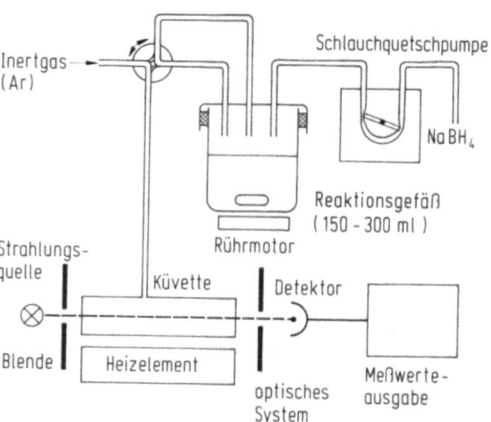

Abb. 8.3. Schematische Darstellung der AAS-Hydridmethode

8.6.2.3 Hydridverfahren

Für Elemente, die bei Raumtemperatur beständige Hydride bilden, besteht ein spezielles Verfahren der thermischen Atomisierung. In der Trinkwasseruntersuchung findet diese Methodik vor allem bei der Bestimmung von Arsen und Selen Anwendung. Die Elemente werden in einem Reaktionsgefäß reduktiv in ihre Hydride überführt und anschließend mittels eines Inertgasstroms (Argon) in eine Quarzküvette gespült. Die Küvette wird entweder elektrisch durch einen die Meßzelle umführenden Heizmantel oder mittels einer die Küvette umströmenden Acetylen/Luft-Flamme beheizt (Abb. 8.3). Die gasförmigen Hydride zerfallen dann in Wasserstoff und Atomdampf des betreffenden Elements. Ein besonderer Vorteil des

Verfahrens beruht darin, daß die Elemente weitgehend von störender Probenmatrix abgetrennt werden. Obwohl die Methodik auch für Germanium, Antimon, Blei und Zinn anwendbar ist, empfiehlt sie sich für diese Elemente nur bei starken Matrixeffekten, wenn ihre Bestimmung nach Abschn. 8.6.2.2 erheblich gestört wird.

8.6.2.4 Kaltdampfverfahren für Quecksilber

Dieses Verfahren benutzt die Ausnahmeeigenschaft des Quecksilbers, schon bei Raumtemperatur einen erheblichen Dampfdruck aufzuweisen. Der Zusatz eines Reduktionsmittels zu einem definierten Volumen des stark angesäuerten Untersuchungswassers bewirkt die Bildung elementaren Quecksilbers. Es wird dann entweder mittels einer Schlauchquetschpumpe im Kreislauf durch die mit Quarzfenstern im Strahlengang versehene Meßzelle gepumpt, wobei sich ein Gleichgewicht im System einstellt (s. Abb. 8.5), oder es wird eine stoßartige Quecksilbereinblasung mit Hilfe eines Inertgases (Argon) in die im Strahlengang offene Küvette vorgenommen. Bringt man in die Zuleitung vom Reaktionsgefäß zur Meßzelle eine Sorptionsfalle, die z. B. eine Goldfolie enthält, so kann durch Amalgambildung eine Quecksilberanreicherung erzielt werden. Beim Aufheizen der Sorptionsfalle wird das konzentrierte Quecksilber wieder freigesetzt und mit dem Gasstrom in der Küvette zur Messung gebracht. Auf diese Weise gelingt es, die Meßempfindlichkeit der einfachen Ausgasung des Quecksilbers beträchtlich zu steigern.

8.6.3 Arbeitsvorschriften

Atomabsorptionsspektrometer werden von den einschlägigen Geräteherstellern in unterschiedlicher Ausführung und Größe geliefert. Die Einrichtungen für die verschiedenen Atomisierungsmethoden nach Abschnitt 8.6.2 sind entweder in einem „Gerätepaket" bereits enthalten oder können meist problemlos als Zusätze beschafft und angeschlossen werden. Manche AAS-Geräte können zusätzlich mit automatischen Probengebern (Autosampler) ausgerüstet werden, die je nach Ausführung über Kapazitäten zwischen 40 und 100 Einzelproben verfügen. Die Proben werden in definierter Reihenfolge in Polyolefin- oder Teflontöpfchen vorgelegt, aus diesen mittels einer Dosierautomatik in die Flamme bzw. Graphitrohrküvette überführt und analysiert. Ein parallel laufender Drucker protokolliert den Analysenablauf und gestattet somit eine eindeutige Zuordnung von Analysennummer und Probentopf. Die Probenbehältnisse im Autosampler können nach Gebrauch verworfen werden; es ist aber auch möglich, sie nach gründlicher Reinigung mit Salpetersäure (1:1) und destilliertem Wasser einer Wiederverwendung zuzuführen.

8.6.3.1 Probenahme und Stabilisierung

Geräte:
1-l-Steilbrustflaschen mit Schliffstopfen oder PTFE-Flaschen gleichen Volumens mit entsprechendem Verschluß.
Reagenzien:
Konz. Salpetersäure, HNO_3 selectipur, ($D = 1,40$ g/ml), konz. Salzsäure, HCl selectipur, ($D = 1,19$ g/ml).

Zur Vorbereitung der Probenahme werden die Flaschen dreimal mit 10 bis 20 ml Salpetersäure (halbkonz., warm) ausgespült und anschließend dreimal mit destilliertem Wasser nachgespült (für Arsen und Selen mit halbkonz. Salzsäure).
Vor der Entnahme wird die betreffende Flasche zwei- bis dreimal mit Untersuchungswasser gespült. Die Flaschen werden dann mit jeweils 5 ml Salpetersäure beschickt; anschließend erfolgt die Abfüllung des Untersuchungswassers. Die durch Zugabe von 5 ml Salpetersäure auf ca. 1 l Untersuchungswasser eintretende Verdünnung kann im allgemeinen vernachlässigt werden, da bei den AAS-Verfahren durchschnittlich mit Standardabweichungen von ± 5 bis $\pm 20\%$ gerechnet werden muß. Zur Bestimmung von Arsen und Selen erfolgt die Stabilisierung mit 5 ml Salzsäure anstelle von Salpetersäure. Trotz der Probenstabilisierung soll die AAS-Bestimmung der Elemente innerhalb eines Zeitraums von 2 bis 3 Wochen nach der Entnahme erfolgen.

8 Gelöste Mineralstoffe

Tabelle 8.6. Aufschlußmethoden für Feststoffe in Gewässern (Naßaufschlüsse)

Aufschluß-mittel	Säure-volumen in ml	Substanz-einwaage in mg	Anwendung von Druck	geeignet für	Literatur
HCl	21	3000	nein		[1]
HNO$_3$	7				
HF	6	100	ja	Sedimente	[2]
HNO$_3$	4			Schwebstoffe	
HClO$_4$	1				
HF	6	100...1000	ja	Sedimente	[3]
HNO$_3$	0,25				
HCl	0,75				
HF	0,4	200...300	ja	biol. Substanzen	[4]
				Sedimente	
				Schwebstoffe	
HNO$_3$	10	500	nein	Sedimente	[5]
H$_2$O$_2$	3			Schwebstoffe	
				(biol. Substanzen)	
H$_2$SO$_4$	10	100...2000	nein	Hg in Sedimenten	[6]
HNO$_3$	5			Schwebstoffen	
HCl	2			(biol. Substanzen)	

Sollte das Wasser Trübstoffe enthalten, so ist eine Membranfiltration (0,45 µm) angezeigt. Die AAS mit dem Filtrat bezieht sich dann auf die Bestimmung der echt gelösten Elemente. Falls sowohl die gelösten als auch die an Trübstoffe gebundenen Elemente erfaßt werden sollen, muß nach der Filtration ein Säureaufschluß des Filterrückstands erfolgen (Tabelle 8.6).

Die im Filtrat und im Aufschluß gesondert bestimmten Elementkonzentrationen werden summiert (Gesamtmenge) oder einzeln angegeben (gelöste bzw. an Trübstoffe gebundene Elementmenge).

Zur Quecksilberbestimmung empfiehlt sich zur Probenahme nur die Verwendung von Glasflaschen; ferner ist es zweckmäßig, für die Bestimmung dieses Elements gesonderte Wasserproben mit Säure- und Kaliumdichromatstabilisierung (Spatelspitze) vorzusehen.

8.6.3.2 Bestimmung mit der Flammenatomisierung

Reagenzien:
Metall-Stammlösungen der Chemikalienfirmen (z. B. Titrisol der Fa. Merck) für alle unter Abschn. 8.7 aufgeführten Metalle. Es können von den Metallen auch entsprechende Stammlösungen durch Einwaagen geeigneter Verbindungen oder des Metalls selbst (z. B. Eisendraht, Fe p. a.) hergestellt werden.

Die Lösungen sollen einen Zusatz von 5 ml konz. Salpetersäure, HNO$_3$ selectipur ($D = 1,40$ g/ml) pro l enthalten. Alle weiteren Verdünnungen müssen mit konz. Salpetersäure, HNO$_3$ selectipur versetzt werden, daß der pH-Wert etwa bei 2 liegt.

konz. Salpetersäure, HNO$_3$ selectipur ($D = 1,40$ g/ml).

Kaliumlösung (Ionisationspuffer): 191 g Kaliumchlorid, KCl p. a., werden in 1 l destilliertem Wasser gelöst (Kaliumkonzentration 0,1 g/ml).

Lanthanlösung (Ionisationspuffer): 11,74 g Lanthanoxid, La$_2$O$_3$ p. a. (speziell für die AAS mit höchster Reinheit, z. B. Fa. Merck) werden unter Zusatz von 5 ml konz. Salpetersäure in 100 ml destilliertem Wasser gelöst (Lanthankonzentration 0,1 g/ml).

Brenngas: Luft/Acetylen, 2300 °C; Lachgas/Acetylen, 2800 °C;

Eichlösungen:
Aus den Metall-Stammlösungen werden durch entsprechende Verdünnung mit destilliertem Wasser 3 bis 5 Eichlösungen zu je 100 ml hergestellt. Jede 100-ml-Eichlösung soll ebenfalls den pH-Wert 2 aufweisen. Dabei ist zu beachten, daß sich die Metallkonzentrationen der Lösungen im annähernd linearen Bereich der jeweiligen Konzentrations-/Absorptionskurve befinden und daß die zu

erwartenden Metallmengen des Untersuchungswassers innerhalb des Eichbereichs liegen. Anderenfalls (z. B. bei zu niedriger Elementkonzentration) muß eine empfindlichere Methode gewählt werden, zumal bei der Flammenatomisierung stets ein deutlicher Grundrauschpegel auftritt.

Meßprinzip

Als Brenngas wird bei der Flammenatomisierung vorwiegend Acetylen benutzt, das in der Mischkammer des Brenners mit Preßluft zusammengeführt wird. Für spezielle Bestimmungen, bei denen eine höhere Flammentemperatur benötigt wird (z. B. Ba, Al, W), wird eine Mischung aus Acetylen und Lachgas verwendet. Durch einen in die Probe eintauchenden Silikon- oder Teflonschlauch wird kontinuierlich Untersuchungswasser angesaugt. — Es prallt auf einen Zerstäuber und wird hier in ein feines Aerosol zerteilt; dieses gelangt nach Vermischung mit dem Brenngas in den Brenner. In der Flamme erfolgt dann die Atomisierung.

Anreicherung

Geringe Elementkonzentrationen, die noch mit der Atomabsorptionsspektrometrie erfaßt werden sollen, lassen sich durch verschiedene Verfahren anreichern.
a) Die zu bestimmenden Schwermetalle werden mittels APDC (Ammoniumpyrrolidin-dithiocarbamat) in einem abgemessenen Volumen der wäßrigen Phase chelatisiert und können nachfolgend mit einem geringen, aber ebenfalls definierten Volumen MIBK (Methylisobutylketon) extrahiert werden. Der Vorteil dieser Methode liegt darin, daß APDC über einen weiten pH-Bereich mit den meisten Schwermetallen stabile Komplexe bildet und daß das Extraktionsmittel in der Flamme praktisch keine Interferenzerscheinungen verursacht. Genaue Verfahrensbeschreibungen sind der Spezialliteratur zu entnehmen [7-11].
b) Die Verwendung eines Ionenaustauschers, über den ein abgemessenes Volumen des Untersuchungswassers geleitet wird, bewirkt ebenfalls eine Anreicherung der Schwermetalle und zugleich eine weitgehende Abtrennung störender Matrix vom schwermetallhaltigen Eluat [12-15].
c) Das säurestabilisierte Untersuchungswasser kann auch in einem Rotationsverdampfer eingeengt werden, wobei ebenfalls auf definierte Volumina zu achten ist. Alle Glasgeräte müssen vor Benutzung säurespült werden. Für einige Elemente, bei denen erfahrungsgemäß eine Einschleppungsgefahr in den Laborien besteht (z. B. Zn, Hg), sollte dieses Verfahren nicht angewendet werden.

Allgemein ist anzuraten, bei zu geringer Elementkonzentration für die Flammen-AAS die Bestimmungsmethodik zu wechseln und die empfindlichere elektrothermische Atomisierung oder gegebenenfalls die Hydridtechnik zu benutzen.

Störungen

Obwohl die Elemente bei individuellen Wellenlängen absorbieren, sind doch verschiedene Störungsmöglichkeiten zu beachten. Hierzu gehören beispielsweise spektrale Interferenzen. Allerdings treten solche Interferenzen mit anderen Elementen meist auf den weniger empfindlichen Nebenresonanzlinien auf, die gegebenenfalls bei hohen Konzentrationen zur Messung benutzt werden müssen.

Ionisationsstörungen, die fast ausschließlich bei hohen Flammentemperaturen vorkom-

Tabelle 8.7. Ionisation einiger Elemente in einer Luft/Acetylen- und einer Lachgas/Acetylen-Flamme

Element	Konzentration µg/ml	Ionisation in %	
		Luft/Acetylen	Lachgas/Acetylen
Li	2	0	–
Rb	10	47	–
Be	2	–	0
Mg	1	0	6
Ca	5	3	43
Sr	5	13	84
Ba	30	–	88
Al	100	–	10

men (z. B. Lachgas-Acetylen-Flamme) sind speziell bei der Bestimmung von Alkali- und Erdalkalimetallen sowie bei den Seltenen Erden zu berücksichtigen (Tabelle 8.7). Sie wirken sich in einer mehr oder weniger starken Reduzierung der Empfindlichkeit aus. Elemente mit einem Ionisierungspotential unter 5,5 eV werden in dem vorgenannten Brenngasgemisch praktisch vollständig ionisiert. In solchen Fällen wird eine Ionisationspufferlösung (Kalium- oder Lanthanlösung) zugesetzt. Zu beachten ist aber, daß die Eichlösungen ebenfalls mit den entsprechenden Mengen der Ionisationspufferlösungen versetzt bzw. aufgestockt werden müssen. Die hauptsächliche Störmöglichkeit besteht auch bei der Trinkwasseruntersuchung in Matrixeffekten, die durch das nachfolgend skizzierte Additionsverfahren ausgeschaltet werden können.

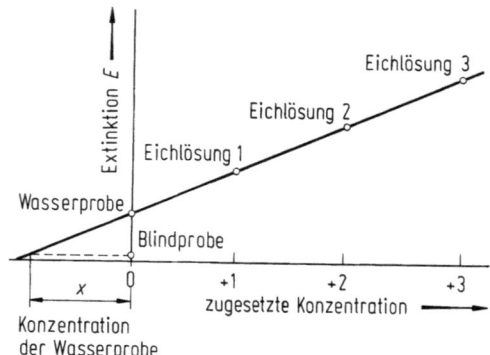

Abb. 8.4. Beispiel der graphischen Auswertung zur Konzentrationsermittlung mit dem Additionsverfahren

Additionsverfahren

Sind Elemente geringer Konzentration bei gleichzeitigem Vorhandensein von Elementen hoher Konzentration zu bestimmen, so muß mit Störungen gerechnet werden. Sie wirken sich in der Regel als Peakdepressionen aus. Man bezeichnet sie als Matrixeffekte. Derartige Störungen lassen sich größtenteils durch das sog. Additionsverfahren beheben. Bei diesem Verfahren werden abgestufte Massen des zu bestimmenden Elements gleichen Volumina der Probenlösung zugesetzt. Durch Extrapolation der gemessenen Extinktionen E gegen Null läßt sich die gesuchte Konzentration x im Untersuchungswasser ermitteln (Abb. 8.4).
Allgemein soll so verfahren werden, daß Elemente in einer unbekannten Probe, deren Zusammensetzung und Matrixeinflüsse nicht bekannt sind, zunächst einmal mittels des Additionsverfahrens bestimmt werden. Direkte Messungen gegen eine Eichgerade sind nur dann zulässig, wenn keine Störungen vorliegen.

8.6.3.3 Bestimmung mit der elektrothermischen Atomisierung

Reagenzien:
Metall-Stammlösungen nach Abschn. 8.6.3.2
Inertgas: Argon

Meßprinzip

Die Metallbestimmung erfolgt durch eine stufenweise thermische Behandlung des Untersuchungswassers in der Küvette. Im ersten Analysenschritt wird das Wasser bei ca. 110°C verdampft. Anschließend wird bei einer Temperatur, die etwa 1000°C unter der Atomisierungstemperatur liegt, die Veraschung vorgenommen.
Bei der Festlegung der Veraschungstemperatur ist eine eventuelle thermische Labilität des zu bestimmenden Elements zu berücksichtigen, weil sich bei zu hoch angesetzten Veraschungstemperaturen flüchtige Verbindungen des Elements mit anionischen Wasserinhaltsstoffen bilden können. Die in der Küvette befindliche Luft wird gemeinsam mit Trocknungs- und Veraschungs-Abfallprodukten (H_2O, CO_2) durch einen stetigen Argonstrom aus dem Küvettenraum ausgetrieben. Ohne zwischenzeitliche Temperaturerniedrigung wird nach der Veraschung sprunghaft auf die Atomisierungstemperatur aufgeheizt und die Messung vorgenommen. Im Anschluß an diese Atomisierung, die je nach Element ca. 2 bis 7 s dauert, wird die Küvette bei Temperaturen, die etwa 300 bis 500°C über der Atomisierungstemperatur liegen, zur Reinigung ausgeglüht. Als Probenvolumen werden meist 10 µl, höchstens je nach Gerät jedoch 50 µl mittels einer Mikroliterpipette in die Küvette eingespritzt.

8.6 Bestimmung der Metalle durch Atomabsorptionsspektrometrie (AAS)

Die Erstellung der Eichgeraden mit 3 bis 5 Meßpunkten wird prinzipiell wie bei der Flammenatomisierung vorgenommen; allerdings sind die Konzentrationsbereiche des Verfahrens mit der Graphitrohrküvette für die einzelnen Elemente unter Berücksichtigung einer annähernden Linearität der Eichgeraden zu beachten.

Anreicherung und Störungen

Störungen, die bei dieser Methode auftreten, bestehen vorwiegend in Matrixeffekten (z. B. erhöhte Mineralstoffgehalte). Sie können z. B. durch die Verfahrensweisen der Extraktion nach Abschn. 8.6.3.2 (Anreicherung) ausgeschaltet werden. Auch das Additionsverfahren nach Abschn. 8.6.3.2 ist anwendbar, indem zusätzlich zum Probenvolumen eine entsprechende Menge Eichlösung in die Küvette eingespritzt wird. Verschiedentlich wird eine Konzentrierung und Matrixentfernung mittels Ionenaustauscher empfohlen. Hierbei ist aber zu bedenken, daß möglicherweise die Elution nicht vollständig verläuft oder der Ionenaustauscher selbst Metallspuren enthalten kann. Für dieses Verfahren ist die Spezialliteratur heranzuziehen [12-15]. Ferner ist es zur Verbesserung der Verfahrensempfindlichkeit möglich, mehrfach Untersuchungswasser in die Küvette einzuspritzen, dieses jeweils zu trocknen und die derart konzentrierte Probe weiter zu behandeln. Neuerdings wird verschiedentlich auch die Anwendung des sog. Gasstops während der Atomisierungsphase empfohlen. Hierdurch soll vermieden werden, daß durch den fließenden Inertgasstrom während des Meßvorganges die Atome teilweise aus der Graphitrohrküvette ausgetrieben werden. Erfahrungsgemäß kann mit der elektrothermischen Atomisierung bei Trinkwasseruntersuchungen ohne Anreicherung ermittelt werden, ob die betreffenden Metalle die Grenzwerte der Trinkwasser-VO überschreiten oder nicht.

8.6.3.4 Bestimmung mit dem Hydridverfahren

Die Hydridmethode wird in der Wasseruntersuchung vorrangig zur Bestimmung von Arsen und Selen verwendet. Die nachfolgenden Hinweise berücksichtigen daher besonders die Ermittlung dieser Elemente. Das Hydridverfahren ist durch die Abtrennung des zu bestimmenden Elements von der Probenmatrix praktisch störungsfrei. Nur einzelne Metalle (z. B. Nickel, Kobalt oder Kupfer) als Bestandteile der Probenmatrix können in höheren Konzentrationen (über 1 mg/l) die Hydridbildung erschweren [16]. Mit derartigen Vorkommen ist aber bei Trinkwasseruntersuchungen kaum zu rechnen.

Arsen(V) muß vor der Bestimmung mit KI-Lösung zu Arsen(III) reduziert werden. Obwohl im Trinkwasser in der Regel nur Selen(IV) vorkommt, besteht in seltenen Fällen die Möglichkeit, daß Selenid und/oder elementares Selen vorliegen. Deshalb empfiehlt sich zur Sicherheit ein Aufschluß, durch den allerdings das gesamte Selen in Selenat überführt wird. Infolgedessen ist anschließend eine Reduktion mit heißer Salzsäure notwendig, um Selenit zu erhalten, das dann im Hydridverfahren erfaßt wird.

Geräte:
Einrichtung für den UV-Aufschluß (s. Abb. 8.5 bei der Quecksilberbestimmung): UV-Reaktor, bestehend aus Glaszylinder mit Schliff, Hg-Niederdrucklampe mit Quarzhülse und Stromversorgung. Magnetrührer.

Einrichtung für das Hydridverfahren, bestehend aus einem Reaktor mit Magnetrührer, einer Schlauchquetschdosierpumpe und einer heizbaren Quarzküvette; diese Geräte werden von den einschlägigen Firmen als Zusatz für das Hydridverfahren geliefert.

Reagenzien:
Metall-Stammlösung nach Abschn. 8.6.3.2 und Abschn. 8.6.3.1

Natriumborhydrid-Lösung zur Hydridbildung bei der Arsenbestimmung. 10 g Natriumhydroxidplätzchen, NaOH p. a. werden in einem 1-l-Meßkolben mit ca. 500 ml destilliertem Wasser aufgelöst. Nach Abkühlen werden 10 g Natriumborhydrid, $NaBH_4$ p. a. zugegeben; anschließend wird die Lösung mit destilliertem Wasser aufgefüllt.

Natriumborhydroxid-Lösung zur Hydridbildung bei der Selenbestimmung. Die Herstellung erfolgt im Prinzip wie vorstehend beschrieben, jedoch soll die Lösung 30 g Natriumborhydrid, $NaBH_4$ p. a. enthalten.

Kaliumiodidlösung zur Arsenatreduktion. 15 g Kali-

umiodid, KI p.a. werden in 100 ml destilliertem Wasser gelöst.
Konz. Salzsäure, HCl selectipur ($D = 1,19$ g/ml)
Inertgas: Argon

Probenvorbehandlung

Ein abgemessenes Volumen der Probe (vgl. Arbeitsvorschrift) wird *ohne* HCl-Zugabe in den UV-Reaktor gefüllt und mit einem Magnetrührstäbchen versehen. Dann wird die Quarzhülse mit der Hg-Lampe eingeführt und der Reaktor in ein auf dem Magnetrührer stehendes 500-ml-Becherglas gestellt (mit Stativ befestigen). In das Becherglas werden Eisstücke mit Wasser gegeben, um die vom Strahler entwickelte Wärme zu kompensieren. Nach Einschalten der Lampe und des Rührers wird 15 bis 30 min lang bestrahlt. Danach wird der Quarzmantel mit der Lampe vorsichtig unter Abspülen mit wenig destilliertem Wasser entfernt, die Probe in ein Hydridreaktionsglas überführt und der Reaktor mit einem Teil der dem Probevolumen entsprechenden Menge HCl (vgl. Arbeitsvorschrift) ausgespült. Der Rest der HCl wird direkt in die Probe gegeben.
Da das bei der UV-Reaktion entstandene Se(VI) mit der Hydridmethode nicht erfaßt wird, ist eine Reaktion zu Se(IV) nötig. Dazu wird die stark salzsaure Probenlösung im Hydridreaktionsglas etwa 5 bis 10 min auf 85 °C unter Rühren erwärmt (Abdecken mit Uhrglas). Das nun insgesamt vierwertig vorliegende Selen wird nach dem Abkühlen in einem Wasserbad der Hydridanalyse unterzogen.
Bei der Arsenbestimmung wird zur Reduktion von As(V) zu As(III) vor der Hydridbildung 1 ml KI-Lösung zugesetzt und bei Raumtemperatur 15 min gerührt. Hier ist die nach der Arbeitsvorschrift vorgesehene Salzsäuremenge bereits enthalten.

Arbeitsvorschrift

Die Einrichtung für das Hydridverfahren ist in Abb. 8.3 dargestellt.
Der mit Salzsäure (s. Abschn. 8.6.3.1) stabilisierten Wasserprobe werden 30 bis 100 ml entnommen und mit weiterer Salzsäure versetzt.

Tabelle 8.8. Säurezugabe für Arsenbestimmung

Probevolumen ml	Zugabe von HCl ($D = 1,19$ g/ml) ml
30	15
50	25
100	50

Tabelle 8.9. Säurezugabe für Selenbestimmung

Probevolumen ml	Zugabe von HCl ($D = 1,19$ g/ml) ml
30	40
50	70
100	140

Bei der Arsenbestimmung soll die Konzentration an Salzsäure im Untersuchungswasser etwa 4 mol/l betragen (Tabelle 8.8).
Bei der Selenbestimmung soll die Konzentration an Salzsäure im Untersuchungswasser etwa 7 mol/l betragen (Tabelle 8.9).
Nach der Probenvorbereitung werden in das Reaktionsgefäß im allgemeinen 30 bis 50 ml der salzsauren Wasserprobe gegeben. Bei höheren Gehalten an Arsen oder Selen wird ein kleineres Probevolumen abgemessen und mit destilliertem Wasser auf 30 bis 50 ml ergänzt.
Nach Verschließen des Reaktionsgefäßes wird Argon durchgeleitet. Beim Durchleiten registriert der Schreiber eine Absorption (sog. Gaspeak). Nach dessen Abklingen wird über die Schlauchquetschdosierpumpe kontinuierlich NaBH$_4$-Lösung zugegeben. Nach der experimentell bestimmten oder vom Hersteller des Hydridgeräts empfohlenen Reaktionszeit wird das sich bildende Hydrid mit dem Gasstrom in die Meßzelle gespült und dort thermisch wiederum in die Elemente zerlegt. Die Auswertung des Schreibersignals erfolgt in der Regel peakhöhenproportional; in modernen Geräten werden Anzeige und Auswertung von einem Mikrocomputer vorgenommen [17].
Die Kalibrierung erfolgt in üblicher Form mit 3 bis 5 Eichlösungen, um genügend Meßwerte für die Eichgerade zu erhalten. Dabei ist besonders auf die Linearität der

Eichfunktion zu achten, die sich meist nur in einem relativ engen Konzentrationsbereich erzielen läßt.

8.6.3.5 Quecksilberbestimmung mit dem Kaltdampfverfahren

Geräte:
15 cm lange Glasküvette mit Quarzfenstern im Strahlengang;
Schlauchquetschpumpe;
Waschflasche mit Glasfritte als Reduktionsgefäß; das Flaschenvolumen ist wahlweise auf den zu erwartenden Quecksilbergehalt auszurichten und soll zwischen 100 ml (50 ml Probe) und 250 ml (200 ml Probe) betragen (Abb. 8.5).

Reagenzien:

Zinn(II)chlorid-Lösung. 100 g Zinn(II)chlorid, $SnCl_2$ p.a. werden unter portionsweisem Zusatz von 30 ml konz. Schwefelsäure, H_2SO_4 selectipur ($D = 1,84$ g/ml) und destilliertem Wasser in einem Gesamtvolumen von 1 l gelöst (speziell für diesen Analysenzweck qualifiziertes Zinn(II)chlorid mit einem extrem niedrigen Quecksilbergehalt von 10^{-6}%, z.B. Fa. Merck). Die Lösung bleibt im allgemeinen einige Tage bei Aufbewahrung im Dunkeln klar; bei Auftreten von Trübungen ist sie neu anzusetzen.

Kaliumpermanganat-Lösung. 25 g Kaliumpermanganat, $KMnO_4$ p.a. werden unter portionsweisem Zusatz von destilliertem Wasser und 10 ml konz. Schwefelsäure, H_2SO_4 selectipur ($D = 1,84$ g/ml) in einem Gesamtvolumen von 500 ml gelöst. Die Lösung ist mindestens ein halbes Jahr verwendbar.

Hydroxylammoniumchlorid-Lösung. 20 g Hydroxylammoniumchlorid, $HONH_3Cl$ p.a., werden in 1 l destilliertem Wasser gelöst und in einer Polyolefinflasche mit einem 25-ml-Bürettenaufsatz aufbewahrt.

Verd. Schwefelsäure. 500 ml konz. Schwefelsäure, H_2SO_4 selectipur ($D = 1,84$ g/ml) werden mit destilliertem Wasser auf 1 l verdünnt.

Quecksilberstammlösung. Lösungen der Chemikalienfirmen (z.B. Titrisol der Fa. Merck), Zugabe von 5 ml Salpetersäure, HNO_3 selectipur ($D = 1,40$ g/ml) auf 1 l (1000 mg/l Hg) oder Lösen von 1,08 g Quecksilberoxid, HgO p.a. in 1 l Salpetersäure, HNO_3 (0,1 mol/l); (1000 mg/l Hg).

Quecksilberstandardlösung. Aus der Quecksilberstammlösung werden 100 µl mit einer Mikroliterpipette entnommen und in einen 100-ml-Meßkolben überführt. Nach Zugabe von 3 ml konz. Salpetersäure, HNO_3 selectipur ($D = 1,40$ g/ml) wird mit destilliertem Wasser aufgefüllt. Die Konzentration beträgt 100 µg Hg in 100 ml bzw. 1 µg/ml. Diese Lösung ist alle 3 bis 4 Wochen neu herzustellen.

Quecksilbereichlösung. Der Quecksilberstandardlösung wird 1 ml mittels einer Mikroliterpipette entnommen und in einen 100-ml-Meßkolben überführt. Nach Zugabe von 3 ml konz. Salpetersäure, HNO_3 selectipur ($D = 1,40$ g/ml) wird mit destilliertem Wasser aufgefüllt. Die Konzentration beträgt 10 ng Hg in 1 ml; die Lösung ist täglich neu herzustellen. Der Eichlösung werden 5, 10, 15 und 20 ml entnommen und zur Analyse verwendet. Mit diesen Lösungen ergibt sich im Konzentrations-Meßsignaldiagramm in den meisten Fällen eine exakt lineare Eichgerade zwischen 50 und 200 ng. Das destillierte Wasser ist vor Gebrauch stets auf eine mögliche Hg-Konzentration zu prüfen.

Inertgas. Stickstoff

Arbeitsvorschrift

In dem Reaktionsgefäß (100 bis 250 ml Volumen) wird ein abgemessenes Volumen des Untersuchungswassers derart vorgelegt, daß zwischen Wasserspiegel und Gefäßverschluß

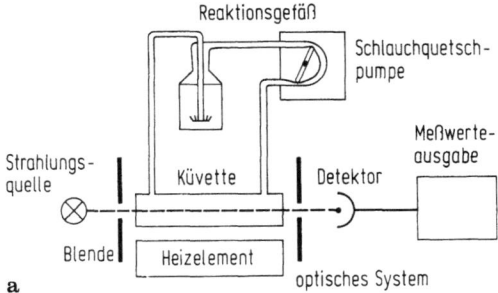

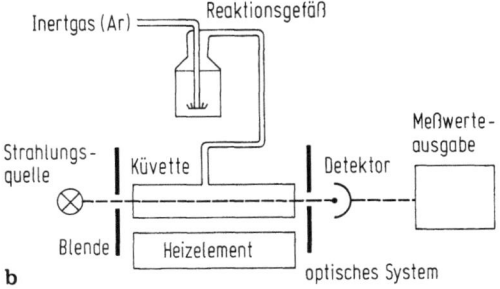

Abb. 8.5. Quecksilberbestimmung nach der Kaltdampfmethode. **a** Kreislaufsystem; **b** Trägergassystem

noch ca. 50 ml freies Volumen verbleiben. Nach Ansäuern mit 4 ml verd. Schwefelsäure werden 2 bis 3 Tropfen Permanganatlösung zugesetzt, um evtl. vorhandene leichtflüchtige organische Substanzen im Untersuchungswasser zu oxidieren, die im Bereich der Quecksilberresonanzlinie ebenfalls absorbieren können. Nach ca. 5 min Reaktionszeit wird das überschüssige Permanganat durch Zutropfen von 2 ml Hydroxylammoniumchloridlösung reduziert (vollständige Entfärbung abwarten). Rasch werden nunmehr 5 ml Zinn(II)lösung zur Reduktion des inogenen Quecksilbers zupipettiert; unmittelbar danach wird das Reaktionsgefäß mit dem Glasfritteneinsatz verschlossen.

Zur eigentlichen Messung bestehen zwei Möglichkeiten der Ausgasung, nämlich das Kreislaufsystem (Abb. 8.5 a) und das Trägergassystem (Abb. 8.5 b). Beim Kreislaufsystem wird durch Einschalten der Schlauchquetschpumpe das elementare Quecksilber ausgegast und in die Küvette überführt, wobei sich nach kurzer Zeit eine Gleichgewichtsverteilung der Atome im Meßsystem (Reaktionsgefäß, Küvette, Verbindungsschläuche) einstellt. Diese Einstellung läßt sich auf einem Schreiber erkennen, wenn keine weitere Peakerhöhung auftritt und ein stationärer Zustand der Aufzeichnung erreicht ist. Die Meßmethode mit dem Trägergassystem besteht darin, daß nach Verschließen des Reaktionsgefäßes mit dem Glasfritteneinsatz die Inertgaszufuhr geöffnet und mit dem Gasstrom das Quecksilber in die Meßzelle überführt wird. Man erhält in diesem Falle keine stationäre Gleichverteilung, sondern ein stoßartiges Meßsignal, das nach Erreichen des Peakmaximums schnell wieder abklingt.

Zur Kalibrierung werden in gleicher Weise die oben angegebenen Volumina der Quecksilbereichlösung behandelt, die vor Reagenzienzugabe mit destilliertem Wasser auf das Volumen des Untersuchungswassers ergänzt werden müssen. Vom destillierten Wasser ist ein Blindwert zu erstellen [18].

Anmerkungen

Es ist sorgfältig darauf zu achten, daß der freie Raum über dem Flüssigkeitsspiegel in dem Reaktionsgefäß nicht zu groß ist (weit über 50 ml Volumen), weil dann der Hauptanteil der Quecksilberatome im Reaktionsgefäß verbleiben kann und nicht in die Küvette gelangt. Andererseits werden bei zu weitgehender Auffüllung des Reaktionsgefäßes durch evtl. Aufschäumen der Probe mit der Gaseinleitung auch Flüssigkeitströpfchen in die Meßküvette gespült und Fehlbestimmungen verursacht. Deshalb soll ein Heizelement (z. B. eine Glühlampe) über der Küvette für ihre mäßige Erwärmung sorgen und einen Beschlag mit Wasserdampf verhindern. Zwischen den einzelnen Messungen wird die Glasfritte zur Reinigung des Meßsystems bei laufender Pumpe in die schwefelsaure Permanganatlösung eingetaucht; über Nacht bzw. bei längerer Nichtbenutzung des Systems wird die Fritte in dieser Lösung ohne Gasumwälzung aufbewahrt.

8.6.3.6 Differenzierung zwischen anorganischem und organisch gebundenem Quecksilber

Da sich metallorganisch gebundenes Quecksilber in der Regel der Bestimmung nach Abschn. 8.6.3.5 entzieht, muß eine summarische Differenzierung zwischen anorganischen und metallorganischem Quecksilber durch die Anwendung von Aufschlußmethoden erfolgen. Sie führen das organisch gebundene Quecksilber in anorganisches über, das dann zusammen mit dem ursprünglich vorhandenem anorganischen Quecksilber nach Abschn. 8.6.3.5 als Gesamtquecksilber bestimmt werden kann.

Als Aufschlußmethoden sind Reaktionen mit Permanganatpersulfat bei 95 °C oder mit Brom üblich. Eine Methode mit besonders geringen Blindwerten stellt die Mineralisation durch UV-Strahlen im geschlossenen System dar, die anschließend beschrieben wird.

Geräte:
Aufschlußapparatur (Abb. 8.6), bestehend aus einem Schliffzylinder (ca. 300 ml Fassungsvermögen) und einer mit passendem Schliff versehenen UV-Tauchlampe, einzusetzen in ein Becherglas (5 l Fassungsvermögen als Eisbad); Magnetrührer; UV-undurchlässige Abschirmung zur Arbeits-

8.6 Bestimmung der Metalle durch Atomabsorptionsspektrometrie (AAS)

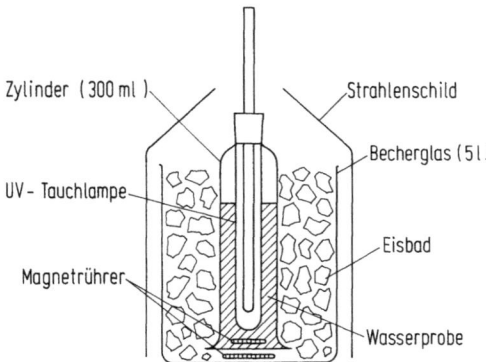

Abb. 8.6. Apparatur für den UV-Aufschluß zur Bestimmung von organisch gebundenem Quecksilber

platzsicherheit (z. B. Strahlenschild aus Aluminiumfolie). Als UV-Strahlenquelle eignen sich UV-Niederdrucktauchlampen (λ_{max} 254 nm) oder UV-Hochdruckbrenner für den Laboratoriumsgebrauch. Nur bei Hochdruckbrennern ist das Eisbad notwendig; bei Niederdrucktauchlampen ist die Wärmeentwicklung so gering, daß auf eine Kühlung verzichtet werden kann.
Die zusammengesetzte Apparatur soll mindestens 100 ml Untersuchungswasser im Schliffzylinder beinhalten können.

Reagenzien:

Kaliumdichromatlösung. 4 g $K_2Cr_2O_7$ p. a. werden in 500 ml destilliertem Wasser gelöst und vorsichtig mit 500 ml Schwefelsäure, H_2SO_4 selectipur ($D = 1,84$ g/ml) versetzt.

Arbeitsvorschrift

Nach Einfüllen von 100 ml Untersuchungswasser werden 5 ml Kaliumdichromatlösung zugesetzt. Unter magnetischem Rühren wird die Probe 20 min lang bestrahlt. Anschließend werden zur aufgeschlossenen Probe direkt im Reaktionsgefäß oder nach Überführung in ein Reduktionsgefäß (Waschflasche gemäß Abschn. 8.6.3.5) rasch 5 ml Sn(II)lösung zugegeben. Der weitere Meßvorgang erfolgt dann nach der Vorschrift in Abschn. 8.6.3.5.

Berechnung

Die ohne Aufschluß nach Abschn. 8.6.3.5 bestimmte Quecksilberkonzentration entspricht dem *anorganischen* Quecksilber, während sich die nach Aufschluß ermittelte Konzentration auf das *Gesamtquecksilber* bezieht. Die Differenz zwischen Gesamtquecksilber und anorganischem Quecksilber ist dann die Konzentration an metallorganisch gebundenem Quecksilber. Entsprechende Blindwerte sind gesondert zu bestimmen.

8.6.4 Auswertung, Fehlergrenzen und Angabe der Meßwerte

Auswertung

Moderne AAS-Geräte besitzen eine digitale Meßwertausgabe über Leuchtanzeige oder Drucker; trotzdem ist dringend anzuraten, den Analysenablauf mit einem Schreiber aufzuzeichnen. Eine derartige Aufzeichnung stellt die einzige zuverlässige Möglichkeit dar, den Analysengang in seinen Einzelheiten zu registrieren. Sie gibt z. B. Auskunft über die Signalhöhe, über Nulliniendriften, über Schwankungen oder sonstige Änderungen der Grundlinie und des Signals. Auch das Signal/Rausch-Verhältnis, eventuelle Verschleppungen oder sonstige Effekte lassen sich aus der Aufzeichnung erkennen. Besonders wichtig ist die Schreiberverwendung bei Verfahren, die rasche und zeitabhängige Signale liefern (z. B. elektrothermische Atomisierung oder Hydridtechnik). Unerläßlich ist der Schreiber bei der Ausarbeitung einer Analysenmethode, um z. B. die während der thermischen Probenvorbehandlung auftretenden Signale oder das Absorptionssignal selbst kennenzulernen.
Im allgemeinen wird die Auswertung der Messungen bei den Verfahren der AAS mit Hilfe der absorptionsproportionalen Peakhöhe vorgenommen, sei es im geräteinternen Mikrocomputer oder durch Peakvermessung auf der Schreiber-Registrierung. Im Rechner wird dabei meist über eine geräteeigene Absorptionshöhenkorrelation und die entsprechende Eichkonzentration die Eichgerade erstellt, aus der dann durch Vergleich der „Probenabsorptionshöhe" mit der Standardisierung der jeweilige Elementgehalt resultiert. Bei Auswertung über eine Schreiberaufzeichnung wird die Peakhöhe in cm (auf

0,05 cm genau) gegen die entsprechende Eichkonzentration aufgetragen und durch Vergleich mit den ebenso vermessenen Probenpeakhöhen der Metallgehalt ermittelt [19].

Fehlergrenzen

Als günstigster Meßbereich für AAS-Untersuchungen haben sich Extinktionen von etwa 0,05 bis 0,80 erwiesen. Niedrigere Extinktionen sind unzuverlässig, da in Abhängigkeit von der Empfindlichkeitseinstellung des Geräts (Spreizung) das Grundrauschen eine deutliche Meßwertunsicherheit verursacht; bei Extinktionen über 0,80 ist die Gültigkeit des Lambert-Beerschen Gesetzes in den meisten Fällen nicht mehr gewährleistet.

Bei den Fehlergrenzen der AAS muß zwischen den vier beschriebenen Atomisierungsverfahren unterschieden werden. Die relativen Standardabweichungen sind in erster Linie von den Konzentrationen der Metalle abhängig, aber auch die Art des zu bestimmenden Elements besitzt einen deutlichen Einfluß. Eine untergeordnete, aber nicht zu vernachlässigende Größe stellt schließlich noch die umgebende Probenmatrix dar.

Mit der Flammenatomisierung werden im allgemeinen bei Trinkwasseruntersuchungen Bestimmungen im Mikrogrammbereich (ca. 100 bis 1000 µg/l) vorgenommen. Die relative Standardabweichung für alle bestimmbaren Metalle läßt sich mit ±1 bis ±5 % angeben.

Bei der elektrothermischen Atomisierung sind die relativen Standardabweichungen stark element- und konzentrationsabhängig. Für den im Rahmen der Trinkwasseruntersuchungen in Frage kommenden unteren µg/l- bzw. den gesamten ng/l-Bereich (ca. 50 ng/l bis 100 µg/l) ist allgemein mit Werten von ±5 bis ±10 % zu rechnen. Allerdings können mit Annäherung an die Nachweisgrenze erhebliche Verschlechterungen auftreten (z. B. bei Blei ±20 %). In anderen Fällen ist jedoch auch in diesem Konzentrationsbereich eine weitaus bessere Genauigkeit gegeben (z. B. bei Cadmium ±5 %).

Auch die relative Standardabweichung bei der Hydridmethode ist stark konzentrationsabhängig. Bei Elementgehalten zwischen 50 bis 200 µg/l besteht mit Werten von ±3 bis ±5 % eine sehr gute Reproduzierbarkeit, während im ng-Bereich bis etwa 100 ng/l als untere Grenze die Standardabweichung bereits ±10 % und mehr betragen kann.

Demgegenüber zeigt das Kaltdampfverfahren eine sehr gute Reproduzierbarkeit. Bei den üblichen Messungen im unteren ng-Bereich (ca. 10 bis 300 ng absolut) treten z. B. bei einer Absolutmenge von 200 ng relative Standardabweichungen zwischen ±3 bis ±5 % auf, während bei einer Absolutmenge von 50 ng und weniger Abweichungen zwischen ±5 bis ±10 % zu erwarten sind.

Angabe der Meßwerte

Die erhaltenen Meßwerte sollen in der Regel gerundet angegeben werden, z. B. 2 oder 11 µg/l; bei niedrigeren Konzentrationen im ng-Bereich (z. B. bei Cadmium und Quecksilber) ist die Angabe auf 0,01 µg/l zu beschränken.

8.6.5 Spezielle Angaben für die einzelnen Elemente und Beurteilungshinweise

Bei der Trinkwasseruntersuchung wird in erster Linie zu prüfen sein, ob die Konzentration bestimmter Elemente die festgelegten oder vorgeschlagenen Grenz- und Richtwerte in Vorschriften, Richtlinien und Empfehlungen unter- oder überschreiten. Gleiches gilt für die Wirksamkeit einzelner Aufbereitungsstufen zur Verminderung bzw. Eliminierung der Elemente. Verschiedentlich wird aber auch generell das Vorkommen verschiedener Elemente in relevanten Konzentrationen im Trinkwasser zu ermitteln sein.

Zur Arbeitserleichterung enthält Tabelle 8.10 Konzentrationsangaben für die Atomisierung der Elemente in einer Gegenüberstellung der Flammenatomisierung und der elektrothermischen Atomisierung, auch im Hinblick auf die Grenz- und Richtwerte. Es handelt sich um Erfahrungsdaten aus dem Institut des Verfassers, da Angaben der

Tabelle 8.10. Untere Grenzen der Arbeitskonzentrationen für die AAS bei der Trinkwasseruntersuchung. Die Angaben beziehen sich auf ein Atomabsorptionsspektrometer SP 9 der Fa. Philips (Gerätestand Ende 1984)

Nr.	Element	Flammen-atomisierung µg/l	Elektrothermische Atomisierung µg/l	Richtwerte (R) und Grenzwerte (G) der EG-Trinkwasserrichtlinie	
				µg/l	µg/l
1	Aluminium	1000	0,5	50 (R)	200 (G)
2	Antimon	300	1,0	–	10 (G)
3	Arsen	–	0,1[a]	–	50 (G)
4	Barium	500	0,5	100 (R)	–
5	Beryllium	20	0,01	–	–
6	Blei	200	0,5	–	50 (G)
7	Bor			1000 (R)	–
8	Cadmium	25	0,05	–	5 (G)
9	Calcium	25	0,01	100 mg/l (R)	–
10	Chrom	100	0,25	–	50 (G)
11	Cobalt	100	0,5	–	–
12	Eisen	50	0,25	50 (R)	200 (G)
13	Germanium	1000	2	–	–
14	Kupfer	50	0,5	100...3000 (R)	–
15	Lithium	20	0,5	–	–
16	Magnesium	20	0,005	30 mg/l (R)	50 mg/l (G)
17	Mangan	50	0,1	20 (R)	50 (G)
18	Molybdän	150	1,0	–	–
19	Nickel	50	1,0	–	50 (G)
20	Quecksilber	–	0,05[b]	–	1 (G)
21	Rubidium	100	0,5	–	–
22	Selen	–	0,1[a]	–	10 (G)
23	Silber	50	0,2	–	10...80 (G)
24	Strontium	10	0,5	–	–
25	Thallium	200	0,5	–	–
26	Uran	–	–	–	–
27	Vanadium	500	0,5	–	–
28	Wolfram	10000	–	–	–
29	Zink	25	0,1	100...5000	
30	Zinn	1000	0,5	–	–

[a] Hydridmethode
[b] Kaltdampfverfahren

Gerätehersteller über Empfindlichkeit, Nachweisgrenzen etc. auf optimale Analysenbedingungen ausgerichtet und nicht ohne weiteres auch für die Praxis der Wasseruntersuchung zutreffend sind.

In Abschn. 8.7 werden in alphabetischer Aufzählung der Elemente wissenswerte Einzelangaben zu ihrer AAS gemacht, denen Hinweise zur Beurteilung des jeweiligen Vorkommens folgen.

Auf Störungen der AAS wird bei den einzelnen Elementen nur dann hingewiesen, wenn aus der Erfahrung der Trinkwasseruntersuchung wesentliche Störmöglichkeiten bekannt sind. Störungen durch Matrixeffekte etc. und die Wahl des Additionsverfahrens wurden bereits in den Abschn. 8.6.2 und 8.6.3 beschrieben. In bestimmten Einzelfällen muß durch Voruntersuchungen die geeignetste Methodik ermittelt werden.

Es empfiehlt sich, die mit der AAS ermittelten Elemente und deren meist geringe Konzentrationen in einer gesonderten Aufstellung innerhalb des Analysenberichts zusammenzufassen. Wenn nur einzelne Elemente mit der AAS bestimmt wurden (z. B. Prüfung einer Grenzwertüberschreitung), können diese auch in die Analysentabelle der allgemeinen Zusammensetzung des Wassers eingefügt werden.

8.6.6. Literatur

Allgemeine Literatur zur AAS

1 Welz, B.: Atom-Absorptions-Spektroskopie. 3. Aufl. Weinheim: Verlag Chemie 1983
2 Price, W.J.: Spectrochemical analysis by atomic absorption. London: Heyden 1979
3 Fuller, C.W.: Elektrothermal atomization for atomic absorption. London: Chemical Spectrometry Society 1977
4 Burell, D.C.: Atomic spectrometric analysis of heavy metal pollutants in water. Ann Arbor Science Publishers 1974
5 Wilson, A.L.: The chemical analysis of water analytical science. Monograph No. 2; London: Analytical Division of the Chemical Society 1974

Spezielle Literatur

1 DIN 38 414 Teil 7: Deutsche Einheitsverfahren zur Wasser-, Abwasser- und Schlamm-Untersuchung, Schlamm und Sedimente (Gruppe S), Aufschluß mit Königswasser zur nachfolgenden Bestimmung des säurelöslichen Anteils von Metallen (Januar 1983). Berlin: Beuth
2 Agemian, H.; Chau, A.S.Y.: An atomic absorption method for the determination of 20 elements in lake sediments after acid digestion, Anal. Chim. Acta 80 (1975) 61-66
3 Rantala, R.T.T.; Loring, D.H.: Multi element analysis of silicate rocks and marine sediments by atomic absorption spectrophotometry. At. Absorpt. Newsl. 14 (1975) 117-120
4 Kotz, L. et.al.: Aufschluß biologischer Matrices für die Bestimmung sehr wichtiger Spurenelementgehalte, Z. Anal. Chem. 260 (1972) 207-209
5 Krishnamurty, K.V.; Shpirt, E.; Reddy, M.M.: Trace element extraction of soils and sediments by nitric acid-hydrogen peroxide. At. Absorpt. Newsl. 15 (1976) 68-70
6 Agemian, M.; Chau, A.S.Y.: An improved digestion method for the extraction of mercury from environmental samples. Analyst 101 (1976) 91-95
7 DIN 38 406 Teil 21: Deutsche Einheitsverfahren zur Wasser-, Abwasser- und Schlamm-Untersuchung. (Gruppe E), Bestimmung von neun Schwermetallen nach Anreicherung durch Extraktion (September 1980). Berlin: Beuth
8 Brooks, R.R.; Presley, B.J.; Kaplan, I.R.: APDC-MIBK-extraction systems for the determination of trace elements in saline waters by atomic absorption spectrophotometry. Talanta 14 (1967) 809-816
9 Boyle, E.A.; Edmond, J.M.: Determination of copper, nickel and cadmium in seawater by APDC. Chelate coprecipitation and flameless atomic absorption spectrometry. Anal. Chim. Acta 91 (1977) 189-197
10 Kingston, H.M.; Barnes, J.L.; Brady., T.J.; Rains, T.C.: Seperation of eight transition elements from alkali and earth elements in estuarine and seawater with chelating resin and their determination by graphit furnace atomic absorption spectrometry. Anal. Chem. 50 (1978) 2064-2070
11 Bore, K.M.; Hibbert, W.D.: Solvent extraction with ammonium pyrolidinedithiocarbamate and 2,6-dimethyl-4-heptanone for the determination of trace metals in effluents and atomic waters. Anal. Chim. Acta 107 (1979) 219-229
12 Brutand, K.W. et.al.: Sampling and analytical methods for the determination of copper, cadmium, zinc and nickel at the nanogram per liter level in seawater. Anal. Chim. Acta 105 (1949) 233-245
13 Slovak, Z.: Direct sampling of ion-exchanger suspension for atomic absorption spectrometry with electrothermal atomization. Anal. Chim. Acta 110 (1979) 301-306
14 Sturgern, R.E.; Berman, S.S.; Dusaulniers, H.J.A.; Mykytink, A.P.; Melaren, J.W.; Russell, D.S.: Comparison of methods for the determination of trace elements in seawater. Anal. Chem. 52 (1980) 1585-1588
15 Burba, P.; Widmer, P.G.: Atomabsorptionsspektrometrische Bestimmung von Schwermetallspuren in Wässern nach Multielementanreicherung an Cellulose Hyphan. Vom Wasser 58 (1982) 43-58
16 Welz, B.; Melcher, M.: Versuche zur Bestimmung von Selen im Abwasser mit Hydrid-AAS-Technik. Vom Wasser 62 (1984) 137-148
17 DIN 38 405 Teil 23: Deutsche Einheitsverfahren zur Wasser-, Abwasser- und Schlamm-Untersuchung. Bestimmung von Selen mittels Atomabsorptionsspektrometrie (Entwurf Januar 1986). Berlin: Beuth
18 Böhnke, M.: Analytische Bestimmung von

Quecksilber in Wasser, Abwasser und Feststoffen. Chemie Labor Betr. 37 (1986) 619-624

19 ISO 8288: Water Quality — determination of cobalt, nickel, copper, zinc, cadmium and lead — flame atomic absorption spectrometric methods (März 1986). Genf

8.7 Einzelangaben zur Bestimmung von Elementen mit AAS

8.7.1 Bestimmung von Aluminium

In natürlichen Wässern treten im allgemeinen nur sehr geringe Aluminiumkonzentrationen auf, da aluminiumhaltige Gesteine weitgehend wasserunlöslich sind; dennoch ist die Bestimmung notwendig, weil Aluminium nach heutigen Erkenntnissen bei Nierenerkrankungen eine Rolle spielt. Trinkwasser kann nach der Aufbereitung mit aluminiumhaltigen Flockungsmitteln merkliche Gehalte aufweisen [1].

8.7.1.1 Bestimmung mit AAS

Stammlösung [2].
a) Al-Lösungen der Chemikalienfirmen, Zugabe von 5 ml Salpetersäure ($D = 1,40$ g/ml) auf 1 l.
b) Lösen von 1,000 g Aluminium in 20 ml Salzsäure ($D = 1,19$ g/ml), Zugabe von 5 ml Salpetersäure ($D = 1,40$ g/ml), mit destilliertem Wasser auf 1 l auffüllen.
Hauptresonanzlinie: 309,3 nm.
Alternativlinie:
396,1 nm (1,2mal unempfindlicher).
Flammenatomisierung: Lachgas/Acetylen.
Atomisierung in der Graphitrohrküvette:
Veraschung max: 1200 °C,
Atomisierung max: 2800 °C.

Störungen

Flamme: Eine teilweise Ionisierung verursacht Signaldepression und kann durch Zugabe von 20 ml Kaliumionisationspuffer zu 1 l der Eich- und Meßlösungen verhindert werden (s. Abschn. 8.6.3.2).
Graphitrohrküvette: Aluminium muß als Oxid vorliegen, da Chlorid leicht sublimiert. Infolgedessen ist eine hohe Veraschungstemperatur notwendig.

8.7.1.2. Photometrische Bestimmung mit Eriochromcyanin R

(Untere Bestimmungsgrenze 40 µg/l; 1-cm-Küvetten)

Zur photometrischen Bestimmung sind verschiedene Verfahren bekannt, z. B. mit Alizarin, Aluminon oder Eriochromcyanin R (ECR). Die Reaktionen beruhen auf der Fähigkeit des Aluminiums, mit organischen Hydroxylgruppen dieser Reagenzien verschieden gefärbte Farblacke zu bilden [3, 4]:

Unter den Verfahren hat sich vor allem in Gegenwart von Eisenionen die Bestimmung mit ECR bewährt. Bei einem pH-Wert >5 bildet sich ein 1:3-Komplex mit dem Absorptionsmaximum bei 550 nm. Um die Zeit zur Farblackbildung abzukürzen, wird zunächst bei pH 2,1 gearbeitet und die Lösung anschließend auf pH 6 abgepuffert. Störungen durch Eisen und Mangan werden durch Eindampfen mit konz. Salpetersäure und Zugabe von Thioglycolsäure in gewissem Maße unterbunden.

Geräte:
Quarzschalen; Photometer: 1-cm-Küvetten (eventuell auch 2-cm-Küvetten);

8 Gelöste Mineralstoffe

Reagenzien:

Acetatpufferlösung. 27,5 g Ammoniumacetat, CH_3COONH_4 p. a. werden in 50 ml destilliertem Wasser und 0,5 ml Salzsäure HCl p. a. ($D = 1,12$ g/ml) gelöst; die Lösung wird mit destilliertem Wasser auf 100 ml aufgefüllt.

Reagenzlösung. 100 mg Eriochromcyanin R, $C_{23}H_{15}Na_3O_9S$ p. a. werden im 100-ml-Meßkolben in wenig destilliertem Wasser gelöst und mit 0,5 ml Salzsäure, HCl (1 mol/l) versetzt; die Lösung wird mit destilliertem Wasser aufgefüllt; sie ist haltbar.

Thioglykolsäure, $HSCH_2COOH$ p. a. ($D = 1,32$ g/ml)

Stammlösung. 1,68 g Ammoniumaluminiumsulfat-12-hydrat, $NH_4Al(SO_4)_2 \cdot 12\ H_2O$ p. a. werden im 1-l-Meßkolben mit destilliertem Wasser gelöst; die Lösung wird mit destilliertem Wasser aufgefüllt. 1 ml entspricht 100 µg Al.

Standardlösung. 10 ml der Stammlösung werden im 1-l-Meßkolben mit destilliertem Wasser aufgefüllt. 1 ml entspricht 1 µg Al.

Reinigungslösung. 56 g Natriumacetat, CH_3COONa p. a. und 25 ml Essigsäure, CH_3COOH p. a. ($D = 1,05$ g/ml) werden mit 75 ml destilliertem Wasser gemischt.
Alle Glasgeräte zur Aluminiumbestimmung werden mit der Reinigungslösung und anschließend mit destilliertem Wasser vorgespült.

Salzsäure, HCl (1 mol/l)
Salpetersäure, HNO_3 p. a. ($D = 1,40$ g/ml)
Natronlauge, NaOH p. a. (ca. 0,25 mol/l)

Phenolphthaleinlösung. 0,1 g Phenolphthalein, $C_{20}H_{14}O_4$ werden in 100 ml Ethanol, C_2H_5OH p. a. ($D = 0,70$ g/ml) gelöst.

Probenvorbehandlung

Um Eisen II in Eisen III zu überführen, werden 50 ml Untersuchungswasser in einer Quarzschale mit konz. Salpetersäure (3 Tropfen) versetzt und zur Trockne eingedampft. Der Rückstand wird in Salzsäure gelöst und quantitativ in einen 100-ml-Meßkolben überführt.

Arbeitsvorschrift

Das vorbehandelte, salzsaure Untersuchungswasser wird mit 2 Tropfen Thioglycolsäure und 2 Tropfen Phenolphthaleinlösung versetzt. Bis zum Umschlagspunkt von Phenolphthalein (pH-Wert 8,3) wird Natronlauge zugegeben. Daraufhin säuert man mit 0,7 ml HCl auf einen pH-Wert von 2,1 an. Es werden 5 ml Reagenzlösung zugegeben und geschüttelt; unter Umschwenken werden anschließend 10 ml Acetatpufferlösung zugegeben (pH-Wert ca. bei 6). Nach Auffüllen der Lösung mit destilliertem Wasser wird das spektrale Absorptionsmaß bei 535 nm in 1-cm-Küvetten gegen destilliertes Wasser gemessen. Analog wird ein Blindwert erstellt und vom Meßwert abgezogen.

Erstellen der Eichgeraden

Empfehlenswert ist eine Eichgerade im Bereich von 0,01 bis 0,1 mg/l für 50 ml Untersuchungswasser. Es werden 0,5 bis 5 ml der Standardlösung in 100-ml-Meßkolben pipettiert und mit destilliertem Wasser auf etwa 50 ml ergänzt. Man erhält Eichlösungen mit 0,5 bis 5 µg die gemäß der Arbeitsvorschrift weiterbehandelt werden. Die Eichgerade wird in üblicher Weise durch Auftragen der Extinktionen bei 535 nm gegen die Masse Al (a) unter Verwendung von 1-cm-Küvetten erstellt.

Berechnung und Angabe der Werte

Der Aluminiumgehalt des Wassers errechnet sich wie folgt:

$$\text{Aluminium (Al}^{3+}) = \frac{a \cdot 1000}{b}\ \text{mg/l}.$$

a aus der Eichgeraden ermittelte Masse Aluminium in mg
b angewandtes Probenvolumen in ml

Bei einer Massenkonzentration des Wassers an Aluminium bis zu 1 mg/l werden die Ergebnisse auf zwei Stellen hinter dem Komma und bei mehr als 1 mg/l auf eine Stelle hinter dem Komma gerundet.

Störungen

Mögliche Störungen durch Eisenionen ($<0,5$ mg/l) und Manganionen werden durch die Zugabe von Thioglykolsäure ausgeschaltet. Bei Eisenkonzentrationen $>0,5$ mg/l muß auf das Verfahren der Atomabsorption zurückgegriffen werden. Bei

Fluoridkonzentrationen über 0,25 mg/l muß das Untersuchungswasser mit konz. Schwefelsäure vorsichtig abgeraucht werden [5]. Orthophosphat unter 10 mg/l stört nicht.

8.7.1.3. Beurteilung und Grenzwerte

Aluminium ist das dritthäufigste Element in der Erdkruste und demzufolge weitverbreitet. In der Regel enthalten alle natürlichen Wässer etwas Aluminium; meist liegen die Konzentrationen weit unter 1 mg/l. In Meerwasser finden sich durchschnittlich 2 µg/l und im Grundwasser etwa 10 bis 100 µg/l; in sauren ungepufferten Oberflächenwässern können allerdings 0,02 bis 3,5 mg/l vorkommen [6]. Aluminium und im Kontakt mit Lebensmitteln entstehende Al-Verbindungen gelten bislang als toxikologisch unbedenklich; erst hohe Gehalte sollen die Arteriosklerose fördern und den Phosphatstoffwechsel stören [7]. Im Hinblick auf die Gefährdung von Nierenkranken durch Aluminium haben die Aluminiumwerte des Wassers in jüngster Zeit an Bedeutung gewonnen. Es wird ein Zusammenhang zwischen der Aluminiumkonzentration und dem Auftreten von Dialyse-Enzephalopathie (Sammelbezeichnung aller nicht-entzündlichen Hirnschäden) sowie der Alzheimer Krankheit angenommen. Wasser, das von Nierenkranken zur Dialyse verwendet wird, muß nach den Empfehlungen der Commission of the European Community, Health and Safety Directorate, eine Aluminiumkonzentration von unter 30 µg/l haben [8, 9]. Der menschliche Körper enthält 50 bis 150 mg Al; der größte Teil der täglich aufgenommenen Al-Menge (ca. 10 bis 40 mg) geht unresorbiert in den Kot.

Der Entwurf zur Novelle der Trinkwasser-Aufbereitungs-VO führt bei Aufbereitung mit Aluminiumsulfat, Aluminiumchlorid und Natriumaluminat u. a. als Höchstmenge im aufbereiteten Trinkwasser 0,2 mg/l Al an. In der EG-Trinkwasserrichtlinie findet sich das Aluminium in der Liste der physikalisch-chemischen Parameter mit einer Richtzahl von 0,05 mg/l und ebenfalls mit einer zulässigen Höchstkonzentration von 0,2 mg/l. Dieser Wert wird auch in der novellierten Trinkwasser-VO als Höchstwert für in Wasser natürlich vorkommende chemische Stoffe und in den WHO-Guidelines aus ästhetischen Gründen angegeben.
Die „Goals" der American Water Works Association geben als Zielvorstellung für Aluminium <0,05 mg/l an [10]. Bernhardt weist auf die zahlreichen Störungen bei der Trinkwasserversorgung durch Eisen-, Aluminium- und Manganionen hin und hält für Aluminium den vorgenannten Wert für richtig [11]; insbesondere ist auch zu bedenken, daß Restgehalte von mehr als 0,02 mg/l Aluminium nach der Flockung mit Aluminiumsalzen auf eine nicht optimal ablaufende Flokkung hinweisen [12]; der Wert von 0,2 mg/l Al in der Trinkwasser-Aufbereitungs-VO erscheint deshalb zu hoch.

8.7.1.4 Literatur

1 Aluminium in Gewässern. Naturwiss. Rundsch. 40 (1987) 30
2 Fries, J.; Getrost, H.: Organische Reagenzien für die Spurenanalyse. Darmstadt; E. Merck 1975
3 Giebler, G.: Vergleichende Untersuchungen der zur Bestimmung von Aluminiumionen im Wasser gebräuchlichen Methoden. Fresenius Z. Anal. Chem. 184 (1961) 401–411
4 DIN 38406 Teil 9: Deutsche Einheitsverfahren zur Wasser-, Abwasser- und Schlamm-Untersuchung, Photometrische Bestimmung von Aluminium (Entwurf April 1986). Berlin: Beuth
5 Deutsche Einheitsverfahren zur Wasser-, Abwasser- und Schlamm-Untersuchung (Gruppe E Kationen), E9 Bestimmung des Aluminium-Ions, (1971). Weinheim: Verlag Chemie
6 DVGW-Schriftenreihe, Wasser Nr. 48: Daten und Informationen zu Wasserinhaltsstoffen. Frankfurt ZfGW-Verlag 1985
7 Neumüller, O. A.: Römpps Chemie-Lexikon. Stuttgart: Franckh'sche Verlagshandlung 1979
8 Merian, E.: Metalle in der Umwelt. Weinheim: Verlag Chemie 1984, S. 302
9 Empfehlungen der Commission of the European Community, Health and Safety Directorate. Luxembourg 1983
10 Quality goals for potable water—Statement of policy. J. Am. Water Works Assoc. 60 (1968) 1317–1322
11 Bernhardt, H.: Anforderungen an Trinkwasser. DVGW Schriftenreihe Wasser Nr. 206 Frankfurt: ZfGW-Verlag 1980, S. 1.8-1.9
12 Bernhardt, H.: Anforderungen an Trinkwasser und Methoden zur Kontrolle seiner Gewin-

nung. Gas Wasserfach, Wasser Abwasser 116 (1975) 349-360

8.7.2 Bestimmung von Antimon

8.7.2.1 Bestimmung mit AAS

Stammlösung:
a) Sb-Lösungen der Chemikalienfirmen, Zugabe von 5 ml Salpetersäure ($D = 1{,}40$ g/ml) auf 1 l.
b) Lösen von 1,000 g metallischem Antimon in 10 ml Salzsäure ($D = 1{,}19$ g/ml), Zugabe von 5 ml Salpetersäure ($D = 1{,}40$ g/ml), mit destilliertem Wasser auf 1 l auffüllen.

Hauptresonanzlinie: 206,8 nm.
Alternativlinie:
217,6 nm (1,2mal unempfindlicher),
231,15 nm (2mal unempfindlicher).
Flammenatomisierung: Luft/Acetylen.
Atomisierung in der Graphitrohrküvette:
Veraschung max: 500 °C,
Atomisierung max: 2800 °C.

Störungen

a) Flamme: Bei erhöhten Blei- und Kupfergehalten soll nicht bei 217,6 nm gemessen werden.
b) Graphitrohrküvette: Da Antimonhalogenide flüchtig sind, muß die Veraschungstemperatur niedrig gehalten werden.

8.7.2.2 Beurteilung und Grenzwerte

Antimon wird in der Toxizität dem Arsen weitgehend gleichgestellt; Vergiftungen kommen aber viel seltener vor, da Antimonsalze Magen- und Darmwände weniger leicht passieren als Arsenverbindungen und zudem einen starken Brechreiz verursachen (Brechweinstein).
Die tägliche Aufnahme von Antimon kann 3 bis 10 µg und mehr betragen. Grundwasser, Oberflächenwasser und Meerwasser können bis zu 0,2 µg/l Sb enthalten, während der Antimongehalt im Thermalwasser bis zu 0,9 mg/l betragen kann [1-3].
Antimon ist in der EG-Trinkwasserrichtlinie in der Liste toxischer Stoffe mit einer zulässigen Höchstkonzentration von 10 µg/l Sb aufgeführt; der MAK-Wert beträgt 0,5 mg/m^3; bei Antimontrioxid besteht der begründete Verdacht, krebserzeugend zu sein.

8.7.2.3 Literatur

1 Merian, E.: Metall in der Umwelt. Weinheim: Verlag Chemie 1984
2 Bäßler, K.-H.; Fekl, W.; Lang, K.: Grundbegriffe der Ernährungslehre. Berlin: Springer 1979
3 Neumüller, O.A.: Römpps Chemie Lexikon. Stuttgart: Franckh'sche Verlagshandlung 1979

8.7.3 Bestimmung von Arsen

8.7.3.1. Bestimmung mit AAS [1]

Stammlösung:
a) As-Lösungen der Chemikalienfirmen, Zugabe von 5 ml Salpetersäure, ($D = 1{,}40$ g/ml) auf 1 l.
b) Lösen von 1,000 g metallischem Arsen in 50 ml Salzsäure, ($D = 1{,}19$ g/ml), Zugabe von 5 ml Salpetersäure ($D = 1{,}40$ g/ml), mit destilliertem Wasser auf 1 l auffüllen.

Hauptresonanzlinie: 193,7 nm.
Alternativlinie:
197,2 nm (2mal unempfindlicher).
Atomisierung: Hydridverfahren (s. Abschn. 8.6.2.3 und 8.6.3.4).

Störungen

Bei der Trinkwasseruntersuchung sind keine Störungen bekannt.

8.7.3.2. Photometrische Bestimmung mit Silberdiethyldithiocarbamat

(Untere Bestimmungsgrenze 1,5 µg/l As; 5-cm-Küvetten)

Im Hinblick auf die Bedeutung des Arsengehaltes im Wasser, die festgelegten Grenzwerte und die Folgerungen ist es verschiedentlich empfehlenswert, sowohl die AAS als auch die Photometrie anzuwenden, um vergleichend nach verschiedenen Verfahren gesicherte Arsenwerte zu erhalten [2].
Da man bei der Arsenanalyse des Wassers nicht von vornherein weiß, ob das Arsen als Arsen(III)-Ion (Arsenit AsO_3^{3-}) oder als Arsen(V)-Ion (Arsenat AsO_4^{3-}) vorliegt, wird zunächst seine Überführung in Arsen(III) mittels Zinnchlorid und Kaliumiodid vorgenommen, damit das gesamte Arsen in saurer Lösung mittels naszierendem Wasserstoff zu

Arsentrihydrid (Arsin AsH$_3$) reduziert werden kann. Naszierender Wasserstoff entsteht durch Zugabe von Zink und Kupfersulfatlösung. Arsin bildet mit Silberdiethyldithiocarbamat [Ag(DDLC)] einen rotvioletten Farbstoff. Für die Reaktion mit Ag(DDLC) ist die Anwesenheit einer organischen Base erforderlich; früher wurde nur Pyridin verwendet. Zur Vermeidung des Pyridingebrauchs im Laboratorium wird nunmehr meist l-Ephedrin [C$_6$H$_5$—CH(OH)—CH(CH$_3$)—NH—CH$_3$] benutzt; allerdings ist der molare Absorptionskoeffizient bei der photometrischen As-Bestimmung gegenüber Pyridin um 30% geringer.

Geräte:
Photometer;
5-cm-Spezialküvetten mit kleinerem Volumen (ca. 4 ml);
Arsingenerator (Absorptionsröhrchen, s. Abb. 8.7);

Reagenzien:
Salzsäure, HCl p.a. ($D = 1,19$ g/ml);
Schwefelsäure, H$_2$SO$_4$ p.a. ($D = 1,84$ g/ml);
Schwefelsäure, H$_2$SO$_4$ ($D = 1,64$ g/ml);
Schwefelsäure, H$_2$SO$_4$ $c(\frac{1}{2}$ H$_2$SO$_4$) = 2 mol/l;
Natronlauge, NaOH, 2 mol/l;

Zinn(II)-chloridlösung. 55 g SnCl$_2 \cdot$ 2 H$_2$O p.a. werden in 25 ml HCl gelöst; die Lösung wird mit destilliertem Wasser auf 100 ml ergänzt.

Kaliumiodidlösung. 15 g Kaliumiodid, KI p.a. werden in 100 ml destilliertem Wasser gelöst. Die Lösung wird in einer braunen Glasflasche aufbewahrt.

Cadmiumacetatlösung (s. Störungen durch Schwefelwasserstoff). 5 g Cadmiumacetat, Cd (CH$_3$COO)$_2$ · 2 H$_2$O p.a. werden in 100 ml destilliertem Wasser gelöst.

Reagenzlösung. 500 mg Silberdiethyldithiocarbaminat, Ag(DDTC), (C$_2$H$_5$)$_2$ NCSS Ag p.a. und 330 mg l-Ephedrin, C$_{10}$H$_{15}$NO p.a. werden in 200 ml Chloroform, CHCl$_3$ p.a. ($D = 1,47$ g/ml) unter Verwendung eines Magnetrührers gelöst. Die vollständige Lösung des Ag(DDTC) tritt erst nach ca. 8 h ein; die Lösung ist dann mit Chloroform wieder auf 200 ml aufzufüllen. In einer dunklen Glasflasche ist die Lösung einen Monat haltbar.

Grobes Zinkpulver, Zn p.a., Körnung 0,5 bis 1 mm

Kupfersulfatlösung. 15 g Kupfersulfat, CuSO$_4$ · 5 H$_2$O p.a. werden in 100 ml destilliertem Wasser gelöst.

Arsenstammlösung. 462 mg Arsen(III)-oxid, As$_2$O$_3$ p.a. (über Silicagel bis zur Gewichtskonstanz getrocknet) werden in 20 ml NaOH gelöst; die Lösung wird mit H$_2$SO$_4$, $c(\frac{1}{2}$ H$_2$SO$_4$) = 2 mol/l, neutralisiert und im 1-l-Meßkolben mit destilliertem Wasser aufgefüllt. 1 ml entspricht 0,35 mg As.

Arsenstandardlösung. 1 ml der Arsenstammlösung wird im 1-l-Meßkolben mit destilliertem Wasser aufgefüllt. 1 ml entspricht 0,35 µg As. Die Lösung ist täglich frisch herzustellen.

Anmerkung

Alle Schliffe werden mit konz. Schwefelsäure p.a. bzw. mit arsenfreiem Fett abgedichtet. Die 500-ml-Erlenmeyerschliffkolben sowie die Absorptionsröhrchen (s. Abb. 8.7) reinigt man ohne Spülmittel; sie werden nacheinander mit konz. Schwefelsäure p.a., destilliertem Wasser und Alkohol behandelt und anschließend im Trockenschrank getrocknet.

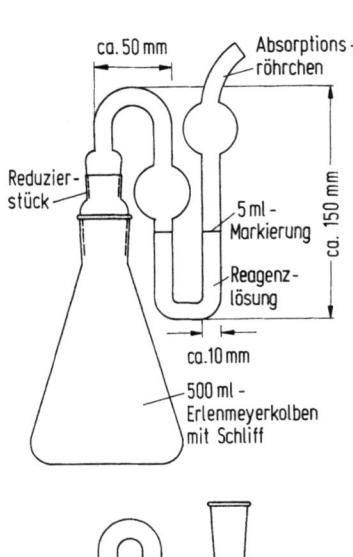
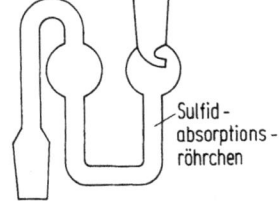

Abb. 8.7. Arsingenerator

8 Gelöste Mineralstoffe

Arbeitsvorschrift

Zu 350 ml Untersuchungswasser werden 25 ml H_2SO_4 ($D = 1,64$ g/ml), 10 ml Kaliumiodidlösung und 1 ml Zinn(II)-chloridlösung gegeben. Nach 10 min wird das Absorptionsröhrchen mit 5 ml Reagenzlösung beschickt. Anschließend bringt man bei kurzem Abheben des Absorptionsröhrchens 15 g Zinkpulver und 1 ml Kupfersulfatlösung in den Erlenmeyerkolben und verschließt diesen sofort.
Nach Ablauf der Arsin-Entwicklung (etwa 2 h) wird die Reagenzlösung mit Chloroform bis zur 5-ml-Markierung ergänzt. Innerhalb 2 h werden alle so erstellten Lösungen direkt in die Küvette eingefüllt; das spektrale Absorptionsmaß wird bei 510 nm gegen die Reagenzlösung gemessen. In gleicher Weise wird ein Blindwert erstellt und von diesem Wert abgezogen.

Erstellen der Eichgeraden

Zur Aufstellung der Eichgeraden werden 1, 2, 5, 10, 25, 50, 75 und 100 ml der Arsenstandardlösung in die 500 ml-Erlenmeyerkolben pipettiert und mit destilliertem Wasser auf 350 ml ergänzt. Dies entspricht Konzentrationen von 1 bis 100 µg/l As. Anschließend werden diese Lösungen mit den vorgeschriebenen Mengen an Schwefelsäure und Zinn(II)-chloridlösung versetzt und wie oben weiterbehandelt.
Die Eichgerade wird in üblicher Weise durch Auftragen der spektralen Absorptionsmaße bei 510 nm gegen die Masse As unter Verwendung von 5-cm-Spezialküvetten erstellt. Da sich die Eichgerade bei jeder neuen Charge von Reagenzien ändern kann, muß sie in diesen Fällen neu erstellt werden.

Berechnung und Angabe der Werte

Der Arsengehalt kann direkt aus der Eichgeraden abgelesen werden. Bei einem Arsengehalt über 100 µg/l wird der Wert auf 0,01 mg/l, bei niedrigeren Werten auf 0,001 mg/l gerundet.

Störungen

Die in Trinkwässern üblicherweise vorkommenden Inhaltsstoffe stören nach Art und Menge die photometrische Arsenbestimmung nicht. Eine Gelbfärbung der Reagenzlösung durch etwa vorhandenen Schwefelwasserstoff wird verhindert, indem man anstelle des Reduzierstücks ein Sulfidabsorptionsröhrchen mit 3 ml Cadmiumacetatlösung zwischenschaltet (Abb. 8.7).

8.7.3.3 Beurteilung und Grenzwerte

Arsen ist in der Häufigkeitsliste der Elemente nach ihrer Naturverbreitung erst an 47. Stelle zwischen Germanium und Beryllium zu finden, kommt aber in Spuren ubiquitär vor. In den meisten Böden ist Arsen in Konzentrationen von 5 bis 10 mg/kg vorhanden. Olszewski hat bereits auf die Bedeutung von Arsen im Trinkwasser hingewiesen und Konzentrationen angegeben, die auch heute noch Gültigkeit haben. Altbekannt ist die Toxizität des Arsens. Sagner hat die Toxikologie des Arsens im Hinblick auf das Trinkwasser zusammenfassend dargestellt, die nach Inkrafttreten der Trinkwasser-VO von Althaus ergänzt wurde. Durch chronische Arsenvergiftungen treten vor allem Schädigungen des zentralen Nervensystems, Hautveränderungen sowie Carcinome als Spätfolge auf. Die letale Arsendosis für den Menschen liegt bei 0,15 bis 0,3 g; man kann sich aber an größere Mengen gewöhnen. Die Toxizität des Arsens ist abhängig von der Verbindung der Dosis, dem Weg und der Dauer der Exposition sowie vom Alter und Geschlecht der betreffenden Person. Anorganisches Arsen ist toxischer als organisches, dreiwertiges mehr als fünfwertiges. So ist mit der Giftbezeichnung „Arsen" üblicherweise das Arsen(III)-oxid gemeint. Die WHO-technical report 696 (1983) gibt für anorganisches Arsen 0,002 mg/kg Körpergewicht als tolerierbare tägliche Maximalaufnahme an [3–5].
Der Arsengehalt in den Rohwässern zur Trinkwasserversorgung ist gering. Aus zahlreichen Untersuchungen ergibt sich, daß z. B. im Grundwasser der natürliche Arsengehalt im allgemeinen 10 µg/l nicht über-

steigt. Ebenso enthalten Oberflächenwässer wenig Arsen. 1973/74 wies der Rhein einen Mittelwert von 6 µg/l As auf, Maximalwerte lagen bei 12 bis 13 µg/l. Gleichartige Untersuchungen aus den Jahren 1968 bis 1973 zeigten Werte von weniger als 2 µg/l bis zu Maximalkonzentrationen von 20 bis 30 µg/l. In Anbetracht dieser Untersuchungsergebnisse kann davon ausgegangen werden, daß zur Trinkwasserversorgung genutzte Grund- und Oberflächenwässer in der Regel naturgegebene Arsenwerte unter 10 µg/l besitzen und daß Werte über 10 und 20 µg/l schon kaum mehr zu den normalerweise vorhandenen Konzentrationen zählen. Trotz dieser geringen Durchschnittswerte können spezielle Gegebenheiten (z. B. Auslaugungen von Deponien, hydrogeologische Besonderheiten der Gesteinsschichten, arsenhaltige Abwässer) den Arsengehalt des Rohwassers bzw. des Trinkwassers erhöhen. In Mineralwässern kommen geologisch bedingt verschiedentlich Arsengehalte über 100 µg/l vor; in Thermalquellen wurden sogar Konzentrationen bis zu 1000 µg/l gefunden.
Im Zuge der üblichen Trinkwasseraufbereitung (Flockung mit Aluminium- und Eisen(III)-Salzen) wird zumindest das fünfwertige Arsen größtenteils entfernt.
Da Arsen in der Liste der toxischen Stoffe der Trinkwasser-VO steht, ist auch seine Bestimmung bei Trinkwasseruntersuchungen stets veranlaßt. Die Trinkwasser-VO hat eine höchstzulässige Konzentration von 40 µg/l festgesetzt. Dieser Wert ist etwas niedriger als in der EG-Trinkwasserrichtlinie; die dortige Grenzkonzentration von 50 µg/l entspricht den WHO-Guidelines, den US-Standards (EPA National Interim Primary Drinking Water Regulations 1975 bzw. den Vorschlägen von 1986 [6] und den Vorschriften verschiedener anderer Staaten. Auch die Mineral- und Tafelwasser-VO schreibt für natürliche Mineralwässer einen Grenzwert von 50 µg/l vor. Das DVGW-Arbeitsblatt W 151 und die EG-Oberflächenwasserrichtlinie geben Arsengrenzwerte von 0,01 bis 0,1 mg/l für verschiedene Verfahrensmöglichkeiten der Aufbereitung von Oberflächenwasser zu Trinkwasser an (EG-Richtlinie: Leitwerte 10 und 50 µg/l, Grenzwerte 50 und 100 µg/l; W 151: noch tolerierbarer Grenzwert 30 µg/l, zufriedenstellende Merkmale eines Rohwassers 10 µg/l). Im ATV-Arbeitsblatt A 115 mit seinen Hinweisen für das Einleiten in eine öffentliche Abwasseranlage steht für Arsen der noch als unbedenklich angesehene Höchstwert von 1 mg/l für solche Einleitungen.

Die letalen Arsengehalte für Fische liegen meist über 1 mg/l As. Demgegenüber soll in der landwirtschaftlichen Nutzung das Wasser nur einen geringen As-Gehalt aufweisen (z. B. Bewässerungswasser Freiland höchstens 0,1 mg/l, Tränkwasser analog Trinkwasser).

Für Arsenwasserstoff gilt ein MAK-Wert von 0,2 mg/m^3; für andere As-Verbindungen im Staub, der eingeatmet werden kann, steht As in der Liste technischer Richtkonzentrationen für cancerogene Stoffe mit ebenfalls 0,2 mg/m^3.

8.7.3.4 Literatur

1 DIN 38 405 Teil 18: Deutsche Einheitsverfahren zur Wasser-, Abwasser- und Schlamm-Untersuchung, (Gruppe D, Anionen), Bestimmung von Arsen mittels Atomabsorptionsspektrometrie (September 1985). Berlin: Beuth
2 DIN 38 405 Teil 12: Deutsche Einheitsverfahren zur Wasser-, Abwasser- und Schlamm-Untersuchung, (Gruppe D, Anionen), Bestimmung von Arsen (Juni 1981). Berlin: Beuth
3 Umwelt- und Gesundheitskriterien für Arsen. Bericht 4, Umweltbundesamt. Berlin: Erich Schmidt 1983
4 Sagner, G.: Zur Toxikologie des Arsens im Trinkwasser. Schriftenr. Ver. Wasser Boden Lufthyg. Berlin-Dahlem 1973
5 Merian, E.: Metalle in der Umwelt. Weinheim: Verlag Chemie 1984
6 EPA proposes regulations for volatile organic chemicals and synthetic organic chemicals in drinking water. Ozone News 14, (1986) 13-15

8.7.4 Bestimmung von Barium

8.7.4.1 Bestimmung mit AAS

Stammlösung:
a) Ba-Lösungen der Chemikalienfirmen, Zugabe von 5 ml Salpetersäure ($D = 1,40$ g/ml) auf 1 l.
b) Lösen von 1,4369 g Bariumcarbonat, BaCO$_3$ p. a. in 20 ml Salzsäure (1 mol/l), Zugabe von

5 ml Salpetersäure ($D = 1,40$ g/ml), mit destilliertem Wasser auf 1 l auffüllen (1000 mg/l Ba).
Hauptresonanzlinie: 553,6 nm.
Alternativlinien:
455,4 nm (5mal unempfindlicher),
350,1 nm (12mal unempfindlicher).
Flammenatomisierung: Lachgas/Acetylen.
Atomisierung in der Graphitrohrküvette:
Veraschung max: 1100 °C,
Atomisierung max: 2800 °C.

Störungen

a) Flamme: Barium wird in dem vorgenannten Brenngasgemisch zu 90% ionisiert; eine Zugabe von 20 ml Kaliumionisationspuffer zu 1 l der Meß- und Eichlösungen verhindert diesen Effekt (s. Abschn. 8.6.3.2).
b) Graphitrohrküvette: Die Verwendung pyrolytisch beschichteter Küvetten ist anzuraten (Neigung zur Carbidbildung).

8.7.4.2 Beurteilung und Grenzwerte

Barium kommt in der Regel in Trinkwässern, wenn überhaupt, nur in Spurenkonzentrationen vor. Entsprechende Trinkwasseruntersuchungen in den USA ergaben, daß Barium meist unter 0,1 mg/l zu finden war. Der Höchstwert betrug 0,35 mg/l, der Mittelwert aus zahlreichen Analysen lag bei 0,05 bis 0,06 mg/l [1]. Erhöhte Bariumwerte bilden eine Ausnahme. Barium findet sich in der Natur nur in Form seiner Verbindungen. Wichtigstes Bariummineral ist der Schwerspat (Bariumsulfat). Die Löslichkeitsvoraussetzungen im Hinblick auf das fast immer in Trinkwässern vorhandene Sulfat lassen höhere Bariumgehalte kaum auftreten. Trotzdem hat man sich mit Grenzwerten befaßt, wenn höhere Bariumgehalte ausnahmsweise vorliegen. Eine Begründung ist in einer Untersuchung über die Möglichkeiten der Bariumeliminierung angegeben; wasserlösliche Bariumverbindungen sind toxisch und können Muskelkrämpfe sowie Herzstörungen verursachen; der MAK-Wert für Barium beträgt 0,5 mg/m³.
Eine epidemiologische Studie im nördlichen Illinois gab einige Hinweise darauf, daß bei höheren Bariumgehalten über 2 mg/l im Trinkwasser gesundheitliche Schäden auftreten könnten [4]. Trotz eines nicht ausreichenden Beweismaterials wurde daraufhin nochmals der Grenzwert von 1 mg/l herausgestellt, der bereits früher in den National Interim Primary Drinking Water Regulations [2] als zulässige Höchstkonzentration angegeben worden war; dieser Wert bezog sich auf eine schon im Jahre 1962 erfolgte Festlegung auf 1 mg/l [3]. Die EG-Trinkwasserrichtlinie hat in der Liste der unerwünschten Stoffe eine Richtzahl für Barium mit 100 µg/l angegeben. Dieser weitaus niedrigere Wert bezieht sich wahrscheinlich auf das geringe Normalvorkommen von Barium im Wasser.
Die EG-Oberflächenwasserrichtlinie und das Arbeitsblatt W 151 des DVGW über die Eignung von Oberflächenwasser für die Trinkwasserversorgung nennen ebenfalls Grenzwerte für Barium (EG-Richtlinie: 0,1 und 1 mg/l; W 151: 1 mg/l).

8.7.4.3 Literatur

1 Sorg, Th.J.; Logsdon, G.S.: Treatment technology to meet the interim primary drinking water regulations for inorganics. Part 5, J. Am. Water Works Assoc. 70 (1980) 411-422
2 National Interim Primary Drinking Water Regulations. Fed. Reg. 40, 24. Dec. 1975, p. 248
3 Drinking Water Standards. PHS Publ. 956 USPHS, DHEW, Washington D.C. 1962
4 Brenneman, G.R. et al.: Health effects of human exposure to Barium in drinking water. EPA-600/1-79-003 Office Res. and Develop. USEPA Cincinnati, Ohio (Januar 1979)

8.7.5 Bestimmung von Beryllium

8.7.5.1 Bestimmung mit AAS

Stammlösung:
a) Be-Lösungen der Chemikalienfirmen, Zugabe von 5 ml Salpetersäure ($D = 1,40$ g/ml) auf 1 l.
b) Lösen von 19,6551 g Berylliumsulfat $BeSO_4 \cdot 4 H_2O$ p.a. in destilliertem Wasser, Zugabe von 5 ml Salpetersäure ($D = 1,40$ g/ml), mit destilliertem Wasser auf 1 l auffüllen (1000 mg/l Be).
Resonanzlinie: 234,9 nm.
Flammenatomisierung: Lachgas/Acetylen.
Atomisierung in der Graphitrohrküvette:
Veraschung max: 1200 °C,
Atomisierung max: 2850 °C.

Störungen

Bei der Trinkwasseruntersuchung sind keine Störungen bekannt.

8.7.5.2 Beurteilung und Grenzwerte

Beryllium ist ein seltenes Element, aber in niedrigen Konzentrationen weit verbreitet. Wenn Beryllium im Wasser vorhanden ist, liegen die Mengen meist unter 1 µg/l, so wurden in Oberflächenwässern der Bundesrepublik Deutschland 0,01 bis 0,5 µg/l Be gefunden [1].
Die tägliche Aufnahme beim Menschen beträgt ca. 20 µg, hauptsächlich durch die Nahrung. Oral aufgenommen scheinen Beryllium und seine Verbindungen kaum toxisch zu wirken; allerdings wurde in Tierversuchen seine Cancerogenität nachgewiesen. Beryllium und seine Verbindungen sind auch in der MAK-Liste unter den krebserzeugenden Arbeitsstoffen eingereiht [2,3].
In der EG-Trinkwasserrichtlinie und den WHO-Guidelines wird Beryllium zwar in der Liste für toxische Parameter aufgeführt, jedoch ohne Angabe eines Richt- oder Grenzwerts. Das DVGW-Arbeitsblatt W 151 enthält für Beryllium Werte von 0,1 µg/l (zufriedenstellend) und 0,2 µg/l (noch tolerierbar) für die Trinkwassergewinnung aus Oberflächenwasser in der Bundesrepublik Deutschland.

8.7.5.3 Literatur

1 DVGW-Schriftenreihe, Wasser Nr. 48: Daten und Informationen zu Wasserinhaltsstoffen. Frankfurt: ZfGW-Verlag 1985
2 Merian, E.: Metalle in Der Umwelt. Weinheim: 1984 Verlag Chemie
3 Neumüller, O.-A.: Römpps Chemie Lexikon. Stuttgart: 1979 Franckh'sche Verlagshandlung 1979

8.7.6 Bestimmung von Blei

8.7.6.1 Bestimmung mit AAS

Stammlösung:
a) Pb-Lösungen der Chemikalienfirmen, Zugabe von 5 ml Salpetersäure, $(D = 1,40\ g/ml)$ auf 1 l.
b) Lösen von 1,5985 g Bleinitrat, $PbNO_3$ p. a. in destilliertem Wasser, Zugabe von 5 ml Salpetersäure $(D = 1,40\ g/ml)$, mit destilliertem Wasser auf 1 l auffüllen (1000 mg/l Pb).
Hauptresonanzlinie: 217,0 nm.
Alternativlinien:
283,3 nm (2,5mal unempfindlicher).
Flammenatomisierung: Luft/Acetylen.
Atomisierung in der Graphitrohrküvette:
Veraschung max: 700 °C,
Atomisierung max: 2450 °C.

Störungen

a) Flamme: Bei der Trinkwasseruntersuchung sind keine wesentlichen Störungen bekannt. Es wird aber empfohlen, die Alternativlinie 283,3 nm anstatt der 217,0 nm-Hauptresonanzlinie wegen des besseren Signal/Rausch-Verhältnisses zu benutzen.
b) Graphitrohrküvette: Wegen der Flüchtigkeit von Blei muß auf die niedrige Veraschungstemperatur (max. bis 700 °C) geachtet werden. Auch bei der Graphitrohrküvette empfiehlt sich die Verwendung der Alternativlinie 283,3 nm.

8.7.6.2 Beurteilung und Grenzwerte

Die geringe Löslichkeit des Bleis und seiner Verbindungen verhindert weitgehend einen Versickerungstransport des Schwermetalls von der Bodenoberfläche in das Grundwasser. Infolgedessen kommen merkliche Bleikonzentrationen in Grundwässern selten vor; Ausnahmen können hydrogeologisch bedingt sein. Die gefundenen Bleikonzentrationen im Grundwasser liegen meistens im unteren mg-Bereich bzw. unter 1 µg/l.
Erhöhte Bleigehalte in Nahrungsmitteln sowie in der Arbeits- und Umwelt durch Emissionen bzw. Immissionen mit verschiedener Ursache sind unter den Gesichtspunkten einer möglichen Gesundheitsschädigung zu bewerten; man ist heute allseits bemüht, die Bleibelastung vorsorglich zu verringern und gesetzlich einzugrenzen. Beispielsweise beträgt der MAK-Wert für Blei 150 µg/m³. Mit den gesundheitlichen Auswirkungen von Bleibelastungen auf den Menschen haben sich seit langem zahlreiche Untersuchungen befaßt; auch neuere Studien unter Berück-

sichtigung der heutigen Umweltsituation liegen vor [1, 2]. Die Bleibelastung der Bevölkerung ist überwiegend alimentär bedingt, während regionale Zusatzbelastungen (z. B. industrieller Herkunft) auch inhalativ wirksam werden. Eine überhöhte chronische Bleibelastung schädigt besonders drei Organsysteme, nämlich das blutbildende System, das zentrale Nervensystem sowie die glatte Muskulatur [1]. Gesundheitsschäden durch Blei oder andere Schwermetalle im Trinkwasser werden aber nur bei lang andauernden Grenzwertüberschreitungen zu erwarten sein. Der in der bisherigen Trinkwasser-VO festgesetzte Grenzwert für Blei von 40 µg/l ist in der novellierten VO beibehalten worden. Für natürliche Mineralwässer ursprünglicher Reinheit hat die Mineral- und Tafelwasser-VO einen höchstzulässigen Bleigehalt von 50 µg/l festgesetzt. Die Bleibegrenzung für Quellwässer und Tafelwässer in den Fertigpackungen zur Abgabe an die Verbraucher (Mineral- und Tafelwasser-VO) ist mit 40 µg/l der Trinkwasser-VO angeglichen. Ohnesorge [3] hält den Wert für zutreffend und die Bleibegrenzung über das Trinkwasser bzw. die Luft für besonders wichtig, weil sich die Zufuhr über die Nahrungsmittel praktisch nicht vermindern läßt. Aus toxikologischer Sicht könnte der Trinkwassergrenzwert von 40 µg/l bei nur 6monatiger Zufuhr maximal um 50 % (60 µg/l) und bei nur 7tägiger Zufuhr (Notwasserversorgung) maximal um 150 % (100 µg/l) überschritten werden.

Blei war schon bisher praktisch in allen Staaten begrenzt, die Metallhöchstwerte für Trinkwasser festgesetzt haben, allerdings mit unterschiedlichen Werten von 40 bis 100 µg/l. Durch die EG-Trinkwasserrichtlinie ist in den Mitgliedstaaten eine Harmonisierung auf die zulässige Höchstkonzentration von 50 µg/l erfolgt; die Mitgliedstaaten können aber niedrigere Werte festsetzen. Auch die WHO-Guidelines empfehlen einen Wert von 50 µg/l und begründen ihn wie folgt: die wöchentlich tolerierbare Aufnahme von Blei für den Menschen ca. 3 mg entsprechend seinem Blutbleispiegel von 30 µg/ 100 ml Blut. Zu den hierbei noch nicht berücksichtigten Risikogruppen zählen Kinder, Schwangere und Kranke [4]. Beispielsweise erhöht sich bei Kleinkindern und Schwangeren der Blutbleispiegel um 4 bis 5 µg/100 ml Blut bereits bei einer Bleikonzentration von 100 µg Pb in 1 Wasser. Außerdem ist zu beachten, daß die Säuglingsnahrung im ersten Lebensjahr etwa zu 50 bis 60 % aus Flüssigkeit besteht. Bei der Festlegung eines Richtwerts von 50 µg/l Blei ist ein Sicherheitsfaktor berücksichtigt, um auch diese Bevölkerungsgruppen zu schützen. Mit ca. 300 µg Blei aus der täglichen Nahrungsaufnahme wird unter Einberechnung des 50-µg/l-Grenzwerts für Trinkwasser die tolerierbare wöchentliche Aufnahme von 3 mg nicht überschritten.

Bei deutlich erhöhten Bleigehalten im Trinkwasser ergibt sich meistens, daß eine Sekundärbelastung vorliegt. In älteren Häusern sind vielfach noch Wasserleitungen mit Bleirohren installiert (schätzungsweise für 10 % der Bevölkerung). Zwar haben sich in den Rohren gewisse Deckschichten gebildet, jedoch kann Blei in bedenklichen Konzentrationen in das Trinkwasser übergehen. Der Übergang ist abhängig von verschiedenen Faktoren (z. B. Wasserbeschaffenheit, Entnahmegewohnheiten, Stagnieren des Wassers, Länge und Alter der Rohre); Testuntersuchungen ergaben unter ungünstigen Umständen Bleikonzentrationen im Trinkwasser bis zu 280 µg/l. Auch bei verzinkten Stahlrohren mangelhafter Fertigung und schlechter Verzinkung wurden erhöhte Gehalte an Blei und Cadmium (Stabilisatoren) im Wasser gefunden.

Durch „Ablaufenlassen" des Wassers kann unter Umständen der Bleigehalt verringert werden [5]. In der EG-Trinkwasserrichtlinie findet sich deshalb bei Blei folgender Vermerk: „Bei Bleileitungen sollte der Bleigehalt in einer nach dem Abfließen des Wassers entnommenen Probe nicht mehr als 50 µg/l betragen. Wird die Wasserprobe unmittelbar oder nach dem Abfließen entnommen und überschreitet der Bleigehalt häufig oder erheblich 100 µg/l, müssen geeignete Maßnahmen getroffen werden, um die Risiken einer Bleiaufnahme durch den Verbraucher zu verringern".

Merkliche Bleikonzentrationen im Trinkwasser am Verbrauchsort sollten daher für den Analytiker stets Anlaß sein, den Ursa-

chen nachzugehen (vergleichende Untersuchungen des Wassers im Hausnetz bei den Entnahmewohnheiten der Verbraucher und des Wassers am Wasserzähler).
Blei ist auch in anderen Wasserqualitäts-Richtlinien aufgeführt; beispielsweise findet es sich in der Liste II der EG-Grundwasserrichtlinie; die Mitgliedsstaaten sollen die Ableitung der in dieser Liste aufgeführten Stoffe in das Grundwasser begrenzen, um eine Grundwasserverschmutzung zu verhüten. Auch im ATV-Arbeitsblatt A 115 mit seinen Hinweisen für das Einleiten von Abwasser in eine öffentliche Abwasseranlage steht für Blei der noch als unbedenklich angesehene Höchstwert von 2 mg/l bei solchen Einleitungen. Allerdings ist in diesem Zusammenhang die Klärschlamm-VO zu beachten, derzufolge der Bleigehalt 1200 mg in 1 kg Schlamm-Trockenrückstand nicht überschreiten darf, wenn der Klärschlamm auf landwirtschaftlich oder gärtnerisch genutzte Böden aufgebracht werden soll. In den zur Aufbringung von Klärschlamm vorgesehenen Böden selbst dürfen gewisse Metallgehalte nicht überschritten sein (z. B. 100 mg Blei in 1 kg lufttrockenen Boden). Schließlich sind noch die EG-Oberflächenwasserrichtlinie und das Arbeitsblatt W 151 des DVGW über die Eignung von Oberflächenwasser für die Trinkwasserversorgung zu nennen, die ebenfalls Grenzwerte für Blei je nach einfacher oder aufwendiger Aufbereitung des Wassers nennen (EG-Richtlinie: 50 µg/l; W 151 : 30 bzw. 50 µg/l). Diese Grenzwerte für das Oberflächenwasser als Rohwasser sollen einen niedrigen und tolerablen Bleigehalt im abgegebenen Trinkwasser gewährleisten.

8.7.6.3 Literatur

1 Lehnert, G.; Szadkowski, D.: Bleibelastung des Menschen. Weinheim: Verlag Chemie 1983
2 Blei-Studie der Landeswerbeanstalt Bayern für den „Bund-Länder-Arbeitskreis Umweltchemikalien"
3 Ohnesorge, F. K.: Grundlage und Problematik bei der Festsetzung von Grenzwerten für Trinkwasser-Inhaltsstoffe aus toxikologischer Sicht. Gas Wasserfach, Wasser Abwasser 121 (1980) 515-522
4 Ohnesorge, F. K.: Toxikologie der in der Trink-

wasser-VO aufgeführten Schwermetalle Blei, Quecksilber, Cadmium und Zink. In: Aurand, K.; Hässelbart, U.; Müller, G.; Schumacher, W.; Steuer, W.; (Hrsg.): Die Trinkwasser-Verordnung. Berlin: Erich Schmidt 1976, S. 101-112
5 Bonnefoy, X.; Huel, G.; Guéguen, R.: Variation de la plombemie en fonction de la contamination par le plomb de l'eau livree a la consomation. Water Res. 19 (1985) 1299-1303

8.7.7 Bestimmung von Borsäure

Bor und seine Verbindungen haben als Spurenstoffe eine wesentliche Funktion; ihr Vorkommen im Wasser ist allerdings von Natur aus äußerst gering und beträgt meist weit unter 1 mg/l B. Bei den üblichen pH-Werten der Grund- und Oberflächenwässer und den geringen Konzentrationen liegt Bor im wesentlichen als Borsäure (H_3BO_3) im Wasser vor. Eine Erhöhung der Bormengen in Grund- und Oberflächenwässern kann durch Einleitungen von Abwässern erfolgt sein; im Zuge der steigenden Verwendung von Waschmitteln mit Anteilen an Natriumperborat (bis zu 25 %) haben sich insbesondere in Fließgewässern die Borkonzentrationen erhöht. Infolgedessen ist bei ausführlichen Wasseranalysen auch die Borbestimmung zu berücksichtigen. Sie erfolgte früher photometrisch mit 1,1'-Dianthrimid, Carminsäure, Chinalizarin oder auch mit Curcumin: in gewissen Fällen wurde eine Destillationsabtrennung und maßanalytische Mikrobestimmung empfohlen. Diese Methoden waren teilweise störanfällig, aufwendig bzw. nicht sehr zuverlässig. Untersuchungen mit Hilfe von Azofarbstoffen erbrachten die Azomethinmethode, die heute allgemein im Trinkwasserbereich angewandt wird [1-12].

8.7.7.1 Bestimmung mit AAS

Die Borbestimmung mit der AAS kann nicht empfohlen werden; soweit als möglich, ist das photometrische Azomethinverfahren anzuwenden.

Stammlösung:
a) B-Lösungen der Chemikalienfirmen, Zugabe von 5 ml
   Salpetersäure ($D = 1,40$ g/ml) auf 1 l.
b) Lösen von 5,7195 g Borsäure H_3BO_3 p. a. in de-

stilliertem Wasser, Zugabe von 5 ml Salpetersäure ($D = 1,40$ g/ml), mit destilliertem Wasser auf 1 l auffüllen (1000 mg/l B).
Resonanzlinie: 249,8 nm.
Flammenatomisierung: Lachgas/Acetylen.
Atomisierung in der Graphitrohrküvette:
  Veraschung max: 500 °C,
  Atomisierung max: 2850 °C.

Störungen

a) Flamme: Wegen der Bildung stabiler Bor-Oxide ist die Methode problematisch.
b) Graphitrohrküvette: Wegen starker Neigung zur Carbidbildung ist das Verfahren nicht empfehlenswert.

8.7.7.2 Photometrische Bestimmung mit Azomethin-H

(Untere Bestimmungsgrenze: 0,08 mg/l B; 1-cm-Küvetten)

Borsäure in einer mit Ammoniumacetat gepufferten Lösung bildet einen gelben Farbstoff mit Azomethin-H, dessen Intensität dem Lambert-Beerschen Gesetz unterliegt, so daß sich die Borkonzentration photometrisch ermitteln läßt. Die mit diesem Verfahren zu bestimmenden Massenkonzentrationen von 0,01 bis 1 mg/l Bor entsprechen im wesentlichen dem Trinkwasserbereich; infolgedessen läßt sich das Wasser unverdünnt und direkt untersuchen. Bei höheren Bormengen muß verdünnt werden [1, 3, 5–8, 12]. Das Untersuchungswasser soll möglichst klar und farblos sein; geringe Färbungen können bei der Photometrie kompensiert werden; Schwebstoffe werden vorher durch Membranfiltration abgetrennt. Verschiedene Kationen und Anionen in bestimmter Mengen stören das Verfahren (s. Störungen).

Geräte:
Photometer mit Küvetten verschiedener Schichtdicke (1; 2 und 5 cm)
Polyolefinflaschen mit 1000, 500 und 100 ml
Kunststoffmeßpipetten
Reagenzien:
Azomethin-H (Kondensationsprodukt der 4-Amino-5-hydroxynaphthalin-2,7-disulfonsäure und des Salicylaldehyds), $C_{17}H_{13}O_8S_2N$ p. a. bzw. das Natriumsalz
L(+)-Ascorbinsäure, $C_6H_8O_6$ p. a.

Azomethin-H-Lösung. 10 g Azomethin-H und 30 g Ascorbinsäure werden in destilliertem Wasser gelöst. Nach Auffüllen mit destilliertem Wasser im 1-l-Meßkolben wird in eine Polyolefinflasche abgefüllt. Die Lösung muß im Dunkeln aufbewahrt werden und ist einige Wochen haltbar.

Puffer- und Tarnlösung. 250 g Ammoniumacetat, $C_2H_7O_2N$ p. a., 750 mg Citronensäure, $C_6H_8O_7 \cdot H_2O$ p. a., 750 mg Ethylendiamintetraessigsäure (Dinatriumsalz), $C_{10}H_4N_2Na_2O_8 \cdot 2H_2O$, 80 ml Schwefelsäure [Mischung von 20 ml H_2SO_4 konz. ($D = 1,84$ g/ml) und 80 ml destilliertes Wasser] und 5 ml Phosphorsäure, H_3PO_4 ($D = 1,71$ g/ml) werden mit 250 ml destilliertem Wasser zu einer Lösung vereinigt, die den pH-Wert 5,9 aufweisen soll.

Azomethin-H-Untersuchungslösung. Gleiche Volumenteile an Azomethin-H-Lösung sowie Puffer- und Tarnlösung sind vor Analysenbeginn zu vermischen; diese Lösung ist jeweils frisch herzustellen und wird bis zum Gebrauch im Dunkeln aufbewahrt.

Borstandardlösung. 1,43 g Borsäure, H_3BO_3 krist. p. a. werden in destilliertem Wasser im 1-l-Meßkolben gelöst. Nach Auffüllen mit destilliertem Wasser enthält die Lösung 250 mg/l Bor entsprechend 25 µg in 1 ml. Diese Lösung wird jeweils frisch 1:1000 verdünnt und enthält dann 0,25 mg/l Bor bzw. 0,25 µg in 1 ml. Die gemäß Arbeitsvorschrift zu verwendenden 25 ml ergeben bei Benutzung von 1-cm-Küvetten ein mittleres spektrales Absorptionsmaß.

Arbeitsvorschrift

In eine 100-ml-Kunststoffflasche werden 25 ml Untersuchungswasser und 10 ml Azomethin-H-Lösung gegeben. In gleicher Weise werden 25 ml der verdünnten Borstandardlösung (6,25 µg B) behandelt. Des weiteren wird mit 25 ml destilliertem Wasser ein Blindwert angesetzt. Nach Umschwenken beläßt man die drei Proben 2 h im Dunkeln.
Die Messungen erfolgen mit einem Photometer bei 414 nm. Die zu wählende Schichtdicke kann je nach Borkonzentration 1, 2 oder 5 cm betragen. Der Blindwert hat ein spektrales Absorptionsmaß gegen destilliertes Wasser von ca. 0,10 bis 0,17 und soll nicht höher liegen; anderenfalls ist die Reinheit der Reagenzien bzw. Geräte nicht gegeben. Man bestimmt die jeweilige Differenz der spektralen Absorptionsmaße zwischen

Wasserprobe und Blindwert bzw. zwischen Standardlösung und Blindwert und erhält aus den beiden Werten einen Umrechnungsfaktor, der täglich neu ermittelt werden muß. Falls das Untersuchungswasser selbst eine Absorption bei 414 nm aufweist, wird die entsprechende Extinktion durch Messen eines Ansatzes von 25 ml Untersuchungswasser + 5 ml destilliertes Wasser + 5 ml Puffer- und Tarnlösung gegen destilliertes Wasser gemessen und von dem spektralen Absorptionsmaß der Wasserprobe mit Azomethin in Abzug gebracht.

Berechnung und Angabe der Werte

Die Analysenangaben werden auf Bor bezogen.

$$\text{mg/l Bor} = \frac{a}{b} c$$

(bei Verwendung von 1-cm-Küvetten).

- a Differenz der spektralen Absorptionsmaße zwischen Wasserprobe und Blindwert
- b Differenz der spektralen Absorptionsmaße zwischen Standardlösung und Blindwert
- c Massenkonzentration an Bor in der Standardlösung in mg/l

Die Eichgerade geht zwar immer durch den Nullpunkt, jedoch können die Steigungen von Versuchsreihe zu Versuchsreihe verschieden sein; infolgedessen sind bei jeder Untersuchungsreihe die Standardwerte, wie vorstehend beschrieben, zu bestimmen.
Bei einem Borgehalt über 1 mg/l wird der Wert auf 0,1 mg/l, bei niedrigeren Werten auf 0,01 mg/l gerundet (z. B. 4,3 mg/l oder 0,33 mg/l Bor).
Der Umrechnungsfaktor von Bor auf HBO_2 beträgt 4,0533.

Störungen

Nach Literaturangaben stören Mangan, Zink, Calcium, Magnesium, Natrium, Kalium, Phosphat, Sulfat und Nitrat nicht. Dagegen ist durch Zirkonium, Chrom, Titan, Kupfer, Vanadium, Aluminium, Beryllium und Eisen eine Vortäuschung von Bor möglich.
Von diesen Elementen ist im Trinkwasser am ehesten mit Kupfer, Aluminium und Eisen zu rechnen.
So wird durch 5 mg/l Fe bzw. 20 mg/l Cu bzw. 20 mg/l Al in einem Wasser mit 0,25 mg/l B ein Mehrbefund an Bor von maximal 5% gefunden. Bei eigenen Untersuchungen mit Wasser, das 5 mg Fe + 20 mg Cu + 50 mg Al neben 0,25 mg B pro 1 enthielt, betrug der Mehrbefund 0,06 mg/l B. In solchen Fällen erscheint es zweckmäßig, die Angabe des Borwerts auf eine Dezimale zu verringern und damit immerhin noch ein Ergebnis begrenzter Genauigkeit zu erhalten. Man kann zwar das Bor mit 2-Ethyl-1,3-hexandiol nach Hofer [2] aus dem Wasser extrahieren und dann wiederum durch Natronlauge in die wäßrige Phase überführen, jedoch wird u. U. auch diese Extraktion Störungen und Fehler im Befund erbringen. Eine genaue Prüfung ist im Einzelfall notwendig. Bei erheblichen Störungen der Borbestimmung sind andere Methoden in Betracht zu ziehen (z. B. Ausfällung und Ionenaustausch zur Abtrennung der Metalle).

8.7.7.3 Sonstige Verfahren

Die zahlreichen anderen Verfahren sind bei Dietz [4] aufgeführt und wurden teilweise von ihm auch erprobt. Neben dem Azomethin-H ist nur noch die fluorometrische Bestimmung bei 365 nm mit 2-Hydroxy-4-methoxy-4'-chloro-benzophenon (HCMB) wegen ihrer hohen Empfindlichkeit (2,5 µg/l B bei einer Standardabweichung des Einzelwerts von ± 0,6µg/l) erwähnenswert [9, 11]. Eine Arbeitsvorschrift für die Wasseruntersuchung findet sich bei Dietz [4].

8.7.7.4 Beurteilung und Grenzwerte

Mit der Nahrung nimmt der Mensch täglich 10 bis 20 mg Bor auf, die auch im wesentlichen wieder ausgeschieden werden. Bei einem Abwasseranfall von 100 bis 200 l je Einwohner und Tag ergibt sich demzufolge ca. 0,1 mg/l Bor als Ausscheidungsrate; sie hat sich durch den Waschmittelverbrauch bereits bis 1972 erheblich erhöht, nämlich auf 1,3 bis 2,5 mg/l kommunales Abwasser.

Höhere Borwerte im Trinkwasser deuten demzufolge auf entsprechende Wasserbelastungen hin; die geogen bedingte Borkonzentration des Wassers liegt üblicherweise im unteren µg-Bereich (z. B. im Einzugsgebiet der Ruhr < 10 µg/l); erhöhte Werte sind anthropogen bedingt, sofern nicht bei tieferen Grundwässern gesteinsbedingte Voraussetzungen für höhere Borwerte vorhanden sind.

Im Trinkwasser, das aus Ruhrwasser gewonnen wurde, fand Dietz [4] ca. 0,3 mg/l Bor, ebenfalls im Wasser der Ruhr. In Talsperren waren 8 bis 10 µg/l nachweisbar. Über solche Vorkommen hinaus wird das Bor heute bevorzugt als Indikatorelement bei hydrologischen Untersuchungen benutzt, z. B. bei Feststellungen über Mischungen von Grund- und Oberflächenwässern bei der Uferfiltration. Borverbindungen unterliegen kaum Adsorptions- oder Desorptionsmechanismen.

Im Durchschnitt enthalten die Oberflächengewässer der Bundesrepublik Deutschland 0,1 bis 0,4 mg/l B; Trinkwässer besitzen in der Regel weniger als 0,1 mg/l, maximal 0,25 mg/l [10].

Die Trinkwasser-VO berücksichtigt das Bor nicht; dagegen wird in der EG-Trinkwasserrichtlinie ein Richtwert von 1 mg/l Bor genannt. Schließlich geben auch die EG-Oberflächenwasserrichtlinie und der DVGW im Arbeitsblatt W 151 über die Eignung von Oberflächenwasser für die Trinkwasserversorgung den Wert von 1 mg/l an.

8.7.7.5 Literatur

1 DIN 38 405 Teil 17: Deutsche Einheitsverfahren zur Wasser-, Abwasser- und Schlamm-Untersuchung, (Gruppe D, Anionen), Bestimmung von Borat-Ionen (März 1981). Berlin: Beuth

2 Hofer, A.; Brosche, E.; Heidinger, R.: Spektralphotometrische Bestimmung von wasserlöslichem Bor in Komplexdüngern mit Azomethin-H nach vorheriger Isolierung durch Extraktion mit 2-Äthylhexandiol (1, 3). Z. Anal. Chem. 253 (1971) 117-119

3 Graffmann, G.; Kuzel, P.; Nösler, H.; Nonnenmacher, G.: Spurenbestimmung von Bor in Oberflächengewässern und Trinkwässern. Chem. Ztg. 98 (1974) 499-504

4 Dietz, F.: Die Borkonzentration in Wässern als Indikator der Gewässerbelastung. Gas Wasserfach, Wasser Abwasser 116 (1975) 301-308

5 Souci, S.W.; Quentin, K.E.: Handbuch der Lebensmittelchemie. Bd. VIII/2 Berlin: Springer 1969, S. 1010-1014

6 Rodier, J.: L'Analyse chimique et physico-chimique de l'Eau. Paris: Dunod 1971

7 Capelle, R.: Versuche zur Mikrobestimmung von Bor mit 19 Farbstoffen, die Azo- oder Imingruppen enthalten. Z. Anal. Chem. 187 (1962) 446

8 Freier, R.K.: Wasseranalyse. 2. Aufl. Berlin: de Gruyter 1974, S. 23

9 Liebich, B.; Monnier, D.; Marcantonatos, M.: Dosage direct traces de bore dans les eaux naturelles par la méthode fluorimetrique à l'hydroxy-2-methoxy-4-chloro-4'-benzophenone. Anal. Chim. Acta 52 (1970) 305-312.

10 Informationsdienst des BMI. Umwelt 98 (1983) 15

11 Monnier, D.; Liebich, B.; Marcantonatos, M.; Microdosage direct du bore dans les plantes par la méthode fluorimetrique à l'hydroxy-2-methoxy-4-chloro-4'-benzophénone (HMCB). Z. Anal. Chim. 247 (1969) 188-191

12 ISO/TC 147 Water quality: Determination of boron—spectrometric method using azomethin-H (Entwurf Mai 1986). Genf

8.7.8 Bestimmung von Cadmium

8.7.8.1 Bestimmung mit AAS

Stammlösung:
a) Cd-Lösungen der Chemikalienfirmen, Zugabe von 5 ml Salpetersäure (D = 1,40 g/ml) auf 1 l.
b) Lösen von 2,7445 g Cadmiumnitrat, $Cd(NO_3)_2 \cdot 4H_2O$ p.a. in destilliertem Wasser, Zugabe von 5 ml Salpetersäure (D = 1,40 g/ml), mit destilliertem Wasser auf 1 l auffüllen (1000 mg/l Cd).

Hauptresonanzlinie: 228,8 nm.
Flammenatomisierung: Luft/Acetylen.
Atomisierung in der Graphitrohrküvette:
Veraschung max: 450 °C,
Atomisierung max: 2050 °C.

Störungen

a) Flamme: Bei der Bestimmung im Trinkwasser sind keine Störungen bekannt.
b) Graphitrohrküvette: Bei den zu erwarten-

den geringen Mengen ist gerade dieses Verfahren empfehlenswert; wesentliche Störungen sind nicht bekannt. Die niedrige Veraschungstemperatur ist wegen der leichten Flüchtigkeit zu beachten.

8.7.8.2 Beurteilung und Grenzwerte

Cadmium gehört zwar zu den seltenen Metallen; doch werden cadmiumhaltige Mineralien in vielen Teilen der Welt gefunden; vor allem Zinkerze enthalten geringe Cadmiummengen. Bei der Zinkgewinnung fällt daher Cadmium als Nebenprodukt an. Unter anderem findet es zur Fabrikation von Legierungen, Lot, Batterien, Pigmenten und Stabilisatoren für Kunststoffe Verwendung [1-8].
Cadmium ist im Meerwasser bis zu 0,1 µg/l, in anderen Oberflächenwässern bis zu 0,4 µg/l vertreten. Der Rhein enthielt 1982 im Mittel 0,18 µg/l (Maximalkonzentration 0,5 µg/l) [8]. In Sedimenten unbelasteter Flüsse sind 0,04 bis 0,8 mg/kg und in anthropogen belasteten 30 bis 400 mg/kg zu finden; hochbelastete Flußsedimente in den USA erreichen mitunter über 800 mg/kg Cd.
Die Angaben für Cadmiumkonzentrationen im lufttrockenen Boden schwanken zwischen 0,01 und 1 mg/kg bei immisionsfernen Standorten und zwischen 0,01 und 2,5 mg/kg Trockenmasse für landwirtschaftlich genutzte Flächen.
Oberflächengewässer, die mehr als einige µg/l Cd enthalten, sind wahrscheinlich durch anthropogen bedingte Maßnahmen belastet. Erhöhte Werte im Trinkwasser (z. B. > 1 µg/l) können durch verzinkte Leitungsrohre oder Lötstellen an Rohren und Wasserhähnen hervorgerufen werden, vor allem in Wässern mit niedrigen pH-Werten. Da der Cadmiumwert eines solchen Wassers auch abhängig von der Zeit des Kontakts mit dem entsprechenden Leitungsmaterial ist, kann die Cd-Konzentration im Wasser schwanken. Ein Mittelwert läßt sich daher nur mit einer größeren Probenanzahl bestimmen.
Üblicherweise erreicht die Cd-Zufuhr durch Nahrung, Wasser und Luft nicht die tolerierbare wöchentliche Aufnahme von 0,4 bis 0,5 mg pro Person, die 1972 durch die FAO/WHO empfohlen wurde. In der Bundesrepublik Deutschland beträgt die durchschnittliche orale Aufnahme etwa 70 bis 80 % des Werts.
Bei Werten < 1 µg/l Cd im Trinkwasser leistet dieses einen Beitrag von weniger als 5 bis 10 % zur Gesamtexposition (Nahrung: 15 bis 60 µg/Tag und Luft: 0,05 µg/Tag); 1 µg/l Cd würde etwa 9 % entsprechen und 5 µg/l Cd etwa 33 % der gesamten Cadmiumaufnahme. Einen großen Einfluß auf diese Berechnungen übt das Rauchen aus.
Cadmium hat im Organismus eine lange Halbwertszeit von 13 bis 38 Jahren und akkumuliert vor allem in der Niere (33 %), in der Leber (13,8 %) und zu 2,3 % in der Lunge [3, 4]. Der Cadmiumbestand des Menschen wird auf durchschnittlich 30 mg/70 kg Körpergewicht geschätzt.
Die letale Dosis für den Menschen ist zwar noch nicht genau bekannt, wird aber auf einige 100 mg geschätzt. Langzeitwirkungen konnten an Industriearbeitern beobachtet werden. In die Literatur ist die sog. Itai-Itai-Krankheit eingegangen, die im Spätstadium eine Schrumpfung des Knochenskeletts infolge chronischer Vergiftung mit Cadmium durch lokale industrielle Umweltverschmutzung bewirkt; diese Massenerkrankung wurde 1955 erstmals in Japan beobachtet und nach den Schmerzenslauten der Kranken benannt [2, 5, 6].
Cadmium und Cadmiumverbindungen ($CdSO_4$, CdS_2, CdO) wurden in die MAK-Liste als Stoffe mit einem begründeten Verdacht auf ihr cancerogenes Potential eingereiht.
Die EG-Trinkwasserrichtlinie gibt als Grenzwert 5 µg/l Cd an. In der Trinkwasser-VO sowie in den WHO-Guidelines findet sich der gleiche Grenzwert. Auch die Mineral- und Tafelwasser-VO beschränkt die Cd-Konzentration auf 5 µg/l. In zahlreichen Ländern ist der Cd-Wert des Trinkwassers begrenzt, in der Regel bis zu 10 µg/l. Die neuen WHO-Guidelines werden sicherlich dem dort empfohlenen 5 µg/l-Grenzwert allgemeine Gültigkeit verschaffen.
Nach Ohnesorge [7] sind Gesundheitsschäden durch Trinkwasser nur durch langandauernde Grenzwertüberschreitungen zu erwarten. Für sieben Tage Versorgung mit Nottrinkwasser wären Konzentrationen bis

zu 50 µg/l duldbar; für sechs Monate dürfte der Grenzwert höchstens um 100% überschritten werden.
Cadmium wird auch in der EG-Oberflächenwasserrichtlinie und im Arbeitsblatt W 151 des DVGW über die Eignung von Oberflächenwasser für die Trinkwasserversorgung aufgeführt (EG-Richtlinie: Leitwert 1 µg/l und Grenzwert 5 µg/l; W 151: noch tolerierbarer Grenzwert 10 µg/l, zufriedenstellende Merkmale eines Rohwassers 5 µg/l).
Cadmium ist auch in anderen Wasserqualitätsrichtlinien aufgeführt; es findet sich in den Listen I der EG-Grundwasser- und EG-Ableitungsrichtlinie sowie in der EG-Richtlinie betreffend Grenzwerte und Qualitätsziele für Cadmiumableitungen, aufgegliedert nach Industriezweigen und Gewässerzonen. Im ALV-Arbeitsblatt A 115 mit seinen Hinweisen für das Einleiten von Abwasser in eine öffentliche Abwasseranlage steht für Cadmium der noch als unbedenklich angesehene Höchstwert von 0,5 mg/l bei solchen Einleitungen.
Nach der Klärschlamm-VO darf der Cadmiumgehalt 20 mg in 1 kg Schlammtrockenrückstand nicht überschreiten, wenn der Klärschlamm auf landwirtschaftlich oder gärtnerisch genutzte Böden aufgebracht werden soll. In den zur Aufbringung von Klärschlamm vorgesehenen Böden selbst dürfen gewisse Metallgehalte nicht überschritten sein (z. B. 3 mg Cadmium in 1 kg lufttrockenen Boden).

8.7.8.3 Literatur

1 Neumüller, O.A.: Römpps Chemie-Lexikon. Stuttgart: Franckh'sche Verlagshandlung 1979
2 Marian, E.: Metalle in der Umwelt. Weinheim: Verlag Chemie 1984
3 Gesellschaft für Strahlen- und Umweltforschung mbH: Ecotoxicology of Cadmium. gsf-Bericht Ö-629, EUR 7499 EN, München: Inst. f. Ökologische Chemie 1981
4 Lemm, R.v.; Hartleb, M.: Untersuchungen über den Schwermetallgehalt in Tennenbelägen von Oldenburger Sportplätzen. Information zu Energie und Umwelt, Teil 8 Nr. 5, Univ. Bremen 1984
5 Rosival, L.; Engst, R.; Szokolay, A.: Fremd- und Zusatzstoffe in Lebensmitteln. Leipzig: VEB Fachbuchverlag 1978
6 Commission of the European Communities: The toxicology of Cadmium. Environment and quality of life. Report EUR 7649 EN, Brüssel 1982
7 Ohnesorge, F.K.: Grundlagen und Problematik bei der Festsetzung von Grenzwerten für Trinkwasser-Inhaltsstoffe aus toxikologischer Sicht. Gas Wasserfach, Wasser Abwasser 121, (1980) 515-522
8 Bericht der IAWR (Internationale Arbeitsgemeinschaft der Wasserwerke im Rheineinzugsgebiet). Arbeitstagung 1983, S. 66

8.7.9 Bestimmung von Calcium

8.7.9.1 Bestimmung mit AAS

Stammlösung:
a) Ca-Lösungen der Chemikalienfirmen, Zugabe von 5 ml Salpetersäure ($D = 1,40$ g/ml) auf 1 l.
b) Lösen von 2,4972 g $CaCO_3$ p. a. in 20 ml Salpetersäure ($D = 1,15$ g/ml), mit destilliertem Wasser auf 1 l auffüllen (1000 mg/l Ca).
Salpetersäure ($D = 1,15$ g/ml): 42 ml destilliertes Wasser und 25 ml Salpetersäure ($D = 1,40$ g/ml) werden vermischt.
Hauptresonanzlinie: 422,7 nm.
Flammenatomisierung: Lachgas/Acetylen.
Atomisierung in der Graphitrohrküvette:
Veraschung max: 1100 °C
Atomisierung max: 2800 °C

Störungen

a) Flamme: Zahlreiche chemische Interferenzen, die in der Luft/Acetylen-Flammen auftreten, sind durch die Verwendung der Lachgas/Acetylen-Flamme vermeidbar. Calcium wird aber in diesem Brenngasbereich teilweise ionisiert; eine Zugabe von 20 ml Kaliumionisationspuffer zu 1 l der Meß- und Eichlösungen verhindert diesen Effekt (s. Abschn. 8.6.3.2).
b) Graphitrohrküvette: Calcium läßt sich verlustfrei thermisch vorbehandeln, so daß keine nennenswerten Störungen auftreten; allerdings besteht ein Kontaminationsrisiko; die Benutzung einer pyrolytisch beschichteten Küvette ist anzuraten (Carbidbildung).

8.7.9.2 Komplexometrische Bestimmung

Siehe Abschn. 8.2.

8.7.10 Bestimmung von Chrom

8.7.10.1 Bestimmung mit AAS

Stammlösung:
a) Cr-Lösungen der Chemikalienfirmen, Zugabe von 5 ml Salpetersäure ($D = 1,40$ g/ml) auf 1 l.
b) Lösen von 7,6958 g Chromnitrat, $Cr(NO_3)_3 \cdot 9H_2O$ in destilliertem Wasser, Zugabe von 5 ml Salpetersäure ($D = 1,40$ g/ml), mit destilliertem Wasser auf 1 l auffüllen (1000 mg/l Cr).

Hauptresonanzlinie: 357,9 nm.
Alternativlinien:
359,4 nm (1,5mal unempfindlicher),
360,5 nm (3mal unempfindlicher).
Flammenatomisierung: Luft/Acetylen.
Atomisierung in der Graphitrohrküvette:
Veraschung max: 1350 °C,
Atomisierung max: 2850 °C.

Störungen

a) Flamme: Bei der Chrombestimmung muß mit der oxidierenden Luft/Acetylen-Flamme gearbeitet werden. Evtl. vorliegendes Cr III wird in dieser Flamme zu Cr VI oxidiert, so daß unterschiedliche AAS-Signale von Chrom III zu VI nicht auftreten können.
b) Bei der Trinkwasseruntersuchung ist keine Störung bekannt. Die Anwendung einer pyrolytisch beschichteter Küvette ist allerdings anzuraten.

8.7.10.2 Sonstige Verfahren

Geräte und Chemikalien wie unter Abschn. 8.7.10.1. Statt der Luft/Acetylen-Flamme läßt sich auch eine Lachgas(N_2O)/Acetylen-Flamme verwenden. Auch hier erhält man eine Summenbestimmung von Cr III und Cr VI [1]. Cr VI läßt sich auch photometrisch bestimmen [2].

8.7.10.3 Beurteilung und Grenzwerte

Chrom kommt in der Natur fast nur in Form von Verbindungen vor (z. B. Chromeisenerz Chromit, $Cr_2O_3 \cdot FeO$) und gehört zu den häufigeren Elementen. Für den Menschen zählt Chrom zu den essentiellen Spurenelementen mit einem Tagesbedarf von ca. 0,05 mg. Die tägliche Chromaufnahme der Bevölkerung ist überwiegend alimentär bedingt, sie beträgt durchschnittlich 280 µg aus der Nahrung, 4 µg aus dem Wasser und 0,28 µg aus der Luft. Üblicherweise ist in Oberflächenwässern mit 1 bis 10 µg/l Chrom zu rechnen; die Konzentrationen in den Trinkwässern der Bundesrepublik Deutschland betragen im Mittel 1,2 µg/l (< 5 bis > 50 µg/l). In der Regel liegt das Chrom vorwiegend als Chrom(III) vor. Chrom(VI) hat höchstens einen Anteil von 10 % am Gesamtchrom. Nur in speziellen Fällen tritt Chromat auf (z. B. chromathaltige Abwässer, Entgiftung durch Reduktion und Ausfällung von Chrom(III)hydroxid, Oxidation des dreiwertigen Chroms bei Belüftung bzw. Chlorung). Während gesundheitliche Schäden durch Chrom(III) nicht bekannt sind, wird Chrom(VI) als toxisch betrachtet; allgemein sollen die Verbindungen mit sechswertigem Chrom etwa 100mal giftiger als die des dreiwertigen Chroms sein. Im Ames-Test wirkt sechswertiges Chrom mutagen, dreiwertiges Chrom nicht. Chromathaltige Stäube werden wegen der Gefahr von Lungenkrebs auch in der MAK-Liste aufgeführt [3–5].
Durch Trinkwasser verursachte Gesundheitsschäden sind wegen der geringen Chromkonzentration nicht zu erwarten; der bisher schon gültige Grenzwert von 50 µg/l wurde auch in der novellierten Trinkwasser-VO und in der neuen Mineral- und Tafelwasser-VO beibehalten. Die Werte beziehen sich immer auf das Gesamtchrom, das auch in dieser Form bestimmt und in der Trinkwasseranalyse angegeben wird; nur in Ausnahmefällen ist eine analytische Differenzierung in Chrom(III) und Chrom(VI) veranlaßt. Ohnesorge [6] hält den 50 µg-Grenzwert für zutreffend, längerfristige Überschreitungen (mehr als sieben Tage) aber schon für problematisch. In einigen Ländern ist allerdings der Grenzwert von 50 µg/l auf Chrom(VI) festgesetzt.
Die WHO-Guidelines empfehlen ebenfalls einen Höchstwert von 50 µg/l Gesamtchrom. In der Begründung wird vor allem auf das Vorkommen von Chrom(VI) in belüftetem und gechlortem Wasser hingewiesen.
Chrom findet sich praktisch in allen Grenzwert- und Empfehlungslisten, die mit dem

Wasser zusammenhängen, so z. B. in den EG-Trinkwasser-, EG-Oberflächenwasser-, EG-Grundwasserrichtlinien und im entsprechenden Arbeitsblatt W 151 des DVGW (EG-Richtlinie 50 µg/l, W 151 je nach Aufbereitung 30 und 50 µg/l).
Erwähnenswert ist auch das ATV-Arbeitsblatt A 115 mit Hinweisen für das Einleiten von Abwasser in öffentliche Abwasseranlagen; ein Höchstwert von 0,5 mg/l Cr(VI) und 3 mg/l Gesamtchrom wird noch für tolerierbar gehalten. Die Klärschlamm-VO beschränkt den Chromgehalt auf 1200 mg/kg Schlammtrockenmasse, wenn der Klärschlamm auf landwirtschaftlich oder gärtnerisch genutzte Böden aufgebracht werden soll. Diese Böden selbst dürfen einen Chromgehalt von 100 mg/kg lufttrockenen Boden nicht überschreiten.

8.7.10.4 Literatur

1 DIN 38 406 Teil 10: Deutsche Einheitsverfahren zur Wasser-, Abwasser- und Schlamm-Untersuchung, (Gruppe E, Kationen), Bestimmung von Chrom (Juni 1985). Berlin: Beuth
2 DIN 38 405 Teil 24: Deutsche Einheitsverfahren zur Wasser-, Abwasser- und Schlamm-Untersuchung, Photometrische Bestimmung von Chrom VI mittels 1,5-Diphenylcarbazid (Entwurf Januar 1986). Berlin: Beuth
3 Jahresbericht des BGA 1980, Umwelthygiene, S. 51 f.
4 Papke, G.: Chromstudie im Auftrag des Bund-Länder-Arbeitskreises „Umweltchemikalien" 1981
5 Neumüller, O. A.: Römpps Chemie-Lexikon. Stuttgart: Franckh'sche Verlagshandlung 1979
6 Ohnesorge, F. K.: Grundlage und Problematik bei der Festsetzung von Grenzwerten für Trinkwasser-Inhaltsstoffe aus toxikologischer Sicht. Gas Wasserfach, Wasser Abwasser 121 (1980) 515–522

8.7.11 Bestimmung von Cobalt

8.7.11.1 Bestimmung mit AAS

Stammlösung:
a) Co-Lösungen der Chemikalienfirmen, Zugabe von 5 ml Salpetersäure (D = 1,40 g/ml) auf 1 l.
b) Lösung von 4,938 g Cobaltnitrat, $Co(NO_3)_2 \cdot 6H_2O$ p.a. in destilliertem Wasser, Zugabe 5 ml Salpetersäure (D = 1,40 g/ml), mit destilliertem Wasser auf 1 l auffüllen (1000 mg/l Co).
Hauptresonanzlinie: 240,7 nm.
Alternativlinien:
242,2 nm (1,2mal unempfindlicher).
Flammenatomisierung: Luft/Acetylen.
Atomisierung in der Graphitrohrküvette:
Veraschung max: 1100 °C,
Atomisierung max: 2750 °C.

Störungen

a) Flamme: Bei der Trinkwasseruntersuchung sind keine wesentlichen Störungen bekannt.
b) Graphitrohrküvette: Die Verwendung pyrolytisch beschichteter Küvetten wird empfohlen.

8.7.11.2 Beurteilung und Grenzwerte

Cobalt kommt meist in Begleitung von Nickel und Eisen vor und zählt zu den selteneren Elementen. In Böden sind ca. 0,5 bis 200 mg/kg enthalten. Im Wasser ist nur mit sehr geringen Co-Konzentrationen zu rechnen. Für Meerwasser wird ein Gehalt von durchschnittlich 0,1 µg/l angegeben, in verschiedenen Oberflächenwässern wurden 0,2 bis 15 µg/l gefunden. Falls Co im Trinkwasser bestimmbar war, lagen die Werte zwischen 0,1 und 10 µg/l [1–3].
Die tägliche Cobaltaufnahme des Menschen beträgt 140 bis 180 mg bei einer 20 bis 95%igen Resorption; sie ist mit der Eisenaufnahme gekoppelt. Cobalt fungiert als Zentralatom des Vitamins B_{12} und gilt daher als essentielles Spurenelement. Erst bei oraler Aufnahme höherer Cobaltmengen von ca. 25 bis 30 mg pro Tag sind toxische Wirkungen zu erwarten. Die MAK-Liste enthält keine Grenzwerte für Cobalt oder Cobaltverbindungen, da eine als unbedenklich anzusehende Grenzkonzentration noch nicht angegeben werden kann. Co-Stäube haben sich allerdings im Tierversuch als krebserzeugend erwiesen.
Die WHO-Guidelines führen Cobalt unter den Wasserbestandteilen an, für die keine einschränkenden Empfehlungen notwendig erscheinen. Cobalt ist zwar in der EG-Trinkwasserrichtlinie enthalten, jedoch ohne

Richtwert oder Höchstkonzentration; infolgedessen wurde Cobalt auch nicht in die Trinkwasser-VO aufgenommen. Bei Mineralwasseruntersuchungen ist gemäß AVV stets Cobalt zu bestimmen.
Cobalt wird auch in der EG-Grundwasserrichtlinie in Liste II genannt; das DVGW-Arbeitsblatt W 151 gibt 50 µg/l Co an. Im ATV-Arbeitsblatt A 115 stehen 5 mg/l Co als unbedenkliche Höchstmenge bei der Abwassereinleitung in öffentliche Abwasseranlagen.

8.7.11.3 Literatur

1 Merian, E.: Metalle in der Umwelt. Weinheim: Verlag Chemie 1984
2 Neumüller, O.-A.; Römpps Chemie-Lexikon. Stuttgart: Franckh'sche Verlagshandlung 1981
3 DVGW-Schriftenreihe Wasser Nr. 48: Daten und Informationen zu Wasserinhaltsstoffen. Frankfurt: ZfGW-Verlag 1985

8.7.12 Bestimmung von Eisen

Zahlreiche Wässer enthalten Eisen; während das Eisen in Oberflächenwässern meist in sehr geringen Mengen vorliegt, können im Grundwasser bei Sauerstoffabwesenheit oder auch in Verbindung mit Huminstoffen höhere Eisenkonzentrationen vorkommen. Der Schwankungsbereich der Eisenmengen in den natürlichen Wässern ist infolgedessen sehr breit; er reicht vom µg-Bereich der Oberflächenwässer in den mg-Bereich bestimmter Grundwässer und kann darüber hinaus in Tiefenwässern weiter ansteigen. Neben diesen natürlichen Eisenvorkommen ist auch Eisen in Betracht zu ziehen, das in Versorgungsanlagen durch Korrosionsvorgänge in das Wasser gelangen kann. Schließlich können als Folge von Aufbereitungsvorgängen wechselnde Eisenmengen im Wasser vorliegen.
In der Regel tritt das gelöste Eisen in Form von Eisen(II)-Ionen auf; mit gelösten Eisen(III)-Ionen ist im Trinkwasser nicht zu rechnen, da diese nur bei niedrigem pH-Wert beständig sind und über pH 3 bereits in unlösliches Oxidhydrat übergehen. Neben gelösten Eisen(II)-Ionen kann das Wasser unter Umständen kolloidale oder ungelöste Eisenverbindungen enthalten. Außerdem kommt das Eisen auch komplexgebunden vor. In der Trinkwasseruntersuchung wird üblicherweise das Gesamteisen ermittelt. Eisen(II)-Ionen gehen bei Sauerstoffzutritt in Eisen(III)-Ionen über, die ihrerseits schwerlösliches Eisenoxidhydrat bilden. Daher ist eine Unterscheidung zwischen gelöstem und ungelöstem Eisen bei sich ändernden Redoxverhältnissen problematisch. Diese Schwierigkeit kann schon im Verlauf der Probenahme auftreten. Möglicherweise muß auch noch komplexgebundenes Eisen (z. B. in Huminstoffen) berücksichtigt werden. Diese Komplexe können so stabil sein, daß sie selbst bei Ansäuern des Untersuchungswassers häufig nicht in die ionogene Form übergehen und sich der direkten photometrischen Bestimmung entziehen. Deshalb ist die Gesamteisenbestimmung ohne Versuche der Differenzierung bei der Trinkwasseruntersuchung am eindeutigsten.
In der Trinkwasserversorgung wird Eisen bereits in kleinen Mengen als störender Stoff betrachtet, so daß eine Enteisenung des Wassers erforderlich sein kann. Unter diesen Gesichtspunkten ist bei der Trinkwasseranalyse auch stets eine Eisenbestimmung vorzunehmen.
Es gibt eine Reihe von Methoden bzw. Verfahrensweisen [1-7]. Besonders bewährt haben sich photometrische Verfahren, die nachstehend beschrieben werden. Dabei wurde Wert darauf gelegt, sowohl höhere Eisenmengen zu bestimmen (Sulfosalicylsäure) wie auch den Bereich zu erfassen, der für die Enteisenung in der Trinkwasseraufbereitung eine Rolle spielt. Nach heutigen Qualitätsvorstellungen soll der Eisengehalt des Trinkwassers < 0,05 mg/l liegen. Die beschriebene Methodik des Phenantrolinverfahrens hat daher ihre untere Grenze bei 0,04 mg/l. Um bedarfsweise auch noch geringere Eisenkonzentrationen und vor allem komplexgebundenes Eisen zu erfassen, wird das Bathophenanthrolinverfahren als dritte Methode dargestellt (10 µg/l). Für Reihenuntersuchungen hat sich die AAS eingeführt, insbesondere, wenn Wasserproben auf verschiedene Metalle untersucht werden oder laufende Kontrollen notwendig sind. Mit

Flammenatomisierung liegt die untere Bestimmungsgrenze bei 50 µg/l und bei der elektrothermischen Atomisierung bei 0,25 µg/l.

8.7.12.1 Bestimmung mit AAS

Bei Serienuntersuchungen ist die AAS sicherlich empfehlenswert; da aber für die Eisenbestimmung auch empfindliche photometrische Verfahren vorhanden sind, wird bei Einzelbestimmungen vorzugsweise die Photometrie angewandt.

Stammlösung:
a) Fe-Lösungen der Chemikalienfirmen, Zugabe von 5 ml Salpetersäure ($D = 1,40$ g/ml) auf 1 l.
b) Lösung von 1,000 g Eisen in 25 ml Salzsäure ($D = 1,10$ g/ml); Zugabe von 5 ml Salpetersäure ($D = 1,40$ g/ml), mit destilliertem Wasser auf 1 l auffüllen.
Salzsäure ($D = 1,10$ g/ml): 40 ml Salzsäure ($D = 1,19$ g/ml) werden mit 34 ml destilliertem Wasser vermischt.
Hauptresonanzlinie: 248,3 nm.
Alternativlinien:
372,0 nm (10mal unempfindlicher).
Flammenatomisierung: Luft/Acetylen.
Atomisierung in der Graphitrohrküvette:
Veraschung max: 1100 °C,
Atomisierung max: 2500 °C.

Störungen

a) Flamme: Bei der Trinkwasseruntersuchung sind keine wesentlichen Störungen bekannt.
b) Graphitrohrküvette: Es sind pyrolytisch beschichtete Küvetten zu verwenden, da mit den normalen Küvetten unterschiedliche und teilweise nicht reproduzierbare Werte erhalten werden.

8.7.12.2 Probenahme

Am Entnahmeort werden mindestens zwei gesonderte Wasserproben zur Doppelbestimmung des Eisens in gewogene 250-ml-Kunststoff- oder Glasflaschen abgefüllt. Nach Rückwaage im Laboratorium wird der gesamte Flascheninhalt in ein Becherglas überführt und die Flasche selbst mit warmer Salzsäure (1:1 verdünnt) sorgfältig nachgespült, um auch evtl. bereits ausgefallenes Eisen zu erfassen. Anschließend wird die salzsaure Wasserprobe etwa 15 min unter schwachem Sieden gehalten, gegebenenfalls aber auch weiter eingeengt und nach dem Erkalten in einem Meßkolben auf ein definiertes Untersuchungsvolumen gebracht. Die photometrische Eisenbestimmung erfolgt dann mit einem aliquoten Volumenanteil. Einengung, Volumenauffüllung und aliquoter Volumenanteil richten sich nach dem zu erwartenden Eisengehalt (z. B. etwa 250 ml Entnahme, Nachspülung mit etwa 10 ml Salzsäure, Einengung und Auffüllung mit destilliertem Wasser auf 100 oder 250 ml Untersuchungsvolumen, 25 ml zur Anfärbung als Volumenanteil). Eine Mengenabschätzung läßt sich nach Zugabe der Salzsäure durch die Gelbfärbung der gebildeten Eisen-Chlorokomplexe treffen. Beim Erhitzen der salzsauren Wasserprobe wie auch beim Einengen ist die Verwendung von Asbestdrahtnetzen und eisernen Dreifüßen zu vermeiden, da erfahrungsgemäß Eiseneinschleppungen stattfinden und die photometrischen Werte verfälscht werden können.

8.7.12.3 Photometrische Bestimmung mit 5-Sulfosalicylsäure

(Untere Bestimmungsgrenze: 200 µg/l Fe ohne Einengen, 80 µg/l Fe mit Einengen, 5-cm-Küvetten)

Diese Methode zur Gesamteisenbestimmung zeichnet sich dadurch aus, daß sie praktisch störungsfrei, einfach und zuverlässig ist. Selbst bei hohen Mineralstoffgehalten des Wassers ergaben sich keine Beeinträchtigungen dieser Eisenbestimmung. Allerdings ist die Empfindlichkeit des Verfahrens nicht allzu hoch. Gegebenenfalls kann man aber durch Einengen der salzsauren Wasserprobe in den erforderlichen Meßbereich gelangen. Die oben genannte Bestimmungsgrenze läßt sich erfahrungsgemäß mit der Methode erreichen, wenn die 250-ml-Proben auf 100 ml eingeengt werden (s. Probenahme). Eisen(III)-Ionen bilden im sauren Bereich mit Sulfosalicylsäure eine Violettfärbung. In alkalischer Lösung ergeben sowohl Eisen(II)- wie auch Eisen(III)-Ionen mit der Sulfoalicylsäure eine Gelbfärbung, die zur Bestimmung des Gesamteisens benutzt wird und etwa 24 h unverändert bleibt.

Geräte:
Photometer mit entsprechenden Küvetten;

Reagenzien:
Sulfosalicylsäurelösung. 20 g 5-Sulfosalicylsäure, $C_7H_6O_6S \cdot 2H_2O$ p. a. werden in 100 ml destilliertem Wasser gelöst.
Ammoniaklösung konz., NH_3 p. a. ($D = 0,91$ g/ml).

Eisenstammlösung. 702 mg Ammoniumeisen(II)-sulfat (Hexahydrat), $(NH_4)_2Fe(SO_4)_2 \cdot 6H_2O$ werden in einem 1-l-Meßkolben unter Zusatz von Salzsäure (1:1 verdünnt) in destilliertem Wasser gelöst; die Lösung wird mit destilliertem Wasser aufgefüllt. Sie enthält 100 mg/l bzw. 100 µg Fe in 1 ml.
Salzsäure, HCl p. a. ($D = 1,12$ g/ml).

Arbeitsvorschrift

Aus dem Meßkolben mit dem Untersuchungswasser (c) werden je nach Eisengehalt bis zu 35 ml (d) in einen 50-ml-Meßkolben pipettiert. Der Eisengehalt soll bei der Messung zwischen 5 und 50 µg (5-cm-Küvette) liegen. Nach Zugabe von 5 ml Sulfosalicylsäurelösung wird tropfenweise mit Ammoniaklösung bis zum Umschlag nach gelb versetzt. Dann fügt man weitere 5 ml Ammoniaklösung hinzu und füllt mit destilliertem Wasser auf. In gleicher Weise wird mit destilliertem Wasser und den Reagenzien ein Blindwert angesetzt. Die Lösungen bleiben eine Stunde stehen, ehe die Wasserprobe gegen die Blindprobe im Photometer gemessen wird (Absorptionsmaximum bei 425 nm). Bei Verwendung von 5-cm-Küvetten lassen sich ohne Einengen 0,2 bis 2,0 mg/l Fe, bei Einengen auf 100 ml 0,08 bis 0,8 mg/l Fe bestimmen.

Erstellen der Eichgeraden

Für die Meßbereiche werden entsprechende Eichgeraden aufgestellt; so werden z. B. für den Bereich von 0,2 bis 2,0 mg/l Fe (5-cm-Küvette) 20 ml der Eisenstammlösung auf 1000 ml verdünnt; 1 ml enthält dann 2 µg Fe. Durch Pipettieren von 2,5; 5; 10; 15; 20 und 25 ml in 50-ml-Meßkolben enthält man Eichlösungen mit 5 bis 50 µg Fe. Diese Lösungen werden wie unter der Arbeitsvorschrift beschrieben mit den Reagenzien versetzt, mit destilliertem Wasser aufgefüllt und gegen einen Blindwert gemessen.

Störungen

Nach den bisherigen Erfahrungen stört bei diesem Verfahren lediglich eine Eigenfärbung des Wassers.

Berechnung und Angabe der Werte

Der Eisengehalt läßt sich nach folgender Formel berechnen:

$$\text{Gesamteisen (Fe)} = a \cdot \frac{c \cdot 1000}{d \cdot b} \text{ in mg/l.}$$

a   aus der Eichgeraden ermittelten Masse Eisen in mg
b   abgewogene Wassermenge nach Probenahme in g
c   Untersuchungsvolumen der angesäuerten bzw. eingeengten Probe nach Auffüllung in ml
d   Volumenanteil zur Photometrie in ml

Bei der Berechnung nach vorstehender Formel ist ein eventuelles Einengen der Probe bereits berücksichtigt; die Dichte kann bei den üblichen Trinkwässern unberücksichtigt bleiben. Die Angabe der Werte in mg/l erfolgt bis auf zwei Stellen, bei Massenkonzentrationen unter 100 µg/l bis auf drei Stellen hinter dem Komma; z. B. Gesamteisen (Fe) 1,35 mg/l bzw. 0,069 mg/l.

8.7.12.4 Photometrische Bestimmung mit 1,10-Phenanthrolin

(Untere Bestimmungsgrenze: 100 µg/l Fe ohne Einengen, 40 µg/l Fe mit Einengen; 5-cm-Küvetten)

Mit 1,10-Phenanthrolin bilden Eisen(II)-Ionen eine lösliche Komplexverbindung von orangeroter Farbe, die im pH-Bereich 2 bis 9 beständig ist. Zur Bestimmung des Gesamteisens werden möglicherweise vorhandene Fe(III)-Ionen zu Fe(II)-Ionen reduziert.

Geräte:
Photometer mit entsprechenden Küvetten;
Reagenzien:

Phenanthrolinlösung. 586,7 mg ($\hat{=}$ 2,5 mmol) 1,10-Phenanthroliniumchlorid (Monohydrat), $C_{12}H_9ClN_2 \cdot H_2O$ p. a. werden in destilliertem Wasser gelöst. In einem 100-ml-Meßkolben wird diese Lösung mit destilliertem Wasser aufgefüllt; lichtgeschützt ist sie etwa eine Woche haltbar.

Pufferlösung. Ammoniumacetat-Eisessig: 40 g Ammoniumacetat, CH_3COONH_4 p. a. und 50 ml Eisessig, CH_3COOH p. a. ($D = 1,06$ g/ml) werden in einen 100-ml-Meßkolben gebracht; die Lösung wird mit destilliertem Wasser aufgefüllt (pH-Wert ~ 5).

Hydroxylammoniumchlorid-Lösung (zur Reduktion): 10 g Hydroxylammoniumchlorid, $NH_2OH \cdot HCl$ p. a. werden in destilliertem Wasser gelöst; die Lösung wird in einem 100-ml-Meßkolben überführt und mit destilliertem Wasser aufgefüllt.

Eisenstammlösung. s. unter Abschn. 8.7.12.3.

Arbeitsvorschrift

Auch für dieses Verfahren gelten die Hinweise in Abschn. 8.7.12.2. Aus dem Meßkolben mit dem Untersuchungswasser (*c*) werden je nach Eisengehalt bis zu 35 ml (*d*) in einen 50-ml-Meßkolben überführt. Der Eisengehalt soll bei der Messung zwischen 2,5 und 25 µg (5-cm-Küvette) liegen. Man gibt 5 ml Pufferlösung, 1 ml Hydroxylammoniumchloridlösung und 1 ml Phenanthrolinlösung zu und füllt mit destilliertem Wasser auf. Nach 15 min Standzeit wird das spektrale Absorptionsmaß bei 510 nm gegen den in gleicher Weise erstellten Blindwert gemessen. Der Gehalt an Eisen wird einer entsprechenden Eichgeraden entnommen.
Bei Verwendung von 5-cm-Küvetten lassen sich ohne Einengen 0,1 bis 1,0 mg/l Fe, nach Einengen auf 100 ml 0,04 bis 0,4 mg/l Fe bestimmen.

Erstellen der Eichgeraden

Die Erstellung der Eichgeraden erfolgt im Prinzip, wie unter Abschn. 8.7.12.3 beschrieben: so werden z. B. für den Meßbereich von 0,1 bis 1,0 mg/l Fe (5-cm-Küvette) 10 ml der Eisenstammlösung mit destilliertem Wasser auf 1000 ml verdünnt; 1 ml enthält 1 µg Fe.

Durch Pipettieren von 2,5; 5; 10; 15; 20 und 25 ml in 50-ml-Meßkolben erhält man Eichlösungen mit 2,5 bis 25 µg Fe. Diese Lösungen werden wie unter der Arbeitsvorschrift beschrieben mit den Reagenzien versetzt, mit destilliertem Wasser aufgefüllt und gegen einen Blindwert gemessen.

Störungen

Die ebenfalls mit 1,10-Phenanthrolin farbige Komplexe bildenden Metalle, wie z. B. Nikkel, Kupfer oder Zink stören unter den pH-Bedingungen der Arbeitsvorschrift nicht; das gleiche gilt für Phosphat.

Berechnung und Angabe der Werte

Hierfür gelten die Ausführungen unter Abschn. 8.7.12.3.

8.7.12.5 Photometrische Bestimmung mit Bathophenanthrolin

(Untere Bestimmungsgrenze: 10 µg/l Fe; 5-cm-Küvetten; ohne Einengen)

Eisen(II)-Ionen bilden mit 4,7-Diphenyl-1,10-Phenanthrolin (Bathophenanthrolin) einen roten wasserlöslichen Komplex, der sich mit Chloroform leicht extrahieren läßt und auf Grund seiner Farbintensität (hohes molares Absorptionsmaß) zur Bestimmung von Eisen in Spuren besonders geeignet ist. Die Stabilität des Komplexes übertrifft die des Eisen-Huminsäure-Komplexes, so daß im Gegensatz zu anderen Verfahren sogar das derart fest gebundene Eisen quantitativ erfaßt wird. In Huminsäurekomplexen liegt das Eisen sowohl zwei- wie auch dreiwertig vor. Fe(III)-Ionen müssen bei der Bestimmung des Gesamteisens zunächst zu Fe(II)-Ionen reduziert werden. Durch die Extraktion gelingt die Abtrennung des Farbkomplexes von ebenfalls stark gefärbten Huminsäuren. Bei dem hochempfindlichen Bathophenanthrolin-Verfahren ist während des Analysengangs im Laboratorium ganz besonders darauf zu achten, daß keine Eiseneinschleppungen erfolgen können.

Geräte:
Photometer mit entsprechenden Küvetten;

Reagenzien:

Bathophenanthrolinlösung. 35 mg 4,7-Diphenyl-1,10-Phenanthrolin werden in 50 ml Ethanol, C_2H_5OH p.a. ($D = 0,79$ g/ml) gelöst; die Lösung ist ca. 1 Monat haltbar.

Hydroxylammoniumchloridlösung. 2 g Hydroxylammoniumchlorid, $NH_2OH \cdot HCl$ p.a. werden in 20 ml destilliertem Wasser gelöst. Diese Lösung ist jeweils neu herzustellen.

Natriumacetatlösung (eisenfrei). 20 g Natriumacetat, CH_3COONa p.a. werden in 100 ml destilliertem Wasser gelöst. Zur Entfernung von Eisenspuren wird die Lösung mit 1 ml Hydroxylammoniumchloridlösung und 3 ml Bathophenanthrolinlösung versetzt und mehrfach mit 10 ml Chloroform extrahiert bis der Extrakt farblos ist; diese Extrakte werden verworfen.
Chloroform, $CHCl_3$ p.a. ($D = 1,47$ g/ml);
Ethanol, C_2H_5OH p.a. ($D = 0,79$ g/ml);
Ammoniak konz., NH_3 ($D = 0,91$ g/ml);
Eisenstammlösung. s. unter Abschn. 8.7.12.3

Arbeitsvorschrift

Die Probenahme wird nach der Beschreibung unter Abschn. 8.7.12.2 vorgenommen. Eine Einengung findet nicht statt; das 250-ml-Untersuchungsvolumen im Meßkolben entspricht also der 250-ml-Wasserprobe nach Vorbehandlung mit Salzsäure etc. Aus diesem Meßkolben mit dem Untersuchungswasser (c) werden je nach Eisengehalt bis zu 100 ml (d) entnommen, zum Sieden erhitzt und mit 2 ml Hydroxylammoniumchloridlösung versetzt. Nach Abkühlen gibt man 5 ml Bathophenanthrolinlösung zu, stumpft die saure Lösung mit Ammoniak ab und stellt sie dann durch Zugabe von Natriumacetatlösung mit Hilfe eines pH-Meßgeräts genau auf pH 4 ein. Das rotgefärbte Reaktionsprodukt wird in einem 250-ml-Scheidetrichter viermal mit je 10 ml Chloroform extrahiert. Die vereinigten Extrakte werden in einem 50-ml-Meßkolben überführt, mit 10 ml Ethanol versetzt und dann mit Chloroform aufgefüllt.
Gegen einen in gleicher Weise erstellten Blindwert wird das spektrale Absorptionsmaß bei 533 nm gemessen. Der Gehalt an Eisen wird einer entsprechenden Eichgeraden entnommen.
Bei Verwendung von 5-cm-Küvetten lassen sich ohne Einengen 0,01 bis 0,1 mg/l Fe (nach Einengen auf 100 ml 0,004 bis 0,04 mg/l Fe) bestimmen.

Erstellen der Eichgeraden

Entsprechend der Meßbereiche werden Eichgeraden aufgestellt; z.B. verdünnt man für den Bereich von 0,01 bis 0,10 mg/l Fe (5-cm-Küvetten) 10 ml der Eisenstammlösung auf 1 l mit destilliertem Wasser. 1 ml enthält dann 1,0 µg Fe. Durch Pipettieren von 1 bis 10 ml in Bechergläser werden Eichlösungen mit 1 bis 10 µg Fe erhalten. Diese Lösungen werden mit destilliertem Wasser auf ca. 100 ml verdünnt, dann wie die 100 ml Untersuchungswasser (d) weiterbehandelt und gegen einen gleichzeitig erstellten Blindwert gemessen.

Störungen

Die Methode ist weitgehend störungsfrei. In Gegenwart starker Oxidationsmittel muß die zugegebene Menge an Hydroxylammoniumchloridlösung entsprechend erhöht werden.

Berechnung und Angabe der Werte

Hierfür gelten die Ausführungen unter Abschn. 8.7.12.3.

8.7.12.6 Beurteilung und Grenzwerte

Eisen ist als zweithäufigstes Element in der Erdkruste weit verbreitet, vor allem in Form seiner schwerlöslichen Oxide und Sulfide [8].
Im Wasser tritt Eisen zweiwertig gelöst oder dreiwertig entweder kolloidal gelöst oder als unlösliche Verbindung auf. In Oberflächengewässern bei üblichen pH-Werten zwischen 6 und 9 und bei guter Durchlüftung mit hinreichender Sauerstoffzufuhr wird Eisen in dreiwertiger Form vorliegen und vielfach im Sediment gespeichert werden [9]. Flußsedimente haben Eisengehalte zwischen 20 und 40 g/kg. Die Eisengehalte im Oberflächenwasser sind niedrig, etwa im Bereich von 0,02 bis 0,7 mg/l; Meerwasser besitzt durchschnittlich ca. 2 µg/l.
In Grundwässern und vor allem in tiefen Aquiferen, die im Kontakt mit eisenführen-

den Mineralien stehen und weitgehend sauerstofffrei sind, tritt Eisen in gelöster zweiwertiger Form auf und zwar bis zu erheblichen Konzentrationen im mg-Bereich (z. B. eisenhaltige Heilquellen mit mindestens 20 mg/l Fe^{2+}). Im Untergrund kann unter anaeroben Bedingungen aus unlöslichen Eisenverbindungen das dreiwertige Eisen zu gelöstem Fe^{2+} reduziert werden. Außerdem sind Huminstoffe in der Lage, Eisen komplex zu binden und in Lösung zu bringen. Neben der geogenen Herkunft des Eisens ist eine anthropogene Belastung des Wassers mit eisenhaltigen Abwässern möglich. Ferner kann ein erhöhter Eisengehalt im Trinkwasser auch durch Korrosion der Rohrleitungen etc. verursacht sein (s. Kap. 10).

Eisen im Trinkwasser ist zwar nicht gesundheitsgefährdend, hat aber allgemein unangenehme Auswirkungen (z. B. Verfärbung bzw. Trübung des Wassers, Wäscheflecken, Ausfällungen, Ablagerungen und Rohrverengungen unter Mitwirkung von Eisenbakterien Brunnenverockerungen, Rostbildung, Wiederverkeimungsgefahr im Rohrnetz) [10].

Schon Eisengehalte im Wasser über 0,2 bis 0,3 mg/l machen sich durch einen metallischen, adstringierenden oder sogar tintigen Geschmack bemerkbar. Die Enteisenung des Trinkwassers mit einer möglichst weitgehenden Entfernung des störenden Eisens gehört daher zu den wichtigsten Aufbereitungsstufen im Wasserwerk [11].

Eisen ist ein essentielles Element für den menschlichen Organismus, es bildet beispielsweise das Zentralatom des Hämoglobins. Der Eisenbestand des Menschen beträgt durchschnittlich 60 mg/kg Körpergewicht; die tägliche Aufnahme wird auf ca. 15 bis 22 mg geschätzt und im wesentlichen durch die Nahrung gedeckt. Schätzungen für die notwendige Mindestaufnahme schwanken zwischen 7 und 14 (WHO) bzw. 5 und 28 [12] mg/d in Abhängigkeit von Alter und Geschlecht; durchschnittlich werden 10 mg/d gefordert. Eisenmangelzustände sind in der Bevölkerung verhältnismäßig weit verbreitet, besonders bei Frauen und Kindern (Ermüdbarkeit, Konzentrationsschwäche, Appetitlosigkeit, in schweren Fällen Anämie). Da die Resorption aufgenommenen Eisens im menschlichen Organismus von verschiedenen Faktoren abhängt, im Durchschnitt aber nur 10% ausmacht, sind Eisenvergiftungen durch orale Aufnahme unwahrscheinlich und beim Wasserkonsum überhaupt nicht zu befürchten. Anders liegen die Verhältnisse bei der Einatmung von Eisenstaub. Hier beträgt der MAK-wert 6 mg/m³ FeO bzw. Fe_2O_3.

Die WHO-Guidelines empfehlen aus ästhetischen Gründen einen Eisenhöchstwert von 0,3 mg/l im Trinkwasser. Die EG-Trinkwasserrichtlinie gibt einen Höchstwert von 0,2 mg und einen Richtwert von 0,05 mg/l an. Auch die Trinkwasser-VO setzt den Grenzwert auf 0,2 mg/l fest mit der Bemerkung, daß er nicht bei Zugabe von Eisensalzen für die Aufbereitung von Trinkwasser gilt und daß kurzzeitige Überschreitungen außer Betracht bleiben. Im letzten Entwurf der Trinkwasser-Aufbereitungs-VO steht als Grenzwert für mit Eisensalzen aufbereitetes Trinkwasser 0,1 mg/l Fe; dieser Wert muß aber sicherlich der Trinkwasser-VO (0,2 mg/l) noch angepaßt werden.

Die EG-Oberflächenwasserrichtlinie nennt Werte von 0,1 bis 2 mg/l und das DVGW Arbeitsblatt W 151 von 0,1 bis 1 mg für verschiedene Aufbereitungsmöglichkeiten von eisenhaltigem Wasser.

Die Mineral- und Tafelwasser-VO erlaubt eine Enteisenung; andererseits dürfen natürliche Mineralwässer mit mehr als 1 mg/l zweiwertigem Eisen als „eisenhaltig" gekennzeichnet werden.

Zur landwirtschaftlichen Bewässerung soll das Wasser für Freilandkulturen nicht mehr als 2 mg/l und für Unterglaskulturen nicht mehr als 1 mg/l Fe besitzen.

Bezüglich des Abwassers enthält das ATV-Arbeitsblatt A 115 einen Hinweis auf Eisen(II)sulfat als spontan sauerstoffverbrauchenden Stoff und verlangt eine so niedrige Konzentration, daß keine anaeroben Verhältnisse in der öffentlichen Kanalisation auftreten.

8.7.12.7 Literatur

1 DIN 38 406 Teil 1: Deutsche Einheitsverfahren zur Wasser-, Abwasser- und Schlamm-Untersuchung, (Gruppe E, Kationen), Bestimmung von Eisen (Mai 1983). Berlin: Beuth

2 Eichelsdörfer, D.; Rosopulo, A.: Methoden der Eisenbestimmung in Trink- und Betriebswasser. Vom Wasser 34 (1967) 82-96
3 Schaeppy, Y.: Kolorimetrische Bestimmung von Mineralwasserbestandteilen. Diss. ETH Zürich 1945
4 Koch, O.G.; Koch-Dedič, G.A.: Handbuch der Spurenanalyse. Berlin: Springer 1964, S. 548-549
5 Blair, D.; Diehl, H.: Bathophenanthrolinsulfonicacid and Bathocuproinedisulfonicacid watersoluble reagent for iron and copper. Talanta 7 (1961) 163
6 Standard methods for the examination of water and wastewater. 16th ed. APHA, AWWA, WPCF, Washington 1985, p. 215-219
7 Eichelsdörfer, D.; Rosopulo, A.: Die Eisenbestimmung in moorhaltigen Wässern. Gas Wasserfach, Wasser Abwasser 109 (1968) 707-709
8 Merian, E.: Metalle in der Umwelt. Weinheim: Verlag Chemie 1984
9 Höll, K.: Wasser. Berlin: de Gruyter 1970
10 Borneff, J: Hygiene. Stuttgart: Thieme 1982, S. 156
11 DIN 2000: Zentrale Trinkwasserversorgung. Leitsätze für Anforderungen an Trinkwasser (November 1973). Berlin: Beuth
12 Belitz, H.-D.; Grosch, W.: Lehrbuch der Lebensmittelchemie. Berlin: Springer 1982

8.7.13 Bestimmung von Germanium

8.7.13.1 Bestimmung mit AAS

Stammlösung:
a) Ge-Lösungen sind nicht allgemein handelsüblich; u.a. liefert die Fa. Ventron, Postfach 6540, D-7500 Karlsruhe 1 eine Ge-Lösung für die AAS.
b) Lösen von 1,000 g Ge p.a. in 10 ml Salzsäure ($D = 1,19$ g/ml) und 10 ml Salpetersäure ($D = 1,40$ g/ml); mit destilliertem Wasser auf 1 l auffüllen.
Hauptresonanzlinie: 265,2 nm.
Alternativlinie:
259,3 nm (2mal unempfindlicher).
Flammenatomisierung: Lachgas/Acetylen.
Atomisierung in der Graphitrohrküvette:
Veraschung max: 800 °C,
Atomisierung max: 2700 °C.

Störungen

a) Flamme: Die Methode ist für die Trinkwasseruntersuchung nicht empfindlich genug (s. Tabelle 8.10).

b) Graphitrohrküvette: Germaniumhalogenide sind leicht flüchtig; die Veraschungstemperatur muß sorgfältig eingehalten werden. Es sollte mit pyrolytisch beschichteter Küvette gearbeitet werden.

8.7.13.2 Beurteilung und Grenzwerte

Germanium kann als Nebenprodukt bei der Zink- oder Kohlenproduktion auftreten. Es ist ein recht seltenes Element; ihm wird eine geringe Toxizität zugeschrieben. Im Eidgenössischen Giftgesetz (1972) und den Schweizer Verordnungen über den Verkehr mit Giften (1980) wird Germaniumdioxid als wenig gefährlich in die Giftklasse 4 eingereiht [1, 2].
Für Germanium in Trinkwasser wurden keine Grenzwerte festgelegt; die EPA [3] hat allerdings für Trinkwasser einen Richtwert von 8 µg/l vorgeschlagen.

8.7.13.3 Literatur

1 Merian, E.: Metalle in der Umwelt. Weinheim: Verlag Chemie 1984
2 Neumüller, O.-A.: Römpps Chemie Lexikon. Stuttgart: Franckh'sche Verlagshandlung, 1981
3 U.S. Environmental Protection Agency, Multimedia Environmental Goals for Environmental Assessment. Report EPA-600/7-77-136, Research Triangle Park, NC (November 1977) In: Sittig, M.: Handbook of toxic and hazardous chemicals and carcinogens. Park Ridge, NJ: Noyes Publications 1985

8.7.14 Bestimmung von Kupfer

8.7.14.1 Bestimmung mit AAS

Stammlösung:
a) Cu-Lösungen der Chemikalienfirmen, Zugabe von 5 ml Salpetersäure ($D = 1,40$ g/ml) auf 1 l.
b) Lösen von 3,802 g Kupfernitrat $Cu(NO_3)_2 \cdot 3H_2O$ p.a. in destilliertem Wasser, Zugabe von 5 ml Salpetersäure ($D = 1,40$ g/ml) mit destilliertem Wasser auffüllen (1000 mg/l Cu).
Hauptresonanzlinie: 324,8 nm.
Alternativlinien:
327,4 nm (2mal unempfindlicher).
Flammenatomisierung: Luft/Acetylen.

Atomisierung in der Graphitrohrküvette:
Veraschung max: 1000 °C,
Atomisierung max: 2750 °C.

Störungen

a) Flamme: Allgemein ist die Kupferbestimmung bei der Trinkwasseruntersuchung störungsfrei und problemlos.
b) Graphitrohrküvette: Wegen der Flüchtigkeit ist auf die maximale Veraschungstemperatur zu achten. Die Verwendung pyrolytisch beschichteter Küvetten ist anzuraten.

8.7.14.2 Beurteilung und Grenzwerte

Kupfer gehört zu den weitverbreiteten Elementen und ist naturgegeben auch oftmals im Wasser vorhanden. Im Meerwasser finden sich bis zu 0,3 µg/l, in anderen Oberflächenwässern bis zu 10 µg/l; für lufttrockenen Boden werden Gehalte von 20 bis 30 mg/kg angegeben [1].
Kupfer ist ein essentielles Spurenelement mit einer verhältnismäßig geringen Konzentrationsspanne zwischen der notwendigen Zufuhr und dem Eintreten gesundheitlicher Störungen. Der Kupferbestand des Erwachsenen beträgt ca. 100 bis 150 mg. Mit der Nahrung werden täglich ca. 1 bis 6 mg aufgenommen, von denen aber nur ca. 0,5 bis 2 mg resorbiert werden. Kleinkinder haben einen erhöhten Kupferbedarf von 50 bis 80 µg/kg Körpergewicht, während Erwachsene nur 30 µg/kg benötigen. Ein Kupfergehalt des Trinkwassers über 80 µg/100 ml bzw. 0,8 mg/l kann für Kleinkinder schon unverträglich sein [2].
Ein erhöhter Kupfergehalt im Trinkwasser macht sich aber bereits organoleptisch bemerkbar. Die WHO-Guidelines legen dar, daß die im Trinkwasser normalerweise geringen Kupferkonzentrationen nicht toxisch wirken und empfehlen aus ästhetischen Gründen, 1 mg/l nicht zu überschreiten. In diesem Konzentrationsbereich kann es nämlich schon zur Fleckenbildung auf der Wäsche durch Ablagerung von Kupferverbindungen kommen. Höhere Werte, vor allem über 5 mg/l verursachen eine Färbung des Wassers und einen Bittergeschmack.

Kupfer kann als sekundäre Belastung aus häuslichen Leitungssystemen und Armaturen in das Trinkwasser gelangen; dann ist die Kupferkonzentration im Wasser erheblich erhöht gegenüber dem in das Verteilungsnetz eingespeicherten Trinkwasser der öffentlichen Wasserversorgung. Bei höheren Kupfergehalten im Trinkwasser muß daher die Ursache analytisch geklärt werden.
Unter diesen Gesichtspunkten gibt die EG-Trinkwasserrichtlinie einen Richtwert von 100 µg/l Cu beim Austritt aus den Pump- und/oder Aufbereitungsanlagen und ihren Nebenanlagen, also für das Originalwasser, an und einen Richtwert von 3 mg/l Cu nach zwölfstündigem Verbleib in der Leitung und am Punkt der Bereitstellung für den Verbraucher. In den zugehörigen Bemerkungen wird darauf hingewiesen, daß Werte über 3 mg/l adstringierenden Geschmack, Verfärbung und Korrosion hervorrufen können. Derartige Werte erscheinen aber bereits sehr hoch und werden wohl kaum in Kauf zu nehmen sein. Dafür sprechen auch die Kupferbegrenzungen im Trinkwasser anderer Länder, die im Durchschnitt bei 1 mg/l (Österreich, USA, UdSSR) und in Übereinstimmung mit den WHO-Guidelines liegen. In der Trinkwasser-VO ist Kupfer nicht aufgeführt.
Die MAK-Liste gibt für Kupferrauch- und -staub Grenzwerte von 0,1 bzw. 1 mg/m³ an.
Kupfer findet sich auch in verschiedenen anderen Wasserqualitätsrichtlinien wie in Liste II der EG-Grundwasserrichtlinie. Im ATV-Arbeitsblatt A 115 mit seinen Hinweisen für das Einleiten von Abwasser in eine öffentliche Abwasseranlage steht für Kupfer der noch als unbedenklich angesehene Höchstwert von 2 mg/l bei solchen Einleitungen.
Nach der Klärschlamm-VO darf der Kupfergehalt 1200 mg in 1 kg Schlammtrockenrückstand nicht überschreiten, wenn der Klärschlamm auf landwirtschaftlich oder gärtnerisch genutzte Böden aufgebracht werden soll. In den zur Aufbringung von Klärschlamm vorgesehenen Böden selbst dürfen gewissen Metallgehalte nicht überschritten sein (z. B. 100 mg Kupfer in 1 kg lufttrockenem Boden). Schließlich sind

noch die EG-Oberflächenwasserrichtlinie und das Arbeitsblatt W 151 des DVGW über die Eignung von Oberflächenwasser für die Trinkwasserversorgung zu nennen, die ebenfalls Grenzwerte für Kupfer je nach einfacher oder aufwendiger Aufbereitung des Wassers festsetzen (EG-Richtlinie: Leitwerte 20 bzw. 50 bzw. 1000 µg/l und Grenzwert bei einfacher Aufbereitung, außergewöhnlichen klimatischen oder geographischen Verhältnissen 50 µg/l; W 151: 30 bzw. 50 µg/l).
In der EG-Richtlinie über die Qualität von Süßwasser, das schutz- oder verbesserungsbedürftig ist, um das Leben von Fischen zu erhalten, ist sowohl für Salmoniden- als auch für Cyprinidengewässer ein Richtwert von 40 µg/l Cu angegeben mit einer Aufgliederung je nach Wasserhärtegrad in Anhang II.

8.7.14.3 Literatur

1 Merian, E.: Metalle in der Umwelt. Weinheim: Verlag Chemie 1984
2 Belitz, H.-D.; Grosch, W.: Lehrbuch der Lebensmittelchemie. Berlin: Springer 1982

8.7.15 Bestimmung von Lithium

8.7.15.1 Bestimmung mit AAS

Stammlösung:
a) Li-Lösungen sind auch bei anderen Firmen erhältlich (z. B. Merck).
b) Lösen von 9,2200 g Lithiumsulfat, $Li_2SO_4 \cdot H_2O$ p. a. in destilliertem Wasser, Zugabe von 5 ml Salpetersäure ($D = 1,40$ g/ml), mit destilliertem Wasser auf 1 l auffüllen.
Hauptresonanzlinie: 670,8 nm.
Flammenatomisierung: Luft/Acetylen.
Atomisierung in der Graphitrohrküvette:
 Veraschung max: 800 °C,
 Atomisierung max: 2700 °C.

Störungen

a) Flamme: Lithium läßt sich störungsfrei bestimmen. Nur bei Anwesenheit von Strontium wird ein höheres Signal durch die Absorption von SrOH-Ionen bei der Resonanzlinie 670,8 nm vorgetäuscht. In diesem Fall ist das Additionsverfahren unbedingt notwendig.

b) Graphitrohrküvette: Bei der Trinkwasseruntersuchung sind keine Störungen bekannt.

8.7.15.2 Beurteilung und Grenzwerte

Lithium ist als Spurenelement verschiedentlich in geringen Konzentrationen im Wasser vorhanden. Über seine physiologische Bedeutung ist wenig bekannt. Die tägliche Aufnahme mit der Nahrung soll beim Menschen etwa 0,1 bis 2 mg betragen. Es wird berichtet, daß hohe Lithiumdosen zu Übelkeit, Sehstörungen und Nierenschäden führen können [1]. In nationalen und internationalen Wasserqualitätsrichtlinien wird Lithium nicht aufgeführt.

8.7.15.3 Literatur

1 Neumüller, O.A.: Römpps Chemie-Lexikon. Stuttgart: Franckh'sche Verlagshandlung 1983

8.7.16 Bestimmung von Magnesium

8.7.16.1 Bestimmung mit AAS

Stammlösung:
a) Mg-Lösungen der Chemikalienfirmen, Zugabe von 5 ml Salpetersäure ($D = 1,40$ g/ml) auf 1 l.
b) Lösen von 1,000 g Magnesium, Mg p. a. in 25 ml Salzsäure ($D = 1,10$ g/ml), Zugabe von 5 ml Salpetersäure ($D = 1,40$ g/ml), mit destilliertem Wasser auf 1 l auffüllen.
Salzsäure ($D = 1,10$ g/ml): 40 ml Salzsäure ($D = 1,19$ g/ml) werden mit 34 ml destilliertem Wasser vermischt.
Hauptresonanzlinie: 285,2 nm.
Alternativlinien:
202,6 nm (40mal unempfindlicher).
Flammenatomisierung: Luft/Acetylen.
Atomisierung in der Graphitrohrküvette:
 Veraschung max: 1100 °C,
 Atomisierung max: 2800 °C.

Störungen

a) Flamme: Die Bestimmung im Trinkwasser ist im allgemeinen störungsfrei. Lediglich höhere Gehalte an Aluminium, Phosphat und Kieselsäure verursachen eine Signaldepression, die durch Zugabe

von 10 ml Lanthanionisationspuffer (Abschn. 8.6.3.2) zu 1 l der Meß- und Eichlösungen verhindert werden kann.
b) Graphitrohrküvette: Magnesium gehört bei der AAS-Bestimmung zu den sehr empfindlichen Elementen. Es ist darauf zu achten, daß ultrareine Chemikalien bei der Mg-Bestimmung verwendet werden.

8.7.16.2 Komplexometrische Bestimmung
siehe Abschn. 8.3

8.7.17 Bestimmung von Mangan

8.7.17.1 Bestimmung mit AAS

Stammlösung:
a) Mn-Lösungen der Chemikalienfirmen, Zugabe von 5 ml Salpetersäure ($D = 1,40$ g/ml) auf 1 l.
b) Lösen von 3,6023 g Manganchlorid, $MnCl_2 \cdot 4 H_2O$ p.a. in destilliertem Wasser, Zugabe von 5 ml Salpetersäure ($D = 1,40$ g/ml), mit destilliertem Wasser auf 1 l auffüllen (1000 mg/l Mn).
Hauptresonanzlinie: 279,5 nm.
Alternativlinien:
279,8 nm (1,3mal unempfindlicher),
280,1 nm (2mal unempfindlicher).
Flammenatomisierung: Luft/Acetylen.
Atomisierung in der Graphitrohrküvette:
Veraschung max: 1100 °C,
Atomisierung max: 2800 °C.

Störungen

a) Flamme: Die Mn-Bestimmung im Trinkwasser ist weitgehend störungsfrei.
b) Graphitrohrküvette: Störungen sind wegen der weitgehenden Matrixabtrennung nicht bekannt. Es sollte aber mit einer pyrolytisch beschichteten Küvette gearbeitet werden.

8.7.17.2 Photometrische Bestimmung mit Formaldoxim

(Untere Bestimmungsgrenze: 50 µg/l Mn^{2+}; 5-cm-Küvetten)

Zur Manganbestimmung wurden bereits in früherer Zeit photometrische Methoden benutzt, die im wesentlichen darauf beruhen, Mn^{2+} zu MnO_4^- zu oxidieren und dann die Farbintensität zu ermitteln. Als Oxidationsmittel wurden Ammoniumpersulfat oder Kaliumperjodat empfohlen. Wegen der Störungen, insbesondere durch Chlorid, hat sich heute allgemein das Formaldoximverfahren durchgesetzt, das schon 1937 erstmals beschrieben wurde. Bei diesem Verfahren stört hauptsächlich Fe^{2+}, das aber verhältnismäßig einfach ausgeschaltet werden kann.

In alkalischem Milieu (pH-Wert etwa 10) reagiert Mn^{2+} mit Formaldoxim unter Bildung eines orangeroten Komplexes, der über ca. 4 h stabil bleibt und dessen Farbintensität dem Mangangehalt proportional ist. Die Reaktion läuft nur in Gegenwart von Sauerstoff ab. Die Farbtiefe wird bei 450 nm gemessen [1-3].

Geräte:
Photometer, 5-cm-Küvetten;

Reagenzien:

Formaldoxim-Lösung. 10 g Hydroxylammoniumchlorid, $NH_2OH \cdot HCl$ p.a. werden in einem 100-ml-Meßkolben in 50 ml destilliertem Wasser gelöst. Man fügt 5 ml Formaldehydlösung, HCHO ($D = 1,08$ g/ml) hinzu und füllt mit destilliertem Wasser auf. Die Haltbarkeit beträgt ca. 4 Wochen, wenn die Lösung in einer dunklen Flasche im Kühlschrank aufbewahrt wird.

Verd. Schwefelsäure. 50 ml Schwefelsäure, H_2SO_4 p.a. ($D = 1,84$ g/ml) werden zu 150 ml destilliertem Wasser gegeben.

Verd. Salzsäure, HCl ($D = 1,12$ g/ml)

Natriumhydroxid-Lösung. 160 g Natriumhydroxidplätzchen, NaOH p.a. werden in destilliertem Wasser gelöst; Die Lösung wird im 1-l-Meßkolben mit destilliertem Wasser aufgefüllt und in einer Polyolefinflasche aufbewahrt.

Ammoniaklösung. 70 ml Ammoniak, NH_3 p.a. ($D = 0,91$ g/ml) werden im 200-ml-Meßkolben mit destilliertem Wasser aufgefüllt.

Hydroxylammoniumchloridlösung. 41,7 g Hydroxylammoniumchlorid, $NH_2OH \cdot HCl$ p.a. werden im 100-ml-Meßkolben mit destilliertem Wasser gelöst; die Lösung wird mit destilliertem Wasser aufgefüllt.

Hydroxylammoniumchloridlösung mit Ammoniumionen (zur Stabilisierung des pH-Werts). Jeweils 50 ml der Ammoniak- und der Hydroxylammoniumchloridlösung werden gemischt.

Eisen(II)-ammoniumsulfatlösung. 700 mg Eisen(II)-ammoniumsulfat $(NH_4)_2Fe(SO_4)_2 \cdot 6 H_2O$ p.a. und

1 ml verd. Schwefelsäure werden im 1-1-Meßkolben mit destilliertem Wasser gelöst; die Lösung wird mit destilliertem Wasser aufgefüllt.

EDTA-Lösung. 40 g des Tetranatriumsalzes der Ethylendiaminotetraessigsäure, $C_{10}H_{12}N_2Na_4O_8 \cdot nH_2O$ p.a. (z. B. Fa. Riedel-de Haën) werden in 1 l destilliertem Wasser gelöst.

Manganstammlösung. 308 mg Mangansulfat, $MnSO_4 \cdot H_2O$ p.a. werden im 1-1-Meßkolben mit destilliertem Wasser und 10 ml verd. Schwefelsäure gelöst; die Lösung wird mit destilliertem Wasser aufgefüllt (100 mg/l Mn^{2+}).

Manganstandardlösung. 5 ml der Manganstammlösung werden in einem 500-ml-Meßkolben mit destilliertem Wasser aufgefüllt (1 mg/l Mn^{2+}). Diese Lösung ist nicht haltbar und muß stets neu hergestellt werden.

Probenahme

Zur Probenahme für die Manganbestimmung verwendet man 500-ml-Glasflaschen, die mit verd. Salzsäure (1 mol/l) und destilliertem Wasser sorgfältig gereinigt und mit einer Markierung bei 500 ml versehen wurden. Man füllt sie mit Untersuchungswasser bis zur Markierung und gibt 1 ml verd. Schwefelsäure hinzu, um eine Manganadsorption an der Flaschenwandung zu verhindern.

Arbeitsvorschrift

50 ml der angesäuerten Probe werden in einen 100-ml-Meßkolben überführt und mit 1 ml Eisen(II)-ammoniumsulfat-Lösung und 0,6 ml EDTA-Lösung versetzt. Nach dem Mischen fügt man 0,7 ml Formaldoximlösung und 2 ml Natriumhydroxidlösung hinzu. Es wird wiederum gemischt und 5 bis 10 min stehengelassen. Anschließend gibt man 3 ml Hydroxylammoniumchloridlösung mit Ammoniumionen zu und füllt mit destilliertem Wasser auf. Nach einer Stunde mißt man das spektrale Absorptionsmaß bei 450 nm in 5-cm-Küvetten gegen destilliertes Wasser. In gleicher Weise wird ein Blindwert erstellt und vom erhaltenen Wert abgezogen.

Erstellen der Eichgeraden

Durch Verdünnen von 3, 5, 8 und 10 ml der Manganstandardlösung auf jeweils 100 ml mit destilliertem Wasser erhält man Eichlösungen mit 30 bis 100 µg/l Mn^{2+}.

Jeweils 50 ml dieser Lösungen (1,5 bis 5 µg/50 ml Mn^{2+}) werden nach der Arbeitsvorschrift weiterbehandelt. Die Aufstellung der Eichgeraden erfolgt in üblicher Form. Da sie nicht immer durch den Nullpunkt geht, empfiehlt es sich, bei jeder Manganbestimmung zur Kontrolle auch eine Eichgerade zu erstellen.

Berechnung und Angabe der Werte

Der Mangangehalt wird nach folgender Formel errechnet:

$$Mn^{2+} [mg/l] = \frac{a \cdot 1000}{50}.$$

a aus der Eichgeraden ermittelte Massenkonzentration in mg/50 ml

Bei der Genauigkeit photometrischer Verfahren ist es nicht notwendig, die Zugabe von 1 ml verd. Schwefelsäure bei der Probenahme mit einem Faktor zu berücksichtigen.

Bis zu 0,1 mg/l Mn^{2+} wird das Ergebnis auf drei Stellen, bis 10 mg/l auf zwei Stellen hinter dem Komma angegeben.

Störungen

Da Mn^{2+} üblicherweise mit Fe^{2+} zusammen vorkommt, muß eine Eisenstörung bei der Manganbestimmung berücksichtigt werden. Eisen(II)-Ionen bilden mit Formaldoxim einen violetten Komplex; er wird im beschriebenen Verfahren durch die Zugabe von EDTA und Hydroxylammoniumchlorid zerstört, ohne den Manganformaldoximkomplex zu beeinflussen. Es hat sich auch gezeigt, daß die Anwesenheit einer definierten Eisenmenge (Zugabe von Eisen(II)-ammoniumsulfat) günstig ist. Andere Metalle stören erst in höheren Konzentrationen, mit denen im Trinkwasser nicht zu rechnen ist.

8.7.17.3 Beurteilung und Grenzwerte

Mangan ist in der Natur als zweithäufigstes Schwermetall weitverbreitet; die bedeutendsten Manganmineralien sind die Braunsteine. Mangan findet sich häufig vergesellschaftet mit Eisen. Auch im Wasser sind in der Regel Mangan und Eisen gemeinsam vorhanden; allerdings ist der Mangangehalt stets niedriger als der Eisengehalt [4]. Die unterschiedlichen Mangankonzentrationen im Wasser liegen meist im µg- und selten im mg-Bereich. Für Meerwasser werden 1 bis 10 µg/l angegeben, für Oberflächenwässer über 1 µg/l bis zu 500 µg/l. Erhöhte Manganwerte in Oberflächenwässern können durch Einleitungen aus dem Erzabbau verursacht oder industriell bedingt sein. Besonders in tiefergelegenen Grundwässern und in Mineralquellen kann der Mangangehalt ansteigen, wenn infolge Sauerstoffmangel oder sogar Sauerstofffreiheit unlösliche drei- und vierwertige Manganverbindungen zu löslichen Mn^{2+}-Ionen reduziert worden sind [5]. Mangan ist ein essentielles Spurenelement, das in allen lebenden Zellen vorkommt und Bestandteil einiger Enzyme ist. Der menschliche Organismus enthält ca. 20 mg Mangan und soll ca. 3 mg täglich mit der Nahrung aufnehmen. Mangan ist relativ ungiftig; Manganmangel ist häufiger die Ursache einer Erkrankung bei Mensch und Tier als eine Manganvergiftung. Zudem wird Mangan rasch wieder ausgeschieden. Gesundheitsschädlich ist das Einatmen von Manganstäuben und Mangandämpfen (Sprach- und Bewegungsstörungen = Manganismus) [6, 7]. Der entsprechende MAK-Werte beträgt 5 mg/m^3 für Mangan und 1 mg/m^3 für Trimangantetroxid.

Das Vorkommen von Mangan im Trinkwasser ist zwar gesundheitlich unbedenklich, jedoch verschlechtert Mangan den Geschmack des Wassers, verursacht Flecken auf der Wäsche, bildet Trübungen oder es kommt zu Ausfällungen; besonders in Aufbereitungsanlagen und im Rohrnetz können in Lösung befindliche zweiwertige Manganionen durch Oxidation und durch Manganbakterien ausgefällt und abgelagert werden; umgekehrt können diese Verbindungen bei anaeroben Verhältnissen wieder in Lösung gehen und dann im Trinkwasser beim Verbraucher auftreten. Die Geschmacksgrenze für Mangan liegt bei ca. 0,5 mg/l, höhere Konzentrationen geben dem Wasser einen unangenehm metallischen Geschmack. Grenzwerte für Mangan im Trinkwasser sind demzufolge nicht gesundheitsbedingt, sondern im Hinblick auf eine Vermeidung von Ablagerungen, Trübungen und sonstigen Störungen erforderlich.

Die WHO-Guidelines empfehlen deshalb aus ästhetischen Gründen einen Höchstwert von 0,1 mg/l, weisen aber darauf hin, daß bereits bei 0,05 mg/l ein schwarzer Belag gebildet werden kann, der sich mitunter löst. Die EG-Trinkwasserrichtlinie gibt als Richtzahl 0,02 mg/l und als Höchstwert 0,05 mg/l an. Dieser Wert steht auch in der Trinkwasser-VO mit der Bemerkung, daß kurzzeitige Überschreitungen außer Betracht bleiben. Bei der Manganentfernung aus dem Wasser, die meistens gemeinsam mit einer Enteisenung erfolgt, wird man bestrebt sein, die Restkonzentration im Trinkwasser auf 0,01 mg/l Mangan herabzumindern. Auch die Mineral- und Tafelwasser-VO erlaubt bei natürlichem Mineralwasser eine Enteisenung, die dann ebenfalls zur Manganreduzierung führen wird. Mangan steht in der EG-Oberflächenwasserrichtlinie und im entsprechenden DVGW-Arbeitsblatt mit Grenzwerten zwischen 1 und 0,05 mg/l für die verschiedenen Aufbereitungsverfahren. Auch der Novellierungsentwurf der Trinkwasser-Aufbereitungs-VO begrenzt bei Zusatz von Kaliumpermanganat den Mangangehalt im aufbereiteten Trinkwasser einschließlich des natürlichen Gehalts auf 0,05 mg/l. Für Bewässerungswasser in der Landwirtschaft wird ein Richtwert von 0,02 mg/l Mangan angegeben.

Bei Trinkwasseruntersuchungen wird vor allem dann eine Manganbestimmung notwendig, wenn Eisen im Wasser vorhanden ist oder die Sinnenprüfung entsprechende Hinweise gegeben hat.

8.7.17.4 Literatur

1 Quentin, K.-E.; Souci, S.W.: Handbuch der Lebensmittelchemie. Bd. VIII/Teil 1, Wasser und Luft. Berlin: Springer 1969, S. 672f.
2 DIN 38 406 Teil 2: Deutsche Einheitsverfahren zur Wasser-, Abwasser- und Schlamm-Untersuchung, (Gruppe E, Kationen) Bestimmung von Mangan (Mai 1983). Berlin: Beuth
3 ISO 6333 Waterquality — Determination of

manganese — formaldoxime spectrometric method (März 1986). Genf
4 Neumüller, O.-A.: Römpps Chemie-Lexikon. Stuttgart: Franckh'sche Verlagshandlung 1985
5 Merian, E.: Metalle in der Umwelt. Weinheim: Verlag Chemie 1984
6 Belitz, H.-D.; Grosch, W.: Lehrbuch der Lebensmittelchemie. Berlin: Springer 1982
7 Bäßler, K.-H.; Fekl, W.; Lang, K.: Grundbegriffe der Ernährungslehre. Berlin: Springer 1979

8.7.18 Bestimmung von Molybdän

8.7.18.1 Bestimmung mit AAS

Stammlösung:
a) Mo-Lösungen der Chemikalienfirmen, Zugabe von 5 ml Salpetersäure ($D = 1{,}40$ g/ml) auf 1 l.
b) Lösen von 1,5003 g Molybdäntrioxid MoO_3 p. a. in 10 ml Salzsäure ($D = 1{,}19$ g/ml), Zugabe von 5 ml Salpetersäure ($D = 1{,}40$ g/ml), mit destilliertem Wasser auf 1 l auffüllen (1000 mg/l Mo).

Hauptresonanzlinie: 313,3 nm.
Alternativlinien:
317,0 nm (1,5mal unempfindlicher),
379,8 nm (1,8mal unempfindlicher).
Flammenatomisierung: Lachgas/Acetylen.
Atomisierung in der Graphitrohrküvette:
  Veraschung max: 1200 °C,
  Atomisierung max: 2900 °C.

Störungen

a) Flamme: Die Bestimmung bei der Trinkwasseruntersuchung ist problemlos.
b) Graphitrohrküvette: Da Molybdän leicht Carbide bildet, kommt nur eine pyrolytisch beschichtete Küvette zum Einsatz. Nach der Atomisierung muß die wirksame Reinigungsperiode folgen.

8.7.18.2 Beurteilung und Grenzwerte

Molybdän zählt zu den selteneren Elementen, ist aber weit verbreitet. In Meerwasser ist bis zu 0,01 mg/l, in anderen Oberflächenwässern aber wesentlich weniger Molybdän zu finden.
Für Menschen, Tiere und Pflanzen gilt Molybdän zwar als essentielles Spurenelement, jedoch wird über Mangelerscheinungen wenig berichtet; erhöhte Molybdän-Dosen können aber toxisch wirken. In manchen Gegenden Englands, Kaliforniens und Neuseelands waren aufgrund erhöhter Mo-Gehalte der Böden bei Wiederkäuern Erkrankungen festzustellen, die sich vor allem in schweren Diarrhoen äußerten. Beim Menschen konnte durch erhöhte alimentäre Aufnahme eine vermehrte Anzahl von Gichtfällen registriert werden. Verschiedentlich wird Molybdän auch eine antikariöse Wirkung zugeschrieben [1-3].
Der Molybdänbestand eines Erwachsenen beträgt etwa 5 bis 10 mg. Die WHO-Guidelines vermerken Molybdän unter den Bestandteilen, für die keine Konzentrationsempfehlungen notwendig erscheinen. In den russischen Trinkwasserstandards von 1973 war Mo auf 0,5 mg/l begrenzt [4].
Molybdän ist namentlich ohne Werte in zwei Wasserqualitätsrichtlinien der EG aufgeführt; es findet sich jeweils in Liste II der EG-Grundwasser- und EG-Ableitungsrichtlinie.
Der MAK-Wert für lösliche Molybdänverbindungen beträgt 5 mg/m^3, für unlösliche hingegen 15 mg/m^3.

8.7.18.3 Literatur

1 Neumüller, O.A.: Römpps Chemie-Lexikon. Stuttgart: Franckh'sche Verlagshandlung 1985
2 Merian, E.: Metalle in der Umwelt. Weinheim: Verlag Chemie 1984
3 Rosival, L.; Engst, R.; Szokolay, A.: Fremd- und Zusatzstoffe in Lebensmitteln. Leipzig: VEB Fachbuchverlag 1978
4 Cherkinsky, S.N.: New soviet standard for dringing water quality. Vodosnabzhenie; Sanit. Tekh. 7 (1974) 6-8

8.7.19 Bestimmung von Nickel

8.7.19.1 Bestimmung mit AAS

Stammlösung:
a) Ni-Lösungen der Chemikalienfirmen, Zugabe von 5 ml Salpetersäure ($D = 1{,}40$ g/ml) auf 1 l.
b) Lösen von 1,000 g Nickel Ni p. a. in 20 ml Salpetersäure ($D = 1{,}40$ g/ml) und auf 1 l mit destilliertem Wasser auffüllen.

Hauptresonanzlinie: 232,0 nm.

Alternativlinien:
231,1 nm (2mal unempfindlicher).
Flammenatomisierung: Luft/Acetylen.
Atomisierung in der Graphitrohrküvette:
Veraschung max: 1100°C,
Atomisierung max: 2850°C.

Störungen

a) Flamme: Bestimmung von Nickel ist allgemein in einer mehr oxidierenden Luft/Acetylen-Flamme ohne Störungen möglich. Eine erhebliche Krümmung der Eichfunktion und starker Rückgang der Empfindlichkeit wird durch die nahen Emissionslinien (231,76 und 232,138 nm) verursacht.
b) Graphitrohrküvette: Durch hohe Veraschungstemperatur und damit gute Matrixentfernung ist eine störungsfreie Nickelbestimmung möglich. Man sollte eine pyrolytisch beschichtete Küvette verwenden.

8.7.19.2 Beurteilung und Grenzwerte

Nickel wird aus oxidischen, sulfidischen oder arsenidischen Mineralen gewonnen und als Reinmetall oder für Legierungen (z. B. Ni/Cu, Ni/Cr, Ni/Co) vielfach genutzt; bekannte Anwendungen sind auch korrosionsfeste Ni-Überzüge (Galvanotechnik), Ni-Cd-Akkumulatoren, Ni-Pigmente für Farben, Lacke und Kunststoffe sowie Ni als Hydrierungskatalysator in der Lebensmittelindustrie (Speisefett- und -ölfabriken).
Konzentrationsangaben für Böden schwanken in weiten Grenzen (z. B. 5 bis 500 mg/kg lufttrockener Boden). Als Mittelwert findet sich die Angabe von 40 mg/kg [1]. Nach der Klärschlamm-VO kann bei landwirtschaftlich und gärtnerisch genutzten Böden Klärschlamm aufgebracht werden, wenn der Nickelgehalt des lufttrockenen Bodens unter 50 mg/kg liegt und der Klärschlamm seinerseits nicht über 200 mg/kg Nickel im Schlammtrockenrückstand enthält. Im häuslichen Abwasser wird für die Bundesrepublik Deutschland ein Mittelwert von 30 bis 40 µg/l Ni angenommen [2]. Erhöhte Ni-Gehalte im Abwasser stammen in der Regel aus der metallverarbeitenden Industrie. Das ATV-Arbeitsblatt A 115 fordert eine Begrenzung der Ni-Einleitung in die Kanalisation auf 4 mg/l. In Bayern ist dieser Wert auf 3 mg/l begrenzt, bei Einleiten in Gewässer auf 2 mg [1]. Im fallenden Niederschlag der Bundesrepublik Deutschland finden sich im Mittel 3 µg/l, während im verschmutzten abfließenden Niederschlag die Konzentration auf 30 µg/l erhöht ist [2].
Die geogen vorhandenen Nickelmengen in Gewässern sind gering und werden mit Werten unter 1 µg/l angegeben. So beträgt der Ni-Gehalt im Meerwasser des Nordost-Atlantik 0,3 bis 0,7 µg/l und in der zentralen Nordsee 0,3 bis 0,9 µg/l [3]. Bisher bekannte Ni-Konzentrationen verschiedener Oberflächenwässer in der Bundesrepublik Deutschland unter Berücksichtigung von Umweltbelastungen liegen im µg-Bereich mit Höchstwerten bei 80 bis 90 µg/l Ni [4]. Ausführlich wurde die Ruhr untersucht einschließlich der Sedimentations- und Sorptionsverhältnisse; trotz erhöhter Werte im Fluß betrug der Medianwert im Essener Trinkwasser nur 7 µg/l [5]. Auch in Oberflächenwässern der USA wurden Nickelgehalte zwischen 3 und 87 µg/l gefunden (z. B. im Erie-See 56 µg/l); im Trinkwasser lagen dagegen die Werte unter 20 µg/l [6]. Werte aus dem Grundwasserbereich sind nicht bekannt.
Schwierigkeiten bereitet noch die gesundheitliche Bewertung des Nickels im Trinkwasser, mit der sich Ohnesorge ausführlich befaßt hat [7]. Nickel wird auf Grund tierexperimenteller Untersuchungen als essentielles Spurenelement betrachtet; beim Menschen fehlen allerdings hierfür noch beweisende Untersuchungsergebnisse. Andererseits wird auf die Toxizität von Nickel vielfach hingewiesen, insbesondere auch auf seine Cancerogenität; hierbei ist allerdings die Applikationsform von maßgebender Bedeutung. Erkrankungen sind vor allem aus dem gewerbetoxikologischen Bereich beim Umgang mit Nickelverbindungen oder beim Einatmen von Nickelstäuben bzw. Nickelcarbonyldämpfen bekannt. Beziehungen zwischen Krebserkrankungen und oraler Nickelbelastung ergaben sich bisher nicht. Jedenfalls sind Nickel und seine Verbindungen, vor allem Nickelcarbonyl, in der MAK-Liste aufgeführt. Nach den vorliegenden Daten und Erkenntnissen kommt Ohnesorge in

seiner Nickelstudie zu einer duldbaren Konzentration im Trinkwasser unter Berücksichtigung der toxikologisch verantwortbaren Gesamtzufuhr in einer Größenordnung von 30 µg/l als Richtwert; 30 bis 50 µg/l Ni erscheinen in Gewässern aus ökotoxologischer Sicht unbedenklich. Diese Konzentrationen sind auch in den Anforderungen an die Beschaffenheit des Rheins als Rohwasser zur Trinkwassergewinnung aufgeführt [8]. Der Grenzwert von 50 µg/l Ni in der EG-Trinkwasserrichtlinie und der Trinkwasser-VO entspricht also in etwa den toxikologischen Gesichtspunkten, ist aber als Höchstkonzentration zu streng angesetzt.

8.7.19.3 Literatur

1. Bericht über Schwermetalle in Abwässern. Oberste Baubehörde im Bayer. Staatsministerium des Innern. München, Mai 1980
2. Schwermetalle in häuslichem Abwasser und Klärschlamm. Arbeitsblatt des ATV-Fachausschusses 2.3 Korrespondenz. Abwasser 29 (1982) 955-958
3. Umweltprobleme der Nordsee. Sondergutachten des Rates von Sachverständigen für Umweltfragen v. Juni 1980. Stuttgart: Kohlhammer 1980, S. 160
4. Deutsche Forschungsgemeinschaft: Forschungsbericht Schadstoffe im Wasser. Bd. I Metalle. Boppart: Boldt 1982
5. Koppe, P.: Zur Bedeutung des Nickels im Trinkwasser. Gas Wasserfach, Wasser Abwasser 123 (1982) 492-494
6. Train, R.E.: Quality criteria for water. S. 105. Castle House Publications Ltd., 1979
7. Ohnesorge, F.K.: Duldbare Konzentrationen von Nickel im Trinkwasser. DVGW-Schriftenreihe Wasser Nr. 30. Frankfurt: ZfGW-Verlag 1982
8. Internationale Arbeitsgemeinschaft der Wasserwerke im Rheineinzugsgebiet (IAWR): Rheinverschmutzung und Trinkwassergewinnung. Memorandum, Mai 1973

8.7.20 Bestimmung von Quecksilber

8.7.20.1 Bestimmung mit AAS

Stammlösung und Standardlösung:
Abschn. 8.6.3.5
Hauptresonanzlinie: 184,9 nm.
Alternativlinie:
253,7 nm (200mal unempfindlicher)

Störungen

Für die Trinkwasseruntersuchung ist die Quecksilberbestimmung mit Flammenatomisierung und Atomisierung in der Graphitrohrküvette zu unempfindlich; zudem befindet sich die Hauptresonanzlinie im Vakuum-UV-Bereich und ist daher der AAS nicht zugänglich. Daher ist für die Hg-Bestimmung stets das im Abschn. 8.6.3.5 beschriebene Kaltdampfverfahren anzuwenden.

8.7.20.2 Beurteilung und Grenzwerte

Quecksilber gehört zwar zu den äußerst seltenen Elementen der Erdkruste, ist aber wegen seiner Flüchtigkeit weit verbreitet. Quecksilber kommt in verschiedenen Oxidations- und Bindungsformen vor. In den Gewässern ist Quecksilber nur in Spurenkonzentrationen auffindbar, falls nicht besondere Umstände wie industrielle Einleitungen zu einer erhöhten Quecksilberbelastung geführt haben. In Oberflächenwässern wird in der Regel weniger als 1 µg/l gefunden; so enthielt beispielsweise der Rhein bis zu 0,2 µg/l; in anderen Flüssen lag der Gehalt bei 0,03 bis 0,05 µg/l; Werte über 1 µg/l deuten auf entsprechende Quecksilberbelastungen hin. In Flußsedimenten können die Quecksilbergehalte über 1 mg/kg bis zu 10 mg/kg betragen. Falls Quecksilber in Trinkwässern überhaupt vorkommt, liegt der Gehalt in der Regel unter der derzeitigen analytischen Nachweisgrenze von 0,05 µg/l [1-3].
Die Toxizität des Quecksilbers ist allgemein bekannt; sie beruht hauptsächlich und zunächst auf der Affinität des Quecksilbers zu den SH-Gruppen von Enzymen und der resultierenden Enzymhemmung. Besonders toxisch sind organische Quecksilberverbindungen (z. B. Phenylquecksilber), die früher als Getreidebeizen (Fungizide) Verwendung fanden [4, 5]. Die Giftigkeit des Quecksilbers im Zusammenhang mit dem Wasser wurde vor Jahren besonders deutlich, als die Akkumulation von Methylquecksilber in Fischen bei deren Verzehr zu Massenvergiftungen in Minamata (Japan) führte. Die Anreicherung des Quecksilbers in der Nahrungskette

130   8 Gelöste Mineralstoffe

macht sich gerade bei Fischen bemerkbar [6, 7].
In der Bundesrepublik Deutschland werden mit der Nahrung durchschnittlich 63 µg Hg pro Woche und Person (70 kg) aufgenommen, während die tolerierbare Aufnahme pro Woche bei 300 µg liegt [8]. Ein täglicher Konsum von 2 l Trinkwasser mit 1 µg/l Hg würde dann weniger als 10 % zur Gesamtaufnahme beitragen. Bei der Minamata-Krankheit wurde eine tägliche Quecksilberaufnahme von 300 µg, vorwiegend als Methylquecksilber, berechnet.
Die WHO-Guidelines geben 1 µg/l als Grenzwert für Trinkwasser an. Der gleiche Wert findet sich in der EG-Trinkwasserrichtlinie, in der Trinkwasser-VO und in der Mineral- und Tafelwasser-VO. Gesundheitliche Schäden durch Trinkwasser sind nach Ohnesorge [5] in der Regel nur bei langandauernder Grenzwertüberschreitung möglich; eine 7tägige Nottrinkwasserversorgung mit 20 µg/l Hg könnte toleriert werden; eine längerfristige Überschreitung erscheint allerdings problematisch.
Für Bewässerungswasser in der Landwirtschaft gilt als Richtwert 1 µg/l und als Grenzwert 2 µg/l, für Tränkwasser 2 µg/l bzw. 4 µg/l.
Quecksilber ist aber auch in anderen Wasserqualitätsrichtlinien aufgeführt, so z. B. in der EG-Oberflächenwasserrichtlinie und im Arbeitsblatt W 151 des DVGW über die Eignung von Oberflächenwasser für die Trinkwasserversorgung. Je nach einfacher oder aufwendiger Wasseraufbereitung werden 0,5 und 1 µg/l als Grenzwerte angegeben.
Quecksilber ist ferner in der Liste I der EG-Grundwasserrichtlinie aufgeführt; Quecksilber(II)-Verbindungen (Quecksilber(II)-chlorid) sind stark wassergefährdende Stoffe und in die Wassergefährdungsklasse 3 eingereiht.
Im ATV-Arbeitsblatt A 115 werden Einleitungen mit 0,05 mg/l Quecksilber noch als unbedenklich angesehen. Die Klärschlamm-VO verbietet die Aufbringung auf landwirtschaftlich oder gärtnerisch genutzte Böden, deren Hg-Gehalt 2 mg/kg lufttrockenen Bodens übersteigt; der Hg-Gehalt in 1 kg Klärschlammtrockenmasse darf bei Aufbringung auf landwirtschaftlich oder gärtnerisch genutzte Böden 25 mg/kg nicht übersteigen.
Schließlich ist noch der MAK-Wert für Quecksilber zu erwähnen, der 0,1 mg/m³ beträgt, für organische Quecksilberverbindungen (berechnet als Hg) aber nur 0,01 mg/m³ (Gefahr der Hautresorption und Sensibilisierung).

8.7.20.3 Literatur

1 Neumüller, O.A.: Römpps Chemie-Lexikon. Stuttgart: Franckh'sche Verlagshandlung 1975
2 D'Itri, P.A.; D'Itri, F.M.: Mercury Contamination. New York: Wiley 1977
3 Merian, E.: Metalle in der Umwelt. Weinheim: Verlag Chemie 1984
4 Verordnung über Verwendungsverbote und -beschränkungen für Pflanzenbehandlungsmittel (Pflanzenschutzanwendungsverordnung) vom 19. 12. 1980, geändert durch die Erste Verordnung zur Änderung der Pflanzenschutzanwendungsverordnung vom 2. 8. 1982
5 Ohnesorge, F.K.: Grundlagen und Problematik bei der Festsetzung von Grenzwerten für Trinkwasser-Inhaltsstoffe aus toxikologischer Sicht. Gas Wasserfach, Wasser Abwasser 121 (1980) 515–522
6 Bodenschutzkonzeption der Bundesregierung, Materialien, Bonn 6. 2. 1985
7 Stolzenburg, T.R.; Stanforth, R.R.; Nichols, D.G.: Potential health effects of mercury in water supply wells. J. Am. Water Works Assoc. 78 (1986) 45–48
8 Borneff, J.: Hygiene. Stuttgart: Thieme 1982

8.7.21 Bestimmung von Rubidium

8.7.21.1 Bestimmung mit AAS

Stammlösung:
a) Rb-Lösungen sind nicht allgemein handelsüblich (z.B. liefert die Fa. Ventron, Postfach 6540, D-7500 Karlsruhe 1 eine Rb-Lösung für die AAS)
b) Lösen von 1,4148 Rubidiumchlorid, RbCl p. a. in destilliertem Wasser, Zugabe von 5 ml Salpetersäure ($D = 1,40$ g/ml), mit destilliertem Wasser auf 1 l auffüllen (1000 mg/l Rb).
Hauptresonanzlinie: 780,0 nm.
Alternativlinie:
794,8 nm (2,5mal unempfindlicher).
Flammenatomisierung: Luft/Acetylen.
Atomisierung in der Graphitrohrküvette:
Veraschung max: 1200 °C,
Atomisierung max: 2700 °C.

Störungen

a) Flamme: Rubidium wird in der Luft/Acetylen-Flamme ionisiert: zur Vermeidung dieser Störung müssen 10 ml Kaliumionisationspuffer (s. Abschn. 8.6.3.2) den Meß- und Eichlösungen zugesetzt werden.
b) Graphitrohrküvette: Die Anwesenheit von Alkali- und Erdalkalihalogeniden kann zu Interferenzen führen; Einsatz des Additionsverfahrens ist vorzuziehen.

8.7.21.2 Beurteilung und Grenzwerte

Rubidium steht in der Häufigkeit der Elemente an 16. Stelle. Die Rubidiumkonzentration in der Erdkruste beträgt ca. $\frac{1}{2500}$ der des Kaliums. Trotz seines ubiquitären Vorkommens ist Rubidium üblicherweise im Trinkwasser nicht vorhanden bzw. liegen die Mengen unter der Nachweisgrenze gebräuchlicher Verfahren. Nur in einigen Mineral- und Heilwässern kommt Rubidium in nachweisbaren Konzentrationen vor. So wurden Rubidium und Cäsium 1860/61 im Bad Dürkheimer Mineralwasser von Bunsen und Kirchhoff spektralanalytisch entdeckt. Der menschliche Körper enthält ebenfalls Rubidium (nach Lang 300 bis 350 mg, nach Merian 1,1 g/70 kg Körpergewicht) [1, 2]; physiologische Funktionen oder besondere Wirkungen kleiner Rubidiummengen sind nicht bekannt. Daher wird Rubidium weder national noch international in Wasserqualitätsrichtlinien etc. aufgeführt.

8.7.21.3 Literatur

1 Lang, K.: Wasser, Mineralstoffe, Spurenelemente. Darmstadt: Steinkopf 1974, S. 108
2 Merian, E.: Metalle in der Umwelt. Weinheim: Verlag Chemie 1984

8.7.22 Bestimmung von Selen

8.7.22.1 Bestimmung mit AAS

Stammlösung:
a) Se-Lösungen der Chemikalienfirmen, Zugabe von 5 ml Salpetersäure ($D = 1,40$ g/ml) auf 1 l.
b) Lösen von 1,000 g Selen, Se p.a. in 15 ml Salzsäure ($D = 1,19$ g/ml), Zugabe von 5 ml Salpetersäure ($D = 1,40$ g/ml), mit destilliertem Wasser auf 1 l auffüllen.

Hauptresonanzlinie: 196,0 nm.
Alternativlinie:
204,0 nm (3mal unempfindlicher).
Hydridverfahren: s. Abschn. 8.6.2.3 und 8.6.3.4

8.7.22.2 Beurteilung und Grenzwerte

Selen gehört zu den selteneren Elementen und ist mit dem Schwefel eng vergesellschaftet. Bei der Verwitterung von Gesteinen mit schwefelhaltigen Mineralien kann daher auch Selen freigesetzt werden und letztlich in die Gewässer gelangen. Wechselnde Selengehalte, insbesondere in Oberflächenwässern und im Regenwasser dürften ortsgegeben auf eine Freisetzung von Selen bei der Öl- und Kohleverbrennung oder bei der Erzverhüttung zurückzuführen sein; gerade bei diesem Element ist ein Zusammenhang zwischen Staubemissionen und Gewässerbeschaffenheit zu verzeichnen. Selbstverständlich können aber auch industrielle Abwässer zum Selengehalt der Vorfluter beitragen. Im Wasser tritt Selen vorwiegend in Form von Selen(IV) oder Selen (VI) auf; die Konzentrationen liegen in der Regel unter 10 µg/l; Borneff gibt als „natürlichen background" der Gewässer 0,1 µg/l an.
Der Selenbestand eines Erwachsenen beträgt 10 bis 15 mg entsprechend ca. 0,2 mg/kg Körpergewicht; mit der Nahrung werden täglich ca. 50 bis 200 µg aufgenommen, die den Bedarf in etwa decken.
Selen als Ursache von Krankheitserscheinungen wurde besonders durch Mißbildungen des Knochenbaus, durch Gewichtsabnahmen, Haarausfall und Abfall der Hufe bei Tieren bekannt, die auf selenreichen Böden Nordamerikas weideten („alkali disease"); hier hatte sich das Element in verschiedenen Weidepflanzen angereichert [1, 2].
Selen ist für den menschlichen Organismus in geringen Mengen ein essentielles Spurenelement; erst bei höheren Dosen kann Selen toxisch wirken. Das Verhältnis von notwendiger zu chronisch toxischer und akut toxischer Dosis mit 1:50:500 gewährleistet einen relativ großen Sicherheitsabstand; infolge-

dessen spielen die geringen Selenkonzentrationen im Wasser nur eine untergeordnete Rolle. Selenvergiftungen treten beim Menschen eher durch Einnahmen von Selenwasserstoff- und Selendämpfen auf. Dementsprechend werden als MAK-Werte 0,2 mg/m³ für Selenwasserstoff und 0,1 mg/m³ für Selenverbindungen als Se angegeben.

Die ausgesprochene Doppelfunktion des Selens (essentiell und toxisch) hat auch dazu geführt, daß sich die WHO-Guidelines mit diesem Element befaßten. Bereits früher war in den „European" und in den „International Standards for drinking water" ein Selengrenzwert von 10 µg/l aufgeführt. Dieser Grenzwert wird als annehmbar bestätigt. Schon bei einer täglichen Aufnahme von 10 bis 100 µg/kg Körpergewicht (entsprechend 0,7 bis 7 mg/70 kg) wurden toxische Wirkungen beobachtet. Der empfohlene Grenzwert von 10 µg/l im Trinkwasser wurde mit dem ADI-Wert (Acceptable Daily Intake) von 200 µg errechnet; der durch Trinkwasser zugeführte Anteil sollte 10 % dieses Werts nicht überschreiten, entsprechend bei einem 2-l-Tageskonsum 10 µg/l.

Die EG-Trinkwasserrichtlinie nennt ebenfalls als Höchstkonzentration 10 µg/l. Der gleiche Wert findet sich in der EG-Oberflächenwasserrichtlinie. Selen ist auch aufgeführt in der Liste II der EG-Grundwasserrichtlinie und der EG-Ableitungsrichtlinie. Das DVGW-Arbeitsblatt W 151 gibt für Selen im Oberflächenwasser für die Eignung als Trinkwasser je nach Aufbereitungsart 1 bzw. 10 µg/l Se an.

Während die frühere Trinkwasser-VO als Grenzwert 8 µg/l beinhaltete, hat die nunmehr gültige Novelle der Trinkwasser-VO von einem Grenzwert Abstand genommen. Die Begründung besagt, daß ein Grenzwert für Selen nicht mehr aufgeführt wird, da eine Limitierung des Gehalts nicht mehr erforderlich erscheint. Demgegenüber gibt es in verschiedenen anderen Staaten Selengrenzwerte für Trinkwasser, die meist 10 oder 50 µg/l betragen.

Die Mineral- und Tafelwasser-VO hat noch einen Grenzwert von 10 µg/l Se festgesetzt.

Bewässerungswasser in der Landwirtschaft soll 20 µg/l (Richtwert) bzw. 200 µg/l Se (Höchstwert) nicht überschreiten; für Tränkwasser werden 8 µg/l und in den USA 10 µg/l Se benannt, (in den USA beträgt der Selenhöchstwert für Bewässerungswasser 50 µg/l).

Ergänzend ist hinsichtlich des Abwassers auf das ATV-Arbeitsblatt A 115 zu verweisen; in dem für das Einleiten von Abwasser in eine öffentliche Abwasseranlage ein als unbedenklich angesehener Selenhöchstwert von 1 mg/l steht.

Trotz des Wegfalls eines Selengrenzwerts in der neuen Trinkwasser-VO wird man bei Selenuntersuchungen den 10 µg/l-Wert zumindest als Orientierungswert für die Wassergüte betrachten können.

8.7.22.3 Literatur

1 Daten und Information zu Wasserinhaltsstoffen. DVGW-Schriftenreihe, Wasser Nr. 48. Frankfurt: ZfGW-Verlag 1985
2 Quentin, K.-E.: Vorkommen, Bedeutung und Nachweis von Selen nach der Trinkwasser-Verordnung. In: Die Trinkwasser-Verordnung. Berlin: Erich Schmidt 1976

8.7.23 Bestimmung von Silber

8.7.23.1 Bestimmng mit AAS

Stammlösung:
a) Ag-Lösungen der Chemikalienfirmen für die AAS sind nicht handelsüblich.
b) Lösen von 1,000 g Silber, Ag p. a. in 20 ml Salpetersäure (5 mol/l) mit destilliertem Wasser auf 1 l auffüllen.
c) Lösen von 1,5748 g Silbernitrat, AgNO$_3$ p. a. in destilliertem Wasser, Zugabe von 5 ml Salpetersäure ($D = 1,40$ g/ml), mit destilliertem Wasser auf 1 l auffüllen (1000 mg/l Ag).

Hauptresonanzlinie: 328,1 nm.
Alternativlinie:
338,3 nm (2mal unempfindlicher).
Flammenatomisierung: Luft/Acetylen.
Atomisierung in der Graphitrohrküvette:
Veraschung max. 850 °C,
Atomisierung max. 2750 °C.

Störungen

a) Flamme: Bei der Trinkwasseruntersuchung ist die Ag-Bestimmung im allgemeinen störungsfrei. Hohe Ag-Konzen-

trationen senken das Signal des Silbers; diese Störungen können durch das Additionsverfahren eliminiert werden.
b) Graphitrohrküvette: Die Ag-Bestimmung ist normalerweise problemlos. Nur in Anwesenheit von komplexen Matrices darf die Silberveraschung 500 °C nicht übersteigen; in solchen Fällen ist mit Störungen zu rechnen.

8.7.23.2 Beurteilung und Grenzwerte

Silber gehört zu den seltenen, aber weit verbreiteten Elementen. Es tritt gediegen und vorwiegend in Verbindung mit Schwefel, Antimon und Chlor auf. Die Silberkonzentrationen in Grund- und Oberflächenwässern sind jedoch durch die Unlöslichkeit der meisten Silbersalze sowie des freien Metalls begrenzt. Konzentrationen in Meerwasser werden mit 0,04 µg/l und 0,002 µg/l angegeben, für Oberflächenwasser gelten Werte von 0,3 bis 1,3 µg/l [1]. Erhöhte Silberkonzentrationen in Oberflächenwässern können z. B. durch Einleitungen von Abwässern photographischer Betriebe und von Entsilberungsanlagen auftreten.

Es gibt keine Hinweise darauf, daß Silber ein essentielles Element für den Menschen ist. Vergiftungen treten sehr selten auf, bei einmaliger Aufnahme nur aufgrund hoher Dosen (>1 g Ag). Die Symptome werden als Argyrie bezeichnet, eine Blauverfärbung von Haut, Augen, Haaren und inneren Organen infolge von Ablagerungen reduzierten Silbers im Gewebe. Die Aufnahme kann über den Magen-Darm-Trakt, die Lunge oder die Haut erfolgen. Die biologische Halbwertszeit beträgt etwa 50 Tage. Um Argyrie auszulösen und den Wert von 1 g Silber bei kontinuierlicher Aufnahme zu erreichen, wären umgerechnet auf 70 Lebensjahre 400 µg/Tag nötig, da Silber nur zu 10% absorbiert wird. Die tägliche Aufnahme mit der Nahrung beträgt 20 bis 80 µg Ag; so werden innerhalb 50 Jahren nur etwa 9 mg gespeichert. Auch deutet bisher nichts auf eine Cancerogenität hin.

Allerdings stellen Silber und seine Verbindungen für Wasserorganismen und besonders für Mikroorganismen ein Umweltrisiko dar; bereits geringe Mengen wirken fungizid, bakterizid und bakteriostatisch (oligodynamischer Effekt). Für Bakterien wird eine Schädlichkeitsgrenze von 10 µg/l AgNO$_3$ angegeben [2]. Daher findet Silber eine begrenzte Anwendung zur Desinfektion von privaten Kleinschwimmbecken und zur Entkeimung von Trinkwasser in Vorratstanks und in der Touristik. Toxische Effekte bei Fischen in Süßwasser wurden bereits bei Konzentrationen <0,17 µg/l beobachtet [3].

Die Trinkwasser-VO und die EG-Trinkwasserrichtlinie setzen einen Grenzwert von 10 µg/l fest; eine Ausnahme bildet die Zugabe von Silber und seiner Verbindungen bei der Trinkwasseraufbereitung mit einem Grenzwert in der EG-Richtlinie von 80 µg/l. In der Trinkwasser-Aufbereitungs-VO sind max. 0,1 mg/l Ag zugelassen.

Die WHO-Guidelines empfehlen keinen Grenzwert. In den USA liegt der Grenzwert für Silber im Trinkwasser bei 50 µg/l. Der MAK-Wert wurde mit 0,01 mg/m^3 festgelegt.

Die EG-Grundwasser- und EG-Ableitungsrichtlinie nennen Silber jeweils in Liste II der Stoffe, die eine schädliche Wirkung haben können. Im ATV-Arbeitsblatt A 115 wird Silber mit 2 mg/l in der Regel beim Einleiten in öffentliche Abwasseranlagen noch als unbedenklich angesehen.

8.7.23.3 Literatur

1 Merian, E.: Metalle in der Umwelt. Weinheim: Verlag Chemie 1984
2 Roth, L.: Wassergefährdende Stoffe. Landsberg/Lech: ecomed Stand 1985
3 Standard methods for the examination of water and wastewater, 16th ed. APHA, AWWA, WPCF, Washington, DC 1985

8.7.24 Bestimmung von Strontium

8.7.24.1 Bestimmung mit AAS

Stammlösung:
a) Sr-Lösungen der Chemikalienfirmen, Zugabe von 5 ml Salpetersäure ($D = 1,40$ g/ml) auf 1 l.
b) Lösen von 2,4153 g Strontiumnitrat, Sr(NO$_3$)$_2$ p. a. in destilliertem Wasser, Zugabe von 5 ml

Salpetersäure ($D = 1{,}40$ g/ml), mit destilliertem Wasser auf 1 l auffüllen (1000 mg/l Sr).
Hauptresonanzlinie: 460,7 nm.
Flammenatomisierung: Luft/Acetylen.
Atomisierung in der Graphitrohrküvette:
Veraschung max: 1100 °C,
Atomisierung max: 2700 °C.

Störungen

a) Flamme: Die Strontiumbestimmung ist bei der Trinkwasseruntersuchung unproblematisch. Eine Teilionisierung muß durch Zugabe von 20 ml Kaliumionisationspuffer zu 1 l Kalibrier- und Meßlösungen verhindert werden (s. Abschn. 8.6.3.2).
b) Graphitrohrküvette: Weil bei der Veraschungsperiode Strontium sehr gut chemisch vorbehandelt werden kann, sind keine Störungen bekannt. Strontium-AAS-Bestimmung ist bei der Trinkwasseruntersuchung störungsfrei.

8.7.24.2 Beurteilung und Grenzwerte

Strontium steht in der Häufigkeitsliste der Elemente in der Erdkruste erst an 18. Stelle. Als unedles Metall kommt es in der Natur nur in Form seiner Verbindungen vor, meist als Carbonat und Sulfat. Strontium und seine Isotope haben die Tendenz, sich im Knochengerüst von Mensch und Tier anzureichern; das natürliche Strontium wird im allgemeinen als gesundheitlich unbedenklich betrachtet, während das radioaktive Isotop (Sr-89, β-Strahler, Halbwertszeit 28,1 Jahre) bekanntermaßen als gesundheitsgefährdend gilt [1].
Sofern natürliches Strontium im Trinkwasser vorkommt, liegen die Konzentrationen in der Regel unter 1 mg/l [2]. Mitunter können vor allem in Mineralwässern auch höhere Konzentrationen im mg-Bereich auftreten. Aufgrund der gesundheitlichen Unbedenklichkeit wird Strontium weder national noch international in Wasserqualitätsvorschriften oder -richtlinien aufgeführt.

8.7.24.3 Literatur

1 Roth, L.: Wassergefährdende Stoffe. Landsberg/Lech: ecomed Stand Juni 1986

2 Neumüller, O.A.: Römpps Chemie-Lexikon. Stuttgart: Franckh'sche Verlagshandlung 1975

8.7.25 Bestimmung von Thallium

8.7.25.1 Bestimmung mit AAS

Stammlösung:
a) Tl-Lösungen der Chemikalienfirmen, Zugabe von 5 ml Salpetersäure ($D = 1{,}40$ g/ml) auf 1 l.
b) Lösen von 1,3034 g Thalliumnitrat, $TlNO_3$ p. a. in destilliertem Wasser, Zugabe von 5 ml Salpetersäure ($D = 1{,}40$ g/ml), mit destilliertem Wasser auf 1 l auffüllen (1000 mg/l Tl).
Hauptresonanzlinie: 276,8 nm.
Alternativlinie:
377,6 nm (3mal unempfindlicher).
Flammenatomisierung: Luft/Acetylen.
Atomisierung in der Graphitrohrküvette.
Veraschung max: 500 °C,
Atomisierung max: 2000 °C.

Störungen

a) Flamme: Bei der Thalliumbestimmung treten im allgemeinen keine Störungen auf.
b) Graphitrohrküvette: Bei der Veraschungsperiode darf Thallium wegen der hohen Flüchtigkeit nur bis 500 °C thermisch vorbehandelt werden. Höhere Gehalte an Chloriden verursachen Verluste.

8.7.25.2 Beurteilung und Grenzwerte

Thallium ist in geringen Konzentrationen weitverbreitet. Aus der Wasserlöslichkeit von Thalliumsalzen (z. B. Tl_2SO_4 mit 4,9 g/100 ml bei 20 °C) resultiert eine erhebliche Mobilität des Elements mit möglichen lokalen Anreicherungen. Im Meerwasser kann es bis 0,01 mg/l, in anderen Oberflächenwässern zu 0,01 bis 1 mg/l und in lufttrockenen Böden im Bereich von 0,01 bis 0,5 mg/kg vorkommen [1].
Thalliumsalze werden vom menschlichen Organismus resorbiert und in ihm rasch verteilt. Die tägliche Aufnahme mit der Nahrung beträgt beim Menschen ca. 2 µg. Infolge der langen biologischen Halbwertszeit

von 25 bis 30 Tagen wird nur ein geringer Anteil in angemessener Zeit über die Niere ausgeschieden; es kann daher zu einer Akkumulation von Thalliumionen kommen. Thallium gehört nicht zu den essentiellen Spurenelementen, vielmehr wirkt es als Zellgift. Obwohl die für den Menschen letale Dosis mit etwa 0,8 bis 1 g bzw. 8 bis 15 mg/kg Körpergewicht angegeben wird, können doch schon geringe mg-Mengen zu chronischen Beschwerden führen. Solche Gesundheitsbeeinträchtigungen beziehen sich auf das periphere und zentrale Nervensystem, auf Sehstörungen, Wachstumshemmungen und auf Haarausfall. Im Tierversuch waren auch Mutagenität und Teratogenität nachweisbar. Der MAK-Wert für lösliche Tl-Verbindungen beträgt 0,1 mg/m^3 [2-4].

Thallium ist in der EG-Trinkwasserrichtlinie bzw. in der Trinkwasser-VO nicht aufgeführt, auch die Guidelines verzichten auf einschränkende Empfehlungen; allerdings wird das Element in den Listen II der EG-Grundwasser- und EG-Ableitungsrichtlinie genannt.

8.7.25.3 Literatur

1 Merian, E.: Metalle in der Umwelt. Weinheim: Verlag Chemie 1984
2 Sittig, M.: Handbook of toxic and hazardous chemicals and carcinogens. Park Ridge, NJ: Noyes Publications 1985
3 Bodenschutzkonzeption der Bundesregierung; verabschiedet vom Bundeskabinett am 6. 2. 85 zur Einleitung gesetzgeberischer Maßnahmen durch Bund und Länder
4 Bericht der Landesanstalt für Umweltschutz Baden-Württemberg und des Instituts für Chemische Technik der Universität Karlsruhe: Untersuchung über das Verhalten von Thallium und anderen Schwermetallen in thermischen Prozessen, Forschungsvorhaben Nr. ENV 418-80 D (B)

8.7.26 Bestimmung von Uran

Die häufigsten Uranmineralien sind Uranpecherz (Pechblende) und Uranglimmer. In der Oxidationsstufe +6 als Uranyl-tricarbonato-Komplexe $[UO_2(CO)_3]^{4-}$ ist Uran ein recht mobiles Element und daher verschiedentlich in Spuren auch in natürlichen Wässern vorhanden.

8.7.26.1 Photometrische Bestimmung mit Arsenazo III

(Untere Bestimmungsgrenze: 1 µg/l U bei einem Probevolumen von 1 l; 2-cm-Küvetten)

Zur Abtrennung und Anreicherung von Uran eignet sich ein Chelat-Ionenaustauscher mit einem einfachen, schnellen Schüttelverfahren. Durch Maskierung der Störelemente mit Diethylentrinitrilopentaessigsäure (DTPE; Titriplex V) erreicht man eine gezielte Uranabtrennung. Diese ist notwendig, weil die photometrische Bestimmung mit Arsenazo III zwar sehr empfindlich ist, aber den Nachteil einer geringen Selektivität hat [1].

Arsenazo III

Im stark sauren Gebiet (pH 2,0 bis 2,1) bildet dieses Reagenz mit Uran einen smaragdgrünen Komplex, dessen Absorptionsmaximum bei 655 nm liegt; DTPE stört nicht. Die Farbintensität bleibt 1 h unverändert [2, 3].

Geräte:
Halbmikrofritte D2 und D3 (2 ml) mit einer aufgesetzten 0,5-l-Vorratsflasche;
Mikro-pH-Elektrode;
Quarzküvetten, 2 cm;

Reagenzien:
Cellulose-Hyphan (z. B. Fa. Riedel-de Haën). Ca. 25 g Austauscher werden in 500 ml HCl (2 mol/l) gerührt, bis er fein verteilt ist (5 bis 6 h). Anschließend wird auf einer Nutsche abgesaugt, mit destilliertem Wasser neutral gespült und mit Aceton getrocknet. Bei 60 °C wird der Austauscher über Nacht im Trockenschrank belassen, wobei er zwar wieder zusammenklumpt, sich aber bei der Verwendung fein verteilen läßt.
Diethylentrinitrilopentaessigsäure, $C_{14}H_{23}N_3O_{10}$ p. a. (Titriplex V), DTPE;

Salzsäure, HCl suprapur (D = 1,15 g/ml);
Salzsäure, HCl 2 mol/l: zu 75 ml destilliertem Wasser werden 20 ml HCl suprapur gegeben.
Salzsäure, HCl 0,5 mol/; zu 90 ml destilliertem Wasser werden 5 ml HCl suprapur gegeben.
Salzsäure, HCl 0,1 mol/l: zu 94 ml destilliertem Wasser wird 1 ml HCl suprapur gegeben.

Natriumacetat-Lösung. 13,6 g Natriumacetat, $NaCH_3COO \cdot 3\,H_2O$ p. a. werden in 100 ml destilliertem Wasser gelöst.

Uran-Stammlösung. 1,655 mg Uranylnitrat, $UO_2(NO_3)_2 \cdot 6\,H_2O$ p. a. oder 1,496 mg Uranylacetat, $UO_2(CH_3COO)_2 \cdot 2\,H_2O$ p. a. werden in einem 1-l-Meßkolben mit destilliertem Wasser gelöst; die Lösung wird mit destilliertem Wasser aufgefüllt (1 mg/l U).

DTPE-Lösung. 0,5 g DTPE werden in 10 ml destilliertem Wasser und einigen Tropfen Natronlauge, NaOH (2 mol/l) gelöst.

Arsenazo-III-Lösung. 0,05 g Arsenazo III, $C_{22}H_{16}As_2N_4Na_2O_{14}S_2$ p. a. werden in 100 ml destilliertem Wasser gelöst.

Probenahme

Als Probenahmegefäß verwendet man eine 1-l-Glasflasche, die vorher gewogen wurde; nach dem Füllen wird sie wiederum gewogen.

Arbeitsvorschrift

a) Uranabtrennung und -anreicherung
Zur abgewogenen Wasserprobe werden in einem Becherglas 0,1 g Cellulose-Hyphan gegeben; mit Salzsäure wird ein pH-Wert von 6 bis 7 eingestellt und dann 1 h mit Magnetrührer gerührt. Anschließend gibt man 25 mg DTPE zu und trennt den Austauscher über die Halbmikrofritte ab.
Nach der Abtrennung wird aus dem feuchten Austauscher auf der Fritte das Uran mit 2 ml (0,5 mol/l) vorsichtig (ca. 10 min) eluiert und mit höchstens 1 ml HCl (0,1 mol/l) in einen 5-ml-Meßkolben nachgespült.

b) Photometrische Bestimmung
Zum Gesamteluat im 5-ml-Meßkolben werden 1 ml Natriumacetat-, 0,5 ml DTPE- und 0,5 ml Arsenazo III-Lösung hinzugefügt, dann wird mit destilliertem Wasser aufgefüllt. Der pH-Wert von 2,0 bis 2,1 wird mit einer Mikro-pH-Elektrode eingestellt (portionsweise mit jeweils 10 µl HCl, 2 mol/l, falls erforderlich). Nach einer Standzeit von 30 min wird die Extinktion bei 655 nm in 2-cm-Quarzküvetten gemessen. In gleicher Weise wird ein Blindwert erstellt und vom Meßwert abgezogen.

Erstellen der Eichgeraden

Die Eichgerade wird für 1 l erstellt. Durch Verdünnen von 1; 5; 10; 25; 50; 75 und 100 ml der Uranstammlösung mit destilliertem Wasser auf 1 l, erhält man Eichlösungen mit 1 bis 100 µg/l Uran. Diese werden gemäß der Arbeitsvorschrift weiterbehandelt.

Berechnung und Angabe der Werte

Der Gehalt an Uran im Untersuchungswasser errechnet sich wie folgt:

$$\text{Uran (U)} = \frac{a \cdot 1000}{b} \; \mu g/l.$$

a aus der Eichgeraden ermittelte Masse in µg/l
b angewandtes Probevolumen in ml (entspricht bei Trinkwässern üblicherweise der eingewogenen Probemasse in g)

Bei einer Massenkonzentration des Wassers an Uran bis zu 0,01 mg/l werden die Ergebnisse auf vier Stellen und bei mehr als 0,01 mg/l auf drei Stellen hinter dem Komma angegeben.

Störungen

Die Störungen durch Schwermetallspuren lassen sich nach diesem Verfahren durch Zugabe von DTPE beseitigen. Sind dagegen Huminstoffe im Untersuchungswasser zu erwarten, so ist es angezeigt, das Schüttelverfahren (Magnetrührer) auf 24 h zu verlängern, da Uran an den Huminstoffen nur reversibel gebunden wird und auf diese Weise miterfaßt wird. Fluorid und Phosphat stören bis zu 50 mg/l nicht.

8.7.26.2 Sonstige Verfahren

In der Literatur wird mit demselben Anreicherungs- und Abtrennungsverfahren auch die

photometrische Bestimmung mit Chlorphosphanazo-III oder mit Hilfe der emissionsspektrometrischen Bestimmung (ICP-AES) oder mit der Röntgenfluoreszenzanalyse (RFA) ausgeführt. Die Nachweisgrenzen der beiden letztgenannten liegen höher als bei den photometrischen Methoden [1].
Die Bestimmung von Uran mit der AAS kann nicht empfohlen werden, da die unteren Grenzen der Arbeitskonzentrationen bei der Flammenatomisierung bei 5000 mg/l liegen und bei der Graphitrohrküvette bei 10 mg/l; zudem ist mit Carbidbildung und Memoryeffekten zu rechnen.

8.7.26.3 Beurteilung und Grenzwerte

Uran und seine Verbindungen sind toxisch; Vergiftungen treten allerdings im allgemeinen nur bei Unfällen auf. Wenn natürliche Wässer Uran enthalten, sind die Konzentrationen meist sehr gering (Meerwasser 3 µg/l, Trink- und Mineralwasser 0,5 bis 12 µg/l).
Nach Burba [1] sind Urankonzentrationen von 10 µg/l Trinkwasser noch vertretbar, wenn man anhand der Strahlenschutz-VO [4] einen Richtwert von 80 mg natürlichem Uran pro Jahr für die menschliche Aufnahme zugrundelegt.
Der MAK-Wert für Uranverbindungen, als Uran berechnet, ist auf 0,25 mg/m^3 festgesetzt mit dem Hinweis auf die Strahlenschutz-VO. Uran findet sich auch jeweils in Liste II der EG-Grundwasser- und EG-Ableitungsrichtlinie.

8.7.26.4 Literatur

1 Burba, P.; Cebulč, M.; Broekaert, J.A.C.: Verbundverfahren (Spektralphotometrie, ICP-OES, RFA) zur Bestimmung von Uranspuren in natürlichen Wässern. Fresenius Z. Anal. Chem. 318 (1984) 1-11
2 Singer, E.; Matucha, M.: Erfahrungen mit der Bestimmung von Uran in Erzen und Gesteinen mit Arsenazo-III. Fresenius Z. Anal. Chem. 191 (1962) 248-253
3 Strelow, F.W.E.; Van der Walt, T.N.: Comparative study of the masking effect of various complexans in the spectrophotometric determination of uranium with arsenazo-III and chlorophosphonazo-III. Talanta 26 (1979) 537-542
4 Strahlenschutzverordnung (StrlSchV) vom 13. Okt. 1976 BGBl I, S. 2905

8.7.27 Bestimmung von Vanadium

8.7.27.1 Bestimmung mit AAS

Stammlösung:
a) V-Lösungen der Chemikalienfirmen, Zugabe von 5 ml Salpetersäure ($D = 1,40$ g/ml) auf 1 l.
b) Lösen von 2,2960 g Ammoniummetavanadat, NH_4VO_3 p.a. in destilliertem Wasser, Zugabe von 5 ml Salpetersäure ($D = 1,40$ g/ml), mit destilliertem Wasser auf 1 l auffüllen.
Hauptresonanzlinie: 318,5 nm.
Alternativlinien:
318,35 nm (1,2mal unempfindlicher),
318,4 nm (1,2mal unempfindlicher).
Flammenatomisierung: Lachgas/Acetylen.
Atomisierung in der Graphitrohrküvette:
Veraschung max: 1500 °C
Atomisierung max: 2900 °C.

Störungen

a) Flamme: Wegen geringer Empfindlichkeit ist das Verfahren bei der Trinkwasseruntersuchung nicht empfehlenswert (s. Tabelle 8.10).
b) Graphitrohrküvette: Vanadium läßt sich auf dem Triplett 318,35 nm, 318,4 nm und 318,5 nm bestimmen. Aufgetretene Störungen werden durch Carbidbildung erklärt. Daher sollte eine pyrolytisch beschichtete Küvette benützt werden. Nach der V-Analyse ist eine sorgfältige und längere Reinigung der Küvette anzuraten.

8.7.27.2 Beruteilung und Grenzwerte

In Spuren ist Vanadium weit verbreitet. Meerwasser enthält ca. 2 µg/l [1]; verschiedentlich werden auch Gehalte bis zu 29 µg/l [2] angegeben. In Oberflächenwässern ist meist unter 1 µg/l enthalten, vielfach wird aber auch von Werten bis zu 300 µg/l berichtet [1-3]. Dabei handelt es sich um Auslaugungen von Boden, Gestein oder vanadiumhaltigen Abfällen.
Der menschliche Körper enthält 17 bis 43 mg V [4]. Der aus Tierversuchen ermittelte tägliche Bedarf von 1 bis 2 mg wird durch die Nahrung gedeckt. Ob Vanadium ein essentielles Spurenelement ist, bleibt

8 Gelöste Mineralstoffe

umstritten; mitunter wird auch ein Zusammenhang zwischen der Vanadiumkonzentration im Trinkwasser und der Karies diskutiert. Vanadium soll die Löslichkeit des Zahnschmelzes verringern.
Da die Resorption durch den Magen-Darm-Trakt nur gering ist, besteht beim Menschen nur durch hohe chronische Belastungen eine Gefahr von Vergiftung bei oraler Aufnahme. Demgegenüber gelangt das Vanadium bei Aufnahme über die Atemwege rasch in die Blutbahn. Aus dem Bergbau und der Vanadiumverarbeitung in der Stahlindustrie ist seine Giftwirkung bekannt, die sich vor allem auf die Hemmung zahlreicher Stoffwechselvorgänge bezieht. In neuerer Zeit hat man auch depressive Symptome beobachtet [5, 6].
Der MAK-Wert für V_2O_5-Rauch beträgt 0,1 mg/m³, für Staub 0,5 mg/m³; in den USA beträgt er entsprechend 0,05 und 0,5 mg/m³. In den WHO-Guidelines findet sich das Vanadium unter den anorganischen Bestandteilen mit möglicher Gesundheitsbeeinträchtigung. In der entsprechenden Auflistung findet sich ein Vermerk, daß keine Maßnahmen veranlaßt sind. Analog ist Vanadium auch in der Parameterliste für toxische Stoffe der EG-Trinkwasserrichtlinie aufgeführt, aber ebenfalls ohne Grenz- oder Richtwert; gleiches gilt für die EG-Oberflächenwasserrichtlinie. Infolgedessen ist in der Trinkwasser-VO das Vanadium nicht erwähnt. Schließlich ist Vanadium auch in der Liste II (Stoffe mit möglicher Schadwirkung) der EG-Grundwasserrichtlinie und ebenso der EG-Ableitungsrichtlinie enthalten. Im DVGW-Arbeitsblatt W 151 ist ein Wert von 50 µg/l für die Trinkwassergewinnung aus Oberflächenwasser als obere Grenze der Gruppen A und B vermerkt. Die EPA [7] empfiehlt einen zulässigen Höchstwert von 7 µg/l für Trinkwasser. Die AVV zur Mineral- und Tafelwasser-VO verlangt im Anerkennungsverfahren stets die Vanadiumbestimmung.

8.7.27.3 Literatur

1 Förstner, U.; Wittmann, G.T.W.: Metal pollution in the aquatic environment. Berlin: Springer 1979, p. 87, 95

2 Merian, E.: Metalle in der Umwelt. Weinheim: Verlag Chemie 1984
3 Suess, M.J.: Examination of water for pollution control World Health Organisation. Oxford: Pergamon Press 1982, p. 158f
4 Belitz, H.-D.; Grosch, W.: Lehrbuch der Lebensmittelchemie. Berlin: Springer 1982
5 Vanadium. Naturwiss. Rundsch. 35, (1982) 418
6 Sittig, M.: Handbook of toxic and hazardous chemicals and carcinogens. Park Ridge, NJ: Noyes Publications 1985
7 EPA US Environmental Protection Agency: Multimedia goals for environmental assessment, Report EPA-600/7-77-136. Research Triangel Park, NC (November 1977). In [6]

8.7.28 Bestimmung von Wolfram

8.7.28.1 Bestimmung AAS

Stammlösung:
a) W-Lösungen der Chemikalienfirmen, Zugabe von 5 ml Salpetersäure ($D = 1,40$ g/ml) auf 1 l.
b) Lösen von 1,4472 g Ammoniumpolywolframat, $(NH_4)_{10}W_{12}O_{41} \cdot 5 H_2O$ p.a. in destilliertem Wasser und auf 1 l auffüllen (1000 mg W/l).
Hauptresonanzlinie: 255,1 nm.
Flammenatomisierung: Lachgas/Acetylen.

Störungen

a) Flamme: Wegen geringer Empfindlichkeit ist das Verfahren bei der Trinkwasseruntersuchung nicht empfehlenswert (s. Tabelle 8.10).
b) Graphitrohrküvette: Die Empfindlichkeit ist wegen der Carbidbildung recht gering. Deshalb wird die Graphitrohrmethode für Wolframbestimmung nicht benutzt.

8.7.28.2 Beurteilung und Grenzwerte

Wolfram steht in der Häufigkeitsliste der Elemente in der Erdkruste an 26. Stelle. Die meist vorhandenen und beständigsten Verbindungen in der Natur sind sechswertige Wolframate. Wolfram findet vor allem Anwendung in der Beleuchtungsindustrie und Stahlveredelung. Über das Vorkommen von Wolfram im Wasser und seine mögliche Toxizität ist wenig bekannt; gesundheitliche Gefahren sollen bei Minenarbeitern durch Inhalation wolframhaltiger Aerosole bestehen. Weder im nationalen Recht noch in internationalen Empfehlungen oder Richtlinien wird Wolfram im Zusammenhang mit Anforderungen an das Wasser erwähnt [1].

8.7.28.3 Literatur

1 Sittig, M.: Handbook of toxic and hazardous chemicals and carcinogens. Park Ridge, NJ: Noyes Publications 1985

8.7.29 Bestimmung von Zink

8.7.29.1 Bestimmung mit AAS

Stammlösung:
a) Zn-Lösungen der Chemikalienfirmen, Zugabe von 5 ml Salpetersäure ($D = 1,40$ g/ml) auf 1 l.
b) Lösen von 1,000 g Zink, Zn p.a. in 20 ml Salzsäure, Zugabe von 5 ml Salpetersäure ($D = 1,40$ g/ml), mit destilliertem Wasser auf 1 l auffüllen.
Salzsäure ($D = 1,10$ g/ml) = 40 ml Salzsäure ($D = 1,19$ g/ml) werden mit 34 ml destilliertem Wasser vermischt.
Hauptresonanzlinie: 213,9 nm.
Flammenatomisierung: Luft/Acetylen.
Atomisierung in der Graphitrohrküvette:
  Veraschung max: 600 °C,
  Atomisierung max: 2500 °C.

Störungen

a) Flamme: Störungen sind bei der Trinkwasseruntersuchung nicht bekannt. Höhere Siliciumgehalte unterdrücken das Signal, so daß in diesem Fall das Additionsverfahren erforderlich ist.
b) Graphitrohrküvette: Zink kann nicht genug bei der Veraschung thermisch vorbehandelt werden, deshalb ist die Störung durch viele Elemente, die sich im 100fachen Überschuß befinden, bekannt. Auch Chloride und Phosphate unterdrücken das Signal. Wegen der großen Kontaminationsgefahr sollten ultrareine Chemikalien verwendet werden.

8.7.29.2 Beurteilung und Grenzwerte

Zink ist ein weitverbreitetes Element. In der Erdkruste sind durchschnittlich 0,04 mg/kg, hauptsächlich als Zinksulfid und vergesellschaftet mit Blei, Kupfer, Cadmium und Eisen zu finden. Diese Begleitelemente (Blei, Cadmium), als das eigentliche toxikologische Problem, führten zur Erstellung von Grenzwerten.
Die Löslichkeit der Zinksalze ist im allgemeinen niedrig und nimmt mit zunehmendem pH-Wert des Bodens ab, so daß Zink in kalkreichen Böden absorbiert wird und in verringertem Maße ins Wasser gelangt, obwohl der Zinkgehalt dieser Böden oft höher liegt [1, 2].
Im Meerwasser sind 1 bis 27 µg/l Zink und weniger zu finden (im Mittel 0,6 µg/l), während der Gehalt in Flußwasser sehr unterschiedlich ist (im Mittel 7 µg/l); so liegt er in unverschmutzem Gewässer unter 10 µg/l Zn [1]. Trinkwasser kann durch Korrosion im Leitungssystem höhere Konzentrationen als Oberflächenwasser enthalten (0,01 bis 1 mg/l Zn) [3]. Im Leitungsnetz stagnierendes Wasser kann bis zu 10 mg/l Zink und mehr enthalten.
Zink ist ein essentielles Element der menschlichen Ernährung. Der tägliche Bedarf, der je nach Alter und Geschlecht zwischen 4 und 20 mg schwankt, wird überwiegend durch Nahrung gedeckt; Trinkwasser ist mit weniger als 400 µg/d beteiligt. Der Bestand des menschlichen Körpers liegt zwischen 2 und 3 g/70 kg Körpergewicht [1].
Störungen sind eher durch Zinkmangelerscheinungen zu erwarten [4], die sich durch Verlust der Geschmacksempfindungen und Appetitlosigkeit auswirken, als durch toxische Wirkungen einer Überdosis. So können größere Mengen von Zinksalzen (z.B. $ZnCl_2$) äußerlich Verätzungen und innerlich Erbrechen und Entzündungen der Verdauungsorgane hervorrufen [5].
Zinkverbindungen, hier Zinkchlorid, werden bei Roth [6] als schwach wassergefährdende Stoffe angegeben; Zinkoxid (Rauch hat einen MAK-Wert von 5 mg/m^3 (Kategorie III: resorptiv wirksame Stoffe, Wirkungseintritt >2 h, stark kumulierend).
In weichem Wasser wirken bereits 0,1 bis

1,0 mg/l Zn für Fische tödlich, da ihr Atmungssystem besonders sensibel reagiert, wobei organische Zinkverbindungen toxischer als anorganische wirken.
Die WHO-Guidelines empfehlen einen Grenzwert von 5 mg/l Zn, basierend auf ästhetischen Erwägungen. Wasser, das mehr Zink enthält, hat einen unerwünschten, adstringierenden Geschmack und kann bereits opaleszieren. Im allgemeinen liegen die Zinkkonzentrationen im Trinkwasser selten höher als 0,1 mg/l.
Die EG-Trinkwasserrichtlinie setzt eine Richtzahl von 100 µg/l Zn beim Austritt aus den Pump- und/oder Aufbereitungsanlagen und ihren Nebenanlagen fest; nach zwölfstündigem Verbleib in der Leitung und am Punkt der Bereitstellung für den Verbraucher gilt eine Richtzahl von 5000 µg/l Zn.
Die Novelle der Trinkwasser-VO dagegen setzt keinen Grenzwert mehr fest (bisher waren es 2 mg/l Zn).
Zink ist auch in der EG-Oberflächenwasserrichtlinie und im Arbeitsblatt W 151 des DVGW über die Eignung von Oberflächenwasser für die Trinkwasserversorgung begrenzend aufgeführt, die ebenfalls Grenzwerte je nach einfacher oder aufwendiger Aufbereitung des Wassers festsetzen (EG-Richtlinie: Leitwerte 0,5 bzw. 1 mg/l und Grenzwerte 3 bzw. 5 mg/l; W 151: 0,5 bzw. 1,0 mg/l).
In der EG-Richtlinie über die Qualität von Süßwasser, das schutz- oder verbesserungsbedürftig ist, um das Leben von Fischen zu erhalten, ist für Salmonidengewässer ein zwingender Wert von 0,3 mg/l und für Cyprinidengewässer 1,0 mg/l bei einer Härte von 100 mg/l $CaCO_3$ aufgeführt (mit einer Aufgliederung je nach Wasserhärtegrad in Anhang II) [7].
Die EG-Grundwasser- und EG-Ableitungsrichtlinie führen Zink jeweils in Liste II auf.
Im ATV-Arbeitsblatt A 115 mit seinen Hinweisen für das Einleiten von Abwasser in eine öffentliche Abwasseranlage steht für Zink der noch als unbedenklich angesehene Höchstwert von 5 mg/l bei solchen Einleitungen (mit Einschränkungen für die landwirtschaftliche Nutzung des Klärschlamms).
Nach der Klärschlamm-VO darf der Zinkgehalt 3000 mg in 1 kg Schlammtrockenrückstand nicht überschreiten, wenn der Klärschlamm auf landwirtschaftlich oder gärtnerisch genutzte Böden aufgebracht werden soll. In den zur Aufbringung von Klärschlamm vorgesehenen Böden selbst dürfen gewisse Metallgehalte nicht überschritten werden (z. B. 300 mg Zink in 1 kg lufttrockenen Boden).

8.7.29.3 Literatur

1 Merian, E.: Metalle in der Umwelt. Weinheim: Verlag Chemie 1984
2 Neumüller, O.A.: Römpps Chemie-Lexikon. Stuttgart: Franckh'-sche Verlagshandlung 1977
3 Holtmeier, H.J.; Kuhn, M.; Rummel, C.: Zink ein lebenswichtiges Mineral, Stuttgart: Wissenschaftliche Verlagsgesellschaft 1976
4 Ohnesorge, F.K.: Grundlagen und Problematik bei der Festsetzung von Grenzwerten für Trinkwasser - Inhaltsstoffe aus toxikologischer Sicht. Gas Wasserfach, Wasser Abwasser 121 (1980) 515–522
5 Bäßler, K.-H.; Fekl, W.; Lang, K.: Grundbegriffe der Ernährungslehre. Berlin: Springer 1979
6 Roth, L.: Wassergefährdende Stoffe. Landsberg/Lech: ecomed, Stand 1985
7 Richtlinie des Rates vom 18. Juni 1978. Über die Qualität von Süßwasser, das schutz- oder verbesserungsbedürftig ist, um das Leben von Fischen zu erhalten. Amtsbl. der EG Nr. L 222/1

8.7.30 Bestimmung von Zinn

8.7.30.1 Bestimmung mit AAS

Stammlösung:
a) Sn-Lösungen der Chemikalienfirmen, Zugabe von 5 ml Salpetersäure ($D = 1,40$ g/ml) auf 1 l
b) Lösen von 1,000 g Zinn, Sn p. a. in 200 ml Salzsäure ($D = 1,19$ g/ml) und 5 ml Salpetersäure ($D = 1,40$ g/ml), mit destilliertem Wasser auf 1 l auffüllen.

Hauptresonanzlinie: 224,6 nm.
Alternativlinie:
  286,3 nm (1,5mal unempfindlicher).
Flammenatomisierung: Lachgas/Acetylen.
Atomisierung in der Graphitrohrküvette:
  Veraschung max: 1000 °C,
  Atomisierung max: 2850 °C.

Störungen

a) Flamme: Wesentliche Störungen sind bei der Trinkwasseruntersuchung nicht bekannt.
b) Graphitrohrküvette: Störungen sind bei der Trinkwasseruntersuchung nicht bekannt.

8.7.30.2 Beurteilung und Grenzwerte

Zinn ist ein recht seltenes Element, das meist als Oxid vorkommt. Daher ist es auch in natürlichen Wässern nur in sehr geringen Konzentrationen enthalten. Für Meerwasser werden Werte von 0,6 ng/l und für Flußwasser von 6 bis 40 ng/l [1, 2] angegeben; höhere Konzentrationen können aufgrund industrieller Verunreinigungen auftreten. Auch durch Mikroorganismen, die anorganisch gebundenes Zinn zu organischen Zinnverbindungen methylieren, können diese in Oberflächengewässer gelangen [Mono-, Di- und Trimethyl-Zinn-Verbindungen werden in Oberflächen- und Meerwasser mit Konzentrationen von 0,01 bis 8,5 µg/l genannt]. Zinnorganische Verbindungen werden als Pestizide (z. B. Fentinacetat = Triphenyl-zinn-acetat) und z.B. auch als Stabilisatoren für PVC-Leitungen verwendet. Diese Substanzen besitzen meist eine geringe Wasserlöslichkeit. Unter den organischen Zinnverbindungen wurde vor allem bei Triorgano-Zinn-Derivaten eine große Toxizität festgestellt (R_3SnX; Toxizität bei R = Ethyl am größten) [3].

Der MAK-Wert für organisches Zinn beträgt 0,1 mg/m^3. Von der EPA [4] wird ein Wert von höchstens 1,4 µg/l für organische Zinnverbindungen aus gesundheitlichen Gründen empfohlen.

Von alters her fand Zinn als Geschirr Verwendung; auch heute werden noch Konservendosen aus verzinntem Eisenblech (Weißblech) hergestellt. Anorganisches Zinn wird im allgemeinen als ungiftig betrachtet; es wird im Organismus wenig resorbiert, so daß auch größere Mengen höchstens vorübergehende Beschwerden hervorrufen. Als maximale tägliche Aufnahme für Zinn empfiehlt die WHO [5] einen Wert von höchstens 2 mg/kg Körpergewicht.

Der MAK-Wert für anorganisches Zinn beträgt 2 mg/m^3. Beim Einleiten in öffentliche Abwasseranlagen werden nach dem ATV-Arbeitsblatt A 115 5 mg/l Sn noch als unbedenklich angesehen.

Die EG-Ableitungs- und EG-Grundwasserrichtlinie nennen organische Zinnverbindungen jeweils in Liste I der toxischen Stoffe und Zinn und seine Verbindungen in Liste II der Stoffe, die eine schädliche Wirkung haben können. In der EG-Trinkwasserrichtlinie ist Zinn nicht aufgeführt und auch in der Trinkwasser-VO nicht enthalten.

8.7.30.3 Literatur

1 Merian, E.: Metalle in der Umwelt. Weinheim. Verlag Chemie 1984
2 Suess, M.J.: Examination of water for pollution control. Vol. 2. Oxford: Pergamon Press 1982
3 DVGW-Schriftenreihe Wasser Nr. 48: Daten und Informationen zu Wasserinhaltsstoffen. Frankfurt: ZfGW-Verlag 1985
4 U.S. Environmental Protection Agency: Multimedia Environmental Assessment, Report EPA 600/7-77-136. Research Triangle Park, NC (Nov. 1977) In: Sittig, M.: Handbook of toxic and hazardous chemicals and carcinogens. Park Ridge, NJ: Noyes Publications 1985
5 Alvarez, G.H.; Capar, S.G.: Determination of tin in foods by hydride generation - atomic absorption spectrometry. Anal. Chem. 59 (1987) 530-533

8.8 Bestimmung der Metalle durch Atomemissionsspektroskopie mit induktiv gekoppeltem Plasma (ICP-AES)

Neben der Atomabsorptionsspektroskopie und den photometrischen Verfahren, die in der Spurenmetallbestimmung als Einzelelementverfahren einen weiten Anwendungsbereich finden, hat die Atomemissionsspektroskopie in letzter Zeit erheblich an Bedeutung gewonnen, insbesondere mittels Anregung durch ein induktiv gekoppeltes Plasma [1-9].

In der Atomemissionsspektroskopie werden die Elektronen thermisch angeregt. Beim Zurückfallen aus den kurzlebigen angeregten Zuständen wird die Energiedifferenz zum Grundzustand in Form von Licht spezifischer Wellenlänge emittiert. Dieses wird mit Hilfe von Sekundärelektronenvervielfachern quantifiziert.

Bei der ICP-AES (Inductively Coupled Plasma Atomic Emission Spectrometry) wird zur thermischen Anregung ein Argonplasma, d. h. ein elektrisch leitendes Gemisch aus Argonkationen und freien Elektronen, verwendet. Die Rekombination der Kationen mit den Elektronen bewirkt eine Erhöhung des spektralen Hintergrunds (Hintergrundrauschen).

Die zu analysierende Lösung wird direkt im Plasma zerstäubt. Die hohe Anregungstemperatur von 8000 bis 10 000 °C ermöglicht die Erfassung nahezu aller Schwermetalle, aber auch von Heteroatomen wie z. B. Phosphor und Schwefel in organischen Verbindungen. Ferner sind die mit der Graphitrohr-AAS nur schwer erfaßbaren Carbidbildner wie Mo, W, Si, B der Bestimmung zugänglich. Die Bildung schwerflüchtiger Oxide wird durch die Schutzgasatmosphäre des Argonplasmas verhindert.

Folgende Vorteile hat die ICP-AES gegenüber der AAS:
— es ist eine größere Zahl von Elementen erfaßbar;
— die simultane Bestimmung mehrerer Elemente nebeneinander ist möglich;
— die Eichgeraden verlaufen über mehrere Konzentrationsdekaden linear;
— durch die hohe Elektronendichte treten im Plasma keine Ionisationsinterferenzen auf;
— gegenüber der AAS sind die chemischen Interferenzen stark vermindert.

Dagegen bietet die AAS gegenüber der ICP-AES ebenfalls entscheidende Vorteile:
— die noch meßbaren Konzentrationen einiger Elemente (z. B. As, Hg) sind geringer;
— der apparative Aufwand und damit die Anschaffungskosten sind niedriger;
— im Betrieb ergeben sich weniger Unkosten, da die ICP-AES größere Mengen Argon (ca. 15 bis 20 l/min) für das Plasma benötigt;
— zur apparativen Betreuung muß das Personal nicht hochqualifiziert sein.

Tabelle 8.11. Vor- und Nachteile der beiden Meßmethoden

	Simultane Messung	Sequentielle Messung
Vorteile	schnelle Bestimmung vieler Elemente gleichzeitig	geringer apparativer Aufwand
	geringes Probevolumen	weniger spektrale Interferenzen durch größeres Gitter im Monochromator
	Identität der Probe bei der Messung	
Nachteile	hoher apparativer Aufwand	geringe Meßgeschwindigkeit
	höhere Wahrscheinlichkeit des Auftretens spektraler Interferenzen aufgrund des kleineren Gitters im Polychromator	Probe bei der Messung der einzelnen Elemente nicht identisch

Unter diesen Gegebenheiten wird die ICP-AES die AAS nicht ersetzen oder verdrängen. Trotzdem bedeutet sie neben der AAS eine wertvolle Bereicherung des Meßinstrumentariums in der Wasseranalytik.

Im Prinzip stehen bei der ICP-AES zwei Meßmethoden zur Verfügung (Tabelle 8.11)
1. *Aufeinanderfolgende* (sequentielle) Messung der einzelnen Elemente durch Einstellen der entsprechenden Emissionslinie mittels eines Monochromators; spektrale Interferenzen wegen mangelnder Auflösung benachbarter Peaks können durch die Verwendung eines hochauflösenden Monochromators vermieden werden.
2. *Gleichzeitige* (simultane) Messung bis zu 60 Elementen mit Hilfe eines sog. Polychromators.

Den heutigen Stand der Technik in Methoden und Entwicklungen vermittelt die nachfolgende Aufstellung:
a) Das Hintergrundrauschen kann vom Meßsignal subtrahiert werden; somit ergibt sich eine höhere Empfindlichkeit der Meßmethode, vor allem im Spurenbereich; es ist sowohl eine ein- wie zweiseitige Hintergrundkorrektur möglich.

8.8 Bestimmung der Metalle durch Atomemissionsspektroskopie mit induktiv gekoppeltem Plasma

b) Die in der AAS verwendeten Standardmethoden zur Erhöhung der Spezifität, wie z. B. die Hydridmethode für Arsen, Antimon, Zinn und Selen, lassen sich anwenden.
c) Die Auswertung der Meßsignale wird über Mikrocomputer gesteuert; dabei lassen sich die einzelnen Funktionen wie Gerätejustage, Spektrenaufnahme und Analyse meist in der komfortablen Menuetechnik auswählen bzw. modifizieren.
d) Die Verwendung rechnergesteuerter, automatischer Probenwechsler ist möglich, mit der sich die Analysengeschwindigkeit steigern läßt.
e) Durch Verwendung elektrothermal geheizter Graphittiegel können feste Mikroproben analysiert werden.
f) Nach entsprechender Modifikation des Geräts können neben wäßrigen Lösungen auch organische Lösemittel wie z. B. Xylol oder Methylisobutylketon, verwendet werden. Diese Möglichkeit ist im Zusammenhang mit Anreicherungsverfahren über Schwermetalldithiocarbamate bedeutungsvoll.
g) Eine direkte Kopplung mit HPLC-Anla-

Tabelle 8.12. Untere Grenzen der Arbeitskonzentrationen für die AAS und ICP-AES bei der Trinkwasseruntersuchung

Nr.	Element	Flammen-atomisierung µg/l	Elektrothermische Atomisierung µg/l	ICP-AES µg/l	nm
1	Aluminium	1000	0,5	100	(308,215)
2	Antimon	300	1,0	100	(206,833)
3	Arsen	–	0,1[a]	100	(193,696)
4	Barium	500	0,5	2	(455,403)
5	Beryllium	20	0,01	0,5	(313,042)
6	Blei	200	0,5	100	(220,353)
7	Bor			6	(249,678)
8	Cadmium	25	0,05	10	(214,438)
9	Calcium	25	0,01	0,2	(393,366)
10	Chrom	100	0,25	10	(205,552)
11	Cobalt	100	0,5	10	(228,616)
12	Eisen	50	0,25	20	(259,940)
13	Germanium	1000	2	100	(265,118)
14	Kupfer	50	0,5	10	(324,754)
15	Lithium	20	0,5	–	–
16	Magnesium	20	0,005	0,5	(279,553)
17	Mangan	50	0,1	2	(257,610)
18	Molybdän	150	1,0	10	(202,030)
19	Nickel	50	1,0	20	(231,604)
20	Quecksilber	–	0,05[b]	100	(194,227)
21	Rubidium	100	0,5	–	–
22	Selen	–	0,1[a]	100	(196,026)
23	Silber	50	0,2	10	(328,068)
24	Strontium	10	0,5	0,5	(407,771)
25	Thallium	200	0,5	100	(190,864)
26	Vanadium	500	0,5	10	(310,230)
27	Wolfram	10000	–	100	(207,911)
28	Zink	25	0,1	5	(213,856)
29	Zinn	1000	0,5	100	(189,980)
	Phosphor	–	–	100	(213,618)
	Silicium	–	–	10	(251,611)

[a] Hydridmethode
[b] Kaltdampfverfahren

gen erlaubt die Verwendung der ICP-AES als elementspezifischen Detektor.

h) Moderne Anreicherungsverfahren erlauben die Erhöhung der Meßempfindlichkeit um mehrere Zehnerpotenzen, z. B. Anreicherung von Aluminium, Molybdän, Uran und Vanadium auf metallhydroxidbeladener Cellulose (Fe(III)- bzw. In(III)-hydroxid), Mitfällung an reinen Metallhydroxiden, Anreicherung von Uran an Cellulose-Hyphan; Fällung mit $Mg(OH)_2$ [10]. Solche Verfahren sind in bezug auf die Bestimmung der Grenzwerte in der Trinkwasser-VO interessant (Tabelle 8.10 und Tabelle 8.12).

In Tabelle 8.12 werden die unteren Konzentrationen für AAS und ICP-AES ohne Berücksichtigung möglicher Anreicherungsverfahren gegenübergestellt. Im Vergleich mit Tabelle 8.10 läßt sich die Anwendbarkeit des Verfahrens zur Bestimmung im Rahmen der EG-Trinkwasserrichtlinie ermessen.

8.8.1 Literatur

1 Goulden, P.D.; Anthony, D.H.J.: Determination of trace metals in freshwater by inductively coupled argon plasma atomic emission spectrometry with a heated spray chamber and desolvation. Anal. Chem. 54 (1982) 1678
2 Jäger, W.: Praktische Erfahrungen mit der Plasma-Emission-Technik (ICP) in der Routineuntersuchung von Abwasser-, Schlamm- und Bodenproben. Z. Wasser Abwasser Forsch. 16 (1983) 231
3 Miyazaki, A.; Kimura, A.; Bansho, K.; Umezaky, Y.: Simultanous determination of heavy metals in water by inductively-coupled plasma atomic emission spectrometry after extraction into diisobutyl ketone. Anal. Chim. Acta 144 (1982) 213
4 Rubio, R.; Huguet, J.; Rauret, G.: Comparative study of the Cd, Cu and Pb determination by AAS and by ICP-AES in river water. Water Res. 18 (1984) 423
5 Thompson, M.; Walsh, J.N.: Handbook of ICP Spectrometry. Glasgow: Blackie 1983
6 Hoffmann, H.J.; Röhl, R.: Plasma-Emission-Spektrometrie. Analytiker-Taschenbuch, Bd. 5. Berlin: Springer 1985
7 Boumans, P.W.J.M.: Line concidence tables for inductively coupled plasma atomic emission spectrometry. 2nd ed. Oxford: Pergamon Press 1984
8 Winge, R.K.; Fassel, V.A.; Peterson, V.J.;
Floyd, M.A.: ICP-AES: An atlas of spectral information. Amsterdam: Elsevier 1984
9 DIN 38406 Teil 22: Bestimmung von 24 Elementen durch die Atomemissionsspektrometrie mit induktiv gekoppeltem Plasma (ICP-AES) (Entwurf November 1985). Berlin: Beuth
10 Burba, P.; Willmer, G.: Bestimmung (AAS, ICP-AES) von Al, Mo, Ti, U und V in natürlichen Wässern nach Voranreicherung an Fe(III)- bzw. In(III)-beladener Cellulose. Vom Wasser 66 (1986) 33-47

8.9 Bestimmung mit der Ionenchromatographie (IC)

Die IC nutzt zur Auftrennung von Ionengemischen das Prinzip des klassischen Ionenaustausches mit Austauscherharzen in Koppelung mit einem quantitativen Bestimmungsverfahren für die einzelnen aufgetrennten Ionen. Diese Detektion wird in der Regel mit elektrischer Leitfähigkeit (oder z. B. mit Refraktometrie, UV-Absorption, Fluoreszenz) vorgenommen.

Die Wasseranalytik hat sich in den letzten Jahren eingehend mit der IC befaßt, weil dieses Verfahren erhebliche Vorteile für die Durchführung einer Vielzahl von Wasseranalysen bietet. Die Vorteile liegen einmal im geringen Probenvolumen (2 ml); zum anderen können in einem Analysengang mehrere Ionen nacheinander quantitativ erfaßt werden. Damit ergibt sich ein viel geringerer Zeitaufwand im Vergleich zu den sonst üblichen Einzelbestimmungen. Da die IC weitgehend störungsfrei mit unbelasteten bzw. wenig belasteten Wässern abläuft, ist sie besonders für die Trinkwasseranalyse geeignet. Im Handel werden Kationen- und Anionentrennsysteme angeboten. Die Wasseranalytik verwendet bevorzugt das Anionentrennsystem, da für Kationen zeitsparende und bewährte Verfahren bereits vorliegen. Die wasseranalytisch relevanten Anionen können aufgrund ihrer unterschiedlichen Valenz und der Größe des hydratisierten Ionenradius aufgetrennt werden. Die analytische Erprobung hat dazu geführt, daß für die Deutschen Einheitsverfahren bzw. für DIN nunmehr eine Arbeitsvorschrift zur Auftrennung und Bestimmung von sieben Anionen

(Fluorid, Chlorid, Nitrit, Orthophosphat, Bromid, Nitrat und Sulfat) im Entwurf vorliegt [1]. Somit wird sich die IC künftig als Routineverfahren in den Wasserlaboratorien durchsetzen, obwohl die Anschaffungskosten erheblich sind. Das Trenn- und Meßsystem ist wie folgt angeordnet:
a) Elutionsmittel,
b) Pumpe,
c) Probenzugabe,
d) analytische Säule,
e) Suppressorsäule,
f) Meßzelle.

Die analytische Säule enthält ein Ionenaustauscherharz, das im Kontakt mit einer Elektrolytlösung positive oder negative am Harz gebundene Ionen durch eine äquivalente Menge anderer Ionen gleicher Ladung ersetzen kann.

Als Ionenaustauscherharze (stationäre Phase) für den Anionenaustausch benutzt man Kunstharze auf Styrolbasis mit Divinylbenzol als Quervernetzer. Die Gruppen, die am quervernetzten Gerüst verankert sind, haben austauschfähige Ionen. Als Ankergruppen dienen im allgemeinen Aminogruppen (schwach basisch) oder quartäre Ammoniumgruppen (stark basisch); sie kommen meist in der Cl-Form in den Handel.

Die Auftrennung des Ionengemisches wird auch durch die Art des Elutionsmittels (mobile Phase) und seine Konzentration beeinflußt. Man verwendet verdünnte Lösungen ein- oder zweibasiger Säuren, die ständig durch die Säule gepumpt werden. Mit Pufferlösungen (z. B. Natriumcarbonat und -hydrogencarbonat) vermeidet man eine Beeinflussung der Trennung durch den pH-Wert des Untersuchungswassers.

Wenn man die Leitfähigkeit zur Detektion nutzt, so wird nach der analytischen Säule und vor der Leitfähigkeitsmeßzelle eine Suppressorsäule zwischengeschaltet, die das Elutionsmittel neutralisiert, d. h. störende Elektrolyte aus dem Eluat zurückhält. Gleichzeitig werden die getrennten Ionen in stark leitende Säuren überführt [2].

8.9.1 Literatur

1 DIN 38 405 Teil 19: Deutsche Einheitverfahren zur Wasser-, Abwasser- und Schlamm-Untersuchung, Bestimmung der Anionen Fluorid, Chlorid, Nitrit, Orthophosphat, Bromid, Nitrat, Sulfat in wenig belasteten Wässern mit der Ionenchromatographie (Entwurf Januar 1987). Berlin: Beuth
2 Weiß, J.: Handbuch der Ionenchromatographie. Weinheim: Verlag Chemie 1985

8.10 Bestimmung von Bromid

Bromid kommt üblicherweise im Wasser nur im µg-Bereich vor. Untersuchungen an Grundwässern, die zur Trinkwasserversorgung benutzt werden, ergaben Bromidwerte zwischen 1 und 100 µg/l Br$^-$, die selten und in Abhängigkeit von den hydrogeologischen Gegebenheiten in den mg-Bereich ansteigen. Demgegenüber kann in verschiedenen Oberflächenwässern eine merkliche Bromidkonzentration auftreten.

Bromid ist z. B. ein Begleitstoff in den Salzablagerungen des Zechsteins. Bei der bergmännischen Gewinnung von Kalisalzen, z. B. im Gebiet der Werra und Weser, werden insbesondere NaCl-Lösungen (Kaliabwässer) in die Flüsse abgeleitet und verursachen eine hohe Salzfracht; in diesen Fällen kann auch der Bromidgehalt erhöht sein (z. B. in der Weser 1 bis 1,5 mg/l). Im Meerwasser beträgt er durchschnittlich 65 mg/l, so daß bei einer Infiltration des Meerwassers in das Küstengebiet auch im dortigen Grundwasser ein entsprechender Bromidgehalt auftritt. Anthropogene Aufsalzungen sind auch am Rhein bekannt; der Bromidgehalt zeigt hier einen Anstieg vom Zürichsee (0,006 mg/l) bis zum Niederrhein (0,28 mg/l). Der Faktor Bromid/Chlorid beträgt in diesen Fällen etwa 1/500 mol/mol.

Da Bromid in den meist geringen Konzentrationen keine elementspezifische Bedeutung für den Verbraucher hat, ist an und für sich auch seine Bestimmung im Trinkwasser nicht veranlaßt.

Die Bestimmung kleinster Bromidkonzentrationen im Wasser gehört ebenso wie die entsprechende Iodidbestimmung nach der bisher üblichen Methodik zu den unsicheren Analysen, da es sich nicht um eine absolut spezifische Erfassung des jeweiligen Halogenids handelt und die Verfahrensweise auch erheblichen Störeinflüssen unterliegt [1, 2]. Grundlage der von Höfer 1953 [3] entwickelten Methodik ist die Oxidation des Bromids zu Bromat mittels Hypochlorit; gleichzeitig wird Iodid zu Iodat oxidiert. Nach Zerstörung des überschüssigen Hypochlorits durch Ameisensäure stellt sich der pH-Bereich 3 bis 4 ein. Der Lösung wird Kaliumiodid zugegeben.

Zugesetztes Iodid wird durch das im Wasser ursprünglich vorhandene Iodid, das nunmehr als Iodat vorliegt, zu Iod oxidiert, das mit Natriumthiosulfat titriert werden kann. Aus der Titration errechnet sich der Iodidgehalt des Wassers. Anschließend wird die gleiche Lösung mit Salzsäure auf einen pH-Wert <1 eingestellt; das Bromid kann dann in analoger Weise maßanalytisch erfaßt werden. Auch die Standard Methods 1981 [1] geben im Prinzip noch diese Methodik an, teilen aber das Untersuchungswasser in aliquote Mengen zur Bromid- oder Iodidbestimmung. Die erfaßbaren Konzentrationen werden unterschiedlich angegeben, je nach Molarität der Natriumthiosulfatlösung. Verschiedene Störungen der Iodometrie werden geschildert; bei sehr geringen Halogenidkonzentrationen müssen entsprechende Wasservolumina eingeengt werden. Die Deutschen Einheitsverfahren bestimmen das Bromid ebenfalls iodometrisch nach Oxidation zu Bromat und das Iodid durch katalytische Beeinflussung des Redox-Systems Ce(IV)/As(III) in stark schwefelsaurem Medium [1]. Die vorstehend skizzierten Analysenverfahren ergeben bei höheren Br$^-$- und I$^-$-Konzentrationen (z. B. in Mineral- und Heilwässern mit Gehalten teilweise >1 mg/l) einigermaßen brauchbare Werte, versagen aber meist im µg-Bereich der Halogenide.

In diesem Bereich hat sich die gaschromatographische Ermittlung bewährt, mit der auch in einem Arbeitsgang Bromid und Iodid nebeneinander bestimmt werden können (s. unter Iodid). Dieses Analysenverfahren wird nachstehend beschrieben.

Um auch das zwischenzeitlich oxidativ gebildete Bromat bzw. Iodat zu erfassen, wird durch Zugabe von Natriumthiosulfat (Spatelspitze, ca. 20 mg) eine Reduktion zu Bromid bzw. Iodid bewirkt.

8.10.1 Gaschromatographische Bestimmung

(Untere Bestimmungsgrenze: ohne Einengen 50 µg/l, nach Einengen 0,5 µg/l Br$^-$)

Das Prinzip der Methode beruht darauf, daß aus Bromidionen durch Zugabe von Phosphorsäure Bromwasserstoff entsteht, der durch Ethylenoxid in 2-Bromethanol umgewandelt wird:

$$HBr + H_2C\underset{O}{-\!\!\!\diagdown\,\diagup\!\!\!-}CH_2 \longrightarrow Br-CH_2-CH_2-OH.$$

2-Bromethanol kann mit Essigsäureethylester extrahiert und dann mittels Gaschromatographie unter Verwendung eines Elektroneneinfangdetektor (ECD) bestimmt werden.

Geräte:
Gaschromatograph mit Elektroneneinfangdetektor (ECD) (apparative Ausstattung wie bei der Trihalomethanbestimmung im Wasser s. Abschn. 11.4); Rotavapor; Schüttelmaschine; 250-ml-Spitzkolben; 20-ml-Schliffreagenzgläser mit Graduierung und Glasstopfen.

Reagenzien:
Essigsäureethylester, $CH_3COOC_2H_5$ für die Chromatographie ($D = 0,90$ g/ml); die Reinheit wird gaschromatographisch überprüft. Es darf kein Peak bei der Rentenionszeit für 2-Bromethanol auftreten.

Verd. Phosphorsäure. 30 ml Phosphorsäure, H_3PO_4 konz. p. a. ($D = 1,71$ g/ml) werden mit 60 ml destilliertem Wasser vermischt.

Ammoniumsulfat, $(NH_4)_2SO_4$ p. a.;

Ethylenoxid, C_2H_4O zur Synthese (99,7 %), in Druckdose mit Ventil (z. B. Fa. Merck);

Ethylenoxidlösung. 20 g/100 ml. Unter einem Abzug füllt man in einen 50-ml-Meßkolben, der 40 ml eiskaltes destilliertes Wasser enthält, tropfenweise mit Ethylenoxid aus der eisgekühlten Druckdose auf und mischt unter mehrmaligem Umschütteln. Die Druckdose muß mit dem Ventil nach unten gehalten werden, damit das Ethylenoxid flüssig ausläuft. Die Lösung ist täglich neu herzustellen und eisgekühlt aufzubewahren.

Bromidstammlösung. Etwa 2 g Kaliumbromid, KBr p. a. werden 6 h bei 150 °C getrocknet; große Kristalle werden etwas zerkleinert, jedoch nicht zermörsert. 0,149 g getrocknetes KBr werden einge-

8.10 Bestimmung von Bromid   147

wogen und in einem 1-l-Meßkolben mit destilliertem Wasser gelöst; dann wird die Lösung mit destilliertem Wasser aufgefüllt. Diese Lösung enthält 100 mg/l Br⁻.

Bromidstandardlösung. 10 ml der Bromidstammlösung werden mit destilliertem Wasser auf 1 l im Meßkolben verdünnt (1000 µg/l Br⁻). Diese Standardlösung wird in einer Glasflasche aufbewahrt und ist haltbar.
Natriumthiosulfat, $Na_2S_2O_3 \cdot 5 H_2O$ p.a.;

Erstellen der Eichgeraden

Aus der Bromidstandardlösung werden 0,5; 1; 2; 3; 4 und 5 ml entsprechend 0,5 bis 5 µg Br⁻ jeweils in ein 20-ml-Schliffreagenzglas überführt, mit destilliertem Wasser auf die 5-ml-Marke verdünnt und mit je 0,5 ml verd. Phosphorsäure versetzt. Analog wird ein Blindversuch mit 5 ml destilliertem Wasser unter Zugabe von 0,5 ml verd. Phosphorsäure angesetzt.

Überführung in 2-Bromethanol und Extraktion der Derivate

Die Lösungen in den Reagenzgläsern werden mit Ethylenoxidlösung bis zur 7-ml-Marke aufgefüllt (ca. 2 ml Lösungszugabe). Die Reaktionsgemische werden durchgeschüttelt und 5 min in Eiswasser gekühlt. Nunmehr werden jeweils 9 g Ammoniumsulfat zugefügt; an den Schliffen haftendes Ammoniumsulfat spült man vorsichtig mit 0,5 ml destilliertem Wasser ab. Nach Zugabe von jeweils 1 ml Essigsäureethylester aus einer Meßpipette werden die verschlossenen Reagenzgläser maschinell 45 min mit höchster Geschwindigkeit geschüttelt (horizontale Einspannung der Reagenzgläser). Anschließend werden die organischen Phasen in verschließbare Gläschen oder 1-ml-Meßkölbchen abpipettiert (z. B. mit einer Pasteur-Pipette). Die Essigsäureethylester-Extrakte sind bei 4 °C mindestens eine Woche lang stabil. 10 µl der Extrakte werden in den Gaschromatographen eingespritzt.

Gaschromatographie des 2-Bromethanols

Als Beispiel einer gaschromatographischen 2-Bromethanolbestimmung werden in Tabelle 8.13 die Arbeitsbedingungen für den

Tabelle 8.13. Arbeitsbedingungen für die 2-Bromethanolbestimmung

Säule	
Material	Glas (innen silanisiert)
Länge:	6 ft.
Innendurchmesser:	¼ inch
Säulenstarttemperatur:	160 °C
Aufheizrate:	4 °C/min
Säulenendtemperatur:	250 °C, 4 min zum Ausheizen
Säulenfüllung:	0,8 % SE auf Carbopack B, (60–80 mesh)

Trägergas	
Art:	Argon-Methan-Gemisch 90:10
Durchfluß:	30 ml/min
Einspritzblocktemperatur:	200 °C
Detektortemperatur:	300 °C, Typ linear ECD
Einspritzvolumen:	10 µl
Retentionszeit des 2-Bromethanols:	ca. 2 min

Schreiber	
Papiergeschwindigkeit:	0,5 cm/min

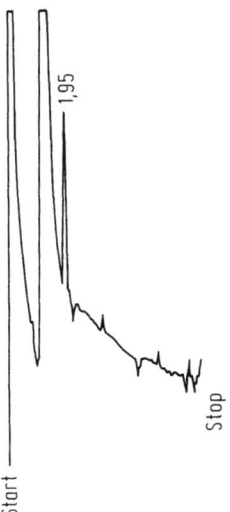

Abb. 8.8. Beispiel eines Gaschromatogramms von 2-Bromethanol. Bromidionenkonzentration 2 µg, Retentionszeit des 2-Bromethanols = 1,95 min

148   8 Gelöste Mineralstoffe

Gaschromatographen 5710 A der Fa. Hewlett-Packard angegeben. Abbildung 8.8 zeigt ein Gaschromatogramm von 2-Bromethanol.

Auswertung

Die Eichgerade wird erstellt, indem man auf der Y-Achse die Bromidionenkonzentrationen und auf der X-Achse die entsprechenden 2-Bromethanol-Peakflächen aufträgt. Eine derartige Bromid-Eichgerade ist in Abb. 8.9 dargestellt. Der Vertrauensbereich wurde für eine 99,9%ige Wahrscheinlichkeit berechnet.

8.10.2 Bromidbestimmung im Untersuchungswasser

Vorversuch und direkte Bestimmung

($Br^- > 50\ \mu g/l$)

Zuerst ist zu ermitteln, ob der Bromidgehalt des Wassers unter oder über 50 µg/l liegt. Hierfür werden 5 ml des Untersuchungswassers im Schliffreagenzglas mit 0,5 ml Phosphorsäure versetzt und gemäß Abschn. 8.10.1 analysiert. Bei Bromidkonzentrationen über 50 µg/l ist der 2-Bromethanolpeak deutlich und auswertbar; es kann dann durch Mehrfachbestimmungen der Bromidgehalt mit der erforderlichen Genauigkeit ermittelt werden. Die Direktbestimmung ist allgemein im Konzentrationsbereich 50 µg bis 5 mg/l Br^- anwendbar.

Bestimmung nach Einengen ($Br^- < 50\ \mu g/l$)

Falls der 2-Bromethanolpeak zu gering und demzufolge nicht auswertbar ist, liegt die Bromidkonzentration unter 50 µg/l; dann muß zunächst eingeengt werden. Hierzu werden 100 ml Untersuchungswasser in den 250-ml-Spitzkolben gebracht und im Rotavapor bis auf 2 bis 3 ml eingeengt. Die erhaltene Suspension wird in ein Schliffreagenzglas überführt und der Spitzkolben zweimal mit je 1 ml verd. Phosphorsäure nachgespült; die Spüllösungen werden der Untersuchungslösung zugefügt. Die weitere Behandlung erfolgt gemäß Abschn. 8.10.1. Die Bestimmung nach Einengung ist für den Konzentrationsbereich 0,5 bis 50 µg/l Br^- ge-

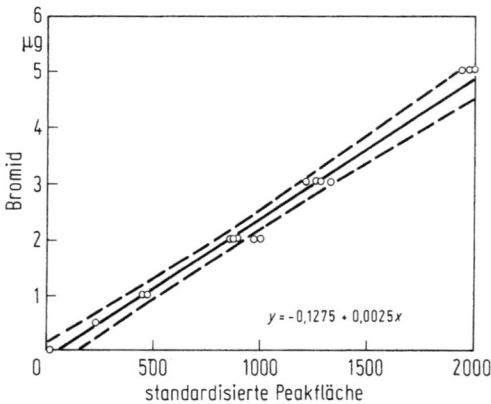

Abb. 8.9. Eichgerade der Bromidbestimmung. r Korrelationskoeffizient = 0,995; n Zahl der Werte = 21

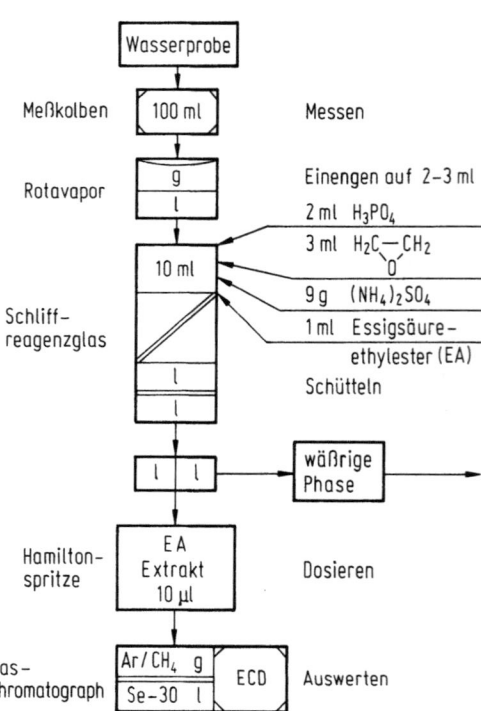

Abb. 8.10. Analysenschema zur Bromidbestimmung

eignet. Bei salzreichen Wässern (Cl⁻ > 1 g/l) wird nach dem maschinellen Schütteln noch 1 ml Ethylenoxidlösung zugesetzt und weitere 5 min geschüttelt. Dann wird die organische Phase abpipettiert und gaschromatographiert. Eine schematische Darstellung des Analysengangs zeigt die Abb. 8.10 [4].

Berechnung und Angabe der Werte

Die Bromidkonzentration Y wird aus der Eichgeraden berechnet. Falls eine 100-ml-Wasserprobe eingeengt wurde, ergibt sich: $10 \cdot Y = \mu g/l$ Bromid. Die Bromidwerte im µg-Bereich werden mit einer Stelle hinter dem Komma angegeben.

8.10.3 Störungen

Die gaschromatographische Bromidbestimmung wird durch die wesentlichen anderen anorganischen Wasserinhaltsstoffe nicht gestört. Die Tabelle 8.14 vermittelt eine Übersicht über die geprüften Ionen und ihre Konzentration.

8.10.4 Beurteilung Grenzwerte

Bromid spielt in der Trinkwasserbeurteilung keine Rolle. Wie bereits ausgeführt, sind aber µg-Konzentrationen der Halogenide Br⁻ und I⁻ im Hinblick auf die Bildung von Trihalogenmethanen beachtenswert (Hinweise s. Abschn. 8.11) [4].

8.11 Bestimmung von Iodid und gemeinsame Bromid-Iodid-Bestimmung

Iodid kommt, wenn überhaupt, nur in Spurenkonzentrationen in Trinkwässern vor. Entsprechende Untersuchungen in Grund- und Oberflächengewässern für die Trinkwasserversorgung zeigten, daß Iodid entweder nicht nachweisbar war oder die Iodidwerte im Bereich von ca. 0,2 bis 10 µg/l lagen. Höhere Werte bilden bereits Ausnahmen. Auf die Vergesellschaftung der Halogenide treffen die Ausführungen beim Bromid (s. Abschn. 8.10) auch hinsichtlich des Iodids zu. Allerdings macht die Iodidkonzentration in der Regel nur einen Bruchteil der Bromidkonzentration im Wasser aus. Typisches Beispiel ist das Meerwasser mit einem Bromidgehalt von 65 mg/l und 0,05 mg/l Iodid. Infolgedessen ist auch die Iodidbestimmung im Trinkwasser keine unbedingt erforderliche Qualitätsuntersuchung [5]. Es gelten aber die bei der „Bestimmung von Bromid" gemachten Ausführungen, denenzufolge die beiden Halogenide an einer Trihalogenmethanbildung im Wasser beteiligt sein können [6–10]. Daher kann Veranlassung gegeben sein, den Iodidgehalt zu ermitteln. Da Iod ferner ein bedeutsames Spurenelement im Zusammenhang mit den Funktionen der Schilddrüse darstellt, ist auch in dieser Hinsicht der Iodidgehalt des Trinkwassers von Interesse. Die bisher übliche Bestimmung des Iodids im Wasser ist bei geringen Konzentrationen mit den gleichen Unsicherheiten behaftet wie die Analytik des Bromids. Mehrfach wurden auch katalytische Methoden vorgeschlagen [2,3]. Inzwischen wurde für den Spurenbereich eine gaschromatographische Bestimmung erarbeitet, die sich bewährt hat und in gleicher Weise für Bromid und Iodid verwendet werden kann. Mit dem bei der Bromidbestimmung geschilderten Verfahrensprinzip können weitaus geringere Iodid- als Bromidmengen erfaßt werden. Die unterschiedlichen Retentionszeiten von

Tabelle 8.14. Wasserinhaltsstoffe und deren Konzentration, die eine gaschromatographische Bromidbestimmung nicht stören (Reihenfolge nach der Konzentration)

Konzentration mg/l		Konzentration mg/l	
SO_4^{2-}	20 000	Mg^{2+}	100
Na^+	10 000	Al^{3+}	100
Cl_2	2 000[a]	Mn^{2+}	100
Cl^-	2 000[a]	Fe^{2+}	100
K^+	1 000	Cu^{2+}	100
Ca^{2+}	1 000	Zn^{2+}	100
NO_3^-	1 000	Cd^{2+}	100
		TOC	3

[a] Zugabe von zusätzlich 1 ml Ethylenoxid nach Abschn. 8.10.2

2-Bromethanol und 2-Iodethanol (2 min bzw. 4,5 min) ermöglichen auch die Bestimmung von Bromid und Iodid nebeneinander im gleichen Untersuchungswasser. Diese Methodik wird nachstehend beschrieben.

8.11.1 Gaschromatographische Bestimmung

(Untere Bestimmungsgrenze: ohne Einengen 5 µg/l, nach Einengen 0,25 µg/l I$^-$)

Geräte und Reagenzien:
Mit Ausnahme der Iodidstammlösung s. Bromidbestimmung.

Iodidstammlösung. Etwa 2 g Kaliumiodid, KI p. a. werden 6 h bei 150 °C getrocknet; große Kristalle werden etwas zerkleinert, jedoch nicht weitgehend zermörsert. 0,131 g getrocknetes KI werden eingewogen und in einem 1-l-Meßkolben mit destilliertem Wasser gelöst; dann wird mit destilliertem Wasser aufgefüllt. Diese Lösung enthält 100 mg/l I$^-$.

Iodidstandardlösung. 1 ml der Iodidstammlösung wird mit destilliertem Wasser auf 1 l im Meßkolben verdünnt (100 µg/l I$^-$). Diese Standardlösung wird in einer Glasflasche aufbewahrt und ist haltbar.

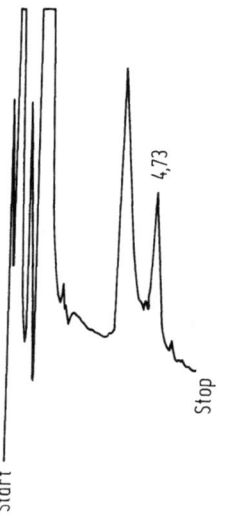

Abb. 8.11. Beispiel eines Gaschromatogramms von 2-Iodethanol. Iodidkonzentration 0,4 µg, Retentionszeit des 2-Iodethanols = 4,73 min

Erstellen der Eichgeraden

Aus der Iodidstandardlösung werden 0,25; 1; 2; 3; 4 und 5 ml entsprechend 0,25 bis 5 µg I$^-$ jeweils in ein Schliffreagenzglas überführt, auf die 5-ml-Marke mit destilliertem Wasser verdünnt und mit je 0,5 ml verd. Phosphorsäure versetzt. Analog wird ein Blindversuch mit 5 ml destilliertem Wasser und Zugabe von 0,5 ml verd. Phosphorsäure angesetzt.

Überführung in 2-Iodethanol und Extraktion der Derivate

Die Behandlung der Lösungen in den Reagenzgläsern erfolgt wie bei der Bromidbestimmung; allerdings müssen die Iodidlösungen 90 min geschüttelt werden, da Iodwasserstoff mit Ethylenoxid langsamer reagiert als Bromwasserstoff.

Gaschromatographie des 2-Iodethanols

Die Arbeitsbedingungen für die Gaschromatographie sind dieselben wie bei Bromid. Die Retentionszeit des 2-Iodethanols beträgt ca. 4,5 min. Ein Gaschromatogramm für 2-Iodethanol zeigt die Abb. 8.11.

Auswertung

Die Eichgerade wird erstellt, indem man auf der Y-Achse die Iodionenkonzentrationen und auf der X-Achse die entsprechenden 2-Iodethanol-Peakflächen aufträgt. Eine derart erarbeitete Iodideichgerade ist der Abb. 8.12 zu entnehmen. Der Vertrauensbereich wurde für eine 99,9%ige Wahrscheinlichkeit berechnet.

8.11.2 Iodidbestimmung im Untersuchungswasser

Vorversuch und direkte Bestimmung

(I$^-$ > 5 µg/l)

Zuerst ist zu ermitteln, ob der Iodidgehalt des Wassers unter oder über 5 µg/l liegt. Hierfür werden 5 ml Untersuchungswasser mit 0,5 ml verd. Phosphorsäure versetzt, dann wird

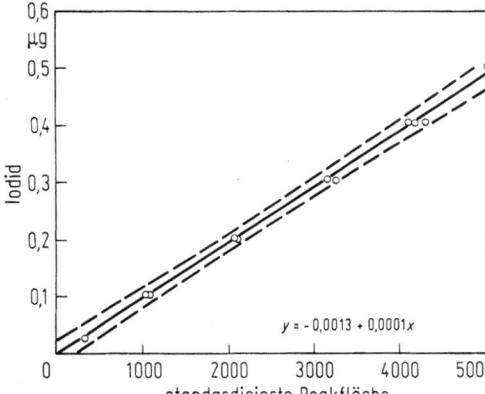

Abb. 8.12. Eichgerade der Iodidbestimmung. *r* Korrelationskoeffizient = 0,999; *n* Zahl der Werte = 15

das Iodid in 2-Iodethanol überführt und der gaschromatographischen Bestimmung unterzogen. Es handelt sich um die gleiche Verfahrensweise wie bei Bromid beschrieben. Die Direktbestimmung ist im Konzentrationsbereich 5 bis 50 µg/l I$^-$ anwendbar.

Bestimmung nach Einengen (I < 5 µg/l)

Falls der 2-Iodethanolpeak zu gering und nicht auswertbar ist, wird, wie bei Bromid beschrieben, das Wasser eingeengt und weiterbehandelt; diese Einengung eignet sich für den Konzentrationsbereich 0,25 bis 5 µg/l I$^-$.

8.11.3 Gemeinsame Bestimmung von Bromid und Iodid

Da die Iodidkonzentration im Wasser meist weitaus geringer als die Bromidkonzentration ist, ermöglicht dieser naturgegebene Unterschied in der Regel, Bromid und Iodid in einer Wasserprobe gaschromatographisch gemeinsam zu bestimmen (z. B. ohne Einengung 50 bis 5000 µg/l Br$^-$ und 5 bis 50 µg/l I$^-$, nach Einengung von 100 ml Wasser 0,5 bis 50 µg/l Br$^-$ und 0,25 bis 5 µg/l I$^-$). Als Beispiel ist in Abb. 8.13 das Gaschromatogramm einer Mainwasserprobe dargestellt. Bei Wässern, die keine erheblichen Konzentrationsunterschiede der beiden Halogenide

aufweisen, muß allerdings die getrennte Bestimmung aus verschiedenen Anteilen des Untersuchungswassers vorgenommen werden. Da es auch Wassertypen mit erhöhtem Bromid- oder Iodidgehalt gibt, die kaum als Trinkwasser, aber verschiedentlich als Mineral- oder Heilwässer genutzt werden, kann je nach dem Ergebnis des Vorversuchs in Abschn. 8.11.2 auch eine Verdünnung des Untersuchungswassers erforderlich werden.

Berechnung und Angabe der Werte

Wie bei der Bromidbestimmung wird auch die Iodidkonzentration Y aus der Eichgeraden berechnet. Falls eine 100-ml-Wasserprobe eingeengt wurde, ergibt sich: 10Y = µg/l Iodid. Die Iodidwerte im µg-Bereich werden mit einer Stelle hinter dem Komma angegeben.

Störungen

Auch die Iodidbestimmung wird durch die hauptsächlich im Wasser vorhandenen anderen anorganischen Stoffe nicht gestört (s. Bromid: Störungen, Tabelle 8.14).

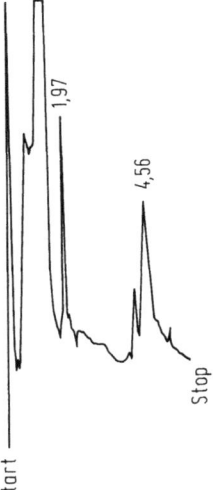

Abb. 8.13. Gaschromatogramm von 2-Brom- und 2-Iodethanol (Mainwasser bei Würzburg). Retentionszeit = 1,97 min für 2-Bromethanol; Retentionszeit = 4,56 min für 2-Iodethanol; Bromidkonzentration 31,4 µg/l; Iodidkonzentration 2,5 µg/l

8.11.4 Beurteilung und Grenzwerte

Bei Trinkwässern, die gechlort werden, kann unter Umständen eine Bildung iodhaltiger Trihalogenmethane erfolgen. Da Bromid aber eine weitaus größere Reaktionsfähigkeit hat als Iodid, entstehen z. B. bei der Chlorung des Wassers in Anwesenheit organischer Substanz und Bromid bzw. Iodid neben Chloroform ($CHCl_3$) in erster Linie die bromhaltigen Verbindungen Monobromdichlormethan ($CHBrCl_2$), Dibrommonochlormethan ($CHBr_2Cl$) und gelegentlich auch Bromoform ($CHBr_3$). Unter bestimmten Voraussetzungen können darüberhinaus noch Dichloriodmethan ($CHCl_2I$) und Bromchloriodmethan ($CHBrClI$) gebildet werden [4]. Die Summe der ersten vier Verbindungen soll eine Maximalkonzentration von 25 µg/l als Jahresmittelwert im Trinkwasser nicht überschreiten. Das Bundesgesundheitsamt hatte bereits 1979 eine entsprechende Empfehlung veröffentlicht [6] und auch der Entwurf zur Novelle der Trinkwasser-Aufbereitungs-VO sieht diesen Höchstwert für Trihalogenmethane als Nebenreaktionsprodukt im aufbereiteten Trinkwasser vor.

Iod hat aber auch eine wichtige Funktion als Spurenelement; es ist ein Bestandteil der Schilddrüsenhormone. Vom gesamten Iodvorrat im Organismus des Menschen (10 bis 30 mg) liegen 99% in der Schilddrüse vor. Das Optimum der täglichen Iodzufuhr von 15 bis 200 µg wird üblicherweise mit der Nahrung aufgenommen. Iodmangel kann eine Hypothyreose mit Kropfbildung verursachen; deshalb wird in verschiedenen Ländern eine Iodierung des Kochsalzes durchgeführt; iodiertes Speisesalz zur Kropfprophylaxe enthält in der Bundesrepublik Deutschland 15 bis 25 mg Iodid pro kg Salz. Umgekehrt kann eine erhöhte Iodzufuhr zu Iodismus und einer krankhaften Überfunktion der Schilddrüse (Hyperthyreose, Basedowsche Krankheit) mit ihren Folgeerscheinungen führen. Insofern ist der Iodidgehalt des Wassers von Bedeutung, da die vermehrte Kropfbildung insbesondere bei Iodmangel in der Nahrung und im Trinkwasser in Gebirgsgegenden festgestellt wurde [11]. Grenzwerte etc. für Iodid im Wasser gibt es nicht, im Heilwasserbereich können Quellen mit mindestens 1 mg/kg Iodid als „jodhaltig" bezeichnet werden [12].

8.11.5 Literatur zu Bromid und Iodid

1 Deutsche Einheitsverfahren zur Wasser-, Abwasser- und Schlammuntersuchung. D 2: Bestimmung des Bromidions. D 3: Bestimmung des Iodidions. Weinheim: Verlag Chemie und Standard methods for the examination of water and wastewater. 15th. ed. APHA, AWWA, WPCF. Washington 1981
2 Souci, S.W.; Quentin, K.E.: Handbuch der Lebensmittelchemie. Band VIII/2 Berlin: Springer 1969, S. 983-985
3 Höfer, P.: Die maßanalytische Bestimmung kleinster Mengen Bromide und Iodide in Mineralwässern. Gesund. Ing. 74 (1953) 224-226
4 Grandet, M.; Weil, L.; Quentin, K.E.: Bildung bromhaltiger Trihalomethane im Wasser, ihre Verhinderung und Möglichkeiten der Eliminierung. Z. Wasser Abwasser Forsch. 16 (1983) 66-71
5 Weil, L.; Torkzadeh, N.; Quentin, K. E.: Bestimmung von Iodid im Wasser. Z. Wasser Abwasser Forsch. 8 (1975) 3-5
6 Trihalogenmethane im Trinkwasser. Bundesgesundheitsbl. 22 (1979) 102
7 Rook, J.J.: Formation of haloforms during chlorination of natural waters. Water Treat. Exam. 23 (1974) 234-243
8 Babcock, D.B.; Singer, P.C.: Chlorination and coagulation of humic and fulvic acids. J. Am. Water Works Assoc. (1979), 149-152
9 Dore, M.; Merlet, N.; De Laat, J.; Goidun, J.: Reactivity of Halogens with aqueous micropollutants: a mechanism for the formation of trihalothanes. J. Am. Water Works Assoc. (1982) 103
10 Sontheimer, H.: Entwicklung, Probleme und Aufgaben sowie Bedeutung der Oxidationsverfahren in der Trinkwasseraufbereitung. In: Oxidationsverfahren in der Trinkwasseraufbereitung. Vortragsveranstaltung des Engler-Bunte-Inst. der Univ. Karlsruhe vom 11.-13. 9. 1978, Karlsruhe 1979
11 Neumüller, O. A.: Römpps Chemie-Lexikon, Stuttgart: Franckh'sche Verlagshandlung 1983
12 Begriffsbestimmungen für Kurorte, Erholungsorte und Heilbrunnen vom 30. Juni 1979, Frankfurt, Deutscher Bäderverband, Deutscher Fremdenverkehrsverband

8.12 Bestimmung von Chlorid

Chloride gehören zu den praktisch in allen Wässern vorhandenen Anionen. Sie prägen vielfach die chemische Beschaffenheit des Wassers. Bei größeren Mengen ist oftmals auch der Natriumgehalt des Wassers erhöht; es zeigt sich dann eine gewisse Äquivalenz zwischen Natrium und Chlorid. Diese Vergesellschaftung der beiden Ionen ist für die Beurteilung des Trinkwassers von Bedeutung. Bei jeder Wasseruntersuchung ist eine Chloridbestimmung üblich und erforderlich. Es gibt eine große Anzahl von gewichtsanalytischen, maßanalytischen, photometrischen, potentiometrischen und sonstigen Methoden zur Chloridbestimmung [1-8]. In der Trinkwasseruntersuchung hat sich die maßanalytische Methodik im Hinblick auf die üblichen Chloridkonzentrationen bewährt. Erfahrungsgemäß gibt es aber auch eine Reihe von Wässern, die einen sehr niedrigen Chloridgehalt (z. B. <1 mg/l) aufweisen. Um im Analysengang Eindampfungsprozesse zur Konzentrationserhöhung zu vermeiden, empfiehlt sich in solchen Fällen ein nephelometrisches Verfahren. Drei Methoden sind nachstehend beschrieben.

8.12.1 Maßanalytische Bestimmung mit Quecksilber(II)-nitrat

(Untere Bestimmungsgrenze: ohne Einengen 1,8 mg/l Cl^-; Probevolumen 100 ml)

Die Bestimmung beruht auf der Bildung von fast undissoziiertem Quecksilberchlorid aus Quecksilber(II)-Ionen und Chloridionen des Wassers. Bei Zusatz von Diphenylcarbazon zur Untersuchungslösung entsteht mit überschüssigen Quecksilber(II)-Ionen ein rosa- bis violettfarbener Komplex. Diese Färbung zeigt den Titrationsendpunkt an. Der günstigste pH-Bereich für die Titration liegt bei 3 bis 4 [1-5,8].

Reagenzien:

Quecksilbernitratlösung. $Hg(NO_3)_2$, 0,005 mol/l; sie wird durch Verdünnen einer handelsüblichen Lösung von $Hg(NO_3)_2$, 0,05 mol/l, erhalten. Der Faktor der verd. Lösung wird mit Natriumchlorid eingestellt. Von dem in einer Platinschale bis zur Rotglut erhitzten NaCl p. a. werden im Wägegläschen 200 bis 250 mg genau eingewogen und in einen 1-l-Meßkolben überführt; mit destilliertem Wasser wird die Lösung aufgefüllt. Bei Titration von 50 ml ist ein Verbrauch von 17 bis 22 ml Quecksilber(II)-nitratlösung zu erwarten.

Diphenylcarbazonlösung. 200 mg Diphenylcarbazon p. a. werden in 100 ml Ethanol, C_2H_5OH p. a. ($D = 0,79$ g/ml) gelöst.
Salpetersäure, HNO_3 0,1 mol/l;

Arbeitsvorschrift

Bis zu 100 ml Untersuchungswasser werden in einem 250-ml-Erlenmeyerkolben mit Salpetersäure auf den pH-Wert 3 bis 4 gebracht; diese Einstellung erfolgt zweckmäßigerweise mit einem pH-Meter. Anschließend werden 30 Tropfen (ca. 1 ml) Diphenylcarbazonlösung zugegeben. Dann wird mit der Quecksilber(II)-nitratlösung bis zur ersten bleibenden Rosa- bzw. Violettfärbung titriert. 1 ml der Lösung entspricht 0,35453 mg Cl^-. Bei Verwendung von 100 ml Untersuchungswasser lassen sich noch 1,8 mg/l Cl^- einwandfrei bestimmen, entsprechend einem Verbrauch von 0,5 ml Quecksilber(II)-nitratlösung. Ist die Chloridmenge niedriger (bis ca. 1 mg/l), werden 200 ml Untersuchungswasser titriert. Bei Gehalten unter 1 mg/l Cl^- empfiehlt sich die Anwendung der nephelometrischen Methode (s. Abschn. 8.12.3).

Berechnung und Angabe der Werte

Der Chloridgehalt läßt sich nach folgender Formel errechnen:

$$\text{Chlorid } (Cl^-) = \frac{0,35453 a \cdot 1000 f}{b} \text{ in mg/l}.$$

a Verbrauch an Quecksilber(II)-nitratlösung in ml
f Faktor der Quecksilber(II)-nitratlösung
b Volumen des Untersuchungswassers in ml

Die Angabe der Werte in mg/l erfolgt bis auf zwei Stellen hinter dem Komma, z. B. Chlorid (Cl^-) 3,59 mg/l.

Störungen

Metalle stören erst in Konzentrationen, die üblicherweise im Trinkwasser nicht vorhanden sind (z. B. Eisen über 5 mg/l). Bromid und Iodid (nicht Fluorid) werden miterfaßt. Da ihr Vorkommen im Trinkwasser meist im Spurenbereich liegt, können sie unberücksichtigt bleiben.

8.12.2 Maßanalytische Bestimmung mit Silbernitrat

(Untere Bestimmungsgrenze: ohne Einengen 3,5 mg/l Cl⁻, Probevolumen 200 ml)

Da die Verwendung von quecksilberhaltigen Chemikalien als umweltbelastend reduziert bzw. vermieden werden soll, hat die Chloridbestimmung nach Mohr [3] wieder vermehrt an Bedeutung gewonnen.
Die Bestimmung beruht auf der Ausfällung von schwerlöslichem Silberchlorid, wenn Silberionen einem chloridhaltigen Wasser zugegeben werden. Bei gleichzeitiger Anwesenheit von Chromationen tritt nach der Ausfällung von Silberchlorid rotbraunes Silberchromat auf; diese Färbung zeigt das Ende der Titration an.

Reagenzien:

Silbernitratlösung. $AgNO_3$, 0,02 mol/l; sie wird durch Verdünnen einer handelsüblichen Lösung von $AgNO_3$, 0,1 mol/l hergestellt (z. B. 50 ml verdünnt auf 250 ml). Zur Faktoreinstellung wird die NaCl-Einwaage (s. Abschn. 8.12.1 Reagenzien) im 1-l-Meßkolben mit destilliertem Wasser unter Auffüllen gelöst und dann mit 25 ml titriert.

Kaliumchromatlösung, hergestellt durch Auflösen von 5 g K_2CrO_4 p. a. in 100 ml destilliertem Wasser;

Natriumhydrogencarbonat, $NaHCO_3$ p. a.;

Arbeitsvorschrift

200 ml Untersuchungswasser werden in einem 300-ml-Erlenmeyerkolben mit Natriumhydrogencarbonat (Spatelspitze) versetzt, falls das Wasser sauer reagiert. Zur Titration soll es neutral oder schwach alkalisch sein. Nach Zugabe von 1 ml Kaliumchromatlösung wird auf einer weißen Unterlage mit der Silbernitratlösung bis zum Umschlag von grünlichgelb nach rotbraun titriert.

Berechnung und Angabe der Werte

1 ml Silbernitratlösung 0,02 mol/l entspricht bei Verwendung von 200 ml Untersuchungswasser 3,5453 mg/l Cl⁻. Die Angabe der Werte erfolgt wie unter Abschn. 8.12.1.

Störungen

Die Störungen sind die gleichen wie bei der Quecksilbernitratmethode (s. Abschn. 8.12.1). Eisen kann nach Schütteln der Wasserprobe mit Zinkoxid abfiltriert werden; allerdings wird bei neutralem oder schwach alkalischem pH-Wert (nach Zugabe von Natriumhydrogencarbonat) Eisen in der Wasserprobe ausfallen, so daß es gegebenenfalls ohne weitere Chemikalienzugabe abfiltriert werden kann.

8.12.3 Nephelometrische Bestimmung als Silberchlorid

(Untere Bestimmungsgrenze: ohne Einengen 0,1 mg/l Cl⁻ bei Einhaltung der Verfahrensvorschrift)

Bei Anwesenheit sehr geringer Chloridmengen im Untersuchungswasser tritt bei Zugabe von Silbernitratlösung keine Ausfällung sondern lediglich eine Trübung durch Silberchlorid ein, die bei 365 nm gemessen und mit einer analog erstellten Blindprobe verglichen werden kann [6,7]. Der Silbernitratlösung wird Kaliumchlorid zugesetzt, um eine Sättigung des Fällungsreagenzes mit Silberchlorid entsprechend dem Löslichkeitsprodukt zu erreichen. Die nachfolgende Arbeitsvorschrift ist auf ein bestimmtes Volumen an Untersuchungswasser abgestellt. Unter Verwendung von 5-cm-Küvetten sind noch 0,1 mg/l Cl⁻ erfaßbar (obere Grenze ca. 1 mg/l); bei Konzentrationen zwischen 1 und 2 mg/l Cl⁻ kann der nephelometrische Meßbereich durch Verdünnen des Untersuchungswassers erreicht werden.

Geräte:

Photometer mit einstellbarer Wellenlänge 365 nm oder mit entsprechendem Filter; 5-cm-Quarzküvetten;

Reagenzien:

Verd. Salpetersäure. 50 ml Salpetersäure, HNO_3 konz. p. a. ($D = 1,40$ g/ml) werden im 100-ml-Meßzylinder mit 50 ml destilliertem Wasser verdünnt. Die verd. Salpetersäure wird in einer braunen Glasflasche aufbewahrt.

Silbernitratlösung. 8,5 g Silbernitrat, $AgNO_3$ p. a. werden in 200 ml destilliertem Wasser gelöst. Diese Lösung wird mit 2 ml verd. Salpetersäure versetzt. Gleichzeitig löst man 100 mg Kaliumchlorid, KCl p. a. in 200 ml destilliertem Wasser. Die Kaliumchloridlösung wird unter Rühren der

Silbernitratlösung zugegeben. Das gesamte Gemisch wird nunmehr zum Sieden erhitzt, wobei Silberchlorid ausflockt. Man läßt im Dunkeln erkalten und filtriert die Lösung durch ein trockenes Blaubandfilter in eine braune Glasflasche mit Schliffstopfen. Die Lösung ist bei Aufbewahrung im Dunkeln ca. 2 Monate haltbar.

Arbeitsvorschrift

Etwa 90 bis 95 ml Untersuchungswasser werden in einem 100-ml-Meßkolben mit genau 1 ml verd. Salpetersäure versetzt. Nach Umschütteln pipettiert man 0,5 ml Silbernitratlösung zu. Der Meßkolben wird dann mit Untersuchungswasser aufgefüllt und wiederum umgeschüttelt. In gleicher Weise wird ein Blindwert mit destilliertem Wasser angesetzt. Nach einer Standzeit von 10 min werden beide Proben in 5-cm-Quarzküvetten bei 365 nm gegen destilliertes Wasser gemessen.

Berechnung und Angabe der Werte

Der Chloridgehalt läßt sich nach folgender Formel errechnen:

$$\text{Chlorid (Cl}^-) = \frac{(A_1 - A_2)}{0{,}068 \cdot 5} \frac{100}{98{,}5}$$

$$= (A_1 - A_2) \cdot 3{,}0 \text{ mg/l}.$$

A_1 spektrales Absorptionsmaß des Untersuchungswassers

A_2 spektrales Absorptionsmaß des Blindwerts

98,5 das Volumen des Untersuchungswassers in ml

0,068 das massebezogene spektrale Absorptionsmaß für 1 mg/l Cl$^-$

Störungen

Angaben s. unter Abschn. 8.12.1; Arbeiten mit Salzsäure sind während der Cl$^-$-Spurenbestimmung im Laboratorium zu vermeiden.

8.12.4 Sonstige Verfahren

Für hohe Konzentrationen an Chlorid (über 10 mg/l) im Untersuchungswasser und auch für gefärbte oder getrübte Wässer ist eine coulometrische Bestimmung zu empfehlen. Bei diesem elektrolytischen Verfahren erzeugt eine Silberanode Silberionen, die mit den im Wasser befindlichen Chloridionen schwerlösliches Silberchlorid bilden. Der coulometrische Titrator zeigt bei Einhaltung der Bedienungsanleitung direkt die Konzentration an Chloridionen an [3].
Ebenso kommt ein potentiometrisches Verfahren für gefärbte und getrübte Wässer zur Anwendung [3].

8.12.5 Beurteilung und Genzwerte

Erhöhte Chloridgehalte des Wassers sind im allgemeinen nicht gesundheitsschädlich. Sie können sich aber geschmacklich auswirken und zwar unterschiedlich in Abhängigkeit von den im Wasser vorhandenen Kationen. Bei Anwesenheit von Na$^+$ in annähernd äquivalenter Menge wird beispielsweise ein salziger Geschmack bei etwa 280 mg/l Cl$^-$ wahrnehmbar (entsprechend 485 mg/l NaCl). CaCl$_2$ macht sich geschmacklich bemerkbar, wenn 245 mg/l Cl$^-$ und 105 mg/l Ca^{2+} vorkommen. Am intensivsten ist die Wahrnehmung von MgCl$_2$, die bereits mit 35 mg/l Cl$^-$ und 12 mg/l Mg^{2+} auftritt [9].
Die EG-Trinkwasserrichtlinie gibt als Richtzahl 25 mg/l Cl$^-$ an und 200 mg/l als annähernde Konzentration, bei der bereits Wirkungen auftreten können, ohne die Wirkungen zu definieren. Auch in anderen Ländern [10-12] werden ähnliche Begrenzungen des Chloridgehalts empfohlen (z. B. USA und Kanada 250 mg/l, Schweden 100 bis 300 mg/l, UdSSR 350 mg/l). Von der WHO wird in den Guidelines ein Chloridrichtwert von 250 mg/l empfohlen mit der Anmerkung, daß hohe Konzentrationen dem Wasser und den Getränken einen unerwünschten Geschmack geben. Zur Trinkwasserversorgung aus Oberflächenwasser nennt das Arbeitsblatt W 151 als Grenzwerte für die Aufbereitung und Nutzung 100 bzw. 200 mg/l Cl$^-$. Die EG-Oberflächenwasserrichtlinie gibt einen Richtwert von 200 mg/l an.
Gemäß EG-Mineralwasserrichtlinie kann ein Mineralwasser mit mehr als 200 mg/l Cl$^-$ als „chloridhaltig" bezeichnet werden [13]. Die

gleiche Möglichkeit ist auch in der Mineral- und Tafelwasser-VO verankert.
Insgesamt schält sich aus den verschiedenen Konzentrationsangaben der Richtlinien und Empfehlungen ein Wert von 200 mg/l Cl^- heraus, bei dessen Überschreitung gewisse Auswirkungen möglich sind; die wünschenswerte fast 10fach niedrigere Konzentration beträgt 25 mg/l Cl^-.
Da das Anion Chlorid in vielen Fällen mit dem Kation Natrium im Wasser zusammen vorkommt und oftmals in weitgehender Äquivalenz zum Natrium steht, ist bei erhöhten Chloridwerten in gesundheitlicher Hinsicht größere Aufmerksamkeit dem Natriumgehalt zu widmen. In diesem Zusammenhang sind die in der EG-Trinkwasserrichtlinie aufgeführten Natriumbegrenzungen beachtenswert, um die Gesamtaufnahme von Natriumchlorid pro Kopf und Tag schrittweise auf 6 g zu verringern (s. Abschn. 8.1). In der Trinkwasser-VO ist unter den Höchstwerten, die zur Erkennung einer Beeinträchtigung der Beschaffenheit des Trinkwassers einzuhalten sind, der Natriumgehalt mit 150 mg/l vermerkt; bei Äquivalenz von Na^+ und Cl^- würde der Chloridgehalt 231 mg/l betragen.
Da sowohl in der EG-Mineralwasserrichtlinie als auch in der Mineral- und Tafelwasser-VO eine Eignung des Wassers für natriumarme Ernährung bei einem Natriumgehalt unter 20 mg/l festgelegt ist, läßt sich manchmal bereits aus den Chloridwerten auf diese Eignung schließen. Bei äquivalenten Mengen an Na^+ und Cl^- müßte im vorstehenden Fall der Chloridgehalt unter 31 mg/l liegen. Gleiches gilt auch für Wasser nach der Mineral- und Tafelwasser-VO, bei dem in der Werbung die Eignung zur Zubereitung von Säuglingsnahrung hervorgehoben wird. Auch hier darf der Natriumgehalt 20 mg/l nicht überschreiten.
Chlorid bestimmt aber auch zusammen mit anderen Neutralsalzionen das Korrosionsverhalten des Wassers. Genaue Chloridkonzentrationen, die bereits korrosiv wirken, können nicht angegeben werden, da das Korrosionsverhalten von verschiedenen Faktoren abhängig ist (z. B. Materialbeschaffenheit, Temperatur, pH-Wert, Mineralstoffzusammensetzung). Es läßt sich aber allgemein sagen, daß bei steigender Chloridkonzentration eine Zunahme der Korrosionsgeschwindigkeit eintritt und die Ausbildung einer Korrosionsschutzschicht erschwert wird; besonders bei Wässern mit geringer Pufferungskapazität wird ein Materialangriff begünstigt. Im Normblatt „Korrosionsverhalten von metallischen Werkstoffen gegenüber Wasser" [14] wird der korrosive Einfluß der Anionen Cl^- und SO_4^{2-} durch einen Korrosionsparameter A charakterisiert. Bei unlegiertem Stahl wird die örtliche Korrosion begünstigt, wenn die Summe der Äquivalentkonzentration von Cl^- und SO_4^{2-} dividiert durch die Säurekapazität $K_{S\,4,3}$ größer als 1 ist.

$$A = \frac{c(Cl^-) + 2c(SO_4^{2-})}{K_{S\,4,3}}.$$

Bei verzinktem Stahl kann es bevorzugt zu Muldenkorrosionen kommen, wenn A-Werte über 3 auftreten.
Berechnungsbeispiel für Rosenheimer Trinkwasser (Analyse s. Abschn. 9.1), das als typisches Calcium-Magnesium-Hydrogencarbonat-Wasser zu charakterisieren ist:

$c(Cl^-) = 0{,}22$ mmol/l,

$c(SO_4^{2-}) = 0{,}15$ mmol/l,

$K_{S\,4,3} = 6{,}81$ mmol/l,

$A = \dfrac{0{,}22 + 0{,}30}{6{,}81} = 0{,}076$.

Die Chloridkonzentrationen im Rhein (Mittelwerte) lagen 1977 bei 2 mg/l im Alpenrhein und stiegen bis Ochten am Niederrhein auf 166 mg/l an [15,1]. Höhere Gehalte zeigen die Ems (218 mg/l) und die Weser (979 mg/l); in der Werra waren es 7620 mg/l.
Grundwässer enthalten in der Regel weniger als 50 mg/l Cl^-. Die Daten über die Trinkwasserqualität in der Bundesrepublik Deutschland [17] zeigen, daß Werte über 100 mg/l selten erreicht werden und auch die Bereiche mit 50 bis 100 mg/l schon herausragen. Überwiegend besitzen die aus Grundwasser gewonnenen Trinkwässer Chloridwerte bis zu 50 mg/l. Je nach den hydro-

geologischen Verhältnissen ist der Chloridgehalt recht unterschiedlich.

Insbesondere nach der Tiefe zu kann der Chloridgehalt des Grundwassers in Abhängigkeit von der hydrogeologischen Gegebenheit recht unterschiedlich sein und u. U. erheblich ansteigen. Ein Beispiel sind hohe Chloridgehalte in Wässern aus größerer Tiefe, die mit Salzlagerstätten in Kontakt stehen oder aus Zechsteinformationen stammen. Soweit erhöhte Chloridgehalte nicht mit der Beschaffenheit des Untergrunds zusammenhängen, ist mit einer Verunreinigung (z. B. durch feste und flüssige Abfallstoffe, Düngemittel, Streusalz) des Wassers zu rechnen. Allerdings ist eine derartige Beurteilung des Wassers nicht allein auf den Chloridgehalt abzustellen; sie ergibt sich erst aus der gemeinsamen Bestimmung und Bewertung mit anderen Verunreinigungsparametern.

8.12.6 Literatur

1 Souci, S.W.; Quentin, K.-E.: Handbuch der Lebensmittelchemie. Bd. VIII/1, S. 684–686; Bd. VIII/2 S. 797–983; Berlin: Springer 1969
2 Standard methods for the examination of water and wastewater. 16th ed. APHA, AWWA, WPCF, Washington 1985, p. 286–294
3 DIN 38405 Teil 1: Deutsche Einheitsverfahren zur Wasser-, Abwasser- und Schlamm-Untersuchung, (Gruppe D, Anionen) Bestimmung der Chlorid-Ionen (Dezember 1985). Berlin: Beuth
4 Clarke, F.E.: Determination of chloride in water. Anal. Chem. 22 (1950) 553–555
5 Roberts, I.: Titration of chloride ion with mercuric nitrate solutions using diphenylcarbazide indicator. Ind. Eng. Chem. Anal. Edit. 8 (1936) 365–367
6 Boltz, D.F.: Colorimetric determination of nonmetals. New York: Interscience 1958, p. 166–168
7 Lange, B.: Colorimetrische Analyse. 5. Aufl. Weinheim: Verlag Chemie 1956, S. 259
8 Tillmans, J.: Die chemische Untersuchung von Wasser und Abwasser. Halle: Knapp 1915, S. 44–46
9 Zoeteman, B.C.J.: Sensory assessment of water quality. Oxford: Pergamon Press 1980, p. 61
10 Verband der Chemischen Industrie: Chemie und Umwelt. Wasser. Bericht 1982
11 Fiessinger, F.: Comparaison des normes: lesquelles choisir? Aqua 9/10 (1980) 199–207
12 N. N. Nouvelles normes Sovietiques pour la qualité de l'eau potable GOST 2874-73
13 Richtlinie des Rates vom 15. Juli 1980 zur Angleichung der Rechtsvorschriften der Mitgliedsstaaten über die Gewinnung von und den Handel mit natürlichen Mineralwässern L 229/1
14 DIN 50930 Teil 1-5: Korrosion der Metalle – Korrosionsverhalten von metallischen Werkstoffen gegenüber Wasser (Dezember 1980). Berlin: Beuth
15 Sontheimer, H.; Spindler, P.; Rohmann, U.: Wasserchemie für Ingenieure. Frankfurt: ZfGW-Verlag 1980, S. 130
16 IAWR Internationale Arbeitsgemeinschaft der Wasserwerke im Rheineinzugsgebiet: Rheinbericht 1977, Amsterdam, Anlage 10

8.13 Bestimmung von Cyanid

Normalerweise ist im Trinkwasser nicht mit Cyanid zu rechnen. Neben dem Cyanidion löslicher Alkali- und Erdalkalicyanide tritt je nach pH-Wert auch Cyanwasserstoffsäure auf; Cyanidionen und Cyanwasserstoffsäure werden als „leicht verfügbares" bzw. auch „leicht freisetzbares Cyanid" bezeichnet. Cyanwasserstoffsäure ist eine sehr schwache Säure. Da Trinkwasser üblicherweise einen pH-Wert <8 aufweist, ist bei einem eventuellen Cyanidvorkommen der Anteil von Cyanid gegenüber Cyanwasserstoff vernachlässigbar klein. In Analysenberichten erfolgt die Angabe der Konzentration stets als Cyanid.

Unter Umständen können auch Metallcyanidkomplexe vorkommen, wovon einige sehr stabil sind (z. B. Fe(II)- Cu(I)- und Co(III)-Komplexe). Wenn dieses Cyanid mitbestimmt wird, gibt der Analysenbericht Gesamtcyanid an.

8.13.1 Verfahren

(Untere Bestimmungsgrenze: 10 µg/l; 1-cm-Küvetten)

Zur Konservierung wird das Untersuchungswasser auf einen alkalischen pH-Wert gebracht, damit infolge der Flüchtigkeit der Cyanwasserstoffsäure keine Verluste auftreten. Möglicherweise kann sehr leicht eine

Hydrolyse zu Ammoniumformiat eintreten.

Das nachfolgend beschriebene Verfahren ist zur Bestimmung des leicht verfügbaren, hochtoxischen Cyanids geeignet [1,2]. Um Konzentrationen unter dem Grenzwert zu erfassen, wird eine Destillation zur Anreicherung vorgeschaltet. In saurem Milieu und in Gegenwart von Kupferionen wird der sich bildende Cyanwasserstoff ausgetrieben, indem ein schwacher Stickstoffstrom durchgeleitet wird. Der Cyanwasserstoff wird in verdünnter Natronlauge absorbiert und der photometrischen Bestimmung zugeführt.

Die Cyanidionen reagieren mit Chloramin T zu Chlorcyan, das mit Pyridin zu Glucondialdehyd umgesetzt wird. Mit Barbitursäure bildet es einen rotvioletten Polymethinfarbstoff. Das spektrale Absorptionsmaß wird bei 578 mm ermittelt.

Falls auch komplex gebundenes Cyanid erfaßt werden soll (ausgenommen $Co(CN)_6^{3-}$), erfolgt die Zersetzung der Komplexe in saurem Milieu in Gegenwart von Kupferionen; die Lösung wird unter Rückfluß zum Sieden erhitzt und wie oben weiterbehandelt.

Geräte:
Photometer, 1-cm-Küvetten, Destillationsapparatur (s. Abb. 8.14) mit 500-ml-Dreihalskolben, Rückflußkühler (Mantellänge 30 cm), rückschlagsicheres Absorptionsgefäß (Länge 12 cm), Einfülltrichter, 250-ml-Waschflasche, nachgereinigter Stickstoff (20 bzw. 60 l/h werden mit Hilfe einer Mensur eingestellt).

Reagenzien:
Salzsäure (I), HCl p.a. ($D = 1{,}12$ g/ml);
Salzsäure (II), HCl (1 mol/l);
Natronlauge (I), NaOH (1 mol/l);
Natronlauge (II), NaOH (0,4 mol/l);

Kupfersulfatlösung. 200 g Kupfersulfat, $CuSO_4 \cdot 5 H_2O$ p.a. werden im 1-l-Meßkolben mit destilliertem Wasser gelöst; die Lösung wird mit destilliertem Wasser aufgefüllt.

Pufferlösung (pH-Wert 5,4). 6 g Natriumhydroxid-Plätzchen, NaOH p.a. werden in ca. 50 ml destilliertem Wasser gelöst; die Lösung wird erwärmt. Darin werden 11,8 g Bernsteinsäure, $C_4H_6O_4$ p.a. gelöst; die Lösung wird nach dem Abkühlen im 100-ml-Meßkolben mit destilliertem Wasser aufgefüllt.

Zinn(II)chloridlösung (s. Störungen). 50 g Zinn(II)-chlorid, $SnCl_2 \cdot 2 H_2O$ p.a. werden mit 40 ml Salzsäure (I), HCl p.a. ($D = 1{,}12$ g/ml) gelöst; die Lösung wird im 100-ml-Meßkolben mit destilliertem Wasser aufgefüllt. Die Haltbarkeit beträgt ca. 1 Woche.

Zinksulfatlösung (s. Störungen). 1000 g Zinksulfat, $ZnSO_4 \cdot 7 H_2O$ p.a. werden in 1 l destilliertem Wasser gelöst.

Chloramin-T-Lösung. 0,5 g Chloramin-T, $C_7H_7ClN NaO_2S \cdot 3 H_2O$ p.a. werden mit destilliertem Wasser in 50-ml-Meßkolben gelöst; die Lösung wird mit destilliertem Wasser aufgefüllt. Die Haltbarkeit beträgt ca. 1 Woche.

Barbitursäure-Pyridinlösung. Zu 3 g Barbitursäure, $C_4H_4N_2O_3$ p.a. werden in einem 50-ml-Meßkolben mit wenig destilliertem Wasser und 15 ml Pyridin, C_5H_5N p.a. ($D = 0{,}98$ g/ml) gegeben und geschüttelt bis die Barbitursäure fast gelöst ist. Anschließend fügt man 3 ml Salzsäure (I), HCl p.a. ($D = 1{,}12$ g/ml) hinzu und füllt die Lösung mit destilliertem Wasser auf. Die Haltbarkeit beträgt im Kühlschrank ca. 1 Woche.

Cyanidstammlösung. 25 mg Kaliumcyanid, KCN p.a. werden in einem 1-l-Meßkolben mit Natronlauge(II), NaOH (0,4 mol/l) gelöst; die Lösung

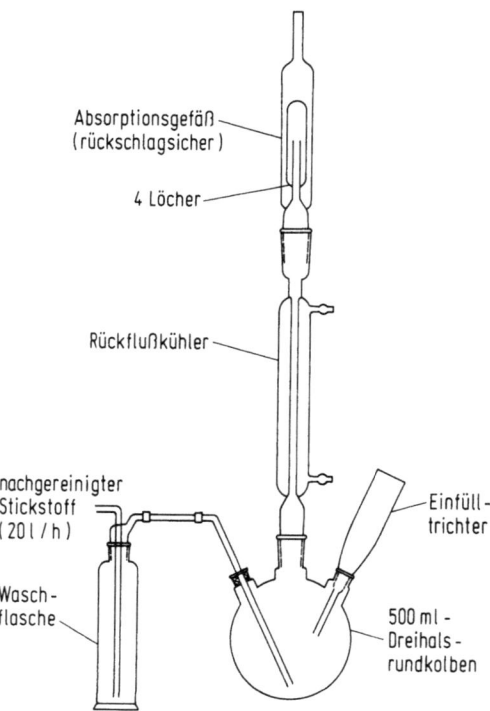

Abb. 8.14. Destillationsapparatur zur Abtrennung von Cyanid

wird mit Natronlauge aufgefüllt. 1 ml entspricht 0,01 mg CN⁻.

Titerbestimmung:
100 ml der Stammlösung werden in einem Becherglas mit 0,1 ml p-Dimethylaminobenzylidenrhodanin-Lösung (0,02 g gelöst in 100 ml Aceton, CH_3COCH_3 p.a. ($D = 0,79$ g/ml); Haltbarkeit im Dunkeln ca. 1 Woche) versetzt. Die Titration erfolgt mit Silbernitratlösung, $AgNO_3$ (0,001 mol/l) aus einer 10-ml-Bürette bis zum Farbumschlag von gelb nach gelbrot. Durch folgende Berechnung läßt sich die genaue Konzentration bestimmen:

$$\text{Cyanid (CN}^-) = \frac{(a-b) \cdot 52 \text{ mg/l}}{100}.$$

a Verbrauch an Silbernitratlösung für die Stammlösung in ml
b Verbrauch an Silbernitratlösung für die Blindlösung in ml

Die Blindlösung wird aus 20 ml destilliertem Wasser, 10 ml Natronlauge (II), NaOH (0,4 mol/l) und 0,1 ml p-Dimethylaminobenzylidenrhodanin-Lösung hergestellt. Der Verbrauch an Silbernitratlösung sollte bei etwa 0,08 ml liegen, höchstens jedoch 0,2 ml betragen.

Probenvorbehandlung

Nach der Probenahme wird das Untersuchungswasser tropfenweise mit Natronlauge (I) auf einen pH-Wert von etwa 9 eingestellt (elektromerisch oder mit Phenolphthalein). Anschließend wird 1 ml Natronlauge (I) je l zugesetzt. Sollte das Untersuchungswasser nicht sofort analysiert werden, so kann es bis zu drei Tagen gekühlt und dunkel aufbewahrt werden.

Arbeitsvorschrift für die Destillation zur Anreicherung

10 ml der Natronlauge (I) werden in das Absorptionsgefäß gefüllt, dieses aufgesetzt und angeschlossen. Durch den Einfülltrichter werden nacheinander 1 Tropfen Kupfersulfatlösung, 200 ml vorbehandeltes Untersuchungswasser und 20 ml Salzsäure (I) zugegeben und der Einfülltrichter verschlossen. Die Waschflasche wird mit 100 ml Natronlauge (I) gefüllt und der Stickstoffstrom auf 60 l pro h einreguliert. Der Inhalt des Absorptionsgefäßes wird nach 4 h Ausblasen bei Raumtemperatur in einen 25-ml-Meßkolben umgefüllt und dreimal mit je 3 ml destilliertem Wasser gespült. Die vereinigten Lösungen werden mit destilliertem Wasser aufgefüllt.

Arbeitsvorschrift für die Destillation zur Komplexzersetzung

Im Gegensatz zur obigen Beschreibung ändern sich folgende Parameter. Der Stickstoffstrom wird mit 20 l pro h durchgeblasen und der Inhalt des Kolbens wird 1 h am Sieden erhalten, bei einem Rückfluß von 1 bis 2 Tropfen pro s.

Arbeitsvorschrift für die photometrische Bestimmung

10 ml der Absorptionslösung werden in einen 25-ml-Meßkolben überführt. 2 ml Pufferlösung, 4 ml Salzsäure (II) und 1 ml Chloramin-T-Lösung werden zugesetzt und der Kolben 5 min verschlossen stehengelassen. Nach der Zugabe von 3 ml Barbitursäure-Pyridinlösung und Auffüllen des Meßkolbens mit destilliertem Wasser wird eine Wartezeit von 20 min nach Zugabe der Barbitursäure-Pyridinlösung eingehalten und das spektrale Absorptionsmaß bei 578 nm bestimmt gegen eine Vergleichslösung, die wie oben behandelt wird. Für die Vergleichslösung nach der Destillation werden anstelle von 10 ml Absorptionslösung 10 ml Natronlauge (II) verwendet.

Zur Erstellung des Blindwerts wird 1 l destilliertes Wasser bei der Probenahme und dem anschließenden Verfahren behandelt wie das Untersuchungswasser und das spektrale Absorptionsmaß in Abzug gebracht. Der Blindwert ist vor allem bei neuen Chargen von Chemikalien zu bestimmen.

Erstellen der Eichgeraden

10 ml der Cyanidstammlösung werden im 100-ml-Meßkolben mit Natronlauge (II) aufgefüllt. Unter Berücksichtigung eines eventuellen Korrekturfaktors (Titerbestimmung) enthält 1 ml dieser Standardlösung (I) etwa 1 µg. Durch Pipettieren von 1, 2, 5 und 10 ml dieser Standardlösung in jeweils 25-ml-Meß-

kolben und Auffüllen mit Natronlauge (II) auf jeweils 10 ml erhält man Eichlösungen mit 1 bis 10 µg CN⁻. Gemäß der Arbeitsvorschrift für die photometrische Bestimmung werden die Lösungen weiterbehandelt. Die Eichgerade wird in üblicher Weise durch Auftragen des spektralen Absorptionsmaßes bei 578 nm gegen die Masse CN⁻ unter Verwendung von 1-cm-Küvetten erstellt. Da sich die Eichgerade bei jeder neuen Charge von Reagenzien ändern kann, muß sie in diesen Fällen neu erstellt werden.

Um niedrigere Konzentrationen bestimmen zu können, besteht die Möglichkeit 5-cm-Küvetten zu verwenden. Dazu wird die Konzentration der Standardlösung geändert: 2 ml der Stammlösung werden im 100-ml-Meßkolben mit Natronlauge (II) aufgefüllt; unter Berücksichtigung eines eventuellen Korrekturfaktors (Titerbestimmung) enthält 1 ml dieser Standardlösung (II) etwa 0,2 µg/l CN⁻.

Berechnung und Angabe der Werte

Der Cyanidgehalt des Untersuchungswassers errechnet sich wie folgt:

$$\text{Cyanid (CN}^-\text{)} = \frac{a \cdot 1000}{b \cdot c}.$$

a   aus der Eichgerade ermittelte Masse Cyanid in mg
b   das angewandte Probenvolumen in ml (200 ml)
c = 0,4   der Korrekturfaktor, der das reduzierte Volumen nach dem Überführen aus dem Absorptionsgefäß berücksichtigt

Die Massenkonzentration des Wassers wird für Cyanid mit auf 0,01 mg/l gerundeten Werten angegeben.

Störungen

Die in Trinkwasser üblicherweise vorkommenden Inhaltsstoffe stören nach Art und Menge die Bestimmung von Cyanid nicht. Störungen durch eventuell auftretende starke Verunreinigungen können durch einen Cadmiumzusatz bei der Destillation bzw. durch Verdünnen des Untersuchungswassers ausgeschaltet werden [1]. Bei Anwesenheit von starken Oxidationsmitteln wird dem Untersuchungswasser im Anschluß an die Probenahme pro l 1 ml Zinn(II)chloridlösung und 10 ml Zinksulfatlösung zugesetzt.

8.13.2 Beurteilung und Grenzwerte

Cyanide werden in vielen industriellen Prozessen verwendet, wie z. B. zur Produktion von Stahl zum Galvanisieren und bei Cyanidlaugerei (Gold- und Silbergewinnungsverfahren) und fallen als unerwünschte Nebenprodukte z. B. bei der Verkokung von Steinkohle oder bei der Verhüttung von Eisenerz im Hochofen an. Bei einigen dieser Prozesse können Luft und Wasser kontaminiert werden [3]. Auch bei Cyanidbelastungen werden die Konzentrationen im Wasser weiter unter 0,1 mg/l CN⁻ liegen und nur in Ausnahmefällen höhere Werte erreichen [4, 5].

Normalerweise erreicht die Exposition durch Nahrung, Wasser und Luft nicht den von der WHO angegebenen Wert der tolerierbaren täglichen Gesamtaufnahme von 8,4 mg CN⁻; die tolerierbare tägliche CN⁻-Aufnahme durch Nahrung beträgt 0,05 mg/kg Körpergewicht.

Um einen Sicherheitsfaktor für das Trinkwasser zu garantieren, empfehlen die WHO-Guidelines einen Grenzwert von 0,1 mg/l CN⁻.

Der derzeitige Grenzwert der maximal zulässigen Konzentration an Cyanid im Trinkwasser und auch im Rohwasser zur Trinkwasseraufbereitung liegt gemäß europäischem Standard bei 0,05 mg/l, (Trinkwasser-VO; EG-Oberflächenwasserrichtlinie; Arbeitsblatt W 151 des DVGW über die Eignung von Oberflächenwasser für die Trinkwasserversorgung: zufriedenstellende Merkmale eines Rohwassers 10 µg/l; Mineralwasser-VO).

Nach Ohnesorge [6] erscheint eine Überschreitung des Grenzwerts für Cyanide um das 2- bis 4fache, d. h. auf 0,1 bis 0,2 mg/l kurz- und mittelfristig (max. 6 Monate) als unbedenklich.

Cyanid findet sich auch in Liste I der EG-

Grundwasserrichtlinie, sowie in Liste II der EG-Ableitungsrichtlinie. Im ATV-Arbeitsblatt A 115 mit seinen Hinweisen für das Einleiten von Abwasser in eine öffentliche Abwasseranlage steht für leicht freisetzbares Cyanid der noch als unbedenklich anzusehende Höchstwert von 1 mg/l und für Gesamtcyanid 20 mg/l bei solchen Einleitungen.

Der MAK-Wert für Cyanide, als CN^- berechnet, beträgt 5 mg/m^3, für Cyanwasserstoff 10 ml/m^3 bzw. 11 mg/m^3.

Da Cyanid eine starke Giftwirkung auf Fische und Plankton ausüben kann, wird es zu den stark wassergefährdenden Stoffen (WGK 3) eingereiht; die tödliche Wirkung auf Fische liegt bei 0,05 mg/l, für niedere Wasserorganismen bei 0,1 bis 10 mg/l CN^-.

8.13.3 Literatur

1 DIN 38 405 Teil 13: Deutsche Einheitsverfahren zur Wasser-, Abwasser- und Schlamm-Untersuchung; Bestimmung von Cyaniden (Februar 1981). Berlin: Beuth
2 DIN 38 405 Teil 14: Deutsche Einheitsverfahren zur Wasser-, Abwasser- und Schlamm-Untersuchung; Bestimmung von Cyaniden in Trinkwasser, gering belastetem Grund- und Oberflächenwasser (Entwurf November 1985). Berlin: Beuth
3 Neumüller, O.A.: Römpps Chemie-Lexikon, Stuttgart: Franckh'sche Verlagshandlung 1981
4 Blaha, J.: Zur Frage der Bestimmung und Toxizität von freien und komplexen Cyaniden in Wasser. Vom Wasser 34 (1967) 175–195
5 Krutz, H.: Cyanverbindungen in Fließgewässer. Veröffentlichungen des Inst. f. Wasserforschung GmbH Dortmund und der Hydrologischen Abteilung der Dortmunder Stadtwerke AG, Nr. 28, Dortmund 1979
6 Ohnesorge, F.K.: Grundlagen und Problematik bei der Festsetzung von Grenzwerten für Trinkwasser-Inhaltsstoffe aus toxikologischer Sicht. Gas Wasserfach, Wasser Abwasser 121 (1980) 515–522

8.14 Bestimmung von Fluorid

Fluorid kommt üblicherweise in Trinkwässern nur in geringen Mengen, meist erheblich unter 1 mg/l vor. Da Fluorid aber in der Trinkwasser-VO mit einem Grenzwert angegeben ist, gehört seine Bestimmung zu den allgemein notwendigen Untersuchungen. Die Analytik hat früher erhebliche Schwierigkeiten bereitet, weil Direktbestimmungen fehlerhaft und deshalb aufwendige Destillationen zur Abtrennung des Fluorids mit verschiedenen Manipulationen zur störungsfreien Photometrie erforderlich waren. Eine Vielzahl von Methoden in Varianten ist veröffentlicht worden. Die photometrische Ermittlung beruhte im wesentlichen auf zeitabhängigen Ausbleichungsreaktionen des Fluorids mit Zirkon-Alizarin und Zirkon-Eriochromcyanin [1, 2]. Störungen verschiedener Art mußten berücksichtigt werden. Erst durch die Auffindung einer Farbvertiefungsreaktion, deren Ausmaß von Fluoridmengen im µg-Bereich abhängig ist, führte zu einer entscheidenden Verbesserung der Bestimmung [3]; für diese sog. Alizarinkomplexan-Methode sind verschiedene Arbeitsvorschriften entwickelt worden. Später kam die Möglichkeit einer raschen und problemlosen Abtrennung des Fluorids durch Destillation mit überhitztem Wasserdampf hinzu. Auf dieser Basis beruht das Verfahren von Quentin und Rosopulo, das sich bei allen Wassertypen bewährt hat und in langjähriger Praxis nur geringfügig modifiziert wurde; diese Fluoridbestimmung einschließlich Destillation dauert 45 min [4]. Neue Aspekte für die Fluoridbestimmungen ergaben sich durch die Entwicklung ionensensitiver Elektroden. So ist es möglich geworden, vor allem in Trinkwässern eine potentiometrische Fluoridbestimmung ohne vorherige Abtrennung des Halogens vorzunehmen [5]. Nachstehend werden diese beiden Verfahren unter Berücksichtigung der praktischen Erfahrungen beschrieben.

8.14.1 Photometrische Bestimmung mit Lanthan-Alizarinkomplexen nach Wasserdampf-Säuredestillation

(Bestimmungsbereich: 0,3–2 mg/l)

Die Bestimmung des Fluorids erfolgt in zwei Schritten:
a) Destillation mit überhitztem Wasserdampf und Schwefelsäure zur Isolierung

bei 120 bis 130 °C. Innerhalb 1 min werden 10 ml Destillat erhalten. Die Destillationssäure enthält Silbersulfat zur Bindung des störenden Chlorids.

b) Photometrische Bestimmung des abdestillierten Fluorids. Eine orangegefärbte und auf einen bestimmten pH-Wert eingestellte Lösung des Natriumsalzes der Alizarin-3-methylamin-N,N-diessigsäure ergibt mit Seltenen Erden (z. B. Cer, Lanthan, Praseodym) ein rotes Chelat, das mit geringen Fluoridmengen eine ternäre blaugefärbte Komplexverbindung eingeht. Am besten geeignet ist das Lanthanchelat, Aceton steigert die Empfindlichkeit. Die Farbvertiefung von rot auf blau bzw. lila durch Fluorid wird bei 600 bis 620 nm gemessen; die Eichfunktion verläuft bis 30 µg F^- linear.

Als 3. Schritt muß gegebenenfalls die Wasserprobe vorab alkalisch eingeengt werden, falls der Fluoridgehalt sehr gering ist.

Geräte:
Destillationsapparatur nach Seel aus Pyrexglas (z. B. Fa. Normag, Hofheim i. Ts.); fünf 100-ml-Meßkolben mit Markierung bei 40 ml
Der Wasserdampf wird auf dem Einleitungsweg auf ca. 250 °C überhitzt; dadurch entfällt eine Aufheizung der Probelösung. Bei einem Gesamtvolumen von 45 ml und einer ca. 55%igen Schwefelsäurekonzentration im Probekolben stellt sich die optimale Destillationstemperatur von 120 bis 130 °C selbsttätig ein. Ein Thermometer ist infolgedessen überflüssig, da auch keine Temperaturregulierung vorgenommen werden kann.

Reagenzien:
Alizarinkomplexanlösung $4 \cdot 10^{-3}$ mol/l. 1,6854 g Alizarin-3-methylamin-N,N-diessigsäure (Dihydrat), $C_{19}H_{15}NO_8 \cdot 2H_2O$ (Mol. Gewicht 421,36) werden in 20 ml einer Natriumacetatlösung, 0,5 mol/l (44 g/l Natriumacetat wasserfrei, CH_3COONa) unter Erwärmen gelöst und nach Abkühlen mit destilliertem Wasser im Meßkolben auf 1 l aufgefüllt.

Lanthannitratlösung $4 \cdot 10^{-3}$ mol/l. 1,7322 g Lanthannitrat, $La(NO_3)_3 \cdot 6H_2O$ (Mol. Gewicht 433,02) werden im 1-l-Meßkolben mit destilliertem Wasser gelöst; dann wird die Lösung mit destilliertem Wasser aufgefüllt.

Acetatpuffer pH 4,4. 630 ml Essigsäure 0,5 mol/l [ca. 29 ml Eisessig, CH_3COOH p. a. (D = 1,06 g/ml) gefüllt mit destilliertem Wasser auf 1 l und 370 ml der Natriumacetatlösung; Einstellung auf pH 4,4 prüfen, evtl. regulieren.
Schwefelsäure, H_2SO_4 zur Fluorbestimmung (z. B. Fa. Merck) (D = 1,64 g/ml);
Silbersulfat, Ag_2SO_4 p. a.;
Aceton, CH_3COCH_3 p. a. (D = 0,79 g/ml);

Lanthan-Alizarinkomplexlösung. 80 ml Acetatpuffer (pH 4,4), 500 ml Aceton, 50 ml Lanthannitrat- und 50 ml Alizarinkomplexanlösung werden in einen 1-l-Meßkolben gegeben und mit destilliertem Wasser aufgefüllt; der pH-Wert muß 5,6 bis 5,8 betragen; die Lösung ist im Kühlschrank mindestens 2 Monate haltbar.

Fluorid-Stammlösung. 221,0 mg Natriumfluorid, NaF p. a. werden in 1 l destilliertem Wasser gelöst (10 ml = 1 mg F^-). Nach Verdünnung von 10 ml auf 1 l enthält 1 ml dieser Lösung 1 µg F^- (Standardlösung). Für die Abfüllungen sind Kunststoffmeßkolben und für die Aufbewahrung Kunststoffflaschen zu empfehlen.
Verd. Natronlauge, NaOH 0,1 mol/l;
Verd. Schwefelsäure $c(\frac{1}{2}H_2SO_4)$ = 0,1 mol/l;
4-Nitrophenol-Indikatorlösung:
200 mg 4-Nitrophenol, $C_6H_5NO_3$ werden in 100 ml destilliertem Wasser gelöst; Umschlag von gelb (alkalisch) auf farblos etwa bei pH 6.

Destillationsschwefelsäure (fluorfrei und silbersulfathaltig). 10 g Silbersulfat und 10 ml der Schwefelsäure zur Fluorbestimmung werden in einer Porzellanschale erhitzt und zwar nach Auftreten von SO_3-Dämpfen noch weitere 10 min. Nach Erkalten wird diese Lösung mit 500 ml der Schwefelsäure zur Fluorbestimmung in einem 1-l-Becherglas vereinigt und dann unter stetem Umrühren erhitzt, bis die Lösung klar ist (Aufbewahrung nach Abkühlung in dunkler Flasche).

Probenvorbereitung

Da die Wassermenge zur Destillation 15 ml betragen soll und die photometrische Bestimmung im Bereich 5 bis 30 µg F^- erfolgt, empfiehlt es sich, zunächst einmal 15 ml Untersuchungswasser direkt zu destillieren (entsprechend ca. 0,3 mg/l bei gefundenen 5 µg F^- im Destillat). Je nach Ergebnis ist eine entsprechende Wassermenge alkalisch einzuengen; bei hydrogencarbonathaltigen Wässern stellt sich die alkalische Reaktion beim Einengen in der Regel selbständig ein; anderenfalls ist sie durch Zugabe einiger Tropfen verd. Natronlauge zu sichern. Die eingeengte Lösung ist vor ihrer Überführung oder der Überführung aliquoter Anteile in den Probekolben mit einigen Tropfen H_2SO_4

schwach anzusäuern; es ist z. B. auch möglich, bis zu 100 ml Untersuchungswasser im Probekolben selbst auf 15 ml einzuengen.

Wasserdampf-Säuredestillation

In den Probekolben werden höchstens 15 ml Untersuchungswasser gegeben (bei Überschreitung dieser Menge kann im Kolben bis zu diesem Volumen eingeengt werden). Dann werden 30 ml Destillations-Schwefelsäure zugesetzt; der Silbergehalt dieser Säuremenge reicht zur Bindung von 135 mg Cl^- und damit üblicherweise für den Chloridgehalt der Trinkwässer, auch nach Einengung, aus. In Ausnahmefällen muß weiteres Silbersulfat zugesetzt werden.
Nach Anschluß des Probekolbens an die Apparatur wird durch den Trichter destilliertes Wasser eingefüllt bis der Wasserspiegel ca. 2 cm über dem Stabtauchheizer steht. Unter den Kühlerablauf stellt man einen 100-ml-Meßkolben, der mit 3 ml NaOH (0,1 mol/l) und 0,5 ml 4-Nitrophenol-Indikatorlösung beschichtet wurde und bei ca. 40 ml eine Markierung mit Fettstift erhielt; es werden insgesamt fünf in gleicher Weise vorbereitete Meßkolben benötigt. Wenn bei der Destillation im ersten Kolben die 40-ml-Marke erreicht ist, wird gegen den zweiten Kolben ausgetauscht usw. Beim fünften Meßkolben schaltet man die Destillation rechtzeitig vor Erreichen der 40-ml-Marke ab. Zum Ingangsetzen der Destillation wird der Stabtauchheizer eingeschaltet; wenn der entwickelte Wasserdampf den Dampfüberleiter erreicht, wird dieser ebenfalls eingeschaltet (Einzelheit in der Firmenanweisung). Eine 40-ml-Destillation dauert ca 4 min; sollte wider Erwarten die Natronlauge im 100-ml-Meßkolben der Vorlage zur Neutralisation des Destillats nicht ausreichen (bleibende Gelbfärbung), so kann sie ohne Bedenken bis zu 5 ml erhöht werden. Insgesamt werden auf diese Weise 200 ml Destillat aufgefangen; in den meisten Fällen sind die beiden letzten Destillate fluoridfrei.

Photometrische Bestimmung

Die alkalischen Destillate werden durch Zugabe von verd. Schwefelsäure bis zum Indikatorumschlag von gelb nach farblos versetzt. Dann fügt man 50 ml Lanthan-Alizarinkomplexanlösung zu. Der Tropfenablauf der acetonischen Farblösung aus der Pipette zum Anfärben der Proben und zur Aufstellung der Eichgeraden muß gleich sein; zweckmäßigerweise wird deshalb die gleiche Pipette verwendet. Nach Auffüllen mit destilliertem Wasser haben die Lösungen einen pH-Wert zwischen 4,8 und 5,0; sie bleiben bei Zimmertemperatur ca. 15 min stehen und werden dann gegen destilliertes Wasser in einem Photometer bei 600 bis 620 nm gemessen. Die Fluoridwerte werden der Eichgeraden entnommen.

Erstellen der Eichgeraden

In 100-ml-Meßkolben werden 5, 10, 20 und 30 ml Fluoridstandardlösung entsprechend 5 bis 30 µg F^- und jeweils 3 ml der verd. NaOH vorgelegt. Nach Zugabe von 0,5 ml Indikatorlösung wird mit verd. H_2SO_4 neutralisiert, dann mit 50 ml Lanthan-Alizarinkomplexanlösung versetzt und mit destilliertem Wasser aufgefüllt. In gleicher Weise wird ein Blindwert ohne Fluorid angesetzt. Dann erfolgt die Messung wie vorstehend beschrieben. Entsprechend der Haltbarkeit der Lanthan-Alizarinkomplexanlösung über ca. 2 Monate im Kühlschrank ist auch die Eichgerade jeweils für eine neue Farblösung neu aufzustellen.

Berechnung und Angabe der Werte

Die Fluoridmengen in jedem Meßkolben (1 bis 5) werden der Eichgeraden entnommen und dann summiert:

$$\frac{\text{Summe der Einzelwerte (Meßkolben 1 bis 5) µg}}{\text{angewandte Wassermenge ml}}$$

= mg/l Fluorid.

In einer Ionentabelle des Wassers steht das Fluorid am Anfang der Anionen vor Chlorid, Iodid und Bromid. Die Bezeichnung „Fluor" ist ebenso falsch wie der verschiedentlich verwendete Begriff „Fluorierung" für einen Fluoridzusatz zum Wasser (richtig „Fluoridierung" abgeleitet von Fluorid wie „Chlorung" abgeleitet von „Chlor" oder „Ozonung" abgeleitet von „Ozon" als Begriffe in der Wasseraufbereitung).

Störungen

Der Chloridgehalt des Wassers sollte vor der Fluoridbestimmung bekannt sein, um die Chloridbindung durch Silbersulfat rechnerisch zu überschlagen (s. Wasserdampf-Säuredestillation) und zu gewährleisten. Nitrit bis zu 2 mg und Aluminium bis zu 5 mg stören nicht. Nitrat, das in Anwesenheit organischer Stoffe während der Destillation zu Nitrit reduziert wird, stört bei Überschreitung der vorgenannten Nitritmenge. Bei mit organischen Stoffen belastetem Wasser muß eine Veraschung des alkalischen Abdampfrückstands bei 450 °C erfolgen; dieser Rückstand wird dann in den Destillationskolben überspült.

8.14.2 Potentiometrische Bestimmung mit ionensensitiver Elektrode

(Untere Bestimmungsgrenze: 0,02 mg/l)

Bei diesem Verfahren ist eine Abtrennung des Halogens vor der Messung nicht erforderlich. Es hat sich vor allem bei Trinkwässern bewährt und im Vergleich zum Lanthan-Alizarinkomplexan-Verfahren übereinstimmende Werte erbracht. Die Potentialdifferenz zwischen einer Meßelektrode und einer Bezugselektrode wird durch die Aktivität des mit der Meßelektrode agierenden Ions in der Lösung verursacht. Für die Messung der Aktivität bestimmter Ionen wurden ionensensitive Membranelektroden entwickelt. Die Membran (Glas, Festkörper, flüssig) ist ein selektiv aktives und ionentransportbeeinflussendes Element.
Die fluoridsensitive Elektrode hat eine Festkörpermembran mit Lanthanfluorid (LaF_3). Das sich an der Phasengrenze zwischen Membran und Elektrolyt einstellende Potential wird zur Ermittlung der Ionenkoaktivität benutzt. Zwischen Potential und Aktivität des Fluorids besteht eine logarithmische Abhängigkeit nach der Nernstschen Gleichung.

Um durch Messung der Aktivität die Konzentration an Fluoridionen zu erhalten, müssen spezielle Meßbedingungen eingesetzt werden. Hierzu gehören die Festlegung der Ionenstärke durch Zugabe einer Fremdelektrolytlösung hoher Ionenstärke und die Eliminierung von Störeinflüssen durch OH- und H-Ionen, sowie durch Verbindungen, die mit Fluorid Komplexe bilden [6].

Geräte:
Fluoridelektrode, z. B. Modell 94-09 A der Fa. Orion Research;
Bezugselektrode, z. B. Modell 90-01 der Fa. Orion Research; Füllung s. Arbeitsvorschrift;
Digital pH/mV-Meter, z. B. Modell 701 A der Fa. Orion Research;
Magnetrührer, z. B. Fa. Orion Research;
Meßkolben und Bechergläser (100 ml) aus Kunststoff;
Reagenzien:
Kaliumhydroxid, KOH p. a.
Eisessig, CH_3COOH p. a. ($D = 1,06$ g/ml)

Titriplex IV. Cyclohexylen-(1,2)-dinitrilotetraessigsäure (Monohydrat), $C_{14}H_{22}N_2O_8 \cdot H_2O$ p. a.

Fluorid-Stammlösung und -Standardlösung. Siehe Abschn. 8.14.1.

Aktivitätseichlösung. 315 g KOH werden in 500 ml destilliertem Wasser gelöst. Unter Kühlung und Rühren versetzt man die Lösung mit 360 ml Eisessig und 12 g Titriplex, dann wird in einem Meßkolben mit destilliertem Wasser auf 1 l aufgefüllt.

Arbeitsvorschrift

Unter Verwendung der Fluoridstammlösung (10 ml = 1 mg F^-) und der Fluoridstandardlösung (10 ml = 10 µg F^-) (s. Abschn. 8.14.1) wird eine Eichreihe mit 10, 30, 50, 100, 500, 1000 und 5000 µg/l F^- hergestellt. Man setzt sie in 100-ml-Meßkolben an und vermischt zur Messung jeweils 40 ml der Eichlösungen in einem Kunststoffbecher mit 8 ml Aktivitätseichlösung (Verhältnis 5:1 muß bei jeglichem Mischungsvolumen eingehalten werden). 40 ml werden deshalb genommen, um aus der 100-ml-Eichlösung eine Doppelbestimmung vornehmen zu können. Der pH-Wert der Lösungen liegt dann zwischen 5,0 und 5,5. In die auf 20 °C temperierte Lösung werden die Fluoridelektrode und die gemäß Firmenbeschreibung jeweils neu gefüllte Bezugselektrode eingehängt. Bei der Bezugselektrode Modell 90-01 der Fa. Orion füllt man im Hinblick auf die Ionenstärke mit KCl (4 mol/l), die zuvor durch tropfenweise Zugabe verd. AgNO₃-Lösung bis zum Ausfallen weißen Silberchlorids gesättigt wurde. Unter möglichst schwachem Rühren wartet man die Einstellung eines konstanten Meßpotentials ab. Diese Einstellzeit verlängert sich mit abnehmender Fluoridkonzentration. (Bei sehr geringen Fluoridkonzentrationen muß eine Potentialdrift in Kauf genommen werden). Im allgemeinen erhält man nach einer Wartezeit von 15 min gut reproduzierbare Werte.

Die ermittelten Potentialdifferenzen werden auf halblogarithmischem Papier gegen die Konzentration aufgetragen (mV-Werte auf der Ordinate, Konzentrationen logarithmisch auf der Abszisse), Abb. 8.15.

Von dem Untersuchungswasser werden ebenfalls 40 ml + 8 ml Aktivitätseichlösung oder 50 + 10 ml verwendet; dann wird die Messung wie vorstehend beschrieben vorgenommen. Der Fluoridgehalt kann direkt aus der Eichfunktion entnommen werden. Es empfiehlt sich, wegen möglichen Veränderungen der Elektrodenmembran bei den Fluoridbestimmungen jeweils eine Eichreihe mit anzusetzen. Die erste Messung erfolgt mit destilliertem Wasser, um den Blindwert zu ermitteln.

Störungen

Kationen sowie die meisten Anionen stören nicht; Störungen durch OH- und H-Ionen sowie durch Komplexbildner sind bereits durch Zugabe der Aktivitätseichlösung ausgeschaltet. Bei Wässern mit größerem Gehalt an Störsubstanzen ist es vorteilhaft, mit Eichzusätzen zu arbeiten [7].

Elektrodenaufbewahrung

Liegen zwischen den F⁻-Bestimmungen nur kurze Zeiträume, so wird die F⁻-Elektrode in mit Aktivitätseichlösung vermischter F⁻-Standardlösung aufbewahrt, um eine schnelle Einsatzbereitschaft zu gewährleisten. Für längere Zeiträume ist die Elektrode trocken aufzubewahren und vor Benutzung einige Stunden in F⁻-Standardlösung + Aktivitätseichlösung einzuhängen.

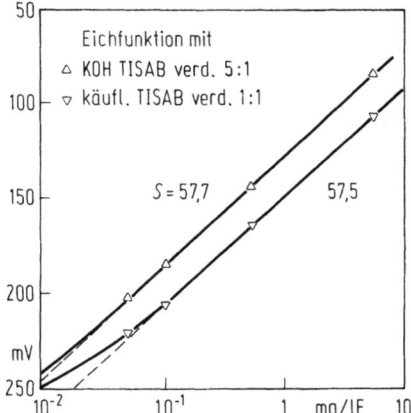

Abb. 8.15. Fluorideichfunktion

8.14.3 Beurteilung und Grenzwerte

Fluorid ist in der Natur weitverbreitet; es tritt aber nicht elementar sondern in Form seiner Verbindungen auf (z. B. Flußspat). Praktisch ist Fluorid in allen Wässern zu finden, wenn auch die Konzentrationen sehr unterschiedlich sind. Im Meerwasser ist über 1 mg/l Fluorid vorhanden, in Flüssen und Seen etwa 0,05 bis 0,5 mg/l; auch in Grundwässern sind Werte über 0,5 mg/l verhältnismäßig selten. Die Mehrzahl der Trinkwässer in der Bundesrepublik Deutschland enthält weniger als 0,25 mg/l Fluorid. In Tiefenwässern und insbesondere in Quellen aus hydrothermalen Lagerstätten können beträchtlich höhere Fluoridgehalte angetroffen werden (z. B. in Geysiren über 20 mg/l, in anderen Thermalquellen über 1 mg bis 10 mg/l). pH-Wert, Temperatur, Löslichkeitsverhältnisse und Lösungsbeeinflussungen sind neben den geologischen Voraussetzungen maßgebende Faktoren für das Fluoridvorkommen im Wasser [8].

Akute und chronische Fluoridvergiftungen kommen bei den üblichen Fluoridkonzentrationen im Trinkwasser nicht in Betracht. Die Fluoridaufnahme durch Wasser hat eine zweifache Bedeutung. Trinkwasser- und Zahnanalysen bei Kindern und Jugendlichen haben erwiesen, daß bei niedrigem Fluoridgehalt (z. B. unter 0,5 mg/l) ein gehäuftes Kariesvorkommen auftritt bzw. daß fluoridarme Zähne besonders kariesanfällig sind; bei ausreichender, aber nicht zu hoher Fluoridaufnahme findet während der Anlage und des Wachstums der Zähne des Milchgebisses sowie der bleibenden Zähne ein Einbau des Fluorids im Zahnschmelz statt, wodurch seine Widerstandsfähigkeit erhöht und die Kariesanfälligkeit herabgesetzt wird. Fluorid wirkt auch auf die Bakterien im Zahnbelag und vermindert deren Säureproduktion; demgegenüber ist in Gebieten mit erhöhtem Fluoridgehalt im Trinkwasser (z. B. über 1,5 mg/l) gelegentlich das Auftreten von weiß bis gelblich-braun gesprenkelten Zähnen während der Schmelzbildung (sog. mottled teeth) möglich.

Die verhältnismäßig geringe Fluoridkonzentrationsspanne zwischen gesundheitlichem Nutzen und einer beginnenden Schädigung, die teilweise allerdings nur als „kosmetische" Erscheinung gewertet wird, hat zu Berechnungen über die Fluoridaufnahme und Vorschlägen zur optimalen Versorgung geführt. Der menschliche Organismus enthält ca. 2,6 g Fluorid. Da die Fluoridaufnahme durch die Nahrung mit ca. 0,3 bis 0,4 mg/d verhältnismäßig gering ist, hat die Zufuhr mit dem Trinkwasser ihre besondere Bedeutung. Die wünschenswerte und kariesprophylaktische tägliche Aufnahme wird für den Menschen mit 1,5 bis 2,5 mg/d angegeben. Bei einem Trinkwasserkonsum von ca. 2 l täglich wäre demnach der Gehalt von 1 mg/l Fluorid optimal [9, 10].

Unter diesen Gegebenheiten wird seit langem über eine Trinkwasserfluoridierung zur Kariesprophylaxe diskutiert, die auch in verschiedenen Staaten seit Jahren versuchsweise oder dauernd Anwendung findet (z. B. USA, DDR, Niederlande). Ihr Erfolg wird mit einem durchschnittlichen Kariesrückgang von mehr als 50 % bei den werdenden Zähnen der Jugendlichen beziffert [11].

In der Bundesrepublik Deutschland wird aus verschiedenen Gründen eine Trinkwasserfluoridierung abgelehnt. An erster Stelle steht der allgemeingültige Grundsatz, daß Zusätze zum Trinkwasser soweit als irgend möglich unterbleiben müssen und daß Trinkwasser nicht zu einer Massenmedikation benutzt werden sollte. In der Zugabe von Mitteln zur Bekämpfung von Krankheiten oder gegen Mangelerscheinungen wird auch ein Eingriff in die persönliche Freiheit des Einzelnen gesehen; ferner ist die unkontrollierbare Aufnahme von Zusatzstoffen durch den Verbraucher zu berücksichtigen. Letztlich würde nach überschlägigen Berechnungen nur etwa 1 % des gesamten fluoridierten Trinkwassers die Zielgruppe der Kinder erreichen, während 99 % des Fluorids mit den Abwässern in die Vorfluter gelangen können. Daher wird zur Kariesbekämpfung eine konsequent und gezielt durchgeführte Tablettenprophylaxe bei Kindern bis zum vollständigen Durchbruch des bleibenden Gebisses empfohlen, die nach vorliegenden Berichten zu einer Kariesreduktion von 50 bis 70 % führen kann [12-15].

Die WHO-Guidelines empfehlen einen Richtwert von 1,5 mg/l Fluorid, der nach den klimatischen Gegebenheiten mit entsprechend höherem Trinkwasserkonsum variierbar sein kann. Die EG-Trinkwasserrichtlinie umreißt solche klimatischen Verhältnisse näher und gibt für die Durchschnittstemperatur geographische Bereiche von 8 bis 12 °C als Höchstwert 1,5 mg/l und für Bereiche mit 25 bis 30 °C als Höchstwert 0,7 mg/l Fluorid an. Die Trinkwasser-VO nennt als Grenzwert 1,5 mg/l Fluorid.

Nach der Mineral- und Tafelwasser-VO müssen natürliche Mineralwässer, die mehr als 1,5 mg/l Fluorid enthalten, mit der Angabe „fluoridhaltig" gekennzeichnet werden. Wenn bei einem natürlichen Mineralwasser auf den Fluoridgehalt im Verkehr oder in der Werbung besonders hingewiesen werden soll, kann bei mehr als 1 mg/l Fluorid die Angabe „fluoridhaltig" verwendet werden. Natürliche Mineralwässer mit mehr als 5 mg/l Fluorid müssen auf der Fertigpackung einen Warnhinweis haben, daß das Mineralwasser wegen des erhöhten Fluoridgehalts nur in begrenzten Mengen verzehrt werden darf. Bei dem Hinweis „Geeignet für die Zubereitung von Säuglingsnahrung" darf das natürliche Mineralwasser nicht mehr als 1,5 mg/l Fluorid besitzen. Für Quell- und Tafelwasser gilt als Grenzwert 1,5 mg/l Fluorid analog der Trinkwasser-VO.

Insgesamt ist festzustellen, daß die Fluoridermittlung im Trinkwasser, ganz besonders aber im Mineralwasser, zu den wichtigsten analytischen Bestimmungen gehört.

8.14.4 Literatur

1 Bellack, E.; Schouboe, P.J.: Rapid photometric determination of fluoride in Water. Anal. Chem. 30 (1958) 2032–2034
2 Quentin, K.-E.: Die colorimetrische Fluorbestimmung im Wasser. Vom Wasser 29, (1962) 98–118
3 Belcher, R.; Leonard, M.A.; West, T.S.: New spot test for the detection of fluoride ion. Talanta 2, (1959) 92
Leonard, M.A., West, T.S.: Chelating reactions of 1,2-dihydroxyanthraquinon-3-methylamine-N,N-diacetic acid with metal cations in aqueous media. J. Chem. Soc. (1960) 447–485
4 Quentin, K.-E.; Rosopulo, A.: Photometrische Fluoridbestimmung im Wasser mit Lanthan-Alizarinkomplexan nach Wasserdampf-Säuredestillation. Z. Anal. Chem. 241 (1968) 241–250
5 Weil, D.; Quentin, K.-E.: Praxisnahe Fluoridbestimmung mit ionensensitiver Elektrode im Wasser. Z. Wasser Abwasser Forsch. 11 (1978) 133–140
6 DIN 38 405 Teil 4: Deutsche Einheitsverfahren zur Wasser-, Abwasser- und Schlamm-Untersuchung, (Gruppe D, Anionen) Bestimmung von Fluorid (Juli 1985). Berlin: Beuth
7 Liberti, A.; Mascini, M.: Anion determination with ion selective elektrodes using Grans plot. Application to fluoride. Anal. Chem. 41 (1969) 676–679
8 Quentin, K.-E.: Der Fluorgehalt bayerischer Wässer. I. und II. Mitt. Gesund. Ing. 78 (1957) 329–333 und 84 (1963) 176–179
9 Bäßler, K.-H.; Fekl, W.; Lang, K.: Grundbegriffe der Ernährungslehre. Berlin: Springer 1979
10 Rosival, L.; Engst, R.; Szokolay, A.: Fremd- und Zusatzstoffe in Lebensmitteln. Leipzig: VEB Fachbuchverlag 1978
11 Naujoks, R.: Fluoridierungsmaßnahmen – Gegenüberstellung der verschiedenen Methoden aus der Sicht des Zahnarztes. Symposium Trinkwasserfluoridierung, Berlin 1984
12 Ohnesorge, F.K.: Grundlagen und Problematik in der Festsetzung von Grenzwerten für Trinkwasser-Inhaltsstoffe aus toxikologischer Sicht. Gas Wasserfach, Wasser Abwasser 121 (1980) 512–522
13 DVGW Schriftenreihe Wasser Nr. 8, Dokumentation zur Frage der Trinkwasser-Fluoridierung. Frankfurt: ZfGW-Verlag 1975
14 Eberle, G.; Wolter, R.: Fluoridkarte der Bundesrepublik Deutschland. WIdO-Materialien, Bd. 25. Bonn: Wissenschaftliches Institut der Ortskrankenkassen 1985
15 Stellungnahme des Bundesgesundheitsamtes zur Trinkwasserfluoridierung. Bundesgesundheitsblatt 28 (1985) 189–190

8.15 Bestimmung von Nitrat

Nitrat gehört seit jeher zu den problematischen Bestandteilen eines Trinkwassers. Einerseits kann es als Indikator für Verunreinigungen des Untergrunds herangezogen werden, wenn das Nitrat als Endprodukt des oxidativen Abbaus organischer Stickstoffverbindungen vorliegt. Andererseits kommen erhöhte Nitratwerte in letzter Zeit vermehrt in Grundwässern durch die Düngung in Gebieten mit intensiver Landwirtschaft vor. Da Wässer mit höheren Nitratkonzentrationen als gesundheitsgefährdend angesehen werden und Grenzwerte festgelegt sind, ist die Nitratbestimmung im Rahmen einer Trinkwasseranalyse unerläßlich.

In der Literatur wird eine Reihe von Verfahren zur Bestimmung von Nitrat im Wasser beschrieben. Die photometrischen Methoden benutzen die Farbe der Nitrophenole, die bei der Nitrierung phenolischer Verbindungen durch Nitrat entstehen oder eine Nitrit- bzw. Ammoniumbestimmung nach entsprechender Reduktion des Nitrats. Die Nitratbestimmung mit ionensensitiver Elektrode wird ebenfalls empfohlen. Da Nitrat im UV-Bereich absorbiert, kann auch diese direkte Meßmethode angewandt werden.
Bei der Untersuchung von Trinkwasser haben sich vor allem drei Verfahren bewährt, die nachstehend als eine Auswahl aus der Vielfalt vorgeschlagener Methoden beschrieben werden [1-5].

8.15.1 Photometrische Bestimmung durch UV-Absorption

(Untere Bestimmungsgrenze: 400 µg/l NO_3^-; 1-cm-Quarzküvetten)

Die Methode beruht auf der Anregung von π-Elektronen der N=O-Bindung. Beim Nitration bewirkt die Absorption der Meßstrahlung im kurzwelligen UV-Bereich

($\lambda \sim 206$ nm) in Analogie zu organischen Nitroverbindungen einen $\pi \rightarrow \pi^*$-Übergang, d. h. Elektronen aus einem bindenden Molekülorbital mit π-Charakter werden zum Übergang in ein antibindendes Molekülorbital (π^*-Orbital) angeregt.
Das Maximum der Absorptionskurve liegt bei 206 nm.
Die Bestimmung wird durch Wasserinhaltsstoffe gestört, die ebenfalls in diesem Spektralbereich absorbieren und folglich höhere Nitratwerte vortäuschen (z. B. Chlorid, s. Störungen). Der Störeinfluß kann durch Messen einer Wellenlänge > 206 nm verringert werden. Da aber mit zunehmender Entfernung vom Absorptionsmaximum auch die Empfindlichkeit der Bestimmungsmethode abnimmt, finden sich in der Literatur unterschiedliche Empfehlungen für die Wellenlänge (204 bis 230 nm). Im Hinblick auf die bei Trinkwässern zu erwartenden Konzentrationen an Störstoffen hat sich eine Arbeitswellenlänge von 210 nm als praktikabel erwiesen [6].

Geräte:
UV-Photometer mit 1-cm- bzw. 5-cm-Quarzküvetten;

Reagenzien:
Säuremischung. 5 g Amidosulfonsäure, H_2NSO_3H p. a. werden in 500 ml Schwefelsäure, H_2SO_4 1 mol/l gelöst. Diese Lösung ist mindestens zwei Monate haltbar.
Nitrat-Stammlösung. 162,9 mg wasserfreies bei 110 °C getrocknetes Kaliumnitrat, KNO_3 p. a. werden in destilliertem Wasser gelöst; diese Lösung wird im 1-l-Meßkolben mit destilliertem Wasser aufgefüllt (100 mg/l NO_3^-).

Probenahme

Zur Probenahme können Glas- und Polyolefinflaschen verwendet werden. Grundsätzlich soll die Nitratbestimmung so rasch als möglich nach der Probenahme erfolgen, da sonst u. U. mikrobielle Stoffwechselvorgänge im Zusammenhang mit Ammonium und Nitrit zu Änderungen in der Zusammensetzung der Stickstoffverbindungen und damit auch zu einer Verfälschung des Nitratgehalts führen können (s. Abschn. 8.5). Nach den vorliegenden Untersuchungen ändert sich zwar die Nitratkonzentration selbst nicht, kann jedoch durch Ammonium- bzw. Nitritoxidation in Einzelfällen erhöht werden.

Arbeitsvorschrift

50 ml des klaren, gegebenenfalls filtrierten Untersuchungswassers werden mit 3 Tropfen der Säuremischung versetzt und bei 210 nm in der 1-cm-Quarzküvette gegen destilliertes Wasser gemessen.

Erstellen der Eichgeraden

Von der Nitratstammlösung werden 20 ml mit destilliertem Wasser im 200-ml-Meßkolben aufgefüllt (10 mg/l NO_3^-). Durch Verdünnen von 2, 5, 10, 20, 30 und 40 ml dieser Lösung auf jeweils 50 ml mit destilliertem Wasser und Versetzen mit jeweils 3 Tropfen der Säuremischung werden Eichlösungen mit 0,4; 1; 2; 4; 6 und 8 mg/l NO_3^- erhalten. Man mißt in 1-cm-Quarzküvetten bei 210 nm gegen den Blindwert, der durch Versetzen von 50 ml destilliertem Wasser mit 3 Tropfen der Säuremischung erhalten wird. Die Eichgerade verändert sich in der Regel nicht, sollte aber doch von Zeit zu Zeit überprüft werden.

Berechnung und Angabe der Werte

Der Nitratgehalt des Wassers kann der Eichgeraden direkt entnommen werden. Bis zu 0,5 mg/l NO_3^- werden die Ergebnisse auf zwei Stellen, bei mehr als 0,5 mg/l NO_3^- auf eine Stelle hinter dem Komma angegeben.

Störungen

Störendes Hydrogencarbonat und Nitrit wird durch die Zugabe der Säuremischung ausgeschaltet; andere anorganische Stoffe (z. B. Bromid, Iodid, Eisen und Mangan) stören erst in Konzentrationen, die üblicherweise im Trinkwasser nicht auftreten. Bei der Überprüfung der zur Messung vorwiegend empfohlenen Wellenlängen 206 bis 210 nm zeigte sich, daß 1 mg/l Fe^{2+} bzw. Mn^{2+} bei 210 nm nicht stört und daß erst bei 5 mg/l die Meßwerte beeinflußt werden. Wesentlich ist der Chloridgehalt des Wassers; bei Chloridkonzentrationen bis zu 300 mg/l treten keine Störungen auf, bei höheren Konzentrationen wird ein Nitratmehrwert vorgetäuscht. Eine Störung durch organische Substanzen, die im UV-Bereich absorbieren, läßt sich durch Filtration der alkalischen Probelösung über ein mehrschichtiges Aktivkohlefilter beseitigen.

8.15.2 Photometrische Bestimmung nach Reduktion zu Ammoniak

(Untere Bestimmungsgrenze: 25 µg/l NO_3^-; 200 ml Probevolumen; 5-cm-Küvetten)

Da es für Ammoniak und Nitrit [7] bewährte photometrische Verfahren gibt, basieren zahlreiche Methoden auf der Reduktion des Nitrats zu diesen Verbindungen. Allgemein ist bei den Verfahren zu unterscheiden zwischen einer vollständigen Reduktion des Nitrats zu Ammoniak und einer teilweisen Reduktion zu Nitrit. Als Reduktionsmittel werden verschiedene Metalle verwendet; entweder werden sie in das Untersuchungswasser eingebracht oder befinden sich in einem Reaktor (Reduktionsrohr), der im Durchlauf mit dem Untersuchungswasser beschickt wird.

Bewährt hat sich als altbekanntes Verfahren die vollständige Nitratreduktion in alkalischem Milieu zu Ammoniak mittels einer Legierung nach Devarda (50 % Cu, 45 % Al, 5 % Zn).

Das Ammoniak wird durch Destillation abgetrennt und dann photometrisch bestimmt. Durch Einengen des Untersuchungswassers unter Zugabe von Natronlauge wird evtl. vorhandenes Ammonium vor der Nitratreduktion entfernt. Nitrit wird mit dem Nitrat zusammen reduziert. Aus dem Ergebnis der in der Trinkwasseruntersuchung stets notwendigen Nitritbestimmung läßt sich ersehen, ob die meist nur in Spuren vorhandenen Mengen unberücksichtigt bleiben können oder ob sie nach entsprechender Umrechnung vor der Nitratberechnung vom Ammoniumwert abzuziehen sind.

Geräte:
Photometer;
Destillationsapparatur (s. Abb. 8.1)
Reagenzien:
Legierung nach Devarda, Pulver p.a.

Natronlauge. 300 g Natriumhydroxid-Plätzchen, NaOH p.a. werden in 700 ml destilliertem Wasser gelöst.
Salzsäure, HCl, 0,1 mol/l.
Reagenzien zur Ammoniumbestimmung. Siehe Abschn. 8.5.1.

Arbeitsvorschrift

Bis zu 200 ml Untersuchungswasser werden in einem Becherglas mit 10 ml Natronlauge versetzt und etwa auf die Hälfte eingeengt. Nach dem Abkühlen überführt man die Lösung in die Destillationsapparatur, gibt ca. 1 g Legierung nach Devarda zu, verschließt rasch und destilliert ca. 70 ml in die mit 10 ml Salzsäure (0,1 mol/l) beschickte Vorlage.

Das Destillat wird in einen 100-ml-Meßkolben überführt und mit destilliertem Wasser aufgefüllt. Die Weiterbehandlung erfolgt wie unter Ammonium (s. Abschn. 8.5) beschrieben.

Berechnung und Angabe der Werte

Der Nitratgehalt errechnet sich aus dem Ammoniumgehalt durch Multiplikation mit dem Faktor 3,438. Konzentrationsschritte und Menge des Untersuchungswassers sind entsprechend zu berücksichtigen. Die Angabe der Werte erfolgt wie unter Abschn. 8.15.1 beschrieben.

Störungen

Bei der Bestimmung wird auch Nitrit erfaßt, das in der Regel unberücksichtigt bleiben kann.

8.15.3 Photometrische Bestimmung mit 4-Fluorphenol

(Untere Bestimmungsgrenze: 0,5 mg/l NO_3^-; 5-cm-Küvetten)

Die Methode beruht auf der Nitrierung von 4-Fluorphenol in schwefelsaurer Lösung. Das 2-Nitro-4-fluorphenol wird mit Wasserdampf destilliert und in Natronlauge aufgefangen. Aus der Intensität der auftretenden Gelbfärbung, die photometrisch bei 430 nm

8 Gelöste Mineralstoffe

gemessen werden kann, läßt sich der Nitratgehalt bestimmen [1, 3]:

[Reaktionsschema: 4-Fluorphenol + NO₃⁻, H⁺ → 2-Nitro-4-fluorphenol]

Dieses Verfahren ist verhältnismäßig aufwendig und wird daher vor allem bei Anwesenheit höherer Chloridkonzentrationen anzuwenden sein. Die Chloridionen werden durch Zusatz von Zinn(IV)ionen als $(SnCl_6)^{2-}$-Komplex gebunden. Bei dem nachstehend beschriebenen Verfahren treten bis zu 7 g/l Chlorid keine Beeinträchtigungen auf. Störende Nitritionen werden durch zugesetzte Amidosulfonsäure-Salzmischung zu Stickstoff reduziert.

Geräte:
Photometer;
Küvetten, Schichtdicke 1 und 5 cm;
Apparatur zur Wasserdampfdestillation;

Reagenzien:
Verd. Schwefelsäure (D = 1,74 g/ml). 750 ml Schwefelsäure, H_2SO_4 p.a. (D = 1,84 g/ml) werden unter Kühlung mit 250 ml destilliertem Wasser gemischt.

Zinn(IV)-sulfat-Schwefelsäurelösung. 300 ml Schwefelsäure, H_2SO_4 p.a. (D = 1,84 g/ml) werden mit 70 ml destilliertem Wasser vermischt. Der abgekühlten Mischung werden 60 g Zinn(II)-sulfat, $SnSO_4$ p.a. und 30 ml Perhydrol, H_2O_2 p.a. (D = 1,11 g/ml) zugesetzt. Überschüssiges Perhydrol wird durch Erhitzen nahe dem Siedepunkt der Lösung zerstört. 50 ml dieser Lösung werden mit 950 ml Schwefelsäure (D = 1,74 g/ml) vermischt.

Amidosulfonsäure-Salzmischung. 46 g Natriumsulfat, Na_2SO_4 wasserfrei p.a. werden mit 1,5 g Natriumchlorid, NaCl krist. p.a. und 2,5 g Amidosulfonsäure, H_2NSO_3H p.a. vermischt und unter Feuchtigkeitsausschluß aufbewahrt.

4-Fluorphenollösung. 11,2 g 4-Fluorphenol, C_6H_5FO p.a. werden im 100-ml-Meßkolben in 1,4-Dioxan, $C_4H_8O_2$ p.a. (D = 1,03 g/ml) gelöst und die Lösung mit 1,4-Dioxan aufgefüllt. 4-Fluorphenol muß im Kühlschrank aufbewahrt werden. Es ist auch bei dieser Lagerung nur begrenzt haltbar.

Natriumsulfit-Natronlaugelösung. 160 g Natriumhydroxid-Plätzchen, NaOH p.a. werden in 500 ml destilliertem Wasser gelöst. Ebenso werden 40 g Natriumsulfit wasserfrei, Na_2SO_3 p.a. (um oxidative Störeinflüsse zu vermeiden) in 250 ml destilliertem Wasser gelöst. Beide Lösungen zusammen werden in einem 1-l-Meßkolben mit destilliertem Wasser aufgefüllt und in einer Polyolefinflasche aufbewahrt.

Nitratstammlösung (s. auch unter Abschn. 8.15.1). 162,9 mg Kaliumnitrat, KNO_3 p.a. (1 h bei 110 °C getrocknet) werden in destilliertem Wasser gelöst und die Lösung in 1-l-Meßkolben mit destilliertem Wasser aufgefüllt (100 mg/l NO_3^-).

Arbeitsvorschrift

10 ml Untersuchungswasser, 1 ml Schwefelsäure (D = 1,74 g/ml) und 1 g Amidosulfonsäure-Salzmischung werden in einem 100-ml-Erlenmeyerkolben gemischt und 15 min im Wasserbad bei 70 bis 80 °C erwärmt. Anschließend werden 40 ml Zinn(IV)-sulfat-Schwefelsäurelösung zugemischt; die Lösung wird auf Leitungswassertemperatur abgekühlt. Nun werden 2 ml 4-Fluorphenollösung zugegeben und die Lösung nach dem Mischen 1 h stehengelassen. Anschließend wird die Lösung einer Wasserdampfdestillation unterworfen; das Destillat wird in einem 100-ml-Meßkolben, der mit 20 ml Natriumsulfit-Natronlaugelösung beschickt ist, aufgefangen. Das Ablaufrohr des Kühlers muß in die Lösung eintauchen. Die Destillation ist beendet, wenn die 100-ml-Marke fast erreicht ist. Der Kolben wird mit destilliertem Wasser aufgefüllt. Bei 430 nm wird das spektrale Absorptionsmaß gegen destilliertes Wasser gemessen. Bei Konzentrationen von 0,3 bis 1,0 mg/l NO_3^- verwendet man 5-cm-Küvetten, bei höheren Konzentrationen 1-cm-Küvetten. In gleicher Weise wird ein Blindwert erstellt und vom Meßwert abgezogen.

Erstellen der Eichgeraden

Die Eichgerade wird für die Nitratkonzentrationen in 10 ml erstellt. Für den Konzentrationsbereich von 1 bis 8 mg/l NO_3^- stellt man sich eine Nitratstandardlösung I her. 20 ml der Nitratstammlösung werden mit destilliertem Wasser in einem 200-ml-Meßkolben aufgefüllt (10 mg/l). Durch Verdünnen von 1, 2, 4, 6, 8 ml dieser Lösung auf jeweils

10 ml mit destilliertem Wasser werden Eichlösungen erhalten, die gemäß der Arbeitsvorschrift weiterbehandelt werden. Das spektrale Absorptionsmaß wird bei 430 nm in 1-cm-Küvetten gemessen. Für den Konzentrationsbereich bis 1 mg/l NO_3^- stellt man eine Nitratstandardlösung II her. 2 ml der Nitratstammlösung werden mit destilliertem Wasser in einem 200-ml-Meßkolben aufgefüllt (1 mg/l). Durch Verdünnen von 5, 6, 7, 8, 9 und 10 ml dieser Lösung auf jeweils 10 ml mit destilliertem Wasser werden Eichlösungen erhalten, die gemäß der Arbeitsvorschrift weiterbehandelt werden. Das spektrale Absorptionsmaß wird bei 430 nm in 5-cm-Küvetten gemessen. Die Eichgeraden müssen von Zeit zu Zeit überprüft werden.

Berechnung und Angabe der Werte

Der Nitratgehalt kann der Eichgeraden direkt entnommen werden. Bis 0,5 mg/l NO_3^- werden die Ergebnisse auf zwei Stellen, bei mehr als 0,5 mg/l NO_3^- auf eine Stelle hinter dem Komma angegeben. Zur Stickstoffbilanzierung läßt sich wie folgt umrechnen:

1 mg NO_3^- = 0,226 mg N,
1 mg N = 4,427 mg NO_3^-.

Störungen

Nitrit- und Chloridstörungen sind bei diesem Verfahren bereits berücksichtigt. Andere in Trinkwässern üblicherweise vorkommende Inhaltsstoffe stören nach Art und Menge nicht.

8.15.4 Sonstige Verfahren

Verschiedentlich wird die Nitratbestimmung auch mit 2,6-Dimethylphenol (2,6-Xylenol) empfohlen; bei der Nitrierung entsteht 4-Nitro-2,6-dimethylphenol, das bei 324 nm photometrisch gemessen werden kann [1, 2]. Nitrat läßt sich auch mit Natriumsalicylat in konz. Schwefelsäure bestimmen [4, 5]. Die Nitrierung führt zum 3- bzw. 5-Nitroderivat. Das Gemisch dieser Verbindung wird in alkalischer Lösung photometrisch bestimmt. In der Literatur werden unterschiedliche Wellenlängen (415 bzw. 410 nm) angegeben. Ein weiteres Bestimmungsverfahren ergibt sich aus der gezielten Reduktion des Nitrats zu Nitrit mit Hilfe von Cadmiumamalgam (Jones-Reduktor); dieses Verfahren eignet sich ebenfalls bei hohen Chloridkonzentrationen [5].

8.15.5 Beurteilung und Grenzwerte

Nitratarme Wässer besitzen in der Regel weniger als 10 mg/l NO_3^-. Erhöhte Konzentrationen im Grundwasser, insbesondere in größerer Tiefe, sind nur in Ausnahmefällen hydrogeologisch bedingt. Sie entstammen vielmehr dem Stickstoffvorrat der oberen Bodenhorizonte. Der Stickstoff liegt hier vorrangig in organischen Verbindungen vor; aber auch Ammonium und Nitrat selbst bilden einen Teil des Bodenstickstoffs. Infolge der Lebensvorgänge im Boden unterliegt der Stickstoff einer ständigen Metabolisierung; Nitratstickstoff wird in organische Materie eingebaut, und umgekehrt wird Eiweißstickstoff zu Nitrat umgewandelt. Das mobile Nitrat wird unter Umständen rasch mit dem Sickerwasser in den Grundwasserleiter transportiert. Auch dort kann es stoffliche Veränderungen erfahren.

Wege und Verbleib des Stickstoffs im Boden entziehen sich ebenso wie die Stickstoffdynamik einer exakten Beschreibung. Die Nitratauswaschung in das Grundwasser ist von verschiedenen Faktoren abhängig, wie z. B. landwirtschaftliche Nutzung und Düngung im Grundwassereinzugsgebiet, Bodentypus, klimatische Verhältnisse.

Ursachen für hohe Nitratgehalte im Grundwasser sind Störungen einer ausgeglichenen Stickstoffdynamik im Boden durch Bevorzugung des Nitrifikationsprozesses, eine unzureichende Aufnahme des im Boden vorhandenen oder gebildeten Nitrats durch die Pflanzen, aber auch ein zu hoher Stickstoff- bzw. Nitrateintrag in den Boden.

Lokal bedingt kann ein erhöhter Gehalt an Nitrat in Verbindung mit dem Vorkommen von Ammonium und Nitrit sowie mit bakteriologischen Befunden auch auf einer anthropogenen Wasserverschmutzung beruhen und diese anzeigen.

Nitratgehalte über 200 mg/l sind als extrem hoch zu bezeichnen; vereinzelt wurden aber auch noch höhere Werte gefunden (z. B. bis zu 500 mg/l in flachgefaßten Quellen in Weinbaugebieten). Nach einer Statistik von 1978 für 8000 Unternehmen der öffentlichen Wasserversorgung in der Bundesrepublik Deutschland betrug der Nitratgehalt bei ca. 18 % der Trinkwässer mehr als 25 mg/l, bei ca. 3 % mehr als 50 mg/l und bei ca. 0,3 % mehr als 90 mg/l.

Nitrat selbst ist auch in höheren Konzentrationen, die gelegentlich im Trinkwasser vorkommen können, nicht toxisch; es wird im oberen Darmabschnitt schnell resorbiert und über die Niere ausgeschieden. Die Gefahr bei der Zufuhr erhöhter Nitratmengen wird in der mikrobiologischen Reduktion zu Nitrit im Organismus gesehen. Bei Säuglingen kann Nitrit durch Resorption im oberen Darmabschnitt in die Blutbahn gelangen und eine Methämoglobinämie hervorrufen. Das beim Neugeborenen noch zu etwa 80 % vorhandene fetale Hämoglobin F wird in Gegenwart von Nitrit sehr rasch zu Methämoglobin oxidiert, das dann nicht mehr in der Lage ist, den zur Atmung notwendigen Sauerstoff zu transportieren; es kommt zur inneren Erstickung (Blausucht, Cyanose). Beim Erwachsenen besteht diese Gefahr kaum; das fetale Hämoglobin ist innerhalb der ersten 16 Lebenswochen durch Hämoglobin A ersetzt worden, das nur langsam in Gegenwart von Nitrit oxidiert wird [8].

Die Bedenken gegen eine erhöhte Nitratzufuhr bei Erwachsenen beruhen in erster Linie auf der möglichen Bildung von N-Nitrosoverbindungen. Sie entstehen in Gegenwart von Nitrit, das sich durch Nitratreduktion vor allem im Speichel bildet, im sauren Milieu aus Aminen und Amiden, die auch Bestandteile der Nahrung oder bestimmter Medikamente sein können. Dieser Verbindungstyp, insbesondere die Nitrosamine, besitzen im Tierversuch nachgewiesene cancerogene, teratogene und mutagene Wirkungen [9].

Obwohl die Auswirkungen erhöhter Nitratzufuhr beim Menschen noch nicht eindeutig nachgewiesen worden sind und auch über die bisherigen Methämoglobinämie-Fälle im Zusammenhang mit dem Nitrat nicht die erwünschte Klarheit besteht, ist man in allen Staaten bestrebt, die Precursoren Nitrat und Nitrit im Trinkwasser vorsorglich zu begrenzen [10–14].

Der bisher laut Trinkwasser-VO gültige Grenzwert von 90 mg/l wurde mit der Transformierung der EG-Trinkwasserrichtlinie in deutsches Recht auf 50 mg/l herabgesetzt; Werte von 40 bis 50 mg/l sind fast in allen Grenzwerttabellen derjenigen Staaten enthalten, die Trinkwasservorschriften erlassen haben. Verschiedentlich findet sich in derartigen Vorschriften die Grenzwertangabe „10 mg/l Nitrat (N)". Diese Angabe bezieht sich dann auf Stickstoff (N) und entspricht nach Umrechnung auf Nitrat (NO_3^-) einer Konzentration von 44 mg/l. Als Richtwert gibt die EG-Richtlinie 25 mg/l Nitrat an.

Wegen der Schwierigkeiten, die verschiedentlich bei der Einhaltung des Grenzwerts von 50 mg/l auftreten, hat sich die Trinkwasserkommission beim Bundesgesundheitsamt für befristete Ausnahmegenehmigungen bis zu 90 mg/l ausgesprochen. In solchen Fällen müssen die Verbraucher informiert und Sanierungsmaßnahmen vorgesehen werden. Außerdem ist zur Zubereitung von Säuglingsnahrung nur Trinkwasser unter 50 mg/l Nitrat zu verwenden.

Die Mineralwasser-VO hat zur praktischen Quantifizierung des in der Werbung verwendeten Begriffes „geeignet für die Zubereitung von Säuglingsnahrung" u. a. einen Grenzwert von 10 mg/l NO_3^- für abgepacktes Wasser festgesetzt, ohne daß damit die gesundheitliche Eignung eines Trinkwassers mit höherem Nitratgehalt bis zu 50 mg/l in Frage gestellt wird.

8.15.6 Literatur

1 DIN 38 405 Teil 9: Deutsche Einheitsverfahren zur Wasser-, Abwasser- und Schlamm-Untersuchung, (Gruppe D, Anionen) Bestimmung des Nitrat-Ions (Mai 1979). Berlin: Beuth
2 ISO 7890 Teil 1: Water quality-determination of nitrate — 2,6-Dimethylphenol spectrometric method (Januar 1986). Genf
3 ISO 7890 Teil 2: Water quality-determination of nitrate — 4-Fluorophenol spectrometric method after distillation (Januar 1986). Genf
4 Souci, S. W.; Quentin, K.-E.: Handbuch der

Lebensmittelchemie. Bd. VIII/1 Wasser und Luft. Berlin: Springer 1969, S. 696
5 Ausgewählte Methoden der Wasseruntersuchung. Bd. I Jena: VEB Gustav Fischer Verlag 1976
6 Rennie, P. J.; Summer, A. M.; Bascetter, F. B.: Determination of nitrate in raw, potable and waste waters by ultraviolet spectrophotometry. Analyst 104 (1979) 837-845
7 Nakashima, S. u. M.: Determination of nitrate in natural waters by flowinjection analysis. Fresenius Z. Anal. Chem. 319 (1984) 506-509
8 Rohmann, U.; Sontheimer, H.: Nitrat im Grundwasser; Ursachen, Bedeutung, Lösungswege. DVGW-Forschungsstelle am Engler-Bunte-Inst. Univ. Karlsruhe 1985
9 Selenka, F.: Nitrat — Nitrit — Nitrosamine in Gewässern. Mitt. III der Kommission für Wasserforschung in Verbindung mit der Kommission zur Prüfung von Lebensmittelzusatz- und Inhaltsstoffen. Weinheim: Verlag Chemie 1982
10 Putzien, J.: Nitrat im Trinkwasser — hygienische und aufbereitungstechnische Probleme. Acta hydrochim. et hydrobiol. 12 (1984) 577-593
11 Petri, H.: Nitrate und die Trinkwasserverordnung. In: Die Trinkwasserverordnung. Berlin: Erich Schmidt 1976
12 Biedermann, R. et al.: Nitrate in Nahrungsmitteln, eine Standortbestimmung. Dtsch. Lebensm. Rundsch. 76 (1980) 149-156 u. 198-207
13 Selenka, F.: Gesundheitliche Bedeutung des Nitrats im Trinkwasser. Zentralbl. Bakteriol. Parasitenkd. Infektionskr. Hyg. Abt. 1 Orig. Reihe B 172 (1980) 44-58
14 Nitrat im Trinkwasser, Bekanntmachung des Bundesgesundheitsamts. Bundesgesundheitsblatt 29 (1986)

8.16 Bestimmung von Nitrit

Nitrit kommt in unbelastetem Wasser kaum oder nur in äußerst geringer Konzentration vor; die Werte liegen in der Regel unter 0,01 mg/l NO_2^-, so daß dann mit den üblichen Analysenverfahren Nitrit meist nicht nachweisbar ist. Ein erhöhtes Nitritvorkommen über 0,1 mg/l im Trinkwasser ist vor allem bei gleichzeitiger Anwesenheit von Ammonium als Anzeichen für eine Wasserverunreinigung zu werten. Nitrit als Glied im Stickstoffkreislauf beim mikrobiellen Abbau organischer Stickstoffverbindungen, dessen oxidative Endstufe das Nitrat darstellt, ist daher ein wichtiger chemischer Indikator für Fäkalverunreinigungen des Trinkwassers und vermag in dieser Hinsicht die Ergebnisse der mikrobiologischen Wasseruntersuchung wesentlich zu ergänzen. Bei solchen Wasserverschmutzungen können Nitritkonzentrationen bis zu 1 mg/l und darüber auftreten. Allerdings sind auch geringe Nitriterhöhungen durch aerobe Nitrifikationen bei der natürlichen Zersetzung pflanzlicher Substanzen möglich und dann keine anthropogene Wasserbelastung. Gleiches gilt für das Nitritvorkommen im Grundwasser bei Reduktionsprozessen im Zuge der anaeroben Denitrifikation von Nitrat. Schließlich kann Nitrit auch durch Nitratreduktion in verzinkten Rohrleitungen gebildet werden oder infolge von Sanierungsmaßnahmen aus frisch mit Zementmörtel ausgekleideten Verteilungsrohren ausgelaugt werden. Beide Vorgänge klingen wegen der Deckschichtbildung oder Zementaushärtung mehr oder weniger schnell ab.

Da Nitrit in erhöhter Konzentration als gesundheitsgefährdend bewertet wird, gehört seine Bestimmung zu den unerläßlichen Trinkwasseruntersuchungen. Die Unbeständigkeit des Nitrits zwingt dazu, seine quantitative Ermittlung während der Probenahme oder bald danach vorzunehmen.

In der Literatur sind verschiedene Methoden zur Nitritbestimmung im Wasser beschrieben. Im wesentlichen beruhen sie auf der Bildung eines Diazoniumkations mit einem aromatischen Amin und einer anschließenden Kupplung zu einem Azofarbstoff. Obwohl auch noch andere Vorschläge zur Nitritbestimmung veröffentlicht wurden, hat sich doch bis heute die klassische Grieß-Ilosvay-Reaktion bewährt. Die meisten Modifikationen beziehen sich auf andere Kupplungsreagenzien anstelle von 1-Naphthylamin [1-5].

8.16.1 Photometrische Bestimmung mit Sulfanilsäure und 1-Naphthylamin

(Untere Bestimmungsgrenze: 15 µg/l NO_2^-; 5-cm-Küvetten)

Die Methode beruht auf der Diazotierung von Sulfanilsäure in mineralsaurer Lösung:

$$HO_3S-C_6H_4-NH_2 + O=N-OH \longrightarrow HO_3S-C_6H_4-N=N-OH + H_2O$$

Das gebildete Diaziumsalz (farblos) wird mit 1-Naphthylamin unter Bildung eines roten Azofarbstoffs gekuppelt:

$$HO_3S-C_6H_4-N=N-OH + C_{10}H_7-NH_2 \longrightarrow HO_3S-C_6H_4-N=N-C_{10}H_6-NH_2 + H_2O$$

Das Maximum der Absorption liegt bei 530 nm. Die Bestimmung ist spezifisch und empfindlich, da nur Nitritionen in der Lage sind, Diazoniumkationen zu bilden [2]. Das Maximum der Farbintensität wird nach 20 min erreicht.

Geräte:
Photometer; 5-cm-Küvetten;

Reagenzien:

Lösung 1. 1 g Sulfanilsäure, $C_6H_7NO_3S$ p.a. und 50 g Natriumacetat, $C_2H_3O_2Na$ p.a. werden in 100 ml destilliertem Wasser gelöst; dazu gibt man eine Lösung aus 100 mg 1-Naphthylamin, $C_{10}H_9N$ p.a. in 95 ml destilliertem Wasser und 5 ml Eisessig, $C_2H_4O_2$ p.a. ($D = 1,06$ g/ml). Diese Lösung ist in einer braunen Flasche drei Monate haltbar.

Lösung 2. Eisessig, $C_2H_4O_2$ p.a. ($D = 1,06$ g/ml)

Nitritstammlösung. 150 mg Natriumnitrit, $NaNO_2$ p.a. (1 h bei 110 °C getrocknet) werden mit 1 ml Chloroform, $CHCl_3$ p.a. ($D = 1,47$ g/ml) in destilliertem Wasser gelöst; die Lösung wird im 1-l-Meßkolben mit destilliertem Wasser aufgefüllt. 1 ml entspricht 100 µg NO_2^-. ($NaNO_2$ p.a. soll nicht lange gelangert und daher nur in kleinen Packungen gekauft werden.)

Probenahme

Das Untersuchungswasser wird am besten in Glasflaschen entnommen. Die Bestimmung des Nitritgehalts muß möglichst rasch nach der Probenahme erfolgen, am besten vor Ort (s. Abschn. 8.5) oder im Laboratorium innerhalb eines Zeitraums von 6 h [1] nach der Probenahme. Versuche zur Konservierung des Nitrits über eine längere Zeit haben keine befriedigenden Ergebnisse gebracht.

Arbeitsvorschrift

100 ml des klaren Untersuchungswassers werden mit je 1 ml der Lösung 1 und 2 versetzt und gut durchgemischt. Nach einer Standzeit von 20 min bei 20 °C wird die Probe gegen destilliertes Wasser bei 530 nm gemessen. Analog wird ein Blindwert erstellt und vom Meßwert abgezogen. Bei größeren Konzentrationen an Nitrit geht man von einem entsprechend kleineren Probevolumen aus und füllt auf 100 ml mit destilliertem Wasser auf.

Erstellen der Eichgeraden

Die Eichgerade wird für 100 ml erstellt. 10 ml der Nitritstammlösung werden mit destilliertem Wasser im 1-l-Meßkolben aufgefüllt. 1 ml dieser Lösung entspricht 1 µg NO_2^-. Durch Verdünnen von 1, 2, 5, 10, 15 und 20 ml dieser Lösung auf jeweils 100 ml mit destilliertem Wasser erhält man Eichlösungen mit 10, 20, 50, 100, 150 und 200 µg/l NO_2^-, bzw. 1, 2, 5, 10, 15 und 20 µg/100 ml, die gemäß Arbeitsvorschrift weiterbehandelt werden. Die Eichgerade wird durch Auftragen der bei 530 nm unter Verwendung von 5-cm-Küvetten gemessen spektralen Absorptionsmaße gegen die Nitritkonzentrationen erstellt.

Die Eichgerade ist von Zeit zu Zeit zu überprüfen.

Berechnung und Angabe der Werte

Der Nitritgehalt des Untersuchungswassers errechnet sich wie folgt:

$$\text{Nitrit } (NO_2^-) = \frac{a \cdot 1000}{b} \text{ mg/l}.$$

a die aus der Eichgeraden ermittelte Masse Nitrit in mg
b das angewandte Probevolumen in ml

Bis zu 0,50 mg/l NO_2^- werden die Ergebnisse auf zwei Stellen, bei mehr als 0,50 mg/l auf eine Stelle hinter dem Komma gerundet. Normalerweise wird in der Trinkwasseranalyse das Nitrition angegeben, auf das sich auch Grenz- und Richtwerte beziehen. In verschiedenen Grenzwertangaben findet sich allerdings auch der Nitritgehalt ausgedrückt als Stickstoff.
Zur Stickstoffbilanzierung läßt sich wie folgt umrechnen:

1 mg N = 3,28 mg NO_2^-,
1 mg NO_2^- = 0,304 mg N.

Störungen

Die in Trinkwässern üblicherweise vorkommenden Inhaltsstoffe stören nach Art und Menge die photometrische Nitritbestimmung nicht. Zu Störungen kommt es in erster Linie in Gegenwart von bestimmten organischen Substanzen, freiem Chlor und Chloramin im Untersuchungswasser. Durch Schütteln des Wassers mit 1 bis 2 g nitritfreier Aktivkohle und anschließender Filtration nach 5 min Reaktionszeit werden diese Störungen beseitigt. Der pH-Wert ist vorher auf 8,5 einzustellen, um eine Nitritionenadsorption zu vermeiden.

8.16.2 Photometrische Bestimmung mit Sulfanilamid und N-(1-Naphthyl)-ethylendiamindihydrochlorid

(Untere Bestimmungsgrenze: 10 µg/l NO_2^-; 5-cm-Küvetten)

Wegen der Cancerogenität von 1-Naphthylamin im 1. Verfahren wird neuerdings eine andere Kupplungskomponente empfohlen. Es handelt sich aber ebenfalls um eine Diazotierung in saurer Lösung:

Das gebildete farblose Diazoniumsalz wird mit N-(1-Naphthyl)-ethylendiamindihydrochlorid unter Bildung eines roten Azofarbstoffs gekuppelt:

Das spektrale Absorptionsmaß wird bei 540 nm gemessen. Das Maximum der Farbintensität wird nach 20 bis 30 min erreicht und bleibt 2 h konstant.

Geräte:
Photometer; 5-cm-Küvetten;

Reagenzien:

Lösung 1. In einem Becherglas mischt man 50 ml o-Phosphorsäure, H_3PO_4 p.a. (D = 1,71 g/ml) mit 250 ml destilliertem Wasser. Darin werden 20,0 g Sulfanilamid, $C_6H_8N_2O_2S$ p.a. gelöst und 1,00 g N-(1-Naphthyl)-ethylendiamindihydrochlorid, $C_{12}H_{16}Cl_2N_2$ p.a. zugegeben. Diese Lösung wird in einen 500-ml-Meßkolben überführt und mit destilliertem Wasser aufgefüllt. Bei Aufbewahrung in einer braunen Glasflasche im Kühlschrank ist die Lösung etwa einen Monat haltbar.

Lösung 2. 150 ml destilliertes Wasser und 25 ml o-Phosphorsäure, H_3PO_4 p.a. (D = 1,71 g/ml) werden in einem 250-ml-Meßkolben gemischt und nach Abkühlen mit destilliertem Wasser aufgefüllt.

Nitritstammlösung (s. Abschn. 8.16.1).

Probenahme

Es gelten die gleichen Untersuchungsbedingungen wie unter Abschn. 8.16.1.

Arbeitsvorschrift

100 ml des klaren Untersuchungswassers werden mit 2 ml der Lösung 1 versetzt und gut durchgemischt. Sollte der pH-Wert über

1,9 liegen, so gibt man Lösung 2 zu, bis ein pH-Wert unter 1,9 erreicht ist. Nach einer Standzeit von 45 min bei 20 °C wird die Probe bei 540 nm gegen destilliertes Wasser gemessen. Analog wird ein Blindwert erstellt und vom Meßwert abgezogen. Bei höheren Konzentrationen an Nitrit geht man von einem entsprechend kleineren Probevolumen aus und füllt mit destilliertem Wasser auf 100 ml auf.

Erstellen der Eichgeraden (s. Abschn. 8.16.1)

Die Eichgerade wird für 100 ml erstellt. 10 ml der Nitritstammlösung werden mit destilliertem Wasser im 1-l-Meßkolben aufgefüllt. 1 ml dieser Lösung entspricht 1 µg/l NO_2^-. Durch Verdünnen von 1, 2, 5, 10, 15 und 20 ml dieser Lösung auf jeweils 100 ml mit destilliertem Wasser erhält man Eichlösungen mit 10, 20, 50, 100, 150 und 200 µg/l NO_2^-, bzw. 1, 2, 5, 10, 15 und 20 µg/100 ml, die gemäß Arbeitsvorschrift weiterverarbeitet werden (der pH-Wert muß wie bei der Arbeitsvorschrift eingestellt werden). Die Eichgerade wird durch Auftragen der bei 540 nm unter Verwendung von 5-cm-Küvetten gemessenen spektralen Absorptionsmaße gegen die Nitritkonzentrationen erstellt. Sie ist von Zeit zu Zeit zu überprüfen.

Berechnung und Angabe der Werte
(s. Abschn. 8.16.1)

Der Nitritgehalt des Probewassers errechnet sich wie folgt:

$$\text{Nitrit } (NO_2^-) = \frac{a \cdot 100}{b} \text{ mg/l}.$$

a die aus der Eichgeraden ermittelte Masse Nitrit in mg
b das angewandte Probevolumen in ml

Störungen (s. Abschn. 8.16.1)

Anmerkung

Das 1. Verfahren bietet gegenüber dem 2. Verfahren die Vorteile, daß das zu untersuchende Wasser nicht auf einen bestimmten pH-Wert eingestellt werden muß und daß die Reagenzlösung wesentlich haltbarer ist.

8.16.3 Sonstige Verfahren

Zur quantitativen Bestimmung von Nitrit werden in der Literatur verschiedene Verfahren vorgeschlagen. Die Bestimmung erfolgt aber meistens über Azofarbstoffe. Die Verfahren unterscheiden sich vor allem in der Wahl der Kupplungskomponenten [3–5].

8.16.4 Beurteilung und Grenzwerte

Bei erhöhten Nitritgehalten im Trinkwasser müssen weitere Parameter zur Beurteilung herangezogen werden (z. B. Ammonium, Nitrat, organisch gebundener Kohlenstoff, Mikrobiologie), um zu klären, ob eine entsprechende Verunreinigung des Wassers vorliegt oder andere Vorgänge die Nitriterhöhung verursacht haben.
Im Hinblick auf die mögliche in vivo-Bildung von cancerogenen N-Nitroso-Verbindungen aus Nitrit und nitrosierbaren Aminen oder Amiden beim Menschen sowie die Gefahr einer Methämoglobinämie durch Nitrit bei Säuglingen ist der Nitritgehalt im Trinkwasser gesetzlich begrenzt. Die EG-Trinkwasserrichtlinie rechnet Nitrit zu den unerwünschten Stoffen und gibt als zulässige Höchstkonzentration 0,1 mg/l NO_2^- an. Die Novelle der Trinkwasser-VO enthält ebenfalls diesen Grenzwert. Bereits während der Gültigkeit der bisherigen Trinkwasser-VO, die keinen Nitritgrenzwert besaß, hatte das Bundesgesundheitsamt die Empfehlung ausgesprochen, daß insbesondere das Trinkwasser zur Zubereitung von Säuglingsnahrung unter 0,1 mg/l NO_2^- enthalten sollte (Nitratempfehlung seinerzeit 50 mg/l, jetzt Grenzwert).
Die Mineral- und Tafelwasser-VO (MTVO) nennt für Quell- und Tafelwässer ebenfalls den Grenzwert von 0,1 mg/l NO_2^-; gleiches gilt für Trinkwasser, das in zur Abgabe an den Verbraucher bestimmte Fertigpackungen abgefüllt ist und nunmehr der MTVO unterliegt. Bei natürlichen Mineralwässern

ergibt sich die vorstehende Begrenzung schon aus der Forderung nach ursprünglicher Reinheit (§ 2 MTVO). Die Mineral- und Tafelwasser-VO hat zur praktischen Quantifizierung des in der Werbung verwendeten Begriffs „geeignet für die Zubereitung von Säuglingsnahrung" u. a. einen Grenzwert von 0,02 mg/l Nitrit für abgepacktes Wasser festgesetzt.

Obwohl die WHO-Guidelines nur die Nitratbegrenzung (10 mg/l NO_3^- — Stickstoff = 44 mg/l NO_3^-) in ihren Auflistungen anführen, wird doch im kommentierenden Text auch die Nitritgefährdung hervorgehoben. Der Hinweis, daß bei ordnungsgemäßer Wasseraufbereitung der NO_2-N-Gehalt erheblich niedriger als 1 mg/l sein sollte, ist allerdings in dieser Form unrealistisch. Ein derartiger Richtwert, der vereinfachend $^1/_{10}$ des Nitrat-N-Werts darstellt, würde ca. 3,3 mg/l NO_2^- betragen und ist in solcher Höhe nicht einmal bei fäkal verunreinigten Wässern die Regel. Nitrit besitzt auch eine Fischgiftigkeit; so wird z. B. in der EG-Richtlinie für Fischgewässer für Salmgewässer ein Richtwert von $\leq 0,01$ mg/l bzw. für Karpfengewässer von $\leq 0,03$ mg/l NO_2^- angeführt [6].

8.16.5 Literatur

1 Sprenger, F.J.: Konservierung von Wasserproben. Z. Wasser Abwasser Forsch. 11 (1978) 128-132
2 DIN 38 405 Teil 10: Deutsche Einheitsverfahren zur Wasser-, Abwasser- und Schlamm-Untersuchung, (Gruppe D, Anionen) Bestimmung des Nitrit-Ions (Februar 1981). Berlin: Beuth
3 Nair, J.; Gupta, V. K.: The spectrophotometric determination of nitrite in water with 8-quinolinol. Fresenius Z. Anal. Chem. 301 (1980) 338
4 Flamerz, S.; Bashir, W.: Spectrophotometric determination of nitrite in waters. Fresenius Z. Anal. Chem. 310 (1982) 335
5 Bhatt, A.; Gupta, V.K.: Studies on pollutants: Spectrophotometric determination of nitrite as 'azoxine dye'. Fresenius Z. Anal. Chem. 307 (1981) 316
6 Richtlinie des Rates über die Qualität von Süßwasser, das schutz- und verbesserungsbedürftig ist, um das Leben von Fischen zu erhalten, vom 18. 7. 1978. Amtsbl. d. Europäischen Gemeinschaften Nr. L 222/1 v. 14. 8. 1978

8.17 Bestimmung von Phosphat

In natürlichen Wässern, die anthropogen unbelastet sind, überschreitet der Phosphatgehalt selten 0,1 mg/l (berechnet als HPO_4^{2-}). Erhöhte Konzentrationen, besonders in Oberflächenwässern, sind auf zivilisatorische Einflüsse zurückzuführen. Phosphat kann in solchen Wässern als Orthophosphat, anorganisches kondensiertes Phosphat und als organisches Phosphat gelöst oder ungelöst vorkommen. Gelöstes Orthophosphat liegt iongen in wäßriger Lösung in Abhängigkeit vom pH-Wert als PO_4^{3-}, HPO_4^{2-} und als $H_2PO_4^-$ vor. Bei den pH-Werten der meisten natürlichen Wässer ist das gelöste Orthophosphat ein Gemisch von HPO_4^{2-} und $H_2PO_4^-$, wobei das Hydrogenphosphat den weitaus überwiegenden Anteil ausmacht; normalerweise ist PO_4^{3-} im natürlichen Wasser nicht vorhanden, da dieses Ion nur im alkalischen Milieu ab pH 9,5 auftritt. Phosphatangaben in wasseranalytischer Ionenform sollten sich daher auf HPO_4^{2-} beziehen.

Wegen der verschiedenen Phosphorverbindungen, die möglicherweise im Wasser vorhanden sind, ist auch eine differenzierende Analytik des Phosphors zu berücksichtigen [1-6]. Die entsprechenden Verfahren gliedern sich wie folgt:

a) Bestimmung des gelösten Orthophosphats direkt oder nach Extraktion;
b) Bestimmung des gelösten Orthophosphats und der gelösten, kondensierten anorganischen Phosphate; diese Polyphosphate, aber auch einige organische P-Verbindungen hydrolysieren beim Kochen in stark saurer Lösung zu Orthophosphat (sog. hydrolysierbares Phosphat);
c) Bestimmung des Gesamtphosphats gelöst und/oder ungelöst nach oxidativem Aufschluß, vor allem zur Erfassung des organisch gebundenen Phosphors.

Im Trinkwasser ist in erster Linie mit dem Vorkommen von gelöstem Orthophosphat zu rechnen; u. U. kann auch noch hydrolisierbares Phosphat vorliegen: In Zweifelsfällen empfiehlt es sich daher, die Bestimmung nach b) durchzuführen. Bei alleiniger Anwesenheit von Orthophosphat genügt die Verfahrensweise a), wobei sich die Bestimmung mittels Extraktion als Variante für sehr geringe Konzentrationen bewährt hat. Zur Bestimmung des Gesamtphosphats nach c), die für Trinkwasser üblicherweise nicht erforderlich ist, wird auf die Literatur verwiesen [1].

Die gängigen Methoden zur Phosphatbestimmung sind photometrische Verfahren und beruhen auf der Bildung einer gefärbten Verbindung. Am bekanntesten ist die Reaktion von Phosphat und Molybdat in saurer Lösung zu einem Phosphatmolybdatkomplex, der durch Reduktion in tiefgefärbtes Phosphormolybdänblau überführt werden kann. Die photometrisch ermittelte Farbtiefe ist dem Phosphatgehalt proportional. Ein anderes Verfahren benutzt die Gelbfärbung des Phosphatmolybdatkomplexes, die in Anwesenheit von Vanadat auftritt; es bildet sich Vanadomolybdophosphatgelb.

Die Reduktion zu Phosphormolybdänblau, die früher mit Zinn(II)-chlorid erfolgte, wies einige Unvollkommenheiten auf. Später wurde Ascorbinsäure benutzt. Aus ihrer Verwendung entwickelte sich eine Modifikation der Gesamtmethodik, indem Antimon(III)-Ionen in das Reaktionsgemisch eingeführt wurden. Das saure Molybdat-Antimon-Ascorbinsäuregemisch reagiert sehr rasch mit Phosphat zu einem blaugefärbten Komplex, der Antimon und Phosphor im Atomverhältnis 1:1 enthält. Aus praktischen Gründen wurde schließlich dieses Reaktionsgemisch in eine Reaktionslösung mit Molybdat, Antimontartrat und Schwefelsäure und eine Reduktionslösung mit Ascorbinsäure geteilt. Gegenüber dem Verfahren mit Zinn(II)-chlorid ist eine weitaus bessere Haltbarkeit der Lösungen gegeben und auch eine bessere Kompensation von Trübungen bei der Photometrie möglich. Das Absorptionsmaximum der Blaufärbung liegt bei 880 nm.

Die wesentlichen Störungen dieser Phosphatbestimmung mittels Molybdänblau im Trinkwasser beruhen auf der Anwesenheit von Arsenat und Silicat. Arsenat bildet nämlich Arsenmolybdänblau, das miterfaßt wird. Meistens ist Arsenat aber nur in Spuren vorhanden und zu vernachlässigen; andernfalls wird es vor der Phosphatreaktion mit Thiosulfat zu Arsenit reduziert, das nicht mit Molybdat reagiert. Die Reduktion kleiner Arsenatmengen ist nach 15 min abgeschlossen. Unangenehmer sind die Störungen durch Silicate bzw. Kieselsäure. Während bis zu 5 mg/l Silicat noch nicht stören, täuschen höhere Konzentrationen durch eine Silicomolybdänblaufärbung nach einer Reaktionszeit von 30 min folgende P-Mengen vor [1]:

10 mg/l Si (21 mg/l SiO_2) entsprechen etwa 5 µg/l P (15,5 µg/l HPO_4^{2-}),
25 mg/l Si (53 mg/l SiO_2) entsprechen etwa 15 µg/l P (46,5 µg/l HPO_4^{2-}),
50 mg/l Si (107 mg/l SiO_2) entsprechen etwa 25 µg/l P (77,5 µg/l HPO_4^{2-}).

Da im Trinkwasser normalerweise mit Silicaten und Kieselsäure zu rechnen ist, und meist nur geringe Phosphatkonzentrationen zu erwarten sind, muß der Si-Gehalt bei der P-Bestimmung berücksichtigt werden. Entweder wird eine bestimmte Reaktionszeit (z. B. 30 min) eingehalten und gemäß Si-Bestimmung (s. Abschn. 8.18) der vorgetäuschte P-Gehalt in Abzug gebracht oder die Kieselsäure wird durch Kochen in stark saurer Lösung und Eindampfen vor der P-Bestimmung unlöslich abgeschieden. Allerdings ist nach dieser Vorbehandlung nur die P-Bestimmung nach b) möglich, da das hydrolisierbare Phosphat miterfaßt wird.

8.17.1 Probenahme und Probenvorbehandlung

Das Untersuchungswasser kann in Polyolefin- oder Glasflaschen abgefüllt werden. Die Phosphatbestimmung sollte 3 bis 4 Stunden nach der Probenahme erfolgen. Zunächst wird das Untersuchungswasser durch ein Membranfilter filtriert; die ersten 10 ml werden verworfen. Der pH-Wert des Filtrats zur Bestimmung des gelösten Orthophosphats direkt oder nach Extraktion wird mit Natronlauge II oder verd. Schwefelsäure II auf 3 bis 4 eingestellt, nachdem das Volumen gemäß der Arbeitsvorschrift abgemessen wurde. Überschreitet die Dauer der Filtration 10 min, so ist ein Filter mit größerem Durchmesser zu wählen.
Zur Bestimmung des gelösten Ortho-

phosphats und der gelösten, kondensierten organischen Phoshate wird das Filtrat mit 1 ml verd. Schwefelsäure II pro 100 ml Probe auf einen pH-Wert von ca. 1 eingestellt. Das Filtrat wird dunkel und kühl bis zur baldigen Bestimmung aufbewahrt.

8.17.2 Direkte Bestimmung des gelösten Orthophosphats

(Untere Bestimmungsgrenze: 200 µg/l HPO_4^{2-}; 1-cm-Küvetten)

Geräte:
Photometer; 1-cm-Küvetten;
Alle Glasgeräte werden vor Gebrauch mit heißer methanolischer Salzsäure, HCl (D = 1,12 g/ml) und anschließend mit destilliertem Wasser gespült; ein dünner Film von Phosphormolybdänblau, der sich an den Glaswänden bilden kann, wird mit Natronlauge [20 ml NaOH (D = 1,35 g/ml) auf 200 ml aufgefüllt] von Zeit zu Zeit entfernt.
Membranfilter, 0,45 µm Porenweite:
Der Filter wird phosphatfrei gewaschen, indem etwa 200 ml auf 30 bis 40 °C erwärmtes destilliertes Wasser filtriert werden.

Reagenzien:
Schwefelsäure, H_2SO_4 p. a. (D = 1,84 g/ml).
Verd. Schwefelsäure I, H_2SO_4 (D = 1,51 g/ml). Zu 250 ml destilliertem Wasser werden 250 ml H_2SO_4 (D = 1,84 g/ml) gegeben.
Verd. Schwefelsäure II, H_2SO_4. Zu 50 ml destilliertem Wasser werden 50 ml der verd. Schwefelsäure I gegeben.
Natronlauge I, NaOH (D = 1,35 g/ml). 64 g Natriumhydroxid-Plätzchen, NaOH p.a. werden in 150 ml destilliertem Wasser gelöst; die Lösung wird im 200-ml-Meßkolben mit destilliertem Wasser aufgefüllt.
Natronlauge II, NaOH. 20 ml der Natronlauge I werden im 200-ml-Meßkolben mit destilliertem Wasser aufgefüllt.
Ascorbinsäurelösung. 10 g L(+)-Ascorbinsäure, $C_6H_8O_6$ p. a. werden in 100 ml destilliertem Wasser gelöst. Bei Aufbewahrung im Dunkeln und im Kühlschrank ist die Lösung ca. 4 Wochen haltbar.
Molybdatreagenzlösung. 13 g Ammoniumheptamolybdat, $(NH_4)_6Mo_7O_{24} \cdot 4 H_2O$ p.a. werden in 100 ml destilliertem Wasser gelöst; man fügt 300 ml verd. Schwefelsäure I und eine Lösung von 0,35 g Kaliumantimon(III)-oxidtartrat, $K(SbO)C_4H_4O_6 \cdot 0,4 H_2O$ reinst in 100 ml destilliertem Wasser hinzu. Die Lösung ist etwa 8 Wochen haltbar.

Phosphatstammlösung (150 mg/l HPO_4^{2-} entsprechend 48,4 mg/l P). 212,7 mg Kaliumdihydrogenphosphat, KH_2PO_4 p. a. (getrocknet bei 105 °C bis zur Gewichtskonstanz) werden in einem 1-l-Meßkolben in etwa 800 ml destilliertem Wasser gelöst und mit 10 ml verd. Schwefelsäure II versetzt; die Lösung wird mit destilliertem Wasser aufgefüllt. Ihre Haltbarkeit beträgt etwa 1 Woche.

Phosphatstandardlösung I (6 mg/l HPO_4^{2-} entsprechend 1,9 mg/l P). 20 ml der Stammlösung werden in einem 500-ml-Meßkolben mit destilliertem Wasser aufgefüllt. Die Lösung ist täglich frisch herzustellen.

Phosphatstandardlösung II (0,3 mg/l HPO_4^{2-} entsprechend 0,1 mg/l P). 1 ml der Stammlösung wird in einem 500-ml-Meßkolben mit destilliertem Wasser aufgefüllt. Die Lösung ist täglich frisch herzustellen.

Natriumthiosulfatlösung (s. Störungen). 1,2 g Natriumthiosulfat-5-hydrat, $Na_2S_2O_3 \cdot 5 H_2O$ p.a. werden in 100 ml destilliertem Wasser gelöst. Zur Stabilisierung werden etwa 50 mg Natriumcarbonat, Na_2CO_3 p.a. wasserfrei hinzugefügt. Bei Aufbewahrung im Kühlschrank ist die Lösung etwa 4 Wochen haltbar.

Arbeitsvorschrift

Bis zu 40 ml des nach Abschn. 8.17.1 erhaltenen Filtrats werden in einen 50-ml-Meßkolben überführt. Erforderlichenfalls wird das Volumen mit destilliertem Wasser auf 40 ml ergänzt. Anschließend werden 1 ml Ascorbinsäurelösung und 2 ml Molybdatreagenzlösung hinzugefügt und mit destilliertem Wasser aufgefüllt. Nach einer Standzeit von 30 min wird das spektrale Absorptionsmaß bei 880 nm gegen destilliertes Wasser gemessen. Analog wird ein Blindwert erstellt und vom Meßwert abgezogen.

Erstellen der Eichgeraden

Für die gewünschten Meßbereiche werden entsprechende Eichgeraden mit der Standardlösung I bzw. II aufgestellt. Empfehlenswert ist eine Standardeichgerade für den Bereich von 0,15 bis 1,5 mg/l HPO_4^{2-} für 40 ml Untersuchungswasser, die in den meisten

Fällen der Trinkwasseruntersuchung verwendet werden kann. Durch Pipettieren von 1, 2, 3, 4, 5, 6, 7, 8, 9 und 10 ml der Phosphatstandardlösung I in 50-ml-Meßkolben und Auffüllen mit destilliertem Wasser auf 40 ml erhält man Eichlösungen mit 6 bis 60 µg HPO_4^{2-}, die mit 1 ml Ascorbinsäurelösung und 2 ml Molybdatreagenzlösung zu versetzen sind. Nach dem Auffüllen mit destilliertem Wasser und einer Standzeit von 30 min ist das spektrale Absorptionsmaß zu ermitteln. Die Eichgerade wird in üblicher Weise durch Auftragen der spektralen Absorptionsmaße bei 880 nm gegen die Masse HPO_4^{2-} (*a*) unter Verwendung von 1-cm-Küvetten erstellt.

Berechnung und Angabe der Werte

Der Phosphatgehalt des Wassers errechnet sich wie folgt:

$$\text{Phosphat (HPO}_4^{2-}\text{)} = \frac{a \cdot 1000}{b} \text{ mg/l}.$$

a die aus der Eichgeraden ermittelte Masse Phosphat in mg
b das angewandte Probevolumen in ml

Der Phosphatgehalt wird in Analysen, Richtlinien und Vorschriften vielfach in verschiedener Form, angegeben. In einer Ionentabelle ist er als Hydrogenphosphat HPO_4^{2-} aufzulisten, da dieses Ion im pH-Bereich der üblichen Trinkwässer dominiert. Manchmal findet man in Analysentabellen aber noch die Angabe als PO_4^{3-}. Immer häufiger wird in Tabellen das gesamte Phosphat als Phosphor (P) angegeben, insbesondere wenn auch die kondensierten Phosphate mitbestimmt wurden. Schließlich ist in Weiterführung früherer Angaben und Zahlenwerte auch die unrichtige Angabe als P_2O_5 gebräuchlich. Allgemein sollte man in den heutigen Analysen HPO_4^{2-} und/oder P (z. B. Summe Orthophat und hydrolisierbares Phosphat berechnet als P) angegeben. Die Werte errechnen sich aus den betreffenden Eichgeraden und werden in mg/l angegeben. Sie werden gerundet und zwar unter 0,1 mg/l auf drei Stellen, von 0,1 bis 10 mg/l auf zwei Stellen und bei höheren Konzentrationen auf eine Stelle hinter dem Komma (Tabelle 8.15).

Tabelle 8.15. Umrechnungsfaktoren

	HPO_4^{2-}	PO_4^{3-}	P	P_2O_5
HPO_4^{2-}	1	0,989	0,323	0,740
PO_4^{3-}	1,011	1	0,326	0,747
P	3,099	3,066	1	2,291
P_2O_5	1,352	1,388	0,436	1

Störungen

Die im Trinkwasser üblicherweise vorkommenden Inhaltsstoffe stören nach Art und Menge die photometrische Phosphatbestimmung nicht, mit Ausnahme der eingangs beschriebenen Mehrbefunde durch Silicium und Arsen.
Sollte Arsen im Untersuchungswasser vorhanden sein, so werden 40 ml des Filtrats im 50-ml-Meßkolben mit 1 ml Natriumthiosulfatlösung und 1 ml Ascorbinsäurelösung versetzt. Nach 10 min ist die Reduktion von Arsenat zu Arsenit abgeschlossen; nun versetzt man die Lösung mit 2 ml Molybdatreagenzlösung, füllt mit destilliertem Wasser auf und mißt das spektrale Absorptionsmaß nach einer weiteren Standzeit von 10 bis 15 min.

8.17.3 Bestimmung von Orthophosphat nach Extraktion

(Untere Bestimmungsgrenze: 40 µg/l HPO_4^{2-}; 1-cm-Küvetten)

Für sehr geringe Phosphatkonzentrationen im Untersuchungswasser (< 200 µg/l HPO_4^{2-}) ist eine Extraktion zu empfehlen. Das spektrale Absorptionsmaß wird in diesem Falle bei 680 nm bestimmt.

Geräte:
Siehe Abschn. 8.17.2
Reagenzien:
Siehe Abschn. 8.17.2 und zusätzlich:
1-Hexanol, $C_6H_{14}O$ zur Synthese (*D* = 0,82 g/ml)
Ethanol, C_2H_5OH p. a. (*D* = 0,79 g/ml)

Arbeitsvorschrift

350 ml des Filtrats nach Abschn. 8.17.1 werden in einem 500-ml-Scheidetrichter mit

7 ml Ascorbinsäurelösung und 14 ml Molybdatreagenzlösung versetzt und geschüttelt. Nach einer Standzeit von 15 min werden 40 ml 1-Hexanol zugegeben; die Lösung wird 1 min kräftig geschüttelt. Nach Phasentrennung wird die untere, wäßrige Phase verworfen; 30 ml des Hexanolextraktes werden in einem 50-ml-Meßkolben überführt. Es wird 1 ml Ethanol als Lösevermittler zugesetzt und mit 1-Hexanol aufgefüllt. Anschließend wird das spektrale Absorptionsmaß bei 680 nm gegen einen analog erstellten Blindwert gemessen.

Erstellen der Eichgeraden

Für die zu erwartenden Phosphatkonzentrationen werden entsprechende Eichgeraden mit den Standardlösungen I bzw. II aufgestellt. Empfohlen wird eine Standardeichgerade für den Bereich 17,1 bis 171 µg/l HPO_4^{2-} für 350 ml Untersuchungswasser, die in den meisten Fällen der Trinkwasseruntersuchung Verwendung finden kann. Man pipettiert 1, 2, 3, 4, 5, 6, 7, 8, 9 und 10 ml der Standardlösung I zu der jeweils auf 350 ml ergänzenden Menge destilliertem Wasser in einen 500-ml-Scheidetrichter und verfährt weiter nach der Arbeitsvorschrift. Die Eichgerade wird in üblicher Weise durch Auftragen der spektralen Absorptionsmaße bei 680 nm gegen die Masse HPO_4^{2-} (a) unter Verwendung von 1-cm-Küvetten erstellt.

Berechnung und Angabe der Werte

Der Phosphatgehalt des Untersuchungswassers errechnet sich wie folgt:

$$\text{Phosphat (P)} = \frac{a \cdot 1000}{b} \text{ mg/l}.$$

a   die aus der Eichgeraden ermittelte Masse Phosphat in mg
b   das angewandte Probevolumen in ml

Im übrigen sind die Ausführungen unter Abschn. 8.17.2 zu beachten.

Störungen (s. Abschn. 8.17.2)

8.17.4 Bestimmung der gelösten Orthophosphate und der gelösten kondensierten anorganischen Phosphate

(Untere Bestimmungsgrenze: 200 µg/l HPO_4^{2-}; 1-cm-Küvetten)

Durch Kochen bei niedrigen pH-Werten werden die kondensierten anorganischen Phosphate hydrolysiert und zusammen mit dem gelösten Orthophosphat bestimmt.

Geräte:
Siehe Abschn. 8.17.2 und zusätzlich eine regelbare Heizquelle

Reagenzien:
Siehe Abschn. 8.17.2 mit Ausnahme der Molybdatreagenzlösung:
70 ml destilliertes Wasser, 250 ml verd. Schwefelsäure I sowie eine Lösung von 13 g Ammoniumheptamolybdat $(NH_4)_6Mo_7O_{24} \cdot 4H_2O$ p.a. in 100 ml destilliertem Wasser und eine Lösung von 0,35 g Kaliumantimon(III)-oxidtartrat, $K(SbO)C_4H_4O_6 \cdot 0,5H_2O$ reinst in 100 ml destilliertem Wasser werden vermischt. Die Lösung ist etwa 8 Wochen haltbar.

Arbeitsvorschrift

Bis zu 40 ml des nach Abschn. 8.17.1 erhaltenen Filtrats werden mit verd. Schwefelsäure II auf einen pH-Wert < 1 eingestellt. In einem 100-ml-Erlenmeyerkolben wird die Lösung 30 min schwach gekocht und nach dem Abkühlen in einen 50-ml-Meßkolben überführt. Das Volumen wird mit destilliertem Wasser auf etwa 40 ml ergänzt; nach Zusatz von 1 ml Ascorbinsäurelösung und 2 ml Molybdatreagenzlösung wird die Lösung mit destilliertem Wasser aufgefüllt. Nach einer Standzeit von 30 min wird das spektrale Absorptionsmaß bei 880 nm gegen destilliertes Wasser gemessen. Analog wird ein Blindwert erstellt und vom Meßwert abgezogen.

Erstellen der Eichgeraden

Die Aufstellung der Eichgeraden erfolgt wie unter Abschn. 8.17.2 beschrieben, jedoch wird anstelle der Molybdatreagenzlösung die in diesem Abschnitt beschriebene verwendet.

8 Gelöste Mineralstoffe

Berechnung und Angabe der Werte

Der Phosphatgehalt des Wassers errechnet sich wie folgt:

$$\text{Phosphat (P)} = \frac{a\ 1000\ f}{b}\ \text{mg/l}.$$

a die aus der Eichgeraden ermittelte Masse Phosphat in mg
b das angewandte Probevolumen in ml
f der Faktor zur Berücksichtigung der Säurezugabe = 1,01

Im übrigen sind die Ausführungen unter Abschn. 8.17.2 zu beachten.

Störungen (s. Abschn. 8.17.2)

8.17.5 Beurteilung und Grenzwerte

Abgesehen von besonderen hydrogeologischen Verhältnissen liegt normalerweise der Hydrogenphosphatgehalt im Trinkwasser unter 0,1 mg/l meistens ist er geringer. Früher wurde ein erhöhter Phosphatgehalt im Trinkwasser als ausgesprochen hygienisches Kriterium angesehen. Beispielsweise werden mit den Nahrungsmitteln 3,5 g P pro Einwohner und Tag zugeführt, die zu etwa 50% über menschliche Ausscheidungen und zum gleichen Anteil über andere Wege den Haushalt wieder verlassen. Der hohe Phosphorumsatz beim Menschen, der gleichermaßen für Tiere gilt, bewirkt auch entsprechende P-Mengen im Abwasser. Daher stellte der Phosphorgehalt im Trinkwasser eine wesentliche Ergänzung der anderen Verunreinigungsindikatoren dar (z. B. Ammonium und Nitrit bei Fäkalverschmutzungen). Diese einseitige Betrachtung ist heute infolge der weitverbreiteten Phosphatverwendung in Haushalt, Industrie und Landwirtschaft nur noch bedingt zutreffend. Erhöhte Phosphatgehalte sind zunächst einmal nur als Belastung des Wassers zu betrachten und können verschiedene Ursachen haben, von denen die Fäkalverunreinigung eine Möglichkeit darstellt.
Aus der 1978 veröffentlichten Phosphatstudie für die Bundesrepublik Deutschland [7] geht hervor, daß zu dieser Zeit in den Teilbereich „Mensch und Haushalt" ca. 146 000 t/a P gelangen, wovon 47% in Spül-, Reinigungs- und Haushaltsprodukten enthalten sind und 53% mit den Nahrungsmitteln zugeführt werden. Die Phosphorabgabe eines Einwohners belief sich auf 4,9 g/d (1,9 g aus Nahrungsmitteln und 3 g aus Wasch-, Spül- und Reinigungsmitteln, Verhältnis 40:60%). Der größte Teil des Phosphors (88 300 t/a = 60,5%) gelangt mit dem Abwasser in die Kläranlagen, wo eine P-Eliminierung von ca. 24% erfolgt, so daß 67 100 t/a die Vorfluter belasten, während der eliminierte Rest als Klärschlamm auf Deponie gelagert oder im Recycling zur Düngung verwendet wird. 18 000 t gelangen in den Boden und das Gestein aus nicht an die Kanalisation angeschlossenen Haushalten, ein weiterer geringer Anteil direkt in den Vorfluter. Der Rest von 36 300 t/a P kommt über den Hausmüll auf Deponien. Insgesamt wurden nach dieser Studie den Gewässern aus allen Bereichen jährlich 103 500 t P zugeführt, wovon 85 000 t auf Kläranlagenabläufe entfallen, der Rest auf diffuse Quellen, in erster Linie durch Erosion und Einleitungen tierischer Ausscheidungen, weniger aus Dränwässern. Die P-Belastung der Gewässer mit ihren Folgen (z. B. Eutrophierung) hat zu Maßnahmen der P-Verringerung und zur Suche nach P-Ersatzstoffen in Wasch- und Reinigungsmitteln geführt. Die aufgegliederten Zahlen der Studie mit den Erläuterungen über Wege und Verbleib des Phosphors zeigen, daß auch erhöhte P-Werte im Trinkwasser unterschiedliche Belastungsursachen haben können.
Hinzu kommt noch, daß verschiedentlich bei harten oder mittelharten Wässern zur Beseitigung ihrer korrosiven Eigenschaften im Zuge der Wasseraufbereitung Polyphosphate zugesetzt werden. Diese Polyphosphatkonditionierung wird bei einigen Wasserversorgungsanlagen zentral durchgeführt (bisher bei höchstens 10% der gesamten Trinkwassermenge in der Bundesrepublik). Häufiger werden Polyphosphate in Trinkwassernachbehandlungsgeräten im Haushalt eingesetzt; sie dienen zur Korrosionsverhinderung, vor allem aber zur Vermeidung von Kalkabscheidungen im Warmwasserbereich (ca. 500 t/a P). Durch unzurei-

chende Wartung etc. kann es auch stoßweise zu erhöhten P-Werten im Trinkwasser kommen. Die Zugabe und höchstzulässige Menge im aufbereiteten Wasser an Salzen von Mono- und Polyphosphaten ist gemäß dem Entwurf zur Novelle der Trinkwasser-Aufbereitungs-VO auf maximal 4,7 mg/l PO_4^{3-} (entsprechend 50 mmol/m^3) zur Hemmung der Steinablagerung und auf 2,8 mg/l PO_4^{3-} zur Hemmung der Korrosion begrenzt. Obwohl Phosphor keine gesundheitsbeeinträchtigenden Eigenschaften hat und ein essentieller Makro-Nährstoff für Pflanze, Mensch und Tier ist, sollen doch im Trinkwasser keine erhöhten P-Mengen vorliegen. Die EG-Trinkwasserrichtlinie gibt eine Richtzahl von 400 μg/l P_2O_5 und eine zulässige Höchstkonzentration von 5 mg/l P_2O_5 an; die EG-Grundwasser- und EG-Ableitungsrichtlinie nennen organische Phosphorverbindungen jeweils in Liste I und anorganische Phosphorverbindungen und reinen Phosphor jeweils in Liste II.

8.17.6 Literatur

1 DIN 38 405 Teil 11: Deutsche Einheitsverfahren zur Wasser-, Abwasser- und Schlamm-Untersuchung, Bestimmung von Phosphorverbindungen (Oktober 1983). Berlin: Beuth und ISO 6878/1 Water quality: Determination of phosphorus, Part 1: Ammonium molybdate spectrometric method. (Februar 1986). Genf
2 Rössner, B.; Schwedt, G.: Analysenverfahren zur Bestimmung anorganischer Anionen — Vergleich von photometrischen Verfahren zur Nitrat- und Phosphatbestimmung. Vom Wasser 62 (1984) 115–124
3 Graffmann, G., Schneider, W.; Dinkloh, L.: Zur Phosphatbestimmung in Waschmitteln. Fresenius Z. Anal. Chem. 301 (1980) 364–372
4 Sprenger, F.J.: Konservierung von Wasserproben. Z. Wasser Abwasser Forsch. 11 (1978) 128–132
5 Souci, S.W.; Quentin, K.-E.: Handbuch der Lebensmittelchemie. Bd. VIII/1 Wasser und Luft. Berlin: Springer 1969, S. 709
6 Steinberg, Ch.; Schrimpf, A.: Phosphoranalytik — Ein gelöstes Problem? Vom Wasser 55 (1980) 295–302
7 Phosphor — Wege und Verbleib in der Bundesrepublik Deutschland. Hrsg. vom Hauptausschuß „Phosphate und Wasser" der Fachgruppe Wasserchemie in der GDCh, Weinheim: Verlag Chemie 1978

8.18 Bestimmung von Silicium

Bedingt durch den Kontakt mit verwitternden Gesteinen kommen Silicate bzw. Kieselsäure in den natürlichen Gewässern praktisch immer vor. Sie weisen im Wasser ein komplexes Lösungsverhalten auf, da in Abhängigkeit vom pH-Wert Silicate und Kieselsäure mit unterschiedlichem Kondensationsgrad vorliegen können. Bei der Analyse erfaßt man aber summarisch das Silicium und gibt die Silicate bzw. Kieselsäure der Einfachheit halber als SiO_2 an. In der Mineral- und Heilwasseranalyse wird noch traditionell meta-Kieselsäure (H_2SiO_3) aufgeführt. Üblicherweise beträgt die SiO_2-Konzentration in Trinkwässern etwa 1 bis 10 mg/l; verschiedentlich findet man auch höhere Werte. Obwohl Silicium von geringer Bedeutung für die Bewertung des Trinkwassers ist, muß es bei einer ausführlichen Analyse im Hinblick auf seinen Beitrag zur Gesamtmineralisation berücksichtigt werden. Unter den verschiedenen Analysenverfahren ist die photometrische Bestimmung mit Ammoniummolybdat am weitesten verbreitet.

8.18.1 Bestimmung mit Ammoniummolybdat

(Untere Bestimmungsgrenze: 7,5 mg/l SiO_2; 1-cm-Küvetten)

Durch Ansäuern des Untersuchungswassers mit Perchlorsäure-Flußsäure wird Silicium in eine Form überführt, die mit Ammoniummolybdat zu Heteropolysäuren reagieren kann.
Die gebildete Silicomolybdänsäure, $H_4[Si(Mo_3O_{10})_4]$ ist gelb; die Farbintensität wird bei 400 nm photometrisch bestimmt [1].
In Abhängigkeit vom pH-Wert, von der Temperatur, der Säureart, vom Molverhältnis Säure/Molybdat und dem Kondensationsgrad des Molybdations können zwei verschiedene Formen der Silicomolybdänsäure mit gleicher Summenformel entstehen.
Die α-Form wird überwiegend bei pH-Werten zwischen 2,3 und 3,9 gebildet, die β-

Form bei pH-Werten < 2,3. Mitunter wird zur Stabilisierung der β-Form die Anwesenheit sauerstoffhaltiger organischer Lösemittel empfohlen (z. B. Aceton oder Ether). Eine Temperaturerhöhung bewirkt eine beschleunigte Umwandlung der β- in die α-Form. Die Vorteile der Arbeitsweise mit der α-Form liegen in der größeren Stabilität und der besseren Reproduzierbarkeit; der Vorteil des Verfahrens mit der β-Form liegt in der größeren Empfindlichkeit aufgrund eines etwa doppelt so hohen Absorptionskoeffizienten (bei 400 nm).

Die maximale Absorption bei 400 nm und bei einem pH-Wert von etwa 1,2 beruht vermutlich auf einem vorübergehenden „steady-state"-Zustand, basierend auf der Bildung von β- und α-Säure sowie einer Umwandlung von β- in α-Säure.

Bei genauer Einhaltung der Arbeitsbedingungen sind die nach dieser Methode erhaltenen Werte gut reproduzierbar [2–5]. Besonders ist darauf hinzuweisen, daß für die Aufbewahrung aller Lösungen Kunststoffflaschen und keine Glasflaschen verwendet werden, um verfälschte Analysenergebnisse durch Herauslösen von Kieselsäure aus Glas zu vermeiden.

Geräte:

Photometer, 1-cm-Kunststoffküvetten, ca. zehn Kunststoffbecher 100 ml;

Reagenzien:

Flußsäure-Perchlorsäure-Mischung. 45 ml Flußsäure, HF p. a. ($D = 1,13$ g/ml), 45 ml Perchlorsäure, $HClO_4$ p. a. ($D = 1,67$ g/ml) und 10 ml destilliertes Wasser werden vermischt.

Ammoniummolybdatlösung. 100 g Ammoniummolybdat $(NH_4)_6 Mo_7O_{24} \cdot 4 H_2O$ p.a. werden in 1 l destilliertem Wasser gelöst. Die Lösung ist mit verd. Natronlauge bis zum Umschlagspunkt von Phenolphthalein zu versetzen.

Borsäure, H_3BO_3 p. a. (zur Komplexierung der Flußsäure).

Verd. Salpetersäure. 100 ml Salpetersäure, HNO_3 p. a. ($D = 1,40$ g/ml) werden mit 100 ml destilliertem Wasser gemischt.

Verd. Natronlauge, NaOH p.a. ($D = 1,22$ g/ml).

Natriumacetatlösung. 136 g Natriumacetat, $CH_3COONa \cdot 3 H_2O$ p.a. werden mit destilliertem Wasser im 500-ml-Meßkolben gelöst; die Lösung wird mit destilliertem Wasser aufgefüllt.

Benzol-Isobutanolgemisch (s. Störungen). 100 ml Benzol, C_6H_6 p. a. ($D = 0,88$ g/ml) und 100 ml Isobutanol, $(CH_3)_2CHCH_2OH$ p. a. ($D = 0,80$ g/ml) werden vermischt.

Siliciumstammlösung. 100 mg Quarzsand, SiO_2 p. a. (gemörsert und getrocknet) werden in einen Platintiegel eingewogen. Man setzt 2 g Natriumcarbonat, Na_2CO_3 p. a. zu und erhitzt nach Vermischen auf kleiner Flamme bis die Schmelze klar ist. Nach dem Erkalten löst man den Schmelzkuchen in einem Kunststoffbecher mit destilliertem Wasser. Die Lösung wird in einen 1-l-Meßkolben überführt und mit destilliertem Wasser aufgefüllt. 1 ml entspricht 0,1 mg SiO_2 bzw. 0,13 mg H_2SiO_3.

Probenahme

Die Abfüllung des Untersuchungswassers zur Siliciumbestimmung erfolgt in 1-l-Polyolefinflaschen. Die Bestimmung sollte innerhalb von 4 Wochen erfolgen.

Arbeitsvorschrift

20 ml Untersuchungswasser werden in einen Kunststoffbecher abpipettiert und mit 0,8 g Flußsäure-Perchlorsäure-Mischung, 4 ml verd. Natronlauge und 2 g Borsäure versetzt.

Nach einer Standzeit von 15 min, während der sich die Borsäure gelöst hat, fügt man 10 ml verd. Salpetersäure und 10 ml Natriumacetatlösung hinzu, um einen pH-Wert von 1,0–1,2 zu erhalten. Anschließend gibt man 10 ml Ammoniummolybdatlösung zu und überführt die gesamte Mischung in einen 100-ml-Meßkolben. Zum Auffüllen verwendet man destilliertes Wasser, mit dem der Kunststoffbecher nachgespült wird.

Nach einer neuerlichen Standzeit von 15 min mißt man diese Lösung innerhalb von 10 min in 1-cm-Kunststoffküvetten bei 400 nm gegen destilliertes Wasser. Analog wird ein Blindwert erstellt und vom Meßwert abgezogen.

Erstellen der Eichgeraden

Die Eichgerade wird für 20-ml-SiO_2-Lösungen erstellt. Aus einer Bürette läßt man 1; 1,5; 3; 5; 10 und 15 ml der Siliciumstammlösung in Kunststoffbecher ab und füllt jeweils mit destilliertem Wasser auf ca. 20 ml auf.

Diese Lösungen werden nach der obigen Arbeitsvorschrift weiterbehandelt. Die Konzentrationen entsprechen 0,1; 0,15; 0,2; 0,5; 1,0 und 1,5 mg SiO_2 pro 20 ml Wasser. Die Eichgerade wird in üblicher Weise durch Auftragen des spektralen Absorptionsmaßes bei 400 nm gegen die Masse SiO_2 (a) unter Verwendung von 1-cm-Kunststoffküvetten erstellt.

Berechnung und Angabe der Werte

Der SiO_2-Gehalt des Wassers errechnet sich wie folgt:

$$\text{Silicium (SiO}_2) = \frac{a \cdot 1000}{b} \text{ mg/l.}$$

a die aus der Eichgeraden ermittelte Masse SiO_2 in mg
b das angewandte Probevolumen: 20 ml

Mit dem Faktor 1,3 läßt sich von SiO_2 auf H_2SiO_3 umrechnen.
Bis zu 10 mg/l SiO_2 werden die Ergebnisse auf eine Stelle hinter dem Komma gerundet, bei mehr als 10 mg/l SiO_2 auf eine Stelle vor dem Komma angegeben.

Störungen

Hauptsächlich stört Phosphat durch Bildung eines Phosphatmolybdatkomplexes. Phosphatmengen unter 1 mg können unberücksichtigt bleiben, jedoch muß bei höheren Gehalten die Arbeitsvorschrift nach Zugabe der Ammoniummolybdatlösung abgeändert werden. Dann wird nämlich der Phosphatmolybdatkomplex im Schütteltrichter mit 50 ml Benzol-Isobutanol-Gemisch in die organische Phase überführt. Nach Trennung wird die wäßrige Phase mit Silicium in einen 100-ml-Meßkolben abgelassen, aufgefüllt und 15 min nach der Zugabe von Ammoniummolybdat photometriert.

8.18.2 Sonstige Verfahren

Bei anderen photometrischen Verfahren zur Bestimmung von Silicium wird die gelbgefärbte Silicomolybdänsäure durch Reduktionsmittel in Silicomolybdänblau umgewandelt. Diese Verfahren werden ebenfalls durch Phosphate gestört. Die Ausbildung des Phosphatmolybdatkomplexes läßt sich jedoch in einem gewissen Umfang in Gegenwart organischer Säuren unterbinden [5–8].

8.18.3 Beurteilung und Grenzwerte

Gesundheitliche Bedenken gegen die im Trinkwasser vorkommenden Siliciumkonzentrationen bestehen nicht; infolgedessen bestehen auch keine Grenz- oder Richtwerte. Silicium wird hauptsächlich durch pflanzliche Nahrung aufgenommen; lösliche Kieselsäure wird rasch vom Organismus resorbiert. Der Si-Bestand des menschlichen Körpers liegt bei etwa 14 mg/kg Körpergewicht [9].
Eine gewisse Bedeutung wird den Silicaten als Korrosionsinhibitoren in der Hausinstallation zugeschrieben [10]. So können gemäß Trinkwasser-Aufbereitungs-VO neben verschiedenen Phosphaten auch Silicate dem Trinkwasser zugefügt werden, um Korrosionsschäden in metallischen Rohrleitungen zu verhindern. Während beim Orthophosphat die korrosionsinhibierende Wirkung nachgewiesen ist, bestehen beim Silicat unterschiedliche Auffassungen über seine Inhibitorwirksamkeit. Handelsübliche Silicatlösungen zur Trinkwassernachbehandlung reagieren deutlich alkalisch. Ihre Anwendung führt daher zwangsläufig zur Anhebung des pH-Werts im Wasser. Deshalb eignet sich ein Zusatz derartiger Lösungen zur Vermeidung von Korrosionsschäden an verzinkten und unverzinkten Stahlrohren, die auf einen zu niedrigen pH-Wert des Wassers zurückzuführen sind. Inwieweit neben der pH-Anhebung noch anderen Wirkungsmechanismen für den Korrosionsschutz eine Rolle spielen, ist im einzelnen nicht geklärt und hängt u. a. vom Werkstoff, den Betriebsbedingungen und der Korrosionsart ab. Verglichen mit dem Korrosionsinhibitor o-Phosphat benötigt man zum Schutz von verzinkten Stahlrohren eine ca. 150fache Massenkonzentration. Der Einfluß von Silicaten auf das Zinkgeriesel bei der Korrosion verzinkter Stahlrohre ist noch un-

klar. Vielfach hat schon die einfache pH-Wert-Anhebung des Wassers eine mit der Zugabe von Silicatlösungen vergleichbare Wirkung. Es sind auch Kombinationen von silicathaltigen Produkten mit ortho- oder poly-Phosphaten gebräuchlich, denen eine hohe Inhibitorwirksamkeit für verzinkte und unverzinkte Stahlrohre bei gleichzeitig niedriger Phosphatfracht zugeschrieben wird. Im Entwurf zur Novelle der Trinkwasser-Aufbereitungs-VO wird ein Wert von höchstens 20 mg/l SiO_2 für Kieselsäure im aufbereiteten Wasser einschließlich des natürlich vorhandenen SiO_2 festgesetzt und eine höchstzulässige Zugabe für Kieselsäure und seine Natriumverbindungen von 40 mg/l SiO_2.

Die EG-Grundwasser- und EG-Ableitungsrichtlinie nennen giftige oder langlebige organische Siliciumverbindungen jeweils in Liste II.

8.18.4 Literatur

1 Fresenius, W.; Schneider, W.: Bestimmung von Kieselsäure in Mineralwässern. Z. analyt. Chem. 207 (1965) 16-22
2 Kikuo, Kato: Spectrophotometric determination of dissolved silica based on α-Molybdosilicic acid formation. Anal. Chim. Acta 82 (1976) 401-408
3 Strickland, J.D.H.: The preparation and properties of Silicomolybdic acid. Am. Chem. Soc. 74 (1952) 862-876
4 Koch, O.G.; Koch-Dedic, G.A.: Handbuch der Spurenanalyse. Berlin: Springer 1964, S. 855 ff.
5 Chalmers, R.A.; Sinclair, A.G.: Analytische Verwendbarkeit von β-Heteropolysäuren. Fresenius Z. Anal. Chem. 228 (1967) 215
Chalmers, R.A.; Sinclair, A.G.: Anwendung von β-Heteropolysäuren zur Bestimmung von Arsen, Germanium und Silicium. Fresenius Z. Anal. Chem. 228 (1967) 375
6 Siehe [4] S. 859
7 Siehe [4] S. 861 ff.
8 Standard methods for the examination of water and wastewater 15th ed. APHA, AWWA, WPCF 1980, p. 429 ff.
9 Belitz, H.-D.; Grosch, W.: Lehrbuch der Lebensmittelchemie. Berlin: Springer 1982
10 DIN 2000: Zentrale Trinkwasserversorgung, Leitsätze für Anforderungen an Trinkwasser (November 1973). Berlin: Beuth

8.19 Bestimmung von Sulfat

Sulfat ist nahezu in allen Trinkwässern vorhanden, allerdings in sehr unterschiedlichen Konzentrationen. Da es zu den maßgebenden Anionen eines Wassers zählt, ist seine Bestimmung stets notwendig. Häufig finden sich im Trinkwasser weniger als 50 mg/l Sulfat. Die klassische Methode der gravimetrischen Bestimmung als Bariumsulfat ist aber unter Verwendung des einzuhaltenden Probevolumens von 200 ml erst im Bereich ab 250 mg/l Sulfat geeignet; sie kann auch noch bis 100 mg/l Sulfat angewandt werden, allerdings muß dann die erforderliche Genauigkeit des Fällungsverfahrens durch vorherige Einengung der Wasserproben sichergestellt werden. Es hat nicht an Versuchen gefehlt, dieses zwar genaue aber störanfällige und zeitaufwendige Verfahren durch andere Methoden zu ersetzen; als Beispiele sind komplexometrische, iodometrische oder alkalimetrische Verfahren zu nennen, die auf einer indirekten Sulfatermittlung in verschiedenen Modifikationen beruhen.

Wesentliche Vorteile haben alle diese Methoden nicht erbracht; die Genauigkeit der Gravimetrie wurde nicht erreicht. Infolgedessen ist auch heute noch die Sulfatbestimmung mit Hilfe der Bariumsulfatfällung nicht ersetzbar. Um aber auch geringe Sulfatmengen unter 50 mg/l direkt im Wasser ermitteln zu können, wurde ein nephelometrisches Verfahren entwickelt, das sich im Routinebetrieb bewährt hat. Nachstehend werden zwei Methoden beschrieben, nämlich die Nephelometrie für weniger als 50 mg/l bzw. durch Verdünnung des Untersuchungswassers bis zu 100 mg/l Sulfat und die Gravimetrie für höhere Sulfatkonzentrationen [1-5].

8.19.1 Voruntersuchung

Die Untersuchung sollte innerhalb von 4 Wochen vorgenommen werden. Zur Verfahrenswahl empfiehlt es sich, den Sulfatkonzentrationsbereich des Untersuchungswassers vorab durch einen orientierenden Test festzustellen. Hierzu eignet sich in Anlehnung an Höll [2] die mit dem Auge wahrnehmbare Stärke der Bariumsulfatfällung und ihr zeitlicher Verlauf. In einem Reagenzglas werden 10 ml Untersuchungswasser (evtl. klarfiltriert) mit einigen Tropfen verdünnter Salzsäure und dann mit einigen Tropfen 10 %iger Bariumchloridlösung versetzt; eine Trübung nach Umschütteln zeigt Sulfat an, und zwar in folgenden Mengen:

a) sofortige Starktrübung und unmittelbar anschließend völlige Undurchsichtigkeit   ca. 1000 mg/l

b) sofortige Trübung mit Schlieren, dann nach kurzer Zeit wie a)   ca. 500 mg/l

c) langsamer einsetzende Trübung mit Schlierenbildung, Undurchsichtigkeit nach 2 bis 3 min   ca. 200 mg/l

d) allmählich einsetzende Trübung, wolkig beim Schütteln, aber durchsichtig bleibend   ca. 100 mg/l

e) langsam eintretende schwache Trübung   ca. 30 bis 50 mg/l

f) Opaleszenz bis schwache Trübung   unter 30 mg/l.

8.19.2 Nephelometrische Bestimmung

(Untere Bestimmungsgrenze: 3 mg/l Sulfat)

Vor Durchführung des Verfahrens stellt man mittels der Voruntersuchung fest, ob der Sulfatgehalt unter 50 mg/l oder im Bereich von ca. 50 bis 100 mg/l liegt. Im letzteren Falle wird das Untersuchungswasser auf das Doppelte mit destilliertem Wasser verdünnt. Beim nephelometrischen Verfahren wird die Trübung durch auskristallisierendes Bariumsulfat als Maß für den Sulfatgehalt verwendet. Die Absorption wird nach einer Wartezeit von 45 min bei 490 nm gemessen. Mit dieser Methode lassen sich ca. 3 bis 50 mg/l Sulfat bestimmen. Die Bestimmung dauert mit angesetzter Eichreihe höchstens 2 h.

Geräte:
Photometer, 1-cm-Einwegküvetten aus Kunststoff, einwandfrei gereinigte Reagenzgläser;

8.19 Bestimmung von Sulfat   187

Reagenzien:
Sulfatstammlösung. 7,39 g bei 130 °C getrocknetes Natriumsulfat, Na_2SO_4 p.a. werden in 1 l destilliertem Wasser gelöst entsprechend 5 g/l SO_4^{2-} bzw. 5 mg in 1 ml.

Sulfatstandardlösung. 10 ml der Stammlösung werden mit destilliertem Wasser auf 1 l verdünnt entsprechend 50 mg/l SO_4^{2-} bzw. 1 ml = 50 µg SO_4^{2-}.

Sulfatimpflösung (bei der Sulfatbestimmung jeweils neu herzustellen; sie ist nach 20 min auf einen Zeitraum von 3 bis 4 h stabil): 1 ml Sulfatstandardlösung, 9 ml destilliertes Wasser und 2 Tropfen der Salzsäure, HCl (2 mol/l) werden in einem Reagenzglas zusammengegeben. Zu dieser Lösung werden drei Spatelspitzen $BaCl_2$ (jeweils ca. 150 mg) zugefügt. Nach Umschütteln bleibt die Lösung vor Gebrauch ca. 20 min stehen. Eine genaue, d. h. ausgewogene Zugabe von $BaCl_2$ ist nicht erforderlich. Da zu jeder Eichlösung und zum Untersuchungswasser 1 ml Impflösung zugegeben werden müssen, empfiehlt sich bei Reihenuntersuchungen das Ansetzen von 20 ml Impflösung oder mehr in einem Becherglas.

Salzsäure, HCl 2 mol/l.
Bariumchlorid, $BaCl_2$ p.a.

Arbeitsvorschrift

Zur Sulfatbestimmung werden die einzelnen Eichlösungen und die Wasserproben zeitlich versetzt zur Messung vorbereitet. Das zu untersuchende Wasser wird derart zur Messung vorbereitet, daß in einem Reagenzglas 9 ml Probewasser mit 1 ml Impflösung und 2 Tropfen Salzsäure versetzt werden. Nach 45 min wird gemessen.

Erstellen der Eichfunktion

In 12 Reagenzgläser werden mit Hilfe einer Bürette jeweils 1; 1,5; 2; 2,5; 3; 4; 5; 5,5; 6; 7; 8 und 9 ml Sulfateichlösung gegeben entsprechend 50 bis 450 µg Sulfat. Alle Lösungen in den Reagenzgläsern werden mit destilliertem Wasser aus einer Bürette auf das Volumen von 9 ml gebracht. Dann gibt man zu jeder Lösung 2 Tropfen der Salzsäure (2 mol/l). Anschließend wird in 1-min-Abständen jeweils 1 ml Sulfatimpflösung zugegeben und umgeschüttelt. Die 1-min-Abstände sind deshalb empfehlenswert, weil durch diese Staffelung nach der einzuhaltenden Wartezeit von 45 min genügend Meßzeit für die Einzelproben verfügbar ist.

188   8 Gelöste Mineralstoffe

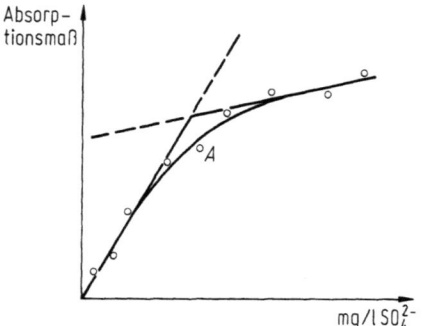

Abb. 8.16. Darstellung einer Sulfateichkurve

Die Eichfunktion besteht in der Regel aus zwei Geraden (3 bis ca. 20 mg/l und ca. 30 bis 45 mg/l), wobei die Gerade von ca. 30 bis 45 mg/l eine geringere Neigung hat und von 30 nach 20 mg/l mit einer gewissen Krümmung auf die untere Gerade trifft. Die Verhältnisse sind in Abb. 8.16 übertrieben dargestellt. Der Übergang zwischen den beiden Geraden wird unter Berücksichtigung des Meßpunkts A durch eine Ausgleichskurve hergestellt. Abbildung 8.17 zeigt eine typische Eichfunktion.

Berechnung und Angabe der Werte

Das Volumen der zu untersuchenden Wasserprobe (9 ml) erfährt durch die Zugabe der Impflösung (1 ml) eine Verdünnung, die bei der Auswertung zu berücksichtigen ist. Die Konzentration an Sulfat ergibt sich, indem man den aus der Eichfunktion abgelesenen Wert (mg/l) mit 10/9 = 1,11 multipliziert.

Störungen

Die in Trinkwässern enthaltenen Mineralstoffe stören in den üblicherweise auftretenden Konzentrationen nicht. Nitratgehalte über 100 mg/l stören.

8.19.3 Gravimetrische Bestimmung

(Untere Bestimmungsgrenze: nach Einengen 100 mg/l)

Das Verfahren beruht auf der Schwerlöslichkeit von $BaSO_4$. Seine Löslichkeit beträgt bei 25 °C in reinem Wasser 0,25 mg/l und 0,4 mg/l bei 100 °C. Reichliche Mengen Waschwasser sind daher zu vermeiden. Bei sehr fein verteiltem Bariumsulfat ist die Löslichkeit wesentlich größer. Es empfiehlt sich daher, vor dem Abfiltrieren die Ausfällung über Nacht stehen zu lassen. Zu vermeiden sind zu große Säuremengen, da durch die Bildung von Hydrogensulfat leichter lösliches $Ba(HSO_4)_2$ entsteht.

Geräte:
A 1 Porzellanfiltertiegel;

Reagenzien:
Bariumchloridlösung. 5 g Bariumchlorid, $BaCl_2$ p.a. werden in 100 ml destilliertem Wasser gelöst.
Verd. Salzsäure, HCl, 2 mol/l.

Arbeitsvorschrift

Je nach Voruntersuchung werden bis zu 200 ml der klaren, (nötigenfalls filtrierten Probe) nach Neutralisation mit einigen ml Salzsäure versetzt und zum Sieden erhitzt. Falls der Sulfatgehalt nach Abschn. 8.19.1 im Bereich von 100 bis 200 mg/l geschätzt wurde, müssen entsprechende Mengen des Untersuchungswassers eingeengt werden (z.B. bei ca. 100 mg/l Sulfat 500 auf 200 ml). Dann wird unter ständigem Rühren und weiterem Erhitzen langsam Bariumchloridlösung zugetropft. Nach Absitzen des Nieder-

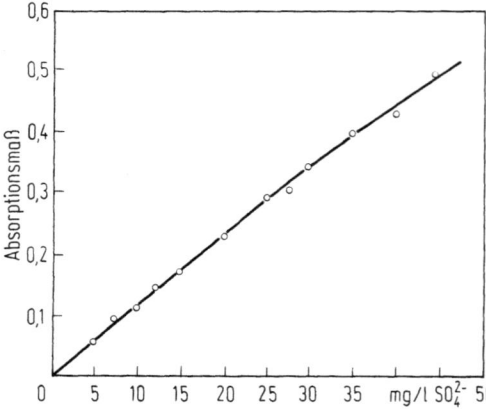

Abb. 8.17. Beispiel einer Eichkurve zur nephelometrischen Sulfatbestimmung (490 nm; 1-cm-Küvetten)

schlags überprüft man durch weitere Zugabe von BaCl$_2$-Lösung die Vollständigkeit der Fällung. Die Lösung verbleibt noch mindestens 3 h auf kleingestellter Flamme. Zweckmäßigerweise läßt man dann die erkaltete Lösung über Nacht stehen. Der Niederschlag wird in den Filtertiegel überführt, mit kleinen Portionen an warmem destilliertem Wasser chloridfrei gewaschen, getrocknet, im Muffelofen bei 800 °C eine halbe Stunde geglüht und nach dem Erkalten gewogen.

Berechnung und Angabe der Werte

1 mg BaSO$_4$ = 0,4115 mg SO$_4^{2-}$

$$\text{mg/l SO}_4^{2-} = \frac{\text{mg BaSO}_4 \cdot 0{,}4115 \cdot 1000}{V_{\text{Probe}} \text{ (ml)}}.$$

Störungen

Die Genauigkeit der gravimetrischen Sulfatbestimmung wird durch Mitfällung anderer Ionen unter Umständen beeinflußt. Dies gilt insbesondere bei Anwesenheit größerer Mengen an Natrium, Kalium, Ammonium, Eisen(II), vermehrt bei Calcium und Eisen(III), aber auch bei den Anionen Nitrat und Phosphat.

Die Kationen können allerdings unter Verwendung eines Kationenaustauschers (z. B. Dowex 50 in der H-Form) entfernt werden [5]. Das anschließend erforderliche Einengen erfolgt am günstigsten bei pH < 3 unter gleichzeitiger Zugabe von Bariumchloridlösung zur Fällung.

Störungen verursachen auch Kieselsäure (>25 mg/l SiO$_2$) und organische Inhaltsstoffe. Die Kieselsäure kann nach mehrmaligem Abdampfen der Wasserprobe mit verd. Salzsäure in einer Platinschale (bis zur Trockne) und anschließendem Aufnehmen des Rückstands mit verd. Salzsäure durch Filtration abgetrennt werden. Zur Entfernung organischer Stoffe wird der Rückstand vor dem Aufnehmen mit verd. Salzsäure zusätzlich bei ca. 600 °C geglüht.

Mit organischen Stoffen in größeren Mengen (Kaliumpermanganatverbrauch über 30 mg/l) ist im allgemeinen im Trinkwasser nicht zu rechnen; falls sie doch vorhanden sind, kann eine vorherige Oxidation mit Kaliumpermanganat erfolgen [1].

8.19.4 Sonstige Verfahren

Durch einen vorgeschalteten Ionenaustausch werden störende Kationen aus dem Untersuchungswasser entfernt (s. auch unter Störungen), die Sulfationen werden mit einer Bariumchloridlösung gefällt und ein Überschuß an Bariumionen mit EDTA und Eriochromschwarz T als unspezifischen Indikator komplexometrisch bestimmt [3, 4]. Der Umschlagspunkt ist nicht eindeutig zu erkennen; die untere Bestimmungsgrenze beträgt 40 mg/l [1].

8.19.5 Beurteilung und Grenzwerte

Sulfat ist in der Regel in allen Wässern vorhanden und bildet einen der wesentlichen Mineralstoffbestandteile des Wassers. Seine Bestimmung ist deshalb immer erforderlich. Sulfat ist in der Natur z. B. als Magnesiumsulfat (Bittersalz, MgSO$_4 \cdot$ 7 H$_2$O), als Natriumsulfat oder als Calciumsulfat (Gips, CaSO$_4 \cdot$ 2 H$_2$O) weitverbreitet. Die meisten Sulfatverbindungen sind gut wasserlöslich (z. B. auch Gips mit ca. 2 g/l bei 20 °C); schwerlöslich sind Barium-, Strontium- und Bleisulfat.

In unbelasteten Grundwässern liegt der Sulfatgehalt üblicherweise zwischen 20 und 50 mg/l, bei Wässern aus gips- und salzhaltigem Untergrund ist mit erhöhten Sulfatgehalten über 100 bis 1000 mg/l zu rechnen; Buntsandsteinwässer enthalten wenig Sulfat. Die Oxidation von Sulfiden (z. B. Pyrit, FeS$_2$) kann ebenfalls den Sulfatgehalt des Wassers erhöhen; umgekehrt entstehen sog. Schwefelwässer (H$_2$S + HS$^-$) durch Sulfatreduktion unter der Einwirkung von Mikroorganismen. Regenwasser kann je nach den örtlichen Gegebenheiten (z. B. SO$_2$-Oxidation) erhebliche Sulfatgehalte über 100 mg/l aufweisen. Erhöhte Sulfatwerte im Wasser sind auch durch verschiedene Umweltbelastungen (z. B. Kunstdünger, industrielle Abwässer, Deponiesickerwässer, Grubenwässer) möglich. Bei der Trinkwasseraufbereitung mit sulfathaltigen Chemikalien zur Flokkung oder pH-Wert-Einstellung kann ebenfalls der Sulfatgehalt ansteigen. Demzufolge ist in den Wässern mit recht un-

190 8 Gelöste Mineralstoffe

terschiedlichen Sulfatgehalten zu rechnen; hohen Sulfatwerten kann eine gewisse Indikatorfunktion zugeschrieben werden (z. B. Verunreinigungen oder sulfathaltige Lagerstätten im Untergrund).
Die gesundheitliche Bedeutung erhöhter Sulfatgehalte liegt in der abführenden Wirkung (z. B. Karlsbader Salz mit Na- bzw. K-Sulfat oder Bittersalz Mg-Sulfat). Sie verstärkt sich vor allem in der Kombination von Magnesium mit Sulfat. Ein laxierender Effekt kann schon bei Konzentrationen über 250 mg/l Sulfat auftreten, sehr häufig aber bei Konzentrationen über 1000 mg/l, insbesondere in Verbindung mit einem äquivalenten Magnesiumgehalt.
Sulfat wirkt sich im allgemeinen weniger auf den Geschmack des Wassers aus als Chlorid und Hydrogencarbonat. Die Geschmacksschwellenkonzentration variiert je nach dem assoziierten Kation:

Na_2SO_4 = 200 bis 500 mg/l
= 135 bis 338 mg/l Sulfat,
$CaSO_4$ = 250 bis 900 mg/l
= 176 bis 635 mg/l Sulfat,
$MgSO_4$ = 400 bis 600 mg/l
= 319 bis 480 mg/l Sulfat.

Erhöhte Sulfatgehalte fördern besonders im Warmwasserbereich eine Korrosion; Wässer mit mehr als 200 mg/l Sulfat sind betonangreifend, wobei sich je nach Begleitionen auch schon ein niedrigerer Sulfatgehalt auswirken kann.
Als Richtwert für Sulfat empfehlen die WHO-Guidelines 400 mg/l; die EG-Trinkwasserrichtlinie nennt als zulässige Höchstkonzentration 250 mg/l und als Richtwert 25 mg/l. Die Trinkwasser-VO gibt als Grenzwert 240 mg/l an (ausgenommen bei Wasser aus calciumsulfathaltigem Untergrund). Auch der Entwurf der Trinkwasser-Aufbereitungs-VO begrenzt den Sulfatgehalt im aufbereiteten Trinkwasser nach Zugabe sulfathaltiger Chemikalien auf 240 mg/l. Tränkwasser in der Landwirtschaft soll gleichfalls nicht mehr als 240 mg/l Sulfat besitzen. Grenzwerte für Sulfat finden sich auch in der EG-Oberflächenwasserrichtlinie und im Arbeitsblatt W 151 des DVGW (EG-Richtlinie Leitwert 150 mg/l, Grenzwert 250 mg/l;

W 151 je nach einfacher oder aufwendiger Aufbereitung 100 bzw. 150 mg/l.). Die Mineral- und Tafelwasser-VO beinhaltet für Quell- und Tafelwässer den gleichen Grenzwert; bei natürlichen Mineralwässern, in denen der Sulfatgehalt über 200 mg/l beträgt, darf im Verkehr und in der Werbung des Mineralwassers die Angabe „sulfathaltig" verwendet werden.
Anzumerken ist noch, daß in der landwirtschaftlichen Nutzung das Bewässerungswasser für Freilandkulturen höchstens 350 mg/l (Richtwert 250 mg/l) und für Unterglaskulturen 250 mg/l Sulfat (Richtwert 100 mg/l) enthalten soll [6].
Für das Abwasser wird im ATV-Arbeitsblatt A 115 das Einleiten von Abwasser in eine öffentliche Abwasseranlage mit höchstens 600 mg/l als unbedenklich angesehen; in Einzelfällen kann auch ein höherer Wert toleriert werden.

8.19.6 Literatur

1 DIN 38 405 Teil 5: Deutsche Einheitsverfahren zur Wasser-, Abwasser- und Schlamm-Untersuchung, (Gruppe D, Anionen) Bestimmung der Sulfat-Ionen (Januar 1985). Berlin: Beuth
2 Höll, K.: Wasser, 6. Aufl., Berlin: de Gruyten 1979, S. 60 f.
3 Sijderius, R.: A methode for the titrimetric determination of sulfate using the disodium salt of ethylenediamine-tetra-acetic acid. Anal. chim. Acta 11 (1954) 28
4 Ausgewählte Verfahren der Wasseruntersuchung. Bd. I, Sulfat. Jena: VEB Gustav Fischer Verlag 1976
5 Souci, S.W.; Quentin, K.-E.: Handbuch der Lebensmittelchemie. Bd. VIII/1, Wasser und Luft. Berlin: Springer 1969, S. 690 ff.
6 Daten und Informationen zu Wasserinhaltsstoffen. DVGW-Schriftenreihe, Wasser Nr. 48. Frankfurt: ZfGW-Verlag 1985

8.20 Bestimmung von Sulfidschwefel

Unter anaeroben Bedingungen kann im Wasser durch Reduktionsvorgänge unter der Einwirkung von Mikroorganismen aus schwefelhaltigen Verbindungen Sulfidschwefel gebildet werden. Als schwefelhaltige Verbindung kommt in Grundwässern in der Regel Sulfat in Frage, das längere Zeit mit reduzierender organischer Substanz (z. B. Torfschichten, Huminstoffe, bituminöse Schichten) in Kontakt stehen muß. Bei der sog. bakteriellen Sulfatreduktion dient das Sulfat als Sauerstofflieferant. Der reduzierte Schwefel kann von den Sulfatreduktanten nicht zur Biosynthese von Eiweiß genutzt werden und wird daher als Sulfidschwefel ausgeschieden. Bekanntester Vertreter dieser auf sauerstofffreies Milieu angewiesenen Mikroorganismen ist Desulfovibrio desulfuricans [1]. Wenn Sulfidschwefel unter diesen Gegebenheiten oder auch geogen (Vulkanismus) im Wasser vorkommt, ist er als natürlicher Inhaltsstoff zu betrachten. Sulfidschwefel kann aber auch durch Verwesung oder Zersetzung tierischer und pflanzlicher Eiweißstoffe bzw. schwefelhaltiger Aminosäuren im Boden unter der Einwirkung von Fäulnisbakterien in das Wasser gelangen; schließlich besteht auch die Möglichkeit der Herkunft aus industriellen Betrieben oder Abwasseranlagen. In allen diesen Fällen handelt es sich um hygienisch bedenkliche Verunreinigungen des Wassers.

Auf Grund der Dissoziationsgleichgewichte der zweibasigen Säure H_2S kann der Sulfidschwefel gasförmig gelöst als Schwefelwasserstoff H_2S, als Hydrogensulfidion HS^- oder als Sulfidion S^{2-} im Wasser vorliegen. Die Verteilung auf diese Verbindungen hängt in erster Linie vom pH-Wert und der Temperatur des Wassers ab. Schwefelwasserstoff ist bei pH-Werten unter 5 praktisch undissoziiert. Im pH-Bereich von 5 bis 9 liegt ein Gemisch von H_2S und HS^- vor. Erst bei höheren pH-Werten (>11) tritt S^{2-} auf und kann daher bei der Untersuchung von Trinkwässern unberücksichtigt bleiben. In der Regel wird beim Vorkommen von Sulfidschwefel im Wasser mit einem Gemisch von H_2S und HS^- zu rechnen sein. Der vielfach in Analysenberichten verwendete Alleinbegriff „Schwefelwasserstoff" ist daher nicht korrekt. Vorzuziehen ist der summarische Begriff „Sulfidschwefel (S)". Erforderlichenfalls läßt sich unter Berücksichtigung des pH-Werts des Wassers die Verteilung des Sulfidschwefels auf H_2S und HS^- errechnen (s. Abschn. 8.20.2).

Sulfidschwefel ist schon in Spuren ein unerwünschter Bestandteil des Trinkwassers, da sich geringste Mengen durch einen unangenehmen Geruch bemerkbar und das Wasser ungenießbar machen. Bei entsprechendem Verdacht oder auch bei nicht einwandfrei definierbarem Geruch ist daher eine Sulfidschwefelbestimmung veranlaßt.

In früherer Zeit war die iodometrische Titration zur Sulfidbestimmung üblich [2]. Diese Methode hat aber große Nachteile, da das Ergebnis einer iodometrischen Titration des Wassers letzten Endes Ausdruck seines Reduktionsvermögens und nicht allein spezifischer Maßstab für den Gehalt an Sulfidschwefel ist. Schwierig wird auch die iodometrische Titration bei sehr geringen Sulfidmengen weit unter 1 mg/l.

Auch das photometrische Bleiacetatverfahren nach Winkler [3], das sich die Braunfärbung kolloiden Bleisulfids zunutze macht, ist nicht zuverlässig, da Bleisulfidsole schnell koagulieren kann und ihre Absorption nicht konstant bleibt [4].

Letztlich hat sich das photometrische Methylenblauverfahren nach Quentin und Pachmayr in der Wasseruntersuchung als spezifisch und empfindlich durchgesetzt [5]. Später wurde an Stelle des Methylenblauverfahrens das im Reaktionsmechanismus analog ablaufende Ethylenblauverfahren empfohlen [6]. In der Tat ergibt eine vergleichende Prüfung beider Varianten, daß die Ethylenblaufunktion im Gegensatz zur Methylenblaufunktion eine Gerade bildet und daß das Verfahren deutlich empfindlicher ist. Aus diesem Grunde wird es nachstehend als einzige Methode beschrieben.

8.20.1 Photometrische Bestimmung mit N,N-Diethyl-1,4-phenylendiamin

(Untere Bestimmungsgrenze: 10 µg/l S^{2-}; 5-cm-Küvetten)

Das Prinzip der photometrischen Methode, mit der alle drei Formen des Sulfidschwefels erfaßt werden, besteht in der Bildung von Ethylenblau. N,N-Diethyl-1,4-phenylendiamin bildet mit H_2S ein Thiolderivat, das mit dem unsubstituierten Phenylendiamin zum sog. Leukoethylenblau reagiert. Durch Zugabe von Eisen(III)-Ionen in Form von Ammoniumeisen(III)-sulfat erfolgt die Oxidation zum blauen Farbstoff.

weitere mesomere Grenzformen

Nach kurzer Standzeit hat die Farbentwicklung ihr Maximum erreicht, das der Sulfidkonzentration proportional ist. Das spektrale Absorptionsmaß wird bei 670 nm bestimmt.

Geräte:
Photometer, Pumppipette;
Reagenzien:
Zinkacetatlösung. 20 g Zinkacetat, $Zn(CH_3COO)_2$ p.a. werden in 1 l destilliertem Wasser gelöst.
Aminlösung. 2 g N,N-Diethyl-1,4-phenylendiammoniumsulfat, $C_{10}H_{18}N_2O_4S$ p.a. werden in ca. 20 ml destilliertem Wasser aufgeschlämmt; dann werden 50 ml Schwefelsäure H_2SO_4 ($D = 1,84$ g/ml) vorsichtig zugesetzt. Nach Abkühlen der Lösung wird mit destilliertem Wasser auf 100 ml aufgefüllt.
Eisenlösung. 18 g Ammoniumeisen(III)-sulfat, $NH_4Fe(SO_4)_2 \cdot 12\ H_2O$ werden in 100 ml destilliertem Wasser gelöst.
Kaliumiodatlösung, KIO_3, 0,02 mol/l;
Kaliumiodid, KI p.a.;
Natriumthiosulfatlösung, $Na_2S_2O_3$, 0,1 mol/l;

Stärkelösung. 2 g Stärke, $(C_6H_{10}O_5)_n$ p.a. werden in 100 ml destilliertem Wasser gelöst.
Sulfidstammlösung.
1 bis 2 g Natriumsulfid, $Na_2S \cdot 9\ H_2O$ p.a. (ein Kristall) werden in ca. 100 ml Natronlauge, NaOH, 0,1 mol/l gelöst; mit der Natronlauge wird die Lösung im Meßkolben auf 1 l aufgefüllt. Zur titrimetrischen Bestimmung des exakten Sulfidgehalts werden 10 ml der Lösung mit der Pumppipette entnommen und 10 ml Kaliumiodatlösung zupipettiert; dann wird mit ca. 1 g Kaliumiodid versetzt und nach einer Standzeit von 15 min (im Dunkeln) unter Zusatz von Stärkelösung mit der Natriumthiosulfatlösung titriert. Aus der Titration berechnet sich der S-Gehalt in der Sulfidstammlösung wie folgt:

$$S = (a - b) \cdot c \cdot 1{,}603 \cdot 100 \text{ mg/l}.$$

a   10 ml Kaliumiodatlösung 0,02 mol/l
b   der Verbrauch an Natriumthiosulfatlösung 0,1 mol/l in ml
c   der Faktor der Natriumthiosulfatlösung

Sulfidstandardlösung. Zur Erstellung der Eichgeraden werden 10 ml der Sulfidstammlösung mit destilliertem Wasser in einem 1-l-Meßkolben aufgefüllt (1 ml = 1 bis 2 µg S).
Sowohl die Stammlösung als auch die Standardlösung werden erst vor der Erstellung der Eichgeraden frisch zubereitet und nach Gebrauch verworfen, weil sie nicht haltbar sind.

Probenahme

Da der Sulfidschwefel als Schwefelwasserstoff leicht flüchtig geht und auch einer raschen Oxidation durch den Luftsauerstoff unterliegt, muß die Wasserprobe bei der Entnahme stabilisiert werden. Dies geschieht durch Vorlage einer Zinkacetatlösung. Als Probenahmegefäß verwendet man einen 100-ml-Meßkolben. Der Kolben wird mit 10 ml Zinkacetatlösung beschickt, gewogen und am Entnahmeort mit dem Untersuchungswasser bis zu einem Volumen von ca. 70 ml gefüllt; der Kolben wird dann wieder gewogen. Bei der Entnahme muß darauf geachtet werden, daß die Abfüllung nach Möglichkeit aus laminar strömendem Wasser erfolgt, um Schwefelverluste zu vermeiden. Die entnommene Wassermenge richtet sich nach dem zu erwartenden Sulfidschwefelgehalt. In einer stabilisierten Probe soll im Laboratorium innerhalb einer Woche der S-Gehalt bestimmt werden.

8.20 Bestimmung von Sulfidschwefel

Arbeitsvorschrift

Der Kolbeninhalt wird mit 1 ml Aminlösung versetzt; nach guter Durchmischung wird 1 ml Eisenlösung zugegeben, wiederum gut durchgemischt und auf 100 ml mit destilliertem Wasser aufgefüllt. Nach einer Standzeit von 10 min (Zimmertemperatur) wird bei 670 nm in 1-cm- bzw. 5-cm-Küvetten gegen destilliertes Wasser gemessen. Der Blindwert liegt erfahrungsgemäß bei 0. Er sollte trotzdem von Zeit zu Zeit überprüft und gegebenenfalls abgezogen werden.

Erstellen der Eichgeraden

Von der Sulfidstandardlösung werden 5, 10, 20, 30 und 40 ml mit der Pumppipette in jeweils einen mit 10 ml Zinkacetat beschickten 100-ml-Meßkolben überführt. Die S-Bestimmung erfolgt dann wie unter der Arbeitsvorschrift beschrieben.
Durch Benutzen der Pumppipette findet ein Abheben der Sulfidlösung statt, so daß kein Verlust an H_2S eintreten kann. Die Erstellung der Eichgeraden als Grundlage des Verfahrens erfordert besondere Sorgfalt; bei genauer Einhaltung der Vorschrift ergibt sich eine Gerade, die durch den Nullpunkt geht. Die Eichgerade braucht nur einmal erstellt zu werden.

Berechnung und Angabe der Werte

Der Gehalt an Sulfidschwefel im Untersuchungswasser errechnet sich wie folgt:

$$\text{Schwefel (S)} = \frac{a \cdot 1000}{b} \ \mu g/l.$$

a die aus der Eichgeraden ermittelte Masse in µg/100 ml
b das angewandte Probenvolumen in ml (entspricht bei Trinkwässern üblicherweise der eingewogenen Probemasse in g)

Zur Umrechnung des Schwefelwerts auf H_2S bzw. HS^- wird mit dem Faktor 1,063 bzw. 1,031 multipliziert.
Bei einer Massenkonzentration des Wassers an Sulfidschwefel bis zu 0,50 mg/l werden die Ergebnisse auf drei Stellen und bei mehr als 0,50 mg/l auf zwei Stellen hinter dem Komma angegeben.

Störungen

Die in Trinkwässern üblicherweise vorkommenden Inhaltsstoffe stören nach Art und Menge die photometrische Sulfidschwefelbestimmung nicht.

8.20.2 Berechnung der Verteilung des Sulfidschwefels auf H_2S und HS^-

Die Verteilung des Sulfidschwefels auf H_2S und HS^-, die vom pH-Wert und der Wassertemperatur abhängig ist, läßt sich mit folgenden Formeln errechnen [7]:

$$[H_2S] + [HS^-] = [S] \qquad (8.1)$$

$$[HS^-] = \frac{K_{H_2S} \cdot [S]}{[H^+] + K_{H_2S}}. \qquad (8.2)$$

Die erste Dissoziationskonstante des Schwefelwasserstoffs K_{H_2S} hat in Abhängigkeit von der Wassertemperatur die in Tabelle 8.16 angegebenen Werte [8]:

Beispiel: Das untersuchte Trinkwasser von 12 °C hat den pH-Wert 7,4 und einen beträchtlichen Sulfidschwefelgehalt von 0,36 mg/l entsprechend $11{,}2 \cdot 10^{-6}$ mol/l. Dieser verteilt sich auf H_2S und HS^- wie folgt:
nach (8.2):

$$[HS^-] = \frac{6{,}75 \cdot 10^{-8} \cdot 11{,}2 \cdot 10^{-6}}{10^{-7{,}4} + 6{,}75 \cdot 10^{-8}}$$

$$= \frac{7{,}56 \cdot 10^{-5}}{10^{0{,}6} + 6{,}75} = 0{,}705 \cdot 10^{-5} \text{ mol/l}$$

bzw. 0,0070 mmol/l = 0,233 mg/l,

nach (8.1):

$$[H_2S] = 11{,}2 \cdot 10^{-6} - 7{,}05 \cdot 10^{-6} = 4{,}15 \cdot 10^{-6}$$

bzw. 0,0041 mmol/l = 0,141 mg/l.

Es liegen demzufolge 0,233 mg/l als Hydrogensulfid und 0,141 mg/l als Schwefelwasserstoff vor.

Tabelle 8.16. Erste Dissoziationskonstante des Schwefelwasserstoffs in Abhängigkeit von der Wassertemperatur

Wassertemperatur in °C	K_{H_2S}
0	$3{,}31 \cdot 10^{-8}$ mol/l
5	$4{,}72 \cdot 10^{-8}$ mol/l
10	$6{,}18 \cdot 10^{-8}$ mol/l
15	$7{,}61 \cdot 10^{-8}$ mol/l
20	$9{,}05 \cdot 10^{-8}$ mol/l
25	$10{,}47 \cdot 10^{-8}$ mol/l

8.20.3 Beurteilung und Grenzwerte

Da Schwefelwasserstoff in geringsten Mengen dem Wasser einen penetranten Geruch verleiht und auch den Geschmack stark beeinträchtigt, so daß das Wasser ungenießbar ist, sind Grenzwerte unnötig und demzufolge auch Gesundheitsbeeinträchtigungen nicht bekannt. Der intensive Geruch ist eine altbewährte Nachweismethode; praktisch liegt der Geruchsschwellenwert bezogen auf die Konzentration niedriger als die Sulfidschwefelerfassung mit der Ethylenblaumethode. Nach Heller u. Lehmann [8] sollen zwar noch 0,03 µg H_2S in 1 l Luft riechbar sein. Dieser Wert erscheint aber zu gering. Bei Durchsicht der Literatur ist allgemein festzustellen, daß die entsprechenden Angaben stark schwanken. Immerhin dürften Werte um 0,1 bis 1 µg H_2S pro l Luft zutreffen.
Schwefelwasserstoff ist giftig; 1,2 bis 2,8 mg/l Luft sollen auf den Menschen tödlich wirken. Der MAK-Wert beträgt 15 mg pro m³ Luft (15 µg/l). Schwefelwasserstoff ist ab 0,86 mg/l toxisch für Fische, ab 1,0 mg/l tödlich für Fischnährtiere [9]. Sulfide (Natriumsulfid) sind in der Liste wassergefährdender Stoffe in die Wassergefährdungsklasse 2 eingereiht [10].
Unter diesen Gegebenheiten muß Trinkwasser frei von Sulfidschwefel sein. In der EG-Trinkwasserrichtlinie steht dementsprechend auch die Forderung, daß Schwefelwasserstoff organoleptisch nicht nachweisbar sein darf.
Im ATV-Arbeitsblatt A 115 mit seinen Hinweisen für das Einleiten von Abwasser in eine öffentliche Abwasseranlage steht für Sulfid der noch als unbedenklich angesehene Höchstwert von 2 mg/l bei solchen Einleitungen.

8.20.4 Literatur

1 Nielsen, H.: Schwefelisotope und ihre Aussage zur Entstehung der Schwefelquellen. In: Die Thermal- und Schwefelwasservorkommen von Bad Gögging. Schriftenr. Bayer. Landesamt f. Wasserwirtsch. 15 (1981) 99-107.
2 Quentin, K.-E.; Souci, S.W.: Handbuch der Lebensmittelchemie. Bd. VIII, Wasser und Luft. Berlin: Springer 1969, S. 686 und 989
und
Ausgewählte Methoden der Wasseruntersuchung, Bd. I, Jena: VEB Gustav Fischer Verlag 1976
und
Höll, K.: Wasser. 6. Aufl. Berlin: de Gruyter 1979, S. 157f.
3 Olszewski, W.: Untersuchung des Wassers an Ort und Stelle. Berlin: Springer 1945, S. 77
4 Treiber, E.; Koren, H.; Gierlinger, W.: Beitrag zur kolorimetrischen Bestimmung von Sulfidionen. Mikrochem. ver. Mikrochim. Acta 40 (1952) 32
5 Quentin, K.-E.; Pachmayr, F.: Colorimetrische Sulfidbestimmung im Wasser mit Methylenblau. Vom Wasser 28 (1961) 79-93
6 Rees, T.D.; Gyllenspetz, A.B.; Docherty, A.C.: The determination of trace amounts of sulphide in condensed steam with N,N-Diethyl-p-phenylenediamine. Analyst 96 (1971) 201-208
7 Fresenius, L.; Fuchs, O.: Zur Berechnung der Mineralwasseranalysen. Z. anal. Chem. 82 (1930) 226-234
8 Heller, A.; Lehmann, H.: Handbuch der Lebensmittelchemie. Bd. VIII/2, Luft. Berlin: Springer 1940, S. 523
9 Roth, L.: Wassergefährdende Stoffe IV. Landsberg/Lech: ecomed 1982, S. 6
10 Diesel, W.; Lühr, H.P.: Lagerung und Transport wassergefährdender Stoffe. Berlin: Erich Schmidt 1982

9 Gelöste Gase

9.1 Bestimmung der Kohlensäure und ihrer Anionen

In der Trinkwassergewinnung und -nutzung spielen Kohlensäure und ihre Anionen vor allem eine wichtige Rolle in technologischer Sicht; es ist daher erforderlich, eine genaue Analyse und Darstellung der Kohlensäureverhältnisse im Wasser vorzunehmen und die Folgerung zu beschreiben. Somit gehört die Analytik der Kohlensäure-Spezies zu den unverzichtbaren Bestimmungen jeder Trinkwasseruntersuchung [1].

9.1.1 Parameter und Definitionen

9.1.1.1 m-Wert, p-Wert und anorganischer Kohlenstoff C_{KS}:

m- und p-Wert leiten sich historisch vom experimentell bestimmbaren Säureverbrauch eines Wassers bis zum Umschlagspunkt von *Methylorange* (m^*-Wert = Säurekapazität 4,3) und entsprechend vom Baseverbrauch bis zum Umschlagspunkt von *Phenolphthalein* (p^*-Wert = Basekapazität 8,35) ab. Bei der Titration mit Säure gegen Methylorange finden folgende Reaktionen statt [2]:

a) vorhandene OH^--Ionen werden neutralisiert:

$$OH^- + H^+ \text{ (zugegeben)} \longrightarrow H_2O. \quad (9.1)$$

b) vorhandene CO_3^{2-}-Ionen werden intermediär zu HCO_3^--Ionen umgesetzt:

$$CO_3^{2-} + H^+ \text{ (zugegeben)} \longrightarrow HCO_3^-. \quad (9.2)$$

c) vorhandene HCO_3^--Ionen (ursprünglich anwesende + durch Umsetzung nach b) entstandene Ionen) werden zu undissoziiertem CO_2 umgesetzt [3]:

$$HCO_3^- + H^+ \text{ (zugegeben)} \longrightarrow CO_2 \text{ aq}. \quad (9.3)$$

Der historische „m-Wert" (m^*) entspricht also überschlägig der Summe der titrierten Ionen abzüglich der im Wasser bereits vorhandenen H^+-Ionen:

$$m^* \approx c(OH^-) + 2c(CO_3^{2-}) + c(HCO_3^-) - c(H^+). \quad (9.4)$$

Eine analoge Betrachtung ergibt folgende Beziehung für den historischen „p-Wert" (p^*):

$$p^* \approx c(OH^-) + c(CO_3^{2-}) - c(CO_2 \text{ aq}) - c(H^+). \quad (9.5)$$

Um an Stelle dieser nur näherungsweise bestimmten Größen über genau definierte Werte zu verfügen, müssen die Beziehungen für m^* und p^* in echte Gleichungen umgewandelt werden:

$$m = c(HCO_3^-) + 2c(CO_3^{2-}) + c(OH^-) - c(H^+), \quad (9.6)$$

$$p = -c(CO_2 \text{ aq}) + c(CO_3^{2-}) + c(OH^-) - c(H^+). \quad (9.7)$$

Im Gegensatz zu den obigen Näherungen für m^* und p^* schließen diese vorstehenden Gleichungen für m und p aber keine Meßvorschriften ein. Hierzu muß erst noch der Zusammenhang mit dem pH-Wert und der Säure- bzw. Basekapazität hergestellt werden, der später erläutert wird.
Eine weitere wichtige Größe zur Behandlung der Kohlensäuregleichgewichte bildet die Stoffmengenkonzentration des anorganischen Kohlenstoffs $c(C_{KS})$. Sie ergibt sich als

Summe der Stoffmengenkonzentrationen aller Kohlensäure-Spezies:

$$c(C_{KS}) = c(CO_2\,aq) + c(HCO_3^-) + c(CO_3^{2-}). \tag{9.8}$$

Wie man unschwer nachprüfen kann, besteht zwischen m-Wert p-Wert und $c(C_{KS})$ folgender Zusammenhang:

$$c(C_{KS}) = m - p. \tag{9.9}$$

Die Stoffmengenkonzentration an anorganischem Kohlenstoff wird also aus der Differenz von m- und p-Wert erhalten. Eine strenge physikalisch-chemische Behandlung der verschiedenen Gleichungen für das Kohlensäuresystem führt insgesamt zu denselben Aussagen.

9.1.1.2 Aktivitätskoeffizienten, Ionenstärke, Temperatur, pH-Wert, Säure- und Basekapazität

Die Gleichgewichtskonzentrationen der Kohlensäure-Spezies sind wesentlich abhängig von der Zusammensetzung des Wassers. Diese Abhängigkeit wird durch die *Aktivitätskoeffizienten* berücksichtigt. Für alle gelösten Stoffe stellt das Produkt von Stoffmengenkonzentration $c(X)$ und Aktivitätskoeffizient $f(X)$ die Aktivität $a(X)$ dar:

$$a(X) = c(X)f(X), \tag{9.10}$$

Alle thermodynamischen Gleichgewichtskonstanten gelten nur, wenn die entsprechenden Aktivitäten in die Gleichungen eingesetzt werden. Die Abhängigkeit der Aktivitätskoeffizienten von der Gesamtmineralisation des Wassers wird durch die *Ionenstärke* ausgedrückt.
Der Aktivitätskoeffizient der einzelnen Ionen wird häufig in der folgenden Form dargestellt:

$$\log f(X) = -\frac{0{,}5 z^2(X)\sqrt{I}}{1 + \alpha\sqrt{I}}.$$

Bei bekannter Ionenstärke kann demzufolge der Aktivitätskoeffizient der einzelnen Ionen näherungsweise berechnet werden. α ist eine empirisch zu bestimmende Größe und kann der einschlägigen Literatur entnommen werden [1].

a) *Berechnung der Ionenstärke:* Nach Lewis und Randall kann man davon ausgehen, daß die Aktivitätskoeffizienten eines starken Elektrolyten in allen verdünnten wäßrigen Lösungen mit derselben Ionenstärke gleich sind und nicht von der Ionenart abhängen. Zur Bestimmung der Ionenstärke muß in der Regel die stoffliche Zusammensetzung des Wassers bekannt sein:

$$I = \tfrac{1}{2} \sum c(X)\, z^2(X). \tag{9.11}$$

Unter der Ionenstärke wird also die Hälfte der Produktsumme aus einzelnen Stoffmengenkonzentrationen $c(X)$ mit den Quadraten der Wertigkeiten $z(X)$ verstanden. Zur Berechnung reichen die Stoffmengenkonzentrationen der Hauptinhaltsstoffe des Wassers aus (z. B. Na^+, K^+, Mg^{2+}, Ca^{2+} und Cl^-, NO_3^-, SO_4^{2-}, HCO_3^-). Nachfolgend wird an Hand einer Wasseranalyse (Tabelle 9.1) diese Berechnung erläutert.

b) *Näherungswert für die Ionenstärke:* Hierbei handelt es sich um einen von Maier und Grohmann [4] empirisch erhaltenen Zusammenhang zwischen der Ionenstärke und der spezifischen elektrischen Leitfähigkeit für bestimmte Wassertypen. Insbesondere bei einem höheren Anteil an zweiwertigen Ionen und nicht bei Überwiegen einwertiger Ionen (z.B. Na^+, K^+, Cl^-) ist der Näherungswert brauchbar. Für viele Trinkwässer, z. B. mit höheren Anteilen an Ca^{2+} und Mg^{2+}, läßt sich die nachstehende Berechnung der Ionenstärke I als Näherungswert verwenden:

$$I = \frac{\varkappa_{20}}{54{,}5}\ \text{mmol/l}. \tag{9.12}$$

$\varkappa_{20}$ spezifische elektrische Leitfähigkeit in $\mu S/cm$, gemessen bei 20 °C

Nach (7.5) im Abschn. 7.4.2 Leitfähigkeit läßt sich die Ionenstärke mit der Leitfähigkeit bei 25 °C umrechnen:

$$I = \frac{\varkappa_{25}}{60{,}4}\ \text{mmol/l}.$$

9.1 Bestimmung der Kohlensäure und ihrer Anionen

Tabelle 9.1. Analyse des Wassers aus einem Brunnen der Trinkwasserversorgung Rosenheim/Obb. 1978.
Entnahmetemperatur: 9,11 °C; pH-Wert bei Entnahmetemperatur: 7,19
Elektrische Leitfähigkeit $\varkappa$ bei 25 °C: 648 µs/cm

	$\varrho(X)$ mg/l	$c(X)$ mmol/l	$c(\text{eq}, X)$ mmol/l	$c(X) \cdot z^2(X)$ mmol/l
Kationen				
Natrium (Na^+)	3,4	0,15	0,15	0,15
Kalium (K^+)	1,5	0,04	0,04	0,04
Magnesium (Mg^{2+})	20,7	0,85	1,70	3,40
Calcium (Ca^{2+})	116,2	2,90	5,80	11,60
Summe			7,69	
Anionen				
Chlorid (Cl^-)	7,8	0,22	0,22	0,22
Sulfat (SO_4^{2-})	24,2	0,25	0,50	1,00
Nitrat (NO_3^-)	9,4	0,15	0,15	0,15
Hydrogencarbonat (HCO_3^-)	411,1	6,74	6,74	6,74
Carbonat (CO_3^{2-})	0,3	0,005	–	–
Summe	594,6		7,61	23,30
Undissoziierte Stoffe				
Kieselsäure (als SiO_2)	9,6			
Summe der Mineralstoffe	604,2			
Gasförmige Stoffe				
Sauerstoff (O_2)	6,1			
Kohlendioxid (CO_2)	51,0			
Summe der gelösten Stoffe	661,3			
Ionenstärke				11,65

Aus der experimentell ermittelten spezifischen elektrischen Leitfähigkeit (Beispiel der Analyse Tabelle 9.1) errechnet sich nach der Formel folgende Ionenstärke:

$$I = \frac{648}{60,4} = 10,73 \text{ mmol/l}. \qquad (9.13)$$

Dieser Wert liegt um 8% niedriger als die aus den Einzelbestimmungen errechnete Ionenstärke von 11,65 mmol/l. Der Fehler ist allerdings für die weiteren Berechnungen nicht erheblich.
In der Regel kann für Ca-HCO$_3$-haltige Trinkwässer und Massenkonzentrationen (gesamt) unter 1000 mg/l bzw. Ionen-Stoffmengenkonzentrationen (gesamt) unter 20 mmol/l mit Ionenstärken weit unter 20 mmol/l gerechnet werden. Erst bei Ionenstärken über 50 mmol/l bzw. bei sehr hohen Werten über 100 mmol/l treten noch andere, zusätzliche Faktoren auf; daher beziehen sich die vorstehenden Hinweise nur auf den Trinkwasserbereich.
Da die Gleichgewichtskonzentrationen der Kohlensäure-Spezies temperaturabhängig sind, ist eine exakte *Temperaturmessung* des Wassers unerläßlich; sie ist aber in der Regel problemlos. Die zur Anwendung notwendigen thermodynamischen Gleichgewichtskonstanten sind in der einschlägigen Literatur in Abhängigkeit von der Temperatur enthalten.
Die Massenkonzentration der weiteren Bestandteile betrug: Amonium (NH_4^+) < 0,03; Eisen(Fe^{2+}) < 0,01; Mangan (Mn^{2+}) < 0,003; Zink (Zn^{2+}) < 0,063; Nitrit (NO_2^-) < 0,005; Hydrogenphosphat (HPO_4^{2-}) 0,1 mg/l; Gehalt an organisch gebundenem Kohlenstoff (DOC, hier auch TOC) 0,4 mg/l.

Als weitere Kenngrößen wurden ermittelt:

Säurekapazität bis pH 4,3 bei 9,11 °C	6,80 mmol/l
Basekapazität bis pH 8,2 bei 9,11 °C	1,08 mmol/l
Basekapazität bis pH 8,35 bei 9,11 °C	1,14 mmol/l
Basekapazität bis pH 8,39 bei 9,11 °C	1,16 mmol/l
Absorptionskoeffizient bei 436 nm	0,005 cm^{-1}
Absorptionskoeffizient bei 254 nm	0,015 cm^{-1}
Abdampfrückstand (180 °C)	388 mg/l.

Neben den Massenkonzentrationen $\varrho(X)$ enthält Tabelle 9.1 die Stoffmengenkonzentrationen $c(X)$, die Äquivalentkonzentrationen $c(eq, X)$ und in der letzten Spalte die Produkte aus den einzelnen Stoffmengenkonzentrationen $c(X)$ mit den Quadraten der Wertigkeit $z^2(X)$ zur Berechnung der *Ionenstärke* gemäß (9.11). Die Ionenstärke I als Hälfte der Produktsumme von 23,30 beträgt demnach 11,65 mmol/l.

Bei den Basekapazitäten ist einmal die zu bestimmende $K_{B\,8,2}$ aufgeführt; darüber hinaus ist auch die Basekapazität$_{EP}$ gemäß Abschn. 9.1.2.2 und 9.1.4.2 als $K_{B\,8,39}$ mit einem Wert von 1,16 mmol/l angegeben. Demgegenüber ist die Basekapazität $K_{B\,8,35}$ (Umschlagspunkt des Phenolphthaleins) mit 1,14 mmol/l wenig unterschiedlich.

Ähnlich problemlos ist die Bestimmung des pH-Werts, der in die Berechnung eingeht. Auf seine genaue Ermittlung muß daher großer Wert gelegt werden. Der pH-Wert sollte stets an Ort und Stelle bei Originaltemperatur und unter entsprechenden Vorsichtsmaßnahmen gemessen werden. Temperaturerhöhungen erwirken Entgasung und damit pH-Wert-Erhöhung; bei geringer Pufferungskapazität sollte die pH-Messung im blasenfrei abgefüllten und abgeschlossenen Entnahmegefäß erfolgen. Die Genauigkeit ist dann nur noch von der Kalibrierung der Meßkette abhängig, die deshalb mit besonderer Sorgfalt erfolgen muß. Ist dies geschehen, so kann eine Meßgenauigkeit von $\Delta pH = \pm 0,02$ durchaus erreicht werden. Durch die Fortpflanzung dieser Abweichung

beträgt der prozentuale mittlere Fehler für die Stoffmengenkonzentration der undissoziierten Kohlensäure weitgehend unabhängig vom Wassertypus etwa ±5%. Genauer läßt sich also die Kohlensäure nicht bestimmen.

Zur Bestimmung der Kohlensäure-Spezies sind schließlich noch Säure- und Basekapazität notwendig (s. Abschn. 7.8 und 7.9).

Mit den aufgezählten Parametern und den erläuterten Begriffen lassen sich die einzelnen Spezies nach den Beziehungen für die Elektrolytgleichgewichte der Kohlensäure ohne weiteres errechnen. Ein einfacher Taschenrechner mit logarithmischer Funktion genügt als Hilfsgerät.

Insgesamt müssen also zur Bestimmung der Kohlensäure-Spezies vier bzw. fünf Parameter vorher ermittelt werden:
1. Temperatur,
2. Ionenstärke,
3. pH-Wert,
4. Säurekapazität oder
5. Basekapazität.

Nur in bestimmten Fällen kann eine Spezies der Kohlensäure ohne genaue Kenntnis von Temperatur, Ionenstärke und pH-Wert durch Titration bestimmt werden. Die klassischen Methoden zur Ermittlung der undissoziierten Kohlensäure und der Hydrogencarbonationen beziehen sich auf diese Fälle, die auch häufig vorkommen. Methodisch wird aber dem Allgemeinfall Vorrang zu geben sein; daher werden nachfolgend diese allgemeingültigen Bestimmungsmethoden unter Vernachlässigung von Effekten durch Verdünnungen infolge der Titrationen abgehandelt. Diejenigen Voraussetzungen, die eine direkte Bestimmung einzelner Kohlensäure-Spezies erlauben, sind in den entsprechenden Abschnitten mit der Verfahrensweise enthalten.

9.1.2 Bestimmung der undissoziierten Kohlensäure

Zur quantitativen Bestimmung der undissoziierten Kohlensäure $c(CO_2 \cdot aq)$ ist zunächst die Kenntnis von *Temperatur* und *Ionenstärke* erforderlich; darüber hinaus sind noch zwei weitere Meßgrößen notwendig, nämlich entweder *pH-Wert* und *Säurekapazität* ($K_{S\,4,3}$) oder *pH-Wert* und *Basekapazität* (K_B). Voraussetzung für diese Verfahren ist die Abwesenheit anderer schwacher Säuren (z. B. Huminsäuren) oder auch Basen (zusammenfassend als sog. Fremdpuffer bezeichnet).

9.1.2.1 Bestimmung mit pH-Wert und $K_{S\,4,3}$

Der pH-Wert wird zweckmäßigerweise an Ort und Stelle gemessen; die Bestimmung der $K_{S\,4,3}$ kann dagegen auch später im Laboratorium erfolgen. Ein CO_2-Verlust in der Probe hat kaum einen Einfluß auf das Meßergebnis, falls nicht $CaCO_3$ zwischenzeitlich ausfällt und dann möglicherweise bei der Säuretitration nicht mehr erfaßt wird. Aus der $K_{S\,4,3}$ ist zunächst der *m*-Wert zu berechnen.
Zwischen *m*-Wert und $K_{S\,4,3}$ besteht folgender Zusammenhang:

$$m = c(C_{KS})\,\varphi_{4,3} + \left[\frac{a(OH^-) - a(H^+)}{f(H^+)}\right]_{4,3} +$$
$$+ K_{S\,4,3}. \qquad (9.14)$$

$\varphi_{4,3}$ ist dimensionslos und eine Hilfsfunktion, die von mehreren Variablen abhängt und deren Wert normalerweise zwischen $5 \cdot 10^{-3}$ und $10 \cdot 10^{-3}$ liegt.
Bei der Titration bis zum pH-Wert 4,3 ist je nach Durchführung ein unbestimmter CO_2-Verlust in Kauf zu nehmen. Da in (9.14) $c(C_{KS})$ steht, die sich ja bei Entgasungsverlusten ändert, würde auch die rechnerische Auswertung ungenau. Um dies zu verhindern, muß die Kohlensäure während der Titration durch kräftiges Schütteln des Titriergefäßes praktisch völlig entfernt werden; es stellt sich dann das Gleichgewicht mit dem geringen CO_2-Partialdruck der Luft ein. Bei großen Probemengen (z. B. 500 ml) ist diese Gleichgewichtseinstellung mit Gefäßbewegungen während der Titration kaum zu erreichen; es empfehlen sich daher Probemengen bis zu ca. 100 ml. Sind größere Probemengen unvermeidlich, kann das CO_2 während der Titration durch ein Inertgas (z. B. N_2) ausgetrieben werden. Bei Gleichgewichtseinstellung wird $c(C_{KS})$ $\varphi_{4,3} \approx 10^{-7}$ mol/l und ist zu vernachlässigen;

hinzu kommt, daß sich bei $pH_{4,3}$ für Ionenstärken zwischen 0 und 10 mmol/l der zweite Summand (die eckige Klammer) auf $-0,05$ mmol/l (Ionenstärke *A*) und zwischen 10 bis 30 mmol/l auf $-0,06$ mmol/l (Ionenstärke *B*) beläuft. Damit vereinfacht sich (9.14) wie folgt:

$$m \approx K_{S\,4,3} - 0{,}05 \text{ mmol/l bei Ionenstärke } A \qquad (9.15)$$

oder

$$m \approx K_{S\,4,3} - 0{,}06 \text{ mmol/l bei Ionenstärke } B. \qquad (9.16)$$

Beispiel:
$K_{S\,4,3} = 6{,}81$ mmol/l
$I \phantom{_{S\,4,3}} = 11{,}65$ mmol/l (s. Berechnung in Abschn. 9.1.1.2.b)
$m \phantom{_{S\,4,3}} = 6{,}81 - 0{,}06 = 6{,}75$ mmol/l.

Sind pH- und *m*-Wert bekannt, läßt sich die Stoffmengenkonzentration der undissoziierten Kohlensäure wie folgt berechnen:

$$c(CO_2\,aq) = \frac{m - \left[\dfrac{a(OH^-) - a(H^+)}{f(H^+)}\right]}{1 + \dfrac{2K_2 f(H^+)}{f_2\, a(H^+)}} \times$$
$$\times \frac{a(H^+)\, f_1}{K_1 f(H^+)} \text{ mol/l}. \qquad (9.17)$$

Vorbedingung zur Anwendung dieser Auswertung ist eine Wassertemperatur unter 50 °C sowie eine Ionenstärke unter 50 mmol/l.
Die Berechnung erfolgt nicht mit der Einheit mmol/l, sondern mit mol/l, weil allen in der einschlägigen Fachliteratur angegebenen thermodynamischen Gleichgewichtskonstanten die Molarität in mol/l oder die Molalität in mol/kg zugrunde liegt. Zur Berechnung von Gleichgewichtskonstanten sind Konzentrationsangaben in mmol/l unüblich; sie könnten insbesondere bei logarithmischen Zusammenhängen zu Fehlinterpretationen Anlaß geben.

Beispiel für die Berechnung von $c(CO_2 \cdot aq)$ nach (9.17):

$m = 6{,}75$ mmol/l bzw. $6{,}75 \cdot 10^{-3}$ mol/l,
pH $= 7{,}19$,
$\vartheta = 9{,}11$ °C,
$I = 11{,}65$ mmol/l,

K_1 für 9,11 °C = $10^{-6,473}$ = 3,365 · 10^{-7} mol/l
(s. Abschn. 9.1.5.2.b)
K_2 für 9,11 °C = $10^{-10,500}$ = 3,162 · 10^{-11} mol/l
(s. Abschn. 9.1.5.3.b)
K_w für 9,11 °C = $10^{-14,564}$
= 2,729 · 10^{-15} mol²/l²
(s. Abschn. 9.1.5.1.b)
$f(H^+)$ = $10^{-0,047}$ = 0,897
(s. Abschn. 9.1.5.1.c)
f_1 = $10^{-0,094}$ = 0,805
(s. Abschn. 9.1.5.2.c)
f_2 = $10^{-0,188}$ = 0,649
(s. Abschn. 9.1.5.3.c)
$a(OH^-)$ = $10^{(\log K_w + pH)}$ = 4,227 · 10^{-8}
(s. Abschn. 9.1.5.1.d)
$a(H^+)$ = 10^{-pH} = 6,456 · 10^{-8}
(s. Abschn. 9.1.5.1.d)

$$\left[\frac{a(OH^-) - a(H^+)}{f(H^+)}\right]$$
$$= \frac{4,227 \cdot 10^{-8} - 6,456 \cdot 10^{-8}}{0,897}$$
$$= -2,48 \cdot 10^{-8} \text{ mol/l}$$

$$\frac{a(H^+)f_1}{K_1 f(H^+)} = \frac{6,456 \cdot 10^{-8} \cdot 0,805}{3,365 \cdot 10^{-7} \cdot 0,897} = 0,172$$

$$\frac{2 K_2 f(H^+)}{f_2 a(H^+)} = \frac{2 \cdot 3,162 \cdot 10^{-11} \cdot 0,897}{0,649 \cdot 6,456 \cdot 10^{-8}}$$
$$= 1,354 \cdot 10^{-3}$$

$$c(CO_2 \text{ aq}) = \frac{6,75 \cdot 10^{-3} + 2,48 \cdot 10^{-8}}{1 + 1,354 \cdot 10^{-3}} \times$$
$$\times 0,172$$

$c(CO_2 \text{ aq})$ = 1,159 · 10^{-3} mol/l bzw. aufgerundet = 1,16 mmol/l.

Dann ergibt sich als Massenkonzentration für die undissoziierte Kohlensäure:

$\varrho(CO_2 \text{ aq})$ = 1,16 · 44 = 51,04 mg/l.

9.1.2.2 Bestimmung mit pH-Wert und K_B

Eine Bestimmung der Konzentration undissoziierter Kohlensäure durch Ermittlung der Basekapazität bis zu einem definierten Endpunkt-pH-Wert ist in historischer Sicht die klassische CO_2-Methode der Wasserchemie. Man hat nämlich früher die CO_2-Titration mit Natronlauge bis zum Umschlagpunkt von Phenolphthalein benutzt.
Unter den Gesichtspunkten der heutigen Kenntnis über die Kohlensäuregleichgewichte müssen gewisse Voraussetzungen zur Bestimmung von $CO_2 \cdot$aq aus pH-Wert und Basekapazität erfüllt sein. Insbesondere ist es nicht möglich, aus der ermittelten $K_{B\,8,2}$ den p-Wert und $c(CO_2 \cdot$aq$)$ zu berechnen. Vielmehr ist eine Reihe von Parametern zur Berechnung erforderlich:
a) Wassertemperatur;
b) Ionenstärke;
c) pH-Wert;
d) optimaler Endpunkt-pH-Wert (pH_{EP}) für die Titration mit Natronlauge (aus Tabelle 9.2 zu entnehmen);
e) Basekapazität ($K_{B\,EP}$) bis zum optimalen Endpunkt-pH-Wert (pH_{EP}).

Tabelle 9.2. Optimale Endpunkt-pH-Werte für die Titration in Abhängigkeit von Temperatur und Ionenstärke

Ionenstärke mmol/l	Wassertemperatur °C	Optimaler pH-Wert pH_{EP}
0	0	8,602
	5	8,536
	10	8,476
	15	8,424
	20	8,379
	25	8,341
5	0	8,538
	5	8,471
	10	8,412
	15	8,360
	20	8,315
	25	8,277
10	0	8,515
	5	8,448
	10	8,389
	15	8,337
	20	8,292
	25	8,254
15	0	8,498
	5	8,431
	10	8,371
	15	8,319
	20	8,275
	25	8,236

9.1 Bestimmung der Kohlensäure und ihrer Anionen

Sind die Parameter bekannt, so lassen sich der p-Wert und anschließend die Kohlensäurekonzentration nach folgenden Gleichungen errechnen:

$$p = \left[\frac{a(\text{OH}^-) - a(\text{H}^+)}{f(\text{H}^+)}\right]_{\text{EP}} - K_{\text{B EP}}. \quad (9.18)$$

Für den optimalen Endpunkt-pH-Wert ergibt sich nach Tabelle 9.2 ein Wert von 8,39. Für diesen pH-Wert findet man für ein Probevolumen von 100 ml und $c(\text{NaOH}) = 0{,}02$ mol/l nach Abb. 9.1 einen Natronlaugeverbrauch von 5,80 ml. Die Basekapazität ergibt sich zu

$$K_{\text{B EP}} = \frac{V(\text{NaOH})\, c(\text{NaOH})}{V(\text{Probe})} \cdot 1000$$

$$= \frac{5{,}80 \cdot 0{,}02 \cdot 1000}{100} = 1{,}16 \text{ mmol/l}$$

bzw. $1{,}16 \cdot 10^{-3}$ mmol/l.

Nun kann der p-Wert aus (9.18) berechnet werden:

$p = 7{,}42 \cdot 10^{-7} - 1{,}16 \cdot 10^{-3} = -1{,}16$
$\times 10^{-3}$ mol/l.

Die Konzentration der undissoziierten Kohlensäure berechnet sich aus (9.19):

$$c(\text{CO}_2 \cdot \text{aq}) = \frac{p - \left[\dfrac{a(\text{OH}^-) - a(\text{H}^+)}{f(\text{H}^+)}\right]}{\dfrac{K_1 K_2 f_w}{f_1 f_2 a^2(\text{H}^+)} - 1}.$$

(9.19)

Für das Wasser in dem Beispiel der Tabelle 9.1 läßt sich die Kohlensäuremenge gemäß der nachfolgenden Gleichung berechnen:

$$c(\text{CO}_2 \cdot \text{aq}) = \frac{-1{,}16 \cdot 10^{-3} + 2{,}48 \cdot 10^{-8}}{\dfrac{3{,}365 \cdot 10^{-7} \cdot 3{,}162 \cdot 10^{-11}}{0{,}649 \cdot 0{,}805 \cdot 4{,}168 \cdot 10^{-15}} - 1}$$

$= 1{,}16 \cdot 10^{-3}$ mol/l.

Liegt der pH-Wert des Wassers unter 7,6, so können p-Wert und $c(\text{CO}_2 \cdot \text{aq})$ gleichgesetzt werden, falls die Summe der Kohlensäure-Spezies $c(\text{C}_{\text{KS}})$ über 1 mmol/l liegt. Dieser

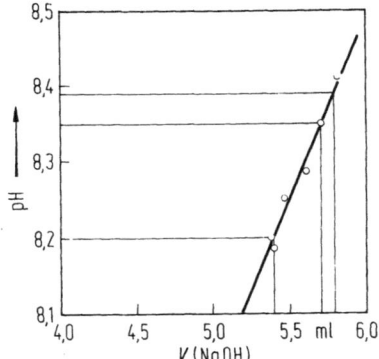

Abb. 9.1. Bestimmung der Konzentration undissoziierter Kohlensäure. ○ Meßpunkte, V (Probe) = 100 ml, c (NaOH) = 0,02 mol/l, V (NaOH) = abzulesen in ml

$c(\text{C}_{\text{KS}})$-Wert ist niedrig; er beträgt z. B. bei pH 7 nur 0,2 mmol CO_2 und 0,8 mmol HCO_3^- entsprechend 9 mg/l CO_2 und 49 mg/l HCO_3^-.

Das Verfahren der Bestimmung undissoziierter Kohlensäure mit einer Berechnung über den optimalen pH-Wert bzw. die entsprechende Basekapazität ist weitaus umständlicher und aufwendiger als die CO_2-Ermittlung mit pH-Wert und $K_{\text{S 4,3}}$, da einerseits der Bereich der Ionenstärke bekannt sein soll und andererseits die Titration bis zu pH_{EP} an Ort und Stelle erfolgen muß. Infolgedessen kann das Verfahren in Abschn. 9.1.2.1 als Methode der Wahl bezeichnet werden.
Es läßt sich aber auch folgendes feststellen: Titriert man die Wasserprobe mit Natronlauge bis zu einem optimalen Endpunkt-pH-Wert und liegt der pH-Wert des Untersuchungswassers unter 7,6, so stellt das Titrationsergebnis (bei Abwesenheit von Fremdpuffern) unmittelbar eine ausreichend genaue Konzentrationsbestimmung der Kohlensäure dar, falls nicht *gleichzeitig* dieser pH-Grenzwert 7,6 und eine sehr niedrige Kohlensäuresumme $[c(\text{C}_{\text{KS}}) \leqq 1 \text{ mmol}]$ vorliegen.
Berücksichtigt man diese Einschränkungen, so stellt das klassische Verfahren der Kohlensäurebestimmung durch Titration durchaus eine brauchbare Methode dar, die bei einer Vielzahl von Wässern zutreffende Er-

gebnisse gewinnen läßt; die Titration muß allerdings an Ort und Stelle bei Auslauftemperatur erfolgen, um CO_2-Verluste zu vermeiden. Aus Tabelle 9.2 geht hervor, daß z. B. für das Wasser des Analysenbeispiels (Tabelle 9.1) mit einer Ionenstärke von ca. 11,7 und einer Wassertemperatur von ca. 9 °C der pH_{EP} bei 8,39 liegt. In diesem Falle würde die Titration mit Natronlauge unter Verwendung von Phenolphthalein (8,35) an Ort und Stelle einen CO_2-Wert erbringen, der gegenüber einer exakten Ermittlung mit pH und $K_{S\,4,3}$ einem Fehler von -2% hat. Bekanntlich ist aber die Titration an Ort und Stelle doch umständlich und steht auch meist unter Zeitdruck; außerdem kann eine Kalkausfällung bei der Natronlaugezugabe eintreten, die durch zusätzliche Maßnahmen vermieden werden muß. Insofern sollte die exakte CO_2-Bestimmung nach genauer pH-Wert-Ermittlung an Ort und Stelle anschließend im Laboratorium mit $K_{S\,4,3}$-Ermittlung und den notwendigen Berechnungen stattfinden.

9.1.3 Bestimmung der Hydrogencarbonationen

Für diese Bestimmung ist zunächst der m-Wert in mol/l aus der $K_{S\,4,3}$ gemäß (9.15) oder (9.16) zu errechnen. Dann ergibt sich für die Stoffmengenkonzentration an Hydrogencarbonationen:

$$c(HCO_3^-) = \frac{m - \left[\dfrac{a(OH^-) - a(H^+)}{f(H^+)}\right]}{1 + \dfrac{2 K_2 f(H^+)}{f_2\, a(H^+)}} \text{ mol/l.}$$

(9.20)

Beispiel für die Berechnung:

$$c(HCO_3^-) = \frac{6{,}75 \cdot 10^{-3} + 2{,}48 \cdot 10^{-8}}{1 + 1{,}354 \cdot 10^{-3}}$$

$$= 6{,}744 \cdot 10^{-3} \text{ mol/l}$$

$$c(HCO_3^-) = 6{,}74 \text{ mmol/l.}$$

Dann ergibt sich als Massenkonzentration für die Hydrogencarbonationen:

$$\varrho(HCO_3^-) = 6{,}74 \cdot 61 = 411{,}14 \text{ mg/l.}$$

Tabelle 9.3. Übereinstimmung von Hydrogencarbonatkonzentration und m-Wert in Abhängigkeit vom pH-Wert ($\vartheta = 25\,°C$)

pH-Wert	$\dfrac{c(HCO_3^-)}{m}$
6,0	1,000
7,0	0,999
8,0	0,991
8,5	0,971
9,0	0,91

In der Wasseranalyse wird noch vielfach die Hydrogencarbonatkonzentration durch Säuretitration (historischer „m-Wert") ermittelt. Berücksichtigt man die Gleichgewichtsbeziehungen der Kohlensäure-Spezies, so entspricht bei zahlreichen Wässern die korrigierte $K_{S\,4,3}$ (heutiger m-Wert) auch der Hydrogencarbonatkonzentration. Dies gilt für Wässer im pH-Bereich 4 bis 8; Tabelle 9.3 zeigt, daß erst oberhalb pH 8 bedeutsame Abweichungen der Hydrogencarbonatkonzentrationen vom m-Wert auftreten. Daraus folgt auch, daß die in der klassischen Wasseranalytik übliche maßanalytische Hydrogencarbonatbestimmung mit Salzsäure unter Verwendung von Methylorange als Indikator (historischer „m-Wert") unter bestimmten Voraussetzungen Näherungswerte erbringt und daß es nach den heutigen Erkenntnissen auch zur genauen Ermittlung häufig genügen wird, die $K_{S\,4,3}$ gemäß (9.15) bzw. (9.16) mit der Ionenstärke zu korrigieren und den erhaltenen m-Wert der Hydrogencarbonatkonzentration gleichzusetzen.

9.1.4 Bestimmung der Carbonationen

In den meisten natürlichen Wässern (pH < 8) ist die Carbonatkonzentration verschwindend gering; sie spielt daher bei der Ionenbilanzierung kaum eine Rolle. Bedeutsam ist die Carbonatkonzentration allerdings für die Löslichkeit des Calciums, weil schwerlösliches Calciumcarbonat ausfallen kann.
Die Carbonatkonzentration läßt sich aus

9.1 Bestimmung der Kohlensäure und ihrer Anionen

dem pH-Wert entweder in Verbindung mit der Säurekapazität oder mit der Basekapazität ermitteln.

9.1.4.1 Bestimmung mit pH-Wert und $K_{S4,3}$

Zunächst wird der m-Wert bestimmt. Dann errechnet sich die Carbonatkonzentration wie folgt:

$$c(CO_3^{2-}) = \frac{m - \dfrac{a(OH^-) - a(H^+)}{f(H^+)}}{2 + \dfrac{a(H^+) f_2}{f(H^+) K_2}} \text{ mol/l}. \quad (9.21)$$

Beispiel der Berechnung:
pH = 7,19
$m = 6,75 \cdot 10^{-3}$ mol/l
$\vartheta = 9,11\,°C$
$I = 11,65$ mmol/l.
Die übrigen Zahlenwerte sind in Abschn. 9.1.3 bereits angeführt:

$$c(CO_3^{2-}) = \frac{6,75 \cdot 10^{-3} + 2,48 \cdot 10^{-8}}{2 + \dfrac{6,456 \cdot 10^{-8} \cdot 0,649}{0,897 \cdot 3,162 \cdot 10^{-11}}}$$

$$= 4,56 \cdot 10^{-6} \text{ mol/l}$$

$c(CO_3^{2-}) = 4,6 \cdot 10^{-3}$ mmol/l.

Dann ergibt sich als Massenkonzentration für die CO_3^{2-}-Ionen:

$\varrho(CO_3^{2-}) = 4,6 \cdot 10^{-3} \cdot 60 = 0,28$ mg/l.

9.1.4.2 Bestimmung mit pH-Wert und K_B

Dieses Verfahren entspricht im Grundprinzip der Methode in Abschn. 9.1.2.2 zur Bestimmung der undissoziierten Kohlensäure; es muß wiederum ein optimaler Endpunkt-pH-Wert und nachfolgend die Basekapazität ermittelt werden. Beispielsweise ergibt sich bei einer Auslauftemperatur des Untersuchungswassers von 10 °C und einer Ionenstärke von 10 mmol/l der pH_{EP} zu 8,39; demzufolge ist die $K_{B\,8,39}$ zu bestimmen. Für die Berechnung des p-Werts gilt (9.18). Die Berechnung der Carbonatkonzentration wird dann nach (9.22) durchgeführt:

$$c(CO_3^{2-}) = \frac{p - \left[\dfrac{a(OH^-) - a(H^+)}{f(H^+)}\right]}{1 - \dfrac{a^2(H^+) f_1 f_2}{f_w K_1 K_2}} \text{ mol/l}. \quad (9.22)$$

Diese Bestimmungsmöglichkeit wird hier nur der Vollständigkeit halber mitgeteilt, weil entsprechend der Ausführungen in Abschn. 9.1.2.2 auch für die Ermittlung der Carbonatkonzentration in erster Linie das Verfahren in Abschn. 9.1.4.1 mit (9.21) in Frage kommt.

9.1.5 Definitionsgleichungen und Basisformeln für die Konzentrationsberechnungen der Kohlensäure-Spezies

Eine Berechnung von thermodynamischen Gleichgewichtszusammensetzungen zur Konzentrationsermittlung der Kohlensäure-Spezies setzt voraus, daß die dem Rechnungsgang zugrunde liegenden Definitionen berücksichtigt werden. Der berechnete Zahlenwert für eine Gleichgewichtskonstante gilt nur für die betreffende chemische Umsatzgleichung und die gewählte Maßeinheit. Entsprechendes gilt für die Aktivitätskoeffizienten. Aus diesem Grunde sind nachfolgend die Definitionsgleichungen für die drei Simultangleichgewichte zusammengestellt. Vervollständigt werden die Angaben durch Basisformeln für die Temperaturabhängigkeit der Gleichgewichtskonstanten und für die Ionenstärkeabhängigkeit der Aktivitätskoeffizientenprodukte.

9.1.5.1 Dissoziationskonstante des Wassers, Aktivitätskoeffizienten der H^+- bzw. OH^--Ionen und ihr Produkt

a) Definitionsgleichungen für K_w und f_w
Die Dissoziationskonstante des Wassers K_w wird üblicherweise definiert als das Produkt der molaren Aktivitäten der OH^-- und H^+-Ionen. Das Aktivitätskoeffizientenprodukt f_w ergibt sich durch Multiplikation der Aktivitätskoeffizienten der OH^-- und H^+-Ionen;

204   9 Gelöste Gase

Tabelle 9.4. Dissoziationskonstante K_w in Abhängigkeit von der Temperatur

Temperatur °C	Zahlenwert von K_w mol²/l²	Logarithmus von K_w $\log \frac{K_w}{\text{mol}^2/\text{l}^2}$
0	1,166·10⁻¹⁵	−14,933
1	1,286·10⁻¹⁵	−14,890
2	1,416·10⁻¹⁵	−14,849
3	1,557·10⁻¹⁵	−14,807
4	1,711·10⁻¹⁵	−14,767
5	1,879·10⁻¹⁵	−14,726
6	2,061·10⁻¹⁵	−14,686
7	2,259·10⁻¹⁵	−14,646
8	2,473·10⁻¹⁵	−14,607
9	2,705·10⁻¹⁵	−14,568
10	2,957·10⁻¹⁵	−14,529
11	3,229·10⁻¹⁵	−14,491
12	3,523·10⁻¹⁵	−14,453
13	3,840·10⁻¹⁵	−14,416
14	4,183·10⁻¹⁵	−14,378
15	4,552·10⁻¹⁵	−14,342
16	4,949·10⁻¹⁵	−14,305
17	5,377·10⁻¹⁵	−14,269
18	5,837·10⁻¹⁵	−14,234
19	6,331·10⁻¹⁵	−14,199
20	6,862·10⁻¹⁵	−14,164
21	7,431·10⁻¹⁵	−14,129
22	8,041·10⁻¹⁵	−14,095
23	8,694·10⁻¹⁵	−14,061
24	9,393·10⁻¹⁵	−14,027
25	10,141·10⁻¹⁵	−13,993

K'_w stellt die scheinbare Dissoziationskonstante des Wassers dar:

$$K_w = c(\text{H}^+)c(\text{OH}^-)f(\text{H}^+)f(\text{OH}^-) = K'_w f_w.$$

b) Temperaturabhängigkeit von K_w
Die Dissoziationskonstante des Wassers in Abhängigkeit von der Temperatur wurde aus der Literatur entnommen [5, 6]:

$$-\log \frac{K_w}{\text{mol}^2/\text{l}^2} = \frac{4787,3}{T} + 7,1321 \log T + 0,010\,365\,T - 22,801.$$

Für den Temperaturbereich 0 bis 25 °C wurde die obige Formel ausgewertet. Die Zahlenwerte sind in Tabelle 9.4 zusammengefaßt.

c) Abhängigkeit der Aktivitätskoeffizienten der H⁺- und OH⁻-Ionen von der Ionenstärke

Die Aktivitätskoeffizienten [7] der H⁺- und der OH⁻-Ionen werden gleichgesetzt. Das Aktivitätskoeffizientenprodukt f_w wird durch Quadrieren der Koeffizienten erhalten.
Für den Logarithmus der Aktivitätskoeffizienten in Abhängigkeit von der Ionenstärke ist folgender Zusammenhang [8, 9] gegeben:

$$\log f(\text{H}^+) = \log f(\text{OH}^-) = \frac{-0,5\sqrt{I}}{1+1,4\sqrt{I}}$$

(Ionenstärke I in mol/l).

Für den Ionenstärkebereich der meisten natürlichen Wässer wurde die Formel ausgewertet. Die Ergebnisse sind in Tabelle 9.5 zusammengestellt.

d) pH-Wert und Ionenaktivität
   der H⁺- und OH⁻-Ionen
Für die Berechnungen werden die Aktivitäten der H⁺- und OH⁻-Ionen benötigt. Diese lassen sich aus dem experimentell erhaltenen pH-Wert ermitteln:

$$\text{pH} = -\log \frac{a(\text{H}^+)}{\text{mol/l}};$$

$$a(\text{H}^+) = 10^{-\text{pH}};$$

$$a(\text{OH}^-) = 10^{(\log K_w + \text{pH})}.$$

9.1.5.2 Dissoziationskonstanten der Kohlensäure, Aktivitätskoeffizienten und ihr Produkt

In derselben Weise wie das Ionenprodukt des Wassers werden auch die Dissoziationskonstanten der Kohlensäure behandelt.

a) Erste Dissoziationskonstante
   der Kohlensäure
Aus der stöchiometrischen Umsatzgleichung $\text{CO}_2 \cdot \text{aq} = \text{H}^+ + \text{HCO}_3^-$ folgt für die erste Dissoziationskonstante der Kohlensäure (K_1):

$$K_1 = \frac{c(\text{HCO}_3^-)c(\text{H}^+)}{c(\text{CO}_2 \cdot \text{aq})} \frac{f(\text{HCO}_3^-)f(\text{H}^+)}{1}$$
$$= K'_1 f_1.$$

K'_1 stellt die scheinbare Dissoziationskonstante der Kohlensäure dar. Zu berücksichtigen ist, daß der Aktivitätskoeffizient der un-

Tabelle 9.5. Abhängigkeit der Aktivitätskoeffizienten der H^+- und OH^--Ionen und ihres Produkts von der Ionenstärke

Ionenstärke I mol/l	Zahlenwert der Aktivitätskoeffizienten $f(H^+) = f(OH^-)$	Zahlenwert von f_w	Logarithmus der Aktivitätskoeffizienten $\log f(H^+) = \log f(OH^-)$	Logarithmus von f_w $\log f_w$
$0 \cdot 10^{-3}$	1,000	1,000	0,000	0,000
$2 \cdot 10^{-3}$	0,953	0,908	−0,021	−0,042
$4 \cdot 10^{-3}$	0,935	0,875	−0,029	−0,058
$6 \cdot 10^{-3}$	0,923	0,851	−0,035	−0,070
$8 \cdot 10^{-3}$	0,912	0,833	−0,040	−0,079
$10 \cdot 10^{-3}$	0,904	0,817	−0,044	−0,088
$12 \cdot 10^{-3}$	0,896	0,804	−0,047	−0,095
$14 \cdot 10^{-3}$	0,890	0,792	−0,051	−0,102
$16 \cdot 10^{-3}$	0,884	0,781	−0,054	−0,107
$18 \cdot 10^{-3}$	0,878	0,771	−0,056	−0,113
$20 \cdot 10^{-3}$	0,873	0,762	−0,059	−0,118

dissoziierten Kohlensäure $f(CO_2 \cdot aq)$ den von der Ionenstärke unabhängigen Wert 1 erhält.

Temperaturabhängigkeit von K_1

Den Zahlenwert von K_1 in Abhängigkeit von der Temperatur erhält man durch die folgende, der Literatur entnommenen Gleichung [10−12]:

$$\log \frac{K_1}{mol/l} = -\frac{3404{,}71}{T} + 14{,}8435 - 0{,}032\,786\,T$$

Für den Temperaturbereich von 0 bis 25 °C sind die aus der Gleichung errechneten Zahlenwerte in Tabelle 9.6 aufgeführt.

Abhängigkeit des Aktivitätskoeffizientenprodukts von der Ionenstärke

Für das Aktivitätskoeffizientenprodukt f_1 gilt der folgende Zusammenhang [8, 11]:

$$\log f_1 = -\frac{\sqrt{I}}{1 + 1{,}4\sqrt{I}}$$

(Ionenstärke I in mol/l).

Analog Tabelle 9.5 ist die Formelauswertung für den Ionenstärkebereich der natürlichen Wässer in Tabelle 9.7 zusammengestellt.

Tabelle 9.6. Erste Dissoziationskonstante der Kohlensäure in Abhängigkeit von der Temperatur

Temperatur °C	Zahlenwert von K_1 mol/l	Logarithmus von K_1 $\log \dfrac{K_1}{mol/l}$
0	$2{,}651 \cdot 10^{-7}$	−6,577
1	$2{,}729 \cdot 10^{-7}$	−6,564
2	$2{,}808 \cdot 10^{-7}$	−6,552
3	$2{,}887 \cdot 10^{-7}$	−6,540
4	$2{,}966 \cdot 10^{-7}$	−6,528
5	$3{,}045 \cdot 10^{-7}$	−6,516
6	$3{,}123 \cdot 10^{-7}$	−6,505
7	$3{,}201 \cdot 10^{-7}$	−6,495
8	$3{,}279 \cdot 10^{-7}$	−6,484
9	$3{,}357 \cdot 10^{-7}$	−6,474
10	$3{,}434 \cdot 10^{-7}$	−6,464
11	$3{,}510 \cdot 10^{-7}$	−6,455
12	$3{,}585 \cdot 10^{-7}$	−6,445
13	$3{,}660 \cdot 10^{-7}$	−6,437
14	$3{,}733 \cdot 10^{-7}$	−6,428
15	$3{,}806 \cdot 10^{-7}$	−6,420
16	$3{,}877 \cdot 10^{-7}$	−6,411
17	$3{,}948 \cdot 10^{-7}$	−6,404
18	$4{,}017 \cdot 10^{-7}$	−6,396
19	$4{,}084 \cdot 10^{-7}$	−6,389
20	$4{,}150 \cdot 10^{-7}$	−6,382
21	$4{,}215 \cdot 10^{-7}$	−6,372
22	$4{,}277 \cdot 10^{-7}$	−6,367
23	$4{,}339 \cdot 10^{-7}$	−6,362
24	$4{,}398 \cdot 10^{-7}$	−6,357
25	$4{,}455 \cdot 10^{-7}$	−6,351

Tabelle 9.7. Abhängigkeit des Aktivitätskoeffizienten f_1 von der Ionenstärke

Ionenstärke I mol/l	Zahlenwert von f_1	Logarithmus von f_1
$0 \cdot 10^{-3}$	1,000	0,000
$2 \cdot 10^{-3}$	0,908	−0,042
$4 \cdot 10^{-3}$	0,875	−0,058
$6 \cdot 10^{-3}$	0,851	−0,070
$8 \cdot 10^{-3}$	0,833	−0,079
$10 \cdot 10^{-3}$	0,817	−0,088
$12 \cdot 10^{-3}$	0,804	−0,095
$14 \cdot 10^{-3}$	0,792	−0,102
$16 \cdot 10^{-3}$	0,781	−0,107
$18 \cdot 10^{-3}$	0,771	−0,113
$20 \cdot 10^{-3}$	0,762	−0,118

b) Zweite Dissoziationskonstante der Kohlensäure

Für die zweite Dissoziationskonstante K_2 der Kohlensäure gilt folgende Definitionsgleichung:

$$K_2 = \frac{c(\text{H}^+)\,c(\text{CO}_3^{2-})}{c(\text{HCO}_3^-)} \cdot \frac{f(\text{H}^+)\,f(\text{CO}_3^{2-})}{f(\text{HCO}_3^-)}$$
$$= K_2' f_2 .$$

Temperaturabhängigkeit von K_2

Der Zahlenwert für K_2 in Abhängigkeit von der Temperatur ergibt sich aus folgender Beziehung [13]:

$$\log \frac{K_2}{\text{mol/l}} = -\frac{2902{,}39}{T} + 6{,}498 - 0{,}023\,79\,T.$$

Die hieraus errechneten Zahlenwerte für den Temperaturbereich von 0 bis 25 °C sind in Tabelle 9.8 zusammengestellt.

Abhängigkeit des Aktivitätskoeffizientenprodukts von der Ionenstärke

Für das Aktivitätskoeffizientenprodukt f_2 ist folgende Beziehung gültig [13, 14]:

$$\log f_2 = -\frac{2\sqrt{I}}{1 + 1{,}4\sqrt{I}}$$

(Ionenstärke I in mol/l).

Tabelle 9.8. Zweite Dissoziationskonstante der Kohlensäure in Abhängigkeit von der Temperatur

Temperatur °C	Zahlenwert von K_2 mol/l	Logarithmus von K_2 $\log \frac{K_2}{\text{mol/l}}$
0	$2{,}367 \cdot 10^{-11}$	−10,626
1	$2{,}450 \cdot 10^{-11}$	−10,611
2	$2{,}534 \cdot 10^{-11}$	−10,596
3	$2{,}620 \cdot 10^{-11}$	−10,582
4	$2{,}706 \cdot 10^{-11}$	−10,568
5	$2{,}794 \cdot 10^{-11}$	−10,554
6	$2{,}883 \cdot 10^{-11}$	−10,540
7	$2{,}972 \cdot 10^{-11}$	−10,527
8	$3{,}063 \cdot 10^{-11}$	−10,514
9	$3{,}155 \cdot 10^{-11}$	−10,501
10	$3{,}247 \cdot 10^{-11}$	−10,489
11	$3{,}340 \cdot 10^{-11}$	−10,476
12	$3{,}434 \cdot 10^{-11}$	−10,464
13	$3{,}529 \cdot 10^{-11}$	−10,452
14	$3{,}623 \cdot 10^{-11}$	−10,441
15	$3{,}719 \cdot 10^{-11}$	−10,430
16	$3{,}815 \cdot 10^{-11}$	−10,419
17	$3{,}911 \cdot 10^{-11}$	−10,408
18	$4{,}007 \cdot 10^{-11}$	−10,397
19	$4{,}104 \cdot 10^{-11}$	−10,387
20	$4{,}200 \cdot 10^{-11}$	−10,377
21	$4{,}297 \cdot 10^{-11}$	−10,367
22	$4{,}393 \cdot 10^{-11}$	−10,357
23	$4{,}489 \cdot 10^{-11}$	−10,348
24	$4{,}585 \cdot 10^{-11}$	−10,339
25	$4{,}681 \cdot 10^{-11}$	−10,330

Tabelle 9.9. Abhängigkeit des Aktivitätskoeffizienten f_2 von der Ionenstärke

Ionenstärke I mol/l	Zahlenwert von f_2	Logarithmus von f_2
$0 \cdot 10^{-3}$	1,000	0,000
$2 \cdot 10^{-3}$	0,824	−0,084
$4 \cdot 10^{-3}$	0,765	−0,116
$6 \cdot 10^{-3}$	0,725	−0,140
$8 \cdot 10^{-3}$	0,693	−0,159
$10 \cdot 10^{-3}$	0,668	−0,175
$12 \cdot 10^{-3}$	0,646	−0,190
$14 \cdot 10^{-3}$	0,627	−0,203
$16 \cdot 10^{-3}$	0,610	−0,215
$18 \cdot 10^{-3}$	0,594	−0,226
$20 \cdot 10^{-3}$	0,581	−0,236

Für den Ionenstärkebereich natürlicher Wässer ist die rechnerische Auswertung dieser Beziehung in Tabelle 9.9 enthalten.

9.1.5.3 Formelzeichen

Die verwendeten Formelzeichen und gewählten Einheiten sind im folgenden zusammengefaßt:

Zeichen	SI-Einheit[a]	Bedeutung
$a(X)$	mol/l	molare Aktivität der Teilchensorte X
$c(X)$	mol/l	Stoffmengenkonzentration der Teilchensorte X
$f(X)$	1	molarer Einzelionenaktivitätskoeffizient der Teilchensorte X
f_ϱ	1	molares Aktivitätskoeffizientenprodukt der ϱ-ten Simultanreaktion
I	mol/l	Ionenstärke
K_ϱ	mol/l	Gleichgewichtskonstante der ϱ-ten Simultanreaktion
m	mol/l	m-Wert
p	mol/l	p-Wert
T	K	absolute Temperatur
$z(X)$	1	Ladungszahl der Teilchensorte X
ϑ	°C	Celsius-Temperatur
$\varkappa$	µS/cm	spezifische elektrische Leitfähigkeit
ν_ϱ	1	stöchiometrische Zahl der ϱ-ten Simultanreaktion
φ	1	Äquivalenzfaktor

[a] 1 steht für das Verhältnis zweier gleicher SI-Einheiten sowie für Zahlen

9.1.6 Beurteilung und Grenzwerte

Kohlensäure und ihre Anionen haben eine besondere Bedeutung für die Beschaffenheit und Nutzung des Trinkwassers. Bei Oberflächenwässern bestimmt infolge des unmittelbaren Kontakts mit der Atmosphäre der Partialdruck der Kohlensäure als Luftbestandteil in Verbindung mit der Wassertemperatur nach dem Henry-Daltonschen Gesetz auch vorwiegend den Gehalt an Kohlensäure und ihren Anionen im Wasser; der CO_2-Gehalt ist in der Regel recht gering. Ausnahme ist die Kohlensäurebildung bei stehenden und geschichteten Gewässern durch Respiration als Umkehrung der Photosynthese (z. B. bei Eutrophierungsvorgängen) [15].

Demgegenüber kann sich im Zuge der Grundwasserbildung das Niederschlagswasser über atmosphärisch bedingte Kohlensäure hinaus während der Versickerung in den Deckschichten (oberste Bodenschichten) mit weiterer Kohlensäure beladen, die aus der Lebenstätigkeit der Mikroorganismen stammt. Daher sind in der Regel die Gehalte an Kohlensäure und ihren Anionen in Grundwässern erheblich höher als in Oberflächenwässern. Die Kohlensäure bestimmt das Pufferungsverhalten der Wässer und beeinflußt das Lösevermögen z. B. gegenüber carbonatischen Gesteinen. Die Massenkonzentrationen an undissoziiertem CO_2 im Trinkwasser erreichen aber selten 50 mg/l oder mehr.

Hohe Werte (z. B. über 250 mg bzw. über 1000 mg/l) haben eine andere Genese; in diesem Falle ist das Kohlensäurevorkommen als letzte Phase des tertiären Vulkanismus zu betrachten und maßgebend für die Bezeichnung des erschlossenen Wassers als Mineral- oder Heilwasser. Beträgt der Hydrogencarbonat-Gehalt mehr als 600 mg/l, so kann darauf hingewiesen werden (Bicarbonathaltig).

9.1.7 Literatur

1. Hömig, H.E.: Physikochemische Grundlagen der Speisewasserchemie. Essen: Vulkan 1963
2. DIN 19266: pH-Messung; Standardpufferlösung (1979). Berlin: Beuth
3. Deutsche Einheitsverfahren zur Wasser-, Abwasser- und Schlamm-Untersuchung. G 1: Bestimmung der Summe des gelösten Kohlendioxids (1971). Weinheim: Verlag Chemie
4. Maier, D.; Grohmann A.: Bestimmung der Ionenstärke natürlicher Wässer aus deren elektrischer Leitfähigkeit. Z. Wasser Abwasser Forsch. 10 (1977) 9-12
5. Harned, H.S.; Hammer, W.J.: The ionization constant of water and the dissociation of water in potassium chloride solutions from electro-

motive forces of cells without liquid junction. J. Am. Chem. Soc. 55 (1933) 2194-2206

6 Gmelin Handbuch der anorganischen Chemie: Sauerstoff. „Wasserchemisches Verhalten — Elektrolytische Dissoziation". 1618-1627, 8. Aufl., Lief. 5, Weinheim: Verlag Chemie 1963

7 Hammer, W.J.: Theoretical mean activity coefficients of strong elektrolytes in aqueous solutions from 0 to 100°C. National Standard Reference Data Series. National Bureau of Standards 24 (1968)

8 Larson, T.E.; Buswell, A.M.: Calciumcarbonate saturation index and alkalinity interpretations. J. Am. Water Works Assoc. 34 (1942) 1667-1684

9 Harned, H.S.; Cook, M.A.: The ionic activity coefficient product and ionization of water in uni-univalent halide solutions — A numerical summary. J. Am. Chem. Soc. 59 (1937) 2304-2305

10 Harned, H.S.; Davis, R.jr.: The ionization constant of carbonic acid in water and the solubility of carbon dioxide in water and aqueous salt solutions from 0 to 50°. J. Am. Chem. Soc. 65 (1943) 2030-2037

11 Harned, H.S.; Bonner, F.T.: The first ionization of carbonic acid aqueous solutions of sodium chloride. J. Am. Chem. Soc. 67 (1945) 1026-1031

12 Näsänen, R.: Potentiometric study on the first ionization of carbonic acid in aqueous solutions of sodium chloride. Acta Chem. Scand. 1 (1947) 204-209

13 Harned, H.S.; Scholes, S.R.jr.: The ionization constant of HCO_3^- from 0 to 50°. J. Am. Chem. Soc. 63 (1941) 1706-1709

14 Näsänen, R.: Gmelin Handbuch der anorganischen Chemie: Kohlenstoff. Teil 3 C-Verbindungen, 124. Weinheim: Verlag Chemie 1973

15 Spindler, P.; Sontheimer, H.: Wasserchemie der Ingenieure. Engler-Bunte-Inst. d. Univ. Karlsruhe, 1976

9.2 Bestimmung des gelösten Sauerstoffs

Sauerstoff ist im Wasser löslich; diese Löslichkeit ist abhängig vom Sauerstoffpartialdruck in der unmittelbar über dem Wasser befindlichen Luft, von der Temperatur und der Art bzw. Menge der Mineralstoffe im Wasser. Sauerstoff wird in molekularer Form gelöst, eine Dissoziation findet nicht statt.

Der Eintrag des Sauerstoffs in das Wasser erfolgt von Natur aus entweder aus der Atmosphäre oder in oberirdischen Gewässern auch durch Photosynthese; so können bei erheblicher Phytoplanktonproduktion tagsüber Sauerstoffübersättigungen eintreten, während nachts Sauerstoffdefizite zu beobachten sind. Für tierische und pflanzliche Organismen im Wasser ist sein Sauerstoffgehalt von lebenswichtiger Bedeutung. Unbelastete Oberflächenwässer weisen Sauerstoffgehalte auf, die bei der Sättigungskonzentration liegen [1, 2]. Grundsätzlich ist in Oberflächenwässern und in Grundwässern, die mit der Atmosphäre oder mit Oberflächenwässern in Kontakt stehen (z. B. Uferfiltrate), Sauerstoff vorhanden, soweit kein Sauerstoffaufbrauch durch biochemische Prozesse stattfand. Bei Gewässerbelastungen mit biologisch abbaubaren Stoffen wird Sauerstoff verbraucht („Selbstreinigung der Gewässer"). Diese Sauerstoffzehrung kann zum Sauerstoffmangel führen, so daß Fischsterben und gegebenenfalls anaerobe Fäulnisprozesse auftreten. Bei der Trinkwassergewinnung und -verteilung spielt der Sauerstoff eine wichtige Rolle, z. B. bei der Enteisenung und Entmanganung, aber auch bei der Korrosion in metallischen Rohrleitungen [3-7].

Aus diesen Gründen gehört die Sauerstoffbestimmung zu den notwendigen Ermittlungen innerhalb einer Trinkwasseranalyse. Die Bestimmung erfolgt entweder elektrochemisch an Ort und Stelle oder nach Fixierung des Sauerstoffs bei der Probenahme auf chemischem Wege im Laboratorium. Die Sauerstoffkonzentration kann als „Sauerstoffgehalt" angegeben oder in Beziehung zur Sauerstoffsättigung gesetzt werden. In diesem Falle wird der Prozentgehalt der Sauerstoffsättigung als „Sauerstoffsättigungsindex" bezeichnet.

Neben der klassischen Winklermethode [8, 9] zur Sauerstoffbestimmung auf chemischem Wege ist durch die Entwicklung entsprechender Geräte und Elektroden die elektrochemische Sauerstoffbestimmung [10] in den Vordergrund gerückt. Einfachheit und Schnelligkeit, aber auch die unkomplizierte Meßmöglichkeit am Probenahmeort und an verschiedenen für eine Wasserentnahme schwer zugänglichen Austrittsstellen oder

Fließwegen kennzeichnen dieses Verfahren. Beide Methoden werden nachstehend geschildert.

9.2.1 Bestimmung mit der Sauerstoffelektrode

(Untere Bestimmungsgrenze s. Herstellerangaben)

Im Wasser gelöster Sauerstoff kann mit Hilfe einer Elektrolyseapparatur an einer Metallelektrode kathodisch zu OH^- reduziert werden. Dabei fließt ein meßbarer elektrischer Strom durch den äußeren Leiter. In einem gewissen Potentialbereich der Kathode mißt man eine konstante Stromstärke, den Diffusionsgrenzstrom; diese Stromstärke ist abhängig von der Kathodenfläche A_K, dem O_2-Diffusionskoeffizienten $D_{O_2}(T)$, der Dicke der Diffusionsgrenzschicht δ, der O_2-Konzentration im Wasser $c(O_2)$ und der Temperatur T (1. Ficksches Gesetz).

Die Kathode besteht meist aus Gold und ist bei dieser Elektrodenbauweise durch eine Kunststoffmembran abgedeckt. Diese Membran kann nur von ungeladenen Teilchen passiert werden, nicht jedoch von Ionen; sie hat eine Dicke b und einen Permeabilitätskoeffizienten P_m, der von der Temperatur und dem Salzgehalt S des Wasser abhängt. Für den Diffusionsgrenzstrom I_{gr} gilt näherungsweise, wenn A_K die Kathodenfläche und F die Faradaykonstante darstellen:

$$I_{gr}(T) \approx 4 A_K P_m(T, S) F \frac{c(O_2)}{1000\, b}.$$

Die Signalstromstärke ist demzufolge bei konstanter Temperatur und gegebenem Salzgehalt des Wassers proportional der O_2-Konzentration in der Probelösung; diese muß allerdings ausreichend bewegt sein oder gerührt werden.

Wegen der schwierigen Bestimmung von $P_m(T, S)$ ist eine Absolutberechnung von $c(O_2)$ nicht möglich; die Elektrode muß zur O_2-Bestimmung kalibriert werden.

Das Signal der O_2-Elektrode ist in erster Linie unabhängig davon, ob sich die Elektrode in der Gasphase (Luft) oder in der wäßrigen Lösung befindet, wenn sich Gasphase und Flüssigkeit im thermodynamischen Gleichgewicht befinden und ein hinreichender Stofftransport zur Elektrode gewährleistet ist. Aus diesem Grunde kann die Kalibrierung der Elektrode auch in der Gasphase erfolgen.

Erfolgt Kalibrierung und Messung bei unterschiedlichen Temperaturen, so muß die Temperaturabhängigkeit des Elektrodensignals berücksichtigt werden. In der Regel ist aber bereits herstellerseits bei den heutigen Meßgeräten mit dem Einbau von Temperatursensoren auch eine elektronische Temperaturkompensation vorgenommen worden, so daß dann keine temperaturabhängigen Korrekturen am Meßwert erforderlich sind [11].

Die schematische Meßanordnung einer O_2-Elektrode mit Stromversorgung aus einer Batterie ist in Abb. 9.2 dargestellt. Als Anode dient eine Silberelektrode. (Es gibt auch galvanisch arbeitende O_2-Elektroden, die keine Batterie benötigen. Die Anode besteht dann aus einem unedlen Metall, z. B. Pb.)

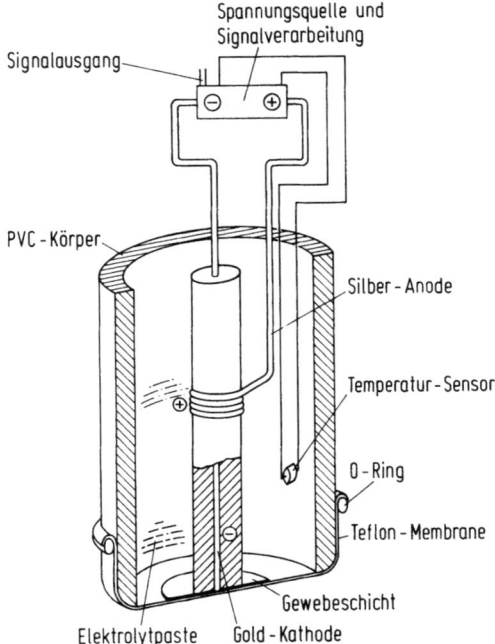

Abb. 9.2. Schematische Darstellung einer O_2-Elektrode

9.2.1.1 Kalibrierung der Meßanordnung

Bei der Kalibrierung ist auf die Herstellerangaben zu achten. Vollelektronische Geräte kompensieren die Temperatureinflüsse und den auch bei Sauerstoffabwesenheit möglicherweise noch auftretenden „Nullstrom". Die Art der elektronischen Signalumformung hat ebenfalls Einfluß auf das Kalibrierverfahren. Daher werden im folgenden nur einige, wesentlich erscheinende Angaben gemacht.

Bei Geräten mit Analoganzeige ist zunächst der mechanische Nullpunkt einzustellen. Gegebenenfalls wird ein Batterietest durchgeführt. Vor der Kalibrierung ist eine Vorpolarisierung laut Gebrauchsanweisung notwendig; die Dauer richtet sich nach dem Gerätetyp.

9.2.1.2 Einstellung des Nullpunkts

Falls es sich nicht um eine nullstromfreie Elektrode handelt, muß sie zur Messung der O_2-Konzentration in eine Natriumsulfitlösung (1 g Na_2SO_3 p.a. in 1 l destilliertem Wasser) eingetaucht werden, die eine geringe Menge Cobaltchlorid enthält (1 mg $CoCl_2 \cdot 6 H_2O$ p.a. in 1 l Natriumsulfitlösung). Nach ca. 5 min wird die Anzeige mit Hilfe des Nullpunktreglers auf „0,0 mg/l" eingestellt.

9.2.1.3 Einstellung der Steilheit

In der Regel steigt bei temperaturkompensierten Geräten der Anzeigewert im Bereich „Konzentration" proportional zur O_2-Konzentration. Die unterschiedlichen Proportionalitätsfaktoren verschiedener Elektroden müssen mit Hilfe des Steilheitsreglers ausgeglichen werden. Hierzu wird ein zweiter Meßpunkt mit einem Wasser bekannter O_2-Konzentration ermittelt und mit dem Steilheitsregler auf den entsprechenden Anzeigewert eingestellt.

Zur Erreichung einer höheren Meßsicherheit empfiehlt es sich, bei Neugeräten bzw. zum Gerätetest mehrere O_2-Konzentrationen für die Kalibrierung zu verwenden. Hierzu gibt es drei Möglichkeiten, die nachstehend beschrieben werden. Wurde eine Nullpunkteinstellung durchgeführt, so ist vor Einstellung der Steilheit die Elektrode sorgfältig abzuspülen, um SO_3^{2-}-Reste zu entfernen.

a) Kalibrierung mit Wasser bekannter O_2-Konzentration

Es wird destilliertes Wasser verwendet. Seine Sauerstoffkonzentration wird iodometrisch nach dem Verfahren von Winkler bestimmt. In das kräftig gerührte Wasser wird die Elektrode eingetaucht. Nach wenigen Minuten wird mit Hilfe des Steilheitsreglers die Anzeige auf den iodometrisch bestimmten O_2-Wert eingestellt. Man kann nunmehr mit einem Wasser anderer O_2-Konzentration überprüfen, ob die Geräteskala zutreffend anzeigt.

b) Kalibrierung mit luftgesättigtem Wasser

Unter Einblasen von Luft (z. B. mit einer groben Glasfritte) wird destilliertes Wasser 15 min (bei eingetauchter O_2-Elektrode) stark gerührt. Anschließend wird die Wassertemperatur gemessen, die möglichst im Bereich der üblichen Trinkwassertemperaturen liegen soll. Ferner wird der absolute Luftdruck nach Abschn. 9.2.1.3 d ermittelt. Die O_2-Konzentration des luftgesättigten Wassers kann der Sättigungstabelle 9.10 entnommen werden. Dieser Wert wird mit Hilfe des Steilheitsreglers eingestellt.

c) Kalibrierung an der Luft

Die Kalibrierung kann auch an der Luft vorgenommen werden. Dazu muß die Elektrode äußerlich abgetrocknet sein, damit ein guter Stoffübergang gewährleistet ist. Man wartet, bis sich ein konstanter Wert einstellt, mißt die Lufttemperatur, ermittelt den absoluten Luftdruck und geht dann weiter nach Abschn. 9.2.1.3 b vor.

Zur Luftkalibrierung sind in der Zwischenzeit spezielle Lufteichgefäße entwickelt worden, die auch im Handel erhältlich sind.

d) Bestimmung des absoluten Luftdrucks

Die Messung des absoluten Luftdrucks kann am besten mit Hilfe eines unkorrigierten Barometers erfolgen. Zur Abschätzung wettermäßiger Vorgänge verwendet man häufig einen festen Druckwert Δ_p korrigierte Barometer; sie beziehen den Meßwert auf Meereshöhe. Der Wert Δ_p muß bei jeder Messung berücksichtigt werden.

9.2 Bestimmung des gelösten Sauerstoffs

Tabelle 9.10. Sauerstoff-Massenkonzentration in Luftgesättigtem destilliertem Wasser in mg/l

Temperatur °C	Luftdruck in mbar (Torr)								
	800 (600)	806 (605)	813 (610)	820 (615)	826 (620)	833 (625)	840 (630)	846 (635)	853 (640)	860 (645)
0	11,48	11,58	11,67	11,77	11,87	11,96	12,06	12,16	12,25	12,35
1	11,17	11,26	11,36	11,45	11,54	11,64	11,73	11,83	11,92	12,01
2	10,87	10,96	11,05	11,14	11,23	11,32	11,42	11,51	11,60	11,69
3	10,58	10,67	10,76	10,85	10,94	11,02	11,11	11,20	11,29	11,38
4	10,30	10,39	10,48	10,56	10,65	10,74	10,82	10,91	11,00	11,08
5	10,04	10,12	10,21	10,29	10,37	10,46	10,54	10,63	10,71	10,80
6	9,78	9,86	9,95	10,03	10,11	10,19	10,28	10,36	10,44	10,52
7	9,54	9,62	9,70	9,78	9,86	9,94	10,02	10,10	10,18	10,26
8	9,30	9,38	9,46	9,54	9,61	9,69	9,77	9,85	9,93	10,01
9	9,07	9,15	9,23	9,30	9,38	9,46	9,53	9,61	9,69	9,76
10	8,86	8,93	9,01	9,08	9,16	9,23	9,31	9,38	9,46	9,53
11	8,65	8,72	8,80	8,87	8,94	9,02	9,09	9,16	9,24	9,31
12	8,45	8,52	8,59	8,66	8,74	8,81	8,88	8,95	9,02	9,09
13	8,26	8,33	8,40	8,47	8,54	8,61	8,68	8,75	8,82	8,89
14	8,07	8,14	8,21	8,28	8,35	8,42	8,48	8,55	8,62	8,69
15	7,90	7,96	8,03	8,10	8,16	8,23	8,30	8,37	8,43	8,50
16	7,72	7,79	7,86	7,92	7,99	8,05	8,12	8,19	8,25	8,32
17	7,56	7,63	7,69	7,75	7,82	7,88	7,95	8,01	8,08	8,14
18	7,40	7,47	7,53	7,59	7,66	7,72	7,78	7,85	7,91	7,97
19	7,25	7,31	7,38	7,44	7,50	7,56	7,62	7,69	7,75	7,81
20	7,11	7,17	7,23	7,29	7,35	7,41	7,47	7,53	7,59	7,65
21	6,96	7,02	7,08	7,14	7,20	7,26	7,32	7,38	7,44	7,50
22	6,83	6,89	6,95	7,00	7,06	7,12	7,18	7,24	7,30	7,36
23	6,70	6,76	6,81	6,87	6,93	6,99	7,04	7,10	7,16	7,22
24	6,57	6,63	6,68	6,74	6,80	6,85	6,91	6,97	7,03	7,08
25	6,45	6,50	6,56	6,62	6,67	6,73	6,78	6,84	6,90	6,95
	866 (650)	873 (655)	880 (660)	886 (665)	893 (670)	900 (675)	906 (680)	913 (685)	920 (690)	926 (695)
0	12,45	12,54	12,64	12,74	12,83	12,93	13,02	13,12	13,22	13,31
1	12,11	12,20	12,29	12,39	12,48	12,58	12,67	12,76	12,86	12,95
2	11,78	11,87	11,96	12,06	12,15	12,24	12,33	12,42	12,51	12,60
3	11,47	11,56	11,65	11,74	11,83	11,91	12,00	12,09	12,18	12,27
4	11,17	11,26	11,34	11,43	11,52	11,60	11,69	11,78	11,86	11,95
5	10,88	10,97	11,05	11,14	11,22	11,30	11,39	11,47	11,56	11,64
6	10,61	10,69	10,77	10,85	10,94	11,02	11,10	11,18	11,27	11,35
7	10,34	10,42	10,50	10,58	10,66	10,74	10,82	10,90	10,98	11,06
8	10,09	10,16	10,24	10,32	10,40	10,48	10,56	10,64	10,71	10,79
9	9,84	9,92	9,99	10,07	10,15	10,23	10,30	10,38	10,46	10,53
10	9,61	9,68	9,76	9,83	9,91	9,98	10,06	10,13	10,21	10,28

Tabelle 9.10. Forts.

Temperatur °C	Luftdruck in mbar (Torr)								
	866 (650)	873 (655)	880 (660)	886 (665)	893 (670)	900 (675)	906 (680)	913 (685)	920 (690)	926 (695)
11	9,38	9,46	9,53	9,60	9,68	9,75	9,82	9,89	9,97	10,04
12	9,17	9,24	9,31	9,38	9,45	9,52	9,60	9,67	9,74	9,81
13	8,96	9,03	9,10	9,17	9,24	9,31	9,38	9,45	9,52	9,59
14	8,76	8,83	8,90	8,96	9,03	9,10	9,17	9,24	9,31	9,38
15	8,57	8,63	8,70	8,77	8,84	8,90	8,97	9,04	9,11	9,17
16	8,38	8,45	8,52	8,58	8,65	8,71	8,78	8,84	8,91	8,98
17	8,21	8,27	8,34	8,40	8,46	8,53	8,59	8,66	8,72	8,79
18	8,04	8,10	8,16	8,23	8,29	8,35	8,42	8,48	8,54	8,61
19	7,87	7,93	8,00	8,06	8,12	8,18	8,25	8,31	8,37	8,43
20	7,72	7,78	7,84	7,90	7,96	8,02	8,08	8,14	8,20	8,26
21	7,56	7,62	7,68	7,74	7,80	7,86	7,92	7,98	8,04	8,10
22	7,42	7,48	7,53	7,59	7,65	7,71	7,77	7,83	7,89	7,95
23	7,28	7,33	7,39	7,45	7,51	7,56	7,62	7,68	7,74	7,80
24	7,14	7,20	7,25	7,31	7,37	7,42	7,48	7,54	7,59	7,65
25	7,01	7,06	7,12	7,18	7,23	7,29	7,34	7,40	7,45	7,51
	933 (700)	940 (705)	946 (710)	953 (715)	960 (720)	966 (725)	973 (730)	980 (735)	986 (740)	993 (745)
0	13,41	13,51	13,60	13,70	13,80	13,89	13,99	14,08	14,18	14,28
1	13,05	13,14	13,23	13,33	13,42	13,51	13,61	13,70	13,80	13,89
2	12,70	12,79	12,88	12,97	13,06	13,15	13,24	13,34	13,43	13,52
3	12,36	12,45	12,54	12,63	12,72	12,80	12,89	12,98	13,07	13,16
4	12,04	12,12	12,21	12,30	12,38	12,47	12,56	12,64	12,73	12,82
5	11,73	11,81	11,90	11,98	12,07	12,15	12,23	12,32	12,40	12,49
6	11,43	11,51	11,60	11,68	11,76	11,84	11,93	12,01	12,09	12,17
7	11,15	11,23	11,31	11,39	11,47	11,55	11,63	11,71	11,79	11,87
8	10,87	10,95	11,03	11,11	11,19	11,26	11,34	11,42	11,50	11,58
9	10,61	10,69	10,76	10,84	10,92	10,99	11,07	11,15	11,22	11,30
10	10,36	10,43	10,51	10,58	10,66	10,73	10,81	10,88	10,96	11,03
11	10,11	10,19	10,26	10,33	10,41	10,48	10,55	10,63	10,70	10,77
12	9,88	9,95	10,03	10,10	10,17	10,24	10,31	10,38	10,46	10,53
13	9,66	9,73	9,80	9,87	9,94	10,01	10,08	10,15	10,22	10,29
14	9,45	9,51	9,58	9,65	9,72	9,79	9,86	9,93	9,99	10,06
15	9,24	9,31	9,37	9,44	9,51	9,58	9,64	9,71	9,78	9,84
16	9,04	9,11	9,17	9,24	9,31	9,37	9,44	9,50	9,57	9,64
17	8,85	8,92	8,98	9,05	9,11	9,18	9,24	9,30	9,37	9,43
18	8,67	8,73	8,80	8,86	8,92	8,99	9,05	9,11	9,18	9,24
19	8,49	8,56	8,62	8,68	8,74	8,80	8,87	8,93	8,99	9,05
20	8,33	8,39	8,45	8,51	8,57	8,63	8,69	8,75	8,81	8,87
21	8,16	8,22	8,28	8,34	8,40	8,46	8,52	8,58	8,64	8,70
22	8,01	8,06	8,12	8,18	8,24	8,30	8,36	8,42	8,48	8,53
23	7,85	7,91	7,97	8,03	8,09	8,14	8,20	8,26	8,32	8,37
24	7,71	7,76	7,82	7,88	7,94	7,99	8,05	8,11	8,16	8,22
25	7,57	7,62	7,68	7,73	7,79	7,85	7,90	7,96	8,01	8,07

Tabelle 9.10. Forts.

Temperatur °C	Luftdruck in mbar (Torr)								
	1000 (750)	1006 (755)	1013 (760)	1020 (765)	1026 (770)	1033 (775)	1040 (780)	1046 (785)	1053 (790)	1060 (795)
0	14,37	14,47	14,57	14,66	14,76	14,86	14,95	15,05	15,15	15,24
1	13,98	14,08	14,17	14,27	14,36	14,45	14,55	14,64	14,73	14,83
2	13,61	13,70	13,79	13,88	13,97	14,07	14,16	14,25	14,34	14,43
3	13,25	13,34	13,43	13,52	13,61	13,69	13,78	13,87	13,96	14,05
4	12,90	12,99	13,08	13,16	13,25	13,34	13,42	13,51	13,60	13,68
5	12,57	12,66	12,74	12,83	12,91	13,00	13,08	13,16	13,25	13,33
6	12,25	12,34	12,42	12,50	12,58	12,67	12,75	12,83	12,91	13,00
7	11,95	12,03	12,11	12,19	12,27	12,35	12,43	12,51	12,59	12,67
8	11,66	11,74	11,81	11,89	11,97	12,05	12,13	12,21	12,29	12,36
9	11,38	11,45	11,53	11,61	11,68	11,76	11,84	11,91	11,99	12,07
10	11,11	11,18	11,26	11,33	11,41	11,48	11,56	11,63	11,71	11,78
11	10,85	10,92	10,99	11,07	11,14	11,21	11,29	11,36	11,43	11,51
12	10,60	10,67	10,74	10,81	10,89	10,96	11,03	11,10	11,17	11,24
13	10,36	10,43	10,50	10,57	10,64	10,71	10,78	10,85	10,92	10,99
14	10,13	10,20	10,27	10,34	10,41	10,48	10,54	10,61	10,68	10,75
15	9,91	9,98	10,05	10,11	10,18	10,25	10,32	10,38	10,45	10,52
16	9,70	9,77	9,83	9,90	9,96	10,03	10,10	10,16	10,23	10,29
17	9,50	9,56	9,63	9,69	9,76	9,82	9,89	9,95	10,01	10,08
18	9,30	9,37	9,43	9,49	9,56	9,62	9,68	9,75	9,81	9,87
19	9,12	9,18	9,24	9,30	9,36	9,43	9,49	9,55	9,61	9,67
20	8,93	9,00	9,06	9,12	9,18	9,24	9,30	9,36	9,42	9,48
21	8,76	8,82	8,88	8,94	9,00	9,06	9,12	9,18	9,24	9,30
22	8,59	8,65	8,71	8,77	8,83	8,89	8,95	9,01	9,06	9,12
23	8,43	8,49	8,55	8,61	8,66	8,72	8,78	8,84	8,90	8,95
24	8,28	8,33	8,39	8,45	8,50	8,56	8,62	8,67	8,73	8,79
25	8,13	8,18	8,24	8,29	8,35	8,41	8,46	8,52	8,57	8,63

Dem amtlichen Wetterbericht entnimmt man den mittleren Luftdruck der Region $p(0)$, der auf Meereshöhe bezogen ist. Hieraus erfolgt die Berechnung des mittleren absoluten Luftdrucks der Region näherungsweise nach folgender Gleichung:

$$p(h) = p(0) \exp\left(-\frac{\bar{M}_L g h}{RT}\right). \qquad (9.23)$$

$p(h)$ stellt den Luftdruck in der Höhe h bei der Temperatur T, $p(0)$ den Druck auf Meereshöhe bezogen in einer beliebigen Druckeinheit dar. $\bar{M}_L$ ist die mittlere molare Masse der Luft (29 g/mol), g die örtliche Fallbeschleunigung (9,81 m/s²), h die Höhe des Meßplatzes über NN in Metern, R die Gaskonstante (8,31 J/mol K) und T die absolute Temperatur am Meßplatz.

Aus (9.23) ergibt sich, wenn ϑ die Celsius-Temperatur darstellt:

$$\frac{p(h)}{\text{mbar}} = \frac{p(0)}{\text{mbar}} \exp\left(-0{,}0342 \cdot \frac{h/m}{273 + \vartheta/°C}\right). \qquad (9.24)$$

Beispiel: Der Wetterbericht gibt an: $p(0) = 1013$ mbar, Temperatur 15°C; Höhe des Meßplatzes nach geographischer Karte: 1000 m

$$p(1000) = 1013 \exp\left(-0{,}0342 \cdot \frac{1000}{288}\right)$$
$$= 899 \text{ mbar.}$$

Dieser Druckwert wird für die Kalibrierung nach Abschn. 9.2.1.3 b und 9.2.1.3 c verwendet. Außerdem wird er zur Ermittlung des Sauerstoffsättigungsindexes benötigt.

e) Salzfehler bei der Kalibrierung
Bei der Kalibrierung der Elektrode muß auch auf den Mineralstoffgehalt des Wassers geachtet werden, da eine zunehmende Mineralisation die Löslichkeit des Sauerstoffs erniedrigt.
Nach Angaben von Montgomery [10] beträgt bei einem Salzgehalt von 1 g/l im Wasser die Abnahme der O_2-Löslichkeit 0,01 bis 0,1 mg/l in Abhängigkeit von der Wassertemperatur.

f) Kalibrierung für die Messung „%-Sättigung"
Nach Einstellung des Meßkanals „%-Sättigung" und Eintauchen der Elektrode in die Na_2SO_3-Lösung wird der Nullpunkt mit dem Nullpunktsregler eingestellt. Zur Kalibrierung der Steilheit taucht man nach Abspülen der Elektrode diese in ein O_2-gesättigtes Wasser und stellt nach Einstellung eines stationären Meßwerts bei gutem Rühren die Meßwertanzeige mit Hilfe des Steilheitsreglers auf „100 %".

9.2.1.4 Messung

Die Messung kann entweder unmittelbar in dem zu untersuchenden Wasser oder mit Hilfe eines Durchlaufgefäßes vorgenommen werden. Bei offenen Gewässern oder für Untersuchungen in Peilrohren wird man die direkte Messung bevorzugen. Bei Vorliegen geschlossener Systeme wie z. B. bei Druckleitungen, muß in einem Durchlaufgefäß gemessen werden.
Auf jeden Fall muß die Strömungs- oder Rührgeschwindigkeit so hoch sein, daß sich der Anzeigewert bei Verstärkung der Flüssigkeitsbewegung nicht verändert. Ein Umschalten vom Meßkanal „mg/l O_2" auf

„%-Sättigung" erfordert bei vielen Geräten eine neue Kalibrierung.

a) Messung in offenen Gewässern
In diesem Fall muß die Elektrode wasserdicht und mit einer ausreichend langen Zuleitung versehen sein. Außerdem muß sie über ein spezielles Hilfsrührwerk verfügen, mit dem die notwendige Anströmgeschwindigkeit erzeugt wird. Die Elektrode wird direkt in das zu untersuchende Wasser getaucht. Hat sich eine konstante Anzeige eingestellt, wird der Meßwert abgelesen.

b) Messung im Durchlaufgefäß
Ein Durchlaufgefäß (Abb. 9.3) wird mit dem Probenahmehahn verbunden. Die Messung erfolgt in dem blasenfrei und stark durchströmten Gefäß nach Einstellung eines stationären Werts. Gegebenenfalls kann zur Anströmung der Elektrode auch ein Rührer verwendet werden.

9.2.1.5 Störungen

In jedem Fall sind alle Herstellerangaben zur Verwendung der Elektrode sorgfältig zu beachten.
Ist die Außenanordnung kalibrierungsfähig und erhält man bei der 4-Punkte-Kalibrierung zwei korrekte Geräteanzeigen, so arbeitet das Meßsystem einwandfrei. Ansonsten muß der Meßkopf ausgetauscht werden.
Bei der Messung ist auf hohe Anströmgeschwindigkeit zu achten. Bei ausreichender

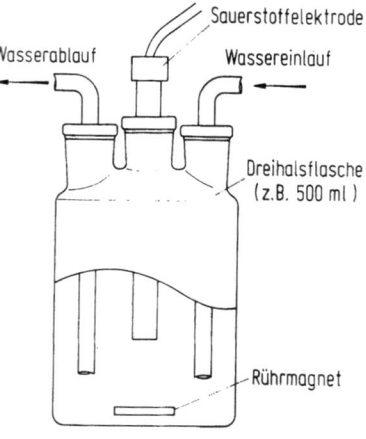

Abb. 9.3. Durchlaufgefäß

Flüssigkeitsbewegung erhöht sich der Anzeigewert nicht mehr bei Verstärkung des Rührens.
Es ist für eine ausreichende Eintauchtiefe der Elektrode zu sorgen.
Die Sauerstoffbestimmung mit der Elektrode wird durch alle nicht-dissoziierten gelösten Verbindungen gestört, die durch die Membrane diffundieren und elektrochemisch reduziert werden können; zu diesen Stoffen gehören z. B. O_3, HOCl (undissoziierte Form), NH_2Cl, ClO_2, I_2 u. a.

9.2.2 Maßanalytische Bestimmung (Winklermethode)

(Untere Bestimmungsgrenze: 0,1 mg/l O_2)

Das Verfahren beruht auf der quantitativen Oxidation von Mn(II) zu höherwertigem Mangan [im wesentlichen Mn(III)] durch den gelösten Sauerstoff in alkalischer Lösung und der darauf folgenden Oxidation von zugesetztem Iodid zu Iod aufgrund der höherwertigen Mn-Spezies in phosphorsaurer Lösung. Das freigesetzte Iod wird mit Thiosulfat titriert. Es gilt im Prinzip das folgende Reaktionsschema:

a) $Mn^{2+} + 2 OH^- \longrightarrow Mn(OH)_2(s)$
   (weißer Niederschlag)
b) $2 Mn(OH)_2(s) + \frac{1}{2} O_2 + H_2O \longrightarrow$
   $2 Mn(OH)_3(s)$ (brauner Niederschlag)
c) $2 Mn(OH)_3(s) + 6 H^+ + 3 I^- \longrightarrow$
   $2 Mn^{2+} + I_3^- + 6 H_2O$
d) $I_3^- \longrightarrow I_2 + I^-$
e) $I_2 + 2 S_2O_3^{2-} \longrightarrow 2 I^- + S_4O_6^{2-}$.

Das Verfahren wurde 1888 von L. W. Winkler [12] publiziert und wird deshalb als Winklermethode bezeichnet.

Geräte:
Steilbrustglasflaschen mit definiertem bzw. eingraviertem Innenvolumen, ca. 300 ml, und abgeschrägtem Schliffstopfen (Sauerstoffflaschen bzw. Winklerflaschen); die Flaschen und die zugehörigen Stopfen sind jeweils numeriert.

Reagenzien:
Manganchloridlösung. 80 g $MnCl_2 \cdot 4 H_2O$ p. a. werden in 100 ml destilliertem Wasser gelöst.
Fällungsreagenz:
36 g Natriumhydroxid-Plätzchen, NaOH p. a. und 20 g Kaliumiodid, KI p. a. werden gemeinsam in 100 ml destilliertem Wasser gelöst.
Falls mit der Anwesenheit von Nitrit im Untersuchungswasser gerechnet werden muß, sind 100 ml Fällungsreagenz 0,5 g Natriumazid, NaN_3 p. a. zuzusetzen. Natriumazid ist sehr giftig; die Zugabe zur KI-haltigen NaOH hat unter Vorsichtsmaßnahmen (Schutzbrille) zu erfolgen.
Phosphorsäure, H_3PO_4 ($D = 1,71$ g/ml);
Natriumthiosulfatlösung, $Na_2S_2O_3$, 0,01 mol/l;
Stärkelösung. 4 g Stärke werden mit wenig destilliertem Wasser verrieben und in 100 ml siedendes destilliertes Wasser eingetragen.

Arbeitsvorschrift

Die Steilbrustflasche wird in einem Eimer unter dem Wasserspiegel vom Probewasser mit Hilfe eines Schlauches 1 min mäßig stark durchgespült. Dann zieht man den Probenahmeschlauch aus der Flasche und pipettiert unter sorgfältiger Vermeidung eines Eintrags von Luftblasen (besonders an der Pipettenspitze!) erst 1,0 ml Manganchloridlösung und nachfolgend 1,0 ml Fällungsreagenz an den Flaschenboden. Die Flasche wird unter Wasser mit dem im Eimer befindlichen Stopfen absolut blasenfrei geschlossen und anschließend kurz geschüttelt. Für den Probentransport ist die Flasche kühl und dunkel aufzubewahren.
Man läßt den weißen oder braunen Niederschlag absitzen, saugt den Hauptteil der überstehenden klaren Lösung mit der Wasserstrahlpumpe o. ä. ab, säuert mit 3 ml Phosphorsäure rasch an und versetzt den Flascheninhalt mit einer Spatelspitze KI. Das in Freiheit gesetzte Iod wird unter Zusatz von Stärkelösung mit Natriumthiosulfatlösung titriert.

Berechnung und Angabe der Werte

Die Sauerstoffkonzentration berechnet sich nach der folgenden Formel:

$$\varrho(O_2) = 80 \cdot \frac{V(S_2O_3^{2-})}{V_{Fl} - V_{Re}}.$$

$\varrho(O_2)$ Massenkonzentration des Sauerstoffs in mg/l
$V(S_2O_3^{2-})$ Volumen der verbrauchten Thiosulfatlösung (0,01 mol/l) in ml

V_{Fl} Volumen der „Winklerflasche" in ml

V_{Re} Volumen der zugesetzten Reagenzien in ml

Der Meßwert wird wahlweise als Massenkonzentration in mg/l, als Stoffmengenkonzentration in µmol/l oder in %-Sättigung mit drei gültigen Ziffern angegeben. Hinzuzufügen sind Angaben über den absoluten Luftdruck und die Temperatur:
z. B. $\varrho(O_2) = 10{,}1$ mg/l,
$c(O_2) = 316$ µmol/l,

bei 5°C und 920 mbar.
Den Sättigungsgrad in % erhält man durch Quotientenbildung mit der dazugehörigen Sättigungskonzentration, die Tabelle 9.10 zu entnehmen ist:

$$100 \cdot \frac{\varrho_{exp}(O_2, p, \vartheta)}{\varrho_{tab}(O_2, p, \vartheta)} = y(O_2, p, \vartheta)$$

z. B. $\frac{\varrho_{exp}(O_2, 5°C, 920\ mbar)}{\varrho_{tab}(O_2, 5°C, 920\ mbar)} \cdot 100$

$= \frac{10{,}1 \cdot 100}{11{,}6} = 87\%$ Sättigung.

Die Berechnung des Sättigungsgrads berücksichtigt nicht den möglicherweise erheblich höher liegenden Druck tiefer liegender Wasserschichten eines Sees oder Grundwasserleiters.

Störungen

Eine wichtige Störungsquelle stellt das Ansaugen von Luft bei der Probenahme z. B. aus Wasserhähnen mit undichten Schlauchverbindungen dar. Solange Blasen durch die Winklerflasche strömen, kann keine ordnungsgemäße Probenahme erfolgen.
Des weiteren wird das Verfahren von einigen oxidierenden und reduzierenden Wasserinhaltsstoffen gestört. Zu diesen Stoffen gehören: Unterchlorige Säure (HOCl), Ozon (O_3), Chlordioxid (ClO_2), Chlorit (ClO_2^-), Wasserstoffperoxid (H_2O_2), und Hydrogensulfid (HS^-), Sulfit (SO_3^{2-}), Eisen(II)(Fe^{2+}) sowie bestimmte organische Stoffe wie Phenole etc. In diesen Fällen müssen Differenzmethoden oder das elektrometrische Verfahren angewendet werden [10, 13].

9.2.3 Formelzeichen und Druckeinheiten

Zeichen	SI-Einheit[a]	Bedeutung
I_{gr}	A	Diffusionsgrenzstrom;
A_k	cm²	geometrische Kathodenfläche;
P_m	cm²/s	Permeabilitätskoeffizient;
F	As/mol	Faradaykonstante;
b	cm	Membrandicke;
$c'(O_2)$	mol/cm³	Sauerstoffkonzentration;
$c(O_2)$	mol/l	Sauerstoffkonzentration;
$\varrho(O_2)$	mg/l	Sauerstoffkonzentration;
$p(X)$	bar	Partialdruck der Gaskomponente X;
M_2	g/mol	mittlere molare Masse der Luft;
g	m/s²	Fallbeschleunigung;
h	m	Höhe des Meßplatzes über NN;
R	J/mol K	Gaskonstante;
T	K	absolute Temperatur;
	°C	Celsius-Temperatur;
e	1	stöchiometrische Zahl für die Sauerstoffreduktion;

[a] 1 steht für das Verhältnis zweier gleicher SI-Einheiten sowie für Zahlen

Pascal:	Pa
Bar:	1 bar = 10^5 Pa
Torr:	1 Torr = 133,3 Pa
Millimeter Quecksilber:	1 mm$_{Hg}$ = 133,3 Pa
Physikalische Atmosphäre:	1 atm = $1{,}013 \cdot 10^5$ Pa
Technische Atmosphäre:	1 at = $9{,}806 \cdot 10^4$ Pa

9.2.4 Beurteilung und Grenzwerte

Sauerstoff ist in tiefen Grundwässern nur in geringen Mengen bzw. in Spuren enthalten. Oberflächennahe Grundwässer sind dagegen sauerstoffreicher. Während unbelastetes Oberflächenwasser mit Sauerstoff nahezu gesättigt sein kann, ist im verunreinigten Wasser ein Sauerstoffdefizit durch den biologischen Abbau organischer Substanzen unter Sauerstoffzehrung möglich. Dieser Abbau

9.2 Bestimmung des gelösten Sauerstoffs

(sog. Selbstreinigung des Wassers) erfolgt nämlich in der Regel nur in aeroben Gewässern, also in Gegenwart von Sauerstoff. In Oberflächenwässern wird im allgemeinen ein Sauerstoffgehalt von mindestens 2,5 g/l für das Fischleben als notwendig erachtet bzw. gilt ein Wasser mit einem Sauerstoffdefizit von mehr als 60% für fischereiliche Zwecke als ungeeignet. Nach den Parametern der Gewässergüteklassen fällt ein Sauerstoffgehalt > 2 mg/l noch in die Güteklasse III (stark verschmutzt), > 4 mg/l in die Güteklasse II bis III, > 6 mg/l in die Güteklasse II und > 8 mg/l in die Güteklasse I bis II bzw. I (unbelaster bzw. gering belastet).

Der Sauerstoffgehalt eines Wassers wird weitgehend durch mikrobiologische Vorgänge (Photosynthese), den Sauerstoffeintrag aus der Luft und die Sauerstoffzehrung beeinflußt. Die Gasabsorption ist nach dem Henryschen Gesetz abhängig von der Temperatur, dem Druck und der Löslichkeit des Sauerstoffs. In tieferen Seen und Talsperren ergeben sich komplizierte Sauerstoffkonzentrationsprofile, die jahreszeitlichen Schwankungen unterworfen sind, während bei Fließgewässern die Sauerstoffkurve vom Tagesgang abhängig ist (Sauerstoffanstieg bis zur Übersättigung durch Assimilation zur Lichtzeit — Sauerstoffdefizit durch Dissimilation zur Dunkelzeit).

In Grundwässern bleibt infolge der fehlenden Sonneneinstrahlung eine photosynthetische Sauerstoffproduktion aus. Der Sauerstoffgehalt wird neben der Sauerstoffnachlieferung durch die Bodenschicht auch durch den zeitabhängigen Sauerstoffverbrauch anwesender Mikroorganismen bestimmt. Ist der Sauerstoff völlig verbraucht, spricht man von reduzierten Wässern (s. Abschn. 8.5).

In der EG-Trinkwasserrichtlinie wird ein Sättigungsindex von 75% mit Ausnahme von Grundwässern gefordert, während die EG-Oberflächenwasserrichtlinie (bei einfacher physikalischer Aufbereitung und Entkeimung) 70% O_2 verlangt. Ein Sauerstoffdefizit von höchstens 20 bzw. 40% als Grenzwert für Oberflächenwasser als Rohstoff für die Trinkwasserversorgung (mit voll bzw. noch zufriedenstellenden Eigenschaften) gibt das DVGW-Arbeitsblatt W 151 an.

Der Sauerstoffgehalt eines Wassers hat auch einen wesentlichen Einfluß auf die Korrosion in metallischen Rohren, die bei der Trinkwasserverteilung Verwendung finden. Es sind verschiedene Werkstoffe, wie unlegierte, niedriglegierte und feuerverzinkte Eisenwerkstoffe, nichtrostende Stähle und Kupfer in Gebrauch [14].

Bei unlegiertem Stahl ist der gelöste Sauerstoff in kalten (1 bis 20°C), neutralen (pH-Wert 6 bis 8) Wässern das hauptsächlich wirksame elektrochemische Oxidationsmittel für den Korrosionsprozeß. Bei weitgehender Abwesenheit von Sauerstoff (< 0,1 mg/l) findet nur in geringem Maße ein Werkstoffangriff — insbesondere in geschlossenen Systemen — statt.

In Gegenwart bestimmter Bakterien kann es auch in Abwesenheit von molekularem Sauerstoff zu erheblichen Korrosionserscheinungen an unlegiertem Stahl kommen, insbesondere bei sulfathaltigen Wässern bei Anwesenheit von Desulfovibrio desulfuricans.

Die Bildung einer Schutzschicht wird bei einem Sauerstoffgehalt oberhalb 3 mg/l begünstigt; dabei spielen aber auch noch andere Parameter eine Rolle (Gesamtmineralisation, pH-Wert, Säurekapazität, Calciumkonzentration, Fließgeschwindigkeit etc.). Es entstehen verschiedene Schichten unterschiedlicher Zusammensetzung. Durch diese Deckschichten auf dem Eisen wird der Sauerstofftransport zur Kathode behindert, wodurch die Korrosionsgeschwindigkeit verringert wird. Der Einfluß der Sauerstoffkonzentration auf die Korrosionsgeschwindigkeit tritt in Abhängigkeit von der Struktur der Deckschicht mehr oder weniger schnell zurück.

Unterhalb einer Sauerstoffkonzentration von 2 mg/l reicht die vorhandene Sauerstoffmenge nicht mehr zur Bildung einer geschlossenen Deckschicht aus. Bei stärker schwankenden Sauerstoffgehalten kann es zu merklichen Korrosionserscheinungen kommen.

Auch bei verzinkten Rohren wird der gelöste Sauerstoff beim Korrosionsprozeß verbraucht. Beim Zink ist allerdings der pH-Wert die bedeutsamste wasserseitige Einflußgröße auf die Korrosionsgeschwindigkeit.

Für nichtrostende Stähle ist der Sauerstoffgehalt praktisch ohne Bedeutung.
Bei Kupfer steigt mit zunehmendem Gehalt an Sauerstoff die Gefahr von Lochfraß, der bei Gehalten < 0,1 mg/l O_2 nicht auftritt.

9.2.5 Literatur

1 Schmassmann, H.J.: Untersuchungen über den Sauerstoffgehalt fließender Gewässer. Schweiz. Z. Hydrol. 13 (1951) 300-335
2 Hitchman, M.L.: Measurement of dissolved Oxygen. New York: Wiley and Orbisphere Laboratories Geneva, Switzerland, 1978
3 Kaesche, H.: Die Korrosion der Metalle. 2. Aufl. Berlin: Springer 1979
4 Skaperdas, G.T.; Uhlig, H.H.: Corrosion of steel by dissolved carbon dioxide and oxygen. Ind. Eng. Chem. 34 (1942) 748-754
5 Nissing, W.; Friehe, W.; Schwenk, W.: Über den Einfluß des Sauerstoffgehaltes, des pH-Wertes und der Strömungsgeschwindigkeit auf die Korrosion feuerverzinkter und unverzinkter unlegierter Stahlrohre in Trinkwasser Werkstoffe und Korrosion 33 (1982) 346-539
6 Kölle, W.; Rösch, H.: Untersuchungen an Rohrnetz-Inkrustierungen unter mineralogischen Gesichtspunkten. Vom Wasser 55 (1980) 159-177
7 Schwoerbel, J.: Einführung in die Limnologie. Stuttgart: Fischer 1971
8 ISO 5813 Water quality: Determination of dissolved oxygen — Iodometric method (Entwurf Juli 1982). Genf
9 DIN 38 408 Teil 21: Deutsche Einheitsverfahren zur Wasser-, Abwasser- und Schlamm-Untersuchung. Bestimmung des in Wasser gelösten Sauerstoffes — iodometrisches Verfahren (Entwurf Januar 1983). Berlin: Beuth
10 ISO 5814 Water quality: Determination of dissolved oxygen — Electrochemical probe method (Juni 1984). Genf
11 Rommel, K.: Ein neues Sauerstoff-Meßsystem. Laborpraxis, Juli/August (1984) 736-739
12 Winkler, L.W.: Die Bestimmung von gelöstem Sauerstoff im Wasser. Dtsch. Chem. Ges. 21 (1888) 2843
13 DIN 38 408 Teil 22: Deutsche Einheitsverfahren zur Wasser-, Abwasser- und Schlamm-Untersuchung. Bestimmung des in Wasser gelösten Sauerstoffes mittels membranbedeckter Sauerstoffsonde (Entwurf November 1984). Berlin: Beuth
14 DIN 50 930: Korrosionsverhalten von metallischen Werkstoffen gegenüber Wasser. Teil 2: Beurteilungsmaßstäbe für unlegierte und niedriglegierte Eisenwerkstoffe. Teil 3: Beurteilungsmaßstäbe für feuerverzinkte Eisenwerkstoffe. Teil 4: Beurteilungsmaßstäbe für nichtrostende Stähle. Teil 5: Beurteilungsmaßstäbe für Kupfer- und Kupferlegierungen (Dezember 1980). Berlin: Beuth

9.3 Bestimmung des Ozons

Zur oxidativen Wasseraufbereitung und zur Desinfektion des Wassers wird heute weitverbreitet Ozon eingesetzt, so daß seine analytische Bestimmung häufig erforderlich ist.
Wie bei der Ermittlung des Chlors, beruhen auch die meisten Verfahren zur Erfassung des Ozons auf seinem Oxidationsvermögen und sind daher unspezifisch. Wenn z. B. Ozon neben Chlor bestimmt werden muß, ist eines der beiden Oxidationsmittel durch besondere Reagenzzugabe auszuschalten (s. Abschn. 9.3.1). Für die Bestimmung von kleinen Ozonkonzentrationen im Wasser wird vor allem eine modifizierte N,N-Diethyl-1,4-phenylendiamin (DPD)-Methode benützt [1]. Das Ozon kann nach der DPD-Methode maßanalytisch, photometrisch oder colorimetrisch bestimmt werden. Die Methoden mittels DPD werden anschließend beschrieben.

9.3.1 Maßanalytische Bestimmung mit N,N-Diethyl-1,4-phenylendiamin (DPD)

(Untere Bestimmungsgrenze: 0,07 mg/l O_3)

N,N-Diethyl-1,4-phenylendiamin (DPD) wird durch Ozon ebenso wie durch Chlor zu einem Farbstoff (Typ Wursters Rot) oxidiert (s. Bestimmung des Chlors Abschn. 9.4.1.1). Die Reaktion mit Ozon verläuft jedoch in Abwesenheit von Iodid nicht quantitativ. Der Grund hierfür soll in einer Konkurrenzreaktion des Ozons mit dem roten Farbstoff unter Bildung farbloser Produkte liegen [2]. Wird aber vor oder gleichzeitig mit dem DPD-Reagenz auch Kaliumiodid zugesetzt, erhält man eine dem Ozongehalt entsprechende Farbintensität. Wahrscheinlich setzt Ozon zuerst Iod aus Iodid frei, und dieses

Iod reagiert dann quantitativ mit DPD unter Bildung des roten Farbstoffs.
Der Gehalt an Ozon kann anschließend maßanalytisch mit Ammoniumeisen(II)-sulfat ermittelt werden. Das Verfahren eignet sich zur Bestimmung von ca. 0,07 bis 2,7 mg/l O_3.

Geräte:
Mikrobürette mit Injektionsschlauch und Spitze zur Einleitung der Titrationslösung unter die Wasseroberfläche; Magnetrührer.

Reagenzien:
DPD-Reagenzlösung. 1,1 g N,N-Diethyl-1,4-phenylendiammoniumsulfat, $C_{10}H_{18}N_2O_4S$, wasserfrei, p. a. werden unter Zusatz von 20 ml Schwefelsäure, H_2SO_4 p. a. (etwa 1 mol/l) und 0,2 g Dinatriumethylendiamintetraacetat, $C_{10}H_{14}N_2Na_2O_8$ · 2 H_2O in destilliertem Wasser gelöst. Die Lösung wird mit destilliertem Wasser auf 1 l aufgefüllt und lichtgeschützt in einer braunen Flasche gekühlt aufbewahrt. Bei Verfärbung ist die Lösung unbrauchbar.

Pufferlösung. 24 g Dinatriumhydrogenphosphat, Na_2HPO_4 p. a. und 46 g Kaliumdihydrogenphosphat, KH_2PO_4 p. a. werden in 1 l destilliertem Wasser gelöst.

Titrationslösung. 1,106 g Ammoniumeisen(II)-sulfat, $(NH_4)_2Fe(SO_4)_2$ · 6 H_2O p. a. werden unter Zugabe von 2 ml Schwefelsäure, H_2SO_4 p. a. (etwa 1 mol/l) mit frisch ausgekochtem und abgekühltem destilliertem Wasser auf 1 l aufgefüllt. 1 ml entspricht 0,068 mg O_3.
Kaliumiodid, KI, p. a.

Glycinlösung. 7 g Glycin, $C_2H_5NO_2$ p. a. werden in 100 ml destilliertem Wasser gelöst.

Probenahme

Wegen der Unbeständigkeit des Ozons im Wasser ist eine schnelle Bestimmung an Ort und Stelle notwendig. Zur Probenahme werden Glasflaschen verwendet. Falls möglich, sollten die Reagenzien im Probenahmegefäß vorgelegt werden.

Arbeitsvorschrift

Man gibt 100 ml Wasserprobe in einen Titrationskolben, in dem 5 ml Pufferlösung, 5 ml DPD-Reagenzlösung und ca. 1 g KI vorgelegt wurden. Nach 2 min Standzeit wird die Probe unter Rühren (Magnetrührer) mit Ammoniumeisen(II)-sulfatlösung auf farblos titriert.

Berechnung und Angabe der Werte

Der Gehalt des Wassers an gelöstem Ozon wird nach folgender Formel berechnet:

$$G = \frac{V_T \cdot 100}{V_w} \cdot 0{,}68.$$

G Gehalt des untersuchten Wassers an Ozon in mg/l O_3
V_T Volumen der verbrauchten Titrationslösung in ml
V_w Volumen des untersuchten Wassers in ml

Bei einem Gehalt an Ozon unter 1,0 mg/l werden auf 0,01 mg/l, bei höheren Konzentrationen auf 0,1 mg/l gerundete Werte angegeben.

Störungen

Oxidierend wirkende Stoffe, wie freies und gebundenes Chlor oder Brom, Iod und höherwertige Manganoxide stören. Störungen durch Eisen, Kupfer und gelösten Sauerstoff sind durch die Konstanthaltung des pH-Werts im Bereich von ca. 6,2 bis 6,5 infolge der Pufferlösung, aber auch durch den Zusatz von Dinatriumethylendiamintetraacetat in der DPD-Reagenzlösung weitgehend ausgeschaltet.

Bestimmungen von Ozon neben Chlor

Soll Ozon neben Chlor bestimmt werden, so ermittelt man zunächst nach Abschn. 9.4.2.1 die Summe von Ozon + Chlor, berechnet als Cl_2(I). Anschließend werden zu einer neuen 100-ml-Wasserprobe ca. 7 mg Glycin (0,1 ml der Glycinlösung) gegeben [3]. Dieses Glycin bindet das Chlor und zerstört gleichzeitig das Ozon [4]. In der Probe wird dann ebenfalls nach Abschn. 9.4.2.1 das Gesamtchlor ermittelt, berechnet als Cl_2(II). Eine Ausbleichung des roten Farbstoffs in Anwesenheit von Glycin [4, 5] ist bei den geringen Glycinmengen vernachlässigbar klein. Das Ozon wird aus der Differenz (I–II) · 0,68 berechnet; 0,68 ist der Umrechnungsfaktor von Chlor auf Ozon ($^{48}/_{71} = 0{,}68$).

9.3.2 Photometrische Bestimmung mit N,N-Diethyl-1,4-phenylendiamin (DPD)

(Untere Bestimmungsgrenze: 0,02 mg/l O_3)

Ozon setzt aus Kaliumiodid eine äquivalente Iodmenge frei. Das freigesetzte Iod reagiert quantitativ mit DPD unter Bildung eines roten Farbstoffs (Absorptionsmaxima 510 und 552 nm), dessen Intensität in bestimmtem Konzentrationsbereich dem Lambert-Beerschen Gesetz folgt.
Das anschließend beschriebene Verfahren [2] ist einfach und bei Verwendung kleiner Probewasservolumina sehr empfindlich.
Es ist zur Bestimmung von Ozonkonzentrationen im Bereich von 0,02 bis 2,5 mg/l O_3 geeignet.

Geräte:
Spektralphotometer bzw. Filterphotometer (Filter für ca. 550 nm); Küvetten 1,0 bis 5,0 cm.

Reagenzien:
KI-Pufferlösung. 20 g Kaliumiodid, KI p. a., 7,3 g Dinatriumhydrogenphosphat, $Na_2HPO_4 \cdot 2H_2O$ p. a., 3,5 g Kaliumdihydrogenphosphat, KH_2PO_4 p. a. und 0,2 g Dinatriumethylendiamintetraacetat, $C_{10}H_{14}N_2Na_2O_8 \cdot 2H_2O$ werden in destilliertem Wasser gelöst; die Lösung wird mit destilliertem Wasser auf 1 l aufgefüllt.

DPD-Reagenzlösung. In einem 100-ml-Meßkolben werden zu ca. 50 ml destilliertem Wasser 4 g Schwefelsäure, H_2SO_4 p. a. ($D = 1,84$ g/ml) und 1,5 g N,N-Diethyl-1,4-phenylendiammoniumsulfat, $C_{10}H_{18}N_2O_4S$, wasserfrei p. a. zugegeben; die Lösung wird mit destilliertem Wasser auf 100 ml aufgefüllt. Sie wird lichtgeschützt in einer braunen Flasche gekühlt aufbewahrt. Bei Verfärbung ist die Lösung unbrauchbar.
Für die photometrische Variante der DPD-Methode können auch handelsübliche Lösungen in Tropfflächchen bzw. Tabletten [z. B. Merck-DPD-Methode: Reagenz 1, 2 und 3 (Aquamerck); Hoelzle & Chelius: DPD No.1 und 3; Hellige: Lovibond] verwendet werden, die DPD-Sulfat, Puffer und KI in entsprechenden Mengen enthalten.

$KMnO_4$-Stammlösung. 1,317 g Kaliumpermanganat, $KMnO_4$ p. a. werden in destilliertem Wasser gelöst und die Lösung mit destilliertem Wasser auf 1 l aufgefüllt.

$KMnO_4$-Standardlösung. Die $KMnO_4$-Stammlösung wird 10fach mit destilliertem Wasser verdünnt (Standardlösung). 1 ml der Standardlösung auf 100 ml verdünnt, entspricht 1,0 mg/l O_3. Durch verschiedene Verdünnung der Standardlösung (z. B. 1 ml auf 1 l entsprechend 0,1 mg/l O_3, 0,5 ml auf 100 ml entsprechend 0,5 mg/l O_3 usw.) werden Lösungen zur Erstellung einer Eichgeraden hergestellt.

Probenahme

Wie unter Abschn. 9.3.1 beschrieben.

Arbeitsvorschrift

Man füllt einen 25-ml-Meßkolben, in dem 5 ml KI-Pufferlösung vorgelegt sind, mit Probewasser auf [2]. Nach Zugabe von 0,2 ml DPD-Reagenzlösung wird die Lösung durchgemischt und nach 2 min Standzeit (von Zeitpunkt der DPD-Zugabe bei 510 bzw. 552 nm gegen Untersuchungswasser als Blindprobe gemessen. Zur Erstellung der Eichgeraden werden die nach Zugabe von jeweils 20 ml vorstehend beschriebener verd. $KMnO_4$-Standardlösungen zu 5 ml KI-Pufferlösung gegeben, mit 0,2 ml DPD-Reagenzlösung vermischt und gegen destilliertes Wasser als Blindprobe photometriert. Bei Verwendung von handelsüblichen Lösungen oder Tabletten sind die Anweisungen des Herstellers für das DPD-Ozon bzw. DPD-Gesamtchlor (0,68 ist der Umrechnungsfaktor von Chlor auf Ozon) zu befolgen.

Berechnung und Angabe der Werte

Der Gehalt an Ozon wird aus der Eichgeraden entnommen und nach den Methoden der Photometrie aus dem spektralen Absorptionsmaß, der Eichgeradensteigung und der Schichtdicke unter Berücksichtigung der Verdünnung berechnet. Bei einem Gehalt an Ozon unter 0,1 mg/l O_3 werden auf 0,01 mg/l, bei höheren Konzentrationen auf 0,1 mg/l gerundete Werte angegeben.

Störungen

Wie unter Abschn. 9.3.1 beschrieben.

9.3.3 Colorimetrische Bestimmung mit N,N-Diethyl-1,4-phenylendiamin (DPD)

(Untere Bestimmungsgrenze: 0,03 mg/l O_3)

In Anwesenheit von Kaliumiodid reagiert Ozon mit DPD unter Bildung eines roten Farbstoffs, dessen Intensität visuell mit Hilfe eines Colorimeters oder Komparators bestimmt werden kann. Bei Verwendung von mindestens 2,5-cm-Küvetten liegt die Nachweisgrenze bei ca. 0,03 mg/l Ozon. Die obere Grenze beträgt ca. 2,5 mg/l O_3.

Geräte:
Colorimeter oder Komparator mit Farbvergleichsscheiben für das Ozon-DPD-Verfahren bzw. Chlor-DPD-Verfahren (z. B. Fa. Kowa, Lovibond, Hellige), Küvetten 1,0 bis 3,0 cm;
Reagenzien:
Handelsübliche Lösungen in Tropffläschchen bzw. Tabletten [z. B. Merck: DPD-Methode (Chlor) Reagenz 1, 2 und 3 (Aquamerck); Kowa: Reagenztabletten zur Ozonbestimmung A und B; Lovibond: DPD No. 1 und 3; Hellige], die DPD-Sulfat, Puffer und KI enthalten.

Probenahme

Wie unter Abschn. 9.3.1 beschrieben oder direkt in den Küvetten nach Angaben des Herstellers.

Arbeitsvorschrift

Die Durchführung und Bestimmung richtet sich nach den Gebrauchsanweisungen des Herstellers für die Bestimmung des Ozons bzw. des Gesamtchlors, wenn keine spezielle Farbvergleichsscheibe für das Ozonverfahren verfügbar ist.

Berechnung und Angabe der Werte

Die Werte sind direkt in mg/l O_3 ablesbar. Bei Verwendung einer Vergleichsscheibe für das Chlorverfahren werden die abgelesenen Werte mit dem Umrechnungsfaktor von Chlor auf Ozon ($^{48}/_{71} = 0,68$) multipliziert.
Bei einem Gehalt an gelöstem Ozon unter 1,0 mg/l werden auf 0,01 mg/l, bei höheren Konzentrationen auf 0,1 mg/l gerundete Werte angegeben.

Störungen

Wie unter Abschn. 9.3.1 beschrieben.

9.3.4 Sonstige Verfahren

Als Alternative zu den beschriebenen Ozonbestimmungsverfahren ist die Indigomethode nach Hoigné und Bader [6, 7] anzusehen. Die Bestimmung des Ozons mittels Indigotrisulfonat beruht auf dem Bleicheffekt des Ozons auf den Indigofarbstoff. Ozon reagiert mit Indigotrisulfonat im molaren Verhältnis von 1:1. Ein Indigomolekül enthält jeweils nur eine C=C-Doppelbindung als funktionelle Gruppe, die mit Ozon rasch reagiert. Eine phosphorsaure Indigotrisulfonatlösung wird einmal zum Vergleich mit destilliertem Wasser (Lösung I) und einmal mit Untersuchungswasser (Lösung II) versetzt. Für die Ozonbestimmung wird dann die Differenz ΔA der spektralen Absorptionsmaße der Lösung I und II bei 600 nm, gemessen gegen destilliertes Wasser als Blindprobe, herangezogen. Die Methode ist für Ozonkonzentrationen von 5 µg/l bis 10 mg/l O_3 geeignet.
Zur Bestimmung der Ozonkonzentration eines Wassers kann auch die Entfärbung von Acid Chrom Violet K (ACVK) [1,5-bis-(4-Methylphenyl-amino-2-natriumsulfonat)-9,10-antrachinon] verwendet werden [8]. Eine ACVK-Lösung wird wie bei der Indigomethode einmal mit destilliertem Wasser (Lösung I) und einmal mit Untersuchungswasser (Lösung II) versetzt. Die Differenz ΔA der spektralen Absorptionsmaße der Lösung I und II bei 550 nm, gemessen gegen destilliertes Wasser als Blindprobe, ist der Ozonkonzentration direkt proportional. Die Methode ist für Ozonkonzentrationen im Bereich von 0,02 bis 1 mg/l geeignet. Acid Chrom Violet K ist jedoch im Handel nur schwer erhältlich. Zur Bestimmung von Ozon im Wasser werden auch verschiedene kontinuierlich arbeitende Meßgeräte verwendet. Die UV-Absorption des Ozons nutzen z. B. ein Meßgerät der Fa. Sigrist Photometer, Zürich oder ein kontinuierlich messendes UV-Photometer der Fa. Dr. Lange, Düsseldorf. Zur kontinuierlichen Ozonbestim-

mung werden auch elektrochemische Methoden herangezogen. So kann Ozon aber auch Chlor amperometrisch z. B. mit Depolux 3 der Fa. Wallace und Thiernan, Günzburg oder Oxigraph der Fa. Alldos, bestimmt werden. Zur alleinigen Ozonbestimmung wird z. B. das auf ähnlichem Meßprinzip arbeitende Gerät der Fa. Dr. Thiedig, Berlin angeboten. Durch Einstellung eines bestimmten Potentialwerts wird hier nur das Ozon jedoch nicht das freie Chlor erfaßt.

9.3.5 Beurteilung und Grenzwerte

Nach dem Entwurf zur Novelle der Trinkwasser-Aufbereitungs-VO ist zur Desinfektion und Oxidation auch Ozon zugelassen; die Höchstmenge im aufbereiteten Trinkwasser beträgt 0,05 mg/l mit Angabe eines Höchstwerts für Trihalogenmethane als Nebenreaktionsprodukt (0,025 mg/l).
Soweit das restliche Ozon nach der jeweils angewandten Reaktions- bzw. Kontaktzeit nicht abgebaut ist, soll es aus gesundheitlichen und korrosionstechnischen Gründen sowie zur Beseitigung des Ozongeruchs entfernt werden, z. B. durch nachfolgende Aktivkohlefiltration. Die Zugabe an Ozon richtet sich nach dem Aufbereitungszweck. Bei Badewasser darf nach der Ozonentfernung nur noch maximal 0,05 mg/l O_3 vorhanden sein. Ozon wird als hochtoxisch bewertet; der MAK-Wert beträgt 0,2 mg/m^3.
Die Ozonzugaben bei der Trinkwasseraufbereitung liegen in der Größenordnung von etwa 1 mg/l. Ähnliche Verhältnisse herrschen bei der Badewasseraufbereitung (s. Teil B).

9.3.6 Literatur

1 Palin, A.T.: Methoden zur Bestimmung des im Wasser vorhandenen freien und gebundenen wirksamen Chlors, Chlordioxids und Chlorits, Broms, Jods und Ozons. Arch. Badewes. 25 (1972) 543-547
2 Gilbert, E.: Photometrische Bestimmung niedriger Ozonkonzentrationen in Wasser mit Hilfe von Diethyl-p-phenylendiamin (DPD). Gas Wasserfach, Wasser Abwasser 122 (1981) 410-416
3 DIN 38 408 Teil 3: Deutsche Einheitsverfahren zur Wasser-, Abwasser- und Schlamm-Untersuchung. Gasförmige Bestandteile (Gruppe G). Bestimmung von Ozon (Entwurf Juni 1984). Berlin: Beuth
4 Palin, A.T.: Current DPD methods for residual halogen compounds and ozone in water. J. Am. Water Works Assoc. 67 (1975) 32-33
5 Jandik, J.; Eichelsdörfer, D.: Anmerkungen zur gemeinsamen Bestimmung von Chlor und Ozon im Schwimmbeckenwasser nach der DPD-Methode von Palin. Arch. Badewes. 33 (1980) 90-91
6 Hoigné, J.; Bader, H.: Bestimmung von Ozon und Chlordioxid mit der Indigo-Methode. Vom Wasser 55 (1980) 261-279
7 Gilbert, E.; Hoigné, J.: Messung von Ozon in Wasserwerken; Vergleich der DPD- und Indigo-Methode. Gas Wasserfach, Wasser Abwasser 124 (1983) 527-531
8 Maschelein, W.J.; Fransolet, G.: Spectrophotometric determination of residual ozone in water with ACVK. J. Am. Water Works Assoc. 69 (1977) 461-462

9.4 Bestimmung des Chlors

Die Chlorung des Wassers gehört zu den am meisten angewendeten Entkeimungsverfahren[1] in der Wasseraufbereitung. Im Wasser gelöstes Chlor reagiert unter Bildung von unterchloriger Säure, Hypochlorition und Salzsäure:

$Cl_2 + H_2O \rightleftharpoons HClO + H^+ + Cl^-$
$HClO \rightleftharpoons ClO^- + H^+$.

Die Massenkonzentrationen der sich bildenden Einzelverbindungen sind insbesondere vom pH-Wert des Wassers abhängig (Abb. 9.4).
Im Bereich zwischen dem pH-Wert 6 und dem pH-Wert 8 sind praktisch nur HClO und ClO$^-$ vorhanden. Bei den üblichen Chlorkonzentrationen von wenigen Zehnteln mg bis zu einigen mg pro l Wasser verschiebt sich das Gleichgewicht der Hydrolysenreak-

---

[1] Sterilisation = Abtötung aller Mikroorganismen; Desinfektion (Entseuchung) = Abtötung der krankheitserregenden Mikroorganismen. Da beide Definitionen nicht exakt das Ergebnis der Behandlung des Trinkwassers darstellen, wird zutreffender der Ausdruck „Entkeimung" verwendet

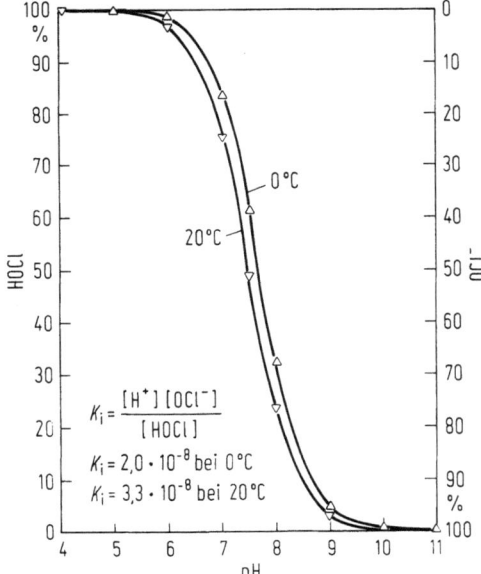

Abb. 9.4. HOCl- und OCl⁻-Anteile in Wasser von 0° und 20 °C bei verschiedenen pH-Werten [1]

tion weitgehend nach rechts. Die Stoffmengenkonzentration des nicht hydrolisierten Chlors ist deshalb äußerst gering; sie liegt mit weniger als 10^{-10} mol/l Cl_2 praktisch im Spurenbereich. Da die Keimabtötung überwiegend der unterchlorigen Säure zugeschrieben wird, soll der pH-Wert des Wassers ca. 7 betragen [1].

Cl_2, HClO und ClO⁻ werden summarisch als *freies Chlor A* bezeichnet. Bei Anwesenheit von Ammoniak oder organisch gebundenem Stickstoff können sich infolge sukzessiver Substitution der Wasserstoffatome weitere Chlorverbindungen (z. B. NH_2Cl, $NHCl_2$, NCl_3) bilden, in denen das Chlor noch ein gewisses Maß an oxidierenden und desinfizierenden Eigenschaften besitzt. Diese Verbindungen werden unter dem Begriff *gebundenes Chlor B* zusammengefaßt. Die Summe $A + B$ ist dann das *Gesamtchlor C*.

Die übliche Chlorbestimmung im Wasser bezieht sich auf die Ermittlung des *freien Chlors A*, da nach den gesetzlichen Bestimmungen, Richtlinien und Normen in gechlortem Wasser eine Mindest- oder Höchstmenge an freiem Chlor vorliegen muß bzw. darf. Neben dem freien Chlor ist oft auch die Kenntnis des Gehalts an *gebundenem Chlor B* wichtig. Da es keine direkte Methode für gebundenes Chlor gibt, ist hierzu neben der Bestimmung des freien Chlors eine getrennte Bestimmung des Gesamtchlors C notwendig. Aus der Differenz der Konzentrationen von C und A läßt sich B errechnen.

9.4.1 Bestimmung des freien Chlors

Alle gebräuchlichen Methoden beziehen sich auf das Oxidationsvermögen des Chlors und sind daher unspezifisch. Die weiteste Verbreitung hat heute die N,N-Diethyl-1,4-phenylendiamin (DPD)-Methode [2], mit der das Chlor maßanalytisch oder photometrisch bzw. colorimetrisch bestimmt werden kann. Diese drei Bestimmungsverfahren werden anschließend beschrieben. Auf andere Verfahren, wie z. B. die als sehr genau bekannte amperometrische Titration mit Phenylarsenoxid [3], wird wegen des gerätemäßigen Aufwands und der damit verbundenen Praxisschwierigkeiten lediglich hingewiesen. Das früher ausschließlich benutzte o-Tolidin-Verfahren wurde nicht berücksichtigt, weil die Methode ungenau ist und keine Differenzierung von A und B zuläßt; außerdem sollte auf die Verwendung des potentiell cancerogenen o-Tolidins verzichtet werden.

9.4.1.1 Maßanalytische Bestimmung mit N,N-Diethyl-1,4-phenylendiamin (DPD)

(Untere Bestimmungsgrenze: 0,07 mg/l)

N,N-Diethyl-1,4-phenylendiamin (DPD) wird in wäßriger Lösung durch freies Chlor (Cl_2, HClO, ClO⁻) zu einem roten Farbstoff oxidiert:

N,N-Diethyl-1,4-phenylendiamin → Typ Wursters Rot

Die störende Wirkung der Chloramine wird durch Einstellung eines bestimmten pH-

Werts weitgehend ausgeschaltet, so daß die Reaktion nur mit freiem Chlor eintritt. Sein Gehalt wird maßanalytisch beim pH-Wert 6,2 bis 6,5 durch Titration mit Ammoniumeisen(II)-sulfat von rot nach farblos ermittelt. Bei niedrigerem pH-Wert kann Monochloramin miterfaßt werden; bei höheren pH-Werten wird eine Färbung durch gelösten Sauerstoff verursacht [2]. Das Verfahren eignet sich zur Bestimmung der Konzentration an freiem Chlor A im Bereich von 0,07 bis 4,0 mg/l [4]. Bei höheren Konzentrationen ist das zu untersuchende Wasser mit destilliertem Wasser zu verdünnen.

Geräte:
Mikrobürette mit Injektionsschlauch und Spitze zur Einleitung der Titrationslösung unter die Wasseroberfläche; Magnetrührer

Reagenzien:
DPD-Reagenzlösung. 1,1 g N,N-Diethyl-1,4-phenylendiammoniumsulfat, $C_{10}H_{18}N_2O_4S$, wasserfrei, p.a., werden unter Zusatz von 20 ml Schwefelsäure, H_2SO_4 p.a. (etwa 1 mol/l) und 0,2 g Dinatriumsalz der Ethylendiaminotetraessigsäure, $C_{10}H_{14}N_2O_8Na_2 \cdot 2H_2O$, in destilliertem Wasser gelöst. Die Lösung wird mit destilliertem Wasser auf 1 l aufgefüllt und lichtgeschützt in einer braunen Flasche gekühlt aufbewahrt. Bei Verfärbung ist die Lösung unbrauchbar.

Pufferlösung. 24 g Dinatriumhydrogenphosphat, Na_2HPO_4 p.a., 46 g Kaliumdihydrogenphosphat, KH_2PO_4 p.a. und 0,8 g Dinatriumsalz der Ethylendiaminotetraessigsäure, $C_{10}H_{14}N_2O_8Na_2 \cdot 2H_2O$ werden in 1 l destilliertem Wasser gelöst.

Titrationslösung. 1,106 g Ammoniumeisen(II)-sulfat, $(NH_4)_2Fe(SO_4)_2 \cdot 6H_2O$ p.a. werden unter Zugabe von 2 ml Schwefelsäure, H_2SO_4 p.a. (etwa 1 mol/l) mit frisch ausgekochtem und abgekühltem destilliertem Wasser auf 1 l aufgefüllt. 1 ml entspricht 0,1 mg Cl_2.
Nach DIN 38 408, Teil 4 „Bestimmung von freiem Chlor und Gesamtchlor" kann eine Ammoniumeisen(II)-sulfatstammlösung hergestellt werden, die dann vor Gebrauch jeweils frisch verdünnt wird (Titrationslösung). Die Massenkonzentration der Titrationslösung, ausgedrückt als Chlor in mg/l, wird mit Hilfe einer Kaliumdichromat-Standardlösung überprüft.

Probenahme

Wegen der Unbeständigkeit des freien Chlors im Wasser ist eine schnelle Bestimmung möglichst an Ort und Stelle notwendig. Zur Probenahme werden Glasflaschen verwendet.

Arbeitsvorschrift

Man gibt 100 ml Probe in einen Titrationskolben, in dem 5 ml Pufferlösung und 5 ml DPD-Reagenzlösung vorgelegt sind. Die Probe wird dann sofort unter Rühren (Magnetrührer) mit Ammoniumeisen(II)-sulfatlösung auf farblos titriert.
Bei stark sauren oder alkalischen Proben oder bei Proben mit hoher Pufferkapazität ist zu prüfen, ob durch Zusatz der Pufferlösung ein pH-Wert zwischen 6,2 und 6,5 erreicht wird. Andernfalls muß die Probe vor Durchführung der Bestimmung neutralisiert werden.

Berechnung und Angabe der Werte

Der Gehalt des Wassers an freiem Chlor wird nach folgender Formel berechnet:

$$G = \frac{V_T \cdot 100}{V_w}.$$

G Gehalt des untersuchten Wassers an freiem Chlor in mg/l Cl_2
V_T Volumen der verbrauchten Titrationslösung in ml
V_w Volumen des untersuchten Wassers in ml

Bei einem Gehalt an freiem Chlor unter 1,0 mg/l werden auf 0,01 mg/l, bei höheren Konzentrationen auf 0,1 mg/l gerundete Werte angegeben.

Störungen

Oxidierend wirkende Stoffe wie Ozon, Brom, Iod, Chromat, Iodat und höherwertige Manganoxide stören. Störungen durch Nitrit, Eisen, Kupfer und gelösten Sauerstoff sowie Chloramine sind durch Zusatz von Dinatriumethylendiamintetraacetat zum DPD-Reagenz und durch die pH-Wert-Einstellung auf 6,2 bis 6,5 weitgehend ausgeschaltet [2]. Bei Anwesenheit von Iodidionen wird das in Chloraminen und anderen Chlorstickstoff-

verbindungen gebundene Chlor allerdings miterfaßt.
Die Störung durch Mangandioxid oder Chromat kann durch eine ergänzende Bestimmung in einer weiteren Wasserprobe, die vorher mit Natriumarsenitlösung behandelt wird, ausgeschaltet werden [2, 5].
Bei unvollständig hydrolysierenden organischen Chlorpräparaten (z. B. Natriumdichlorisocyanurat) wird nicht nur das durch Hydrolyse freigesetzte Chlor erfaßt, sondern das Gesamtchlor [5].

9.4.1.2 Photometrische Bestimmung mit N,N-Diethyl-1,4-phenylendiamin (DPD)

(Untere Bestimmungsgrenze: 0,05 mg/l)

Der bei der Oxidation von DPD durch Chlor gebildete rote Farbstoff hat Absorptionsmaxima bei 510 und bei 552 nm; die Intensität der Färbung folgt in einem bestimmten Konzentrationsbereich dem Lambert-Beerschen Gesetz. Eine photometrische Bestimmung von freiem Chlor *A* ist im Bereich von 0,05 bis 4 mg/l möglich.

Geräte:
Spektralphotometer bzw. Filterphotometer (Filter für ca. 550 nm); 1- bis 5-cm-Küvetten;
Reagenzien:
Für die photometrische Variante der DPD-Methode können DPD-Reagenzlösung und Pufferlösung des Verfahren in Abschn. 9.4.1.1 verwendet werden oder handelsübliche Lösungen in Tropfflächchen bzw. Tabletten (z. B. Merck-DPD-Methode: Reagenz 1 und 2 (Aquamerck); Hoelzle & Chelius: DPD No. 1 usw.), die DPD-Sulfat und Puffer in entsprechenden Mengen enthalten.

$KMnO_4$-Stammlösung. 0,891 g Kaliumpermanganat, $KMnO_4$, p. a. werden in destilliertem Wasser gelöst, die Lösung wird mit destilliertem Wasser auf 1 l aufgefüllt.

$KMnO_4$-Standardlösung. $KMnO_4$-Stammlösung wird 10fach mit destilliertem Wasser verdünnt (Standardlösung). 1 ml dieser Lösung, mit destilliertem Wasser auf 1 l aufgefüllt, entspricht 0,1 mg/l Cl_2. Durch verschiedene Verdünnungen der Standardlösung (z. B. 0,5 ml auf 100 ml entsprechend 0,5 mg/l Cl_2, 1 ml auf 100 ml entsprechend 1 mg/l Cl_2 usw.) werden Lösungen zur Erstellung einer Eichgeraden hergestellt. Nach DIN 38408 [5] kann anstelle der $KMnO_4$-Standardlösung eine KIO_3-Standardlösung verwendet werden.

Probenahme

Wie unter Abschn. 9.4.1 beschrieben; die Probelösung kann auch nach jeweiliger Angabe des Herstellers direkt in die Küvette gegeben werden, in der entsprechende Reagenzien vorgelegt sind.

Arbeitsvorschrift

100 ml Wasserprobe werden zu 5 ml Pufferlösung und 5 ml DPD-Reagenzlösung (wie beim Verfahren in Abschn. 9.4.1.1) zugeben und gründlich vermischt. Die Lösung wird bei 510 bzw. 552 nm gegen Untersuchungswasser als Blindprobe photometriert.
Zur Erstellung der Eichgeraden werden jeweils 100 ml verschiedener Verdünnungen der $KMnO_4$-Standardlösung zu 5 ml Pufferlösung und 5 ml DPD-Reagenzlösung zugegeben und gegen destilliertes Wasser photometriert. Bei der Ausführung der Bestimmung mit handelsüblichen Lösungen bzw. Tabletten sind die Anweisungen des Herstellers zu befolgen.

Berechnung und Angabe der Werte

Der Gehalt an freiem Chlor wird aus der Eichgeraden entnommen oder nach den Methoden der Photometrie aus dem spektralen Absorptionsmaß, der Eichgeradensteigung und der Schichtdicke unter Berücksichtigung der Verdünnung berechnet.
Bei einem Gehalt an freiem Chlor unter 1,0 mg/l werden auf 0,01 mg/l, bei höheren Konzentrationen auf 0,1 mg/l gerundete Werte angegeben.

Störungen

Wie unter Abschn. 9.4.1. Bei Verwendung von handelsüblichen DPD-Reagenzlösungen oder Tabletten muß der pH-Wert für die DPD-Reaktion nach Zusatz der Reagenzien zum Probewasser überprüft werden. Bei Abweichungen vom pH-Wertbereich 6,2 bis 6,5 ist bei der Bestimmung von freiem Chlor mit

Störungen zu rechnen [6] (s. Abschn. 9.4.1 Arbeitsvorschrift).

9.4.1.3 Colorimetrische Bestimmung mit N,N-Diethyl-1,4-phenylendiamin (DPD)

(Untere Bestimmungsgrenze: 0,05 mg/l; 2,5-cm-Küvetten)

Als Feldmethode oder zur laufenden Kontrolle der Chlorung des Wassers kann auch ein visueller Farbvergleich des roten Oxidationsprodukts mit Hilfe eines Colorimeters oder eines Komparators durchgeführt werden. Die obere Bestimmungsgrenze beträgt 4 mg/l Cl_2 [7].

Geräte:
Colorimeter oder Komparator mit Farbvergleichsscheiben für das DPD-Verfahren (z. B. Fa. Kowa, Lovibond u. a.), 1- bis 3-cm-Küvetten;
Reagenzien:
Handelsübliche Lösungen in Tropffläschchen bzw. Tabletten (z. B. Fa. Merck-DPD-Methode: Reagenz 1 und 2 (Aquamerck); Kowa: Reagenztabletten zur Chlorbestimmung A; Lovibond: DPD No. 1 usw.), die DPD-Sulfat und Puffer enthalten.

Probenahme

Wie unter Abschn. 9.4.1.2 beschrieben.

Arbeitsvorschrift

Die Durchführung der Bestimmung richtet sich nach den Gebrauchsanweisungen der Gerätehersteller.

Berechnung und Angabe der Werte

Die Werte sind direkt in mg/l Cl_2 ablesbar. Bei einem Gehalt an freiem wirksamem Chlor unter 1,0 mg/l werden auf 0,01 mg/l, bei höheren Konzentrationen auf 0,1 mg/l gerundete Werte angegeben.

Störungen

Wie unter Abschn. 9.4.1.2 beschrieben.

9.4.2 Bestimmung des Gesamtchlors

Zur Bestimmung des Gesamtchlors C werden in der Regel ebenfalls unspezifische Methoden verwendet. So kann das gesamte Chlor in Abwesenheit von Störsubstanzen z. B. iodometrisch bestimmt werden. Diese einfache Maßanalyse ist jedoch nicht empfindlich [8]. Für niedrige Konzentrationen (unter 1 mg/l Cl_2) ist die potentiometrische Ermittlung geeignet [9]. Am gebräuchlichsten ist auch zur Bestimmung des Gesamtchlors die DPD-Methode [2]. Ihre maßanalytische, photometrische und colorimetrische Ausführung wird anschließend beschrieben.

9.4.2.1 Maßanalytische Bestimmung mit N,N-Diethyl-1,4-phenylendiamin (DPD)

(Untere Bestimmungsgrenze: 0,1 mg/l)

Wie Chlor reagiert auch Iod in wäßriger Lösung mit DPD unter Bildung eines roten Farbstoffs [2]. Da neben freiem Chlor auch gebundenes Chlor aus Iodid eine äquivalente Menge Iod freisetzt, kann durch Zusatz von Kaliumiodid zur Wasserprobe das Gesamtchlor C nach der DPD-Methode maßanalytisch mit Ammoniumeisen(II)-sulfat bestimmt werden. Das Verfahren eignet sich zur Bestimmung von Gesamtchlor im Konzentrationsbereich von 0,1 bis 4 mg/l [4]. Bei höheren Konzentrationen ist das zu untersuchende Wasser mit destilliertem Wasser zu verdünnen.

Geräte:
Wie unter Abschn. 9.4.1.1 beschrieben.
Reagenzien:
Wie unter Abschn. 9.4.1.1 und zusätzlich Kaliumiodid, KI p. a.

Probenahme

Wie unter Abschn. 9.4.1.1 beschrieben.

Arbeitsvorschrift

Man gibt 100 ml Probe in einen Titrationskolben, in dem 5 ml Pufferlösung, 5 ml Reagenzlösung und ca. 1 g KI vorgelegt sind. Die Probe wird nach 2 min Standzeit unter Rühren mit dem Magnetrührer mit Ammoniumeisen(II)-sulfatlösung auf farblos titriert.

Berechnung und Angabe der Werte

Der Gehalt des Wassers an Gesamtchlor wird nach folgender Formel berechnet:

$$G = \frac{V_T \cdot 100}{V_W}.$$

G Gehalt des untersuchten Wassers an Gesamtchlor in mg/l Cl_2
V_T Volumen der verbrauchten Titrationslösung in ml
V_W Volumen des untersuchten Wassers in ml

Bei einem Gehalt an wirksamem Chlor unter 1,0 mg/l werden auf 0,01 mg/l, bei höheren Konzentrationen auf 0,1 mg/l gerundete Werte angegeben.

Störungen

Wie unter Abschn. 9.4.1.1 beschrieben

9.4.2.2 Photometrische Bestimmung mit N,N-Diethyl-1,4-phenylendiamin (DPD)

(Untere Bestimmungsgrenze: 0,05 mg/l)

Durch das Gesamtchlor C aus Iodid freigesetztes Iod reagiert in wäßriger Lösung mit DPD unter Bildung eines roten Oxidationsprodukts (Absorptionsmaxima 510 und 552 nm), dessen Intensität in bestimmtem Konzentrationsbereich dem Lambert-Beerschen Gesetz folgt. Die Methode ist für die Bestimmung von Gesamtchlor im Bereich von 0,05 bis 4 mg/l geeignet.

Geräte:
Wie unter Abschn. 9.4.1.2 beschrieben.
Reagenzien:
Für die photometrische Variante der DPD-Methode können DPD-Reagenzlösung, Pufferlösung und KI (s. Abschn. 9.4.2.1 bzw. 9.4.1.1) verwendet werden oder handelsübliche Lösungen in Tropfflächchen bzw. Tabletten (z. B. Merck-DPD-Methode: Reagenz 1,2 und 3 (Aquamerck); Hoelzle & Chelius: DPD No. 1 und Chlor-03 usw.), die DPD-Sulfat, Puffer und KI enthalten.

$KMnO_4$-Stammlösung. Wie unter Abschn. 9.4.1.2

$KMnO_4$-Standardlösungen. Wie unter Abschn. 9.4.1.2.

Arbeitsvorschrift

100 ml Wasserprobe werden zu einer Mischung von 5 ml Pufferlösung, 5 ml DPD-Reagenzlösung und ca. 1 g KI gegeben und vermischt. Nach 2 min Standzeit wird die Lösung bei 510 oder 552 nm gegen Untersuchungswasser als Blindprobe photometriert. Zur Erstellung der Eichgeraden werden jeweils 100 ml verschiedener Verdünnungen der $KMnO_4$-Standardlösung zu 5 ml Pufferlösung, 5 ml DPD-Reagenzlösung zugegeben und gegen destilliertes Wasser photometriert. Bei der Ausführung der Bestimmung mit handelsüblichen Lösungen bzw. Tabletten sind die Anweisungen des Herstellers zu befolgen.

Berechnung und Angabe der Werte

Der Gehalt an Gesamtchlor wird wie unter Abschn. 9.4.1.2 berechnet und angegeben; in diesem Falle entspricht G dem Gehalt des untersuchten Wassers an Gesamtchlor in mg/l Cl_2.

Störungen

Wie unter Abschn. 9.4.1.1 beschrieben.

9.4.2.3 Colorimetrische Bestimmung mit N,N-Diethyl-1,4-phenylendiamin (DPD)

(Untere Bestimmungsgrenze: 0,05 mg/l)

Als Feldmethode bzw. als Kontrollmethode genügt oft ein visueller Farbvergleich mittels eines Colorimeters oder Komparators. Bei Verwendung von mindestens 2,5-cm-Küvetten liegt die Nachweisgrenze bei 0,05 mg/l Cl_2. Die obere Grenze beträgt 4 mg/l Cl_2.

Geräte:
Wie unter Abschn. 9.4.1.3.
Reagenzien:
Handelsübliche Lösungen in Tropfflächchen bzw. Tabletten (z. B. Merck-DPD-Methode: Reagenz 1,2 und 3 (Aquamerck); Kowa: Reagenztabletten zur Chlorbestimmung A und B oder Reagenztablette C; Lovibond: DPD No. 1 und DPD No. 3 usw.), die DPD-Sulfat, Puffer und KI enthalten.

Probenahme

Wie unter Abschn. 9.4.1.2 beschrieben.

Arbeitsvorschrift

Bei der Durchführung der Bestimmung sind die Gebrauchsanweisungen der Gerätehersteller genau zu befolgen.

Berechnung und Angabe der Werte

Die Werte sind direkt in mg/l Cl_2 ablesbar. Bei einem Gehalt an freiem Chlor unter 1,0 mg/l werden auf 0,01 mg/l, bei höheren Konzentrationen auf 0,1 mg/l gerundete Werte angegeben.

Störungen

Wie unter Abschn. 9.4.1.1.

9.4.2.4 Sonstige Verfahren

Das Gesamtchlor C kann, wie unter Abschn. 9.4.2 erwähnt, in Abwesenheit von Störsubstanzen auch iodometrisch bestimmt werden: $Cl_2 + 2\,I^- \longrightarrow 2\,Cl^- + I_2$. Das freigesetzte Iod wird maßanalytisch mit Thiosulfat oder potentiometrisch mit Hilfe einer chlorsensitiven Elektrode (sog. Restchlorelektrode) ermittelt. Die maßanalytische Bestimmung erfordert aber Chlorkonzentrationen über 1 mg/l [8]; für die potentiometrische Ermittlung liegt die Nachweisgrenze bei 7 µg/l Cl_2 [9].

Des weiteren ist als spezifische Methode zur Bestimmung von Gesamtchlor C die Reaktion des freien Chlors A und des gebundenen Chlors B mit Cyaniden zu Chlorcyan zu nennen. Das Anlagerungsprodukt von Chlorcyan mit Pyridin bildet mit primären aromatischen Aminen, z. B. Benzidin, rotgefärbte Dianilide, deren Farbintensität innerhalb eines bestimmten Konzentrationsbereichs dem Lambert-Beerschen Gesetzt folgt. Mit Benzidin ist das Verfahren zur Bestimmung des Gehalts an Gesamtchlor im Bereich von 0,05 bis 25 mg/l Cl_2 geeignet [4].

9.4.3 Berechnung des gebundenen Chlors

Der Gehalt an gebundenem Chlor B kann aus der Differenz zwischen dem Gesamtchlor C und dem freien Chlor A errechnet werden.

Gesamtchlor − freies Chlor = gebundenes Chlor.

9.4.4 Bestimmung des Chlordioxids, Chlorits und Chlors

Verschiedentlich wird Chlordioxid bei der Wasserdesinfektion als Alternative zu Chlor verwendet. Es hat gegenüber Chlor keinen Eigengeruch und -geschmack und reagiert nicht mit Ammoniak. Auch die Haloformbildung kann durch den Einsatz von Chlordioxid an Stelle von Chlor weitgehend vermieden werden. Chlordioxid besitzt im neutralen und im alkalischen Bereich die gleiche desinfizierende Wirkung wie das Chlor im Neutralbereich [10, 11]. Es eignet sich daher besonders für die Desinfektion weicher Wässer, die nach einer Entsäuerung alkalisch reagieren. Trotzdem bestehen gegen seine Verwendung einige Bedenken, weil das zugesetzte Chlordioxid bei den üblichen pH-Werten der Wässer teilweise zu Chlorit reduziert werden kann. Da aber Chlorit aus toxikologischer Sicht als bedenklich gilt, muß die im Wasser duldbare Menge gering bleiben; somit ist auch die Chlordioxidanwendung eingeschränkt. Die Verfahren zur Herstellung von Chlordioxid sowie eine mögliche Kombination mit Chlor bei der Wasserdesinfektion führen dazu, daß unter Umständen Chlordioxid, Chlorit und Chlor nebeneinander im Wasser vorhanden sind und differenziert bestimmt werden müssen. Hierzu wird die nachfolgend beschriebene Methode nach Palin [12] empfohlen, die nach Weil [13] abgeändert wurde und für die Overath [14] statistisch abgesicherte Bestimmungs- und Nachweisgrenzen ermittelt hat. Mit den Verfahren können sowohl die einzelnen Chlorspezies allein wie auch im Gemisch entweder volumetrisch oder photometrisch ermittelt werden.

9.4.4.1 Volumetrische Bestimmung mit N,N-Diethyl-1,4-phenylendiamin (DPD)

(Untere Bestimmungsgrenzen:

9.4 Bestimmung des Chlors   229

ClO_2^- allein,	Arbeitsgang c),	0,032 mg/l ClO_2^-;
ClO_2^- neben ClO_2,	Arbeitsgang b), c),	0,083 mg/l ClO_2^-;
ClO_2^- neben ClO_2,	Arbeitsgang a), b), c),	0,099 mg/l ClO_2^-;
ClO_2 allein,	Arbeitsgang b),	0,041 mg/l ClO_2;
ClO_2 neben ClO_2^-,	Arbeitsgang b), c),	0,041 mg/l ClO_2;
ClO_2 neben ClO_2^-,	Arbeitsgang a), b), c),	0,070 mg/l ClO_2;
ClO_2 neben Cl_2,	Arbeitsgang a), b), c),	0,095 mg/l ClO_2;
Cl_2 allein,	Arbeitsgang b),	0,055 mg/l Cl_2;
Cl_2 neben ClO_2,	Arbeitsgang a), b), c),	0,081 mg/l Cl_2)

Nebeneinander vorliegende Chlorverbindungen lassen sich durch eine Kombination folgender Analysenschritte differenzieren:
a) Beim pH-Wert 7 und Zusatz von KBr/HCOONa zur selektiven Eliminierung von Chlor reagiert mit DPD nur 1 Oxidationsäquivalent Chlordioxid. Chlor und Chlorit reagieren nicht.
b) Beim pH-Wert 7 reagieren mit DPD nur 2 Oxidationsäquivalente Chlor und 1 Oxidationsäquivalent Chlordioxid. Chlorit reagiert nicht.
c) Beim pH-Wert 2 reagieren mit zugesetztem KI Chlordioxid mit 5 Oxidationsäquivalenten, Chlorit mit 4 Oxidationsäquivalenten und Chlor mit 2 Oxidationsäquivalenten. Das freigesetzte Iod wird nach Anheben des pH-Wertes auf 7 mit DPD bestimmt.

Geräte:
Bürette mit einer Ablesegenauigkeit von 1 µl;

Reagenzien:
Puffer-Lösung (pH-Wert 7,0). 24 g Dinatriumhydrogenphosphat, $Na_2HPO_4 \cdot 2 H_2O$ p.a., 46 g Kaliumdihydrogenphosphat, KH_2PO_4 p.a. und 100 ml EDTA-Lösung werden mit destilliertem Wasser im 1-l-Meßkolben aufgefüllt.

Pufferlösung (pH-Wert 2,0). 68 g Kaliumdihydrogenphosphat, KH_2PO_4 p.a. werden in destilliertem Wasser gelöst und im 500-ml-Meßkolben mit destilliertem Wasser aufgefüllt. Diese Lösung wird mit 500 ml ortho-Phosphorsäure, H_3PO_4 p.a. ($D = 1,71$ g/ml) vermischt.
Verd. Natronlauge, NaOH 5 mol/l;
Kaliumiodid, KI p.a.;

Kaliumbromidlösung. 70 g Kaliumbromid, KBr p.a. werden im 1-l-Meßkolben mit destilliertem Wasser gelöst; die Lösung wird mit destilliertem Wasser aufgefüllt.

Natriumformiatlösung. 40 g Natriumformiat, HCOONa werden im 1-l-Meßkolben mit destilliertem Wasser gelöst; die Lösung wird mit destilliertem Wasser aufgefüllt.

EDTA-Lösung. 8 g Dinatriumsalz der Ethylendiaminotetraessigsäure, $C_{10}H_{14}N_2Na_2O_8 \cdot 2 H_2O$ p.a. werden in 1 l destilliertem Wasser gelöst.

DPD-Reagenzlösung. 1,5 g N,N-Diethyl-1,4-phenylendiammoniumsulfat, $C_{10}H_{18}N_2O_4S$ wasserfrei, p.a. werden unter Zusatz von 8 ml verd. Schwefelsäure (113 ml Schwefelsäure, H_2SO_4 p.a. ($D = 1,84$ g/ml) werden mit 300 ml destilliertem Wasser gemischt) und mit 25 ml EDTA-Lösung in destilliertem Wasser gelöst. Die Lösung wird im 1-l-Meßkolben mit destilliertem Wasser aufgefüllt und in einer braunen Flaschen gekühlt aufbewahrt. Bei Verfärbung ist die Lösung unbrauchbar.

Ammoniumeisen(II)-sulfatlösung (FAS-Lösung). 1,106 g Ammoniumeisen(II)-sulfat, $(NH_4)_2Fe(SO_4)_2 \cdot 6 H_2O$ und 1 ml verd. Schwefelsäure (113 ml Schwefelsäure, H_2SO_4 p.a. ($D = 1,84$ g/ml) werden mit 300 ml destilliertem Wasser gemischt) werden im 1-l-Meßkolben mit destilliertem Wasser gelöst; die Lösung wird mit destilliertem Wasser aufgefüllt.

Arbeitsvorschrift

Zügig und unter genauer Einhaltung der Wartezeiten werden folgende Analysenschritte durchgeführt:
a) 200 ml Untersuchungswasser werden zu 5 ml Pufferlösung (pH 7) und 1 ml Kaliumbromidlösung gegeben und durch leichtes Umschwenken vermischt. Nach 1 min Wartezeit erfolgt die Zugabe von 1 ml Natriumformiatlösung. Die Lösung wird wiederum leicht geschwenkt und 10 min stehen gelassen. Dann erfolgt die Zugabe von 5 ml DPD-Reagenzlösung

und die anschließende Titration mit FAS-Lösung bis zur Farblosigkeit.

b) 200 ml Untersuchungswasser werden zu 5 ml Pufferlösung (pH 7) gegeben, nach Umschwenken mit 5 ml DPD-Reagenzlösung versetzt und mit FAS-Lösung bis zur Farblosigkeit titriert.

c) 200 ml Untersuchungswasser werden mit 3 ml Pufferlösung (pH 2) vermischt; in der Mischung wird 1 g Kaliumiodid gelöst. Nach 1 min Wartezeit erfolgt die Zugabe von 6 ml verd. Natronlauge, worauf der pH-Wert der Lösung 7,0 betragen soll. Nach Zugabe von 5 ml DPD-Reagenzlösung erfolgt die Titration mit FAS-Lösung bis zur Farblosigkeit.

Berechnung und Angabe der Werte

Für die Berechnung der Konzentrationen c bei Anwendung von 200 ml Untersuchungswasser sind folgende Formeln anzuwenden:

$c_{Cl_2} = (b - a) \cdot 0{,}50$; $c_{ClO_2} = a \cdot 0{,}95$;
$c_{ClO_2^-} = (c - b - 4a) \cdot 0{,}238$.

Ist im Untersuchungswasser kein freies Chlor zu erwarten, (dieser Fall tritt dann auf, wenn im Wasserwerk Chlordioxid statt mit dem Chlorit/Chlor-Verfahren mit dem Chlorit/Säure-Verfahren hergestellt wird) so genügen zur Bestimmung von ClO_2 und ClO_2^- die Arbeitsgänge b) und c):

$c_{ClO_2} = b \cdot 0{,}95$; $c_{ClO_2^-} = (c - 5b) \cdot 0{,}238$.

9.4.4.2 Photometrische Bestimmung mit N,N-Diethyl-1,4-phenylendiamin (DPD)

(Untere Bestimmungsgrenzen:

ClO_2^- allein,	Arbeitsgang c),	0,086 mg/l ClO_2^-;
ClO_2^- neben ClO_2,	Arbeitsgang b), c),	0,092 mg/l ClO_2^-;
ClO_2^- neben ClO_2,	Arbeitsgang a), b), c),	0,086 mg/l ClO_2^-;
ClO_2 allein,	Arbeitsgang a),	0,091 mg/l ClO_2;
ClO_2 allein,	Arbeitsgang b),	0,090 mg/l ClO_2;
ClO_2 allein,	Arbeitsgang c),	0,049 mg/l ClO_2;
ClO_2 neben ClO_2^-,	Arbeitsgang b), c),	0,026 mg/l ClO_2;
ClO_2 neben ClO_2^-,	Arbeitsgang a), b), c),	0,071 mg/l ClO_2;
ClO_2 neben Cl_2,	Arbeitsgang a), b), c),	0,135 mg/l ClO_2;
Cl_2 allein,	Arbeitsgang b),	0,066 mg/l Cl_2;
Cl_2 allein,	Arbeitsgang c),	0,054 mg/l Cl_2;
Cl_2 neben ClO_2,	Arbeitsgang a), b), c),	0,140 mg/l Cl_2;

5-cm-Küvetten)

Die Arbeitsgänge a), b) und c) verlaufen wie beim volumetrischen Verfahren (siehe Abschn. 9.4.4.1).

Das spektrale Absorptionsmaß der Lösungen wird nach der Anfärbung einer definierten Menge (z. B. 15 ml) mit der DPD-Reagenzlösung bei 510 nm bestimmt.

Geräte:
Photometer, 5-cm-Küvetten (Inhalt ca. 17 ml; mit Glasstab zum Umrühren);
Mikropipette;
Reagenzien:
s. Abschn. 9.4.4.1,
ohne FAS-Lösung und zusätzlich:

Chlorit-, Chlordioxid- und Chlorstammlösungen. Die Stammlösung für Chlorit wird aus einem frischen technischen Produkt von Natriumchlorit, $NaClO_2$ (z. B. Fa. Fluka) hergestellt und die Konzentration iodometrisch bei einem pH-Wert von 2 bestimmt. Die Lösung wird in braunen Flaschen gekühlt aufbewahrt.

Die Stammlösung für Chlordioxid im Bereich von 2 bis 4 g/l ClO_2 wird aus Natriumchlorit und Kaliumpersulfat, $K_2S_2O_8$ p. a. hergestellt. Die Stammlösung für Chlor im Bereich 1 bis 2 g/l Cl_2 wird einer technischen Chlordosieranlage entnommen. Zur Herstellung der Eichlösungen wird chlorzehrungsfreies Wasser verwendet. Dieses wird nach folgender Vorschrift hergestellt: Destilliertes Wasser wird mit 0,2 mg/l Cl_2 versetzt und 12 h stehengelassen. Um das restliche Chlor zu entfernen wird das vorbehandelte Wasser über Aktivkohle und anschließend über Glaswolle filtriert. Für jede Eichlösung wird jeweils eine definierte Menge Stammlösung knapp über der Wasseroberfläche mit einer Mikropipette zudosiert.

Arbeitsvorschrift

Die angegebenen Wartezeiten sind exakt einzuhalten und die Arbeitsgänge zügig durchzuführen:
a) 200 ml Wasserprobe werden zu 5 ml Pufferlösung (pH 7) und 1 ml Kaliumbromidlösung gegeben und durch leichtes Umschwenken vermischt. Nach 1 min Wartezeit erfolgt die Zugabe von 1 ml Natriumformiatlösung. Nach erneutem leichten Umschwenken wird 10 min gewartet. Es erfolgt die Überführung der Lösung in die Küvette, eine Zugabe von 0,2 ml DPD-Reagenzlösung und die sofortige photometrische Bestimmung bei 510 nm gegen die Wasserprobe als Blindlösung.
b) 200 ml Wasserprobe werden zu 5 ml Pufferlösung (pH 7) gegeben, nach Umschwenken wird die Lösung in die Küvette überführt, mit 0,2 ml DPD-Reagenzlösung versetzt und das spektrale Absorptionsmaß bei 510 nm bestimmt gegen die Wasserprobe als Blindlösung.
c) 200 ml Wasserprobe werden mit 3 ml Pufferlösung (pH 2) vermischt; in der Mischung wird 1 g Kaliumiodid gelöst. Nach 1 min Wartezeit erfolgt die Zugabe von 6 ml verd. Natronlauge, worauf der pH-Wert der Lösung 7,0 betragen soll. Nach Überführen der Lösung in die Küvette und einer Zugabe von 0,2 ml DPD-Reagenzlösung erfolgt die photometrische Bestimmung bei 510 nm gegen die Wasserprobe als Blindlösung.

Erstellen der Eichgeraden

Aus der Stammlösung werden Lösungen im Konzentrationsbereich von 0,1 bis 4 mg/l ClO_2^- erstellt und nach der vorstehenden Arbeitsvorschrift behandelt.

Berechnung und Angabe der Werte

Für die Berechnung der Konzentration c aus der jeweiligen Eichgeraden wird deren Steigung berechnet und als Faktor f angegeben. Ist neben Chlorit nur Chlordioxid vorhanden, so wird die Konzentration aus den Arbeitsgängen b) und c) berechnet:

$$c_{ClO_2^-} = f_{ClO_2^-,\,c} \left[E_c - \frac{c_{ClO_2}}{f_{ClO_2}} \right].$$

Ist auch freies Chlor zu berücksichtigen, so berechnet man wie folgt:

$$c_{ClO_2^-} = f_{ClO_2^-,\,c} \left\{ E_c - \left[\frac{c_{ClO_2}}{f_{ClO_2,\,c}} + \frac{c_{Cl_2}}{f_{Cl_2,\,c}} \right] \right\}.$$

Ist neben Chlordioxid nur Chlorit vorhanden, erfolgt die Berechnung von Chlordioxid nur aus dem Arbeitsgang b):

$$c_{ClO_2} = f_{ClO_2,\,b}\, E_b.$$

Ist außerdem freies Chlor zu berücksichtigen, verwendet man folgende Formel:

$$c_{ClO_2} = f_{ClO_2,\,a} \times$$
$$\times \left\{ E_a - \left[\left(E_b - \frac{f_{ClO_2,\,a}}{f_{ClO_2,\,b}} E_a \right) f_{Cl_2,\,a} \right] \right\}.$$

Die Konzentration an freiem Chlor läßt sich wie folgt berechnen:

$$c_{Cl_2} = f_{Cl_2,\,b} \left[E_b - \frac{c_{ClO_2}}{f_{ClO_2,\,b}} \right].$$

E spektrales Absorptionsmaß der Lösung aus Arbeitsgang a), b) oder c)
c Konzentration von Chlor, Chlordioxid oder Chlorit
f Steigung der Eichgeraden für Chlor, Chlordioxid oder Chlorit je nach berücksichtigtem Arbeitsgang a), b) oder c)

Bei Konzentration unter 1 mg/l erfolgt die Angabe der Werte mit zwei Stellen hinter dem Komma, über 1 mg/l mit einer Stelle hinter dem Komma.

9.4.5 Beurteilung und Grenzwerte

Gechlortes Trinkwasser muß gemäß Trinkwasser-VO nach Abschluß der Aufbereitung mit Chlor einen nachweisbaren Restgehalt von mindestens 0,1 mg/l freiem Chlor besitzen. Der Unternehmer oder sonstige Inhaber einer Wasserversorgungsanlage hat das Wasser zu untersuchen oder untersuchen zu lassen. Die Untersuchungen auf den Restgehalt an Chlor sind täglich mindestens an einer Wasserprobe vorzunehmen. Bei Wasserversorgungsanlagen, aus denen nicht mehr als 1000 m^3 im Jahr entnommen werden, kann die zuständige Behörde einen längeren als den vorgenannten Zeitabstand für die Untersuchung des Restgehalts an Chlor zulassen. Allerdings darf die Behörde bei Wasserversorgungsanlagen, aus denen Brauchwasser für Lebensmittelbetriebe abgegeben wird, keinen längeren Abstand als 1 Jahr für diese Untersuchung bestimmen. In der Trinkwasser-Aufbereitungs-VO ist der Gehalt an freiem Chlor auf höchstens 0,3 mg/l beschränkt, nur vorübergehend darf eine Konzentration bis zu 0,6 mg/l erreicht werden. Die Bestimmung des freien Chlors wird sich demnach generell auf den Bereich von 0,1 bis 0,6 mg/l beziehen, in der Praxis vorwiegend aber auf die Konzentrationen zwischen 0,1 und 0,3 mg/l; für die Verfahrensweise wird in der Trinkwasser-VO ein maximal zulässiger Fehler von ± 0,05 mg/l toleriert. Ebenso wie eine fehlerhafte oder reparaturbedürftige Fassungsanlage darf auch eine unzulängliche Wasseraufbereitung nicht einfach durch höhere Chlorzugaben kompensiert werden. Dieser Grundsatz gilt auch für das Wasservorkommen selbst, wenn entsprechende Verkeimungen oder Verkeimungsgefahren dauernd gegeben sind und ein Ausweichen auf eine andere Wasserversorgung durchaus möglich ist. Eine Chlorung ist stets auch eine Desinfektion. Deshalb müssen alle grundlegenden Maßnahmen getroffen werden, um ohne Chlor oder mit möglichst geringen Chlormengen auszukommen bzw. mit seinem vorsorglichen Einsatz die notwendige Sicherheit zu garantieren.

Die höchstzulässige Zugabe ist nach dem Entwurf zur Novelle der Trinkwasser-Aufbereitungs-VO auf 1,2 mg/l Chlor, bzw. in Ausnahmefällen auf 1,8 mg/l beschränkt.

Wenn das Wasser frei von reduzierenden Verbindungen ist, stellt sich ein Redoxpotential von ca. 700 mV bei geringer Chlorkonzentration ein, die unter den Gesichtspunkten der DIN 2000 in der Regel auch eine ausreichende Keimabtötung erzielt. Eine Hochchlorung kann nur eine vorübergehende Notmaßnahme sein. Die laufende hohe Zugabe von Chlor, dessen Hauptmenge dann bis auf den erforderlichen Rest an freiem Chlor (0,1 bis 0,3 mg/l) durch organische Substanzen (z. B. Haloformbildung) einer Chlorzehrung unterliegt oder durch anorganische Stoffe (z. B. Ammonium, Chloraminbildung, sog. Knickpunktchlorung) eine Chlorbindung erfährt, ist keine Dauerlösung einer Trinkwasseraufbereitung. In solchen Fällen sind Sanierungen des Wasservorkommens bzw. andere Aufbereitungsverfahren durchzuführen. Mit einem gewissen, aber geringen Chlorbindungsvermögen ist allerdings bei den meisten Wässern zu rechnen. Es beträgt üblicherweise ca. 0,1 bis 0,2 mg/l, hat also etwa die Größenordnung der geforderten Mindestmenge an nachweisbarem freien Chlor; deswegen wird auch das Chlor nicht sofort nach Zugabe bestimmt, sondern gemäß Trinkwasser-VO „nach Abschluß der Aufbereitung". Chlordioxid ist ebenso wie freies Chlor zu bewerten; bei Bestimmungen nach dem DPD-Verfahren muß eine Konzentration im Wasser vorliegen, die einer DPD-Färbung von mindestens 0,1 mg/l freiem Chlor entspricht. Die EG-Trinkwasserrichtlinie enthält keine Grenzwertangaben über Chlor.

Die WHO-Guidelines schlagen einen Restgehalt an freiem Chlor von 0,2 bis 0,5 mg/l im Versorgungssystem nach der Aufbereitung vor, um das Risiko eines erneuten mikrobiellen Wachstums zu reduzieren.

Die DIN 2000 begrenzt den Chlordioxid-Zusatz wie folgt: „Beim Chlordioxidverfahren können durch reduzierende Wasserinhaltsstoffe Chloritionen (ClO$_2^-$) entstehen, die gesundheitsschädlich sind. Deswegen ist die Anlage so zu betreiben, daß Chlordioxid nicht mehr als 0,1 mg/l entsprechend 0,13 mg/l NaClO$_2$ dosiert wird". Der DVGW [15] hat in einer Erklärung aus dem Jahre 1980 darauf hingewiesen, daß nach amerikanischen Erfahrungen auch Zugabemengen bis zu 1 mg/l ClO$_2$ keine gesundheitlichen Auswirkungen erbracht haben; eine Zugabe bis zu 0,5 mg/l ClO$_2$ sei daher vertretbar. Erfahrungsgemäß genügten aber Zugabemengen bis zu 0,35 mg/l ClO$_2$ für eine sichere

Desinfektion des Wassers. Im letzten Entwurf der in der Novellierung befindlichen Trinkwasser-Aufbereitungs-VO ist eine höchstzulässige ClO_2-Zugabe von 0,4 mg/l enthalten; im aufbereiteten Trinkwasser dürfen höchstens 0,2 mg/l, in Sonderfällen höchstens 0,4 mg/l Chlordioxid vorliegen. Chlorit als Reaktionsprodukt soll nicht über 0,2 mg/l betragen. Wesentlich ist die neue Trinkwasser-VO, die für eine Desinfektion des Wassers mit Chlordioxid einen nachweisbaren Mindestgehalt von 0,05 mg/l ClO_2 mit einem zulässigen Fehler von ± 0,02 mg/l im desinfizierten Wasser vorschreibt.

9.4.6 Literatur

1 White, C.G.: Handbook of chlorination. New York: Van Nostrand Reinhold 1972
2 Palin, A.T.: The determination of free and combined chlorine in water by the use of diethyl-p-phenylene diamine. J. Am. Water Works Assoc. 49 (1957) 873–880
Methoden zur Bestimmung des im Wasser vorhandenen freien und gebundenen wirksamen Chlors, Chlordioxids und Chlorits, Broms, Jods und Ozons. Arch. Badewes. 25 (1972) 543–547
Current DPD methods for residual halogen compounds and ozone in water. J. Am. Water Works Assoc. 67 (1975) 32–33
3 Hässelbarth, U.: Bestimmung von freiem und gebundenem wirksamen Chlor. Z. Anal. Chem. 234 (1968) 22–37
4 Deutsche Einheitsverfahren zur Wasser-, Abwasser- und Schlamm-Untersuchung G 4, Bestimmung von wirksamem und freiem wirksamem Chlor. 11. Aufl. Weinheim: Verlag Chemie 1983
5 DIN 38 408 Teil 4: Deutsche Einheitsverfahren zur Wasser-, Abwasser- und Schlamm-Untersuchung, Gasförmige Bestandteile (Gruppe G), Bestimmung von freiem Chlor und Gesamtchlor (Juni 1984). Berlin: Beuth
6 Palin, A.T.: Fehlerquellen bei der Bestimmung des freien Chlorgehaltes in Wasser mit handelsüblichen DPD-Reagenzlösungen. Arch. Badewes. 35 (1982) 186–187
7 Die Trinkwasserverordnung — Einführung und Erläuterungen für die Wasserversorgungsunternehmen und Überwachungsbehörden. Berlin: Erich Schmidt, Neuauflage 1987 — Sontheimer, H.: Chlorbestimmung nach der Trinkwasserverordnung. Die Trinkwasserverordnung — Einführung und Erläuterungen für Wasserversorgungsunternehmer und Überwachungsbehörden. Berlin: Erich Schmidt 1976
8 Standard methods for the examination of water and wastewater. 16th ed. Washington: APHA, AWWA, WPCF, 1985
9 Weil, D.: Analytik des Chlordioxids im Trinkwasser. II. Bestimmung von Chlordioxid, Chlorit und Jod. Z. Wasser Abwasser Forsch. 13 (1980) 188–192
10 Nissing, W.; Hörsgen, B.: Erfahrungen mit Chlordioxid als Desinfektionsmittel. Gas Wasserfach, Wasser Abwasser 128 (1987) 10–14
11 DVGW-Regelwerk, Arbeitsblatt W 224: Chlordioxid in der Wasseraufbereitung. Deutscher Verein des Gas- und Wasserfachs (April 1986)
12 Palin, A.T.: Methoden zur Bestimmung des im Wasser vorhandenen freien und gebundenen Chlors, Chlordioxids und Chlorits, Broms, Jods und Ozons unter Verwendung von Diäthyl-p-Phenylen-diamin (DPD). Vom Wasser 40 (1973) 151–163
13 Weil, D.: Analytik des Chlordioxids im Trinkwasser. I. Problemstellung und Möglichkeiten der Bestimmung. Z. Wasser Abwasser Forsch. 13 (1980) 104–107
14 Overath, H.; Oberem, K.T.: Bestimmungs- und Nachweisgrenzen der Methode von Palin zur differentiellen Analyse von Chlor, Chlordioxid und Chlorit im Trinkwasser. Z. Wasser Abwasser Forsch. 17 (1984) 99–105
15 Stellungnahme des DVGW-Hauptausschusses „Wassergüte und -aufbereitung" zum Einsatz von Chlordioxid als Desinfektionsmittel bei der Wasseraufbereitung. Deutscher Verein des Gas- und Wasserfachs (August 1980)

10 Bestimmung der Aggressivität

Die Qualitätsuntersuchung und -beurteilung eines Wassers richtet sich nicht allein nach hygienischen Gesichtspunkten bzw. nach den Anforderungen als Lebensmittel sondern auch nach den Auswirkungen auf diejenigen Werkstoffe, mit denen es in Kontakt steht oder kommen kann. Hierdurch sind direkte Werkstoffschäden möglich; indirekt ist aber auch eine Beeinträchtigung der Trinkwassergüte durch die Herauslösung von Werkstoffbestandteilen gegeben, die dann Inhaltsstoffe des Wassers werden und gegebenenfalls Färbungen bzw. Trübungen verursachen. Bei der Trinkwasseruntersuchung ist daher auch die Werkstoffbeeinflussung zu berücksichtigen [1–4].

10.1 Aggressivitätsbegriff und Untergliederung

Unter der Aggressivität eines Trinkwassers versteht man seine werkstoffangreifenden bzw. -zerstörenden Eigenschaften. Sie können sich in erster Linie bei der Wasserverteilung im Rohrnetz und in der Hausinstallation sowie bei der Wasserspeicherung in den entsprechenden Behältern auswirken. Zweckmäßigerweise wird die Aggressivität werkstoffseits wie folgt untergliedert:
a) gegen Kalk;
b) gegen kalkhaltige Werkstoffe, Rohrauskleidungen und Deckschichten;
c) gegen Metalle;
d) gegen Anstriche und Beschichtungen.
Bei a) bestimmen nur die Parameter des Kalk-Kohlensäure-Gleichgewichts ein aggressives Verhalten des Wassers. Bei b) beeinflussen die Gleichgewichte der Kohlensäure die werkstoffangreifenden Eigenschaften des Wassers in erheblichem Umfang. Bei c) kommt zu der Materialbeschaffenheit eine Reihe von wasserchemischen, strömungsmechanischen, elektrochemischen, installationstechnischen und mikrobiologischen Einflüssen, die in komplexer Weise das Korrosionsverhalten bestimmen. Zur Beurteilung solcher Fälle muß die Spezialliteratur der Korrosions- und Werkstoffkunde herangezogen werden. Bei d) spielen insbesondere Haftfähigkeit und Porosität des verwendeten Materials eine wesentliche Rolle. Auch hier handelt es sich um spezielle Korrosionsprobleme.

Die einzige Art der Aggressivität eines Wassers, die sich in thermodynamischer Sicht quantifizieren läßt, ist die Kalkaggressivität. Da allerdings auch für die Deckschichtenqualität auf unlegiertem Stahl eine Einlagerung von Calcit bedeutsam ist, spielt hierbei die Kalkaggressivität bzw. das Kalkabscheidungsvermögen ebenfalls eine gewisse Rolle. Nachstehend werden die erforderlichen Ermittlungen für a) und b) beschrieben.

10.2 Verhalten des Wassers gegenüber Kalk, kalkhaltigen Werkstoffen und Rostschichten

Befindet sich ein Wasser nicht im Kalk-Kohlensäure-Gleichgewicht, so vermag es Calcit aus kalkhaltigen Stoffen und Schichten herauszulösen oder an der Rohrwandung Kalk abzuscheiden bzw. diesen in heterogene Deckschichten einzubauen. Erhebliche Wechselwirkungen des Wassers mit dem Werkstoff sind unerwünscht, d. h. ein direkter Angriff des Wassers mit Herauslösen von CaO- bzw. $CaCO_3$-Kristalliten ist ebenso schädlich wie eine starke Kalkinkrustierung oder ein verstärkter Einbau von Kalk.

Die Feststellung, ob ein Wasser kalkabscheidend oder -auflösend ist, kann durch Berechnung des Calciumcarbonatsättigungsgrads oder direkte experimentelle Nachprüfung in

10.2 Verhalten des Wassers gegenüber Kalk, kalkhaltigen Werkstoffen und Rostschichten

Verbindung mit den Analysenwerten des Wassers erfolgen. Im ersteren Falle vergleicht man das Produkt der Stoffmengenkonzentrationen der Ca^{2+} und CO_3^{2-}-Ionen mit dem *scheinbaren Löslichkeitsprodukt* von Calcit bei der interessierenden Temperatur und der vorgegebenen Ionenstärke.

10.2.1 Berechnung des Calciumcarbonatsättigungsgrads mit Hilfe des Löslichkeitsprodukts

Das „thermodynamische" Löslichkeitsprodukt von Calcit ist gegeben durch das Produkt der Gleichgewichtsaktivitäten der Ca^{2+} und CO_3^{2-}-Ionen:

$$K(CaCO_3) = c(Ca^{2+})\, c(CO_3^{2-})\, f(Ca^{2+}) \times$$
$$\times f(CO_3^{2-}),$$
$$K(CaCO_3) = K'(CaCO_3)\, f(CaCO_3),$$
$$K'(CaCO_3) = \frac{K(CaCO_3)}{f(CaCO_3)}.$$

$K'(CaCO_3)$ ist das scheinbare Löslichkeitsprodukt von Calcit und $f(CaCO_3)$ das Aktivitätskoeffizientenprodukt.
Ergibt sich aus den Analysendaten ein größeres Konzentrationsprodukt als das scheinbare Löslichkeitsprodukt, so ist das Wasser mit Kalk übersättigt:

$$c(Ca^{2+})\, c(CO_3^{2-}) > \frac{K(CaCO_3)}{f(CaCO_3)}$$

bzw. $> K'(CaCO_3)$.

Ist das Konzentrationsprodukt gleich dem scheinbaren Löslichkeitsprodukt, so steht das Wasser im Kalk-Kohlensäure-Gleichgewicht:

$$c(Ca^{2+})\, c(CO_3^{2-}) = \frac{K(CaCO_3)}{f(CaCO_3)}$$

bzw. $= K'(CaCO_3)$.

Ergibt sich ein kleineres Konzentrationsprodukt als das scheinbare Löslichkeitsprodukt, so ist das Wasser an Kalk ungesättigt:

$$c(Ca^{2+})\, c(CO_3^{2-}) < \frac{K(CaCO_3)}{f(CaCO_3)}$$

bzw. $< K'(CaCO_3)$.

Tabelle 10.1. Löslichkeitsprodukt des Calciumcarbonats in Abhängigkeit von der Temperatur

Temperatur °C	Zahlenwert von $K(CaCO_3)$ mol²/l²	Logarithmus von $K(CaCO_3)$ $-\log\dfrac{K(CaCO_3)}{mol^2/l^2}$
0	$1{,}006 \cdot 10^{-8}$	7,997
1	$9{,}716 \cdot 10^{-9}$	8,013
2	$9{,}384 \cdot 10^{-9}$	8,028
3	$9{,}065 \cdot 10^{-9}$	8,043
4	$8{,}759 \cdot 10^{-9}$	8,058
5	$8{,}466 \cdot 10^{-9}$	8,072
6	$8{,}184 \cdot 10^{-9}$	8,087
7	$7{,}914 \cdot 10^{-9}$	8,102
8	$7{,}654 \cdot 10^{-9}$	8,116
9	$7{,}405 \cdot 10^{-9}$	8,130
10	$7{,}166 \cdot 10^{-9}$	8,145
11	$6{,}935 \cdot 10^{-9}$	8,159
12	$6{,}714 \cdot 10^{-9}$	8,173
13	$6{,}502 \cdot 10^{-9}$	8,187
14	$6{,}297 \cdot 10^{-9}$	8,201
15	$6{,}100 \cdot 10^{-9}$	8,215
16	$5{,}911 \cdot 10^{-9}$	8,228
17	$5{,}729 \cdot 10^{-9}$	8,242
18	$5{,}553 \cdot 10^{-9}$	8,255
19	$5{,}385 \cdot 10^{-9}$	8,269
20	$5{,}222 \cdot 10^{-9}$	8,282
21	$5{,}065 \cdot 10^{-9}$	8,295
22	$4{,}914 \cdot 10^{-9}$	8,309
23	$4{,}769 \cdot 10^{-9}$	8,322
24	$4{,}629 \cdot 10^{-9}$	8,335
25	$4{,}494 \cdot 10^{-9}$	8,347

Zur Auswertung der angegebenen Beziehungen müssen das Aktivitätskoeffizientenprodukt $f(CaCO_3)$ und das Löslichkeitsprodukt $K(CaCO_3)$ in Abhängigkeit von der Ionenstärke und Temperatur bekannt sein. Für das Aktivitätskoeffizientenprodukt $f(CaCO_3)$ werden in der Literatur unterschiedliche Werte angegeben. Die folgende Formel beruht auf neueren Untersuchungsergebnissen [3]:

$$\log f(CaCO_3) = -\frac{4\sqrt{I}}{1 + 0{,}5\sqrt{I}}. \qquad (10.1)$$

Die Ionenstärke wird in mol/l eingesetzt. *Das Aktivitätskoeffizientenprodukt* ist in Abhängigkeit von der Ionenstärke in Tabelle 10.2 enthalten. Für das Löslichkeitspro-

Tabelle 10.2. Abhängigkeit des Aktivitätskoeffizientenprodukts von Calciumcarbonat von der Ionenstärke

Ionenstärke mol/l	Zahlenwert von $f(CaCO_3)$	Logarithmus $-\log f(CaCO_3)$
$0 \cdot 10^{-3}$	1,000	0,000
$2 \cdot 10^{-3}$	0,668	0,175
$4 \cdot 10^{-3}$	0,569	0,245
$6 \cdot 10^{-3}$	0,503	0,298
$8 \cdot 10^{-3}$	0,454	0,343
$10 \cdot 10^{-3}$	0,416	0,381
$12 \cdot 10^{-3}$	0,384	0,416
$14 \cdot 10^{-3}$	0,357	0,447
$16 \cdot 10^{-3}$	0,334	0,476
$18 \cdot 10^{-3}$	0,314	0,503
$20 \cdot 10^{-3}$	0,296	0,529

dukt von $CaCO_3$ wird die nachfolgende Beziehung verwendet [3], die in der Literatur stark voneinander abweichende Angaben aufweist [4]:

$$\log \frac{K(CaCO_3)}{mol^2/l^2} = -12{,}173 + \frac{1140{,}7}{T}. \quad (10.2)$$

Das Löslichkeitsprodukt ist in Abhängigkeit von der Temperatur in Tabelle 10.1 wiedergegeben.
Für die Calciumkonzentration ist der Analysenwert in mol/l einzusetzen. Die *Carbonatkonzentration* wird aus dem *m*-Wert bei der ohnehin notwendigen Kenntnis der Temperatur, der Ionenstärke und des pH-Wertes wie folgt berechnet:

$$c(CO_3^{2-}) = \frac{m - \left[\dfrac{a(OH^-) - a(H^+)}{f(H^+)}\right]}{2 + \dfrac{a(H^+) f_2}{f(H^+) K_2}}$$

in mol/l (10.3)

(Erläuterungen und Rechenbeispiel s. Abschn. 9.1).
Rechenbeispiel:
$\vartheta = 9{,}11\,°C$
$I = 11{,}65 \cdot 10^{-3}$ mol/l
$c(Ca^{2+}) = 2{,}90 \cdot 10^{-3}$ mol/l (aus der Analyse)
$c(CO_3^{2-}) = 4{,}57 \cdot 10^{-6}$ mol/l [aus (10.3)].
Es ergibt sich aus der Analyse ein Konzentrationsprodukt für $Ca^{2+} \cdot CO_3^{2-}$ von $13{,}253 \times 10^{-9}$ mol^2/l^2 mit $K(CaCO_3) = 7{,}379 \times 10^{-9}$ mol^2/l^2 (aus (10.2) bzw. Tabelle 10.1) und $f(CaCO_3) = 0{,}3894$ (aus (10.1) bzw. Tabelle 10.2).
Es errechnet sich ein scheinbares Löslichkeitsprodukt $K'(CaCO_3)$ von $18{,}950 \times 10^{-9}$ mol^2/l^2. Daraus folgt $13{,}253 \times 10^{-9} < 18{,}950 \cdot 10^{-9}$ mol^2/l^2, d. h. $c(Ca^{2+}) \times c(CO_3^{2-}) < K'(CaCO_3)$. Das Wasser ist an Kalk ungesättigt.

10.2.2 Berechnung der Calciumcarbonatsättigung mit Hilfe das Sättigungsindex

Aus historischen Gründen wird in der Regel der sog. (Kalk-) Sättigungsindex SI berechnet, der mit den unter Abschn. 10.2.1 dargestellten Beziehungen im engen Zusammenhang steht:

$$SI = \log c(Ca^{2+}) \, c(CO_3^{2-}) \frac{f(CaCO_3)}{K(CaCO_3)}. \quad (10.4)$$

SI ergibt sich auch als Differenz zwischen gemessenem pH-Wert (pH$_{exp}$) und dem *Langelierschen-Gleichgewichts-pH-Wert* (pH$_{La}$) [2]

$$SI = pH_{exp} - pH_{La}, \quad (10.5)$$

$$pH_{La} = -\log \frac{K_2}{K(CaCO_3)} - $$
$$-\log c(Ca^{2+}) \, c(HCO_3^-) +$$
$$+ \log \frac{f_2}{f(CaCO_3) f(H^+)}. \quad (10.6)$$

Der Langeliersche Gleichgewichts-pH-Wert muß in der Regel berechnet werden. Es ist derjenige pH-Wert, den das Wasser besitzt, wenn die experimentell bestimmten Größen $c(Ca^{2+})$ und $c(HCO_3^-)$ Gleichgewichtskonzentrationen darstellen. Steht das Wasser jedoch nicht im Kalk-Kohlensäure-Gleichgewicht, so stellt dieser berechnete pH-Wert keine für die Praxis bedeutsame Größe dar, weil kein eindeutig definierter Weg zur Erreichung des gewünschten Gleichgewichts angegeben wird.
Insgesamt gilt für den Sättigungsindex SI folgende Charakteristik:

10.2 Verhalten des Wassers gegenüber Kalk, kalkhaltigen Werkstoffen und Rostschichten

SI > 0, das Wasser ist an Kalk übersättigt,
SI = 0, das Wasser steht im Kalk-Kohlensäure-Gleichgewicht,
SI < 0, das Wasser ist an Kalk ungesättigt.

Rechenbeispiel:
Analysenwerte (s. Abschn. 10.2.1); Berechnung nach (10.4):

$\vartheta = 9{,}11\,°C$;
$I = 11{,}65 \cdot 10^{-3}$ mol/l;
$c(Ca^{2+}) = 2{,}90 \cdot 10^{-3}$ mol/l;
$c(CO_3^{2-}) = 4{,}57 \cdot 10^{-6}$ mol/l;
$\log K(CaCO_3) = -8{,}1320$;
$K(CaCO_3) = 7{,}379$;
$\log f(CaCO_3) = -0{,}4096$;
$f(CaCO_3) = 0{,}3894$;

$$SI = \log \frac{2{,}90 \cdot 10^{-3} \cdot 4{,}57 \cdot 10^{-6} \cdot 0{,}3894}{7{,}379 \cdot 10^{-9}}$$
$= -0{,}155.$

SI demzufolge < 0; das Wasser ist kalkaggressiv.

10.2.3 Experimentelle Bestimmung mit dem Marmorlöseversuch (Heyerversuch)

Die von Heyer [1] als „Marmorauflösungsversuch" bezeichnete Methodik gehört zu den klassischen Verfahren der Wasserchemie, um eine Aggressivität des Wassers gegen Kalk experimentell festzustellen. Nach Zugabe von festem Calciumcarbonat (Marmor bzw. Kalkstein, Calcit, auch als Kalk bezeichnet) wird je nach den Kalk-Kohlensäure-Verhältnissen des Wassers zugesetztes Calciumcarbonat teilweise in Lösung gehen oder Calciumcarbonat fällt aus dem Wasser aus oder es tritt keine Änderung ein. Die Unterschiede in der Beschaffenheit des Wassers vor und nach Zugabe von Calciumcarbonat geben demzufolge Hinweise auf seine Kalkaggressivität. Für diese Untersuchung lassen sich verschiedene Parameter verwenden:
a) Ca^{2+}-Konzentration; Verfahren in Abschn. 8.7.9;
b) Kohlensäuresumme c (C_{KS}); Verfahren in Abschn. 9.1;
c) Säurekapazität $K_{S\,4,3}$; Verfahren in Abschn. 7.8.

Ferner ist die Leitfähigkeitsbestimmung als qualitative und halbquantitative Methode zur Feststellung der Kalkaggressivität geeignet.

Geräte:
Standflasche, 0,5 l mit Glasstopfen,
Temperierbad, Thermostat (gegebenenfalls mit Tauchkühler),
Magnetrührer (Anordnung vgl. Abb. 10.1);
Reagenzien:
Calciumcarbonat $CaCO_3$, gefällt, reinst

Arbeitsvorschrift

a) Untersuchung an Ort und Stelle
Das Wasser wird mit Hilfe eines zum Boden der Standflasche reichenden Probenahmeschlauchs (Innendurchmesser ca. 5 mm) in dieses Gefäß bis zum Überlauf eingefüllt.

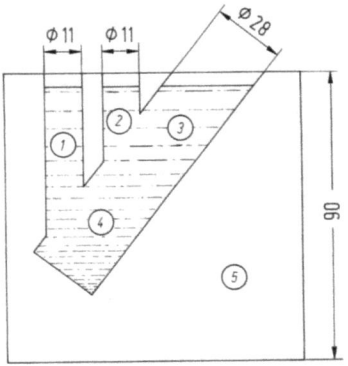

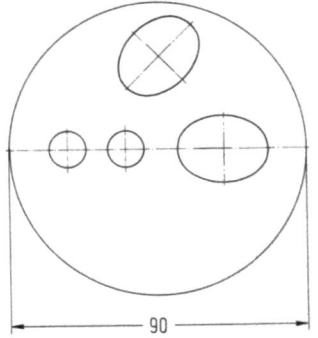

Abb. 10.1. Untersuchungsblock für den pH-Schnelltest. *1* Bohrung für Thermometer; *2* Bohrung für pH-Einstab-Meßkette; *3* zu untersuchende Probe; *4* Calciumcarbonatschlamm; *5* Kunststoffblock; Maße in mm

Nach Herausziehen des Schlauchs und Einsetzen des Rührstäbchens werden 3 bis 4 g CaCO₃ zugesetzt. Die Flasche wird dann blasenfrei verschlossen und in das Temperierbad eingestellt, das bei der örtlichen Untersuchung mit durchfließendem Untersuchungswasser beschickt ist. Die Wasserprobe wird 2 h gerührt. Anschließend wird über Blaubandfilter filtriert; die ersten 100 ml (ungefähr) Filtrat werden verworfen. Mit einem bestimmten Volumen des restlichen Filtrats wird einer der Parameter a) bis c) ermittelt.
Die gleiche Ermittlung ist mit dem unbehandelten Wasser vorzunehmen.

b) Untersuchung im Laboratorium
Um Veränderungen in der Wasserbeschaffenheit bis zur Untersuchung zu vermeiden, empfiehlt sich ein Transport der am Entnahmeort in Standflaschen abgefüllten und verschlossenen Wasserproben mittels Kühltaschen. Im Laboratorium wird dann, wie unter a) beschrieben, die Zugabe von CaCO₃ usw. durchgeführt. Die Thermostatisierung während des Rührens muß eine Temperatur gewährleisten, die höchstens um 1 °C von der Originaltemperatur des Untersuchungswassers abweicht (evtl. Kühlung des Thermostatenwassers).

Berechnung und Angabe der Werte

Die Berechnung des in Lösung gegangenen oder ausgefällten Calciumcarbonats $\Delta c(CaCO_3)$ richtet sich nach der Bestimmung des jeweiligen Parameters (alle Angaben in mmol/l):

a) $\Delta c(CaCO_3) = c(Ca^{2+})_{nach} - c(Ca^{2+})_{vor}$,
b) $\Delta c(CaCO_3) = c(C_{KS})_{nach} - c(C_{KS})_{vor}$,
c) $\Delta c(CaCO_3) = (\frac{K_{S4,3}}{2})_{nach} - (\frac{K_{S4,3}}{2})_{vor}$.

Bei den erhaltenen Werten werden maximal zwei Stellen hinter dem Komma angegeben; gleichzeitig ist die Wassertemperatur zu vermerken.

$\Delta c(CaCO_3)$ mit negativem Vorzeichen
 = kalkabscheidendes Wasser,
$\Delta c(CaCO_3)$ mit positivem Vorzeichen
 = kalkaggressives Wasser.

Beispiel: $\Delta c(CaCO_3) = +0,20$ mmol/l bei 10 °C bzw. Marmorlöseversuch $+0,20$ mmol/l CaCO₃; das Wasser ist kalkaggressiv.

10.2.4 Untersuchung mit Hilfe der Leitfähigkeit

Die Auflösung oder Abscheidung einer gewissen Calciumcarbonatmenge bewirkt bei Wässern im üblichen pH-Bereich eine Änderung der Ca^{2+}- und HCO_3^--Konzentration und somit auch der Leitfähigkeit. Die leicht meßbare Leitfähigkeit vor und nach CaCO₃-Zugabe kann schon als qualitative Vorprüfung dienen, um Hinweise auf eine Aggressivität des Wassers zu erhalten. Allerdings ist auch beim qualitativen Versuch eine gute Thermostatisierung notwendig, weil bei Temperaturanstieg des Wassers bei z. B. 10 °C um 1 °C die Leitfähigkeit bereits um ca. 3 % ansteigt. Analog der anderen Parameter (s. Abschn. 10.2.3 a-c) läßt sich durch Auswertung der Leitfähigkeitsmessungen die gelöste oder abgeschiedene CaCO₃-Menge errechnen.

Auswertung der Leitfähigkeitsmessungen

Die Vorbereitung der Wasserproben bzw. die Zugabe von Calciumcarbonat etc. erfolgt nach den Vorschriften unter Abschn. 10.2.3. Die Leitfähigkeitsmessungen werden nach den beschriebenen Meßprinzipien (s. Abschn. 7.4) durchgeführt.
Eine Änderung der Ca^{2+}- und HCO_3^--Konzentrationen infolge der Kalkauflösung bzw. -abscheidung ist wie folgt zu formulieren:

$$\Delta c(Ca^{2+}) = |\Delta c(CaCO_3)|, \quad (10.6)$$
bzw.
$$\Delta c(HCO_3^-) \approx 2|\Delta c(CaCO_3)|. \quad (10.7)$$

Gleichung (10.7) bringt zum Ausdruck, daß die Auflösung von Kalk bei einem pH-Wert unter 8 zu einer Änderung der HCO_3^--Konzentration gemäß $CO_3^{2-} + CO_2 \cdot aq = 2HCO_3^-$ führt. Dementsprechend ändert sich die Ionenstärke I in mol/l wie folgt:

$$\Delta I \approx 0,5 \,[\Delta c(Ca^{2+}) \cdot 4 + \Delta c(HCO_3^-)]. \quad (10.8)$$

10.2 Verhalten des Wassers gegenüber Kalk, kalkhaltigen Werkstoffen und Rostschichten

Bei Einsetzen von (10.6) und (10.7) in diese Gleichung ergibt sich:

$$\Delta I \approx 3 \, \Delta c(CaCO_3) \text{ mol/l}. \qquad (10.9)$$

Nach Maier und Grohmann (s. Abschn. 7.4) gilt für die Abhängigkeit der Leitfähigkeit von der Ionenstärke I in mol/l folgende empirische Formel:

$$\varkappa_{20} \approx I \cdot 54\,500 \text{ in } \mu S/cm.$$

Es leitet sich dann für das Kalkabscheidungs- oder -auflösungsvermögen aus der vor und nach $CaCO_3$-Zugabe gemessenen Leitfähigkeit in µS/cm ab:

$$\Delta c(CaCO_3) \approx \frac{\Delta \varkappa_{20}}{163\,500}.$$

Berechnungsbeispiel: Das untersuchte Wasser besitzt eine Leitfähigkeit von 550 µS/cm bei 20 °C Wassertemperatur. Die Ionenstärke beträgt $11{,}2 \cdot 10^{-3}$ mol/l. Durch Marmorzugabe (s. Abschn. 10.2.3) steigt die bei gleicher Wassertemperatur gemessene Leitfähigkeit auf 566,5 µS/cm an. Gemäß obiger Formel erhöht sich die Ionenstärke um

$$\Delta I \approx \frac{\Delta \varkappa_{20}}{54\,500} = \frac{566{,}5 - 550}{54\,500} = 3 \cdot 10^{-4} \text{ mol/l}.$$

Daraus ergibt sich für die Kalkauflösung nach (10.9):

$$\Delta c(CaCO_3) \approx \frac{\Delta I}{3} = 1 \cdot 10^{-4} \text{ mol/l}.$$

Es wird demzufolge ca. 0,1 mmol/l Calciumcarbonat gelöst. Das Wasser ist kalkaggressiv.

Störungen

Bei den üblichen huminstoffarmen Trinkwässern verlaufen die angegebenen Bestimmungen weitgehend störungsfrei. Eisengehalte über 5 mg/l, die eine Verzögerung der $CaCO_3$-Sättigung des Wassers verursachen können, sind in der Regel nicht zu erwarten.

10.2.5 Experimentelle Bestimmung mit Hilfe des pH-Wert-Schnelltests

Die Auflösung oder Abscheidung von Calciumcarbonat verursacht auch eine pH-Wert-Änderung des Wassers. Infolgedessen kann z. B. eine Aggressivität des Wassers gegen Kalk auch rasch durch pH-Wert-Messungen festgestellt werden.

Geräte:
Meßgefäß (s. Abb. 10.1),
pH-Meßgerät mit Einstabmeßkette, Thermometer;
Reagenzien:
Calciumcarbonat $CaCO_3$, gefällt, reinst

Arbeitsvorschrift

An Ort und Stelle läßt man nach Einsetzen der Elektrode und des Thermometers mit Hilfe eines Probenahmeschlauchs vom Gefäßboden her, solange Untersuchungswasser durch das Meßgefäß strömen, bis sich sein abzulesender pH-Wert nicht mehr ändert und auch die Originaltemperatur des Untersuchungswassers erreicht ist. Etwas Wasser wird dann abgegossen, so daß das Gefäß etwa ¾ gefüllt bleibt. Man fügt so viel Calciumcarbonat (ca. 3 bis 4 g) hinzu, daß Elektrodenkugel und Thermometerende in den Calciumcarbonat-Bodenkörper völlig eintauchen; die Temperatur soll sich durch die $CaCO_3$-Zugabe nicht ändern. Nach ca. 2 min wird der pH-Wert wiederum abgelesen.

Berechnung und Angabe der Werte

Wenn der pH-Wert beim Schnelltest ansteigt, ist das Wasser kalkaggressiv; im umgekehrten Falle liegt ein kalkabscheidendes Wasser vor. Bei geringem Unterschied der pH-Werte vor und nach $CaCO_3$-Zugabe befindet sich das Wasser im „Kalk-Kohlensäuregleichgewicht". Diese Feststellung ergibt sich, wenn der Absolutwert der pH-Wert-Änderung kleiner als 0,04 ist. Die Differenz der pH-Werte vor und nach $CaCO_3$-Zusatz wird auf zwei Stellen hinter dem Komma angegeben; zur Angabe gehört auch die Wassertemperatur bei Ablesung des geänderten pH-Werts.
Beispiel: Calciumcarbonatsättigung mit pH-Wert-Schnelltest, pH-Wert-Anstieg 0,11 bei

10,3 °C (kalkaggressiv) oder pH-Wert-Abfall 0,13 bei 9,5 °C (kalkabscheidend).

10.3 Beurteilung

Inkrustierung und Deckschichtbildung in Rohrleitungen und Behältern werden in erheblichem Maße durch eine Calciumcarbonatausfällung bzw. -auflösung beeinflußt. Infolgedessen ist der „Grad der Calciumcarbonatsättigung" ein wesentlicher Parameter zur Beurteilung der Wasserqualität. Die Auswirkungen der Calciumcarbonatsättigungsverhältnisse eines Wassers auf die umgebenden Werkstoffe sind je nach Material recht verschieden; deshalb werden nachstehend nur allgemeine und materialunabhängige Gesichtspunkte der Beurteilung aufgeführt.
Eine Aussage über die Calciumcarbonat-Sättigung eines Wassers kann, wie bereits beschrieben, auf vier Wegen erfolgen:
a) Ermittlung der Abweichung vom Calcitlöslichkeitsprodukt (Abschn. 10.2.1);
b) Ermittlung des Sättigungsindexes (Abschn. 10.2.2);
c) Durchführung des Marmorlöseversuchs (Abschn. 10.2.3);
d) Durchführung des pH-Schnelltests (Abschn. 10.2.5).

Die Bestimmungen a), b) und d) liefern jedoch nur einen qualitativen Anhaltspunkt über das mögliche Ausmaß der Kalkabscheidung oder Kalkauflösung, d. h. es wird lediglich eine Tendenz aufgezeigt.
Will man quantitative Angaben über das Ausmaß der Kalkabscheidung bis zum Gleichgewicht erhalten und den entsprechenden Gleichgewichts-pH-Wert ($pH_{Gl, CaCO_3}$) ermitteln, so ist dies mit dem Marmorlöseversuch c) oder wahlweise auch mit Berechnungen ohne experimentelle Bestimmungen möglich. Die Berechnungen sind zwar elementar, erfordern jedoch die Kenntnis des mathematischen Ansatzes. Ihre Grundlagen sind an anderer Stelle ausführlich dargestellt [5].
Die nach dem Verfahren c) und nach Berechnungen erhaltenen Werte sind im Vergleich zum viel verwendeten Sättigungsindex weitaus anschaulicher. Auch zur orientierenden Abschätzung der $CaCO_3$-Abscheidungs- oder Lösungskinetik kann nur der Zahlenwert für den $CaCO_3$-Sättigungsgrad c), nicht aber der Sättigungsindex SI b) herangezogen werden. Dies zeigt folgende Gegenüberstellung: Ein Wasser mit SI = − 0,76 und pH 9 vermag nur ca. 15 µmol/l $CaCO_3$ aufzulösen; ein Wasser mit demselben Sättigungsindex und einem pH-Wert von 7,5 kann dagegen 300 µmol/l $CaCO_3$ lösen. Da die Auflösungsgeschwindigkeit einer Inkrustierung u. a. von der Untersättigung des Wassers abhängt, ist zu erwarten, daß die Kinetik des Lösungsvorgangs bei sonst gleichen Bedingungen im zweiten Fall rascher verläuft. Mit dem heutigen Kenntnisstand lassen sich allerdings noch keine genauen Voraussagen über den zeitlichen Ablauf der Lösungs- oder Abscheidungsvorgänge im Rohrnetz oder in Behältern machen.

10.3.1 Übersättigtes Wasser

Bei übersättigtem Wasser besteht eine Neigung zur Kalkabscheidung und die Gefahr der Kalkinkrustierung an allen mit dem Wasser in Kontakt stehenden Werkstoffen. Über den zeitlichen Verlauf dieses Abscheidungsvorgangs lassen sich keine Angaben machen, da er von verschiedenen Faktoren abhängt, so z. B. von der Rauhigkeit des Werkstoffs, vom Wärmedurchgang, von der Strömungsgeschwindigkeit und vom Grad der Übersättigung.

10.3.2 Gleichgewichtswasser

Liegt der Sättigungsindex zwischen − 0,05 und + 0,05, so liegt ein Gleichgewichtswasser vor. In diesem Fall ist eine Kalkausscheidung nur an unedlen metallischen Werkstoffen (z. B. Eisen und Zink) in Anwesenheit von Sauerstoff bzw. bei H_2-Bildung möglich. Beim Kontakt mit Zementwerkstoffen kann auch das Gleichgewichtswasser CaO in Lösung bringen, durch die sich bildenden OH^--Ionen und die gelösten Ca^{2+}-Ionen wird dann das Wasser wandseits an $CaCO_3$ übersättigt.
Besteht durch Druckreduzierung oder beim

drucklosen Einlaufen des Wassers die Möglichkeit zur CO_2-Entgasung, so neigt das entgaste Wasser ebenfalls zur Kalkabscheidung.

10.3.3 Ungesättigtes Wasser

In diesem Falle findet eine Auflösung von Kalk aus kalkhaltigen Werkstoffen und Deckschichten statt, so daß Werkstoffschäden eintreten können. Bei hohen Wandalkalitäten, also bei starker Korrosion des Werkstoffs und niedriger Pufferintensität des Wassers kann es auch zu Kalkabscheidungen aus ungesättigten Wässern kommen.

10.3.4 Mischwasser

Unter „Mischwasser" wird ein Wasser verstanden, das aus Teilströmen verschiedener Herkunft, Menge und unterschiedlicher Beschaffenheit besteht. Die vorstehenden Ausführungen (s. Abschn. 10.3.1 bis 10.3.3) gelten für jede Art von Mischwässern, wenn ihre zeitlich konstante Zusammensetzung gegeben ist. Hierbei ist zu berücksichtigen, daß man aus den Eigenschaften der Einzelwässer keine Rückschlüsse auf die Eigenschaften des Mischwassers durch Mittelwertbildung ziehen kann. Vielmehr ist das Mischwasser für sich zu untersuchen bzw. sind entsprechende Berechnungen für das Mischwasser durchzuführen [5]. Ist die Mischwasserzusammensetzung nicht konstant und tritt im Rohrnetz eine zeitlich schwankende Wasserzusammensetzung auf, so kann es zur Störung der Schutzschichten kommen [6].

10.4 Literatur

1 Heyer, C.: Ursache und Beseitigung des Bleiangriffs durch Leitungswasser. Dresden: Baumann 1886
2 Langelier, W.F.: The analytical control of anticorrosion water treatment. J. Am. Water Works Assoc. 28 (1936) 1500–1521
3 Putzien, J.: Untersuchungen zur Bestimmung des Aktivitätskoeffizientenprodukts von Calciumcarbonat. Z. Wasser Abwasser Forsch. 13 (1980) 100–104
4 Jacobsen, R.J.; Langmuir, D.: Dissoziation constants of calcite and $CaHCO_3^+$ from 0 to 50 °C. Geochim. Cosmochim. Acta 38 (1974) 301–318
5 Sontheimer, H.; Spindler, P.; Rohmann, U.: Wasserchemie für Ingenieure. Frankfurt: ZfGW-Verlag, 1980
6 DVGW Deutscher Verein des Gas- und Wasserfaches: Arbeitsblatt W 216: Versorgung mit unterschiedlichen Wässern (1983)

11 Organische Belastungsstoffe

11.1 Bestimmung des organisch gebundenen Kohlenstoffs

Zur Erfassung organischer Schadstoffe und Verunreinigungen im Wasser hat sich verstärkt die Kohlenstoffbestimmung eingeführt; bei den vielfältigen organischen Stoffen, die ein Wasser belasten können, ist die gezielte Einzelbestimmung nur dann sinnvoll, wenn ein Verdacht auf bestimmte Substanzen vorliegt oder nach den Richtlinien bzw. Verordnungen für die Trinkwasserqualität Grenzwerte von Einzelstoffen bzw. Stoffgruppen einzuhalten sind (z. B. Phenole, Polycyclen etc). In allen anderen Fällen ist es zweckmäßiger, die organischen Stoffe zunächst mit Hilfe summarischer Größen (Summenparameter) zu erfassen. Hierzu gehören die Oxidierbarkeit (Kaliumpermanganat- bzw. Kaliumdichromatverbrauch), das spektrale Absorptionsmaß im UV-Bereich und der organisch gebundene Kohlenstoff. Während die Oxidierbarkeit im Ergebnis nicht nur von den organischen Stoffen sondern auch vom Oxidationsmittel sowie den Reaktionsbedingungen abhängig ist, erfaßt die UV-Absorption bevorzugt organische Moleküle mit leicht anregbaren Elektronensystemen; dagegen liefert die Kohlenstoffbestimmung einen universellen Parameter für sämtliche vorhandenen organischen Verbindungen [1, 2]; sie kann gemäß den nachfolgenden Definitionen untergliedert werden.

11.1.1 Definition

Die gebräuchlichen Abkürzungen und Begriffe stammen aus dem angloamerikanischen Sprachraum und haben sich auch in der deutschen Wasseranalytik eingeführt. Grundsätzlich ist zwischen folgenden Definitionen zu unterscheiden:

TOC (Total Organic Carbon). Gesamter organisch gebundener Kohlenstoff der gelösten und ungelösten organischen Substanzen im Wasser.

DOC (Dissolved Organic Carbon). Gelöster organisch gebundener Kohlenstoff der gelösten organischen Substanzen im Wasser.

Bei Trinkwasser wird in der Regel TOC und DOC gleichzusetzen sein; bei Differenzierungen wegen vorhandener Schwebstoffe etc. ist die Abtrennung der ungelösten bzw. suspendierten Stoffe anzugeben (z. B. Membranfiltration 0,45 μm). Ferner sind noch folgende Begriffe gebräuchlich:

TC (Total Carbon). Gesamter Kohlenstoff als Summe des organisch gebundenen und des anorganisch gebundenen Kohlenstoffs der gelösten und ungelösten Substanzen im Wasser.

TIC (Total Inorganic Carbon). Gesamter anorganischer Kohlenstoff der gelösten und ungelösten Substanzen im Wasser.

Darüber hinaus wurden in letzter Zeit weitere Ausdrücke geprägt, die aber zum Erhalt der Definitionsklarheit hier nicht angeführt werden.

11.1.2 Bestimmung

(Untere Bestimmungsgrenze: s. Angaben der Gerätehersteller)

Der TOC-Gehalt zahlreicher Trinkwässer liegt unter 0,5 mg/l C, während einige zur Trinkwasseraufbereitung verwendete Rohwässer (Oberflächenwässer) TOC-Werte bis etwa 10 mg/l erreichen. Dementsprechend müssen auch die Geräte bzw. Methoden für den Trinkwasser-Konzentrationsbereich geeignet sein. Gerade in der Trinkwasseruntersuchung ist eine Empfindlichkeit der Geräte und Verfahren mindestens bis ca. 0,1 mg/l C zu fordern; deshalb sind Apparate und Verfahren, die für Abwässer mit hohen TOC-Gehalten (bis 1000 mg/l und mehr) eingesetzt werden, zu TOC-Bestimmungen im Trinkwasser nicht brauchbar.

Das Prinzip der Kohlenstoffbestimmung beruht auf der Oxidation organischer Wasserinhaltsstoffe zu Kohlendioxid und dessen Messung. Die Oxidation kann durch Verbrennung, durch Bestrahlung mit UV-Licht in Anwesenheit von Sauerstoff oder durch chemische Oxidationsmittel erfolgen. Das entstandene Kohlendioxid wird mittels Trägergas in ein Meßsystem überführt und dort direkt oder nach Reduktion zu Methan ermittelt. Zur Messung werden z. B. die IR-Spektrometrie, die Flammenionisations- und die Wärmeleitfähigkeitsdetektion, ionensensitive Elektroden sowie die Acidimetrie, Coulometrie und Konduktometrie benutzt. Vor der Oxidation des organisch gebundenen Kohlenstoffs muß der anorganisch gebundene Kohlenstoff im Wasser (Kohlendioxid, Ionen der Kohlensäure) entfernt werden.

Geräte:
Glasflaschen zur Probenahme;
Handelsübliche Meßgeräte zur Bestimmung des organisch gebundenen Kohlenstoffs im Wasser in Konzentrationen unter 10 mg/l mindestens bis 0,1 mg/l; Verfahrensweise entsprechend den Gebrauchsanweisungen der Gerätehersteller;
Dosiergeräte (z. B. Dosierspritzen) nach Gerätevorschrift;

Reagenzien:
Phthalat-Stammlösung (1000 mg/l TOC). 2,125 g Kaliumhydrogenphthalat, $C_8H_5KO_4$ p.a. werden in einem 1-l-Meßkolben mit 700 ml destilliertem Wasser gelöst; anschließend wird die Lösung mit destilliertem Wasser aufgefüllt. Die Lösung ist gut verschlossen im Kühlschrank aufzubewahren und ca. 1 Monat haltbar.

Phthalatstandardlösung (10 mg/l TOC). Diese Lösung wird durch Verdünnen von 10 ml Stammlösung auf 1000 ml in einem 1-l-Meßkolben hergestellt; sie ist unter den vorgenannten Aufbewahrungsbedingungen etwa 1 Woche haltbar.
Sauerstoff, frei von CO_2 und organischen Verunreinigungen;
Destilliertes Wasser mit äußerst geringem TC-Gehalt; bei Aufstellung der Eichgeraden soll der Unterschied vor und nach Zugabe dieses Wassers weniger als 0,2 mg/l TOC betragen. Falls CO_2-freies Wasser notwendig ist, wird das destillierte Wasser vor Verwendung mit Stickstoff begast.
Weitere Reagenzien, insbesondere auch Oxidationskatalysatoren, sind je nach benutztem TOC-Meßgerät gemäß den Angaben der Gerätehersteller zu besorgen und zu verwenden.

Kalibrierung des Geräts

Aus der Phthalatstandardlösung werden Eichlösungen hergestellt, deren TOC-Gehalt dem des zu untersuchenden Wassers größenordnungsmäßig entspricht bzw. den zutreffenden Meßbereich überdeckt. Bei einem Trinkwasser, dessen TOC-Gehalt z. B. im Bereich zwischen 0,1 und 1 mg/l liegen kann, wird folgendes Vorgehen den Meßbereich abdecken: In fünf 100-ml-Meßkolben werden 10; 7,5; 5; 2,5 und 1 ml Standardlösung gegeben; die Meßkolben werden mit destilliertem Wasser aufgefüllt. Ein sechster Meßkolben enthält nur das Auffüllwasser zur Ermittlung des Blindwerts. Die Eichlösungen und das Wasser werden nach den Vorschriften der Betriebsanleitung im TOC-Meßgerät analysiert und sind sorgfältig verschlossen aufzubewahren.

In einem Koordinatensystem werden auf der Abszisse die TOC-Konzentrationen der einzelnen Eichlösungen in mg/l aufgetragen, die sich wie folgt errechnen:

$$\frac{\text{Volumen der Standardlösung (ml)} \times \text{TOC der Standardlösung (mg/l)}}{\text{Volumen der Eichlösung (ml)}}$$

$$= \text{mg/l TOC},$$

z. B. bei Verwendung von 7,5 ml Standardlösung:

$$\frac{7,5 \cdot 10}{100} = 0,75 \text{ mg/l TOC}.$$

Die Auftragung auf der Ordinate richtet sich nach dem verwendeten Gerät und ist in der jeweiligen Betriebsanleitung angegeben. Für die Meßwertreihe wird dann eine Ausgleichsgerade ermittelt; der Reziprokwert der Steigung dieser Geraden ergibt den Faktor f in der vom Verfahren abhängigen Einheit. Es empfiehlt sich, insbesondere bei den zu erwartenden niedrigen TOC-Gehalten der Trinkwässer, die Kalibrierung mindestens dreimal hintereinander mit den jeweiligen Verdünnungen und dem Verdünnungswasser vorzunehmen.

Probenahme und Vorbehandlung

Bei der Wasserentnahme ist auf repräsentative Proben zu achten, die vor der TOC-Messung nicht durch organische Stoffe verunreinigt werden dürfen. Die Wasserproben werden in saubere Glasflaschen (z. B. 50-ml-Meßkolben, mit Chromschwefelsäure gereinigt) abgefüllt. Falls die Untersuchung nicht sofort möglich ist, kann die Probe bei 4°C im Kühlschrank 2 bis 3 Tage aufbewahrt werden. Enthalten die Proben ungelöste Stoffe und soll nur der gelöste organisch gebundene Kohlenstoff ermittelt werden, so wird über Membranfilter aus Zellulosenitrat (0,45 μm) filtriert. Die Filter sind gegebenenfalls mit warmem Wasser vorzubehandeln, bis sie keine organischen Stoffe mehr abgeben.

Arbeitsvorschrift

In allen Trinkwässern ist anorganisch gebundener Kohlenstoff in Form von Kohlenstoffdioxid und Hydrogencarbonat (in sehr geringer Menge auch als Carbonat) enthalten. Er muß vor der TOC-Bestimmung entfernt werden (s. Störungen). Die TOC-Bestimmung selbst richtet sich nach der Betriebsanleitung des Geräteherstellers. Durch Vorversuche ist zu klären, in welchem Konzentrationsbereich der TOC des Untersuchungswassers liegt. Eichreihen und gegebenenfalls auch Verdünnungen des Untersuchungswassers sind dann entsprechend dem Meßbereich bzw. dem Einsatzbereich des betreffenden Geräts anzusetzen. Werden Wasserproben mit sehr unterschiedlichen TOC-Gehalten nacheinander analysiert, so sind Ansätze mit kohlenstofffreiem Wasser zwischenzuschalten.

Berechnung und Angabe der Werte

Die Auswertung der Meßergebnisse richtet sich nach dem verwendeten Gerät und seiner Betriebsvorschrift. Sie kann beispielsweise über eine Peakflächenintegration oder bei substanzunabhängiger Peakform über die Peakhöhen erfolgen.

Aus der Eichgeraden ergibt sich die TOC-Konzentration in mg/l des Untersuchungswassers. Die TOC-Konzentration kann aber auch wie folgt errechnet werden:

$$\frac{x \cdot f \cdot \text{maximales Volumen des Untersuchungswassers } (V_{max} = 100 \text{ ml})}{\text{Volumen des eingesetzten Untersuchungswasser in ml}} = \text{mg/l TOC}.$$

x geräteabhängiger Wert der Analysenprobe, z. B. Peakhöhe in mm, Integrationseinheiten als Maß für die Peakfläche, für die Titration des CO_2 notwendiges Laugenvolumen etc.

f Faktor aus der Kalibrierung

Die Werte werden als organisch gebundener Kohlenstoff (TOC) in mg/l angegeben bis zu zwei Stellen hinter dem Komma, bzw. drei Ziffern (z. B. 105; 1,05; 0,11 mg/l).

Störungen

Vor der TOC-Bestimmung muß der anorganisch gebundene Kohlenstoff (Kohlendioxid und Hydrogencarbonat) aus dem Untersuchungswasser entfernt werden. Hierzu wird mit Phosphorsäure, ca. 0,5 mol/l 34 ml Phosphorsäure H_3PO_4 p. a. ($D = 1,71$ g/ml) in einem 1-l-Meßkolben mit destilliertem Wasser aufgefüllt; pH-Wert der Lösung ca. 2,5) angesäuert; dann wird das Wasser mit Stickstoff (frei von CO_2 und organischen Verunreinigungen) begast, um CO_2 vollständig auszublasen (z. B. 20 bis 40 ml Untersuchungswasser in einer 100-ml-Enghalsflasche; Durchsatz von CO_2-freiem Stickstoff mit ca. 100 bis 150 l/h über ein tief eintauchendes Glasröhrchen; Dauer in der Regel 5 bis 10 min zur quantitativen CO_2-Entfernung). Wenn flüchtige organische Stoffe, insbesondere im Wasser schwerlösliche Substanzen, in meßbarer Menge im Untersuchungswasser vorliegen, werden diese bei der CO_2-Austreibung mit entfernt. Um sie als TOC zu erfassen, muß eine modifizierte Verfahrensweise angewandt werden (siehe Abschn. 11.1.3).

11.1 Bestimmung des organisch gebundenen Kohlenstoffs

Anmerkungen

Ungelöste bzw. suspendierte Stoffe im Trinkwasser werden in der Regel vor der TOC-Bestimmung durch Membranfiltration entfernt (s. Abschn. 11.1.1 DOC = TOC); sollte ausnahmsweise eine TOC-Bestimmung einschließlich vorhandener Schwebstoffe erwünscht sein, so empfiehlt sich die Vorschaltung einer Homogenisierung, z. B. mit Ultraschallgeräten ausreichender Leistung. Bei den verwendeten TOC-Geräten sind unbedingt Funktionsprüfungen in den vom Hersteller vorgeschriebenen Zeitabständen vorzunehmen. Außerdem müssen regelmäßig Dichtigkeitsprüfungen des gesamten apparativen Systems erfolgen.

11.1.3 Sonstige Verfahren

Bei Vorhandensein flüchtiger organischer Stoffe im Untersuchungswasser werden diese ganz oder teilweise bei der CO_2-Austreibung entfernt (s. Störungen). Um sie auch als TOC zu erfassen, wird die sog. *Differenzmethode* benutzt; hierzu wird zunächst ohne CO_2-Entfernung der TC (gesamter Kohlenstoff organisch und anorganisch) der Wasserprobe bestimmt. In einer weiteren Wasserprobe wird unter Umgehung der Oxidationsstufe mit dem gerätemäßig vorgeschriebenen Meßverfahren lediglich der TIC (gesamter Kohlenstoff anorganisch) ermittelt. Aus der Differenz TC − TIC ergibt sich dann der TOC, der auch die flüchtigen organischen Verbindungen umfaßt. Während zur TOC-Kalibrierung des Geräts die Phthalat-Lösungen benutzt werden, ist zur TIC-Kalibrierung eine Natriumcarbonat-Natriumhydrogencarbonat-Lösung erforderlich: 4,122 g Natriumcarbonat, Na_2CO_3 p.a. (1 h bei 285 °C getrocknet) werden in einem 1-l-Meßkolben mit ca. 500 ml destilliertem Wasser gelöst; anschließend werden 3,4971 g Natriumhydrogencarbonat, $NaHCO_3$ p.a. (über Silicagel getrocknet) zugesetzt; der Meßkolben wird mit Wasser aufgefüllt. Die Lösung ist gut verschlossen unter Kühlung ca. 4 Wochen haltbar; sie enthält 1000 mg/l anorganisch gebundenen Kohlenstoff. Die Kalibrierung mit entsprechend verdünnten Lösungen wird wie vorne beschrieben vorgenommen.

11.1.4 Beurteilung und Grenzwerte

Obwohl Trinkwasser primär eine Lösung anorganischer Mineralstoffe darstellt, enthält jedes natürliche Wasser, sei es nun Oberflächenwasser, Niederschlagswasser oder Grundwasser, zumindest Spuren organischer Materie in gelöster oder ungelöster Form sowie in unterschiedlichen Oxidationsstufen. Den gesamten organischen Verbindungen ist der Kohlenstoff als Strukturbestandteil oder die Eigenschaft der Oxidierbarkeit unter Sauerstoffverbrauch gemeinsam (s. Abschn. 11.2). Daher läßt sich der „Gesamte organisch gebundene Kohlenstoff (TOC)" als Maß für den Gehalt an organischen Wasserinhaltsstoffen heranziehen. Allerdings sagt der TOC nichts über die Art und Menge der vorliegenden organischen Substanzen aus und ist daher auch nicht als Indikator für potentielle Gesundheitsrisiken geeignet; jedoch ist er zur generellen Beurteilung der Reinheit des Wassers oder umgekehrt der Verschmutzung bzw. Belastung mit unerwünschten und möglicherweise gesundheitsgefährdenden organischen Substanzen anthropogener Herkunft ein bedeutsamer Parameter. In bestimmten Fällen ist er aber auch ein Maß für geogene organische Substanzen (z. B. Huminstoffe in Grundwässern).

Während der Summenparameter TOC nur die gesamte organische Substanz mit Hilfe der Kohlenstoffbestimmung repräsentiert, erlauben die bekannten Parameter „Biochemischer Sauerstoffbedarf (BSB)" und „Chemischer Sauerstoffbedarf (CSB)" mit Hilfe der Sauerstoffbestimmungen einen differenzierenden Überblick über die abbaubaren und die nicht bzw. schwer abbaubaren organischen Stoffe. Obwohl die Parameter nicht miteinander vergleichbar sind, lassen sich doch bei Wässern mit relativ geringen Konzentrationsänderungen im Bestand der organischen Stoffe empirische Beziehungen zwischen TOC, BSB und CSB aufstellen, die zur Beurteilung der organischen Verbindungen und ihrer Auswirkungen einen wesentlichen Beitrag liefern können.

Solche Differenzierungen sind allerdings bei Trinkwasseruntersuchungen mit normalerweise geringen TOC-Gehalten nicht üblich und notwendig. Der TOC-Gehalt der Trinkwässer liegt in der Regel unter 0,5 mg/l. Höhere Gehalte in Grundwässern im mg-Bereich sind meistens auf Huminstoffe zurückzuführen. Derartige Wässer zeigen dann oft auch eine Färbung oder Trübung.

Die EG-Trinkwasserrichtlinie nennt den TOC ohne Richt- oder Grenzwert, aber mit der Verpflichtung, daß alle möglichen Ursachen für eine Erhöhung der normalen Konzentrationen zu untersuchen sind. Die Trinkwasser-VO enthält den Parameter TOC nicht.

In Oberflächenwässern zur Trinkwassergewinnung ist mit TOC-Werten im mg-Bereich zu rechnen. Daher ist auch in der EG-Oberflächenwasserrichtlinie der TOC aufgeführt, aber ohne Richt- oder Grenzwert. Demgegenüber werden im DVGW-Arbeitsblatt W 151 jeweils vor und nach Flockung und Membranfiltration Werte mit noch tolerierbarem TOC (8 bzw. 4 mg/l) und zufriedenstellendem TOC (4 bzw. 2 mg/l) als Merkmale für das Rohwasser angegeben.

Insgesamt ist der TOC nicht als unbedingt erforderlicher Parameter der Trinkwasseranalyse anzusehen; er kann aber beispielsweise zusammen mit dem Kaliumpermangantindex zur Beurteilung der Anwesenheit organischer Stoffe im Wasser recht hilfreich sein.

11.1.5 Literatur

1 Standard methods for the examination of water and wastewater, 16th ed. Washington: AWWA, APHA, WPCF 1985
2 ISO/DIS 8245: Water quality — Determination of total organic carbon (TOC), (Entwurf Januar 1986). Genf

11.2 Bestimmung der Oxidierbarkeit (Kaliumpermanganatverbrauch)

Organische Wasserinhaltsstoffe bewirken eine Reduktion chemischer Oxidationsmittel. Zur summarischen Erfassung der organischen Stoffe durch diese Reduktionswirkung wird das Wasser unter definierten Bedingungen mit einem geeigneten Oxidationsmittel im Überschuß behandelt; dann wird die verbrauchte Menge an Oxidationsmittel festgestellt und hieraus ein Parameter für die organische Stoffbelastung des Wassers errechnet. In der Wasseranalytik sind verschiedene Oxidationsmittel erprobt worden, z. B. Kaliumpermanganat, Kaliumdichromat, Cer(IV)-sulfat [1].

Die älteste Routinemethode ist der „Kaliumpermanganatverbrauch". Dieses Verfahren wurde von Kubel [2] in die Wasseranalytik eingeführt. Eine vollständige Oxidation mit Kaliumpermanganat bis zum Kohlenstoffdioxid ist allerdings nur bei bestimmten organischen Stoffgruppen erreichbar, so daß das Analysenergebnis in der Regel nicht dem totalen Sauerstoffbedarf der zu oxidierenden Substanzen nach der theoretischen Berechnung entspricht.

Der Kaliumpermanganatverbrauch ist demzufolge eine konventionelle Methode mit einer im allgemeinen unvollständig verlaufenden Oxidation der organischen Wasserinhaltsstoffe. Trotzdem hat sich dieses Verfahren wegen seiner raschen Durchführbarkeit und eines geringen Aufwands bei der Untersuchung von Wässern bewährt, die mit organischen Substanzen verhältnismäßig schwach belastet sind. Der Summenparameter gibt erste Hinweise auf die Reinheit oder Verunreinigung des Wassers und ist daher nach wie vor als nützliches Beurteilungskriterium im Rahmen einer Trinkwasseranalyse anzusehen.

11.2.1 Maßanalytische Bestimmung in saurer Lösung

(Untere Bestimmungsgrenze:
1,5 mg/l $KMnO_4$;
100 ml Probemenge)

Bei der Oxidation organischer Stoffe mit Kaliumpermanganat in saurer Lösung werden Mn(VII)-Ionen zu Mn(II)-Ionen reduziert. Da die Oxidation von Substanzart, $KMnO_4$-Konzentration, pH-Wert, Tempera-

11.2 Bestimmung der Oxidierbarkeit (Kaliumpermanganatverbrauch)

tur und Reaktionszeit abhängt, müssen genaue Versuchsbedingungen eingehalten werden. Man oxidiert mit einem Überschuß an Kaliumpermanganat, fügt eine der zugegebenen $KMnO_4$-Menge entsprechenden Oxalsäuremenge hinzu und titriert dann mit Kaliumpermanganat die nicht verbrauchte Oxalsäure zurück. Diese entspricht der zur Oxidation verbrauchten $KMnO_4$-Menge [3].

Geräte:
500-ml-Rundkolben mit Rückflußkühler (Schlangenkühler ca. 30 cm). Die Rundkolben sind vor Benutzung mit ca. 100 ml Kaliumpermanganatlösung (0,002 mol/l) unter Zusatz einiger Tropfen verd. Schwefelsäure bei aufgesetztem Rückflußkühler auszukochen. Rundkolben und Rückflußkühler werden dann mit wenig destilliertem Wasser ausgespült und staubfrei aufbewahrt. Sie sollen nur für die Bestimmung des $KMnO_4$-Verbrauchs Verwendung finden.

Reagenzien:

Kaliumpermanganat, $KMnO_4$, 0,02 mol/l. handelsübliche Lösung p. a. oder Herstellung aus Ampullen (z. B. Fixanal).

Kaliumpermanganatlösung, $KMnO_4$, 0,002 mol/l. 100 ml der $KMnO_4$-Lösung, 0,02 mol/l werden im 1-l-Meßkolben mit destilliertem Wasser aufgefüllt. Diese Lösung ist stets neu anzusetzen und ihr Faktor zu bestimmen.

Oxalsäurelösung, $H_2C_2O_4$, 0,05 mol/l. Handelsübliche Lösung p. a. oder Herstellung aus Ampullen (z. B. Fixanal). Sie ist bei Aufbewahrung im Dunkeln etwa ein halbes Jahr haltbar.

Oxalsäurelösung, $H_2C_2O_4$, 0,005 mol/l. 100 ml der $H_2C_2O_4$, 0,05 mol/l werden im 1-l-Meßkolben mit destilliertem Wasser aufgefüllt. Diese Lösung ist wie die verd. Kaliumpermanganatlösung stets neu anzusetzen.

verd. Schwefelsäure, H_2SO_4 (D = 1,27 g/ml). 1 Raumteil Schwefelsäure, H_2SO_4 p. a. (D = 1,84 g/ml) wird unter Rühren vorsichtig in 3 Raumteile destilliertes Wasser gegeben. Die verd. Schwefelsäure wird mit $KMnO_4$-Lösung 0,002 mol/l in der Wärme bis zur schwachen, aber bleibenden Rosafärbung versetzt. Unter Umständen dauert es längere Zeit, bis nach wiederholtem Zusatz von $KMnO_4$-Lösung die Rosafärbung bestehen bleibt.

Verdünnungswasser für den $KMnO_4$-Verbrauch. Kochendes mit der verd. Schwefelsäure schwach angesäuertes destilliertes Wasser wird mit $KMnO_4$-Lösung 0,002 mol/l bis zur schwachen bleibenden Rosafärbung versetzt. Verbrauchen 100 ml dieses Wasser mehr als 0,2 ml $KMnO_4$-Lösung, muß ein entsprechender Blindwert bei der Verwendung des Verdünnungswassers berücksichtigt werden.

Arbeitsvorschrift

Die Wasserproben zur Bestimmung der Oxidierbarkeit werden in sauberen Glasflaschen, die mit Untersuchungswasser ausgespült wurden, abgefüllt und gekühlt höchstens 2 Tage aufbewahrt; die Bestimmung soll allerdings möglichst bald erfolgen. 100 ml Untersuchungswasser werden in den Rundkolben gebracht. Nach Zugabe von 15 ml verd. Schwefelsäure und Aufsetzen des Rückflußkühlers wird rasch zum Sieden erhitzt. Bei beginnendem Sieden werden rasch 15 ml $KMnO_4$-Lösung 0,002 mol/l zugesetzt. Dann hält man die Lösung genau 10 min in gleichmäßigem Sieden. Wenn während des Siedens eine völlige Entfärbung eintritt, muß die Bestimmung mit einem kleineren Volumen Untersuchungswasser unter Auffüllung mit Verdünnungswasser auf 100 ml wiederholt werden.

Nach 10 min Siedezeit werden rasch 15 ml Oxalsäurelösung 0,005 mol/l zugesetzt; die heiße Lösung wird nunmehr mit $KMnO_4$-Lösung 0,002 mol/l bis zur mindestens 30 s bleibenden Rosafärbung titriert.

Faktorbestimmung

Zur Ermittlung des Faktors der $KMnO_4$-Lösung (0,002 mol/l) wird die austitrierte Probelösung mit 15 ml Oxalsäurelösung 0,005 mol/l versetzt. Bei 80 bis 85 °C wird mit der $KMnO_4$-Lösung bis zur bleibenden Rosafärbung titriert (Verbrauch x ml). Der Faktor f der $KMnO_4$-Lösung errechnet sich wie folgt:

$$f = \frac{15 \text{ ml}}{x \text{ ml}}.$$

Störungen

Bei der Bestimmung in schwefelsaurer Lösung stören Chloridmengen über 300 mg/l, weil das Chlorid teilweise durch die Oxidation miterfaßt wird [3, 4]. Bei erhöhten Chloridgehalten muß entweder das Untersuchungswasser entsprechend verdünnt oder die Oxidation nach einem modifizierten Verfahren in alkalischer Lösung vorgenommen werden [3, 5]. Bei der Trinkwasseruntersuchung kommt noch das Eisen als störender Stoff in Frage (s. Berechnung), während z. B. Störungen durch Sulfid und Nitrit wegen der meist nur geringen Mengen in der Regel nicht auftreten; außerdem lassen sich diese Störungen durch Kochen des Untersuchungswassers nach Schwefelsäurezugabe beheben.

Berechnung und Angabe der Werte

Oxidierbarkeit (Kaliumpermanganatverbrauch)

$$= \left[\frac{(15 + a) f - 15}{V}\right] \cdot 316{,}1 \text{ mg/l}.$$

a Verbrauch an $KMnO_4$-Lösung bei der Bestimmung in ml
f Faktor der $KMnO_4$-Lösung
V Volumen des Untersuchungswassers in ml

Für 1 mg/l Fe^{2+} sind 0,57 mg/l $KMnO_4$ in Abzug zu bringen.

Anstelle des $KMnO_4$-Verbrauchs wird auch der Sauerstoffverbrauch angegeben und für diese Angabe der Begriff „Kaliumpermanganat-Index" vorgeschlagen. Der Index gibt dann die volumenbezogene Masse an Sauerstoff an, die der mit den oxidierbaren Wasserinhaltsstoffen reagierenden Masse an Kaliumpermanganat äquivalent ist und zwar unter den Bedingungen des Analysenverfahrens; 1 mol $KMnO_4 \triangleq 1{,}25$ mol O_2.

Kaliumpermanganatindex (Sauerstoffverbrauch)

$$= \left[\frac{(15 + a) f - 15}{V}\right] \cdot 80 \text{ mg/l}.$$

Von $KMnO_4$ in O_2 und umgekehrt kann mit folgenden Faktoren umgerechnet werden:

$KMnO_4$ mg/l = O_2 mg/l · 3,95
O_2 mg/l = $KMnO_4$ mg/l · 0,253.

Üblicherweise werden die Analysenwerte über 10 mg/l auf 1 mg/l gerundet; bei niedrigeren Werten können bis zu zwei signifikanten Ziffern angegeben werden, z. B. 2,2 mg/l.

11.2.2 Sonstige Verfahren

Vielfach wird Kaliumdichromat als Oxidationsmittel angewendet [3, 6]. Inzwischen ist aber die Dichromatmethode zur Bestimmung des „Chemischen Sauerstoffbedarfs" (CSB) weiterentwickelt worden und wird vor allem zur Erfassung des totalen Sauerstoffbedarfs in Abwässern bzw. stark belasteten Oberflächenwässern verwendet; bei diesen Bestimmungen ist sie auch gesetzlich vorgeschrieben [7].

11.2.3 Beurteilung und Grenzwerte

Trinkwässer haben meist einen geringen Kaliumpermanganatverbrauch, der wenige mg/l erreicht. In der Literatur findet sich der Hinweis, daß reine Quell- und Grundwässer einen $KMnO_4$-Verbrauch von 3 bis 8 mg/l besitzen und daß Werte über 12 mg/l für Trinkwässer als bedenklich gelten [8]. 12 mg/l haben sich in gewisser Weise als Richtwert eingebürgert, ohne daß es für diese Zahl eine besondere Begründung gibt [9, 10]. Nach Leithe [8] zeigen reine Oberflächenwässer (Saprobiestufe I bis II) Werte von 8 bis 12, mäßig verunreinigte Flüsse (Saprobiestufe II bis III) 20 bis 35 und stark verunreinigte Gewässer (Saprobiestufe III bis IV) 100 bis 150 mg/l $KMnO_4$. Verschiedentlich weisen Grundwässer mit erhöhten Huminstoffgehalten höhere $KMnO_4$-Gehalte über 100 mg/l auf, die dann kein Maßstab für Verunreinigungen sind, sondern eine bodenbedingte Anwesenheit dieser organischen Natursubstanzen wiederspiegeln. Solche Stoffe müssen allerdings auch im Zuge der Trinkwasseraufbereitung eliminiert bzw. weitgehend verringert werden.

Die Trinkwasser-VO setzt einen Grenzwert von 5 mg/l O_2 entsprechend 20 mg/l Kaliumpermanganat für die Oxidierbarkeit fest. Demgegenüber führt die EG-Trinkwasserrichtlinie unter den Parametern für unerwünschte Stoffe die Oxidierbarkeit mit einer Richtzahl von 2 und einer zulässigen Höchstkonzentration von ebenfalls 5 mg/l O_2 an. Diese Werte entsprechen einem $KMnO_4$-Verbrauch von ca. 8 bzw. 20 mg/l; auf die Messung in heißem Zustand und sauren Medium wird ausdrücklich verwiesen. Dieser Konzentrationsbereich stimmt im wesentlichen auch mit den obenstehenden Angaben über reine Quell- und Grundwässer bzw. Trinkwässer überein.

11.2.4 Literatur

1 Holluta, J.; Hochmüller, K.: Untersuchungen über die Bestimmung der Oxidierbarkeit von Wasser und Abwasser. Vom Wasser 26 (1959) 146-173
2 Kubel, W.: Z. Anal. Chem. 6 (1867) 252, zit. in [1]
3 Deutsche Einheitsverfahren zur Wasser-, Abwasser- und Schlamm-Untersuchung. Summarische Wirkungs- und Stoffkenngrößen (Gruppe H), Bestimmung der Oxidierbarkeit (1968). Weinheim: Verlag Chemie
4 Souci, S.W.; Quentin, K.-E.: Handbuch der Lebensmittelchemie. Band VIII/1. Berlin: Springer 1969, S. 610-612
5 Höll, K.: Wasser. 6. Aufl. Berlin: de Gruyter 1979, S. 50
6 Standard methods for the examination of water and wastewater. 16th ed. Washington: APHA, AWWA, WPCF 1985, p. 532-538
7 DIN 38409 Teil 41: Deutsche Einheitsverfahren zur Wasser-, Abwasser- und Schlamm-Untersuchung, Summarische Wirkungs- und Stoffkenngrößen (Gruppe H), Bestimmung des Chemischen Sauerstoffbedarfs (CSB) im Bereich über 15 mg/l (Dezember 1980). Berlin: Beuth
8 Leithe, W.: Die Analyse der organischen Verunreinigungen in Trink-, Brauch- und Abwässern. 2. Aufl. Stuttgart: Wissenschaftl. Verlagsgesellschaft 1975
9 Klut-Olszewsky: Untersuchung des Wassers an Ort und Stelle. Berlin: Springer 1945, S. 143
10 [5], S. 97

11.3 Bestimmung des spektralen Absorptionskoeffizienten im ultravioletten Bereich

Viele Moleküle mit delokalisierten Elektronensystemen und/oder freien Elektronenpaaren zeigen Absorptionen im ultravioletten Spektralbereich. Die Bedeutung dieser Eigenschaft für Wasseruntersuchungen liegt in der Empfindlichkeit und Einfachheit der Messung. Unter gewissen Voraussetzungen (z. B. gleicher Wassertypus, weitgehend unveränderte Belastung) lassen sich mit diesem Parameter für natürliche organische Inhaltsstoffe und für viele organische Belastungsstoffe auch Beziehungen zu den Massenkonzentrationen dieser Substanzen im Wasser herstellen [1-5].

11.3.1 Bestimmung

Am weitesten verbreitet sind Messungen mit Küvetten von 1 cm Schichtdicke bei 254 nm. Diese Wellenlänge entspricht einer Hg-Emissionslinie; sie bietet im allgemeinen ein gewisses Optimum an Empfindlichkeit, Reproduzierbarkeit und Störungsvermeidung, da z. B. bei Wellenlängen unter 250 nm auch Nitrat eine Absorption aufweist.

Gerät:
Doppelstrahl-Spektralphotometer (ultravioletter Bereich)

Arbeitsvorschrift

Im allgemeinen soll das Untersuchungswasser vor der Messung membranfiltriert werden (0,45 µm). Anschließend wird in 1-cm-Quarzküvetten gegen destilliertes Wasser bei 254 nm gemessen.

Angabe der Werte

Der spektrale Absorptionskoeffizient wird analog zur Färbung als $a(\lambda)$ (Spektr. Abs. Koeff.) bis auf eine Stelle hinter dem Komma angegeben und bezieht sich normalerweise auf die Schichtdicke von 1 m; beispielsweise spektr. Abs. Koeff. (254 nm): 7,8 m^{-1}. In der Praxis wird auch häufig die Angabe „UV-Absorption bei 254 nm" verwendet.

11.3.2 Beurteilung

Der spektrale Absorptionskoeffizient a (254 nm) ist bei den meisten Wässern etwa zehnmal höher als der spektrale Absorptionskoeffizient a (436 nm). Die Beziehungen zwischen den beiden Absorptionskoeffizienten und dem gelösten organisch gebundenen Kohlenstoff sind an Beispielen im Abschn. 7.6 dargestellt.

Zeigen sich bei 254 nm deutliche Absorptionen, so ist es vielfach für die Beurteilung der Wasserinhaltsstoffe nützlich, das gesamte Spektrum zwischen etwa 500 und 200 nm aufzunehmen. Da dieses im allgemeinen sehr unstrukturiert ist, wird vorteilhaft die erste und zweite Ableitung des spektralen Absorptionsverhaltens aufgezeichnet.

In der Praxis der Wasserbeurteilung hat sich die Kombination verschiedener Parameter bewährt. Dieses Verfahren führt meist zu besser vergleichbaren Werten. So werden die spektralen Absorptionskoeffizienten (z. B. bei 254 nm und bei 436 nm) häufig auf den Gehalt an gelöstem organischen Kohlenstoff (DOC) von 1 mg/l bezogen. Der entsprechende Parameter $a(\lambda)$/DOC wird als „Spezifischer Absorptionskoeffizient" bezeichnet. Er ist heute ein weit verbreiteter Charakterisierungsparameter für gelöste organische Stoffe im Wasser.

Über den Parameter der spezifischen UV-Absorption hinaus lassen sich die spektralen Absorptionskoeffizienten bei 254 bzw. 436 nm mit einer Reihe anderer Summenparameter kombinieren. Die Quotienten, z. B. mit dem CSB, dem BSB oder auch dem $KMnO_4$-Verbrauch ergeben Charakterisierungsparameter, die vor allem in der Praxis der Wasseraufbereitung brauchbar sind. Sie ergeben für den gleichen Wassertypus häufig konstante Werte. Ist dieser einmal bestimmt, so kann über die experimentell einfach und kontinuierlich meßbare UV-Absorption auch der Wert des korrelierten Summenparameters ermittelt werden.

11.3.3 Literatur

1 Sontheimer, H.: Summarische Parameter bei der Beurteilung der Eigenschaft von Oberflächenwasser. Hydrochem. hydrogeol. Mitt. 3 (1978) 15-30
2 Talsky, G.; Mayring, L.; Kreuzer, H.: Feinauflösende UV/VIS-Derivativspektrometrie höherer Ordnung. Angew. Chem. 90 (1978) 840-854
3 DIN 38404 Teil 3: Deutsche Einheitsverfahren zur Wasser-, Abwasser- und Schlamm-Untersuchung. Physikalische und physikalisch-chemische Kenngrößen (Gruppe C), Bestimmung der Absorption im Bereich der UV-Strahlung (Dezember 1976). Berlin: Beuth
4 Sontheimer, H.; Weindel, W.: Anwendung summarischer Parameter bei der Bestimmung organischer Wasserinhaltsstoffe unter besonderer Berücksichtigung der UV-Extinktion. Hydrochem. Hydrogeol. Mitt. 1, (1974) 55-70
5 Randow, F.F.E.; Ebert, W.: Der Einsatz der UV-Spektrometrie zur Kontrolle der Trinkwasseraufbereitung. Acta hydrochim. hydrobiol. 10 (1982) 9-14

11.4 Bestimmung von Kohlenwasserstoffen (Mineralölen)

Unter Kohlenwasserstoffen im engeren Sinne sind alle organischen Verbindungen zu verstehen, die ausschließlich aus Kohlenstoff und Wasserstoff zusammengesetzt sind. Sie können Doppelbindungen oder größere delokalisierte Elektronensysteme (z. B. Aromaten) enthalten. Aus unterschiedlicher Molekülform und -größe resultieren unterschiedliche Flüchtigkeiten. Zu den Kohlenwasserstoffen im weiteren Sinne werden Mineralöle gerechnet, die aus natürlichen Rohstoffen durch Fraktionierung gewonnen werden (z. B. Dieselkraftstoff, Heizöl, Schmieröl). Sie stellen demnach ein Gemisch von Kohlenwasserstoffen dar, dem ein gewisser Siedebereich zukommt.

Kohlenwasserstoffe und Mineralöle sind organische Belastungsstoffe im Trinkwasser, die mitunter bzw. zeitweise vorkommend, das Wasser geruchlich und geschmacklich beeinträchtigen oder sogar ungenießbar machen.

Herkunftsmäßig handelt es sich z. B. um Grundwasserverunreinigungen durch undichte Mineralöllagerungen oder bei Oberflächenwässern auch um Mineralölverluste verschiedener Verkehrsmittel (z. B. der Schiffe). Ungeordnete Abfalldeponien und Autofriedhöfe stellen eine weitere Gefahrenquelle dar. Nicht zuletzt können auch bei Installationsarbeiten z. B. durch Gewindeschneidöl nachteilige Beeinflussungen des Trinkwassers verursacht werden.

Die meisten Mineralölverunreinigungen machen sich durch charakteristischen Geruch

bemerkbar. Der organoleptisch bestimmte Geruchsschwellenwert ist somit als qualitative und halbquantitative Methode brauchbar. Die Geruchsschwellenkonzentration ist von der speziellen Art der Verunreinigung abhängig und liegt für Wasser bei einer Temperatur von 20 °C häufig bei ca. 0,1 mg/l.
Unter den verschiedenen Analysenmethoden [1-7] ist für schwer flüchtige Kohlenwasserstoffe und für halbquantitative Bestimmungen die Dünnschichtchromatographie hervorzuheben, die auch an Ort und Stelle angewendet werden kann. Gut bewährt hat sich in der Praxis die Infrarotspektrometrie. Beide Verfahren werden nachstehend beschrieben. In jedem Fall ist eine vorherige Extraktion des Wassers erforderlich.

11.4.1 Probenahme, Extraktion und Reinigung des Extrakts

Geräte:
Steilbrust-Glasflaschen (1 oder 2 l) mit fettfreien Schliffstopfen aus Glas
250-ml-Scheidetrichter mit PTFE-Küken, Glaschromatographiesäule 15 cm lang, 5 mm Innendurchmesser.
Reagenzien:
Magnesiumsulfat, $MgSO_4 \cdot 7H_2O$ p.a.;
Schwefelsäure $c(\frac{1}{2}H_2SO_4) = 1$ mol/l;
Trichlortrifluorethan, $C_2F_3Cl_3$ ($D = 1,57$ g/ml) (TCFE);
Aluminiumoxid neutral, Aktivitätsstufe I.

Die Bestimmung sollte max. 1 bis 2 Tage nach der Probenahme erfolgen.
Bei der Extraktion des Wassers zur Isolierung und Anreicherung der Kohlenwasserstoffe ist zu bedenken, daß auch andere lipophile organische Substanzen bevorzugt in die organische Phase übergehen können. Die Extraktion erfolgte früher mit Tetrachlormethan (CCl_4); wegen seiner Toxizität ist es durch Trichlortrifluorethan ($C_2F_3Cl_3$) ersetzt worden [1].
Das Untersuchungswasser (in jedem Falle jedoch mindestens 200 ml weniger als das Volumen der o. a. Steilbrust-Glasflaschen) wird in die getrockneten und gewogenen Glasflaschen eingefüllt und die Probemenge durch eine zweite Wägung ermittelt. Dann werden 20 ml TCFE zugesetzt. Bei stärker belasteten Wässern kann die Zugabe von Magnesiumsulfat (200 g/l) und Schwefelsäure bis zum pH-Wert 1 bis 2 (etwa 50 ml/l) die Extraktionswirkung erhöhen und die Phasentrennung erleichtern.
Fünf Minuten wird kräftig geschüttelt; nach der Phasentrennung wird der Großteil des überstehenden Wassers verworfen. Der Rest (Wasser und organische Phase < 250 ml) wird in den Scheidetrichter überführt. Der gewinnbare organische Extrakt wird dünnschichtchromatographisch oder infrarotspektrometrisch weiterverarbeitet.
In vielen Fällen ist es notwendig, die polaren Substanzen mit dem Restwasser aus dem organischen Extrakt zu entfernen, um Störungen in der Bestimmungsmethodik zu verhindern. Zu diesem Zweck wird der Extrakt in die mit Aluminiumoxid (mitunter wird auch Siliciumdioxid oder Florisil verwendet) gefüllte Glassäule gegeben und der Ablauf gesammelt. Beispiele lipophiler Belastungsstoffe des Wassers mit Untergliederung zeigt Tabelle 11.1.

11.4.2 Dünnschichtchromatographisches Verfahren

(Untere Bestimmungsgrenze: 2 mg/l)

Das Prinzip des Verfahrens besteht darin, daß Anteile des Extrakts eines Untersuchungswassers vergleichend mit einer Eichsubstanz nach zeitlich kurzer Dünnschichtchromatographie bewertet werden.

Geräte:
Grundausrüstung zur Dünnschichtchromatographie (Entwicklungskammer, Auftragschablone, Mikrodosierspritze, Sprühgerät);

Tabelle 11.1. Beispiele und Einteilung lipophiler Belastungssubstanzen im Wasser

Eigenschaften	polar	unpolar
schwerflüchtig Sdp. > 200 °C	Glycerid Fettsäure	Squalan ($C_{30}H_{62}$) Motorenöl Heizöl
leichtflüchtig Sdp. < 200 °C	Methylethylketon	Hexan Benzol Benzin

Kieselgel-Dünnschichtplatten (z. B. Fertigplatten 60 F 254, Fa. Merck)

Reagenzien:

Sprühreagenz. 50 mg Bromthymolblau, $C_{27}H_{28}Br_2O_5S$, 1,25 g Borsäure, H_3BO_3 p. a. und 8 ml NaOH (1 mol/l) werden mit 112 ml destilliertem Wasser vermischt.

n-Hexan, C_6H_{14} p. a. ($D = 0,66$ g/ml);

Squalanstammlösung. 2 g Squalan, $C_{30}H_{62}$ p. a. in 1 l TCFE (s. Abschn. 11.4.1)

Arbeitsvorschrift

Vom gereinigten 20-ml-TCFE-Extrakt werden mittels Mikrospritze auf die Startlinie der Kieselgelplatte im Abstand von 1,5 cm und mit maximaler Fleckengröße von 4 mm entsprechende Mengen aufgetragen (z. B. 1 bis 10 µl). Zum Vergleich werden Eichproben, z. B. 2,5; 5; 7,5; 10 µl der Squalanstammlösung entsprechend 5, 10, 15 und 20 µg Squalan aufgetragen. Nach Verdunsten des Lösungsmittels wird die Platte in einer Kammer (Lösungsmittel gesättigt) mit n-Hexan aufsteigend entwickelt. Diese Entwicklung ist beendet, wenn die Lösungsfront etwa 10 cm über der Startlinie liegt (Laufzeit ca. 15 min). Die Platte wird herausgenommen, getrocknet und in der gesamten Steigzone mit dem Sprühreagenz behandelt. Die Kohlenwasserstoffe treten mit einem Rf-Wert von 0,65 als gelbe Flecken auf der blaugrundigen Platte hervor. Die Fleckengröße ist ein Maß für die Konzentration der Kohlenwasserstoffe. Durch Vergleich mit den Eichproben wird der Gehalt der Probe bestimmt.

Berechnung und Angabe der Werte

$$\varrho(KW) = \frac{a \cdot c \cdot 1000}{bV} \text{ in mg/l.}$$

$\varrho(KW)$ Gehalt des Wassers an Kohlenwasserstoffen in mg/l
a Volumen des Extraktionsmittels in ml (z. B. 20 ml $C_2F_3Cl_3$)
b Volumen des zur Dünnschichtchromatographie aufgetragenen Extraktes in µl
c durch Vergleich mit Eichsubstanzen ermittelte Absolutmenge an KW im Substanzfleck
V Volumen (entsprechend Gewicht) der Wasserprobe

Wegen der halbquantitativen Methode werden die Werte in ganzen Zahlen angegeben. Interpolationen sind möglich; z. B. Kohlenwasserstoffe (dünnschichtchromatographisch) 5 mg/l.

11.4.3 Infrarotspektrometrisches Verfahren

(Untere Bestimmungsgrenze: 0,1 mg/l)

Durch Aufnahme eines IR-Spektrums im Bereich von 3200 bis 2700 cm^{-1} lassen sich einmal wichtige Angaben über die Zusammensetzung der Kohlenwasserstoffe machen; zum anderen wird auch eine genauere und gegenüber der Dünnschichtchromatographie weitaus empfindlichere Konzentrationsbestimmung möglich, da je nach Spektrenverlauf und Interpretation der IR-Banden geeignete Vergleichslösungen ausgewählt werden können.

Geräte:
Infrarotspektralphotometer mit 1-cm-Quarzküvetten (verschließbar);
Reagenzien:
Squalan, $C_{30}H_{62}$ ($D = 0,81$ g/ml) und gegebenenfalls Benzol, i-Octan sowie n-Hexadecan;

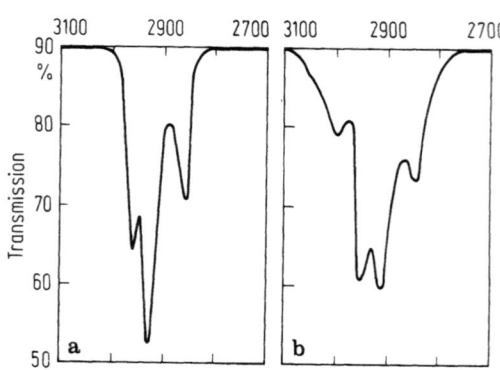

Abb. 11.1. Infrarotaktive CH-Streckschwingungsbanden im Bereich 2924 und 2958 cm^{-1} (Beispiel für extrahiertes Heizöl im Wasser). a Originalprodukt; b Wasserauszug

11.4 Bestimmung von Kohlenwasserstoffen (Mineralölen)

Arbeitsvorschrift

Bei dieser Methodik sind die polaren Substanzen nach der Extraktion auf jeden Fall mittels Aluminiumoxidsäure (s. Abschn. 11.1.1) zu entfernen; es empfiehlt sich, das reine Lösungsmittel für die Referenzküvette ebenfalls durch eine Sorptionssäule laufen zu lassen. Eventuelle Wasserspuren werden dadurch entfernt. Der Extrakt wird in 1-cm-Quarzküvetten gegen das Lösungsmittel im Spektralbereich 3200 bis 2700 cm^{-1} gemessen. Im allgemeinen wird der Transmissionsgrad (0 bis 100%) registriert, wobei die Basislinie des Spektrums bei 100% liegt. Aromatische C-H-Gruppen erscheinen über 3000 cm^{-1}. Aus dem Verhältnis der CH$_2$-Banden (bei 2924 cm^{-1}) zu den CH$_3$-Banden (bei 2958 cm^{-1}) ist bei gewisser Erfahrung auch eine Aussage über die Kettenlänge möglich.

Wichtigstes Ziel ist aber die Konzentrationsbestimmung; hierzu werden die Meßwerte mit den Spektren von Eichsubstanzen verglichen. Unter den angegebenen Eichsubstanzen (vgl. Reagenzien) kommt dem Squalan die größte praktische Bedeutung zu, da es weitgehend dem Mitteldestillat ähnelt. Die gegebenenfalls notwendige Auswahl anderer Eichsubstanzen bzw. der aus ihnen hergestellten Mischungen muß von Fall zu Fall aufgrund der IR-Banden und des Gesamtspektrums erfolgen (Abb. 11.1).

Berechnung und Angabe der Werte

Normalerweise reicht es aus, die Längen der größten Transmissionsbande des Spektrums unter identischen Meßbedingungen heranzuziehen.

$$\varrho(\text{KW}) = \frac{ac}{V} \text{ in mg/l.}$$

$\varrho(\text{KW})$ Gehalt des Wassers an Kohlenwasserstoffen in mg/l
a Volumen des eingesetzten Extraktionsmittel in ml
c Konzentration der Kohlenwasserstoffe
V Volumen (Gewicht) der Wasserprobe

Neben dieser Berechnung kann auch die Auswertung mit einer auf verschiedene Schwingungsbanden bezogenen Formel erfolgen; diese Formel beruht auf empirischen Meßergebnissen:

$$\varrho(\text{KW}) = 1{,}3\,a\,\frac{\left(\dfrac{A_1}{\varkappa'_1} + \dfrac{A_2}{\varkappa'_2} + \dfrac{A_3}{\varkappa'_3}\right)}{Vd} \text{ in mg/l.}$$

$\varrho(\text{KW})$ Gehalt des Wassers an Kohlenwasserstoffen in mg/l
a Volumen des eingesetzten Extraktionsmittels in ml
A_1 spektrales Absorptionsmaß der CH$_3$-Bande (2958 cm^{-1})
A_2 spektrales Absorptionsmaß der CH$_2$-Bande (2924 cm^{-1})
A_3 spektrales Absorptionsmaß der aromatischen CH-Bande (3030 cm^{-1})
$\varkappa'_1$ Massenkonzentrationsbezogener dekadischer Absorptionskoeffizient der CH$_3$-Banden; empirisch ermittelt zu (8,3 ± 0,3) in l/g cm
$\varkappa'_2$ Massenkonzentrationsbezogener dekadischer Absorptionskoeffizient der CH$_2$-Banden; empirisch ermittelt zu (5,4 ± 0,2) in l/g cm
$\varkappa'_3$ Massenkonzentrationsbezogener dekadischer Absorptionskoeffizient der aromatischen CH-Banden; empirisch ermittelt zu (0,9 ± 0,1) in l/g cm
d Schichtdicke der Meßküvette in cm
V Volumen des eingesetzten Untersuchungswassers in Liter

Die spektralen Absorptionsmaße A_n stehen zu der gemessenen Transmission τ bekanntlich in folgender Beziehung:

$$A(\lambda) = \log \frac{1}{\tau(\lambda)}.$$

Der optimale Meßbereich der IR-Spektrometer liegt bei einer Transmission zwischen 90 und 25%.

Die Werte werden gerundet auf eine Stelle hinter dem Komma angegeben z. B. Kohlenwasserstoffe (infrarotspektrometrisch) 1,7 mg/l; bei Verwendung einer Eichsubstanz wird auf diese hingewiesen (z. B. bezogen auf Squalan).

Berechnungsbeispiel:
Transmissionsgrad bei 2958 cm^{-1},

52%, $A_1 \log \dfrac{1}{0{,}52} = 0{,}284$,

Transmissionsgrad bei 2924 cm^{-1},

64%, $A_2 \log \dfrac{1}{0{,}64} = 0{,}194$,

Transmissionsgrad bei 3030 cm^{-1},

89%, $A_3 \log \dfrac{1}{0{,}89} = 0{,}051$;

$a = 20$ ml; $V = 2$ l; $d = 1$ cm.

$\varrho(KW)$

$$= \dfrac{20 \cdot 1{,}3 \left(\dfrac{0{,}284}{8{,}3} + \dfrac{0{,}194}{5{,}4} + \dfrac{0{,}051}{0{,}9} \right)}{2 \cdot 1} \text{ mg/l}$$

$= 13 \cdot (0{,}034 + 0{,}036 + 0{,}057)$
$= 13 \cdot 0{,}127 = 1{,}651$ mg/l

Kohlenwasserstoffe (infrarotspektrometrisch) 1,7 mg/l.

11.4.4 Sonstige Verfahren

Unter der Vielzahl von Verfahren sind vor allem die gaschromatographischen Bestimmungen von Bedeutung; sie werden besonders in Koppelung mit der Massenspektrometrie zur Identifizierung der Einzelsubstanzen und damit zur weitergehenden Aufklärung der Zusammensetzung des Gemisches verwendet. Derartige Untersuchungen sind beispielsweise bei der Feststellung von Verursachungen einer Wasserverunreinigung notwendig. Bei gaschromatographischen Bestimmungen erfolgt die vorherige Extraktion mit n-Pentan.

11.4.5 Beurteilung und Grenzwerte

Eingangs wurde bereits ausgeführt, daß die organoleptische Erfassung bestimmter Kohlenwasserstoffe bei ca. 0,1 mg/l liegt. Sie entspricht etwa der Nachweisgrenze der IR-Spektrometrie, während bei der Dünnschichtchromatographie ca. 2 mg/l Kohlenwasserstoffe vorliegen müssen.

Da die EG-Trinkwasserrichtlinie eine zulässige Höchstkonzentration von 0,01 mg/l angibt, kann die Dünnschichtchromatographie nicht eingesetzt werden; sie besitzt neben halbquantitativer Arbeitsweise zu wenig Empfindlichkeit. Aber auch die IR-Spektrometrie verlangt für diesen Grenzwert eine Extraktkonzentration. Sie muß bei einer mit 95% Transmission festgelegten Meßgrenze und der beschriebenen Methode (ca. 2 l Probe, 20 ml Extrakt, 1-cm-Küvetten) um den Faktor 10 erfolgen, wie die rechnerische Abschätzung zeigt:

$$\varrho(KW) = \dfrac{1{,}3 \cdot 20 \left(\dfrac{1}{5{,}4} \cdot \log \dfrac{1}{0{,}95} \right)}{2 \cdot 1}$$

$= 13 \cdot \dfrac{0{,}02}{5{,}4} = 0{,}05$ mg/l.

Als mögliche Anreicherungsmethode bietet sich eine Extraktkonzentration nach Cuderna-Danish [7] an. Obwohl hierbei der geringe Siedepunkt von Trichlortrifluorethan gegenüber Tetrachlormethan von Vorteil ist, wird sich eine Anreicherung auf schwerflüchtige Kohlenwasserstoffe (> 200 °C) beschränken müssen, da bei den leichtflüchtigen mit größeren Verlusten zu rechnen ist.
In der Trinkwasser-VO sind keine Angaben über Mineralöl enthalten. Gelöste oder emulgierte Kohlenwasserstoffe (nach Extraktion mit Petrolether); Mineralöle werden in der EG-Trinkwasserrichtlinie mit einem Wert von 10 µg/l begrenzend aufgeführt. Auch in der EG-Grundwasser- und EG-Ableitungsrichtlinie werden Mineralöle und

Tabelle 11.2. Wasserlöslichkeit verschiedener Kohlenwasserstoffe und Mineralölprodukte

Substanz	Löslichkeit in mg/l (Größenordnung bei Raumtemperatur)
n-Hexan	85
o-Xylol	135
Toluol	470
Benzol	1000
Benzin	30...500
Dieselöl	10...50
Petroleum	0,1...5

Kohlenwasserstoffe jeweils in Liste I genannt.
Meistens sind Grenz- und Richtwerte als Emissions- und Immissionsbelastungen für Gewässer bedeutsam, so z. B. die VO über Abwassereinleitungen in der Schweiz vom 8. 12. 1975 mit 0,05 mg/l für die gesamten Kohlenwasserstoffe als Qualitätsziel für Fließgewässer und Flußstaue (Anforderungen an Einleitungen in ein Gewässer 10 mg/l und in eine öffentliche Kanalisation 20 mg/l).
Für die Praxis sind auch die Löslichkeitsbereiche verschiedener Mineralölprodukte von Interesse (Tabelle 11.2).

11.4.6 Literatur

1 DIN 38 409 Teil 17: Deutsche Einheitsverfahren zur Wasser-, Abwasser- und Schlamm-Untersuchung.
Bestimmung von schwerflüchtigen, lipophilen Stoffen (Siedepunkt >250 °C), (Mai 1981). Berlin: Beuth
2 DIN 38 409 Teil 18: Deutsche Einheitsverfahren zur Wasser-, Abwasser- und Schlamm-Untersuchung.
Bestimmung von Kohlenwasserstoffen (Februar 1981). Berlin: Beuth
3 Obmann der Arbeitsgruppe „Wasser und Mineralöl": Beurteilung und Behandlung von Mineralölschadensfällen im Hinblick auf den Gewässerschutz. Teil 3: Analytik (Probenahme, Methodik, Interpretation). Bundesministerium des Innern — Umweltbundesamt Berlin 1979
4 Hellmann, H.: Analytik von Kohlenwasserstoffen im Rahmen des Gewässerschutzes. Vom Wasser 48 (1977) 129-141
5 Gruenfeld, M.: Extraction of dispersed oils from water for quantitative analysis by infrared spectrophotometry. Environ. Sci. Technol. 7 (1973) 636-639
6 DIN 1349: Durchgang optischer Strahlung und Medien; — optisch klare Stoffe; Größen, Formelzeichen und Einheiten (Juni 1972). Berlin: Beuth
7 ISO/TC 147 Water quality: Determination of hydrocarbon oil — Method by solvent extraction and infrared absorption or gravimetry. (Entwurf April 1986). Genf

11.5 Bestimmung leichtflüchtiger Halogenkohlenwasserstoffe

Unter diesen Stoffen werden bei der Trinkwassergewinnung, -untersuchung und -beurteilung vorwiegend aliphatische Kohlenwasserstoffe mit 1 bis 6 Kohlenstoffatomen verstanden, die fluoriert, chloriert, bromiert und iodiert vorkommen können. Ihre Kochpunkte umfassen im wesentlichen einen Bereich von 20 bis 160 °C. Obwohl mit einer Anreicherung der Substanzen in der Nahrungskette und im Organismus kaum zu rechnen ist, haben die Stoffe in der Wasserversorgung eine aktuelle Bedeutung, weil für einzelne Verbindungen in gewissen Konzentrationen ihre Cancerogenität oder Mutagenität in Betracht gezogen werden muß [1-3].
Definitionsgemäß ist zwischen der Bezeichnung „Halogenkohlenwasserstoffe" als umfassende Angabe für alle derartigen Stoffe und dem Begriff „Haloforme" zu unterscheiden. Die Gruppenbezeichnung „Haloforme" bezieht sich nur auf Trihalogenmethanderivate (CHX_3), wobei X ein einziges Halogen (z. B. $CHCl_3$) oder verschiedene Halogene angibt (z. B. $CHCl_2Br$). In letzter Zeit wird allerdings der Begriff „Haloforme" des öfteren fälschlich für eine Vielzahl im Wasser aufgefundener leichtflüchtiger Halogenkohlenwasserstoffe verwendet.
Die Herkunft dieser Belastungsstoffe ist einmal auf ihre verbreitete Verwendung im häuslichen, gewerblichen und industriellen Bereich zurückzuführen; sie können über Abwässer in die Vorfluter oder bei Versickerung in das Grundwasser gelangen. Beispielsweise wurden in Oberflächenwässern des öfteren das Chloroform ($CHCl_3$) als Trihalogenmethan und die leichtflüchtigen Halogenkohlenwasserstoffe Dichlormethan (Methylenchlorid) CH_2Cl_2; Tetrachlormethan (Tetra) CCl_4; 1,2-Dichlorethan CH_2ClCH_2Cl; 1,1,1-Trichlorethan CCl_3CH_3; Trichlorethen (Tri) CCl_2CHCl und Tetrachlorethen (Per) CCl_2CCl_2 gefunden.
Darüber hinaus wurde in den letzten Jahren festgestellt, daß bei der oxidativen Wasseraufbereitung (z. B. Chlorung) mit natürlichen Wasserinhaltsstoffen (z. B. Huminstoffe) oder organischen Belastungsstoffen des Wassers unter Beteiligung öfters vorhandener Bromid- bzw. Iodidionen verschiedene Trihalogenmethane (Haloforme) entstehen können. Es sind Trichlormethan (Chloroform) ($CHCl_3$), Monobromdichlormethan

(CHBrCl$_2$), Dibrommonochlormethan (CHBr$_2$Cl), Tribrommethan (Bromoform) (CHBr$_3$), Monoioddichlormethan (CHICl$_2$), Diiodmonochlormethan (CH$_2$I$_2$Cl), Triiodmethan (Iodoform) (CHI$_3$), Dibrommonoiodmethan (CHBr$_2$I), Monobromdiiodmethan (CHBrI$_2$) und Chlorbromiodmethan (CHClBrI); bei den erstgenannten vier Verbindungen handelt es sich um die vorwiegend gebildeten Haloforme. Die Trihalogenmethane (Haloforme) sind gesundheitsgefährdend, wenn sie im Trinkwasser in höherer Konzentration vorliegen; deshalb ist eine Höchstkonzentration für das Trinkwasser festgesetzt.

Infolge dieser Gegebenheiten und der Bemühungen, bei der Trinkwasseraufbereitung eine Haloformbildung zu vermeiden oder möglichst gering zu halten, gehört die Bestimmung der leichtflüchtigen Kohlenwasserstoffe heute zu den einschlägigen Untersuchungen des Trinkwassers auf organische Belastungsstoffe. Gut geeignet hierfür ist die Gaschromatographie [4].

11.5.1 Bestimmung mit der Gaschromatographie

(Untere Bestimmungsgrenze: 0,05 bis 0,1 µg/l, Dichlormethan 5 µg/l mit Extraktion)

Wenn die Konzentration der Halogenkohlenwasserstoffe im Untersuchungswasser genügend hoch ist (z. B. CHCl$_3$ > 1 µg/l), kann direktes Einspritzen einer Wasserprobe unter Verwendung eines wasserunempfindlichen Elektroneneinfangdetektors erfolgen. Bewährt hat sich das nachfolgend beschriebene Verfahren, bei dem der Gaschromatographie eine Extraktion vorgeschaltet wird.

Geräte:
Gaschromatograph mit Elektroneneinfangdetektor und Gasversorgung (Gasart je nach Gebrauchsanweisung);
10-µl-Spritze;
braune 250-ml-Steilbrustglasflaschen mit Schliffstopfen;
Mikroseparator nach Weil und Quentin (vgl. Abb.11.4);
Reagenzien:
Pentan, C$_5$H$_{12}$ für die Rückstandsanalytik (D = 0,63 g/ml);

Vergleichssubstanzen (z. B. Fa. Merck): Dichlormethan; Trichlormethan; Tetrachlormethan; Tribrommethan; Trichlorethylen; Tetrachlorethylen.
Vergleichslösung *A* (Chlorverbindungen) in 100 ml n-Pentan:
50 µg Dichlormethan
20 µg Trichlormethan
5 µg Tetrachlormethan
20 µg Trichlorethylen
20 µg Tetrachlorethylen
Vergleichslösung *B* (Chlor-Brom- bzw. Bromverbindungen) in 100 ml n-Pentan:
30 µg Tribrommethan
10 µg Monobromdichlormethan
10 µg Dibrommonochlormethan

Probenahme und Aufbewahrung

Da die Konzentration leicht flüchtiger Halogenkohlenwasserstoffe meistens niedrig ist (µg/l) muß bei der Probenahme darauf geachtet werden, daß weder störende Substanzen in das Wasser gelangen noch Verluste der zu bestimmenden Substanzen eintreten. Kunststoffbehälter und Kunststoffschläuche dürfen auf keinen Fall verwendet werden. Zur Entnahme benutzt man die ausgewogenen 250-ml-Steilbrustglasflaschen mit Schliffstopfen. Die Flaschen sollen bei der Probenahme in der Regel durch Untertauchen vollständig gefüllt werden.
Bei anders gearteter Probenahme ist darauf zu achten, daß keine Verluste durch Ausgasen entstehen. Beispielsweise ist bei der Entnahme aus einer Zapfstelle die Flasche unter Vermeidung von Turbulenzen langsam bis zum Überlaufen zu füllen. Durchschnittsproben über einen längeren Zeitraum erfordern besonders sorgfältiges Vorgehen. Bei der Herstellung von Mischproben aus Einzelproben sind Verluste kaum vermeidbar. Deshalb sind solche Mischungen nur mit den gewonnenen Extrakten möglich.
Gechlorte Wasserproben müssen durch Zugabe geeigneter Reduktionsmittel (z. B. ca. 50 mg Natriumthiosulfat pro 250 ml Probe) stabilisiert werden. Beim Transport ist dafür zu sorgen, daß die Proben gekühlt bleiben.
Eine Lagerung muß gut verschlossen unter Kühlung bei +4°C stattfinden. Die Extraktion ist möglichst innerhalb von 48 h durchzuführen, da die Extrakte wesentlich haltbarer sind. Es empfiehlt sich, gleichartig mit

11.5 Bestimmung leichtflüchtiger Halogenkohlenwasserstoffe

destilliertem Wasser gefüllte Gefäße aufzubewahren und dieses Wasser gemeinsam mit dem Untersuchungswasser als Blindprobe zu analysieren. Verschiedentlich wurden nämlich in den Gaschromatogrammen Störpeaks in Nähe des Lösungsmittelpeaks (Pentan) und des Dichlormethanpeaks beobachtet; in solchen Fällen kann eine Kontamination der Proben durch Verwendung von Sprays in Laboratorien (Dichlordifluormethan) oder auch eine Abgabe von Trichlorfluormethan aus der Isoliermasse von Kühlschränken bzw. Gefriertruhen vorliegen. Bei Aufbewahrungen ist deshalb darauf zu achten, daß als Isoliermaterial derartiger Behälter nur mit Butan ausgeschäumte Kunststoffe verwendet worden sind.

Extraktion der Wasserproben

Aus den vollständig gefüllten 250-ml-Probeflaschen werden zunächst ca. 50 ml durch Ausschütten verworfen. Es verbleibt dann ein Untersuchungsvolumen von 200 ± 10 ml, dessen genaue Menge durch Rückwiegen der Flasche zu ermitteln ist. Die Probe wird mit 5 ml eisgekühltem Pentan versetzt und unter Eiskühlung mit einem Magnetrührer 5 min lang kräftig durchmischt. Wenn sich anschließend nach kurzer Standzeit die Pentanschicht abgesetzt hat, wird der Schliffstopfen durch den Mikroseparator ersetzt (vgl. Abb. 11.4). Durch das seitliche Trichterrohr wird haloformfreies Wasser zugesetzt, bis durch den Pentanaufstieg im anderen Steigrohr eine bequeme Pentanentnahme mit der Mikrospritze möglich ist. Die GC-Einspritzung soll dann sofort erfolgen.
Eine Überführung der Pentanphase in ein kleines luftdicht verschließbares Glasgefäß mit weiterer Aufbewahrung unter Kühlung ist auf Ausnahmefälle zu beschränken; als Blindprobe muß dann auch reines Pentan in gleicher Abfüllung gelagert werden.

Gaschromatographie des Extrakts

Die gaschromatographische Bestimmung richtet sich nach der Gebrauchsanweisung für das benutzte Gerät und nach den zu bestimmenden Einzelsubstanzen (Abb. 11.2). Nachstehend werden als Beispiel einige Arbeitsangaben zur Gaschromatographie

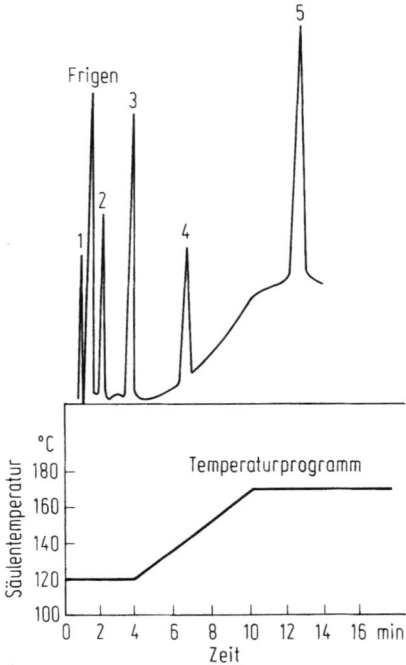

Abb. 11.2. Beispiel eines Gas-Chromatogramms leichtflüchtiger Chlorkohlenwasserstoffe. 1 Dichlormethan; 2 Chloroform; 3 Tetrachlormethan; 4 Trichlorethylen; 5 Tetrachlorethylen

leichtflüchtiger Halogenkohlenwasserstoffe gemacht:
Säule: Glassäule, 6 ft, Durchmesser ¼ inch,
Säulenfüllung: 0,8% SE 30/Carbonpack B (60 bis 80 mash),
Trägergas: Argon-Methan-Gemisch 90:10, 40 bis 60 ml/min,
Einspritzblock: 200 °C,
Detektor: 300 °C; linearer Elektroneneinfangdetektor,
Abschwächung: 128,
Einspritzvolumen: 5 µl entsprechend 0,05 bis 5 ng Halogenkohlenwasserstoff.

a) Chlorierte Kohlenwasserstoffe
Temperaturprogramm: 120 °C, 4 min; Gradient 8 °C/min; 170 °C/4 min.
Retentionszeiten: Dichlormethan 48 s,
Trichlormethan 114 s,
Tetrachlormethan 210 s,
Trichlorethylen 390 s,
Tribrommethan 540 s,
Tetrachlorethylen 756 s.

b) Bromierte und chlorierte Kohlenstoffe
Temperaturprogramm: 120 °C isotherm.
Retentionszeiten: Monobromdichlormethan 201 s, Dibrommonochlormethan 403 s.

Berechnung und Angabe der Werte

Die Auswertung der Gaschromatogramme erfolgt in üblicher Weise über die Peakflächen; die Fläche unter dem Peak bis zur Basislinie ist ein Maß für die Massenkonzentration der betreffenden Verbindung. Die Zuordnung der Massenkonzentration zu einem bestimmten Halogenkohlenwasserstoff geschieht mittels Eichgeraden. Unter Berücksichtigung der Wassermenge und des Extraktions- bzw. Einspritzvolumens errechnet sich die Massenkonzentration. Die Angabe der Werte wird auf 0,1 µg/l abgerundet.
Zur Ermittlung der Massenkonzentration an leichtflüchtigen Halogenkohlenwasserstoffen im Wasser wird nachstehend ein Berechnungsbeispiel für Chloroform angegeben.

a) Erstellen der Eichgeraden
Folgende Mengen Chloroform werden in den Gaschromatographen dosiert:
0,1 ng (entsprechend 0,5 µl Vergleichslösung *A*)
0,2 ng (entsprechend 1 µl); 0,5 ng (entsprechend 2,5 µl) und 1 ng (entsprechend 5 µl).
Die Eichgerade ist in Abhängigkeit der Peakflächen des Chloroforms im Gaschromatogramm in cm² von den dosierten Mengen in ng zu konstruieren.

b) Bestimmung der Extraktionsausbeuten
In einer Glasflasche werden unter Kühlung zu 200 ml destilliertem Wasser 5 ml der Vergleichslösung *A* dosiert und mit einem Magnetrührer kräftig durchmischt; die Pentanschicht wird wie beschrieben abgetrennt und gaschromatographiert. Die Extraktionsausbeute *E* in % errechnet sich wie folgt:

$$E = \frac{AB \cdot 100}{C}.$$

A Einspritzvolumen des Extrakts in µl
B Konzentration an Chloroform in der Standardlösung *A* (0,2 ng/µl)
C aus dem Chromatogramm und der

Tabelle 11.3. Extraktionsausbeuten

Stoff	Extraktionsausbeute *E* in %
Chloroform	62
Bromoform	80
Monobromdichlormethan	77
Dibrommonochlormethan	63
Tetrachlormethan	95
Trichlorethylen	96

Eichgeraden ermittelte Chloroformmenge in ng

Als Anhaltswerte können nach den Erfahrungen der Praxis die folgenden Extraktionsausbeuten dienen (Tabelle 11.3).
c) Berechnung des Chloroformgehalts
Die Massenkonzentration des Chloroforms in der Probe errechnet sich wie folgt:

$$\mu g/l = \frac{V_p C \cdot 100}{V_w V_E E}.$$

V_p Volumen des Pentans zur Extraktion in ml
V_w Volumen des eingesetzten Untersuchungswassers in l
V_E Einspritzvolumen des Pentanextraktes in µl
C aus der Peakfläche des Chromatogramms und der Eichgeraden ermittelte Chloroformmengen in ng im Einspritzvolumen V_E

Beispiel: Bestimmung von Chloroform bei der Extraktion von 193 ml (0,193 l) Wasser durch Zugabe von 5 ml n-Pentan und Einspritzvolumen von 5 µl; die Peakfläche des Chloroforms auf dem Chromatogramm entspricht 0,37 ng auf der Eichgeraden; Extraktionsausbeute = 65 %;

$$\mu g/l \text{ Chloroform} = \frac{5 \cdot 0{,}37 \cdot 100}{0{,}193 \cdot 5 \cdot 65} = 2{,}9 \ \mu g/l.$$

11.5.2 Sonstige Verfahren

Zur Analytik werden in der Literatur zahlreiche Verfahrensarten beschrieben, die hauptsächlich auf einer Empfindlichkeitssteigerung der Gaschromatographie beruhen; hierzu gehören Headspace-Techniken mit verschiedenen Modifikationen, die aber ohne Automation arbeitsintensiv sind und auch gut geschultes Personal erfordern.

In Abwässern kann auch Vinylchlorid (Chlorethen) vorkommen; sollte im Trinkwasser eine Bestimmung notwendig sein, wird die gaschromatographische Bestimmung mittels Dampfraumanalyse und mittels eines Flammenionisationsdetektors [5] empfohlen.

11.5.3 Beurteilung und Grenzwerte

Wenn leichtflüchtige Halogenkohlenwasserstoffe bzw. Haloforme als Einzel- oder Summenkonzentration bereits im unteren µg-Bereich nachweisbar sind, ist auf jeden Fall ein Hinweis im Untersuchungsbericht veranlaßt und einer möglichen Belastungsursache nachzugehen. Für die Haloforme wurde in den USA die tolerierbare Maximalkonzentration auf 100 µg/l festgelegt; dabei werden die Konzentrationen der gefundenen Einzelsubstanzen einfach summiert [6]. Mit gleichartiger Summierung wurde für die Trihalomethane Chloroform $CHCl_3$, Monobromdichlormethan $CHBrCl_2$, Dibrommonochlormethan $CHBr_2Cl$ und Bromoform $CHBr_3$ in der Bundesrepublik Deutschland ein jährlicher mittlerer Höchstwert von 25 µg/l als Richtwert empfohlen [7]. Diese auf häufiger vorhandene Haloforme bezogene Höchstkonzentration wurde inzwischen auch auf die wesentlichen leichtflüchtigen Halogenkohlenwasserstoffe übertragen. So soll die Gesamtkonzentration an den vorwiegend als Grundwasserverunreinigung vorkommenden Stoffen Trichlorethylen C_2HCl_3, Tetrachlorethylen C_2Cl_4, 1,1,1-Trichlorethan $C_2H_3Cl_3$ und Dichlormethan CH_2Cl_2 im Jahresmittel den Wert von 25 µg/l im Trinkwasser nicht überschreiten. Auch andere flüchtige Halogenkohlenwasserstoffe dürfen in Konzentrationen, die bei Dauergenuß gesundheitsschädlich sind, nicht enthalten sein [8].

In der EG-Trinkwasserrichtlinie findet sich im Abschnitt D, Nr. 55 ein Grenzwert von 0,1 µg/l für die Einzelsubstanz und von 0,5 µg/l für die Summe der Substanzen bei beständigen organischen Chlorverbindungen als Insektizide; anknüpfend hieran wird im Abschnitt C, Nr. 32 für die anderen, nicht unter Nr. 55 fallenden organischen Chlorverbindungen, ein Richtwert von 1 µg/l für die Einzelsubstanzen angegeben. Als Anmerkung heißt es hier: „Der Gehalt an Haloformen muß soweit als irgend möglich verringert werden".

Inzwischen hat sich auch die WHO mit diesen Substanzen befaßt. In den WHO-Guidelines werden folgende Richtwerte vorgeschlagen: 1,2-Dichlorethan 10 µg/l; Tetrachlormethan (Tetra) 3 µg/l; 1,1-Dichlorethen 0,3 µg/l; Trichlorethen (Tri) 30 µg/l; Tetrachlorethen (Per) 10 µg/l und Trichlormethan (Chloroform) 30 µg/l.

Die Trinkwasser-VO setzt für organische Chlorverbindungen (außer den bei der Trinkwasseraufbereitung entstehenden Trihalogenmethanen) eine Summe von 25 µg/l als Grenzwert fest (für 1,1,1-Trichlorethan, Trichlorethylen, Tetrachlorethylen und Dichlormethan) und für Tetrachlorkohlenstoff 3 µg/l; während im Entwurf zur Novelle der Trinkwasser-Aufbereitungs-VO ein Höchstwert für Trihalogenmethane als Nebenreaktionsprodukt von insgesamt 25 µg/l im aufbereiteten Wasser festgesetzt wird.

11.5.4 Literatur

1 Kühn, W.; Sontheimer, H.: Oxidationsverfahren in der Trinkwasseraufbereitung. Engler-Bunte-Inst. der Univ. Karlsruhe, Lehrstuhl der Wasserchemie, Karlsruhe 1979

2 Sonnenborn, M.; Aurand, K.: Gesundheitliche Probleme. WaBoLu — Ber. 3, 1978

3 Aurand, K.; Hässelbarth, H.; Lahmann, E.; Müller, G.; Niemitz, W.: Organische Verunreinigungen der Umwelt (Erkennen, Bewerten, Vermindern). Berlin: Erich Schmidt 1978

4 DIN 38 407 Teil 4: Deutsche Einheitsverfahren zur Wasser-, Abwasser- und Schlamm-Untersuchung. Gemeinsam erfaßbare Stoffgruppen (Gruppe F). Bestimmung der leichtflüchtigen Halogenkohlenwasserstoffe in Wasserproben (Entwurf November 1984). Berlin: Beuth

5 DIN 38 413 Teil 2: Deutsche Einheitsverfahren zur Wasser-, Abwasser- und Schlamm-Untersuchung. Einzelkomponenten (Gruppe P), Bestimmung von Vinylchlorid mittels gaschromatographischer Dampfraumanalyse (Entwurf Juni 1985). Berlin: Beuth

6 US-EPA: Control of organic chemical contami-

nants in drinking water. 43 Fed. Reg. 2913 D v. 9. 2. 1978

7 Empfehlungen des Bundesgesundheitsamtes zum Problem Trihalomethane im Trinkwasser. Bundesgesundheitsblatt 22 (1978) 102

8 Empfehlungen des Bundesgesundheitsamtes zum Vorkommen von flüchtigen Halogenkohlenwasserstoffen im Grundwasser und Trinkwasser. Bundesgesundheitsblatt 25 (1982) 74-75

Fluoranthen
$C_{16}H_{10}$, M = 202,16 g/mol

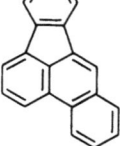

Benzo(b)fluoranthen
[3,4-Benzfluoranthen]
$C_{20}H_{12}$; M = 252,32 g/mol

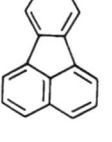

Benzo(k)fluoranthen
[11,12-Benzfluoranthen]
$C_{20}H_{12}$, M = 252,32 g/mol

Benzo(a)pyren
[3,4-Benzpyren]
$C_{20}H_{12}$, M = 252,32 g/mol

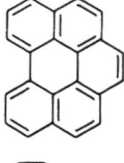

Benzo(ghi)perylen
[1,12-Benzperylen]
$C_{22}H_{12}$, M = 276,34 g/mol

Indeno(1, 2, 3-cd)pyren
[2,3-o-Phenylenpyren]
$C_{22}H_{12}$, M = 276,34 g/mol

Abb. 11.3. Polycyclische aromatische Kohlenwasserstoffe

11.6 Bestimmung von polycyclischen aromatischen Kohlenwasserstoffen

Da diese Stoffe ubiquitär vorkommen und teilweise cancerogen wirken können, hat man sie in die Trinkwasser-VO aufgenommen. Es war auch notwendig für die Wasserbeurteilung charakteristische und in der Wasseruntersuchung gut nachweisbare Polycyclen als Leitsubstanzen für die gesamte Stoffklasse vorzusehen. So kam es zur Auswahl von sechs polycyclischen Aromaten gemäß Abb. 11.3. Sie finden sich namentlich genannt sowohl in der Trinkwasser-VO als auch in der EG-Trinkwasserrichtlinie; in letzterer wird auch die fluoreszenzspektroskopische Bestimmung nach Anreicherung und Trennung mittels Dünnschichtchromatographie angegeben. Demzufolge ist die fluoreszierende Spezies der Polycyclen zu erfassen [1, 2].

Zu ihrer quantitativen Bestimmung hat sich die zweidimensionale Dünnschichtchromatographie eingeführt. Um abschätzen zu können, in welchem Konzentrationsbereich diese Stoffe im Wasser vorliegen und ob eine genaue quantitative Erfassung im Hinblick auf den Grenzwert der Trinkwasser-VO notwendig ist, kann die eindimensionale Dünnschichtchromatographie als Screening-test Anwendung finden. Diese beiden Verfahren werden nachstehend beschrieben; darüber hinaus wird auf weitere Möglichkeiten hingewiesen.

11.6.1 Bestimmung mit der zweidimensionalen Dünnschichtchromatographie

(Untere Bestimmungsgrenze: ca. 2 bis 5 ng/l)

Prinzip des Verfahrens ist die Extraktion der Polycyclen aus dem Wasser mit einem organischen Lösungsmittel; nach Konzentrierung des Extrakts erfolgt die zweidimensionale Dünnschichtchromatographie; ihr schließt sich eine fluoreszenzspektroskopische Auswertung bei 366 nm vergleichend zu Polycyclenstandards an. Zur Probenahme

11.6 Bestimmung von polycyclischen aromatischen Kohlenwasserstoffen

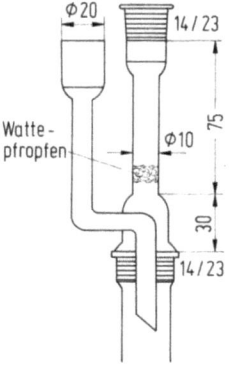

Abb. 11.4. Mikroseparator zur Abtrennung des Cyclohexanextrakts (Maße in mm)

und Untersuchung dürfen keine Kunststoffflaschen verwendet werden.

Geräte:
2-l-Steilbrustflaschen aus Glas mit Schliffstopfen zur Probenahme;
Mikroseparator nach Weil und Quentin, (Abb. 11.4); das Gerät dient zur problemlosen Entnahme eines organischen Lösungsmittels nach Extraktion des Wassers direkt in der Probenahmeflasche. Durch das seitliche Trichterrohr wird destilliertes Wasser zugegeben; das organische Lösungsmittel wird in das Steigrohr verdrängt und kann aus ihm pipettiert werden.
Reduzierkolben, 100 ml mit zylindrischem Ansatz (Abb. 11.5) und Markierung bei 0,5 ml;
Stickstoff-Druckgasflasche mit Druckminderer zur Feineinstellung als Abblasvorrichtung;
Dünnschichtchromatographie-Platten aus Glas 200 mm × 200 mm, beschichtet mit Aluminium-

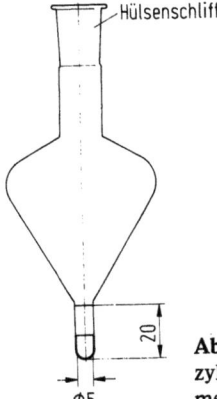

Abb. 11.5. Reduzierkolben mit zylindrischen Ansatz, Volumen 250 ml (Maße in mm)

oxid und acetylierter Cellulose (z. B. Fa. Macherey & Nagel/Düren);
Trennkammern mit Schliffdeckel und Rillen für fünf Platten (mindestens zwei Kammern);
20- und 100-µl-Präzisionsspritzen, graduiert;
UV-Lampe, $\lambda = 366$ nm;
Fluorometer mit Dünnschichtscanner zur fluorometrischen Messung (z. B. TLC-Scanner der Fa. Camag/Berlin);
Schreiber (evtl. mit Kurvenflächenintegrator);
Reagenzien:
Cyclohexan, C_6H_{12} p. a. ($D = 0{,}78$ g/ml);
Methanol, CH_3OH p. a. ($D = 0{,}79$ g/ml);
Toluol, C_7H_8 p. a. ($D = 0{,}87$ g/ml);
n-Hexan, C_6H_{14} p. a. ($D = 0{,}66$ g/ml);
Diethylether, $(C_2H_5)_2O$ p. a. ($D = 0{,}71$ g/ml);
Natriumsulfat, Na_2SO_4 wasserfrei p. a.;
n-Hexan/Toluol-Gemisch im Volumenverhältnis 9:1 und Methanol/Diethylether/Wasser-Gemisch 4:4:1 zur Chromatographie;
Polycyclen-Standardmischung für Vergleichschromatogramme (z. B. Fa. Ferak/Berlin) enthaltend in 1 µl Benzol: 10 ng Fluoranthen und je 2 ng der anderen fünf Polycyclen.

Probenahme und Extraktion

Etwa 1,9 l Untersuchungswasser werden in gewogene 2-l-Steilbrustflaschen eingefüllt; die genaue Wassermenge wird durch eine zweite Wägung ermittelt. Man fügt 40 ml Cyclohexan hinzu, verschließt und schüttelt maschinell 2 h. Nach einer weiteren Standzeit von 1 h zum Absetzen der Cyclohexanschicht über dem Wasser wird der Schliffstopfen durch den Mikroseparator ersetzt und in sein Trichterrohr so viel destilliertes Wasser eingefüllt, daß aus dem Steigrohr Cyclohexan pipettiert werden kann; man entnimmt einen Extraktanteil bis zu 35 ml und trocknet ihn in einem Erlenmeyerkolben 30 min über wasserfreiem Natriumsulfat. Dieser Extrakt wird in den 100-ml-Reduzierkolben überführt; der Kolben wird zweimal mit 2 bis 3 ml Cyclohexan nachgespült. Anschließend wird das Gesamtvolumen im Reduzierkolben am Rotavapor auf 0,5 ml eingeengt (Markierung am Spitzkolben).

Dünnschichtchromatographie

Das gesamte Konzentrat wird punktförmig als Startfleck in der rechten Ecke der Platte (jeweils ca. 20 mm vom Rand entfernt) mit der Präzisionsspritze aufgetragen; die Auftragung erfolgt portionsweise derart, daß der Startfleckdurchmesser nicht größer als 5 mm wird; die Kanüle der Spritze berührt beim Auftragen fast die Dünnschicht. Es ist dafür zu sorgen, daß die Auftragung des Konzentrats, die chromatographische Entwicklung und das spätere Trocknen der Platten bei gedämpftem Licht erfolgt. In einer ersten abgedeckten Kammer wird das Chromatogramm in der ersten Richtung mit Hexan/Toluol entwickelt; die notwenige Fließmittelhöhe vom Start aus mit ca. 150 mm wird in ca. 30 min erreicht. Nach Abdunstung des Hexan/Toluol-Gemisches von der Platte unter einem Abzug erfolgt die Entwicklung in einer zweiten abgedeckten Kammer in der zweiten Richtung mit Methanol/Diethylether/Wasser bis zur Fließmittelhöhe von ca. 150 mm, die in 60 bis 80 min erreicht wird. Gleichzeitig werden in den Kammern zwei Vergleichschromatogramme entwickelt, die am Start 20 µl und 50 µl mit der Präzisionsspritze aufgetragene Standardmischung erhalten. Die nachfolgende Abb. 11.6 erläutert die Lage der sechs Substanzen mit ihrer Fluoreszenzfarbe.

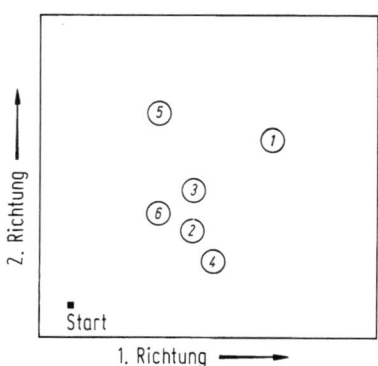

Abb. 11.6. Fleckenlage der sechspolycyclischen Aromaten nach zweidimensionaler Dünnschichtchromatographie. Fluoreszenzfarben in Klammern. *1* Fluoranthen (hellblau); *2* Benzo(b)fluoranthen (blau); *3* Benzo(k)fluoranthen (dunkelblau); *4* Benzo(a)pyren (violett); *5* Benzo(ghi)perylen (violett); *6* Indeno(1, 2, 3-cd)pyren (hellgelb)

Fluoreszenzmessung und Auswertung

Unter der UV-Lampe wird im visuellen Vergleich mit dem Chromatogramm des Wasserextrakts dasjenige Vergleichschromatogramm ermittelt, das eine ähnliche Fleckenfluoreszenzintensität aufweist. Dieses wird in die Scannerkassette bzw. Haltevorrichtung des Fluorimeters eingelegt; die Flekkenlage (Mittelpunkte) wird mit den Maßeinteilungen an der Kassette bzw. Haltevorrichtung im UV-Licht planquadratisch ermittelt und notiert. Der gleiche Vorgang erfolgt dann mit dem Chromatogramm des Wasserextrakts. An diese Fleckenlagebestimmungen schließt sich die Intensitätsmessung der Fleckenfluoreszenz an, beginnend wiederum mit der Vergleichsplatte. Der Meßvorgang und die Auswertung richten sich nach dem verwendeten Gerät. Das für die Vergleichsplatte geeignete optische Programm (z. B. Höhe und Breite der Spalte, Emissions-Wellenlänge), ist auch bei Messung der Probeplatte einzuhalten. Es ist darauf zu achten, daß der am Anregungsspalt langsam vorbeigeführte Fleck über seine gesamte Fläche angeregt wird. Die kurz vor Eintritt eines Fleckens in den Spalt bzw. in den Anregungslichtstrahl von der DC-Schicht abgestrahlte Energie ist auf den Schreiber als Nullbasis zu übertragen. Diese Basis soll nach beendeter Aufzeichnung der Fluoreszenzintensitätskurve, d. h. nach Austritt des Fleckens aus dem Anregungsspalt, möglichst wieder erreicht werden; sie soll bei nicht vollständig getrennten Flecken höchstens die halbe Höhe der Kurve betragen. Die bei der Auswertung benachbarter Flecken geforderte Trennschärfe von mindestens der halben Höhe der Kurve gilt auch für unbekannte Nebenkomponenten. Diffuse Untergrundfluoreszenz stört die Auswertung.
Bei 366 nm Anregungswellenlänge sind folgende Emissions-Wellenlängen einzustellen:
Fluoranthen 462 nm
Benzo(b)fluoranthen 452 nm
Benzo(k)fluoranthen 431 nm
Benzo(a)pyren 430 nm oder 405 nm
Benzo(ghi)perylen 419 nm oder 407 nm
Indeno(1,2,3-cd)pyren 500 nm
Die Fläche der Intensitätskurve ist der Fleckensubstanz proportional; sie ist nach den allgemein üblichen Verfahren zu ermitteln

(z. B. mit Halbwertsbreite entsprechend der Gaschromatographie, mit Planimeter oder mit Integrator).

Berechnung und Angabe der Werte

Die Massenkonzentration einer der sechs Substanzen in µg/l errechnet sich wie folgt:

$$\mu g/l = \frac{m A_b V_c}{V_w A_a V_e}.$$

m µg Substanz auf dem Vergleichschromatogramm
A_b Fläche der Intensitätskurve der Substanz im Chromatogramm des Wasserextrakts in cm^2
V_c Volumen des Cyclohexans zur Extraktion in ml
A_a Fläche der Intensitätskurve der Substanz im Vergleichschromatogramm in cm^2
V_w Volumen des eingesetzten Untersuchungswassers in l
V_e Volumen des Cyclohexan-Extrakts in ml

Beispiel: Bestimmung von Fluoranthen bei Extraktion von 1,9 l Wasser durch Zugabe von 40 ml Cyclohexan und Entnahme von 20 ml Cyclohexanextrakt; 0,20 µg Fluoranthen auf dem Vergleichschromatogramm; Fläche der Fluoranthenintensitätskurve im Chromatogramm des Wasserextrakts 17,4 cm^2 und im Vergleichschromatogramm 24,3 cm^2:

$$\mu g/l \text{ Fluoranthen} = \frac{0,20 \cdot 17,4 \cdot 40}{1,9 \cdot 24,3 \cdot 20}$$
$$= 0,15 \, \mu g/l.$$

Zunächst werden die Mengen der festgestellten Polycyclen summiert. Da ohne großen Fehler mit einem Mittelwert von 0,95 zur Umrechnung aller bestimmten Polycyclen auf Kohlenstoff gerechnet werden kann, ist die Summe mit diesem Faktor zu multiplizieren. Das Ergebnis wird in mg/l angeführt.
Beispiel: Summe der sechs Polycyclen = 0,120 µg/l · 0,95 = 0,114 µg/l C. Bei Werten $\leq$ 0,1 µg/l werden die Angaben auf 0,001 µg/l bei > 0,1 µg/l auf 0,01 µg/l gerundet. In diesem Fall lautet die Angabe: Polycyclische aromatische Kohlenwasserstoffe, berechnet als Kohlenstoff (C) = 0,11 µg/l entsprechend 0,11 · 10^{-3} mg/l (1 µg/l = 1 · 10^{-3} mg/l). Soll die Angabe auch in mmol/l erfolgen, so ist zu berücksichtigen, daß 1 µg/l C dem Wert von 83 · 10^{-6} mmol/l entspricht. Im vorliegenden Falle würde der Wert von 0,11 µg/l C in der Umrechnung 0,11 · 83 · 10^{-6} = 9,1 · 10^{-6} mmol/l entsprechen.

11.6.2 Bestimmung mit der eindimensionalen Dünnschichtchromatographie

(Untere Bestimmungsgrenze: 50 ng/l)

Die zweidimensionale Dünnschichtchromatographie ist eine verhältnismäßig aufwendige Methodik; da nach den bisherigen Erfahrungen in der Regel der Gehalt an polycyclischen aromatischen Kohlenwasserstoffen in Trinkwässern weniger als die Hälfte des Grenzwerts der Trinkwasser-VO von 200 ng/l bzw. 0,20 µg/l ausmacht, erscheint es sinnvoll, durch eine halbquantitative Untersuchung [3] zunächst einmal abzuklären, ob eine relevante Polycyclenmenge vorliegt und daher die differenzierte Analyse nach dem Verfahren in Abschn. 11.6.1 notwendig ist. Für den nachfolgend beschriebenen Screeningtest wurde eine Nachweisgrenze von 50 ng/l festgelegt, d. h. bei Überschreiten von 25% des Grenzwerts der Trinkwasser-VO ist eine quantitative zweidimensionale Dünnschichtchromatographie erforderlich.

Geräte:
UV-Lampe = 366 nm (s. Abschn. 11.6.1);
Entwicklungskammer 22 cm × 10 cm × 22 cm;
Nano-Dünnschichtplatten (HPTLC RP-18 mit Konzentrierungszone, z. B. Fa. Merck);
Mikroseparator (s. Abschn. 11.6.1);
Reagenzien:
Polycyclenlösung z. B. der Fa. Ferak, Berlin (s. Abschn. 11.6.1);
Cyclohexan, C_6H_{12} p. a. (D = 0,78 g/ml);
Acetonitril, CH_3CN p. a. (D = 0,78 g/ml);
Dichlormethan, CH_2Cl_2 p. a. (D = 1,32 g/ml).

11 Organische Belastungsstoffe

Probenahme und Extraktion

Mit dem entnommenen Untersuchungswasser (s. Abschn. 11.5.1) wird ein 250-ml-Meßkolben aufgefüllt; dann fügt man 1 ml Cyclohexan zu und schüttelt 5 min (intensiv per Hand oder maschinell mit Magnetrührer). Nach einer anschließenden Standzeit von ca. 10 min hat sich die Cyclohexanschicht oben abgesetzt. Anstelle des Schliffstopfens wird der Mikroseparator eingesetzt. Aus der Cyclohexanschicht werden 0,5 ml in ein Reagenzglas pipettiert und durch Aufblasen von Stickstoff bis auf einen Tropfen (ca. 10 bis 50 µl) abgedampft.

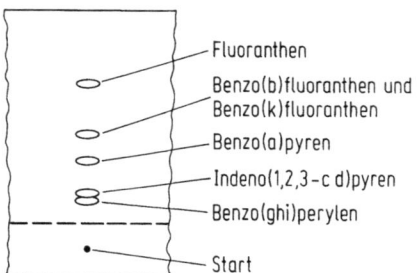

Abb. 11.7. Lage der sechs Polycyclen nach eindimensionaler Dünnschichtchromatographie auf HPTLC Fertigplatte RP-18 Merck

Dünnschichtchromatographie

Der Tropfenrückstand wird mit der Mikroliterspritze punktförmig (0 bis zu 5 mm) auf die Konzentrierungszone der Dünnschichtplatte aufgetragen. Auf der Konzentrierungszone können zehn Proben analysiert werden. Die linke und rechte Begrenzung dient zur Auftragung von zwei Vergleichslösungen. Man verdünnt zu diesem Zweck die Polycyclenlösung mit Cyclohexan 1:10, entnimmt 1,5 und 6 µl entsprechend 3 und 12 ng Polycyclen (gesamt) und verdampft sie vor Auftragen in Reagenzgläsern mit 0,5 ml Cyclohexan wie beschrieben; zwischen den Begrenzungen lassen sich dann noch acht Proben auftragen.

Das Chromatogramm wird in einer Kammer entwickelt, die als Laufmittel ein Gemisch von Acetonitril:Dichlormethan:Wasser im Volumenverhältnis 9:1:1 enthält; die Laufzeit beträgt 20 bis 25 min. Nach Abtrocknen des Lösungsmittels bei gedämpftem Licht (5 bis 10 min) wird die Dünnschichtplatte unter die UV-Lampe gelegt, um den visuellen Farbvergleich der Proben mit den aufgetragenen Polycyclenlösungen vorzunehmen; vor der Auswertung muß der Beobachter sein Auge mindestens 5 min an die Dunkelheit im Raum adaptieren.

Fluoreszenzmessung und Auswertung

Die Lage der Polycyclen ist aus der Abb. 11.7 ersichtlich. Die Fluoreszenz von 3 ng Polycyclen (1,5 µl der 1:10 verdünnten Stammlösung) entspricht der visuellen Nachweisgrenze. Haben die Wasserproben diese Nachweisgrenze erreicht, so errechnen sich etwa 30 ng/l Gesamtpolycyclen (3 ng in 0,5 ml des 1-ml-Extrakts gewonnen aus 250 ml Untersuchungswasser unter Berücksichtigung der Extraktionsausbeute sowie der Anreicherungsfaktoren). Sicherheitshalber werden in solchen Fällen, auch im Hinblick auf die einfache und möglicherweise subjektive Auswertetechnik 50 ng/l Gesamtpolycyclen veranschlagt d.h., es besteht bereits die Notwendigkeit einer eingehenderen Untersuchung. Die aufgetragene 12-ng-Menge dient dazu, eine Bereichsabschätzung vornehmen zu können, falls die 3-ng-Konzentration von den Wasserproben erheblich überschritten wird.

Berechnung und Angabe der Werte

Das Ergebnis des Screeningtests wird wie folgt lauten:
a) Summe der polycyclischen aromatischen Kohlenwasserstoffe < 50 ng/l; es schließt sich ein Hinweis an, daß auf Grund der geringen Menge eine differenzierte Untersuchung nicht veranlaßt ist.
b) Summe der polycyclischen aromatischen Kohlenwasserstoffe > 50 ng/l; in diesem Falle ist eine weitere Untersuchung mit zweidimensionaler Dünnschichtchromatographie erforderlich.

Zur Umrechnung der sechs Polycyclen auf ihren Kohlenstoffgehalt müßte wie unter Abschn. 11.6.1 mit dem Faktor 0,95 gerechnet werden. Da es sich beim Screeningtest um einen Näherungswert handelt, kann in diesem Falle die Summe der Polycyclen dem Kohlenstoffgehalt gleichgesetzt werden.

11.6.3 Sonstige Verfahren

In neuerer Zeit werden von Speziallaboratorien auch andere Methoden zur Bestimmung von polycyclischen Aromaten im Wasser verwendet. Für Reihenuntersuchungen von Wasserproben bewährte sich die Hochdruckflüssigkeitschromatographie unter Verwendung einer RP-18 Trennsäule (Fließmittel: Acetonitril/Wasser) und eines Fluoreszenzdetektors. Zur Bestimmung werden die Emissionswellenlängen, wie unter Abschn. 11.6.1 angegeben, verwendet [4]. (Verschiedentlich hat sich gezeigt, daß es auch möglich ist, die Bestimmung bei zwei Wellenlängen durchzuführen. In einem solchen Fall werden die ersten fünf Substanzen bei 425 nm und Indeno (1,2,3-c,d)pyren bei 530 nm bestimmt.) Zur ausführlichen Bestimmung aller in einer Wasserprobe enthaltenen Polycyclen (bis 50 Einzelsubstanzen) ist die Gaschromatographie mit einer Kapillartrennsäule und einem Flammenionisationsdetektor, evtl. unter Zuhilfenahme eines Massenspektrometers, vorteilhaft [5]. Die Vergleichbarkeit zwischen der in der Trinkwasser-VO aufgeführten Dünnschichtchromatographie und der Hochdruckflüssigkeitschromatographie ist nach den bisherigen Untersuchungen gegeben.

11.6.4 Beurteilung und Grenzwerte

Die sechs Polycyclen (Referenzsubstanzen) werden nach ihrer Einzelbestimmung summiert und auf Kohlenstoff (C) umgerechnet. Infolgedessen beziehen sich auch die Grenzwerte auf diese Summierung als Kohlenstoff. In der Trinkwasser-VO beträgt der Grenzwert 200 ng bzw. 0,2 µg/l C. Die EG-Trinkwasserrichtlinie gibt als zulässige Höchstkonzentration ebenfalls 0,2 µg/l an. Die WHO-Guidelines nennen lediglich für Benz(a)pyren einen Zahlenwert von 0,01 µg/l, entsprechend 10 ng/l. Diese sehr niedrige Konzentration wurde nach einem hypothetischen Modell berechnet, das nicht experimentell untermauert werden kann, vor allem auch im Hinblick auf das in der Regel gemeinsame Vorkommen mehrerer Polycyclen im Wasser. Unter diesen Gegebenheiten halten die WHO-Richtlinien eine genaue Untersuchung auf Polycyclen im Wasser prinzipiell für erforderlich.

In Tierversuchen konnte nachgewiesen werden, daß einige Polycyclen [einschließlich Benz(a)pyren, Indeno(1,2,3-c,d)pyren und Benz(b)fluoranthen] carcinogen wirken. Dieser Nachweis wurde auch für den Menschen bei Benz(a)pyren erbracht. Im Hinblick auf das Vorkommen dieser Stoffe im Wasser und die Häufigkeit einzelner Polycyclen hat man analytisch sechs Leitsubstanzen als Indikatoren für die gesamte Stoffgruppe festgelegt.

Üblicherweise werden im Grundwasser 10 bis 50 ng/l und in gering belastetem Flußwasser 50 bis 250 ng/l gefunden. Die Exposition des Menschen in bezug auf polycyclische aromatische Kohlenwasserstoffe im allgemeinen und Benz(a)pyren im besonderen findet zu 99 % über die Nahrung, zu ca. 0,9 % über die Luft und zu ca. 0,1 bis 0,3 % über das Wasser statt. Obwohl das Trinkwasser einen verhältnismäßig geringen Teil dieser Exposition ausmacht, ist man bestrebt, auch diese Aufnahme zu minimieren.

Einige europäische und internationale Vorschriften für Trinkwasser beinhalten ebenfalls eine Grenze von 200 ng/l für die Summe der sechs Polycyclen. Da aber die meisten Länder in ihren Trinkwasserregelungen die Verpflichtung aufgeführt haben, daß bei Verdacht auf Schadstoffe ein Trinkwasser zusätzlichen Prüfungen oder Kontrollen zu unterziehen bzw. eine Untersuchung des Wassers auf alle für seine Beschaffenheit bedeutsamen Umstände auszudehnen ist, schließt in der heutigen Umweltsituation eine derartige Verpflichtung auch Untersuchungen auf Polycyclen ein.

11.6.5 Literatur

1 Kunte, H.; Borneff, J.: Nachweisverfahren für polycyclische Kohlenwasserstoffe in Wasser. Z. Wasser Abwasser Forsch. 9 (1976) 35-38

2 Weil, L, Quentin, K.-E: Zur Analytik der Pestizide im Wasser III, Gas Wasserfach, Wasser Abwasser 112 (1971) 184-185

3 Weil, L.; Grimmer, G.; Hellmann, H.; de Jong, B.; Kunte, H.; Sonneborn, M.; Stöber, J.; Semiquantitativer Test zur Erfassung polycyclischer Kohlenwasserstoffe im Trinkwasser. Z. Wasser Abwasser Forsch. 13 (1980) 108-111

4 Hagenmaier, H.; Feierabend, R.; Jäger, W.: Bestimmung polycyclischer aromatischer Kohlenwasserstoffe in Wasser mittels Hochdruckflüssigkeitschromatographie Z. Wasser Abwasser Forsch. 10 (1977) 99-104

5 Grimmer, G.; Böhnke H.; Borwitzky, H.: Gaschromatographische Profilanalyse der polycyclischen aromatischen Kohlenwasserstoffe in Klärschlammproben. Fresenius Z. Anal. Chem. 289 (1978) 91-95

11.7 Bestimmung der Phenole

Phenole gehören zu den häufigsten organischen Wasserbelastungsstoffen. Da die Bezeichnung „Phenole" ein Sammelbegriff ist, muß analytisch zwischen Gruppen- und Einzelbestimmungen der Phenole unterschieden werden. In der Trinkwasseruntersuchung kommt die Einzelbestimmung nur in speziellen Fällen in Frage. Gruppenmäßig lassen sich die Phenole in einfache wasserdampfflüchtige und höhere (mehrwertige, substituierte) Verbindungen untergliedern, die in der Regel nicht wasserdampfflüchtig sind. Die Wasserbelastung durch Phenole ist vorwiegend industriell und abwasserseits bedingt; hierbei spielen die einfachen Phenole eine Hauptrolle. Gleiches gilt für die Wassernutzung, insbesondere für die Trinkwasserversorgung. Bei der Chlorung des Wassers bilden diese Phenole geruchs- und geschmacksintensive Chlorphenole und beeinträchtigen die Wassergüte in entscheidendem Maße. Auf Grund dieser Gegebenheiten bezieht sich die Trinkwasseruntersuchung in erster Linie auf die wasserdampfflüchtigen Phenole. Zu ihrer Bestimmung werden in der Literatur verschiedene Verfahren angegeben und deren Anwendungsmöglichkeiten beschrieben [1-16]; unter den photometrischen Methoden hat das p-Nitranilin-Verfahren eine gewisse Verbreitung gefunden [3-5]. Gut bewährt hat sich die Phenolbestimmung mit 4-Aminoantipyrin, die sich je nach Phenolkonzentration als Direktbestimmung im Wasser bzw. im Destillat oder nach Extraktion der Farbstoffe mit Chloroform anwenden läßt [2, 5, 6, 13, 15]. Sie wird nachfolgend beschrieben. Die untere Erfassungsgrenze des Verfahrens nach Extraktion der Farbstoffe liegt bei 5 µg/l; da die EG-Trinkwasserrichtlinie 0,5 µg/l festgesetzt hat, muß noch ein empfindlicheres Analysenverfahren verfügbar sein. Hierzu eignet sich die Gaschromatographie [12, 14, 16], die als weitere Methode beschrieben wird.

Wegen der Unterschiedlichkeit der Phenole, aber auch im Hinblick auf die Möglichkeit, daß andere flüchtige und oxidativ-kupplungsfähige Substanzen mit 4-Aminoantipyrin reagieren, wird das Analysenergebnis als „Phenolindex" ausgedrückt und konzentrationsmäßig auf Phenol C_6H_5OH bezogen.

11.7.1 Bestimmung mit 4-Aminoantipyrin

(Untere Bestimmungsgrenze: 5 µg/l)

Im alkalischen Medium reagieren Phenole mit 4-Aminoantipyrin [1-Phenyl-4-amino-2,3-dimethyl-pyrazolon(5)] in Anwesenheit von Kaliumhexacyanoferrat(III) als Oxidationsmittel zu Antipyrinfarbstoffen (Abb. 11.8).

Dieser Reaktion unterliegen ortho- und meta-substituierte Phenole; von den p-substituierten Phenolen reagieren nur solche, die eine Carboxyl-, Halogen-, Methoxyl- oder Sulfon-Gruppe besitzen. Nicht erfaßt werden Phenole, die in p-Stellung eine Alkyl-, Aryl-, Nitro-, Benzoyl-, Nitroso- oder Aldehydgruppe aufweisen; infolgedessen reagiert z. B. gelegentlich auftretendes, häufig aus Industrieabwässern stammendes p-Kresol nicht. Die gebildeten Farbstoffe werden im wäßrigen Medium bei 510 nm, nach Extraktion mit Chloroform bei 460 nm photometriert. Bei Einhalten bestimmter Reaktionsbedingungen ergibt sich eine lineare Abhängigkeit des spektralen Absorptionsmaßes von der Konzentration. Zur Isolierung der wasserdampfflüchtigen Phenole wird der

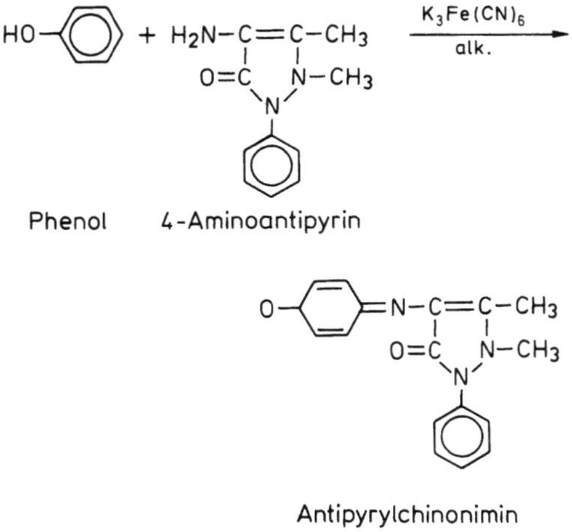

11.7 Bestimmung der Phenole 267

[Reaktionsschema: Phenol + 4-Aminoantipyrin → Antipyrylchinonimin, mit $K_3Fe(CN)_6$ alk.]

Abb. 11.8. Phenolbestimmung mit 4-Aminoantipyrin

Photometrie eine Destillation vorgeschaltet. Mit erfaßt werden aber eventuell vorhandene andere wasserdampfflüchtige oxidativ kupplungsfähige Substanzen. Zur Eliminierung der sich darunter befindlichen aromatischen Amine ist eine Destillation aus stark schwefelsaurer Lösung (pH-Wert 0,5) erforderlich.

11.7.1.1 Destillationsverfahren mit anschließender Direktbestimmung für flüchtige Phenole

(Bestimmungsbereich: 0,1 bis 10 mg/l)

Geräte:
Destillationsapparatur mit 200-ml-Destillierkolben, Kugelaufsatz, Liebig-Kühler und 100-ml-Meßzylinder als Vorlage; Spektralphotometer;

Reagenzien:

o-Phosphorsäure, H_3PO_4 p.a. ($D = 1,71$ g/ml) wird 1:9 mit destilliertem Wasser verdünnt.

Kupfersulfatlösung. 10 g $CuSO_4 \cdot 5H_2O$ p.a. werden in 100 ml destilliertem Wasser gelöst.

Kaliumhexacyanoferrat(III)-Lösung, 0,08 mol/l: 13,17 g $K_3Fe(CN)_6$ p.a. werden in 500 ml destilliertem Wasser gelöst; die Lösung ist eine Woche haltbar.

4-Aminoantipyrinlösung 0,02 mol/l. 0,406 g 4-Aminoantipyrin, $C_{11}H_{13}N_3O$ p.a. werden in 100 ml destilliertem Wasser gelöst; die Lösung ist jeweils vor Gebrauch neu herzustellen.

Pufferlösung pH 8,5. 200 g Ammoniumchlorid, NH_4Cl p.a. werden in 1 l destilliertem Wasser gelöst; diese Lösung wird durch Zugabe von Ammoniak, NH_3 p.a. ($D = 0,91$ g/ml) mittels pH-Meßgerät auf den pH-Wert 8,5 eingestellt.

Phenolstandardlösung. 50 mg Phenol, C_6H_5OH p.a. werden in 1 l destilliertem Wasser gelöst; 1 ml entspricht 50 µg.

Arbeitsvorschrift

Zur Analyse werden jeweils 100 ml Untersuchungswasser benötigt. Entsprechende Probemengen sind in braune Glasflaschen mit Schliffstopfen abzufüllen.
Da es sich meist um die Bestimmung geringer Phenolmengen handelt und diese nach Entnahme des Wassers unter Umständen einer biologischen oder chemischen Umwandlung bzw. einem Abbau unterliegen, soll die Phenolanalyse möglichst rasch, spätestens aber 4 h nach Probenahme erfolgen. Falls eine längere Aufbewahrung bis zu 24 h unvermeidlich ist, muß die Probe konserviert und auf 4 °C gekühlt aufbewahrt werden. Zur Konservierung wird das Wasser mit einigen Tropfen Phosphorsäure auf den pH-Wert 4 gebracht (Methylorange als Indikator). Sollten flüchtige Schwefelverbindungen (z.B. H_2S und SO_2) vorliegen, wird die Probe durch Rühren ausgegast. Sicherheitshalber werden dann ca. 1 ml Kupfersulfatlösung pro 100 ml Wasserprobe zugesetzt (bis zur leichten Blautönung), um einerseits etwa noch vorhandenes Sulfid zu binden und andererseits einen mikrobiellen Phenolabbau zu hemmen.
100 ml Untersuchungswasser werden in den 200-ml-Destillierkolben eingefüllt. Falls die Phenolbestimmung in nicht konservierten Proben stattfindet, setzt man Phosphorsäure bis zum pH-Wert 4 und nachfolgend 1 ml Kupfersulfatlösung zu. Dann werden ca. 90 ml in den Meßzylinder abdestilliert. Nach Zusatz von ca. 20 ml destilliertem Wasser in den Destillierkolben wird die Destillation bis zum Erreichen der 100-ml-Marke im Meßzylinder fortgesetzt. Unter Einhaltung der Reihenfolge werden in einen 200-ml-Weithals-Erlenmeyerkolben 10 ml Pufferlösung, 4 ml 4-Aminoantipyrinlösung, die 100 ml Destillat und 4 ml Kaliumhexacyanoferrat(III)-Lösung gegeben; der pH-Wert soll

8,5 betragen. Nach 45 min Standzeit wird bei 510 nm mit entsprechenden Küvetten gegen destilliertes Wasser gemessen. In gleicher Weise wird eine Blindprobe unter Verwendung von destilliertem Wasser hergestellt und gegen Wasser gemessen.

11.7.1.2 Destillationsverfahren mit anschließender Farbstoffextraktion für flüchtige Phenole

(Bestimmungsbereich: 10 bis 100 µg/l)

Geräte:
Destillationsapparatur mit 1-l-Destillierkolben, Kugelaufsatz, Liebig-Kühler und 500-ml-Meßzylinder als Vorlage;
Spektralphotometer;
1-l-Scheidetrichter;
Reagenzien:
Wie unter Abschn. 11.7.1.1 und zusätzlich Chloroform, $CHCl_3$, p. a. ($D = 1,47$ g/ml);
Natriumsulfat wasserfrei, Na_2SO_4 p. a.

Arbeitsvorschrift

Zur Analyse werden jeweils 500 ml Untersuchungswasser benötigt. Entsprechende Probemengen sind in braune Glasflaschen mit Schliffstopfen abzufüllen; Aufbewahrungszeit bzw. Konservierung wie unter Abschn. 11.7.1.1.
500 ml Untersuchungswasser werden in den Destillierkolben eingefüllt. Falls die Phenolbestimmung in nicht konzentrierten Proben stattfindet, setzt man Phosphorsäure bis zum pH-Wert 4 und nachfolgend 5 ml Kupfersulfatlösung zu. Es werden 450 ml in den Meßzylinder abdestilliert; in den Destillierkolben gibt man dann 50 ml destilliertes Wasser und setzt die Destillation fort, bis 500 ml Destillat erreicht sind.
Zur Erfassung der geringen Phenolkonzentrationen erfolgt eine Anfärbung des gesamten 500-ml-Destillats und anschließend eine Anreicherung des Farbstoffs durch Chloroformextraktion. Dieser Extrakt ist orangefarben und absorbiert bei 460 nm. Hierzu werden unter Einhaltung der Reihenfolge in den 1-l-Scheidetrichter 50 ml Pufferlösung, 20 ml 4-Aminoantipyrinlösung, 500 ml Destillat und 20 ml Kaliumhexacyanoferrat(III)-Lösung gegeben. Nach 45 min Standzeit werden 25 ml Chloroform zugegeben; dann wird 5 min maschinell geschüttelt, 15 min gewartet, der Extrakt über 5 g Natriumsulfat in einen 25-ml-Meßkolben filtriert, unter Nachwaschen mit Chloroform aufgefüllt und bei 460 nm gegen Chloroform gemessen. Es werden zweckmäßigerweise 5-cm-Küvetten benutzt. In gleicher Weise wird eine Blindprobe unter Verwendung von destilliertem Wasser hergestellt und gegen Chloroform gemessen.

Berechnung und Angabe der Werte

Der Phenolgehalt wird mit Hilfe von Eichgeraden ermittelt. Eichreihen werden im jeweiligen Konzentrationsbereich mit den angegebenen Arbeitsvorschriften unter Verwendung der Phenolstandardlösung aufgestellt. Der Blindwert wird vom Probenmeßwert abgezogen.
Die erhaltenen Werte werden wie folgt abgerundet:
Massenkonzentrationen unter 10 µg/l auf 0,5 µg/l, von 10 bis 100 µg/l auf 1 µg/l, über 100 µg/l auf 10 µg/l, z. B. Phenolindex 8,5 µg/l C_6H_5OH.

Störungen

Die Beseitigung eventueller Störungen durch Sulfid oder Schwefeldioxid wurde bereits unter Abschn. 11.7.1.1 beschrieben. Reduzierende Verbindungen können durch Zugabe von etwas Eisen(III)-sulfat (Spatelspitze) eliminiert werden; die Destillation erfolgt dann bei pH 4. Wenn mit der Anwesenheit von aromatischen Aminen zu rechnen ist und diese zurückgehalten werden sollen, muß die Destillation aus stark saurer Lösung erfolgen (Schwefelsäurezugabe bis zum pH-Wert 0,5). Oxidierend wirkende Verbindungen (z. B. Chlor, Chlordioxid, Ozon) können durch Zugabe von Ascorbinsäure reduziert werden.
Mineralölverunreinigungen des Wassers können vor der Destillation durch Extraktion der auf pH 12 alkalisierten Wasserprobe mit Tetrachlormethan entfernt werden. Trübes Destillat kann verhindert werden, indem man mit Diethylether aus der auf pH 4 angesäuerten Wasserprobe die Phenole extrahiert und sie anschließend durch Mehrfachaus-

schüttelung der etherischen Phase mit Natriumhydroxidlösung (2,5 mol/l) isoliert. Cyanide stören in Konzentrationen über 1 mg/l; bei Trinkwasseranalysen ist mit dieser Störung nicht zu rechnen.

11.7.1.3 Direkte Bestimmung der Gesamtphenole ohne Destillation

(Bestimmungsbereiche wie bei den Abschn. 11.7.1.1 und 11.7.1.2)

Im Trinkwasser ist z. B. bei Verdacht auf Phenolanwesenheit u. U. auch eine direkte Bestimmung ohne Destillation möglich. In solchen Fällen muß die Untersuchung möglichst rasch nach der Probenahme ohne Konservierung erfolgen. Oxidierend wirkende Verbindungen (z. B. Chlor) können durch Zusatz von Ascorbinsäure reduziert werden. Die Anfärbung wird entweder nach Abschn. 11.7.1.1 mit 100 ml Wasser durchgeführt, oder es werden 500 ml Wasser nach Abschn. 11.7.1.2 angefärbt und extrahiert.

11.7.2 Gaschromatographische Bestimmung

(Untere Bestimmungsgrenze: 0,1 µg/l bei 4 l Probemenge)

Das angesäuerte Untersuchungswasser wird mit einem organischen Lösungsmittelgemisch extrahiert[1]; der Extrakt wird eingeengt und mit verdünnter Natronlauge ausgeschüttelt. Die Phenolate in der alkalischen Phase werden dann mit Essigsäureanhydrid verestert:

---

[1] Die Extraktion mit dem organischen Lösungsmittelgemisch kann auch für die Bestimmung anderer organischer Wasserinhaltsstoffe (z.B. aromatische und aliphatische Kohlenwasserstoffe, Polycyclische aromatische Kohlenwasserstoffe) und für andere Analysenmethoden (DC, HPLC, GC/MS) benutzt werden (vgl. Analysenschema Abb. 11.9).

Die Phenolester werden mit n-Hexan extrahiert und gaschromatographisch aufgetrennt. Die Quantifizierung der Phenole erfolgt mit Hilfe eines internen Standards (4-Bromphenol).

Geräte:
5-l-Probenahmeflaschen aus Glas (z. B. 5-l-Laborflasche, Fa. Schott mit ISO-Gewinde);
Kuderna-Danish-Evaporator;
2-ml-Ganzglasspritze;
10-ml-Ganzglasspritze;
1-ml-Fläschchen verschließbar;
Gaschromatograph mit Flammenionisationsdetektor (FID);
Quarzkapillarsäule; Dimethylpolysiloxan; 30 m × 0,3 mm, Filmdicke 0,25 µm;
Magnetrührer (z. B. Ikamag-Maxi 1);
Reagenzien:
Schwefelsäure, H_2SO_4, $c(\frac{1}{2}H_2SO_4) = 1$ mol/l;
Natriumsulfat, Na_2SO_4 wasserfrei p. a.;

Dichlormethan-Diethylether-Mischung. 350 ml Dichlormethan, CH_2Cl_2 zur Rückstandsanalyse ($D = 1,32$ g/ml) und 150 ml Diethylether, $(C_2H_5)_2O$, z. B. Uvasol von Merck, stabilisiert mit 2 % Ethanol ($D = 0,71$ g/ml) werden vermischt.

Natronlauge, NaOH 0,1 mol/l;
Essigsäureanhydrid, $(CH_3CO)_2O$ reinst ($D = 1,08$ g/ml);
n-Hexan, C_6H_{14} zur Rückstandsanalyse ($D = 0,66$ g/ml);

Interner Phenolstandard. 120 µg 4-Bromphenol (4-Bromphenol zur Synthese, C_6H_5BrO) werden in 1,00 ml Methanol [Methanol, CH_3OH zur Rückstandsanalyse ($D = 0,79$ g/ml)] gelöst.

Probenahme

4 bis 5 l Untersuchungswasser werden in die gewogene Glasflasche abgefüllt. Kunststoffbehälter sind unbrauchbar, da durch Sorption Phenolverluste entstehen. Auch die Herstellung von Mischproben aus Einzelproben ist nicht ratsam. Beim Transport der Proben in das Laboratorium ist dafür zu sorgen, daß sich die Probeflaschen nicht erwärmen. Ist die Lagerung der Proben nicht zu vermeiden, müssen sie auf 4 °C gekühlt werden. Die Extraktion ist möglichst innerhalb von einem Tag durchzuführen, da die Extrakte hinsichtlich ihres Phenolgehalts wesentlich haltbarer sind als das Untersuchungswasser (ca. 1 Monat bei Kühlung).

11 Organische Belastungsstoffe

Extraktion der organischen Verbindungen

Zur Extraktion wird aus der Probenahmeflasche soviel Wasser ausgegossen, daß ein Volumen von etwa 4 l zurückbleibt; dieses Volumen wird durch Rückwiegen ausreichend genau bestimmt. Anschließend erfolgt die Zugabe von 100 μl internem Standard (entsprechend 12 μg 4-Bromphenol). Die Probe wird nunmehr mit Schwefelsäure auf einen pH-Wert von ca. 2 angesäuert. Anschließend wird mit 100 ml der Dichlormethan-Diethylether-Mischung versetzt. Zur Erleichterung der Phasentrennung und zur Erhöhung der Extraktionsausbeute können 100 g Natriumsulfat zugegeben werden. Die Mischung wird 15 min mit dem Magnetrührer gerührt, wobei darauf zu achten ist, daß die Phasen gut durchgewirbelt werden. Es bedarf mehrerer Stunden, bis sich die organische Phase absetzt; das Volumen der abgetrennten organischen Phase hat, bedingt durch die Wasserlöslichkeit der verwendeten Extraktionsmittel, deutlich abgenommen. Das organische Lösungsmittel wird aus der schräg gestellten Flasche durch mehrmaliges Pipettieren in ein Becherglas überführt. Anschließend werden Extraktion und Pipettieren wiederholt. Die vereinigten Extrakte werden über Natriumsulfat getrocknet und schonend im Kuderna-Danish-Evaporator auf ca. 400 μl eingeengt.

*Abtrennung der Phenole
von anderen organischen Verbindungen*

Der eingeengte Extrakt wird in die 2-ml-Ganzglasinjektionsspritze eingezogen und

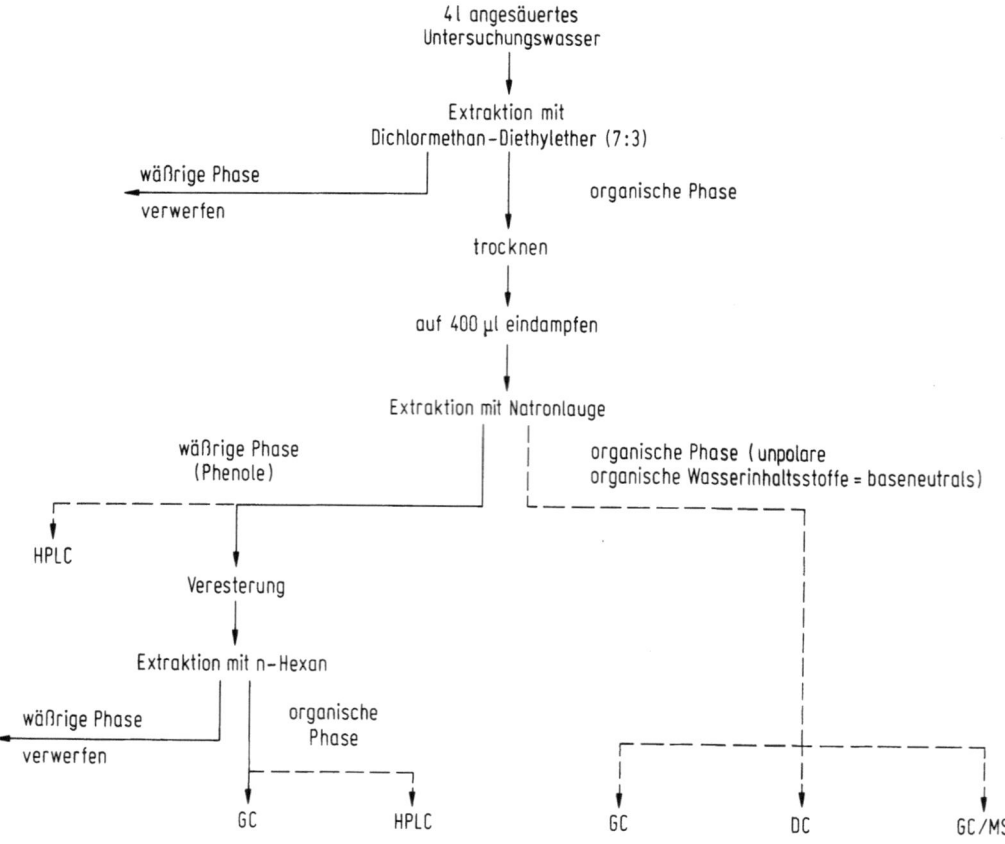

Abb. 11.9. Schematische Darstellung der Extraktionstechnik

11.7 Bestimmung der Phenole

mit 1 ml Natronlauge versetzt, indem man diese ebenfalls in die Spritze einzieht. Nun wird die Nadel der Spritze durch einen Stopfen ersetzt. Man schüttelt 1 min und überführt die wäßrige Lösung mit den Phenolaten in die 10-ml-Ganzglasspritze. Der Vorgang wird mit 1 ml Natronlauge wiederholt.

Derivatisierung der Phenolate

Die vereinigten Natronlaugeextrakte werden in der 10-ml-Ganzglasspritze mit 50 µl Essigsäureanhydrid versetzt und 3 bis 5 min geschüttelt.

Extraktion der Phenolester

Zur Extraktion der Phenolester werden 500 µl n-Hexan in die 10-ml-Ganzglasspritze eingesogen. Nach 2 min Schütteln wird die Hexanphase in ein verschließbares 1-ml-Fläschchen überführt. Die gesamte Extraktionsversorgung ist in Abb. 11.9 zusammenfassend dargestellt.

Gaschromatographische Bestimmung

Zur Sicherstellung einer ausreichenden Trennung wird ein Temperaturprogramm verwendet. Folgende Geräteparameter haben sich bewährt:
Trennsäule: Quarzkapillare; Dimethylpolysiloxan; 30 m × 0,3 mm; Filmdicke 0,25 µm;
Injektor: Split 1:40;
Temperaturprogramm: 1,5 min 70 °C isotherm; Rate 3 °C/min bis 250 °C;
Detektor: FID.
Die übrigen Geräteparameter sind gemäß Betriebsanleitung zu optimieren.

Kalibrierung

Bei der Konzentrationsbestimmung mit internem Standard wird davon ausgegangen, daß zumindest in gewissen Grenzen Dosierfehler bei der Injektion und bestimmte Matrixeffekte aufgehoben werden. Die gesuchte Konzentration wird aus dem Flächenverhältnis von Substanzpeak und Standardpeak errechnet. Die Eichlösungen sind aus phenolfreiem Wasser unter Zufügen des internen Standards herzustellen; sie werden ebenfalls extrahiert, derivatisiert und gaschromatographiert. Die Eichgeraden werden aufgestellt, indem man auf der Abszisse das Verhältnis der Massenkonzentration von untersuchter Substanz zur Massenkonzentration des internen Standards aufträgt. Auf der Ordinate wird das Verhältnis der entsprechenden Peakhöhen bzw. -flächen vom Substanzpeak zum Peak des internen Standards aufgetragen. Der Reziprokwert der sich daraus ergebenden Funktion ist der Eichfaktor F_{PH}.

Berechnung und Angabe der Werte

Die Massenkonzentration C_{PH} des zu bestimmenden Phenols läßt sich nach der folgenden Gleichung errechnen:

$$C_{PH} = \frac{ACF_{PH}}{B}.$$

C_{PH} Massenkonzentration des zu bestimmenden Phenols in µg/l
A Meßwert für Phenol in der geräteabhängigen Einheit (entsprechend der Peakhöhe bzw. -fläche)
F_{Ph} Eichfaktor des zu bestimmenden Phenols
B Meßwert für den internen Standard in der geräteabhängigen Einheit
C Massenkonzentration des internen Standards in den einzelnen Eichlösungen in µg/l

Die erhaltenen Werte werden wie folgt gerundet:
Massenkonzentration
unter 10 µg/l auf 0,1 µg/l,
von 10 bis 100 µg/l auf 1 µg/l,
über 100 µg/l auf 10 µg/l.
Bei Verwendung moderner GC-Geräte, die mit Datenverarbeitung ausgestattet sind, kann ein entsprechendes Programm für das Verfahren mit internem Standard verwendet werden.

Störungen

Obwohl 4-Bromphenol im Wasser sehr selten vorkommt, muß vor seiner Verwendung als interner Standard sichergestellt sein, daß das Untersuchungswasser diese Verbindung

Tabelle 11.4. Wiederfindungsraten

Verbindung	Konzentration im Wasser µg/l	Ausbeute %
Phenol	0,5	95
2-Chlorphenol	0,5	87
2,4-Dichlorphenol	0,5	81
4-Chloro-3-Methylphenol	2,5	76
2,4-Dimethylphenol	0,5	82
2-Nitrophenol	0,5	76
2,4,6-Trichlorphenol	1,5	72
4-Nitrophenol	2,5	78
2,4-Dinitrophenol	1,5	75
2-Methyl-4,5-Dinitrophenol	2,5	75
Pentachlorphenol	2,5	76

Tabelle 11.5. Beispiele organoleptischer Phenol-Schwellenkonzentrationen (Werte in µg/l, bei Raumtemperatur und pH 7)

Verbindung	Geruch	Geschmack
Phenol	4000	300
2-Chlorphenol	10	0,1
3-Chlorphenol	50	0,1
4-Chlorphenol	60	0,1
2,3-Dichlorphenol	30	0,04
2,4-Dichlorphenol	40	0,3
2,5-Dichlorphenol	30	0,5
2,6-Dichlorphenol	200	0,2
3,4-Dichlorphenol	100	0,3
2,3,6-Trichlorphenol	300	0,5
2,4,5-Trichlorphenol	200	1
2,4,6-Trichlorphenol	300	2
2,3,4-6-Tetrachlorphenol	600	1
Pentachlorphenol	1600	30
2-Kresol	1400	3
3-Kresol	800	2
4-Kresol	200	2

nicht enthält (Blindversuch mit einem Extrakt ohne 4-Bromphenol-Zugabe). Notfalls kann auf isomere Bromphenole (2- oder 3-Bromphenol) oder auf ein Iodphenol ausgewichen werden. In Tabelle 11.4 werden einige Wiederfindungsraten mit dem beschriebenen Verfahren aufgeführt.

11.7.3 Sonstige Verfahren

In Sonderfällen wird es erforderlich sein, Spezialuntersuchungen auf einzelne Phenole durchzuführen. Hierzu stehen Verfahren der Dünnschicht- und Gaschromatographie zur Verfügung, über die Kunte und Dietz [8-10] berichtet haben.

11.7.4 Beruteilung und Grenzwerte

Verschiedentlich können Phenole auch im Wasser als natürliche Zersetzungsprodukte pflanzlichen Materials auftreten. Der Hauptanteil dieser Phenole besteht aber aus höheren und schwerflüchtigen Verbindungen; nur etwa 0,3 bis 3 % liegen als einfache Phenole vor. Somit ist das Vorkommen wasserdampfflüchtiger Phenole im Trinkwasser fast stets als Verunreinigung anzusehen. Die Auswirkungen machen sich vor allem nach der Chlorung eines derart belasteten Wassers bemerkbar, da die Chlorphenole gegenüber den nicht chlorierten Verbindungen weitaus geringere Geruchs- und Geschmacksschwellenwerte aufweisen. Die Trinkwasserqualität wird durch Chlorphenole vor allem geschmacklich beeinflußt, weil die Geschmacksverschlechterung eine Geruchsbeeinträchtigung noch um das 100 bis 1000fache übersteigt [11]. In Tabelle 11.5 sind einige aus der Literatur und Praxis bekannte Werte gelistet. Allgemein können bei der Chlorung phenolhaltiger Wässer sehr verschiedene und auch nur teilweise chlorierte Verbindungen entstehen, so daß die Tabellenwerte lediglich als Hinweise zu betrachten sind.

Diese Auswirkungen des Phenolvorkommens in Wasser haben dazu geführt, daß in Richtlinien und Empfehlungen für die Trinkwassergüte niedrige Grenzwerte angegeben sind; Tabelle 11.6 zeigt, daß der Grenzwert recht einheitlich bei 1 µg/l liegt und im EG-Bereich sogar 0,5 µg/l beträgt. Die WHO-Guidelines empfehlen einen Richtwert von 1 µg/l Gesamtphenolgehalt für Wasser, das gechlort werden muß, um Geruchs- und Geschmacksbeeinträchtigungen durch die Bildung von Chlorphenolen

Tabelle 11.6. Phenolgrenzwerte für Trinkwasser in verschiedenen Ländern

		µg/l
WHO-Guidelines (1984)	Chlorphenole	–
	Pentachlorphenol	10
	2,4,6-Trichlorphenol	10[a]
EG-Trinkwasserrichtlinie (1980)		0,5
Canada	Normes et objectifs de l'eau potable au Canada, octobre 1969 [7]	2,0
USA	Federal Register 24/12/75 no. 248, vol. 40 et du 9/7/76, no. 133, vol. 41 Environmental Regulation Handbook 1976 [7]	1,0
Belgien	Arrete 6 mai 1966 Ministere de la Sante Publique et de la Famille [7]	
Spanien	B.O. de Espana no. 253, 23/8/67 [7]	1,0
Italien	L'Ultima Acqua-Chemica Analytics depurazione e legislation delle acque, 1.2. A. Canuti 1974 AFEE 2482 1/2 [7]	–
Frankreich	Projects de normes du 4 avril 1973 Dossier Adour-Garonne no. 7, dec. 1974 [7]	1,0
Schweden	Recommendations [7]	1,0

[a] Diese Konzentration wurde nach einem hypothetischen Modell berechnet, das nicht experimentell untermauert werden kann

bei der Trinkwasseraufbereitung zu vermeiden. Bei nicht gechlortem Wasser lassen sich u. U. höhere Phenolgehalte (bis zu 100 µg/l) tolerieren; allerdings können einige Phenolverbindungen in diesen Konzentrationen bereits toxisch wirken. In solchen Fällen halten die WHO-Richtlinien eine genaue Untersuchung der Phenolverbindungen im Trinkwasser prinzipiell für erforderlich.

11.7.5 Literatur

1 Mohler, E.F.; Jacob, L.N.: Determination of phenolic-type compounds in water an industrial waste waters. Anal. Chem. 39 (1957) 1369-74
2 Standard methods for the examination of water and waste water. Washington: APHA, AWWA, WPCF, 1985, p. 556-570
3 DIN 38 409 Teil 16: Deutsche Einheitsverfahren zur Wasser-, Abwasser- und Schlamm-Untersuchung, H 16 Bestimmung von Phenolen (Juni 1984). Berlin: Beuth
4 Thielemann, H.: Zur Problematik der kolorimetrischen Bestimmung wasserdampfflüchtiger Phenole (kupplungsfähiger Amine) mit p-Nitroanilin. Mikrochim. Acta (Wien) (1971) 748-750
5 Koppe, P.; Dietz, F.; Traud, J.: Nachweis und photometrische Bestimmung von 126 Phenol-Körpern mit vier gruppenspezifischen Reagentien im Wasser. Z. Anal. Chem. 285 (1977) 1-19
6 Weil, D.: Phenole im Wasser und ihre Bestimmung. Hydrochem. hydrogeol. Mitt. 1 (1974) 83-95
7 Fiessinger, F.: Comparaison des normes: lesquelles choisir Aqua. (1980) 0199-0207
8 Kunte, H.: Untersuchungen zur Bestimmung von Phenolen im Wasser mit Hilfe der Dünnschicht- und Gaschromatographie. Zentralbl. Bakteriol. Parasitenkd. Infektionskr. Hyg. Abt. 1 Orig. Reihe B 155 (1971) 41-49
9 Kunte, H.: Untersuchungen zur Bestimmung von Phenolen im Wasser: Gaschromatographische Identifizierung auf Grund des Elektronenanlagerungsvermögens. Zentralbl. Bakteriol. Parasitenkd. Infektionskr. Hyg. Abt. 1 Orig. Reihe B 160 (1975) 148-154
10 Dietz, F.; Traud, J.: Zur Spurenanalyse von Phenolen, insbesondere Chlorphenolen in Wässern mittels Gaschromatographie-Methoden und Ergebnisse. Vom Wasser 51, (1978) 235-257
11 Dietz, F.; Traud, J.: Geruchs- und Geschmacksschwellenkonzentrationen von Phenolkörpern. Gas Wasserfach, Wasser Abwasser 119 (1978) 318-325
12 Schraufstetter, B.: Gaschromatographische Bestimmung phenolischer Verbindungen. Teil I.: Entwicklung einer selektiven und spezifischen Derivatisierungsmethode für flüchtige Phenolderivate. Fresenius Z. Anal. Chem. 319 (1984) 510-515
13 Martin, R.W.: Rapid colorimetric estimation of Phenol. Anal. Chem. 21 (1949) 1419
14 Theron, S.J.; Hassett, D.W.: Rapid gaschromatographic determination of organic micropollutans in water. (Herausgegeben von der Water Research Commission, Pretoria, South Africa), Water SA 12 (1986) 31-31
15 ISO 6439 Water quality – Determination of phenol index – 4-Aminoantipyrine spectrometric methods after destillation (Entwurf Juni 1984). Genf
16 ISO/TC 147 Water quality – Determination of phenolic compounds by gas-chromatography (Entwurf Juni 1986). Genf

11.8 Bestimmung von Tensiden (Detergentien)

Im deutschen Sprachgebrauch versteht man unter Detergentien (detergere = reinigen) synthetische, organische, grenzflächenaktive Stoffe, die anionisch, kationisch, ampholytisch oder nichtionisch sein können. Sie werden in Wasch- und Reinigungsmitteln, aber auch technisch als Netz-, Dispergier- und Emulgiermittel eingesetzt. Der Begriff „Detergentien" war vor allem in den 50er und 60er Jahren geläufig, als das Detergentiengesetz von 1961 die weitgehende Abbaubarkeit dieser Substanzen vorschrieb und damit die sich wegen Nichtabbaubarkeit auf Flüssen und Seen bildenden Schaumberge in der Folgezeit verschwanden [1]. Inzwischen ist anstelle des Ausdrucks „Detergentien" der Begriff „Tenside" eingeführt worden, der zusammenfassend und zutreffender alle grenzflächenaktiven Stoffe einschließlich der Seife umfaßt; die deutsche Gesetzgebung verwendet heute nicht mehr den Begriff „Detergentien", der aber in anderen Ländern noch geläufig ist.

Allgemein werden Stoffe, die sich an der Grenzfläche zwischen Wasser und angrenzendem Medium anreichern und eine Herabsetzung der Oberflächenspannung des Wassers verursachen, als „oberflächenaktiv" charakterisiert. Die oberflächenaktiven Stoffe bestehen aus einem hydrophoben und einem hydrophilen Molekülteil. Art und räumliche Anordnung der Moleküle sowie das Verhältnis der Gruppen im Molekül bestimmen die grenzflächenaktive Wirksamkeit. Die Tensidmoleküle orientieren sich derart an der Wasseroberfläche, daß die hydrophilen Gruppen in das Wasser gerichtet sind, während die hydrophoben Gruppen dem nichtwäßrigen Medium oder der Luft zugewandt sind; sie bilden eine monomolekulare Oberflächenschicht und ermöglichen die Benetzung hydrophober Teilchen (Fett) oder kapillarer Stoffe (Textilien). Ferner bestehen Mizellen, in deren Zwischenräume hydrophobe Molekülteile eindringen. Mit diesen Vorgängen wird die Löslichkeit der schwerlöslichen organischen Verbindungen (z. B. Kohlenwasserstoff) bewirkt. Hydrophobe Teile sind in der Regel kettenförmige Kohlenwasserstoffe (10 bis 20 C-Atome) oder alkylaromatische Reste. Hydrophile Teile sind ionische oder zur Wasserstoffbrückenbindung befähigte polare Gruppen.

Anionische Gruppen sind z. B. Carboxylate, Sulfate, Sulfonate, Phosphate und Phosphonate; zu den kationischen Gruppen gehören Salze von Aminen, quartäre Ammoniumverbindungen und tertiäre Sulfoniumverbindungen; ungeladene Gruppen sind die alkoholische Hydroxylgruppe oder Ethergruppe. Dementsprechend werden die Tenside [2] in anionische [3, 4, 5], früher als anionenaktiv bezeichnete Tenside (z. B. Alkylbenzolsulfonate), kationische Tenside [6] (z. B. Dialkyldimethylammoniumsalze) und nichtionische Tenside [3, 4, 7] (z. B. Ethylenoxid-Addukte organischer Verbindungen) eingeteilt.

Den größten Teil der Tensidproduktion und -verwendung machen die anionischen Tenside aus. Infolgedessen hat sich die Tensidbestimmung im Wasser in erster Linie mit diesen Substanzen zu befassen; auch die Vorschriften und Richtlinien für die Trinkwasserqualität sind auf die anionischen Tenside ausgerichtet.

Da aber in den letzten Jahren der Anteil an nichtionischen Tensiden in Waschmitteln, die bei niedrigen Temperaturen verwendet werden, ständig angewachsen ist, müssen die Wasseruntersuchungen gegebenenfalls auch diese Substanzen berücksichtigen. Nichtionische Tenside sind solche, deren polarer Rest seine Hydrophilie nicht durch eine Ionenladung, sondern durch eine Häufung ungeladener hydroaffiner Gruppen erhält (alkoholische oder phenolische Hydroxygruppen und Ethergruppierung). Deshalb werden nachstehend Verfahren für beide Tensidarten beschrieben. Die kationischen Tenside finden in weitaus geringerem Umfang Anwendung; deshalb wird bezüglich ihrer Bestimmung auf die Spezialliteratur verwiesen [6]. Diese Tenside werden vor allem in Weichspülmitteln eingesetzt.

Tenside sollen in Trinkwasser an und für sich nicht vorhanden sein; merkliche Konzentrationen sind als Verunreinigung anzusehen; deshalb finden sich auch in den na-

11.8 Bestimmung von Tensiden (Detergentien)

tionalen und internationalen Vorschriften niedrige Richtwerte oder besondere Anmerkungen, so daß gerade die Tensidbestimmung im Trinkwasser zu denjenigen Untersuchungen zählt, die Hinweise auf organische Belastungsstoffe und ihre Ursachen geben kann bzw. die Abwesenheit solcher unerwünschter Substanzen unterstreicht.

11.8.1 Bestimmung der anionischen Tenside

(Untere Bestimmungsgrenze: 0,1 µg/l MBAS)

Mit anionischen Tensiden bildet das Farbsalz Methylenblau blaue Verbindungen, die sich mit Chloroform extrahieren lassen. Beim Methylenblau ist das Kation der Träger der Farbigkeit. Stehen diesem Farbkationen organische Anionen von höherem Molekulargewicht mit einem kaum oder nicht polaren Rest zur Verfügung, so bildet es Ionenassoziate stöchiometrischer Zusammensetzung. Die Farbintensität des Chloroformextrakts ist demzufolge ein Maß für die Menge „Methylenblauaktiver Substanz (MBAS)". Es handelt sich also um eine Summenbestimmung der Tenside vom Typus der Sulfonate (Na-Salze aliphatischer oder aromatischer Sulfonsäuren) und Sulfate (Na-Salze von Schwefelsäure-Halbestern).

Da sich die Molekulargewichte der zu bestimmenden Tenside von dem der Eichsubstanz unterscheiden und auch die Wiederfindungsraten je nach Substanz und Wasserbeschaffenheit schwanken können, ist das Analysenergebnis nicht mit dem wirklichen Tensidgehalt im Wasser gleichzusetzen. Der Zahlenwert für MBAS sagt aus, welche Konzentration der Tensid-Eichsubstanz in 1 l destilliertem Wasser beim standardisierten Analysenverfahren eine gleichwertige Reaktion erbringen würde wie das Untersuchungswasser. Da als Tensid-Eichsubstanz Natriumdodecylbenzolsulfonat zur Anwendung kommt, wird im Analysenergebnis die MBAS auf diese Substanz bezogen. Die von Longwell und Maniece [5] erarbeitete Methodik hat sich international in der Wasserchemie bewährt.

Geräte:
Spektralphotometer;
Glasküvetten mit Deckel 1 und 5 cm;
2 Scheidetrichter, 250 ml;
100-ml-Rundkolben;
Rückflußkühler (nicht gefettet);
Filter;
Die verwendeten Geräte und Gefäße, auch für die Probenahme und Chemikalienaufbewahrung, müssen absolut tensidfrei sein. Hierzu spült man zuerst mit alkoholischer Salzsäure und anschließend mehrfach mit destilliertem Wasser.

Reagenzien:

Carbonatpufferlösung (pH 10). 24 g Natriumhydrogencarbonat, $NaHCO_3$ und 73 g Natriumcarbonat-10-hydrat, $Na_2CO_3 \cdot 10\,H_2O$ p.a. (bzw. 27 g Natriumcarbonat wasserfrei, Na_2CO_3 p.a.) werden in destilliertem Wasser gelöst und in einen 1-l-Meßkolben überführt; die Lösung wird mit destilliertem Wasser aufgefüllt.

Neutrale Methylenblaulösung. 0,35 g Methylenblau-Dihydrat, $C_{16}H_{18}ClN_3S \cdot 2\,H_2O$ wird in 1 l destilliertem Wasser gelöst (1 mmol/l).

Saure Methylenblaulösung. 0,35 g Methylenblau-Dihydrat, $C_{16}H_{18}ClN_3S \cdot 2\,H_2O$ löst man in ca. 0,5 l destilliertem Wasser, versetzt mit 6,5 ml Schwefelsäure H_2SO_4 p.a. ($D = 1,84$ g/ml) und füllt die Lösung im 1-l-Meßkolben mit destilliertem Wasser auf (1 mmol/l).
Die Methylenblaulösungen müssen vor der Verwendung mindestens 24 h stehen.

Ethanol, C_2H_5OH p.a. ($D = 0,81$ g/ml);

Chloroform, $CHCl_3$ p.a. ($D = 1,47$ g/ml) wird vor der Verwendung über eine Aluminiumoxidsäule gereinigt.

Ethanolische Natronlauge. 4 g Natriumhydroxid-Plätzchen, NaOH p.a. werden in Ethanol C_2H_5OH p.a. ($D = 0,79$ g/ml) gelöst; die Lösung wird im 1-l-Meßkolben aufgefüllt (0,1 mol/l).

Ethanolische Salzsäure. 200 ml Salzsäure, HCl p.a. (37%ig) werden mit 800 ml Ethanol, C_2H_2OH p.a. ($D = 0,81$ g/ml) gemischt.

Phenolphthaleinlösung. 1 g Phenolphthalein, $C_{20}H_{14}O_4$ wird in 99 g 50%igem Ethanol gelöst.

Schwefelsäure, $c(\frac{1}{2} H_2SO_4) = 1$ mol/l;

Stammlösung. 400 bis 450 mg Dodecylbenzolsulfonsäuremethylester, $C_{19}H_{32}O_3S$ werden in einem 100-ml-Rundkolben eingewogen und mit 50 ml ethanolischer Natronlauge versetzt; das Gemisch wird nach Zugabe von Siedeperlen unter Verwendung eines Rückflußkühlers 1 h lang gekocht. Nach dem Erkalten wird der Kühler mit 25 bis 30 ml Ethanol, C_2H_5OH p.a. ($D = 0,81$ g/ml) gespült; die Spülflüssigkeit wird dem Kolbeninhalt zugesetzt. Die Lösung wird anschließend mit Schwefelsäure gegen Phenolphthaleinlösung neutralisiert, in einen 1-l-Meßkolben überführt und mit destilliertem Wasser aufgefüllt.

Probenahme

Das Untersuchungswasser wird durch ein hartes Filter in eine 250-ml-Glasflasche mit Schliffstopfen filtriert, wobei die ersten 100 ml des Filtrats zu verwerfen sind. Zu beachten ist, daß die Proben nicht durch eine Schaumschicht hindurch entnommen werden.

Arbeitsvorschrift

100 ml der Probe, deren Gehalt 200 µg MBAS nicht übersteigen soll (gegebenenfalls mit destilliertem Wasser verdünnen), werden in einem 250-ml-Scheidetrichter mit 10 ml Carbonatpufferlösung, 5 ml neutraler Methylenblaulösung und 15 ml Chloroform versetzt. Nach einminütigem, nicht zu heftigem Schütteln läßt man die klare Chloroformschicht in einen zweiten, mit 100 ml destilliertem Wasser und 5 ml saurer Methylenblaulösung gefüllten Scheidetrichter ab. Die Mischung wird wiederum 1 min lang nicht zu heftig geschüttelt; die Chloroformphase wird dann durch einen mit Chloroform getränkten Wattebausch in einen 50-ml-Meßkolben filtriert. Sowohl die Extraktion aus alkalischer Lösung wie auch die Behandlung mit saurer Lösung ist noch zweimal mit jeweils 10 ml Chloroform zu wiederholen. Die Extrakte werden durch denselben Wattebausch filtriert und im 50-ml-Meßkolben vereinigt. Der Meßkolben wird unter Nachwaschen des Wattebausches mit Chloroform aufgefüllt.
Das spektrale Absorptionsmaß der Lösung wird mit einem Photometer bei 650 nm mit 1-cm- bzw. 5-cm-Küvetten gegen Chloroform gemessen.
Analog ermittelt man mit 100 ml destilliertem Wasser den Blindwert, dessen Extinktion in der 1-cm-Küvette 0,02 nicht überschreiten darf. Höhere Werte zeigen Verunreinigungen der Chemikalien bzw. der Geräte an.

Erstellen der Eichgeraden

Für die Herstellung der Verdünnungsreihe pipettiert man 25 ml der Stammlösung in einen 500-ml-Meßkolben und füllt mit destilliertem Wasser auf (bei 400 mg Einwaage: 20 mg/l Ester). 1, 2, 4, 6 und 8 ml dieser Lösung werden im Scheidetrichter mit destilliertem Wasser auf etwa 100 ml gebracht (Meßzylinder), weiterbehandelt wie unter der Arbeitsvorschrift beschrieben und unter Verwendung von 1-cm-Küvetten vermessen.

Berechnung und Angabe der Werte

Die Umrechnung des Estergehalts in MBAS erfolgt nach der Formel:

$$\text{MBAS} = \frac{a f_1}{b}.$$

a   Einwaage an Ester in mg
b   Volumenkorrekturfaktor: 20 000 ml
f_1 Umrechnungsfaktor von Ester in MBAS: 1,0233

Damit ergeben sich für die angegebenen Eichpunkte Konzentrationen von 1,0233 bis 8,1864 mg/100 ml.
Zur Berechnung der Konzentration an anionischem Tensid im Untersuchungswasser ermittelt man aus der Eichgerade den Faktor f_2 bei einer Extinktion von 1,000 und berechnet weiter nach der Formel:

$$\text{MBAS} = \frac{c f_2}{d}.$$

c   Extinktion der Probe (abzüglich Blindwert)
d   angewandtes Probevolumen in ml
f_2 Masse bei einer Extinktion von 1,000

Bei einer Massenkonzentration des Wassers an methylenblauaktiver anionischer Substanz bis zu 1 mg/l werden die Ergebnisse auf zwei Stellen hinter dem Komma und bei mehr als 1 mg/l auf eine Stelle hinter dem Komma angegeben.

Störungen

Die Bestimmung anionenaktiver Tenside wird durch alle Inhaltsstoffe des Wassers ge-

stört, die ebenfalls chloroformlösliche Methylenblauverbindungen bilden (Mehrbefund z. B. durch Hydrogensulfidionen) oder die mit anionischen Tensiden schwerlösliche Niederschläge bilden (Minderbefund z. B. durch kationenaktive Tenside).
Die Störung durch Sulfidionen läßt sich mit Wasserstoffperoxid beseitigen. Die übrigen Störungen kann man meistens durch Überführen der Tenside in eine Essigsäureethylesterphase (Ausblasen) beseitigen (s. Abschn. 11.8.2).

11.8.2 Bestimmung der nichtionischen Tenside

(Untere Bestimmungsgrenze: 50 µg/l; Probevolumen 4 l)

Das Prinzip des Verfahrens beruht darauf, daß die nichtionischen Tenside zunächst durch Ausblasen aus dem Untersuchungswasser in Essigsäureethylester isoliert werden. Anschließend werden sie mit Dragendorff-Reagenz
($BiONO_3 \cdot H_2O + CH_3COOH + BaCl_2 \times 2\,H_2O$)
gefällt. Nach Lösen des Niederschlags wird potentiometrisch die den nichtionischen Tensiden äquivalente Bismutkonzentration bestimmt.
Der Anwendungsbereich dieses Verfahrens für nichtionische Tenside beschränkt sich auf Ethylenoxid- bzw. Alkylenoxidderivate. Eventuell vorhandene kationenaktive Tenside werden vor der Endbestimmung durch Kationenaustausch abgetrennt, um eine Miterfassung zu vermeiden. Anionenaktive Tenside stören bis zum zehnfachen Überschuß gegenüber den nichtionischen Tensiden nicht.

Geräte:
Tensid-Ausblasegerät (s. Abb. 11.10);
500-ml-Scheidetrichter;
Glasfiltertiegel mit Vorstoß, Durchmesser des perforierten Bodens 25 mm, Typ G 4;
Rundfilter aus Glasfaserpapier, Durchmesser 27 mm (z. B. Nr. 6 von Fa. Schleicher + Schüll);
Saugflaschen und 2 Gummimanschetten, 250 ml und 500 ml;
Austauschersäule, Durchmesser 8,5 mm, Länge ca. 300 mm mit Edelstahlhahn;
Potentiometer mit Platin/Kalomel- oder Platin/Silberchlorid-Meßkette mit automatischer Bürette, 25 ml (z. B. Fa. Mettler, Compact Titrator DL 20);
Filter (Schwarzband), Durchmesser 185 mm;
Die verwendeten Geräte und Gefäße, auch für die Probenahme und Chemikalienaufbewahrung, müssen absolut tensidfrei sein. Hierzu spült man

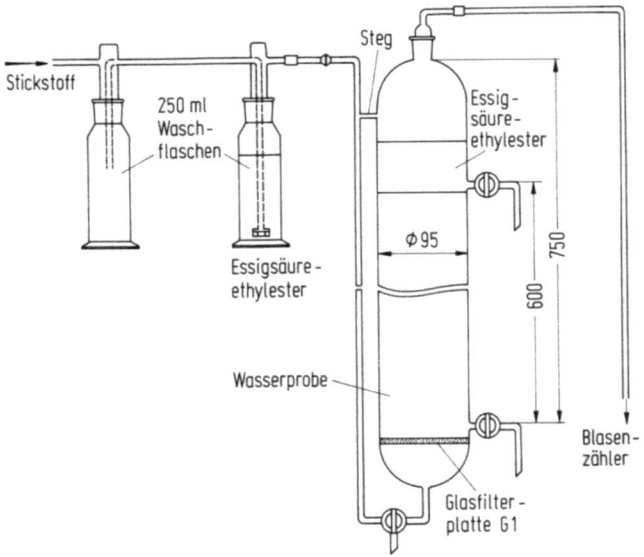

Abb. 11.10. Tensid-Ausblasegerät

zuerst mit ethanolischer Salzsäure und anschließend mehrfach mit destilliertem Wasser.

Reagenzien:

Ethanolische Salzsäure. 200 ml Salzsäure, HCl p. a. ($D = 1,19$ g/ml) werden mit 800 ml Ethanol, C_2H_5OH p. a. ($D = 0,81$ g/ml) gemischt.

Essigsäureethylester, $C_4H_8O_2$ p. a. ($D = 0,90$ g/ml) wird vor der Verwendung frisch destilliert;

Natriumchlorid, NaCl p. a.;

Natriumhydrogencarbonat, $NaHCO_3$ p. a.;

Verd. Salzsäure. 1 ml Salzsäure, HCl p. a. ($D = 1,12$ g/ml) wird mit 100 ml destilliertem Wassr gemischt;

Methanolische Salzsäure. 11 ml Salzsäure, HCl p. a. ($D = 1,12$ g/ml) werden im 100-ml-Meßkolben mit Methanol, CH_3OH p. a. ($D = 0,79$ g/ml) aufgefüllt;

Schwefelsäure, $c(\frac{1}{2} H_2SO_4) = 1$ mol/l;

Methanol, CH_3OH p. a. ($D = 0,79$ g/ml) wird vor der Verwendung frisch destilliert;

Bromkresolpurpurlösung. 0,1 g Bromkresolpurpur, $C_{21}H_{16}Br_2O_5S$ wird in 100 ml Methanol, CH_3OH p. a. ($D = 0,79$ g/ml) gelöst;

Eisessig, CH_3COOH p. a., 100 %ig ($D = 1,05$ g/ml);

Ammoniaklösung. 10 ml Ammoniak, NH_3 p. a. ($D = 0,91$ g/ml) und 250 ml destilliertes Wasser werden gemischt;

Ammoniumtartratlösung. 12,4 g Weinsäure, $C_4H_6O_6$ p. a. werden zu 12,4 g Ammoniak, NH_3 p. a. ($D = 0,91$ g/ml) hinzugefügt; die Lösung wird im 1-l-Meßkolben mit destilliertem Wasser aufgefüllt.

Kationenaustauscher. H^+-Form, weitporig (50 bis 100 mesh) ≙ 0,15 bis 0,30 mm, alkoholfest (z. B. Fa. Bio Rad AG 50 W-X8);
Nach jedem Gebrauch ist der Kationenaustauscher mit methanolischer Salzsäure zu regenerieren. Mit Methanol wird nachgewaschen, bis die ablaufende Flüssigkeit gegen Methylrot nicht mehr sauer reagiert. Die Aufbewahrung erfolgt unter Methanol.

Methanol-Methylenchloridlösung (zur Abtrennung kationischer Tenside). 200 ml Methanol, CH_3OH p. a. ($D = 0,79$ g/ml) und 50 ml Methylenchlorid, CH_2Cl_2 p. a. ($D = 1,32$ g/ml) werden vermischt.

Methylrot, $C_{15}H_{15}N_3O_2$;

Lösung A. 1,7 g Bismut(III)-nitrat, $BiONO_3 \cdot H_2O$, basisch, reinst werden in 20 ml Eisessig, CH_3COOH p. a. ($D = 1,05$ g/ml) gelöst; die Lösung wird im 100-ml-Meßkolben mit destilliertem Wasser aufgefüllt. 65 g Kaliumiodid, KI p. a. werden im 1-l-Meßkolben mit destilliertem Wasser gelöst und die obige Lösung hinzugefügt; 200 ml Eisessig, CH_3COOH p. a. ($D = 1,06$ g/ml) werden zugegeben und die Lösung mit destilliertem Wasser aufgefüllt. Diese Lösung ist etwa eine Woche haltbar.

Lösung B. 290 g Bariumchlorid, $BaCl_2 \cdot 2 H_2O$ p. a. werden in 1 l destilliertem Wasser gelöst.

Fällungsreagenz. 400 ml der Lösung A werden mit 200 ml der Lösung B gemischt und in einer braunen Glasflasche aufbewahrt. Die Lösung ist ca. eine Woche haltbar.

Standardacetatpuffer. 40 g Natriumhydroxid-Plätzchen, NaOH p. a. werden in einem 1-l-Meßkolben mit ca. 500 ml destilliertem Wasser gelöst; nach Zufuhr von 120 ml Eisessig, CH_3COOH p. a. ($D = 1,06$ g/ml) wird die Lösung mit destilliertem Wasser aufgefüllt.

Thiocarbamatlösung. 103,0 mg Pyrrolidin-1-dithiocarbonsäure Natriumsalz, $C_5H_8NNaS_2 \cdot 2 H_2O$ p. a. werden im 1-l-Meßkolben mit ca. 500 ml destilliertem Wasser gelöst; es werden 10 ml n-Amylalkohol, $C_5H_{11}OH$ p. a. und 0,5 g Natriumhydrogencarbonat, $NaHCO_3$ p. a. zugegeben; die Lösung wird mit destilliertem Wasser aufgefüllt.

Kupfersulfatstammlösung. 1,249 g Kupfer(II)-sulfat-5-hydrat, $CuSO_4 \cdot 5 H_2O$ p. a. werden mit 50 ml Schwefelsäure $c(\frac{1}{2} H_2SO_4) = 1$ mol/l und ca. 200 ml destilliertem Wasser gelöst; die Lösung wird mit destilliertem Wasser aufgefüllt.

Kupfersulfatstandardlösung. 50 ml Kupfersulfatstammlösung und 10 ml Schwefelsäure $c(\frac{1}{2} H_2SO_4) = 1$ mol/l werden im 1-l-Meßkolben gemischt und mit destilliertem Wasser aufgefüllt.

Titerbestimmung:
10 ml Kupfersulfatstandardlösung werden nach Zusetzen von 100 ml destilliertem Wasser und 10 ml Standardacetatpuffer mit Thiocarbamatlösung titriert.

Beispiel:
Vorlage 10 ml Kupfersulfatstandardlösung Verbrauch 9,8 ml Thiocarbamatlösung $t = 10/9,8 = 1,02$.

Bezugssubstanz:
Nonylphenol-polyethylenglycolether (z. B. Triton N-101, Fa. Serva). Diese Substanz mit dem empirisch ermittelten Umrechnungsfaktor 54 (s. Berechnung) wurde als Standard festgelegt, da der Faktor für jedes nichtionische Tensid aufgrund der unterschiedlichen Länge der Ethylenoxidketten verschieden ist.

Arbeitsvorschrift

Das abgemessene Untersuchungswasser (max. 4 l), das 200 bis 800 µg nichtionische Tenside enthalten soll, wird durch ein weiches Papierfilter in das Ausblasegerät filtriert. Dazu gibt man zur Verbesserung des Isoliereffekts 300 g Natriumchlorid, NaCl p.a. und 20 g Natriumhydrogencarbonat, NaHCO$_3$, p.a. und füllt mit destilliertem Wasser bis zur Unterkante des oberen Ablaßhahn auf. Die Salze werden in fester Form zugegeben und unter Durchleiten von Stickstoff gelöst. Die Lösung wird mit 200 ml Essigsäureethylester überschichtet und die Waschflasche zu 2/3 mit Essigsäureethylester gefüllt.

Das Gas soll mit 50 bis 60 l in der Stunde (Strömungsmesser oder Blasenzähler) 5 min durch die Apparatur strömen; dabei dürfen die Phasen aber nicht durchwirbelt werden, da der Ester sonst in Lösung geht. Es müssen mindestens 80 % des Esters erhalten bleiben, andernfalls sollte man den Ansatz wiederholen.

Die organische Phase wird durch ein weiches Papierfilter in einen Scheidetrichter abgelassen und das Ausblasen mit weiteren 200 ml Essigsäureethylester wiederholt. Nach Entfernen einer sich möglicherweise absetzenden wäßrigen Phase im Scheidetrichter werden die Extrakte in einem 500-ml-Rundkolben vereinigt (Nachspülen des Scheidetrichters und Filters mit 20 ml Essigsäureethylester) und am Rotationsverdampfer zur Trockne eingeengt.

Wenn kationische Tenside vorliegen, so werden diese später zusammen mit den nichtionischen Tensiden durch das Fällungsreagenz ausgefällt und müssen deshalb vorher abgetrennt werden. Hierzu nimmt man den Trokkenrückstand in 20 ml Methanol auf und gibt diese Lösung auf eine Austauschersäule, die mit 10 ml Kationenaustauscher (Höhe ca. 13 cm) gefüllt ist. Nach schnellem Durchfluß wird mit etwa 60 ml Methanol nachgewaschen. Sollten jedoch Ethylenoxidderivate mit mehr als 25 Ethylenoxidgruppen vorliegen, so verwendet man zum Nachwaschen etwa 60 ml Methanol-Methylenchloridlösung. Anschließend wird die Lösung am Rotationsverdampfer zur Trockne eingeengt.

Der Trockenrückstand der Essigsäureethylester-Extraktion (bei Abwesenheit von kationischen Tensiden oder der Trockenrückstand nach Kationenaustausch bei Anwesenheit kationischer Tenside) wird in 5 ml Methanol gelöst und mit 40 ml destilliertem Wasser sowie 0,5 ml verd. Salzsäure in einem Becherglas versetzt. Dazu gibt man 30 ml Fällungsreagenz und läßt nach 10 min Rühren (Magnetrührer) mindestens 5 min stehen.

Das Glasfaserfilter wird mit 2 ml Eisessig angefeuchtet; die methanolische Lösung wird dann durch dieses Filter filtriert. Mit etwa 50 ml Eisessig werden Becherglas und Magnetstab nachgespült.

Der Glasfiltertiegel wird auf die 250-ml-Saugflasche mit Vorstoß und der zweiten Gummimanschette gesetzt. Der darin befindliche Niederschlag wird 3mal mit je 10 ml heißer Ammoniumtartratlösung gelöst. Nach Überführen der Lösung in einen 250-ml-Meßkolben wird das Fällungsbecherglas mit weiteren 20 ml Ammoniumtartratlösung nachgespült, die ebenfalls in den Meßkolben gegeben werden. Mit 100 ml destilliertem Wasser werden der Gasfiltertiegel, Vorstoß und Saugflasche nachgespült. Diese Waschflüssigkeit wird ebenfalls in den Meßkolben gegeben.

Mit Ammoniaklösung und unter Umschwenken wird die Lösung gegen Bromkresolpurpur bis zum Farbumschlag nach violett titriert.

10 ml Standardacetatpuffer werden zugegeben und die Lösung mit destilliertem Wasser aufgefüllt. 50 ml dieser Lösung werden in einen Titrierbecher überführt und die Elektroden und die Bürettenspitze mit der Thiocarbamatlösung eingetaucht. Die potentiometrische Titration erfolgt über den Potentialsprung hinaus.

Der Schnittpunkt der beiden Tangenten an den Schenkeln der Potentialkurve ergibt den Endpunkt.

In gleicher Weise wird der Blindwert, der mit 5 ml Methanol und 40 ml destilliertem Wasser hergestellt wird, behandelt, d.h. nach dem Verfahrensschritt mit dem Rotationsverdampfer; der Verbrauch an Thiocarbamatlösung soll 1 ml nicht übersteigen.

Berechnung und Angabe der Werte

Als Standardsubstanz für die Berechnung der nichtionischen Tenside wird Nonylphe-

nolethoxylat verwendet. Diese Substanz hat im Durchschnitt 10 Ethylenoxidgruppen. Der Umrechnungsfaktor von 54 mg/l wurde empirisch bestimmt.
Der Gehalt an nichtionischen Tensiden (Bismutaktive Substanz BiAS) errechnet sich wie folgt:

$$\text{BiAS} = \frac{(a-b)tf}{c}.$$

a ml Thiocarbamatlösung für die Wasserprobe (aliquoten Teil berücksichtigen)
b ml Thiocarbamatlösung für die Blindprobe (aliquoten Teil berücksichtigen)
t Titer der Thiocarbamatlösung
f Umrechnungsfaktor: 54 mg/l
c angewandtes Probevolumen in ml

Bei einer Massenkonzentration des Wassers an bismutaktiver nichtionischer Substanz bis zu 1 mg/l werden die Ergebnisse auf zwei Stellen hinter dem Komma und bei mehr als 1 mg/l auf eine Stelle hinter dem Komma angegeben.

Störungen

Die in Trinkwässern üblicherweise vorkommenden Inhaltsstoffe stören nach Art und Menge die Bestimmung nicht. Auch anionische Tenside stören bis zum zehnfachen Überschuß nicht, während kationische Tenside miterfaßt und daher durch Kationenaustausch (s. Arbeitsvorschrift) abgetrennt werden.

11.8.3 Sonstige Verfahren

In der Literatur werden dünnschichtchromatographische Verfahren zur Trennung von anionen-, kationenaktiven und nichtionischen Tensiden beschrieben. Gleichzeitig werden dabei Störsubstanzen abgetrennt. Unter diesen Voraussetzungen lassen sich die unterschiedlichen Tenside infrarotspektrometrisch identifizieren [8].

11.8.4 Beurteilung und Grenzwerte

Tenside sind im Trinkwasser zumindest als unerwünschte Substanzen und als Verunreinigung des Wassers zu betrachten. Die WHO-Guidelines bezeichnen sie als „Synthetische Detergentien" und weisen darauf hin, daß die früheren „International Standards" einen Höchstwert von 0,2 mg/l für anionische Detergentien festgesetzt hatten. Im Hinblick auf die sehr verschiedenen Detergentientypen und die unterschiedlichen Verhältnisse in den einzelnen Staaten wurde von einer allgemeinen Konzentrationsempfehlung Abstand genommen; unter ästhetischen Gesichtspunkten soll jedoch der Detergentiengehalt im Trinkwasser keine Konzentrationen erreichen, die Geruchs- oder Geschmacksprobleme verursachen. Demgegenüber hat die EG-Trinkwasserrichtlinie für oberflächenaktive Stoffe, die mit Methylenblau reagieren, eine zulässige Höchstkonzentration von 0,2 mg/l bezogen auf Laurylsulfat festgesetzt. Der gleiche Wert findet sich auch in der Trinkwasser-VO bezogen auf den Dodecylbenzolsulfonsäuremethylester-Standard für die anionische Tenside (methylenblauaktive Substanz) und bezogen auf Nonylphenoldeka-ethoxylat mit dem modifizierten Dragendorff-Reagenz für die nichtionischen Tenside (bismutaktive Substanz). Da auch andere Staaten diese Grenzzahl für das Trinkwasser angeben, teilweise aber sogar 0,5 mg/l als obere Grenze festgelegt haben, ist sicherlich der 0,2 mg/l-Wert der EG-Richtlinie und der Trinkwasser-VO eine zutreffende Richtzahl für Tensidbelastungen.

Wesentlich für die Bundesrepublik Deutschland ist in diesem Zusammenhang das Gesetz über die Umweltverträglichkeit von Wasch- und Reinigungsmitteln vom 20. 8. 1975 mit dem ersten Gesetz zur Änderung des Waschmittelgesetzes (Bundesrats-Drucksache vom 28. 11. 1986) [9]. Demgemäß dürfen Wasch- und Reinigungsmittel „nur so in den Verkehr gebracht werden, daß ihrem Gebrauch jede vermeidbare Beeinträchtigung der Beschaffenheit der Gewässer, insbesondere im Hinblick auf den Naturhaushalt und die Trinkwasserversorgung ... unterbleibt."

11.8.5 Literatur

1 Giger, W.: Das Verhalten organischer Waschmittelchemikalien in der Abwasserreinigung

und in den Gewässern. EAWAG-News 18 (1984) 1-7

2 Kunkel, E.: Zum Stand der Tensidanalytik für Wasser, Abwasser und Schlamm. Vom Wasser 60 (1983) 49-58

3 DIN 38 409 Teil 23: Deutsche Einheitsverfahren zur Wasser-, Abwasser- und Schlamm-Untersuchung; Bestimmung der methylenblauaktiven und der bismutaktiven Substanzen (Mai 1980). Berlin: Beuth

4 ISO/DIS 7875: Waterquality – Determination of anionic and non-ionic surfactants (Entwurf Juli 1983). Genf

5 Longwell, O.; Maniece, W.D.: Determination of anionic detergents in sewage, sewage effluents and river water. Analyst 80 (1955) 167

6 Hellmann, H.: Einfache spektrophotometrische Bestimmung von k-Tensiden in Gegenwart von a- und n-Tensiden. Fresenius Z. Anal. Chem. 319 (1984) 272-276

und
DIN 38 409 Teil 20: Deutsche Einheitsverfahren zur Wasser-, Abwasser- und Schlamm-Untersuchung; Bestimmung der disulfinblauaktiven Substanzen (Entwurf Juli 1986). Berlin: Beuth

7 Umwelt- und Gesundheitsaspekte nichtionischer Tenside in Wasch- und Reinigungsmitteln. Chem. Labor Betr. 35 (1984) 395

8 Hellmann, H.: Aufgabe und Einsatz der IR-Spektroskopie im Rahmen der Tensidanalytik in Abwasser und in Gewässern. Vom Wasser 66 (1986) 111-125

9 Gesetz über die Umweltverträglichkeit von Wasch- und Reinigungsmitteln (Waschmittelgesetz) vom 20. 8. 1975 BGBl. 2255
und
Erstes Gesetz zur Änderung des Waschmittelgesetzes, Bundesrats-Drucksache 581/86 vom 28. 11. 1986

12 Analysenkontrolle

Bei ausführlichen Wasseranalysen mit einer Listung der zahlreichen Einzelbestandteile und ihren Konzentrationen in mg/l empfiehlt es sich, die Richtigkeit der Gesamtanalyse durch Analysenkontrollen zu überprüfen. Einige Kontrollen erlauben auch bei neuerlichen Analysen des gleichen Wassers ohne die Einzelbestimmung der Mineralstoffe einfach und rasch die Konstanz oder Veränderungen im Gesamtmineralstoffgehalt festzustellen. Außerdem ist es ratsam, sich schon zu Beginn der Wasseranalysierung eine Information über den Gesamtmineralstoffgehalt zu verschaffen und die Einzelbestimmungen darauf abzustellen.

12.1 Kontrolle mit Hilfe des Abdampfrückstands

Bei 180 °C wird das abgewogene oder abgemessene Untersuchungswasser abgedampft, der Mineralstoffrückstand nach Gewichtskonstanz gewogen und auf 1 l Wasser umgerechnet, unter Berücksichtigung von Hydrogencarbonat das durch das Abdampfen nur mit ca. 50 % erfaßt werden kann. Man bestimmt den Hydrogencarbonatgehalt des Untersuchungswassers gesondert (s. Abschn. 9.1.3) und berechnet den Gesamtmineralstoffgehalt, der erfahrungsgemäß bei den meisten Trinkwässern annähernde Übereinstimmung mit der Summe der einzeln analysierten Mineralstoffe in mg/l aufweist. Es hat sich gezeigt, daß diese Berechnungsart auch bei gipsreichen Wässern anwendbar ist, obwohl Gips bei der standardisierten Abdampftemperatur eine definierte Wassermenge enthält. Letzlich soll diese Bestimmung auch nur aussagen, in welchem Mineralstoffbereich das Untersuchungswasser liegt bzw. ob bei den Einzelbestimmungen der Mineralstoffe erhebliche Fehler vorgekommen sind. Infolgedessen ist der Abdampfrückstand in erster Linie für eine Vorinformation über den Mineralstoffgehalt des Wassers und für eine spätere Prüfung der Konstanz oder Veränderung des Mineralstoffgehalts geeignet.

12.2 Kontrolle mit Hilfe der elektrischen Leitfähigkeit

Wie der Abdampfrückstand, so bietet auch die elektrische Leitfähigkeit, die bei Auslauftemperatur des Untersuchungswassers an Ort und Stelle gemessen und anschließend auf 25 °C umgerechnet wird, einen Anhaltspunkt für den Gesamtmineralstoffgehalt eines Wassers. In stark verdünnten Lösungen besteht zwischen der Leitfähigkeit und der Konzentration gelöster und dissoziierter Mineralstoffe ein linearer Zusammenhang. Bei den üblicherweise in Trinkwässern herrschenden Konzentrationen ergibt sich ein Faktor von 0,8 bis 0,95 zur Umrechnung der Leitfähigkeit in $\mu S\,cm^{-1}$ bei 25 °C auf den Gesamtmineralstoffgehalt in mg/l.

12.3 Kontrolle mit Hilfe der Ionenbilanzierung

Diese rechnerische Methode bietet im Gegensatz zu den vorgenannten Verfahren eine Kontrolle der Analysenergebnisse. Da das Prinzip der Elektroneutralität gewahrt bleiben muß und somit die Summe der kationischen der Summe der anionischen Äquivalentkonzentrationen entsprechen muß, kann man mit Hilfe der Ionenbilanz überprüfen, ob die analytisch bestimmten Massenkonzentrationen zutreffend sein können bzw. ob alle wesentlichen Mineralstoffe erfaßt wurden. Die Berechnung ist mit einem Beispiel an Hand des Münchner Leitungswassers in Kap. 4 erklärt. Die Abweichung der Werte der kationischen bzw. der anionischen Äquivalentkonzentrationen vom Mittelwert sollte nicht über 2 % liegen:

Abweichung in %

$$= \frac{\text{Summe Kationen} - \text{Summe Anionen}}{\text{Summe Kationen} + \text{Summe Anionen}} \cdot 100.$$

Beispiel (Münchner Leitungswasser):

Abweichung in %

$$= \frac{6{,}182 - 6{,}160}{6{,}182 + 6{,}160} \cdot 100 = 0{,}18\,\%.$$

12.4 Kontrolle mit Hilfe des Kationenaustausches

Zur Bestimmung der Stoffmengenkonzentration der Kationen, die nach den Neutralitätsprinzip der Anionen-Stoffmengenkonzentration entspricht, läßt man das Untersuchungswasser eine Säule mit Kationenaustauscher in der H^+-Form durchfließen [1]. Dabei werden alle Kationen des Untersuchungswassers gegen H^+-Ionen ausgetauscht. Die aus der Säule ablaufende Säure wird mit Natronlauge titriert. Hydrogencarbonat geht beim Austauscherkontakt in Kohlenstoffdioxid über, gast aber nur teilweise aus. Erfahrungsgemäß läßt es sich auch nicht durch Rühren völlig entfernen; infolgedessen führte die früher übliche Natronlaugetitration des Säureablaufs bis zum pH-Wert 8,2 zu Ungenauigkeiten. Diese lassen sich durch Tritration mit einem bei pH 4,3 umschlagenden Indikator vermeiden. Es werden dann nur die starken Säuren erfaßt; die Hydrogencarbonatkonzentration wird mit ihrem Analysenwert berücksichtigt.

Geräte und Reagenzien:
Säule ca. 400 mm × 6 mm mit Glashahn und Auslauf;

Säulenfüllung. Kationenaustauscher, stark sauer, mit Sulfogruppen als aktive Gruppen (z. B. Dowex 50 oder Amberlite IR 120);

Vorbehandlung. Der Kationenaustauscher wird mit ca. 100 ml verd. Salzsäure, HCl in die Säureform überführt und mit destilliertem Wasser neutral gewaschen (man erreicht etwa einen pH-Wert von 5).

Verd. Salzsäure. 50 ml Salzsäure, HCl rauchend p. a. ($D = 1{,}19\,\text{g/ml}$) werden mit 100 ml destilliertem Wasser verdünnt.

Mischindikator. 20 mg Methylrot, $C_{15}H_{15}N_3O_2$, und 100 mg Bromkresolgrün, $C_{21}H_{14}Br_4O_5S$, werden in 100 ml Ethanol, C_2H_5OH p. a. ($D = 0{,}81\,\text{g/ml}$) gelöst.

Natronlauge, NaOH. 0,1 und 0,01 mol/l;

Arbeitsvorschrift

Eine Äquivalentmenge des Untersuchungswassers (je nach Mineralstoffgehalt, z. B. 300 ml) wird auf die vorbereitete Säule gegeben und mit destilliertem Wasser nachgespült bis pH 5 erreicht ist. Anschließend wird mit Natronlauge (0,1 bzw. 0,01 mol/l) gegen den Mischindikator bis zum Farbumschlag von blau nach bräunlich gelb (zwiebelschalenfarbig) titriert.

Berechnung und Angabe der Werte

Die Angabe der Werte erfolgt in mmol/l. Beispielhaft wird auf das Münchner Leitungswasser verwiesen (s. Kap. 4):
Probemenge: 300 ml Münchner Leitungswasser,
Verbrauch: 2 ml NaOH, 0,1 mol/l.
Dieser Verbrauch entspricht $2 \cdot 10^{-3} \cdot 0{,}1\,\text{mol}$ für 300 ml Probe bzw. 0,2 mmol/300 ml und damit 0,667 mmol/l. Unter Berücksichtigung der Hydrogencarbonatkonzentration von 5,498 mmol/l erhält man 6,165 mmol/l. Die Abweichung dieses Ergebnisses von der Äquivalentkonzentration der Kationen (laut Analysentabelle) sollte, wie bereits unter Abschn. 12.3 Kontrolle mit Hilfe der Ionenbilanzierung gefordert, nicht mehr als 2 %, höchstens jedoch 5 %, betragen.

Bemerkung

Der Verbrauch der Lauge sollte mindestens 0,5 ml betragen, andernfalls ist entweder Natronlauge, 0,01 mol/l zu verwenden oder die eingesetzte Menge Untersuchungswasser zu erhöhen.

12.5 Bilanzierung mit Hilfe der Sulfatkontrolle

Diese Methode wird wegen ihrer Langwierigkeit nur in Ausnahmefällen angewandt (z.B. bei hydrogencarbonatreichen Wässern, die einen geringen Verbrauch an Lauge nach dem Kationenaustausch aufweisen).

Das Verfahren beruht darauf, daß sämtliche Anionen durch Abrauchen mit Schwefelsäure in Sulfat überführt werden; nach Glühen und Wiegen wird der ermittelte Summenwert von Kationen und Sulfat mit dem errechneten Wert für die Kationen und das Sulfat verglichen [2].

12.6 Literatur

1 Helfferich, F.: Ionenaustauscher. Bd. I. Weinheim: 1959 Verlag Chemie
2 Quentin, K.-E.; Souci, S.W.: Handbuch der Lebensmittelchemie. Bd. VIII/Teil 2 Wasser und Luft. Berlin: Springer 1969, S. 920f.

13 Mikrobiologie

In allen natürlichen Wasservorkommen, seien es Grund- oder Oberflächenwässer, kommen Mikroorganismen in mehr oder weniger großer Zahl vor. Diese Organismen spielen im Stoffkreislauf eine Schlüsselrolle, weil sie ununterbrochen Mineralisationsprozesse in Gang halten [1].
Systematisch sind die Mikroorganismen den Protisten oder Urwesen, wie sie Haeckel 1866 bezeichnete, zuzuordnen. Sie unterscheiden sich von den Pflanzen und Tieren durch ihren Zellaufbau und ihre Größe. Näher auf die Genetik und Systematik einzugehen, würde den Rahmen dieses auf die praktischen Untersuchungsverfahren bezogenen Kapitels sprengen. Es sei nur darauf hingewiesen, daß die Einteilung aller Mikroorganismen nach der binominalen Nomenklatur erfolgt, d. h. es müssen Gattungsname (Substantiv) und Artname (Attribut) bestimmt werden (z. B. Escherichia coli = E. coli) [2, 3].
Aus der Vielfalt und Vielzahl der Mikroorganismen werden nachstehend diejenigen Bakterien, Viren und Protozoen behandelt, die seuchenhygienisch sowohl für das Trinkwasser wie auch für das Schwimmbeckenwasser von Bedeutung sind.

Bakterien

Es handelt sich bei den Bakterien um meist einzellige Lebewesen, die eine Kugel-, Stäbchen- bzw. gekrümmte Stäbchenform oder eine schraubenähnliche Form aufweisen. Sie können je nach Art auch in charakteristischen Gruppen oder Ketten auftreten. Die Länge der einzelnen Bakterien beträgt je nach Art 0,5 bis 5 Mikron (μ). Die Bakterienzelle besteht analog der pflanzlichen und tierischen Zelle aus drei Grundbausteinen:
Ribonukleinsäure (RNS), Desoxiribonukleinsäure (DNS) und Protein. Ihr Zellaufbau unterscheidet sich jedoch von pflanzlichen und tierischen Zellen dadurch, daß sie keinen mit einer Membran umgegebenen Zellkern hat; vielmehr grenzt die netzartig erscheinende Kernregion unmittelbar an das Cytoplasma. Die Vermehrung der Bakterien erfolgt normalerweise durch Teilung, die unter optimalen Lebensbedingungen bei vielen Arten in einem Zeitraum von 20 bis 30 min stattfindet.
Eine Reihe von Bakterien ist frei beweglich. Die Bewegung erfolgt durch Geißeln, die polar oder peritrich angeordnet sein können. Daneben gibt es bei verschiedenen gramnegativen Stäbchen (s. Abschn. 13.5.1) fädige Gebilde (Fimbrien). Sie sind kürzer und dünner als Geißeln und machen es den Bakterien möglich, sich an Zelloberflächen anzuheften.
Eine weitere morphologische Eigenschaft ist die Sporenbildung, die auch für die Wasseruntersuchung Bedeutung hat. Unter bestimmten ungünstigen Bedingungen entstehen im Inneren der Bakterienzelle Endosporen, wobei sich das genetische Material mit Hüllen und Deckschichten umgibt. Bei der mikroskopischen Kontrolle fällt der hohe Lichtbrechungsindex der Spore auf. Es handelt sich dabei um echte Dauerformen, die auch für die Zelle ungünstige Umweltbedingungen überstehen können. Sie sind thermoresistent und vertragen Temperaturen von 80 °C und mehr. Man verwendet sie daher auch zur Kontrolle der Wirksamkeit von Sterilisationsprozessen.
Bei vielen Bakterien kann man Kapsel- und Schleimbildung in Form von stark wasserhaltigen Schichten beobachten, die sich an der Oberfläche ausbilden. Solche Schleimbildungen machen sich in vielen Fällen auch in der Wasserwerkspraxis unangenehm bemerkbar, da sie schleimige Beläge verursachen und Brunnenfilter verstopfen können.

Neben den morphologischen Eigenarten sind zur Bakteriendifferenzierung auch biologische und biochemische Parameter von Bedeutung.
Die für das Wachstum und Leben der Bakterienzelle notwendige Energie wird durch verschiedene chemische Reaktionen gewonnen, die durch zelleigene Enzyme ermöglicht werden. Diese Stoffwechselleistungen stellen ein wesentliches Merkmal zur Klassifizierung dar [4]; beispielsweise können in schwach verunreinigtem Wasser, auch im Schwimmbecken, zwei Arten der Gattung Pseudomonas vorkommen und zwar Pseudomonas aeruginosa (s. Abschn. 13.6.2) und Pseudomonas fluorescens. Die erstere Art bildet in bestimmten Nährmedien die beiden Farbstoffe Pyocyanin und Fluorescein. Im gleichen Nährmedium bildet Pseudomonas fluorescens nur den Farbstoff Fluorescein.
Ferner spielt die Umgebungstemperatur für die Vermehrung der Bakterien eine große Rolle. Das Temperaturoptimum für die Vermehrung von Bakterien, die in Symbiose mit Warmblütern oder als Parasiten in Warmblütern leben, liegt bei 36 bis 38 °C.
Die Temperatur vermittelt auch Merkmale, die zur Artbestimmung dienen können. So vermehrt sich E. coli noch sehr gut bei 42 °C, während sich die verwandte Gattung Citrobakter bei dieser Temperatur nicht mehr vermehrt, obwohl beide den gleichen Nährboden erhalten haben.
Alle vegetativen Keime sterben bei einer Temperatur von 60 bis 80 °C sehr rasch ab. Bei tiefen Temperaturen bleiben alle Bakterien lebensfähig, sie vermehren sich jedoch nicht mehr.
Ein wichtiges diagnostisches Merkmal ist die Affinität der Bakterien zu Farbstoffen, bei der Wasseruntersuchung speziell die Gramfärbung (s. Abschn. 13.5.2). Es ist damit eine Einteilung der Bakterien in grampositive und gramnegative möglich.
Bei Anzüchtung von Bakterien auf festen Nährböden, wie sie bei der Koloniezahlbestimmung erfolgt, zeigen sich auch Unterschiede in der Kolonieform und -farbe. Die Mehrzahl der Bakterien bildet fast farblose oder weiße runde Kolonien. Es können aber auch rot gefärbte Kolonien auftreten. Serratia marcescens bildet diesen roten Farbstoff und kann in Rohwasserproben auftreten. Im Oberflächenwasser treten häufig auch baumartig verzweigte Kolonien auf; hierbei handelt es sich um einen ubiquitär vorkommenden Sporenbildner Bacillus cereus var. mycoides.
Ein weiteres Unterscheidungsmerkmal der Bakterien ist ihr Sauerstoffbedarf. Es gibt obligate Aerobier, d. h. diese Bakterien können ohne den Sauerstoff der Luft nicht existieren, wie z. B. Pseudomonas aeruginosa (s. Abschn. 13.6.2). Im Gegensatz dazu gibt es obligate Anaerobier, d. h. die Bakterien können nur in sauerstofffreiem Milieu leben. Hierzu gehören die Clostridien (s. Abschn. 13.5.4). Daneben gibt es noch fakultative Anaerobier; es sind Keime, die in einem Milieu mit reduziertem Sauerstoffgehalt am besten gedeihen. Hierzu gehören die auch in der Darmflora vorkommenden Lactobacillen.
Auf einen Umstand sei noch hingewiesen, der in der erweiterten Trinkwasseruntersuchung nach der Trinkwasser-VO eine Rolle spielt. Es handelt sich um den Nachweis von Enterotoxinen und Hämolysinen pathogener Keime. Dies sind thermophile Gifte, die von den Bakterienzellen gebildet und an die Umgebung abgegeben werden. Die Toxine wirken auf Gewebs- und Blutzellen. Einige Arten von Staphylokokkus aureus bilden Hämolysine (s. Abschn. 13.6.3).

Viren

Bei den Viren handelt es sich um Mikroorganismen, die wesentlich kleiner als die Bakterien sind; ihre Größe schwankt zwischen 0,02 und 0,35 μ. Sie sind keine selbständigen Organismen und haben keinen eigenen Stoffwechsel; sie brauchen eine lebende Zelle um sich zu vermehren. Dabei findet keine Zellteilung statt; vielmehr bedingt das Virion (einzelne Viruseinheit), das in die Zelle eingedrungen ist, eine Neubildung von Makromolekülen durch die Zelle. Diese Makromoleküle vereinigen sich wieder zu neuen Viren. Nach der Vermehrung in der Wirtszelle stirbt diese ab; die freiwerdenden Viren befallen benachbarte Zellen in der gleichen Weise.

Das Virion besteht im Gegensatz zu den Bakterien nur aus einer Nukleinsäure, also entweder aus Desoxiribonukleinsäure oder aus Ribonukleinsäure. Umgeben ist dieses genetische Material von zwei Hüllschichten aus Protein, dem Capsid. Die Anordnung der Untereinheiten, die als Capsomere bezeichnet werden, führt zur unterschiedlichen Form des Virions. Es gibt stäbchenförmige, runde und fast rechteckige Formen sowie die verschiedensten Polyeder. Sie sind im Gegensatz zu den Bakterien nach Anfärbung im Lichtmikroskop nicht zu sehen und werden nur im Elektronenmikroskop sichtbar.
Eine Reihe von Viren kann durch Trinkwasser oder ungenügend desinfiziertes Schwimmbeckenwasser übertragen werden (s. Abschn. 13.5.5).
Die Isolierung von Viren erfordert ein spezialisiertes Laboratorium; ein Antikörpernachweis, wie er im Patientenserum durchgeführt wird, scheidet für den Nachweis von Viren im Wasser aus. In diesem Fall ist eine Isolierung erforderlich, die nur über Gewebekulturen, auf Hühnerembryonen und im Tierversuch möglich ist.

Bakteriophagen

Bei den Bakteriophagen handelt es sich um Viren, die ganz spezifisch auf eine bestimmte Bakterienart eingestellt sind. Die 0,01 bis 0,1 µ großen Phagen dringen in die betreffende Bakterienzelle ein und führen zu Lysis der Wirtszelle oder zu Veränderungen im Wachstum, z. B. zur Schleimbildung. In solchen lysogenen Bakterien kommt es nur selten zur Vermehrung der Phagen in der Wirtszelle. Es gibt aber auch virulente Phagen, die sich nach einer Latenzzeit im Wirtsorganismus vermehren und nach Lysis der Zellwand freigesetzt werden. Sie können auf diese Weise auch in das Trinkwasser gelangen. Ihr Nachweis im Wasser sagt lediglich aus, daß diese bestimmte Bakterienart im Wasser vorhanden war [5].
Prinzipiell läßt sich der Nachweis von Phagen verhältnismäßig leicht durchführen; die Lysis des Testkeims ist in Nährlösungen durch Aufhellung oder auf festen Nährböden durch Wachstumshemmung leicht zu erkennen. Allerdings ist der Nachweis im Wasser recht problematisch, da die Phagen nur auf eine ganz bestimmte Bakterienspezies ansprechen.

Protozoen

Bei den Protozoen handelt es sich um einzellige Organismen, die einen klar durch eine Membran abgegrenzten Zellkern aufweisen und meistens dem Tierreich zugeordnet werden. Hier interessieren nur die Parasiten des Darms und des Urogenitaltrakts. Auf Grund ihrer Größe (4 bis 10 µ) lassen sie sich nach Anzüchtung und evtl. Färbung mikroskopisch nachweisen und bestimmen. Zwei Arten können für die Wasserhygiene von Bedeutung sein und zwar die zu den Rhizopoden gehörende Entamoeba histolytica und die zu den Flagellaten gehörende Trichomonas vaginalis.
Die Entamoeba histolytica verursacht in südlichen Breiten ein seuchenhaftes Auftreten von Amoebenruhr. Einzelne Autoren betrachten sie auch als Ursache des Auftretens von Meningitis in Schwimmbädern. Diese Aussage konnte allerdings bis heute nicht bestätigt werden.
Trichomonas vaginalis wird immer wieder in Zusammenhang mit Schwimmbädern gebracht, wenn solche Infektionen im Genitalbereich auftreten. Eigene jahrelange Untersuchungen in einer Reihe von Schwimmbädern haben gezeigt, daß in ausreichend desinfiziertem Schwimmbeckenwasser Trichonomaden nicht nachweisbar waren, da sie bereits nach 1 bis 2 min abgetötet werden.

13.1 Mikrobiologische Untersuchung von Trinkwasser[1]

Im natürlichen Wasser ist das Vorkommen von Krankheitserregern möglich, die bei peroraler Aufnahme zu Infektionen führen kön-

---

[1] Die Untersuchungsverfahren sind auch für Schwimm- und Badebeckenwasser (im weiteren als Schwimmbeckenwasser zusammengefaßt) und für natürliches Mineralwasser, Quellwasser und Tafelwasser (Mineral- und Tafelwasser-VO vom 1. 8. 1984) anwendbar

nen. Es handelt sich dabei um Bakterien und Viren, die aus dem Darmtrakt von Warmblütern stammen und mit den Fäkalien ausgeschieden werden. Bei peroraler Aufnahme dieser Mikroorganismen kann es zum Ausbruch bestimmter Infektionskrankheiten kommen; gleichzeit werden die Erreger mit den Fäkalien ausgeschieden. Bei ausbleibender Erkrankung werden die Bakterien und Viren dennoch ausgeschieden. Bei Salmonella typhi und Salmonella paratyphi, den Erregern des Typhus und Paratyphus [6, 7] kann nach Infektion ein lebenslanges Ausscheiden dieser Bakterienarten eintreten. Diese Personen unterliegen einer laufenden Überwachung durch das Gesundheitsamt, weil sie bei Nichtbeachtung von Vorsichtsmaßnahmen eine potentielle Gefahr darstellen [8, 9].

Gelangen pathogene Bakterien und Viren über Abwasser oder durch Düngemaßnahmen in Oberflächen- oder Grundwässer, so werden sich diese Bakterien normalerweise in dem artfremden Milieu nicht vermehren; sie bleiben aber mehr oder weniger lange lebensfähig. Eigene in vitro Untersuchungen ergaben in Münchener Leitungswasser bei 10 °C eine Überlebenszeit für Salmonella typhi von 24 Tagen, bei Poliomyelitis-Viren ca. 170 Tage. Daraus läßt sich ersehen, welche Bedeutung der Grundwasserschutz und gegebenenfalls eine optimale Wasseraufbereitung, einschließlich der Desinfektion für die Trinkwasserversorgung haben. Die Untersuchungsergebnisse zeigen aber auch die Notwendigkeit einer ständigen mikrobiologischen Kontrolle des Trinkwassers. Besonders bei der Lebensmittelzubereitung ist zu beachten, daß sich die Bakterien (auch pathogene) in Lebensmitteln vermehren können. In solchen Fällen kann der Ausbruch einer Epidemie bereits vorprogrammiert sein, wie die Typhus-Paratyphus-Epidemie in Hagen 1956 zeigte, bei der über das Spülwasser der Milchflaschen in einer Molkerei 500 Personen erkrankten; ein weiteres Beispiel ist die im Raum Baden-Württemberg 1976 aufgetretene Typhusepidemie durch verseuchtes Wasser bei einem Kartoffelsalat-Hersteller.

Nach Dott und Thofern [10] können folgende Krankheitserreger durch Wasser übertragen werden: Salmonella typhi, Salmonella parathyphi B, Vibrio cholerae, Vibrio parahaemolyticus, Campylobacter gastroenteritis, Shigella-Arten, Yersinia enterolitica, Yersinia pseudotuberculosis, Leptospira, Francisella tularensis, Dyspepsie – Coli, Hepatitis A Viren, Poliomyelitis-Viren, Coxsakkie-Viren, Echo-Viren. Diese genannten Bakterien und Viren gelangen stets über Fäkalien (Urin und Faeces) von Mensch und Tier, in das Wasser; Ratten und Mäuse spielen als Bakterienträger eine bedeutsame Rolle. In der Gesamtheit der Darmbakterien sind die pathogenen Bakterien nur in geringerer Zahl vorhanden, so daß sich auch in fäkal verschmutztem Wasser die Krankheitserreger in der Minderzahl befinden. Wollte man das Trinkwasser routinemäßig auf alle oben genannten Keime untersuchen, so wäre ein positiver Befund, selbst bei nicht einwandfreiem Wasser, ein Glücksfall. Außerdem wäre die Untersuchung außerordentlich arbeitsintensiv und würde viele Tage in Anspruch nehmen. Aus diesem Grunde wird das Wasser auf Bakterien untersucht, die in allen Fäkalien von Warmblütern in großer Zahl vorkommen, da sie in Symbiose mit dem Organismus leben. Man konzentriert sich auf Indikatorkeime, die eine Fäkalverschmutzung anzeigen und stellt den Befund einer Seuchengefährdung gleich. Hierzu eignet sich der Nachweis von Escherichia coli und coliformen Keimen besonders gut, weil diese Bakterien in einer Konzentration von 10^6 bis 10^{10}/g Faeces vorhanden sind. Zusätzlich kann, besonders wenn die Ortsbesichtigung hygienisch fragliche Verhältnisse ergibt, auf weitere Fäkalbakterien (z. B. Fäkalstreptokokken und sulfitreduzierende Clostridien) untersucht werden.

Als Kriterium für den allgemeinen Reinheitsgrad des Wassers und die Effektivität der Aufbereitung eignet sich zusätzlich die Koloniezahlbestimmung bei 20 und bei 36 °C-Bebrütung.

Auch Schwimmbeckenwasser muß ständig mikrobiologisch überwacht werden. (s. Teil B Schwimmbeckenwasser).

13.2 Probenahme

Bei der Probenahme ist zu berücksichtigen, daß jede mikrobiologische Entnahme und Untersuchung ein Augenblicksbild darstellt. Die Bakterien sind im Wasser niemals als Einzelorganismen gleichmäßig verteilt. Sie können aneinander haften, an winzigen nicht sichtbaren Feststoffpartikeln oder an Wänden Beläge bilden. Durch Veränderungen der Fließrichtung oder des Wasserstands werden sie abgespült oder in eine andere Richtung gedrängt. Es kommt daher vor, daß zwei hintereinander entnommene Wasserproben unterschiedliche mikrobiologische Ergebnisse zeigen; so ist zuweilen E. coli bei der Bestimmung des Coliformentiters in 10 ml Wasser nachweisbar, in 100 ml der gleichen Probe aber nicht. Mit einer einzigen Untersuchung ist daher keine exakte Aussage über die mikrobiologische Beschaffenheit eines Wassers zu erreichen. Nur eine Reihe mikrobiologischer Überprüfungen kann Klarheit geben, wobei auch die Entnahme bei unterschiedlichen Witterungsverhältnissen (Schneeschmelze, Gewitterregen) durchgeführt werden muß. Untersuchungen von Oberflächenwasser dürfen nicht ständig am gleichen Wochentag vorgenommen werden, sondern an immer wechselnden Tagen, damit möglichst jede periodisch auftretende Belastung erfaßt wird.

Besonders wichtig für die Probenahme ist auch die Kenntnis jeglicher Veränderung in der Betriebsweise der Anlage. Bei kunststoffhaltigen Beschichtungen von Behälterwänden und Rohrinnenwandungen oder bei kunststoffhaltigen Dichtungsmaterialien kann es zu einer starken Verkeimung des Wassers kommen. Das gilt auch für Enthärtungsanlagen und nach langen Stagnationszeiten. Die genaue Kenntnis der Anlagen und Betriebsweisen ist zusammen mit einer eingehenden Ortsbesichtigung die Grundvoraussetzung für die Festlegung der Probenahmestellen und für eine zutreffende Beurteilung der mikrobiologischen Untersuchungsergebnisse.

Ein weiterer wichtiger Beurteilungsparameter ist die Wassertemperatur. Sie sollte bei jeder Wasserprobeentnahme für die mikrobiologische Untersuchung gemessen werden.

13.2.1 Häufigkeit der Probenahme

Die Zahl der mikrobiologischen Untersuchungen, die erforderlich sind, um sicherzustellen, daß Trinkwasser und Wasser für Lebensmittelbetriebe bei der Abgabe seuchenhygienisch unbedenklich sind, wurde in vielen Ländern gesetzlich geregelt oder in Richtlinien und Empfehlungen beschrieben [11, 12]. So ist die Zahl in den USA-Standards und den WHO-Guidelines [13] nach der versorgten Einwohnerzahl gestaffelt. In der EG-Trinkwasserrichtlinie wird neben der Einwohnerzahl auch die abgegebene Wassermenge berücksichtigt. In der Bundesrepublik besagt die Trinkwasser-VO, daß für die Abgabe von 1000 m^3 Wasser pro Jahr eine mikrobiologische Untersuchung und bei Abgabe von > 1000 m^3 für je 30 000 m^3 und bei desinfiziertem Wasser für je 15 000 m^3 eine mikrobiologische Untersuchung durchzuführen ist. Der Betreiber oder Inhaber einer Wasserversorgung muß die entsprechende Zahl an mikrobiologischen Wasserproben untersuchen oder untersuchen lassen. Wasserversorgungsanlagen sind nach dieser Verordnung Anlagen einschließlich des Leitungsnetzes aus denen auf festen Leitungswegen Anschlußnehmer versorgt werden und Einzelversorgungsanlagen, aus denen Trinkwasser oder Wasser für Lebensmittelbetriebe abgegeben oder entnommen wird. Dies bedeutet, daß nicht nur Wasserproben an der Übergabestelle in das Versorgungsnetz zu entnehmen sind, sondern auch im Verteilernetz bis zum Wasserzähler. Dadurch soll auch eine bei längeren Standzeiten möglicherweise auftretende Wiederverkeimung erfaßt werden.

Auch Neubauleitungen müssen ebenfalls in die Untersuchung einbezogen werden; gleiches gilt für Anlagen, an denen Baumaßnahmen im Wasserbereich vorgenommen wurden und für Wassergewinnungsanlagen nach Reparaturarbeiten oder nach langen Standzeiten der Anlage.

Zu empfehlen sind Rohwasseruntersuchungen vor der Aufbereitung und Desinfektion, weil sie Veränderungen in der Wasserbeschaffenheit frühzeitig erkennen lassen. Mikrobiologische Betriebskontrollen sollten auch auf die verschiedenen Stufen der Aufbereitung ausgedehnt werden.

Für natürliches Mineralwasser, Quellwasser und Tafelwasser gelten die mikrobiologischen Bestimmungen der Mineral- und Tafelwasser-VO bzw. der allgemeinen Verwaltungsvorschrift zur amtlichen Anerkennung der natürlichen Mineralwässer.
Auch für Schwimmbeckenwasser in Hallen- und Freibädern, Whirlpools, Planschbecken, Saunatauchbecken und Therapiebecken wird in § 11 Bundesseuchengesetz mikrobiologisch einwandfreies Wasser gefordert (s. Teil B Schwimmbeckenwasser).
Oberflächengewässer, die zum Baden geeignet und freigegeben sind, müssen ebenfalls eine hygienisch unbedenkliche Wasserqualität aufweisen. Nach den „Richtlinien des Rates der Europäischen Gemeinschaft über die Qualität der Badegewässer" wird eine Probenahme für die mikrobiologische Untersuchung in 14tägigen Abstand vorgeschrieben. Die zuständige Gesundheitsbehörde kann in besonders einwandfreien Badegewässern, deren Meßwerte wesentlich niedriger liegen als die Leitwerte der Richtlinien, die Häufigkeit der Probenahme um die Hälfte verringern.
Bei hydrologischen Forschungsarbeiten, die zur Klärung hygienischer Probleme vorgenommen werden, sollte die Zahl der mikrobiologischen Einzeluntersuchungen nicht zu gering angesetzt werden. Der Nachweis von Mikroorganismen unterliegt dem Gesetz der Wahrscheinlichkeit, d. h. nur durch eine Vielzahl von Einzeluntersuchungen läßt sich der statistische Fehler soweit reduzieren, daß gesicherte Aussagen möglich sind.

13.2.2 Vorarbeiten zur Probenahme und zur Untersuchung

Bei den mikrobiologischen Untersuchungen muß vor der Entnahme bis zur endgültigen Differenzierung unter sterilen Bedingungen gearbeitet werden. Glaswaren und Geräte müssen steril sein [14]. Unter Sterilisation versteht man die Abtötung aller Mikroorganismen und die Inaktivierung sämtlicher Viren. Für eine Probeentnahme an Stellen, an denen kein Zapfhahn zur Verfügung steht, müssen die Entnahmeflaschen zusätzlich rekontaminationssicher verpackt sein, z. B. durch eine Transportbüchse oder Aluminiumverpackung.
Als Sterilisationsmethode für alle Glaswaren und sonstige Entnahmegeräte ist die Heißluftbehandlung mit trockener Hitze einzusetzen. Zu empfehlen sind Geräte mit Luftumwälzung, damit an allen Stellen die gleiche Temperatur vorliegt; es kann sonst nicht sichergestellt sein, daß im gesamten Schrankinneren die notwendige Sterilisationstemperatur erreicht wird. Zu beachten ist, daß die zur Sterilisation vorbereiteten Glaswaren völlig trocken sind, damit durch die Verdunstungskälte keine lokalen Temperaturdifferenzen auftreten. Die Sterilisationstemperatur muß 170 bis 180 °C und die Sterilisationszeit > 120 min betragen [15]. Da sich in Pulverflaschen und evtl. auch in Petrischalen Kaltluftpolster bilden, die sich nur sehr langsam der Temperatur im Innenraum des Sterilisators anpassen, sind Temperatur und Mindestzeit genau einzuhalten. Temperaturkontrollen und Sterilitätsprüfungen an verschiedenen Stellen sind von Zeit zu Zeit vorzunehmen.
Alle Glasgeräte, die für die Anzucht von Mikroorganismen benötigt werden, sollten aus alkaliarmem Glas bestehen und hitzebeständig sein. Sie müssen nach mechanischer Reinigung mit Leitungswasser mit alkalischen und anschließend mit sauren Spülmitteln gereinigt werden. Es können normale Laborspülautomaten eingesetzt werden, wenn sie die betreffenden Spülgänge durchführen. Den Geräten angepaßte Spüleinsätze sollten ausgewählt werden. Nach der Reinigung müssen die Glaswaren getrocknet werden.
Petrischalen aus Glas werden zusammengesetzt und sterilisiert. Man kann auch Petrischalen aus Kunststoff verwenden. Sie sind steril und verpackt im Handel erhältlich. Nach dem Gebrauch werden sie vernichtet. Die handelsüblichen Kunststoffschalen werden nicht mehr zusätzlich vom Hersteller entkeimt, lediglich die Herstellungstemperatur sichert weitgehend sterile Verhältnisse zu. Zu empfehlen ist jedoch von jeder Lieferung mindestens eine Sterilitätskontrolle vorzunehmen, in dem man in die leere Schale Agar-Nährboden eingießt und nach Abschn. 13.6.1 verfährt.

Reagenzröhrchen, Erlenmeyerkolben und Nährbodenkolben müssen an ihren Öffnungen einen glatten Rand haben, damit sie mit Metallkappen verschlossen werden können. Notfalls lassen sich diese Kolben und Röhrchen auch mit aufgerollten Zellstoffstopfen verschließen. Die für die Bestimmung von Coli vorgesehenen Reagenzröhrchen oder Erlenmeyerkolben werden mit einem Gärröhrchen nach Durham beschickt. Dieses einseitig verschlossene Röhrchen wird mit der Öffnung nach unten eingeführt. Nach dem Verschließen werden auch diese Behälter sterilisiert.

Meßpipetten von 2 ml und 10 ml Volumen werden nach der Reinigung und Trocknung an der Ansaugstelle mit einem kleinen Wattepropfen verschlossen. Dadurch wird ein Bakterieneintrag, beim Pipettieren vermieden. Die so vorbereiteten Pipetten werden in eine Pipettenbüchse aus Metall gesteckt und mit den übrigen Glaswaren sterilisiert.

Zur Entnahme von Wasserproben müssen Glasflaschen mit Glasstopfen verwendet werden. Für die Routineuntersuchung sind Flaschen mit 200 bis 250 ml Volumen zu empfehlen. Für die Trinkwasseruntersuchung nach der Trinkwasser-VO können auch größere Glasflaschen verwendet werden. Der Flaschenhals sollte jedoch nicht zu eng sein.

Nach gründlicher Reinigung müssen die Flaschen getrocknet werden. Zwischen Glasstopfen und Flaschenhals wird ein Filterpapierstreifen geschoben, damit die Flasche auch nach der Sterilisation leicht zu öffnen ist. Über den Stopfen und Flaschenhals wird ein Stück Aluminiumfolie gezogen, damit eine Berührung des Flaschenhalsrands beim Öffnen und Schließen vermieden wird. Nun wird die so vorbereitete Flasche im Sterilisator 120 min bei 170 bis 180 °C sterilisiert. Wenn die Wasserprobe aus Anlagen ohne Zapfhahn, z. B. direkt aus dem Behälter entnommen werden soll, muß die Flasche nach der Sterilisation in eine Messingbüchse mit Deckel gebracht oder in Aluminiumfolie verpackt und nochmals, wie oben angegeben, sterilisiert werden. Dies ist notwendig, damit auch die Außenfläche der Flasche, die direkt mit dem zu untersuchenden Wasser in Berührung kommt, steril ist.

Wenn desinfiziertes Wasser mikrobiologisch untersucht werden soll, so muß vor der Entnahme das zugesetzte Desinfektionsmittel beseitigt werden, um eine weitere Abtötung vorhandener Bakterien zu unterbinden. Wurde mit Chlor oder Chlorverbindungen desinfiziert, so können in die Flasche vor der Sterilisation 1 bis 2 Kristalle Natriumthiosulfat p. a. gegeben werden. Man kann auch in die bereits sterile Flasche vor der Entnahme unter sterilen Bedingungen (Abflammen und sterile Pipette) Natriumthiosulfatlösung einbringen (z. B. bei Verwendung einer 250-ml-Flasche 0,25 ml einer im strömenden Dampf sterilisierten Thiosulfatlösung 0,01 mol/l). Liegt Silber als Desinfektionsmittel vor (z. B. bei silberbeschichteten Austauscherharzen), so muß in eine 250-ml-Flasche nach der Sterilisation unter sterilen Bedingungen 0,25 ml sterile Natriumsulfidlösung (1 g $Na_2S \cdot 9H_2O$ gelöst in 100 ml Wasser) gegeben werden.

Die sterilisierten Entnahmeflaschen und Glasgeräte müssen trocken und staubfrei aufbewahrt werden und vor unbefugtem Öffnen geschützt sein. Nach etwa sechs Wochen ist eine erneute Sterilisation zu empfehlen. Kunststoff-Petrischalen halten sich in der Originalverpackung etwa 1 Jahr steril, wenn sie an einem trockenen Standort aufbewahrt werden.

13.2.3 Probenahme am Zapfhahn

Man läßt vor der Entnahme das Wasser einige Zeit ablaufen; dann schließt man den Hahn und flammt alle Teile des Hahnes, die mit Wasser in Berührung kommen intensiv ab. Am besten verwendet man einen handlichen Lötkolben oder eine Gaspistole; notfalls kann auch ein mit Spiritus getränkter und entzündeter Wattebausch benutzt werden. Wichtig ist, daß auch die zugängliche Innenwand des Auslaufs abgeflammt wird. Die erforderliche Zeit der Hitzeeinwirkung ist erreicht, wenn beim Öffnen des Hahns ein Zischen hörbar wird. Der Hahn wird ohne Berührung des Auslaufs vorsichtig geöffnet. Ein Zurückspritzen des Wassers aus dem Becken oder vom Fußboden muß vermieden werden. Nun wird die sterile Flasche ohne Berühren des Flaschenhalses geöffnet. Die Alufolie über dem Stopfen darf nicht entfernt werden; sie muß beim Öffnen den Flaschenhals vor Berührung schützen. Vorsichtig läßt man das Wasser einlaufen und füllt die Flasche etwa zu $5/6$. Nun zieht man von außen die Falten der Alufolie auf dem Stopfen etwas auseinander, schließt die Flasche und drückt die Alufolie wieder an den Flaschenhals. Die Probe muß bezeichnet werden und soll so rasch als möglich, evtl. unter Kühlung, in das Laboratorium gebracht werden.

13.2.4 Probenahme aus Quellen, Behältern ohne Zapfhahn und Oberflächenwasser

Bei derartigen Entnahmen verwendet man zweckmäßigerweise als Hilfsmittel eine Art Tiegelzange, deren Greifbacken etwa 1 bis 4 cm breit sind. Diese Zange wird zunächst an allen Teilen, die mit dem Wasser in Berührung kommen, abgeflammt. Dann entnimmt man die Flasche aus der Büchse oder der Alufolie. Um zu vermeiden, daß die Flasche berührt wird, zieht man sie am Flaschenhals heraus; es darf nur die Alufolie am Stopfen berührt werden. Mit der abgeflammten Zange in der Hand umgreift man den unteren Teil der Flasche und hält sie fest; die andere Hand zieht den Stopfen heraus. Mit der zangengehaltenen Flasche wird das Wasser geschöpft. Nach der Entnahme kann die Flasche abgestellt und wie unter Abschn. 13.2.3 verschlossen werden.

13.2.5 Probenahme aus tieferen Behältern, Brunnen und Oberflächenwasser

In diesen Fällen ist eine zusätzliche Senkzange und ein Stahlseil erforderlich. Wie unter Abschn. 13.2.4 beschrieben, wird die Flasche dem Behälter mit der Zange entnommen, geöffnet und mit der abgeflammten Senkzange am Flaschenhals gegriffen. Es wird nochmals abgeflammt. Beim Herablassen läuft das Seil an der Flamme entlang.
Für die Entnahme in besonders festgelegten

Tiefen kann eine in Alufolie verpackte, im strömenden Dampf (Dampftopf) sterilisierte Ruttnersche Flasche Verwendung finden. Geeignet sind auch sterile Flaschen, in deren Korkstopfen ein zugeschmolzenes gebogenes Glasrohr steckt, das durch ein steriles Fallgewicht zertrümmert wird, so daß in der erforderlichen Tiefe Wasser in die Flasche fließen kann.

Wenn die Wasserproben nicht unmittelbar nach der Entnahme im Laboratorium untersucht werden können und ein Transport zu dem Laboratorium erfolgt, müssen sie während dieses Transports kühl gelagert werden. Man kann sie bei kurzer Zeitdauer bis zu 6 h in Kühlboxen zwischen Kühlplatten stellen. Für den Postversand eignen sich Styroporkästen, die ebenfalls durch Kühlplatten im Inneren kalt gehalten werden können.

Sollten Wasserproben in Schächten, Brunnen und Quellen entnommen werden, die nicht laufend überwacht werden, sollte man sich vor der Probenahme überzeugen, daß in oder über der Anlage keine giftigen (z. B. CO_2), brennbaren oder explosiven Gase (z. B. Methan) austreten. Die Überprüfung ist leicht durchführbar mit Dräger-Röhrchen oder Methanometer. Eventuell bereits vorhandene Warnschilder sollten beachtet werden.

13.3 Untersuchung des Wassers an Ort und Stelle

Längere Transportzeiten können zu einer Veränderung der Mikrobiologie des Wassers führen. In nährstoffreichen Wässern kann es bei höheren Temperaturen zu einer Vermehrung von Bakterien kommen, in nährstoffarmen Wässern sterben Bakterien bei höheren Temperaturen ab. Sie können auch an Nährstoffmangel zugrunde gehen oder an Exotoxinen einzelner Bakterienarten in einer Population. Erfolgt die Aufbewahrung bei normaler Kühlschranktemperatur, sollte die Untersuchung spätestens nach 24 h durchgeführt werden.

Es empfiehlt sich daher in abgelegenen Gebieten oder auf See die Untersuchung an Ort und Stelle durchzuführen. Benötigt werden

dazu Flaschengas, Bunsenbrenner, 1 Brutschrank für 20 °C (evtl. mit Kühleinrichtung), 1 Brutschrank für 36 °C, 1 Wasserbad, 1 Membranfiltergerät mit Vakuumpumpe und 1 Kühlschrank zur Aufbewahrung der erforderlichen Nährmedien. Sterile Glaswaren, Petrischalen und vorbereitete Nährmedien oder sterile Nährkartonscheiben sowie sterile Entnahmeflaschen sind in ausreichender Menge mitzuführen.
Mit den erwähnten Geräten können Koloniezahl, Coliforme und E. coli bestimmt werden. Es werden auch Nährkartonscheiben zum Nachweis von Coliformen, Streptokokkus fäkalis und Pseudomonas aeruginosa hergestellt. Zur Differenzierung können die angezüchteten und gezählten verdächtigen Kolonien einige Tage im Kühlschrank (möglichst 0 bis 2 °C) aufbewahrt und dann in einem mikrobiologischen Laboratorium weiter untersucht werden.
Das für diese Untersuchungen an Ort und Stelle am besten geeignete Verfahren durch Direktauflage von Membranfiltern auf Endo-Agar oder auf entsprechend angefeuchteten Nährkartonscheiben ist leider in den gesetzlichen Vorschriften der Bundesrepublik Deutschland für die Untersuchung von Trinkwasser und Wasser für Lebensmittelbetriebe nicht zugelassen, wohl aber in den Richtlinien der WHO und in den nationalen Standards anderer Länder zur Wasseruntersuchung, z. B. USA, Südafrika, Frankreich, Großbritannien, Schweden, Norwegen und Finnland [16, 17].
Trotzdem ist diese Methode auch in der Bundesrepublik Deutschland für hydrologische Arbeiten und Forschungsvorhaben im Gelände zu empfehlen, soweit es sich um Aufschluß- und Erkundungsarbeiten handelt und nicht um Wasser, das der Trinkwasserverordnung unterliegt.
Es gibt Nährkartonscheiben zur Anzucht für die verschiedensten mikrobiologischen Parameter, wie Koloniezahlbestimmung, E. coli und Coliforme, Pseudomonas, Fäkalstreptokokken, Staphylokokken u. a. Dieses Verfahren vermittelt nur ein Übersichtsbild; genauere Untersuchungen und Differenzierungen im mikrobiologischen Laboratorium müssen folgen.
Bewachsene Nährbodenplatten und Nährkartonscheiben müssen vor der Vernichtung desinfiziert werden. Wenn ein Laborautoklav vorhanden ist, werden die Petrischalen in einem Sterilisiergefäß mit etwas Wasser 15 bis 20 min bei 121 °C sterilisiert. Andernfalls streut man in die betreffenden Kulturschalen Chlorkalk und transportiert die Schalen bakteriendicht verpackt bis zur nächsten Vernichtungsmöglichkeit. Wenn an der Entnahmestelle oder in einem Fahrzeug entsprechende Einbauten vorhanden sind, können die im folgenden beschriebenen Untersuchungsverfahren soweit vorbereitet werden, daß die beimpften Nährboden nur noch im Laboratorium in die Brutschränke zu stellen sind. Die Bebrütungszeit gilt erst ab diesem Zeitpunkt. Notwendig ist die staubsichere Verpackung der Nährmedien in einer Kühlbox. Zum Abflammen lassen sich kleine Gasbrenner einsetzen. Weitere Differenzierungen und Anlagen von Subkulturen dürfen jedoch nur im mikrobiologischen Laboratorium erfolgen. Bei erforderlichem Versand sind die entsprechenden Vorschriften zu beachten [18].

13.4 Arbeiten mit Bakterienkulturen

Alle mikrobiologischen Arbeiten sind so gewissenhaft auszuführen, als ob es sich um pathogene Keime handeln würde; dies gilt auch für Bakterien, die aus Wasser gezüchtet wurden. Die in der Trinkwasser-VO, in der Mineral- und Tafelwasser-VO und in den DIN 19 643 zur seuchenhygienischen Überwachung vorgeschriebenen Bakterien sind der Risikogruppe 1 und 2 zuzuordnen, d. h. das Risiko für die Beschäftigten ist gering bis mäßig.
Gewisse Grundregeln sind jedoch in jedem mikrobiologischen Wasserlaboratorium zu beachten. Sie dienen nicht nur zum Schutz der Beschäftigten sondern sind auch für ein einwandfreies Arbeitsergebnis erforderlich. Böden und Arbeitsplatten sollen fugenlos, abwaschbar und unempfindlich gegen Desinfektionsmittel sein (Richtlinien für Laboratorien) [19–21]. Bei allen mikrobiologi-

schen Arbeiten, auch bei der Herstellung der Nährmedien müssen Türen und Fenster der Arbeitsräume geschlossen bleiben. Ein Hin- und Hergehen beim Ansetzen der Wasserproben und beim Ablesen muß vermieden werden. Lebensmittel dürfen in den Arbeitsräumen nicht aufbewahrt werden, auch nicht im Kühl- oder Gefrierschrank. Es darf nicht gegessen, getrunken oder geraucht werden. Bei allen Arbeiten muß Laborkleidung getragen werden. Zum Pipettieren sind mechanische Geräte einzusetzen. Benutzte Pipetten dürfen nicht auf den Labortisch abgelegt, sondern in einem Glas mit Desinfektionsmittel gelagert werden. Die Wasserhähne sollen einen Schwenkhahn haben, damit sie mit dem Ellbogen geöffnet werden können.

Jegliche Schmierinfektion ist zu vermeiden. Nach Abschluß eines Arbeitsgangs ist der Arbeitstisch zu desinfizieren; dabei darf das Desinfektionsmittel nicht sofort abgewischt werden; es muß einige Zeit auf die Tischplatte einwirken können. Auch die Hände sind zu desinfizieren und nach kurzer Einwirkzeit gründlich zu waschen. Als Desinfektionsmittel werden Flächen- und Handdesinfektionsmittel verwendet, die in den Desinfektionsmittellisten der „Deutschen Gesellschaft für Hygiene und Mikrobiologie" [22] und des Bundesgesundheitsamts [23] zusammengestellt sind. Die Verdünnung ist entsprechend der Vorschrift des Herstellers anzusetzen.

Alle Nährmedien, die Wachstum zeigen, sind vor der Vernichtung oder vor dem Ausgießen im strömenden Dampf 15 bis 20 min bei 121 °C (Laborautoklav) zu sterilisieren. Kunststoffpetrischalen müssen in einem Sterilisierbehälter mit etwas Wasser sterilisiert werden, weil anderenfalls die geschmolzene Kunststoffmasse verklebt.

Aufgrund der §§ 19 bis 22 Bundesseuchengesetz (1980) [24] über „Arbeiten und Verkehr mit Krankheitserregern" ist die Bestimmung der Koloniezahl im Trinkwasser ohne Einschränkung möglich; sie dürfte auch gelten für die Coli-Bestimmung nach der Membranfiltermethode durch Direktauflage des Filters auf Endoagar und zur Bestimmung von Coliformen einschließlich E. coli durch Anreicherung in Nährlösung. Eine weitere Überimpfung auf Nährsubstrate zur Differenzierung oder Färbung ist nach dem Wortlaut des Gesetzes nur unter human- oder veterinärmedizinischer Leitung möglich oder unter Leitung von Naturwissenschaftlern mit behördlicher Genehmigung [10]. Inwieweit Wasserchemiker, Lebensmittelchemiker oder Mikrobiologen ohne spezielle Genehmigung zum Arbeiten mit pathogenen Keimen diese Bestimmungen ausführen können, bedarf einer Klärung in entsprechenden Vollzugsvorschriften der Bundesländer.

13.5 Indikatorkeime für fäkale Verunreinigungen und ihre Bestimmung

Wie bereits ausgeführt, gibt es eine Reihe von Darmbewohnern, die für den Nachweis fäkaler Verunreinigung geeignet sind. In allen Gesetzen, Richtlinien, Verordnungen und Empfehlungen der Welt wird der Nachweis dieser Bakterien zur hygienischen Beurteilung einer Wasserversorgung herangezogen. Nach der Trinkwasser-VO steht für die Bundesrepublik Deutschland der zwingende Nachweis von E. coli und Coliformen. Zusätzlich kann zur hygienischen Beurteilung eine Untersuchung auf Fäkalstreptokokken und sulfitreduzierende Clostridien sowie der Nachweis von Fäkalbakteriophagen und Enteroviren von den Gesundheitsbehörden verlangt werden.

13.5.1 Bestimmung von Escherichia coli und Coliformen

E. coli und Coliforme gehören zur Familie der Enterobacteriaceae. Sie umfaßt alle Bakterien, die stäbchenförmige Gestalt haben, keine Sporen bilden und gramnegativ sind. Sie sind zum Teil durch peritriche Begeißelung beweglich, wachsen auf einfachen Nährböden, bauen Lactose ab, bilden keine Cytochromoxidase und können zum Teil Nitrat zu Nitrit reduzieren. Sie leben im Darmtrakt von Warm- und Kaltblütern und können in der Umwelt verbreitet vorkommen.

Unter dem Begriff Coliforme faßt man folgende Gattungen zusammen: Escherichia, Citrobacter, Klebsiella und Enterobacter. In der Praxis der Wasseruntersuchung, spricht man von Coliformen [25, 26], wenn die Bakterien in der Lage sind, Lactose unter Säure- und Gasbildung bei 36 °C Bebrütungstemperatur abzubauen und keine Cytochromoxidase bilden.
Zum Nachweis von E. coli dient zusätzlich die Säure- und Gasbildung aus Lactose und Glucose bei 44 °C, die Indolbildung aus einer Tryptophan-Trypton-Nährlösung und das fehlende Wachstum auf Ammoniumcitrat-Nährboden.
Die Untersuchung kann grundsätzlich nach zwei Verfahren erfolgen:
1. Flüssigkeitsanreicherung mit bedarfsweiser Bestimmung des E. coli- bzw. Coliformentiters (man versteht darunter die kleinste Menge Wasser, in der noch E. coli und/oder Coliforme nachweisbar sind),
2. Membranfiltermethode, mit der Bestimmung der E. coli- bzw. Coliformenzahl.

Das erste Verfahren der Flüssigkeitsanreicherung kann für jedes Wasser Anwendung finden. Bei der Untersuchung von Oberflächenwasser ist ihm sogar der Vorzug zu geben. Das Verfahren entspricht den Forderungen der Trinkwasser-VO.
Die Membranfiltermethode darf gemäß Trinkwasser-VO für Trinkwasser nur in Verbindung mit der Flüssigkeitsanreicherung eingesetzt werden. Für natürliches Mineralwasser, Quellwasser und Tafelwasser ist gemäß Mineral- und Tafelwasser-VO das Membranfilterverfahren mit Direktauflage des Filters auf eine Endoagar-Platte erlaubt. Da auf der Platte bereits nach 24 h positive Befunde erkennbar sind, sollte dieses Verfahren für betriebsinterne Kontrollen in Kombination mit der Flüssigkeitsanreicherung eingesetzt werden; es ist allerdings zu beachten, daß die Membranfiltermethoden nach der Trinkwasser-VO nicht angewendet werden darf und solche Bestimmungen nicht in die gesetzlich vorgeschriebene Zahl der Untersuchungen eingehen dürfen. Bei Untersuchungen an Ort und Stelle, hydrogeologischen Erkundungen und bei Forschungsvorhaben ist gerade diese Methode empfehlenswert. Auch für Schwimmbeckenwasser und Badegewässer kann sie angewendet werden.

Geräte:

Für Verfahren 1. Bunsenbrenner, Laborautoklav, Wasserbad, Dampftopf, 250- bis 300-ml-Erlenmeyerkolben ohne Rand (50 ml graduiert) mit Aluminiumkappen (z. B. auch Kapsenbergkappen) zum Verschließen, Reagenzröhrchen ohne Rand mit Aluminiumkappen zum Verschließen, Durhamsche Gärröhrchen, 3 cm lang für Reagenzröhrchen, Durhamsche Gärröhrchen, 9 cm lang für die Erlenmeyerkolben, Platinöse mit Halterung, sterile Petrischalen; Pipettenbüchse, sterile 1- und 10-ml-Meßpipetten (0,1 ml graduiert);

Für Verfahren 2 zusätzlich. Membranfiltergerät mit Saugflasche, Vakuumpumpe oder Wasserstrahlpumpe, Membranfilter mit 0,45 μ Porenweite, Durchmesser 50 mm (unterschiedlich je nach Gerät),

Reagenzien:

Die nachstehend aufgeführten Nährmedien können nach Rezept selbst hergestellt werden oder als Fertiggranulat bzw. Pulver bezogen werden; im letzteren Falle werden die Reagenzien in Wasser entsprechend den Vorschriften des Herstellers (z. B. Fa. Merck, Difco, Oxoid u. a.) gelöst. Die in den Rezepten aufgeführten Chemikalien und Zusatzstoffe müssen frei von Hemmstoffen sein und, soweit kein besonderer Hinweis gegeben ist, den Anforderungen der Arzneibücher entsprechen. Alle Nährmedien müssen vor Verwendung im strömenden Dampf sterilisiert werden (Laborautoklaven).
Die Funktionstüchtigkeit des Verfahrens muß regelmäßig kontrolliert werden. Man kann hierzu hitzebeständige Sporen von Bakterien einsetzen; am häufigsten wird Bacillus stearothermophilus verwendet. Dieser Teststamm ist in Ampullen, zusammen mit einer Nährlösung und einem pH-Indikator im Handel (z. B. Sterikon-Bioindikator der Fa. Merck). Die Verwendung der Ampullen hat den Vorteil, daß anschließend keine weitere Züchtung erfolgen muß; am Farbumschlag und an der Trübung des Ampulleninhalts ist die Funktion der Sterilisation auch für ungeschultes Laborpersonal erkennbar. Diese Form des Bioindikators ist allerdings nur für Autoklaven geeignet. Sie zeigt lediglich an, daß das Gerät die vorgeschriebene Temperatur von 121 °C für 15 bis 20 min aufrechterhält. Für die in die Wasseruntersuchung vorkommenden Medien ist diese Zeit ausreichend. Bei der Kontrolle des Autoklaven muß der Bioindikator an verschiedenen Stellen des Innenraums ausgelegt werden.

Lactose-Pepton-Nährlösung. Die Lactose-Pepton-Nährlösung zur Anreicherung von Coliformen und E. coli muß frei sein von Hemmstoffen für Begleitbakterien (z. B. Galle). Folgende Rezeptur ist geeignet:

1. Doppelt konzentrierte Lactose-Pepton-Nährlösung:
20 g Pepton aus Fleisch, tryptisch verdaut und 10 g Natriumchlorid, NaCl p. a. werden in 1 l destilliertem Wasser 1 h im Dampftopf gelöst. Anschließend werden 20 g D(+)-Lactose, $C_{12}H_{22}O_{11} \cdot H_2O$ zugegeben; die Lösung wird nochmals 20 min im Dampftopf (95 bis 100 °C) erhitzt. Nach dem Abkühlen wird der pH-Wert mit Natronlauge, NaOH (1 mol/l) auf 7,0 eingestellt; anschließend werden 2 ml Bromkresolpurpur-Indikatorlösung (1 g Bromkresolpurpur gelöst in 100 ml destilliertem Wasser) zugegeben. Diese Nährlösung wird in die vorbereiteten sterilen Erlenmeyerkolben und Reagenzröhrchen abgefüllt und zwar 100 ml in die Kolben und 10 und 5 ml in die Röhrchen. Anschließend werden die Kolben und Röhrchen entweder 20 min im Autoklaven bei 121 °C oder an zwei aufeinanderfolgenden Tagen je 25 min im Dampftopf bei ca. 100 °C sterilisiert, wobei die Kolben nach der ersten Erhitzung bei Zimmertemperatur stehen bleiben. Die Kolben werden nach Abschluß der Sterilisation noch heiß in den Kühlraum oder Kühlschrank gestellt, damit die Nährlösung bis zur Spitze der Gärröhrchen hochsteigen kann.

2. Einfach konzentrierte Lactose-Pepton-Nährlösung:
Die Nährlösung 1 wird mit destilliertem Wasser im Verhältnis 1:1 verdünnt und dann zu je 5 ml in Reagenzröhrchen mit Durhamschen Gärröhrchen abgefüllt. Anschließend werden die Röhrchen 20 min im Autoklaven bei 121 °C sterilisiert und noch heiß in den Kühlschrank gestellt.

3. Die Lactose-Pepton-Nährlösung kann bis zu einer dreifach konzentrierten Lösung hergestellt werden. Es muß aber sichergestellt sein, daß nach Verdünnen mit dem Untersuchungswasser eine Endkonzentration von 1 % Lactose erreicht wird (Berechnung der Mengen erfolgt aus doppelt konzentrierter Lösung).

Sterile physiologische Kochsalzlösung zur Verdünnung von Untersuchungswasser:
0,9 g Natriumchlorid, NaCl p. a. wird in 100 ml destilliertem Wasser gelöst. Für die Verdünnungsreihe wird in Reagenzröhrchen zu je 5 ml oder 10 ml abgefüllt und an zwei aufeinanderfolgenden Tagen 20 min im Dampftopf (ca. 100 °C) sterilisiert oder 15 min bei 121 °C.

Endoagar-Nährboden. 10 g Fleischextrakt, 10 g Pepton aus Fleisch, tryptisch verdaut und 5 g Natriumchlorid, NaCl p. a. werden in einem Nährbodenkolben in 1 l Wasser gelöst und 30 min im Dampftopf erhitzt. Nach dem Erkalten setzt man 30 g Agar-Agar zu. Nach etwa 90 min ist der Agar gequollen; das Gemisch wird bis zur völligen Lösung des Agars gekocht. Anschließend wird mit Natronlauge, NaOH (1 mol/l) neutralisiert und mit Natriumcarbonatlösung (10 g Natriumcarbonat, Na_2CO_3 p. a. gelöst in 90 ml destilliertem Wasser) der pH-Wert auf 7,3 bis 7,5 eingestellt. Dann wird der Nährbodenansatz durch ein Wattefilter filtriert und je nach täglichem Bedarf an Endoplatten in 1-l, 500-ml- oder 100-ml-Portionen auf Nährbodenkolben verteilt und im Autoklaven bei 121 °C sterilisiert. Im Kühlschrank ist dieser Ansatz längere Zeit haltbar. Zur Fertigstellung des Endoagar-Nährbodens wird die notwendige Portion im Dampftopf verflüssigt; je 100-ml-Ansatz werden 1 g D(+)-Lactose, $C_{12}H_{22}O_{11} \cdot H_2O$ 0,5 ml Fuchsinlösung (10 g Diamantfuchsin gelöst in 90 ml Ethanol, C_2H_5OH p. a. ($D = 0,81$ g/ml) und anschließend durch ein Faltenfilter filtriert), und soviel Natriumsulfitlösung (10 g Natriumsulfit, $Na_2SO_3 \cdot 7 H_2O$ p. a. gelöst in 90 ml destilliertem Wasser; 1 Tag haltbar) zugegeben, daß die heiße Lösung hellrosa gefärbt ist. Nach Umschütteln und Abflammen des Kolbenhalses wird der Nährboden in Petrischalen ausgegossen. Die fertigen Endoplatten müssen im Kühlschrank aufbewahrt werden, halten sich jedoch nur wenige Tage. Dieser Nährboden darf nicht längere Zeit dem Licht ausgesetzt werden.

Pril-Agar-Nährboden. Zu 10 ml Agar-Nährboden (s. Abschn. 13.6.1), den man verflüssigt hat, gibt man 0,1 ml Prillösung (10 ml Pril vermischt mit 90 ml destilliertem Wasser). Anschließend wird 20 min im Dampftopf sterilisiert und in eine sterile Petrischale gegossen; nach dem Erstarren werden beide Schalenteile 20 min bei 36 °C mit den Innenseiten nach unten getrocknet.

Glucose-Nährlösung. 10 g Pepton aus Fleisch, tryptisch verdaut, 5 g Natriumchlorid, NaCl p. a. und 3 g Fleischextrakt werden in einem Nährbodenkolben in 1 l destilliertem Wasser während 1 h im Dampftopf gelöst. Anschließend wird mit Natronlauge, NaOH (1 mol/l) auf einen pH-Wert von 7,2 eingestellt und 2 ml Indikatorlösung (1 g Bromkresolpurpur gelöst in 100 ml destilliertem Wasser) zugegeben. 500 ml dieser Nährlösung werden mit 5 g D(+)-Glucose, $C_6H_{12}O_6 \cdot H_2O$ versetzt. Jeweils 5 ml der Glucose-Nährlösung werden in Reagenzröhrchen mit Durhamschen Gärröhrchen abgefüllt und bei 121 °C 20 min im Autoklaven sterilisiert.

Lactose-Nährlösung. Die Herstellung erfolgt in gleicher Weise wie die Glucose-Nährlösung; anstelle von Glucose werden 5 g D(+)-Lactose, $C_{12}H_{11}O_{11} \times H_2O$ in der Nährlösung gelöst.

Mannit-Nährlösung. Nach dem gleichen Rezept kann auch Mannit-Nährlösung hergestellt werden; statt Glucose oder Lactose werden dann 5 g D(−)-Mannit, $C_6H_{14}O_6$ eingesetzt.

Tryptophan-Trypton-Nährlösung. 10 g Pepton aus Fleisch, tryptisch verdaut, 5 g Natriumchlorid, NaCl p. a. und 1 g Tryptophan, $C_{11}H_{12}N_2O_2$ werden in einem Nährbodenkolben in 1 l destilliertem Wasser im Dampftopf gelöst. Mit Natronlauge, NaOH (1 mol/l) wird der pH-Wert auf 7,1 bis 7,3 eingestellt und die Lösung durch ein Papierfilter filtriert. Jeweils 5 ml der Nährlösung werden in Reagenzröhrchen abgefüllt und anschließend 20 min bei 121 °C im Autoklaven sterilisiert.

Indolreagenz (Kovacs-Reagenz). 5 g 4-Dimethylaminobenzaldehyd, $C_9H_{11}NO$ p. a. werden in 75 ml n-Amylalkohol, $C_5H_{11}OH$ p. a. ($D = 0{,}81$ g/ml) auf dem Wasserbad bei 60 °C gelöst. Anschließend gibt man 25 ml Salzsäure, HCl p. a. ($D = 1{,}16$ g/ml) zu und füllt die Lösung in Tropfflaschen. Wenn die anfangs rote Lösung nach etwa 7 h eine gelbe Farbe angenommen hat, ist die Lösung gebrauchsfertig. Die Lösung ist auch als fertiges Kovacs-Indol-Reagenz im Handel.

Cytochromoxidase-Reagenz (Nadi-Reagenz)[2].
1. Naphthol-Lösung: 1 g 1-Naphthol, $C_{10}H_8O$ p. a. wird in 100 ml Ethanol, C_2H_5OH p. a. ($D = 0{,}81$ g/ml) gelöst.
2. N,N-Dimethyl-1,4-Phenylendiammoniumdichlorid-Lösung: 1 g N,N-Dimethyl-1,4-Phenylendiammoniumdichlorid, $C_8H_{14}Cl_2N_2$ p. a. wird in 100 ml destilliertem Wasser gelöst.

Beide Lösungen müssen getrennt in dunklen Flaschen im Kühlschrank aufbewahrt werden; bei Verfärbungen sind die Lösungen unbrauchbar. Zur Verwendung werden die beiden Lösungen im Verhältnis 1:1 jeweils frisch gemischt.

Ammoniumcitrat-Agar-Nährboden nach Simmon. 0,2 g Magnesiumsulfat, $MgSO_4 \cdot 7 H_2O$ p. a., 0,8 g Natriumammoniumhydrogenphosphat, $Na(NH_4)HPO_4 \cdot 4 H_2O$ p. a., 0,2 g Ammoniumdihydrogenphosphat, $(NH_4)H_2PO_4$ p. a., 2,0 g tri-Natriumcitrat, $C_6H_5Na_3O_7 \cdot 2 H_2O$ p. a., 5,0 g Natriumchlorid, NaCl p. a. und 15 g Agar-Agar werden in 1 l destilliertem Wasser suspendiert; nach 15 min ist der Agar gequollen. Nun gibt man 40 ml Indikatorlösung zu (1 g Bromthymolblau gelöst in 25 ml Natronlauge, NaOH (1 mol/l) und anschließend auf 500 ml mit destilliertem Wasser aufgefüllt). Der Nährboden wird im Dampftopf bis zur völligen Lösung erhitzt. Noch heiß wird der pH-Wert mit Natronlauge, NaOH (1 mol/l) oder Salzsäure, HCl (1 mol/l) auf 6,8 bis 7,0 eingestellt. Jeweils 5 ml der Lösung werden in Reagenzröhrchen abgefüllt und 20 min bei 121 °C im Autoklaven sterilisiert. Die Röhrchen werden anschließend bis zum Erstarren des Nährbodens schräg gestellt, da auf Schrägagar das Wachstum gut zu erkennen ist.

Die Menge der vorzubereitenden Röhrchen bzw. Erlenmeyerkolben hängt ab von der Qualität des zu untersuchenden Wassers. Bei reinem Trinkwasser, das an die Verbraucher abgegeben werden soll, genügt ein Kolben mit 100 ml Nährlösung und 100 ml Wasser; bei einer Quantifizierung (nach Trinkwasser-VO) ist neben dem Erlenmeyerkolben noch ein Reagenzröhrchen mit 10 ml Nährlösung und 10 ml Wasser und ein Röhrchen mit 5 ml Nährlösung und 1 ml Wasser anzusetzen. Bei Oberflächenwasser genügt meist (je nach Verschmutzung) eine Verdünnungsreihe von 10 ml abwärts, d. h. einer dem Verschmutzungsgrad angepaßten Zahl von Reagenzröhrchen.

Arbeitsvorschrift für die Flüssigkeitsanreicherung

Bei diesem Verfahren wird das zu untersuchende Wasser original oder nach Verdünnung in die flüssige Nährlösung gefüllt, die Lactose und Bromkresolpurpur als Indikator enthält. Tritt Bakterienvermehrung nach Bebrütung auf, so trübt sich die Nährlösung. Bei Anwesenheit von E. coli und Coliformen ist neben der Trübung auch die Säurebildung durch den Farbumschlag des Indikators von purpur nach gelb und die Gasbildung durch Gasblasen oder sogar aufsteigende Gärröhrchen erkennbar.

Für Trink- und Schwimmbeckenwasser, in dem in 100 ml weder E. coli noch Coliforme nachweisbar sein dürfen, verwendet man die bereits vorbereiteten Erlenmeyerkolben, die 100 ml doppelt konz. Lactose-Nährlösung enthalten und setzt 100 ml Wasser zu. Für Mineralwasser, in dem in 250 ml weder E. coli noch Coliforme nachweisbar sein dürfen, kann man zweimal 125 ml in 125 ml doppelt konz. Nährlösung ansetzen. Dazu wird unter sterilen Bedingungen (Abflammen des Flaschenhalses der Entnahmeflasche und des Erlenmeyerkolbenhalses) 100 bzw. zweimal 125 ml des zu untersuchenden

---
[2] Für die Chromoxidase-Reaktion gibt es auch Teststreifen (z. B. Fa. Merck, Oxoid), die sich nach Abstreifen der Kultur blau färben. Sie sind besonders für Arbeiten an Ort und Stelle geeignet.

Wassers in die Nährlösung eingefüllt. Anschließend wird bei einer Temperatur von 36 ± 1°C 25 ± 4 h und bei negativem Befund 44 ± 4 h bebrütet.
In der Trinkwasser-VO wird in Anlage 1 Nr. 1 und 2 bei positivem Befund, d.h. bei Farbumschlag und Gasbildung, eine Quantifizierung des Nachweises gefordert. Aus diesem Grunde empfiehlt es sich bei Trinkwasser statt der einfachen Flüssiganreicherung von vornherein drei Konzentrationen zu untersuchen, um den Coliformentiter zu ermitteln. Für die Trinkwasseruntersuchung ist zu empfehlen, neben den 100 ml noch 10 ml Wasser in dem Reagenzröhrchen mit 10 ml und 1 ml Wasser in dem Reagenzröhrchen mit 5 ml Nährlösung (doppelt konz.) zu untersuchen.
Bei Untersuchungen von Oberflächenwasser, stärker verschmutztem Rohwasser oder Badegewässer ist mit stärkeren Verdünnungen zu arbeiten. Der Nährlösung werden nach dem zu erwartenden Verschmutzungsgrad jeweils unterschiedliche Wassermengen zugegeben, z.B. 10, 1,0, 0,1, 0,01 ml etc. Für die Konzentrationen < 1 ml setzt man sich Verdünnungsreihen des Wassers mit physiologischer Kochsalzlösung an und gibt jeweils 1 ml der entsprechenden Verdünnung in 5 ml Nährlösung. Man verwendet Reagenzröhrchen mit Durhamschen Gärröhrchen und Aluminiumkappen. Bis zum Volumen mit 1 ml sind 5 ml doppelt konz. Lactose-Nährlösung einzufüllen; bei Wassermengen > 1 ml wird einfach konzentrierte Lactose-Nährlösung verwendet.
Alle angesetzten Proben werden im Brutschrank bei 36 ± 1°C bebrütet. Nach 24 ± 4 h wird die erste Kontrolle vorgenommen. Alle Kolben und Röhrchen, die einen Farbumschlag nach gelb und eine Gasbildung zeigen, werden aussortiert; die übrigbleibenden Proben werden insgesamt 44 ± 4 h bebrütet. Dann erfolgt die Endkontrolle. Proben, die weder einen Farbumschlag noch eine Gasbildung zeigen, sind negativ. Proben mit Farbumschlag und Gasbildung sind verdächtig und werden zur weiteren Differenzierung untersucht.
Mit einer ausgeglühten Platinöse nimmt man einen Abstrich aus den verdächtigen Kulturen und streicht sie auf Endoagar-Nährboden aus. Man sollte auf einen möglichst dünnen Ausstrich achten um Einzelkolonien zu erhalten. Die beimpften Endoagar-Nährböden müssen zur Vermeidung einer Rotfärbung des Endoagars im Licht sofort in den Brutschrank gestellt und bei 36 ± 1°C 24 ± 4 h bebrütet werden.
Nach der Bebrütung werden die Endoagar-Nährböden kontrolliert. E. coli und Coliforme wachsen auf dem Endoagar-Nährboden als rote, runde, leicht gewölbte Kolonien, die oft einen grünlich-schimmernden metallischen Glanz (Fuchsinglanz) aufweisen.
Bei nicht eindeutigen Kolonien ist eine Gramfärbung (s. Abschn. 13.5.2) zu empfehlen. Liegen gramnegative, plumpe Stäbchen vor, so ist weiter zu differenzieren. Sollte der Endoagar-Nährboden durch Proteus-Bakterien überwuchert sein, so ist auf einen Pril-Agar-Nährboden zu überimpfen, auf dem das Schwärmen von Proteus-Bakterien verhindert wird. Einzelkolonien auf dem Pril-Agar-Nährboden werden nochmals auf Endoagar-Nährboden ausgestrichen.
Für die weitere Differenzierung ist zur Kontrolle der Vermehrung auf den Nährmedien zu empfehlen, die Untersuchung durch Überimpfen eines E. coli-Teststamms (z.B. Stamm ATTC 11229, Testkeim für Desinfektionsmittelprüfung der Deutschen Gesellschaft für Hygiene und Mikrobiologie) auf Endoagar-Nährboden und die folgenden Nährmedien mitlaufen zu lassen. Der Teststamm kann auf Agar-Nährboden angezüchtet und im Kühlschrank aufbewahrt werden. Er muß etwa alle 2 bis 3 Wochen auf einen neuen Agar-Nährboden überimpft werden. Am Tag der Überimpfung einer positiven Lactoseprobe, ist gleichzeitig der Teststamm auf Endoagar zu überimpfen.
Nachdem die Subkulturen angezüchtet sind, kann man an die Identifizierung dieser Reinkulturen gehen. Dazu wird von der Reinkultur jeder Kolonieart mit der ausgeglühten Platinöse in Tryptophan-Trypton-Nährlösung überimpft. Nach einer Bebrütungszeit von 4 bis 6 h bei 36 ± 1°C zeigt eine leichte Trübung der Nährlösung die Bakterienvermehrung an.
Von der Tryptophan-Trypton-Nährlösung werden folgende Nährmedien beimpft: Glu-

cose-Nährlösung, Lactose-Nährlösung, Agar-Nährboden (s. Abschn. 13.6.1), Ammoniumcitrat-Agar-Nährboden und Endoagar-Nährboden.

Mit Ausnahme der Lactose- und der Glucose-Nährlösung werden sämtliche beimpften Nährmedien einschließlich der Tryptophan-Trypton-Nährlösung 24 ± 4 h bei 36 ± 1 °C bebrütet. Die Lactose- und die Glucose-Nährlösung werden bei 44 ± 1 °C im Wasserbad bebrütet, da die Wärmeübertragung rascher erfolgt als in Luft. Nach der Bebrütung wird zunächst geprüft, ob auf dem Endoagar-Nährboden typische Kolonien gewachsen sind. Wenn das nicht der Fall ist, müssen nochmals alle oben angegebenen Nährböden beimpft werden. Wenn Reinkulturen vorliegen, sollte als erstes die Oxidase-Reaktion überprüft werden. Auf den Agar-Nährboden werden einige Tropfen Cytochromoxidase-Reagenz (Nadi-Reagenz) gegeben. Tritt nach 2 bis 3 min eine intensive blau-violette Verfärbung der Kolonien auf, so handelt es sich nicht um die Gattung Enterobacteriaceae; in diesem Fall können weitere Untersuchungen unterbleiben. Es handelt sich dann wahrscheinlich um Aeromonaden, die kulturmorphologisch den Coliformen sehr ähnlich sind. Tritt keine Verfärbung der Kolonien auf (negative Cytochromoxiase-Reaktion), so werden die übrigen Kulturen überprüft.

Gemäß Trinkwasser-VO sind morphologisch typische Kolonien auf Endoagar, die eine negative Cytochromoxidasereaktion aufweisen und bei 36 °C unter Säure- und Gasbildung Lactose spalten als Coliforme einzustufen.

Lactose-Nährlösung: Bei positiver Reaktion sind Säurebildung, d. h. Umschlag des Indikatorfarbstoffs von purpur nach gelb, und Gasbildung, erkenntlich an der Gasblase im Durhamschen Gärröhrchen, zu beobachten. Bei negativer Reaktion tritt keine Säure- und Gasbildung auf. Bei ausbleibender Gasbildung, aber auftretender Säurebildung sollte die Bebrütung um weitere 24 h verlängert werden. Tritt dann Gasbildung auf, so ist die Reaktion als positiv zu werten.

Glucose- oder Mannit-Nährlösung: Auch hier werden bei positiver Reaktion Säurebildung und Gasbildung festgestellt. Fehlt die Gasbildung, so ist die Reaktion in jedem Falle negativ, auch wenn Säurebildung aufgetreten ist.

Indolreaktion: Zum Nachweis der Indolbildung wird die Tryptophan-Trypton-Nährlösung ca. 5 mm hoch mit Indolreagenz überschichtet. Bei positiver Reaktion tritt nach 1 bis 2 min eine intensive Rotfärbung der Reagenzschicht auf. Bei negativer Reaktion bleibt die Schicht hellgelb.

Ammoniumcitrat-Agar-Nährboden: Bei positiver Reaktion tritt Wachstum von Kolonien auf, wobei die Farbe des Nährbodens von grün nach blau umschlägt. Bei negativer Reaktion bleibt der Nährboden völlig unverändert und es ist keine Kolonie erkennbar.

Als E. coli werden Kolonien bezeichnet, die zusätzlich zu den Coliformen-Reaktionen positive Indolreaktionen zeigen, bei 44 °C Glucose und Lactose unter Säure- und Gasbildung spalten können und Citrat als einzige Kohlenstoffquelle nicht verwerten können.

Die einzelnen Untersuchungsergebnisse sind in Tabelle 13.1 zusammengefaßt. Da es sich bei diesen biochemischen Reaktionen um ein vereinfachtes System der vielfältigen Enterobacteriaceae-Differenzierung handelt, sind Zweifelsfälle nicht selten. Es sind dann zusätzliche Untersuchungen (z. B. Gramfärbung einer frisch angesetzten Kultur auf Endoagar) notwendig, auf jeden Fall ist eine nochmalige Probenahme an der betreffenden Stelle mit mikrobiologischer Untersuchung zu empfehlen.

Tabelle 13.1. Biochemische Reaktionen zur Differenzierung von E. coli und Coliformen

	E. coli	Coliforme
Cytochromoxidasereaktion	0	0
Indolbildung	+	0/+
Wachstum auf Ammoniumcitrat-Agar-Nährboden	0	0/+
Lactosevergärung		
36 ± 1 °C	+	+
44 ± 1 °C	+	0
Glucose- oder Mannitvergärung		
36 ± 1 °C	+	+
44 ± 1 °C	+	0

Arbeitsvorschrift
für das Membranfilterverfahren

Beim Membranfilterverfahren [27-29] werden Zellulosemembranen bestimmter Porengröße verwendet, durch die das Untersuchungswasser filtriert wird. Die Bakterien im Wasser werden auf dem Filter zurückgehalten. Anschließend kann man je nach Art der nachzuweisenden Mikroorganismen das Filter auf einen festen Nährboden legen, dessen Nährstoffe durch die Membran diffundieren und eine Koloniebildung herbeiführen; man kann auch das Filter in eine Nährlösung geben, in der sich dann ebenfalls die zurückgehaltenen Bakterien vermehren. Dieses Verfahren ist besonders geeignet zum Nachweis einzelner Mikroorganismen in großen Flüssigkeitsmengen, die auf einfachen Nährböden nicht zu züchten sind.

Das Membranfiltergerät besteht aus einer Saugflasche, einem Trichteraufsatz und einem Unterteil mit Metallsinterplatte. Das Unterteil stellt ein sich trichterförmig erweiterndes Ablaufrohr mit einem Absperrhahn dar. An der Oberkante der trichterförmigen Erweiterung befindet sich ein Ring, in den die Metallsinterplatte und das Membranfilter eingelegt werden. Der Trichteraufsatz wird durch einen Bajonettverschluß oder Klammerverschluß mit dem Unterteil fest verriegelt. Da die Filtration mit Unterdruck erfolgt, ist die Saugflasche mit einer Wasserstrahlpumpe oder einer Vakuumpumpe verbunden.

Zur Untersuchung von Wasserproben auf E. coli und Coliforme verwendet man das Filter „Coli 5". Es hat eine Porenweite von 0,45 µ. Die Filter müssen vor der Verwendung an zwei aufeinanderfolgenden Tagen durch jeweils 20 min langes Kochen in destilliertem Wasser sterilisiert werden. Im Handel gibt es auch bereits sterile Filter in Beuteln verpackt, die besonders für Arbeiten an Ort und Stelle geeignet sind. Das aus Metall bestehende und zusammengesetzte Filtergerät wird mit eingelegter Metallsinterplatte vor der Filtration gründlich (20 s) abgeflammt. Dann wird der obere Trichter abgenommen und die Fritte bei laufender Pumpe und offenem Absperrhahn abgeflammt. Nach Schließen des Absperrhahns wird mit einer abgeflammten Pinzette ein Membranfilter auf die Fritte gelegt. Nun wird der obere Trichter nochmals abgeflammt (z. B. unter Zuhilfenahme einer Tiegelzange) und auf den unteren Teil aufgesetzt. Die vorgesehene Wassermenge wird nach Abflammen des Probeflaschenhalses in den Trichter gegossen und der Hahn geöffnet. Die Pumpe sollte erst abgestellt werden, wenn alle Proben filtriert sind. Ist das Wasser abgelaufen, wird der Hahn geschlossen und der obere Trichter abgenommen. Das auf der Fritte liegende Membranfilter wird mit einer abgeflammten Pinzette abgehoben und kann gemäß Trinkwasser-VO in einen sterilen Kolben mit 50 ml einfach konzentrierter Lactose-Nährlösung gegeben und weiterbehandelt werden wie bei der Flüssigkeitsanreicherung beschrieben.

Mit dieser Methode kann jede beliebige Wassermenge filtriert werden, z. B. 100 ml Trinkwasser, 250 ml Mineral- und Tafelwasser oder 100 ml Schwimmbeckenwasser, für Virenuntersuchungen werden 10 l benötigt. Bei stärker verschmutzten Wässern, z. B. Badegewässer sind 10 ml und weniger zu filtrieren. Damit eine gleichmäßige Verteilung der Bakterien auf dem Filter gewährleistet ist, sollte man bei Mengen < 20 ml Untersuchungswasser mit ca. 40 bis 50 ml physiologischer Kochsalzlösung verdünnen und gut umschütteln, damit keine Klumpen von Bakterienkolonien oder ein völliges Ineinanderlaufen der Kolonien das Ablesen und Beurteilen unmöglich macht.

Das abgehobene Filter kann aber auch vorsichtig auf einen Endoagar-Nährboden aufgelegt werden. Es dürfen keine Luftblasen zwischen Nährboden und Membranfilter vorhanden sein. Da die Nährstoffe durch die Membran diffundieren, würden Luftblasen den Nährstoffluß hemmen. Am besten gelingt das Auflegen, wenn man das Filter mit einer Art abrollender Bewegung aufbringt. Die so vorbereiteten Platten werden mit dem Boden der Petrischale nach oben sofort in den Brutschrank gestellt, damit kein Kondenswasser in der Schale auf das Filter tropfen kann, und 20 ± 4 h bei 36 ± 1 °C bebrütet.

Nach der Inkubationszeit wird das Filter kontrolliert, wobei auch eine Lupe gute

Dienste leistet. Von jeder feuchten, glatten, roten Kolonieform, besonders auch von den Kolonien mit Fuchsinglanz wird mit der Platinöse etwas auf einen Endoagar-Nährboden überimpft, mit ihr ausgestrichen und nochmals 20 ± 4 h bei 36 ± 1 °C bebrütet.

Zur Bestimmung der Colizahl werden alle Kolonien auf der Platte gezählt, die jeweils zu der bestimmten überimpften Kolonieform gehören. Anschließend kann die Differenzierung in der gleichen Weise durchgeführt werden wie bei der Flüssigkeitsanreicherung beschrieben. Die Methode der Direktauflage von Membranfiltern auf feste Nährböden entspricht nicht der Trinkwasser-VO; der Fehler dieser Methode gegenüber der Flüssigkeitsanreicherung ist aber äußerst gering und liegt nach eigenen Untersuchungen bei gewissenhafter Arbeitsweise für Trinkwässer unter 1 %. Das Verfahren hat den Vorteil einer raschen Aussage, ob die Wasserversorgung hygienisch einwandfrei ist, was gerade für die Praxis der Wasserwerke ausschlaggebende Bedeutung hat.

Eine weitere Vereinfachung dieser Methode, die sich besonders für die Untersuchung an Ort und Stelle eignet, ist der Einsatz von Nährkartonscheiben. Auch ein solches Verfahren ist für Trinkwasser nach der Trinkwasser-VO nicht anerkannt. Bei dieser Methode wird das nach der Filtration vorsichtig abgehobene Filter statt auf einen Endoagar-Nährboden auf eine Endonährkartonscheibe aufgelegt, die mit 3,5 ml sterilem destilliertem Wasser befeuchtet wurde. Nach etwa 24 h sind die dunkelroten, glänzenden Kolonien zu erkennen. Nach Überprüfung der Einzelkolonien auf Endoagar ist auch eine Differenzierung möglich. Sterile Membranfilter und sterile Nährkartonscheiben (z. B. Sartorius GmbH) in Petrischalen sind leicht zu transportieren und für Geländeuntersuchungen empfehlenswert.

Wie bereits erwähnt, verhindern schwärmende Proteus-Bakterien ein korrektes Ablesen. Bei ihrem Vorkommen wird, wie in der Arbeitsvorschrift für die Flüssigkeitsanreicherung, verfahren. Sollte häufig mit ihnen zu rechnen sein, so können auch andere Systeme (z. B. Iso-Grid-System der Fa. Merck) zum Einsatz kommen.

13.5.2 Gramfärbung (Originalmethode)

Die Gramfärbung, benannt nach dem dänischen Bakteriologen und Pathologen H.C.J. Gram (1853-1938), stellt ein wesentliches Unterscheidungsmerkmal zwischen zwei Bakteriengruppen dar; es gibt grampositive und gramnegative Bakterien. Der Unterschied einer Affinität für Anilinfarben der Bakterien hängt mit der Struktur ihrer Zellwand zusammen [30, 31].

Nach Hitzefixierung der Bakterienzellen (kurzes Durchziehen des Objektträgers durch eine Gasflamme) werden diese mit dem Farbstoff Gentianaviolett angefärbt und anschließend mit einer Iodlösung behandelt. Iod bildet mit dem Farbstoff Lacke, die in Wasser unlöslich und in Alkohol nur wenig löslich sind. Bei der Behandlung mit Alkohol halten die Zellwände der grampositiven Bakterien den Farbstoff-Iod-Komplex zurück und bleiben blau, während die gramnegativen Zellen entfärbt werden. Diese werden anschließend durch eine Gegenfärbung mit dem Kontrastfarbstoff Fuchsin behandelt und erhalten eine rosa Färbung.

Geräte:
Bunsenbrenner; Mikroskop (Objektiv für Ölimmersion), Objektträger; Platinöse mit Halterung;

Reagenzien:
Karbol-Gentianaviolett-Lösung. Es wird zunächst eine mit Gentianaviolett gesättigte alkoholische Lösung hergestellt. Diese Gentianaviolett-Stammlösung ist vor Gebrauch wie folgt zu verdünnen. 10,0 ml Stammlösung, 1,0 ml Phenollösung, Acid. carbol. liquef (5 g Phenol, C_6H_5OH p. a. gelöst in 95 ml destilliertem Wasser) und 100 ml destilliertes Wasser werden gemischt. Die Verdünnung ist nur kurze Zeit haltbar und muß vor Verwendung filtriert werden. Es kann auch mit Karbol-Methylviolett-Lösung gefärbt werden, die nach gleicher Vorschrift zu verdünnen ist.

Lugolsche Lösung. 1,0 g Iod, I_2 p. a. und 2,0 g Kaliumiodid, KI p. a. werden in 297 ml destilliertem Wasser gelöst.

Immersionsöl

Aceton-Spiritus. 3 ml Aceton, CH_3COCH_3 p.a. (*D* = 0,79 g/ml) werden mit 97 ml Ethanol, C_2H_5OH p. a. (*D* = 0,81 g/ml) vermischt.

Karbol-Fuchsin-Lösung. Zunächst wird eine mit Fuchsin gesättigte alkoholische Lösung hergestellt. Diese Karbol-Fuchsin-Stammlösung ist vor Gebrauch wie folgt zu verdünnen. 10,0 ml Stammlösung, 5 ml Phenollösung, Acid. carbol. liquef (s. o.) und 100 ml destilliertes Wasser werden gemischt. 10 ml dieser Lösung werden mit 100 bis 200 ml destilliertem Wasser verdünnt (Haltbarkeit wie oben).

Arbeitsvorschrift

Zunächst wird von der verdächtigen Kultur mit einer Platinöse eine geringe Menge auf einen Objektträger mit physiologischer Kochsalzlösung übertragen. Nach dem Trocknen wird der Objektträger kurz 2 bis 3mal durch die leuchtende Bunsenbrennerflamme gezogen. Der fixierte Ausstrich wird 3 min mit einigen Tropfen Karbol-Gentianaviolett-Lösung gefärbt. Nach Abschütteln der Farblösung wird Lugolsche Lösung aufgetropft und sofort wieder abgegossen, um Farbreste zu entfernen. Man wiederholt diese Manipulation und läßt dann 1 bis 2 min die Lugolsche Lösung einwirken. Anschließend wird so lange mit Acetonspiritus gespült, bis keine Farbwolken mehr abgehen. Danach wird mit Wasser abgespült und 2 min mit Karbol-Fuchsin-Lösung gegengefärbt; es wird mit Wasser abgespült und getrocknet.
Es folgt die mikroskopische Kontrolle mit Ölimmersion. Grampositive Keime sind blauviolett gefärbt, gramnegative hellrot.

13.5.3 Bestimmung von Fäkalstreptokokken

Fäkalstreptokokken sind Kokken, die eine kugel- bis eiförmige Gestalt aufweisen und paarweise gelagert sind (Diplokokken), da die Zellteilung stets in einer Richtung erfolgt. Sie reagieren grampositiv und gehören zur serologischen Gruppe D. Obwohl es sich um eine Vielzahl von Streptokokkenarten handelt, haben sie einige Eigenschaften gemeinsam. So können sie sich u. a. auch bei einem Kochsalzgehalt bis zu 6,5 % vermehren, ertragen einen pH-Wert bis zu 9,6, bis zu 40 % Galle in Blut-Glucose-Agar-Nährboden und vermehren sich auch in Nährlösung bei 10 bis 45 °C. Unter dem Begriff „Fäkalstreptokokken" werden diejenigen Streptokokken verstanden, die Darmbewohner von Mensch und Tier sind und mit den Faeces ausgeschieden werden [32, 33].
Im Wasser besitzen sie nur eine verhältnismäßig kurze Überlebensdauer (1 bis 5 Tage) [34], so daß man bei einem positiven Befund eine relativ frische fäkale Verunreinigung des Untersuchungswassers vermuten kann. Bei tiefen Temperaturen < 10 °C, also Grundwassertemperatur, können sie bis zu 4 Wochen lebensfähig bleiben. Außerdem sind sie resistenter gegen Chlor als E. coli und Coliforme. Dieser Nachweis stellt daher eine gute Ergänzung zur Beurteilung der mikrobiologischen Wasserqualität dar.

Geräte:
Bunsenbrenner;
Membranfiltergerät (s. Abschn. 13.5.1);
250- bis 300-ml-Erlenmeyerkolben (50 ml graduiert) mit Aluminiumkappe;
sterile Petrischalen;
Platinöse mit Halterung;

Reagenzien:

Doppelt konzentrierte Acid-Glucose-Nährlösung. 30 g Pepton aus Casein, 9,6 g Fleischextrakt, 15 g D(+)-Glucose, $C_6H_{12}O_6 \cdot H_2O$, 15 g Natriumchlorid, NaCl p. a. und 0,4 g Natriumacid, NaN_3 reinst werden in 1 l destilliertem Wasser gelöst; die Lösung wird mit Salzsäure (1 mol/l) bzw. Natronlauge (1 mol/l) auf einen pH-Wert von 7,2 eingestellt. Anschließend werden 100 ml der Lösung in sterile Erlenmeyerkolben abgefüllt und 20 min bei 121 °C im Autoklaven sterilisiert.

Einfach konzentrierte Acid-Glucose-Nährlösung. Die Hälfte der oben angegebenen Reagenzien wird in 1 l destilliertem Wasser gelöst. Abgefüllt werden 50 ml der Lösung in die sterilen Erlenmeyerkolben; sie werden 20 min bei 121 °C sterilisiert.

Kanamycin-Äsculin-Acid-Agar-Nährboden. 20,0 g Pepton aus Casein, 5,0 g Hefeextrakt, 5,0 g Natriumchlorid, NaCl p. a., 1,0 g Natriumcitrat, $C_6H_5Na_3O_7 \cdot H_2O$ p. a., 0,15 g Natriumacid, NaN_3 reinst, 0,02 g Kanamycinsulfat, 1,0 g Äsculin, $C_{15}H_{16}O_9 \cdot 1,5 H_2O$, 0,5 g Ammoniumeisen(III)citrat-Pulver und 15 g Agar-Agar werden in 1 l destilliertem Wasser unter Erhitzen gelöst. Die Lösung wird mit Salzsäure (1 mol/l) bzw. Natronlauge (1 mol/l) auf einen pH-Wert von 7,1 eingestellt. Nach völliger Lösung wird 20 min bei 121 °C sterilisiert und anschließend unter sterilen Bedingungen in Petrischalen gegossen.

Enterokokken-Selektivagar-Nährboden (nach Slanetz und Bartley). 15,0 g Pepton aus Casein, 5 g

Pepton aus Sojamehl, 5 g Hefeextrakt, 2 g D(+)-Glucose, $C_6H_{12}O_6 \cdot H_2O$, 4 g di-Kaliumhydrogenphosphat, K_2HPO_4 reinst, 0,4 g Natriumacid, NaN_3 reinst, 0,1 g 2,3,5-Triphenyltetrazoliumchlorid, $C_{13}H_{15}ClN_4$ und 10 g Agar-Agar werden in 1 l destilliertem Wasser 15 min zum Quellen des Agars stehen gelassen. Nachdem der pH-Wert mit Salzsäure, HCl (1 mol/l) bzw. Natronlauge, NaOH (1 mol/l) auf 7,2 eingestellt ist, wird der Nährboden im Dampftopf (!) 30 min sterilisiert und unter sterilen Bedingungen in Petrischalen gegossen.

Blutplatten. Eine Überimpfung auf Blutplatten ist nach der Trinkwasser-VO nicht erforderlich. Sie kann aber zur weiteren Sicherung der Ergebnisse vorgenommen werden. Fäkalstreptokokken bilden graue bis graugrüne Kolonien, die zuweilen Hämolyse zeigen. Blutplatten sollten als Fertigplatten oder von medizinischen Untersuchungslaboratorien bezogen werden, sie halten sich nur wenige Tage im Kühlschrank.

Arbeitsvorschrift

Die Flüssigkeitsanreicherung der Fäkalstreptokokken erfolgt in doppelt konzentrierter Acid-Glucose-Nährlösung. Man gibt 100 ml des Untersuchungswassers zu 100 ml doppelt konzentrierter Acid-Glucose-Nährlösung. Da bei der Mineralwasseruntersuchung 250 ml des Wassers zu untersuchen sind, kann man 2mal 125 ml ansetzen in 125 ml doppelt konzentrierter Nährlösung, die Endkonzentration nach Zugabe des Untersuchungswassers muß 0,5 bis 1% Glucose und 0,02 bis 0,05% Natriumacid betragen. Bebrütet wird 24 ± 4 h bei 36 ± 1 °C. Nach dieser Zeit muß unbedingt abgelesen werden, da bei längerer Bebrütungszeit die Wiederfindungsrate geringer ist. Bei positivem Befund tritt Trübung auf; bleibt die Lösung klar, ist insgesamt 44 ± 4 h zu bebrüten. Wenn wieder keine Wachstumstrübung zu beobachten ist, ist die Probe frei von Fäkalstreptokokken, also negativ.
Bei Verwendung der Membranfiltermethode kann eine entsprechende Wassermenge durch ein Membranfilter filtriert werden und anschließend in 50 ml einfach konzentrierter Acid-Glucose-Nährlösung 24 ± 4 h bzw. 44 ± 4 h bei 36 ± 1 °C bebrütet werden.
Bei positivem Befund, also Wachstum in der Acid-Glucose-Nährlösung muß zur endgültigen Diagnose auf Kanamycin-Äsculin-Acid-Agar-Nährboden oder auf Enterokokken-Selektivagar-Nährboden (nach Slanetz und Bartley) überimpft und bei 36 ± 1 °C bebrütet werden. Bei Verwendung von Kanamycin-Äsculin-Acid-Agar-Nährboden kann nach 24 h bis zu 3 Tagen abgelesen werden. Fäkalstreptokokken weisen einen dunklen Hof auf. Bei Verwendung von Enterokokken-Selektivagar-Nährboden sind bis zu 44 ± 4 h erforderlich. Fäkalstreptokokken bilden rosarote bis braune Kolonien.
Zur Sicherstellung des Befunds ist von verdächtigen Kolonien nach Gram (siehe Abschn. 13.5.2) zu färben.
Grampositive Diplokokken gelten als Fäkalstreptokokken im Sinne der Trinkwasser-VO. (Die in der Mineral- und Tafelwasser-VO angegebene Diagnose durch pH-Änderungen wird in der Trinkwasser-VO als nicht ausreichend bezeichnet.)
Für die Untersuchung an Ort und Stelle kann nach Membranfiltration auch das Filter auf Enterokokken-Selektivagar-Nährboden (nach Slanetz und Bartley) aufgelegt werden und anschließend 20 ± 4 h bei 36 °C bebrütet werden. Kein Wachstum zeigt negativen Befund an; wachsen rosarote bis braune Kolonien, so besteht der Verdacht auf Anwesenheit von Fäkalstreptokokken. Nach Zählung sollten von den Einzelkolonien Subkulturen auf einer Blutplatte angelegt werden und Gramfärbungen vorgenommen werden. Auch Nährkartonscheiben zum Nachweis von Fäkalstreptokokken sind im Handel. Es muß allerdings wieder darauf hingewiesen werden, daß diese Verfahren nicht der Trinkwasser-VO entsprechen.

13.5.4 Bestimmung von sulfitreduzierenden, sporenbildenden Anaerobiern (Clostridien)

Clostridien sind weitverbreitet; sie sind fast regelmäßig in menschlichen und tierischen Faeces, aber auch im Abwasser und Boden nachweisbar. Clostridium perfringens-Sporen im Wasser können also sowohl aus dem Darm von Mensch und Tier, als auch aus dem Boden stammen und weisen somit auf eine ungenügende Untergrundfiltration von oberflächennahem Wasser oder eine Verunreinigung des Wasservorkommens hin. Im Gegensatz zu E. coli und Coliformen überleben Clostridien-Sporen längere Zeit zurückliegende Verschmutzung des Wassers, so daß sie als Indikator für entfernt gelegene Verschmutzungen dienen können. Allerdings werden diese Aussagen mitunter angezweifelt [35]; daher kann diese Bestimmung nicht als Ersatz für den Nachweis von E. coli und Coliformen dienen, sondern nur als nützliche Ergänzung. Die Sporen sind gegenüber chemischen und physikalischen Einflüssen resistenter als die vegetativen Zellen; so überleben sie die Chlorung in Mengen, die normalerweise zur Trinkwasseraufbereitung Verwendung finden und auch Temperaturen bis zu 80 °C. Die Clostridien gehören zur Familie der Bacillaceaen, sind grampositiv und wachsen nur unter streng anaeroben Bedingungen; es sind plumpe unbewegliche Stäbchen, die durch ihre Größe auffallen. Clostridium perfringens, der Erreger des Gasbrands, kann gelegentlich auch in Kettenformation vorkommen. Die Untersuchung findet nach Erhitzung statt, um die vegetativen Bakterienzellen vorher abzutöten. Die Anzüchtung erfolgt unter anaeroben Bedingungen in Glucose-Eisencitrat-Natriumsulfit-Nährlösung. Bei Anwesenheit von Clostridien wird das Natriumsulfit zu Natriumsulfid reduziert, wodurch das vorhandene Eisen schwarzes Eisensulfid bildet, d. h. die Nährlösung wird schwarz [36–38].

Geräte:
Anaerobiertopf, Membranfiltergerät (s. Abschn. 13.5.1); sterile Petrischalen; Platinöse mit Halterung; 100-ml-Nährbodenkolben (evtl. auch 150 ml; 50 ml graduiert) mit Aluminiumkappen; 20-ml-Meßpipetten (evtl. auch 50 ml); Pipettenbüchse;

Reagenzien:
Doppelt konzentrierte Glucose-Eisencitrat-Natriumsulfit-Nährlösung (DRCM-Nährlösung, Differential Reinforced Clostridial Broth): 10 g Pepton aus Casein, tryptisch verdaut, 10 g Pepton aus Fleisch, tryptisch verdaut, 16 g Fleischextrakt, 2 g Hefeextrakt, 2 g Stärke $(C_6H_{10}O_5)_n$, 2 g D(+)Glucose, $C_6H_{12}O_6 \cdot H_2O$, 1 g L-Cysteiniumchlorid, $C_3H_8ClNO_2S \cdot H_2O$, 10 g Natriumacetat $CH_3COONa \cdot 3H_2O$ reinst, 1 g Natriumsulfit, Na_2SO_3 p.a., 1 g Ammoniumeisen-III-citrat-Pulver und 0,004 g Resazurin-Natrium werden in 1 l destilliertem Wasser gelöst, mit Salzsäure (1 mol/l) bzw. Natronlauge (1 mol/l) auf einen pH-Wert von 7,1 eingestellt, in kleinen Erlenmeyerkolben je 20 ml abgefüllt und im Autoklaven 20 min bei 121 °C sterilisiert, die Lösung hält sich etwa 2 Wochen im Kühlschrank.

Blut-Glucose-Agar-Nährboden. Zu empfehlen ist Blutagar mit erhöhtem Hammelblutgehalt und 2 % D(+)-Glucose-Zusatz. Er ist entweder über Spezialhandel (z. B. Fa. Sartorius, Merck) zu beziehen oder man wendet sich an medizinisch-mikrobiologische Laboratorien.

Arbeitsvorschrift

Vor der Anreicherung wird das Untersuchungswasser in einem sterilen Kolben in einem Wasserbad 10 min auf 75 ± 5 °C erhitzt. Von Zeit zu Zeit wird mit einer Kontrollflasche, die ein Thermometer enthält, überprüft, ob der Versuchsaufbau die gewünschte Temperatur für das Untersuchungswasser erreicht. Anschließend werden 20 ml des erhitzten Untersuchungswassers oder 50 ml Mineralwasser einem Nährbodenkolben mit 20 bzw. 50 ml doppelt konzentrierter Nährlösung vermischt. Der Kolben kommt in einen Anaerobiertopf, der nach Verschließen mit einer Wasserstrahlpumpe oder Vakuumpumpe evakuiert wird. Der Topf wird im Brutschrank bei 36 ± 1 °C bebrütet und nach 24 ± 4 h auf Wachstum kontrolliert. Es können auch andere Anaerobverfahren angewendet werden, aber nach [39] ist speziell für Clostridium perfringens das erwähnte Verfahren vorzuziehen. Dunkelbraun- bis Schwarzfärbung der Lösung zeigt einen positiven Befund an. Bei negativen Befund wird weitere 24 ± 4 h bebrütet und abgelesen. Bei positivem Befund ist auf Blut-Glucose-Agar-Nährboden zu überimpfen und zwar auf zwei Platten. Die eine wird im Anaerobiertopf nach Evakuierung bei 36 ± 1 °C 24 ± 4 h bebrütet, die andere unter normalen aeroben Verhältnissen. Wenn es sich um Clostridien handelt, wird nur auf der anaerob bebrüteten Platte Wachstum zu erkennen sein. Die Untersuchung auf sulfitreduzierende Clostridien ist auch möglich über Membranfiltration, wobei die Membranfilter in 20 ml einfach konzentrierte DRCM-Nährlösung eingelegt werden. Bebrütung und Ablesung erfolgt wie oben beschrieben.

Nicht der Trinkwasser-VO entspricht das Verfahren mit Membranfiltern; sie werden auf den Boden einer sterilen Petrischale gelegt und mit Glucose-Eisensulfat-Natriumsulfit-Agar-Nährboden überschichtet. Im Anaerobiertopf wird bei 36 ± 1 °C bebrütet und nach 20 ± 4 h oder bei negativem Befund nach weiteren 20 ± 4 h abgelesen. Bei positivem Befund können die schwarzen Kolonien ausgewählt werden. Es empfiehlt sich jedoch anschließend auf Blut-Glucose-Agar-Nährboden zu überimpfen, wie oben beschrieben.

13.5.5 Bestimmung von Enteroviren

Der Nachweis von Enteroviren im Trinkwasser dürfte nur bei einer gehäuft auftretenden Viruserkrankung von Bedeutung sein. Für die Untersuchung müßte eine Probe von 10 l bereitgestellt und in einem Speziallaboratorium untersucht werden.

13.5.6 Bestimmung von Fäkalbakteriophagen

Der Nachweis von Fäkalbakteriophagen ist problematisch, weil sie an spezielle Bakterienarten gebunden sind. Lediglich die Anwesenheit von Coliphagen könnte z. B. darauf hinweisen, daß E. coli einmal vorhanden waren.

13.6 Indikatoren für sonstige Verunreinigungen

Alle bisher besprochenen Mikroorganismen sind als Darmbewohner für den Nachweis fäkaler Verunreinigungen mehr oder weniger gut geeignet. Darüberhinaus sind noch einige Bakterien zu erwähnen, die nicht unbedingt fäkalen Ursprung haben, aber auf eine Verunreinigung des Wassers oder auf eine mangelhafte Aufbereitung, hinweisen können.
Hierzu gehören Pseudomonas aeruginosa, der kein Fäkalkeim, sondern ein fakultativ pathogener Erreger ist und bei der Untersuchung von natürlichem Mineralwasser sowie Schwimmbeckenwasser eine Rolle spielt. Auch pathogene Staphylokokken sind keine Fäkalindikatoren; ihre Bestimmung kann aber für die Beurteilung des Schwimmbeckenwassers bedeutungsvoll sein. Auch die nachstehend beschriebene Koloniezahlbestimmung, die bei jeder Wasseruntersuchung erforderlich ist, bezieht sich nicht unbedingt auf Mikroorganismen fäkalen Ursprungs.

13.6.1 Bestimmung der Koloniezahl

Unter Koloniezahl versteht man die Zahl von Kolonien, die sich aus einer festgelegten Wassermenge bei festgelegtem Nährstoffangebot und Bebrütungstemperatur in einer bestimmten Zeit entwickeln und die mit einer festgelegten Lupenvergrößerung gezählt werden.
Diese Bestimmung, die früher unter dem Begriff „Gesamtkeimzahl" durchgeführt wurde, erfaßt alle heterotrophen Bakterien, die in der Lage sind unter den gegebenen Bedingungen Kolonien zu bilden [40].
Es werden alle Kolonien gezählt, die auf der Platte gewachsen sind; die gezählten Kolonien müssen nicht der Zahl der vorhandenen Bakterien entsprechen. Bakterien liegen sehr häufig im Wasser in lockeren Zellverbänden vor, die dann zu einer einzigen Kolonie auswachsen.
Die Koloniezahl ist nicht unbedingt ein Indikator für fäkale Verschmutzungen des Wassers; sie weist vielmehr auf allgemeine Verunreinigungen hin. So ist in oberflächennahen Bodenschichten meist eine höhere Koloniezahl zu finden als in tieferen Schichten, vorausgesetzt, daß in die tiefen Schichten kein verschmutztes Wasser eindringen konnte. Bedeutungsvoll ist die Koloniezahl zur Überwachung der Wassergewinnung, Wasseraufbereitung und Wasserverteilung. Jede Koloniezahlerhöhung weist u. a. auf Verunreinigungen des Wassers, Stagnation im Leitungsnetz, schleimigen Bewuchs von Behältern hin. Es sei noch auf einige besonders auffällige Kolonien hingewiesen, die seuchenhygienisch keine Bedeutung haben.

13 Mikrobiologie

Es sind die in der Wasserbakteriologie als Gelbkeime bezeichneten Kolonien. Sie gehören zu der Gruppe Xanthomonas und zeichnen sich durch ein gelbes Farbpigment aus. Auch Flavobakterien sind gelb gefärbt. Blutrote Kolonien zeigen sich bei Serratia marcescens. Chromobakterien bilden violett gefärbte Kolonien, Bacillus cereus var. mycoides bäumchenförmige Kolonien.

Die Koloniezahl muß nach der Trinkwasser-VO, nach der Mineral- und Tafelwasser-VO und nach DIN 19 643 (Schwimmbeckenwasser) in 1 ml Wasser bestimmt werden. In einem definierten Agar-Nährboden und/oder Gelatine-Nährboden wird nach dem Plattengußverfahren und nach einer Bebrütung bei $36 \pm 1\,°C$ und $20 \pm 2\,°C$ nach 44 ± 4 h die Zahl der Kolonien bei 6 bis 8facher Lupenvergrößerung festgestellt.

Geräte:
Bunsenbrenner; sterile 2-ml-Meßpipetten (0,1 ml graduiert); Pipettenbüchse; sterile Petrischalen; sterile Reagenzröhrchen mit Aluminiumkappen; Lupe mit 6-8facher Vergrößerung; Wasserbad

Reagenzien:
Agar-Nährboden. 3 g Fleischextrakt, 10 g Pepton aus Fleisch, tryptisch verdaut und 15 g Agar-Agar werden in 1 l destilliertem Wasser 15 min lang zum Quellen gebracht und anschließend durch Kochen im Dampftopf gelöst. Nach dem Auffüllen auf 1 l mit destilliertem Wasser wird mit Natronlauge (1 mol/l) bzw. Salzsäure (1 mol/l) ein pH-Wert von 7,2 bis 7,4 eingestellt. Sollte der Nährboden trüb sein, ist über einen Wattebausch in einem Trichter zu filtrieren. Man kann den Nährboden auch in einem hohen Gefäß langsam erstarren lassen; dabei sinken die Trübstoffe zu Boden. Nach völligem Erkalten kann man den oberen klaren Teil abschneiden und wieder im Dampftopf verflüssigen. Der trübe Teil wird verworfen. Der so hergestellt, noch heiße klare Nährboden wird in sterile Reagenzröhrchen zu je 10 ml abgefüllt und anschließend 20 min bei 121 °C im Autoklaven sterilisiert.

Gelatine-Nährboden. 10 g Fleischextrakt, 10 g Pepton aus Fleisch, tryptisch verdaut und 5 g Natriumchlorid, NaCl p. a. werden in einem Nährbodenkolben in 1 l destilliertem Wasser gelöst. Dann wird 30 min im Dampftopf erhitzt. Nach dem Abkühlen wird durch ein Faltenfilter filtriert; anschließend werden 150 g Gelatine zugesetzt. Den Ansatz läßt man kalt etwa 1 h stehen und erhitzt ihn unter Rühren 20 min im Dampftopf. Der pH-Wert wird mit Natronlauge (1 mol/l) bzw. Salzsäure (1 mol/l) auf 7,2 bis 7,5 eingestellt. Sollte der Nährboden trüb sein, klärt man die Lösung durch Zugabe von geschlagenem Hühnereiweiß von 1 bis 2 Eiern. Es wird erneut im Dampftopf erhitzt, bis die Gelatine geklärt ist. Dann wird durch Watte oder ein angefeuchtetes Papierfilter filtriert. Nach Kontrolle und erforderlicher Korrektur des pH-Werts wird der Gelatine-Nährboden zu je 10 ml in Reagenzröhrchen abgefüllt und an zwei aufeinanderfolgenden Tagen jeweils 20 min im Dampftopf bei ca. 100 °C sterilisiert.

Arbeitsvorschrift

Die Durchführung der Untersuchung erfolgt nach dem Kochschen Plattengußverfahren. Drei verschiedene Verfestigungsmittel kommen für die Nährlösung in Frage; sie entsprechen den Vorschriften der Trinkwasser-VO. Es sind Agar-Agar, Gelatine und Agar-Gelatine. Da eine Reihe von Bakterien Gelatinase bildet, wodurch die Gelatine verflüssigt wird, erfordert die Zählung der Einzelkolonien in diesem Nährboden sehr große Erfahrung.

Auf jeden Fall sollte man bei der Untersuchung von stärker verunreinigtem Wasser für die Bebrütung bei 20 bis 22 °C nicht Gelatine als einzigen Nährboden wählen, sondern zusätzlich auch mit Agar ansetzen oder ausschließlich mit Agar-Nährboden arbeiten.

Die Wasserprobe wird durch Umschütteln gut durchgemischt; nach Öffnen der Probeflasche wird mit einer sterilen Pipette jeweils 1 ml in zwei sterile Petrischalen pipettiert. Dabei darf der Deckel nur wenig angehoben werden.

Anschließend werden in jede Schale 10 ml Agar-Nährboden gegeben, den man vorher durch Kochen verflüssigt und anschließend in einem Wasserbad von $46 \pm 2\,°C$ abgekühlt hat. Die Gußtemperatur darf 48 °C nicht überschreiten. Auch hierbei sollte der Deckel nur gering angehoben werden. Nach Auflegen des Deckels wird durch vorsichtiges Schwenken und Drehen (etwa in Form der Zahl 8) das Wasser mit dem Nährboden vermischt.

Man kann auch in eine der beiden Petrischalen mit Gelatine- oder Gelatine-Agar-Nährmedium gießen. Die Reagenzröhrchen mit diesem Nährboden können bei 30 °C gegos-

sen werden, da der Schmelzpunkt von Gelatine bei 26 °C liegt.
Nach dem Gießen der beiden Schalen muß die Verfestigung (evtl. Kühlschrank) abgewartet werden. Dann wird jeweils eine Petrischale mit Agar mit dem Deckel nach unten in den Brutschrank gestellt. Durch das Umdrehen der Schalen vermeidet man das Herabtropfen von Kondenswasser auf die Kulturen. Es wird bei 36 ± 1 °C 44 ± 4 h bebrütet.
Die zweite Schale der betreffenden Wasserprobe mit Agar- oder Gelatine-Nährboden oder Agar-Gelatine-Nährboden kommt in einen zweiten Brutschrank, dessen Temperatur 20 ± 2 °C beträgt. Hat man die zweite Schale mit gelatinehaltigem Nährboden beschickt, so dürfen diese Schalen nicht umgedreht werden, sondern müssen mit dem Deckel nach oben stehend bei 20 ± 2 °C bebrütet werden. Die Bebrütungszeit beträgt 44 ± 4 h.
Nach der Bebrütungszeit stellt man die Schalen auf eine schwarze Unterlage und zählt bei 6 bis 8facher Lupenvergrößerung sämtliche sichtbare Kolonien. Bei höheren Koloniezahlen kann man Zählhilfen verwenden (z. B. Keimzählscheibe nach Wolffhügel). Beim Einsatz automatischer Zählgeräte ist zu berücksichtigen, daß Photozellen nicht in der Lage sind, zwischen einer Kolonie und einem Fremdkörper, z. B. einem winzigen Sandkorn oder einer Luftblase, zu unterscheiden.
Bei stark verschmutztem Wasser ist eine vorherige Verdünnung mit physiologischer Kochsalzlösung (s. Abschn. 13.5.1) zu empfehlen. Das Ergebnis wird in Koloniezahl/ml angegeben. Ein evtl. Verdünnungsfaktor ist zu berücksichtigen.
Die Koloniezahl ist auch mit Nährkartonscheiben und nach Membranfiltration möglich [17], was besonders für die Untersuchung an Ort und Stelle von Vorteil ist, aber nicht den gesetzlichen Vorschriften für Trinkwasser entspricht.

13.6.2 Bestimmung von Pseudomonas aeruginosa

Die Gattung Pseudomonas gehört zur Familie der Pseudomonaceae. Es handelt sich hier um gramnegative Stäbchen, die meist mittels polarer Geißeln beweglich sind. Sie zeigen positive Cytochromoxidase (und Katalase)-Reaktion und sind streng aerob [41].
Die Art Pseudomonas aeruginosa ist als Saprophyt weit verbreitet und kommt unter anderem auch häufig in geringer Zahl im Darm von Mensch und Tier vor. Pseudomonas aeruginosa ist als fakultativ pathogen anzusehen und kann Infektionen hervorrufen, besonders bei Säuglingen und geschwächten Personen. Auch Hautreizungen und Mittelohrentzündung sowie Vereiterung von Wunden können die Folge einer Infektion sein.
Nach Untersuchungsberichten kann dieser Erreger auch über Schwimmbeckenwasser übertragen werden und Erkrankungen auslösen (s. Teil B).
In Feuchträumen vermehren sich diese Bakterien leicht, so daß es bei mangelhafter Desinfektion zur Verkeimung in Filteranlagen bei der Trink- und Badewasseraufbereitung kommt. Auch Ionenaustauscherharze, die z. B. in Enthärtern Verwendung finden, können mit Pseudomonas aeruginosa verkeimen.
Für die Untersuchung von Mineralwasser ist der Nachweis von Pseudomonas aeruginosa gesetzlich vorgeschrieben, ebenso wie für Schwimmbeckenwasser durch die DIN 19643 als allgemeine Regel der Technik. Gemäß Trinkwasser-VO kann diese Untersuchung von der Gesundheitsbehörde angeordnet werden.
Die Mineralwasser-VO schreibt zum Nachweis von Pseudomonas aeruginosa die Flüssigkeitsanreicherung vor. Bei Verwendung von Membranfiltern wird eine Überführung der Filter in den flüssigen Nährboden gefordert. Zur Anzüchtung verwendet man Malachitgrün-Pepton-Nährlösung. Nach Zugabe des Probewassers muß eine Konzentration von 10 mg/l Malachitgrün in der Lösung vorliegen. Sollen 100 ml Wasser untersucht werden, wie es bei Schwimmbecken erforderlich ist, sind 50 ml konzentrierte Malachitgrün-Pepton-Nährlösung vorzulegen. Bei größeren oder kleineren Wassermengen ist die Menge der Nährlösung zu erhöhen bzw. zu vermindern. Bei Anwendung von Membranfiltern sind 50 ml verdünnte Malachit-Pepton-

Nährlösung zu verwenden. Die entsprechende Menge an Nährlösung wird in Erlenmeyerkolben, Babyflaschen oder bei kleinen Mengen in Reagenzröhrchen abgefüllt und sterilisiert. Auch Nährkartonscheiben sind im Handel.

Geräte:
Bunsenbrenner: Membranfiltergerät (siehe Abschn. 13.5.1); sterile 250- bis 300-ml-Erlenmeyerkolben (50 ml graduiert) mit Aluminiumkappen; sterile Reagenzröhrchen mit Aluminiumkappen; Platinöse mit Halterung;

Reagenzien:
Malachitgrün-Pepton-Nährlösung (konz.). 15 g Pepton aus Fleisch, tryptisch verdaut und 9 g Fleischextrakt werden in einem 2-l-Nährbodenkolben in 1 l destilliertem Wasser im Dampftopf gelöst. Mit Salzsäure, HCl (1 mol/l) bzw. Natronlauge, NaOH (1 mol/l) wird der pH-Wert auf 7,3 eingestellt und 20 min im Autoklaven bei 121 °C sterilisiert. Nach dem Erkalten werden 4 ml Malachitgrünlösung (0,75 g Malachitgrün gelöst in 100 ml destilliertem Wasser) zugegeben. Jeweils 50 ml der Nährlösung werden in Erlenmeyerkolben abgefüllt und 20 min bei 121 °C im Autoklaven sterilisiert.

Malachit-Pepton-Nährlösung (verd.). Ein Teil konzentrierte Malachitgrün-Peptonlösung wird mit zwei Teilen destilliertem Wasser verdünnt. Jeweils 50 bzw. 63 ml der Nährlösung werden in Erlenmeyerkolben abgefüllt und 20 min im Autoklaven bei 121 °C sterilisiert.

Cetrimid-Nährboden. 20,8 g Pepton aus Fleisch, tryptisch verdaut, 1,4 g Magnesiumchlorid, $MgCl_2 \cdot 6 H_2O$ p. a., 10 g Kaliumsulfat, K_2SO_4 p. a., 0,5 g N-Cetyl-N,N,N-trimethylammoniumbromid, $C_{19}H_{42}BrN$ p. a. und 15 g Agar-Agar werden in 1 l destilliertem Wasser 15 min zum Quellen des Agars stehen gelassen. Nach Zugabe von 10 ml Glycerin, $C_3H_8O_3$ ($D = 1,23$ g/ml) zweifach destilliert, bringt man die Suspension unter Umrühren oder Schwenken zum Kochen. Anschließend wird der Nährboden 20 min im Autoklaven bei 121 °C sterilisiert und unter sterilen Bedingungen in Petrischalen gegossen.

King B-Nährboden (oder King F-Nährboden). 20 g Pepton aus Fleisch, tryptisch verdaut, 10 g Hefeextrakt, 25 g D(+)-Saccharose, $C_{12}H_{22}O_{11}$, 1,5 g di-Kaliumhydrogenphosphat, K_2HPO_4 wasserfrei, reinst, 1,5 g Magnesiumsulfat, $MgSO_4 \cdot 7 H_2O$ p. a. und 15 g Agar-Agar werden in 1 l destilliertem Wasser 15 min zum Quellen des Agars stehen gelassen. Nach Zugabe von 10 ml Glycerin, $C_3H_8O_3$ ($D = 1,23$ g/ml), zweifach destilliert, bringt man die Suspension unter Umrühren oder Schwenken zum Sieden. Mit Salzsäure, HCl (1 mol/l) bzw. Natronlauge, NaOH (1 mol/l) wird der pH-Wert auf 7,2 eingestellt. Jeweils 5 ml dieses Nährbodens werden in Reagenzröhrchen abgefüllt und 20 min im Autoklaven bei 121 °C sterilisiert. Anschließend werden die Reagenzröhrchen noch heiß bis zum Erstarren schräg gelegt.

King A-Nährboden (oder King-P-Nährboden). 20 g Pepton aus Fleisch, tryptisch verdaut, 10 g Kaliumsulfat, K_2SO_4 p. a., 1,4 g Magnesiumsulfat, $MgSO_4 \cdot 7 H_2O$ p. a. und 15 g Agar-Agar werden in 1 l destilliertem Wasser 15 min zum Quellen des Agars stehen gelassen. Nach Zugabe von 10 ml Glycerin, $C_3H_8O_3$ ($D = 1,23$ g/ml), zweifach destilliert, bringt man die Suspension unter Umrühren oder Schwenken zum Sieden. Mit Salzsäure, HCl (1 mol/l) bzw. Natronlauge NaOH (1 mol/l) wird der pH-Wert auf 7,2 eingestellt. Jeweils 5 ml dieses Nährbodens werden in Reagenzröhrchen abgefüllt und 20 min im Autoklaven bei 121 °C sterilisiert. Anschließend werden die Reagenzröhrchen noch heiß zum Erstarren schräg gelegt.

Acetamid-Nährlösung.
1. 1 g di-Kaliumhydrogenphosphat, K_2HPO_4, reinst, wasserfrei, 0,2 g Magnesiumsulfat, $MgSO_4 \cdot 7 H_2O$ p. a., 2 g Acetamid, CH_3CONH_2 und 0,2 g Natriumchlorid, NaCl p. a. werden in 900 ml destilliertem Wasser gelöst; die Lösung wird mit Natronlauge, NaOH (1 mol/l) oder Salzsäure, HCl (1 mol/l) auf einen pH-Wert von 7,0 eingestellt.
2. 0,5 g Natriummolybdat, $Na_2MoO_4 \cdot 2 H_2O$ p. a. und 0,05 g Eisen(II)-sulfat, $FeSO_4 \cdot 7 H_2O$ p. a. werden in 100 ml destilliertem Wasser gelöst.

Zur Lösung 1 gibt man 1 ml Lösung 2 und mischt gut. Die Lösung wird im 1-l-Meßkolben mit destilliertem Wasser aufgefüllt, zu je 5 ml in Reagenzröhrchen abgefüllt und 20 min im Autoklaven bei 121 °C sterilisiert.

Neßler-Reagenz (auch fertig beziehbar). 100 g Quecksilberiodid, HgI_2 p. a. werden mit wenig destilliertem Wasser zu einem Teig verrieben und nach und nach mit einer Lösung von 70 g Kaliumiodid, KI p. a. in 100 ml destilliertem Wasser versetzt. Nach Auflösung gibt man eine Lösung von 160 g Natriumhydroxid, NaOH p. a. in 500 ml destilliertem Wasser zu und füllt die Lösung im 1-l-Meßkolben mit destilliertem Wasser auf. Nach etwa 4 h dekantiert man die klare Lösung vom Bodensatz und bewahrt sie in einer dunklen Glasflasche auf.

Arbeitsvorschrift

Zur Durchführung der Untersuchung werden z. B. bei Trink- und Schwimmbeckenwasser

100 ml Wasser unter sterilen Bedingungen in den Kolben mit 50 ml konz. Malachit-Pepton-Nährlösung gefüllt. Für Mineralwasser werden insgesamt 250 ml in 125 ml konzentrierte Nährlösung oder 2mal 125 ml in je 63 ml Nährlösung gegeben. Anschließend werden die Kolben 20 ± 4 h bei 36 ± 1 °C bebrütet. Wenn nach dieser Zeit keine Trübung oder Verfärbung der Nährlösung aufgetreten ist, wird insgesamt 44 ± 4 h bebrütet. Bleibt die Lösung klar, ist die Probe negativ, d. h. es ist kein Pseudomonas aeruginosa nachweisbar. Bei Trübung besteht Verdacht auf Pseudomonas aeruginosa; es sind Subkulturen auf Endoagar- oder Cetrimid-Nährboden anzulegen.

Die Anreicherung kann auch über das Membranfilterverfahren (s. Abschn. 13.5.1) erfolgen mit ebenfalls 100 ml bzw. 250 ml Untersuchungswasser. Das Filter wird mit einer abgeflammten Pinzette abgehoben und in 50 ml verdünnte Malachitgrün-Pepton-Nährlösung eingebracht. Die Bebrütung erfolgt 20 ± 4 h bei 36 ± 1 °C. Die Membranfilter können auch, was jedoch gesetzlich nicht zugelassen ist, direkt auf Endoagar-Nährboden gelegt und bei 36 ± 1 °C bebrütet werden. Pseudomonas aeruginosa wächst als farblose bis gelblich-bräunliche Kolonie, die häufig den umgebenden Nährboden hellblau bis grünlich verfärbt. Typisch ist auch ein esterartiger, süß-säuerlicher Geruch. Es läßt sich bei dieser Arbeitsweise Pseudomonas aeruginosa neben E. coli und Coliformen bestimmen.

Zur Isolierung der Reinkulturen überimpft man die Lösung mit einer abgeflammten Platinöse auf Endoagar (s. Abschn. 13.5.1) oder Cetrimid-Nährboden in Petrischalen. Auf Cetrimid-Nährböden wirkt das N-Cetyl-N,N,N-trimethylammoniumbromid als Hemmstoff für Begleitbakterien. Es ist auf einen möglichst dünnen Ausstrich zu achten, um Einzelkolonien zu erhalten. Anschließend werden die beimpften Platten bei 36 ± 1 °C für 20 ± 4 h bebrütet.

Bei gemischten Kolonietypen, empfiehlt es sich, von den verdächtigen nochmals Subkulturen auf Cetrimid-Agar oder Endoagar anzulegen.

Zur weiteren Differenzierung muß die Pyocyanin- und Fluoresceinbildung nachgewiesen werden. Es wird dazu auf King B- oder F- und King A- oder P-Nährboden überimpft und 44 ± 4 h bei 36 ± 1 °C bebrütet.

Pyocyanin bzw. Pyorubin-Bildung zeigt sich auf dem King A oder P-Nährboden als schillernd blaugrüne bzw. rotbraune Verfärbung des Nährbodens. Auf King B- oder F-Nährboden tritt durch Fluoresceinbildung eine gelb bis gelbgrünlich schillernde Verfärbung auf. Bei negativer Reaktion tritt keine Farbänderung auf.

Tritt die Verfärbung auf beiden Nährböden auf, so ist die Probe Pseudomonas aeruginosa-positiv. Wird von den Kolonien nur Fluorescein, nicht aber Pyocyanin bzw. Pyorubin gebildet, kann es sich um einen apyocyanogenen Stamm von Pseudomonas aeruginosa handeln. In diesem Fall ist die Kolonie auf Acetamid-Nährlösung zu überimpfen. Nach 24 ± 4 h Bebrütung bei 36 ± 1 °C wird mit einem Tropfen Neßler-Reagenz überprüft, ob Acetamid von den Bakterien unter Ammoniakbildung verwertet wurde. Eine sofortige Gelbfärbung zeigt eine Pseudomonas aeruginosa-positive Reaktion an. Sollten alle drei Nährböden keine Verfärbung aufweisen, so ist die Reaktion als negativ zu werten.

13.6.3 Bestimmung von pathogenen Staphylokokken

Die Gattung Staphylokokkus ist ubiquitär in der Natur verbreitet. Es handelt sich um grampositive, runde Kokken. Pathogen ist Staphylokokkus aureus. Im Trinkwasser hat er als Indikator für fäkale Verunreinigungen keine Bedeutung. Alle Staphylokokken-Massenerkrankungen sind auf Lebensmittel zurückzuführen. Im Schwimmbeckenwasser, besonders im Therapiebeckenwasser, können sie bei ungenügender Desinfektion auftreten.

So wurden eigene Untersuchungen im Badebereich mit Membranfiltration durchgeführt. Das Filter wurde in Glucose-Nährlösung überführt und bei 36 °C bebrütet. Bei Trübung wurde auf Blut-Glucose-Agar-Nährboden ausgestrichen. Dort wächst Staphylokokkus aureus in 1 bis 2 mm großen, gelb gefärbten Kolonien, die einen klaren Hämolysehof zeigen. Gramfärbung und weitere Differenzierung, wie Koagulasebildung sollten folgen.

13.7 Angabe der Ergebnisse

Das Ergebnis der Untersuchung wird angegeben in Zahl pro Volumeneinheit oder in Volumeneinheit positiv oder negativ, wobei selbstverständlich die niedrigste untersuchte Volumeneinheit angegeben wird, die ein positives Ergebnis zeigte. Bei der Koloniezahl ist auch die Bebrütungstemperatur und Bebrütungszeit anzugeben, weil verschiedene Bebrütungszeiten von 2 bis 21 Tagen gebräuchlich sind und die Ergebnisse vergleichbar bleiben müssen.
Sollte bei einer positiven Diagnose von Coliformen und E. coli keine Differenzierung über Endoagar und mit biochemischen Reaktionen vorgenommen worden sein (z. B. nur Feststellung von Gas- und Säurebildung), so ist dies auf dem Untersuchungsprotokoll zu vermerken, denn bei den Anreicherungsverfahren ist mit 10% falsch positiven Proben zu rechnen.
Sehr wichtig für die Auswertung der Ergebnisse ist die Angabe der Wassertemperatur und der Lufttemperatur bei Oberflächenwasser. Ferner müssen Besonderheiten bei der, bei jeder Probenahme erforderlichen kurzen Ortsbesichtigung, auf dem Ergebnisprotokoll vermerkt werden (z. B. Tür war nicht verschlossen oder, kleiner grüner Fleck von Algen).

13.8 Beurteilung und Grenzwerte

In der Verordnung über Trinkwasser und über Wasser für Lebensmittelbetriebe von 22.5.1986 wird in Abschnitt 1, § 1 (1) festgelegt:

E. coli und Coliforme

„Trinkwasser muß frei sein von Krankheitserregern. Dieses Erfordernis gilt als nicht erfüllt, wenn Trinkwasser in 100 ml Escherichia coli enthält (Grenzwert). Coliforme dürfen in 100 ml nicht enthalten sein (Grenzwert)".
Escherichia coli und Coliforme sind die wichtigsten Indikatoren für fäkale Verunreinigung eines Wassers.
Der Forderung, Coliforme ebenfalls als Grenzwert einzustufen ist uneingeschränkt zuzustimmen. Etwa 25% menschlicher Stuhlproben zeigten bei eigenen Untersuchungen lediglich Coliforme. Auch in der Praxis der Wasserversorgung ist diese Forderung seuchenhygienisch zu begrüßen.
Weiter heißt es im Verordnungstext, daß bei mindestens 40 Untersuchungen pro Jahr in 95% coliforme Keime nicht nachgewiesen werden dürfen. Ältere Untersuchungen als 1 Jahr dürfen nicht berücksichtigt werden. Es ist aber zu empfehlen, bei positivem Befund sofort nochmals eine Probenahme vorzunehmen und gleichzeitig eine gründliche Ortsbesichtigung anzuschließen. Bei erneutem positiven Befund sollte das Wasser desinfiziert werden, bis zur endgültigen Klärung des Falls und die Gesundheitsbehörde eingeschaltet werden.
Im natürlichen Mineralwasser dürfen in 250 ml keine E. coli und keine Coliformen nachweisbar sein.
Nach den EG-Richtlinien über die Qualität von Badegewässern wird als Leitwert für Coliforme 500/100 ml und als Grenzwert 10 000/100 ml Wasser gefordert; analog ist der Leitwert für E. coli 100/100 ml und 2000/100 ml der Grenzwert.

Koloniezahl

Für die Koloniezahl wird für Trinkwasser im Sinne des Gesetzes ein Richtwert zugrundegelegt. Da diese Untersuchung auf allgemeine Verunreinigungen hinweist, sind erhöhte Werte als Warnzeichen anzusehen. Die Untersuchung bei 36 und 20°C Bebrütungstemperatur gibt bereits Hinweise auf die mögliche Herkunft der Bakterien. Bei 36°C wachsen diejenigen, die bei dieser Temperatur ihr Wachstumsoptimum haben, also auf Fäulnisprozesse im Boden und evtl. auch auf Fäkalien hinweisen. Bei 20°C wächst die Mehrzahl der Keime, die ubiquitär vorkommen, aus dem Boden stammen

und Nachverkeimungen, schleimige Beläge in Wasserversorgungsanlagen u. a. bilden können. Die Koloniezahl stellt auch ein gutes Verfahren dar, um die Effektivität der Desinfektionsanlage zu kontrollieren.
Als Richtwert gilt für Trinkwasser 100 Kolonien/ml bei $20 \pm 2\,°C$ und $36 \pm 1\,°C$ Bebrütungstemperatur. Bei desinfiziertem Wasser soll der Richtwert bei $20 \pm 2\,°C$ von 20 Kolonien/ml nicht überschritten werden. Für natürliches Mineralwasser ist die Koloniezahl als Grenzwert festgesetzt; hier darf sie 100/ml nicht überschreiten bei einer Bebrütungstemperatur von $20 \pm 2\,°C$ und von 20/ml bei einer Bebrütungstemperatur von $37 \pm 1\,°C$. Am Quellenaustritt gilt ein Richtwert von 20/ml bei $20 \pm 2\,°C$ und von 5/ml bei $37 \pm 1\,°C$ Bebrütungstemperatur. Für Badegewässer werden in den EG-Richtlinien keine Grenz- oder Richtwerte angegeben.

Fäkalstreptokokken

Die Prüfung auf Fäkalstreptokokken kann von der Behörde angeordnet werden. Sie sind in Fäkalien in geringerer Zahl vorhanden als E. coli bzw. Coliforme und resistenter gegen eine Desinfektion mit Chlor. Daher stellen sie eine gute Kontrolle der Desinfektionswirkung von Chlor und Chlorverbindungen bei fäkalen Verunreinigungen dar. In Großbritannien wurde dem Enterokokken-Nachweis immer der Vorzug gegeben.
Fäkalstreptokokken dürfen in 100 ml Wasser nicht nachweisbar sein (Grenzwert).
Im natürlichen Mineralwasser dürfen Fäkalstreptokokken in 250 ml nicht nachweisbar sein (Grenzwert).

Sulfitreduzierende, sporenbildende Anaerobier, Pseudomonas aeruginosa und sonstige Mikroorganismen

Sulfitreduzierende, sporenbildende anaerobe Clostridien kommen immer bei Fäulnisprozessen vor und auch im Darm von Warmblütern. Sie sind Erreger des Gasbrands. Die Sporen der Clostridien sind thermoresistent und unempfindlich gegenüber der üblichen Trinkwasserchlorung und UV-Bestrahlung. Der Nachweis von Clostridium perfringens ist daher immer ein Zeichen von fäkaler oder durch Fäulnis bedingter Verunreinigung. In 20 ml Trinkwasser und 50 ml Mineralwasser darf Clostridium perfringens nicht vorhanden sein (Grenzwert).
Pseudomonas aeruginosa kommt nur vereinzelt im Darm vor, ist also kein Anzeichen fäkaler Verschmutzung. Pseudomonas aeruginosa ist aber als Saprophyt weit verbreitet und fakultativ pathogen. Die Untersuchung auf Pseudomonas aeruginosa kann von der Gesundheitsbehörde gefordert werden. Ein Grenzwert für Trinkwasser wurde nicht festgelegt.
Im natürlichen Mineralwasser darf dieses Bakterium in 250 ml nicht nachweisbar sein (Grenzwert).
Für Enteroviren, Bacteriophagen und pathogene Staphylokokken gibt es keine Grenzwerte. Da das Vorkommen von Staphylokokkus aureus als pathogener Keim im Schwimmbadewasser möglich ist, besonders bei mangelhafter Desinfektion, ist nur in diesem Bereich ein Nachweis sinnvoll.
Die gesetzlichen Regelungen für Schwimmbeckenwasser werden im Teil B behandelt.

13.9 Literatur

1 Kruse, H.: Einheitliche Anforderungen an die Trinkwasserbeschaffenheit und Untersuchungsverfahren in Europa. Schriftenreihe des Vereins für Wasser-, Boden- und Lufthygiene. Stuttgart: Fischer 1960
2 Schlegel, H.G.: Allgemeine Mikrobiologie. 4. Aufl. Stuttgart: Thieme 1976
3 Linzenmeier, G.; Kuvert, W.E.; Hantschke, D.: Bakterien — Viren — Pilze; Eine nomenklatorische und nosologische Übersicht. München: Urban und Schwarzenberg 1973
4 ISO 8199: Water quality — General guide to the enumeration of microorganisms by culture (Entwurf Juni 1986). Genf
5 Zaiß, U.: Coliphagen und coliforme Bakterien in Fließgewässern unterschiedlicher Güte. Z. Wasser Abwasser Forsch. 15 (1982) 171–177
6 ISO 6340: Water quality — Detection and enumeration of Salmonella (Entwurf Juni 1986). Genf
7 Schindler, P.R.G.: Trinkwasser als Ursache für Enteritis-Salmonellosen? Bundesgesundheitsblatt 29 (1986) 277–283

8 Sacré, C.: Hygienische und bakteriologische Probleme der Trinkwasserversorgung. Öff. Gesundheitswesen 42 (1980) 435-439
9 Liebmann, H.: Handbuch der Trinkwasser- und Abwasserbiologie I. München: Oldenbourg 1951.
10 Grombach, P.; Haberer, K.; Trueb, E.U.: Handbuch der Wasserversorgungstechnik. 3. Aufl. München: Odenbourg 1985
11 Gesetz über den Verkehr mit Lebensmitteln, Tabakerzeugnissen, kosmetische Mitteln und sonstigen Bedarfsgegenständen (Lebensmittel- und Bedarfsgegenständegesetz) vom 15.8.1974 BGBl. I S. 1945, ber. BGBl I S. 2652, i.d.F. des PflSchG vom 15.8.1975, BGBl. I S. 2172
12 Dilly, P.; Welsch, M.: Trinkwasserverordnung — Leitfaden zur Verordnung über Trinkwasser und über Wasser für Lebensmittelbetriebe. Stuttgart: Wissenschaftliche Verlagsgesellschaft 1986
13 WHO-Guidelines for Drinking-Water Quality. Geneva: World Health Organisation 1984
14 DIN 38 411 Teil 1: Mikrobiologische Verfahren, Vorbereitung zur mikrobiologischen Untersuchung von Wasserproben (Februar 1983). Berlin: Beuth
15 Wallhäußer, K.H.: Praxis der Sterilisation — Desinfektion — Konservierung — Keimidentifizierung — Betriebshygiene. 3. Aufl. Stuttgart: Thieme 1984
16 Broschüre: Nährkartonscheiben und Nährmedien. Produktinformation der Fa. Sartorius
17 Gottfreund, E.J.; Schweisfurth, R.: Vergleichende Untersuchungen zwischen Agar-Nährböden und Nährkartonscheiben nach der Membranfiltermethode bei der hygienisch-bakteriologischen Trinkwasseruntersuchung. Forum Städte-Hygiene 34, (1983) 203-206
18 Auszug aus der Neufassung der Bekanntmachung betreffend Vorschriften über Krankheitserreger vom 21. 11. 1917, BGBl. III 2126-1-1 Folge 27 S. 19, B. Vorschriften über die Versendung von Krankheitserregern
19 Vorläufige Empfehlungen für den Umgang mit pathogenen Mikroorganismen. Bundesgesundheitsblatt 24 (1981) 347
20 Merkblatt der Berufsgenossenschaft. BGW, Richtig Pipettieren. M 651
21 Lutz-Dettinger, U.; Sacré, C.; Steuer, W.: Voraussetzungen für das Arbeiten mit Mikroorganismen — Anzeigepflicht, Erlaubnispflicht, Voraussetzungen. Laboratoriumsmedizin 10 (1986) 101
22 Liste 6 der nach den „Richtlinien der deutschen Gesellschaft für Hygiene und Mikrobiologie (DGHM)" für die Prüfung chemischer Desinfektionsmittel geprüft und nach den Desinfektionsverfahren der DGHM als wirksam befundenen Desinfektionsmittel. Wiesbaden: mhp-Verlag
23 Liste der vom Bundesgesundheitsamt geprüften und anerkannten Desinfektionsmittel und Verfahren. 9. Ausgabe, Stand 1983. Bundesgesetzblatt 27 (1984) 82-91
24 Bundes-Seuchengesetz vom 18. 12. 1979, BGBl. I S. 2262 in der Neufassung vom 5.2.1980
25 Deutsche Einheitsverfahren: Nachweis von Escherichia coli und coliformen Bakterien, K6 (1971). Weinheim: Verlag Chemie
26 ISO 9309: Water quality — Detection of enumeration of coliform organisms, thermotolerant coliform organisms and presumptive. Part 1: Escherichia coli by the membrane filtration method. Part 2: Escherichia coli by the multiple tube (most probable number) method (Entwurf März 1986). Genf
27 Daubner, J.; Peter, H.: Membranfilter in der Mikrobiologie des Wassers. Berlin: de Gruyter 1974
28 Standard methods for the examination of water and wastewater. 16th Ed. APHA, AWWA, WPCF 1985
29 DIN 38 411 Teil 5: Mikrobiologische Verfahren, Bestimmung vermehrungsfähiger Keime mittels Membranfilterverfahren (Februar 1983). Berlin: Beuth
30 Hallmann, L.: Bakteriologie und Serologie. Stuttgart: Thieme 1950
31 Habs, H.: Bakteriologisches Taschenbuch. Leipzig: Barth 1944
32 Althaus, H.; Dott, W.; Havemeister, G.; Müller, H.W.; Sacré, C.: Fäkalstreptokokken als Indikatorkeime des Trinkwassers. Zentralbl. Bakteriol. Parasitenkd. Infektionskr. Hyg. Abt. 1: Orig. Reihe A 252 (1982) 154-165
33 ISO 7899: Water quality — Detection and enumeration of feacal streptococci. Part 1: Method by enrichment in a liquid medium. Part 2: Method by membrane filtration (Entwurf Dezember 1984). Genf
34 Borneff, J.: Hygiene. 4. Aufl. Stuttgart: Thieme 1982
35 Daubner, J.: Mikrobiologie des Wassers. Berlin: Akademie Verlag 1984
36 DIN 38 411 Teil 7: Mikrobiologische Verfahren, Nachweis sulfitreduzierender sporenbildender Anaerobier (Clostridien), (Entwurf September 1985). Berlin: Beuth
37 ISO 6461: Water quality — Detection and enumeration of the spores of sulfit-reducing anaerobes (clostridia). Part 1: Method by enrichment in a liquid medium. Part 2: Method by membrane filtration (Entwurf Dezember 1984). Genf
38 DIN 38 411 Teil 7: Deutsche Einheitsverfahren

zur Wasser-, Abwasser- und Schlamm-Untersuchung; Mikrobiologische Verfahren (Gruppe K); Nachweis sulfitreduzierender sporenbildender Anaerobier (Clostridien); (November 1986). Berlin: Beuth

39 Hallmann, L.; Burkhardt, F.: Klinische Mikrobiologie. 4. Aufl. Stuttgart: Thieme 1974

40 Müller, G.: Koloniezahlbestimmung und Trinkwasser. Gas Wasserfach, Wasser Abwasser 113 (1972) 53–57

41 DIN 38 411 Teil 8: Mikrobiologische Verfahren, Nachweis von Pseudomonas aeruginosa (Mai 1982). Berlin: Beuth

14 Bestimmung der Radioaktivität

Radioaktivitätsbestimmungen im Wasser werden in der Regel in Speziallaboratorien durchgeführt [1], die personell und gerätemäßig für derartige Messungen ausgestattet sind. Nach dem Stand von 1986 [2] sind 44 Leit- und Meßstellen des Bundes und der Länder sowie sonstige Meßstellen für die Überwachung der Radioaktivität eingesetzt [3]; auch die Zahl der Probenahmestellen wurde erhöht, z. B. in Bayern auf 94 [4]. Im Hinblick auf die Spezialuntersuchungen und die vorgenannten Meßstellen wird auf besondere Arbeitsvorschriften zur Radioaktivitätsbestimmung in diesem Buch verzichtet.

Für die Trinkwasserversorgung gilt das Arbeitsblatt W 253 vom Sept. 1982 „Trinkwasserversorgung und Radioaktivität" des DVGW [5]. In diesem Arbeitsblatt wird darauf hingewiesen, daß das Trinkwasser entgegen den anderen Zufuhrwegen zum Menschen (Atemluft, Lebensmittel) vor radioaktiver Kontamination weitgehend geschützt ist und die Wasserversorgungsunternehmen keine Verpflichtung zur laufenden Radioaktivitätsüberwachung haben. Dies ist vielmehr Aufgabe der zuständigen amtlichen Meßstellen. Auch wenn der Verdacht einer Kontamination besteht, müssen sich die Betreiber der Anlage zur Überprüfung und Beurteilung des Wassers an diese amtlichen Meßstellen wenden.

Die Deutschen Einheitsverfahren enthalten eine ältere „Bestimmung der spezifischen β-Aktivität durch Messung der Aktivität des Rückstandes" [6]. Spezielle Schnellmeßmethoden für wichtige Radionuklide im Wasser [7] wurden von Haberer [8] beschrieben. Für die genaue Ausmessung von Aktivitätsgemischen in Wasserproben auf einzelne γ-strahlende Radionuklide werden heute aufwendige γ-Spektrometer mit Germanium-Lithium (GeLi) — oder Reingermanium-Detektoren eingesetzt. Wichtige β-strahlende Radionuklide (Strontium-90!) müssen vor der Ausmessung radiochemisch abgetrennt werden.

Die WHO-Guidelines befassen sich ebenfalls mit der Radioaktivität im Trinkwasser [9]. Sie geben für die α-Aktivität 0,1 Bq/l und für die β-Aktivität 1 Bq/l an und vermerken, daß bei Überschreiten dieser Werte eingehendere Radionuklidanalysen notwendig werden, höhere Werte aber nicht unbedingt eine Nichteignung des Wassers für den menschlichen Gebrauch anzeigen. Mit den beiden Werten soll der natürlichen und der künstlichen Radioaktivität Rechnung getragen werden. Bei geringen Konzentrationen ist es nach den WHO-Guidelines nicht erforderlich, spezielle Nuklide zu bestimmen. Für die α-emittierenden Nuklide ist Ra-226 und für die β-emittierenden das Sr-90 typisch. Bei der üblichen Messung der α- und β-Aktivität werden Radon und Tritium nicht erfaßt. Insgesamt spielt das Trinkwasser unter normalen Umständen für die Radioaktivitätsaufnahme keine Rolle. Wenn man 0,1 Bq/l α-Aktivität dem Radium-226 und 1 Bq/l β-Aktivität dem Strontium-90 zuschreiben würde, so bedeutet dieser Wert bei einem täglichen Trinkwasserkonsum von 2 l eine Exposition von 0,048 mSv (Millisievert) pro Jahr. Meist wird dieser Dosiswert in der Praxis nicht erreicht.

Die EG-Trinkwasserrichtlinie erwähnt die Radioaktivität überhaupt nicht. Die deutsche Trinkwasser-VO von 1975 enthielt im § 3 die Bestimmung, daß Trinkwasser radioaktive Stoffe nicht in solchen Konzentrationen enthalten darf, bei denen feststeht, daß sie in diesen Konzentrationen bei Dauergenuß gesundheitsschädlich sind. Die Begründung zur VO verwies auf die Erste Strahlenschutzverordnung und führte aus, daß bei der Beurteilung einer radioaktiven Kontamination von Trinkwasser im allgemeinen von der höchst zugelassenen Jahresdosis für Personen aus der Bevölkerung von 150 mrem unter Berücksichtigung aller übrigen Expositionswerte auszugehen sei.

Die Novelle der Trinkwasser-VO von 1986 enthält im § 2 eine gewisse Verschärfung gegenüber der früheren VO. Radioaktive Stoffe dürfen nunmehr im Trinkwasser nicht in Konzentrationen enthalten sein, die geeignet sind, die menschliche Gesundheit zu schädigen. Die amtliche Begründung weist darauf hin, daß diese Eignung nach dem Stand der wissenschaftlichen Erkenntnisse, von dem auszugehen sei, ausreichend belegt werden muß und daß nicht jede Außenseitermeinung als ausreichende Grundlage angesehen werden kann. Nach § 11 der Trinkwasser-VO kann die zuständige Behörde beim Bekanntwerden von Tatsachen, die auf eine mögliche radioaktive Verunreinigung hinweisen, Untersuchungen auf gesundheitsschädliche radioaktive Stoffe anordnen.

Da sich die früher üblichen Einheiten für radiologische Größen durch das Gesetz über Einheiten im Meßwesen geändert haben, sind in Tabelle 14.1 einige vor allem für die Wasseranalytik wissenswerte Meßgrößen gelistet.

14.1 Literatur

1 Wertung der radioaktiven Verunreinigungen aus dem nuklearen Unfall des Kernkraftwerks Tschernobyl für die Trinkwasserversorgung. Bundesgesundheitsblatt 30 (1987) 31

2 Haberer, K.: Umweltradioaktivität und Trinkwasserversorgung. Teil 1: Der Tschernobylunfall und seine Folgen. Gas Wasserfach Wasser Abwasser 127 (1986) 529-532. Teil 2: Die Belastung der Luft, der Niederschläge und der Erdoberfläche in Deutschland nach dem Tschernobylunfall 127 (1986) 597-603. Teil 3: Die Belastung des Oberflächenwassers in Deutschland nach dem Reaktorunfall von Tschernobyl. 128 (1987) 123-127. Teil 4: Die Belastung der Gewässersedimente, des Bodens sowie des Grund- und Trinkwassers. 128 (1987) 188-194

3 Zwischenbericht der Strahlenschutzkommission. Umwelt Nr. 45, September 1986 (Informationen des Bundesministers für Umwelt, Naturschutz und Reaktorsicherheit)

4 Radioaktive Belastungen des Wassers in Bayern nach dem Reaktorunfall in Tschernobyl. Bayerisches Landesamt für Wasserwirtschaft. Berichtzeitraum: 30.4. bis Ende 8.1986

5 DVGW-Regelwerk: Trinkwasserversorgung und Radioaktivität. Arbeitsblatt W 253, Sept. 1982. Eschborn: Dtsch. Verein des Gas- und Wasserfaches 1981

6 Deutsche Einheitsverfahren zur Wasser-, Abwasser- und Schlammuntersuchung. C 7: Bestimmung der Radioaktivität Bestimmung der spez. β-Aktivität durch Messung der Aktivität des Rückstandes. Weinheim: Verlag Chemie 1986

7 Haberer, K.: Radionuklide im Wasser. München: Thiemig 1969

8 Haberer, K.: Schnellbestimmung von Radionukliden für die Zwecke der Trinkwasserüberwachung. Fresenius Z. Anal. Chem. 299 (1979) 177-186

9 Guidelines for drinking water quality. Vol. 1. Recommendations. Geneva: World Health Organization 1984

Tabelle 14.1. Radiologische Einheiten und Umrechnungsfaktoren

Meßgröße	Physikalische Bezeichnung	SI-Einheit	Physikalische Bezeichnung	Alte Einheit	Physikalische Bezeichnung
Aktivität	Ereignisse/Zeit	Becquerel (Bq)	s^{-1}	Curie (Ci)	$3{,}7 \cdot 10^{10}\ s^{-1}$
Äquivalentdosis	Energie/Masse	Sievert (Sv)	$J kg^{-1}$	Rem (rem)	$0{,}01\ J kg^{-1}$ 100 erg/g

1 Ci = $3{,}7 \cdot 10^{10}$ Bq	1 Bq = $2{,}7 \cdot 10^{-11}$ Ci	1 rem = 0,01 Sv
1 mCi = $3{,}7 \cdot 10^{7}$ Bq	1 Bq = 27 pCi	1 Sv = 100 rem
1 µCi = $3{,}7 \cdot 10^{4}$ Bq		
1 nCi = 37 Bq		
1 pCi = $3{,}7 \cdot 10^{-2}$ Bq		

Teil B

Schwimm- und Badebeckenwasser

15 Gesetze, Richtlinien, Normen

15.1 Bundesseuchengesetz

Im Zuge der Novellierung des „Gesetzes zur Verhütung und Bekämpfung übertragbarer Krankheiten beim Menschen" (Bundesseuchengesetz) wurden die Anforderungen an die hygienische Beschaffenheit von Schwimm- und Badebeckenwasser in öffentlichen Bädern gesetzlich verankert [1]. Nach dem vierten Gesetz zur Änderung des Bundesseuchengesetzes, das in der Neufassung vom 18. Dezember 1979 am 1. Januar 1980 in Kraft getreten ist, wird in § 11, Abs. 1 das Schwimmbadwasser hinsichtlich der seuchenhygienischen Anforderungen dem Trinkwasser insofern gleichgesetzt, als das Schwimm- und Badebeckenwasser in öffentlichen Bädern oder Gewerbebetrieben so beschaffen sein muß, daß durch seinen Gebrauch eine Schädigung der menschlichen Gesundheit durch Krankheitserreger nicht zu besorgen ist. Wie die Gewinnungs- und Versorgungsanlagen für Trinkwasser, unterliegen nunmehr die Schwimm- und Badebecken einschließlich ihrer Wasseraufbereitungsanlagen insoweit der Überwachung durch das Gesundheitsamt.

In Abs. 2, § 11 wird u. a. ausgeführt, daß durch eine Rechtsverordnung bestimmt wird, welchen Anforderungen Schwimm- und Badebeckenwasser entsprechen muß, um der Vorschrift nach Abs. 1 zu genügen. Durch die Rechtsverordnung wird die Überwachung der Schwimm- und Badebecken sowie des Wassers in hygienischer Hinsicht geregelt. Durch sie wird auch bestimmt, welche Mitwirkungs- und Duldungspflichten dem Unternehmer oder sonstigen Inhaber einer Schwimm- oder Badebeckenanlage obliegen, welche Wasseruntersuchungen dieser durchführen oder durchführen lassen muß und in welchen Zeitabständen diese durchzuführen sind. Ferner kann in dieser Rechtsverordnung bestimmt werden, daß für die Aufbereitung von Schwimm- und Badebeckenwasser nur Mittel und Verfahren verwendet werden dürfen, die vom Bundesgesundheitsamt auf Brauchbarkeit geprüft und in eine zu veröffentlichende Liste aufgenommen worden sind.

Eine das Schwimm- und Badebeckenwasser betreffende Rechtsverordnung zu § 11 Bundesseuchengesetz steht noch aus. Bis zum Erlaß dieser Verordnung gelten für die Untersuchung und Beurteilung des Schwimmbadwassers die als Regel der Technik anerkannte KOK-Richtlinie „Wasseraufbereitung für Schwimmbeckenwasser, Juni 1972" bzw. die DIN 19 643 „Aufbereitung und Desinfektion von Schwimm- und Badebeckenwasser" vom April 1984.

15.2 KOK-Richtlinie „Wasseraufbereitung für Schwimmbeckenwasser"

Unter Berücksichtigung der Erkenntnis, daß ein einwandfreies Schwimmbadwasser nur durch ein aufeinander abgestimmtes Zusammenwirken von Desinfektion, Aufbereitung und Beckendurchströmung erzielt werden kann, wurde von einem Koordinierungskreis (KOK) der Deutschen Gesellschaft für das Badewesen e. V., des Deutschen Schwimmverbandes e. V. und des Deutschen Sportbundes e. V. unter Mitwirkung des Bundesgesundheitsamtes, der Hygieneinstitute Gelsenkirchen und Kiel sowie von Fachingenieuren und Chemikern verschiedener Disziplinen die „KOK-Richtlinien für Bäderbau und Bäderbetrieb" erarbeitet [2]. Im Abschnitt „Wasseraufbereitung für Schwimmbeckenwasser", der bereits 1972 veröffentlicht wurde, sind einmal die für eine einwandfreie Badewasserqualität geforderten

Wasserstandards festgelegt, zum anderen werden Bemessungs- und Konstruktionsgrundlagen für Schwimm- und Badeanlagen sowie erprobte Verfahrenskombinationen für die Wasseraufbereitung angegeben, mit denen die geforderten Wasserstandards erreicht werden.

15.3 DIN 19 643 „Aufbereitung und Desinfektion von Schwimm- und Badebeckenwasser"

Nachdem sich die KOK-Richtlinie „Wasseraufbereitung für Schwimmbeckenwasser" bei Bau und Betrieb von Bädern seit Jahren gut bewährt hatte, wurde sie als Sammlung anerkannter Regeln der Technik in die DIN 19 643 „Aufbereitung und Desinfektion von Schwimm- und Badebeckenwasser" vom April 1984 überführt [3]. Die DIN 19 643 baut im wesentlichen auf der KOK-Richtlinie auf, wurde aber dort geändert oder ergänzt, wo zwischenzeitlich gemachte Erfahrungen und technologischer Fortschritt dies erforderlich machten. Sie gilt für Wasser in öffentlichen oder gewerblich betriebenen Schwimm- und Badebecken aller Art, einschließlich für Wasser in Meerwasser-, Mineralwasser-, Heilwasser- und Thermalwasserbädern. Von der Norm ausgenommen sind lediglich Einfamilienbäder und Watrinnen nach DIN 18 034 mit einer maximalen Wassertiefe von 0,15 m. Für Warmsprudelbecken (Hot Whirlpools) gelten andere Bedingungen, die in der Vornorm DIN V 19 644 vom Mai 1986 „Aufbereitung und Desinfektion von Wasser für Warmsprudelbecken" festgelegt wurden (siehe Abschn. 15.4).

Im ersten Teil der DIN 19 643 finden sich neben den einleitenden Abschnitten über Geltungsbereich und Zweck der Norm sowie über mitgeltende Normen und technische Unterlagen die Definitionen der zum Verständnis der Norm erforderlichen Begriffe. Im zweiten Teil folgt die eingehende Beschreibung der mikrobiologischen, physikalischen und chemischen Anforderungen an die Beschaffenheit der verschiedenen im Badewasserkreislauf vorkommenden Wasserarten. Hier werden auch die für die Aufbereitung und Desinfektion vorgesehenen Stoffe sowie die Mittel zur pH-Werteinstellung aufgeführt. Im dritten Teil werden die Anforderungen an den Anlagenbau, die Bemessung, den Betrieb und die Kontrolle beschrieben, mit denen die geforderte mikrobiologische, physikalische und chemische Beschaffenheit von Schwimm- und Badebeckenwasser erzielt werden kann.

Die DIN 19 643 ist bis zum Erscheinen einer Verordnung über Schwimm- und Badebeckenwasser für den Untersuchungsumfang und die Beurteilung von Schwimmbadwasser maßgebend. Eine grundlegende Änderung der Untersuchungs- und Bewertungskriterien für Schwimmbadwasser ist auch nach dem Erlaß der künftigen Badewasser-Verordnung gemäß § 11 Bundesseuchengesetz nicht zu erwarten, da die anerkannten Regeln der Technik vom Gesetzgeber sicher entsprechend berücksichtigt werden.

15.4 Vornorm DIN V 19 644 „Aufbereitung und Desinfektion von Wasser für Warmsprudelbecken"

Erhebliche Unterschiede hinsichtlich Nutzung bzw. Belastung des Badewassers in Warmsprudelbecken machten es erforderlich, diese Beckenart aus der DIN 19 643 auszuklammern und in einer eigenen Norm zu behandeln. Wegen verschiedener Probleme, die z. T. noch experimentell abgeklärt werden müssen, erschien die DIN 19 644 im Mai 1986 zunächst als Vornorm DIN V 19 644 „Aufbereitung und Desinfektion von Wasser für Warmsprudelbecken" [4]. Eine Vornorm ist das Ergebnis einer Normungsarbeit, das wegen bestimmter Vorbehalte zum Inhalt oder wegen des gegenüber einer Norm abweichenden Aufstellungsverfahrens vom DIN noch nicht als Norm herausgegeben wird. Eine Vornorm wird durch ein der DIN-Nummer vorangestelltes „V" gekennzeichnet. Die DIN V 19 644 gilt für Wasser in Warmsprudelbecken aller Art; ausgenommen sind Einfamilienanlagen. Sie geht, soweit sie übertragbar ist, auf die DIN 19 643 zurück. Dies gilt insbesondere für die Anforderungen an die Wasserbeschaffenheit, die im wesentlichen mit den in der DIN 19 643 festgelegten Wasserstandards identisch sind.

15.5 Begriffsbestimmungen für Kurorte, Erholungsorte und Heilbrunnen

Im Bereich der Mineral- und Heilbäder der Bundesrepublik Deutschland werden zahlreiche Schwimm-, Bewegungs- und Therapiebäder mit Heil- und Mineralwasser verschiedenster Zusammensetzung betrieben. Auch diese Bäder werden sowohl vom Bundesseuchengesetz als auch von der DIN 19 643 erfaßt. Nach dem Grundsatz gleicher Hygieneanforderungen für *alle* Bäder sehen weder das Gesetz noch die Norm Ausnahmeregelungen für die Heilbäder vor. Die Einbeziehung der Mineralwasser-, Heilwasser-, Thermalwasser- und Meerwasserbäder in den Anwendungsbereich der DIN 19 643 war erforderlich, weil nur mit den in der Norm genannten Anforderungen für den Anlagenbau, die Bemessung, den Betrieb und die Kontrolle auch bei diesen Wasserarten die Voraussetzungen für ein seuchenhygienisch einwandfreies Badewasser im Sinne des § 11 Bundesseuchengesetz geschaffen werden können.

Hygienisch einwandfreie Verhältnisse bei Heil- und Mineralwasserbädern werden auch in den „Begriffsbestimmungen für Kurorte, Erholungsorte und Heilbrunnen" des Deutschen Bäderverbandes gefordert [5]. Die „Begriffsbestimmungen" besitzen über Verbandsnormen hinaus für das gesamte Bäderwesen insofern Verbindlichkeit, als sie heute weitgehend die Grundlage für die Kurortgesetze der einzelnen Bundesländer bilden und gerade bei den Heilwässern von maßgebender Bedeutung für die staatliche Heilquellenanerkennung sind [6].

Weil durch die Aufbereitung und Desinfektion oft erhebliche Veränderungen der chemischen Eigenschaften und Zusammensetzung der Heil- und Mineralwässer eintreten, wird in den „Begriffsbestimmungen" unter Ziffer 30 „Heilwasseranalyse" über die üblichen Hygieneuntersuchungen hinaus u. a. gefordert, daß bei Schwimm- und Bewegungsbädern mit Heilwasserfüllung vom aufbereiteten Beckenwasser in zweijährigem Abstand eine Analyse vorgenommen werden muß, die sowohl die Gesamtkonzentration als auch die Hauptwirkstoffe und die charakteristischen Eigenschaften umfaßt. Das hat den Zweck, daß bei der Verordnung von Anwendungen in Therapie- und Bewegungsbädern die chemische Zusammensetzung des Badewassers entsprechend berücksichtigt werden kann, die infolge der Aufbereitung und Desinfektion von der Zusammensetzung des originären Heil- und Mineralwassers oft erheblich abweicht. Die hygienische Untersuchung des Beckenwassers richtet sich dagegen nach den einschlägigen Gesetzen bzw. Verordnungen. In dieser Hinsicht erfolgt die Untersuchung und Bewertung der Heil-, Mineral-, Thermal- und Meerwässer in Bewegungs- und Therapiebädern gemäß Bundesseuchengesetz bzw. nach der DIN 19 643.

15.6 Untersuchungs- und Beurteilungsgrundlagen für Badewasser in der Deutschen Demokratischen Republik, in Österreich und in der Schweiz

In der Deutschen Demokratischen Republik sind die grundlegenden Anforderungen an das Wasser in Schwimm- und Badebecken in der „Anordnung zur Gewährleistung der einwandfreien Beschaffenheit des Badewassers in öffentlichen Schwimmbädern" von 1976 verankert [7]. Unter Berücksichtigung neuerer Erkenntnisse auf den Gebieten der Wasserchemie, der Hygiene und der Aufbereitungs- und Desinfektionstechnologien wurde die TGL 37780/1 „Nutzung und Schutz der Gewässer; Badewasser; Hygienische Forderungen", erarbeitet, die am 1.5.1982 in Kraft getreten ist [8]. Dieser DDR Fachbereichsstandard ist für die Untersuchung und Beurteilung der Badewasserqualität verbindlich, und zwar für alle Frei- und Hallenbäder mit Süß-, Meer- und Mineralwasser gefüllten Schwimm-, Nichtschwimmer- und Planschbecken sowie für Bäder an Gewässern (Küsten- und Binnengewässer). Die Anforderungen an die Qualität beziehen sich auf das Füllwasser für Hallenbäder, das Füllwasser für Freibäder, das aufbereitete Wasser, das Badewasser während des Badebetriebs und das Badewasser von Bädern an Gewässern [9]. Technik und Betrieb von Schwimmbadeanlagen werden durch den Fachbereichsstandard TGL 37780/02 „Nutzung und Schutz der Gewässer; Badewasser; Technologische Forderungen an Beckenwasseranlagen" geregelt. Die TGL 37780/02, die ab 1. 6. 1985 verbindlich ist, gilt für alle Frei- und Hallenbäder, nicht jedoch für meer- und mineralwassergefüllte Becken sowie medizinische Bäder und Saunaanlagen. Für die Untersuchung und Beurteilung von Badewasser in medizinisch genutzten Bewegungs- und Therapiebecken, an das erhöhte mikrobiologische und chemische Anforderungen gestellt wird, werden gesonderte Richtlinien erlassen [10].

In Österreich richtet sich die Untersuchung und Beurteilung von Badewasser in Schwimm- und Badebeckenanlagen nach der 1978 erlassenen Verordnung „Hygiene in Bädern" [11] bzw. nach den ÖNORMEN M 6215 „Anforderungen an die Beschaffenheit des Wassers von Hallenbädern und künstlichen Freibeckenbädern", M 6217 „Betriebseigene Überwachung der Aufbereitungsanlagen für Wasser von Hallenbädern und künstlichen Freibeckenbädern" (mit Beiblatt: Betriebstagebuch) und M 6220 „Anforderungen an Warmsprudelbecken-Anlagen mit Teillastbetrieb" [12]. Die ÖNORM M 6215 enthält im wesentlichen die mikrobiologischen und chemischen Anforderungen an die Beschaffenheit des Wassers in Hallenbädern und künstlichen Freibecken. Sie gilt nicht für Bäder, deren Beckenanlagen ausschließlich mit Mineralwasser betrieben werden. Die Anforderungen an das Füllwasser, an das aufbereitete Wasser und das Beckenwasser stimmen weitgehend mit den in der KOK-Richtlinie „Wasseraufbereitung für Schwimmbeckenwasser" festgelegten Qualitätsanforderungen überein. Für die Wasseruntersuchungen sind bis zur Herausgabe entsprechender ÖNORMEN und ISO-Normen im allgemeinen die Untersuchungsmethoden der „Deutschen Einheitsverfahren zur Wasser-, Abwasser- und Schlammuntersuchung" (DEV) anzuwenden. Die innerbetrieblichen und behördlichen Kontrollen der Wasserbeschaffenheit werden hinsichtlich Zeitfolge und Umfang durch die Verordnung „Hygiene in Bädern" geregelt.

Die Schweiz war mit der Veröffentlichung der von einer Kommission des Schweizerischen Ingenieur- und Architekten-Vereins erarbeiteten SIA-Norm 173 „Anforderungen an das Wasser und die Wasseraufbereitungsanlagen mit künstlichen Becken" im Jahre 1968 eines der ersten Länder, welches Richtlinien und Empfehlungen für die Aufbereitung, Untersuchung und Beurteilung von Schwimm- und Badebeckenwasser herausgab. Die SIA-Norm 173 wurde am 1. Juni 1982 durch die SIA-Norm 385/1 „Anforderungen an das Wasser und an die Wasseraufbereitungsanlagen in Gemeinschaftsbädern" ersetzt, in der die chemischen und bakteriologischen Anforderungen an das Badewasser neu definiert und teilweise dem Umfang der Kriterien der Richtlinien für den Bäderbau in der Bundesrepublik Deutschland angepaßt wurden [13]. Die SIA-Norm 385/1 gilt nicht für Medizinalbäder, Thermalbäder, Heilbäder und Therapiebäder, an die entsprechend höhere Anforderungen gestellt werden.

15.7 Literatur

1 Neufassung des Bundesseuchengesetzes. Bundesgesetzblatt Teil I Nr. 75, S. 2262–2281 v. 22. 12. 1979

2 Richtlinien für den Bäderbau. Hrsg. Koordinierungskreis Bäder (Deutsche Gesellschaft für das Badewesen/Deutscher Schwimmverband/Deutscher Sportbund); Nürnberg: Tümmel 1982

3 DIN-Norm 19 643: Aufbereitung und Desinfektion von Schwimm- und Badebeckenwasser (April 1984) Berlin: Beuth 1984

15.7 Literatur

4 Vornorm DIN V 19 644: Aufbereitung und Desinfektion von Wasser für Warmsprudelbecken (Mai 1986) Berlin: Beuth 1986
5 Begriffsbestimmungen für Kurorte, Erholungsorte und Heilbrunnen. Hrsg. Deutscher Bäderverband e.V., Bonn und vom Deutschen Fremdenverkehrsverband e.V. Frankfurt 1979
6 Eichelsdörfer, D.: Probleme bei der Aufbereitung und Desinfektion von Heil- und Mineralwasserbädern. Schriftenr. Ver. Wasser Boden Lufthyg. Berlin-Dahlem 58 (1984) 87-95
7 Anordnung zur Gewährleistung der hygienischen Beschaffenheit des Badewassers in öffentlichen Schwimmbädern von 14.6.1976, SD Nr. 882. Staatsverlag der DDR, Otto-Grotewohl-Str. 17, DDR - 1086 Berlin
8 Jessen, H.-J.: Anforderungen an die Badewasseraufbereitung. Theorie und Praxis der Körperkultur. 34 (1985) 284-294
9 Theus, P.-M.; Gunkel, K.; Schaf, R.: Schwimmbadhygiene — Ein Leitfaden für Hygieneingenieure, Hygieneinspektoren und Schwimmeister. Berlin: VEB Verlag Volk und Gesundheit 1983
10 Naglitsch, F.: Hygienische Anforderungen an Badewasser von Bewegungsbecken. In: II. Symposium „Probleme der Schwimmbadhygiene". Hrsg. Staatssekretariat für Körperkultur und Sport der DDR und Gesellschaft Allgemeine und Kommunale Hygiene der DDR — Sektion Wasserhygiene, AGM Schwimmbadhygiene 1984
11 Verordnung: Hygiene in Bädern. Bundesgesetzblatt der Republik Österreich. Ausgegeben am 5.10.1978. Nr. 495, Erscheinungsort Wien, Verlagspostamt 1030 Wien
12 ÖNORMEN. Österreichisches Normungsinstitut (ON), Postf. 130, A - 1021 Wien
13 SIA-Norm 385/1 „Anforderungen an das Wasser und an die Wasseraufbereitungsanlagen in Gemeinschaftsbädern". Schweizerischer Ingenieur- und Architekten-Verein, Zürich

16 Begriffe

16.1 Bezeichnung der Wasserarten

In Schwimm- und Badebeckenanlagen wird das Badewasser im Kreislauf geführt, vom Becken über den Wasserspeicher zur Aufbereitungsanlage und nach der Desinfektion zurück zum Becken. Gleichzeitig wird ein bestimmter Anteil des Kreislaufwassers in die Kanalisation abgeleitet und durch entsprechende Mengen an frischem Füllwasser ergänzt (Abb. 16.1). Je nachdem, in welchem Abschnitt sich das Wasser innerhalb dieses Nutzungs- und Aufbereitungskreislaufs befindet, unterscheidet man im Badewasserkreislauf zwischen Beckenwasser, Überlaufwasser, Schwallwasser, Rohwasser und Reinwasser sowie im Zu- und Ablauf des Badewasserkreislaufs zwischen Füllwasser und Schmutzwasser. Die verschiedenen Wasserarten sind wie folgt definiert:

Beckenwasser. Unter Beckenwasser versteht man das Wasser in Schwimm- und Badebecken aller Art einschließlich Warmsprudelbecken.

Überlaufwasser. Das Überlaufwasser ist der Anteil des im Kreislauf umgewälzten Badewassers (Volumenstrom), der ständig von der Beckenwasseroberfläche über Beckenkopf und Überlaufrinne zum Wasserspeicher (Schwallwasserbehälter, Zwischenspeicher) abgeleitet wird.

Schwallwasser. Als Schwallwasser wird derjenige Anteil des Beckenwassers bezeichnet, der durch Verdrängung oder Wellenschlag über Beckenkopf und Überlaufrinne aus dem Becken ausgetragen wird.

Rohwasser. Unter Rohwasser versteht man das der Aufbereitung zugeführte Wasser. Es handelt sich im allgemeinen um eine Mischung von „abgebadetem" Beckenwasser (aus dem Beckenüberlauf oder Beckenüberlauf + Beckenbodenablauf) mit einem mehr oder weniger großen Anteil an Füllwasser (Frischwasser), das dem Badewasserkreislauf stets über den Wasserspeicher zugeführt wird. Wenn die Aufbereitung mit dem Zusatz von Flockungsmitteln beginnt, wird als Rohwasser das Wasser zwischen dem Ablauf

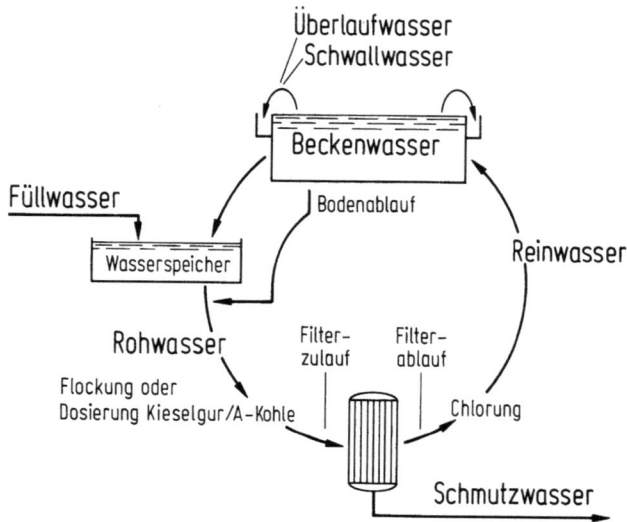

Abb. 16.1. Bezeichnung der Wasserarten im Nutzungs- und Aufbereitungskreislauf des Badewassers

des Wasserspeichers und dem Flockungsmittelinjektor bezeichnet. Im Gegensatz dazu findet man häufig am Probenahmehahn in der Zulaufleitung von Druckfiltern oder offenen Filtern die aus der Trinkwasseraufbereitungstechnik stammende Bezeichnung Rohwasser, die hier unzutreffend ist. Das Wasser an dieser Stelle, das bereits Flockungsmittel und gegebenenfalls Chemikalien zur pH-Wert-Korrektur enthält, ist als „Filterzulauf" oder „Filterzulaufwasser" zu bezeichnen. Bei Verfahrenskombinationen mit Adsorption an Aktivkohle + Anschwemmfilterung mit Kieselgur und Aktivkohle beginnt die Aufbereitung mit der Dosierung des Kieselgur-Aktivkohle-Gemisches. Analog ist hier nur das Wasser zwischen dem Ablauf des Wasserspeichers und der Dosiereinrichtung für das Adsorptions- und Anschwemmmaterial als Rohwasser zu bezeichnen.

Reinwasser. Reinwasser ist das aufbereitete (geflockte, filtrierte etc.) Wasser *nach* Einmischung des Desinfektionsmittels. Im Gegensatz dazu findet man häufig am Probenahmehahn in der Ablaufleitung von Filtern die aus der Trinkwasseraufbereitungstechnik stammende Bezeichnung Reinwasser, die hier unzutreffend ist. Das Wasser an dieser Stelle, das noch kein Desinfektionsmittel enthält, ist als „Filterablauf" oder „Filterablaufwasser" zu bezeichnen.

Füllwasser. Unter Füllwasser versteht man das zur Erst- und Nachfüllung der Schwimm- und Badebeckenanlage benutzte Wasser, das früher auch als „Frischwasser" bezeichnet wurde.

Schmutzwasser. Schmutzwasser ist das bei der Spülung von Filtern anfallende Wasser.

16.2 Parameter-Gruppen der Badewasseruntersuchung

Die für die Untersuchung und Beurteilung von Schwimm- und Badebeckenwasser erforderlichen Kenngrößen lassen sich je nach Art und Zweck der Untersuchung zu folgenden Parametergruppen zusammenfassen: *Mikrobiologische Hygiene-Parameter, Hygiene-Hilfsparameter* und *betriebstechnische Parameter.*

16.2.1 Mikrobiologische Hygiene-Parameter

Wichtigstes Bewertungskriterium für die seuchenhygienische Beschaffenheit des Schwimm- und Badebeckenwassers ist der mikrobiologische Befund im Beckenwasser, für dessen Feststellung — ähnlich wie bei der Trinkwasseruntersuchung — folgende *mikrobiologischen Hygiene-Parameter* zu untersuchen sind:
Koloniezahl bei $(20 \pm 2)\,°C$,
Koloniezahl bei $(36 \pm 1)\,°C$,
Coliforme Keime bei $(36 \pm 1)\,°C$,
Escherichia coli bei $(36 \pm 1)\,°C$,
Pseudomonas aeruginosa bei $(36 \pm 1)\,°C$.

16.2.2 Hygiene-Hilfsparameter

Es ist ein bekannter Nachteil der mikrobiologischen Untersuchung, daß sie nur für den Zeitpunkt der Probenahme eine Aussage über den seuchenhygienischen Zustand des Badewassers zuläßt, obwohl der häufig wechselnde Belastungszustand des Schwimmbadwassers eigentlich eine *kontinuierliche* Kontrolle der seuchenhygienischen Beschaffenheit erfordert; man kann aus dem bakteriologischen Befund keine Rückschlüsse auf die Situation vor und nach der Probenahme ziehen. Zudem kommen mikrobiologische Untersuchungsergebnisse für Korrekturen an der Aufbereitungsanlage oder der Desinfektionsmitteldosierung infolge der notwendigen Bebrütungszeit stets zu spät. Es mußten deshalb Kenngrößen gefunden werden, die eine lückenlose Beurteilung der seuchenhygienischen Verhältnisse im Beckenwasser ohne zeitliche Verzögerung ermöglichen.
Bei Verwendung von oxidierend wirkenden Desinfektionsmitteln wie z. B. Chlor besteht ein direkter Zusammenhang zwischen der Keimtötung und der Redox-Spannung. Die Redox-Spannung im Badewasser ist abhängig von der Chlorkonzentration, dem pH-Wert sowie dem Belastungszustand des Wassers. Weil es möglich ist, mit Hilfe dieser Parameter den seuchenhygienischen Zustand eines Schwimmbeckenwassers abzuschätzen, werden *Redox-Spannung, freies Chlor, gebundenes Chlor* und *pH-Wert* als *Hygiene-Hilfsparameter* bezeichnet.

16.2.3 Betriebstechnische Parameter

Bei den Untersuchungen des Badewassers sind neben den mikrobiologischen Hygiene-Parametern und den Hygiene-Hilfsparametern auch Kenngrößen zu bestimmen, die der Überprüfung von Funktion und Leistung der Aufbereitungsanlage sowie der Überwachung des technischen Betriebs dienen. Die wichtigsten *betriebstechnischen Parameter* der Badewasseruntersuchung sind:
— Oxidierbarkeit Mn VII → II über dem Wert des Füllwassers als O_2 oder
— $KMnO_4$-Verbrauch über dem Wert des Füllwassers als $KMnO_4$,
— Säurekapazität ($K_{S\,4,3}$),
— Ammonium(NH_4^+)-Konzentration,
— Nitrat (NO_3^-)-Konzentration über der Nitratkonzentration des Füllwassers
— Aluminium bei Flockung mit Al-Salzen,
— Eisen bei Flockung mit Fe-Salzen,
— Klarheit,
— Wassertemperatur.

Zu den betriebstechnischen Parametern, die bei bestimmten Verfahrenskombinationen und Zusätzen zur Aufbereitung sowie bei besonderen Problemstellungen zu bestimmen sind, zählen *Ozon, Chlorit, Chlorid, Sulfat* und *Phosphat* sowie *Farbe* und *Trübung*.

17 Zweck, Umfang und Zeitfolge von Badewasseruntersuchungen

Je nach Zweck unterscheidet man bei Badewasseruntersuchungen zwischen den in bestimmter Zeitfolge von der Aufsichtsbehörde vorgenommenen oder veranlaßten Kontrollen der Wasserbeschaffenheit (Pflichtuntersuchungen) und den täglich durchzuführenden Routineuntersuchungen im Rahmen der betriebseigenen Überwachung. Daneben gibt es Sonderuntersuchungen, die z. B. der sog. „personenbezogenen Belastung" (b-Wert) für neu entwickelte Aufbereitungsverfahren oder der Abnahmeprüfung neu erstellter Badeanlagen dienen. Sonderuntersuchungen sind auch bei Schwimm- und Badeanlagen durchzuführen, die mit Heil- oder Mineralwasser betrieben werden (s. Abschn. 15.5).

17.1 Kontrollanalyse durch die Aufsichtsbehörde

Die von der Aufsichtsbehörde durchgeführten oder veranlaßten Kontrolluntersuchungen in Schwimmbädern beziehen sich auf mikrobiologische Untersuchungen der Hygiene-Parameter sowie auf physikalische, physikalisch-chemische und chemische Untersuchungen verschiedener *Hygiene-Hilfsparameter* und auch *betriebstechnischer Parameter*. Der Schwerpunkt liegt auf der Untersuchung des *Beckenwassers*; verschiedene Parameter werden aber auch im *Reinwasser*, im *Rohwasser* sowie im *Füllwasser* untersucht.
Der Umfang für die Kontrolluntersuchungen geht aus Tabelle 17.1 hervor. Spezielle Aufbereitungsverfahren sowie besondere Gegebenheiten oder Anlässe erfordern entsprechende Erweiterungen des Untersuchungsumfangs. Bei Bädern mit mehreren Aufbereitungsanlagen ist grundsätzlich jeder Wasserkreislauf getrennt zu untersuchen. Versorgt eine Aufbereitungsanlage gleichzeitig mehrere Becken, so müssen die Hygiene-Parameter und Hygiene-Hilfsparameter für jedes Becken getrennt ermittelt werden.
Das *Füllwasser* soll seuchen- und allgemeinhygienisch Trinkwassereigenschaften aufweisen. Eine mikrobiologische Untersuchung des Füllwassers kann im allgemeinen entfallen, wenn es der öffentlichen Trinkwasserversorgung entnommen wird. Stammt das Füllwasser aus betriebseigenen Brunnen, so sollte es nach den mikrobiologischen Hygiene-Parametern der Trinkwasser-VO untersucht werden.
Die Zeitfolge der Kontrolluntersuchungen wird durch die Aufsichtsbehörde festgelegt. Nach Abs. 2 § 11 Bundesseuchengesetz wird durch Rechtsverordnung bestimmt, welche Wasseruntersuchungen in welchen Zeitabständen durchzuführen sind. Die DIN 19 643 empfiehlt, Hallenbäder monatlich einmal und Freibäder mindestens dreimal in der Saison, je nach Wetterlage zweimal monatlich, zu untersuchen. Nach der DIN V 19 644 sollen Warmsprudelbecken monatlich einmal untersucht werden.
Der Zeitabstand zwischen zwei Kontrolluntersuchungen kann verlängert werden, wenn die Hygiene-Hilfsparameter freies Chlor, gebundenes Chlor und pH-Wert oder freies Chlor, Redox-Spannung und pH-Wert kontinuierlich gemessen und dokumentiert werden und die Desinfektionsmittelzugabe automatisch geregelt wird, weil dadurch eine praktisch lückenlose Überwachung der seuchenhygienischen Beschaffenheit des Badewassers sowie eine laufende Kontrolle des technischen Betriebs möglich ist.

17.2 Betriebseigene Überwachung

Zur betriebseigenen Überwachung der Beckenwasserqualität sind täglich mehrmals von jedem Becken die *Hygiene-Hilfsparameter*

Tabelle 17.1. Untersuchungsumfang für die mikrobiologischen Hygiene-Parameter, die Hygiene-Hilfsparameter und die betriebstechnischen Parameter bei der Kontrolluntersuchung von Schwimm- und Badebeckenwasser sowie Wasser in Warmsprudelbecken

Parameter	Füllwasser	Reinwasser	Beckenwasser	Rohwasser
Mikrobiologische Hygiene-Parameter				
Koloniezahl bei 20 ± 2 °C	+[a]	+	+	
Koloniezahl bei 36 ± 1 °C	+[a]	+	+	
Coliforme Keime 36 ± 1 °C	+[a]	+	+	
Escherichia coli 36 ± 1 °C	+[a]	+	+	
Pseudomonas aeruginosa 36 ± 1 °C		+	+	
Hygiene-Hilfsparameter				
freies Chlor		+	+	
gebundenes Chlor		+	+	
pH-Wert		+	+	+
Redox-Spannung (Ablesung der Meßwertanzeige)			+	
Betriebstechnische Parameter				
Oxidierbarkeit ($KMnO_4$-Verbrauch)	+	+	+	
Ammonium	+	+[b]	+[b]	
Nitrat	+		+	
Säurekapazität $K_{S\,4,3}$	+			+
Aluminium (bei Flockung mit Al-Salzen)			+	
Eisen (bei Flockung mit Fe-Salzen)			+	
Wassertemperatur			+	
Klarheit			+	
Parameter für besondere Problemstellungen				
Ozon	bei Verfahren mit Ozonstufe nach dem Aktivkohlefilter vor Chlorzugabe			
Chlorit	bei Chlor-Chlordioxid-Verfahren im Beckenwasser			
Chlorid	im Füllwasser und Beckenwasser zur Beurteilung des Alters und der Korrosivität			
Phosphat	im Füllwasser und Beckenwasser zur Beurteilung der Flockung			
Sulfat	bei Verwendung entsprechender Zusätze im Füllwasser und Beckenwasser zur Beurteilung der Betonaggressivität.			

[a] Die mikrobiologischen Hygiene-Parameter sind im Füllwasser nur dann zu untersuchen, wenn es nicht aus der öffentlichen Wasserversorgung stammt.
[b] Bei Anwesenheit von freiem Chlor kann Ammonium nicht bestimmt werden (s. Abschn. 21.4).

freies Chlor, gebundenes Chlor oder Redox-Spannung und pH-Wert nach dem in Tabelle 17.2 angegebenen Schema zu bestimmen. In besonderen Fällen ist zur Sicherstellung einer einwandfreien Flockung im Rohwasser zu Beginn, Mitte und Ende der Badebetriebszeit die Säurekapazität bis zum pH-Wert 4,3 ($K_{S\,4,3}$) zu messen.
Nach DIN 19 643 und DIN V 19 644 muß die Redox-Spannung gemessen werden, wenn kein gebundenes Chlor bestimmt wird. Trotzdem sollte auch bei Betrieben mit eingebauten Redoxmeßgeräten auf die Bestimmung des gebundenen Chlors nicht verzichtet werden.
Werden pH-Wert, freies Chlor, gebundenes Chlor und/oder Redox-Spannung kontinuierlich über entsprechende Meß- und Registriergeräte erfaßt und wird die Desinfektionsmittelzugabe automatisch geregelt,

Tabelle 17.2. Mindestumfang und Häufigkeit der Wasseruntersuchung bzw. Meßwertablesung im Rahmen der täglichen betriebseigenen Überwachung für jedes Becken

Parameter	Zeitpunkt der Bestimmung
pH-Wert	Beginn und Ende der Badebetriebszeit
freies Chlor	Beginn, Mitte und Ende der Badebetriebszeit
gebundenes Chlor	Beginn, Mitte und Ende der Badebetriebszeit
Redox-Spannung	Beginn, Mitte und Ende der Badebetriebszeit
Wassertemperatur	Beginn der Badebetriebszeit

dann genügt es, einmal am Tag die einwandfreie Funktion der Apparate durch eine Kontrollmessung des Chlors im Wasser und des pH-Werts zu überprüfen.

Die im Rahmen der betriebseigenen Überwachung ermittelten Daten sind in ein Betriebsbuch einzutragen und durch Angaben über Besucherzahl, Füllwasserzusatz, Volumenströme für die einzelnen Becken, Betriebsstunden der Umwälzpumpen, Zeitpunkt und Dauer der Filterrückspülung, Art und Verbrauch an Flockungsmitteln und sonstigen Chemikalien, Zugabe von Desinfektionsmitteln und Betriebsstörungen zu ergänzen (vgl. Abschn. 22.2).

18 Probenahme

Für die mikrobiologische und chemische Untersuchung von Badewasser werden sowohl *Schöpfproben* aus Becken oder Behältern als auch *Zapfhahnproben* aus Probenahmehähnen verwendet. Je nach Zweck und Art der Untersuchung werden an die Probenahmegefäße, die Probenahmegeräte, die Technik der Probenahme und an den Transport der Wasserproben bestimmte Anforderungen gestellt.

18.1 Behälter und Geräte

Behälter und Geräte für die Probenahme müssen aus Materialien gefertigt sein, die eine Beeinflussung der Wasserproben ausschließen, wie z. B. Glas, nichtrostender Stahl oder bestimmte Kunststoffe. Für mikrobiologische Untersuchungen können nur Gefäße und Geräte verwendet werden, die für eine Heißluftsterilisation geeignet sind.

Für *Zapfhahnproben* zur mikrobiologischen Untersuchung werden im allgemeinen 250-ml-Glasflaschen mit Schliffstopfen verwendet, die entsprechend vorbereitet werden. Weil Schwimm- und Badebeckenwasser in der Regel Chlor enthält, das auch noch nach der Probenahme auf die Mikroorganismen einwirken kann, werden die Probenahmeflaschen nach dem Reinigen und Trocknen mit ca. 1 ml Thiosulfatlösung, $c(Na_2S_2O_3) = 0,05$ mol/l versetzt. Um ein Verklemmen der Glasstopfen bei der nachfolgenden Heißluftsterilisation zu vermeiden, wird zwischen Schliffstopfen und Schliffhülse ein ca. 6 cm langer und 1 cm breiter Papierstreifen eingelegt. Über Glasstopfen und Flaschenhals wird dann eine rundgeschnittene Aluminiumfolie gestülpt, mit der die Flasche bei der Probenahme geöffnet und wieder verschlossen werden kann, ohne daß Flaschenhals und Schliffstopfen von der Hand berührt werden. Die so präparierte Flasche wird dann 2 h bei 180 °C im Heißluftsterilisator sterilisiert.

Für *Schöpfproben* zur mikrobiologischen Untersuchung, bei denen die Probenahmeflasche in das Wasser bzw. unter die Wasseroberfläche getaucht werden muß, können nur Flaschen verwendet werden, die sowohl innen als auch außen steril sind. Dazu werden die wie vorstehend beschrieben vorbereiteten Flaschen in verschließbare Metallhülsen oder Aluminiumfolien verpackt und 2 h bei 180 °C im Heißluftsterilisator sterilisiert.

Für Proben zur Bestimmung der chemischen Parameter werden gereinigte und getrocknete Glasflaschen mit Schliffstopfen oder auch Kunststoffflaschen mit Schraubverschluß verwendet.

18.2 Technik der Probenahme

18.2.1 Zapfhahnprobe

Für die Entnahme von Zapfhahnproben zur mikrobiologischen Untersuchung sind nur Probenahmehähne aus Metall geeignet, die abflammbar sind, keine eingebauten Strahlregler (Perlator, Siebe etc.) enthalten und frei von Ablagerungen und Verkrustungen sind. Nach vollem Aufdrehen des Hahns und fünfminütigem Ablaufen des Wassers wird der Hahn geschlossen und gründlich mit einem Gaskartuschenbrenner oder einem Spiritusbrenner oder auch mit einem alkoholgetränkten Wattebausch abgeflammt. Bei Öffnen des Hahns soll ein deutliches Zischgeräusch hörbar sein. Nach einer Ablaufzeit von ca. 1 min wird die Probenahmeflasche auf ca. $\frac{4}{5}$ des Volumens gefüllt, wobei der Glasstopfen nur mit der übergestülpten Aluminiumfolie entfernt und wieder aufgesetzt wird, ohne daß Glasstopfen und Flaschenrand mit der Hand in Berührung kommen.

Wasserproben für die chemische Untersuchung werden ebenfalls erst nach einer fünfminütigen Ablaufzeit am Zapfhahn entnommen. Proben zur Bestimmung des freien Chlors, des Gesamtchlors, des Ammoniums und des pH-Werts sowie anderer Parameter, die unmittelbar nach der Probenahme vor Ort untersucht werden müssen, werden direkt vom Zapfhahn in die Küvetten, Titrierkolben oder Meßgefäße eingefüllt, in denen die Bestimmungen durchgeführt werden.

18.2.2 Schöpfprobe

Für die *mikrobiologische Untersuchung* sind bei der Schöpfprobe die innen und außen sterilen Flaschen zu verwenden. Um beim Eintauchen der Probenahmeflasche in das Wasser keine von der Handfläche stammenden Keime in die Probe mit einzuschleppen, werden die Flaschen mit der abgeflammten Greifzange aus den Metallhülsen oder aus der Aluminiumfolie so entnommen, daß die Außenfläche der Flasche und der in das Wasser eintauchende Teil der Greifvorrichtung nicht mit der Hand in Berührung kommen. Der Glasstopfen wird mit Hilfe der übergestülpten Aluminiumfolie entfernt und wieder aufgesetzt, ohne daß er von der Hand direkt berührt wird. Nach Öffnen der Flasche wird der vor der Heißsterilisation zwischen Schliffstopfen und Schliffhülse eingelegte Papierstreifen (s. Abschn. 18.1) durch Abschleudern entfernt. Wenn auch in der Regel das Beckenwasser ausreichend gechlort ist, so ist die Einwirkungszeit des Chlors auf eingeschleppte, zum Teil durch Hautfett geschützte Bakterien doch sehr kurz, da die Thiosulfatvorlage in der Flasche das Chlor schnell durch Reduktion inaktiviert.

Für die Untersuchung *chemischer Parameter*, die unmittelbar nach der Probenahme vor Ort untersucht werden müssen, ist es zweckmäßig, die Schöpfprobe direkt mit den Gefäßen (Küvetten, Titrierkolben, Meßgefäßen) vorzunehmen, in denen anschließend die Bestimmung durchgeführt wird. Auch hier sollte berücksichtigt werden, daß die Probe nicht durch die eingetauchte Hand beeinflußt wird.

18.3 Probenahmestellen

Die *Füllwasserprobe* wird vom Zapfhahn aus der Füllwasserleitung unmittelbar vor dem freien Auslauf in den Wasserspeicher entnommen.

Die *Rohwasserprobe* wird einem Zapfhahn entnommen, der in der Rohwasserleitung unmittelbar vor der ersten Aufbereitungsstufe installiert ist, in der Regel vor der Dosierstelle für das Flockungsmittel oder für das Kieselgur-Aktivkohle-Gemisch.

Die *Reinwasserprobe* wird einem Zapfhahn entnommen, der in der Reinwasserleitung unmittelbar vor dem Eintritt des Wassers in das Becken installiert ist. Die Probenahmestelle sollte sich so weit hinter der Desinfektionsmitteldosierstelle befinden, daß eine vollständige Einmischung des Desinfektionsmittels in das Filterablaufwasser gewährleistet ist.

Die *Beckenwasserprobe* wird als Schöpfprobe aus dem oberflächennahen Bereich (etwa 5 bis 15 cm unter der Wasseroberfläche) entnommen und zwar 50 cm vom Beckenrand entfernt. Die Probenahmestelle im Becken sollte so gewählt werden, daß das am stärksten belastete Wasser erfaßt wird. Unter Berücksichtigung der verschiedenen Beckendurchströmungssysteme werden folgende in der Abb. 18.1 skizzierten Probenahmestellen für Beckenwasser empfohlen: Bei den heute veralteten Systemen der *Längsdurchströmung* und der *Querdurchströmung* auf der Seite des Beckenablaufs und bei *Horizontaldurchströmung* mit gegeneinander versetzten Einströmdüsen und teilweisem Abzug des Wassers über den Beckenboden und über die Überlaufrinne in der Mitte der Stirnseite des Beckens. Bei *Vertikaldurchströmung* mit 100%iger Führung des Volumenstroms über den Beckenkopf und die Überlaufrinne kann die Beckenwasserprobe an einer beliebigen Stelle, 50 cm vom Beckenrand entfernt, entnommen werden. Aber auch bei diesem Sy-

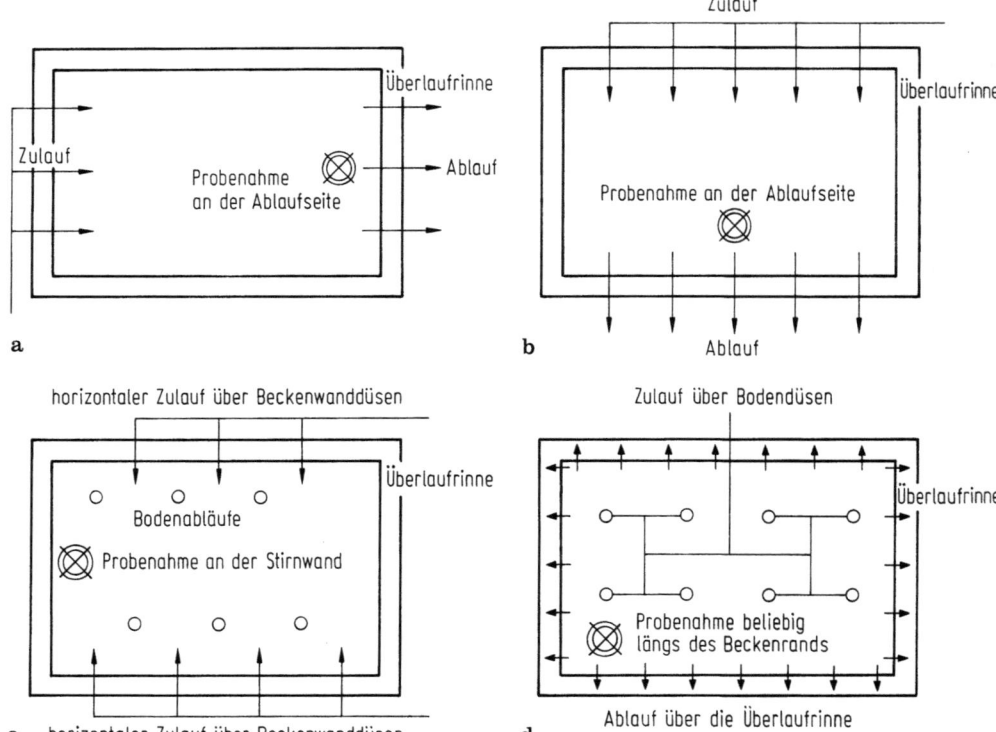

Abb. 18.1. Probenahmestellen für die Beckenwasserschöpfprobe – 50 cm vom Beckenrand entfernt, aus dem oberflächennahen Bereich – bei verschiedenen Beckendurchströmungssystemen (nach einer Skizze des Hygiene-Instituts des Ruhrgebiets, Gelsenkirchen, 1984). a Längsdurchströmung (veraltet): Volumenstrom zum Teil über die Überlaufrinne; b Querdurchströmung (veraltet): Volumenstrom zum Teil über die Überlaufrinne; c Horizontaldurchströmung: Volumenstrom über die Überlaufrinne $\geq$ 50%, Volumenstrom über Bodenabläufe $\leq$ 50%; d Vertikaldurchströmung: Volumenstrom über die Überlaufrinne 100%

stem können Bereiche unterschiedlicher Wasserqualität auftreten, wie z. B. durch Messung des Chlorgehalts an verschiedenen Stellen leicht festgestellt werden kann. Für die Entnahme der Beckenwasserprobe sollte die Stelle gewählt werden, die den geringsten Chlorgehalt aufweist.

18.4 Transport der Proben

Für den Transport der Wasserproben für mikrobiologische Untersuchungen müssen lichtundurchlässige und wärmeisolierte Transportbehältnisse verwendet werden, die mit Eisbeuteln oder Kühlelementen gekühlt werden können. Die Temperatur sollte während des Transports möglichst niedrig liegen und darf 15 °C nicht überschreiten. Auch im Laboratorium sind die Proben bis zur Untersuchung gekühlt und lichtgeschützt aufzubewahren, wenn eine sofortige Untersuchung der Proben nicht möglich ist. Proben für mikrobiologische Untersuchungen sollten innerhalb 6 h angesetzt werden; Proben, die älter als 24 h sind, müssen verworfen werden.

Die Proben für die chemische Untersuchung sollten ebenfalls gekühlt transportiert und im Labor umgehend untersucht werden. Einige chemische Parameter können nach Konservierung auch später bestimmt werden.

18.5 Probenahmeprotokoll

Über jede Probenahme ist ein Protokoll anzufertigen, für das zweckmäßigerweise ein vorgefertigtes Formular verwendet wird. Ein Formular für ein Probenahmeprotokoll für Schwimm- und Badebeckenwasser, das dem Probenehmer gleichsam als Checkliste für die Arbeiten und örtlichen Erhebungen vor Ort dient, sollte folgende Angaben enthalten:
— Kennzeichnung der Probe,
— Ort und Name des Bades,
— Anlaß der Untersuchung (z. B. Kontrollanalyse gemäß Landes-VO über Badeanstalten vom ...),
— Datum und Uhrzeit der Probenahme,
— Beckenbezeichnung (z. B. großes Außenbecken)
— Beckenart (z. B. Nichtschwimmerbecken),
— Wasserfläche in m^2,
— Beckenvolumen in m^3,
— Volumenstrom in m^3/h,
— Anzahl der Besucher am Untersuchungstag bis zur Probenahme,
— bei Freibecken: Wetterlage am Untersuchungstag und am Vortag,
— Art der Wasserprobe (z. B. Beckenwasser, Rohwasser, Reinwasser),
— Kennzeichnung der Probenahmestelle (z. B. Zapfhahn in der Reinwasserleitung),
— Art der Probenahme (z. B. Schöpfprobe, Zapfhahnprobe),
— Wahrnehmungen bei der Probenahme (z. B. Trübung, Farbe, Geruch, Bodensatz),
— Messungen vor Ort:
Temperatur in °C,
pH-Wert bei °C,
Redox-Spannung (Ablesung aus der betrieblichen Meßwertanzeige), bezogen bzw. berechnet auf Ag/AgCl $c(KCl) = 3,5$ mol/l in mV bei x °C,
Chlor, frei in mg/l,
Chlor, gebunden in mg/l,
Ammonium in mg/l,
(und gegebenenfalls)
Ozon in mg/l,
Chlor, frei und Chlordioxid (Summe) in mg/l,
— Konservierungsmaßnahmen (Konservierungsmittel und -menge),
— Ausführung der Probenahme und vorstehender Arbeiten (Name, Institution, Unterschrift),
— Übergabe der Probe (Datum, Uhrzeit, übernehmende Stelle, Analysenregister-Nr., EDV-Nr.),
— Bemerkungen.

Die Angaben zur Beckenart nach DIN 19643 (Schwimm- und Badebecken) und DIN V 19644 (Warmsprudelbecken) sowie zur Wasserfläche, zum Beckenvolumen und zum Volumenstrom (zur Zeit der Probenahme) erlauben unter Berücksichtigung der Besucherzahl bis zur Probenahme eine zutreffende Beurteilung des Betriebs- und Belastungszustands der Beckenanlage. Für die Angabe „Wahrnehmungen bei der Probenahme" empfiehlt sich neben einer qualitativen Beschreibung der Trübung, der Farbe, des Geruchs oder eines sich ausbildenden Bodensatzes folgende numerische Abstufung der Intensität zu verwenden:
1: nicht wahrnehmbar; 2: wahrnehmbar; 3: stark wahrnehmbar.

Die sorgfältige und vollständige Ausfertigung des Probenahmeprotokolls ist ein wesentlicher Bestandteil der Probenahme und der damit verbundenen örtlichen Erhebungen, weil es der untersuchenden Stelle als wichtiges Dokument für die spätere Auswertung und Beurteilung der Untersuchungsergebnisse dient. Ein Beispiel eines Formulars für ein Probenahmeprotokoll für die Untersuchung von Schwimm- und Badebeckenwasser enthält als Anhang die DIN 38402, Teil 19 (DEV A 19) „Probenahme von Schwimm- und Badebeckenwasser". Dieses Musterformular unterliegt nicht dem obligatorischen Nachdruckrandvermerk der DIN-Normen [1].

18.6 Literatur

1 DIN 38402 Teil 19: Deutsche Einheitsverfahren zur Wasser-, Abwasser- und Schlamm-Untersuchung. Probenahme von Schwimm- und Badebeckenwasser (1988) Berlin: Beuth

19 Bestimmung der mikrobiologischen Hygiene-Parameter

Badewasser wird zwangsläufig je nach Besucherfrequenz, Gesundheitszustand und Körperhygiene der Badegäste mehr oder weniger durch Bakterien und andere Mikroorganismen belastet, die von der Hautoberfläche, von Schleimhäuten und von den Haaren abgeschwemmt oder aus der Mundhöhle und dem Nasen-Rachenraum herausgespült werden. Die Menge der vom Körper beim Baden abgespülten Keime liegt nach verschiedenen Untersuchungen (auch nach vorherigem Duschen) zwischen 100 Millionen und 3 Milliarden. Dabei werden neben überwiegend apathogenen Keimen auch potentielle Krankheitserreger in das Badewasser eingebracht. Neben der beachtlichen Menge an abgegebenen Keimen stellen in Badebecken auch die verhältnismäßig kurzen Übertragungswege grundsätzlich ein erhöhtes Infektionsrisiko dar [1-3].
Nach § 11 Bundesseuchengesetz in der ab 1. Januar 1980 geltenden Fassung (s. Abschn. 15.1) muß Schwimm- oder Badebeckenwasser in öffentlichen Bädern oder Gewerbebetrieben so beschaffen sein, daß durch seinen Gebrauch eine Schädigung der menschlichen Gesundheit durch Krankheitserreger nicht zu besorgen ist. Es werden vom Gesetzgeber an das Wasser in Schwimm- und Badebecken praktisch die gleichen seuchenhygienischen Anforderungen gestellt, wie an das Trinkwasser. Die von den Badegästen an das Wasser abgegebenen Keime reichern sich jedoch innerhalb kurzer Zeiten erheblich an, wenn das im Kreislauf geführte Badewasser nicht laufend aufbereitet und desinfiziert wird. Eine weitere Voraussetzung für eine seuchenhygienisch einwandfreie Beschaffenheit des Badewassers ist eine gut funktionierende Beckendurchströmung, die eine rasche und gleichmäßige Verteilung des Desinfektionsmittels in allen Bereichen des Beckens sicherstellt.
Die Anforderungen an das Badewasser im Sinne § 11 Bundesseuchengesetz gelten dann als erfüllt, wenn — ähnlich wie beim Trinkwasser — die mikrobiologischen Parameter Koloniezahl, Coliforme, Escherichia coli und (zusätzlich) Pseudomonas aeruginosa bestimmte Grenz- und Richtwerte nicht überschreiten. So ist der mikrobiologische Befund wichtigstes Bewertungskriterium für den seuchenhygienischen Zustand des Badewassers sowie für die Effektivität der im Badewasserkreislauf integrierten funktionellen Bereiche Desinfektion, Aufbereitung und Beckenhydraulik.

19.1 Bestimmung der Koloniezahl

Bei der Bestimmung der Koloniezahl werden alle Bakterien erfaßt, die sich aus einer bestimmten Wassermenge unter festgelegten Bedingungen auf bestimmten Nährböden zu Kolonien entwickeln, die mit einer Lupe mit 6- bis 8facher Vergrößerung gezählt werden können. Der Parameter Koloniezahl wurde mit Einführung der Aufbereitung und Chlorung des Badewassers in der Zeit zwischen 1910 und 1920 aus der Trinkwasser-Mikrobiologie übernommen. Die ursprüngliche Annahme, daß bei erhöhter Koloniezahl auch die pathogenen Keime zahlreicher sind, hat sich als irrig erwiesen. Die auch heute noch zur Beurteilung von Trink- und Badewasser gültige Richtzahl von maximal 100 Keimen in 1 ml Wasser wurde 1894 von einer Kommission des kaiserlichen Gesundheitsamtes Berlin festgelegt und bezog sich auf filtriertes Wasser aus Langsamfiltern. Es hatte sich nämlich gezeigt, daß Trinkwasser aus Langsam-Sandfiltern keine Wasserepidemien verursacht, wenn sich in 1 ml des Filtrats ständig nicht mehr als 100 Bakterien befinden. Wenn auch diese Zusammen-

hänge für Badewasser nicht zutreffen und die Koloniezahl auch nicht als Infektionsindikator angesehen werden kann, so läßt dieser Parameter doch Rückschlüsse auf die allgemeine mikrobielle Belastung des Badewassers bzw. auf die Wirkung der Aufbereitung und Desinfektion zu (vgl. auch Abschn. 13.6.1).
Die Koloniezahl ist im *Beckenwasser* (Schöpfprobe) und im *Reinwasser* (Zapfhahnprobe) zu bestimmen. Die Koloniezahl ist auch im *Füllwasser* zu ermitteln, wenn es nicht aus der öffentlichen Wasserversorgung stammt.

diskontinuierlich erfolgt. Hohe Koloniezahlen im Beckenwasser geben einen Hinweis auf eine ungenügende Desinfektion, auf unzureichende Beckendurchströmung bzw. auf eine zu starke Besucherbelastung. Niedrige Koloniezahlen sprechen für die Ausgewogenheit von Aufbereitung, Desinfektion und Besucherbelastung. Sie schließen jedoch die Anwesenheit von fakultativ-pathogenen Erregern (z. B. Pseudomonas aeruginosa) nicht aus und gewährleisten deshalb nicht uneingeschränkt eine seuchenhygienische Unbedenklichkeit.

Arbeitsvorschrift

Die Probenahme ist in Kap. 18 und die Arbeitsvorschrift für die Bestimmung der Koloniezahl in Abschn. 13.6.1 beschrieben.

Beurteilung und Richtwerte

Nach DIN 19643 und DIN V 19644 soll das *Füllwasser* für Bade- und Warmsprudelbeckenanlagen seuchen- und allgemeinhygienisch Trinkwassereigenschaften aufweisen. Andernfalls ist es durch Aufbereitungsmaßnahmen in getrennten Anlagen in diesen Zustand zu versetzen. Für Füllwasser gelten demnach die Richtwerte der Trinkwasser-VO: max. 100 Kolonien/ml bei 20 ± 2 °C und bei 36 ± 1 °C Bebrütungstemperatur. Bei desinfiziertem Wasser soll der Richtwert von 20 Kolonien/ml bei 20 ± 2 °C nicht überschritten werden.
Für *Reinwasser* und *Beckenwasser* gelten nach den vorgenannten Badewasser-Normen folgende Richtwerte:

	Reinwasser	Beckenwasser
Koloniezahl bei 20 ± 2 °C	in 1 ml max. 20	in 1 ml max. 100
Koloniezahl bei 36 ± 1 °C	in 1 ml max. 20	in 1 ml max. 100

Hohe Koloniezahlen im Reinwasser treten auf, wenn die Filteranlage stark verkeimt ist, was insbesondere bei Aktivkornkohlefiltern der Fall sein kann, und wenn die Chlorzugabe zu gering ist oder entgegen der Norm

19.2 Bestimmung von Escherichia coli und Coliformen

Wie die Koloniezahl, so ist auch die Bestimmung von Escherichia coli (E. coli) und Coliformen in den Anfängen der Aufbereitung und Desinfektion des Badewassers aus der Trinkwasser-Mikrobiologie übernommen worden. E. coli und Coliforme sind ausgesprochene Indikatorkeime für fäkale Verunreinigungen und damit für möglicherweise ebenfalls aus dem Darm ausgeschiedene Krankheitserreger wie Salmonellen, Shigellen, Enterokokken und Enteroviren. Die Forderung, neben E. coli auch Coliforme zu bestimmen, ist u. a. damit begründet, daß nach Untersuchungen von Alexander (s. Abschn. 13.8) etwa 25 % menschlicher Stuhlproben lediglich Coliforme aufwiesen. Verschiedene Untersuchungen zeigen, daß E. coli und andere Enterobacteriaceen im allgemeinen mit steigender Koloniezahl zunehmen.
Da beim Baden und Schwimmen die orale Aufnahme von Badewasser nur von untergeordneter Bedeutung ist, hat die Anwesenheit von E. coli und Coliformen bei der Beurteilung des Badewassers nicht den gleich hohen Stellenwert wie beim Trinkwasser. E. coli und Coliformen sind im *Beckenwasser* (Schöpfprobe) und im *Reinwasser* (Zapfhahnprobe) zu bestimmen. Diese Fäkalindikatoren sind auch im *Füllwasser* zu bestimmen, wenn es nicht aus der öffentlichen Wasserversorgung stammt.

Arbeitsvorschrift

Die Probenahme ist in Kap. 18 und die Arbeitsvorschrift für die Bestimmung von E. coli und Coliformen in Abschn. 13.5.1 beschrieben.

Beurteilung und Grenzwerte

Nach DIN 19 643 und DIN V 19 644 soll das *Füllwasser* für Bade- und Warmsprudelbeckenanlagen Trinkwassereigenschaften besitzen. Diese Forderung gilt nach der Trinkwasser-VO als erfüllt, wenn E. coli und Coliforme in 100 ml Wasser nicht nachweisbar sind (Grenzwert). Bei Füllwasser aus der öffentlichen Wasserversorgung kann auf die Bestimmung von E. coli und Coliformen in der Regel verzichtet werden.

Für *Reinwasser* und *Beckenwasser* gelten nach den vorgenannten Badewassernormen folgende Grenzwerte:

	Reinwasser	Beckenwasser
Coliforme Keime bei 36 ± 1 °C	in 100 ml n. n.[1]	in 100 ml n. n.
E. coli bei 36 ± 1 °C	in 100 ml n. n.	in 100 ml n. n.

Trotz ausreichender Aufbereitung und Desinfektion läßt sich das sporadische Auftreten von E. coli und Coliformen im Badewasser nicht völlig ausschließen, weil die Bakterien oft von Fett- und Schleimsubstanzen umhüllt sind und dadurch vom Desinfektionsmittel nicht unmittelbar erreicht werden. Es sollten jedoch bei Auftreten von E. coli und Coliformen umgehend Nachuntersuchungen durchgeführt werden, um festzustellen, ob es sich um einen Einzelfall oder um eine länger dauernde Kontamination handelt, deren Ursache dann systematisch zu überprüfen ist. Gegebenenfalls kann ergänzend auch auf Fäkalstreptokokken untersucht werden, die im Vergleich zum E. coli gegenüber Chlor resistenter sind und die dann einen zusätzlichen Hinweis auf eine vorangegangene fäkale Verunreinigung darstellen. Die Bestimmung von Fäkalstreptokokken ist in Abschn. 13.5.3 beschrieben.

---

[1] n. n. = nicht nachweisbar

19.3 Bestimmung von Pseudomonas aeruginosa

Die Bestimmung der Fäkalindikatoren E. coli und Coliforme wurde aus der Trinkwasser-Mikrobiologie für die Badewasseruntersuchung übernommen, weil man ursprünglich angenommen hatte, daß im wesentlichen nur gastrointestinale Infektionen im Badewasser übertragen werden. Während diesen Fäkalindikatoren bei der Trinkwasseruntersuchung auch heute noch uneingeschränkte Bedeutung zukommt, ist beim Badewasser zu berücksichtigen, daß ein erheblicher Teil von fakultativ-pathogenen Erregern von der Körperoberfläche abgespült wird, für die E. coli und Coliforme nicht als Indikatorkeime dienen können. Es müssen beim Baden, Schwimmen und Tauchen insbesondere auch die Infektionsmöglichkeiten über die Haut und den Nasen-Rachenraum in Betracht gezogen werden.

Um bei der Hygienebeurteilung des Badewassers auch potentielle Krankheitserreger zu berücksichtigen, deren Vorkommen nicht durch den Nachweis der vorgenannten Indikatorkeime für Fäkalverunreinigungen mit abgedeckt werden kann, wurde mit der DIN 19 643 die mikrobiologische Untersuchung über die obligatorischen Trinkwasser-Hygieneparameter hinaus auf den Pseudomonas aeruginosa ausgedehnt. Im Gegensatz zu den mehr oder weniger harmlosen Indikatorkeimen der Trinkwasser-Mikrobiologie handelt es sich beim Pseudomonas um ein fakultativ-pathogenes Bakterium, dem eine Reihe typischer Badeinfektionen nachgewiesen werden konnte. Als Eintrittspforte des Erregers beim Menschen kommen der Nasen-Rachenraum und die Haut in Betracht. Bekannt sind vor allem großflächige Hautentzündungen (Pseudomonas-Dermatitis), Otitis externa und media sowie Sinusitis.

Pseudomonas aeruginosa tritt häufig in ungenügend gespülten Filtern auf, wo es zu einer massiven Verkeimung durch diese Bakterienart kommen kann. Ferner ließ sich der Keim auf stark bewachsenen Dehnungsfugen in Schwimmbädern, rasenartig unter den Fliesen von Schwimmbecken, in Becken

mit Hubböden und unzureichender Beckendurchströmung, in stillgelegten Rohrleitungen sowie in verschiedenen Feuchtbereichen von Bädern nachweisen. In Therapiebädern im Krankenhausbereich kann Pseudomonas aeruginosa als bekannter Erreger von Hospitalinfektionen bevorzugt auftreten [4, 5].
Die Untersuchung auf Pseudomonas aeruginosa ist im *Reinwasser* und im *Beckenwasser* durchzuführen.

Arbeitsvorschrift

Die Probenahme ist in Kap. 18 und die Bestimmung des Pseudomonas aeruginosa in Abschn. 13.6.2 beschrieben.

Beurteilung und Grenzwert

Nach DIN 19643 und DIN V 19644 darf Pseudomonas aeruginosa bei einer Bebrütungstemperatur von 36 ± 1 °C im *Reinwasser* und im *Beckenwasser* in 100 ml nicht nachweisbar sein.
Tritt Pseudomonas aeruginosa gehäuft im Reinwasser auf, so deutet das auf eine Filterverkeimung hin, die durch geeignete Maßnahmen wie Hochchlorung des Filtermaterials und Filterspülung mit ausreichender Wassergeschwindigkeit zur Erreichung des Fluidisierungszustands beseitigt werden muß. Pseudomonas aeruginosa ist als Indikatorkeim für eine unzureichende Aufbereitung, Desinfektion oder auch Beckenreinigung anzusehen.

19.4 Literatur

1 Exner, M.: Beiträge zum Stand der Kenntnisse der Risiken in öffentlichen Badeanstalten aus hygienischer Sicht. Arch. Badewes. 31 (1978) 183-219
2 Exner, M.; Thofern, E.: Die Entwicklung der bakteriologischen Badewasserbeurteilung. Bundesgesundheitsblatt 24, (1981) 225-233
3 Carlson, S.: Schwimmbadwasser. In: Höll, K.: Wasser, Untersuchung, Beurteilung, Aufbereitung, Chemie, Bakteriologie, Virologie, Biologie. 7. Aufl. Berlin: de Gruyten 1986
4 Botzenhart, K.; Thofern, E.: Untersuchungsergebnisse an Schwimmbadfiltern. Schriftenr. Ver. Wasser Boden Lufthyg. 43 (1975) 121-126
5 Schubert, R.: Die Bedeutung des Pseudomonas aeruginosa-Nachweises im Schwimmbeckenwasser. Arch. Badewes. 36 (1983) 134-135

20 Bestimmung der Hygiene-Hilfsparameter

20.1 Bestimmung des Chlors

Für die Aufbereitung und Desinfektion von Schwimmbecken-, Badebecken- und Warmsprudelbeckenwasser werden nach den einschlägigen Verordnungen, Normen und Richtlinien zur Zeit ausschließlich Chlor oder oxidierend wirkende Chlorverbindungen wie Natriumhypochlorid („Chlorbleichlauge") oder Calciumhypochlorit verwendet, oder auch durch Elektrolyse aus Kochsalzlösung am Verwendungsort hergestelltes Chlor bzw. Natriumhypochlorit [1, 2].

Wie beim Trinkwasser unterscheidet man auch beim Badewasser zwischen *freiem Chlor, gebundenem Chlor* und *Gesamtchlor*. In Wasser gelöstes Chlorgas bildet durch Hydrolyse Salzsäure, unterchlorige Säure und Hypochlorition. Bei den im Schwimmbadwasser angewandten Chlorkonzentrationen von <1 mg/l Cl_2 und pH-Werten um den Neutralpunkt liegt das Hydrolysegleichgewicht praktisch ganz auf der Seite der Hydrolyseprodukte (s. Abschn. 9.4). Gelöstes elementares Chlor sowie seine Hydrolyseprodukte unterchlorige Säure und Hypochlorition werden summarisch unter dem Begriff *freies Chlor* zusammengefaßt.

Die Desinfektionswirkung des Chlors im Badewasser ist überwiegend auf die unterchlorige Säure zurückzuführen, die neben dem Hypochlorition auch bei der Hydrolyse von Natriumchhypochlorit oder Calciumhypochlorit entsteht:

$$ClO^- + H_2O \rightleftarrows HClO + OH^-.$$

Das Verhältnis von unterchloriger Säure zum weniger wirksamen Hypochlorition ist hauptsächlich vom pH-Wert und der Temperatur abhängig (s. Abschn. 9.4). Der für Schwimmbeckenwasser festgelegte pH-Wert-Bereich zwischen 6,5 und 7,8 stellt sicher, daß bei der Desinfektion mit Chlor oder den vorgenannten Chlorverbindungen stets eine für die Keimtötung ausreichende Massenkonzentration an unterchloriger Säure vorliegt.

Für die Aufbereitung und Desinfektion von Badewasser wird verschiedentlich auch Chlor in Kombination mit Chlordioxid eingesetzt, wobei das Verhältnis von Chlor zu Chlordioxid etwa 10:1 betragen muß. Durch den hohen Chlorüberschuß soll u. a. die Bildung und Anreicherung von toxischem Chlorit im Kreislauf des Badewassers vermieden bzw. begrenzt werden [3]. Um beim sog. *Chlor-Chlordioxid-Verfahren* stets den geforderten 10fachen Chlorüberschuß im Badewasser sicherzustellen, wird in DIN 19643 für die Herstellung des Chlor-Chlordioxidgemisches ein bestimmtes Verfahren festgelegt, bei dem Chlordioxid ausschließlich durch Einwirkung von elementarem Chlor auf Natriumchlorit in wäßriger Phase im Gewichtsverhältnis 10:1 unmittelbar am Verwendungsort erzeugt wird [4]. Bei Anwendung von Chlor-Chlordioxid zur Aufbereitung und Desinfektion wird beim Badewasser auch das Chlordioxid neben Chlor, unterchloriger Säure und Hypochlorition zum *freien Chlor* gerechnet.

Chlor bzw. sein Hydrolseprodukt unterchlorige Säure reagieren mit stickstoffhaltigen Badewasserbelastungsstoffen wie Ammonium, Harnstoff, Kreatinin, Aminosäuren u. a. zu entsprechenden Chlor-Stickstoffverbindungen, die summarisch als *gebundenes Chlor* bezeichnet werden.

Die Summe aus *freiem Chlor* und *gebundenem Chlor* wird als *Gesamtchlor* bezeichnet.

Bei allen Untersuchungen von Schwimm- und Badebeckenwasser muß neben dem *freien Chlor* auch das *gebundene Chlor* bestimmt werden. Da für das *gebundene Chlor* kein direktes Analysenverfahren zur Verfügung steht, wird neben dem *freien Chlor* das *Gesamtchlor* ermittelt und das *gebundene Chlor* aus der Differenz *Gesamtchlor – freies Chlor* berechnet.

20.1.1 Bestimmung des freien Chlors

Die Bestimmung des freien Chlors im Badewasser erfolgt heute überwiegend colorimetrisch oder photometrisch mit DPD (N,N-Diethyl-1,4-phenylendiamin), das innerhalb eines bestimmten pH-Wert-Bereichs und Konzentrationsbereichs von freiem Chlor zu einem roten Farbstoff oxidiert wird. Nur noch vereinzelt wird zur Chlorbestimmung o-Tolidin verwendet, das jedoch keine Unterscheidung von freiem und gebundenem Chlor bzw. Gesamtchlor zuläßt und wegen seiner cancerogenen Eigenschaften nicht mehr verwendet werden sollte. Die maßanalytische Bestimmung des freien Chlors findet bei der Badewasseruntersuchung nur in Ausnahmefällen Anwendung.

Probenahme

Das freie Chlor ist sowohl im *Beckenwasser* (Schöpfprobe) als auch im *Reinwasser* (Zapfhahnprobe) zu bestimmen. Da freies Chlor im Badewasser infolge von Lichteinwirkung und Reaktionen mit Belastungsstoffen instabil ist, muß seine Bestimmung unmittelbar nach der Probenahme an Ort und Stelle durchgeführt werden. Zur Probenahme für maßanalytische Bestimmungsmethoden werden Glasflaschen verwendet.

Bei colorimetrischen oder photometrischen Verfahren nach der DPD-Methode, die bei der Routineuntersuchung des Badewassers bevorzugt angewandt werden, erfolgt die Probenahme im allgemeinen direkt mit der Meßküvette. Um zu vermeiden, daß Chlor gegenüber DPD im Überschuß vorliegt, was zu einer teilweise Weiteroxidation des roten zu einem gelben Farbstoff führen kann, muß vor der Probenahme das DPD-Reagenz zusammen mit der Pufferlösung in der Küvette vorgelegt werden, die dann anschließend mit dem chlorhaltigen Badewasser aufgefüllt wird.

Arbeitsvorschriften

Grundsätzlich sind alle Verfahren zur colorimetrischen, photometrischen und maßanalytischen Bestimmung des freien Chlors geeignet, die im Abschn. 9.4.1 beschrieben sind.

Bei der Untersuchung von Schwimm- und Badebeckenwasser zählen freies und auch gebundenes Chlor zu den wichtigsten und am häufigsten untersuchten Parametern, die im Rahmen der betriebseigenen Überwachung auch von angelerntem Personal bestimmt werden müssen. Deshalb stehen heute für die Chlorbestimmung im Badewasser eine große Anzahl einfach zu handhabender Komparatoren, Colorimeter und Photometer zur Verfügung, für die gebrauchsfertige Reagenziensätze in Form von Tabletten oder Lösungen in Tropfflaschchen geliefert werden. Bei der Chlorbestimmung mit Komparatoren oder Colorimetern sollten auch für die betriebseigene Überwachung nur Geräte verwendet werden, mit denen die Chlorkonzentration im Bereich von 0,1 bis 1,0 mg/l Cl_2 mindestens auf 0,1 mg/l genau abgelesen werden kann.

In Schwimmbädern werden zur kontinuierlichen Messung des freien Chlors in zunehmendem Maße elektrometrisch arbeitende Geräte verwendet, die z. B. nach dem amperometrischen Meßprinzip (Depolarisation) arbeiten, und eine laufende Registrierung der Meßwerte sowie eine bedarfsabhängige Steuerung der Chlordosierung ermöglichen. Bei derartigen Anlagen muß jedoch mindestens einmal am Tag die einwandfreie Funktion des Geräts durch eine Vergleichsanalyse nach der DPD-Methode überprüft und das Gerät gegebenenfalls nachgeeicht werden.

Für alle Methoden zur Bestimmung von Chlor im Badewasser ist das photometrische Bestimmungsverfahren mit DPD Referenzmethode.

20.1.2 Bestimmung des Gesamtchlors

Die colorimetrische oder photometrische Bestimmung des Gesamtchlors im Badewasser nach der DPD-Methode beruht darauf, daß sowohl freies als auch gebundenes Chlor bei

Zusatz von Kaliumiodid Iod freisetzen, das analog dem freien Chlor in wäßriger Lösung innerhalb eines bestimmten pH-Wertbereichs mit DPD einen roten Farbstoff bildet.

Probenahme

Wie unter Abschn. 20.1.1 beschrieben.

Arbeitsvorschriften

Die Verfahren zur colorimetrischen, photometrischen und maßanalytischen Bestimmung des Gesamtchlors sind im Abschn. 9.4.2 beschrieben.

Bei der colorimetrischen oder photometrischen Bestimmung des Gesamtchlors im Badewasser werden bei Routineuntersuchungen im allgemeinen freies Chlor und Gesamtchlor nacheinander in derselben Probe bestimmt. Zunächst wird nach Abschn. 20.1.1 in der gepufferten Probelösung mit DPD (ohne Kaliumiodidzusatz) das freie Chlor bestimmt. Unmittelbar danach wird die Probe mit Kaliumiodid versetzt, aus dem dann das gebundene Chlor äquivalente Mengen an Iod freisetzt, das mit DPD ebenfalls zu einem roten Farbstoff reagiert. Die Farbintensität entspricht dann der Summe freies Chlor + gebundenes Chlor = Gesamtchlor.

Bei der Methode der Bestimmung des freien Chlors und des Gesamtchlors in derselben Probe ist darauf zu achten, daß die Küvetten oder Meßgefäße nach jeder Gesamtchlorbestimmung sorgfältig gereinigt werden, da in die nachfolgende Probe verschleppte Iodidionen die Bestimmung des freien Chlors stören (s. Abschn. 9.4.1.1 Störungen).

20.1.3 Berechnung des gebundenen Chlors

Der Gehalt an gebundenem Chlor wird aus der Differenz zwischen dem Gesamtchlor und dem freien Chlor berechnet:
Gesamtchlor − freies Chlor = gebundenes Chlor.

20.1.4 Bestimmung der Summe freies Chlor und Chlordioxid

Beim Chlor-Chlordioxidverfahren werden freies Chlor und Chlordioxid als Summe bestimmt. Eine differenzierte Bestimmung des Chlordioxids neben freiem Chlor ist bei Badewasseruntersuchungen nicht vorgesehen, weil das geforderte Verhältnis freies Chlor:Chlordioxid von 10:1 durch das in DIN 19643 festgelegte Verfahren zur Herstellung des Chlor-Chlordioxidgemisches gewährleistet wird und die Summe freies Chlor + Chlordioxid auf einen bestimmten Konzentrationsbereich begrenzt ist. Bei gleichzeitigem Vorliegen von freiem Chlor und Chlordioxid wird bei der Bestimmung des freien Chlors mit DPD im pH-Wert-Bereich von 6,2 bis 6,5 das Chlordioxid mit *einem* Oxidationsäquivalent miterfaßt.

Probenahme

Wie unter Abschn. 20.1.1 beschrieben.

Arbeitsvorschriften

Zur Bestimmung der Summe freies Chlor und Chlordioxid können die im Abschn. 9.4.1 beschriebenen Verfahren zur colorimetrischen, photometrischen und maßanalytischen Bestimmung des freien Chlors angewandt werden.

Beim Chlor-Chlordioxidverfahren wird der nach den vorstehenden Arbeitsvorschriften ermittelte Parameter als *freies Chlor und Chlordioxid (Summe)* bezeichnet; die Angabe der Werte erfolgt in mg/l Cl_2.

20.1.5 Beurteilung und Grenzwerte

Die bei gechlortem Schwimmbecken-, Badebecken- und Warmsprudelbeckenwasser geforderten Konzentrationen und Konzentrationsbereiche für *freies Chlor* bzw. die zulässige Maximalkonzentrationen an *gebundenem Chlor* sind abhängig von der Art der Badeanlage (Schwimm- und Badebecken, Warmsprudelbecken), von der Wasserart (Beckenwasser, Reinwasser) sowie von der zur Aufbereitung und Desinfektion angewandten Verfahrenskombination. Darüber hinaus sind die für gebundenes Chlor zulässigen Maximalkonzentrationen vom Betriebs-pH-Wert abhängig.

20.1.5.1 Konzentrationen und Konzentrationsbereiche für freies Chlor

Beckenwasser

Zweck der Badewasserchlorung ist einmal die Gewährleistung eines Desinfektionsschutzes durch rasche Abtötung von Mikroorganismen. Zum anderen ist bei allen Aufbereitungsverfahren die Oxidationswirkung des Chlors zur Verminderung organischer Belastungsstoffe und verschiedener Stickstoffverbindungen erforderlich. Freies Chlor, dem im wesentlichen die Desinfektions- und Oxidationswirkung der Badewasserchlorung zuzuschreiben ist, muß deshalb im Beckenwasser stets in einer bestimmten Mindestkonzentration vorliegen. Da andererseits die zur Aufbereitung und Desinfektion verwendeten Chemikalien nur in der unbedingt erforderlichen Menge dosiert werden dürfen, um Wohlbefinden und Gesundheit der Badenden nicht zu beeinträchtigen, wird die Konzentration an freiem Chlor nach oben hin durch Maximalwerte begrenzt. Die für verschiedene Aufbereitungsverfahren und Beckenarten festgelegten Mindest- und Höchstwerte der Konzentration an freiem Chlor sind in Tabelle 20.1 zusammengestellt.
Wegen der größeren Belastung des Wassers bei Warmsprudelbecken infolge höherer Badetemperaturen und mechanischer Einwirkung auf die Haut durch den Luftsprudel sind bei diesen Anlagen die Mindest- und Höchstwerte für freies Chlor im Vergleich zu normalem Schwimm- und Badebecken entsprechend erhöht. Andererseits genügen bei den besonders leistungsfähigen Aufbereitungsverfahren mit Ozonstufe geringere Chlorkonzentrationen für die Desinfektion. Für alle Aufbereitungsverfahren und Beckenarten gilt jedoch gemeinsam, daß bei bestimmten Betriebsbedingungen höhere als die genannten Maximalkonzentrationen an freiem Chlor erforderlich sein können, um die mikrobiologischen Anforderungen einzuhalten. In diesen Fällen ist den Ursachen nachzugehen und für Abhilfe zu sorgen. Nach DIN V 19 644 dürfen jedoch die erhöhten Konzentrationen an freiem Chlor 1,2 mg/l nicht überschreiten.

Reinwasser

Das Reinwasser muß bei allen Aufbereitungsverfahren und Beckenarten *kontinuierlich* eine *Mindestkonzentration von 0,3 mg/l Cl_2 an freiem Chlor* aufweisen. Durch die Forderung einer kontinuierlichen Mindestkonzentration an freiem Chlor ("Basischlorung") soll vermieden werden, daß ungechlortes Filterablaufwasser, das insbesondere bei Aktivkohlefiltern oft mikrobiologisch belastet ist, in das Becken gelangt. Dies ist z. B. dann der Fall, wenn bei einer automatisch arbeitenden Chlordosierung ein „Ein/Aus-Regler"

Tabelle 20.1. Mindest- und Höchstkonzentrationen an freiem Chlor im Beckenwasser

Verfahrenskombination	Beckenart	freies Chlor in mg/l Cl_2	
		min	max
Flockung + Filterung + Chlorung	Schwimm- und Badebecken	0,3	0,6
	Warmsprudelbecken	0,5	0,7
Flockung + Filterung + Chlor-Chlordioxid	Schwimm- und Badebecken	0,3[a]	0,5[a]
Flockung + Filterung + Ozonung + Aktivkornkohle- filterung + Chlorung	Schwimm- und Badebecken	0,2	0,5
	Warmsprudelbecken	0,4	0,6
Adsorption an Aktivkohlepulver + Anschwemm-Filterung mit Kieselgur und Aktivkohle + Chlorung	Schwimm- und Badebecken	0,3	0,6
	Warmsprudelbecken	0,5	0,7

[a] Freies Chlor und Chlordioxid (Summe)

(Schwarz/Weiß-Regler) verwendet wird, der in „Aus"-Stellung die Chlordosierung ganz abschaltet. Deshalb wird bei Verfahrenskombinationen mit Aktivkohlefilter, bei denen das Filterablaufwasser chlorfrei ist, neben der bedarfsabhängigen *Betriebschlorung* eine kontinuierlich arbeitende *Basischlorung* gefordert [5]. Die Konzentration des freien Chlors wird im Reinwasser dagegen nach oben hin nicht begrenzt; sie richtet sich stets nach dem Bedarf. Sie muß so hoch sein, daß die im Beckenwasser geforderten Mindestkonzentrationen nach Tabelle 20.1 in allen Teilen des Beckens bis zum Beckenablauf bzw. -auslauf erreicht und auch bei allen Belastungszuständen eingehalten werden.

20.1.5.2 Zulässige Maximalkonzentrationen für gebundenes Chlor

Die unter dem Sammelbegriff *gebundenes Chlor* zusammengefaßten Chlor-Stickstoff-Verbindungen wie Chloramine, Chlorharnstoff u. a. sind im Badewasser unerwünschte Nebenprodukte der Chlorung. Sie sind als eigentliche Ursache für die Reizerscheinungen an der Augenbindehaut sowie für Affektionen der Schleimhäute im Nasen-Rachenraum bekannt [6]. Auch der typische „Hallenbadgeruch" ist den reiz- und geruchsintensiven Chlor-Stickstoffverbindungen zuzuschreiben. Weil das gebundene Chlor die Badewasserqualität erheblich beeinträchtigt und im Vergleich zum freien Chlor auch keinen wesentlichen Beitrag zur Desinfektion und Oxidation leistet, muß es als ausgesprochen belastendes Nebenprodukt der Chlorung auf die technisch unvermeidbare Konzentration begrenzt werden, die sowohl von der zur Aufbereitung angewandten Verfahrenskombination als auch vom Betriebs-pH-Wert abhängen. Die nach der DIN 19643 und der DIN V 19644 zulässigen Höchstwerte für das gebundene Chlor, bei denen es sich um Erfahrungswerte handelt sind in Tabelle 20.2 zusammengestellt.

Die nach der Tabelle 20.2 zugelassenen Maximalwerte für gebundenes Chlor sind z. T. zu hoch und sollten nach Möglichkeit deutlich unterschritten werden, weil sie vor allem in Hallenbädern bereits zu Reizerscheinungen und Geruchsbelästigungen führen können. Erst bei einer Begrenzung des gebundenen Chlors auf 0,1 bzw. 0,2 mg/l, wie das durch ausreichenden Füllwasserzusatz oder bei Verfahrenskombinationen mit Ozonstufe und Aktivkohlefilter ohne weiteres möglich ist, treten im Badewasser weder Geruchsbelästigungen noch Reizerscheinungen auf.

20.1.6 Literatur

1 DIN 19643: Aufbereitung und Desinfektion von Schwimm- und Badebeckenwasser (April 1984) Berlin: Beuth
2 DIN V 19644: Aufbereitung und Desinfektion

Tabelle 20.2. Zulässige Höchstkonzentrationen an gebundenem Chlor im Beckenwasser und Reinwasser bei Schwimm-, Bade- und Warmsprudelbecken

Verfahrenskombination	pH-Wert-Bereich	Maximalwert für gebundenes Chlor in mg/l Cl_2
Flockung + Filterung + Chlorung	6,5...7,2	0,3
	7,2...7,8	0,5
Flockung + Filterung + Chlor-Chlordioxid[a]	6,5...7,2	0,2
	7,2...7,8	0,4
Flockung + Filterung + Ozonung + Aktivkornkohlefilterung + Chlorung	6,5...7,2	0,1
	7,2...7,8	0,2
Adsorption an Aktivkohlepulver + Anschwemmfilterung mit Kieselgur und Aktivkohle + Chlorung	6,5...7,2	0,3
	7,2...7,8	0,5

[a] Verfahrenskombinationen mit Chlor-Chlordioxid-Stufe sind nach DIN V 19644 für Warmsprudelbecken nicht vorgesehen.

von Wasser in Warmsprudelbecken (Mai 1986). Berlin: Beuth
3 Kroke, R.: Verfahrenstechnik zur Aufbereitung des Schwimmbeckenwassers und des Chlor-Chlordioxidverfahrens. Arch. Badewes. 22 (1969) 40–44
4 Roeske, W.: Schwimmbeckenwasser, Anforderungen — Aufbereitung — Untersuchung. 2. Aufl. Lübeck: Haase 1986
5 Althaus, H.: Badewasseraufbereitungsverfahren mit integrierter Adsorptionsstufe verlangen Basis- und Betriebschlorung. Arch. Badewes. 37 (1984) 258–259
6 Eichelsdörfer, D.; Slovak, J.; Dirnagl, K.; Schmid, K.: Untersuchung der Augenreizung durch freies und gebundenes Chlor im Schwimmbeckenwasser. Arch. Badewes. 29 (1976) 9–13

20.2 Bestimmung des pH-Werts

Die Funktion der Aufbereitung und Desinfektion von Badewasser ist in hohem Maße vom pH-Wert abhängig. Er muß deshalb häufig kontrolliert und gegebenenfalls auch laufend korrigiert werden. Der pH-Wert beeinflußt insbesondere die Hydrolyse des Chlors bzw. die Dissoziation der unterchlorigen Säure sowie die Höhe der Redox-Spannung und damit auch die Keimtötung. Deshalb wird der pH-Wert neben freiem und gebundenem Chlor und der Redox-Spannung zu den Hygiene-Hilfsparametern gerechnet. Des weiteren ist der pH-Wert von wesentlicher Bedeutung für die Flockungsvorgänge bei der Verwendung bestimmter Metallsalze, für die Prozesse beim oxidativen Abbau organischer Stoffe und anorganischer Stickstoffverbindungen sowie für die Korrosionseigenschaften des Badewassers. Auch die physiologische Hautverträglichkeit des Wassers hängt vom pH-Wert ab. Niedere pH-Werte erhöhen z. B. den Wirkungsgrad des Desinfektionsmittels, sind wegen guter Hautverträglichkeit erwünscht, können aber zu Korrosionen an der Aufbereitungsanlage führen; höhere pH-Werte verlangen dagegen einen höheren Einsatz an Desinfektionsmitteln, stören die Flockung bei Verwendung von Aluminiumsalzen, beschleunigen aber den oxidativen Abbau z. B. von Stickstoffverbindungen durch Ozon. Es müssen also beim Badewasser zwischen den für die einzelnen Faktoren optimalen pH-Wert-Bereichen Kompromisse geschlossen werden.

Für die pH-Wert-Bestimmung im Badewasser stehen neben der elektrometrischen pH-Wert-Messung auch einfache colorimetrische Verfahren unter Verwendung von Farbindikatoren und Komparatoren zur Verfügung.

20.2.1 Elektrometrische Bestimmung des pH-Werts

Obwohl die colorimetrischen Verfahren zur pH-Wert-Bestimmung vor allem bei der betriebseigenen Überwachung der Bäder noch überwiegen, gewinnt die elektrometrische pH-Wert-Bestimmung bei Badewasseruntersuchungen zunehmend an Bedeutung, weil sie die genaueste Methode ist und weil sie vor allem eine kontinuierliche Messung, Registrierung und auch Regelung dieses wichtigen Hygiene-Hilfsparameters im Betrieb ermöglicht.

Deshalb sind alle neueren Aufbereitungsanlagen mit kontinuierlich arbeitenden pH-Metern ausgestattet, deren Meßwerte auf Schreibstreifen laufend registriert werden und die auch über entsprechende Meßwertgeber und Regeleinrichtungen Dosieranlagen für Chemikalien zur automatischen pH-Wert-Korrektur ansteuern können.

Für Kontrolluntersuchungen durch die Gesundheitsbehörde oder in deren Auftrag ist nur die elektrometrische pH-Wert-Bestimmung zulässig, die beim Badewasser für alle Verfahren zur pH-Wert-Bestimmung Referenzmethode ist.

Die Zuverlässigkeit der elektrometrischen pH-Wert-Bestimmung hängt vorwiegend von der Pflege und der sachgerechten Kalibrierung der Meßelektroden ab, deren Lebensdauer begrenzt ist und die nach bestimmten Kriterien von Zeit zu Zeit ersetzt werden müssen. Bei Schöpf- oder Zapfhahnproben muß der pH-Wert unmittelbar nach der Probenahme bestimmt werden, weil er sich z. B. durch Ausgasung von Kohlenstoffdioxid oder andere Vorgänge ändern kann.

Verfahren

Das Verfahren der elektrometrischen pH-Wert-Bestimmung sowie die Vorschriften für die Kalibrierung, Lagerung und Reinigung der Elektroden und Hinweise auf Störungen sind im Abschn. 7.2 beschrieben.

20.2.2 Colorimetrische Bestimmung des pH-Werts

Die immer noch weite Verbreitung der colorimetrischen pH-Wert-Bestimmung in Schwimmbädern mit Komparatoren ist darauf zurückzuführen, daß die Methode einfach ist und die Komparatoren verhältnismäßig preiswert sind.

Die colorimetrische pH-Wert-Bestimmung beruht darauf, daß bestimmte farbige organische Verbindungen, die als Indikatoren bezeichnet werden, ihre Farbe in Abhängigkeit vom pH-Wert innerhalb eines für jeden Indikator charakteristischen Bereichs ändern. So ist z. B. der bei Badewasseruntersuchungen häufig verwendete Indikator *Phenolrot* (Phenolsulfonphthalein) bei pH-Wert 6,4 gelb und geht bei steigendem pH-Wert über eine Reihe aus gelb und rot zusammengesetzter Mischfarben bei pH-Wert 8,2 in rot über. Die Farbe bzw. Farbänderung kann in einem Komparator mit Standardfarbscheiben verglichen werden, deren Farbabstufung meistens in 0,2 pH-Wert-Einheiten unterteilt ist.

Ein entscheidender Nachteil der colorimetrischen pH-Wert-Bestimmung ist es, daß sich jenseits der Grenz-pH-Werte des Farbumschlagbereichs der Farbcharakter der Indikatoren nicht mehr ändert. So bedeutet z. B. bei Verwendung von Phenolrot die Farbe gelb pH-Wert 6,4 oder auch beliebig darunter und die Farbe rot pH-Wert 8,2 oder auch darüber. Bei Erreichen der Grenz-pH-Werte eines Indikators muß also mit Hilfe eines Indikators mit anderem Umschlagsbereich (z. B. Bromkresolpurpur: Umschlagsbereich pH-Wert 5,2 bis 6,6 oder Thymolblau: Umschlagsbereich pH-Wert 8,0 bis 9,6) überprüft werden, ob und inwieweit der Grenz-pH-Wert erreicht oder überschritten ist. Da viele Indikatoren nicht chlorstabil sind, werden den handelsüblichen Reagenzien für die colorimetrische pH-Wert-Messung im Badewasser bestimmte Chemikalien zur Reduktion des Chlors zugesetzt.

Geräte:
Colorimeter oder Komparator mit Farbvergleichsscheiben oder stufenlosem Farkeil für die pH-Wert-Bestimmung (z. B. Fa. Lovibond, Kowa, Hellige u. a.)

Reagenzien:
Handelsübliche chlorstabile Indikatorlösungen in Tropfflächchen oder Indikatortabletten (z. B. Fa. Lovibond, Merck, Hach u. a.)

Arbeitsvorschrift

Die Durchführung der Bestimmung richtet sich nach den Gebrauchsanweisungen der Gerätehersteller.

Angabe der Werte

Bei der Angabe der Werte sollte vermerkt werden, daß eine colorimetrische Methode verwendet wurde, z. B. pH-Wert (colorim. 7,2 (26 °C).

20.2.3 Beurteilung und Grenzwerte

Der Betriebs-pH-Wert im Wasser einer Schwimm- und Badeanlage oder einer Warmsprudelbeckenanlage ist weitgehend abhängig von der Zusammensetzung des Füllwassers und der Art des gewählten Aufbereitungs- und Desinfektionsverfahrens. Um den verschiedenen Gegebenheiten Rechnung zu tragen, wird in DIN 19643 für das *Reinwasser* und das *Beckenwasser* in Schwimm- und Badeanlagen ein verhältnismäßig breiter Bereich von pH-Wert 6,5 bis 7,8 angegeben, der jedoch bei keinem Verfahren unter- oder überschritten werden darf.

Der pH-Wert-Bereich für das *Rohwasser* ist dagegen bei Verwendung von Aluminiumsalzen zur Flockung etwas eingeschränkt, weil etwa ab pH-Wert 7,4 wegen beginnender Aluminatbildung das Aluminium nicht mehr quantitativ ausflockt, was zur Spätflockung und Trübung im Beckenwasser führen kann. Demgegenüber flocken Eisensalze im gesamten für Badewässer zugelassenen pH-Wert-Bereich zwischen 6,5 und 7,8 praktisch quantitativ, sofern die Flockung nicht durch Komplexbildner wie Huminstoffe im Füllwasser oder andere bestimmte Belastungsstoffe gestört wird. Die bei den verschiedenen zur Badewasseraufbereitung vorgesehenen Flockungsmitteln einzuhaltenden pH-Wert-Bereiche sind in Tabelle 20.3 zusammengestellt.

Nach DIN V 19644 wird der pH-Wert-Bereich bei Warmsprudelbecken für *Reinwasser* und *Beckenwasser* auf pH-Werte zwischen 6,5 und 7,5 begrenzt. Weil bei Warmsprudelbecken für die Flockung nur Aluminiumhydroxidchloride oder Aluminiumhydroxidchloridsulfate vorgesehen sind, wurde der pH-Wert-Bereich für *Rohwasser* auf 6,5 bis 7,4 festgelegt.

Tabelle 20.3. pH-Wert-Bereiche für alle Verfahrenskombinationen mit Flockungsstufe

Flockungsmittel	pH-Wert im Rohwasser	
	min.	max.
Aluminiumsulfat	6,5	7,2
Aluminiumchlorid-Hexahydrat	6,5	7,2
Natriumaluminat	6,5	7,2
Aluminiumhydroxidchloride	6,5	7,4
Aluminiumhydroxidchloridsulfate	6,5	7,4
Eisen(III)-chlorid-Hexahydrat	6,5	7,8
Eisenchloridsulfatlösung	6,5	7,8
Eisen(III)-sulfat	6,5	7,8

20.3 Bestimmung der Redox-Spannung

Bei Verwendung von Chlor als Desinfektionsmittel besteht im Badewasser ein Zusammenhang der Redox-Spannung, dem pH-Wert und der Abtötung von Mikroorganismen. Carlson und Hässelbarth [1] stellten fest, daß bei pH-Wert 7 und einer Redox-Spannung von über +500 mV Keime schon innerhalb sehr kurzer Zeitspannen abgetötet werden (Abb. 20.1).

Bei Verwendung des Modellkeims E. coli wird z. B. bei einer Redox-Spannung von +600 bis +650 mV (gemessen mit der Platinelektrode gegen gesättigte Kalomelbezugselektrode) die Koloniezahl innerhalb 30 s um 3 Zehnerpotenzen bzw. 99,9 % reduziert; bei einer Redox-Spannung unter +450 mV werden für den gleichen Desinfektioneffekt dagegen mehrere Stunden benötigt. Dieser Zusammenhang zwischen Redox-Spannung und Desinfektionszeit ist jedoch nur bei gut aufbereitetem und klarem Wasser gegeben, weil Kolloid- und Trübstoffe auf der Oberfläche von Mikroorganismen eine Schutzschicht ausbilden und damit die Desinfektionszeiten verlängern.

Die Redox-Spannung im Badewasser ist proportional dem Logarithmus des Verhältnisses der Aktivität oxidierender Stoffe (Chlor, Chlordioxid u. a. oxidierende Desinfektionsmittel) und der Aktivität reduzierender Stoffe (organische Belastungsstoffe). So hängt die Redox-Spannung und die damit verbundene Keimtötung nicht nur von der Chlorkonzentration ab, sondern gleichermaßen auch vom Belastungszustand des Badewassers. Obwohl im Badewasser viele nichtdefinierbare und nichtreversible Redoxpaare vorliegen, die nicht der Nernstschen Gleichung für reversible Redoxsysteme folgen, wird der Begriff „Redox-Spannung" beim Badewasser für diese Kenngröße beibehalten. Weil die Redox-Spannung bei gechlortem und trübungsfreiem Wasser unter Berücksichtigung von pH-Wert und Temperatur als

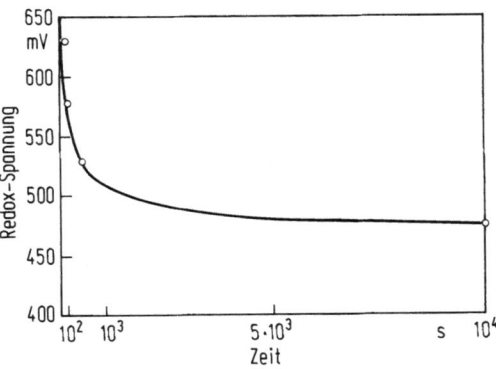

Abb. 20.1. Desinfektionszeiten für E.coli in verschiedenen Redox-Spannungsbereichen bei pH-Wert 7 nach Carlson und Hässelbarth [1]

Maß für die Wirksamkeit der Desinfektion dienen kann, ist sie beim Badewasser der wichtigste Hygiene-Hilfsparameter. Als elektrischer Meßwert kann die Redox-Spannung kontinuierlich gemessen und registriert werden, so daß über längere Zeiträume eine lückenlose Beobachtung und Beurteilung der seuchenhygienischen Beschaffenheit von Badewässern möglich ist.

20.3.1 Verfahren zur Messung der Redox-Spannung

Die zur Bestimmung der Redox-Spannung erforderlichen Geräte, Meßelektroden, Reagenzien sowie die Behandlung und Überprüfung der Elektroden und die Durchführung der Messung sind in Abschn. 7.3 beschrieben.
Für die Messung der Redox-Spannung im Schwimmbecken-, Badebecken- und Warmsprudelbeckenwasser sind nach DIN 19643 und DIN V 19644 ausschließlich ortsfeste Meß- und Registriergeräte vorgesehen. Da die Messung der Redox-Spannung nur im *Beckenwasser* gefordert wird, ist das Meßwasser aus dem oberflächennahen Bereich des Beckens (Einlaufmündung der Meßwasserleitung ca. 20 cm unter dem Beckenwasserspiegel) oder notfalls aus dem Beckenüberlaufwasser zu entnehmen.
Die Bestimmung der Redox-Spannung im Rahmen der amtlichen Kontrolluntersuchungen sowie die betriebseigene Überwachung beschränkt sich im allgemeinen auf die Ablesung der betrieblichen Meßwertanzeige des ortsfest installierten Meß- und Registriergeräts. Um zuverlässige Meßwerte zu erhalten, müssen die Elektroden in bestimmten Zeitintervallen gereinigt und zusammen mit dem Meßgerät z. B. mit Redoxstandardlösungen und Meßwertgeber überprüft werden. Die Fehlergrenze bzw. die Abweichungen sollten ±20 mV nicht überschreiten.
Bei den meisten ortsfest installierten Geräten zur Messung der Redox-Spannung sind am Gerät oder auf der Ableseskala des Meßinstruments weder die Bezugselektrode noch die Elektrolytkonzentration vermehrt, so daß in vielen Fällen nicht ohne weiteres feststellbar ist, worauf sich der abgelesene Meßwert

bezieht. Am häufigsten wird heute beim Badewasser als Bezugselektrode Ag/AgCl, $c(KCl) = 3,5$ mol/l verwendet. Vereinzelt sind auch noch gesättigte Kalomelbezugselektroden in Gebrauch, die bei gleichem Redoxmilieu bei 25 °C eine um ca. 37 mV niedrigere Spannung anzeigen. Zur Vereinheitlichung und besseren Vergleichbarkeit von Badewasseranalysen wird empfohlen, die mit der gesättigten Kalomelelektrode gemessenen Werte auf die Ag/AgCl-Bezugselektrode umzurechnen (s. Kap. 22). Es wird jedoch ausdrücklich darauf hingewiesen, daß bei manchen Geräten diese Umrechnung von gesättigter Kalomelelektrode auf die Ag/AgCl-Bezugselektrode bereits elektronisch durchgeführt wird. Bei diesen Geräten wird die Redox-Spannung zwar gegen eine gesättigte Kalomelelektrode gemessen, der abgelesene Wert bezieht sich jedoch auf die Ag/AgCl-Bezugselektrode. Da auch derartige Meßanordnungen bzw. Schaltungen auf den Geräten nicht vermerkt sind und oft nur aus der Gebrauchsanweisung hervorgehen, müssen in jedem Einzelfall die Verhältnisse zunächst sorgfältig überprüft werden, um zutreffende Meßergebnisse zu erhalten.
Die manuelle Bestimmung der Redox-Spannung mit transportablen Meßgeräten ist in Schwimmbadanlagen nur bei Sonderuntersuchungen erforderlich und wird ebenfalls mit geschlossenen drucklosen Durchlaufsystemen vorgenommen. Dabei ist zu beachten, daß die Redox-Spannung in Abhängigkeit vom Elektrodenzustand bzw. von der Vorbehandlung der Elektroden eine oft sehr lange Einstellzeit benötigt (s. Abschn. 7.3.1). Da die „Oxidations- und Reduktionskapazität" der Badewasserinhaltsstoffe verhältnismäßig gering ist, empfiehlt es sich, für die Messung der Redox-Spannung nur Platinringelelektroden mit einer entsprechend großen Platinoberfläche zu verwenden; Stiftelektroden reagieren bei Änderungen der Redox-Spannung träger und sind deshalb für Messungen im Badewasser weniger geeignet.

Angabe der Werte

Bei der Angabe der Ablesung aus der betrieblichen Meßwertanzeige müssen die Bezugselektrode, die Elektrolytkonzentration

sowie der pH-Wert und die Temperatur mit vermerkt werden, z. B.
Redox-Spannung gegen Ag/AgCl, $c(KCl) = 3{,}5$ mol/l: $+760$ mV (28 °C; pH-Wert 7,2)
Eine Umrechnung der gemessenen Spannung auf die Standardwasserstoffelektrode ist beim Badewasser nicht vorgesehen.

20.3.2 Beurteilung und Richtwerte

Zur Sicherstellung eines ausreichenden Desinfektionszustands werden für das *Beckenwasser* in Schwimm-, Bade- und Warmsprudelbädern, in Abhängigkeit von der Bezugselektrode, dem pH-Wert und der Art bzw. Mineralisation des Füllwassers bestimmte Mindestwerte gefordert, die in Tabelle 20.4 zusammengestellt sind. Diese Mindestwerte wurden in verschiedenen Untersuchungen experimentell bestimmt und jeweils mit einem Sicherheitszuschlag von $+50$ mV beaufschlagt [2].
Nach Untersuchungen von Jentsch [3] wird bei Meerwasser im Vergleich zu „Süßwasser" bereits bei einer 50 mV niedrigeren Redox-Spannung eine ausreichende Desinfektionswirkung erzielt. Mit steigender Chloridkonzentration genügen noch niedrigere Redox-Spannungen, um im Beckenwasser einwandfreie seuchenhygienische Verhältnisse sicherzustellen. So haben Koukol und Drechsler [4] bei der Untersuchung der erforderlichen Mindestredoxspannung für die Bad Nauheimer Thermalsole gefunden, daß bei diesem Wasser mit einer Chloridionenkonzentration von 17 000 mg/l im pH-Bereich 6,5 bis 7,5 bereits eine gegen Kalomel gemessene Redox-Spannung von $+570$ mV (einschließlich 50 mV Sicherheitszuschlag) für die Desinfektion ausreicht.

Bei der betrieblichen Messung der Redox-Spannung mit einem ortsfest installierten Gerät wird eine Fehlergrenze von ± 20 mV toleriert. Bei deutlicher Unterschreitung der in Tabelle 20.4 angegebenen Werte ist die Funktion der Aufbereitungs- und Desinfektionsanlage zu überprüfen.

20.3.3 Literatur

1 Carlson, S.; Hässelbarth, U.: Das Verhalten von Chlor und oxidierend wirkenden Chlorsubstitutionsverbindungen bei der Desinfektion von Wasser. Vom Wasser. 35 (1968) 266–283
2 Denecke, E.; Althaus, A.: Die Redox-Spannung als Meßgröße für eine ausreichende Trinkwasserdesinfektion. DVGW-Schriftenreihe Wasser Nr. 49. Frankfurt: ZfGW-Verlag 1986
3 Jentsch, F.: Redoxpotential-Messung in Meerwasser-Schwimmbädern. Arch. Badewes. 26 (1973) 212–218
4 Koukol, H.; Drechsler, D.: Redoxpotential und Badewasserqualität in Mineralwasser-Schwimmbädern. Arch. Badewes. 28 (1975) 592–595

Tabelle 20.4. Mindestwerte für die Redox-Spannung im Beckenwasser in Abhängigkeit von der Bezugselektrode, dem pH-Wert und der Mineralisation des Füllwassers

Art des Füllwassers[a]	Bezugselektrode	pH-Bereich	Redox-Spannung im Beckenwasser (Mindestwert) in mV
Wasser aus der öffentl. Wasserversorgung („Süßwasser")	Ag/AgCl, $c(KCl)$ 3,5 mol/l	6,5...7,5	$+750$
		7,5...7,8	$+770$
	Kalomel, $c(KCl)$ 3,5 mol/l	6,5...7,5	$+700$
		7,5...7,8	$+720$
Meerwasser	Ag/AgCl, $c(KCl)$ 3,5 mol/l	6,5...7,5	$+700$
		7,5...7,8	$+720$
	Kalomel, $c(KCl)$ 3,5 mol/l	6,5...7,5	$+650$
		7,5...7,8	$+670$

[a] Für Wässer mit einem Chloridgehalt >5000 mg/l sowie für bromid- oder iodidhaltige Wässer ist der Grenzwert für die Redox-Spannung experimentell zu ermitteln

21 Bestimmung der betriebstechnischen Parameter

21.1 Bestimmung der Trübung (Klarheit)

Eine Trübung des Badewassers kann auftreten, wenn die von den Badenden eingebrachten Trüb- und Kolloidstoffe durch die Aufbereitung nicht in genügendem Maße entfernt werden, wenn durch Fehler bei der Wasseraufbereitung Flockungsmittel durch das Filter in das Becken gelangen oder wenn es bei harten Wässern infolge eines zu hohen Betriebs-pH-Werts zur Ausfällung von Härtebildnern im Becken kommt. So besteht z. B. ein direkter Zusammenhang zwischen Trübung und Oxidierbarkeit bzw. Kaliumpermanganatverbrauch (als Maß für organische Belastungsstoffe) sowie zwischen Trübung und Restaluminiumgehalt im Beckenwasser [1]. Starke Trübungen können auch bei Bädern auftreten, bei denen die Becken entgegen den anerkannten Regeln der Technik mit unaufbereiteten Heil- und Mineralwässern gefüllt sind. Je nach Art und Menge der Wasserinhaltsstoffe kann es hier zur Abscheidung von Eisen, Mangan, Kalk, Gips oder auch kolloidalem Schwefel kommen.

Im allgemeinen ist es jedoch nicht erforderlich, die Trübung des Schwimmbeckenwassers als Bewertungskriterium im Zusammenhang mit Grenzwerten oder Mindestanforderungen quantitativ zu bestimmen. Bei den in Schwimmbeckenanlagen gegebenen Schichtdicken des Badewassers sind bereits schwache Trübungen durch direkte Beobachtung sehr gut erkennbar. Die visuelle Feststellung der Trübung ist in der Bäderpraxis auch ausreichend, um z. B. die Wirksamkeit von Maßnahmen zur Beseitigung von Trübungen zu beobachten. So fordern DIN 19 643 und DIN V 19 644 bei der amtlichen Kontrolluntersuchung nur die Überprüfung der *Klarheit* des Beckenwassers, die den Anforderungen dann entspricht, wenn eine einwandfreie Sicht über den ganzen Beckenboden gegeben ist.

Wenn bei besonderen Anlässen (z. B. Optimierung der Flockungsstufe, Überprüfung neu entwickelter Aufbereitungsverfahren etc.) die Trübung quantitativ bestimmt werden muß, so ist die Methode der Streulichtmessung anzuwenden, die sich auch für sehr schwache Trübungen eignet.

Arbeitsvorschrift

Das Prinzip der Streulichtmethode zur Bestimmung der Trübung und die Arbeitsvorschrift sind in Abschn. 7.5.5 beschrieben.

Beurteilung und Richtwerte

Ein von Trübstoffen freies Wasser in Schwimm-, Bade- und Warmsprudelbecken ist nicht nur aus ästhetischen, sondern auch aus hygienischen Gründen zu fordern, weil Kolloid- und Trübstoffe auf der Oberfläche von Mikroorganismen eine Art Schutzschicht ausbilden können und dadurch die Desinfektionswirkung erheblich beeinträchtigen. Die *Klarheit* des Wassers, gekennzeichnet durch eine einwandfreie Sicht über den ganzen Beckenboden ist eine wesentliche Voraussetzung für Rettungsmaßnahmen bei Unfällen und deshalb aus Gründen der Sicherheit unerläßlich.

Als Richtwert nach DIN 19 643 und DIN V 19 644 gilt, daß die *Trübung* (Messung des Streulichts, Winkel 90°, Angabe in Trübungswerten bezogen auf Formazin-Standardsuspension) im *Reinwasser* 0,2 TE/F und im *Beckenwasser* 0,5 TE/F nicht überschreiten soll.

21.2 Bestimmung der Färbung

Bei einwandfreiem Füllwasser ist Badewasser im allgemeinen farblos. Verfärbungen können aber z. B. bei Verwendung von Eisensalzen als Flockungsmittel auftreten, wenn durch Fehler bei der Aufbereitung Spuren des Eisens in das Beckenwasser gelangen. Auch eisen-, mangan- oder huminstoffhaltige Füllwässer können das Beckenwasser verfärben, wenn diese Stoffe nicht durch eine Voraufbereitung oder die Badewasseraufbereitung quantitativ entfernt werden.

Die Bestimmung der Färbung des Badewassers ist weder Bestandteil der amtlichen Kontrolluntersuchung noch der betriebseigenen Überwachung. Sollte die Bestimmung der Färbung des Badewassers im Rahmen von Sonderuntersuchungen erforderlich werden, so ist die Methode der Bestimmung des spektralen Absorptionskoeffizienten bei $\lambda = 436$ nm anzuwenden.

Arbeitsvorschrift

Die Methode zur Bestimmung des spektralen Absorptionskoeffizienten ist in Abschn. 7.6.1 beschrieben.

Beurteilung und Richtwerte

Vorwiegend aus ästhetischen Gründen sollte Badewasser farblos sein oder die typische Blaufärbung aufweisen, wie sie bei reinem Wasser bei größeren Schichtdicken zu beobachten ist; grüne oder gelbe Farbstiche werden meistens als unappetitlich empfunden. Bei Auftreten von Verfärbungen, die im allgemeinen auch ohne entsprechende Meßgeräte gut zu beobachten sind, muß der Ursache nachgegangen werden, da es sich um Fehler in den Aufbereitungsanlagen handeln kann, die u. U. auch andere Störungen zur Folge haben.

Die DIN 19 643 und DIN V 19 644 geben zur Orientierung für eine noch tolerierbare Eigenfärbung einen spektralen Absorptionskoeffizienten $\lambda = 436$ nm für *Reinwasser* von max. $0,4 \, m^{-1}$ und für *Beckenwasser* von max. $0,5 \, m^{-1}$ an.

21.3 Bestimmung der Oxidierbarkeit mit Kaliumpermanganat

Die Oxidierbarkeit des Badewassers mit Kaliumpermanganat (Oxidierbarkeit Mn VII→II in mg/l O_2 oder Kaliumpermanganatverbrauch in mg/l $KMnO_4$) ist ein Maß für die Belastung eines Badewassers mit organischen Stoffen, die durch Chlorzehrung und Herabsetzung der Redox-Spannung die Desinfektionswirkung der Chlorung stören. Der Belastungszustand des Wassers in Schwimm-, Bade- und Warmsprudelbecken ist durch die Differenz zwischen der Oxidierbarkeit des Beckenwassers und der des Füllwassers gekennzeichnet. Enthält das Füllwasser organische oder andere reduzierende Stoffe, die im Zuge der Badewasseraufbereitung mit entfernt werden, so ergibt sich der Belastungszustand des Beckenwassers aus der Differenz zwischen der Oxidierbarkeit des Beckenwassers und der Oxidierbarkeit des Reinwassers bei unbelasteter Anlage. Dieser Reinwasserbezugswert kann z. B. am Morgen vor Beginn des Badebetriebs ermittelt werden, wenn die Aufbereitungsanlage (der Vorschrift entsprechend) während der Nachtstunden in Betrieb war (sog. „Morgenwert"). Durch die Differenzbildung $\Delta OX = OX_{Beckenwasser} - OX_{Füllwasser}$ bzw. $\Delta OX = OX_{Beckenwasser} - OX_{Reinwasser\,(bei\,unbelasteter\,Anlage)}$ wird unab-

Tabelle 21.1. Maximal zulässige Werte der Oxidierbarkeit bzw. des Kaliumpermanganatverbrauchs des Beckenwassers über dem Füllwasserwert bzw. Reinwasserwert (bei unbelasteter Badeanlage)

Parameter	Reinwasser	Beckenwasser
Oxidierbarkeit Mn VII → II über dem Wert des Füllwassers[a]	0	max. 0,75 mg/l O_2
$KMnO_4$-Verbrauch über dem Wert des Füllwassers[a]	0	max. 3 mg/l $KMnO_4$

[a] Liegt die Oxidierbarkeit des aufbereiteten Wassers bei unbelasteter Anlage unter der des Füllwassers, so ist dieser niedrigere Wert als Bezugswert zu benutzen; ist die Oxidierbarkeit des Füllwassers <0,5 mg/l O_2 bzw. 2 mg/l $KMnO_4$, so gelten als Bezugswerte 0,5 mg/l O_2 bzw. 2 mg/l $KMnO_4$

hängig von der Vorbelastung durch das Füllwasser nur die von den Badegästen eingebrachte Menge an Belastungsstoffen erfaßt, die durch die Aufbereitung des im Kreislauf geführten Badewassers wieder entfernt werden muß. So wird nach DIN 19643 und DIN V 19644 folgerichtig die Leistungsfähigkeit der Aufbereitungsanlage an der Differenz der Oxidierbarkeit des Rohwassers und des Reinwassers gemessen. Die Oxidierbarkeit mit Kaliumpermanganat ist beim Badewasser der wichtigste betriebstechnische Parameter, weil mit ihm die Funktions- und Leistungsfähigkeit der Aufbereitungstechnik überprüft und gekennzeichnet werden kann.

Arbeitsvorschrift

Die Arbeitsvorschrift zur maßanalytischen Bestimmung der Oxidierbarkeit Mn VII→II bzw. des Kaliumpermanganatverbrauchs ist in Abschn. 11.2 beschrieben.

Beurteilung und Grenzwerte

Die Oxidierbarkeit mit Kaliumpermanganat ist im *Füllwasser, Reinwasser* und *Beckenwasser* zu bestimmen. Nach DIN 19643 und DIN V 19644 werden an das Reinwasser und das Beckenwasser folgende Anforderungen gestellt (Tabelle 21.1).
Mit der Begrenzung der Bezugswerte des Füllwassers auf eine Oxidierbarkeit von mindestens 0,5 mg/l O_2 bzw. 2 mg/l $KMnO_4$ wurde u. a. dem Umstand Rechnung getragen, daß im Bereich unterhalb dieser Grenzwerte mit der Kaliumpermanganatmethode keine reproduzierbaren Meßwerte zu erhalten sind und daß organische Stoffe in diesem Spurenbereich mit keiner der üblichen Aufbereitungstechniken beseitigt werden können.

21.4 Bestimmung des Ammoniums

Ammonium wird überwiegend durch Schweiß- und Harnabscheidung in das Badewasser eingebracht. Aber auch über das Füllwasser kann Ammonium in den Badewasserkreislauf eingetragen werden. Ammonium reagiert mit Chlor bzw. unterchloriger Säure zu Chloraminen, die als geruchs- und reizintensive Verbindungen im Badewasser unerwünscht sind und deshalb auf die technisch unvermeidbare Konzentration begrenzt werden müssen (s. Abschn. 20.1.5.2).
Die Untersuchung des *Füllwassers* auf den Gehalt an Ammonium dient der Feststellung, ob gegebenenfalls eine Voraufbereitung des Füllwassers zur Beseitigung oder Verminderung des Ammoniumgehalts erforderlich ist. Die verschiedentlich geforderte Untersuchung des *gechlorten Beckenwassers* auf Ammonium ist jedoch nicht sinnvoll, weil Ammonium neben freiem Chlor nicht beständig ist [2]. Ammonium wird von Chlor bzw. unterchloriger Säure zu Chloraminen oxidiert und bei der Bestimmung des gebundenen Chlors indirekt miterfaßt. Bei dem für Schwimmbeckenwasser festgelegten pH-Wert-Bereich zwischen 6,5 und 7,8 liegen die Chloramine überwiegend in Form von Monochloramin vor, das jedoch bei den gebräuchlichen Ammoniumbestimmungsmethoden wie Ammonium reagiert und damit im Beckenwasser freies Ammonium vortäuscht. Ammonium in Form von NH_4^+ kann aber nur bei Abwesenheit von freiem Chlor im Badewasser vorkommen.

Bestimmungsmethoden

Die heute gebräuchliche photometrische Bestimmung des Ammoniums mit Natriumdichlorisocyanurat und Natriumsalicylat (Indophenolblaumethode) ist in Abschn. 8.5.1 beschrieben. Nach dem Prinzip der Indophenolblaumethode arbeiten auch konfektionierte Tests z. B. mit Farbkartenschiebekomparator (s. Abschn. 5.6.5.2), deren Empfindlichkeit für Untersuchungen im Schwimmbadbereich ausreichend sind. Schnelltests für Ammonium mit Neßlers Reagenz sollten wegen der Störanfälligkeit und des umweltbelastenden Quecksilbergehalts im Bereich von Schwimmbädern nicht mehr verwendet werden.

Beurteilung und Grenzwerte

Im *Füllwasser* aus der öffentlichen Wasserversorgung ist im allgemeinen mit keinen erhöhten Ammoniumkonzentrationen zu rechnen. Nach der Trinkwasser-VO bzw. nach dem Entwurf zur Novelle der Trinkwasseraufbereitungs-VO sind max. 0,5 mg/l (ca. 30 mmol/m³) NH_4^+ zulässig. Höhere Ammoniumgehalte findet man in Wässern aus stark reduzierendem Untergrund. Bei der Versorgung eines Bades aus eigenen Brunnen können auch NH_4^+-Konzentrationen > 1 mg/l auftreten (s. Abschn. 8.7.3). Nach DIN 19643 und DIN V 19644 ist ab einer Ammoniumkonzentration von 2 mg/l (110 mmol/m³) NH_4^+ eine Aufbereitung des zur Füllung verwendeten Wassers in einer getrennten Anlage in Erwägung zu ziehen.

Die für *Rein- und Beckenwasser* genannten Maximalwerte von 0,1 mg/l bzw. 5,5 mmol/m³ NH_4^+ können nur bei Abwesenheit von freiem Chlor erreicht bzw. überschritten werden. Bei Anwesenheit von freiem Chlor ist eine Bestimmung des Ammoniums nicht möglich und kann deshalb entfallen.

21.5 Bestimmung des Nitrats

Nitrat im Badewasser ist einmal auf nitrathaltiges Füllwasser zurückzuführen, zum anderen entsteht auch bei der Badewasseraufbereitung durch die Oxidation stickstoffhaltiger Belastungsstoffe zusätzlich Nitrat, das sich im Badewasserkreislauf anreichern kann. Eine Begrenzung dieses zusätzlichen Nitratgehalts ist nur durch einen laufenden und ausreichend bemessenen Zusatz an Füllwasser möglich. Die Differenz zwischen dem Nitratgehalt des Beckenwassers und des Füllwassers läßt also Rückschlüsse auf das „Alter" des Badewassers bzw. auf eine ausreichende oder mangelnde Füllwassereinspeisung zu.

Arbeitsvorschrift

Die Methoden zur Bestimmung des Nitrats sind in Abschn. 8.15 beschrieben.

Beurteilung und Grenzwerte

Eine erheblich über dem Nitratgehalt des Füllwassers liegende Nitratkonzentration im Beckenwasser weist darauf hin, daß entweder der laufende Füllwasserzusatz zu gering war oder daß das Beckenwasser infolge einer unzulässig hohen Besucherfrequenz überlastet ist. Nach DIN 19643 und DIN V 19644 sollte der Nitratgehalt im *Beckenwasser* nicht höher als 20 mg/l NO_3^- über dem entsprechenden Füllwasserwert liegen. Da Nitrat durch die Aufbereitung des Badewassers nicht vermindert werden kann, ist gegebenenfalls zur Verdünnung der Nitratkonzentration der Füllwasserzusatz zu erhöhen. Eine gesundheitliche Bedeutung hat der Nitratgehalt im Badewasser nicht.

21.6 Bestimmung des Aluminiums

Bei Verwendung von Aluminiumsalzen als Flockungsmittel können größere Mengen Aluminium in das Beckenwasser gelangen, wenn die Flockung z. B. durch einen zu hohen Betriebs-pH-Wert (pH-Wert > 7,4) oder durch falsche Dosierung oder andere Fehler gestört ist. Aluminium beeinträchtigt die Badewasserqualität insbesondere durch Trübung. Da sich Aluminium schon bei sehr geringen Konzentrationen störend auswirkt, kommen nur entsprechend empfindliche Analysenmethoden in Betracht.

Arbeitsvorschrift

Die photometrische Aluminiumbestimmung mit Eriochromcyanin R (untere Bestimmungsgrenze 40 µg/l) ist in Abschn. 8.7.1.2 beschrieben. Für die Aluminiumbestimmung im Badewasser ist auch die Atomabsorption geeignet (s. Abschn. 8.7.1.1). Die untere Grenze der Arbeitskonzentration bei der elektrothermischen Atomisierung liegt bei 0,5 µg/l Al; die Methode der Flammenatomisierung ist mit einer unteren Grenze der Arbeitskonzentration von 1000 µg/l für die Aluminiumbestimmung im Badewasser zu unempfindlich.

Beurteilung und Grenzwerte

Das Auftreten von Aluminium im Beckenwasser ist stets ein Hinweis auf Fehlfunktionen im Aufbereitungssystem. Bei einer optimalen Flockung der Aluminiumsalze, die von einer ganzen Reihe verschiedener Faktoren abhängt, dürfen dem Löslichkeitsprodukt des Aluminiumhydroxids entsprechend im Beckenwasser nur Spuren von Aluminium vorhanden sein. So wird die Aluminiumkonzentration nach DIN 19 643 und DIN V 19 644 für *Reinwasser* und *Beckenwasser* auf max. 0,1 mg/l Al begrenzt.

21.7 Bestimmung des Eisens

Eisen kann entweder über das Füllwasser oder durch eine fehlerhafte Flockungsstufe oder auch durch Korrosion an eisenhaltigen Werkstoffen der Aufbereitungsanlage in das Badewasser gelangen. Da bereits geringste Mengen an Eisen das Badewasser verfärben oder auch Verfärbungen des Beckenmaterials (Fliesen) sowie des Beckenumgangs bewirken können, ist der Grenzwert für Eisen im Badewasser sehr niedrig anzusetzen.

Arbeitsvorschrift

Für die Bestimmung des Eisens im Badewasser sind nur Methoden geeignet, mit denen Eisenspuren im Bereich von 0,01 mg/l Fe erfaßt werden können, wie z. B. die photometrische Bestimmung mit Bathophenanthrolin, die im Abschn. 8.7.12.5 beschrieben ist. Für die betriebseigene Überwachung eignen sich auch konfektionierte hochempfindliche Eisentests, z. B. mit Farbskalen-Schiebekomparatoren oder Photometern, mit denen zumindest die Einhaltung oder Überschreitung der niedrigen Grenzwerte für Eisen festgestellt werden kann (s. Abschn. 5.6)

Beurteilung und Grenzwerte

Als *Füllwasser* sollte nur weitgehend eisenfreies Wasser verwendet werden. Nach DIN 19 643 bzw. DIN V 19 644 ist bereits ab einem Eisengehalt von 0,1 mg/l Fe (und einem Mangangehalt ab 0,05 mg/l Mn) eine Aufbereitung des zur Füllung verwendeten Wassers in einer getrennten Anlage zu erwägen. Da in der Trinkwasser-VO der Grenzwert für Eisen auf 0,2 mg/l Fe festgesetzt ist und kurzzeitige Überschreitungen außer Betracht bleiben können, ist auch bei der öffentlichen Wasserversorgung in verschiedenen Fällen mit Eisenkonzentrationen > 0,1 mg/l Fe zu rechnen. Bei der Versorgung aus betriebseigenen Brunnen können höhere Eisengehalte auftreten, wobei auch der Mangangehalt bei der Frage einer Voraufbereitung des Füllwassers mit zu berücksichtigen ist. Im *Reinwasser* und *Beckenwasser* ist der Resteisengehalt auf 0,01 mg/l Fe begrenzt.

21.8 Bestimmung des Chlorids

Chlorid im Badewasser ist hauptsächlich auf die Desinfektion mit Chlor bzw. oxidierend wirkenden Chlorverbindungen, auf die pH-Wert-Regulierung mit Salzsäure und auf die Verwendung von Aluminium- bzw. Eisenchloriden als Flockungsmittel zurückzuführen. Chlorid wird aber auch durch Schweiß und Harn in das Badewasser eingebracht und gegebenenfalls auch durch chloridhaltiges Füllwasser. Weil Chlorid im Zuge der Aufbereitung und Desinfektion dem Wasser laufend zugeführt wird, kommt es bei unzureichender Füllwassernachspeisung durch Anreicherung im Badewasserkreislauf zu erheblichen Chloridkonzentrationen, die bei metallischen Werkstoffen Korrosion verursachen können. Zur Abschätzung des Korrosionsverhaltens von Badewässern genügt es jedoch, die Größenordnung der Chloridkonzentration zu ermitteln.

Arbeitsvorschrift

Zur Chloridbestimmung im Badewasser können in den meisten Fällen Schnelltests (Drehscheibenkomparatoren, Farbskalen-Schiebekomparatoren, Colorimeter, Photometer) mit einem Meßbereich bis etwa 300 mg/l Cl^- und einer verhältnismäßig groben Abstufung (z. B. 0-5-10-20-40-75-150-300 mg/l Cl^-) verwendet werden. Es sind jeweils die Arbeitsvorschriften der Hersteller zu beachten. Ist bei besonderen Problemstellungen eine genaue quantitative Chloridbestimmung im Badewasser erforderlich, so sind die in Abschn. 8.12 beschriebenen Verfahren anzuwenden.

Beurteilung und Richtwerte

Die Chloridkonzentration im Badewasser kann nur durch laufende Verdünnung mit Füllwasser in Grenzen gehalten werden. Eine im Vergleich zum Füllwasserwert stark erhöhte Chloridkonzentration im Badewasser ist ein Hinweis auf eine zu geringe Füllwassernachspeisung. Erhöhte Chloridkonzentrationen beeinträchtigen zwar nicht die Gesundheit, verursachen jedoch bei verschiedenen metallischen Werkstoffen Korrosion. Wenn nicht, wie bei Meer- und Mineralwasserbädern, korrosionsfeste Materialien verwendet werden, können bei den im Bäderbau üblichen metallischen Werkstoffen bereits ab 150 bis 200 mg/l Cl$^-$ Korrosionsschäden auftreten. Ein bestimmter Grenzwert kann jedoch für die Chloridkonzentration nicht angegeben werden, weil das Korrosionsverhalten chloridhaltiger Badewässer von mehreren Faktoren abhängt.

21.9 Bestimmung des Sulfats

Bei sulfatarmem Füllwasser können erhöhte Sulfatgehalte im Badewasser dann auftreten, wenn zur Aufbereitung sulfathaltige Chemikalien wie Aluminium- oder Eisensulfate zur Flockung oder Schwefelsäure bzw. Natriumhydrogensulfat zur pH-Wert-Regulierung verwendet werden und wenn die Füllwassernachspeisung unzureichend ist. Beim Badewasser ist die Kenntnis der Sulfatkonzentration wegen einer möglichen Korrosionswirkung auf ungeschützten Beton von Interesse.

Arbeitsvorschrift

Zur Sulfatbestimmung im Badewasser können halbquantitative Schnelltests (Farbskalen-Schiebekomparatoren, Drehscheibenkomparatoren, Colorimeter und Photometer) mit einem Meßbereich bis 300 mg/l SO$_4^{2-}$ und einer verhältnismäßig groben Abstufung (z. B. 0-25-50-80-110-140-200-300 mg/l SO$_4^{2-}$) verwendet werden.
Ist in speziellen Fällen eine quantitative Sulfatbestimmung erforderlich, so sind die im Abschn. 8.19 beschriebenen Verfahren anzuwenden.

Beurteilung und Richtwerte

Sulfat kann bereits ab 200 mg/l SO$_4^{2-}$, je nach Begleitionen auch schon bei geringeren Konzentrationen, ungeschützte Betonteile (Wasserspeicher, offene Betonfilter, Ablaufrinnen für Schmutzwasser) korrodieren. Es werden die Bereiche 200 bis 600 mg/l SO$_4^{2-}$ als schwach, 600 bis 3000 mg/l SO$_4^{2-}$ als stark und > 3000 mg/l SO$_4^{2-}$ als sehr stark betonangreifend bezeichnet [3].

21.10 Bestimmung von Phosphat

Phosphat wird hauptsächlich durch Schweiß und Harn in das Badewasser eingetragen. Erhöhte Phosphatkonzentrationen im Badewasser können auch durch unsachgemäß verwendete phosphathaltige Chemikalien z. B. für die Wasserenthärtung entstehen. Bei einer ordnungsgemäßen Flockung mit Aluminium- oder Eisensalzen wird Phosphat im Kreislauf des Badewassers bis zum Spurenbereich ausgefällt. Die Bestimmung des Phosphats im Rahmen der Schwimmbadwasseruntersuchung dient im wesentlichen der Überprüfung der Flockungsstufe. Bei Aufbereitungsverfahren ohne Aluminium- oder Eisensalze als Flockungsmittel, z. B. Anschwemmfiltration oder bestimmte Verfahrenskombinationen mit Ozonstufe, kann es im Badewasserkreislauf zur Anreicherung von Phosphat kommen.
Phosphat im Beckenwasser ist zwar ohne negative Auswirkung auf die Gesundheit der Badenden, begünstigt jedoch als essentieller Nährstoff für Pflanzen die Bildung von Algen z. B. an ungenügend durchströmten Stellen des Badebeckens.

Arbeitsvorschrift

Da Phosphat im Badewasser üblicherweise im Spurenbereich vorliegt, kommen nur entsprechend empfindliche Verfahren in Frage, wie die im Abschn. 8.17.3 beschriebene Methode.

Beurteilung

Bei Verwendung von Aluminium- oder Eisensalzen zur Flockung liegt der Phosphatgehalt im Beckenwasser unter 0,02 mg/l. Bei guter Aufbereitung und normgerechter Durchschnittsbelastung des Beckenwassers werden Werte um 0,01 mg/l HPO_4^{2-} gefunden. Bei diesen geringen Phosphatmengen wird eine Algenbildung durch Nährstoffmangel wirkungsvoll unterbunden. Ab einer Phosphatkonzentration von etwa 0,3 mg/l ist die Effektivität der Flockungsstufe zu überprüfen.

21.11 Bestimmung von Ozon

Zur Aufbereitung von Schwimm- und Badebeckenwasser werden verschiedentlich Verfahrenskombinationen mit Ozonstufe eingesetzt, um den oxidativen Abbau von Belastungsstoffen zu intensivieren [4, 5]. Da Ozon schon in geringen Konzentrationen toxisch wirkt, muß es eliminiert werden, bevor das aufbereitete und gechlorte Badewasser in das Becken zurückfließt. Die Entozonung erfolgt im allgemeinen durch Filtration über Aktivkohle, wie z. B. bei der in DIN 19 643 genannten Verfahrenskombination Flockung + Filterung + Ozonung + Aktivkornkohle-Filterung + Chlorung. Die Desinfektion erfolgt auch bei den Verfahrenskombinationen mit integrierter Ozonstufe nach Eliminierung des bei der Aufbereitung nicht verbrauchten Restozons stets mit Chlor bzw. oxidierend wirkenden Chlorverbindungen. Bei allen Verfahrenskombinationen mit Ozonstufe muß im Ablaufwasser der Entozonungsstufe überprüft werden, ob und inwieweit das Wasser ozonfrei ist.

Arbeitsvorschrift

Ozon setzt im pH-Wert-Bereich zwischen 6,2 und 6,5 aus Kaliumiodid äquivalente Mengen Iod frei, das (analog dem Chlor) mit DPD (N,N-Diethyl-1,4-phenylendiamin) einen roten Farbstoff bildet, dessen Intensität photometrisch oder colorimetrisch ermittelt wird. Die Arbeitsvorschrift für die Bestimmung des Ozons nach der DPD-Methode ist in Abschn. 9.3.1 beschrieben. Liegt neben Ozon auch Chlor vor, wie das bei Badewasser zwischen Ozonungsstufe und Entozonungsstufe der Fall ist, so wird nach Kaliumiodidzusatz einmal die Summe Ozon + Gesamtchlor bestimmt, und in einer Parallelprobe nach selektiver Eliminierung des Ozons mit Glycin nur das Gesamtchlor ermittelt. Die Ozonkonzentration ergibt sich dann aus der Differenz

(Ozon + Gesamtchlor) − Gesamtchlor = Ozon

Die Arbeitsvorschrift zur Bestimmung des Ozons neben Chlor ist in Abschn. 9.3.1 beschrieben.

Beurteilung und Grenzwerte

Nach DIN 19 643 und DIN V 19 644 ist bei der Verfahrenskombination Flockung + Filterung + Ozonung + Aktivkornkohle-Filterung + Chlorung der Ozongehalt im Ablauf des Aktivkornkohlefilters auf maximal 0,05 mg/l O_3 begrenzt. Diese geringe Ozonkonzentration läßt sich mit der DPD-Methode nicht mehr genau bestimmen. Insbesondere ist es in diesen niedrigen Konzentrationsbereichen nicht möglich, Ozon und gleichzeitig vorliegendes Restchlor, das u. U. ebenfalls im Ablaufwasser des Aktivkornkohlefilters vorhanden ist, mit der im Abschn. 9.3.1 beschriebenen Methode zu unterscheiden bzw. nebeneinander quantitativ zu bestimmen. Die Anforderungen nach DIN 19 643 und DIN V 19 644 sind jedoch als erfüllt anzusehen, wenn an dieser Stelle im Wasser mit der DPD-Methode unter Zusatz von KI eine Rotfärbung erzielt wird, die einen als Chlor ermittelten Wert von 0,1 mg/l Cl_2 nicht überschreitet. Bei Abwesenheit von Chlor kann dann der Ozongehalt im Ablaufwasser des Aktivkornkohlefilters maximal 0,1 · 0,676 (Umrechnungsfaktor Chlor auf Ozon) = ca. 0,07 mg/l O_3 betragen.

Werden mit der DPD-Methode am Ablauf des Aktivkornkohlefilters höhere Meßwerte ermittelt, so ist nach der in Abschn. 9.3.1 beschriebenen Methode eine getrennte Ozon- und Chlorbestimmung durchzuführen, um einen Ozondurchbruch auszuschließen. Allerdings weist ein Chlordurchbruch darauf hin, daß das Aktivkornkohle-Filtermaterial nicht mehr den Anforderungen genügt bzw. daß die Filterschicht (z. B. durch Kanalrißbildung) gestört ist.

21.12 Bestimmung von Chlorit

Bei Anwendung des Chlor-Chlordioxid-Verfahrens zur Aufbereitung und Desinfektion kann es insbesondere bei unzureichender Füllwassernachspeisung oder Nichteinhaltung des geforderten zehnfachen Chlorüberschusses im Chlor-Chlordioxidgemisch im Badewasser zur Anreicherung von Chlorit kommen. Wegen seiner toxischen Eigenschaften muß Chlorit im Beckenwasser begrenzt werden. Da beim Chlor-Chlordioxid-Verfahren im Beckenwasser Chlor, Chlordioxid und Chlorit stets nebeneinander vorliegen, müssen die einzelnen Komponenten in einem mehrstufigen Analysenverfahren differenziert bestimmt werden.

Arbeitsvorschrift

Die Bestimmung von Chlorit neben freiem Chlor und Chlordioxid ist in Abschn. 9.4.4 beschrieben.

Beurteilung und Grenzwert

Nach DIN 19 643 dürfen bei Anwendung des Chlor-Chlordioxid-Verfahrens im Reinwasser und im Beckenwasser maximal 0,1 mg/l ClO_2^- vorhanden sein.

21.13 Bestimmung der Säurekapazität bis zum pH-Wert 4,3 ($K_{S\,4,3}$)

Werden zur Aufbereitung von Schwimm- und Badebeckenwasser Verfahrenskombinationen mit einer Flockungsstufe angewandt, dann müssen Füllwasser und Rohwasser neben einem entsprechenden pH-Wert auch eine ausreichende Menge an Hydrogencarbonationen zur Ausfällung der Aluminium- bzw. Eisensalze als Hydroxide aufweisen. Die Menge an Hydrogencarbonationen kann durch Bestimmung der Säurekapazität bis zum pH-Wert 4,3 ($K_{S\,4,3}$) ermittelt werden.

Arbeitsvorschrift

Die maßanalytische Bestimmung der Säurekapazität ist in Abschn. 7.8 beschrieben. Für eine überschlagsmäßige Bestimmung der Säurekapazität $K_{S\,4,3}$ im Rahmen der betriebseigenen Überwachung werden konfektionierte Schnelltests z. B. für den Meßbereich von 0 bis 40 mmol/l mit einer Abstufung von 0,1 mmol/l angeboten, deren Genauigkeit beim Badewasser in den meisten Fällen ausreicht. Es sind die Arbeitsvorschriften der Hersteller zu beachten.

Beurteilung

Die Säurekapazität ($K_{S\,4,3}$) muß nach DIN 19 643 und DIN V 19 644 im Füllwasser und im Rohwasser, das der Flockungsstufe zugeführt wird, stets größer sein als 0,7 mmol/l, um eine Hydroxidausfällung der Aluminium- oder Eisensalze zu gewährleisten. Bei geringeren Werten kann durch Dosierung von Natriumcarbonat oder Natriumhydrogencarbonat bzw. durch Verwendung von Natriumaluminat zur Flockung die Säurekapazität $K_{S\,4,3}$ entsprechend vergrößert werden.

21.14 Bestimmung der Wassertemperatur

Je nach Art und Verwendungszweck von Schwimm- und Badebecken sind bestimmte Bereiche für die Wassertemperatur einzuhalten. Die Temperatur des Badewassers hat u. a. Einfluß auf die Physiologie der Badenden, auf das chemische Verhalten des Wassers (z. B. Kalk-Kohlensäure-Gleichgewicht, Flockenbildung, Ozon- und Chlorbedarf), auf die Löslichkeit von Gasen im Wasser, auf die Verkeimung von Filteranlagen sowie auch auf bauphysikalische Erfordernisse, wie z. B. auf die Auslegung von Lüftungsanlagen. Eine genaue Kenntnis der Badewassertemperatur ist an den entsprechenden Meßstellen auch für die Bestimmung der temperaturabhängigen Parameter pH-Wert und Redox-Spannung erforderlich.

Arbeitsvorschrift

Die Arbeitsvorschrift für die Temperaturmessung ist in Abschn. 7.1 beschrieben.

Beurteilung

Während noch in den 50er Jahren in Hallenbädern Wassertemperaturen von 19 °C (Sommerzeit) und 21 °C (Winterzeit) vorgehalten wurden, war im Verlaufe der letzten drei Jahrzehnte, nicht zuletzt unter dem Einfluß der Wettkampfschwimmer, ein Trend zu höheren Badewassertemperaturen zu beobachten. Im allgemeinen werden seit Anfang der 70er Jahre folgende Temperaturbereiche empfohlen [6];
Hallenbäder, allgemein 24 bis 28 °C,
Lehrschwimmbecken 26 bis 30 °C,
Kleinkinderschwimmen 28 bis 32 °C,
Springerbecken 26 bis 30 °C,
Kurhallenbäder (unter Einbeziehung der Meerwasserhallenbäder) 23 bis 30 °C,
medizinische Bewegungsbäder 30 bis 34 °C.
Demgegenüber werden von medizinischer Seite unter vorwiegend physiologischen und therapeutischen Aspekten die in Tabelle 21.2 zusammengestellten Badewassertemperaturen und die jeweils zuträgliche Badedauer empfohlen [7].
Bei Sportwettkämpfen werden heute nach den Richtlinien des Deutschen Schwimmverbandes bzw. der FINA (Fédération Internationale de Natation Amateur) folgende Wassertemperaturen gefordert [8]:
Wettkampfschwimmen: mindestens 25 °C,
Springerbecken: mindestens 27 °C.
Um die verschiedenen und zum Teil auch wechselnden Anforderungen (Warmbadetage, Babyschwimmen, Sportwettkämpfe) zu berücksichtigen, wurde in DIN 19643 auf die Festlegung von bestimmten Temperaturen bzw. Temperaturbereichen für das Beckenwasser verzichtet. In der Norm werden lediglich maximale Wassertemperaturen für die Bemessung der Anlage zur Wassererwärmung für verschiedene Beckenarten festgelegt:

Tabelle 21.2. Optimale Wassertemperaturen und zuträgliche Badedauer. Die Erstwerte der Badedauer gelten für magere, die Letztwerte für dicke Personen

Indikationen	Temperatur °C	Badedauer min		
Abhärtungskuren	16°...18°	5	10	15
niedriger Blutdruck	18°...20°	5	10	15
funktionelle Kreislaufstörungen	20°...22°	10	15	20
sportliches Schwimmen	21°...23°	15	20	25
ohne gesundheitlichen Nutzen	23°...26°	15	20	25
Unterwassergymnastik und Bewegungstherapie	27°...29°	20	20	25
Rheumapatienten	30°...36°	20	20	30

Nichtschwimmerbecken max. 28 °C,
Schwimmerbecken
Springerbecken
Wellenbecken

Planschbecken max. 32 °C,
Bewegungsbecken

Therapiebecken max. 36 °C.

Dagegen sind für Warmsprudelbecken in DIN V 19644 eine Mindesttemperatur von 32 °C und eine Maximaltemperatur von 37 °C festgelegt. Die Begrenzung des Temperaturbereichs auf 37 °C erfolgte zur Vermeidung von Unfällen infolge Hitzestaus. Höhere Wassertemperaturen beschleunigen sowohl die Reaktionen als auch den Zerfall von Chlor und Ozon [9, 10]. So wird nach DIN 19643 für Aufbereitungsverfahren mit Ozonstufe bei Wassertemperaturen ≤ 28 °C eine Ozonzugabe von 0,8 bis 1,0 g/m^3 und bei Temperaturen von > 28 °C eine Ozonzugabe von 1,0 bis 1,2 g/m^3 gefordert. Bei den Wassertemperaturen von Warmsprudelbecken zwischen 32 und 37 °C soll nach DIN V 19644 die Ozonzugabe 1,2 bis 1,5 g/m^3 betragen.

Badeanlagen, die ursprünglich für niedrige Wassertemperaturen konzipiert wurden, können nicht ohne besondere Maßnahmen mit höheren Beckenwassertemperaturen betrieben werden. Höhere Wassertemperaturen erfordern insbesondere entsprechende Änderungen der Lufttemperatur und vor allem der Umluftmenge, wenn Schäden an der Bausubstanz vermieden werden sollen [6].

21.15 Literatur

1 Eichelsdörfer, D.: Trübungsmessung im Schwimmbeckenwasser. In: Trübungsmessung in der Wasserpraxis. DVGW-Schriftr. Nr. 12. Frankfurt: ZfGW-Verlag 1976, S. 161–168
2 Weil, D., Quentin, K.-E.: Bildung und Wirkungsweise der Chloramine bei der Trinkwasseraufbereitung. Z. Wasser Abwasser Forsch. 8 (1975) 5–16 und 46–56
3 DIN 40 30: Beurteilung betonangreifender Wässer, Böden und Gase (November 1969). Berlin: Beuth
4 Eichelsdörfer, D.: Anwendung von Ozon zur Aufbereitung von Schwimmbeckenwasser. Arch. Badewes. 31 (1978) 57–61
5 Eichelsdörfer, D., Jandik, J.: Ozon als Oxidationsmittel. Arch. Badewes. 32, (1979) 257–261
6 Riedle, K.: Wassertemperaturen in Hallenbädern und ihre Auswirkungen auf Planung und Betrieb. Arch. Badewes. 34 (1981) 15–19
7 Menger, W.: Praxis der Balneotherapie – Optimale Wassertemperaturen und zuträgliche Badedauer. Arch. Badewes. 33 (1980) 15
8 Wettkampfbestimmungen des DSV, Heft 1: Schwimmen, Ausgabe 1987 und Heft 2: Springen, Ausgabe 1987. Hrsg. Deutscher Schwimm-Verband e.V. Wirtschaftsdienst GmbH. Berlin: Muschke 1987
9 Kurzmann, G.: „Zerfall" von Chlor- und Chlorverbindungen in Abhängigkeit von der Temperatur. Arch. Badewes. 33 (1980) 86–88
10 Kurzmann, G.: Ozonung von Schwimmbeckenwasser – Ozonzerfall in Abhängigkeit von der Temperatur. Arch. Badewes. 32 (1979) 424–427

22 Darstellung der Untersuchungsergebnisse

22.1 Kontrollanalyse

Der Umfang von Kontrollanalysen für Schwimmbecken-, Badebecken- und Warmsprudelbeckenwasser ist nach DIN 19 643 und DIN V 19 644 weitgehend vorgegeben (s. Tabelle 17.1) oder er wird von der Gesundheitsbehörde regional festgelegt. Es empfiehlt sich bei Routineanalysen zur Darstellung der Untersuchungsergebnisse ein vorgefertigtes und den jeweiligen Erfordernissen angepaßtes Analysenformular zu verwenden. Ein derartiges Analysenformular kann dem Bedarf des Anwenders entsprechend individuell gestaltet werden, sollte jedoch ähnlich dem Probenahmeprotokoll (s. Abschn. 18.5) im Formularkopf mindestens folgende Angaben enthalten:

— Institut, Laboratorium oder Gutachter,
— Kennzeichnung der Probe (Probe-Nr.),
— Auftraggeber,
— Ort und Name des Bades,
— Anlaß der Untersuchung (z. B. Vollzug des Bundes-Seuchengesetzes ...),
— Datum und Uhrzeit der Probenahme,
— Eingangsdatum der Probe,
— Beckenbezeichnung (z. B. großes Außenbecken),
— Beckenart (z. B. Bezeichnung nach DIN 19643: Nichtschwimmerbecken, Planschbecken, Therapiebecken),
— Wasserfläche in m²,
— Beckenvolumen in m³,
— Volumenstrom in m³/h (zur Zeit der Probenahme),
— Anzahl der Besucher am Untersuchungstag bis zur Probenahme,
— Wetterlage am Untersuchungstag und am Vortag (nur bei Freibecken).

Die Angabe der Beckenart, der Wasserfläche und des Beckenvolumens sowie des Volumenstroms während der Probenahme ist erforderlich, um unter Berücksichtigung der Besucherzahl den Betriebszustand der Beckenanlage zur Zeit der Probenahme beurteilen zu können. Auch bei der Untersuchung gemachte Wahrnehmungen wie z. B. Trübung, Farbe, Geruch oder Bodensatz sollten an einer entsprechenden Stelle im Formular vermerkt werden, wobei z. B. folgende Abstufung der Intensität vorgenommen werden kann: 1: nicht wahrnehmbar; 2: wahrnehmbar; 3: stark wahrnehmbar.

Zu den bei der Probenahme ermittelten physikalischen und physikalisch-chemischen Meßgrößen gehören

— Wassertemperatur in °C,
— pH-Wert bei x°C,
— Redox-Spannung (betriebliche Meßwertanzeige) bezogen (bzw. berechnet) auf Ag/AgCl, $c(KCl) = 3,5$ mol/l in mV bei x°C.

Aus den in Abschn. 20.3 erörterten Gründen ist bei der Untersuchung von Badewasser die Redox-Spannung nur aus der betrieblichen Meßwertanzeige abzulesen. Vorwiegend werden heute als Bezugselektrode Ag/AgCl, $c(KCl) = 3,5$ mol/l verwendet. Sollten in einzelnen Fällen noch gesättigte Kalomelelektroden oder andere Bezugselektroden installiert sein, so ist das beim Meßwert mit anzugeben. Die Redox-Spannung sollte dann jedoch wegen der besseren Vergleichbarkeit auf die heute übliche Bezugselektrode Ag/AgCl, $c(KCl) = 3,5$ mol/l umgerechnet werden. In DIN V 19 644 wird nur noch für diese Elektrode ein Richtwert angegeben. Bei 25 bis 30 °C zeigt die Kalomelelektrode bei gleichem Redoxmilieu eine um ca. 40 mV niedrigere Spannung an, die bei der Umrechnung von Kalomel auf Ag/AgCl zum Meßwert der Kalomelelektrode zu addieren ist. Die Angabe der Redoxspannung ohne Hinweis auf die Bezugselektrode ist unvollständig und kann zu Fehlinterpretationen führen.

Der Gehalt an Wasserinhaltsstoffen wird bei der Badewasseranalyse im allgemeinen als

Massenkonzentration in mg/l angegeben. Die Einheit für die Säurekapazität $K_{S\,4,3}$ ist mmol/l, die Einheiten für die mikrobiologischen Hygiene-Parameter sind 1/ml und 1/(100 ml). Symbole für Ionen können in Verbindung mit der Ionenbezeichnung im Formular auch ohne Angabe der Ladungszahl verwendet werden. Bei vorgefertigten Analysenformularen mit entsprechenden Spalten sollten nicht untersuchte Parameter mit n. a. (nicht analysiert) gekennzeichnet werden. Ein Beispiel für ein übersichtliches Analysenformular für die Untersuchung von Schwimm- und Badebeckenwasser findet sich in der DIN 38 402 Teil 1: Angabe von Analysenergebnissen [1], das im Grundsatz gemäß Tabelle 22.1 aufgebaut ist.

Das Formularbeispiel in DIN 38 402 Teil 1 enthält noch eine zusätzliche Längsspalte zur Kennzeichnung des jeweils angewandten Analysenverfahrens. Dafür wird eine Parameterliste für die Wasseranalytik erstellt, in der jedes bisher nach DIN, DEV (Deutsche Einheitsverfahren), ISO-Norm usw. genormte bzw. standardisierte Analysenverfahren eine Kennziffer erhält. Die Kennzeichnung der angewandten Analysenverfahren dient der Verknüpfung des Analysenergebnisses mit dem angewandten Analysenverfahren. Eine Parameterliste für die Angabe von Analysenergebnissen mit Erläuterung der Verfahrenskennzeichnung, die laufend ergänzt werden soll, liegt als Vorschlag für ein Deutsches Einheitsverfahren zur Wasser-, Abwasser- und Schlammuntersuchung vor [2].

22.2 Betriebseigene Überwachung

Zur betriebseigenen Überwachung der Badeanlagen ist ein sog. Betriebsbuch zu führen, in das täglich die in DIN 19 643 und DIN V 19 644 genannten betrieblichen Daten einzutragen sind. Hier handelt es sich insbesondere um die betriebseigene Ermittlung der Hygiene-Hilfsparameter freies und gebundenes Chlor, pH-Wert und Redox-Spannung, die täglich mehrmals zu bestimmten Zeiten durchgeführt werden muß (s. Abschn. 17.2).

Da neben der Bestimmung der vorgenannten Hygiene-Hilfsparameter noch eine ganze Reihe anderer Betriebsdaten festgehalten werden muß, empfiehlt es sich, vorgefertigte Formulare zu verwenden, wie sie z. B. unter Berücksichtigung der DIN 19 643 von der Deutschen Gesellschaft für das Badewesen herausgegeben werden [3]. Ein solches For-

Tabelle 22.1. Analysenformular gemäß DIN 38 402

Benennung und Angabe		Einheit	Reinwasser	Beckenwasser	
Chlor, frei	Cl_2	mg/l			
Chlor, gebunden	Cl_2	mg/l			
Ammonium	NH_4	mg/l			
Nitrat	NO_3	mg/l			
Aluminium	Al	mg/l			
Säurekapazität	$K_{S\,4,3}$	mmol/l			
Oxidierbarkeit (Mn VII → II)	O_2	mg/l			
Koloniezahl	20 °C	1/ml			
Koloniezahl	36 °C	1/ml			
E. coli	36 °C	1/(100 ml)			

mular, in dem auch in entsprechenden Spalten Besucherzahl, Füllwasserzusatz, Volumenstrom, Wassertemperaturen, Desinfektionsmittelzugabe, Betriebsstunden der Pumpen, Betriebsmittelverbrauch, Filterspülung und Betriebsstörungen eingetragen werden, dient dem Betriebspersonal gleichsam als Checkliste für die täglich im Rahmen der betriebseigenen Überwachung durchzuführenden Arbeiten.

22.3 Literatur

1 DIN 38 402 Teil 1: Angabe von Analysenergebnissen (März 1987). Berlin: Beuth
2 Parameterliste für die Angabe von Ergebnissen bei der Wasser-, Abwasser- und Schlammuntersuchung (Vorschlag). Vom Wasser 63 (1984) 353-380
3 Betriebsbuch für die Wasseraufbereitungsanlage. Arbeitsunterlage B 25. Hrsg: Deutsche Gesellschaft f. d. Badewesen, Essen 1985

Anhang

(Quelle s. Kolumnentitel)

Verordnung
über Trinkwasser und über Wasser für Lebensmittelbetriebe
(Trinkwasserverordnung – TrinkwV)
Vom 22. Mai 1986

Der Bundesminister für Jugend, Familie und Gesundheit verordnet

a) auf Grund des § 11 Abs. 2 des Bundes-Seuchengesetzes in der Fassung der Bekanntmachung vom 18. Dezember 1979 (BGBl. I S. 2262) und

b) auf Grund des § 10 Abs. 1 Satz 1 und 2 des Lebensmittel- und Bedarfsgegenständegesetzes vom 15. August 1974 (BGBl. I S. 1945, 1946) im Einvernehmen mit den Bundesministern für Ernährung, Landwirtschaft und Forsten und für Wirtschaft

mit Zustimmung des Bundesrates:

1. Abschnitt
Beschaffenheit des Trinkwassers

§ 1

(1) Trinkwasser muß frei sein von Krankheitserregern. Dieses Erfordernis gilt als nicht erfüllt, wenn Trinkwasser in 100 ml Escherichia coli enthält (Grenzwert). Coliforme Keime dürfen in 100 ml nicht enthalten sein (Grenzwert); dieser Grenzwert gilt als eingehalten, wenn bei mindestens 40 Untersuchungen in mindestens 95 vom Hundert der Untersuchungen coliforme Keime nicht nachgewiesen werden.

(2) In Trinkwasser soll die Koloniezahl den Richtwert von 100 je ml bei einer Bebrütungstemperatur von 20 °C ± 2 °C und bei einer Bebrütungstemperatur von 36 °C ± 1 °C nicht überschreiten. In desinfiziertem Trinkwasser soll außerdem die Koloniezahl nach Abschluß der Aufbereitung den Richtwert von 20 je ml bei einer Bebrütungstemperatur von 20 °C ± 2 °C nicht überschreiten.

(3) Bei Trinkwasser aus Eigen- und Einzelversorgungsanlagen, aus denen nicht mehr als 1 000 m³ im Jahr entnommen werden, sowie bei Trinkwasser aus Sammel- und Vorratsbehältern und aus Wasserversorgungsanlagen an Bord von Wasserfahrzeugen, in Luftfahrzeugen oder in Landfahrzeugen soll die Koloniezahl den Richtwert von 1 000 je ml bei einer Bebrütungstemperatur von 20 °C ± 2 °C und den Richtwert von 100 je ml bei einer Bebrütungstemperatur von 36 °C ± 1 °C nicht überschreiten. Für Trinkwasser aus Wasserversorgungsanlagen auf Spezialfahrzeugen, die Trinkwasser transportieren und abgeben, gilt Absatz 2.

(4) In Trinkwasser, das mit Chlor, mit Natrium-, Magnesium- oder Calciumhypochlorit oder mit Chlorkalk desinfiziert wird, muß außerdem nach Abschluß der Aufbereitung ein Restgehalt von mindestens 0,1 mg freiem Chlor je Liter nachweisbar sein und in Trinkwasser, das mit Chlordioxid desinfiziert wird, muß nach Abschluß der Aufbereitung ein Restgehalt von mindestens 0,05 mg Chlordioxid je Liter nachweisbar sein. Wird das Trinkwasser vor Übergabe in das Verteilernetz entchlort, muß der Restgehalt vor der Entchlorung nachweisbar sein.

§ 2

(1) In Trinkwasser dürfen die in der Anlage 2 festgesetzten Grenzwerte für chemische Stoffe nicht überschritten werden.

(2) Andere als die in der Anlage 2 aufgeführten Stoffe und radioaktive Stoffe darf das Trinkwasser nicht in Konzentrationen enthalten, die geeignet sind, die menschliche Gesundheit zu schädigen.

(3) Konzentrationen von chemischen Stoffen, die das Trinkwasser verunreinigen oder die Beschaffenheit des Trinkwassers nachteilig beeinflussen können, sollen so niedrig gehalten werden, wie dies nach dem Stand der Technik mit vertretbarem Aufwand unter Berücksichtigung der Umstände des Einzelfalles möglich ist.

§ 3

Um einer nachteiligen Beeinflussung des Trinkwassers vorzubeugen und um eine einwandfreie Beschaffenheit des Trinkwassers sicherzustellen, dürfen im Trinkwasser die in der Anlage 4, im Falle des Erlasses einer Rechtsverordnung nach § 4 Abs. 2 die dort festgesetzten Grenzwerte nicht überschritten werden.

§ 4

(1) Die zuständige Behörde kann im Einzelfall zulassen, daß von den in der Anlage 2 festgesetzten Grenzwerten bis zu einer von ihr festzusetzenden Höhe für einen befristeten Zeitraum abgewichen werden kann, wenn dadurch die menschliche Gesundheit nicht

gefährdet wird und die Trinkwasserversorgung nicht auf andere Weise mit vertretbarem Aufwand sichergestellt werden kann.

(2) Die Landesregierungen werden ermächtigt, durch Rechtsverordnung die Grenzwerte der Anlage 4 abzuändern, soweit dies auf Grund regionaler Gegebenheiten erforderlich und gesundheitlich unbedenklich ist.

2. Abschnitt
Beschaffenheit des Wassers für Lebensmittelbetriebe

§ 5

(1) Wasser, auch in gefrorenem Zustand, für Betriebe, in denen Lebensmittel gewerbsmäßig hergestellt oder behandelt werden oder die Lebensmittel gewerbsmäßig in den Verkehr bringen (Wasser für Lebensmittelbetriebe), muß die Anforderungen an Trinkwasser gemäß §§ 1 bis 4 erfüllen, soweit nicht in den Absätzen 2 bis 4 etwas anderes zugelassen ist; die Ausnahme des § 1 Abs. 3 Satz 1 gilt nur für Wasser, das zur Speisung von Dampfgeneratoren oder zur Kühlung von Kondensatoren in Kühleinrichtungen dient. Satz 1 gilt auch, wenn Lebensmittel für Mitglieder von Genossenschaften oder ähnlichen Einrichtungen hergestellt oder behandelt oder für diese Mitglieder oder in Einrichtungen zur Gemeinschaftsverpflegung abgegeben werden.

(2) Abweichend von Absatz 1 darf auf Fischereifahrzeugen zur Bearbeitung des Fanges und zur Reinigung der Arbeitsgeräte an Stelle von Wasser mit der Beschaffenheit von Trinkwasser Meerwasser verwendet werden, wenn sich das Fischereifahrzeug nicht im Bereich eines Hafens oder eines Flusses einschließlich des Mündungsgebietes befindet. Die zuständige Behörde kann für bestimmte Teile der Küstengewässer die Verwendung von Meerwasser für die in Satz 1 genannten Zwecke verbieten, wenn die Gefahr besteht, daß die gefangenen Fische, Schalen- oder Krustentiere derart beeinträchtigt werden, daß durch den Genuß die menschliche Gesundheit geschädigt werden kann. Zur Herstellung von Eis darf jedoch nur Wasser mit der Beschaffenheit von Trinkwasser verwendet werden.

(3) Die zuständige Behörde kann darüber hinaus für bestimmte Lebensmittelbetriebe zulassen, daß Wasser verwendet wird, das nicht die Beschaffenheit von Trinkwasser hat, soweit sichergestellt ist, daß die in dem Betrieb hergestellten oder behandelten Lebensmittel durch die Verwendung des Wassers nicht derart beeinträchtigt werden, daß durch ihren Genuß die menschliche Gesundheit geschädigt werden kann, oder soweit sichergestellt ist, daß durch die weitere Be- oder Verarbeitung der Lebensmittel eine eingetretene Beeinträchtigung wieder beseitigt wird. Die zuständige Behörde kann anordnen, daß dieses Wasser in mikrobiologischer Hinsicht oder auf bestimmte Stoffe der Anlage 2 in bestimmten Zeitabständen zu untersuchen ist.

(4) Absatz 3 gilt in Betrieben, in denen Lebensmittel tierischer Herkunft, ausgenommen Speisefette und Speiseöle, gewerbsmäßig hergestellt oder behandelt werden oder die diese Lebensmittel gewerbsmäßig in den Verkehr bringen, sowie in Einrichtungen zur Gemeinschaftsverpflegung nur für Wasser, das zur Speisung von Dampfgeneratoren oder zur Kühlung von Kondensatoren in Kühleinrichtungen dient. Absatz 2 bleibt unberührt.

3. Abschnitt
Pflichten des Unternehmers oder sonstigen Inhabers einer Wasserversorgungsanlage

§ 6

Wasserversorgungsanlagen im Sinne dieser Verordnung sind

1. Anlagen einschließlich des Leitungsnetzes, aus denen auf festen Leitungswegen an Anschlußnehmer

   a) Trinkwasser oder

   b) Wasser für Lebensmittelbetriebe

   abgegeben wird.

2. Eigenversorgungsanlagen oder Einzelversorgungsanlagen sowie sonstige Anlagen, aus denen

   a) Trinkwasser oder

   b) Wasser für Lebensmittelbetriebe

   entnommen oder abgegeben wird.

§ 7

(1) Soll eine Wasserversorgungsanlage erstmalig oder wieder in Betrieb genommen werden oder soll an ihren wasserführenden Teilen baulich oder betriebstechnisch etwas so wesentlich geändert werden, daß es auf die Beschaffenheit des Trinkwassers Auswirkungen haben kann oder geht das Eigentum oder das Nutzungsrecht an einer Wasserversorgungsanlage auf eine andere Person über, so hat der Unternehmer oder sonstige Inhaber dieser Wasserversorgungsanlage das dem Gesundheitsamt spätestens zwei Wochen vorher anzuzeigen. Auf Verlangen des Gesundheitsamtes sind die technischen Pläne der Wasserversorgungsanlage vorzulegen; bei einer baulichen oder betriebstechnischen Änderung sind die Pläne oder Unterlagen nur für den von der Änderung betroffenen Teil der Anlage vorzulegen. Soll eine Wassergewinnungsanlage in Betrieb genommen werden, sind Unterlagen über Schutzzonen oder, soweit solche nicht festgesetzt sind, über die engere und weitere Umgebung der Wasserfassungsanlage, soweit sie für die Wassergewinnung von Bedeutung sind, vorzulegen; bei bereits betriebenen Anlagen sind auf Verlangen des Gesundheitsamtes entsprechende Unterlagen vorzulegen. Wird eine Wasserversorgungsanlage ganz oder teilweise stillgelegt, so ist das dem Gesundheitsamt innerhalb von drei Tagen anzuzeigen.

(2) Absatz 1 gilt nicht für Wasserversorgungsanlagen an Bord von Wasserfahrzeugen, in Luftfahrzeugen und Landfahrzeugen.

§ 8

(1) Der Unternehmer oder sonstige Inhaber einer Wasserversorgungsanlage hat das Wasser nach Maßgabe der §§ 9 und 10 zu untersuchen oder untersuchen zu lassen.

(2) Absatz 1 gilt für Wasserversorgungsanlagen an Bord von Wasserfahrzeugen, in Luftfahrzeugen oder Landfahrzeugen nur, wenn diese gewerblichen Zwecken dienen. Der Unternehmer oder sonstige Inhaber einer Wasserversorgungsanlage an Bord eines Wasserfahrzeuges ist zu Untersuchungen nur verpflichtet, wenn die letzte Prüfung oder Kontrolle durch das Gesundheitsamt länger als 12 Monate zurückliegt.

§ 9

(1) Nach § 8 sind durchzuführen

1. mikrobiologische Untersuchungen zur Feststellung, ob die in § 1 Abs. 1 festgesetzten Grenzwerte für Escherichia coli und coliforme Keime nicht überschritten werden,

2. mikrobiologische Untersuchungen zur Feststellung, ob die in § 1 Abs. 2 und 3 festgesetzten Richtwerte nicht überschritten werden,

3. physikalische, physikalisch-chemische und chemische Untersuchungen zur Feststellung, ob die in den Anlagen 2 oder 4 oder die von der zuständigen Behörde nach § 4 Abs. 1 oder durch Rechtsverordnung nach § 4 Abs. 2 festgesetzten Grenzwerte nicht überschritten werden,

4. bei Wasser, das mit Chlor, mit Natrium-, Magnesium- oder Calciumhypochlorit oder mit Chlorkalk oder das mit Chlordioxid desinfiziert wird, chemische Untersuchungen zur Feststellung, ob der in § 1 Abs. 4 festgesetzte Restgehalt an freiem Chlor oder Chlordioxid vorhanden ist.

(2) Absatz 1 Nr. 3 gilt nicht für Anlagen zur Trinkwassergewinnung durch Destillation aus Meerwasser an Bord von Wasserfahrzeugen, die von der See-Berufsgenossenschaft zugelassen und überprüft werden, sowie für Wasserversorgungsanlagen an Bord von Wasserfahrzeugen, in Luftfahrzeugen oder in Landfahrzeugen, bei denen Trinkwasser aus untersuchungspflichtigen Wasserversorgungsanlagen übernommen wird.

§ 10

(1) Umfang und Häufigkeit der Untersuchungen bestimmen sich nach Anlage 5.

(2) Untersuchungen auf andere als in der Anlage 2 Nr. 1 bis 12 genannte Stoffe, insbesondere auf die in der Anlage 2 Nr. 13 und in der Anlage 4 genannten Stoffe, und Untersuchungen auf andere als die in der Anlage 4 Nr. 2, 3, 5 und 6 genannten physikalischen und physikalisch-chemischen Kenngrößen ordnet die zuständige Behörde an, sofern die Untersuchungen unter Berücksichtigung der Umstände des Einzelfalles zum Schutz der menschlichen Gesundheit oder zur Sicherstellung einer einwandfreien Beschaffenheit des Trinkwassers erforderlich sind; dabei sind auch die zeitlichen Abstände der Untersuchungen festzulegen. Für die nicht in den Anlagen 2 oder 4 genannten Stoffe legt die zuständige Behörde auch die einzuhaltenden Werte fest. Die zuständige Behörde kann das Rohwasser in die Untersuchungen einbeziehen, soweit dies zum Schutz der menschlichen Gesundheit erforderlich ist.

§ 11

(1) Die zuständige Behörde kann anordnen, daß der Unternehmer oder sonstige Inhaber einer Wasserversorgungsanlage

1. die zu untersuchenden Proben an bestimmten Stellen und zu bestimmten Zeiten zu entnehmen oder entnehmen zu lassen hat,

2. bestimmte Untersuchungen außerhalb der regelmäßigen Untersuchungen sofort durchzuführen oder durchführen zu lassen hat,

3. die Untersuchungen nach § 10

   a) in kürzeren als den in dieser Vorschrift genannten Abständen,

   b) an einer größeren Anzahl von Proben

   durchzuführen oder durchführen zu lassen hat,

4. die mikrobiologischen Untersuchungen ausdehnen oder ausdehnen zu lassen hat zur Feststellung,

   a) ob Fäkalstreptokokken in 100 ml oder sulfitreduzierende sporenbildende Anaerobier in 20 ml nicht, sowie

   b) ob andere Mikroorganismen, insbesondere Pseudomonas aeruginosa, pathogene Staphylokokken, oder ob Fäkalbakteriophagen oder enteropathogene Viren

   im Wasser enthalten sind,

5. die physikalischen, physikalisch-chemischen und chemischen Untersuchungen auf andere als die in der Anlage 2 Nr. 1 bis 12 genannten Stoffe und auf physikalische und auf physikalisch-chemische Kenngrößen auszudehnen oder ausdehnen zu lassen hat,

6. die physikalischen, physikalisch-chemischen und chemischen Untersuchungen auf gesundheitsschädliche radioaktive Stoffe auszudehnen oder ausdehnen zu lassen hat,

7. Maßnahmen zu treffen hat, die erforderlich sind, um eine Verunreinigung zu beseitigen, auf die die Überschreitung der Richtwerte des § 1 Abs. 2 oder 3 oder ein anderer Umstand hindeutet, und künftigen Verunreinigungen vorzubeugen,

wenn dies wegen der Herkunft des Wassers, außergewöhnlicher Wetterverhältnisse, des Bekanntwerdens von Tatsachen, die auf eine mögliche radioaktive oder sonstige Verunreinigung hinweisen, des Zustandes der Wasserversorgungsanlage, grobsinnlich wahrnehmbarer Veränderungen der Wasserbeschaffenheit, auffälliger Untersuchungsbefunde oder außergewöhnlicher Vorkommnisse im Einzugsgebiet des Wasservorkommens oder an der Wasserversorgungsanlage einschließlich des Leitungsnetzes oder wegen besonderer epidemischer Ereignisse erforderlich erscheint.

(2) Die zuständige Behörde kann zulassen, daß physikalisch-chemische und chemische Untersuchungen nach § 9 Abs. 1 Nr. 3 auf Stoffe der Anlage 2 Nr. 1 bis 12 in längeren als jährlichen Zeitabständen vorgenommen werden oder auf bestimmte Stoffe der Anlage 2

unterbleiben können, wenn nach ihren bisherigen Feststellungen oder Erkenntnissen anzunehmen ist, daß die Konzentrationen sicher unter den Grenzwerten dieser Anlage liegen.

(3) Bei Wasserversorgungsanlagen, aus denen nicht mehr als 1 000 m³ Wasser im Jahr entnommen werden, bestimmt die zuständige Behörde, ob und welche physikalisch-chemischen und chemischen Untersuchungen nach § 9 Abs. 1 Nr. 3 durchzuführen sind und in welchen Zeitabständen sie zu erfolgen haben. Für mikrobiologische Untersuchungen nach § 9 Abs. 1 Nr. 1 und 2 und für Untersuchungen auf freies Chlor oder Chlordioxyd kann die zuständige Behörde einen längeren als den in Anlage 5 genannten Zeitabstand zulassen, wenn das nach den Umständen des Einzelfalles unbedenklich ist. Bei Wasser für Lebensmittelbetriebe darf die zuständige Behörde längere als jährliche Abstände nicht zulassen.

(4) Wird aus einer Wasserversorgungsanlage Trinkwasser an andere Wasserversorgungsanlagen abgegeben, so kann die zuständige Behörde regeln, welcher Unternehmer oder sonstige Inhaber die Untersuchungen nach den §§ 8 bis 10 durchzuführen oder durchführen zu lassen hat.

§ 12

(1) Bei den Untersuchungen nach § 9 und § 11 Abs. 1 Nr. 4 bis 6 sind die in den Anlagen 1 und 4 bezeichneten Untersuchungsverfahren anzuwenden. Soweit in den Anlagen Untersuchungsverfahren nicht angegeben sind, sind die Untersuchungen nach Methoden durchzuführen, die ausreichend zuverlässige Meßwerte liefern und dabei die in den Anlagen 2 bis 4 genannten zulässigen Fehler des Meßwertes nicht überschreiten.

(2) Die zuständige oberste Landesbehörde kann befristet zulassen, daß im Einzelfall andere als die in den Anlagen 1 und 4 bezeichneten Untersuchungsverfahren angewendet werden, soweit diese dem jeweiligen Stand der Wissenschaft entsprechen und zu erwarten ist, daß ihre Bewährung in der praktischen Anwendung zu einer Änderung oder Ergänzung der Anlagen 1 oder 4 führen wird.

(3) Das Ergebnis jeder Untersuchung ist schriftlich oder auf Datenträgern (Niederschrift) festzuhalten. Dabei sind die genaue Ortsangabe der Probenahme (Gemeinde, Straße, Hausnummer, Entnahmestelle), der Zeitpunkt der Entnahme und der Untersuchung der Wasserprobe sowie das bei der Untersuchung angewandte Verfahren und der Fehler des Befundes anzugeben. Die zuständige oberste Landesbehörde kann bestimmen, daß für die Niederschriften einheitliche Vordrucke verwendet werden. Der Unternehmer oder sonstige Inhaber einer Wasserversorgungsanlage hat eine Zweitschrift der Niederschrift dem Gesundheitsamt auf dessen Verlangen zu übersenden und das Original ebenso wie die Ausfertigung der Niederschrift nach § 17 Abs. 4 Satz 3 zehn Jahre lang aufzubewahren. Der Unternehmer oder sonstige Inhaber einer Wasserversorgungsanlage an Bord eines Wasserfahrzeugs hat, soweit er zu Untersuchungen nach den §§ 9 bis 11 verpflichtet ist, eine Zweitschrift der Niederschriften über die Untersuchungen unverzüglich dem für den Heimathafen des Wasserfahrzeugs zuständigen Gesundheitsamt zu übersenden.

§ 13

(1) Der Unternehmer oder sonstige Inhaber einer Wasserversorgungsanlage hat dem Gesundheitsamt unverzüglich anzuzeigen,

1. wenn die in § 1 Abs. 1 festgesetzten Grenzwerte überschritten werden,

2. wenn sich die Koloniezahl gegenüber den bisher ermittelten Werten laufend erhöht,

3. wenn die in Anlage 2 festgesetzten Grenzwerte für chemische Stoffe überschritten werden,

4. wenn Grenzwerte von Stoffen oder Kenngrößen überschritten oder bei Mindestanforderungen unterschritten werden, sofern eine Untersuchung auf diese gemäß § 11 Abs. 1 Nr. 4 bis 6 von der zuständigen Behörde angeordnet ist,

5. wenn Belastungen des Rohwassers bekannt werden, die zu einer Überschreitung der Grenzwerte führen können.

Er hat ferner grobsinnlich wahrnehmbare Veränderungen des Wassers sowie außergewöhnliche Vorkommnisse in der engeren und weiteren Umgebung des Wasservorkommens oder an der Wasserversorgungsanlage, die Auswirkungen auf die Beschaffenheit des Wassers haben können, dem zuständigen Gesundheitsamt unverzüglich anzuzeigen.

(2) Bei Wahrnehmungen nach Absatz 1 ist der Unternehmer oder sonstige Inhaber einer Wasserversorgungsanlage verpflichtet, unverzügliche Untersuchungen zur Aufklärung und Maßnahmen zur Abhilfe durchzuführen.

§ 14

(1) Soweit es zur Überwachung der Wasserversorgungsanlage erforderlich ist, sind die Beauftragten des Gesundheitsamtes befugt,

1. die Grundstücke, Räume und Einrichtungen, sowie Wasserfahrzeuge, Luftfahrzeuge und Landfahrzeuge, in denen sich Wasserversorgungsanlagen befinden, während der üblichen Betriebs- oder Geschäftszeit zu betreten,

2. Proben zu entnehmen, die Bücher oder sonstigen Unterlagen einzusehen und hieraus Abschriften oder Auszüge anzufertigen,

3. vom Unternehmer oder sonstigen Inhaber der Wasserversorgungsanlage alle erforderlichen Auskünfte, insbesondere über den Betrieb und den Betriebsablauf einschließlich dessen Kontrolle, zu verlangen,

4. zur Verhütung drohender Gefahren für die öffentliche Sicherheit und Ordnung die in Nummer 1 bezeichneten Grundstücke, Räume, Einrichtungen und Fahrzeuge auch außerhalb der dort genannten Zeiten und auch dann, wenn sie zugleich Wohnzwecken dienen, zu betreten.

Zu den Unterlagen nach Nummer 2 gehören insbesondere die Protokolle über die Untersuchungen nach den §§ 8 bis 11 und die neuesten Stand entsprechenden technischen Pläne der Wasserversorgungsanlage und Unterlagen über die dazugehörigen Schutzzonen oder, soweit solche nicht festgesetzt sind, der engeren und weiteren Umgebung der Wasserfassungsanlage, soweit sie für die Wassergewinnung von Bedeutung sind.

(2) Unternehmer oder sonstige Inhaber einer Wasserversorgungsanlage und sonstige Inhaber der tatsächlichen Gewalt über die in Absatz 1 Nr. 1 und 4 bezeichneten Grundstücke, Räume, Einrichtungen und Fahrzeuge sind verpflichtet,

1. die Maßnahmen nach Absatz 1 zu dulden,
2. die in der Überwachung tätigen Personen bei der Erfüllung ihrer Aufgabe zu unterstützen, insbesondere ihnen auf Verlangen die Räume, Einrichtungen und Geräte zu bezeichnen, Räume und Behältnisse zu öffnen und die Entnahme von Proben zu ermöglichen,
3. die verlangten Auskünfte zu erteilen.

(3) Der zur Auskunft Verpflichtete kann die Auskunft auf solche Fragen verweigern, deren Beantwortung ihn selbst oder einen der in § 383 Abs. 1 Nr. 1 bis 3 der Zivilprozeßordnung bezeichneten Angehörigen der Gefahr strafgerichtlicher Verfolgung oder eines Verfahrens nach dem Gesetz über Ordnungswidrigkeiten aussetzen würde.

§ 15

(1) Wasserversorgungsanlagen, aus denen Trinkwasser oder Wasser für Lebensmittelbetriebe mit der Beschaffenheit von Trinkwasser abgegeben wird, dürfen nicht mit Wasserversorgungsanlagen verbunden werden, aus denen Wasser abgegeben wird, das nicht die Beschaffenheit von Trinkwasser hat. Die Leitungen unterschiedlicher Versorgungssysteme sind, soweit sie nicht erdverlegt sind, farblich unterschiedlich zu kennzeichnen.

(2) Absatz 1 gilt nicht für Kauffahrteischiffe im Sinne des § 1 der Verordnung über die Unterbringung der Besatzungsmitglieder an Bord von Kauffahrteischiffen vom 8. Februar 1973 (BGBl. I S. 66).

4. Abschnitt
Überwachung durch das Gesundheitsamt in hygienischer Hinsicht

§ 16

Das Gesundheitsamt überwacht die Wasserversorgungsanlagen in hygienischer Hinsicht durch Prüfungen und Kontrollen.

§ 17

(1) Die Prüfung umfaßt

1. die Besichtigung der Wasserversorgungsanlage einschließlich der dazugehörenden Schutzzonen oder, wenn solche nicht festgesetzt sind, der engeren und weiteren Umgebung der Wasserfassungsanlagen, soweit sie für die Wassergewinnung von Bedeutung sind,
2. eine Kontrolle im Sinne des § 18 Abs. 1 Satz 1,
3. die Entnahme und Untersuchung von Wasserproben.

(2) Für die Untersuchungen des Trinkwassers und des Wassers für Lebensmittelbetriebe durch das Gesundheitsamt gilt § 8 Abs. 1 entsprechend. Ferner kann das Gesundheitsamt das Trinkwasser auf weitere Stoffe und physikalische und physikalisch-chemische Kenngrößen untersuchen oder untersuchen lassen. Die Anzahl der zu untersuchenden Wasserproben soll sich nach der Beschaffenheit der Wasserversorgungsanlage und ihrer Netzform und -größe richten. An Stelle der Untersuchungen nach Absatz 1 Nr. 3 kann sich das Gesundheitsamt auf die Überprüfung der Niederschriften (§ 12 Abs. 3) über die Untersuchungen (§ 8) beschränken, sofern der Unternehmer oder sonstige Inhaber einer Wasserversorgungsanlage diese in einem staatlichen oder kommunalen Hygiene-Institut, einem Gesundheitsamt oder einer von der obersten Landesgesundheitsbehörde zugelassenen Untersuchungsstelle hat durchführen lassen.

(3) Für das Untersuchungsverfahren gelten § 12 Abs. 1 und 2, für die Aufzeichnung der Untersuchungsergebnisse § 12 Abs. 3 Satz 1 und 2 entsprechend.

(4) Die Ergebnisse der Prüfung sind in einer Niederschrift festzuhalten; dabei kann festgelegt werden, ob und in welchem Umfang Proben bei der Kontrolle nach § 18 zu entnehmen sind und worauf sie zu untersuchen sind. Die Aufzeichnungen der Untersuchungsergebnisse sind Bestandteil der Niederschrift. Eine Ausfertigung der Niederschrift ist dem Unternehmer oder sonstigen Inhaber der Wasserversorgungsanlage auszuhändigen. Das Gesundheitsamt hat die Niederschrift zehn Jahre lang aufzubewahren.

(5) Die Prüfungen sind unmittelbar nach der Inbetriebnahme der Wasserversorgungsanlage, erneut nach einem Jahr und sodann alle drei Jahre vorzunehmen. Bei Wasserversorgungsanlagen an Bord von Wasserfahrzeugen sollen die Prüfungen unbeschadet des Satzes 3 unmittelbar nach Inbetriebnahme der Wasserversorgungsanlage, sodann alle vier Jahre vorgenommen werden. Bei Wasserversorgungsanlagen in Luft- und Landfahrzeugen sowie an Bord von Wasserfahrzeugen, die ausschließlich Sportzwecken dienen, bestimmt das Gesundheitsamt, ob und in welchen Zeitabständen es die Prüfungen durchführt.

§ 18

(1) Die Kontrolle umfaßt die Überwachung der Erfüllung der Pflichten, die dem Unternehmer oder sonstigen Inhaber einer Wasserversorgungsanlage auf Grund dieser Verordnung obliegen. Soweit es erforderlich ist, sind im Rahmen der Kontrolle Besichtigungen der Wasserversorgungsanlage einschließlich der dazugehörigen Schutzzonen oder, wenn solche nicht festgesetzt sind, der engeren und weiteren Umgebung der Wasserfassungsanlage, soweit sie für die Wassergewinnung von Bedeutung sind, vorzunehmen und Wasserproben zu untersuchen oder untersuchen zu lassen. Bei Wasserversorgungsanlagen an Bord von Wasser-, Luft- und Landfahrzeugen sind stets Wasserproben zu untersuchen oder untersuchen zu lassen. Für das Untersuchungsverfahren gelten § 12 Abs. 1 und 2, für die Aufzeichnung der Untersuchungsergebnisse § 12 Abs. 3 Satz 1 und 2 entsprechend.

(2) Die Kontrollen sind mindestens zweimal im Jahr vorzunehmen. Bei Wasserversorgungsanlagen an Bord

von Wasserfahrzeugen sollen sie unbeschadet des Satzes 3 mindestens einmal, bei Wasserversorgungsanlagen an Bord von Wassertransportbooten jedoch mindestens viermal im Jahr durchgeführt werden. Bei Eigen- und Einzelversorgungsanlagen, aus denen jährlich weniger als 1 000 m³ Trinkwasser oder Wasser für Lebensmittelbetriebe entnommen oder abgegeben wird, und bei Wasserversorgungsanlagen in Luft- und Landfahrzeugen sowie an Bord von Wasserfahrzeugen, die ausschließlich Sportzwecken dienen, bestimmt das Gesundheitsamt, ob und in welchen Zeitabständen es die Kontrolle durchführt. Die Kontrollen sollen vorher nicht angekündigt werden. § 17 Abs. 4 gilt entsprechend.

§ 19

Erlangt das Gesundheitsamt Kenntnis von Tatsachen, die geeignet sind, die Beschaffenheit des Trinkwassers oder des Wassers für Lebensmittelbetriebe zu beeinträchtigen, so hat es, soweit erforderlich, zusätzliche Prüfungen oder Kontrollen durchzuführen. Dabei hat es die Untersuchungen auf alle Umstände auszudehnen, die nachteiligen Einfluß auf die Beschaffenheit des Trinkwassers und des Wassers für Lebensmittelbetriebe von Bedeutung haben können. Es hat die zuständige Behörde zu unterrichten und geeignete Maßnahmen vorzuschlagen.

§ 20

Wenn bei einer Wasserversorgungsanlage die Prüfungen und die Kontrollen während eines Zeitraumes von vier Jahren keinen Grund zu wesentlichen Beanstandungen ergeben haben, so kann das Gesundheitsamt die Prüfungen und die Kontrollen in größeren als den in § 17 Abs. 5 Satz 1 und § 18 Abs. 2 Satz 1 festgelegten Zeitabständen vornehmen.

5. Abschnitt
Straftaten und Ordnungswidrigkeiten

§ 21

Wer als Unternehmer oder Inhaber einer Wasserversorgungsanlage vorsätzlich oder fahrlässig Wasser als Trinkwasser oder als Wasser für Lebensmittelbetriebe abgibt oder anderen zur Verfügung stellt, das den Anforderungen des § 1 Abs. 1 oder 4, des § 2 Abs. 1 oder 2 oder des § 5 Abs. 1 in Verbindung mit § 1 Abs. 1 oder 4 oder § 2 Abs. 1 oder 2, nicht entspricht, ist nach § 64 Abs. 1, 3 oder 4 des Bundes-Seuchengesetzes strafbar.

§ 22

Ordnungswidrig im Sinne des § 69 Abs. 2 des Bundes-Seuchengesetzes handelt, wer als Unternehmer oder sonstiger Inhaber einer Wasserversorgungsanlage vorsätzlich oder fahrlässig

1. entgegen § 7 Abs. 1 Satz 1 oder 4 oder § 13 Abs. 1 eine Anzeige nicht, nicht richtig, nicht vollständig oder nicht rechtzeitig erstattet,

2. Trinkwasser oder Wasser für Lebensmittelbetriebe entgegen § 8 Abs. 1 nicht, entgegen § 10 Abs. 1 nicht in dem vorgeschriebenen Umfang oder nicht in der vorgeschriebenen Häufigkeit oder entgegen § 12 Abs. 1 nicht nach den vorgeschriebenen Verfahren untersucht oder untersuchen läßt,

3. einer Niederschrifts-, Aufbewahrungs- oder Übersendungspflicht nach § 12 Abs. 3 nicht, nicht vorschriftsmäßig oder nicht rechtzeitig nachkommt,

4. einer Duldungs-, Unterstützungs- oder Auskunftspflicht nach § 14 Abs. 2 zuwiderhandelt,

5. entgegen § 15 Abs. 1 Satz 1 Wasserversorgungsanlagen, aus denen Wasser unterschiedlicher Beschaffenheit abgegeben wird, miteinander verbindet oder

6. entgegen § 15 Abs. 1 Satz 2 Leitungen unterschiedlicher Versorgungssysteme nicht farblich unterschiedlich kennzeichnet.

§ 23

Ordnungswidrig im Sinne des § 53 Abs. 2 Nr. 1 Buchstabe a des Lebensmittel- und Bedarfsgegenständegesetzes handelt, wer als Unternehmer oder sonstiger Inhaber einer Wasserversorgungsanlage vorsätzlich oder fahrlässig Trinkwasser entgegen den Anforderungen nach § 3 in Verbindung mit Anlage 4, auch in Verbindung mit einer Rechtsverordnung nach § 4 Abs. 2, an den Verbraucher abgibt.

6. Abschnitt
Übergangs- und Schlußbestimmungen

§ 24

(1) Hat der Unternehmer oder sonstige Inhaber einer Wasserversorgungsanlage vor Inkrafttreten dieser Verordnung Untersuchungen des Wassers durchgeführt oder durchführen lassen, die denen nach dieser Verordnung vergleichbar sind, kann die zuständige Behörde einen vor Inkrafttreten dieser Verordnung liegenden Zeitraum bei der Berechnung des in der Fußnote 3 der Anlage 5 genannten Zeitraumes von vier Jahren berücksichtigen.

(2) Hat das Gesundheitsamt vor Inkrafttreten dieser Verordnung Prüfungen und Kontrollen durchgeführt, die denen nach dieser Verordnung vergleichbar sind, kann ein vor Inkrafttreten dieser Verordnung liegender Zeitraum bei der Berechnung des in § 20 genannten Zeitraumes von vier Jahren berücksichtigt werden.

§ 25

Die Vorschriften dieser Verordnung gelten nicht

1. für Quellwasser, Tafelwasser und sonstiges Trinkwasser, die in zur Abgabe an den Verbraucher bestimmte Fertigpackungen abgefüllt sind,

2. soweit die Trinkwasser-Aufbereitungs-Verordnung abweichende Regelung trifft.

Natürliches Mineralwasser ist kein Trinkwasser im Sinne dieser Verordnung.

§ 26

Diese Verordnung gilt nach § 14 des Dritten Überleitungsgesetzes in Verbindung mit § 84 des Bundes-Seuchengesetzes und Artikel 11 des Gesetzes zur Gesamtreform des Lebensmittelrechts vom 15. August 1974 (BGBl. I S. 1945) auch im Land Berlin.

§ 27

(1) Diese Verordnung tritt vorbehaltlich der Regelung nach Absatz 2 am 1. Oktober 1986 in Kraft. Gleichzeitig tritt die Verordnung über Trinkwasser und über Brauchwasser für Lebensmittelbetriebe (Trinkwasser-Verordnung) vom 31. Januar 1975 (BGBl. I S. 453, 679), zuletzt geändert durch § 19 der Verordnung vom 1. August 1984 (BGBl. I S. 1036), außer Kraft.

(2) Anlage 2 Nr. 13 in Verbindung mit § 2 Abs. 1 tritt erst drei Jahre nach Inkrafttreten der Verordnung in Kraft.

Bonn, den 22. Mai 1986

Der Bundesminister
für Jugend, Familie und Gesundheit
Rita Süssmuth

Anlage 1
(zu § 12 Abs. 1)

Mikrobiologische Untersuchungsverfahren *)

1. Escherichia coli

Die Untersuchung auf Escherichia coli in mindestens 100 ml Wasser erfolgt durch

a) Flüssigkeitsanreicherung mit maximal dreifach konzentrierter Laktose-Bouillon (in einer Endkonzentration von 1 % Laktose) oder

b) Membranfiltration mit Einbringen des Filters in 50 ml 1%ige Laktose-Bouillon.

Die Bebrütungstemperatur beträgt jeweils 36 °C ± 1 °C, die Bebrütungsdauer minimal 24 ± 4 Stunden, wenn negativ bis 44 ± 4 Stunden.

Zeigt die Laktose-Bouillon „Gas- und Säurebildung", so soll zur Abschätzung des Ausmaßes der Verunreinigung mit E. coli der Nachweis quantifiziert werden. Eine endgültige Diagnose ist durch das Stoffwechselmerkmal „Gas- und Säurebildung" aus Laktose bei 36 °C ± 1 °C allein nicht möglich, so daß zusätzlich nach Sub- bzw. Reinkultur auf Endo-Agar (Laktose-Fuchsin-Sulfit-Agar) oder einem gleichwertigen Nährboden für 24 ± 4 Stunden bei 36 °C ± 1 °C mindestens folgende Stoffwechselmerkmale erfüllt sein müssen:

Oxidase-Reaktion (Nadi): negativ

Indolbildung aus tryptophanhaltiger Bouillon: positiv

Spaltung von D-Glukose oder Mannit in 1%iger Bouillon bei 44 °C ± 1 °C innerhalb 24 ± 4 Stunden unter Gas- und Säurebildung

Ausnützung von Citrat als einziger Kohlenstoffquelle: negativ

2. Coliforme Keime

Die Untersuchung auf coliforme Keime in mindestens 100 ml Wasser erfolgt durch

a) Flüssigkeitsanreicherung mit entsprechend konzentrierter, maximal aber dreifach konzentrierter Laktose-Bouillon (in einer Endkonzentration von 1 % Laktose) oder

b) Membranfiltration mit Einbringen des Filters in 50 ml 1%ige Laktose-Bouillon.

Die Bebrütungstemperatur beträgt jeweils 36 °C ± 1 °C, die Bebrütungsdauer minimal 24 ± 4 Stunden, wenn negativ bis 44 ± 4 Stunden.

Zeigt die Laktose-Bouillon „Gas- und Säurebildung", so soll zur Abschätzung des Ausmaßes der Verunreinigung mit coliformen Keimen der Nachweis quantifiziert werden. Eine endgültige Diagnose ist allein durch das Stoffwechselmerkmal „Gas- und Säurebildung" aus Laktose bei 36 °C ± 1 °C nicht möglich, so daß zusätzlich nach Sub- bzw. Reinkultur auf Endo-Agar oder einem gleichwertigen Nährboden für 24 ± 4 Stunden bei 36 °C ± 1 °C mindestens folgende Stoffwechselmerkmale erfüllt sein müssen:

Oxidase-Reaktion (Nadi): negativ

Spaltung von Laktose unter Gas- und Säurebildung in 1%iger Bouillon bei 36 °C ± 1 °C innerhalb von 44 ± 4 Stunden

Indolbildung aus tryptophanhaltiger Bouillon: negativ (positive Reaktion möglich)

Ausnützung von Citrat als einziger Kohlenstoffquelle: positiv (negative Reaktion möglich).

3. Fäkalstreptokokken

Die Untersuchung auf Fäkalstreptokokken in mindestens 100 ml Wasser erfolgt durch:

a) Flüssigkeitsanreicherung mit entsprechend konzentrierter, maximal aber dreifach konzentrierter Azid-D-Glukose-Bouillon (mit einer Natriumazid-Endkonzentration von 0,02 bis 0,05 % und einer D-Glukose-Endkonzentration von 0,5 bis 1 %); oder

b) Membranfiltration mit Einbringen des Filters in 50 ml einfach konzentrierte Azid-D-Glukose-Bouillon (mit einer Natriumazid-Konzentration von 0,02 bis 0,05 % und einer D-Glukose-Konzentration von 0,5 bis 1 %).

Die Bebrütungstemperatur beträgt jeweils 36 °C ± 1 °C, die Bebrütungsdauer minimal 24 ± 4 Stunden, wenn negativ bis 44 ± 4 Stunden.

---

*) Können die Wasserproben nicht innerhalb von 3 Stunden nach der Entnahme untersucht werden, sind sie kühl aufzubewahren; bei der Entnahme von Wasser, das mit Chlor, Natrium-, Magnesium- oder Calcium-Hypochlorit oder Chlorkalk oder Chlordioxid desinfiziert wurde, sind die Entnahmegefäße vorher mit Natriumthiosulfat zur Neutralisierung des Restchlors zu beschicken.

Die endgültige Diagnose ist durch Wachstum in Azid-D-Glukose-Bouillon (Trübung oder pH-Änderung) nicht möglich, so daß zusätzlich mindestens folgende Merkmale erfüllt sein müssen:

Kultur auf Kanamycin-Äsculin-Azid oder Tetrazolium-Azid-Agar (z. B. Slanetz-Bartley-Agar).

Die Bebrütungstemperatur beträgt 36 °C ± 1 °C, die Bebrütungsdauer 24 ± 4 Stunden, bei Tetrazolium-Azid-Agar bis zu 44 ± 4 Stunden.

Von typisch gewachsenen Kolonien ist eine Gram-Färbung anzufertigen; Gram-positive Diplokokken gelten als Fäkalstreptokokken im Sinne der Trinkwasserverordnung.

4. Sulfitreduzierende sporenbildende Anaerobier

Die Untersuchung auf sulfitreduzierende, sporenbildende Anaerobier (Clostridien) in mindestens 20 ml Wasser erfolgt nach Erhitzen der Probe auf 75 °C ± 5 °C über 10 Minuten durch

a) Flüssigkeitsanreicherung in doppelt konzentrierter D-Glukose-Eisencitrat-Natriumsulfit-Bouillon (DRCM-Bouillon), Bebrütungstemperatur 36 °C ± 1 °C, Bebrütungsdauer 24 ± 4 Stunden, Beobachtung für weitere 24 ± 4 Stunden oder

b) Membranfiltration mit Einbringen des Membranfilters in D-Glukose-Eisencitrat-Natriumsulfit-Bouillon (DRCM-Bouillon), Bebrütungstemperatur 36 °C ± 1 °C, Bebrütungsdauer 24 ± 4 Stunden, Beobachtung für weitere 24 ± 4 Stunden.

Eine endgültige Diagnose ist durch Wachstum in der Bouillon (Schwarzfärbung) nicht möglich, so daß zusätzlich mindestens folgende Merkmale erfüllt sein müssen:

Überimpfen auf Blut-Glukose-Agar, Bebrütungstemperatur 36 °C ± 1 °C, Bebrütungsdauer 24 ± 4 Stunden anaerob.

Bei Wachstum Überprüfung durch aerobe Subkultur unter gleichen Bedingungen.

5. Bestimmung der Koloniezahl

Als Koloniezahl wird die Zahl der mit 6- bis 8facher Lupenvergrößerung sichtbaren Kolonien definiert, die sich aus den in 1 ml des zu untersuchenden Wassers befindlichen Bakterien in Plattengußkulturen mit nährstoffreichen, peptonhaltigen Nährböden (1 % Fleischextrakt, 1 % Pepton) bei einer Bebrütungstemperatur von 20 °C ± 2 °C und 36 °C ± 1 °C nach 44 ± 4 Stunden Bebrütungsdauer bilden.

Die verwendbaren Nährböden unterscheiden sich hauptsächlich durch das Verfestigungsmittel, so daß folgende Methoden möglich sind:

a) Agar-Gelatine-Nährböden, Bebrütungstemperatur 20 °C ± 2 °C und 36 °C ± 1 °C, Bebrütungsdauer 44 ± 4 Stunden oder

b) Agar-Nährböden, Bebrütungstemperatur 20 °C ± 2 °C und 36 °C ± 1 °C, Bebrütungsdauer 44 ± 4 Stunden.

Anlage 2
(zu § 2 Abs. 1, § 12)

Grenzwerte für chemische Stoffe

Lfd. Nr.	Bezeichnung	Grenzwert mg/l	berechnet als	entsprechend etwa mmol/m^3	zulässiger Fehler des Meßwertes ± mg/l
a	b	c	d	e	f
1	Arsen	0,04	As	0,5	0,015
2	Blei	0,04	Pb	0,2	0,02
3	Cadmium	0,005	Cd	0,04	0,002
4	Chrom	0,05	Cr	1	0,01
5	Cyanid	0,05	CN$^-$	2	0,01
6	Fluorid	1,5	F$^-$	79	0,2
7	Nickel	0,05	Ni	0,9	0,01
8	Nitrat	50	NO$_3^-$	806	2
9	Nitrit	0,1	NO$_2^-$	2,2	0,02
10	Quecksilber	0,001	Hg	0,005	0,0005
11	Polycyclische aromatische Kohlenwasserstoffe – Fluoranthen – Benzo-(b)-Fluoranthen – Benzo-(k)-Fluoranthen – Benzo-(a)-Pyren – Benzo-(ghi)-Perylen – Indeno-(1,2,3-cd)-Pyren	0,0002	C	0,02	0,00004
12	Organische Chlorverbindungen – 1,1,1-Trichlorethan Trichlorethylen Tetrachlorethylen Dichlormethan – Tetrachlorkohlenstoff	0,025 0,003	– CCl$_4$	– 0,02	0,01 0,001
13	a) Chemische Stoffe zur Planzenbehandlung und Schädlingsbekämpfung einschließlich toxischer Hauptabbauprodukte und b) Polychlorierte, polybromierte Biphenyle und Terphenyle	einzelne Substanz 0,0001 insgesamt 0,0005	– 	– 	0,00005 0,00005

Anlage 3
(zu § 12 Abs. 1)

Zulässige Fehler der Bestimmung einiger Parameter

Lfd. Nr.	Bezeichnung	berechnet als	zulässiger Fehler
a	b	c	d
1	freies Chlor	Cl_2	± 0,05 mg/l
2	Chlordioxid	ClO_2	± 0,02 mg/l

Anlage 4
(zu §§ 3, 12)

Kenngrößen und Grenzwerte zur Beurteilung der Beschaffenheit des Trinkwassers

I. Sensorische Kenngrößen

Lfd. Nr.	Bezeichnung	Grenzwert	berechnet als	zulässiger Fehler des Meßwertes	festgelegtes Verfahren/ Bemerkungen
a	b	c	d	e	f
1	Färbung*) (spektraler Absorptionskoeff. Hg 436 nm)	$0{,}5\ m^{-1}$	–	–	Bestimmung des spektralen Absorptionskoeffizienten mit Spektralphotometer oder Filterphotometer
2	Trübung*)	1,5 Trübungseinheit/Formazin	–	–	Bestimmung der spektralen Streukoeffizienten
3	Geruchsschwellenwert	2 bei 12 °C 3 bei 25 °C	– –	– –	Prüfung auf Geruch des Wassers und stufenweise Verdünnung mit geruchsfreiem Wasser

II. Physikalisch-chemische Kenngrößen

Lfd. Nr	Bezeichnung	Grenzwert	berechnet als	zulässiger Fehler des Meßwertes	festgelegtes Verfahren/ Bemerkungen
a	b	c	d	e	f
4	Temperatur	25 °C	–	± 1 °C	Messung der Temperatur mit Quecksilber-Flüssigkeits- oder elektrischem Thermometer. Höchstwert gilt nicht für erwärmtes Trinkwasser
5	pH-Wert	nicht unter 6,5 und nicht über 9,5 a) bei metallischen oder zementhaltigen Werkstoffen darf im pH-Bereich 6,5–8,0 der pH-Wert des abgegebenen Wassers nicht mehr als 0,2 pH-Einheiten unter dem pH-Wert der Calciumcarbonatsättigung liegen; b) bei Asbestzement-Werkstoffen darf im pH-Bereich 6,5–9,5 der pH-Wert des abgegebenen Wassers nicht mehr als 0,2 pH-Einheiten unter dem pH-Wert der Calciumcarbonatsättigung liegen;	–	± 0,1	elektrometrische Messung mit Glaselektrode. Der pH-Wert der Calciumcarbonatsättigung wird durch Marmorlöseversuch experimentell oder durch Berechnung bestimmt.
6	Leitfähigkeit	$2000\ \mu S\ cm^{-1}$ bei 25 °C	–	$\pm 100\ \mu S\ cm^{-1}$	elektrometrische Messung
7	Oxidierbarkeit	5 mg/l	O_2	–	Maßanalytische Bestimmung der Oxidierbarkeit mittels Kaliumpermanganat/Kaliumpermanganatverbrauch

III. Grenzwerte für chemische Stoffe

Lfd. Nr.	Bezeichnung	Grenzwert mg/l	berechnet als	entsprechend etwa mmol/m³	zulässiger Fehler des Meßwertes ±mg/l	festgelegtes Verfahren/ Bemerkungen
a	b	c	d	e	f	g
8	Aluminium	0,2	Al	7,5	0,04	—
9	Ammonium	0,5	NH_4^+	30	0,1	ausgenommen bei Wässern aus stark reduzierendem Untergrund
10	Eisen*)	0,2	Fe	3,5	0,01	gilt nicht bei Zugabe von Eisensalzen für die Aufbereitung von Trinkwasser
11	Kalium	12	K	300	0,5	ausgenommen bei Wasser aus kaliumhaltigem Untergrund
12	Magnesium	50	Mg	2050	2	ausgenommen bei Wasser aus magnesiumhaltigem Untergrund
13	Mangan*)	0,05	Mn	0,9	0,01	—
14	Natrium	150	Na	6500	6	—
15	Silber	0,01	Ag	0,1	0,004	gilt nicht bei Zugabe von Silber oder Silberverbindungen für die Aufbereitung von Trinkwasser
16	Sulfat	240	SO_4^{2-}	2500	5	ausgenommen bei Wasser aus calciumsulfathaltigem Untergrund
17	Oberflächenaktive Stoffe a) anionische b) nicht ionische	0,2	a) Methylenblauaktive Substanz b) Bismutaktive Substanz	—	0,1	a) Bestimmung anionischer Tenside mittels Methylenblau gegen Dodecylbenzolsulfonsäuremethylester Standard b) Bestimmung nicht ionischer Tenside mit modifiziertem Dragendorff-Reagens gegen Nonylphenoldekaethoxylat

*) Kurzzeitige Überschreitungen bleiben außer Betracht.

Anlage 5
(zu § 10 Abs. 1)

Umfang und Häufigkeit der Untersuchungen

bei Trinkwasser-abgabe	Untersuchung zur Überwachung der Desinfektion		laufende Untersuchung		periodische Untersuchung		besondere Untersuchung	
	Anzahl der Untersuchungen	Umfang der Untersuchung	Anzahl der Untersuchungen[3]	Umfang der Untersuchung	Anzahl der Untersuchungen	Umfang der Untersuchung	Anzahl der Untersuchungen[4]	Umfang der Untersuchung
bis 1 000 m³ pro Jahr	1 pro Tag oder nach § 11 Abs. 3	Chlor oder Chlordioxid[2]	—	—	1 pro Jahr oder nach § 11 Abs. 2 und 3	Geruch[1] Trübung (Aussehen) Leitfähigkeit[2] Stoffe nach Anlage 2 Nr. 1–12 pH-Wert[2] E. coli coliforme Keime Koloniezahl	Auf Anordnung nach § 10 Abs. 2 oder § 11	Stoffe nach Anlage 2 Nr. 13 Stoffe und Kenngrößen nach Anlage 4 von der zuständigen Behörde nach § 10 Abs. 2 oder § 11 bestimmte Stoffe, Kenngrößen und Mikroorganismen
bis 1 000 000 m³ pro Jahr	1 pro Tag	Chlor oder Chlordioxid[2]	1 je 30 000 m³ Abgabe 1 je 15 000 m³ Abgabe (nur bei Desinfektion)[2]	Geruch[1] Trübung (Aussehen) Leitfähigkeit[2] (Chlor oder Chlordioxid)[2] E. coli coliforme Keime Koloniezahl	1 pro Jahr oder nach § 11 Abs. 2	Geruch[1] Trübung (Aussehen) Leitfähigkeit[2] Stoffe nach Anlage 2 Nr. 1–12 pH-Wert[2] E. coli coliforme Keime Koloniezahl	Auf Anordnung nach § 10 Abs. 2 oder § 11	Stoffe nach Anlage 2 Nr. 13 Stoffe und Kenngrößen nach Anlage 4 von der zuständigen Behörde nach § 10 Abs. 2 oder § 11 Lebestimmte Stoffe, Kenngrößen und Mikroorganismen
über 1 000 000 m³ pro Jahr	1 pro Tag	Chlor oder Chlordioxid[2]	1 je 30 000 m³ Abgabe 1 je 15 000 m³ Abgabe (nur bei Desinfektion)[2]	Geruch[1] Trübung (Aussehen) Leitfähigkeit[2] (Chlor oder Chlordioxid)[2] E. coli coliforme Keime Koloniezahl	2 pro Jahr oder nach § 11 Abs. 2	Geruch[1] Trübung (Aussehen) Leitfähigkeit[2] Stoffe nach Anlage 2 Nr. 1–12 pH-Wert[2] E. coli coliforme Keime Koloniezahl	Auf Anordnung nach § 10 Abs. 2 oder § 11	Stoffe nach Anlage 2 Nr. 13 Stoffe und Kenngrößen nach Anlage 4 von der zuständigen Behörde nach § 10 Abs. 2 oder § 11 bestimmte Stoffe, Kenngrößen und Mikroorganismen

[1] Qualitativ.
[2] Die Einzeluntersuchung entfällt bei fortlaufender Aufzeichnung.
[3] Sind hiernach täglich Proben zu untersuchen und haben Untersuchungen während des Zeitraumes von 4 Jahren keinen Grund zu Beanstandungen ergeben, so kann die zuständige Behörde zulassen, daß die Zahl der täglichen Proben bis auf 1/3 der geforderten Zahl herabgesetzt wird.
[4] Bei Wasser für Lebensmittelbetriebe darf die zuständige Behörde längere als jährliche Zeitabstände nicht zulassen.

Sachregister

Die kursiv gedruckten Zahlen verweisen auf Seiten, auf denen das Stichwort ausführlich behandelt wird.

AAS *82*
Abdampfrückstand *59*, 198, 282
abflußkontinuierliche Probenahme 24
abflußproportionale Probenahme 24
abgefülltes Trinkwasser 13
Absorptionskoeffizient, s. spektraler Absorptionskoeffizient
Abwasser 166, 182, 191, 288
Additionsverfahren *88*
Äquivalentbeziehung 19, 282
äquivalente Stoffmengen 19
Äquivalentkonzentration der Erdalkalien 74, 76
Aerobier 286
Aggressivität, s. auch korrosive Eigenschaften *234*
—, Begriff 234
—, Beurteilung 240
—, Leitfähigkeit 238
—, Marmorlöseversuch (Heyer) 237
—, pH-Schnelltest 239
—, Verhalten gegen Kalk 234
Aktivitätskoeffizient 40
Aktivitätskoeffizientenprodukt, Kohlensäure-Spezies 203
Aktivkornkohle-Filterung 354
α-Aktivität 314
aliphatische Kohlenwasserstoffe *205*
—, bromiert
—, chloriert
—, fluoriert
—, iodiert
alkali disease 132
Alkalifettseifen 72
Alkalimetalle *65*, 157
Alkalität 61
Alternativresonanzlinien 83
Aluminium 13, 82, 95, 97, 143, 326, 328, 344, 348, 351, 352, 359
—, AAS 97
—, photometrisch, Eriochromcyanin R 97

—, Beurteilung und Grenzwerte 99
Alzheimer Krankheit 99
amerikanischer Härtegrad 74
Amide 172, 176
Amine 172, 176
Aminosäuren 338
Amoebenruhr 287
Ammoniak 77, 81, 169, 228
Ammonium 13, 15, *77*, 168, 169, 173, 176, 182, 232, 326, 328, 338, *350*, 359
—, Beurteilung und Grenzwerte 81
—, Destillation 80
—, photometrisch, Natriumdichlorisocyanurat und Natriumsalicylat (Indophenolbestimmung) 78
Anaerobier 286
Analysendarstellung *18*
Analysenformular (Schwimm- und Badebeckenwasser) 359
Analysenkontrolle *282*
—, Abdampfrückstand 282
—, elektrische Leitfähigkeit 282
—, Ionenbilanz 282
—, Kationenaustauscher 283
—, Sulfatkontrolle 284
Anämie 120
Anforderungen
—, gesetzliche *7, 319*
Angriffsvermögen gegenüber Beton 17
anionische Tenside 13, *275*
anorganischer Kohlenstoff 195
anorganisches Phosphat, s. Phosphat 177
antikariöse Wirkung 127, 138, 165, 166
Antikörpernachweis 287
Antimon 82, 95, *100*, 133, 143
—, AAS 100
—, Beurteilung und Grenzwerte 100

Arbeitskonzentrationen
—, AAS 95
—, ICP 143
Argyrie 133
Arsen 12, 15, 82, 89, 95, *100*, 143
—, AAS 100
—, Beurteilung und Grenzwerte 102
—, photometrisch, Silberdiethyldithiocarbamat 100
Arsenat 100, 178
Arsenit 100, 178
Arsingenerator 101
Arteriosklerose 99
Arzneimittelgesetz 8
Assimilation 217
Atomabsorptionsspektrometrie *82*
—, Arbeitsvorschriften 85
—, —, Differenzierung zwischen anorganischem und organisch gebundenem Quecksilber 92
—, —, elektrothermische Atomisierung 88
—, —, Flammenatomisierung 86
—, —, Hydridverfahren 89
—, —, Kaltdampfverfahren 91
—, —, Probenahme, Stabilisierung 85
—, Atomisierungsmethoden 83
—, —, elektrothermische Atomisierung 83
—, —, Flammenatomisierung 83
—, —, Hydridverfahren 84
—, —, Kaltdampfverfahren 85
—, Auswertung, Fehlergrenzen und Angabe der Meßwerte 93
—, Beurteilungshinweise 94
—, Prinzip 82
Atomemissionsspektroskopie mit induktiv gekoppeltem

Plasma *141*
Atomgewicht 18
Atomisierungsmethoden 83
ATV Regelwerk A 115 9
Aufbereitung 4, 325, 353
Avogadrosche Zahl 18

Bacillaceaen 304
Bacillus cereus var. mycoides 286
Bacillus stearothermophilus 295
Badedauer, zuträgliche 356
Badewasser, s. Schwimm- und Badebeckenwasser
bakterielle Sulfatreduktion 189
Bakterien *285*
bakteriologische Befunde, s. auch Mikrobiologie 170
Bakteriophagen 287, 294, 311
Barium 71, 74, 82, 95, *103*, 143, 189
—, AAS 103
—, Beurteilung und Grenzwerte 104
Basedowsche Krankheit 152
Basekapazität *63*, 195
Basischlorung 341
Beckenkopf 324
Beckenwasser 324, 327, 331, 341
Becquerel (Bq) 315
Behältnisse 25
Benzin 251
Benzo(a)pyren 260, 262
Benzo(b)fluoranthen 260, 262
Benzo(ghi)perylen 260, 262
Benzo(k)fluoranthen 260, 262
Benzol 251
Berthelotsche Reaktion 78
Beryllium 82, 95, *104*, 143
—, AAS 104
—, Beurteilung und Grenzwerte 105
Bestimmungsgrenzen, s. Arbeitskonzentrationen 22
β-Aktivität 314
betonaggressiv 81
Betriebschlorung 342
Bewässerung, Wasser für landwirtschaftliche 9
b-Wert 327
Bezugselektrode 40
BIBIDAT 75
Biochemischer Sauerstoffbedarf 245
biogene Mineralisation 81

bismutaktive Substanzen 13
Bittersalz 190
Blausucht 172
bleibende Härte 76
Blei 12, 15, 82, 95, *105*, 139, 143, 190
—, AAS 105
—, Beurteilung und Grenzwerte 105
Bleirohre 105
Bodenstickstoff 170
Bor 10, 82, 95, 143
Borsäure *107*
—, AAS 107
—, Beurteilung und Grenzwerte 109
—, photometrisch, Azomethin-H 108
—, sonstige Verfahren 109
Braunstein 125
Brechweinstein 100
Bromat 146
Bromchloriodmethan 152
Bromid *145*, 255
—, Beurteilung und Grenzwerte 149
—, gaschromatographisch, Eichgerade 146
—, —, gemeinsam mit Iodid 151
—, —, Untersuchungswasser 148
Bromoform 152, 255
BSB 245
Bundesseuchengesetz 7, 8, 319, 327, 334
Buntsandsteinwässer 189

Cadmium 12, 15, 82, 95, 102, *110*, 139, 143
—, AAS 110
—, Beurteilung und Grenzwerte 111
Calcium 14, 36, *69*, 81, 82, 95, 143, 155, 189, 196, 202, 217, 234
—, AAS 112
—, Beurteilung und Grenzwerte 73
—, komplexometrisch 69
Calciumcarbonatsättigungsgrad 235
Calciumhärte 73, 74
Calciumstearat 72
Campylo bacter gastroenteritis 288
Carbonatgestein 69
Carbonathärte 76

Carbonat-Ionen 234, 242
—, Bestimmung 202
Charakterisierung 21, 24
Chemischer Sauerstoffbedarf 245
Chlor 12, 37, 133, 164, 218, *222*, 291, 302, 311, 325, 330, 336, 337, *338*, 345, 350, 359
—, Beurteilung und Grenzwerte 231
—, Chlordioxid, Chlorit, Chlor *228*, 340
—, —, photometrisch, DPD 230
—, —, volumetrisch, DPD 228
—, freies Chlor *223*, 325, 327, 328, *338*, 340
—, —, colorimetrisch, DPD 226
—, —, maßanalytisch, DPD 223
—, —, photometrisch, DPD 225
—, gebundenes Chlor *228*, 327, 328, *338*
—, —, Berechnung 228
—, Gesamtchlor *226*, *338*
—, —, colorimetrisch, DPD 227
—, —, maßanalytisch, DPD 226
—, —, photometrisch, DPD 227
—, —, sonstige Verfahren 228
—, Zehrung 232
Chloraminbildung 232, 350
Chlorbedarf 355
Chlorbleichlauge 338
Chlorbromiodmethan 255
Chlor-Chlordioxid-Verfahren 338, 355
Chlordioxid 12, 228
Chlordurchbruch 355
Chlorid 14, 37, 67, 124, 133, 145, *152*, 190, 326, 328, 346, *352*
—, Beurteilung und Grenzwerte 155
—, maßanalytisch, Quecksilber(II)-nitrat 153
—, —, Silbernitrat 154
—, nephelometrisch, Silbernitrat 154
—, sonstige Verfahren 155
Chlorphenole 266, 272

Sachregister 377

Chlorit 228, 233, 326, 328, 355
Chloroform 255
Chlor-Stickstoffverbindungen 338
Chlorung 152, 162, 222, 232, 255, 266, 272, 304, 324
Chlorverbrauch 81
Chrom 12, 15, 82, 95, *113*, 143
—, AAS 113
—, Beurteilung und Grenzwerte 113
—, sonstige Verfahren 113
Chrombakterien 306
Citrobacter 286, 295
Clostridien 286, 288, 294
—, Beurteilung und Grenzwerte 311
—, Verfahren 303
Clostridium perfringens 304
Cobalt 82, 95, *114*, 143
—, AAS 114
—, Beurteilung und Grenzwerte 114
Coliforme Keime 288, 293, 297, 302, 304, 309, 325, 328, 335
—, Beurteilung und Grenzwerte 310
—, Verfahren 294
Coliformentiter 289, 295, 298
colorimetrische Verfahren 31
Coxsackie-Viren 288
CSB 81, 245
Cuderna Danish 245
Curie (Ci) 315
Cyanid 12, 15, *157*
—, Beurteilung und Grenzwerte 160
—, photometrisch 157
Cyanidlaugerei 160
Cyanose 152
Cyanwasserstoffsäure 157

Denitrifikation 173
Desinfektion 12, 218, 222, 228, 233, 294, 298, 325, 327, 343, 345, 352
Desinfektion privater Klein-Schwimmbäder 133
destilliertes Wasser 34
Desulvovibrion desulfuricans 170, 217
Detergentien, s. Tenside
Detergentiengesetz 274
deutscher Härtegrad 74, 75

Devarda 169
Dialyse-Enzephalopathie 99
Dibrommonochlormethan 152, 255
Dibrommonoiodmethan 152, 255
Dichlorethan 255
Dichloriodmethan 152
Dichlormethan 12, 15, 255
Dichte 19, 40
Dieselkraftstoff 250, 254
Diffusionsspannung 46
Diffusionspotential 46
Diiodmonochlormethan 255
Dimethyl-Zinn-Verbindungen 141
DIN 2000 8
DIN 2001 8
diskontinuierliche Probenahme 24
Dispergiermittel 274
Dissimilation 217
Dissolved organic carbon 242
Dissoziationskonstante 40, 203
DOC 59, 242
Dolomit 69, 70
Dosis-Wirkung-Beziehung 6
DPD = N,N-Diethyl-1,4-phenylendiamin
Dräger Röhrchen 292
Dragendorff-Reagenz 277
Drehscheibenkomparator 32
Druck 41
Durchschnittsproben 23
Druchsichtigkeitszylinder 55
Durhamsche Gärröhrchen 291
DVGW-Arbeitsblatt W 151 8
Dyspepsie-Coli 288

Echo-Viren 288
E. coli 286, 288, 289, 291, 293, 297, 302, 304, 309, 325, 328, 335, 345, 359
—, Beurteilung und Grenzwerte 310
—, Verfahren 294
EG-Ableitungsrichtlinie 8
EG-Grundwasserrichtlinie 8
EG-Mineralwasserrichtlinie 8
EG-Oberflächenwasserrichtlinie 8
EG-Trinkwasserrichtlinie 8
Effektivitätskontrolle 11
Einfamilienbäder 320
Einzelproben 24

Eisen 13, 14, 37, 48, 77, 81, 82, 95, 114, *115*,124, 126, 139, 143, 189, 326, 328, 344, 348
—, AAS 116
—, Beurteilung 119
—, photometrisch, 5-Sulfosalicylsäure 116
—, photometrisch, 1,10-Phenanthrolin 117
—, photometrisch, Bathophenantrolin 118
—, Probenahme 116
Eisenbakterien 120
elektrische Leitfähigkeit 13, *49*, 61, 145, 157, 238, 282
—, Beurteilung 53
—, Grundlagen 50
—, Mineralstoffgehalt 51
—, Temperaturabhängigkeit 50
—, Verfahren 51
Elektrodenreinigung 43
Elektrodenaufbewahrung 43, 46, 165
elektrothermische Atomisierung 83, 88
Emulgiermittel 274
Endosporen 285
Englischer Härtegrad 74, 75
Entamoeba histolytica 287
Enterobacter 295
Enterobacteriaceae 294
—, Differenzierung 299
enterogene Viren 13
Enterokokken 311, 335
Enterotoxine 286
Enteroviren 294, *305*, 311, 335
Enthärtung 68, 77, 307
Entkeimung von Trinkwasser 133, 217, 222
Entmanganung 208
Entnahmebedingungen 23
Entnahmearten 24
Entnahmegeräte 24
Entnahmestelle 24
Entozonung 354
Erdalkali-Ionen 69, 70, 71, 73, 103, 157
Escherichia coli, s. E. coli 11, 14
Eutrophierung 81, 182, 207
Exotoxine 292
Extinktion 22

Fäkalbakterien 288
Fäkalbakteriophagen 13, 305

Fäkalien 288, 294, 310, 335
Fäkalstreptokokken 14, 288, 293, 294, 336
—, Beurteilung und Grenzwerte 311
—, Verfahren 302
Farbkartenschiebekomparator 31
Färbung 13, *58*, 234, 246, *249*, 326, *348*
—, Beurteilung und Grenzwerte 59
—, Verfahren 58
FAU 56
Fäulnisbakterien 191
Fäulnisprozesse 208
Fettsäuren 251
Filterablauf 324
Filterzulauf 324
Filterablaufwasser 325
Filterzulaufwasser 325
Filtrattrockenrückstand 60
Fimbrien 285
Flagellaten 287
Flammenatomisierung 83
Flammenspektralphotometrie 65
Flavobakterien 306
Fleckenbildung auf Wäsche 122, 126
Flockung 324, 344, 348, 352
Flüssiganreicherung *295, 297*
Fluor, s. Fluorid
Fluoranthen 260, 262
Fluorescein 286, 309
Fluorid 12, 15, 145, *161*
—, Beurteilung und Grenzwerte 165
—, photometrisch, Lanthan-Alizarinkomplex 161
—, potentiometrisch, ionensensitive Elektrode 164
Fluoridierung 161, 165
Fluorierung, s. Fluoridierung
Flußspat 165
FNU 57
Formazine Attenuation Units 57
Formazine Nephelometric Units 57
Francisella tularensis 288
Französischer Härtegrad 74, 75
freies Chlor 12, 222, 223, 231
Frischwasser, s. Füllwasser
Füllwasser 325, 327, 331

Galvanisieren 160
γ-strahlende Radionukleide 314
Gasbrand 304
Gase, gelöste *195*
gebundenes Chlor 228
Gehalt an festen gelösten Stoffen 59
—, Beurteilung und Grenzwerte 61
—, Verfahren 60
Geißeln 285
gelöste Gase *195*
gelöste Mineralstoffe *65*
geothermische Tiefenstufe 39
Germanium 82, 95, *121*, 143
—, AAS 121
—, Beurteilung und Grenzwerte 121
Geruch *34*, 190, 194, 228, 250
—, Phenole 272
—, Tenside 280
Geruchsschwellenkonzentration 35
Geruchsschwellenwert 13, 34, 194
Gesamtchlor 222, 226
Gesamtcyanid 160
Gesamthärte 76
Gesamtkeimzahl, s. Koloniezahlbestimmung
Gesamtmineralstoffgehalt 9, 14, 49, 60, 183, 217, 282
Gesamtphosphat, s. Phosphat 177
Gesamtquecksilber 93
Gesamtrückstand 60
Gesamttrockenrückstand 60
Geschmack *34*, 36, 37, 120, 139, 155, 190, 194, 250
—, Phenole 272
—, Tenside 280
Geschmacksschwellenkonzentration 36, 37, 68, 190
Geschmacksschwellenwerte 37
Gesetze 7
gesetzliche Anforderungen 7, 8
Gesetz über die Umweltverträglichkeit von Wasch- und Reinigungsmitteln 74
Gewässergüteklassen 217
Gleichgewichtswasser 240
Geysire 165
Gips 54
Glührückstand 60
Glühverlust 60

Glyceride 251
Gramfärbung 286, 299, *301*
Gramm-Molekül 18
gramnegativ 285, *301*
grampositiv 286, *301*
Grieß-Ilosvay-Reaktion 173
große Trinkwasser-Analyse 15
Grundwasser 6
—, anreicherung 4, 39
—, bildung 4
—, typen 53, 72
Güteanforderungen 6

Hämoglobin 120
Hämolysine 286
Härte 69, 70, *71*
—, Beurteilung und Grenzwerte 73
—, Kaliumpalmitat 72
—, komplexometrisch 72
—, sonstige Verfahren 73
Härtebereich 74, 75
Härtebildner 76
Härtegrad 74, 75
Härteklassen 74
Härtestufen 75
Hallenbadgeruch 342
Haloformbildung, s. Trihalogenmethane 228, 232
Haloforme 255
Halogenid 145, 149, 152, 161
Halogenkohlenwasserstoffe, s. leichtflüchtige Kohlenwasserstoffe
Harnstoff 338
Haushaltsbedarf 4
Heilwasser 7
Heilwasserbäder 321
Heizöl 250, 251
Henry-Daltonsches Gesetz 207, 217
Hepatitis A Viren 288
Hexan 251
Heyer 237
Hospitalinfektionen 337
Hot Whirlpools, s. Warmsprudelbecken
Hydridverfahren 84, 89
Hydrogencarbonat 14, 36, 76, 190, 242, 282, 283, 284, 355
—, Bestimmung 202
Hydrogenphosphat, s. Phosphat 177
Hydrogensulfid 81, 190
hydrolysierbares Phosphat, s. Phosphat 177
Hygiene-Hilfsparameter 325, 327, 328

Sachregister

hygienisch-chemische Trinkwasser-Analyse 15
Hypochlorit-Ion 222
Hypothyreose 152

IC 144
ICP-AES 141
Indeno(1,2,3-cd)pyren 260, 262
Indikator-Element 110
Indikatorkeime 288, *294*, 304, 305, 336, 337
Indolreagenz 297
Inductively Coupled Plasma Atomic Emission Spectrometry 141
Insektizide 259
Iod 146, 149, 218
Iodat 146
Iodid 145, *149*, 218, 255
—, Beurteilung und Grenzwerte 152
—, gaschromatographisch, Eichgerade 150
—, —, gemeinsam mit Bromid 151
—, —, Untersuchungswasser 150
Iodismus 152
Iodoform 255
Ionenäquivalente 19
Ionenbeweglichkeit 49
Ionenbilanz 20, 282
Ionenchromatographie 144
Ionengesamtkonzentration 53
Ionenladung 19
ionensensitive Elektroden 161, 164
Ionenstärke 195, 235
Ionentabelle 21, 163
Itai-Itai-Krankheit 111

Jackson Turbidity Units 58
Jod, s. Iod
Jones-Reduktor 170
JTU 58

Kalignost-Verfahren 66
Kalisalzgewinnung 67, 155
Kalium 13, 14, *65*, 190
—, Beurteilung und Grenzwerte 67
—, Flammenphotometrie 65
—, Kalignost-Verfahren 66
Kaliumdichromatverbrauch 242, 246, 248
Kaliumpermanganatindex 246, 248

Kaliumpermanganatverbrauch 242, *246*, 326
—, Beurteilung und Grenzwerte 248
—, maßanalytisch 246
—, sonstige Verfahren 248
Kalkabscheidungsvermögen 234
Kalkaggressivität 234
Kalk-Kohlensäure-Gleichgewicht 40, 61, 234, 355
Kaltdampfverfahren für Quecksilber 85, 91
Karies 127, 138, 165
Karlsbader Salz 190
Keimabtötung 222, 232
Keimzählscheibe nach Wolffhügel 307
Kesselsteinbildung 72, 76
Kieselsäure, s. Silicium
Klärschlammverordnung 8
Klassifizierung 72
Klebsiella 295
$KMnO_4$ 246
Knickpunktchlorung 232
Kobalt, s. Cobalt
Kochsalzverzehr 67
Kochsches Plattengußverfahren 306
Kohlensäure-Gleichgewichte 41, 61, 234
Kolensäurespezies *195*, 203
Kohlensäure und ihre Anionen 195, 242
—, Aktivitätskoeffizienten 196, 203, 204
—, anorganischer Kohlenstoff 195
—, Basekapazität 196, 200, 203
—, Basisformeln 203
—, Beurteilung und Grenzwerte 207
—, Carbonat-Ionen 202
—, Definitionen 195
—, Definitionsgleichungen 203
—, Dissoziationskonstanten 203, 204
—, Formelzeichen 207
—, Hydrogencarbonationen 202
—, Ionenstärke 196
—, m-Wert 195
—, p-Wert 195
—, Parameter 195
—, pH-Wert 196, 199, 200, 203

—, Säurekapazität 196, 199, 203
—, Temperatur 196
—, undissoziierte Kohlensäure 198
Kohlenstoff
—, anorganisch 195
—, organisch 242
Kohlenstoffbestimmung 242
Kohlenstoffdioxid 242, 246, 343
Kohlenwasserstoffe *250*
—, Beurteilung und Grenzwerte 254
—, Extraktion 251
—, —, dünnschichtchromatographisch 251
—, —, infrarotspektrometrisch 252
—, Probenahme 251
—, sonstige Verfahren 254
Koloniezahl 11, 14, 286, 288, 293, *294*, 325, 328, 334, 345, 359
Koloniezahlbestimmung
—, Beurteilung und Grenzwerte 310
—, Verfahren 305
Konservierung *26*
kontinuierliche Probenahme 24, 25
Kontrollanalysen 49, 61
Konzentrationsangaben 18
korrosive Eigenschaften, s. auch Aggressivität 6, 16, 41, 44, 81, 115, 120, 122, 139, 156, 173, 183, 190, 208, 217, 222, *234*, 343, 352
Korrosionsparameter 156
Korrosionsverhinderung 183, 185, 217
Kovacs-Reagenz 297
Krankheitserreger 6, 287
Kreatinin 338
Kropfbildung 152
Kühlung 26
Kupfer 37, 82, 95, *121*, 139, 143
—, AAS 121
—, Beurteilung und Grenzwerte 122
Kurzzeitkonservierung 26
Küvettenteste mit Farbskala 31

Lactobacillen 286
Ladungszahl 20, 49

Lagerdauer, höchstzulässige 27
Lambert-Beersches Gesetz 82, 84, 94, 220
landwirtschaftliche Bewässerung 9
Langliersscher Gleichgewichts-pH-Wert 236
Lebensmittel- und Bedarfsgegenständegesetz 7, 8
leichtflüchtige Halogenkohlenwasserstoffe 255
—, Beurteilung und Grenzwerte 259
—, gaschromatographisch 256
—, sonstige Verfahren 258
leicht freisetzbares Cyanid 157
leicht verfügbares Cyanid 157
Leitfähigkeit 49, 61, 196, 238
Leitungssystem, doppel 5
Leitvermögen 49
Leitwert 50
Leptospira 288
lipophile Belastungssubstanzen 251
Lithium 82, 95, *123*, 143
—, AAS 123
—, Beurteilung und Grenzwerte 123
Löslichkeitsprodukt 235
—, scheinbar
—, thermodynamisch
Lötstellen 111
Luftdruck 39, 44, 211
Lufttemperatur 38
Lysis 287

m-Wert 61, 195, 235
Magnesium 13, 14, *70*, 71, 76, 82, 95, 123, 143, 155, 189
—, AAS 123
—, Beurteilung und Grenzwerte 73
—, komplexometrisch 71
Magnesiumhärte 74
MAK-Werte 8
Mangan 13, 14, 37, 48, 77, 81, 82, 95, *124*, 143, 348, 352
—, AAS 124
—, Beurteilung und Grenzwerte 125
—, photometrisch, Formaldoxim 124
Manganbakterien 126
Manganismus 126
Manganmineralien 125

Marmorlöseversuch 237
maßanalytische Verfahren 31
Masse 18
Massenkonzentration 18, 67
Matrixeffekte 88
Maximumthermometer 38
medizinische Bäder 322
Meerwasser 67
Meerwasserbäder 321
Membranfiltermethode *295, 300*
Meningitis 287
Metallcyanidkomplexe 157
Metalle 65, 97
metallische Werkstoffe 16
metallorganisches Quecksilber 92
meta-Kieselsäure (H_2SiO_3), s. Silicium
Methämoglobinämie 172, 176
Methanometer 292
methylenblauaktive Substanzen 13, 275
Methylenchlorid 255
Methylethylketon 251
Methylquecksilber, s. organische Quecksilberverbindungen
Mikrobiologie 81, 176, *285*, 325, 327, 328, 330, 341, 348
—, Angabe der Ergebnisse 310
—, Arbeiten mit Bakterienkulturen 293
—, Bakterien 285
—, Bakteriophagen 287
—, Beurteilung und Grenzwerte 310
—, Enteroviren 305
—, Escherichia coli und Coliforme 294
—, Fäkalbakteriophagen 305
—, Fäkalstreptokokken 302
—, Häufigkeit der Probenahme 289
—, Indikatoren für sonstige Verunreinigungen 305
—, Indikatorkeime für fäkale Verunreinigungen 294
—, Koloniezahl 305
—, Nomenklatur 285
—, pathogene Staphylokokken 309
—, Probenahme 289
—, —, am Zapfhahn 291
—, —, aus Quellen, Behältern ohne Zapfhahn und Oberflächenwasser 292

—, —, aus tieferen Behältern, Brunnen und Oberflächenwasser 292
—, Protozoen 287
—, Pseudomonas aeruginosa 307
—, sulfitreduzierende, sporenbildende Anaerobier (Clostridien) 303
—, Untersuchung des Wassers an Ort und Stelle 292
—, Untersuchung von Trinkwasser 287
—, Viren 286
—, Vorarbeiten zur Probenahme und Untersuchung 290
mikrobiologische Anforderungen *11*, 173
mikrobiologische Reduktion 172
Mikroorganismen 189, 190, 222, *285*
Mikroseparator für polycyclische, aromatische Kohlenwasserstoffe 261
Minamata 129
Mineralisationsprozeß 285
Mineralöl, s. Kohlenwasserstoffe
Mineralölprodukte, Wasserlöslichkeit 254
Mineralstoffe
gelöste 65
Mineralstoffgehalt 5, 36, 51, 54, 60, 69, 208, 245, 282
Mineral- und Tafelwasser-Verordnung 7, 8, 13
Mineralwasser 4, 7
—, natürliches 13
Mineralwasserbäder 321
Minimierungs-Bemühungen 24
Mischwasser 241
Mol 18
Molalität 18, 40
Molarität 18
Molekulargewicht 18
Molybdän 82, 95, *127*, 143
—, AAS 127
—, Beurteilung und Grenzwerte 127
Monobromdichlormethan 152, 255
Monobromdiiodmethan 152, 255
Monoioddichlormethan 152, 255

Monomethyl-Zinn-Verbindungen 141
Motorenöl 251
mottled teeth 166
Münchner Trinkwasser 21, 76

Nachweisgrenze, s. Arbeitkonzentrationen
Nadi-Reagenz 297
Natrium 13, 14, 16, *65*, 77, 153, 155, 190
—, flammenphotometrisch 65
—, Beurteilung und Grenzwerte 67
Natriumperborat 107
Nephelometric Turbidity Units 57
Nernstsche Gleichung 46, 164
Neßler-Reagenz 308
Netzmittel 274
Neutralpunkt 40
Nichtcarbonathärte 76
nichtionische Tenside 13, *277*
Nickel 12, 82, 95, 114, *127*, 143
—, AAS 127
—, Beurteilung und Grenzwerte 128
Nitrat 12, 14, 15, 77, 81, 145, *167*, 173, 176, 294, 326, 328, *351*, 359
—, Beurteilung und Grenzwerte 170
—, photometrisch, UV-Absorption 167
—, —, Reduktion zu Ammoniak 169
—, —, 4-Fluorphenol 169
—, sonstige Verfahren 170
Nitratreduktion 173
Nitrifikationsprozeß 170, 173
Nitrit 12, 15, 77, 81, 145, 168, 169, 172, *173*, 182, 294
—, Beurteilung und Grenzwerte 176
—, photometrisch, Sulfanilsäure und 1-Naphthylamin 174
—, —, Sulfanilamid und N-(1-Naphthyl)-ethylen-diamindihydrochlorid 175
—, sonstige Verfahren 176
Nitrosamine 172
N-Nitroso-Verbindungen 172, 176
Normen 7
NTU 58

Nutzungs- und Aufbereitungs-Kreislauf des Badewassers 324

oberflächenaktive Stoffe 13
Oberflächenwasser 3
organisch gebundener Kohlenstoff TOC 15, 176, *242*
—, Bestimmung 242
—, Beurteilung und Grenzwerte 245
—, Definitionen 242
—, sonstige Verfahren 245
organisch gebundener Phosphor, s. Phosphat 177
organische Belastungsstoffe *242*, 260, 266, 274, 345, 348
organische Chlorverbindungen 259
organische Halogenverbindungen 15
organische Quecksilberverbindungen 92, 129
organische Stickstoffverbindungen 77, 81, 167
organische Zinkverbindungen 140
organische Zinnverbindungen 141
organisches Phosphat, s. Phosphat 177
Organoleptik, s. Geruch und Geschmack
organoleptische Prüfung 14, 15, *34*, 122
orientierende Trinkwasseranalyse 14
orientierende Untersuchung 11
Orthophosphat, s. Phosphat 145, 177
Ostwaldscher Farbnormen-Atlas 58
Otitis externa 336
Otitis media 336
Oxidations-Reduktionskapazität 346
Oxidationsvermögen 45
—, Ozon 218
Oxidierbarkeit 13, 15, *246*, 326, 328, 348, *349*, 359
Ozon 164, *218*, 326, 328, 341, 353, *354*
—, Beurteilung und Grenzwerte 222
—, colorimetrisch, DPD 221
—, maßanalytisch, DPD 218

—, neben Chlor 219
—, photometrisch, DPD 220
—, sonstige Verfahren 221
Ozonbedarf 355
Ozonung 164

PAK 260
Paratyphus 288
pathogene Staphylokokken 309, 311
Per 255
permanente Härte 76
personenbezogene Belastung 327
Pestizide 12, 141
Pflanzenbewässerung 9
Phagen 287, 305
Phenole *266*
—, Beurteilung und Grenzwerte 272
—, Destillation 267
—, Destillation mit Extraktion 268
—, direkte Bestimmung 269
—, gaschromatographisch 269
—, organoleptische Schwellenkonzentrationen 272
—, photometrisch, 4-Aminoantipyrin 266
—, sonstige Verfahren 272
—, Wiederfindungsraten 272
Phenylquecksilber, s. organische Quecksilberverbindungen
Phosphat 15, 72, 145, *177*, 326, 328, *353*
—, Beurteilung und Grenzwerte 182
—, photometrisch, gelöstes Orthophosphat direkt 179
—, photometrisch, Orthophosphat nach Extraktion 180
—, —, gelöstes Orthophosphat und gelöste kondensierte anorganische Phosphate 181
—, Umrechnungsfaktoren 180
Phosphor 143
photometrische Verfahren 32

Photosynthese 207, 208, 217
pH-Wert *40*, 165, 183, 189, 191, 196, 217, 222, 234, 239, 325, 327, 328, *343*, 352

—, Beurteilung und Grenzwerte 43
—, Formelzeichen und Einheiten 43
—, Kalibrierung der Meßkette 42
—, Temperaturabhängigkeit 41
—, Verfahren 41
π-Elektronen 167
physiologische Kochsalzlösung 296
Platinfarbgrad 58
Poliomyelitis-Viren 288
polybromierte Biphenyle 12
polychlorierte Biphenyle 12
Polycyclen 260
polycyclische aromatische Kohlenwasserstoffe (PAK) 260
—, Beurteilung und Grenzwerte 265
—, eindimensionale Dünnschichtchromatographie 263
—, Fluorezenzmessung 262
—, screening test 260, 263
—, sonstige Verfahren 265
—, zweidimensionale Dünnschichtchromnatographie 260
Polyphosphate, s. Phosphat 177, 182
Potentialsprung 41
Pourbaix-Diagramme 44
Probearten 23
Probenahme 23
—, abflußkontinuierlich 24
—, abflußproportional 24
—, diskontinuierlich 24
—, Durchschnittsproben 23
—, kontinuierlich 24
—, Mikrobiologie 288
—, Probenbehandlung 27
—, Protokoll 26
—, Schwimm- und Badebeckenwasser 330
—, Stichproben 23
—, Temperatur 38
—, volumenproportional 24
—, zeitkontinuierlich 24
—, zeitproportional 24
Probenbehandlung 27
Proteus-Bakterien 301
Protokoll 26
Protozoen 287
Pseudomonaceae 307
Pseudomonas aeruginosa 13, 14, 286, 293, 305, 309, 325, 328, 335, 336
—, Beurteilung und Grenzwerte 311
—, Verfahren 307
Pseudomonas-Dermatitis 336
Pseudomonas fluorescens 286
P-Verbindungen, s. Phosphat 177
p-Wert 61, 195
Pyocyanin 286, 309
Pyorubin 309
Pyrit 189

Qualitätskontrolle 55
Quecksilber 12, 15, 82, 85, 95, 129, 143
—, AAS 129
—, Bestimmung 91
—, Beurteilung und Grenzwerte 129
—, Differenzierung zwischen anorganischem und organischem Quecksilber 92
Quecksilberthermometer 38

Radioaktivität 314
Radionuklide 314
Radium-226 314
Radon 314
Rauchen 111
Redoxpotential 232
Redox-Spannung 45, 325, 327, 328, 343, 345
—, Beurteilung 48
—, Formelzeichen und Einheiten 49
—, Temperaturabhängigkeit 48
—, Verfahren 45
Reduktionsvermögen 45
reduzierte Wässer 77, 81
reflektometrische Verfahren 30
Reinwasser (Schwimm- und Badebeckenwasser) 325, 327, 331, 341
Rem (rem) 315
Respiration 207
Restchlorgehalt 231
Rhizopoden 287
Richtlinien 7
Rohwasser (Schwimm- und Badebeckenwasser) 324, 327, 331
Rosenheimer Trinkwasser 156, 197
Rostablagerung 41

Rostschichten, s. Aggressivität
Rubidium 82, 95, 130, 143
—, AAS 130
—, Beurteilung und Grenzwerte 131
Ruttnersche Flasche 292

Sättigungsindex 44, 236
—, Sauerstoffsättigungsindex 208, 215
Sättigungskonzentration
—, Sauerstoff 208
Säuglingsnahrung 5, 68, 77, 106, 156, 172, 177
Säure-Base-Gleichgewichte 40
Säurebindungsvermögen 61
Säurekapazität 61, 156, 196, 217, 326, 328, 355, 359
Säureverbrauch 61
Solmonella 288, 335
—, typhi
—, paratyphi
Salzlagerstätten 157
Salzkonzentration 67
Salzfracht 145
Saprobienstufen 248
SAR
sodium adsorption ratio 9
Sauerstoff 48, 77, 81, 208, 245
—, Beurteilung und Grenzwerte 216
—, Formelzeichen 216
—, gelöst 208
—, maßanalytisch 215
—, Massenkonzentration in luftgesättigtem dest. Wasser 211
—, mit Sauerstoff-Elektrode 209
—, Partialdruck 208
Sauerstoffbedarf 39
Sauerstoffdefizit 216
Sauerstoffeintrag 217
Sauerstofflöslichkeit 39
Sauerstoffmangel 208
Sauerstoffsättigungsindex 217
Sauerstoffübersättigung 217
Sauerstoffzehrung 81, 208, 216

Saunaanlagen 322
scheinbare Härte 77
Schmieröl 250
Schmutzwasser 325
Schnellteste 30
—, Beurteilung 32
colorimetrische Verfahren 31

—, Küvettenteste mit Farbskala 31
—, maßanalytische Verfahren 31
—, photometrische Verfahren 32
—, reflektometrische Verfahren 30
—, Tablettenzählverfahren 31
—, Teste mit Drehscheibenkomparator 32
—, Teste mit Farbkartenschiebekomparator 31
—, Testpapiere, Teststäbchen 30
Schwallwasser 324
Schwefel 81, 132, 133
Schwefel, kolloidal 348
Schwefeldioxid-Oxidation 189
schwefelhaltige Aminosäuren 190
schwefelhaltige Verbindungen 190
Schwefelwässer 189
Schwefelwasserstoff 81, 189, 190
Schwerspat 104
Schilddrüsenhormon 152
Schwimm- und Badebeckenwasser 7, 222, 285, 287, 288, 290, 295, 297, 300, 305, 307, 308, 309, 311
—, Aluminium 351
—, Ammonium 350
—, Begriffsbestimmungen für Kurorte, Erholungsorte und Heilbrunnen 321
—, betriebseigene Überwachung 327
—, betriebstechnische Parameter 326
—, Bezeichnung der Wasserarten 324
—, Bundesseuchengesetz 319
—, Chlor 338
—, Chlordioxid und freies Chlor 340
—, Chlorid 352
—, Chlorit 355
—, Darstellung der Untersuchungsergebnisse 358
—, —, Analysenformular 359
—, —, betriebseigene Überwachung 359
—, —, Kontrollanalyse 358
—, DIN 19 643 „Aufbereitung und Desinfektion von Schwimm- und Badebeckenwasser" 320
—, E.coli und Coliforme 335
—, Eisen 352
—, Färbung 348
—, freies Chlor 339
—, gebundenes Chlor 340
—, Gesamtchlor 339
—, Häufigkeit der Untersuchungen 329
—, Hygiene-Hilfsparameter 325
—, KOK-Richtlinie „Wasseraufbereitung für Schwimmbeckenwasser" 319
—, Koloniezahl 334
—, Kontrollanalyse durch die Aufsichtsbehörde 327
—, mikrobiologische Hygiene-Parameter 325
—, Mindest- und Höchstkonzentrationen an freiem Chlor 341
—, Mindestumfang der Untersuchungen 229
—, Nitrat 351
—, Oxidierbarkeit mit Kaliumpermanganat 349
—, Ozon 354
—, Parameter-Gruppen der Badewasseruntersuchung 325
—, Phosphat 353
—, pH-Wert 343
—, —, colorimetrisch 344
—, —, elektrometrisch 343
—, Probenahme 330
—, —, Behälter und Geräte 330
—, —, Probenahmeprotokoll 333
—, —, Probenahmestellen 331
—, —, Schöpfprobe 331
—, —, Transport 332
—, —, Zapfhahnprobe 330
—, Pseudomonas aeruginosa 336
—, Redox-Spannung 345
—, Säurekapazität 355
—, Sulfat 353
—, Temperatur 355
—, Trübung 348
—, Untersuchungs- und Beurteilungsgrundlagen für Badewasser in der Deutschen Demokratischen Republik, in Österreich und der Schweiz 321
—, Vornorm DIN V 19 644 „Aufbereitung und Desinfektion von Wasser für Warmsprudelbecken" 320
Sekundärbelastung 6
Selbstreinigung der Gewässer 208
Selen 15, 89, 95, *131*, 143
—, AAS 131
—, Beurteilung und Grenzwerte 131
Sensorische Kenngrößen 13
Serratia marcescens 286, 306
Shigella-Arten 288, 335
Sichtscheibe 55
Sievert (sv) 315
Silber 13, 95, *132*, 143
—, AAS 132
—, Beurteilung und Grenzwerte 133
Silicat, s. Silicium
Silicium 143, 178, *183*
—, Beurteilung und Grenzwerte 185
—, photometrisch, Ammoniummolybdat 183
—, sonstige Verfahren 185
Sinnenprüfung 16, *34*
Sinusitis 336
SiO_2, s. Silicium
Sole 67
spektrales Absorptionsmaß 22
spektraler Absorptionskoeffizient 13, 22, 59, 242, *249*, 253
—, Bestimmung 249
—, Beurteilung 249
Spektrum 250
Sporen 294, 303, 304
Sporenbildung 285
Squalan 251
Staphylokokken 13
Staphylokokkus aureus 286, 293
—, Beurteilung und Grenzwerte 311
—, Verfahren 309
Sterilisation 222, 285
Sterilisationsmethoden 290
Stichproben 23
Stickstoffverbindungen 77, 81, 167, 173
Stofffracht 24
Stoffkonzentration 24
Stoffmenge 20
Stoffmengenkonzentration 20, 40, 195

Stoffmengenkonzentration der Erdalkalien 74
Strahlenschutzverordnung 314
Streulichtmessung 57
Streusalzbelastung 67, 157
Strontium 71, 74, 95, *133*, 143, 189
—, AAS 133
—, Beurteilung und Grenzwerte 134
Strontium-90 314
Sulfat 13, 14, 15, 37, 76, 104, 145, 156, *186*, 190, 284, 326, 328, *353*
—, Beurteilung und Grenzwerte 189
—, gravimetrisch 188
—, nephelometrisch 187
—, sonstige Verfahren 189
—, Voruntersuchung 186
Sulfatreduktion 189
Sulfid-Ion, s. Sulfidschwefel 190
Sulfidschwefel 189, *190*
—, Beurteilung und Grenzwerte 194
—, photometrisch, N,N-Diethyl-1,4-phenylendiamin 191
—, Verteilung H_2S und HS^- 193
sulfitreduzierende sporenbildende Anaerobier, s. auch Clostridien 13, 14
Summenparameter 49, 242, 246
synthetische Detergentien 280

Tablettenzählverfahren 31
Tafelwasser 13
TC 242
technologische Trinkwasser-Analyse 16
TEF 58
Temperatur 13, 14, *38*, 165, 191, 196, 208, 235
—, Angabe der Meßwerte 38
—, Arbeitsvorschrift 38
—, Beurteilung und Grenzwerte 39
temporäre Härte 76
Tensidausblasegerät 277
Tenside *274*
—, ampholytisch 13, 16, 274
—, anionisch *275*
—, Beurteilung und Grenzwerte 280

—, bismutaktive Substanz (BiAS) 277
—, kationisch 274
—, methylenblauaktive Substanz (MBAS) 275
—, nichtionisch 13, 16, 274, 277
—, sonstige Verfahren 277
Terphenyle 12
Testpapiere, Teststäbchen 30
Tetra 255
Tetrachlorethen 255
Tetrachlorethylen 12, 15
Tetrachlorkohlenstoff 12, 15
Tetrachlormethan 255
Thallium 95, *134*, 143
—, AAS 134
—, Beurteilung und Grenzwerte 134
Thermalquellen 103
Thermalwasser 100, 165
Thermalwasserbäder 321
Therme 39
thermoresistent 285
TIC 242
Tiefgefrieren 26
Titerbestimmung 69
TOC 242
Toleranzberechnung 6
Totalcarbon 242
Total inorganic carbon 242
Total organic carbon 242
Transmissionsgrad 22, 253
Tri 255
Tribrommethan 255
1,1,1-Trichlorethan 12, 15
Trichlorethan 255
Trichlorethen 255
Trichlorethylen 12, 15
Trichlormethan 255
Trichomonas vaginalis 287
Trihalogenmethane 15, 149, 152, 222, 228, 232, 255
Triiodmethan 256
Trimethyl-Zinn-Verbindungen 141
Trinkwasser 15
—, abgefüllt
Trinkwasseraufbereitung 55, 78, 81, 99, 103, 166, 177, 183, 190, 217, 218, 222, 228, 232, 248, 255, 273, 288, 304, 305, 307, 311
Trinkwasser-Aufbereitungs-Verordnung 7, 9
Trinkwasserbedarf 5
Trinkwasserfluoridierung 166
Trinkwassergüte 5, 6

Trinkwasserverbrauch 4
Trinkwasserverordnung 7, 8, *361*
Trinkwasserversorgung 4, 3
Triorgano-Zinn-Derivat 141
Tritium 314
Trübung 13, *55*, 234, 246, 326, *348*
—, Beurteilung und Grenzwerte 57
—, Durchsichtigkeitszylinder 55
—, Intensität der gesteuerten Strahlung 57
—, Schwächung der durchgehenden Strahlung 56
—, Sichtscheibe 55
Typhus 288

Überlaufrinne 324
Überlaufwasser 324
übersättigtes Wasser 217, 240
Uferfiltration 4, 39
Umfang von Trinkwasseranalysen 11
ungelöste Stoffe 60
ungesättigtes Wasser 241
unterchlorige Säure 222
untere Arbeitskonzentrationen
—, AAS 95
—, ICP 143
Uran 95, *135*, 143
—, Beurteilung und Grenzwerte 137
—, photometrisch, Arsenazo III 135
—, sonstige Verfahren 136
UV-Absorption, s. spektraler Absorptionskoeffizient

Vanadium 95, *137*, 143
—, AAS 137
—, Beurteilung und Grenzwerte 137
vegetative Keime 286
Verdünnungsreihe für Geruchsschwellenwert 36
Verkeimung 232
Verordnung für Trinkwasser und Wasser für Lebensmittelbetriebe 7, 8, *361*
Verwendungsmöglichkeiten des Wassers 11
Vibrio cholerae 288
Vibrio parahaemolyticus 288
Viehhaltung, Wasser für 9, 114
Viren 286, 288, 300

Virion 286
Vitamin B$_{12}$ 114
volumenproportionale Probenahme 24
Volumenstrom 24
vorübergehende Härte 76
Vulkanismus, tertiär 207

Warmsprudelbecken 320, 324, 327, 358
Waschmittel 72, 107
Wasch- und Reinigungsmittel 274
Waschmittelgesetz 74, 280
Wasseraufbereitung, s. Trinkwasseraufbereitung
Wasseraufnahme 5
Wasserabgabe 5
Wasserbedarf 4, 5
Wasserbilanz 3, 5
Wasserdargebot 3
Wasserenthärtung 68, 77, 353
Wassererschließungsmaßnahmen, Trinkwasserqualität bei 11
Wasserförderung 3

Wassergüte 4
Wasserkreislauf 5
Wasserhärte 73
Wassernutzungsmenge 3, 4
Wassersparen 4
Wasserstoffionenkonzentration 40
Wassertemperatur 14
Wasserverbrauch 4
Wasserversorgung 3
Wasserversorgungsbericht 3
Wasserumsatz 5
Watrinnen 320
Weber-Fechnersches Gesetz 34
Weichspülmittel 274
Werkstoffeinwirkungen 11, 16
Werkstoffe, s. Aggressivität und korrosive Eigenschaften 6, 234
WHO-Guidelines 8
Wiederverkeimung 289, 311
Wolfram 95, *138*, 143
—, AAS 138
—, Beurteilung und Grenzwerte 138

Wursters Rot 218

Xanthomonas 306

Yersinia pseudotuberculosis 288

Zechsteinformationen 157
zeitkontinuierliche Probenahme 24
zeitproportionale Probenahme 24
Zink 82, 95, *139*, 143
—, AAS 139
—, Beurteilung und Grenzwerte 139
Zinn 82, 95, *140*, 143
—, AAS 140
—, Beurteilung und Grenzwerte 140
zinnorganische Verbindungen 140
Zusatzstoffe 7
Zusatzstoff-Zulassungs-Verordnung 8

If you have any concerns about our products,
you can contact us on
ProductSafety@springernature.com

In case Publisher is established outside the EU,
the EU authorized representative is:
**Springer Nature Customer Service Center GmbH
Europaplatz 3, 69115 Heidelberg, Germany**

Printed by Libri Plureos GmbH
in Hamburg, Germany